“十二五”普通高等教育本科国家级规划教材配套参考书

# 物理化学学习辅导

南京大学化学化工学院
侯文华　吴强　郭琳　彭路明　编

中国教育出版传媒集团
高等教育出版社·北京

内容提要

本书为“十二五”普通高等教育本科国家级规划教材《物理化学》(第六版)的配套参考书，全书共十四章。各章均包括四部分内容，分别为复习题及解答、典型例题及解答、习题及解答、自测题(附参考答案)。

本书可与主教材配套使用，也可以作为物理化学习题集独立使用，亦可供考研复习使用。

**图书在版编目(CIP)数据**

物理化学学习辅导 / 侯文华等编 . -- 北京 : 高等教育出版社，2022. 12(2023. 12 重印)

ISBN 978-7-04-059474-4

Ⅰ. ①物… Ⅱ. ①侯… Ⅲ. ①物理化学—高等学校—教学参考资料 Ⅳ. ① O64

中国版本图书馆 CIP 数据核字(2022)第 184652 号

Wuli Huaxue Xuexi Fudao

策划编辑 李 颖　　责任编辑 李 颖　　封面设计 王凌波 易斯翔　　版式设计 杜微言
责任绘图 黄云燕　　责任校对 窦丽娜　　责任印制 刘思涵

出版发行 高等教育出版社
社　　址 北京市西城区德外大街4号
邮政编码 100120
印　　刷 高教社(天津)印务有限公司
开　　本 787mm × 1092mm 1/16
印　　张 39.5
字　　数 1030 千字
购书热线 010-58581118
咨询电话 400-810-0598
网　　址 http://www.hep.edu.cn
　　　　 http://www.hep.com.cn
网上订购 http://www.hepmall.com.cn
　　　　 http://www.hepmall.com
　　　　 http://www.hepmall.cn
版　　次 2022 年12月第 1 版
印　　次 2023 年12月第 3 次印刷
定　　价 78.00 元


物 料 号 59474-00

# 前　　言

物理化学是化学这门中心学科的主要分支, 是一门研究所有物质系统化学行为的原理、规律和方法的学科, 涵盖了从宏观到微观所有性质的关系、规律、化学过程机理及其控制的研究。物理化学是化学及在分子层次上研究物质变化的其他学科领域的理论基础, 在科学研究、生产实际和日常生活中有着广泛的应用。因此, 物理化学课程历来受到广大师生的重视, 其教学在创新型人才培养中具有举足轻重的作用。

物理化学课十分强调概念和逻辑, 涉及较多的抽象概念、理论、逻辑推理、数学公式和计算, 这些都不能靠死记硬背, 需要正确理解公式的来源、物理意义、使用范围和限制条件。只有这样, 才能灵活地利用它们来解决具体的实际问题。

经验证明, 解题是学习物理化学的一种十分重要的手段。在解题过程中, 一方面可以帮助学生检查对课程内容的理解和掌握程度, 及时发现存在的问题和不足, 通过再学习, 从而达到深入理解课程内容的目的。另一方面, 还可以帮助学生培养逻辑思维能力、理论联系实际能力、独立分析问题和解决问题的能力。解题是培养和提高学生知识应用能力的第一步。"很多东西只有通过解题才能真正学到手, 不会解题, 就不可能掌握物理化学。"

一些中外著名科学家都曾强调了独立解题在物理化学课程学习中的重要性。诺贝尔化学奖获得者、美国化学家鲍林 (Linus Carl Pauling) 在其回忆录中说: "解题大大加深了我对物理化学的认识 …… 对我自己的科学思维方式影响巨大。" 我国著名的物理化学家、国家最高科学技术奖获得者徐光宪院士在回忆大学阶段的学习时说: "我做完了书中 498 道题 …… 我自信物理化学读通了, 使人终身受益 ……" 信息论的创始人、美国数学家香农 (Claude Elwood Shannon) 也曾说过: "优秀的学生 …… 做完一道题后返回去追问: 为什么我做了这么长时间? 我最后发现的通向正确道路的线索是什么? 以后再遇到同类的问题怎样才能尽快地解决? 这就学会了解题的方法。因此, 很多东西是通过解题之后才学到的。"

本书是南京大学化学化工学院傅献彩、侯文华编写的《物理化学》(第六版) 的配套参考书, 书中总结概括了各章的重点内容和公式 (可通过扫描二维码获取)、精选了一些典型例题并给出了详细解答、提供了教材中各章后复习题和习题的解答。此外, 每章还提供了两套自测题, 并通过二维码提供参考答案, 读者可自我检查。

全书由侯文华教授具体负责组织编写和审阅统稿。其中, 第一、五、七、十三、十四章由侯文华教授编写, 第二、三、四、六章由吴强教授编写, 第八、九、十章由郭琳副教授编写, 第十一、十二章由彭路明教授编写。

我们希望广大读者能正确使用此书, 从而有助于深入理解和掌握课程内容, 培养和提高知识应用能力, 进而对物理化学课程的教与学起到辅助和促进作用。

历年来, 许多教师和读者对我们编写出版的教材和配套参考书给予了极大的支持和爱护, 也提出了不少建设性意见, 编者在此表示衷心的感谢!

特别感谢高等教育出版社为本书的出版所给予的大力支持和帮助! 特别是李颖编辑为本书出版所做的大量具体工作。

由于编者水平有限, 书中一定还存在一些不足乃至错误之处, 敬请读者不吝指正!

侯文华

2022 年 7 月于南京大学仙林校区

# 目　录


第一章 气体 — 001

一、复习题及解答 — 001
二、典型例题及解答 — 003
三、习题及解答 — 015
四、自测题 — 035

第二章 热力学第一定律 — 42

一、复习题及解答 — 042
二、典型例题及解答 — 048
三、习题及解答 — 067
四、自测题 — 092

第三章 热力学第二定律 — 0100

一、复习题及解答 — 100
二、典型例题及解答 — 104
三、习题及解答 — 122
四、自测题 — 145

第四章 多组分系统热力学及其在溶液中的应用 — 154

一、复习题及解答 — 154
二、典型例题及解答 — 157
三、习题及解答 — 171
四、自测题 — 191

第五章 化学平衡 — 199

一、复习题及解答 — 199
二、典型例题及解答 — 202
三、习题及解答 — 213
四、自测题 — 236

第六章 相平衡 — 243

一、复习题及解答 — 243
二、典型例题及解答 — 246
三、习题及解答 — 258
四、自测题 — 283

第七章 统计热力学基础 — 291

一、复习题及解答 — 291
二、典型例题及解答 — 294
三、习题及解答 — 307
四、自测题 — 328

第八章 电解质溶液 335
一、复习题及解答 — 335
二、典型例题及解答 — 339
三、习题及解答 — 345
四、自测题 — 364

第九章 可逆电池的电动势及其应用 371
一、复习题及解答 — 371
二、典型例题及解答 — 375
三、习题及解答 — 385
四、自测题 — 422

第十章 电解与极化作用 428
一、复习题及解答 — 428
二、典型例题及解答 — 430
三、习题及解答 — 438
四、自测题 — 455

第十一章 化学动力学基础 (一) 461
一、复习题及解答 — 461
二、典型例题及解答 — 466
三、习题及解答 — 480
四、自测题 — 515

第十二章 化学动力学基础 (二) 522
一、复习题及解答 — 522
二、典型例题及解答 — 528
三、习题及解答 — 538
四、自测题 — 564

第十三章 表面物理化学 571
一、复习题及解答 — 571
二、典型例题及解答 — 576
三、习题及解答 — 581
四、自测题 — 593

第十四章 胶体分散系统和大分子溶液 598
一、复习题及解答 — 598
二、典型例题及解答 — 602
三、习题及解答 — 605
四、自测题 — 617

# 第一章　气　　体

本章主要公式和内容提要[①]

## 一、复习题及解答

**1.1**　两种不同的理想气体, 如果它们的平均平动能相同, 密度也相同, 则它们的压力是否相同, 为什么?

答: 不相同。由理想气体状态方程可知: $p=\dfrac{nRT}{V}=\dfrac{(m/M)RT}{V}=\dfrac{\rho RT}{M}$, 又 $\overline{E}_{\mathrm{t,m}}=\dfrac{3}{2}RT$, 平均平动能相同, 则温度 $T$ 相同。现在已知密度 $\rho$ 相同, 则压力与气体的摩尔质量 $M$ 有关。不同的理想气体, 其摩尔质量 $M$ 不同, 故它们的压力也不同。

**1.2**　在两个体积相等、密封、绝热的容器中, 装有压力相等的某理想气体, 试问这两个容器中温度是否相等?

答: 不相等。由理想气体状态方程可知: $T=\dfrac{pV}{nR}$, 现两个容器中理想气体的 $p$ 和 $V$ 相等, 但由于物质的量 $n$ 不一定相等, 故这两个容器中气体的温度也不一定相等。

**1.3**　Dalton 分压定律能否用于实际气体, 为什么?

答: 不能。由于实际气体分子间有相互作用力, 不同实际气体分子间的相互作用力也不同; 混合气体中第 $i$ 种物质的分压, 与第 $i$ 种气体在同一温度并单独占有与混合气体相同体积时所具有的压力不同, 故不存在 $p=\sum p_i$ 的关系。

**1.4**　在 273 K 时, 有三种气体 $H_2(g)$, $O_2(g)$ 和 $CO_2(g)$, 试判断哪种气体的均方根速率最大, 哪种气体的最概然速率最小。

答: $H_2(g)$ 的均方根速率最大, $CO_2(g)$ 的最概然速率最小。已知计算分子的均方根速率 $u$ 和最概然速率 $v_{\mathrm{m}}$ 公式如下: $u=\sqrt{\dfrac{3RT}{M}}$, $v_{\mathrm{m}}=\sqrt{\dfrac{2RT}{M}}$, 可见在相同温度下, 分子的均方根速率 $u$ 和最概然速率 $v_{\mathrm{m}}$ 与气体的摩尔质量 $M$ 的平方根成反比。三种气体中, $H_2(g)$ 的摩尔质量最小,

① 数字化资源使用方法: 扫描二维码, 注册/登陆 “高等教育出版社二维码服务平台”, 输入本书后防伪码后, 可阅读相关内容。

$CO_2(g)$ 的摩尔质量最大, 故 $H_2(g)$ 的均方根速率最大, $CO_2(g)$ 的最概然速率最小。

**1.5** 最概然速率、均方根速率和数学平均数率, 三者的大小关系如何? 各有什么用处?

答: 三者的大小关系为　最概然速率 $v_{\mathrm{m}}$ < 数学平均数率 $v_{\mathrm{a}}$ < 均方根速率 $u$

最概然速率 $v_{\mathrm{m}}$ 对应 Maxwell 速率分布曲线上的最高点, 表示具有这种速率的分子所占的分数最大, 对应的计算公式为 $v_{\mathrm{m}}=\sqrt{\dfrac{2k_{\mathrm{B}}T}{m}}=\sqrt{\dfrac{2RT}{M}}$; 数学平均数率 $v_{\mathrm{a}}$ 是对所有分子速率的数学平均值, 对应的计算公式为 $v_{\mathrm{a}}=\sqrt{\dfrac{8k_{\mathrm{B}}T}{\pi m}}=\sqrt{\dfrac{8RT}{\pi M}}$; 均方根速率 $u$ 是对所有分子速率平方的数学平均值取根号, 对应的计算公式为 $u=\sqrt{\dfrac{3k_{\mathrm{B}}T}{m}}=\sqrt{\dfrac{3RT}{M}}$。在计算分子运动的平均距离时要用 $v_{\mathrm{a}}$, 而在计算平均平动能时要用 $u$。

**1.6** 现代宇宙学告诉我们, 宇宙中原先的化学组成绝大部分是 $H_2(g)$ 和 He(g) (分别约占 3/4 和 1/4)。任何行星形成之初, 原始大气中都应有相当大量的 $H_2(g)$ 和 He(g)。但是, 现在地球的大气中几乎没有 $H_2(g)$ 和 He(g), 而其主要成分却是 $N_2(g)$ 和 $O_2(g)$。请问为什么?

答: 在一个星球上, 大气分子的热运动促使它们逸散, 万有引力则阻止它们逃脱。均方根速率标志着前者动能的大小, 逃逸速率则标志着后者势能的大小。逃逸速率 $u_{\mathrm{e}}$ 可由分子动能 $\dfrac{1}{2}mu_{\mathrm{e}}^2$ 等于相当于无穷远的引力势能 $\dfrac{GMm}{R}$ 求得, 即 $u_{\mathrm{e}}=\sqrt{\dfrac{2GM}{R}}$。已知地球质量 $M=5.98\times10^{24}\ \mathrm{kg}$, 半径 $R=6371\times10^3\ \mathrm{m}$, 万有引力常数 $G=6.67\times10^{-11}\ \mathrm{m^3\cdot kg^{-1}\cdot s^{-2}}$, 则

$$u_{\mathrm{e}}=\sqrt{\frac{2GM}{R}}=\sqrt{\frac{2\times6.67\times10^{-11}\ \mathrm{m^3\cdot kg^{-1}\cdot s^{-2}}\times5.98\times10^{24}\ \mathrm{kg}}{6371\times10^3\ \mathrm{m}}}=1.1\times10^4\ \mathrm{m\cdot s^{-1}}$$

虽然气体分子的均方根速率 $u$ 一般只在 $1\times10^3\ \mathrm{m\cdot s^{-1}}$ 数量级, 远小于 $u_{\mathrm{e}}$。但是, 气体分子的速率是有一定分布的。一方面, 根据 Maxwell 速率分布定律, 气体中仍会有大量分子的速率大于、甚至远大于 $u_{\mathrm{e}}$, 它们仍然可以逃离地球。另一方面, 由于气体分子质量越小, 其速率分布越宽化、平坦, 也即气体分子质量越小, 速率超过 $u_{\mathrm{e}}$ 的分子分数就越大。相比于 $N_2(g)$ 和 $O_2(g)$, $H_2(g)$ 和 He(g) 的分子质量很小, 其中速率超过 $u_{\mathrm{e}}$ 的分子分数就远大于 $N_2(g)$ 和 $O_2(g)$。结果, 大气的组成一直在改变; 在地球形成之初释放的许多 $H_2(g)$ 和 He(g) 早已逃离地球至太空, 导致大气中几乎没有 $H_2(g)$ 和 He(g)。

**1.7** 气体在重力场中分布的情况如何? 用什么公式可以计算地球上某一高度的压力? 这样的压力差能否用来发电?

答: 在重力场中, 气体分子受到两种相反的作用。其中, 无规则的热运动将使气体分子均匀分布于它们所能达到的空间, 而重力的作用则要使重的气体分子向下聚集。由于这两种相反的作用, 达到平衡时, 气体分子在上下空间中并非均匀分布, 而是密度随高度的增加而减小。

可以用 Boltzmann 公式, 即 $p=p_0\exp\left(-\dfrac{Mgh}{RT}\right)$, 来计算地球上某一高度的压力。可见随着高度的增加, 压力逐渐减小。但这样的压力差不能用来发电, 因为虽然不同高度处的压力不等, 但由于是平衡分布, 所以不会产生气体流动。

**1.8** 在一个密闭容器内有一定量的气体, 若升高温度, 气体分子的动能和碰撞次数增加, 则分

子的平均自由程将如何改变?

**答**: 平均自由程不变。因为 $\bar{l}=\dfrac{1}{\sqrt{2}\pi d^2 n}$, 可见平均自由程 $\bar{l}$ 与温度 $T$ 无关。

**1.9** 什么是分子碰撞的有效截面积? 如何计算分子的互碰频率?

**答**: 两个分子发生碰撞时质心之间的最短距离称为分子碰撞的有效直径 $d$ (或碰撞直径), 其数值往往要稍大于两个相碰分子的半径之和; 分子碰撞的有效截面积为 $\pi d^2$。同种分子之间的互碰频率可用公式 $z=2n^2\pi d^2\sqrt{\dfrac{RT}{\pi M}}$ 来计算, 异种分子之间的互碰频率则可用公式 $z=\pi d_{\mathrm{AB}}^2\sqrt{\dfrac{8RT}{\pi\mu}}n_{\mathrm{A}}n_{\mathrm{B}}$ 来计算, 式中 $n$ 为单位体积中分子的数目 (即数密度), $\mu$ 为折合摩尔质量, $\dfrac{1}{\mu}=\dfrac{1}{M_{\mathrm{A}}}+\dfrac{1}{M_{\mathrm{B}}}$。

**1.10** 什么是气体的隙流? 研究气体隙流有何用处?

**答**: 气体分子通过小孔向外流 (逸) 出称为气体的隙流。研究气体的隙流可以测定气体的摩尔质量和物质的蒸气压, 也可以分离摩尔质量不同的气体混合物, 这在同位素分离中得到了应用。

**1.11** van der Waals 对实际气体做了哪两项校正? 如果把实际气体看作钢球, 则其状态方程式的形式应该如何?

**答**: 在理想气体状态方程 $pV=nRT$ 的基础上, van der Waals 对实际气体做了压力和体积两项校正, 即实际气体分子之间有相互作用力, 产生了内压 $\dfrac{a}{V_{\mathrm{m}}^2}$, 又实际气体分子自身占有一定的体积, 其贡献为 $nb$。所以, 相应的状态方程可写为 $\left(p+\dfrac{a}{V_{\mathrm{m}}^2}\right)(V-nb)=nRT$。如果把实际气体看作钢球, 则其状态方程的形式应该是 $p(V-nb)=nRT$。

**1.12** 在同温同压下, 某实际气体的摩尔体积大于理想气体的摩尔体积, 则该气体的压缩因子 $Z$ 大于 1 还是小于 1?

**答**: 气体的压缩因子 $Z=\dfrac{pV_{\mathrm{m}}}{RT}$; 对于在理想气体, $Z=1$; 现在同温同压下, 实际气体的摩尔体积 $V_{\mathrm{m}}$ 大于理想气体的摩尔体积, 则该气体的压缩因子 $Z$ 应该大于 1。

**1.13** 压缩因子图的基本原理建立在什么原理的基础上? 如果有两种性质不同的实际气体, 其压力、摩尔体积和温度是否可能都相同? 其压缩因子是否相同? 为什么?

**答**: 压缩因子图的基本原理建立在对比状态定律 (原理) 的基础上。不同性质的实际气体, 其状态方程不同, $p$、$V_{\mathrm{m}}$、$T$ 值不可能完全相同, 所以 $Z$ 也不可能相同; 只有在相同的对比状态下, 即对比压力 $\pi$、对比体积 $\beta$、对比温度 $\tau$ 都相同的情况下, 才可能有相近的压缩因子。

## 二、典型例题及解答

**例1.1** (1) 已知在 0 ℃ 及 101.325 kPa 下, 纯干空气的密度为 1.293 $\mathrm{kg\cdot m^{-3}}$, 试计算干空气的表观摩尔质量。(2) 在室温 298 K 下, 某氮气钢瓶内的压力为 538 kPa; 若放出压力为 100 kPa 的氮气 160 $\mathrm{dm^3}$, 则钢瓶内的气体压力降为 132 kPa, 试估计钢瓶的体积。设气体可近似作为理想气体处理。

**解**: (1) 设干空气可近似作为理想气体处理, 则由理想气体的状态方程式可知

$$p=\frac{nRT}{V}=\frac{m/M}{V}RT=\frac{m/V}{M}RT=\frac{\rho RT}{M}$$

所以 $$M=\frac{\rho RT}{p}=\frac{1.293\ \mathrm{kg\cdot m^{-3}}\times 8.314\ \mathrm{J\cdot mol^{-1}\cdot K^{-1}}\times 273.15\ \mathrm{K}}{101325\ \mathrm{Pa}}=0.0290\ \mathrm{kg\cdot mol^{-1}}$$

(2) 设放出氮气的物质的量为 $n'$, 则由理想气体的状态方程式可知

$$n'=\frac{p'V}{RT}=\frac{100\times 10^3\ \mathrm{Pa}\times 160\times 10^{-3}\ \mathrm{m^3}}{8.314\ \mathrm{J\cdot mol^{-1}\cdot K^{-1}}\times 298\ \mathrm{K}}$$

设钢瓶中原有氮气的物质的量为 $n_1$, 则由理想气体的状态方程式可知

$$n_1=\frac{p_1V}{RT}=\frac{538\times 10^3\ \mathrm{Pa}\times V}{8.314\ \mathrm{J\cdot mol^{-1}\cdot K^{-1}}\times 298\ \mathrm{K}}$$

式中 $p_1$ 为钢瓶内氮气的起始压力, $V$ 为钢瓶的体积 (单位: $\mathrm{m^3}$)。

设钢瓶内剩余的氮气的物质的量为 $n_2$, 则由理想气体的状态方程式可知

$$n_2=\frac{p_2V}{RT}=\frac{132\times 10^3\ \mathrm{Pa}\times V}{8.314\ \mathrm{J\cdot mol^{-1}\cdot K^{-1}}\times 298\ \mathrm{K}}$$

式中 $p_2$ 为钢瓶内氮气的最终压力。

由于 $n_1=n_2+n'$, 所以

$$\frac{538\times 10^3\ \mathrm{Pa}\times V}{8.314\ \mathrm{J\cdot mol^{-1}\cdot K^{-1}}\times 298\ \mathrm{K}}=\frac{132\times 10^3\ \mathrm{Pa}\times V}{8.314\ \mathrm{J\cdot mol^{-1}\cdot K^{-1}}\times 298\ \mathrm{K}}+\frac{100\times 10^3\ \mathrm{Pa}\times 160\times 10^{-3}\ \mathrm{m^3}}{8.314\ \mathrm{J\cdot mol^{-1}\cdot K^{-1}}\times 298\ \mathrm{K}}$$

$$V=\frac{100\times 10^3\ \mathrm{Pa}\times 160\times 10^{-3}\ \mathrm{m^3}}{(538-132)\times 10^3\ \mathrm{Pa}}=39.4\times 10^{-3}\ \mathrm{m^3}=39.4\ \mathrm{dm^3}$$

即原钢瓶体积为 39.4 $\mathrm{dm^3}$。

**例1.2** 两个体积相同的烧瓶中间用玻管相通, 通入 0.70 mol 氮气后, 使整个系统密封。开始时, 两瓶的温度相同, 都是 300 K, 压力为 50 kPa。今若将一个烧瓶浸入温度为 400 K 的油浴内, 另一个烧瓶的温度保持不变, 试计算两瓶中各有氮气的物质的量以及温度为 400 K 的烧瓶中气体的压力。

**解**: 由于两瓶相通, 故两瓶中气体的压力相同。设瓶的体积为 $V$ (单位: $\mathrm{dm^3}$), 则由理想气体的状态方程式 ($pV=nRT$) 可知

$$50\ \mathrm{kPa}\times 2V=0.70\ \mathrm{mol}\times 8.314\ \mathrm{J\cdot mol^{-1}\cdot K^{-1}}\times 300\ \mathrm{K}$$

$$V=\frac{0.70\ \mathrm{mol}\times 8.314\ \mathrm{J\cdot mol^{-1}\cdot K^{-1}}\times 300\ \mathrm{K}}{2\times 50\ \mathrm{kPa}}=17.46\ \mathrm{dm^3}$$

设温度为 300 K 和 400 K 的两瓶中氮气的物质的量分别为 $n_\mathrm{A}$ 和 $n_\mathrm{B}$, 两瓶中气体的压力均为 $p$ (单位: kPa), 则由理想气体的状态方程式 ($pV=nRT$) 可知

$$n_\mathrm{A}=\frac{pV}{RT_\mathrm{A}}=\frac{p\times 17.46\ \mathrm{dm^3}}{8.314\ \mathrm{J\cdot mol^{-1}\cdot K^{-1}}\times 300\ \mathrm{K}}$$

$$n_\mathrm{B}=\frac{pV}{RT_\mathrm{B}}=\frac{p\times 17.46\ \mathrm{dm^3}}{8.314\ \mathrm{J\cdot mol^{-1}\cdot K^{-1}}\times 400\ \mathrm{K}}$$

由于 $n_A + n_B = 0.70\ \text{mol}$, 所以

$$\frac{p \times 17.46\ \text{dm}^3}{8.314\ \text{J}\cdot\text{mol}^{-1}\cdot\text{K}^{-1} \times 300\ \text{K}} + \frac{p \times 17.46\ \text{dm}^3}{8.314\ \text{J}\cdot\text{mol}^{-1}\cdot\text{K}^{-1} \times 400\ \text{K}} = 0.70\ \text{mol}$$

解得

$$p = 57.14\ \text{kPa}$$

所以

$$n_A = \frac{pV}{RT_A} = \frac{57.14\ \text{kPa} \times 17.46\ \text{dm}^3}{8.314\ \text{J}\cdot\text{mol}^{-1}\cdot\text{K}^{-1} \times 300\ \text{K}} = 0.40\ \text{mol}$$

$$n_B = \frac{pV}{RT_B} = \frac{57.14\ \text{kPa} \times 17.46\ \text{dm}^3}{8.314\ \text{J}\cdot\text{mol}^{-1}\cdot\text{K}^{-1} \times 400\ \text{K}} = 0.30\ \text{mol}$$

**例1.3** 现有 $2.0\ \text{dm}^3$ 的潮湿空气, 压力为 101.325 kPa, 其中水汽的分压为 12.33 kPa。设空气中 $O_2(g)$ 和 $N_2(g)$ 的体积分数分别为 0.21 和 0.79, 试计算:

(1) $H_2O(g)$, $O_2(g)$ 和 $N_2(g)$ 的分体积;

(2) $O_2(g)$ 和 $N_2(g)$ 在潮湿空气中的分压。

**解**: (1) 根据 Dalton 分压定律, 空气中 $H_2O(g)$ 的摩尔分数为

$$x_{H_2O} = \frac{p_{H_2O}}{p} = \frac{12.33\ \text{kPa}}{101.325\ \text{kPa}} = 0.1217$$

根据题意, 则空气中 $O_2(g)$ 和 $N_2(g)$ 的摩尔分数分别为

$$x_{O_2} = (1 - x_{H_2O}) \times 0.21 = 0.1844 \qquad x_{N_2} = (1 - x_{H_2O}) \times 0.79 = 0.6939$$

根据 Amagat 分体积定律, 则空气中 $H_2O(g)$, $O_2(g)$ 和 $N_2(g)$ 的分体积分别为

$$V_{H_2O} = V \cdot x_{H_2O} = 2.0\ \text{dm}^3 \times 0.1217 = 0.2434\ \text{dm}^3$$
$$V_{O_2} = V \cdot x_{O_2} = 2.0\ \text{dm}^3 \times 0.1844 = 0.3688\ \text{dm}^3$$
$$V_{N_2} = V \cdot x_{N_2} = 2.0\ \text{dm}^3 \times 0.6939 = 1.3878\ \text{dm}^3$$

(2) 根据 Dalton 分压定律, 潮湿空气中 $O_2(g)$ 和 $N_2(g)$ 的分压分别为

$$p_{O_2} = p \cdot x_{O_2} = 101.325\ \text{kPa} \times 0.1844 = 18.68\ \text{kPa}$$
$$p_{N_2} = p \cdot x_{N_2} = 101.325\ \text{kPa} \times 0.6939 = 70.31\ \text{kPa}$$

**例1.4** 25 ℃ 时, 被水蒸气饱和了的乙炔气经一冷却器冷却至 10 ℃, 以除去其中大部分的水。冷却器中气体的总压力为 $1.3684 \times 101.325\ \text{kPa}$。已知水在 10 ℃ 及 25 ℃ 时的饱和蒸气压分别为 $0.01212 \times 101.325\ \text{kPa}$ 及 $0.03126 \times 101.325\ \text{kPa}$, 试求:

(1) 冷却后乙炔气中的含水量 (用摩尔分数表示);

(2) 每摩尔乙炔气在冷却器中凝结出的水的物质的量。

**解**: (1) 气体在冷却器中冷凝过程可视为恒压过程。根据 Dalton 分压定律, 冷却后乙炔气中的含水量为

$$y_{H_2O}(g) = \frac{p_{H_2O}}{p_{总}} = \frac{0.01212 \times 101.325\ \text{kPa}}{1.3684 \times 101.325\ \text{kPa}} = 0.008857$$

(2) 每摩尔乙炔气中含有水蒸气的物质的量可通过下式来计算, 即

$$\frac{n_{H_2O}}{n_{C_2H_2}} = \frac{x_{H_2O}}{x_{C_2H_2}} = \frac{p_{H_2O}}{p_{C_2H_2}}$$

在进口处 (25 ℃): $\left(\dfrac{n_{H_2O}}{n_{C_2H_2}}\right)_{进}=\left(\dfrac{p_{H_2O}}{p_{C_2H_2}}\right)_{进}=\dfrac{0.03126}{1.3684-0.03126}=0.023378$

在出口处 (10 ℃): $\left(\dfrac{n_{H_2O}}{n_{C_2H_2}}\right)_{出}=\left(\dfrac{p_{H_2O}}{p_{C_2H_2}}\right)_{出}=\dfrac{0.01212}{1.3684-0.01212}=0.008936$

则每摩尔乙炔气在冷却器中凝结出的水的物质的量为

$$n_{H_2O}=1\ \text{mol}\times\left(\frac{n_{H_2O}}{n_{C_2H_2}}\right)_{进}-1\ \text{mol}\times\left(\frac{n_{H_2O}}{n_{C_2H_2}}\right)_{出}=0.01414\ \text{mol}$$

**例1.5** 试计算在 700 K 和 100 kPa 时, 1 mol He(g) 中, 分子速率处在以下两个区间的分子数目: (1) $3000.000\sim3000.002\ \text{m·s}^{-1}$; (2) $400.0\sim500.0\ \text{m·s}^{-1}$。

**解**: (1) 已知 Maxwell 速率分布定律为

$$f(v)=\frac{1}{N}\cdot\frac{\text{d}N_v}{\text{d}v}=\frac{4}{\sqrt{\pi}}\left(\frac{m}{2k_BT}\right)^{3/2}\exp\left(-\frac{mv^2}{2k_BT}\right)v^2$$

由于分子速率区间的间距很小 $[\Delta v=(3000.002-3000.000)\ \text{m·s}^{-1}=0.002\ \text{m·s}^{-1}]$, 故可近似地直接使用微分式, 而不必积分。即

$$\begin{aligned}\Delta N_v&=Nf(v)\Delta v=\frac{4N}{\sqrt{\pi}}\left(\frac{m}{2k_BT}\right)^{3/2}\exp\left(-\frac{mv^2}{2k_BT}\right)v^2\Delta v\\&=\frac{4\times6.022\times10^{23}}{\sqrt{3.1416}}\times\left[\frac{4.00\times10^{-3}\ \text{kg·mol}^{-1}/(6.022\times10^{23}\ \text{mol}^{-1})}{2\times1.38\times10^{-23}\ \text{J·K}^{-1}\times700\ \text{K}}\right]^{3/2}\times\\&\quad\exp\left[-\frac{4.00\times10^{-3}\ \text{kg·mol}^{-1}/(6.022\times10^{23}\ \text{mol}^{-1})}{2\times1.38\times10^{-23}\ \text{J·K}^{-1}\times700\ \text{K}}\times(3000.001\ \text{m·s}^{-1})^2\right]\times\\&\quad(3000.001\ \text{m·s}^{-1})^2\times0.002\ \text{m·s}^{-1}=2.23\times10^{17}\end{aligned}$$

式中 $N$ 为 1 mol He(g) 中的分子总数 (即 $6.022\times10^{23}$), $v$ 取 $3000.000\sim3000.002\ \text{m·s}^{-1}$ 之间的平均速率 $3000.001\ \text{m·s}^{-1}$。

(2) 由于分子速率区间间距较大 $[\Delta v=(500.0-400.0)\ \text{m·s}^{-1}=100.0\ \text{m·s}^{-1}]$, 故此时不能使用微分式, 而必须进行积分计算。即

$$\begin{aligned}\Delta N_{v=(400.0\sim500.0)\ \text{m·s}^{-1}}&=\int_{v=400.0\ \text{m·s}^{-1}}^{v=500.0\ \text{m·s}^{-1}}\frac{4N}{\sqrt{\pi}}\left(\frac{m}{2k_BT}\right)^{3/2}\exp\left(-\frac{mv^2}{2k_BT}\right)v^2\text{d}v\\&=\frac{4N}{\sqrt{\pi}}\left(\frac{m}{2k_BT}\right)^{3/2}\cdot\int_{v=400.0\ \text{m·s}^{-1}}^{v=500.0\ \text{m·s}^{-1}}\exp\left(-\frac{mv^2}{2k_BT}\right)v^2\text{d}v\end{aligned}$$

式中被积函数非初等函数, 不便积分。一种近似的处理方法是将被积函数中的指数函数按照公式 $\text{e}^{-x}=1-x+\dfrac{x^2}{2!}-\dfrac{x^3}{3!}+\cdots$ 展开, 然后代入积分后取前几项。可得

$$\begin{aligned}&\int_{v=400.0\ \text{m·s}^{-1}}^{v=500.0\ \text{m·s}^{-1}}\exp\left(-\frac{mv^2}{2k_BT}\right)v^2\text{d}v\\&=\left[\frac{v^3}{3}-\left(\frac{m}{2k_BT}\right)\frac{v^5}{5}+\frac{1}{2!}\left(\frac{m}{2k_BT}\right)^2\frac{v^7}{7}-\frac{1}{3!}\left(\frac{m}{2k_BT}\right)^3\frac{v^9}{9}+\cdots\right]\Bigg|_{v=400.0\ \text{m·s}^{-1}}^{v=500.0\ \text{m·s}^{-1}}\end{aligned}$$

$$\Delta N_{v=(400.0\sim500.0)\ \mathrm{m\cdot s^{-1}}} = \frac{4N}{\sqrt{\pi}}\left(\frac{m}{2k_{\mathrm{B}}T}\right)^{3/2}\cdot\left[\frac{v^3}{3}-\left(\frac{m}{2k_{\mathrm{B}}T}\right)\frac{v^5}{5}+\frac{1}{2!}\left(\frac{m}{2k_{\mathrm{B}}T}\right)^2\frac{v^7}{7}-\frac{1}{3!}\left(\frac{m}{2k_{\mathrm{B}}T}\right)^3\frac{v^9}{9}+\cdots\right]\Bigg|_{v=400.0\ \mathrm{m\cdot s^{-1}}}^{v=500.0\ \mathrm{m\cdot s^{-1}}}$$

代入数据, 经计算得到 $\Delta N_{v=(400.0\sim500.0)\ \mathrm{m\cdot s^{-1}}} = 5.2\times10^{21}$

**例1.6** 试计算:

(1) 25 ℃ 时, 平动能处在 $(E-0.001E)\sim(E+0.001E)$ 间隔内的氧气分子分数;

(2) 25 ℃ 时, 平动能处在 $(E-0.1E)\sim(E+0.1E)$ 间隔内的氧气分子分数;

(3) 500 ℃ 时, 平动能处在 $(E-0.1E)\sim(E+0.1E)$ 间隔内的汞蒸气分子分数。

**解**: (1) 由于能量间隔较小, 所以可以用平动能量分布公式的微分形式进行计算, 即

$$\frac{\mathrm{d}N_E}{N} = \frac{2}{\sqrt{\pi}}\left(\frac{1}{k_{\mathrm{B}}T}\right)^{3/2}\mathrm{e}^{-E/k_{\mathrm{B}}T}E^{1/2}\mathrm{d}E \tag{a}$$

$$\mathrm{d}E = (E+0.001E)-(E-0.001E) = 0.002E$$

已知平动能 $E=\frac{3}{2}k_{\mathrm{B}}T$, 所以 $\mathrm{d}E = 0.002\times\frac{3}{2}k_{\mathrm{B}}T = 0.003k_{\mathrm{B}}T$

代入式 (a), 可得

$$\begin{aligned}\frac{\mathrm{d}N_E}{N} &= \frac{2}{\sqrt{\pi}}\left(\frac{1}{k_{\mathrm{B}}T}\right)^{3/2}\mathrm{e}^{-\frac{3}{2}k_{\mathrm{B}}T/k_{\mathrm{B}}T}\left(\frac{3}{2}k_{\mathrm{B}}T\right)^{1/2}\times0.003k_{\mathrm{B}}T\\ &= \frac{2}{\sqrt{\pi}}\mathrm{e}^{-3/2}\left(\frac{3}{2}\right)^{1/2}\times0.003 = 9.25\times10^{-4}\end{aligned}$$

(2) 在能量间隔较大时, 能量分布需要进行积分运算, 即

$$\frac{N_{E_1\to E_2}}{N} = \int_{E_1}^{E_2}\frac{2}{\sqrt{\pi}}\left(\frac{1}{k_{\mathrm{B}}T}\right)^{3/2}\mathrm{e}^{-E/k_{\mathrm{B}}T}E^{1/2}\mathrm{d}E$$

令 $E/k_{\mathrm{B}}T=x^2$, 则 $E=k_{\mathrm{B}}Tx^2$, $\mathrm{d}E=k_{\mathrm{B}}T\mathrm{d}(x^2)$。当 $E_1=0.9E=0.9\times\frac{3}{2}k_{\mathrm{B}}T$ 时, $x_1=1.1619$; 当 $E_2=1.1E=1.1\times\frac{3}{2}k_{\mathrm{B}}T$ 时, $x_2=1.2845$。代入上式, 可得

$$\frac{N_{E_1\to E_2}}{N} = \int_{1.1619}^{1.2845}\frac{2}{\sqrt{\pi}}x\mathrm{e}^{-x^2}\mathrm{d}(x^2) = -\frac{2}{\sqrt{\pi}}\int_{1.1619}^{1.2845}x\mathrm{d}(\mathrm{e}^{-x^2})$$

采用分部积分法 $\left(\int u\mathrm{d}v = uv-\int v\mathrm{d}u\right)$, 则上式可写为

$$\begin{aligned}\frac{N_{E_1\to E_2}}{N} &= -\frac{2}{\sqrt{\pi}}\left[(x\mathrm{e}^{-x^2})\Big|_{1.1619}^{1.2845}-\int_{1.1619}^{1.2845}\mathrm{e}^{-x^2}\mathrm{d}x\right]\\ &= -\frac{2}{\sqrt{\pi}}\left[(x\mathrm{e}^{-x^2})\Big|_{1.1619}^{1.2845}-\left(\int_0^{1.2845}\mathrm{e}^{-x^2}\mathrm{d}x-\int_0^{1.1619}\mathrm{e}^{-x^2}\mathrm{d}x\right)\right]\\ &= -\frac{2}{\sqrt{\pi}}[(0.2467-0.3012)-(0.931-0.899)] = 0.0976\end{aligned}$$

(3) 从 (1) 和 (2) 的计算可知, 在一定能量间隔范围内的分子数占总分子的分数与气体种类和温度无关。所以, 500 ℃ 的汞蒸气与 25 ℃ 的氧气在相同能量间隔内的分子数占总分子数的分数相同, 即为 0.0976。

**例1.7** (1) 大气由多组分气体混合而成。若视大气为单一理想气体, 其相对平均摩尔质量为 $29\ \mathrm{g\cdot mol^{-1}}$, 试计算下列距离地面不同高度处的大气压: (a) 高度为 15 cm 的实验器皿; (b) 世贸大厦顶部 (高度约 411 m); (c) 喜马拉雅山顶 (高度约 8848 m), 设山顶温度为 −40 ℃。设地面大气压为 $p_0$, 温度为 20 ℃。

(2) 若视大气为理想气体混合物, 各组分间无相互作用, 试分析: (a) 在喜马拉雅山顶处, 何种气体最富集? (即各组分气体在山顶压力与地面压力之比值何者最高?) (b) 在喜马拉雅山顶处的大气组成是多少? 已知地面处的大气组成为 $x_{\mathrm{O_2}} = 0.208$, $x_{\mathrm{N_2}} = 0.782$, $x_{\mathrm{Ar}} = 0.0094$, $x_{\mathrm{CO_2}} = 0.0003$。

**解**: (1) 若视大气为单一理想气体, 其平均摩尔质量为 $29 \times 10^{-3}\ \mathrm{kg\cdot mol^{-1}}$, 大气随高度分布符合 Boltzmann 分布, 即

$$p = p_0 \exp\left(-\frac{Mgh}{RT}\right)$$

对于高度为 15 cm 的实验器皿, 相应地有

$$p = p_0 \exp\left(-\frac{Mgh}{RT}\right) = p_0 \exp\left(-\frac{29 \times 10^{-3}\ \mathrm{kg\cdot mol^{-1}} \times 9.8\ \mathrm{m\cdot s^{-2}} \times 15 \times 10^{-2}\ \mathrm{m}}{8.314\ \mathrm{J\cdot mol^{-1}\cdot K^{-1}} \times 293.15\ \mathrm{K}}\right) = 0.99998 p_0$$

对于高度为 411 m 的世贸大厦顶部 (设温度与地面温度相同), 相应地有

$$p = p_0 \exp\left(-\frac{Mgh}{RT}\right) = p_0 \exp\left(-\frac{29 \times 10^{-3}\ \mathrm{kg\cdot mol^{-1}} \times 9.8\ \mathrm{m\cdot s^{-2}} \times 411\ \mathrm{m}}{8.314\ \mathrm{J\cdot mol^{-1}\cdot K^{-1}} \times 293.15\ \mathrm{K}}\right) = 0.9532 p_0$$

在高度为 8848 m 的喜马拉雅山顶 (温度为 233.15 K), 相应地有

$$p = p_0 \exp\left(-\frac{Mgh}{RT}\right) = p_0 \exp\left(-\frac{29 \times 10^{-3}\ \mathrm{kg\cdot mol^{-1}} \times 9.8\ \mathrm{m\cdot s^{-2}} \times 8848\ \mathrm{m}}{8.314\ \mathrm{J\cdot mol^{-1}\cdot K^{-1}} \times 263.15\ \mathrm{K}}\right) = 0.3168 p_0$$

式中温度 $T$ 取山顶与地面温度的平均值, 即 263.15 K。

(2) 若视大气为理想气体混合物, 各组分间无相互作用, 则在重力场中, 各组分遵守 Boltzmann 分布。各组分在山顶压力与地面压力比为 Boltzmann 因子:

$$\frac{p_{\mathrm{B}}}{p_{\mathrm{B},0}} = \exp\left(-\frac{Mgh}{RT}\right)$$

(a) 显然, 上式中气体分子的摩尔质量 $M$ 越小, 相应的 Boltzmann 因子就越大; 反之亦然。在 $\mathrm{O_2(g)}$、$\mathrm{N_2(g)}$、$\mathrm{Ar(g)}$ 和 $\mathrm{CO_2(g)}$ 这四种气体中, $\mathrm{N_2(g)}$ 的摩尔质量 $M$ 最小, 故山顶 $\mathrm{N_2(g)}$ 最富集; $\mathrm{CO_2(g)}$ 的摩尔质量 $M$ 最大, 故山顶 $\mathrm{CO_2(g)}$ 最稀薄。

(b) 根据 Dalton 分压定律 ($p_{\mathrm{B}} = p \cdot x_{\mathrm{B}}$) 和题给地面处的大气组成, 可先得到地面处各组分的分压: $p_{\mathrm{O_2},0} = 0.208 p_0$, $p_{\mathrm{N_2},0} = 0.782 p_0$, $p_{\mathrm{Ar},0} = 0.0094 p_0$, $p_{\mathrm{CO_2},0} = 0.0003 p_0$。

在山顶处, 各组分的压力可根据 Boltzmann 公式分别计算如下:

$$p_{\mathrm{O_2}} = p_{\mathrm{O_2},0} \exp\left(-\frac{M_{\mathrm{O_2}} gh}{RT}\right)$$

$$= 0.208p_0 \exp\left(-\frac{32.00\times10^{-3}\ \text{kg}\cdot\text{mol}^{-1}\times9.8\ \text{m}\cdot\text{s}^{-2}\times8848\ \text{m}}{8.314\ \text{J}\cdot\text{mol}^{-1}\cdot\text{K}^{-1}\times263.15\ \text{K}}\right) = 0.05851p_0$$

$$p_{N_2} = p_{N_2,0}\exp\left(-\frac{M_{N_2}gh}{RT}\right)$$

$$= 0.782p_0 \exp\left(-\frac{28.01\times10^{-3}\ \text{kg}\cdot\text{mol}^{-1}\times9.8\ \text{m}\cdot\text{s}^{-2}\times8848\ \text{m}}{8.314\ \text{J}\cdot\text{mol}^{-1}\cdot\text{K}^{-1}\times263.15\ \text{K}}\right) = 0.2577p_0$$

$$p_{Ar} = p_{Ar,0}\exp\left(-\frac{M_{Ar}gh}{RT}\right)$$

$$= 0.0094p_0 \exp\left(-\frac{39.95\times10^{-3}\ \text{kg}\cdot\text{mol}^{-1}\times9.8\ \text{m}\cdot\text{s}^{-2}\times8848\ \text{m}}{8.314\ \text{J}\cdot\text{mol}^{-1}\cdot\text{K}^{-1}\times263.15\ \text{K}}\right) = 1.930\times10^{-3}p_0$$

$$p_{CO_2} = p_{CO_2,0}\exp\left(-\frac{M_{CO_2}gh}{RT}\right)$$

$$= 0.0003p_0 \exp\left(-\frac{44.01\times10^{-3}\ \text{kg}\cdot\text{mol}^{-1}\times9.8\ \text{m}\cdot\text{s}^{-2}\times8848\ \text{m}}{8.314\ \text{J}\cdot\text{mol}^{-1}\cdot\text{K}^{-1}\times263.15\ \text{K}}\right) = 5.243\times10^{-5}p_0$$

山顶处气体总压为 $p_{总} = p_{O_2} + p_{N_2} + p_{Ar} + p_{CO_2} = 0.3182p_0$

由 Dalton 分压定律 ($p_B = p\cdot x_B$) 可知, 山顶处各气体组分的组成为

$$x_{O_2} = \frac{p_{O_2}}{p_{总}} = \frac{0.05851p_0}{0.3182p_0} = 0.1839$$

$$x_{N_2} = \frac{p_{N_2}}{p_{总}} = \frac{0.2577p_0}{0.3182p_0} = 0.8099$$

$$x_{Ar} = \frac{p_{Ar}}{p_{总}} = \frac{1.930\times10^{-3}p_0}{0.3182p_0} = 0.0061$$

$$x_{CO_2} = \frac{p_{CO_2}}{p_{总}} = \frac{5.243\times10^{-5}p_0}{0.3182p_0} = 0.00016$$

由此计算结果可见, 山顶处 $N_2$(g) 的组成从地面处的 0.782 富集到 0.8099, 而其余组分 $O_2$(g)、Ar(g) 和 $CO_2$(g) 在山顶处的组成均比地面处下降了。

**例1.8** 试计算在 25 ℃, 100 kPa 下, $N_2$(g) 分子的平均自由程以及每个 $N_2$(g) 分子的碰撞频率。已知 $N_2$(g) 分子的有效直径为 0.374 nm。

**解:** $N_2$(g) 分子的平均自由程 $\bar{l}$ 可通过下式来计算:

$$\bar{l} = \frac{1}{\sqrt{2}\pi d^2 n}$$

式中 $d$ 为 $N_2$(g) 分子的有效直径, $n$ 为单位体积中的 $N_2$(g) 分子数目 (即数密度)。由理想气体状态方程式可知

$$n = \frac{p}{k_B T} = \frac{100\times10^3\ \text{Pa}}{1.38\times10^{-23}\ \text{J}\cdot\text{K}^{-1}\times298.15\ \text{K}} = 2.43\times10^{25}\ \text{m}^{-3}$$

代入上式, 可得

$$\bar{l}=\frac{1}{\sqrt{2}\pi d^2 n}=\frac{1}{\sqrt{2}\times 3.1416\times(0.374\times 10^{-9}\ \mathrm{m})^2\times 2.43\times 10^{25}\ \mathrm{m^{-3}}}=6.62\times 10^{-8}\ \mathrm{m}$$

已知 $N_2(g)$ 分子的有效直径为 0.374 nm, 相比而言, $N_2(g)$ 分子移动的平均距离约为它的有效直径的 177 倍时, 才有碰撞发生。这种尺度差异与气体分子动理论中的假定吻合。

每个 $N_2(g)$ 分子的碰撞频率可通过下式来计算:

$$z'=\frac{v_a}{\bar{l}}=\sqrt{2}\pi d^2 n\sqrt{\frac{8RT}{\pi M}}=4\pi d^2 n\sqrt{\frac{RT}{\pi M}}$$

$$=4\times 3.1416\times(0.374\times 10^{-9}\ \mathrm{m})^2\times 2.43\times 10^{25}\ \mathrm{m^{-3}}\times\sqrt{\frac{8.314\ \mathrm{J\cdot mol^{-1}\cdot K^{-1}}\times 298.15\ \mathrm{K}}{3.1416\times 28.01\times 10^{-3}\ \mathrm{kg\cdot mol^{-1}}}}$$

$$=7.2\times 10^{9}\ \mathrm{s^{-1}}$$

这个结果的物理含义是: 已知一个双原子分子的典型振动频率为 $10^{13}\sim 10^{14}\ \mathrm{s^{-1}}$。因此, 一个典型双原子分子在两次碰撞间将振动数千次 (在 25 ℃、100 kPa 下)。

**例1.9** 一容器的体积为 1.00 $\mathrm{cm^3}$。其中, Ar(g) 的分压为 50.000 kPa, Kr(g) 的分压为 53.325 kPa。试计算在 298 K 时, Ar(g) 和 Kr(g) 分子之间的互碰频率。已知 Ar(g) 和 Kr(g) 的有效碰撞半径分别为 0.17 nm 和 0.20 nm。

**解**: 单位时间、单位体积内 A 与 B 分子之间的总碰撞次数 $z_{AB}$ (也即碰撞频率) 可通过下式来计算:

$$z_{AB}=\pi d_{AB}^2\sqrt{\frac{8k_BT}{\pi\mu}}n_An_B$$

式中 $d_{AB}$ 代表 A 和 B 分子的有效半径之和, $\mu$ 为分子折合质量, $n_A$ 和 $n_B$ 分别为单位体积中 A 和 B 分子的数目 (即数密度)。

由理想气体状态方程及题给数据, 可得

$$n_{Ar}=\frac{N_{Ar}}{V}=\frac{p_{Ar}}{k_BT}=\frac{50.000\times 10^3\ \mathrm{Pa}}{1.38\times 10^{-23}\ \mathrm{J\cdot K^{-1}}\times 298\ \mathrm{K}}=1.22\times 10^{25}\ \mathrm{m^{-3}}$$

$$n_{Kr}=\frac{N_{Kr}}{V}=\frac{p_{Kr}}{k_BT}=\frac{53.325\times 10^3\ \mathrm{Pa}}{1.38\times 10^{-23}\ \mathrm{J\cdot K^{-1}}\times 298\ \mathrm{K}}=1.30\times 10^{25}\ \mathrm{m^{-3}}$$

又

$$m_{Ar}=\frac{39.95\times 10^{-3}\ \mathrm{kg^{-1}\cdot mol^{-1}}}{6.022\times 10^{23}\ \mathrm{mol^{-1}}}=6.63\times 10^{-26}\ \mathrm{kg^{-1}}$$

$$m_{Kr}=\frac{83.80\times 10^{-3}\ \mathrm{kg^{-1}\cdot mol^{-1}}}{6.022\times 10^{23}\ \mathrm{mol^{-1}}}=13.92\times 10^{-26}\ \mathrm{kg^{-1}}$$

$$\mu=\frac{m_1m_2}{m_1+m_2}=\frac{(6.63\times 10^{-26}\ \mathrm{kg^{-1}})\times(13.92\times 10^{-26}\ \mathrm{kg^{-1}})}{6.63\times 10^{-26}\ \mathrm{kg^{-1}}+13.92\times 10^{-26}\ \mathrm{kg^{-1}}}=4.49\times 10^{-26}\ \mathrm{kg^{-1}}$$

此外, $d_{AB}=r_A+r_B=0.17\ \mathrm{nm}+0.20\ \mathrm{nm}=3.7\times 10^{-10}\ \mathrm{m}$。所以

$$z_{AB}=\pi d_{AB}^2\sqrt{\frac{8k_BT}{\pi\mu}}n_An_B$$

$$= 3.1416 \times (3.7 \times 10^{-10}\ \mathrm{m})^2 \times \sqrt{\frac{8 \times 1.38 \times 10^{-23}\ \mathrm{J \cdot K^{-1}} \times 298\ \mathrm{K}}{3.1416 \times 4.49 \times 10^{-26}\ \mathrm{kg^{-1}}}} \times$$

$$1.22 \times 10^{25}\ \mathrm{m^{-3}} \times 1.30 \times 10^{25}\ \mathrm{m^{-3}} = 3.29 \times 10^{34}\ \mathrm{m^{-3} \cdot s^{-1}}$$

**例1.10**　汞的蒸气压可以通过溢流技术来测量。假设在 0 ℃ 时, 有 0.126 mg 的汞在 2.25 h 内穿过了面积为 1.65 $\mathrm{mm^2}$ 的小孔, 试计算汞在 0 ℃ 时的蒸气压。已知汞的摩尔质量 $M$ = 200.59 $\mathrm{g \cdot mol^{-1}}$。

**解**: 因隙流而引起的汞的质量变化 $\Delta m$ 可由下式给出:

$$\Delta m = m z'' A \Delta t$$

式中 $m$ 是汞的分子质量, $A$ 是隙流发生通过的小孔面积, $\Delta t$ 是隙流时间间隔。而 $z''$ 则是单位时间内与单位面积器壁发生碰撞的汞分子数目 (也即穿过小孔溢流出的汞分子数目), 可由下式给出:

$$z'' = \frac{p}{\sqrt{2\pi mkT}}$$

代入上式, 重新整理, 可得

$$p = \sqrt{\frac{2\pi k_\mathrm{B} T}{m}} \cdot \frac{\Delta m}{A\Delta t} = \sqrt{\frac{2\pi RT}{M}} \cdot \frac{\Delta m}{A\Delta t}$$

$$= \sqrt{\frac{2 \times 3.1416 \times 8.314\ \mathrm{J \cdot mol^{-1} \cdot K^{-1}} \times 273.15\ \mathrm{K}}{200.59 \times 10^{-3}\ \mathrm{kg \cdot mol^{-1}}}} \cdot \frac{0.126 \times 10^{-6}\ \mathrm{kg}}{1.65 \times 10^{-6}\ \mathrm{m^2} \times 2.25 \times 3600\ \mathrm{s}}$$

$$= 2.51 \times 10^{-3}\ \mathrm{Pa}$$

**例1.11**　天然铀中同位素的丰度为 $^{238}\mathrm{U}$ 占 99.3%、$^{235}\mathrm{U}$ 占 0.700%。核工业中需要把可裂变的 $^{235}\mathrm{U}$ 从天然铀中分离出来。其办法是先将固态铀转换成气体化合物 $\mathrm{UF_6}$, 然后利用隙流技术逐级分离提高 $^{235}\mathrm{U}$ 的浓度。试计算:

(1) 经过一级隙流后 $^{235}\mathrm{U}$ 的丰度;

(2) 若要将 $^{235}\mathrm{U}$ 浓缩到 99.0% 以上, 至少需要多少级隙流?

**解**: (1) 已知隙流前两种铀的同位素丰度为 $x_0(^{238}\mathrm{U}) = 0.993$, $x_0(^{235}\mathrm{U}) = 7.00 \times 10^{-3}$; $\mathrm{UF_6}$ 化合物的摩尔质量为 $M(^{238}\mathrm{U}) = 352 \times 10^{-3}\ \mathrm{kg \cdot mol^{-1}}$, $M(^{235}\mathrm{U}) = 349 \times 10^{-3}\ \mathrm{kg \cdot mol^{-1}}$。根据 Graham 隙流定律, 经过一级隙流后, 有

$$N_1(^{235}\mathrm{U}) = \frac{p_0(^{235}\mathrm{U})}{\sqrt{2\pi m(^{235}\mathrm{U}) k_\mathrm{B} T}} \cdot A \cdot t \qquad N_1(^{238}\mathrm{U}) = \frac{p_0(^{238}\mathrm{U})}{\sqrt{2\pi m(^{238}\mathrm{U}) k_\mathrm{B} T}} \cdot A \cdot t$$

式中 $A$ 为隙流小孔面积, $t$ 为隙流时间, $N_1(^{235}\mathrm{U})$ 和 $N_1(^{238}\mathrm{U})$ 为一定时间内经过一级隙流出小孔的两种铀的同位素的分子数。所以

$$\frac{x_1(^{235}\mathrm{U})}{x_1(^{238}\mathrm{U})} = \frac{N_1(^{235}\mathrm{U})}{N_1(^{238}\mathrm{U})} = \frac{p_0(^{235}\mathrm{U})}{p_0(^{238}\mathrm{U})} \cdot \sqrt{\frac{m(^{238}\mathrm{U})}{m(^{235}\mathrm{U})}}$$

式中 $x_1(^{238}\mathrm{U})$ 和 $x_1(^{235}\mathrm{U})$ 为一级隙流后两种铀的同位素丰度。根据 Dalton 分压定律, 有

$$\frac{p_0(^{235}\mathrm{U})}{p_0(^{238}\mathrm{U})} = \frac{p \cdot x_0(^{235}\mathrm{U})}{p \cdot x_0(^{238}\mathrm{U})} = \frac{x_0(^{235}\mathrm{U})}{x_0(^{238}\mathrm{U})}$$

所以
$$\frac{x_1(^{235}\text{U})}{x_1(^{238}\text{U})}=\frac{x_0(^{235}\text{U})}{x_0(^{238}\text{U})}\cdot\sqrt{\frac{m(^{238}\text{U})}{m(^{235}\text{U})}}=\frac{x_0(^{235}\text{U})}{x_0(^{238}\text{U})}\cdot\sqrt{\frac{M(^{238}\text{U})}{M(^{235}\text{U})}}$$
$$=\frac{0.700\times10^{-2}}{0.993}\times\sqrt{\frac{352\times10^{-3}\ \text{kg}\cdot\text{mol}^{-1}}{349\times10^{-3}\ \text{kg}\cdot\text{mol}^{-1}}}=7.08\times10^{-3}$$

结合
$$x_1(^{238}\text{U})+x_1(^{235}\text{U})=1$$

可解得
$$x_1(^{235}\text{U})=7.03\times10^{-3}=0.703\%$$

(2) 设至少需要 $n$ 级隙流方能将 $^{235}\text{U}$ 浓缩到 99.0% 以上, 则 $x_n(^{235}\text{U})=0.990$, $x_n(^{238}\text{U})=1-x_n(^{235}\text{U})=0.010$。根据 Graham 隙流定律, 经过 $n$ 级隙流后, 可得
$$\frac{x_n(^{235}\text{U})}{x_n(^{238}\text{U})}=\frac{x_0(^{235}\text{U})}{x_0(^{238}\text{U})}\left(\sqrt{\frac{M(^{238}\text{U})}{M(^{235}\text{U})}}\right)^n$$

也即
$$\frac{0.990}{0.010}=\frac{7.00\times10^{-3}}{0.993}\times\left(\frac{352\times10^{-3}\ \text{kg}\cdot\text{mol}^{-1}}{349\times10^{-3}\ \text{kg}\cdot\text{mol}^{-1}}\right)^{n/2}$$

可解得
$$n=2232$$
即至少需要 2232 级隙流后, 方能将 $^{235}\text{U}$ 浓缩到 99.0% 以上。

**例1.12** 设某气体遵循 Dieterici 状态方程式, 即 $p(V_\text{m}-b)=RT\exp(-a/RTV_\text{m})$。求该气体的临界压缩因子 $Z_\text{c}$。

**解**: 临界压缩因子 $Z_\text{c}$ 可表示为 $Z_\text{c}=\dfrac{p_\text{c}V_\text{m,c}}{RT_\text{c}}$

为了获得 $Z_\text{c}$, 需要通过状态方程获得临界状态的 $p_\text{c}$、$V_\text{m,c}$、$T_\text{c}$ 的值。

已知在临界点处, 有 $\left(\dfrac{\partial p}{\partial V_\text{m}}\right)_T=0$ 和 $\left(\dfrac{\partial^2 p}{\partial V_\text{m}^2}\right)_T=0$

由 Dieterici 状态方程式, 可得 $p=\dfrac{RT}{V_\text{m}-b}\exp\left(-\dfrac{a}{RTV_\text{m}}\right)$

$$\left(\frac{\partial p}{\partial V_\text{m}}\right)_{T_\text{c}}=-\frac{RT}{(V_\text{m}-b)^2}\exp\left(-\frac{a}{RTV_\text{m}}\right)+\frac{RT}{V_\text{m}-b}\cdot\left(-\frac{a}{RT}\right)\cdot$$
$$\left(-\frac{1}{V_\text{m}^2}\right)\exp\left(-\frac{a}{RTV_\text{m}}\right)=0$$

即
$$\left[\frac{a}{(V_\text{m}-b)V_\text{m}^2}-\frac{RT}{(V_\text{m}-b)^2}\right]\exp\left(-\frac{a}{RTV_\text{m}}\right)=0$$

也即
$$\frac{a}{V_\text{m}^2}=\frac{RT}{(V_\text{m}-b)}\tag{a}$$

$$\left(\frac{\partial^2 p}{\partial V_\text{m}^2}\right)_{T_\text{c}}=\left[\frac{2RT}{(V_\text{m}-b)^3}-\frac{a}{(V_\text{m}-b)^2V_\text{m}^2}-\frac{2a}{(V_\text{m}-b)V_\text{m}^3}\right]\exp\left(-\frac{a}{RTV_\text{m}}\right)+$$
$$\left[\frac{a}{(V_\text{m}-b)V_\text{m}^2}-\frac{RT}{(V_\text{m}-b)^2}\right]\cdot\left(-\frac{a}{RT}\right)\cdot\left(-\frac{1}{V_\text{m}^2}\right)\exp\left(-\frac{a}{RTV_\text{m}}\right)=0$$

即 $$\left[\frac{2RT}{(V_m-b)^3}-\frac{2a}{(V_m-b)^2V_m^2}-\frac{2a}{(V_m-b)V_m^3}+\frac{a^2}{RT(V_m-b)V_m^4}\right]\exp\left(-\frac{a}{RTV_m}\right)=0$$

也即 $$\frac{2RT}{(V_m-b)^2}+\frac{a^2}{RTV_m^4}=\frac{2a}{(V_m-b)V_m^2}+\frac{2a}{V_m^3} \tag{b}$$

将式 (a) 代入式 (b), 可得 $$V_{m,c}=2b \tag{c}$$

将式 (c) 代入式 (a), 可得 $$T_c=\frac{a}{4bR} \tag{d}$$

将式 (c) 和式 (d) 代入状态方程式, 可得 $$p_c=\frac{a}{4b^2e^2} \tag{e}$$

所以 $$Z_c=\frac{p_cV_{m,c}}{RT_c}=\frac{\frac{a}{4b^2e^2}\times 2b}{R\times\frac{a}{4bR}}=\frac{2}{e^2}=0.27$$

可见, 对于服从 Dieterici 方程式的气体, 其临界压缩因子为一常数, 与气体的种类无关。

**例1.13** 某体积为 28.5 $dm^3$ 的容器内装有 0.30 kg $NH_3(g)$, 测得其温度为 348.15 K, 试计算其压力。(1) 用 van der Waals 方程式计算; (2) 用压缩因子图计算。(实测压力值为 1611.1 kPa。)

**解**: (1) 查得 $NH_3(g)$ 的临界参数为

$$T_c=132.41\ ℃\qquad p_c=11357\ \text{kPa}$$

已知 van der Waals 常数 $a$、$b$ 与临界参数的关系为

$$b=\frac{RT_c}{8p_c}=\frac{8.314\ \text{J}\cdot\text{mol}^{-1}\cdot\text{K}^{-1}\times(132.41+273.15)\ \text{K}}{8\times 11357\times 10^3\ \text{Pa}}=3.71\times 10^{-5}\ \text{m}^3\cdot\text{mol}^{-1}$$

$$a=\frac{27}{64}\cdot\frac{R^2T_c^2}{p_c}=\frac{27}{64}\times\frac{(8.314\ \text{J}\cdot\text{mol}^{-1}\cdot\text{K}^{-1})^2\times(405.56\ \text{K})^2}{11357\times 10^3\ \text{Pa}}=0.4223\ \text{Pa}\cdot\text{m}^6\cdot\text{mol}^{-2}$$

根据 van der Waals 方程式, 则

$$\begin{aligned}p&=\frac{nRT}{V-nb}-\frac{an^2}{V^2}\\&=\frac{\frac{0.30\ \text{kg}}{17\times 10^{-3}\ \text{kg}\cdot\text{mol}^{-1}}\times 8.314\ \text{J}\cdot\text{mol}^{-1}\cdot\text{K}^{-1}\times 348.15\ \text{K}}{28.5\times 10^{-3}\ \text{m}^3-\frac{0.30\ \text{kg}}{17\times 10^{-3}\ \text{kg}\cdot\text{mol}^{-1}}\times 3.71\times 10^{-5}\ \text{m}^3\cdot\text{mol}^{-1}}-\\&\quad\frac{0.4223\ \text{Pa}\cdot\text{m}^6\cdot\text{mol}^{-2}\times\left(\frac{0.30\ \text{kg}}{17\times 10^{-3}\ \text{kg}\cdot\text{mol}^{-1}}\right)^2}{(28.5\times 10^{-3}\ \text{m}^3)^2}=1672.5\ \text{kPa}\end{aligned}$$

(2) 若用压缩因子图计算, 则有

$$\tau=\frac{T}{T_c}=\frac{348.15\ \text{K}}{405.56\ \text{K}}=0.8584\qquad \pi=\frac{p}{p_c}=\frac{p}{11357\ \text{kPa}}$$

$$Z=\frac{pV}{nRT}=\frac{p_cV}{nRT}\pi=\frac{11357\times 10^3\ \text{Pa}\times 28.5\times 10^{-3}\ \text{m}^3}{\frac{0.30\ \text{kg}}{17\times 10^{-3}\ \text{kg}\cdot\text{mol}^{-1}}\times 8.314\ \text{J}\cdot\text{mol}^{-1}\cdot\text{K}^{-1}\times 348.15\ \text{K}}\pi=6.34\pi$$

根据上式可知, 当 $\pi = 0.1$ 时, $Z = 0.634$; 当 $\pi = 0.2$ 时, $Z = 1.268$。

在压缩因子图 ($Z$–$\pi$ 图) 上, 通过上述两点作一直线, 与 $\tau = 0.8584$ 的等温线交于一点, 该点的 $\pi = 0.148$。所以

$$p = p_c \pi = 11357 \text{ kPa} \times 0.148 = 1680.8 \text{ kPa}$$

**例1.14** 现有 1.0 kg 丙烷 ($C_3H_8$), 将其压缩至 10132.5 kPa 时, 其体积为 7.81 $dm^3$。试利用压缩因子图, 计算该压缩气体的温度。已知丙烷的 $M = 44.09 \text{ g·mol}^{-1}$, $T_c = 369.9 \text{ K}$, $p_c = 4250 \text{ kPa}$。

**解**: 先计算对比压力, 有 $\pi = \dfrac{p}{p_c} = \dfrac{10132.5 \text{ kPa}}{4250 \text{ kPa}} = 2.384$

查压缩因子图, 当 $\pi = 2.384$ 时, 可找出一组不同对比温度 $\tau$ 值下的 $Z$ 值, 列于下表中:

| $\tau$ | 1.0 | 1.1 | 1.2 | 1.4 | 1.6 |
|---|---|---|---|---|---|
| $Z$ | 0.36 | 0.42 | 0.54 | 0.74 | 0.85 |

利用上表中的数据, 可绘制一条 $\pi = 2.384$ 时的 $Z-\tau$ 曲线, 见下图中的曲线 (1)。

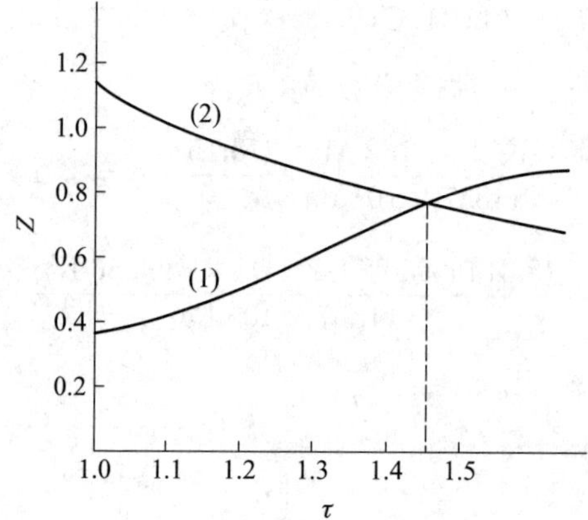


设气体的温度为 $T$, 则对比温度 $\tau$ 可写为 $\tau = \dfrac{T}{T_c} = \dfrac{T}{369.9 \text{ K}}$

即

$$T = \tau \times 369.9 \text{ K}$$

根据压缩因子的定义, 有

$$Z = \frac{pV}{nRT} = \frac{10132.5 \text{ kPa} \times 7.81 \text{ dm}^3}{\dfrac{1.0 \text{ kg}}{44.09 \times 10^{-3} \text{ kg·mol}^{-1}} \times 8.314 \text{ J·mol}^{-1}\text{·K}^{-1} \times 369.9 \text{ K} \times \tau} = \frac{1.135}{\tau}$$

根据上式, 可绘制另外一条 $Z-\tau$ 曲线, 见上图中的曲线 (2)。

上述两条曲线 (1) 和 (2) 交于 $\tau = 1.46$ 处。因此

$$T = \tau T_c = 1.46 \times 369.9 \text{ K} = 540 \text{ K}$$

该丙烷压缩气体的温度为 540 K。

# 三、习题及解答

**1.1**　自行车轮胎气压为 $2\times101.325\ \mathrm{kPa}$, 其温度为 10 ℃。若骑自行车时, 由于摩擦生热使轮胎内温度升高至 35 ℃, 体积增加 5%, 则此时轮胎内气压为多少?

**解**: 轮胎内气体始态、终态物质的量不变, 由理想气体状态方程式 ($pV=nRT$) 可知

$$\frac{p_1V_1}{T_1}=\frac{p_2V_2}{T_2}$$

根据题意, $p_1=2\times101.325\ \mathrm{kPa}$, $T_1=283.15\ \mathrm{K}$, $V_2=1.05V_1$, $T_2=308.15\ \mathrm{K}$, 代入上式得

$$p_2=\frac{p_1V_1T_2}{1.05V_1T_1}=\frac{p_1T_2}{1.05T_1}=\frac{2\times101.325\ \mathrm{kPa}\times308.15\ \mathrm{K}}{1.05\times283.15\ \mathrm{K}}=210.04\ \mathrm{kPa}$$

**1.2**　两个相连的容器内都含有 $\mathrm{N_2(g)}$。当它们同时被浸入沸水中时, 气体的压力为 $0.5\times101325\ \mathrm{Pa}$。如果一个容器被浸在冰和水的混合物中, 而另一个仍浸在沸水中, 则气体的压力为多少? (设两容器体积相等。)

**解**: 根据理想气体状态方程式 ($pV=nRT$), 起始状态时两个容器内 $\mathrm{N_2(g)}$ 的总的物质的量为

$$n(\mathrm{N_2})=\frac{p_1V_1}{RT_1}+\frac{p_2V_2}{RT_2}=\frac{2pV}{RT_1}\tag{a}$$

式中 $V_1=V_2=V$, $p_1=p_2=p=0.5\times101325\ \mathrm{Pa}$, $T_1=T_2=373.15\ \mathrm{K}$。

最终状态时两个容器内 $\mathrm{N_2(g)}$ 的总的物质的量为

$$n'(\mathrm{N_2})=\frac{p_1'V_1}{RT_1'}+\frac{p_2'V_2}{RT_2'}=\frac{p'V}{R}\cdot\frac{T_1'+T_2'}{T_1'T_2'}\tag{b}$$

式中 $V_1=V_2=V$, $p_1'=p_2'=p'$, $T_1'=373.15\ \mathrm{K}$, $T_2'=273.15\ \mathrm{K}$。

由于 $n(\mathrm{N_2})=n'(\mathrm{N_2})$, 则根据式 (a) 和式 (b) 可得

$$p'=\frac{2p}{T_1}\cdot\frac{T_1'T_2'}{T_1'+T_2'}=\frac{2\times0.5\times101325\ \mathrm{Pa}}{373.15\ \mathrm{K}}\times\frac{373.15\ \mathrm{K}\times273.15\ \mathrm{K}}{373.15\ \mathrm{K}+273.15\ \mathrm{K}}=42.8\ \mathrm{kPa}$$

**1.3**　在含有 10 g 氢气的气球内需要加入多少摩尔氩气, 才能使气球停留在空气中 (此时气球内气体的质量等于相同体积的空气的质量)? 假定混合气体是理想气体, 气球本身的质量可忽略不计。已知空气的平均摩尔质量为 $29\ \mathrm{g\cdot mol^{-1}}$。

**解**: 由理想气体状态方程式 ($pV=nRT$) 及 $n=\dfrac{m}{\overline{M}}$ 可知

$$m=\frac{pV\overline{M}}{RT}$$

要使 $m_{混气}=m_{空气}$, 则应有 $\overline{M}_{混气}=\overline{M}_{空气}=29\ \mathrm{g\cdot mol^{-1}}$。由于

$$\overline{M}_{混气}=x_{\mathrm{H_2}}M_{\mathrm{H_2}}+x_{\mathrm{Ar}}M_{\mathrm{Ar}}\quad\left(其中\ x_{\mathrm{H_2}}=\frac{n_{\mathrm{H_2}}}{n_{\mathrm{H_2}}+n_{\mathrm{Ar}}},\quad x_{\mathrm{Ar}}=\frac{n_{\mathrm{Ar}}}{n_{\mathrm{H_2}}+n_{\mathrm{Ar}}}\right)$$

已知 $M_{H_2}=2.0\ g\cdot mol^{-1}$, $M_{Ar}=40\ g\cdot mol^{-1}$, $n_{H_2}=\dfrac{m_{H_2}}{M_{H_2}}=\dfrac{10\ g}{2.0\ g\cdot mol^{-1}}=5.0\ mol$, 代入上式可得

$$29\ g\cdot mol^{-1}=\frac{5.0\ mol}{5.0\ mol+n_{Ar}}\times 2.0\ g\cdot mol^{-1}+\frac{n_{Ar}}{5.0\ mol+n_{Ar}}\times 40\ g\cdot mol^{-1}$$

解得
$$n_{Ar}=12.3\ mol$$

**1.4** 两个相连的容器, 一个体积为 1 $dm^3$, 内装氮气, 压力为 $1.6\times10^5$ Pa; 另一个体积为 4 $dm^3$, 内装氧气, 压力为 $0.6\times10^5$ Pa。当打开连通旋塞后, 两种气体充分均匀地混合。试计算:

(1) 混合气体的总压;

(2) 每种气体的分压和摩尔分数。

**解**: (1) 由理想气体状态方程式 ($pV=nRT$) 可知

$$p=\frac{(n_{N_2}+n_{O_2})RT}{(V_{N_2}+V_{O_2})}=\frac{p_{N_2}V_{N_2}+p_{O_2}V_{O_2}}{(V_{N_2}+V_{O_2})}$$

$$=\frac{(1.6\times10^5\ Pa)\times 1\ dm^3+(0.6\times10^5\ Pa)\times 4\ dm^3}{1\ dm^3+4\ dm^3}=8.0\times10^4\ Pa$$

(2) 可先计算氮气的摩尔分数:

$$x_{N_2}=\frac{n_{N_2}}{n_{N_2}+n_{O_2}}=\frac{p_{N_2}V_{N_2}}{p_{N_2}V_{N_2}+p_{O_2}V_{O_2}}$$

$$=\frac{(1.6\times10^5\ Pa)\times 1\ dm^3}{(1.6\times10^5\ Pa)\times 1\ dm^3+(0.6\times10^5\ Pa)\times 4\ dm^3}=0.4$$

则
$$x_{O_2}=1-x_{N_2}=0.6$$

根据 Dalton 分压定律 ($p_B=p\cdot x_B$), 可得

$$p_{N_2}=px_{N_2}=8.0\times10^4\ Pa\times0.4=3.2\times10^4\ Pa$$

$$p_{O_2}=px_{O_2}=8.0\times10^4\ Pa\times0.6=4.8\times10^4\ Pa$$

**1.5** 以饱和气流法测定蒸气压, 在 15 ℃, 101.325 kPa 下, 将 2.000 $dm^3$ 干空气通过一已知质量的 $CS_2(l)$ 起泡器的球, 空气与 $CS_2$ 蒸气混合后逸至 101.325 kPa 的空气中, 称量球的质量, 发现有 3.011 g $CS_2(l)$ 蒸发, 试求 15 ℃ 时 $CS_2(l)$ 的蒸气压。

**解**: 进去的是干空气, 逸出来的是空气和 $CS_2$ 蒸气的混合物; 根据 Dalton 分压定律 ($p_B=p\cdot x_B$), 则

$$p_{CS_2}=101325\ Pa\times x_{CS_2}=101325\ Pa\times\frac{n_{CS_2}}{n_{空气}+n_{CS_2}}$$

已知
$$n_{CS_2}=\frac{m_{CS_2}}{M_{CS_2}}=\frac{3.011\ g}{76.13\ g\cdot mol^{-1}}=3.955\times10^{-2}\ mol$$

$$n_{空气}=\frac{p_{空气}V_{空气}}{RT}=\frac{101.325\ kPa\times2.000\ dm^3}{8.314\ J\cdot mol^{-1}\cdot K^{-1}\times288.15\ K}=8.459\times10^{-2}\ mol$$

所以
$$p_{CS_2}=101325\ Pa\times\frac{3.955\times10^{-2}\ mol}{8.459\times10^{-2}\ mol+3.955\times10^{-2}\ mol}=3.228\times10^4\ Pa$$

**1.6** 假定在空气中 $N_2$ 和 $O_2$ 的体积分数分别为 79% 和 21%, 试求在 298.15 K, 101.325 kPa 下, 相对湿度为 60% 时潮湿空气的密度为多少? 已知 298.15 K 时水的饱和蒸气压为 3167.68 Pa (所谓相对湿度, 即在该温度时, 水蒸气的分压与水的饱和蒸气压之比)。

**解**: 已知 $p_{H_2O} = p^*_{H_2O} \times 60\% = 3167.68\ \text{Pa} \times 60\% = 1900.61\ \text{Pa}$, 根据 Dalton 分压定律 ($p_B = p \cdot x_B$) 可得

$$x_{H_2O} = \frac{p_{H_2O}}{p} = \frac{1900.61\ \text{Pa}}{101325\ \text{Pa}} = 0.01876$$

因为 $$x_{H_2O} + x_{N_2} + x_{O_2} = 1 \quad 且 \quad \frac{x_{N_2}}{x_{O_2}} = \frac{0.79}{0.21}$$

所以可解得 $$x_{N_2} = 0.7752 \qquad x_{O_2} = 0.2061$$

根据理想气体状态方程式 ($pV = nRT$) 以及 $\rho = \dfrac{m}{V}$ 和 $n = \dfrac{m}{\overline{M}}$, 可得

$$\rho = \frac{p\overline{M}}{RT} = \frac{p}{RT} \cdot \left(x_{N_2} M_{N_2} + x_{O_2} M_{O_2} + x_{H_2O} M_{H_2O}\right)$$

$$= \frac{101325\ \text{Pa}}{8.314\ \text{J} \cdot \text{mol}^{-1} \cdot \text{K}^{-1} \times 298.15\ \text{K}} \times (0.7752 \times 28.01 + 0.2061 \times 32.00 + 0.01876 \times 18.02)\ \text{g} \cdot \text{mol}^{-1}$$

$$= 1.171\ \text{g} \cdot \text{dm}^{-3}$$

**1.7** 在 Bessemar 燃烧中充以含碳量为 3% 的铁 10000 kg。

(1) 若使所有的碳完全燃烧, 计算要通入 27 ℃, 100 kPa 的空气的体积 [假定 1/5 的碳燃烧生成 $CO_2(g)$, 4/5 的碳燃烧生成 $CO(g)$];

(2) 求炉内放出各气体的分压。

**解**: (1) 在 10000 kg 铁中碳的物质的量为

$$n_C = \frac{m_C}{M_C} = \frac{10000\ \text{kg} \times 0.03}{12 \times 10^{-3}\ \text{kg} \cdot \text{mol}^{-1}} = 2.5 \times 10^4\ \text{mol}$$

$$C(s) + O_2(g) \rightleftharpoons CO_2(g)$$

$$C(s) + \frac{1}{2}O_2(g) \rightleftharpoons CO(g)$$

使碳完全燃烧所需消耗的氧气的物质的量为

$$n_{O_2} = \frac{1}{5}n_C + \frac{1}{2} \times \frac{4}{5}n_C = \frac{6}{10}n_C = 0.6 \times (2.5 \times 10^4\ \text{mol}) = 1.5 \times 10^4\ \text{mol}$$

已知空气中氧气的体积分数为 21% (氮气的体积分数为 79%), 则相应的空气体积为

$$V_{空气} = \frac{n_{空气}RT}{p} = \frac{\dfrac{n_{O_2}}{0.21} \times RT}{p} = \frac{n_{O_2}RT}{0.21p}$$

$$= \frac{1.5 \times 10^4\ \text{mol} \times 8.314\ \text{J} \cdot \text{mol}^{-1} \cdot \text{K}^{-1} \times 300.15\ \text{K}}{0.21 \times 100 \times 10^3\ \text{Pa}} = 1782\ \text{m}^3$$

(2) 由于 $O_2(g)$ 已耗尽, 故炉内放出的气体中仅存 $N_2(g)$、$CO_2(g)$ 和 $CO(g)$, 总压仍为 100 kPa,

则

$$n_{N_2}=\frac{p_{N_2}V_{空气}}{RT}=\frac{0.79\times10^5\ \text{Pa}\times1782\ \text{m}^3}{8.314\ \text{J}\cdot\text{mol}^{-1}\cdot\text{K}^{-1}\times300.15\ \text{K}}=5.6\times10^4\ \text{mol}$$

$$n_{CO_2}=\frac{1}{5}n_C=\frac{1}{5}\times2.5\times10^4\ \text{mol}=5.0\times10^3\ \text{mol}$$

$$n_{CO}=\frac{4}{5}n_C=\frac{4}{5}\times2.5\times10^4\ \text{mol}=2.0\times10^4\ \text{mol}$$

$$n_{总}=n_{N_2}+n_{CO_2}+n_{CO}=8.1\times10^4\ \text{mol}$$

$$p_{N_2}=px_{N_2}=p\cdot\frac{n_{N_2}}{n_{总}}=100\times10^3\ \text{Pa}\times\frac{5.6\times10^4\ \text{mol}}{8.1\times10^4\ \text{mol}}=6.9\times10^4\ \text{Pa}$$

$$p_{CO_2}=px_{CO_2}=p\cdot\frac{n_{CO_2}}{n_{总}}=100\times10^3\ \text{Pa}\times\frac{5.0\times10^3\ \text{mol}}{8.1\times10^4\ \text{mol}}=6.2\times10^3\ \text{Pa}$$

$$p_{CO}=px_{CO}=p\cdot\frac{n_{CO}}{n_{总}}=100\times10^3\ \text{Pa}\times\frac{2.0\times10^4\ \text{mol}}{8.1\times10^4\ \text{mol}}=2.5\times10^4\ \text{Pa}$$

**1.8** 制硫酸时需要制备 $SO_2(g)$。在一定的操作情况下, 每炉每小时加入硫 30 kg, 通入过量的空气 (使硫燃烧完全), 所产生的气体混合物中氧气的摩尔分数为 0.10, 试计算每小时要通入 20 ℃, 100 kPa 的空气的体积。

**解**: 设每小时要通入 20 ℃, 100 kPa 的空气的物质的量为 $n_{空气}$, 则其中 $N_2(g)$ 的物质的量为 $0.79n_{空气}$, $O_2(g)$ 的物质的量为 $0.21n_{空气}$。由于发生反应

$$S(s)+O_2(g)\rightleftharpoons SO_2(g)$$

所以

$$n_{SO_2}=n_S=n_{O_2}(1)=\frac{30\ \text{kg}}{32.06\times10^{-3}\ \text{kg}\cdot\text{mol}^{-1}}=935.7\ \text{mol}$$

式中的 $n_{O_2}(1)$ 为过量空气中参与燃烧的 $O_2(g)$ 的物质的量; 则硫燃烧完全后, 所产生的气体混合物中 $N_2(g)$ 的物质的量仍为 $0.79n_{空气}$, $O_2(g)$ 的物质的量为 $(0.21n_{空气}-935.7\ \text{mol})$, $SO_2(g)$ 的物质的量为 935.7 mol。

已知燃烧后混合气中:

$$x_{O_2}=\frac{n_{O_2}(2)}{n_{O_2}(2)+n_{N_2}+n_{SO_2}}=0.10$$

式中的 $n_{O_2}(2)$ 为过量空气参与燃烧后剩余的 $O_2(g)$ 的物质的量, 即 $(0.21n_{空气}-935.7\ \text{mol})$。所以

$$\frac{0.21n_{空气}-935.7\ \text{mol}}{(0.21n_{空气}-935.7\ \text{mol})+0.79n_{空气}+935.7\ \text{mol}}=0.10$$

解得

$$n_{空气}=8506.4\ \text{mol}$$

对应的体积为

$$V_{空气}=\frac{n_{空气}RT}{p}=\frac{8506.4\ \text{mol}\times8.314\ \text{J}\cdot\text{mol}^{-1}\cdot\text{K}^{-1}\times293.15\ \text{K}}{100\times10^3\ \text{Pa}}=207.3\ \text{m}^3$$

即每小时要通入空气的体积为 207.3 $\text{m}^3$。

**1.9** 试分别计算 0 ℃ 和 25 ℃ 时, $N_2(g)$ 和 $H_2(g)$ 分子的平均速率、最概然速率和均方根速

率, 并进行比较说明。

**解**: 分子的平均速率、最概然速率和均方根速率的计算公式如下:

数学平均速率: $v_{\mathrm{a}} = \sqrt{\dfrac{8k_{\mathrm{B}}T}{\pi m}} = \sqrt{\dfrac{8RT}{\pi M}}$

最概然速率: $v_{\mathrm{m}} = \sqrt{\dfrac{2k_{\mathrm{B}}T}{m}} = \sqrt{\dfrac{2RT}{M}}$

均方根速率: $u = \sqrt{\dfrac{3k_{\mathrm{B}}T}{m}} = \sqrt{\dfrac{3RT}{M}}$

273.15 K 时:

$$v_{\mathrm{a}}(\mathrm{N_2}) = \sqrt{\frac{8 \times 8.314\ \mathrm{J \cdot mol^{-1} \cdot K^{-1}} \times 273.15\ \mathrm{K}}{3.1416 \times 28.01 \times 10^{-3}\ \mathrm{kg \cdot mol^{-1}}}} = 454.4\ \mathrm{m \cdot s^{-1}}$$

$$v_{\mathrm{m}}(\mathrm{N_2}) = \sqrt{\frac{2 \times 8.314\ \mathrm{J \cdot mol^{-1} \cdot K^{-1}} \times 273.15\ \mathrm{K}}{28.01 \times 10^{-3}\ \mathrm{kg \cdot mol^{-1}}}} = 402.7\ \mathrm{m \cdot s^{-1}}$$

$$u(\mathrm{N_2}) = \sqrt{\frac{3 \times 8.314\ \mathrm{J \cdot mol^{-1} \cdot K^{-1}} \times 273.15\ \mathrm{K}}{28.01 \times 10^{-3}\ \mathrm{kg \cdot mol^{-1}}}} = 493.2\ \mathrm{m \cdot s^{-1}}$$

$$v_{\mathrm{a}}(\mathrm{H_2}) = \sqrt{\frac{8 \times 8.314\ \mathrm{J \cdot mol^{-1} \cdot K^{-1}} \times 273.15\ \mathrm{K}}{3.1416 \times 2.016 \times 10^{-3}\ \mathrm{kg \cdot mol^{-1}}}} = 1694\ \mathrm{m \cdot s^{-1}}$$

$$v_{\mathrm{m}}(\mathrm{H_2}) = \sqrt{\frac{2 \times 8.314\ \mathrm{J \cdot mol^{-1} \cdot K^{-1}} \times 273.15\ \mathrm{K}}{2.016 \times 10^{-3}\ \mathrm{kg \cdot mol^{-1}}}} = 1501\ \mathrm{m \cdot s^{-1}}$$

$$u(\mathrm{H_2}) = \sqrt{\frac{3 \times 8.314\ \mathrm{J \cdot mol^{-1} \cdot K^{-1}} \times 273.15\ \mathrm{K}}{2.016 \times 10^{-3}\ \mathrm{kg \cdot mol^{-1}}}} = 1838\ \mathrm{m \cdot s^{-1}}$$

同理, 298.15 K 时:

$$v_{\mathrm{a}}(\mathrm{N_2}) = \sqrt{\frac{8 \times 8.314\ \mathrm{J \cdot mol^{-1} \cdot K^{-1}} \times 298.15\ \mathrm{K}}{3.1416 \times 28.01 \times 10^{-3}\ \mathrm{kg \cdot mol^{-1}}}} = 474.7\ \mathrm{m \cdot s^{-1}}$$

$$v_{\mathrm{m}}(\mathrm{N_2}) = \sqrt{\frac{2 \times 8.314\ \mathrm{J \cdot mol^{-1} \cdot K^{-1}} \times 298.15\ \mathrm{K}}{28.01 \times 10^{-3}\ \mathrm{kg \cdot mol^{-1}}}} = 420.7\ \mathrm{m \cdot s^{-1}}$$

$$u(\mathrm{N_2}) = \sqrt{\frac{3 \times 8.314\ \mathrm{J \cdot mol^{-1} \cdot K^{-1}} \times 298.15\ \mathrm{K}}{28.01 \times 10^{-3}\ \mathrm{kg \cdot mol^{-1}}}} = 515.3\ \mathrm{m \cdot s^{-1}}$$

$$v_{\mathrm{a}}(\mathrm{H_2}) = \sqrt{\frac{8 \times 8.314\ \mathrm{J \cdot mol^{-1} \cdot K^{-1}} \times 298.15\ \mathrm{K}}{3.1416 \times 2.016 \times 10^{-3}\ \mathrm{kg \cdot mol^{-1}}}} = 1770\ \mathrm{m \cdot s^{-1}}$$

$$v_{\mathrm{m}}(\mathrm{H_2}) = \sqrt{\frac{2 \times 8.314\ \mathrm{J \cdot mol^{-1} \cdot K^{-1}} \times 298.15\ \mathrm{K}}{2.016 \times 10^{-3}\ \mathrm{kg \cdot mol^{-1}}}} = 1568\ \mathrm{m \cdot s^{-1}}$$

$$u(\mathrm{H_2}) = \sqrt{\frac{3 \times 8.314\ \mathrm{J \cdot mol^{-1} \cdot K^{-1}} \times 273.15\ \mathrm{K}}{2.016 \times 10^{-3}\ \mathrm{kg \cdot mol^{-1}}}} = 1921\ \mathrm{m \cdot s^{-1}}$$

也可利用下面的公式计算:

$$\frac{v_{\mathrm{a}}(T_2)}{v_{\mathrm{a}}(T_1)} = \frac{v_{\mathrm{m}}(T_2)}{v_{\mathrm{m}}(T_1)} = \frac{u(T_2)}{u(T_1)} = \sqrt{\frac{T_2}{T_1}} = \sqrt{\frac{298.15\ \mathrm{K}}{273.15\ \mathrm{K}}} = 1.0448$$

可见, 同一温度下, 由于 $N_2(g)$ 的分子质量大于 $H_2(g)$ 的分子质量, 故其平均速率、最概然速率和均方根速率均较 $H_2(g)$ 小。另外, 对于同一种气体, 温度升高, 气体分子的平动能增加, 故其平均速率、最概然速率和均方根速率均增大。

**1.10** 试计算:

(1) 在 0 ℃, 101.325 kPa 时, 1 mol $CH_4(g)$ 气体中分子速率处在 $90.000 \sim 90.002\ \mathrm{m\cdot s^{-1}}$ 的分子数目;

(2) 在 0 ℃, 101.325 kPa 时, 1 mol $CH_4(g)$ 气体中分子速率处在 $300.0 \sim 400.0\ \mathrm{m\cdot s^{-1}}$ 的分子数目。

**解**: (1) 已知 Maxwell 速率分布定律为

$$f(v) = \frac{1}{N} \cdot \frac{\mathrm{d}N_v}{\mathrm{d}v} = \frac{4}{\sqrt{\pi}} \left(\frac{m}{2k_{\mathrm{B}}T}\right)^{3/2} \exp\left(-\frac{mv^2}{2k_{\mathrm{B}}T}\right) v^2$$

由于分子速率区间的间距很小 ($\Delta\nu = 0.002\ \mathrm{m\cdot s^{-1}}$), 故可近似地直接使用微分式, 而不必积分。即

$$\begin{aligned}\Delta N_v &= Nf(v)\Delta v = \frac{4N}{\sqrt{\pi}} \left(\frac{m}{2k_{\mathrm{B}}T}\right)^{3/2} \exp\left(-\frac{mv^2}{2k_{\mathrm{B}}T}\right) v^2 \Delta v \\ &= \frac{4 \times 6.022 \times 10^{23}}{\sqrt{3.1416}} \times \left[\frac{16.04 \times 10^{-3}\ \mathrm{kg\cdot mol^{-1}}/(6.022 \times 10^{23}\ \mathrm{mol^{-1}})}{2 \times 1.38 \times 10^{-23}\ \mathrm{J\cdot K^{-1}} \times 273.15\ \mathrm{K}}\right]^{3/2} \times \\ &\quad \exp\left[-\frac{16.04 \times 10^{-3}\ \mathrm{kg\cdot mol^{-1}}/(6.022 \times 10^{23}\ \mathrm{mol^{-1}})}{2 \times 1.38 \times 10^{-23}\ \mathrm{J\cdot K^{-1}} \times 273.15\ \mathrm{K}} \times (90.001\ \mathrm{m\cdot s^{-1}})^2\right] \times \\ &\quad (90.001\ \mathrm{m\cdot s^{-1}})^2 \times 0.002\ \mathrm{m\cdot s^{-1}} = 1.4 \times 10^{17}\end{aligned}$$

上式中 $N$ 为 1 mol $CH_4(g)$ 中的分子数 (即 $6.022 \times 10^{23}$), $v$ 为 $90.000 \sim 90.002\ \mathrm{m\cdot s^{-1}}$ 区间的平均速率 $90.001\ \mathrm{m\cdot s^{-1}}$。

(2) 由于分子速率区间间距较大 ($\Delta v = 100.0\ \mathrm{m\cdot s^{-1}}$), 故此时不能使用微分式, 而必须进行积分计算。即

$$\begin{aligned}\Delta N_v &= \int_{v=300\ \mathrm{m\cdot s^{-1}}}^{v=400\ \mathrm{m\cdot s^{-1}}} \frac{4N}{\sqrt{\pi}} \left(\frac{m}{2k_{\mathrm{B}}T}\right)^{3/2} \exp\left(-\frac{mv^2}{2k_{\mathrm{B}}T}\right) v^2 \mathrm{d}v \\ &= \frac{4N}{\sqrt{\pi}} \left(\frac{m}{2k_{\mathrm{B}}T}\right)^{3/2} \cdot \int_{v=300\ \mathrm{m\cdot s^{-1}}}^{v=400\ \mathrm{m\cdot s^{-1}}} \exp\left(-\frac{mv^2}{2k_{\mathrm{B}}T}\right) v^2 \mathrm{d}v\end{aligned}$$

式中被积函数非初等函数, 不便积分。一种近似的处理方法是将被积函数中的指数函数按照公式 $\mathrm{e}^{-x} = 1 - x + \frac{x^2}{2!} - \frac{x^3}{3!} + \cdots$ 展开, 然后代入积分后取前几项。可得

$$\int_{v=300\ \mathrm{m\cdot s^{-1}}}^{v=400\ \mathrm{m\cdot s^{-1}}} \exp\left(-\frac{mv^2}{2k_{\mathrm{B}}T}\right) v^2 \mathrm{d}v = \left[\frac{v^3}{3} - \left(\frac{m}{2k_{\mathrm{B}}T}\right)\frac{v^5}{5} + \frac{1}{2!}\left(\frac{m}{2k_{\mathrm{B}}T}\right)^2 \frac{v^7}{7} - \right.$$

$$\left.\frac{1}{3!}\left(\frac{m}{2k_\mathrm{B}T}\right)^3\frac{v^9}{9}+\cdots\right]\Bigg|_{v=300\ \mathrm{m\cdot s^{-1}}}^{v=400\ \mathrm{m\cdot s^{-1}}}$$

$$\Delta N_v=\frac{4N}{\sqrt{\pi}}\left(\frac{m}{2k_\mathrm{B}T}\right)^{3/2}\cdot\left[\frac{v^3}{3}-\left(\frac{m}{2k_\mathrm{B}T}\right)\frac{v^5}{5}+\frac{1}{2!}\left(\frac{m}{2k_\mathrm{B}T}\right)^2\frac{v^7}{7}-\right.$$

$$\left.\frac{1}{3!}\left(\frac{m}{2k_\mathrm{B}T}\right)^3\frac{v^9}{9}+\cdots\right]\Bigg|_{v=300\ \mathrm{m\cdot s^{-1}}}^{v=400\ \mathrm{m\cdot s^{-1}}}$$

代入数据, 经计算得到 $\Delta N_v=7.1\times10^{22}$

**1.11** (1) 证明: 由 $f(E)=\frac{2}{\sqrt{\pi}}\left(\frac{1}{k_\mathrm{B}T}\right)^{3/2}\exp\left(-\frac{E}{k_\mathrm{B}T}\right)E^{1/2}$ 给出的能量分布是归一化的;

(2) 根据能量分布函数, 证明分子平均平动能为 $\overline{E_\mathrm{t}}=\frac{3}{2}k_\mathrm{B}T$。

**解**: (1) 需要证明

$$\int_0^\infty f(E)\mathrm{d}E=\frac{2}{\sqrt{\pi}}\left(\frac{1}{k_\mathrm{B}T}\right)^{3/2}\int_0^\infty\exp\left(-\frac{E}{k_\mathrm{B}T}\right)E^{1/2}\mathrm{d}E=1$$

根据积分公式 $\int_0^\infty x^{1/2}\mathrm{e}^{-\alpha x}\mathrm{d}x=\frac{1}{2\alpha}\sqrt{\frac{\pi}{\alpha}}$, 令 $\alpha=\frac{1}{k_\mathrm{B}T}$, 则

$$\int_0^\infty f(E)\mathrm{d}E=\frac{2}{\sqrt{\pi}}\left(\frac{1}{k_\mathrm{B}T}\right)^{3/2}\cdot\frac{k_\mathrm{B}T}{2}\cdot(\pi k_\mathrm{B}T)^{1/2}=1$$

(2) $\overline{E_\mathrm{t}}=\int_0^\infty Ef(E)\mathrm{d}E=\frac{2}{\sqrt{\pi}}\left(\frac{1}{k_\mathrm{B}T}\right)^{3/2}\int_0^\infty\exp\left(-\frac{E}{k_\mathrm{B}T}\right)E^{3/2}\mathrm{d}E$

根据积分公式 $\int_0^\infty x^{3/2}\mathrm{e}^{-\alpha x}\mathrm{d}x=\frac{3}{(2\alpha)^2}\sqrt{\frac{\pi}{\alpha}}$, 令 $\alpha=\frac{1}{k_\mathrm{B}T}$, 则

$$\overline{E_\mathrm{t}}=\frac{2}{\sqrt{\pi}}\left(\frac{1}{k_\mathrm{B}T}\right)^{3/2}\times3\times\left(\frac{k_\mathrm{B}T}{2}\right)^2(\pi k_\mathrm{B}T)^{1/2}=\frac{3}{2}k_\mathrm{B}T$$

**1.12** 计算分子动能大于 $10k_\mathrm{B}T$ 的分子在总分子中所占的比例。

**解**: (1) 二度空间能量分布

$$\frac{N_{E_1\to\infty}}{N}=\mathrm{e}^{-E_1/k_\mathrm{B}T}=\mathrm{e}^{-10k_\mathrm{B}T/k_\mathrm{B}T}=\mathrm{e}^{-10}=4.54\times10^{-5}=0.00454\%$$

(2) 三度空间能量分布

$$\frac{N_{E_1\to\infty}}{N}=\frac{2}{\sqrt{\pi}}\mathrm{e}^{-E_1/k_\mathrm{B}T}\left(\frac{E_1}{k_\mathrm{B}T}\right)^{0.5}\left[1+\left(\frac{k_\mathrm{B}T}{2E_1}\right)-\left(\frac{k_\mathrm{B}T}{2E_1}\right)^2+3\left(\frac{k_\mathrm{B}T}{2E_1}\right)^3-\cdots\right]$$

$$=\frac{2}{\sqrt{3.1416}}\mathrm{e}^{-10k_\mathrm{B}T/k_\mathrm{B}T}\left(\frac{10k_\mathrm{B}T}{k_\mathrm{B}T}\right)^{0.5}\left[1+\left(\frac{k_\mathrm{B}T}{2\times10k_\mathrm{B}T}\right)-\left(\frac{k_\mathrm{B}T}{2\times10k_\mathrm{B}T}\right)^2+\cdots\right]$$

$$=\frac{2}{\sqrt{3.1416}}\mathrm{e}^{-10}\times\sqrt{10}\times\left(1+\frac{1}{20}+\cdots\right)=0.017\%$$

由上述计算可见, 求分子动能大于 $10k_{\rm B}T$ 分子分数需用三度空间能量分布式进行计算。

**1.13** 在一个容器中, 假设开始时每一个分子的能量都是 $2.0\times10^{-21}$ J, 由于相互碰撞, 最后其能量分布服从 Maxwell 分布。试计算:

(1) 气体的温度;

(2) 能量在 $1.98\times10^{-21}\sim2.02\times10^{-21}$ J 的分子在总分子中所占的分数 (由于这个区间的间距很小, 故可用 Maxwell 公式的微分式)。

**解**: (1) 设以 1 mol 分子为基准, 则

$$E=N\varepsilon=\frac{3}{2}RT$$

$$T=\frac{N\varepsilon}{(3/2)R}=\frac{6.022\times10^{23}\ \text{mol}^{-1}\times2.0\times10^{-21}\ \text{J}}{1.5\times8.314\ \text{J}\cdot\text{mol}^{-1}\cdot\text{K}^{-1}}=96.6\ \text{K}$$

(2) $$\frac{\mathrm{d}N_E}{N}=\frac{2}{\sqrt{\pi}}\left(\frac{1}{k_{\rm B}T}\right)^{3/2}\exp\left(-\frac{E}{k_{\rm B}T}\right)E^{1/2}\mathrm{d}E$$

$$=\frac{2}{\sqrt{3.1416}}\times\left(\frac{1}{1.38\times10^{-23}\ \text{J}\cdot\text{K}^{-1}\times96.6\ \text{K}}\right)^{1.5}\times$$

$$\exp\left[-\frac{\frac{1}{2}\times(1.98+2.02)\times10^{-21}\ \text{J}}{1.38\times10^{-23}\ \text{J}\cdot\text{K}^{-1}\times96.6\ \text{K}}\right]\times$$

$$\left[\frac{1}{2}\times(1.98+2.02)\times10^{-21}\ \text{J}\right]^{0.5}\times(2.02-1.98)\times10^{-21}\ \text{J}$$

$$=0.00925=0.925\%$$

**1.14** 设在一垂直的柱体中充满理想气体, 当高度为 0 和 $h$ 时, 气体的压力分别为 $p_0$ 和 $p$, 试根据理想气体定律及流体静力学原理 (hydrostatic principle), 即: 任一密度为 $\rho$ 的流体, 当高度增加 $\mathrm{d}h$ 时, 其压力减小值 $-\mathrm{d}p$ 等于单位横截面上该流体的重量 (以力的单位表示)。

(1) 试证明对于理想气体, 其表示式与 Boltzmann 公式相同;

(2) 求高于海平面 2000 m 处的气压。假定在海平面的压力为 100 kPa, 且把空气看作摩尔质量为 29 g·mol$^{-1}$ 的单一物种。

**解**: (1) 设在高度 $h$ 处的压力为 $p$, 高度 $h+\mathrm{d}h$ 处的压力为 $p-\mathrm{d}p$; 根据流体静力学原理, 两层的压差为

$$\mathrm{d}p=-\rho g\mathrm{d}h \tag{a}$$

根据理想气体状态方程式: $$pV=nRT=\frac{m}{M}RT$$

$$p=\frac{m}{V}\frac{RT}{M}=\rho\frac{RT}{M}$$

$$\rho=\frac{pM}{RT} \tag{b}$$

将式 (b) 代入式 (a), 积分得 $$\int_{p_0}^{p}\frac{\mathrm{d}p}{p}=-\int_0^h\frac{Mg}{RT}\mathrm{d}h$$

$$\ln\frac{p}{p_0}=-\frac{Mgh}{RT}$$

$$p=p_0\exp\left(-\frac{Mgh}{RT}\right) \tag{c}$$

(2) 当 $h=2000\ \text{m}$, $p_0=100\ \text{kPa}$, $M=29\ \text{g}\cdot\text{mol}^{-1}$ 时, 设温度为 298 K, 代入式 (c) 可得

$$p=1\times10^5\ \text{Pa}\times\exp\left(-\frac{29\times10^{-3}\ \text{kg}\cdot\text{mol}^{-1}\times9.8\ \text{m}\cdot\text{s}^{-2}\times2000\ \text{m}}{8.314\ \text{J}\cdot\text{mol}^{-1}\cdot\text{K}^{-1}\times298\ \text{K}}\right)=7.95\times10^4\ \text{Pa}$$

**1.15** 在地球表面干空气的组成用摩尔分数表示为 $x_{O_2}=0.21$, $x_{N_2}=0.78$, $x_{Ar}=0.0094$, $x_{CO_2}=0.0003$。因空气有对流现象, 故可假定由地球表面至 11 km 的高空, 空气的组成不变。在此高度处的温度为 −55 ℃。今假定在此高度以上空气的温度恒为 −55 ℃, 且无对流现象, 试求:

(1) 在高于地球表面 60 km 处气体 $O_2$(g), $N_2$(g), Ar(g) 及 $CO_2$(g) 的摩尔分数;

(2) 该高度处的总压力。

**解**: (1) 设单位体积中空气的物质的量在地平面处 ($h=0$) 为 $n_0$, 在高度 11 km 处为 $n_1$, 在高度 60 km 处为 $n_2$。

在高度 11 km 处由于空气有对流, 组成不变; 高度 11 km 以上无对流, 温度恒定在 −55 ℃。根据 Boltzmann 公式:

$$n=n_0\exp\left(-\frac{mgh}{RT}\right)$$

当 $h=60\times10^3\ \text{m}$, $T=(273.15-55)\ \text{K}=218.15\ \text{K}$ 时, 以高度 11 km 处为基准, 此处单位体积中空气的物质的量为 $n_1$。

$$\begin{aligned}n_{O_2}&=n_{O_2}(h=11\ \text{km})\exp\left(-\frac{M_{O_2}g\Delta h}{RT}\right)\\&=0.21n_1\exp\left[-\frac{32.00\times10^{-3}\ \text{kg}\cdot\text{mol}^{-1}\times9.8\ \text{m}\cdot\text{s}^{-2}\times(60-11)\times10^3\ \text{m}}{8.314\ \text{J}\cdot\text{mol}^{-1}\cdot\text{K}^{-1}\times218.15\ \text{K}}\right]\\&=4.392\times10^{-5}n_1\end{aligned}$$

$$n_{N_2}=n_{N_2}(h=11\ \text{km})\exp\left(-\frac{M_{N_2}g\Delta h}{RT}\right)=4.705\times10^{-5}n_1$$

$$n_{Ar}=n_{Ar}(h=11\ \text{km})\exp\left(-\frac{M_{Ar}g\Delta h}{RT}\right)=2.396\times10^{-7}n_1$$

$$n_{CO_2}=n_{CO_2}(h=11\ \text{km})\exp\left(-\frac{M_{CO_2}g\Delta h}{RT}\right)=2.617\times10^{-9}n_1$$

$$\sum n_B=n_{O_2}+n_{N_2}+n_{Ar}+n_{CO_2}=5.147\times10^{-4}n_1$$

$$x_{O_2}=n_{O_2}\Big/\sum n_B=4.392\times10^{-5}n_1/(5.147\times10^{-4}n_1)=0.0853$$

$$x_{N_2}=n_{N_2}\Big/\sum n_B=4.705\times10^{-5}n_1/(5.147\times10^{-4}n_1)=0.914$$

$$x_{Ar}=n_{Ar}\Big/\sum n_B=2.396\times10^{-7}n_1/(5.147\times10^{-4}n_1)=4.655\times10^{-4}$$

$$x_{CO_2} = n_{CO_2} \Big/ \sum n_B = 2.617 \times 10^{-9} n_1 / (5.147 \times 10^{-4} n_1) = 5.085 \times 10^{-6}$$

从上述数据可见, 摩尔质量比空气平均摩尔质量小的 $N_2(g)$, 在高空 60 km 处的摩尔分数增加了, 摩尔质量比空气平均摩尔质量大的 $O_2(g)$, Ar(g), $CO_2(g)$ 在高空 60 km 处的摩尔分数都下降了, 下降幅度与摩尔质量成正比, 这是重力场作用引起的结果。

(2) 高空 60 km 处的总压可分为两段计算。

(a) 根据题意, 从地面到高度 11 km 处空气有对流, 所以温度取平均值; 此处空气组成不变, 则空气的平均摩尔质量不变。

$$T = \frac{1}{2}(T_0 + T_1) = \frac{1}{2} \times (298.15\ \text{K} + 218.15\ \text{K}) = 258.15\ \text{K}$$

$$p_1 = p_0 \exp\left(-\frac{Mgh_1}{RT}\right)$$

$$= 101.325\ \text{kPa} \times \exp\left(-\frac{29 \times 10^{-3}\ \text{kg·mol}^{-1} \times 9.8\ \text{m·s}^{-2} \times 11 \times 10^3\ \text{m}}{8.314\ \text{J·mol}^{-1}\text{·K}^{-1} \times 258.15\ \text{K}}\right) = 23.612\ \text{kPa}$$

(b) 根据题意, 从高空 $h_1$ (11 km) 到 $h_2$ (60 km) 处, $T = 218.15$ K, 且空气无对流, 同一温度下气体的压力与单位体积中的分子数成正比, 即

$$\frac{p_2}{p_1} = \frac{n_2}{n_1}$$

$$p_2 = \frac{n_2}{n_1} p_1 = \frac{5.147 \times 10^{-4} n_1}{n_1} \times 23.612 \times 10^3\ \text{Pa} = 12.15\ \text{Pa}$$

**1.16** 由于离心力作用, 在离心力场中混合气体的组成将发生变化。今有一长为 80 cm 的长管, 管内装有等分子数的氢气和氧气的混合气体, 将长管放置在一个水平盘上, 管的中部固定在盘中垂直的中心轴上, 今以 $3000\ \text{r} \cdot \text{min}^{-1}$ 的速度使盘在水平面上旋转, 并设周围环境的温度保持为 20 ℃。

(1) 求由于旋转, 在管之两端, 每一个氧气分子及每一个氢气分子的动能;

(2) 在达到平衡后, 试根据 Boltzmann 公式分别计算两种气体在管端和管中央处的浓度比;

(3) 假定设法保持在管之中心部位氢气和氧气的浓度比为 1∶1, 总压力为 100 kPa (例如在管的中部即旋转轴中心处, 缓慢通入浓度比为 1∶1 的氢气和氧气的混合气体), 试计算平衡后在管端处氢气和氧气的摩尔比 (离心力 $F = ml\omega^2$, $m$ 为质点的质量, $l$ 是中心与管端的距离, $\omega$ 是质量的角速度)。

**解**: (1) 转动动能为

$$E_R = \frac{1}{2} m v_R^2 \qquad (v_R\ \text{为线速度})$$

$$v_R = r\omega = r(2\pi f) \qquad (\omega\ \text{为角速度};\ f\ \text{为频率})$$

$$= \frac{80}{2} \times 10^{-2}\ \text{m} \times \left(2 \times 3.1416 \times \frac{3000}{60}\ \text{s}^{-1}\right) = 125.7\ \text{m·s}^{-1}$$

$$E_R(H_2) = \frac{1}{2} m_{H_2} v_R^2 = \frac{1}{2} \times \frac{2.016 \times 10^{-3}\ \text{kg·mol}^{-1}}{6.022 \times 10^{23}\ \text{mol}^{-1}} \times (125.7\ \text{m·s}^{-1})^2 = 2.645 \times 10^{-23}\ \text{J}$$

$$E_{\mathrm{R}}(\mathrm{O_2})=\frac{1}{2}m_{\mathrm{O_2}}v_{\mathrm{R}}^2=\frac{1}{2}\times\frac{32.00\times10^{-3}\ \mathrm{kg\cdot mol^{-1}}}{6.022\times10^{23}\ \mathrm{mol^{-1}}}\times(125.7\ \mathrm{m\cdot s^{-1}})^2=4.198\times10^{-22}\ \mathrm{J}$$

(2) 达平衡后, 管端和中心处的气体浓度 (即 $n$ 和 $n_0$) 服从 Boltzmann 分布:

$$n=n_0\exp\left(-\frac{\Delta E}{kT}\right)$$

$$\left(\frac{n}{n_0}\right)_{\mathrm{H_2}}=\exp\left(\frac{\Delta E_{\mathrm{H_2}}}{kT}\right)=\exp\left(\frac{2.645\times10^{-23}\ \mathrm{J}}{1.38\times10^{-23}\ \mathrm{J\cdot K^{-1}}\times293.15\ \mathrm{K}}\right)=1.007$$

$$\left(\frac{n}{n_0}\right)_{\mathrm{O_2}}=\exp\left(\frac{\Delta E_{\mathrm{O_2}}}{kT}\right)=\exp\left(\frac{4.198\times10^{-22}\ \mathrm{J}}{1.38\times10^{-23}\ \mathrm{J\cdot K^{-1}}\times293.15\ \mathrm{K}}\right)=1.109$$

(3) 管中心处氢气和氧气的浓度之比为 1∶1, 即 $n_0(\mathrm{H_2})=n_0(\mathrm{O_2})$, 则在管端处两者的摩尔比为

$$\frac{n_{\mathrm{H_2}}}{n_{\mathrm{O_2}}}=\frac{(n/n_0)_{\mathrm{H_2}}}{(n/n_0)_{\mathrm{O_2}}}=\frac{1.007}{1.109}=0.908$$

**1.17** 在分子束装置的设计过程中, 必须保证从炉中隙流出的分子束不与其他粒子碰撞, 直至分子束顺利通过准直器 (一种选择分子在合适方向运行的设备), 从而产生一束分子。准直器位于炉子的前方 10 cm 处, 这样平均自由程为 20 cm 的分子将在碰撞发生前顺利通过准直器。如果分子束由 500 K 的 $\mathrm{O_2(g)}$ 分子组成, 为了达到该平均自由程, 则炉外压力应为多少?

**解**: 分子的平均自由程 $\bar{l}$ 可通过下式来计算:

$$\bar{l}=\frac{1}{\sqrt{2}\pi d^2 n}$$

式中 $n=\dfrac{N}{V}=\dfrac{p}{k_{\mathrm{B}}T}$, 故 $\bar{l}=\dfrac{k_{\mathrm{B}}T}{\sqrt{2}\pi d^2 p}$。所以, 有

$$p=\frac{k_{\mathrm{B}}T}{\sqrt{2}\pi d^2\bar{l}}=\frac{1.38\times10^{-23}\ \mathrm{J\cdot K^{-1}}\times500\ \mathrm{K}}{\sqrt{2}\times3.1416\times(0.357\times10^{-9}\ \mathrm{m})^2\times20\times10^{-2}\ \mathrm{m}}=6.09\times10^{-2}\ \mathrm{Pa}$$

**1.18** (1) 一个标准旋转泵能产生约 $1\times10^{-1}$ Pa 数量级的真空度, 请计算在该压力和 298 K 时, 一个 $\mathrm{N_2(g)}$ 分子的碰撞频率和平均自由程;

(2) 一个冷凝泵能产生约 $1\times10^{-8}$ Pa 数量级的真空度, 请计算在该压力和 298 K 时, 一个 $\mathrm{N_2(g)}$ 分子的碰撞频率和平均自由程。

**解**: (1) 已知

$$z'=\sqrt{2}v_{\mathrm{a}}\pi d^2 n$$

式中 $n=\dfrac{N}{V}=\dfrac{p}{k_{\mathrm{B}}T}=\dfrac{1\times10^{-1}\ \mathrm{Pa}}{1.38\times10^{-23}\ \mathrm{J\cdot K^{-1}}\times298\ \mathrm{K}}=2.43\times10^{19}\ \mathrm{m^{-3}}$

$$v_{\mathrm{a}}=\sqrt{\frac{8k_{\mathrm{B}}T}{\pi m}}=\sqrt{\frac{8\times1.38\times10^{-23}\ \mathrm{J\cdot K^{-1}}\times298\ \mathrm{K}}{3.1416\times[28.01\times10^{-3}\ \mathrm{kg\cdot mol^{-1}}/(6.022\times10^{23}\ \mathrm{mol^{-1}})]}}=474.5\ \mathrm{m\cdot s^{-1}}$$

所以 $z'=\sqrt{2}\times(474.5\ \mathrm{m\cdot s^{-1}})\times3.1416\times(0.374\times10^{-9}\ \mathrm{m})^2\times2.43\times10^{19}\ \mathrm{m^{-3}}=7.2\times10^{3}\ \mathrm{s^{-1}}$

平均自由程

$$\bar{l}=\frac{1}{\sqrt{2}\pi d^2 n}=\frac{1}{\sqrt{2}\times3.1416\times(0.374\times10^{-9}\ \mathrm{m})^2\times2.43\times10^{19}\ \mathrm{m^{-3}}}=6.6\times10^{-2}\ \mathrm{m}$$

(2) 已知 $$z' = \sqrt{2}v_a \pi d^2 n$$

式中 $$n = \frac{N}{V} = \frac{p}{k_B T} = \frac{1\times10^{-8}\ \text{Pa}}{1.38\times10^{-23}\ \text{J}\cdot\text{K}^{-1}\times298\ \text{K}} = 2.43\times10^{12}\ \text{m}^{-3}$$

$$v_a = \sqrt{\frac{8k_B T}{\pi m}} = \sqrt{\frac{8\times1.38\times10^{-23}\ \text{J}\cdot\text{K}^{-1}\times298\ \text{K}}{3.1416\times(28.01\times10^{-3}\ \text{kg}\cdot\text{mol}^{-1}/6.022\times10^{23}\ \text{mol}^{-1})}} = 474.5\ \text{m}\cdot\text{s}^{-1}$$

所以 $z' = \sqrt{2}\times(474.5\ \text{m}\cdot\text{s}^{-1})\times3.1416\times(0.374\times10^{-9}\ \text{m})^2\times2.43\times10^{12}\ \text{m}^{-3} = 7.2\times10^{-4}\ \text{s}^{-1}$

平均自由程

$$\bar{l} = \frac{1}{\sqrt{2}\pi d^2 n} = \frac{1}{\sqrt{2}\times3.1416\times(0.374\times10^{-9}\ \text{m})^2\times2.43\times10^{12}\ \text{m}^{-3}} = 6.6\times10^5\ \text{m}$$

**1.19** 在距离地球表面上方 30 km 处 (大约在同温层的中部), 压力约为 0.013 atm (1 atm = 101.325 kPa), 气体分子数密度为 $3.74\times10^{23}\ \text{m}^{-3}$, 假设同温层中只有 $N_2(g)$, 其碰撞直径为 $d$ = 0.374 nm。试计算:

(1) 一个气体分子在该同温层区域每秒钟内的碰撞数目;

(2) 1 s 内发生的总碰撞数目;

(3) 一个气体分子在该同温层区域的平均自由程。

**解**: (1) $z' = \sqrt{2}v_a\pi d^2 n$。已知 $n = \frac{N}{V} = \frac{p}{k_B T}$, 所以

$$k_B T = \frac{p}{n}$$

故 $$v_a = \sqrt{\frac{8k_B T}{\pi m}} = \sqrt{\frac{8p}{\pi m n}}$$

$$z' = \sqrt{2}v_a\pi d^2 n = 4\sqrt{\frac{\pi p n}{m}}\cdot d^2$$

$$= 4\times\sqrt{\frac{3.1416\times0.013\times101325\ \text{Pa}\times3.74\times10^{23}\ \text{m}^{-3}}{28.01\times10^{-3}\ \text{kg}\cdot\text{mol}^{-1}/(6.022\times10^{23}\ \text{mol}^{-1})}}\times(0.374\times10^{-9}\ \text{m})^2 = 1.0\times10^8\ \text{s}^{-1}$$

(2) $z = 2n^2\pi d^2\sqrt{\frac{k_B T}{\pi m}}$。已知 $k_B T = \frac{p}{n}$, 所以

$$z = 2n^2\pi d^2\sqrt{\frac{p}{\pi m n}} = 2nd^2\sqrt{\frac{\pi p n}{m}}$$

$$= 2\times3.74\times10^{23}\ \text{m}^{-3}\times(0.374\times10^{-9}\ \text{m})^2\times\sqrt{\frac{3.1416\times0.013\times101325\ \text{Pa}\times3.74\times10^{23}\ \text{m}^{-3}}{28.01\times10^{-3}\ \text{kg}\cdot\text{mol}^{-1}/(6.022\times10^{23}\ \text{mol}^{-1})}}$$

$$= 1.9\times10^{31}\ \text{m}^{-3}\cdot\text{s}^{-1}$$

(3) $\bar{l} = \frac{1}{\sqrt{2}\pi d^2 n} = \frac{1}{\sqrt{2}\times3.1416\times(0.374\times10^{-9}\ \text{m})^2\times3.74\times10^{23}\ \text{m}^{-3}} = 4.3\times10^{-6}\ \text{m}$

**1.20** NO(g) 和 $O_3(g)$ 这两个物种之间的反应性碰撞在光化学烟雾的形成过程中扮演着重要作用。计算在 300 K 时 NO(g) 和 $O_3(g)$ 之间的碰撞频率, 设两个物种的含量在一个大气压 (1 atm) 下都为 $2\times10^{-7}$, 分子直径分别为 300 pm 和 375 pm。

**解**: 单位时间、单位体积内 A, B 分子之间的总碰撞次数 $z_{\mathrm{AB}}$ 可由下式来计算:

$$z_{\mathrm{AB}} = \pi d_{\mathrm{AB}}^2 \sqrt{\frac{8k_{\mathrm{B}}T}{\pi\mu}} n_{\mathrm{A}} n_{\mathrm{B}}$$

首先计算 300 K 时一个大气压下总的分子数密度 $n$:

$$n = \frac{N}{V} = \frac{p}{k_{\mathrm{B}}T} = \frac{101325\ \mathrm{Pa}}{1.38\times10^{-23}\ \mathrm{J\cdot K^{-1}}\times 300\ \mathrm{K}} = 2.45\times10^{25}\ \mathrm{m^{-3}}$$

接着确定 NO 和 $O_3$ 的数密度, 分别是总密度乘以 $2\times10^{-7}$, 即

$$n_{\mathrm{NO}} = n_{\mathrm{O_3}} = (2.45\times10^{25}\ \mathrm{m^{-3}})\times(2\times10^{-7}) = 4.9\times10^{18}\ \mathrm{m^{-3}}$$

所以

$$\begin{aligned} z_{\mathrm{AB}} &= \pi d_{\mathrm{AB}}^2 \sqrt{\frac{8k_{\mathrm{B}}T}{\pi\mu}} n_{\mathrm{A}} n_{\mathrm{B}} \\ &= 3.1416\times\left(\frac{300+375}{2}\times10^{-12}\ \mathrm{m}\right)^2\times \\ &\quad \sqrt{\frac{8\times1.38\times10^{-23}\ \mathrm{J\cdot K^{-1}}\times300\ \mathrm{K}}{3.1416\times\dfrac{30\times48\times10^{-3}\ \mathrm{kg\cdot mol^{-1}}}{(30+48)\times6.022\times10^{23}\ \mathrm{mol^{-1}}}}}\times(4.9\times10^{18}\ \mathrm{m^{-3}})^2 \\ &= 5.0\times10^{21}\ \mathrm{m^{-3}\cdot s^{-1}} \end{aligned}$$

如果每次碰撞都能导致一个反应, 则该数值就是每秒每立方米内发生的反应数。

**1.21** 试计算:

(1) 在 101.325 kPa, 298 K 时, Ar(g) 粒子每秒钟与一面积为 1 $\mathrm{cm^2}$ 的器壁的碰撞次数;

(2) 在 101.325 kPa, 298 K 时, 每秒钟从直径为 0.010 mm 的圆孔中溢流的氮气分子数。

**解**: (1) 先计算单位时间内与单位面积器壁的碰撞次数 $z_{\mathrm{c}}$:

$$\begin{aligned} z_{\mathrm{c}} = \frac{p}{\sqrt{2\pi m k_{\mathrm{B}}T}} &= \frac{101325\ \mathrm{Pa}}{\sqrt{2\times3.1416\times\dfrac{39.95\times10^{-3}\ \mathrm{kg\cdot mol^{-1}}}{6.022\times10^{23}\ \mathrm{mol^{-1}}}\times1.38\times10^{-23}\ \mathrm{J\cdot K^{-1}}\times298\ \mathrm{K}}} \\ &= 2.45\times10^{27}\ \mathrm{m^{-2}\cdot s^{-1}} \qquad (1\ \mathrm{Pa} = 1\ \mathrm{kg\cdot m^{-1}\cdot s^{-2}}) \end{aligned}$$

所以

$$\frac{\mathrm{d}N_{\mathrm{c}}}{\mathrm{d}t} = z_{\mathrm{c}}\cdot A = (2.45\times10^{27}\ \mathrm{m^{-2}\cdot s^{-1}})\times(1\times10^{-4}\ \mathrm{m^2}) = 2.45\times10^{23}\ \mathrm{s^{-1}}$$

(2)

$$\begin{aligned} N_{\mathrm{e}} = z_{\mathrm{e}}At &= \frac{pAt}{\sqrt{2\pi m k_{\mathrm{B}}T}} \\ &= \frac{101325\ \mathrm{Pa}\times3.1416\times(5\times10^{-6}\ \mathrm{m})^2\times1\ \mathrm{s}}{\sqrt{2\times3.1416\times\dfrac{28.01\times10^{-3}\ \mathrm{kg\cdot mol^{-1}}}{6.022\times10^{23}\ \mathrm{mol^{-1}}}\times1.38\times10^{-23}\mathrm{J\cdot K^{-1}}\times298\ \mathrm{K}}} = 2.30\times10^{17} \end{aligned}$$

**1.22** 利用气体的隙流可以测定各种物质的蒸气压。在该过程中, 待测物质置于一炉中 (称为 Knudsen 池), 测定由于隙流引起的质量损失 $\Delta m$ (可由公式 $\Delta m = z''Am\Delta t$ 给出, 式中 $z''$ 为碰撞通量, 即单位时间内与单位面积器壁碰撞的分子数, $A$ 是隙流发生通过的小孔面积, $m$ 是分子质量, $\Delta t$ 是质量损失对应的隙流时间间隔)。该技术对测定难挥发性物质的蒸气压十分有用。现将铯

(m.p. 29 ℃, b.p. 686 ℃) 引入一 Knudsen 池中, 隙流小孔的直径为 0.50 mm。加热至 500 ℃, 打开壁上小孔 100 s 后, 测得质量损失 385 mg。试计算:

(1) 500 ℃ 时液态铯的蒸气压;

(2) 在相同条件下, 要让 1.00 g 铯隙流出炉子, 需要多长时间?

**解**: (1) 容器内蒸气压恒定, 因为尽管有隙流, 但由于有热的液态金属补充蒸气, 故隙流速率恒定。在一时间间隔 $\Delta t$ 内的质量损失 $\Delta m$ 与碰撞通量 $z''$ (即单位时间、单位面积器壁上的碰撞次数) 有关, 可由公式 $\Delta m = z'' A m \Delta t$ 给出 (式中 $A$ 是隙流发生通过的小孔面积, $m$ 是分子质量)。

已知 $z'' = \dfrac{p}{\sqrt{2\pi m k_B T}}$, 故

$$p = z''\sqrt{2\pi m k_B T} = \frac{\Delta m}{Am\Delta t}\cdot\sqrt{2\pi m k_B T} = \sqrt{\frac{2\pi k_B T}{m}}\cdot\frac{\Delta m}{A\Delta t}$$

$$= \sqrt{\frac{2\times 3.1416\times 1.38\times 10^{-23}\ \mathrm{J\cdot K^{-1}}\times 773.15\ \mathrm{K}}{\dfrac{132.9\times 10^{-3}\ \mathrm{kg\cdot mol^{-1}}}{6.022\times 10^{23}\ \mathrm{mol^{-1}}}}}\times\frac{385\times 10^{-6}\ \mathrm{kg}}{3.1416\times(0.25\times 10^{-3}\ \mathrm{m})^2\times 100\ \mathrm{s}}$$

$$= 10.8\ \mathrm{kPa}$$

(2) 在相同条件下, 由于隙流过程中的质量损失与隙流时间成正比, 即

$$\Delta m_1/\Delta m_2 = \Delta t_1/\Delta t_2$$

所以
$$\Delta t_2 = \Delta t_1\cdot\frac{\Delta m_2}{\Delta m_1} = 100\ \mathrm{s}\times\frac{1.00\times 10^{-3}\ \mathrm{kg}}{385\times 10^{-6}\ \mathrm{kg}} = 260\ \mathrm{s}$$

**1.23** 气体的隙流将导致容器内气体的压力 $p$ 随时间 $t$ 下降。

(1) 请证明: $p = p_0\exp\left[-\dfrac{At}{V}\left(\dfrac{k_B T}{2\pi m}\right)^{1/2}\right]$, 式中 $p_0$ 是容器内起始压力, $V$ 是容器体积, $A$ 是隙流的小孔面积, $m$ 是气体分子质量 (设气体为理想气体);

(2) 298 K 时, 一个充满 Ar(g) 的容器体积为 1.0 dm$^3$, 起始压力为 1.0 kPa 现让气体通过器壁上一面积为 $1.0\times 10^{-14}\ \mathrm{m^2}$ 的小孔向外隙流, 试计算 1 h 后容器内的压力。

**解**: (1) 压力的变化与容器内气体粒子数目的变化有关, 即

$$\frac{\mathrm{d}p}{\mathrm{d}t} = \frac{\mathrm{d}}{\mathrm{d}t}\left(\frac{Nk_B T}{V}\right) = \frac{k_B T}{V}\cdot\frac{\mathrm{d}N}{\mathrm{d}t}$$

由于隙流引起的气体粒子数目随时间的变化可写为

$$\frac{\mathrm{d}N}{\mathrm{d}t} = -z''\cdot A = -\frac{pA}{\sqrt{2\pi m k_B T}}$$

所以
$$\frac{\mathrm{d}p}{\mathrm{d}t} = \frac{k_B T}{V}\cdot\left(-\frac{pA}{\sqrt{2\pi m k_B T}}\right)$$

上式定积分
$$\int_{p_0}^{p}\frac{\mathrm{d}p}{p} = \int_0^t\frac{k_B T}{V}\cdot\left(-\frac{A}{\sqrt{2\pi m k_B T}}\right)\mathrm{d}t$$

可得
$$\ln\frac{p}{p_0} = -\frac{At}{V}\left(\frac{k_B T}{2\pi m}\right)^{1/2}$$

也即
$$p = p_0 \exp\left[-\frac{At}{V}\left(\frac{k_\mathrm{B}T}{2\pi m}\right)^{1/2}\right]$$

可见容器内气体的压力随隙流时间呈指数下降。

(2) $p = p_0 \exp\left[-\frac{At}{V}\left(\frac{k_\mathrm{B}T}{2\pi m}\right)^{1/2}\right]$

$$= 1.0\ \mathrm{kPa} \times \exp\left[-\frac{1.0\times10^{-14}\ \mathrm{m^2}\times3600\ \mathrm{s}}{1.0\times10^{-3}\ \mathrm{m^3}}\times\left(\frac{1.38\times10^{-23}\ \mathrm{J\cdot K^{-1}}\times298\ \mathrm{K}}{2\times3.1416\times\dfrac{39.95\times10^{-3}\ \mathrm{kg\cdot mol^{-1}}}{6.022\times10^{23}\ \mathrm{mol^{-1}}}}\right)^{1/2}\right] \approx 1.0\ \mathrm{kPa}$$

**1.24** 1 mol $N_2(g)$ 在 0 ℃ 时体积为 70.3 $\mathrm{cm^3}$, 分别用理想气体状态方程式和 van der Waals 方程式求其压力 (实验值是 $400\times101325$ Pa)。已知 $N_2(g)$ 的 van der Waals 常数 $a = 0.1352\ \mathrm{Pa\cdot m^6\cdot mol^{-2}}$, $b = 3.87\times10^{-5}\ \mathrm{m^3\cdot mol^{-1}}$。

**解**: 按理想气体状态方程式, 则有

$$p = \frac{nRT}{V} = \frac{1\ \mathrm{mol}\times8.314\ \mathrm{J\cdot mol^{-1}\cdot K^{-1}}\times273.15\ \mathrm{K}}{70.3\times10^{-6}\ \mathrm{m^3}} = 3.23\times10^7\ \mathrm{Pa}$$

按 van der Waals 方程式, 则有

$$\begin{aligned} p &= \frac{RT}{V_\mathrm{m}-b} - \frac{a}{V_\mathrm{m}^2} \\ &= \frac{8.314\ \mathrm{J\cdot mol^{-1}\cdot K^{-1}}\times273.15\ \mathrm{K}}{70.3\times10^{-6}\ \mathrm{m^3\cdot mol^{-1}} - 3.87\times10^{-5}\ \mathrm{m^3\cdot mol^{-1}}} - \frac{0.1352\ \mathrm{Pa\cdot m^6\cdot mol^{-2}}}{(70.3\times10^{-6}\ \mathrm{m^3\cdot mol^{-1}})^2} \\ &= 4.45\times10^7\ \mathrm{Pa} \end{aligned}$$

**1.25** 27 ℃, $60\times101325$ Pa 时, 容积为 20 $\mathrm{dm^3}$ 的氧气钢瓶能装多少质量的二氧化碳? 试用下列状态方程式计算:

(1) 理想气体状态方程式;

(2) van der Waals 方程式。已知 $CO_2(g)$ 的 van der Waals 常数 $a = 0.3610\ \mathrm{Pa\cdot m^6\cdot mol^{-2}}$, $b = 4.29\times10^{-5}\ \mathrm{m^3\cdot mol^{-1}}$。

**解**: (1) 要计算 $CO_2$ 的质量, 关键是计算 $CO_2$ 的物质的量。由理想气体状态方程式可得

$$n = \frac{pV}{RT} = \frac{60\times101325\ \mathrm{Pa}\times20\times10^{-3}\ \mathrm{m^3}}{8.314\ \mathrm{J\cdot mol^{-1}\cdot K^{-1}}\times300.15\ \mathrm{K}} = 48.72\ \mathrm{mol}$$
$$m = nM = 48.72\ \mathrm{mol}\times(44.01\times10^{-3}\ \mathrm{kg\cdot mol^{-1}}) = 2.14\ \mathrm{kg}$$

(2) 由 van der Waals 方程式 $\left(p+\frac{an^2}{V^2}\right)(V-nb) = nRT$, 可得

$$\frac{ab}{V^2}n^3 - \frac{a}{V}n^2 + (bp+RT)n - pV = 0$$

代入数据, 用尝试法解得 $$n = 75.1\ \mathrm{mol}$$

则 $$m = nM = 75.1\ \mathrm{mol} \times (44.01 \times 10^{-3}\ \mathrm{kg{\cdot}mol^{-1}}) = 3.3\ \mathrm{kg}$$

**1.26** 一位科学家很有兴趣地提出了下面的气态方程式: $p = RT/V_\mathrm{m} - B/V_\mathrm{m}^2 + C/V_\mathrm{m}^3$, 以此论证了气体的临界行为。试根据常数 $B$ 和 $C$ 表示出 $p_\mathrm{c}, V_\mathrm{m,c}$ 和 $T_\mathrm{c}$, 并求出临界压缩因子 $Z_\mathrm{c}$ 的表达式。

**解**: 在临界点时, 有 $\left(\dfrac{\partial p}{\partial V_\mathrm{m}}\right)_{T_\mathrm{c}} = 0$ 和 $\left(\dfrac{\partial^2 p}{\partial V_\mathrm{m}^2}\right)_{T_\mathrm{c}} = 0$。对于题中的气体方程式, 则有

$$\left(\frac{\partial p}{\partial V_\mathrm{m}}\right)_{T_\mathrm{c}} = -\frac{RT_\mathrm{c}}{V_\mathrm{m,c}^2} + \frac{2B}{V_\mathrm{m,c}^3} - \frac{3C}{V_\mathrm{m,c}^4} = 0$$

$$\left(\frac{\partial^2 p}{\partial V_\mathrm{m}^2}\right)_{T_\mathrm{c}} = \frac{2RT_\mathrm{c}}{V_\mathrm{m,c}^3} - \frac{6B}{V_\mathrm{m,c}^4} + \frac{12C}{V_\mathrm{m,c}^5} = 0$$

由上两式可解得

$$V_\mathrm{m,c} = \frac{3C}{B} \qquad T_\mathrm{c} = \frac{B^2}{3RC}$$

所以 $$p_\mathrm{c} = \frac{R(B^2/3RC)}{3C/B} - \frac{B}{(3C/B)^2} + \frac{C}{(3C/B)^3} = \frac{B^3}{27C^2}$$

$$Z_\mathrm{c} = \frac{p_\mathrm{c} V_\mathrm{m,c}}{RT_\mathrm{c}} = \frac{(B^3/27C^2)(3C/B)}{R(B^2/3RC)} = \frac{1}{3}$$

**1.27** NO(g) 和 $CCl_4$(g) 的临界温度分别为 180 K 和 556.5 K, 临界压力分别为 $64.8\times10^5$ Pa 和 $45.7\times10^5$ Pa。试计算回答:

(1) 哪一种气体的 van der Waals 常数 $a$ 较小?

(2) 哪一种气体的 van der Waals 常数 $b$ 较小?

(3) 哪一种气体的临界摩尔体积较大?

(4) 在 300 K, $10 \times 10^5$ Pa 下, 哪一种气体更接近理想气体?

**解**: 对于满足 van der Waals 方程式的气体, 可有

$$a = \frac{27}{64} \cdot \frac{R^2 T_\mathrm{c}^2}{p_\mathrm{c}} \qquad b = \frac{1}{8} \cdot \frac{RT_\mathrm{c}}{p_\mathrm{c}} \qquad V_\mathrm{m,c} = 3b$$

对于 NO(g), 有 $T_\mathrm{c} = 180$ K, $p_\mathrm{c} = 64.8 \times 10^5$ Pa, 故

$$a(\mathrm{NO}) = \frac{27}{64} \cdot \frac{R^2 T_\mathrm{c}^2}{p_\mathrm{c}} = \frac{27}{64} \times \frac{(8.314\ \mathrm{J{\cdot}mol^{-1}{\cdot}K^{-1}})^2 \times (180\ \mathrm{K})^2}{64.8 \times 10^5\ \mathrm{Pa}} = 0.1458\ \mathrm{Pa{\cdot}m^6{\cdot}mol^{-2}}$$

$$b(\mathrm{NO}) = \frac{1}{8} \cdot \frac{RT_\mathrm{c}}{p_\mathrm{c}} = \frac{1}{8} \times \frac{8.314\ \mathrm{J{\cdot}mol^{-1}{\cdot}K^{-1}} \times 180\ \mathrm{K}}{64.8 \times 10^5\ \mathrm{Pa}} = 2.887 \times 10^{-5}\ \mathrm{m^3{\cdot}mol^{-1}}$$

$$V_\mathrm{m,c}(\mathrm{NO}) = 3b = 3 \times 2.887 \times 10^{-5}\ \mathrm{m^3{\cdot}mol^{-1}} = 8.661 \times 10^{-5}\ \mathrm{m^3{\cdot}mol^{-1}}$$

对于 $CCl_4$(g), 有 $T_\mathrm{c} = 556.5$ K, $p_\mathrm{c} = 45.7 \times 10^5$ Pa, 故

$$a(\mathrm{CCl_4}) = \frac{27}{64} \cdot \frac{R^2 T_\mathrm{c}^2}{p_\mathrm{c}} = \frac{27}{64} \times \frac{(8.314\ \mathrm{J{\cdot}mol^{-1}{\cdot}K^{-1}})^2 \times (556.5\ \mathrm{K})^2}{45.7 \times 10^5\ \mathrm{Pa}} = 1.976\ \mathrm{Pa{\cdot}m^6{\cdot}mol^{-2}}$$

$$b(CCl_4)=\frac{1}{8}\cdot\frac{RT_c}{p_c}=\frac{1}{8}\times\frac{8.314\ J\cdot mol^{-1}\cdot K^{-1}\times 556.5\ K}{45.7\times 10^5\ Pa}=1.266\times 10^{-4}\ m^3\cdot mol^{-1}$$

$$V_{m,c}(CCl_4)=3b=3\times 1.266\times 10^{-4}\ m^3\cdot mol^{-1}=3.798\times 10^{-4}\ m^3\cdot mol^{-1}$$

| 参数 | NO | $CCl_4$ |
|---|---|---|
| $a/(Pa\cdot m^6\cdot mol^{-2})$ | 0.1458 | 1.976 |
| $b/(10^{-5}\ m^3\cdot mol^{-1})$ | 2.887 | 12.66 |
| $V_{m,c}/(10^{-5}\ m^3\cdot mol^{-1})$ | 8.661 | 37.98 |

由上述计算可见, NO(g) 的 $a, b$ 和 $V_{m,c}$ 值均比 $CCl_4$(g) 的小; 由于 $a, b$ 值小, 对理想气体状态方程式中压力项和体积项的修正值就小, 所以 NO(g) 气体更接近于理想气体。

**1.28** 已知 $CO_2$(g) 的临界温度、临界压力和临界摩尔体积分别为 $T_c=304.13$ K, $p_c=73.75\times 10^5$ Pa, $V_{m,c}=0.0940\ dm^3\cdot mol^{-1}$, 试计算:

(1) $CO_2$(g) 的 van der Waals 常数 $a, b$ 的值;

(2) 313 K 时, 在容积为 0.005 $m^3$ 的容器内含有 0.1 kg $CO_2$(g), 用 van der Waals 方程式计算气体的压力;

(3) 在与 (2) 相同的条件下, 用理想气体状态方程式计算气体的压力。

**解**: (1) $a=\frac{27}{64}\cdot\frac{R^2T_c^2}{p_c}=\frac{27}{64}\times\frac{(8.314\ J\cdot mol^{-1}\cdot K^{-1})^2\times(304.3\ K)^2}{73.8\times 10^5\ Pa}=0.3659\ Pa\cdot m^6\cdot mol^{-2}$

$$b=\frac{1}{8}\cdot\frac{RT_c}{p_c}=\frac{1}{8}\cdot\frac{8.314\ J\cdot mol^{-1}\cdot K^{-1}\times 304.3\ K}{73.8\times 10^5\ Pa}=4.285\times 10^{-5}\ m^3\cdot mol^{-1}$$

(2) 已知 van der Waals 方程式为

$$\left(p+\frac{an^2}{V^2}\right)(V-nb)=nRT$$

其中 $n=\frac{m}{M}=\frac{0.1\times 10^3\ g}{44.01\ g\cdot mol^{-1}}=2.2722$ mol, 则有

$$p=\frac{nRT}{V-nb}-\frac{n^2a}{V^2}$$

$$=\frac{2.2722\ mol\times 8.314\ J\cdot mol^{-1}\cdot K^{-1}\times 313\ K}{5\times 10^{-3}\ m^3-2.2722\ mol\times 4.285\times 10^{-5}\ m^3\cdot mol^{-1}}-\frac{(2.2722\ mol)^2\times 0.3659\ Pa\cdot m^6\cdot mol^{-2}}{(5\times 10^{-3}\ m^3)^2}$$

$$=1.131\times 10^6\ Pa$$

(3) 用理想气体状态方程式, 则有

$$p=\frac{nRT}{V}=\frac{2.2722\ mol\times 8.314\ J\cdot mol^{-1}\cdot K^{-1}\times 313\ K}{0.005\ m^3}=1.183\times 10^6\ Pa$$

**1.29** 氢气的临界参数为 $T_c=32.938$ K, $p_c=1.2858\times 10^6$ Pa, $V_{m,c}=0.065\ dm^3\cdot mol^{-1}$。现有 2 mol 氢气, 当温度为 0 ℃ 时, 体积为 150 $cm^3$。试分别应用下列状态方程式, 计算该气体的压力:

(1) 理想气体状态方程式;

(2) van der Waals 方程式;

(3) 对比状态方程式。

**解**: (1) 若用理想气体状态方程式计算, 则

$$p=\frac{nRT}{V}=\frac{2\ \text{mol}\times 8.314\ \text{J}\cdot\text{mol}^{-1}\cdot\text{K}^{-1}\times 273.15\ \text{K}}{150\times 10^{-6}\ \text{m}^3}=3.03\times 10^7\ \text{Pa}$$

(2) 若以 van der Waals 方程式计算, 则 $p=\dfrac{nRT}{V-nb}-\dfrac{n^2a}{V^2}$

其中

$$a=\frac{27}{64}\cdot\frac{R^2T_\text{c}^2}{p_\text{c}}=\frac{27}{64}\times\frac{(8.314\ \text{J}\cdot\text{mol}^{-1}\cdot\text{K}^{-1})^2\times(32.938\ \text{K})^2}{1.2858\times 10^6\ \text{Pa}}=0.0246\ \text{Pa}\cdot\text{m}^6\cdot\text{mol}^{-2}$$

$$b=\frac{1}{8}\cdot\frac{RT_\text{c}}{p_\text{c}}=\frac{1}{8}\times\frac{8.314\ \text{J}\cdot\text{mol}^{-1}\cdot\text{K}^{-1}\times 32.938\ \text{K}}{1.2858\times 10^6\ \text{Pa}}=2.662\times 10^{-5}\ \text{m}^3\cdot\text{mol}^{-1}$$

$$\begin{aligned}p&=\frac{nRT}{V-nb}-\frac{n^2a}{V^2}\\&=\frac{2\ \text{mol}\times 8.314\ \text{J}\cdot\text{mol}^{-1}\cdot\text{K}^{-1}\times 273.15\ \text{K}}{150\times 10^{-6}\ \text{m}^3-2\ \text{mol}\times 2.662\times 10^{-5}\ \text{m}^3\cdot\text{mol}^{-1}}-\frac{(2\ \text{mol})^2\times 0.0246\ \text{Pa}\cdot\text{m}^6\cdot\text{mol}^{-2}}{(150\times 10^{-6}\ \text{m}^3)^2}\\&=4.26\times 10^7\ \text{Pa}\end{aligned}$$

(3) 若以对比状态方程式计算, 则有 $\left(\pi+\dfrac{3}{\beta^2}\right)(3\beta-1)=8\tau$

其中

$$\beta=\frac{V_\text{m}}{V_\text{m,c}}=\frac{\dfrac{150\ \text{cm}^3}{2\ \text{mol}}}{65\ \text{cm}^3\cdot\text{mol}^{-1}}=1.154$$

$$\tau=\frac{T}{T_\text{c}}=\frac{273.15\ \text{K}}{32.938\ \text{K}}=8.293$$

代入上式, 可解得 $\pi=24.7$

由 $\pi=\dfrac{p}{p_\text{c}}$ 可得 $p=\pi p_\text{c}=24.7\times 1.2858\times 10^6\ \text{Pa}=3.18\times 10^7\ \text{Pa}$

**1.30** 在 373 K 时, 1.0 kg $CO_2(g)$ 的压力为 $5.07\times 10^3$ kPa, 试用下述两种方法计算其体积:

(1) 用理想气体状态方程式;

(2) 用压缩因子图。

**解**: (1) 若用理想气体状态方程式计算, 则有

$$\begin{aligned}V&=\frac{nRT}{p}=\frac{m}{M}\cdot\frac{RT}{p}\\&=\frac{1.0\ \text{kg}}{44.01\times 10^{-3}\ \text{kg}\cdot\text{mol}^{-1}}\times\frac{8.314\ \text{J}\cdot\text{mol}^{-1}\cdot\text{K}^{-1}\times 373\ \text{K}}{5.07\times 10^6\ \text{Pa}}=0.0139\ \text{m}^3=13.9\ \text{dm}^3\end{aligned}$$

(2) 若用压缩因子图计算, 则先查 $CO_2(g)$ 的临界参数:

$$T_c = 304.13\ \text{K} \qquad p_c = 7.375\times10^6\ \text{Pa}$$

则 $CO_2(g)$ 的对比状态为

$$\tau = \frac{T}{T_c} = \frac{373\ \text{K}}{304.13\ \text{K}} = 1.226$$

$$\pi = \frac{p}{p_c} = \frac{5.07\times10^6\ \text{Pa}}{7.375\times10^6\ \text{Pa}} = 0.687$$

根据 $\tau$ 和 $\pi$ 的值, 查压缩因子图得 $Z = 0.88$。则

$$pV = ZnRT$$

$$V = Z\cdot\frac{nRT}{p} = 0.88\times13.9\ \text{dm}^3 = 12.2\ \text{dm}^3$$

**1.31** 在 273 K 时, 1 mol $N_2(g)$ 的体积为 $7.03\times10^{-5}\ \text{m}^3$, 试用下述几种方法计算其压力, 并比较所得数值的大小。

(1) 用理想气体状态方程式;

(2) 用 van der Waals 方程式;

(3) 用压缩因子图 (实测值为 $4.05\times10^4$ kPa)。

**解**: (1) 用理想气体状态方程式, 则有

$$p = \frac{nRT}{V} = \frac{1\ \text{mol}\times(8.314\ \text{J}\cdot\text{mol}^{-1}\cdot\text{K}^{-1})\times273\ \text{K}}{7.03\times10^{-5}\ \text{m}^3} = 3.229\times10^7\ \text{Pa}$$

(2) 用 van der Waals 方程式, 则有 $\left(p+\dfrac{a}{V_m^2}\right)(V_m-b)=RT$

查 $N_2(g)$ 的 $a = 0.1352\ \text{Pa}\cdot\text{m}^6\cdot\text{mol}^{-2}$, $b = 3.87\times10^{-5}\ \text{m}^3\cdot\text{mol}^{-1}$, 则有

$$\begin{aligned}p &= \frac{RT}{V_m-b}-\frac{a}{V_m^2}\\ &= \frac{8.314\ \text{J}\cdot\text{mol}^{-1}\cdot\text{K}^{-1}\times273\ \text{K}}{7.03\times10^{-5}\ \text{m}^3\cdot\text{mol}^{-1}-3.87\times10^{-5}\ \text{m}^3\cdot\text{mol}^{-1}} - \frac{0.1352\ \text{Pa}\cdot\text{m}^3\cdot\text{mol}^{-2}}{(7.03\times10^{-5}\ \text{m}^3\cdot\text{mol}^{-1})^2}\\ &= 4.447\times10^7\ \text{Pa}\end{aligned}$$

(3) 用压缩因子图。查 $N_2(g)$ 的临界参数:

$$p_c = 3.3958\times10^6\ \text{Pa} \qquad T_c = 126.19\ \text{K}$$

则 $$\tau = \frac{T}{T_c} = \frac{273\ \text{K}}{126.19\ \text{K}} = 2.163$$

$$\pi = \frac{p}{p_c} = \frac{p}{3.3958\times10^6\ \text{Pa}}$$

$$Z = \frac{pV_m}{RT} = \frac{\pi p_c V_m}{RT} = \frac{3.3958\times10^6\ \text{Pa}\times7.03\times10^{-5}\ \text{m}^3\cdot\text{mol}^{-1}}{8.314\ \text{J}\cdot\text{mol}^{-1}\cdot\text{K}^{-1}\times273\ \text{K}}\pi = 0.1052\pi$$

作 $Z$–$\pi$ 直线, 交压缩因子图中 $\tau = 2.163$ 的曲线于 $a$ 点 (见下图), 得 $\pi = 12$, 则

$$p = \pi p_c = 12\times3.3958\times10^6\ \text{Pa} = 4.075\times10^7\ \text{Pa}$$

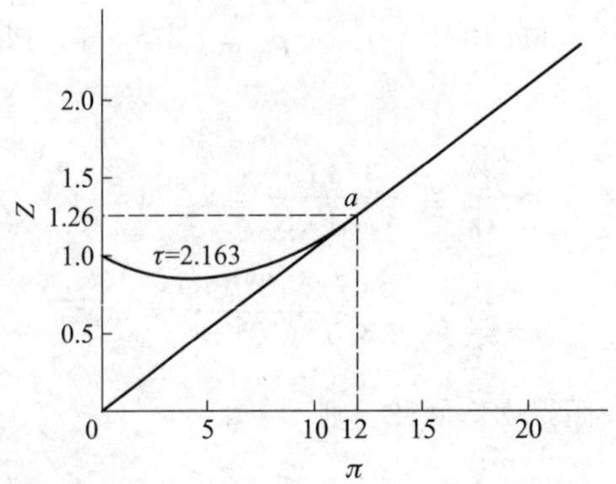


**1.32** 在 348 K 时, 0.3 kg $NH_3(g)$ 的压力为 $1.61\times10^3$ kPa, 试用下述两种方法计算其体积, 并比较哪种方法计算出来的体积与实测值更接近 (已知实测值为 28.5 $dm^3$)。

(1) 用 van der Waals 方程式;

(2) 用压缩因子图。已知在该条件下 $NH_3(g)$ 的临界参数为 $T_c = 405.56$ K, $p_c = 1.1357\times10^4$ kPa; van der Waals 常数 $a = 0.4169\ \mathrm{Pa\cdot m^6\cdot mol^{-2}}$, $b = 3.71\times10^{-5}\ \mathrm{m^3\cdot mol^{-1}}$。

**解**: (1) 已知 van der Waals 气体状态方程式为 $\left(p+\dfrac{a}{V_m^2}\right)(V_m-b)=RT$, 展开后得

$$V_m^3-\left(b+\frac{RT}{p}\right)V_m^2+\left(\frac{a}{p}\right)V_m-\frac{ab}{p}=0$$

已知 $T = 348$ K, $p = 1.61\times10^6$ Pa, $R = 8.314\ \mathrm{J\cdot mol^{-1}\cdot K^{-1}}$, $a = 0.4169\ \mathrm{Pa\cdot m^6\cdot mol^{-2}}$, $b = 3.71\times10^{-5}\ \mathrm{m^3\cdot mol^{-1}}$, 代入上式后可得

$$V_m^3-(1.834\times10^{-3}\ \mathrm{m^3\cdot mol^{-1}})V_m^2+(2.59\times10^{-7}\ \mathrm{m^6\cdot mol^{-2}})V_m-9.61\times10^{-12}\ \mathrm{m^9\cdot mol^{-3}}=0$$

解上面的 $V_m$ 三次方程可得 $\qquad V_m = 1.68\times10^{-3}\ \mathrm{m^3\cdot mol^{-1}}$

$$V=nV_m=\frac{m}{M}V_m=\frac{0.3\ \mathrm{kg}}{17\times10^{-3}\ \mathrm{kg\cdot mol^{-1}}}\times1.68\times10^{-3}\ \mathrm{m^3\cdot mol^{-1}}=0.0296\ \mathrm{m^3}=29.6\ \mathrm{m^3}$$

(2) 用压缩因子图:

$$\tau=\frac{T}{T_c}=\frac{348\ \mathrm{K}}{405.56\ \mathrm{K}}=0.8581$$

$$\pi=\frac{p}{p_c}=\frac{1.61\times10^3\ \mathrm{kPa}}{1.1357\times10^4\ \mathrm{kPa}}=0.1418$$

查压缩因子图得 $Z = 0.92$, 则

$$V=nV_m=n\frac{ZRT}{p}=\frac{0.3\ \mathrm{kg}}{17\times10^{-3}\ \mathrm{kg\cdot mol^{-1}}}\times\frac{0.92\times8.314\ \mathrm{J\cdot mol^{-1}\cdot K^{-1}}\times348\ \mathrm{K}}{1.61\times10^6\ \mathrm{Pa}}$$

$$=0.0292\ \mathrm{m^3}=29.2\ \mathrm{dm^3}$$

可以看出, 用 van der Waals 方程式计算出来的体积与实测值更接近。

# 四、自测题

## (一) 自测题 1

Ⅰ. 选择题

1. 在 273 K 和 101325 Pa 下, 1 $dm^3$ $H_2(g)$ 的质量最接近 …………( )

(A) 0.089 g (B) 0.12 g

(C) 1.0 g (D) 10 g

2. 若 1 mol 气体在标准状况下质量为 70 g, 则在 300 K 和 101325 Pa 时, 300 $cm^3$ 该气体的质量为 …………( )

(A) 0.938 g (B) 1.030 g

(C) 0.853 g (D) 2.100 g

3. 在 101325 Pa 恒压情况下, 23 $cm^3$ 干燥的 $CO_2$ 气体由 10 ℃ 升高到 30 ℃ 时, 它的体积约为 …………( )

(A) 7.7 $cm^3$ (B) 21.5 $cm^3$

(C) 24.6 $cm^3$ (D) 69 $cm^3$

4. 在 101325 Pa 下, 当 1 $dm^3$ 气体从 273 K 升高到 546 K 时, 其体积将变为 …………( )

(A) 2.5 $dm^3$ (B) 2.0 $dm^3$

(C) 3.0 $dm^3$ (D) 0.5 $dm^3$

5. 在 273 K 和 101325 Pa 下, 若某气体 25 $dm^3$ 的质量为 50 g, 则该气体的摩尔质量约等于 …………( )

(A) 45 $g\cdot mol^{-1}$ (B) 90 $g\cdot mol^{-1}$

(C) 56 $g\cdot mol^{-1}$ (D) 34 $g\cdot mol^{-1}$

6. 对于实际气体, 处于下列哪种情况时, 其行为与理想气体相近? …………( )

(A) 高温高压 (B) 高温低压

(C) 低温高压 (D) 低温低压

7. 某容器装有 273 K 和 101.325 kPa 的 $O_2(g)$, 试问容器中 $O_2(g)$ 的均方根速率为 …………( )

(A) 185 $m\cdot s^{-1}$ (B) 333 $m\cdot s^{-1}$

(C) 462 $m\cdot s^{-1}$ (D) 590 $m\cdot s^{-1}$

8. 根据气体分布定律,1 mol 气体分子的平均平动能是 …………( )

(A) $\dfrac{1}{2}RT$ (B) $RT$

(C) $\dfrac{3}{2}RT$ (D) $kT$

9. 某人造卫星测定太阳系内星际空间中物质的密度时, 测得氢分子的数密度为 15 $cm^{-3}$, 试问在这条件下 (已知氢分子的有效直径为 $3.57\times10^{-9}$ cm), 氢分子的平均自由程为 …………( )

(A) $1.5 \times 10^3$ (B) $1.5 \times 10^8$

(C) $1.18 \times 10^{13}$ (D) $1.5 \times 10^{18}$

10. 由气体反应的碰撞理论可知, 分子的碰撞数为 ……………………………………( )

(A) 与温度无关

(B) 与温度成正比

(C) 与绝对温度的平方根成比例

(D) 与绝对温度的三次方成比例

11. $H_2O$ 的 $T_c = 647.1$ K, $p_c = 22.06$ MPa, $H_2S$ 的 $T_c = 373.15$ K, $p_c = 9.00$ MPa。则两者的 van der Waals 常数 $a, b$ 的大小有 ……………………………………( )

(A) $H_2O$ 的 $a$ 值大, $b$ 值小

(B) $H_2O$ 的 $a$ 值大, $b$ 值大

(C) $H_2O$ 的 $a$ 值小, $b$ 值小

(D) $H_2O$ 的 $a$ 值小, $b$ 值大

12. 在什么温度下, 气体或蒸气能够被液化? ……………………………………( )

(A) 临界温度以下 (B) 临界温度以上

(C) 正常沸点以上 (D) 正常沸点以下

13. 若气体能借增大压力而被液化, 则其对比温度 $\tau$ 必为 ……………………………………( )

(A) 任意值 (B) $\tau = 1$

(C) $\tau \geqslant 1$ (D) $\tau \leqslant 1$

14. 对比温度是代表温度 $T$ 和下列哪个温度的比值? ……………………………………( )

(A) 临界温度 $T_c$ (B) 沸腾温度 $T_b$

(C) 波义耳温度 $T_B$ (D) 273 K

15. 双参数普遍化压缩因子图的建立基于 ……………………………………( )

(A) van der Waals 方程式 (B) 理想气体状态方程式

(C) 对此状态原理 (D) 不同物质的特征临界参数

## Ⅱ. 填空题

1. 实验时用扩散泵把物系中空气的压力抽到 $1.3332 \times 10^{-4}$ Pa, 若物系温度维持在 300 K, 且设空气中 $V_{N_2} : V_{O_2} = 79 : 21$, 则在物系中每毫升空间内 $O_2$ 的分子数为________个。

2. 在温度为 $T$ 的抽空容器中, 分别加入 0.3 mol $N_2$(g), 0.1 mol $O_2$(g) 及 0.1 mol Ar(g), 若容器内总压力为 101325 Pa, 则此时 $O_2$ 的分压力为________。

3. 理想气体状态方程式实际上概括了________、________和________三个实验定律。

4. 已知 $N_2$(g) 分子的均方根速率等于 100 K 时 $H_2$(g) 分子的最概然速率, 则此时 $N_2$(g) 的温度为________。

5. 某气体分子在容器内起始时具有相同的平动能 $E = 4.00 \times 10^{-21}$ J, 由于互相碰撞最后能量服从 Maxwell 分布, 则该系统的温度为________。

6. 对于实际气体, 当其温度低于波义耳温度时, 只要压力不太大, 则有 $pV$________ $nRT$。(填入 $>$, $<$ 或 $=$)

7. 若在高温高压下一种实际气体的分子所占有的空间的影响可用体积因子 $b$ 来表示, 则描述该气体的较合适的状态方程可表示为________________________________。

8. 对于理想气体, 压缩系数 $\kappa = -\dfrac{1}{V}\left(\dfrac{\partial V}{\partial p}\right)_T =$ ________________________________。

9. 若 $NH_3(g)$ 与 0 ℃, $1 \times 10^5$ Pa 下的 $H_2(g)$ 处于相同的对比状态, 则此时 $NH_3(g)$ 的压力为______________, 温度为______________。[已知 $NH_3(g)$ 和 $H_2(g)$ 的临界参数为 $T_c(NH_3) =$ 405.56 K, $p_c(NH_3) =$ 11.357 MPa, $T_c(H_2) =$ 32.938 K, $p_c(H_2) =$ 1.2858 MPa。]

**Ⅲ. 计算题**

1. 热气球是一种利用气体火焰加热的既轻又牢固的容器, 下部有一个敞开吊篮, 使气球内的温度保持恒定, 并比气球外的空气温度高 15 K。假定环境温度为 298 K, 气压为 $1 \times p^{\ominus}$。空气中含 $N_2(g)$80%, $O_2(g)$20%; 若欲使该气球能吊起两个人 (设人和吊篮总质量为 250 kg), 并能在空中飞行。则该气球的容积应为多少? 设空气为理想气体。

2. 发生炉煤气 (producer gas) 系以干空气通过红热的焦炭而获得。设若有 92% 的 $O_2(g)$ 变为 $CO(g)$, 其余的 $O_2(g)$ 变为 $CO_2(g)$。

(1) 在同温同压下, 试求每通过一单位体积的空气可产生发生炉煤气的体积;

(2) 求所得气体中 $N_2(g)$, $Ar(g)$, $CO(g)$, $CO_2(g)$ 的摩尔分数 (空气中各气体的摩尔分数为 $x_{O_2} = 0.208$, $x_{N_2} = 0.782$, $x_{Ar} = 0.0094$, $x_{CO_2} = 0.0003$);

(3) 每燃烧 1 kg 的焦炭, 计算可得 20 ℃, 100 kPa 下的发生炉煤气的体积。

3. 试计算:

(1) $H_2(g)$ 在 300 K 时的平均速率、均方根速率和最概然速率;

(2) 300 K 时, $H_2(g)$ 气体的速率在 $3000 \sim 3010\ \mathrm{m \cdot s^{-1}}$ 之间的分子数目和速率在 $v_m \sim v_m + 10\ \mathrm{m \cdot s^{-1}}$ 之间的分子数目之比。

4. 设 $O_2(g)$ 分子的直径 $d = 3 \times 10^{-10}$ m, 试计算在标准状况下 $O_2(g)$ 分子的平均自由程, 并计算温度为 0 ℃ 时, 压力要降至何值方能使 $O_2(g)$ 分子的平均自由路程增加到 1 cm?

5. 在 25 ℃ 和 101325 kPa 下, 空气中 $N_2(g)$ 分子和 $O_2(g)$ 分子的互碰频率为多少? 每次碰撞的平均时间是多少? 设空气中 $N_2(g)$ 和 $O_2(g)$ 的百分含量近似为 80% 和 20%, 可用理想气体状态方程式处理。

6. 需要多长时间才能使一个原先清洁的表面在浸入 77 K, 100 kPa 的 $N_2(g)$ 气氛中后有 1.0% 的表面被 $N_2(g)$ 分子覆盖。假设撞击表面的分子都粘在表面上, 每个 $N_2(g)$ 分子覆盖的面积为 $1.1 \times 10^5\ \mathrm{pm^2}$。

7. 计算 10 g $N_2(g)$ 在 25 ℃ 时, 体积为 1 $\mathrm{dm^3}$ 时的压力: (1) 用理想气体状态方程式; (2) 用 van der Waals 方程式。已知 $N_2(g)$ 的 $a = 0.1352\ \mathrm{Pa \cdot m^6 \cdot mol^{-2}}$, $b = 3.87 \times 10^{-5}\ \mathrm{m^3 \cdot mol^{-1}}$。

第一章自测题 1 参考答案

## (二) 自测题 2

### Ⅰ. 选择题

1. 在 273 K, 101325 Pa 下, 取某气体 25 L, 测得其质量为 50 g, 则该气体的摩尔质量为 (　　)

(A) $22.4\ g\cdot mol^{-1}$　　(B) $56\ g\cdot mol^{-1}$

(C) $89.6\ g\cdot mol^{-1}$　　(D) $44.8\ g\cdot mol^{-1}$

2. 一定量的理想气体在 $10^5\ N\cdot m^{-2}$ 的定压力下从 $10\ m^3$ 膨胀到 $20\ m^3$, 若膨胀前的温度为 100 ℃, 则膨胀后的温度为 ································ (　　)

(A) 200 K　　(B) 323 K

(C) 473 K　　(D) 746 K

3. 当压力为 98 658.5 Pa, 温度为 300 K 时, $100\ cm^3$ 的理想气体若处于标准状况下, 则其体积约为 ································ (　　)

(A) $65\ cm^3$　　(B) $89.8\ cm^3$

(C) $101\ cm^3$　　(D) $78\ cm^3$

4. 讨论气体液化的气液平衡时, 饱和蒸气和相应的饱和液体的摩尔体积皆是温度的函数, 它们的正确关系是 ································ (　　)

(A) 随着温度升高, 饱和蒸气与饱和液体的摩尔体积皆增大

(B) 随着温度升高, 饱和蒸气与饱和液体的摩尔体积皆减小

(C) 随着温度升高, 饱和蒸气的摩尔体积减小而饱和液体的摩尔体积增大

(D) 随着温度升高, 饱和蒸气的摩尔体积增大而饱和液体的摩尔体积减小

5. 273 K 时, 某 1 mol 气体占有体积为 $1\ dm^3$, 则其压力近似为 ···················· (　　)

(A) 101325 Pa　　(B) 10132.5 Pa

(C) $2.766\times10^4$ Pa　　(D) 2269.7 kPa

6. 关于 van der Waals 方程式的讨论, 下列描述中**不正确**的是 ···················· (　　)

(A) $a$ 和 $b$ 均是有量纲的, 其值与压力和体积所取的单位有关

(B) $a$ 和 $b$ 都是温度的函数

(C) $a$ 与分子间的相互作用有关, $a$ 越大表示分子间相互作用越强

(D) $b$ 与分子本身的体积因素有关

7. 不论理想气体或实际气体, 都能适用的方程式为 ……………………………………( )

(A) $p_1V_1 = p_2V_2$　　(B) $p_i = x_i p_{总}$

(C) $pV = Z \cdot nRT$　　(D) $V_1/T_1 = V_2/T_2$

8. 0 ℃ 时, $CO_2$ 分子的平均速率是 0.362 km·s$^{-1}$, 则 127 ℃ 时 $CO_2$ 分子的平均速率最接近 ……………………………………………………………………………………( )

(A) 0.299 km·s$^{-1}$　　(B) 0.439 km·s$^{-1}$

(C) 0.530 km·s$^{-1}$　　(D) 0.214 km·s$^{-1}$

9. 根据对 Maxwell 分子运动的速率分布的讨论, 对一定气体, 在给定温度下, 应该是 ··( )

(A) 均方根速率 $u >$ 平均速率 $v_a >$ 最概然速率 $v_m$

(B) 平均速率 $v_a >$ 均方根速率 $u >$ 最概然速率 $v_m$

(C) 最概然速率 $v_m >$ 均方根速率 $u >$ 平均速率 $v_a$

(D) 平均速率 $v_a >$ 最概然速率 $v_m >$ 均方根速率 $u$

10. 一容器贮有气体, 其平均自由程为 $\bar{l}_0$。若绝对温度降到原来的一半, 但体积不变、分子作用球半径不变, 此时平均自由程为 ……………………………………………………( )

(A) $\bar{l}_0/2$　　(B) $\bar{l}_0/\sqrt{2}$

(C) $\bar{l}_0$　　(D) $\sqrt{2}\bar{l}_0$

11. 临界温度是实际气体能够液化的 ……………………………………………………( )

(A) 最高温度　　(B) 最低温度

(C) 波义耳温度　　(D) 正常沸点温度

12. 下列对某物质的临界点的描述, **不确切**的是 ……………………………………( )

(A) 饱和液体和饱和蒸气的摩尔体积相等

(B) 临界参数 $T_c, p_c, V_c$ 皆为恒定的值

(C) 气体不能液化

(D) $\left(\dfrac{\partial p}{\partial V}\right)_{T_c} = 0, \left(\dfrac{\partial^2 p}{\partial V^2}\right)_{T_c} = 0$

13. 当用压缩因子 $Z = pV/nRT$ 来讨论实际气体时, 若 $Z > 1$, 则表示该气体 ……….( )

(A) 易于压缩　　(B) 不易压缩

(C) 易于液化　　(D) 不易液化

14. 下列有关临界点的描述中, **不正确**的是 ……………………………………………( )

(A) 临界点对应的温度是气体可以加压液化的最高温度

(B) 在临界参数中, 临界体积是最易准确测定

(C) 临界点处, $\left(\dfrac{\partial p}{\partial V}\right)_{T_c} = 0, \left(\dfrac{\partial^2 p}{\partial V^2}\right)_{T_c} = 0$

(D) 在临界点液体和蒸气具有相同的比热容

15. 若某实际气体的体积小于同温同压同量的理想气体的体积, 则其压缩因子 $Z$ ·······( )

(A) 等于零　　(B) 等于 1

(C) 小于 1　　(D) 大于 1

## Ⅱ. 填空题

1. 在 273 K 和 101325 Pa 下, 若 $CCl_4$ 的蒸气可近似作为理想气体处理, 则其密度约为________ $g \cdot dm^{-3}$。

2. 有一个开口容器盛有某气体, 已知室温为 15 ℃, 欲使该气体逸出四分之一, 则必须加热该容器使温度升至________________。

3. 若空气的组成是 21% (体积分数) 的 $O_2(g)$ 及 79% 的 $N_2(g)$, 大气压为 98658.5 Pa, 则 $O_2(g)$ 的分压力约为________________Pa。

4. 雷达机用的微波真空管的真空度约为 $1 \times 10^{-5}$ Pa, 则在 20 ℃ 时该真空管中气体在单位体积内的分子数为________________。

5. 在海平面处放置一个直径为 1 m 的气象气球, 温度为 298 K, 当上升至最高度时, 直径变化到 3 m, 此时温度为 253 K, 则在此高度处气球内部的压力为________________。

6. 对于理想气体, 压力系数 $\beta = \dfrac{1}{p}\left(\dfrac{\partial p}{\partial T}\right)_V =$ ________________, 膨胀系数 $\alpha = \dfrac{1}{V}\left(\dfrac{\partial V}{\partial T}\right)_p =$ ________________。

7. 分子动能大于 $5k_{\mathrm{B}}T$ 的分子在总分子数中所占的分数为________________。

8. 已知在地平面处, 温度为 20 ℃, 大气压为 $1 \times 10^5$ Pa; 某世贸大厦高 300 m, 则该世贸大厦顶层高处的大气压力为________________。(设空气平均摩尔质量为 29 $g \cdot mol^{-1}$。)

9. 在 383.15 K 时, $CCl_4(g)$ 分子的平均速率与 $NH_3(g)$ 分子的平均速率的比值为__________, 它们同时扩散到同一细孔面处所用的时间比为__________。

## Ⅲ. 计算题

1. 使 32 $cm^3$ 的 $CH_4(g)$, $H_2(g)$ 和 $N_2(g)$ 的气体混合物与 61 $cm^3$ 的 $O_2(g)$ 发生爆炸 (在等温等压下进行, 反应热量被及时移走), 残余气体的体积为 34.5 $cm^3$, 其中 24.1 $cm^3$ 被烧碱溶液吸收, 试确定混合气中 $CH_4(g)$, $H_2(g)$ 和 $N_2(g)$ 的体积分数。

2. 一个瓶子中放入水与空气并达到饱和, 加以密封时瓶内的压力为 101.325 kPa, 温度为 27 ℃。现将此瓶放在 100 ℃ 的沸水中, 问稳定后瓶内压力为多少? 设瓶内始终有水存在, 且水及瓶子的体积变化皆可忽略不计; 27 ℃ 和 100 ℃ 时水的饱和蒸气压分别为 $0.0352 \times 101.325$ kPa 和 101.325 kPa。

3. 根据 Maxwell 速率分布公式, 计算分子速率处在最概然速率以及最概然速率 1.1 倍之间 (即 $dv_{\mathrm{m}} = 0.1v_{\mathrm{m}}$) 的分子在总分子中所占的分数 (由于这个区间的间距很小, 可用微分式)。

4. 某系统中有一束电子射线在空气中飞行, 求证: 电子在气体中的平均自由程 $\bar{l}_{\mathrm{e}}$ 为气体分子的平均自由程 $\bar{l}$ 的 $4\sqrt{2}$ 倍。可假设: ① 电子的体积与气体分子相比可忽略不计; ② 电子的速度远远大于气体分子的速度, 因而气体分子可视为相对静止。

5. 在 293 K 和 100 kPa 时试求:

(1) $N_2(g)$ 分子的平均自由程;

(2) 每一个 $N_2(g)$ 分子与其他分子的碰撞频率;

(3) 在 1.0 $m^3$ 的体积内, $N_2(g)$ 分子的互撞频率。已知 $N_2(g)$ 分子的有效直径约为 0.3 nm。

6. 一艘宇宙飞船的气舱容积为 27 $m^3$, 其中的气体是由体积分数为 80% 的 He(g) 和 20% 的

$O_2(g)$ 组成的。由于飞船的气舱有微小漏孔, 故舱内气体会以一定的速度漏出, 使气压以 $10^3$ Pa/d 的速率降低。如果舱中温度为 298 K, 做一次 10 d (天) 的航天旅行, 为保持舱内气压不变, 需携带多少质量的 He(g) 和 $O_2(g)$ 用来补充?

7. 按下列方法计算 460 K 和 $1.52 \times 10^3$ kPa 下正丁烷的摩尔体积: (1) 理想气体状态方程式; (2) 具有实验常数的位力 (virial) 方程: $Z = 1 + \dfrac{B}{V_m} + \dfrac{C}{V_m^2} + \cdots$, 式中 $B = -0.265\ \mathrm{dm^3 \cdot mol^{-1}}$, $C = 30.250\ \mathrm{dm^6 \cdot mol^{-2}}$。

第一章自测题 2 参考答案

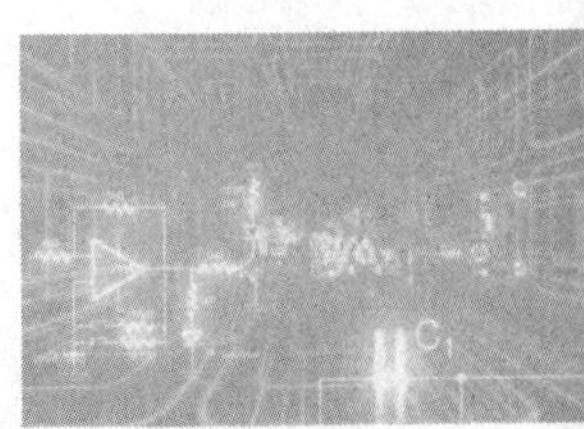

# 第二章　热力学第一定律

本章主要公式和内容提要

## 一、复习题及解答

**2.1**　判断下列说法是否正确。

(1) 状态给定后, 状态函数就有一定的值, 反之亦然。

(2) 状态函数改变后, 状态一定改变。

(3) 状态改变后, 状态函数一定都改变。

(4) 因为 $\Delta U = Q_V, \Delta H = Q_p$, 所以 $Q_V, Q_p$ 是特定条件下的状态函数。

(5) 等温过程一定是可逆过程。

(6) 汽缸内有一定量的理想气体, 反抗一定外压作绝热膨胀, 则 $\Delta H = Q_p = 0$。

(7) 根据热力学第一定律, 因为能量不能无中生有, 所以一个系统若要对外做功, 必须从外界吸收热量。

(8) 系统从状态 Ⅰ 变化到状态 Ⅱ, 若 $\Delta T = 0$, 则 $Q = 0$, 无热量交换。

(9) 在等压下, 机械搅拌绝热容器中的液体, 使其温度上升, 则 $\Delta H = Q_p = 0$。

(10) 理想气体绝热变化过程中, $W = \Delta U$, 即 $W_{\mathrm{R}} = \Delta U = C_V \Delta T$, $W_{\mathrm{IR}} = \Delta U = C_V \Delta T$, 所以 $W_{\mathrm{R}} = W_{\mathrm{IR}}$。

(11) 有一个封闭系统, 当始态和终态确定后:

(a) 若经历一个绝热过程, 则功有定值;

(b) 若经历一个等容过程, 则热有定值 (设不做非膨胀功);

(c) 若经历一个等温过程, 则热力学能有定值;

(d) 若经历一个多方过程, 则热和功的代数和有定值。

(12) 某一化学反应在烧杯中进行, 放热 $Q_1$, 焓变为 $\Delta H_1$, 若安排成可逆电池, 使始态和终态都相同, 这时放热 $Q_2$, 焓变为 $\Delta H_2$, 则 $\Delta H_1 = \Delta H_2$。

**答**: (1) 正确。因为状态函数是系统的单值函数, 状态确定后, 系统的一系列状态函数就确定。相反, 如果系统的一系列状态函数确定后, 系统状态也就被唯一确定。

(2) 正确。根据状态函数的单值性, 当系统的某一状态函数改变了, 则状态必定发生改变。

(3) 不正确。状态改变后, 有些状态函数不一定改变, 例如理想气体的等温变化, 内能就不变。

(4) 不正确。$\Delta H = Q_p$, 只说明在等压、不做非膨胀功的特定条件下 $Q_p$ 等于状态函数 $H$ 的变化值 $\Delta H$, 仅是数值上相等, 并不意味着 $Q_p$ 具有状态函数的性质。$\Delta U = Q_V$ 同理。

(5) 不正确。等温过程是系统与环境的温度始终保持相等且恒定、自始至终保持热平衡的过程。由于只有同时满足力学平衡、相平衡、化学平衡才能保持热平衡, 所以这种过程必然是一个保持连续平衡状态的过程, 即为可逆过程。等温过程不同于恒温过程, 前者只需始态和终态温度相同即可, 而不管中间经历的状态如何, 因此不一定是可逆过程。等温可逆过程则一定是恒温过程。

(6) 不正确。因为这是外压一定, 不是系统的压力一定。绝热膨胀时, $Q = 0$, 不是 $Q_p = 0$。绝热膨胀后, $p_2 < p_1$, $T_2 < T_1$, 理想气体的焓是温度的函数, 所以该过程中 $\Delta H < 0$。

(7) 不正确。还可以降低系统的内能来对外做功。

(8) 不正确。$\Delta T = 0$ 不能说明 $Q = 0$, 根据热力学第一定律, 当 $W = \Delta U$ 时, $Q$ 才等于 0。

(9) 不正确。在等压下机械搅拌绝热容器中的液体, 环境对系统做非膨胀功, $W_{\mathrm{f}} > 0$, 不满足 $\Delta H = Q_p$ 的适用条件。

(10) 不正确。虽然不管过程是否绝热可逆, $W = \Delta U = C_V \Delta T$, 但绝热可逆过程与绝热不可逆过程的最终温度不同, 所以 $W_{\mathrm{R}} \neq W_{\mathrm{IR}}$。

(11) (a) 正确。因为始态和终态确定后, $\Delta U$ 就确定, 又是绝热过程, 则 $Q = 0$, 根据热力学第一定律, $W = \Delta U$ 有定值;

(b) 正确。因为始态和终态确定后, $\Delta U$ 就确定, 又是等容过程, 则 $W = 0$, 根据热力学第一定律, $Q = \Delta U$ 有定值;

(c) 不正确。只有理想气体的等温过程, 热力学能才有定值;

(d) 正确。因为始态和终态确定后, $\Delta U$ 就确定, 即热和功的代数和有定值。

(12) 正确。因为系统的始终态确定后, 状态函数的变化值为定值。系统状态的改变可以通过不同的过程来实现, 虽然在不同的过程中 $W, Q$ 的数值可能不同, 但状态函数焓的变化值不变, 即 $\Delta H_1 = \Delta H_2$。

**2.2** 回答下列问题。

(1) 在盛水槽中放置一个盛水的封闭试管, 加热盛水槽中水, 使其达到沸点。试问试管中的水是否会沸腾, 为什么?

(2) 夏天将室内冰箱的门打开, 接通电源并紧闭门窗 (设墙壁、门窗均不传热), 能否使室内温度降低, 为什么?

(3) 可逆热机的效率最高, 在其他条件都相同的前提下, 用可逆热机去牵引火车, 能否使火车的速度加快, 为什么?

(4) Zn 与稀硫酸作用, (a) 在敞口的容器中进行, (b) 在密闭的容器中进行, 哪一种情况放热较多, 为什么?

(5) 在一铝制筒中装有压缩空气, 温度与环境平衡。突然打开筒盖, 使气体冲出, 当压力与外界相等时, 立即盖上筒盖, 过一会儿, 筒中气体的压力有何变化?

(6) 在 $N_2$ 和 $H_2$ 的摩尔比为 1∶3 的反应条件下合成氨, 实验测得在温度 $T_1$ 和 $T_2$ 时放出的热量分别为 $Q_p(T_1)$ 和 $Q_p(T_2)$, 用 Kirchhoff 定律验证时, 与下述公式的计算结果不符, 试解释原因。

$$\Delta_r H_m(T_2) = \Delta_r H_m(T_1) + \int_{T_1}^{T_2} \Delta_r C_p \mathrm{d}T$$

(7) 从同一始态 $A$ 出发, 经历三种不同途径到达不同的终态: ① 经等温可逆过程从 $A \to B$; ② 经绝热可逆过程从 $A \to C$; ③ 经绝热不可逆过程从 $A \to D$。试问:

(a) 若使终态的体积相同, 点 $D$ 应位于虚线 $BC$ 的什么位置, 为什么?

(b) 若使终态的压力相同, 点 $D$ 应位于虚线 $BC$ 的什么位置, 为什么? 参见下图。

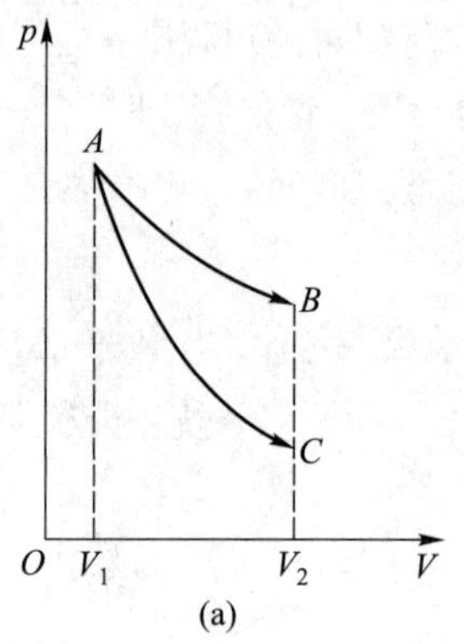

(a)

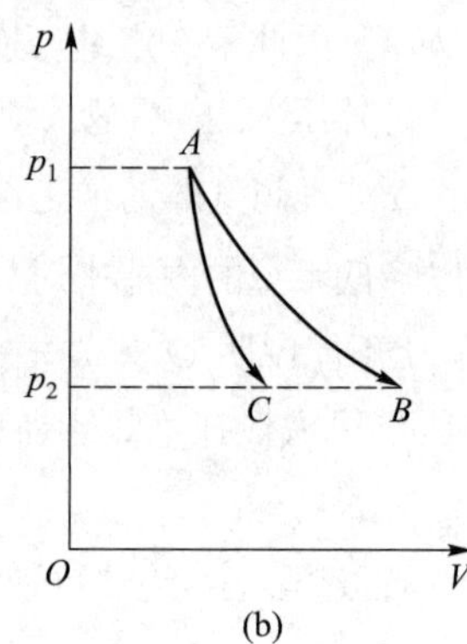

(b)

(8) 在一个玻璃瓶中发生如下反应:

$$H_2(g) + Cl_2(g) \xrightarrow{h\nu} 2HCl(g)$$

反应前后 $T, p, V$ 均未发生变化, 设所有的气体都可看作理想气体。因为理想气体的热力学能仅是温度的函数, $U = U(T)$, 所以该反应的 $\Delta U = 0$。这个结论对不对, 为什么?

**答**: (1) 不会。因为要使液体沸腾, 必须不断供热, 即需要有一个高于沸点的环境热源, 而槽中水的温度与试管中水的沸点温度相同, 无法使其沸腾。

(2) 不能。因为将室内看成一个绝热的封闭系统, 接通电源后相当于环境对系统做电功 $W_f$, $Q_V = 0$, $W_e = 0$, $\Delta U = Q_V + W_e + W_f = W_f > 0$, 所以室内温度将会升高, 而不是降低。

(3) 不能。因为可逆热机的效率是指热效率, 即热转换为功的效率, 而不是运动速率, 热力学没有时间的坐标, 所以没有速率的概念, 而可逆途径的特点之一就是变化无限缓慢, 所以只能使火车的速率减慢而不能加快火车的速率。

(4) 在密闭的容器中放热较多。因为 Zn 与稀硫酸作用, 在敞口的容器中进行时放出的热为 $Q_p$, 在密闭的容器中进行时放出的热为 $Q_V$, 而 $Q_p = Q_V + \Delta n(RT)$, $\Delta n = 1$, $Q_p$ 和 $Q_V$ 均为负值, 所以 $|Q_V| > |Q_p|$。

(5) 压缩空气突然冲出筒外, 可视为绝热膨胀过程, 终态为外界气压 $p^\ominus$, 筒内空气因对外做功导致温度降低; 盖上筒盖, 筒内空气从环境吸热, 过一会儿, 温度升至室温, 筒内空气的压力大于 $p^\ominus$。

(6) Kirchhoff 定律中的 $\Delta_r H_m(T_2)$ 和 $\Delta_r H_m(T_1)$ 是按反应计量系数完全进行到底, 即 $\xi = 1$ mol 时的热效应, 实验测得的热量是反应达到平衡时放出的热量, 此时 $\xi < 1$ mol, 它们之间的关系为 $\Delta_r H_m = \Delta_r H/\xi$, 所以 $\Delta_r H$ 的值不符合 Kirchhoff 定律。

(7) 从同一始态出发经一绝热可逆膨胀过程和经一绝热不可逆膨胀过程, 当到达相同的终态体积 $V_2$ 或相同的终态压力 $p_2$ 时, 绝热可逆过程比绝热不可逆过程做功多, 又因为 $W$(绝热) =

$C_V(T_2-T_1)$, 所以 $T_2$(绝热不可逆) 大于 $T_2$(绝热可逆)。当 $V_2$ 相同时, $p=nRT/V$, 则 $p_2$(绝热不可逆) 大于 $p_2$(绝热可逆); 当终态 $p_2$ 相同时, $V=nRT/p$, 则 $V_2$(绝热不可逆) 大于 $V_2$(绝热可逆)。

绝热不可逆过程与等温可逆过程相比较: 由于等温可逆过程中温度不变, 绝热膨胀过程中温度下降, 所以 $T_2$(等温可逆) 大于 $T_2$(绝热不可逆)。当 $V_2$ 相同时, $p_2$(等温可逆) 大于 $p_2$(绝热不可逆); 当 $p_2$ 相同时, $V_2$(等温可逆) 大于 $V_2$(绝热不可逆)。

综上所述, 从同一始态出发经三种不同过程, 当 $V_2$ 相同时, 点 $D$ 在 $B$、$C$ 之间, $p_2$(等温可逆) > $p_2$(绝热不可逆) > $p_2$(绝热可逆); 当 $p_2$ 相同时, 点 $D$ 在 $B$、$C$ 之间, $V_2$(等温可逆) > $V_2$(绝热不可逆) > $V_2$(绝热可逆)。

(8) 该结论不对。由热力学第一定律: $\mathrm{d}U=\delta Q+\delta W=\delta Q+\delta W_\mathrm{e}+\delta W_\mathrm{f}$, 体积没有变, 则 $\delta W_\mathrm{e}=0$; $\delta W_\mathrm{f}$ 为非膨胀功, 在该反应中 $h\nu$ 为光能, 是环境对系统做功; 根据现有条件不知道系统和环境是否存在热交换, 因此不能得出反应的 $\Delta U=0$ 的结论。

**2.3**　可逆过程有哪些基本特征? 请识别下列过程中哪些是可逆过程。

(1) 摩擦生热;

(2) 室温和大气压力 (101.325 kPa) 下, 水蒸发为等温等压下的水蒸气;

(3) 373 K 和大气压力 (101.325 kPa) 下, 水蒸发为等温等压下的水蒸气;

(4) 用干电池使灯泡发光;

(5) 用对消法测可逆电池的电动势;

(6) $N_2$(g), $O_2$(g) 在等温等压条件下混合;

(7) 等温下将 1 mol 水倾入大量溶液中, 溶液浓度未变;

(8) 水在冰点时变成等温等压下的冰。

**答**: 可逆过程基本特征: (1) 过程以无限小的变化进行, 由一连串接近于平衡的状态构成; (2) 在反向过程中必须沿着原来过程的逆过程用同样的手续使系统和环境复原, 而无任何耗散效应; (3) 在等温可逆膨胀过程中系统对环境做最大功, 在等温可逆压缩过程中环境对系统做最小功。

只有 (3)、(5) 和 (8) 是可逆过程, 其余均为不可逆过程。

**2.4**　试将如下的两个不可逆过程设计成可逆过程:

(1) 在 298 K, 101.325 kPa 下, 水蒸发为等温等压下的水蒸气;

(2) 在 268 K, 101.325 kPa 下, 水凝结为等温等压下的冰。

**答**: (1) 设计过程如下:

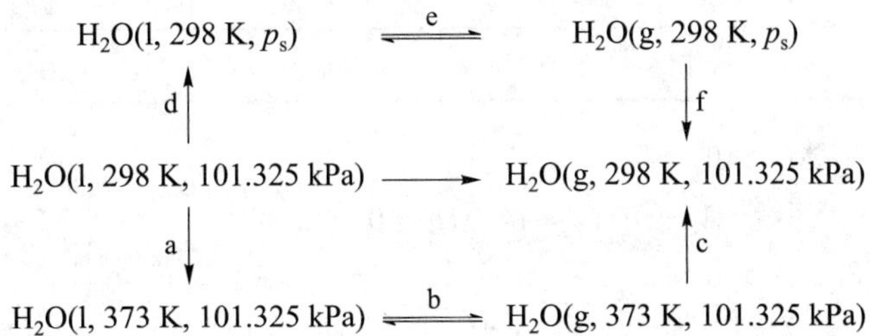


经过 a、b、c 过程: a 为等压可逆升温过程; b 为等温等压可逆相变过程; c 为等压可逆降温过程。

或经过 d、e、f 过程: d 为等温可逆降压过程, $p_\mathrm{s}$ 为水在 298 K 时的饱和蒸气压; e 为等温等压可逆相变过程; f 为等温可逆升压过程。

(2) 设计过程如下:

$$
\begin{array}{ccc}
H_2O(l, 268\ K, 101.325\ kPa) & \longrightarrow & H_2O(s, 268\ K, 101.325\ kPa) \\
\downarrow a & & \uparrow c \\
H_2O(l, 273\ K, 101.325\ kPa) & \overset{b}{\rightleftharpoons} & H_2O(s, 273\ K, 101.325\ kPa)
\end{array}
$$

a 为等压可逆升温过程; b 为等温等压可逆相变过程; c 为等压可逆降温过程。

**2.5** 判断下列各过程的 $Q, W, \Delta U$ 和可能知道的 $\Delta H$ 值, 用 $>0, <0$ 或 $=0$ 表示。

(1) 如右图所示, 当电池放电后, 选择不同的对象为研究系统:

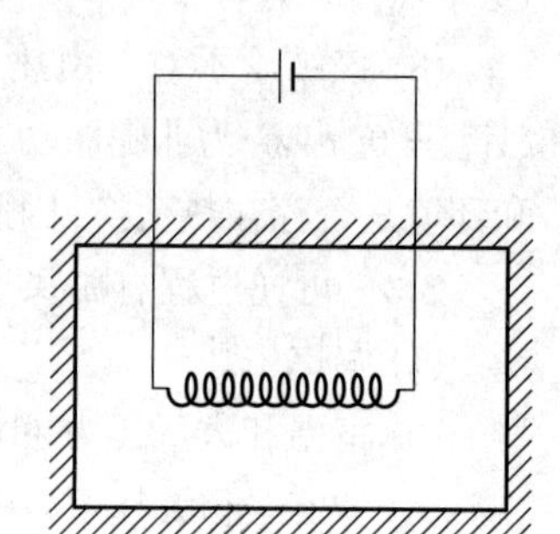

① 以水和电阻丝为系统;

② 以水为系统;

③ 以电阻丝为系统;

④ 以电池和电阻丝为系统;

⑤ 以水、电池和电阻丝为系统。

(2) van der Waals 气体等温自由膨胀。

(3) 密闭非绝热容器中盛有锌粒和盐酸, 容器上部有可移动的活塞。

(4) $C_6H_6(s, 101.325\ kPa, T_f) \longrightarrow C_6H_6(l, 101.325\ kPa, T_f)$

(5) 恒容绝热容器中发生如下反应:

$$H_2(g) + Cl_2(g) \longrightarrow 2HCl(g)$$

(6) 恒容非绝热容器中发生与 (5) 相同的反应, 反应前后温度相同。

(7) 在大量的水中, 有一个含有 $H_2(g)$, $O_2(g)$ 的气泡, 通一电火花使其化合变为水, 以 $H_2(g)$, $O_2(g)$ 混合气为系统, 忽略电火花能量。

(8) 理想气体的 Joule-Thomson 节流过程。

答: (1) 见下表。

| 过程 | ① | ② | ③ | ④ | ⑤ |
|---|---|---|---|---|---|
| $W$ | $>0$ | $=0$ | $>0$ | $=0$ | $=0$ |
| $Q$ | $=0$ | $>0$ | $<0$ | $<0$ | $=0$ |
| $\Delta U$ | $>0$ | $>0$ | $>0$ | $<0$ | $=0$ |

(2) $Q>0$, $W=0$, $\Delta U>0$。

(3) 以锌粒和盐酸为系统, $W<0$, $Q<0$, $\Delta U<0$。

(4) $W<0$, $Q>0$, $\Delta U>0$。

(5) 因为是恒容、绝热反应, 则 $Q_V=0$, $W=0$, $\Delta U=Q+W=0$, $\Delta H=\Delta U+\Delta(pV)=\Delta U+V\Delta p>0$ (因为 $V$ 不变, 该反应为放热反应, 在绝热容器中温度升高, 故压力也升高, $\Delta p>0$)。

(6) 因为是恒容、非绝热反应, $Q_V>0$, $W=0$, $\Delta U=Q+W>0$, $\Delta H=\Delta U+V\Delta p>0$。

(7) $W>0$, $Q<0$, $\Delta U<0$。

(8) 理想气体 Joule-Thomson 的节流过程 $Q=0, \Delta H=0$。

$\mu_{\text{J-T}}$ 系数的表达式为 $\mu_{\text{J-T}}=-\dfrac{1}{C_p}\left\{\left(\dfrac{\partial U}{\partial p}\right)_T+\left[\dfrac{\partial(pV)}{\partial p}\right]_T\right\}$

对于理想气体, $\left(\dfrac{\partial U}{\partial p}\right)_T=0, \left[\dfrac{\partial(pV)}{\partial p}\right]_T=0$, 则 $\mu_{\text{J-T}}=0$。

又因为 $\mu_{\text{J-T}}=\left(\dfrac{\partial T}{\partial p}\right)_H$, 所以 $\mathrm{d}T=0$。

理想气体的内能是温度的函数, 则 $\Delta U=0, W=\Delta U-Q=0$。

**2.6**　请列举 4 个不同类型的等焓过程。

答: (1) Joule-Thomson 节流过程;

(2) 理想气体的等温过程;

(3) 绝热等压反应 (非膨胀功为 0);

(4) 理想气体的自由膨胀过程。

**2.7**　在下列关系式中, 请指出哪几个是准确的, 哪几个是不准确的, 并简单说明理由。

(1) $\Delta_\mathrm{c}H_\mathrm{m}^\ominus(\text{石墨, s})=\Delta_\mathrm{f}H_\mathrm{m}^\ominus(\mathrm{CO_2, g})$

(2) $\Delta_\mathrm{c}H_\mathrm{m}^\ominus(\mathrm{H_2, g})=\Delta_\mathrm{f}H_\mathrm{m}^\ominus(\mathrm{H_2O, g})$

(3) $\Delta_\mathrm{c}H_\mathrm{m}^\ominus(\mathrm{N_2, g})=2\Delta_\mathrm{f}H_\mathrm{m}^\ominus(\mathrm{NO_2, g})$

(4) $\Delta_\mathrm{c}H_\mathrm{m}^\ominus(\mathrm{SO_2, g})=0$

(5) $\Delta_\mathrm{f}H_\mathrm{m}^\ominus(\mathrm{H_2O, g})=\Delta_\mathrm{f}H_\mathrm{m}^\ominus(\mathrm{H_2O, l})+\Delta_\mathrm{vap}H_\mathrm{m}^\ominus(\mathrm{H_2O, l})$

(6) $\Delta_\mathrm{c}H_\mathrm{m}^\ominus(\mathrm{O_2, g})=\Delta_\mathrm{f}H_\mathrm{m}^\ominus(\mathrm{H_2O, l})$

答: (1) 准确。因为碳的最稳定单质是石墨, 1 mol 石墨完全燃烧生成 1 mol 二氧化碳气体, 反应的标准摩尔焓变等于石墨的标准摩尔燃烧焓, 也等于 $\mathrm{CO_2(g)}$ 的标准摩尔生成焓。

(2) 不准确。因为氢气完全燃烧的指定产物是液态水, 而不是气态水。

(3) 不准确。因为 $\mathrm{N_2(g)}$ 是物质中 N 物种燃烧后的指定产物, 其标准摩尔燃烧焓为 0。

(4) 准确。因为 $\mathrm{SO_2(g)}$ 是物质中 S 物种燃烧后的指定产物。

(5) 准确。根据状态函数的特点, 该关系式准确。

(6) 不准确。因为 $\mathrm{O_2(g)}$ 是助燃剂, 其标准摩尔燃烧焓为 0。

**2.8**　$C_{p,\mathrm{m}}$ 是否恒大于 $C_{V,\mathrm{m}}$? 有一个化学反应, 所有的气体都可以当作理想气体处理, 若反应的 $\Delta C_{p,\mathrm{m}}>0$, 则反应的 $\Delta C_{V,\mathrm{m}}$ 也一定大于零吗?

答: (1) $C_{p,\mathrm{m}}$ 不一定恒大于 $C_{V,\mathrm{m}}$。气体的 $C_{p,\mathrm{m}}$ 和 $C_{V,\mathrm{m}}$ 的关系为

$$C_{p,\mathrm{m}}-C_{V,\mathrm{m}}=\left[\left(\frac{\partial U_\mathrm{m}}{\partial V_\mathrm{m}}\right)_T+p\right]\left(\frac{\partial V_\mathrm{m}}{\partial T}\right)_p$$

上式的物理意义如下:

恒容时系统的体积不变, 而恒压时系统的体积随温度的升高要发生变化。

① $p\left(\dfrac{\partial V_\mathrm{m}}{\partial T}\right)_p$ 项表示, 当系统体积变化时外界所提供的额外能量;

② $\left(\dfrac{\partial U_\mathrm{m}}{\partial V_\mathrm{m}}\right)_T\left(\dfrac{\partial V_\mathrm{m}}{\partial T}\right)_p$ 项表示, 由于系统的体积增大, 使分子间的距离增大, 势能增大, 使热

力学能增大所需的能量;

由于 $p$ 和 $\left(\frac{\partial U_{\mathrm{m}}}{\partial V_{\mathrm{m}}}\right)_T$ 都为正值, 所以 $C_{p,\mathrm{m}}$ 与 $C_{V,\mathrm{m}}$ 的差值的正负就取决于 $\left(\frac{\partial V_{\mathrm{m}}}{\partial T}\right)_p$ 项。如果系统的体积随温度升高而增大, 则 $\left(\frac{\partial V_{\mathrm{m}}}{\partial T}\right)_p > 0$, 则 $C_{p,\mathrm{m}} > C_{V,\mathrm{m}}$; 反之, 若系统的体积随温度升高而缩小, $\left(\frac{\partial V_{\mathrm{m}}}{\partial T}\right)_p < 0$, 则 $C_{p,\mathrm{m}} < C_{V,\mathrm{m}}$。

通常情况下, 大多数流体 (气体和液体) 的 $\left(\frac{\partial V_{\mathrm{m}}}{\partial T}\right)_p > 0$; 只有少数流体在某些温度范围内 $\left(\frac{\partial V_{\mathrm{m}}}{\partial T}\right)_p < 0$, 如水在 $0 \sim 4$ ℃ 的范围内, 随温度升高其体积减小, 所以 $C_{p,\mathrm{m}} < C_{V,\mathrm{m}}$。

对于理想气体, 则有 $C_{p,\mathrm{m}} - C_{V,\mathrm{m}} = R$。

(2) 对于气体都可以作为理想气体处理的化学反应, 则有 $\Delta C_{p,\mathrm{m}} = \Delta C_{V,\mathrm{m}} + \sum_{\mathrm{B}} \nu_{\mathrm{B}} R$ 即 $\Delta C_{V,\mathrm{m}} = \Delta C_{p,\mathrm{m}} - \sum_{\mathrm{B}} \nu_{\mathrm{B}} R$, 所以, 若反应的 $\Delta C_{p,\mathrm{m}} > 0$, 反应的 $\Delta C_{V,\mathrm{m}}$ 不一定大于零。

## 二、典型例题及解答

**例2.1** 试用理想气体状态方程 $pV = nRT$, 证明物理量压力 $p$ 为状态函数, 功 $W$ 不是状态函数。

**解**: 状态函数在数学上是单值连续函数, 具有全微分性质。设函数 $Z = f(x, y)$, 具有全微分性质的函数具有以下特性:

$$\mathrm{d}Z = \left(\frac{\partial Z}{\partial x}\right)_y \mathrm{d}x + \left(\frac{\partial Z}{\partial y}\right)_x \mathrm{d}y = M\mathrm{d}x + N\mathrm{d}y$$

特性 (1): 循环积分等于 0, 即 $\oint \mathrm{d}Z = 0$

表示该函数是单值的, $\Delta Z$ 仅取决于始态和终态, 而与积分途径无关。

特性 (2): 具有对易关系, 即 $\left(\frac{\partial M}{\partial y}\right)_x = \left(\frac{\partial N}{\partial x}\right)_y$

这是全微分性质函数的充要条件, 可以用于检验某函数是否具有全微分性质, 某物理量是否为状态函数。

对于一定量的理想气体, $n$ 一定, 则 $p = f(T, V)$, 其全微分表达式为

$$\mathrm{d}p = \left(\frac{\partial p}{\partial T}\right)_V \mathrm{d}T + \left(\frac{\partial p}{\partial V}\right)_T \mathrm{d}V$$

代入理想气体状态方程式: $\mathrm{d}p = \frac{nR}{V}\mathrm{d}T + \left(-\frac{nRT}{V^2}\right)\mathrm{d}V$

令
$$\frac{nR}{V}=M \qquad -\frac{nRT}{V^2}=N$$

$$\left(\frac{\partial M}{\partial V}\right)_T=\frac{\partial}{\partial V}\left(\frac{nR}{V}\right)_T=-\frac{nR}{V^2}$$

$$\left(\frac{\partial N}{\partial T}\right)_V=\frac{\partial}{\partial T}\left(-\frac{nRT}{V^2}\right)_V=-\frac{nR}{V^2}$$

上述两式相等, 符合对易关系, 则函数 $p=nRT/V$ 具有全微分性质, 压力 $p$ 为状态函数。

对于功 $W$, 有
$$\delta W=-p\mathrm{d}V$$

因为 $V=nRT/p$, 所以

$$\mathrm{d}V=\left(\frac{\partial V}{\partial p}\right)_T\mathrm{d}p+\left(\frac{\partial V}{\partial T}\right)_p\mathrm{d}T \qquad \text{(可以证明 } V \text{ 也是状态函数)}$$

$$=\left(-\frac{nRT}{p^2}\right)\mathrm{d}p+\left(\frac{nR}{p}\right)\mathrm{d}T$$

则
$$\delta W=-p\mathrm{d}V=\left(\frac{nRT}{p}\right)\mathrm{d}p-nR\mathrm{d}T$$

令
$$\frac{nRT}{p}=M \qquad -nR=N$$

$$\left(\frac{\partial M}{\partial T}\right)_p=\frac{\partial}{\partial T}\left(\frac{nRT}{p}\right)_p=\frac{nR}{p}$$

$$\left(\frac{\partial N}{\partial p}\right)_T=\frac{\partial}{\partial p}(-nR)_T=0$$

上述两式不等, 不符合对易关系, 则 $\delta W=-p\mathrm{d}V$ 不具有全微分性质, 功 $W$ 不是状态函数。

**例2.2**　以 1 mol 理想气体 ($N_2$) 为介质形成下列循环: A → B, 等温可逆过程; B → C, 等容过程; C → A, 绝热可逆过程。已知 $T_{\mathrm{A}}=1000\ \mathrm{K}$, $V_{\mathrm{A}}=1\ \mathrm{dm}^3$, $V_{\mathrm{B}}=20\ \mathrm{dm}^3$。

(1) 求 A, B, C 各状态下的 $T, p, V$;

(2) 求出各种过程变化的 $\Delta U, \Delta H, W, Q$;

(3) 求此循环过程的热机效率 $\eta$, 并求出在相同高低热源条件下此热机的 $\eta$ 与 Carnot 循环之 $\eta_{\mathrm{c}}$ 的比值 $\eta/\eta_{\mathrm{c}}$。

**解**: (1) A 态: $T_{\mathrm{A}}=1000\ \mathrm{K}$, $V_{\mathrm{A}}=0.001\ \mathrm{m}^3$, 则

$$p_{\mathrm{A}}=\frac{nRT_{\mathrm{A}}}{V_{\mathrm{A}}}=\frac{1\ \mathrm{mol}\times 8.314\ \mathrm{J\cdot mol^{-1}\cdot K^{-1}}\times 1000\ \mathrm{K}}{0.001\ \mathrm{m}^3}=8314\ \mathrm{kPa}$$

B 态: 因 A → B 是等温可逆过程, $T_{\mathrm{B}}=T_{\mathrm{A}}=1000\ \mathrm{K}$, $V_{\mathrm{B}}=0.020\ \mathrm{m}^3$, 则

$$p_{\mathrm{B}}=\frac{nRT_{\mathrm{B}}}{V_{\mathrm{B}}}=\frac{1\ \mathrm{mol}\times 8.314\ \mathrm{J\cdot mol^{-1}\cdot K^{-1}}\times 1000\ \mathrm{K}}{0.020\ \mathrm{m}^3}=415.7\ \mathrm{kPa}$$

C 态: 因 B → C 是等容过程, $V_{\mathrm{C}}=V_{\mathrm{B}}=0.020\ \mathrm{m}^3$; 因 C → A 是绝热可逆过程, 根据理想气体的绝热过程方程式可求得 $T_{\mathrm{C}}$。

$$T_{\rm A}V_{\rm A}^{\gamma-1}=T_{\rm C}V_{\rm C}^{\gamma-1}\quad \left(其中\ \gamma=\frac{C_{p,\rm m}}{C_{V,\rm m}}\right)$$

由于 $N_2$ 是双原子分子, 则

$$\gamma=\frac{\frac{7}{2}R}{\frac{5}{2}R}=1.4$$

$$T_{\rm C}=T_{\rm A}\left(\frac{V_{\rm A}}{V_{\rm C}}\right)^{\gamma-1}=1000\ {\rm K}\times\left(\frac{0.001\ {\rm m}^3}{0.020\ {\rm m}^3}\right)^{1.4-1}=301.7\ {\rm K}$$

$$p_{\rm C}=\frac{nRT_{\rm C}}{V_{\rm C}}=\frac{1\ {\rm mol}\times 8.314\ {\rm J\cdot mol^{-1}\cdot K^{-1}}\times 301.7\ {\rm K}}{0.020\ {\rm m}^3}=125.4\ {\rm kPa}$$

(2) A → B: A 态和 B 态的温度相等。理想气体的热力学能和焓仅是温度的函数, 因此 $\Delta U_1=\Delta H_1=0$。

$$Q_1=-W_1=nRT\ln\frac{V_{\rm B}}{V_{\rm A}}$$

$$=1\ {\rm mol}\times 8.314\ {\rm J\cdot mol^{-1}\cdot K^{-1}}\times 1000\ {\rm K}\ln\frac{0.020\ {\rm m}^3}{0.001\ {\rm m}^3}=24.91\ {\rm kJ}$$

B → C: 等容过程, $\Delta V=0$, 则

$$W_2=-\int p{\rm d}V=0$$

$$\Delta U_2=Q_2=\int_{T_{\rm B}}^{T_{\rm C}}C_V{\rm d}T=\frac{5}{2}nR(T_{\rm C}-T_{\rm B})$$

$$=1\ {\rm mol}\times\frac{5}{2}\times 8.314\ {\rm J\cdot mol^{-1}\cdot K^{-1}}\times(301.7\ {\rm K}-1000\ {\rm K})=-14.51\ {\rm kJ}$$

$$\Delta H_2=\int_{T_{\rm B}}^{T_{\rm C}}C_p{\rm d}T=\frac{7}{2}nR(T_{\rm C}-T_{\rm B})$$

$$=1\ {\rm mol}\times\frac{7}{2}\times 8.314\ {\rm J\cdot mol^{-1}\cdot K^{-1}}\times(301.7\ {\rm K}-1000\ {\rm K})=-20.32\ {\rm kJ}$$

C → A: 绝热可逆过程, $Q_3=0$

$$\Delta U_3=W_2=\int_{T_{\rm C}}^{T_{\rm A}}C_V{\rm d}T=\frac{5}{2}nR(T_{\rm A}-T_{\rm C})$$

$$=1\ {\rm mol}\times\frac{5}{2}\times 8.314\ {\rm J\cdot mol^{-1}\cdot K^{-1}}\times(1000\ {\rm K}-301.7\ {\rm K})=14.51\ {\rm kJ}$$

$$\Delta H_3=\int_{T_{\rm C}}^{T_{\rm A}}C_p{\rm d}T=\frac{7}{2}nR(T_{\rm A}-T_{\rm C})$$

$$=1\ {\rm mol}\times\frac{7}{2}\times 8.314\ {\rm J\cdot mol^{-1}\cdot K^{-1}}\times(1000\ {\rm K}-301.7\ {\rm K})=20.32\ {\rm kJ}$$

**另解**: 也可以利用状态函数的环程积分等于零的原则求出 $\Delta U_3$ 和 $\Delta H_3$。

$\oint \mathrm{d}U = 0$, 即 $\qquad \Delta U = \Delta U_1 + \Delta U_2 + \Delta U_3 = 0$

$$\Delta U_3 = -\Delta U_1 - \Delta U_2 = 0 - (-14.51\ \mathrm{kJ}) = 14.51\ \mathrm{kJ}$$

$\oint \mathrm{d}H = 0$, 即 $\qquad \Delta H = \Delta H_1 + \Delta H_2 + \Delta H_3 = 0$

$$\Delta H_3 = -\Delta H_1 - \Delta H_2 = 0 - (-20.32\ \mathrm{kJ}) = 20.32\ \mathrm{kJ}$$

(3) 该循环的热机效率 $\eta$ 为

$$\eta = \frac{-W}{Q_{吸}} = \frac{-W_1 - W_2 - W_3}{Q_1} = \frac{(24.91 + 0 - 14.51)\ \mathrm{kJ}}{24.91\ \mathrm{kJ}} \times 100\% = 41.75\%$$

对于工作于同温热源和同温冷源之间的 Carnot 热机, 其热机效率为

$$\eta_{\mathrm{C}} = \frac{T_{\mathrm{h}} - T_{\mathrm{c}}}{T_{\mathrm{h}}} = \frac{1000\ \mathrm{K} - 301.7\ \mathrm{K}}{1000\ \mathrm{K}} \times 100\% = 69.83\%$$

上述两个不同热机的效率比值为

$$\frac{\eta}{\eta_{\mathrm{C}}} = \frac{41.75\%}{69.83\%} = 0.5979$$

**例2.3**　2 mol 的 $N_2$ 气 (设为理想气体) 的始态为 300 K, 100 kPa, 经过下列不同过程后使压力减半, 分别求算各过程中的功 $W$:

(1) 向等体积的真空自由膨胀;

(2) 对抗恒外压 50 kPa 等温膨胀;

(3) 等温可逆膨胀;

(4) 绝热可逆膨胀;

(5) 对抗恒外压 50 kPa 绝热膨胀;

(6) 沿着 $pV^{1/2} =$ 常数的可逆多方过程;

(7) 沿着 $pT =$ 常数的可逆多方过程;

(8) 沿着 $VT =$ 常数的可逆多方过程;

(9) 沿着 $T-p$ 图中 $T_1, p_1$ (300 K, 100 kPa) 到 $T_2, p_2$ (240 K, 50 kPa) 的直线可逆膨胀。

**解**: (1) 真空膨胀时, $p_{外} = 0$, 则 $\qquad W = -p_{外}\Delta V = 0$

(2) 系统对外做功, 则

$$\begin{aligned} W &= -p_{外}\Delta V = -p_2(V_2 - V_1) \\ &= -p_2\left(\frac{nRT}{p_2} - \frac{nRT}{p_1}\right) = -nRT\left(1 - \frac{p_2}{p_1}\right) = -\frac{nRT}{2} \\ &= -\frac{2\ \mathrm{mol} \times 8.314\ \mathrm{J \cdot mol^{-1} \cdot K^{-1}} \times 300\ \mathrm{K}}{2} = -2494\ \mathrm{J} \end{aligned}$$

(3) 理想气体等温可逆膨胀:

$$W = -\int_{V_1}^{V_2} p\mathrm{d}V = -nRT\ln\frac{V_2}{V_1} = -nRT\ln\frac{p_1}{p_2}$$

$$= -2\ \text{mol} \times 8.314\ \text{J} \cdot \text{mol}^{-1} \cdot \text{K}^{-1} \times 300\ \text{K} \times \ln \frac{100\ \text{kPa}}{50\ \text{kPa}} = -3458\ \text{J}$$

(4) 理想气体绝热可逆膨胀, 对于双原子分子理想气体:

$$\gamma = \frac{3.5R}{2.5R} = 1.4$$

根据绝热可逆过程方程式: $p^{1-\gamma} T^{\gamma} = C$

$$T_2 = T_1 \left( \frac{p_1}{p_2} \right)^{\frac{1-\gamma}{\gamma}} = 300\ \text{K} \times \left( \frac{100\ \text{kPa}}{50\ \text{kPa}} \right)^{\frac{1-1.4}{1.4}} = 246.1\ \text{K}$$

$$W = \Delta U = \int_{T_1}^{T_2} C_V \text{d}T = \frac{5}{2} nR(T_2 - T_1)$$

$$= 2\ \text{mol} \times \frac{5}{2} \times 8.314\ \text{J} \cdot \text{mol}^{-1} \cdot \text{K}^{-1} \times (246.1\ \text{K} - 300\ \text{K}) = -2241\ \text{J}$$

或 $$W = \frac{nR(T_2 - T_1)}{\gamma - 1} = \frac{2\ \text{mol} \times 8.314\ \text{J} \cdot \text{mol}^{-1} \cdot \text{K}^{-1} \times (246.1\ \text{K} - 300\ \text{K})}{1.4 - 1} = -2241\ \text{J}$$

(5) 理想气体对抗恒外压绝热膨胀为不可逆过程。不能利用绝热可逆过程方程式求终态温度, 只能利用 $W = \Delta U$ 构建等式关系:

$$W = -p_{外} \Delta V = -p_2 (V_2 - V_1)$$

$$\Delta U = n C_{V,\text{m}} (T_2 - T_1) = \frac{5}{2} nR(T_2 - T_1)$$

则有

$$W = -p_2 \left( \frac{nRT_2}{p_2} - \frac{nRT_1}{p_1} \right) = \frac{5}{2} nR(T_2 - T_1) = \Delta U$$

$$-\left( T_2 - \frac{T_1 p_2}{p_1} \right) = \frac{5}{2} (T_2 - T_1)$$

$$-\left( T_2 - \frac{300\ \text{K} \times 50\ \text{kPa}}{100\ \text{kPa}} \right) = \frac{5}{2} (T_2 - 300\ \text{K})$$

$$T_2 = 257.1\ \text{K}$$

$$W = \frac{5}{2} nR(T_2 - T_1) = 2\ \text{mol} \times \frac{5}{2} \times 8.314\ \text{J} \cdot \text{mol}^{-1} \cdot \text{K}^{-1} \times (257.1\ \text{K} - 300\ \text{K}) = -1782\ \text{J}$$

或 $$W = -nR \left( T_2 - \frac{p_2 T_1}{p_1} \right) = -2\ \text{mol} \times 8.314\ \text{J} \cdot \text{mol}^{-1} \cdot \text{K}^{-1} \times \left( 257.1\ \text{K} - \frac{300\ \text{K}}{2} \right) = -1782\ \text{J}$$

(6) 沿着 $pV^{1/2} =$ 常数的可逆多方过程, 是一个典型的 $pV^{\delta} =$ 常数的多方过程。它处于理想气体的等温可逆过程 $pV =$ 常数和绝热可逆过程 $pV^{\gamma} =$ 常数这两个极限过程之间, 更具有普遍意义。这一形式的多方过程的功的计算可借助绝热可逆功的计算式, 仅需将 $\gamma$ 因子换成 $\delta$ 即可:

$$W = \frac{nR(T_2 - T_1)}{\delta - 1}$$

终态温度 $T_2$ 的求算可借助过程方程式和理想气体状态方程联立求解, 因为在该过程中的任意状态都服从上述两个方程:

$$p_1V_1^{1/2}=p_2V_2^{1/2},\quad p_1/p_2=2,\quad V_2/V_1=4$$

又因为
$$\frac{p_1V_1}{T_1}=\frac{p_2V_2}{T_2}$$

所以
$$T_2=T_1\frac{p_2V_2}{p_1V_1}=300\ \text{K}\times\frac{1}{2}\times 4=600\ \text{K}$$

则 $W=\dfrac{nR(T_2-T_1)}{\delta-1}=\dfrac{2\ \text{mol}\times 8.314\ \text{J}\cdot\text{mol}^{-1}\cdot\text{K}^{-1}\times(600\ \text{K}-300\ \text{K})}{\dfrac{1}{2}-1}=-9977\ \text{J}$

(7) 沿着 $pT=$ 常数的可逆多方过程。没有现成的公式可用, 只能从定义式出发:

$$W=-\int_{V_1}^{V_2}p\text{d}V$$

该过程的压力 $p$ 同时服从该过程方程式和理想气体状态方程式, 联立可求得 $p$ 和 $V$ 的关联式。

$$V_1=\frac{nRT_1}{p_1}=\frac{2\ \text{mol}\times 8.314\ \text{J}\cdot\text{mol}^{-1}\cdot\text{K}^{-1}\times 300\ \text{K}}{100\ \text{kPa}}=0.04988\ \text{m}^3$$

$$T_2=\frac{p_1T_1}{p_2}=2T_1=600\ \text{K}$$

$$V_2=\frac{nRT_2}{p_2}=\frac{2\ \text{mol}\times 8.314\ \text{J}\cdot\text{mol}^{-1}\cdot\text{K}^{-1}\times 600\ \text{K}}{50\ \text{kPa}}=0.1995\ \text{m}^3$$

由于 $pT=C,\ pV=nRT$, 则 $p=\sqrt{\dfrac{CnR}{V}}$

$$\begin{aligned}W&=-\int_{V_1}^{V_2}p\text{d}V=-\sqrt{CnR}\int_{V_1}^{V_2}V^{-1/2}\text{d}V=-\sqrt{p_1T_1nR}\times 2(\sqrt{V_2}-\sqrt{V_1})\\&=-(100\ \text{kPa}\times 300\ \text{K}\times 2\ \text{mol}\times 8.314\ \text{J}\cdot\text{mol}^{-1}\cdot\text{K}^{-1})^{1/2}\times 2\times[(0.1995\ \text{m}^3)^{1/2}-(0.04988\ \text{m}^3)^{1/2}]\\&=-9975\ \text{J}\end{aligned}$$

或由 $pT=C,\ pV=nRT$, 得 $V=\dfrac{nRC}{p^2}$

$$\begin{aligned}W&=-\int_{V_1}^{V_2}p\text{d}V=-\int_{p_1}^{p_2}p\text{d}\left(\frac{nRC}{p^2}\right)=-nRC\int_{p_1}^{p_2}\left(-\frac{2}{p^2}\right)\text{d}p\\&=-2nRC\left(\frac{1}{p_2}-\frac{1}{p_1}\right)=-2nRp_1T_1\left(\frac{1}{p_2}-\frac{1}{p_1}\right)=-2nRT_1\left(\frac{p_1}{p_2}-1\right)\\&=-2\times 2\ \text{mol}\times 8.314\ \text{J}\cdot\text{mol}^{-1}\cdot\text{K}^{-1}\times 300\ \text{K}\times\left(\frac{100\ \text{kPa}}{50\ \text{kPa}}-1\right)=-9977\ \text{J}\end{aligned}$$

或由 $pT=C,\ pV=nRT$, 得 $V=\dfrac{nRT^2}{C}$

$$W=-\int_{V_1}^{V_2}p\text{d}V=-\int\frac{C}{T}\text{d}\left(\frac{nRT^2}{C}\right)=-2nR\int_{T_1}^{T_2}\text{d}T=-2nR(T_2-T_1)$$

$$= -2 \times 2\ \mathrm{mol} \times 8.314\ \mathrm{J{\cdot}mol^{-1}{\cdot}K^{-1}} \times (600\ \mathrm{K} - 300\ \mathrm{K}) = -9977\ \mathrm{J}$$

也可以从另一种思路来求解。多方过程的一个典型表达式是 $pV^{\delta} =$ 常数, 任何其他形式的方程式均可以变换成这一形式。例如:

由 $pT = C$, $pV = nRT$, 得 $$p^2V = nRC$$

等式左右均开平方, 得 $$pV^{1/2} = C'$$

则 $$W = \frac{nR(T_2 - T_1)}{\delta - 1} = \frac{2\ \mathrm{mol} \times 8.314\ \mathrm{J{\cdot}mol^{-1}{\cdot}K^{-1}} \times (600\ \mathrm{K} - 300\ \mathrm{K})}{\dfrac{1}{2} - 1} = -9977\ \mathrm{J}$$

此方法非常方便。

(8) 沿着 $VT =$ 常数的可逆多方过程, 方法同 (7)。终态的温度和压力为

$$T_1V_1 = T_2V_2$$

又因为 $$\frac{p_1V_1}{p_2V_2} = \frac{T_1}{T_2} \qquad 2\frac{V_1}{V_2} = \frac{T_1}{T_2} \qquad 2\frac{T_2}{T_1} = \frac{T_1}{T_2}$$

所以 $$T_2 = \left(\frac{T_1^2}{2}\right)^{1/2} = 212.1\ \mathrm{K}$$

$$V_2 = \frac{nRT_2}{p_2} = \frac{2\ \mathrm{mol} \times 8.314\ \mathrm{J{\cdot}mol^{-1}{\cdot}K^{-1}} \times 212.1\ \mathrm{K}}{50\ \mathrm{kPa}} = 0.07054\ \mathrm{m^3}$$

由于 $VT = C$, $pV = nRT$, 则 $$p = \frac{nRC}{V^2}$$

$$W = -\int_{V_1}^{V_2} p\mathrm{d}V = -nRC\int_{V_1}^{V_2} V^{-2}\mathrm{d}V = nRC\left(\frac{1}{V_2} - \frac{1}{V_1}\right)$$

$$= nRV_1T_1\left(\frac{1}{V_2} - \frac{1}{V_1}\right) = nRT_1\left(\frac{V_1}{V_2} - 1\right) = nRT_1\left(\frac{T_2}{T_1} - 1\right)$$

$$= 2\ \mathrm{mol} \times 8.314\ \mathrm{J{\cdot}mol^{-1}{\cdot}K^{-1}} \times 300\ \mathrm{K} \times \left(\sqrt{\frac{1}{2}} - 1\right) = -1461\ \mathrm{J}$$

或由于 $VT = C$, $pV = nRT$, 则 $$V = \sqrt{\frac{nRC}{p}}$$

$$W = -\int_{V_1}^{V_2} p\mathrm{d}V = -\sqrt{CnR}\int_{p_1}^{p_2} p\left(-\frac{1}{2}p^{-3/2}\right)\mathrm{d}p$$

$$= \frac{1}{2}\sqrt{CnR}\int_{p_1}^{p_2} p^{-1/2}\mathrm{d}p = \frac{1}{2}\sqrt{V_1T_1nR} \times 2(\sqrt{p_2} - \sqrt{p_1})$$

$$= -\frac{1}{2}(0.04988\ \mathrm{m^3} \times 300\ \mathrm{K} \times 2\ \mathrm{mol} \times 8.314\ \mathrm{J{\cdot}mol^{-1}{\cdot}K^{-1}})^{1/2} \times 2 \times [(50\ \mathrm{kPa})^{1/2} - (100\ \mathrm{kPa})^{1/2}]$$
$$= -1461\ \mathrm{J}$$

或由 $VT = C$, $pV = nRT$, 得 $$p = \frac{nRT^2}{C}$$

$$W = -\int_{V_1}^{V_2} p\mathrm{d}V = -\frac{nR}{C}\int_{T_1}^{T_2} T^2\mathrm{d}\left(\frac{C}{T}\right)$$
$$= -nR\int_{T_1}^{T_2} T^2(-T^{-2})\mathrm{d}T = nR\int_{T_1}^{T_2}\mathrm{d}T = nR(T_2 - T_1)$$
$$= 2\ \mathrm{mol} \times 8.314\ \mathrm{J{\cdot}mol^{-1}{\cdot}K^{-1}} \times (212.1\ \mathrm{K} - 300\ \mathrm{K}) = -1461\ \mathrm{J}$$

亦可将该过程变换成 $pV^\delta =$ 常数的形式。

由 $VT = C$, $pV = nRT$, 得 $pV^2 = nRC$, $\delta = 2$, 则

$$W = \frac{nR(T_2 - T_1)}{\delta - 1} = \frac{2\ \mathrm{mol} \times 8.314\ \mathrm{J{\cdot}mol^{-1}{\cdot}K^{-1}} \times (212.1\ \mathrm{K} - 300\ \mathrm{K})}{2 - 1} = -1461\ \mathrm{J}$$

(9) 沿着 $T$–$p$ 图中 $T_1, p_1$ (300 K, 100 kPa) 到 $T_2, p_2$ (240 K, 50 kPa) 的直线可逆膨胀。

已知始态和终态的温度和压力, 欲求功 $W = -\int p\mathrm{d}V$, 需将 $\mathrm{d}V$ 变换成 $\mathrm{d}T$ 或 $\mathrm{d}p$ 的形式, 才可以用已知条件积分。

$$\mathrm{d}V = \left(\frac{\partial V}{\partial T}\right)_p \mathrm{d}T + \left(\frac{\partial V}{\partial p}\right)_T \mathrm{d}p = \frac{nR}{p}\mathrm{d}T - \frac{nRT}{p^2}\mathrm{d}p \tag{a}$$

欲积分上式, 还需找寻 $T$ 与 $p$ 的函数关系, 这可利用直线方程 $y = ax + b$, 斜率

$$\mathrm{tg}\alpha = \frac{\Delta T}{\Delta p} = \frac{T - T_1}{p - p_1} = \frac{T_2 - T_1}{p_2 - p_1} = \frac{(240 - 300)\ \mathrm{K}}{(50000 - 100000)\ \mathrm{Pa}} = 1.2 \times 10^{-3}\ \mathrm{K{\cdot}Pa^{-1}}$$

$$T = \mathrm{tg}\alpha(p - p_1) + T_1 = 1.2 \times 10^{-3}\ \mathrm{K{\cdot}Pa^{-1}} \times (p - 100000\ \mathrm{Pa}) + 300\ \mathrm{K}$$
$$= 1.2 \times 10^{-3}\ \mathrm{K{\cdot}Pa^{-1}} \times p + 180\ \mathrm{K} \tag{b}$$

$$\mathrm{d}T = (1.2 \times 10^{-3}\ \mathrm{K{\cdot}Pa^{-1}})\mathrm{d}p \tag{c}$$

将式 (b) 和式 (c) 代入式 (a) 后, 用功的定义式积分:

$$W = -\int_{V_1}^{V_2} p\mathrm{d}V$$
$$= -\int_{p_1}^{p_2} p\left[\frac{nR}{p}(1.2 \times 10^{-3}\ \mathrm{K{\cdot}Pa^{-1}})\mathrm{d}p - \frac{nR}{p^2}(1.2 \times 10^{-3}\ \mathrm{K{\cdot}Pa^{-1}} \times p + 180\ \mathrm{K})\mathrm{d}p\right]$$
$$= nR\int_{p_1}^{p_2}\left(\frac{180\ \mathrm{K}}{p}\right)\mathrm{d}p = nR \times 180\ \mathrm{K} \times \ln\frac{p_2}{p_1}$$
$$= 2\ \mathrm{mol} \times 8.314\ \mathrm{J{\cdot}mol^{-1}{\cdot}K^{-1}} \times 180\ \mathrm{K} \times \ln\frac{50\ \mathrm{kPa}}{100\ \mathrm{kPa}} = -2075\ \mathrm{J}$$

**例2.4** 在处理热力学问题时, 选择系统是首要问题, 选择不同系统, 结果截然不同。例如:

(1) 一个绝热容器原处于真空状态, 用针在容器上刺一微孔, 使 298.2 K, $p^\ominus$ 的空气缓缓进入, 直至压力达平衡。求此时容器内空气的温度 (设空气为理想气体)。

(2) 由 (1) 的计算结果可见, 理想气体 (大气) 进入真空箱后温度升高, 这与 Joule 实验中理想气体真空膨胀后温度不变的结论是否矛盾?

(3) 有一绝热箱, 内含 $n$ mol 的气体, 箱内有一无摩擦的活塞位于箱左端, 在左壁上打一小孔,

使箱外空气慢慢进入箱内, 活塞向右移动, 当活塞平衡时, 求进入箱内空气的温度。

(4) 有一礼堂容积为 1000 $m^3$, 气压为 101325 Pa, 室温为 293 K, 在一次大会结束后, 室温升高了 5 K, 问与会者对礼堂内空气贡献了多少热量?

**解**: (1) 选择终态时绝热真空容器内所含的空气为系统, 始态与环境间有一设想的界面, 始态和终态如下图所示:

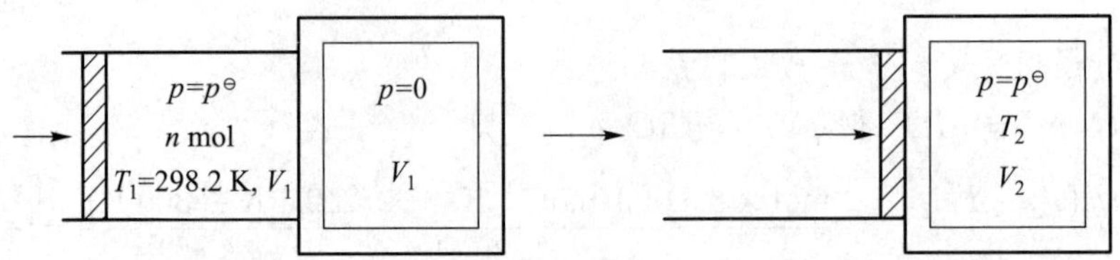


在绝热真空箱上刺一微孔后, $n$ mol 空气进入箱内, 在此过程中环境对系统做功为 $p_1V_1$。系统对绝热真空箱做功为零。系统获得净功为 $p_1V_1$, 绝热过程 $Q=0$, 则

$$\Delta U = W = p_1V_1 = nRT_1$$

对于理想气体的任何过程, 有 $\Delta U = C_V(T_2 - T_1)$

联立上述两式得 $nRT_1 = C_V(T_2 - T_1)$

$$T_2 = \left(\frac{nR + C_V}{C_V}\right)T_1 = \frac{C_p}{C_V}T_1 = \gamma T_1$$

设空气为双原子分子理想气体, 则 $\gamma = 7/5 = 1.4$

$$T_2 = 1.4T_1 = 417.5 \text{ K}$$

(2) 不矛盾。这是两个不同的过程, 系统选择也不同。在 (1) 中, 选择进入绝热真空箱的理想气体为系统, 过程中系统吸收了环境的功 $p_1V_1$。膨胀前后压力相等, $p_2 = p_1$, 导致了终态温度升高, $T_2 = \gamma T_1$。而在 Joule 实验中, 选择进入真空容器前的理想气体为系统, 在膨胀过程中, 系统没有做功; 膨胀前后压力改变, $p_2 < p_1$, 实验证明 $dT = 0$。这两个过程看似相同, 实质不同。

(3) 该过程缓慢进行, 可设为可逆过程, 选择当活塞达平衡时进入绝热箱内的空气为系统。设绝热箱内原有气体的状态为 $n_1, p_1, V_1, T_1, C_{V,1}$, 将要进入箱内的空气状态为 $n_0, p_0, V_0, T_0, C_{V,0}$。当活塞达平衡后, 绝热箱内原有气体的状态为 $n_1, p_0, V_2, T_2$, 已进入箱内的空气的状态为 $n_0, p_0, V_3, T_3$。由于终态达平衡时, 活塞两边压力相等, 且都为箱外空气压力 $p_0$, 始态和终态如下图所示:

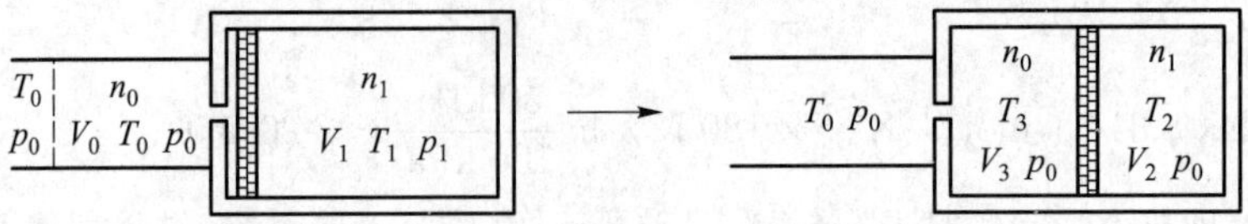

系统受到后续空气的推动进入箱内, 环境对系统做功为

$$W_1 = -p_0(0 - V_0) = p_0V_0 = nRT_0$$

系统对环境 (即箱内原有气体) 做功为 $W_2$, 由于此过程中 $p_外$ 是变量, $W_2$ 不便计算, 但此功等于原箱内气体的压缩功 $W'$ 的负值。因为箱内气体发生绝热压缩过程, $Q=0$, 压缩功为

$$W_2 = -W' = -\Delta U = -C_{V,1}(T_2 - T_1) = C_{V,1}(T_1 - T_2)$$

系统做净功为

$$W = W_1 + W_2 = n_0RT_0 + C_{V,1}(T_1 - T_2)$$

$$\Delta U = W + Q = W = n_0RT_0 + C_{V,1}(T_1 - T_2)$$

又因为 $$\Delta U = C_{V,0}(T_3 - T_0)$$

上两式联立得 $$n_0RT_0 + C_{V,1}(T_1 - T_2) = C_{V,0}(T_3 - T_0)$$

$$T_3 = \frac{n_0RT_0}{C_{V,0}} - \frac{C_{V,1}}{C_{V,0}}(T_2 - T_1) + T_0 = \frac{1}{C_{V,0}}[(n_0R + C_{V,0})T_0 - C_{V,1}(T_2 - T_1)]$$

式中 $T_2$ 可从绝热过程方程式获得:

$$T_1V_1^{\gamma-1} = T_2V_2^{\gamma-1} \qquad T_2 = T_1\left(\frac{V_1}{V_2}\right)^{\gamma-1}$$

代入上式得

$$T_3 = \frac{1}{C_{V,0}}\left\{(n_0R + C_{V,0})T_0 - C_{V,1}\left[T_1\left(\frac{V_1}{V_2}\right)^{\gamma-1} - T_1\right]\right\}$$

(4) 我们已经习惯于了解封闭系统的题目, 若选取礼堂内温度为 293 K 时的空气为系统, 则随着温度升高, 室内空气不断向外排出, 系统已经不封闭了, 实际上这是一个开放系统。现选取礼堂内的实际存在的空气为系统, 室内空气的量随着温度升高逐渐变少, 在压力和体积维持恒定时, 其物质的量为

$$n = \left(\frac{pV}{R}\right)\frac{1}{T}$$

等压过程中的热量计算如下:

$$Q_p = \int_{T_1}^{T_2} C_p\mathrm{d}T = \int_{T_1}^{T_2} nC_{p,\mathrm{m}}\mathrm{d}T = \int_{T_1}^{T_2}\left(\frac{pV}{R}C_{p,\mathrm{m}}\right)\frac{\mathrm{d}T}{T} = \frac{pV}{R}C_{p,\mathrm{m}}\ln\frac{T_2}{T_1}$$

设空气为双原子分子, $C_{p,\mathrm{m}} = 3.5R$, 则

$$Q_p = \frac{pV}{R}\times 3.5R\times\ln\frac{T_2}{T_1} = 101325\ \mathrm{Pa}\times 1000\ \mathrm{m}^3\times 3.5\times\ln\frac{(293+5)\ \mathrm{K}}{293\ \mathrm{K}} = 6000.8\ \mathrm{kJ}$$

注意: 对已排出礼堂的空气提供的热量没有包含在内。

**例2.5**　在状态性质中热容 $C$ 是比较特殊的物理量, 它属于状态性质, 但与系统在变化过程中加热的条件有关。因为 $C = \delta Q/\mathrm{d}T$, 由于 $\delta Q$ 是与过程有关的物理量, 不同的变化过程 (等压、等容、多方过程) 将有不同的热容表达式, 反之, 不同的热容表达式将存在于不同的过程方程中, 现列举两例说明之。

(1) 1 mol 单原子理想气体沿着 $pV^{-1} =$ 常数的多方过程可逆变化到终态, 求该过程中气体的热容 $C$ 的表达式。

(2) 双原子理想气体沿热容 $C_\mathrm{m} = R$ 途径可逆加热, 求此加热过程的过程方程。

**解**: (1) **解法一**　理想气体多方过程的通式为 $pV^\delta = C$。在等温过程中 $\delta = 1$; 在绝热可逆过程

中 $\delta = C_{p,\mathrm{m}}/C_{V,\mathrm{m}} = \gamma$。多方过程中气体的热容与过程方程中指数是否存在一定关系？现证明如下:

$$\mathrm{d}U = C_V\mathrm{d}T \qquad (\text{封闭系统}, W_\mathrm{f}=0, \text{理想气体一切过程})$$

$$\mathrm{d}U = \delta W + \delta Q = C\mathrm{d}T - p\mathrm{d}V \qquad (\text{设多方过程中热容为 } C, W_\mathrm{f}=0)$$

联立上述两式得

$$(C - C_V)\mathrm{d}T = p\mathrm{d}V = \frac{nRT}{V}\mathrm{d}V$$

对于理想气体, 有 $nR = C_p - C_V$, 代入上式得

$$\frac{C-C_V}{C_p-C_V}\frac{\mathrm{d}T}{T} = \frac{\mathrm{d}V}{V} \qquad \frac{C-C_V}{C_p-C_V}\mathrm{d}\ln T = \mathrm{d}\ln V$$

$$\frac{C-C_V}{C_p-C_V}\mathrm{d}\ln(pV) = \mathrm{d}\ln V \qquad [\text{因为 } pV=nRT, \text{所以 } \mathrm{d}\ln(pV) = \mathrm{d}\ln T]$$

积分上式得

$$pV^{\frac{C-C_p}{C-C_V}} = K$$

令 $\delta = \dfrac{C-C_p}{C-C_V}$, 则有

$$pV^{\delta} = \text{常数}$$

则 $\delta = \dfrac{C-C_p}{C-C_V}$ 就是多方过程中热容 $C$ 与等压热容 $C_p$、等容热容 $C_V$、多方过程性质 $\delta$ 的关系式。

对于单原子理想气体, $C_{V,\mathrm{m}} = 1.5R$, $C_{p,\mathrm{m}} = 2.5R$, 对于过程方程 $pV^{-1} = \text{常数}$, 有

$$\delta = -1$$

则有

$$-1 = \frac{C-C_p}{C-C_V} = \frac{C-2.5R}{C-1.5R}$$

$$C = 2R$$

**解法二** 对于封闭系统, $W_\mathrm{f}=0$, 理想气体一切过程变化时, 有

$$\mathrm{d}U = C_V\mathrm{d}T$$

又

$$\mathrm{d}U = \delta W + \delta Q = C\mathrm{d}T - p\mathrm{d}V$$

设多方过程中热容为 $C$, 则

$$C = \frac{\delta Q}{\mathrm{d}T} = C_V + p\frac{\mathrm{d}V}{\mathrm{d}T} \tag{a}$$

在多方过程变化时, 每一步理想气体状态方程时刻遵守:

$$pV = nRT \qquad pV^{-1} = K$$

则有

$$V^2 = \frac{nRT}{K}$$

对上式微分得

$$2V\mathrm{d}V = \frac{nR}{K}\mathrm{d}T$$

$$\frac{\mathrm{d}V}{\mathrm{d}T} = \frac{nR}{2VK} \tag{b}$$

将式 (b) 代入式 (a) 得

$$C = C_V + VK\frac{nR}{2VK} = C_V + \frac{nR}{2} = \frac{3}{2}nR + \frac{nR}{2} = 2R \qquad (n = 1\ \mathrm{mol})$$

(2) **解法一**　理想气体多方过程的通式为 $pV^{\delta} = K$(常数), 其 $\delta$ 与热容关系在上例中得证为

$$\delta = \frac{C - C_p}{C - C_V}$$

对于双原子理想气体, $C_{V,\mathrm{m}} = 2.5R$, $C_{p,\mathrm{m}} = 3.5R$, 对于 1 mol 上述双原子理想气体, $C_{\mathrm{m}} = R$, 则有

$$\delta = \frac{C - C_p}{C - C_V} = \frac{R - 3.5R}{R - 2.5R} = \frac{5}{3}$$

则该理想气体在过程热容 $C_{\mathrm{m}} = R$ 的过程方程为

$$pV^{5/3} = K$$

**解法二**　对于封闭系统, $W_{\mathrm{f}} = 0$, 理想气体一切过程变化时, 有

$$\mathrm{d}U = C_V\mathrm{d}T$$

又

$$\delta Q = \mathrm{d}U + p\mathrm{d}V = C_V\mathrm{d}T + \frac{nRT}{V}\mathrm{d}V$$

则

$$C = \frac{\delta Q}{\mathrm{d}T} = C_V + \frac{nRT}{V}\frac{\mathrm{d}V}{\mathrm{d}T}$$

$$nR = \frac{5}{2}nR + nR\frac{T}{\mathrm{d}T}\frac{\mathrm{d}V}{V}$$

$$-\frac{3}{2}\frac{\mathrm{d}T}{T} = \frac{\mathrm{d}V}{V}$$

对上式积分得

$$-\frac{3}{2}\ln T = \ln V$$

$$VT^{3/2} = 常数$$

将 $pV = nRT$ 代入得

$$p^{-1}T^{5/2} = 常数$$

将 $T = pV/nR$ 代入上式得

$$pV^{5/3} = 常数$$

上式即为该过程的过程方程。

**例2.6**　已知 $CO_2$ 气体的 van der Waals 常数 $a = 0.3610\ \mathrm{Pa\cdot m^6\cdot mol^{-2}}$, $b = 4.29\times10^{-5}\ \mathrm{m^3\cdot mol^{-1}}$, $CO_2$ 的沸点为 194.7 K。当该气体通过一节流孔由 $50p^{\ominus}$ 向 $p^{\ominus}$ 膨胀时, 其温度由原来的 298 K 下降到 234 K。

(1) 试证明 van der Waals 气体在低压下的 Joule-Thomson 系数:

$$\mu_{\mathrm{J\text{-}T}} = \frac{1}{C_{p,\mathrm{m}}}\left(\frac{2a}{RT} - b\right) \qquad \left[已知\left(\frac{\partial H}{\partial p}\right)_T = V - T\left(\frac{\partial V}{\partial T}\right)_p\right]$$

(2) 求上述 $CO_2$ 气体的转化温度;

(3) 当上述 $CO_2$ 气体进一步节流膨胀使其温度下降至沸点时 (终态压力仍为 $p^{\ominus}$), 其起始压力应为多少?

**解**: (1) Joule-Thomson 系数为

$$
\begin{aligned}
\mu_{\text{J-T}} &= \left(\frac{\partial T}{\partial p}\right)_H \\
&= -\left(\frac{\partial H}{\partial p}\right)_T \bigg/ \left(\frac{\partial H}{\partial T}\right)_p \qquad \left[\text{因为}\left(\frac{\partial T}{\partial p}\right)_H \left(\frac{\partial H}{\partial T}\right)_p \left(\frac{\partial p}{\partial H}\right)_T = -1\right] \\
&= -\left[V - T\left(\frac{\partial V}{\partial T}\right)_p\right] \bigg/ C_p \qquad \left[\text{因为}\left(\frac{\partial H}{\partial T}\right)_p = C_p\right] \qquad \text{(a)}
\end{aligned}
$$

van der Waals 气体状态方程为 $\left(p + \dfrac{a}{V_{\mathrm{m}}^2}\right)(V_{\mathrm{m}} - b) = RT$

$$p = \frac{RT}{V_{\mathrm{m}} - b} - \frac{a}{V_{\mathrm{m}}^2}$$

$$\left(\frac{\partial V_{\mathrm{m}}}{\partial T}\right)_p = -\left(\frac{\partial V_{\mathrm{m}}}{\partial p}\right)_T \left(\frac{\partial p}{\partial T}\right)_{V_{\mathrm{m}}} \qquad \left[\text{因为}\left(\frac{\partial V_{\mathrm{m}}}{\partial T}\right)_p \left(\frac{\partial p}{\partial V_{\mathrm{m}}}\right)_T \left(\frac{\partial T}{\partial p}\right)_{V_{\mathrm{m}}} = -1\right] \qquad \text{(b)}$$

代入式 (a) 得 $\mu_{\text{J-T}} = -\dfrac{1}{C_{p,\mathrm{m}}}\left(\dfrac{\partial V_{\mathrm{m}}}{\partial p}\right)_T \left[V_{\mathrm{m}}\left(\dfrac{\partial p}{\partial V_{\mathrm{m}}}\right)_T + T\left(\dfrac{\partial p}{\partial T}\right)_{V_{\mathrm{m}}}\right]$

又因为

$$\left(\frac{\partial p}{\partial T}\right)_{V_{\mathrm{m}}} = \frac{R}{V_{\mathrm{m}} - b} \qquad \text{(c)}$$

$$\left(\frac{\partial p}{\partial V_{\mathrm{m}}}\right)_T = -\frac{RT}{(V_{\mathrm{m}} - b)^2} + \frac{2a}{V_{\mathrm{m}}^3} \qquad \text{(d)}$$

代入得

$$
\begin{aligned}
\mu_{\text{J-T}} &= -\frac{1}{C_{p,\mathrm{m}}}\left(\frac{\partial V_{\mathrm{m}}}{\partial p}\right)_T \left[-\frac{V_{\mathrm{m}}RT}{(V_{\mathrm{m}} - b)^2} + \frac{2a}{V_{\mathrm{m}}^2} + \frac{RT}{V_{\mathrm{m}} - b}\right] \\
&= -\frac{1}{C_{p,\mathrm{m}}}\left(\frac{\partial V_{\mathrm{m}}}{\partial p}\right)_T \left[\frac{2a}{V_{\mathrm{m}}^2} + \frac{RT(V_{\mathrm{m}} - b)}{(V_{\mathrm{m}} - b)^2} - \frac{V_{\mathrm{m}}RT}{(V_{\mathrm{m}} - b)^2}\right] \\
&= -\frac{1}{C_{p,\mathrm{m}}}\left(\frac{\partial V_{\mathrm{m}}}{\partial p}\right)_T \left[\frac{2a}{V_{\mathrm{m}}^2} - \frac{bRT}{(V_{\mathrm{m}} - b)^2}\right] \qquad \text{(e)}
\end{aligned}
$$

当压力很低时, 忽略 $a$, 由式 (d) 得 $\left(\dfrac{\partial V_{\mathrm{m}}}{\partial p}\right)_T \approx -\dfrac{(V_{\mathrm{m}} - b)^2}{RT}$

又因压力很低时, $V_{\mathrm{m}}$ 很大, $V_{\mathrm{m}} \approx V_{\mathrm{m}} - b$, 则 $\left(\dfrac{\partial V_{\mathrm{m}}}{\partial p}\right)_T = -\dfrac{V_{\mathrm{m}}^2}{RT}$

则式 (e) 可简化为 $\mu_{\text{J-T}} = \dfrac{1}{C_{p,\mathrm{m}}}\dfrac{V_{\mathrm{m}}^2}{RT}\left(\dfrac{2a}{V_{\mathrm{m}}^2} - \dfrac{bRT}{V_{\mathrm{m}}^2}\right) = \dfrac{1}{C_{p,\mathrm{m}}}\left(\dfrac{2a}{RT} - b\right)$

(2) 气体的转化温度是指 $\mu_{\text{J-T}} = 0$ 的温度。根据上述结论, 欲使 $\mu_{\text{J-T}} = 0$, 则

$$\mu_{\text{J-T}} = \frac{1}{C_{p,\mathrm{m}}}\left(\frac{2a}{RT} - b\right) = 0 \qquad \frac{2a}{RT} - b = 0$$

$$T_{\text{转化}} = \frac{2a}{bR} = \frac{2 \times 0.3610\ \mathrm{Pa \cdot m^6 \cdot mol^{-2}}}{4.29 \times 10^{-5}\ \mathrm{m^3 \cdot mol^{-1}} \times 8.314\ \mathrm{J \cdot mol^{-1} \cdot K^{-1}}} = 2024\ \mathrm{K}$$

(3) $\mu_{\text{J-T}} = \left(\frac{\partial T}{\partial p}\right)_H \approx \left(\frac{\Delta T}{\Delta p}\right)_H = \frac{234\ \text{K} - 298\ \text{K}}{100\ \text{kPa} - 50 \times 100\ \text{kPa}} = 1.306 \times 10^{-5}\ \text{K·Pa}^{-1}$

当 $CO_2$ 气体进一步节流膨胀, 温度降至其沸点 194.7 K、终态压力为 $p^{\ominus}$ 时, 设其起始压力为 $p$, 则

$$1.306 \times 10^{-5}\ \text{K·Pa}^{-1} = \left(\frac{\Delta T}{\Delta p}\right)_H = \frac{194.7\ \text{K} - 298\ \text{K}}{100\ \text{kPa} - p}$$

$$p = 8.010 \times 10^6\ \text{Pa}$$

**例2.7**　一个热力学隔离系统, 如下图所示, 设活塞在水平方向没有摩擦, 活塞两边室内分别含有理想气体 20 dm$^3$, 温度为 298.2 K, 压力为 100 kPa, 逐步加热气缸左边气体直至右边的压力为 200 kPa, 已知 $C_{V,\text{m}} = 20.92\ \text{J·mol}^{-1}\text{·K}^{-1}$, 气体为双原子理想气体。问:

(1) 气缸右边的压缩气体做了多少功?

(2) 压缩后右边终态温度为多少?

(3) 膨胀气体贡献了多少热量?

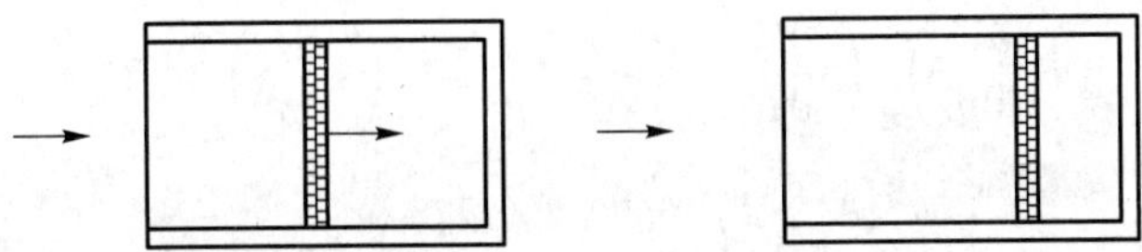

**解**: (1) 以右边气体为系统, 这是一个绝热可逆压缩过程。

**解法一**　先求系统的终态:　$p_1 V_1^{\gamma} = p_2 V_2^{\gamma}$

$$\frac{p_1}{p_2} = \frac{V_2^{\gamma}}{V_1^{\gamma}} \qquad \gamma = \frac{C_{p,\text{m}}}{C_{V,\text{m}}} = \frac{C_{V,\text{m}} + R}{C_{V,\text{m}}} = \frac{29.234\ \text{J·mol}^{-1}\text{·K}^{-1}}{20.92\ \text{J·mol}^{-1}\text{·K}^{-1}} = 1.40$$

$$\frac{1}{2} = \frac{(V_2)^{1.40}}{(0.02\ \text{m}^3)^{1.40}} \qquad V_2 = 0.01219\ \text{m}^3$$

$$W = \frac{p_2 V_2 - p_1 V_1}{\gamma - 1} = \frac{200 \times 10^3\ \text{Pa} \times 0.01219\ \text{m}^3 - 100 \times 10^3\ \text{Pa} \times 0.02\ \text{m}^3}{1.40 - 1} = 1095\ \text{J}$$

**解法二**　$p_1^{1-\gamma} T_1^{\gamma} = p_2^{1-\gamma} T_2^{\gamma} \qquad \left(\frac{p_1}{p_2}\right)^{1-\gamma} = \left(\frac{T_2}{T_1}\right)^{\gamma}$

$$T_2 = 363.5\ \text{K}$$

$$n = \frac{pV}{RT} = \frac{100\ \text{kPa} \times 0.02\ \text{m}^3}{8.314\ \text{J·mol}^{-1}\text{·K}^{-1} \times 298.2\ \text{K}} = 0.8067\ \text{mol}$$

$$W = \Delta U = nC_{V,\text{m}}(T_2 - T_1) = 0.8067\ \text{mol} \times 20.92\ \text{J·mol}^{-1}\text{·K}^{-1} \times (363.5\ \text{K} - 298.2\ \text{K}) = 1102\ \text{J}$$

(2) 如解法二中所求, $T_{2,\text{右}} = 363.5\ \text{K}$。

(3) 终态活塞平衡时, 左右两室的压力相等, 即 $p_{2,\text{左}} = p_{2,\text{右}} = 200\ \text{kPa}$。则左室的终态温度 $T_{2,\text{左}}$ 为

$$T_{2,\text{左}} = \frac{p_2 V_2}{nR} = \frac{200 \times 10^3\ \text{Pa} \times [0.02 + (0.02 - 0.01219)]\ \text{m}^3}{0.8067\ \text{mol} \times 8.314\ \text{J·mol}^{-1}\text{·K}^{-1}} = 829.3\ \text{K}$$

左边膨胀气体吸收的热量一部分用来升高左室的温度, 另一部分用于推动活塞向右移动。以左室中气体为系统, 则

$$\Delta U_{左}=nC_{V,\mathrm{m}}(T_2-T_1)=0.8067\ \mathrm{mol}\times 20.92\ \mathrm{J\cdot mol^{-1}\cdot K^{-1}}\times(829.3\ \mathrm{K}-298.2\ \mathrm{K})=8963\ \mathrm{J}$$

左室膨胀气体的 $W_{左}$ 等于左室压缩气体的 $W_{右}$ 的负值, 即

$$W_{左}=-W_{右}=-1102\ \mathrm{J}$$

$$Q_{左}=\Delta U_{左}-W_{左}=8963\ \mathrm{J}-(-1102\ \mathrm{J})=10065\ \mathrm{J}$$

**例2.8** 证明: $\mu_{\text{J-T}}=-\dfrac{V}{C_p}(kC_V\mu_{\mathrm{J}}-\kappa p+1)$。式中, $\mu_{\mathrm{J}}$ 为 Joule 系数, $\mu_{\mathrm{J}}=\left(\dfrac{\partial T}{\partial V}\right)_U$, $\kappa$ 为压缩系数, $\kappa=-\dfrac{1}{V}\left(\dfrac{\partial V}{\partial p}\right)_T$。

**解**: 需证

$$\mu_{\text{J-T}}C_p=-V(kC_V\mu_{\mathrm{J}}-\kappa p+1)$$

$$\begin{aligned}\text{等式右边}&=-V\left[-\frac{1}{V}\left(\frac{\partial V}{\partial p}\right)_T\left(\frac{\partial U}{\partial T}\right)_V\left(\frac{\partial T}{\partial V}\right)_U+\frac{p}{V}\left(\frac{\partial V}{\partial p}\right)_T+1\right]\\&=\left(\frac{\partial V}{\partial p}\right)_T\left(\frac{\partial U}{\partial T}\right)_V\left(\frac{\partial T}{\partial V}\right)_U-p\left(\frac{\partial V}{\partial p}\right)_T-V\end{aligned}\qquad\text{(a)}$$

因为

$$\left(\frac{\partial V}{\partial U}\right)_T\left(\frac{\partial U}{\partial T}\right)_V\left(\frac{\partial T}{\partial V}\right)_U=-1$$

所以

$$\left(\frac{\partial U}{\partial T}\right)_V\left(\frac{\partial T}{\partial V}\right)_U=-\left(\frac{\partial U}{\partial V}\right)_T\qquad\text{(b)}$$

将式 (b) 代入式 (a) 得

$$\text{等式右边}=-\left(\frac{\partial V}{\partial p}\right)_T\left(\frac{\partial U}{\partial V}\right)_T-p\left(\frac{\partial V}{\partial p}\right)_T-V=-\left(\frac{\partial U}{\partial p}\right)_T-p\left(\frac{\partial V}{\partial p}\right)_T-V$$

$$\begin{aligned}\text{等式左边}&=\mu_{\text{J-T}}C_p=\left(\frac{\partial T}{\partial p}\right)_H\left(\frac{\partial H}{\partial T}\right)_p=-\left(\frac{\partial H}{\partial p}\right)_T=-\left[\frac{\partial(U+pV)}{\partial p}\right]_T\\&=-\left(\frac{\partial U}{\partial p}\right)_T-\left[\frac{\partial(pV)}{\partial p}\right]_T=-\left(\frac{\partial U}{\partial p}\right)_T-p\left(\frac{\partial V}{\partial p}\right)_T-V\end{aligned}$$

所以, 等式左右相等, 即 $\mu_{\text{J-T}}C_p=-V(kC_V\mu_{\mathrm{J}}-\kappa p+1)$

**例2.9** 在水的正常沸点 (373.15 K, 101325 Pa), 有 1 mol $H_2O(l)$ 变为同温同压的 $H_2O(g)$, 已知水的摩尔蒸发焓 $\Delta_{\mathrm{vap}}H_{\mathrm{m}}=40.69\ \mathrm{kJ\cdot mol^{-1}}$, 试计算该变化过程的 $Q,W,\Delta U$。

**解**: 这是等温等压下的可逆相变过程, 故

$$Q_p=\Delta_{\mathrm{vap}}H=n\Delta_{\mathrm{vap}}H_{\mathrm{m}}=1\ \mathrm{mol}\times 40.69\ \mathrm{kJ\cdot mol^{-1}}=40.69\ \mathrm{kJ}$$

水从液态变为气态的过程中, 体积变大, 系统对外做功为

$$\begin{aligned}W&=-p_{\mathrm{e}}\Delta V=-p_{\mathrm{e}}(V_{\mathrm{g}}-V_{\mathrm{l}})\\&=-nRT\qquad(V_{\mathrm{g}}\gg V_{\mathrm{l}},V_{\mathrm{l}}\text{ 可忽略; 设水蒸气为理想气体})\\&=-1\ \mathrm{mol}\times 8.314\ \mathrm{J\cdot mol^{-1}\cdot K^{-1}}\times 373.15\ \mathrm{K}=-3102.4\ \mathrm{J}\end{aligned}$$

$$\Delta U = Q_p + W = 40.69\ \text{kJ} - 3102.4\ \text{J} = 37.59\ \text{kJ}$$

**例2.10**　在 273 K 和 500 kPa 时, $N_2(g)$ 的体积为 2.0 $dm^3$, 在外压为 100 kPa 下等温膨胀, 直到 $N_2(g)$ 的压力也等于 100 kPa 为止。求该过程的 $Q, W, \Delta U, \Delta H$。假定气体为理想气体。

**解**: 始态: $p_1 = 500\ \text{kPa}$　　$T_1 = 273\ \text{K}$　　$V_1 = 2.0\ \text{dm}^3$

变化过程: 等温等外压 (100 kPa) 膨胀

终态: $p_2 = 100\ \text{kPa}$　　$T_2 = 273\ \text{K}$

$$W = -p_e \Delta V = -p_e(V_2 - V_1) = -p_2\left(\frac{nRT_2}{p_2} - \frac{nRT_1}{p_1}\right)$$

$$= -nRT_1\left(1 - \frac{p_2}{p_1}\right) = -p_1 V_1\left(1 - \frac{p_2}{p_1}\right)$$

$$= -500\ \text{kPa} \times 2.0\ \text{dm}^3 \times \left(1 - \frac{100\ \text{kPa}}{500\ \text{kPa}}\right) = -800\ \text{J}$$

或
$$n = \frac{p_1 V_1}{RT_1} = \frac{500\ \text{kPa} \times 2.0\ \text{dm}^3}{8.314\ \text{J}\cdot\text{mol}^{-1}\cdot\text{K}^{-1} \times 273\ \text{K}} = 0.4406\ \text{mol}$$

则
$$W = -nRT_1\left(1 - \frac{p_2}{p_1}\right)$$

$$= -0.4406\ \text{mol} \times 8.314\ \text{J}\cdot\text{mol}^{-1}\cdot\text{K}^{-1} \times 273\ \text{K} \times \left(1 - \frac{100\ \text{kPa}}{500\ \text{kPa}}\right) = -800\ \text{J}$$

由于 $N_2(g)$ 是理想气体, 则　　$\Delta U = \Delta H = f(T) = 0$

$$Q = \Delta U - W = -W = 800\ \text{J}$$

**例2.11**　在 1200 K, 100 kPa 下, 有 5 mol $CaCO_3(s)$ 完全分解为 CaO(s) 和 $CO_2(g)$, 吸热 900 kJ。计算该过程的 $Q, W, \Delta U, \Delta H$。假定气体为理想气体。

**解**: 反应方程式为　　$CaCO_3(s) \xlongequal{\quad} CaO(s) + CO_2(g)$

$CaCO_3(s)$ 分解产生气体, 系统体积膨胀对外做功为

$$W = -p_e \Delta V = -p_e(V_2 - V_1) = -p_e V_2 \quad \text{(固体的体积变化可忽略)}$$

$$= -n_{CO_2}RT = -5\ \text{mol} \times 8.314\ \text{J}\cdot\text{mol}^{-1}\cdot\text{K}^{-1} \times 1200\ \text{K} = -49.88\ \text{kJ}$$

$$Q = Q_p = 900\ \text{kJ}$$

$$\Delta U = Q_p + W = 900\ \text{kJ} - 49.88\ \text{kJ} = 850.12\ \text{kJ}$$

$$\Delta H = Q_p = 900\ \text{kJ}$$

**例2.12**　在 298 K 时, 有一定量的单原子理想气体, 从始态 2000 kPa, 20 $dm^3$ 经下列不同过程, 膨胀到压力为 100 kPa 的终态, 求各过程的 $Q, W, \Delta U, \Delta H$。

(1) 等温可逆膨胀;

(2) 绝热可逆膨胀;

(3) 以 $\delta = 1.3$ 的多方过程可逆膨胀。

**解**: (1) 等温可逆膨胀:

对于理想气体, 有　　$\Delta U = \Delta H = f(T) = 0$

气体的物质的量为 $n=\dfrac{p_1V_1}{RT_1}=\dfrac{2000\ \text{kPa}\times 20\ \text{dm}^3}{8.314\ \text{J}\cdot\text{mol}^{-1}\cdot\text{K}^{-1}\times 298\ \text{K}}=16.14\ \text{mol}$

$$-Q=W=-nRT\ln\frac{p_1}{p_2}=-16.14\ \text{mol}\times 8.314\ \text{J}\cdot\text{mol}^{-1}\cdot\text{K}^{-1}\times 298\ \text{K}\times\ln\frac{2000\ \text{kPa}}{100\ \text{kPa}}=-119.8\ \text{kJ}$$

(2) 绝热可逆膨胀: $Q=0$

$$W=\Delta U=nC_{V,\text{m}}(T_2-T_1)=n\frac{3}{2}R(T_2-T_1)$$

通过绝热可逆过程方程式求终态温度 $T_2$:

$$p_1^{1-\gamma}T_1^{\gamma}=p_2^{1-\gamma}T_2^{\gamma}\qquad \gamma=\frac{C_{p,\text{m}}}{C_{V,\text{m}}}=\frac{2.5R}{1.5R}=\frac{5}{3}$$

$$T_2=T_1\left(\frac{p_1}{p_2}\right)^{\frac{1-\gamma}{\gamma}}=298\ \text{K}\times\left(\frac{2000\ \text{kPa}}{100\ \text{kPa}}\right)^{\frac{1-5/3}{5/3}}=89.91\ \text{K}$$

$$W=\Delta U=16.14\ \text{mol}\times\frac{3}{2}\times 8.314\ \text{J}\cdot\text{mol}^{-1}\cdot\text{K}^{-1}\times(89.91\ \text{K}-298\ \text{K})=-41.88\ \text{kJ}$$

或

$$W=\frac{p_2V_2-p_1V_1}{\gamma-1}=\frac{nR(T_2-T_1)}{\gamma-1}$$

$$=\frac{16.14\ \text{mol}\times 8.314\ \text{J}\cdot\text{mol}^{-1}\cdot\text{K}^{-1}\times(89.91\ \text{K}-298\ \text{K})}{\dfrac{5}{3}-1}=-41.88\ \text{kJ}$$

$$\Delta H=nC_{p,\text{m}}(T_2-T_1)=n\frac{5}{2}R(T_2-T_1)$$

$$=16.14\ \text{mol}\times\frac{5}{2}\times 8.314\ \text{J}\cdot\text{mol}^{-1}\cdot\text{K}^{-1}\times(89.91\ \text{K}-298\ \text{K})=-69.83\ \text{kJ}$$

(3) 多方过程可逆膨胀: 在多方可逆过程中, 可以借用绝热可逆过程方程式, 只需要将 $\gamma$ 变换为 $\delta$ 即可。则有

$$p_1^{1-\delta}T_1^{\delta}=p_2^{1-\delta}T_2^{\delta}$$

$$T_2=T_1\left(\frac{p_1}{p_2}\right)^{\frac{1-\delta}{\delta}}=298\ \text{K}\times\left(\frac{2000\ \text{kPa}}{100\ \text{kPa}}\right)^{\frac{1-1.3}{1.3}}=149.3\ \text{K}$$

$$W=\frac{nR(T_2-T_1)}{\delta-1}=\frac{16.14\ \text{mol}\times 8.314\ \text{J}\cdot\text{mol}^{-1}\cdot\text{K}^{-1}\times(149.3\ \text{K}-298\ \text{K})}{1.3-1}=-66.51\ \text{kJ}$$

$$\Delta U=nC_{V,\text{m}}(T_2-T_1)=n\frac{3}{2}R(T_2-T_1)$$

$$=16.14\ \text{mol}\times\frac{3}{2}\times 8.314\ \text{J}\cdot\text{mol}^{-1}\cdot\text{K}^{-1}\times(149.3\ \text{K}-298\ \text{K})=-29.93\ \text{kJ}$$

$$Q=\Delta U-W=-29.93\ \text{kJ}-(-66.51\ \text{kJ})=36.58\ \text{kJ}$$

$$\Delta H=nC_{p,\text{m}}(T_2-T_1)=n\frac{5}{2}R(T_2-T_1)$$

$$=16.14\ \text{mol}\times\frac{5}{2}\times 8.314\ \text{J}\cdot\text{mol}^{-1}\cdot\text{K}^{-1}\times(149.3\ \text{K}-298\ \text{K})=-49.88\ \text{kJ}$$

小结: 三个过程的终态温度次序为: 等温可逆膨胀 > 多方可逆膨胀 > 绝热可逆膨胀。三个过程中对外做功大小的绝对值次序为: 等温可逆膨胀 > 多方可逆膨胀 > 绝热可逆膨胀。等温可逆膨胀中对环境做的功完全通过从环境吸热来弥补; 绝热可逆膨胀中对环境做的功完全靠消耗自身的热力学能; 多方可逆膨胀中对环境做的功部分来自热力学能的下降, 部分来自从环境吸收的热。

**例2.13** 某一热机的低温热源为 313 K, 若高温热源分别为

(1) 373 K (1 atm 下水的沸点);

(2) 538 K (50 atm 下水的沸点)。

试分别计算热机的理论热功转换系数。

**解**: (1) $\eta = \dfrac{T_\mathrm{h} - T_\mathrm{c}}{T_\mathrm{h}} = \dfrac{373\ \mathrm{K} - 313\ \mathrm{K}}{373\ \mathrm{K}} \times 100\% = 16.1\%$

(2) $\eta = \dfrac{T_\mathrm{h} - T_\mathrm{c}}{T_\mathrm{h}} = \dfrac{538\ \mathrm{K} - 313\ \mathrm{K}}{538\ \mathrm{K}} \times 100\% = 41.8\%$

**例2.14** 根据以下数据, 计算乙酸乙酯的标准摩尔生成焓 $\Delta_\mathrm{f} H_\mathrm{m}^\ominus(\mathrm{CH_3COOC_2H_5, l, 298.15\ K})$。

$$\mathrm{CH_3COOH(l) + C_2H_5OH(l) =\!=\!=\!= CH_3COOC_2H_5(l) + H_2O(l)}$$
$$\Delta_\mathrm{r} H_\mathrm{m}^\ominus(298.15\ \mathrm{K}) = -9.20\ \mathrm{kJ\cdot mol^{-1}}$$

已知乙酸和乙醇的标准摩尔燃烧焓 $\Delta_\mathrm{c} H_\mathrm{m}^\ominus(298.15\ \mathrm{K})$ 分别为 $-874\ \mathrm{kJ\cdot mol^{-1}}$ 和 $-1367\ \mathrm{kJ\cdot mol^{-1}}$; $\mathrm{CO_2(g)}$ 和 $\mathrm{H_2O(l)}$ 的标准摩尔生成焓 $\Delta_\mathrm{f} H_\mathrm{m}^\ominus(298.15\ \mathrm{K})$ 分别为 $-393.51\ \mathrm{kJ\cdot mol^{-1}}$ 和 $-285.83\ \mathrm{kJ\cdot mol^{-1}}$。

**解**: 
$$\begin{aligned}\Delta_\mathrm{r} H_\mathrm{m}^\ominus = {} & \Delta_\mathrm{c} H_\mathrm{m}^\ominus(\mathrm{CH_3COOH, l}) + \Delta_\mathrm{c} H_\mathrm{m}^\ominus(\mathrm{C_2H_5OH, l}) - \\ & \Delta_\mathrm{c} H_\mathrm{m}^\ominus(\mathrm{CH_3COOC_2H_5, l}) - \Delta_\mathrm{c} H_\mathrm{m}^\ominus(\mathrm{H_2O, l})\end{aligned}$$
$$-9.20\ \mathrm{kJ\cdot mol^{-1}} = -874\ \mathrm{kJ\cdot mol^{-1}} - 1367\ \mathrm{kJ\cdot mol^{-1}} - \Delta_\mathrm{c} H_\mathrm{m}^\ominus(\mathrm{CH_3COOC_2H_5, l}) - 0$$
$$\Delta_\mathrm{c} H_\mathrm{m}^\ominus(\mathrm{CH_3COOC_2H_5, l}) = -2231.8\ \mathrm{kJ\cdot mol^{-1}}$$

乙酸乙酯的燃烧反应如下:

$$\mathrm{CH_3COOC_2H_5(l) + 5O_2(g) =\!=\!=\!= 4CO_2(g) + 4H_2O(l)}$$

该反应的反应焓变就是乙酸乙酯的燃烧焓, 即

$$\begin{aligned}\Delta_\mathrm{c} H_\mathrm{m}^\ominus(\mathrm{CH_3COOC_2H_5, l}) = \Delta_\mathrm{r} H_\mathrm{m}^\ominus = {} & 4\Delta_\mathrm{f} H_\mathrm{m}^\ominus(\mathrm{CO_2, g}) + 4\Delta_\mathrm{f} H_\mathrm{m}^\ominus(\mathrm{H_2O, l}) - \\ & \Delta_\mathrm{f} H_\mathrm{m}^\ominus(\mathrm{CH_3COOC_2H_5, l}) - 5\Delta_\mathrm{f} H_\mathrm{m}^\ominus(\mathrm{O_2, g})\end{aligned}$$
$$\begin{aligned}-2231.8\ \mathrm{kJ\cdot mol^{-1}} = {} & 4 \times (-393.51\ \mathrm{kJ\cdot mol^{-1}}) + 4 \times (-285.83\ \mathrm{kJ\cdot mol^{-1}}) - \\ & \Delta_\mathrm{f} H_\mathrm{m}^\ominus(\mathrm{CH_3COOC_2H_5, l}) - 0\end{aligned}$$
$$\Delta_\mathrm{f} H_\mathrm{m}^\ominus(\mathrm{CH_3COOC_2H_5, l}) = -485.56\ \mathrm{kJ\cdot mol^{-1}}$$

**例2.15** 计算 298 K 和标准压力下, 如下反应的标准摩尔焓变 $\Delta_\mathrm{r} H_\mathrm{m}^\ominus(298.15\ \mathrm{K})$, 这个数值的 1/4 称为 C—H 键的"键焓" (平均值)。

$$\mathrm{C(g) + 4H(g) =\!=\!=\!= CH_4(g)}$$

已知石墨升华为碳原子的焓变估计为 $\Delta_\mathrm{sub} H_\mathrm{m}^\ominus = 711.1\ \mathrm{kJ\cdot mol^{-1}}$; $\mathrm{H_2(g) =\!=\!=\!= 2H(g)}$ 的标准摩尔解离焓为 $431.7\ \mathrm{kJ\cdot mol^{-1}}$; $\mathrm{CH_4(g)}$ 的标准摩尔生成焓为 $\Delta_\mathrm{f} H_\mathrm{m}^\ominus(298.15\ \mathrm{K}) = -74.6\ \mathrm{kJ\cdot mol^{-1}}$。

**解**:
$$C(石墨) \xlongequal{\quad} C(g) \tag{a}$$
$$H_2(g) \xlongequal{\quad} 2H(g) \tag{b}$$
$$C(石墨) + 2H_2(g) \xlongequal{\quad} CH_4(g) \tag{c}$$

反应 (c) − 2 × (b) − (a) 得

$$C(g) + 4H(g) \xlongequal{\quad} CH_4(g) \tag{d}$$

$$\begin{aligned}\Delta_r H_m^\ominus(d) &= \Delta_r H_m^\ominus(c) - 2\Delta_r H_m^\ominus(b) - \Delta_r H_m^\ominus(a)\\ &= -74.6\ \mathrm{kJ\cdot mol^{-1}} - 2 \times 431.7\ \mathrm{kJ\cdot mol^{-1}} - 711.1\ \mathrm{kJ\cdot mol^{-1}} = -1649.1\ \mathrm{kJ\cdot mol^{-1}}\end{aligned}$$

$$\varepsilon(\mathrm{C—H}) \approx -\frac{1}{4}\Delta_r H_m^\ominus(d) = -\frac{1}{4} \times (-1649.1\ \mathrm{kJ\cdot mol^{-1}}) = 412.3\ \mathrm{kJ\cdot mol^{-1}}$$

**例2.16** 反应 $H_2(g) + \frac{1}{2}O_2(g) \xlongequal{\quad} H_2O(l)$，在 298 K 和标准压力下的摩尔反应焓变 $\Delta_r H_m^\ominus(298\ \mathrm{K}) = -285.84\ \mathrm{kJ\cdot mol^{-1}}$。试计算该反应在 800 K 时进行的摩尔反应焓变。已知 $H_2O(l)$ 在 373 K 和标准压力下的摩尔蒸发焓 $\Delta_{vap} H_m^\ominus(373\ \mathrm{K}) = 40.65\ \mathrm{kJ\cdot mol^{-1}}$。

$$C_{p,m}(H_2, g) = 29.07\ \mathrm{J\cdot mol^{-1}\cdot K^{-1}} + (8.36 \times 10^{-4}\ \mathrm{J\cdot mol^{-1}\cdot K^{-2}})T$$
$$C_{p,m}(O_2, g) = 36.16\ \mathrm{J\cdot mol^{-1}\cdot K^{-1}} + (8.45 \times 10^{-4}\ \mathrm{J\cdot mol^{-1}\cdot K^{-2}})T$$
$$C_{p,m}(H_2O, g) = 30.00\ \mathrm{J\cdot mol^{-1}\cdot K^{-1}} + (10.7 \times 10^{-3}\ \mathrm{J\cdot mol^{-1}\cdot K^{-2}})T$$
$$C_{p,m}(H_2O, l) = 75.26\ \mathrm{J\cdot mol^{-1}\cdot K^{-1}}$$

**解**: 通过 Kirchhoff 定律, 根据该反应在 298 K 时的摩尔反应焓变求 800 K 时的摩尔反应焓变, 可见 $H_2O$ 在此过程中涉及相变。因此, 可设计如下过程:

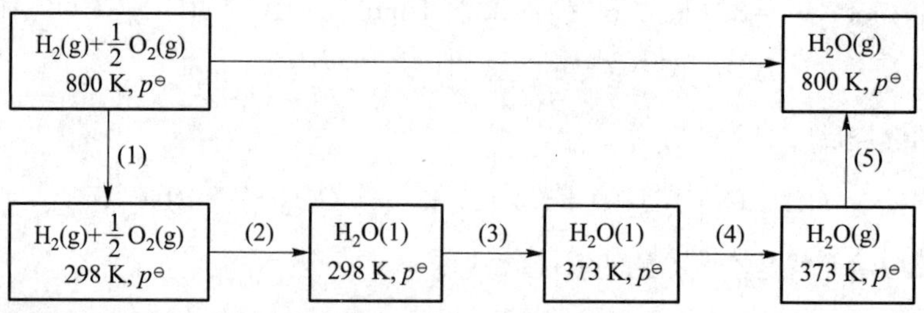


$$\begin{aligned}\Delta_r H_m^\ominus(1) &= \int_{800\ \mathrm{K}}^{298\ \mathrm{K}} \left[C_{p,m}(H_2) + \frac{1}{2}C_{p,m}(O_2)\right] \mathrm{d}T\\ &= \int_{800\ \mathrm{K}}^{298\ \mathrm{K}} [47.15\ \mathrm{J\cdot mol^{-1}\cdot K^{-1}} + (12.585 \times 10^{-4}\ \mathrm{J\cdot mol^{-1}\cdot K^{-2}})T]\mathrm{d}T\\ &= 47.15\ \mathrm{J\cdot mol^{-1}\cdot K^{-1}} \times (298\ \mathrm{K} - 800\ \mathrm{K}) +\\ &\quad \left(\frac{1}{2} \times 12.585 \times 10^{-4}\ \mathrm{J\cdot mol^{-1}\cdot K^{-2}}\right) \times [(298\ \mathrm{K})^2 - (800\ \mathrm{K})^2] = -24016.1\ \mathrm{J\cdot mol^{-1}}\end{aligned}$$

$$\Delta_r H_m(2) = -285.84\ \mathrm{kJ\cdot mol^{-1}}$$

$$\Delta_r H_m^\ominus(3) = \int_{298\ \mathrm{K}}^{373\ \mathrm{K}} C_{p,m}(H_2O, l)\mathrm{d}T = \int_{298\ \mathrm{K}}^{373\ \mathrm{K}} (75.26\ \mathrm{J\cdot mol^{-1}\cdot K^{-1}})\mathrm{d}T = 5644.5\ \mathrm{J\cdot mol^{-1}}$$

$$\Delta_r H_m^{\ominus}(4) = 40.65\ \text{kJ}\cdot\text{mol}^{-1}$$

$$\begin{aligned}\Delta_r H_m^{\ominus}(5) &= \int_{373\ \text{K}}^{800\ \text{K}} C_{p,m}(H_2O,g)\text{d}T \\ &= \int_{373\ \text{K}}^{800\ \text{K}} [30.00\ \text{J}\cdot\text{mol}^{-1}\cdot\text{K}^{-1} + (10.7\times10^{-3}\ \text{J}\cdot\text{mol}^{-1}\cdot\text{K}^{-2})T]\text{d}T = 15489.7\ \text{J}\cdot\text{mol}^{-1}\end{aligned}$$

$$\begin{aligned}\Delta_r H_m^{\ominus} &= \Delta_r H_m^{\ominus}(1) + \Delta_r H_m^{\ominus}(2) + \Delta_r H_m^{\ominus}(3) + \Delta_r H_m^{\ominus}(4) + \Delta_r H_m^{\ominus}(5) \\ &= (-24016.1 - 285.84\times10^3 + 5644.5 + 40.65\times10^3 + 15489.7)\ \text{J}\cdot\text{mol}^{-1} = -248.1\ \text{kJ}\cdot\text{mol}^{-1}\end{aligned}$$

**例2.17** 将 $H_2O$ 看作刚体非线形分子, 用经典理论来估计其气体的 $C_{p,m}(H_2O,g)$ 值。

(1) 在温度不太高时, 忽略振动自由度项的贡献;

(2) 在温度很高时, 将所有的振动贡献都考虑进去。

**解**: (1) 经典理论将分子视为刚体, 无振动能, 每个分子的平动自由度为 3, 非线形分子的转动自由度为 3。每个平动自由度和每个转动自由度对能量的贡献为 $\frac{1}{2}k_BT$, 则有

$$\varepsilon = \varepsilon_t + \varepsilon_r = 3\times\left(\frac{1}{2}k_BT\right) + 3\times\left(\frac{1}{2}k_BT\right) = 3k_BT$$

$$E_m = L\cdot\varepsilon = 3Lk_BT = 3RT$$

$$C_{V,m} = \left(\frac{\partial E_m}{\partial T}\right)_V = \left[\frac{\partial(3RT)}{\partial T}\right]_V = 3R$$

$$C_{p,m} = C_{V,m} + R = 4R = 4\times8.314\ \text{J}\cdot\text{mol}^{-1}\cdot\text{K}^{-1} = 33.26\ \text{J}\cdot\text{mol}^{-1}\cdot\text{K}^{-1}$$

(2) 如果温度升高, 振动能全部释放出来。非线形分子的振动自由度为 $(3n-6)$, 每个振动自由度对能量的贡献为 $k_BT$, 则有

$$\varepsilon = \varepsilon_t + \varepsilon_r + \varepsilon_v = 3\times\left(\frac{1}{2}k_BT\right) + 3\times\left(\frac{1}{2}k_BT\right) + (3\times3-6)k_BT = 6k_BT$$

$$E_m = L\cdot\varepsilon = 6RT$$

$$C_{V,m} = \left(\frac{\partial E_m}{\partial T}\right)_V = \left[\frac{\partial(6RT)}{\partial T}\right]_V = 6R$$

$$C_{p,m} = C_{V,m} + R = 7R = 7\times8.314\ \text{J}\cdot\text{mol}^{-1}\cdot\text{K}^{-1} = 58.20\ \text{J}\cdot\text{mol}^{-1}\cdot\text{K}^{-1}$$

# 三、习题及解答

**2.1** 如果一个系统对环境做功 55 J, 而系统的热力学能却增加了 350 J, 问系统与环境的热交换为多少? 如果某系统放热 25.3 kJ, 同时在外压作用下体积变小, 环境对系统做功 574 J, 求该系统的热力学能变化值。

**解**: (1) $\Delta U_1 = W_1 + Q_1$

$$Q_1 = \Delta U_1 - W_1 = 350\ \text{J} - (-55\ \text{J}) = 405\ \text{J}$$

系统从环境得到热 405 J。

(2) $\Delta U_2 = W_2 + Q_2 = 574\ \mathrm{J} + (-25.3\ \mathrm{kJ}) = -24726\ \mathrm{J}$

系统的热力学能降低 24726 J。

**2.2** 有 10 mol 的气体 (设为理想气体), 压力为 1000 kPa, 温度为 300 K, 分别求出等温时下列过程的功 $W$:

(1) 在空气压力为 100 kPa 时, 膨胀到气体压力也是 100 kPa;

(2) 等温可逆膨胀至气体压力为 100 kPa;

(3) 先在外压 500 kPa 下膨胀到气体压力也是 500 kPa, 再等温可逆膨胀至气体压力为 100 kPa。

**解**: (1) $W = -p_{\mathrm{e}}(V_2 - V_1) = -p_2\left(\dfrac{nRT}{p_2} - \dfrac{nRT}{p_1}\right) = -nRT\left(1 - \dfrac{p_2}{p_1}\right)$

$$= -10\ \mathrm{mol} \times 8.314\ \mathrm{J\cdot mol^{-1}\cdot K^{-1}} \times 300\ \mathrm{K} \times \left(1 - \frac{100\ \mathrm{kPa}}{1000\ \mathrm{kPa}}\right) = -22447.8\ \mathrm{J}$$

(2) $W_{\mathrm{R}} = -\displaystyle\int p_{\mathrm{i}}\mathrm{d}V = -nRT\ln\frac{V_2}{V_1} = -nRT\ln\frac{p_1}{p_2}$

$$= -10\ \mathrm{mol} \times 8.314\ \mathrm{J\cdot mol^{-1}\cdot K^{-1}} \times 300\ \mathrm{K} \times \ln\frac{1000\ \mathrm{kPa}}{100\ \mathrm{kPa}} = -57431\ \mathrm{J}$$

(3) $W = W_1 + W_2 = -nRT\left(1 - \dfrac{p_2'}{p_1}\right) + \left(-nRT\ln\dfrac{p_2'}{p_2}\right)$

$$= -10\ \mathrm{mol}\times 8.314\ \mathrm{J\cdot mol^{-1}\cdot K^{-1}}\times 300\ \mathrm{K}\times\left(1-\frac{500\ \mathrm{kPa}}{1000\ \mathrm{kPa}}+\ln\frac{500\ \mathrm{kPa}}{100\ \mathrm{kPa}}\right) = -52613.6\ \mathrm{J}$$

结论: 等温过程中可逆功最大。

**2.3** 对于 1 mol 单原子理想气体, $C_{V,\mathrm{m}} = \dfrac{3}{2}R$, 其始态 (Ⅰ) 的温度为 273 K, 体积为 22.4 $\mathrm{dm^3}$, 经历如下三步, 又回到始态, 试计算每个状态的压力 $p$ 及各过程的 $Q, W$ 和 $\Delta U$。

(1) 等容可逆升温, 由始态 (Ⅰ) 到 546 K 的状态 (Ⅱ);

(2) 等温 (546 K) 可逆膨胀, 由状态 (Ⅱ) 到 44.8 $\mathrm{dm^3}$ 的状态 (Ⅲ);

(3) 经等压过程由状态 (Ⅲ) 回到始态 (Ⅰ)。

**解**: 题中三步过程如下图所示。

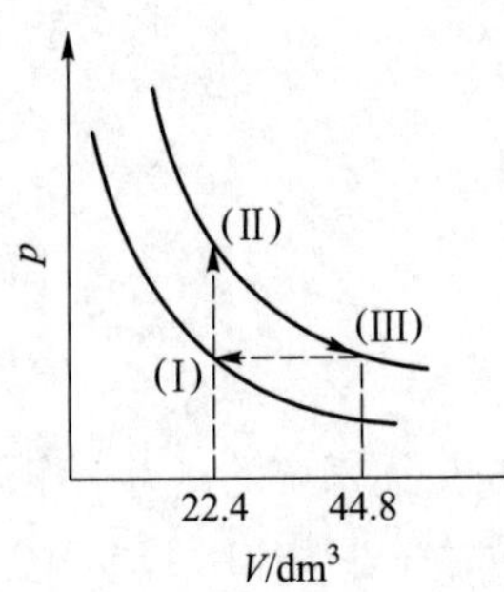


(1) 等容可逆升温

$$p(\mathrm{I}) = \frac{nRT_1}{V_1} = \frac{1\ \mathrm{mol} \times 8.314\ \mathrm{J\cdot mol^{-1}\cdot K^{-1}} \times 273\ \mathrm{K}}{22.4 \times 10^{-3}\ \mathrm{m^3}} = 101327\ \mathrm{Pa}$$

$$p(\text{Ⅱ}) = \frac{nRT_2}{V_1} = \frac{1\ \text{mol} \times 8.314\ \text{J}\cdot\text{mol}^{-1}\cdot\text{K}^{-1} \times 546\ \text{K}}{22.4 \times 10^{-3}\ \text{m}^3} = 202654\ \text{Pa}$$

$$W = -\int p\text{d}V = 0$$

$$\Delta U = \int_{T_1}^{T_2} C_V \text{d}T = nC_{V,\text{m}}(T_2 - T_1) = n\frac{3}{2}R(T_2 - T_1)$$

$$= 1\ \text{mol} \times \frac{3}{2} \times 8.314\ \text{J}\cdot\text{mol}^{-1}\cdot\text{K}^{-1} \times (546\ \text{K} - 273\ \text{K}) = 3404.6\ \text{J}$$

$$Q = \Delta U - W = \Delta U = 3404.6\ \text{J}$$

(2) 等温可逆膨胀

$$p(\text{Ⅲ}) = \frac{nRT_2}{V_2} = \frac{1\ \text{mol} \times 8.314\ \text{J}\cdot\text{mol}^{-1}\cdot\text{K}^{-1} \times 546\ \text{K}}{44.8 \times 10^{-3}\ \text{m}^3} = 101327\ \text{Pa}$$

$$W_\text{R} = -nRT_2\ln\frac{V_3}{V_2} = -1\ \text{mol} \times 8.314\ \text{J}\cdot\text{mol}^{-1}\cdot\text{K}^{-1} \times 546\ \text{K} \times \ln\frac{44.8\ \text{dm}^3}{22.4\ \text{dm}^3} = -3146.5\ \text{J}$$

$$\Delta U = 0$$

$$Q = -W_\text{R} = 3146.5\ \text{J}$$

(3) 等压过程

$$W = -p_\text{e}\Delta V = -p(\text{Ⅲ})(V_1 - V_3) = -101327\ \text{Pa} \times (22.4 - 44.8) \times 10^{-3}\ \text{m}^3 = 2269.7\ \text{J}$$

$$\Delta U = nC_{V,\text{m}}(T_1 - T_3) = 1\ \text{mol} \times \frac{3}{2} \times 8.314\ \text{J}\cdot\text{mol}^{-1}\cdot\text{K}^{-1} \times (273\ \text{K} - 546\ \text{K}) = -3404.6\ \text{J}$$

$$Q = \Delta U - W = -3404.6\ \text{J} - 2269.7\ \text{J} = -5674.3\ \text{J}$$

或

$$Q = Q_p = \int_{T_3}^{T_1} C_p \text{d}T = n(C_{V,\text{m}} + R)(T_1 - T_3)$$

$$= 1\ \text{mol} \times \frac{5}{2} \times 8.314\ \text{J}\cdot\text{mol}^{-1}\cdot\text{K}^{-1} \times (273\ \text{K} - 546\ \text{K}) = -5674.3\ \text{J}$$

**2.4**　在 291 K, 100 kPa 时, 1 mol Zn(s) 溶于足量稀盐酸中, 置换出 1 mol $H_2(g)$, 并放热 152 kJ。

(1) 若以 Zn 和盐酸为系统, 求该反应所做的功 $W$ 及系统的 $\Delta U$ 和 $\Delta H$;

(2) 反应若分别在开口和密封容器中进行, 哪种情况放热较多? 多出多少?

**解**: (1) $\text{Zn(s)} + 2\text{HCl} \xlongequal{\quad} \text{H}_2\text{(g)} + \text{ZnCl}_2$

$$W = -p_\text{e}\Delta V = -p\Delta V_\text{m}(\text{H}_2) = -nRT \qquad [\text{H}_2\text{(g)}\ \text{当成理想气体处理}]$$

$$= -1\ \text{mol} \times 8.314\ \text{J}\cdot\text{mol}^{-1}\cdot\text{K}^{-1} \times 291\ \text{K} = -2419.4\ \text{J}$$

$$\Delta U = Q + W = -152\ \text{kJ} - 2419.4\ \text{J} = -154419\ \text{J}$$

$$\Delta H = Q_p = -152\ \text{kJ}$$

(2) 反应在开口烧杯中进行时热效应为 $Q_p(\Delta H)$, 在密封容器中进行时热效应为 $Q_V(\Delta U)$。在密封容器中进行时, 不做膨胀功, 故放热较多。

$$多出的部分 = -W = \Delta nRT = -2419.4\ \text{J}$$

**2.5** 在 298 K 时, 有 2 mol $N_2(g)$, 始态体积为 15 $dm^3$, 保持温度不变, 经下列三个过程膨胀到终态体积为 50 $dm^3$, 计算各过程的 $\Delta U, W$ 和 $Q$ 的值。设气体为理想气体。

(1) 自由膨胀;

(2) 反抗恒外压 100 kPa 膨胀;

(3) 等温可逆膨胀。

**解**: 始态: $n = 2\ \text{mol}$, $V_1 = 15\ \text{dm}^3$, $T_1 = 298\ \text{K}$

终态: $V_2 = 50\ \text{dm}^3$

(1) 自由膨胀

$$W = -p_e \Delta V = 0$$

$$\Delta U = 0$$

$$Q = \Delta U - W = 0$$

(2) 反抗恒外压 100 kPa 膨胀

$$W = -p_e \Delta V = -100 \times 10^3\ \text{Pa} \times (50 - 15) \times 10^{-3}\ \text{m}^3 = -3500\ \text{J}$$

$$\Delta U = 0 \qquad (温度保持不变)$$

$$Q = \Delta U - W = -W = 3500\ \text{J}$$

(3) 等温可逆膨胀

$$W_R = -nRT\ln\frac{V_2}{V_1} = -2\ \text{mol} \times 8.314\ \text{J}\cdot\text{mol}^{-1}\cdot\text{K}^{-1} \times 298\ \text{K} \times \ln\frac{50\ \text{dm}^3}{15\ \text{dm}^3} = -5965.9\ \text{J}$$

$$\Delta U = 0 \qquad (温度保持不变)$$

$$Q = \Delta U - W = -W = 5965.9\ \text{J}$$

**2.6** 理想气体等温可逆膨胀, 体积从 $V_1$ 膨胀达到 $10V_1$, 对外做功 41.85 kJ, 系统的起始压力为 202.65 kPa。

(1) 若气体的量为 1 mol, 求始态体积 $V_1$;

(2) 若气体的量为 2 mol, 求系统的温度。

**解**: (1)

$$W_R = -nRT_1\ln\frac{V_2}{V_1}$$

$$-41.85\ \text{kJ} = -1\ \text{mol} \times 8.314\ \text{J}\cdot\text{mol}^{-1}\cdot\text{K}^{-1} \times T_1 \times \ln\frac{10V_1}{V_1}$$

$$T_1 = 2186\ \text{K}$$

$$V_1 = \frac{nRT_1}{p_1} = \frac{1\ \text{mol} \times 8.314\ \text{J}\cdot\text{mol}^{-1}\cdot\text{K}^{-1} \times 2186\ \text{K}}{202.65 \times 10^3\ \text{Pa}} = 0.08968\ \text{m}^3$$

(2)

$$W_R = -nRT_2\ln\frac{V_2}{V_1}$$

$$-41.85\ \text{kJ} = -2\ \text{mol} \times 8.314\ \text{J}\cdot\text{mol}^{-1}\cdot\text{K}^{-1} \times T_2 \times \ln\frac{10V_1}{V_1}$$

$$T_2 = 1093\ \text{K}$$

或

$$p_1 V_1 = n_1 R T_1 \tag{a}$$

$$p_1 V_1 = n_2 R T_2 \tag{b}$$

式 (a) 除以式 (b) 得 $\quad T_2 = \dfrac{n_1}{n_2} T_1 = \dfrac{1\ \text{mol}}{2\ \text{mol}} \times 2186\ \text{K} = 1093\ \text{K}$

**2.7** 在 423 K, 100 kPa 时, 将 1 mol $NH_3(g)$ 等温压缩到体积等于 10 $dm^3$, 求最少需做多少功?

(1) 假定是理想气体;

(2) 假定符合 van der Waals 方程式。已知 van der Waals 常数 $a = 0.417\ \text{Pa}\cdot\text{m}^6\cdot\text{mol}^{-2}$, $b = 3.71 \times 10^{-5}\ \text{m}^3\cdot\text{mol}^{-1}$。

**解**: (1) $V_1 = \dfrac{nRT_1}{p_1} = \dfrac{1\ \text{mol} \times 8.314\ \text{J}\cdot\text{mol}^{-1}\cdot\text{K}^{-1} \times 423\ \text{K}}{100 \times 10^3\ \text{Pa}} = 0.03517\ \text{m}^3$

$$W_1 = -nRT_1 \ln\frac{V_2}{V_1} = -1\ \text{mol} \times 8.314\ \text{J}\cdot\text{mol}^{-1}\cdot\text{K}^{-1} \times 423\ \text{K} \times \ln\frac{0.01\ \text{m}^3}{0.03517\ \text{m}^3} = 4423\ \text{J}$$

(2) $\left(p + \dfrac{a}{V_\text{m}^2}\right)(V_\text{m} - b) = RT$

$$\left(100000\ \text{Pa} + \frac{0.417\ \text{Pa}\cdot\text{m}^6\cdot\text{mol}^{-2}}{V_\text{m}^2}\right)(V_\text{m} - 3.71 \times 10^{-5}\ \text{m}^3\cdot\text{mol}^{-1}) = 8.314\ \text{J}\cdot\text{mol}^{-1}\cdot\text{K}^{-1} \times 423\ \text{K}$$

$$V_\text{m} = 0.0351\ \text{m}^3$$

$$W = -\int_{V_1}^{V_2} p\text{d}V = -\int_{V_1}^{V_2} \left(\frac{nRT}{V - nb} - \frac{an^2}{V^2}\right)\text{d}V = -nRT\ln\frac{V_1 - nb}{V_2 - nb} - an^2\left(\frac{1}{V_2} - \frac{1}{V_1}\right)$$

$$= -1\ \text{mol} \times 8.314\ \text{J}\cdot\text{mol}^{-1}\cdot\text{K}^{-1} \times 423\ \text{K} \times \ln\frac{0.01\ \text{m}^3 - 1\ \text{mol} \times 3.71 \times 10^{-5}\ \text{m}^3\cdot\text{mol}^{-1}}{0.0351\ \text{m}^3 - 1\ \text{mol} \times 3.71 \times 10^{-5}\ \text{m}^3\cdot\text{mol}^{-1}} -$$

$$0.417\ \text{Pa}\cdot\text{m}^6\cdot\text{mol}^{-2} \times (1\ \text{mol})^2 \times \left(\frac{1}{0.01\ \text{m}^3} - \frac{1}{0.0351\ \text{m}^3}\right) = 4395.3\ \text{J}$$

**2.8** 已知在 373 K, 100 kPa 时, 1 kg $H_2O(l)$ 的体积为 1.043 $dm^3$, 1 kg $H_2O(g)$ 的体积为 1677 $dm^3$, $H_2O(l)$ 的摩尔蒸发焓变 $\Delta_\text{vap}H_\text{m} = 40.69\ \text{kJ}\cdot\text{mol}^{-1}$。当 1 mol $H_2O(l)$ 在 373 K 和外压为 100 kPa 时完全蒸发成 $H_2O(g)$, 试求:

(1) 蒸发过程中系统对环境所做的功;

(2) 假定液态水的体积可忽略不计, 试求蒸发过程中系统对环境所做的功, 并计算所得结果的相对误差;

(3) 假定把蒸汽看作理想气体, 且略去液态水的体积, 求系统所做的功;

(4) 求 (1) 中变化的 $\Delta_\text{vap}U_\text{m}$ 和 $\Delta_\text{vap}H_\text{m}$;

(5) 解释何故蒸发的焓变大于系统所做的功;

(6) 将 373 K 和 100 kPa 的 1 g 水突然放到 373 K 的恒温真空箱中, 液态水很快蒸发为水蒸气并充满整个真空箱, 测得其压力为 100 kPa, 水蒸气可视为理想气体。求此过程的 $Q, W, \Delta U$ 和 $\Delta H$。

**解**: (1) $W=-p(V_g-V_l)$

$$=-100000\ \text{Pa}\times(1.677-1.043\times10^{-3})\ \text{m}^3\cdot\text{kg}^{-1}\times18.02\times10^{-3}\ \text{kg}=-3.017\ \text{kJ}$$

(2) $W=-pV_g=-100000\ \text{Pa}\times1.677\ \text{m}^3\cdot\text{kg}^{-1}\times18.02\times10^{-3}\ \text{kg}=-3.019\ \text{kJ}$

$$x=[(3019-3017)/3019]\times100\%=0.066\%$$

(3) $W=-pV_g=-nRT=-1\ \text{mol}\times8.314\ \text{J}\cdot\text{mol}^{-1}\cdot\text{K}^{-1}\times373\ \text{K}=-3.101\ \text{kJ}$

(4) $\Delta_{\text{vap}}H_m=Q_p=40.69\ \text{kJ}\cdot\text{mol}^{-1}$

$$\Delta_{\text{vap}}U_m=\frac{Q_p+W}{n}=(40.69\ \text{kJ}-3.017\ \text{kJ})/1\ \text{mol}=37.67\ \text{kJ}\cdot\text{mol}^{-1}$$

(5) 水在蒸发过程吸收的热量一部分用于胀大自身体积对外做功, 另一部分用于克服分子间引力, 增加分子间距离, 提高分子热力学能 (因为 $\Delta U>0$, $\Delta U=Q+W>0$, 所以 $Q>|W|$)。

(6) 真空蒸发 $W=0$

该过程与等温等压下可逆相变过程的始态和终态相同, 因此

$$\Delta_{\text{vap}}H_m=40.69\ \text{kJ}\cdot\text{mol}^{-1},\quad \Delta_{\text{vap}}U_m=37.67\ \text{kJ}\cdot\text{mol}^{-1}$$

$$\Delta H=1\ \text{g}/(18.02\ \text{g}\cdot\text{mol}^{-1})\times40.69\ \text{kJ}\cdot\text{mol}^{-1}=2258\ \text{J}$$

$$\Delta U=1\ \text{g}/(18.02\ \text{g}\cdot\text{mol}^{-1})\times37.67\ \text{kJ}\cdot\text{mol}^{-1}=2090\ \text{J}$$

$$Q=\Delta U-W=\Delta U=2090\ \text{J}$$

**2.9** 1 mol 单原子理想气体, 从 273 K, 200 kPa 的始态到 323 K, 100 kPa 的终态, 通过两个途径:

(1) 先等压加热至 323 K, 再等温可逆膨胀至 100 kPa;

(2) 先等温可逆膨胀至 100 kPa, 再等压加热至 323 K。

试分别计算两个途径的 $Q, W, \Delta U$ 和 $\Delta H$, 试比较两种结果有何不同, 说明了什么?

**解**: 题中两者途径如下图所示。

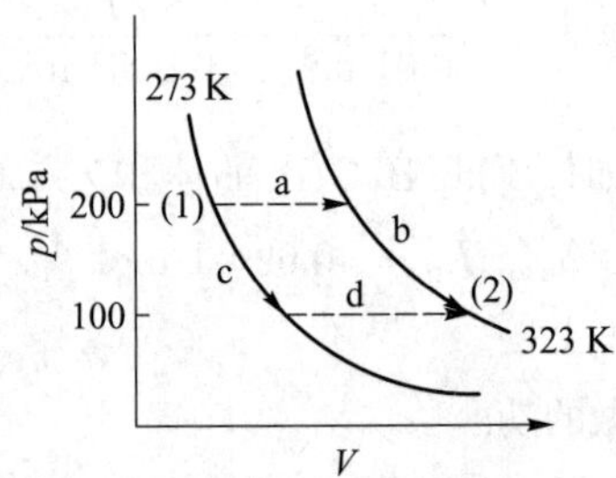


(1) 等压加热过程

$$Q_a=Q_p=\Delta H_a=nC_{p,m}(T_2-T_1)$$

$$=1\ \text{mol}\times\frac{5}{2}\times8.314\ \text{J}\cdot\text{mol}^{-1}\cdot\text{K}^{-1}\times(323\ \text{K}-273\ \text{K})=1039.25\ \text{J}$$

$$\Delta U_a=nC_{V,m}(T_2-T_1)=1\ \text{mol}\times\frac{3}{2}\times8.314\ \text{J}\cdot\text{mol}^{-1}\cdot\text{K}^{-1}\times(323\ \text{K}-273\ \text{K})=623.55\ \text{J}$$

$$W_a=\Delta U_a-Q_p=623.55\ \text{J}-1039.25\ \text{J}=-415.7\ \text{J}$$

等温可逆膨胀过程

$\Delta U_{\mathrm{b}}=0,\quad \Delta H_{\mathrm{b}}=0$

$W_{\mathrm{b}}=-nRT\ln\dfrac{p_1}{p_2}=-1\ \mathrm{mol}\times 8.314\ \mathrm{J\cdot mol^{-1}\cdot K^{-1}}\times 323\ \mathrm{K}\times\ln\dfrac{200\ \mathrm{kPa}}{100\ \mathrm{kPa}}=-1861.4\ \mathrm{J}$

$Q_{\mathrm{b}}=\Delta U_{\mathrm{b}}-W_{\mathrm{b}}=-W_{\mathrm{b}}=1861.4\ \mathrm{J}$

过程 (1) 总和:

$$\Delta U_1=\Delta U_{\mathrm{a}}+\Delta U_{\mathrm{b}}=623.55\ \mathrm{J}$$

$$\Delta H_1=\Delta H_{\mathrm{a}}+\Delta H_{\mathrm{b}}=1039.25\ \mathrm{J}$$

$$Q_1=Q_{\mathrm{a}}+Q_{\mathrm{b}}=1039.25\ \mathrm{J}+1861.4\ \mathrm{J}=2900.65\ \mathrm{J}$$

$$W_1=W_{\mathrm{a}}+W_{\mathrm{b}}=-415.7\ \mathrm{J}-1861.4\ \mathrm{J}=-2277.1\ \mathrm{J}$$

(2) 等温可逆膨胀过程

$\Delta U_{\mathrm{c}}=0,\quad \Delta H_{\mathrm{c}}=0$

$W_{\mathrm{c}}=-nRT\ln\dfrac{p_1}{p_2}=-1\ \mathrm{mol}\times 8.314\ \mathrm{J\cdot mol^{-1}\cdot K^{-1}}\times 273\ \mathrm{K}\times\ln\dfrac{200\ \mathrm{kPa}}{100\ \mathrm{kPa}}=-1573.3\ \mathrm{J}$

$Q_{\mathrm{c}}=\Delta U_{\mathrm{c}}-W_{\mathrm{c}}=-W_{\mathrm{c}}=1573.3\ \mathrm{J}$

等压加热过程:

$$\begin{aligned}Q_{\mathrm{d}}&=Q_p=\Delta H_{\mathrm{d}}=nC_{p,\mathrm{m}}(T_2-T_1)\\&=1\ \mathrm{mol}\times\frac{5}{2}\times 8.314\ \mathrm{J\cdot mol^{-1}\cdot K^{-1}}\times(323\ \mathrm{K}-273\ \mathrm{K})=1039.25\ \mathrm{J}\end{aligned}$$

$\Delta U_{\mathrm{d}}=nC_{V,\mathrm{m}}(T_2-T_1)=1\ \mathrm{mol}\times\dfrac{3}{2}\times 8.314\ \mathrm{J\cdot mol^{-1}\cdot K^{-1}}\times(323\ \mathrm{K}-273\ \mathrm{K})=623.55\ \mathrm{J}$

$W_{\mathrm{d}}=\Delta U_{\mathrm{d}}-Q_{\mathrm{d}}=623.55\ \mathrm{J}-1039.25\ \mathrm{J}=-415.7\ \mathrm{J}$

过程 (2) 总和:

$$\Delta U_2=\Delta U_{\mathrm{c}}+\Delta U_{\mathrm{d}}=623.55\ \mathrm{J}$$

$$\Delta H_2=\Delta H_{\mathrm{c}}+\Delta H_{\mathrm{d}}=1039.25\ \mathrm{J}$$

$$Q_2=Q_{\mathrm{c}}+Q_{\mathrm{d}}=1573.3\ \mathrm{J}+1039.25\ \mathrm{J}=2612.55\ \mathrm{J}$$

$$W_2=W_{\mathrm{c}}+W_{\mathrm{d}}=-1573.3\ \mathrm{J}-415.7\ \mathrm{J}=-1989\ \mathrm{J}$$

小结: (1) $\Delta U_1=\Delta U_2$, $\Delta H_1=\Delta H_2$, 说明状态函数的变化只与始态和终态的状态有关, 而与变化途径无关。

(2) $Q_1\neq Q_2$, $W_1\neq W_2$, 说明热和功与途径有关。

**2.10**　已知氢气的 $C_{p,\mathrm{m}}=[29.07-0.836\times10^{-3}\ T/\mathrm{K}+20.1\times10^{-7}(T/\mathrm{K})^2]\ \mathrm{J\cdot mol^{-1}\cdot K^{-1}}$。

(1) 求恒压下 1 mol 氢气的温度从 300 K 上升到 1000 K 时需要多少热量。

(2) 若在恒容下, 需要多少热量?

(3) 求在这个温度范围内氢气的平均恒压摩尔热容。

**解**: (1) $Q_p=\Delta H=\displaystyle\int_{T_1}^{T_2}nC_{p,\mathrm{m}}\mathrm{d}T$

$$\begin{aligned}&=1\ \mathrm{mol}\times\{29.07\times(T_2-T_1)-0.836/2\times10^{-3}\times(T_2^2-T_1^2)/\mathrm{K}+\\&\quad 20.1/3\times10^{-7}\times(T_2^3-T_1^3)/\mathrm{K}^2\}\ \mathrm{J\cdot mol^{-1}\cdot K^{-1}}=20620.5\ \mathrm{J}\end{aligned}$$

(2) $Q_V = \Delta U = \Delta H - nR\Delta T$

$= 20620.5\ \text{J} - 1\ \text{mol} \times 8.314\ \text{J·mol}^{-1}\text{·K}^{-1} \times (1000\ \text{K} - 300\ \text{K}) = 14800.7\ \text{J}$

(3) $\overline{C_{p,\text{m}}} = \dfrac{\Delta H_\text{m}}{T_2 - T_1} = \dfrac{20620.5\ \text{J·mol}^{-1}}{1000\ \text{K} - 300\ \text{K}} = 29.46\ \text{J·mol}^{-1}\text{·K}^{-1}$

**2.11** 有一个绝热气缸, 中间用插销固定的绝热活塞隔开形成两个气室。左气室中 Ar 的状态为 $V_1 = 2\ \text{m}^3$, $T_1 = 273\ \text{K}$, $p_1 = 101.3\ \text{kPa}$; 右气室中 $N_2$ 的状态为 $V_2 = 3\ \text{m}^3$, $T_2 = 303\ \text{K}$, $p_2 = 3 \times 101.3\ \text{kPa}$。两种气体均可看作理想气体。

(1) 现将活塞抽掉, 使两气体混合。若以整个气缸中的气体为系统, 则此过程中做功 $W$ 为多少? 传热 $Q$ 为多少? 热力学能改变量 $\Delta U$ 为多少?

(2) 现将活塞换成导热活塞, 并去掉插销使活塞在气缸中无摩擦移动, 直至平衡。若以左气室中 Ar 为系统, 则最终压力和温度为多少? 热力学能改变量 $\Delta U$ 为多少?

**解**: (1) 以整个气缸中的气体为系统, 则两气体混合过程中发生的热交换和做功都是系统内部的能量转移, $W = 0$, $Q = 0$, $\Delta U = 0$。

(2) Ar 的物质的量为

$$n_\text{Ar} = \frac{p_1 V_1}{RT_1} = \frac{101.3\ \text{kPa} \times 2\ \text{m}^3}{8.314\ \text{J·mol}^{-1}\text{·K}^{-1} \times 273\ \text{K}} = 89.3\ \text{mol}$$

$N_2$ 的物质的量为

$$n_{\text{N}_2} = \frac{p_2 V_2}{RT_2} = \frac{3 \times 101.3\ \text{kPa} \times 3\ \text{m}^3}{8.314\ \text{J·mol}^{-1}\text{·K}^{-1} \times 303\ \text{K}} = 361.9\ \text{mol}$$

达平衡后两侧的温度和压力相等, 设最终温度为 $T$, 压力为 $p$, 则

$$n_\text{Ar} C_{V,\text{m}}(\text{Ar})(T - T_1) = n_{\text{N}_2} C_{V,\text{m}}(\text{N}_2)(T_2 - T)$$

$$T = 299.13\ \text{K}$$

$$\frac{n_\text{Ar}}{V_1'} = \frac{n_{\text{N}_2}}{V_2'} \tag{a}$$

$$V_1' + V_2' = 5\ \text{m}^3 \tag{b}$$

联立式 (a) 和式 (b), 解得　　$V_1' = 0.99\ \text{m}^3$,　$V_2' = 4.01\ \text{m}^3$

$$p = 2.243 \times 10^5\ \text{Pa}$$

$$\begin{aligned}\Delta U &= n_\text{Ar} C_{V,\text{m}}(\text{Ar})(T - T_1) \\ &= 89.3\ \text{mol} \times 1.5 \times 8.314\ \text{J·mol}^{-1}\text{·mol}^{-1} \times (299.13\ \text{K} - 273\ \text{K}) = 29.1\ \text{kJ}\end{aligned}$$

**2.12** 现有温度为 298 K、压力为 $50p^\ominus$ 的 $N_2$ 气 (可视为理想气体), 其体积 $200\ \text{dm}^3$。设其先经过绝热可逆膨胀至压力为 $40p^\ominus$, 然后再经过等外压绝热膨胀至终态压力为 $30p^\ominus$。求 $N_2$ 气的终态温度。

**解**: 绝热可逆过程: $p_1^{1-\gamma} T_1^\gamma = p_2^{1-\gamma} T_2^\gamma$　　$T_2 = T_1 \left(\dfrac{p_1}{p_2}\right)^{\frac{1-\gamma}{\gamma}}$

$N_2$ 为双原子分子, $\gamma = \dfrac{C_p}{C_V} = \dfrac{7}{5}$, 则

$$T_2 = 298\ \text{K} \times \left(\frac{50}{40}\right)^{-2/7} = 279.6\ \text{K}$$

等外压绝热过程: $W = \Delta U \qquad -p_3(V_3 - V_2) = C_V(T_3 - T_2)$

$$-p_3\left(\frac{nRT_3}{p_3} - \frac{nRT_2}{p_2}\right) = \frac{nR(T_3 - T_2)}{\gamma - 1}$$

$$-\left(T_3 - \frac{p_3 T_2}{p_2}\right) = \frac{T_3 - T_2}{\gamma - 1}$$

$$-\left(T_3 - \frac{30 \times 279.6\ \text{K}}{40}\right) = \frac{T_3 - 279.6\ \text{K}}{2/5}$$

$$T_3 = 259.6\ \text{K}$$

**2.13**　容积为 27 $\text{m}^3$ 的绝热容器中有一小加热器, 器壁上有一小孔与大气相通。在 $p^{\ominus}$ 的外压下缓慢地将容器内空气从 273.15 K 加热至 293.15 K, 问需供给容器内空气多少热量? 设空气为理想气体, $C_{V,\text{m}} = 20.40\ \text{J}\cdot\text{mol}^{-1}\cdot\text{K}^{-1}$。

**解**: $n = pV/RT \qquad$ ($n$ 为变量)

$$Q_p = \Delta H = \int_{T_1}^{T_2} nC_{p,\text{m}}\text{d}T = \int_{T_1}^{T_2} \frac{pV}{RT}(C_{V,\text{m}} + R)\text{d}T = \frac{pV}{R}(C_{V,\text{m}} + R)\ln\frac{T_2}{T_1}$$

$$= \frac{100000\ \text{Pa} \times 27\ \text{m}^3}{8.314\ \text{J}\cdot\text{mol}^{-1}\cdot\text{K}^{-1}} \times (20.40\ \text{J}\cdot\text{mol}^{-1}\cdot\text{K}^{-1} + 8.314\ \text{J}\cdot\text{mol}^{-1}\cdot\text{K}^{-1}) \times \ln\frac{293.15\ \text{K}}{273.15\ \text{K}}$$

$$= 658.9\ \text{kJ}$$

**2.14**　1 mol 单原子理想气体, 始态为 200 kPa, 11.2 $\text{dm}^3$, 经 $pT =$ 常数的可逆过程 (即过程中 $pT =$ 常数) 压缩到 400 kPa 的终态。已知气体的 $C_{V,\text{m}} = \frac{3}{2}R$, 试求:

(1) 终态的体积和温度;

(2) $\Delta U$ 和 $\Delta H$;

(3) 所做的功。

**解**: (1) $T_1 = \dfrac{p_1 V_1}{nR} = \dfrac{200 \times 10^3\ \text{Pa} \times 0.0112\ \text{m}^3}{1\ \text{mol} \times 8.314\ \text{J}\cdot\text{mol}^{-1}\cdot\text{K}^{-1}} = 269.4\ \text{K}$

$pT =$ 常数, 即 $\qquad p_1 T_1 = p_2 T_2$

$$T_2 = \frac{p_1 T_1}{p_2} = \frac{200 \times 10^3\ \text{Pa} \times 269.4\ \text{K}}{400 \times 10^3\ \text{Pa}} = 134.7\ \text{K}$$

$$V_2 = \frac{nRT_2}{p_2} = \frac{1\ \text{mol} \times 8.314\ \text{J}\cdot\text{mol}^{-1}\cdot\text{K}^{-1} \times 134.7\ \text{K}}{400 \times 10^3\ \text{Pa}} = 2.8\ \text{dm}^3$$

(2) 对于理想气体:

$$\Delta U = \int_{T_1}^{T_2} C_V\text{d}T, \quad \Delta H = \int_{T_1}^{T_2} C_p\text{d}T$$

$$\Delta U = C_V(T_2 - T_1) = 1\ \text{mol} \times \frac{3}{2} \times 8.314\ \text{J}\cdot\text{mol}^{-1}\cdot\text{K}^{-1} \times (134.7\ \text{K} - 269.4\ \text{K}) = -1680\ \text{J}$$

$$\Delta H = C_p(T_2 - T_1) = 1\ \text{mol} \times \frac{5}{2} \times 8.314\ \text{J}\cdot\text{mol}^{-1}\cdot\text{K}^{-1} \times (134.7\ \text{K} - 269.4\ \text{K}) = -2800\ \text{J}$$

(3) $W = -\int p\mathrm{d}V$

$pT = C$, 则有 $$V = \frac{nRT}{p} = \frac{nRT}{C/T} = \frac{nRT^2}{C}$$

求导可得 $$\mathrm{d}V = \frac{2nRT}{C}\mathrm{d}T$$

$$W = -\int p\mathrm{d}V = -\int_{T_1}^{T_2} \frac{C}{T}\frac{2nRT}{C}\mathrm{d}T = -\int_{T_1}^{T_2} 2nR\mathrm{d}T = -2nR(T_2 - T_1)$$

$$= -2 \times 1\ \mathrm{mol} \times 8.314\ \mathrm{J \cdot mol^{-1} \cdot K^{-1}} \times (134.7\ \mathrm{K} - 269.4\ \mathrm{K}) = 2240\ \mathrm{J}$$

**另解**: $pT = C, pV = nRT$, 则有 $pV^{1/2} = C'$

$$W = \frac{nR}{\delta - 1}(T_2 - T_1) = \frac{1\ \mathrm{mol} \times 8.314\ \mathrm{J \cdot mol^{-1} \cdot K^{-1}} \times (134.7\ \mathrm{K} - 269.4\ \mathrm{K})}{\frac{1}{2} - 1} = 2240\ \mathrm{J}$$

**2.15** 设有压力为 100 kPa、温度为 293 K 的理想气体 3.0 $\mathrm{dm^3}$, 在等压下加热至 353 K。计算此过程的 $W, Q$ 和 $\Delta H$。已知该气体的摩尔定压热容为 $C_{p,\mathrm{m}} = (27.28 + 3.26 \times 10^{-3}\ T/\mathrm{K})\ \mathrm{J \cdot mol^{-1} \cdot K^{-1}}$。

**解**: $$n = \frac{p_1 V_1}{RT_1} = \frac{100 \times 10^3\ \mathrm{Pa} \times 0.0030\ \mathrm{m^3}}{8.314\ \mathrm{J \cdot mol^{-1} \cdot K^{-1}} \times 293\ \mathrm{K}} = 0.123\ \mathrm{mol}$$

$$V_2 = \frac{nRT_2}{p_2} = \frac{0.123\ \mathrm{mol} \times 8.314\ \mathrm{J \cdot mol^{-1} \cdot K^{-1}} \times 353\ \mathrm{K}}{100 \times 10^3\ \mathrm{Pa}} = 3.61\ \mathrm{dm^3}$$

$$W = -p(V_2 - V_1) = -100000\ \mathrm{Pa} \times (3.61 - 3.0) \times 10^{-3}\ \mathrm{m^3} = -61.0\ \mathrm{J}$$

$$\Delta H = Q_p = \int_{T_1}^{T_2} C_p \mathrm{d}T = \int_{T_1}^{T_2} nC_{p,\mathrm{m}}\mathrm{d}T$$

$$= n\int_{293\ \mathrm{K}}^{353\ \mathrm{K}} [(27.28 + 3.26 \times 10^{-3} T/\mathrm{K})\ \mathrm{J \cdot mol^{-1} \cdot K^{-1}}]\mathrm{d}T$$

$$= 0.123\ \mathrm{mol} \times [27.28 \times (353 - 293) + \frac{1}{2} \times 3.26 \times 10^{-3} \times (353^2 - 293^2)]\ \mathrm{J \cdot mol^{-1}} = 209.1\ \mathrm{J}$$

$$\Delta U = Q_p + W = 209.1\ \mathrm{J} - 61.0\ \mathrm{J} = 148.1\ \mathrm{J}$$

**2.16** 在 25 ℃ 时, 将某一氢气球置于体积为 5 $\mathrm{dm^3}$、内含 6 g 空气的密闭容器中, 气球放入后容器内压力为 121590 Pa, 然后非常缓慢地将空气从容器中抽出。当抽出空气的质量达 5 g 时, 容器内的气球炸破。试求:

(1) 在抽气过程中, 气球内的氢气做了多少功?

(2) 人们在压力为 101325 Pa 的大气中给气球充气时, 对气球做了多少功?

设平衡时气球内、外的温度和压力均相等。空气的平均摩尔质量为 $M = 29\ \mathrm{g \cdot mol^{-1}}$。

**解**: (1) 平衡后空气的体积为

$$V_1 = \frac{nRT}{p} = \frac{mRT/M}{p} = \frac{6\ \mathrm{g}/(29\ \mathrm{g \cdot mol^{-1}}) \times 8.314\ \mathrm{J \cdot mol^{-1} \cdot K^{-1}} \times 298\ \mathrm{K}}{121590\ \mathrm{Pa}} = 4.216\ \mathrm{dm^3}$$

氢气球的初始体积 $$V_1(\mathrm{H_2}) = 5\ \mathrm{dm^3} - 4.216\ \mathrm{dm^3} = 0.784\ \mathrm{dm^3}$$

$$n_{H_2}=\frac{pV_1(H_2)}{RT}=\frac{121590\ \text{Pa}\times 0.784\times 10^{-3}\ \text{m}^3}{8.314\ \text{J}\cdot\text{mol}^{-1}\cdot\text{K}^{-1}\times 298\ \text{K}}=0.0385\ \text{mol}$$

终态时总物质的量　$n_{总}=n_{空气}+n_{H_2}=\dfrac{1\ \text{g}}{29\ \text{g}\cdot\text{mol}^{-1}}+0.0385\ \text{mol}=0.073\ \text{mol}$

则终态压力　$p_{终}=\dfrac{n_{总}RT}{V}=36.17\ \text{kPa}$

氢气球的终态体积　$V_2(H_2)=2.637\ \text{dm}^3$

$$W=-\int p\text{d}V=-\int_{V_1}^{V_2}\frac{nRT}{V}\text{d}V=-n_{H_2}RT\ln\frac{V_2}{V_1}=-115.7\ \text{J}$$

(2) 在 101325 Pa 下氢气球的体积为

$$V_0=\frac{n_{H_2}RT}{p}=\frac{0.0385\ \text{mol}\times 8.314\ \text{J}\cdot\text{mol}^{-1}\cdot\text{K}^{-1}\times 298\ \text{K}}{101325\ \text{Pa}}=0.9414\ \text{dm}^3$$

$$W_2=-p\Delta V=-101325\ \text{Pa}\times 0.9414\ \text{dm}^3=-95.4\ \text{J}$$

**2.17**　证明:

$$\left(\frac{\partial U}{\partial V}\right)_p=C_p\left(\frac{\partial T}{\partial V}\right)_p-p,\quad C_p-C_V=-\left(\frac{\partial p}{\partial T}\right)_V\left[\left(\frac{\partial H}{\partial p}\right)_T-V\right]$$

**解**: (1) $U=H-pV$

$$\left(\frac{\partial U}{\partial V}\right)_p=\left(\frac{\partial H}{\partial V}\right)_p-p=\left(\frac{\partial H}{\partial T}\right)_p\left(\frac{\partial T}{\partial V}\right)_p-p=C_p\left(\frac{\partial T}{\partial V}\right)_p-p$$

(2) $C_p-C_V=\left(\dfrac{\partial H}{\partial T}\right)_p-\left(\dfrac{\partial U}{\partial T}\right)_V=\left(\dfrac{\partial H}{\partial T}\right)_p-\left[\dfrac{\partial(H-pV)}{\partial T}\right]_V$

$$=\left(\frac{\partial H}{\partial T}\right)_p-\left(\frac{\partial H}{\partial T}\right)_V+V\left(\frac{\partial p}{\partial T}\right)_V \tag{a}$$

令 $H=f(T,p)$, 则

$$\text{d}H=\left(\frac{\partial H}{\partial T}\right)_p\text{d}T+\left(\frac{\partial H}{\partial p}\right)_T\text{d}p$$

$$\left(\frac{\partial H}{\partial T}\right)_V=\left(\frac{\partial H}{\partial T}\right)_p+\left(\frac{\partial H}{\partial p}\right)_T\left(\frac{\partial p}{\partial T}\right)_V \tag{b}$$

将式 (b) 代入式 (a) 得

$$C_p-C_V=\left(\frac{\partial H}{\partial T}\right)_p-\left[\left(\frac{\partial H}{\partial T}\right)_p+\left(\frac{\partial H}{\partial p}\right)_T\left(\frac{\partial p}{\partial T}\right)_V\right]+V\left(\frac{\partial p}{\partial T}\right)_V$$

$$=-\left(\frac{\partial p}{\partial T}\right)_V\left[\left(\frac{\partial H}{\partial p}\right)_T-V\right]$$

**2.18**　已知 Joule 系数 $\mu_J=\left(\dfrac{\partial T}{\partial V}\right)_U$, 压缩系数 $\beta=-\dfrac{1}{V}\left(\dfrac{\partial V}{\partial p}\right)_T$, 证明:

$$\mu_{\text{J-T}} = -\frac{V}{C_p}(\beta C_V \mu_{\text{J}} - \beta p + 1)$$

**解**: $\mu_{\text{J-T}} C_p = -V(\beta C_V \mu_{\text{J}} - \beta p + 1)$

$$\left(\frac{\partial T}{\partial p}\right)_H \left(\frac{\partial H}{\partial T}\right)_p = -V\left[-\frac{1}{V}\left(\frac{\partial V}{\partial p}\right)_T \left(\frac{\partial U}{\partial T}\right)_V \left(\frac{\partial T}{\partial V}\right)_U + \frac{1}{V}\left(\frac{\partial V}{\partial p}\right)_T p + 1\right] \quad \text{(a)}$$

因为
$$\left(\frac{\partial T}{\partial p}\right)_H \left(\frac{\partial H}{\partial T}\right)_p \left(\frac{\partial p}{\partial H}\right)_T = -1$$

所以
$$\left(\frac{\partial T}{\partial p}\right)_H \left(\frac{\partial H}{\partial T}\right)_p = -\left(\frac{\partial H}{\partial p}\right)_T \quad \text{(b)}$$

因为
$$\left(\frac{\partial T}{\partial V}\right)_U \left(\frac{\partial U}{\partial T}\right)_V \left(\frac{\partial V}{\partial U}\right)_T = -1$$

所以
$$\left(\frac{\partial T}{\partial V}\right)_U \left(\frac{\partial U}{\partial T}\right)_V = -\left(\frac{\partial U}{\partial V}\right)_T \quad \text{(c)}$$

将式 (b)、式 (c) 代入式 (a) 得

$$-\left(\frac{\partial H}{\partial p}\right)_T = -V\left[\frac{1}{V}\left(\frac{\partial V}{\partial p}\right)_T \left(\frac{\partial U}{\partial V}\right)_T + \frac{1}{V}\left(\frac{\partial V}{\partial p}\right)_T p + 1\right]$$

$$\left(\frac{\partial H}{\partial p}\right)_T = \left(\frac{\partial V}{\partial p}\right)_T \left(\frac{\partial U}{\partial V}\right)_T + \left(\frac{\partial V}{\partial p}\right)_T p + V$$

$$\left(\frac{\partial H}{\partial p}\right)_T = \left(\frac{\partial U}{\partial p}\right)_T + \left(\frac{\partial V}{\partial p}\right)_T p + V \quad \text{(d)}$$

将式 (d) 的左边展开:

$$\left(\frac{\partial H}{\partial p}\right)_T = \left[\frac{\partial(U+pV)}{\partial p}\right]_T = \left(\frac{\partial U}{\partial p}\right)_T + \left[\frac{\partial(pV)}{\partial p}\right]_T = \left(\frac{\partial U}{\partial p}\right)_T + V + p\left(\frac{\partial V}{\partial p}\right)_T$$

即式 (d) 的两边相等, 得证。

**2.19** 在标准压力下, 把一个极小的冰块投入 0.1 kg 268 K 的水中, 结果使系统的温度变为 273 K, 并有一定数量的水凝结成冰。由于过程进行得很快, 可以看作绝热的。已知冰的熔化热为 $333.5\ \text{kJ}\cdot\text{kg}^{-1}$, 在 $268 \sim 273$ K 水的比热容为 $4.21\ \text{kJ}\cdot\text{kg}^{-1}\cdot\text{K}^{-1}$。

(1) 写出系统物态的变化, 并求出 $\Delta H$;

(2) 求析出冰的质量。

**解**: (1) 该过程为绝热等压过程: $\Delta H = Q_p = 0$

(2) 极小的冰块作为晶种, 其质量和热效应可忽略不计。设析出的冰的质量为 $x$ kg, 该过程可用下图表示:

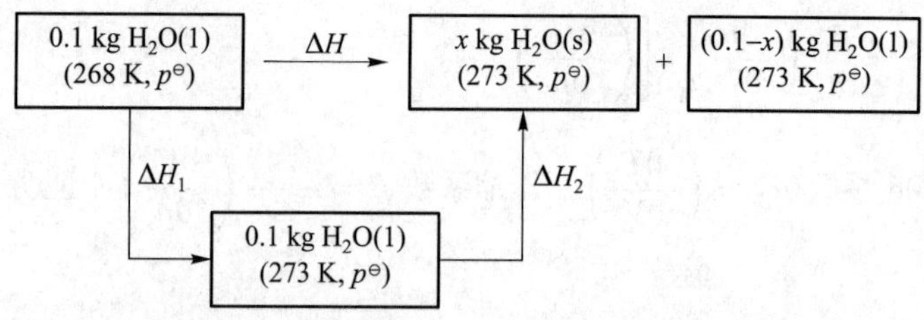

根据状态函数的特点, 有　　$\Delta H = \Delta H_1 + \Delta H_2 = 0$

$$0.1\ \text{kg} \times 4.21\ \text{kJ}\cdot\text{K}^{-1}\cdot\text{kg}^{-1} \times (273\ \text{K} - 268\ \text{K}) + (-333.5\ \text{kJ}\cdot\text{kg}^{-1})x = 0$$

$$x = 6.31 \times 10^{-3}\ \text{kg}$$

**2.20** 在 298 K, 100 kPa 下, 1 mol $N_2(g)$ 经可逆绝热过程压缩到 5 $\text{dm}^3$。设气体为理想气体, 试计算:

(1) $N_2(g)$ 的最后温度;

(2) $N_2(g)$ 的最后压力;

(3) 需做多少功。

**解**: (1) $V_1 = \dfrac{nRT_1}{p_1} = \dfrac{1\ \text{mol} \times 8.314\ \text{J}\cdot\text{mol}^{-1}\cdot\text{K}^{-1} \times 298\ \text{K}}{100 \times 10^3\ \text{Pa}} = 24.78\ \text{dm}^3$

$$\gamma = \frac{C_{p,\text{m}}}{C_{V,\text{m}}} = \frac{\frac{5}{2}R + R}{\frac{5}{2}R} = \frac{7}{5} = 1.4$$

根据理想气体绝热过程方程式: $T_1 V_1^{\gamma-1} = T_2 V_2^{\gamma-1}$

$$T_2 = T_1 \left(\frac{V_1}{V_2}\right)^{\gamma-1} = 298\ \text{K} \times \left(\frac{24.78 \times 10^{-3}\ \text{m}^3}{5 \times 10^{-3}\ \text{m}^3}\right)^{1.4-1} = 565.3\ \text{K}$$

(2) $p_2 = \dfrac{nRT_2}{V_2} = \dfrac{1\ \text{mol} \times 8.314\ \text{J}\cdot\text{mol}^{-1}\cdot\text{K}^{-1} \times 565.3\ \text{K}}{5 \times 10^{-3}\ \text{m}^3} = 940.0\ \text{kPa}$

(3) $W = \Delta U = C_V(T_2 - T_1) = \dfrac{5}{2}nR(T_2 - T_1)$

$$= \frac{5}{2} \times 1\ \text{mol} \times 8.314\ \text{J}\cdot\text{mol}^{-1}\cdot\text{K}^{-1} \times (565.3\ \text{K} - 298\ \text{K}) = 5556\ \text{J}$$

**2.21** 理想气体经可逆多方过程膨胀, 过程方程式为 $pV^\delta = C$, 式中 $C, \delta$ 均为常数, $\delta > 1$。

(1) 若 $\delta = 2$, 1 mol 气体从 $V_1$ 膨胀到 $V_2$, 温度由 $T_1 = 573\ \text{K}$ 到 $T_2 = 473\ \text{K}$, 求该过程系统做的功 $W$;

(2) 如果气体的 $C_{V,\text{m}} = 20.9\ \text{J}\cdot\text{mol}^{-1}\cdot\text{K}^{-1}$, 求过程的 $Q, \Delta U$ 和 $\Delta H$。

**解**: (1) $pV^n = C$, $n = 2$, 则有　　$p = \dfrac{C}{V^2}$

$$W = -\int_{V_1}^{V_2} p\text{d}V = -\int_{V_1}^{V_2} \frac{C}{V^2}\text{d}V = -C\left(\frac{1}{V_1} - \frac{1}{V_2}\right)$$

$$= -(p_1V_1 - p_2V_2) = -nR(T_1 - T_2)$$

$$= -1\ \text{mol} \times 8.314\ \text{J}\cdot\text{mol}^{-1}\cdot\text{K}^{-1} \times (573\ \text{K} - 473\ \text{K}) = -831.4\ \text{J}$$

(2) 对于理想气体:

$$\Delta U = \int_{T_1}^{T_2} C_V\text{d}T = nC_{V,\text{m}}(T_2 - T_1)$$

$$= 1\ \text{mol} \times 20.9\ \text{J}\cdot\text{mol}^{-1}\cdot\text{K}^{-1} \times (473\ \text{K} - 573\ \text{K}) = -2090\ \text{J}$$

$$\Delta H=\int_{T_1}^{T_2}C_p\mathrm{d}T=nC_{p,\mathrm{m}}(T_2-T_1)$$

$$=1\ \mathrm{mol}\times(20.9+8.314)\ \mathrm{J\cdot mol^{-1}\cdot K^{-1}}\times(473\ \mathrm{K}-573\ \mathrm{K})=-2921.4\ \mathrm{J}$$

$$Q=\Delta U-W=-2090\ \mathrm{J}-(-831.4\ \mathrm{J})=-1258.6\ \mathrm{J}$$

**2.22** 1 mol 单原子理想气体从始态 298 K, 200 kPa, 经下列途径使体积加倍, 试计算每种途径的终态压力及各过程的 $Q,W$ 及 $\Delta U$, 画出 $p-V$ 示意图, 并把 $\Delta U$ 和 $W$ 的值按大小次序排列。

(1) 等温可逆膨胀;

(2) 绝热可逆膨胀;

(3) 以 $\delta=1.3$ 的多方过程可逆膨胀;

(4) 沿着 $p/\mathrm{Pa}=1.0\times10^4\ V_\mathrm{m}/(\mathrm{dm^3\cdot mol^{-1}})+b$ 的途径可逆变化。

**解**: 始态:
$$p_1=200\ \mathrm{kPa},\quad T_1=298\ \mathrm{K},\quad n=1\ \mathrm{mol}$$

$$V_1=\frac{RT_1}{p_1}=12.39\ \mathrm{dm^3\cdot mol^{-1}},\quad V_2=2V_1=24.78\ \mathrm{dm^3\cdot mol^{-1}}$$

(1) 等温可逆膨胀

$$p_2=\frac{p_1V_1}{V_2}=\frac{p_1}{2}=100\ \mathrm{kPa}$$

$$\Delta U=0$$

$$Q=-W=nRT\ln\frac{V_2}{V_1}=1\ \mathrm{mol}\times8.314\ \mathrm{J\cdot mol^{-1}\cdot K^{-1}}\times298\ \mathrm{K}\times\ln\frac{24.78\ \mathrm{dm^3}}{12.39\ \mathrm{dm^3}}=1717\ \mathrm{J}$$

(2) 绝热可逆膨胀
$$Q=0$$

对于单原子理想气体:
$$\gamma=\frac{C_{p,\mathrm{m}}}{C_{V,\mathrm{m}}}=\frac{5}{3}$$

$$p_1V_1^\gamma=p_2V_2^\gamma,\quad p_2=p_1\left(\frac{V_1}{V_2}\right)^\gamma=200\ \mathrm{kPa}\times\left(\frac{1}{2}\right)^{5/3}=63.0\ \mathrm{kPa}$$

$$T_1V_1^{\gamma-1}=T_2V_2^{\gamma-1},\quad T_2=T_1\left(\frac{V_1}{V_2}\right)^{\gamma-1}=298\ \mathrm{K}\times\left(\frac{1}{2}\right)^{5/3-1}=187.7\ \mathrm{K}$$

$$\Delta U=nC_{V,\mathrm{m}}(T_2-T_1)=1\ \mathrm{mol}\times\frac{3}{2}\times8.314\ \mathrm{J\cdot mol^{-1}\cdot K^{-1}}\times(187.7\ \mathrm{K}-298\ \mathrm{K})=-1375.6\ \mathrm{J}$$

$$W=\Delta U-Q=\Delta U=-1375.6\ \mathrm{J}$$

(3) $p_1V_1^\delta=p_2V_2^\delta,\quad p_2=p_1\left(\dfrac{V_1}{V_2}\right)^\delta=200\ \mathrm{kPa}\times\left(\dfrac{1}{2}\right)^{1.3}=81.2\ \mathrm{kPa}$

$$T_1V_1^{\delta-1}=T_2V_2^{\delta-1},\quad T_2=T_1\left(\frac{V_1}{V_2}\right)^{\delta-1}=298\ \mathrm{K}\times\left(\frac{1}{2}\right)^{0.3}=242.1\ \mathrm{K}$$

$$\Delta U=nC_{V,\mathrm{m}}(T_2-T_1)=1\ \mathrm{mol}\times\frac{3}{2}\times8.314\ \mathrm{J\cdot mol^{-1}\cdot K^{-1}}\times(242.1\ \mathrm{K}-298\ \mathrm{K})=-697.1\ \mathrm{J}$$

$$W=\frac{nR}{\delta-1}(T_2-T_1)=\frac{1\ \mathrm{mol}\times8.314\ \mathrm{J\cdot mol^{-1}\cdot K^{-1}}\times(242.1\ \mathrm{K}-298\ \mathrm{K})}{1.3-1}=-1549.2\ \mathrm{J}$$

$$Q = \Delta U - W = -697.1\ \text{J} - (-1549.2\ \text{J}) = 852.1\ \text{J}$$

(4) 沿着 $p/\text{Pa} = 1.0 \times 10^4\ V_\text{m}/(\text{dm}^3\cdot\text{mol}^{-1}) + b$ 的途径可逆变化:

$$200000 = 10000 \times 12.39 + b$$

$$b = 76100$$

$$p_2 = 1.0 \times 10^4 \times 24.78 + 76100 = 323900\ \text{Pa}$$

$$T_2 = \frac{p_2 V_2}{nR} = \frac{323.9\ \text{kPa} \times 24.78\ \text{dm}^3}{1\ \text{mol} \times 8.314\ \text{J}\cdot\text{mol}^{-1}\cdot\text{K}^{-1}} = 965.4\ \text{K}$$

$$\Delta U = nC_{V,\text{m}}(T_2 - T_1) = 1\ \text{mol} \times \frac{3}{2} \times 8.314\ \text{J}\cdot\text{mol}^{-1}\cdot\text{K}^{-1} \times (965.4\ \text{K} - 298\ \text{K}) = 8323\ \text{J}$$

$$\begin{aligned} W &= -\int_{V_1}^{V_2} p\text{d}V = -\int_{V_1}^{V_2} \{[10000V_\text{m}/(\text{dm}^3\cdot\text{mol}^{-1}) + b]\text{d}V \\ &= -\left\{\frac{1}{2} \times 10000\ \text{Pa}\cdot\text{dm}^{-3}\cdot\text{mol} \times [(24.78\ \text{dm}^3)^2 - (12.39\ \text{dm}^3)^2] + \right. \\ &\quad \left. 76100\ \text{Pa} \times (24.78\ \text{dm}^3 - 12.39\ \text{dm}^3)\right\} \times 10^{-3} = -3245.6\ \text{J} \end{aligned}$$

$$Q = \Delta U - W = 8323\ \text{J} - (-3245.6\ \text{J}) = 11568.6\ \text{J}$$

上述 4 条不同途径的 $p$–$V$ 图如右图所示。

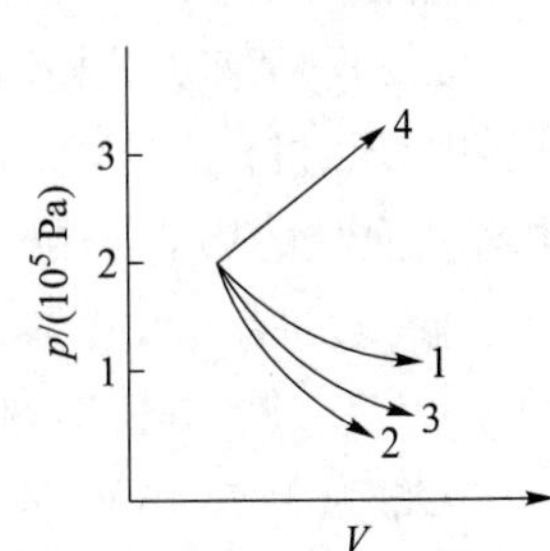


在 $p$–$V$ 图中, 由 1、2、3、4 四条线下的面积大小次序, 可得功的大小为

$$|W_2| < |W_3| < |W_1| < |W_4|$$

由于终态体积相同, $p$ 大 $T$ 也大, 从图中可得

$$p_2 < p_3 < p_1 < p_4$$

则
$$T_2 < T_3 < T_1 < T_4$$

理想气体的热力学能是温度的函数, 则

$$\Delta U_2 < \Delta U_3 < \Delta U_1 < \Delta U_4$$

**2.23** 某实际气体状态方程为 $pV_\text{m} = RT + bp\ (b = 26.7\ \text{cm}^3\cdot\text{mol}^{-1})$。

(1) 该气体在 Joule 实验中温度如何变化?

(2) 该气体在 Joule-Thomson 实验中温度如何变化?

**解**: (1) Joule 实验中的温度变化系数为

$$\mu_\text{J} = \left(\frac{\partial T}{\partial p}\right)_U = -\left(\frac{\partial T}{\partial U}\right)_p \left(\frac{\partial U}{\partial p}\right)_T$$

$$\left(\frac{\partial U}{\partial p}\right)_T = \left[\frac{\partial (H - pV)}{\partial p}\right]_T = \left(\frac{\partial H}{\partial p}\right)_T - \left(\frac{\partial pV}{\partial p}\right)_T = \left(\frac{\partial H}{\partial p}\right)_T - V - p\left(\frac{\partial V}{\partial p}\right)_T$$

因为 $\text{d}H = T\text{d}S + V\text{d}p$, 有 $\left(\dfrac{\partial H}{\partial p}\right)_T = T\left(\dfrac{\partial S}{\partial p}\right)_T + V$

$$\left(\frac{\partial U}{\partial p}\right)_T = T\left(\frac{\partial S}{\partial p}\right)_T + V - V - p\left(\frac{\partial V}{\partial p}\right)_T = T\left(\frac{\partial S}{\partial p}\right)_T - p\left(\frac{\partial V}{\partial p}\right)_T$$

$$= -T\left(\frac{\partial V}{\partial T}\right)_p - p\left(\frac{\partial V}{\partial p}\right)_T \qquad \text{(代入 Maxwell 关系式)}$$

$$= -\frac{RT}{p} - p\frac{RT}{p^2} = 0$$

所以 $\mu_{\mathrm{J}} = 0$, 即温度不变。

(2) Joule-Thomson 实验中的温度变化系数为

$$\mu_{\text{J-T}} = \left(\frac{\partial T}{\partial p}\right)_H = -\frac{\left(\frac{\partial H}{\partial p}\right)_T}{\left(\frac{\partial H}{\partial T}\right)_p} = -\frac{1}{C_p}\left(\frac{\partial H}{\partial p}\right)_T = -\frac{1}{C_p}\left[V - T\left(\frac{\partial V}{\partial T}\right)_p\right]$$

$$\left[V - T\left(\frac{\partial V}{\partial T}\right)_p\right] = V - T\frac{R}{p} = b$$

$$\mu_{\text{J-T}} = -\frac{b}{C_p} < 0$$

即随着压力变小, 系统的温度升高。

**2.24** 某座办公楼用热泵维持其温度为 293.15 K, 而室外的温度为 283.15 K, 热泵的功由热机提供, 该热机在 1273.15 K 燃烧原料, 在 293.15 K 环境下工作, 计算此系统的效率因子 (也就是提供给办公楼的热量与热机燃烧放出热量之比)。假定热泵和热机具有理想的效率。

**解**: $Q_n$ 为 293.15 K 时提供给办公楼的热量;

$Q_c$ 为 283.15 K 时热泵吸收的热量;

$Q'_n$ 为 1273.15 K 时燃烧原料产生的热量;

$Q'_c$ 为 293.15 K 时排出的热量。

所以

$$Q_n/Q_c = 293.15\ \text{K}/283.15\ \text{K}$$

供热泵的功就是热机做的功:

$$W = Q_n - Q_c = Q'_n - Q'_c$$

即

$$\left(1 - \frac{283.15\ \text{K}}{293.15\ \text{K}}\right)Q_n = \left(1 - \frac{293.15\ \text{K}}{1273.15\ \text{K}}\right)Q'_n$$

效率因子

$$\frac{Q_n}{Q'_n} = 22.6$$

**2.25** 某电冰箱内的温度为 273 K, 室温为 298 K, 今欲使 1 kg 273 K 的水变成冰, 问最少需做多少功? 已知 273 K 时冰的熔化热为 333.5 kJ·kg$^{-1}$。

**解**: $\beta = \frac{Q_1}{W} = \frac{T_1}{T_2 - T_1}$

$$W = Q_1\frac{T_2 - T_1}{T_1} = 333.5\ \text{kJ}\cdot\text{kg}^{-1} \times 1\ \text{kg} \times \frac{298\ \text{K} - 273\ \text{K}}{273\ \text{K}} = 30.54\ \text{kJ}$$

**2.26** 有如下反应, 设都在 298 K, 101.325 kPa 下进行, 试比较各个反应 $\Delta U$ 与 $\Delta H$ 的大小, 并说明此差别主要是什么因素造成的。

(1) $C_{12}H_{22}O_{11}$ (蔗糖) 完全燃烧;

(2) $C_{10}H_8$ (萘, s) 完全氧化为苯二甲酸 $C_6H_4(COOH)_2(s)$;

(3) 乙醇完全燃烧;

(4) PbS(s) 完全氧化为 PbO(s) 和 $SO_2(g)$。

**解**: (1) $C_{12}H_{22}O_{11}(s) + 12O_2(g) \xlongequal{\quad} 12CO_2(g) + 11H_2O(l)$

$$\Delta_r H_m = \Delta_r U_m + \sum \nu_B RT$$

$$\sum \nu_B = 12 - 12 = 0 \qquad \text{(气态产物的摩尔数减去气态反应物的摩尔数)}$$

$$\Delta_r H_m = \Delta_r U_m$$

(2) $8C_{10}H_8(s) + 21O_2(g) \xlongequal{\quad} 10C_6H_4(COOH)_2(s) + 2H_2O(l)$

$$\sum \nu_B = -21 < 0$$

$$\Delta_r H_m < \Delta_r U_m$$

(3) $C_2H_5OH(l) + 3O_2(g) \xlongequal{\quad} 2CO_2(g) + 3H_2O(l)$

$$\sum \nu_B = 2 - 3 = -1 < 0$$

$$\Delta_r H_m < \Delta_r U_m$$

(4) $PbS(s) + \dfrac{3}{2}O_2(g) \xlongequal{\quad} PbO(s) + SO_2(g)$

$$\sum \nu_B = 1 - 3/2 = -1/2 < 0$$

$$\Delta_r H_m < \Delta_r U_m$$

差别是由反应式中气体的化学计量数之和 $\sum \nu_B$ 的符号不同而造成的, 当 $\sum \nu_B = 0$ 时, $\Delta_r H_m = \Delta_r U_m$; 当 $\sum \nu_B > 0$ 时, $\Delta_r H_m > \Delta_r U_m$; 当 $\sum \nu_B < 0$ 时, $\Delta_r H_m < \Delta_r U_m$。

**2.27**　已知 CO(g) 和 $H_2O(g)$ 的标准摩尔生成焓 (298 K) 分别为 $-110.53\ \text{kJ}\cdot\text{mol}^{-1}$ 和 $-241.82\ \text{kJ}\cdot\text{mol}^{-1}$。

(1) 计算工业化的水煤气反应 $H_2O(g) + C(s) \xlongequal{\quad} CO(g) + H_2(g)$ 的 $\Delta_r H_m^{\ominus}(298\ \text{K})$;

(2) 将水蒸气通入 1000 ℃ 的焦炭中, 若要维持温度不变, 问进料中水蒸气与空气的体积比应为多少? [假定工业化生产中 C(s) 与 $O_2(g)$ 反应产生的热量中有 20% 散失, 按 298 K 计算。]

**解**: (1) $\Delta_r H_{m,1}^{\ominus}(298\ \text{K}) = \sum\limits_B \nu_B \Delta_f H_m^{\ominus}(B)$

$$= -110.53\ \text{kJ}\cdot\text{mol}^{-1} - (-241.82\ \text{kJ}\cdot\text{mol}^{-1}) = 131.29\ \text{kJ}\cdot\text{mol}^{-1}$$

(2) 反应　$\dfrac{1}{2}O_2(g) + C(s) \xlongequal{\quad} CO(g)$

$$\Delta_r H_{m,2}^{\ominus}(298\ \text{K}) = \sum_B \nu_B \Delta_f H_m^{\ominus}(B) = -110.53\ \text{kJ}\cdot\text{mol}^{-1}$$

设进料中水蒸气与空气的体积比为 $1:x$, 空气中氧气体积分数按 20% 计, 则水蒸气与氧气的体积比为 $1:0.2x$。

若维持温度不变, 须使 $\Delta_r H_1 + \Delta_r H_2 = 0$, 即

$$1\ \mathrm{mol} \times \Delta_r H^{\ominus}_{m,1}(298\ \mathrm{K}) + 2 \times (0.2x)\ \mathrm{mol} \times \Delta_r H^{\ominus}_{m,2}(298\ \mathrm{K}) \times (1 - 20\%) = 0$$

$$x = 3.71$$

**2.28** 根据下列反应在 298.15 K 时的焓变值, 计算 AgCl(s) 的标准摩尔生成焓 $\Delta_f H^{\ominus}_m(\mathrm{AgCl, s}, 298.15\ \mathrm{K})$。

(1) $Ag_2O(s) + 2HCl(g) \xlongequal{\quad} 2AgCl(s) + H_2O(l)$ $\quad \Delta_r H^{\ominus}_{m,1}(298.15\ \mathrm{K}) = -324.9\ \mathrm{kJ \cdot mol^{-1}}$

(2) $2Ag(s) + \frac{1}{2}O_2(g) \xlongequal{\quad} Ag_2O(s)$ $\quad \Delta_r H^{\ominus}_{m,2}(298.15\ \mathrm{K}) = -30.57\ \mathrm{kJ \cdot mol^{-1}}$

(3) $\frac{1}{2}H_2(g) + \frac{1}{2}Cl_2(g) \xlongequal{\quad} HCl(g)$ $\quad \Delta_r H^{\ominus}_{m,3}(298.15\ \mathrm{K}) = -92.31\ \mathrm{kJ \cdot mol^{-1}}$

(4) $H_2(g) + \frac{1}{2}O_2(g) \xlongequal{\quad} H_2O(l)$ $\quad \Delta_r H^{\ominus}_{m,4}(298.15\ \mathrm{K}) = -285.84\ \mathrm{kJ \cdot mol^{-1}}$

**解**: $(1) \times \frac{1}{2} + (2) \times \frac{1}{2} + (3) - (4) \times \frac{1}{2}$ 得

$$Ag(s) + \frac{1}{2}Cl_2(g) \xlongequal{\quad} AgCl(s)$$

$$\begin{aligned}\Delta_f H^{\ominus}_m(\mathrm{AgCl}, T) &= \frac{1}{2}\Delta_r H^{\ominus}_m(1) + \frac{1}{2}\Delta_r H^{\ominus}_m(2) + \Delta_r H^{\ominus}_m(3) - \frac{1}{2}\Delta_r H^{\ominus}_m(4) \\ &= \left[\frac{1}{2} \times (-324.9) + \frac{1}{2} \times (-30.57) - 92.31 - \frac{1}{2} \times (-285.84)\right] \mathrm{kJ \cdot mol^{-1}} \\ &= -127.13\ \mathrm{kJ \cdot mol^{-1}}\end{aligned}$$

**2.29** 在 298.15 K, 100 kPa 时, 设环丙烷、石墨及氢气的燃烧焓 $\Delta_c H^{\ominus}_m(298.15\ \mathrm{K})$ 分别为 $-2091\ \mathrm{kJ \cdot mol^{-1}}$, $-393.5\ \mathrm{kJ \cdot mol^{-1}}$ 和 $-285.84\ \mathrm{kJ \cdot mol^{-1}}$。若已知丙烯 $C_3H_6(g)$ 的标准摩尔生成焓 $\Delta_f H^{\ominus}_m(298.15\ \mathrm{K}) = 20\ \mathrm{kJ \cdot mol^{-1}}$, 试求:

(1) 环丙烷的标准摩尔生成焓 $\Delta_f H^{\ominus}_m(298.15\ \mathrm{K})$;

(2) 环丙烷异构化变为丙烯的摩尔反应焓变 $\Delta_r H^{\ominus}_m(298.15\ \mathrm{K})$。

**解**: (1) $3C(s) + 3H_2(g) \xlongequal{\quad} C_3H_6(\text{环丙烷}, g)$

该反应的摩尔焓变就是环丙烷的摩尔生成焓, 即

$$\begin{aligned}\Delta_f H^{\ominus}_m(C_3H_6, T) &= \Delta_r H^{\ominus}_m(T) = -\sum_B \nu_B \Delta_c H^{\ominus}_m(B) \\ &= 3\Delta_c H^{\ominus}_m[C(s)] + 3\Delta_r H^{\ominus}_m[H_2(g)] - \Delta_c H^{\ominus}_m[C_3H_6(g)] \\ &= 3 \times (-393.5\ \mathrm{kJ \cdot mol^{-1}}) + 3 \times (-285.84\ \mathrm{kJ \cdot mol^{-1}}) - (-2091\ \mathrm{kJ \cdot mol^{-1}}) \\ &= 52.98\ \mathrm{kJ \cdot mol^{-1}}\end{aligned}$$

(2) $C_3H_6(\text{环丙烷}, g) \xlongequal{\quad} C_3H_6(\text{丙烯}, g)$

$$\begin{aligned}\Delta_r H^{\ominus}_m(T) &= \Delta_f H^{\ominus}_m(\text{丙烯}, T) - \Delta_f H^{\ominus}_m(\text{环丙烷}, T) \\ &= 20.0\ \mathrm{kJ \cdot mol^{-1}} - 52.98\ \mathrm{kJ \cdot mol^{-1}} = -32.98\ \mathrm{kJ \cdot mol^{-1}}\end{aligned}$$

**2.30** 计算 298 K 下 CO(g) 和 $CH_3OH(g)$ 的标准摩尔生成焓, 并计算反应 $CO(g) + 2H_2(g) \xlongequal{\quad} CH_3OH(g)$ 的标准反应焓变。已知如下标准摩尔燃烧焓数据:

$$\Delta_c H_m^\ominus[CH_3OH(g), 298\ K] = -763.9\ kJ\cdot mol^{-1}$$
$$\Delta_c H_m^\ominus[C(s), 298\ K] = -393.5\ kJ\cdot mol^{-1}$$
$$\Delta_c H_m^\ominus[H_2(g), 298\ K] = -285.8\ kJ\cdot mol^{-1}$$
$$\Delta_c H_m^\ominus[CO(g), 298\ K] = -283.0\ kJ\cdot mol^{-1}$$

**解**:
$$CH_3OH(g) + \frac{3}{2}O_2(g) \xlongequal{\quad} CO_2(g) + 2H_2O(l) \tag{a}$$
$$C(s) + O_2(g) \xlongequal{\quad} CO_2(g) \tag{b}$$
$$H_2(g) + \frac{1}{2}O_2(g) \xlongequal{\quad} H_2O(l) \tag{c}$$
$$CO(g) + \frac{1}{2}O_2(g) \xlongequal{\quad} CO_2(g) \tag{d}$$

反应 (b) − (d) 得
$$C(s) + \frac{1}{2}O_2(g) \xlongequal{\quad} CO(g) \tag{e}$$

$$\Delta_r H_m^\ominus = \Delta_f H_m^\ominus[CO(g), 298\ K] = -393.5\ kJ\cdot mol^{-1} - (-283.0\ kJ\cdot mol^{-1}) = -110.5\ kJ\cdot mol^{-1}$$

反应 (b) + 2 × (c) − (a) 得

$$C(s) + 2H_2(g) + \frac{1}{2}O_2(g) \xlongequal{\quad} CH_3OH(g)$$

$$\begin{aligned}\Delta_r H_m^\ominus &= \Delta_f H_m^\ominus[CH_3OH(g), 298\ K]\\ &= -393.5\ kJ\cdot mol^{-1} + 2\times(-285.8\ kJ\cdot mol^{-1}) - (-763.9\ kJ\cdot mol^{-1}) = -201.2\ kJ\cdot mol^{-1}\end{aligned}$$

反应
$$CO(g) + 2H_2(g) \xlongequal{\quad} CH_3OH(g)$$

$$\begin{aligned}\Delta_r H_m^\ominus &= \Delta_f H_m^\ominus(CH_3OH, g) - \Delta_f H_m^\ominus(CO, g) - 2\Delta_f H_m^\ominus(H_2, g)\\ &= -201.2\ kJ\cdot mol^{-1} - (-110.5\ kJ\cdot mol^{-1}) - 2\times 0 = -90.7\ kJ\cdot mol^{-1}\end{aligned}$$

**2.31** 已知$p^\ominus$, 298 K时, $\varepsilon_{C-H}=413\ kJ\cdot mol^{-1}$, $\varepsilon_{C=C}=607\ kJ\cdot mol^{-1}$, $\varepsilon_{H-O}=463\ kJ\cdot mol^{-1}$, $\varepsilon_{C-C}=348\ kJ\cdot mol^{-1}$, $\varepsilon_{C-O}=351\ kJ\cdot mol^{-1}$, 乙醇标准摩尔蒸发焓 $\Delta_{vap}H_m^\ominus$(乙醇)=42 kJ·mol$^{-1}$, 估算反应 $C_2H_4(g) + H_2O(g) \xlongequal{\quad} C_2H_5OH(l)$ 的 $\Delta_r H_m^\ominus(298\ K)$。

**解**:
$$C_2H_4(g) + H_2O(g) \xlongequal{\quad} C_2H_5OH(g)$$
$$\begin{aligned}\Delta_r H_m(1) &= (4\varepsilon_{C-H} + \varepsilon_{C=C} + 2\varepsilon_{H-O}) - (5\varepsilon_{C-H} + \varepsilon_{C-C} + \varepsilon_{C-O} + \varepsilon_{H-O})\\ &= (607 + 463 - 413 - 348 - 351)\ kJ\cdot mol^{-1} = -42\ kJ\cdot mol^{-1}\end{aligned}$$
$$C_2H_5OH(g) \xlongequal{\quad} C_2H_5OH(l)$$
$$\Delta_r H_m(2) = -\Delta_{vap}H_m^\ominus(\text{乙醇}) = -42\ kJ\cdot mol^{-1}$$
$$\Delta_r H_m^\ominus(298\ K) = \Delta_r H_m(1) + \Delta_r H_m(2) = -84\ kJ\cdot mol^{-1}$$

**2.32** (1) 利用以下数据, 计算 298 K 时气态 HCl 的 $\Delta_f H_m^\ominus(298\ K)$。

$$NH_3(aq) + HCl(aq) \xlongequal{\quad} NH_4Cl(aq) \qquad \Delta_r H_m^\ominus(298\ K) = -50.4\ kJ\cdot mol^{-1}$$

| 物质 | $NH_3(g)$ | $HCl(g)$ | $NH_4Cl(g)$ |
|---|---|---|---|
| $\Delta_f H_m^\ominus(298\ K)/(kJ\cdot mol^{-1})$ | −46.2 | $x$ | −315 |
| $\Delta_{sol} H_m^\ominus(298\ K)/(kJ\cdot mol^{-1})$ | −35.7 | −73.5 | 16.4 |

(2) 利用 (1) 得到的结果和下列热容方程式, 计算 1000 K 时气态 HCl 的 $\Delta_f H_m^\ominus(1000\ \text{K})$。

已知: $C_{p,\text{m}}(\text{H}_2,\text{g})/(\text{J}\cdot\text{mol}^{-1}\cdot\text{K}^{-1}) = 27.8 + 3.4\times10^{-3}\ T/\text{K}$

$C_{p,\text{m}}(\text{Cl}_2,\text{g})/(\text{J}\cdot\text{mol}^{-1}\cdot\text{K}^{-1}) = 34.8 + 2.4\times10^{-3}\ T/\text{K}$

$C_{p,\text{m}}(\text{HCl},\text{g})/(\text{J}\cdot\text{mol}^{-1}\cdot\text{K}^{-1}) = 28.1 + 3.5\times10^{-3}\ T/\text{K}$

**解**: (1) 从所给数据可写出下述热化学方程式:

① $\text{NH}_3(\text{aq}) + \text{HCl}(\text{aq}) = \text{NH}_4\text{Cl}(\text{aq}) \qquad \Delta_r H_{\text{m},1} = -50.4\ \text{kJ}\cdot\text{mol}^{-1}$

② $\text{NH}_3(\text{g}) + \text{aq} = \text{NH}_3(\text{aq}) \qquad \Delta_r H_{\text{m},2} = -35.7\ \text{kJ}\cdot\text{mol}^{-1}$

③ $\text{HCl}(\text{g}) + \text{aq} = \text{HCl}(\text{aq}) \qquad \Delta_r H_{\text{m},3} = -73.5\ \text{kJ}\cdot\text{mol}^{-1}$

④ $\text{NH}_4\text{Cl}(\text{s}) + \text{aq} = \text{NH}_4\text{Cl}(\text{aq}) \qquad \Delta_r H_{\text{m},4} = 16.4\ \text{kJ}\cdot\text{mol}^{-1}$

⑤ $\frac{1}{2}\text{N}_2(\text{g}) + \frac{3}{2}\text{H}_2(\text{g}) = \text{NH}_3(\text{g}) \qquad \Delta_r H_{\text{m},5} = -46.2\ \text{kJ}\cdot\text{mol}^{-1}$

⑥ $\frac{1}{2}\text{N}_2(\text{g}) + 2\text{H}_2(\text{g}) + \frac{1}{2}\text{Cl}_2(\text{g}) = \text{NH}_4\text{Cl}(\text{s}) \qquad \Delta_r H_{\text{m},6} = -315\ \text{kJ}\cdot\text{mol}^{-1}$

由 ① + ② + ③ 得

⑦ $\text{NH}_3(\text{g}) + \text{HCl}(\text{g}) + \text{aq} = \text{NH}_4\text{Cl}(\text{aq}) \qquad \Delta_r H_{\text{m},7} = -159.6\ \text{kJ}\cdot\text{mol}^{-1}$

由 ⑥ − ⑤ 得

⑧ $\frac{1}{2}\text{H}_2(\text{g}) + \frac{1}{2}\text{Cl}_2(\text{g}) + \text{NH}_3(\text{g}) = \text{NH}_4\text{Cl}(\text{s}) \qquad \Delta_r H_{\text{m},8} = -268.8\ \text{kJ}\cdot\text{mol}^{-1}$

由 ⑧ + ④ 得

⑨ $\frac{1}{2}\text{H}_2(\text{g}) + \frac{1}{2}\text{Cl}_2(\text{g}) + \text{NH}_3(\text{g}) = \text{NH}_4\text{Cl}(\text{aq}) \qquad \Delta_r H_{\text{m},9} = -252.4\ \text{kJ}\cdot\text{mol}^{-1}$

由 ⑨ − ⑦

$\frac{1}{2}\text{H}_2(\text{g}) + \frac{1}{2}\text{Cl}_2(\text{g}) = \text{HCl}(\text{g}) \qquad \Delta_r H_{\text{m},9} = \Delta_f H_m^\ominus(\text{HCl}) = -92.8\ \text{kJ}\cdot\text{mol}^{-1}$

(2) 对于 $\frac{1}{2}\text{H}_2(\text{g}) + \frac{1}{2}\text{Cl}_2(\text{g}) = \text{HCl}(\text{g})$, 在 1000 K 时的标准摩尔生成焓由 Kirchhoff 定律计算:

$$
\begin{aligned}
\Delta_f H_m^\ominus(1000\ \text{K}) &= \Delta_f H_m^\ominus(298\ \text{K}) + \int_{298\ \text{K}}^{1000\ \text{K}} \Delta C_p \text{d}T \\
&= -92.8\ \text{kJ}\cdot\text{mol}^{-1} + \int_{298\ \text{K}}^{1000\ \text{K}} \left[28.1 - \frac{1}{2}\times 27.8 - \frac{1}{2}\times 34.8 + \right. \\
&\qquad \left. \left(3.5 - \frac{1}{2}\times 2.4 - \frac{1}{2}\times 3.4\right)\times 10^{-3}T\right]\text{d}T \\
&= -92800\ \text{J}\cdot\text{mol}^{-1} + \int_{298\ \text{K}}^{1000\ \text{K}} (-3.2 + 0.6\times10^{-3}T)\text{d}T \\
&= -92800\ \text{J}\cdot\text{mol}^{-1} + [-3.2\times(1000-298) + 0.6\times10^{-3}/2\times(1000^2-298^2)]\ \text{J}\cdot\text{mol}^{-1} \\
&= -94773\ \text{J}\cdot\text{mol}^{-1}
\end{aligned}
$$

**2.33** 某高压容器中含有未知气体, 可能是氮气或氩气。今在 298 K 时, 取出一些样品, 从 5 $\text{dm}^3$ 绝热可逆膨胀到 6 $\text{dm}^3$, 温度降低了 21 K, 试判断容器中是何种气体。设振动的贡献可忽略不计。

**解**: 忽略振动能对 $C_V$ 的贡献, 单原子分子理想气体的摩尔等容热容为

$$C_{V,\mathrm{m}} = \frac{3}{2}R, \quad \gamma = \frac{C_{p,\mathrm{m}}}{C_{V,\mathrm{m}}} = \frac{\frac{3}{2}R + R}{\frac{3}{2}R} = \frac{5}{3} = 1.67$$

双原子分子理想气体的摩尔等容热容为

$$C_{V,\mathrm{m}} = \frac{5}{2}R, \quad \gamma = \frac{C_{p,\mathrm{m}}}{C_{V,\mathrm{m}}} = \frac{\frac{5}{2}R + R}{\frac{5}{2}R} = \frac{7}{5} = 1.4$$

对于绝热可逆过程: $T_1V_1^{\gamma-1} = T_2V_2^{\gamma-1}$

$$\frac{T_2}{T_1} = \left(\frac{V_1}{V_2}\right)^{\gamma-1} \qquad \frac{298\ \mathrm{K} - 21\ \mathrm{K}}{298\ \mathrm{K}} = \left(\frac{5\ \mathrm{dm}^3}{6\ \mathrm{dm}^3}\right)^{\gamma-1}$$

$$\gamma = 1.4$$

故容器中的气体应为氮气 (双原子分子理想气体)。

**2.34**　在 $p^\ominus$, 25 ℃ 时, 分别将 1 mol $CaO(s)$ 和 1 mol $CaCO_3(s)$ 溶于 $1\ \mathrm{mol\cdot dm^{-3}}$ HCl 溶液中, 放热分别为 193.3 kJ, 15.02 kJ。现若将 1 kg 25 ℃ 的 $CaCO_3(s)$ 变为 885 ℃ 的 $CaO(s)$ 和 $CO_2(g)$, 需多少热量? 已知 $p^\ominus$ 下 $CaCO_3(s)$ 的分解温度是 885 ℃, 各物质的平均比热容 (单位: $\mathrm{J\cdot g^{-1}\cdot K^{-1}}$) 分别为 $CaO(s)$ : 0.895; $CaCO_3(s)$ : 1.123; $CO_2(g)$ : 1.013。

**解**: (1) $\mathrm{CaO(s) + 2HCl \xrightarrow{298\ K} CaCl_2 + H_2O}$　　$\Delta_r H_m^\ominus(1) = -193.3\ \mathrm{kJ\cdot mol^{-1}}$

(2) $\mathrm{CaCO_3(s) + 2HCl \xrightarrow{298\ K} CaCl_2 + H_2O + CO_2}$　　$\Delta_r H_m^\ominus(2) = -15.02\ \mathrm{kJ\cdot mol^{-1}}$

(3) = (2) − (1)　$\mathrm{CaCO_3 \xrightarrow{298\ K} CaO + CO_2}$　　$\Delta_r H_m^\ominus(3) = 178.3\ \mathrm{kJ\cdot mol^{-1}}$

25 ℃ $\Big|\ \Delta_r H^\ominus(4)$ ↓

$\longrightarrow \mathrm{CaO + CO_2(885\ ℃)}$

$$\Delta_r H_m^\ominus(3) = \Delta_r H_m^\ominus(2) - \Delta_r H_m^\ominus(1) = -15.02\ \mathrm{kJ\cdot mol^{-1}} - (-193.3\ \mathrm{kJ\cdot mol^{-1}}) = 178.3\ \mathrm{kJ\cdot mol^{-1}}$$

将 1 kg 25 ℃ 的 $CaCO_3(s)$ 变为 885 ℃ 的 $CaO(s)$ 和 $CO_2(g)$, 可在 25 ℃ 发生反应 (3), 再将 CaO 和 $CO_2$ 升温到 885 ℃。

$$\Delta_r H^\ominus(4) = n\Delta_r H_m^\ominus(3) + \int_{298\ \mathrm{K}}^{1158\ \mathrm{K}} [C_p(\mathrm{CaO}) + C_p(\mathrm{CO_2})]\mathrm{d}T$$

1 kg $CaCO_3(s)$ 的物质的量 $n = 10$ mol, 则

$$\Delta_r H^\ominus(4) = 10\ \mathrm{mol} \times 178.3\ \mathrm{kJ\cdot mol^{-1}} + \int_{298\ \mathrm{K}}^{1158\ \mathrm{K}} 10\ \mathrm{mol} \times [(1.013\times 44 + 0.895\times 56)\ \mathrm{J\cdot mol^{-1}\cdot K^{-1}}]\mathrm{d}T$$

$$= 1783\ \mathrm{kJ} + 10\ \mathrm{mol} \times 94.692\ \mathrm{J\cdot mol^{-1}\cdot K^{-1}} \times (1158 - 298)\ \mathrm{K} = 2597.3\ \mathrm{kJ}$$

**2.35**　在环境温度为 298 K、压力为 100 kPa 的条件下, 用乙炔与压缩空气混合, 燃烧后用来

切割金属, 试粗略计算这种火焰可能达到的最高温度, 设空气中氧的含量为 20%。已知 298 K 时的热力学数据如下:

| 物质 | $\Delta_f H_m^{\ominus}/(kJ\cdot mol^{-1})$ | $C_{p,m}/(J\cdot mol^{-1}\cdot K^{-1})$ |
|---|---|---|
| $CO_2(g)$ | −393.51 | 37.11 |
| $H_2O(g)$ | −241.82 | 33.58 |
| $C_2H_2(g)$ | 227.4 | 44 |
| $N_2(g)$ | 0 | 29.12 |

**解**: 反应可以设计为

$$298\ K\,|\quad C_2H_2(g)+2.5O_2(g)+10N_2(g)\xlongequal{\Delta H=0}2CO_2(g)+H_2O(g)+10N_2(g)\quad|\,T$$

$\Delta H(1)$ ↘ ↗ $\Delta H(2)$

$$298\ K\,|\quad 2CO_2(g)+H_2O(g)+10N_2(g)$$

燃烧反应在瞬间完成, 可视为绝热反应, 所以 $\Delta_r H_m^{\ominus}=0$。

$$\begin{aligned}\Delta H(1)&=[2\Delta_f H_m^{\ominus}(CO_2,g)+\Delta_f H_m^{\ominus}(H_2O,g)-\Delta_f H_m^{\ominus}(C_2H_2,g)-2.5\Delta_f H_m^{\ominus}(O_2,g)]\times 1\ mol\\&=2\ mol\times(-393.51\ kJ\cdot mol^{-1})+1\ mol\times(-241.82\ kJ\cdot mol^{-1})-1\ mol\times 227.4\ kJ\cdot mol^{-1}-0\\&=-1256.24\ kJ\end{aligned}$$

$$\begin{aligned}\Delta H(2)&=\int\sum C_p(\text{生成物})dT\\&=\int[2\ mol\times C_{p,m}(CO_2,g)+1\ mol\times C_{p,m}(H_2O,\ g)+10\ mol\times C_{p,m}(N_2,g)]dT\\&=\int_{T_1}^{T_2}[(2\ mol\times 37.11+1\ mol\times 33.58+10\ mol\times 29.12)\ J\cdot mol^{-1}\cdot K^{-1}]dT\\&=399.0\ J\cdot K^{-1}\times(T_2-T_1)\end{aligned}$$

$$\Delta H=\Delta H(1)+\Delta H(2)=0$$

$$-1256.24\ kJ+399.0\ J\cdot K^{-1}\times(T_2-298\ K)=0$$

$$T_2=3446\ K$$

**2.36** 在 298 K 时, $C_2H_5OH(l)$, $CO_2(g)$ 和 $H_2O(l)$ 的标准摩尔生成焓分别为 $-277.6\ kJ\cdot mol^{-1}$, $-393.51\ kJ\cdot mol^{-1}$, $-285.83\ kJ\cdot mol^{-1}$; $CO(g)$ 和 $CH_4(g)$ 的标准摩尔燃烧焓分别为 $-284.5\ kJ\cdot mol^{-1}$, $-891\ kJ\cdot mol^{-1}$; $CH_4(g)$, $CO_2(g)$ 和 $C_2H_5OH(l)$ 的摩尔定压热容分别为 $35.7\ J\cdot mol^{-1}\cdot K^{-1}$, $37.11\ J\cdot mol^{-1}\cdot K^{-1}$, $112.3\ J\cdot mol^{-1}\cdot K^{-1}$。对于反应

$$3CH_4(g)+CO_2(g)\;=\!=\!=\;2C_2H_5OH(l)$$

(1) 计算反应的 $\Delta_r H_m^{\ominus}(298\ K)$, $\Delta_r U_m^{\ominus}(298\ K)$;

(2) 计算反应的 $\Delta_r H_m^{\ominus}(173\ K)$ 和 $\Delta_r H_m^{\ominus}(298\ K)$ 的差值。

**解**: (1) 利用 $CH_4$ 的燃烧焓来计算 $CH_4$ 的生成焓。

$$\mathrm{CH_4(g) + 2O_2(g) \;=\!=\!=\; CO_2(g) + 2H_2O(l)}$$

该反应的反应焓变就是 $CH_4(g)$ 的标准摩尔燃烧焓, 即

$$\Delta_r H_m^\ominus = \Delta_c H_m^\ominus(\mathrm{CH_4, g}) = \Delta_f H_m^\ominus(\mathrm{CO_2, g}) + 2\Delta_f H_m^\ominus(\mathrm{H_2O, l}) - \Delta_f H_m^\ominus(\mathrm{CH_4, g})$$

$$-891\ \mathrm{kJ\cdot mol^{-1}} = -393.51\ \mathrm{kJ\cdot mol^{-1}} + 2\times(-285.83\ \mathrm{kJ\cdot mol^{-1}}) - \Delta_f H_m^\ominus(\mathrm{CH_4, g})$$

$$\Delta_f H_m^\ominus(\mathrm{CH_4, g}) = -74.2\ \mathrm{kJ\cdot mol^{-1}}$$

对于反应:
$$\mathrm{3CH_4(g) + CO_2(g) \;=\!=\!=\; 2C_2H_5OH(l)}$$

$$\Delta_r H_m^\ominus = 2\Delta_f H_m^\ominus(\mathrm{C_2H_5OH, l}) - 3\Delta_f H_m^\ominus(\mathrm{CH_4, g}) - \Delta_f H_m^\ominus(\mathrm{CO_2, g})$$

$$= [2\times(-277.6) - 3\times(-74.2) - (-393.51)]\ \mathrm{kJ\cdot mol^{-1}} = 60.91\ \mathrm{kJ\cdot mol^{-1}}$$

$$\Delta_r U_m^\ominus = \Delta_r H_m^\ominus - \sum_{\mathrm{B}} \nu_{\mathrm{B}} RT$$

$$= 60.91\ \mathrm{kJ\cdot mol^{-1}} - (-4\times 8.314\ \mathrm{J\cdot mol^{-1}\cdot K^{-1}} \times 298\ \mathrm{K}) = 70.82\ \mathrm{kJ\cdot mol^{-1}}$$

(2) $\Delta_r H_m^\ominus(T_2) - \Delta_r H_m^\ominus(T_1) = \Delta C_p (T_2 - T_1)$

$$\Delta_r H_m^\ominus(298\ \mathrm{K}) - \Delta_r H_m^\ominus(173\ \mathrm{K}) = [(2\times 112.3 - 3\times 35.7 - 37.11)\ \mathrm{J\cdot mol^{-1}\cdot K^{-1}}](298\ \mathrm{K} - 173\ \mathrm{K})$$

$$= 10.05\ \mathrm{kJ\cdot mol^{-1}}$$

**2.37** Carnot 循环由一定量的某气体经下列一连串过程而构成: $1 \to 2$, 在等温 $T_1$ 时从 $p_1, V_1$ 膨胀到 $p_2, V_2$; $2 \to 3$, 从 $p_2, V_2, T_1$ 绝热膨胀到 $p_3, V_3, T_2$; $3 \to 4$, 在等温 $T_2$ 时从 $p_3, V_3$ 压缩到 $p_4, V_4$; $4 \to 1$, 从 $p_4, V_4, T_2$ 绝热压缩到 $p_1, V_1, T_1$ (这四个状态 1, 2, 3 及 4 中的三个可以任意选定, 第四个则必然随之而定)。

(1) 如果系统是由 1 mol 的理想气体所组成的, 问在每一步及整个循环过程中所加于系统的功 $W$ 和热 $Q$ 为多少?

(2) 如果是 1 mol 的 $H_2(g)$, 设 $T_1 = 300\ ℃$, $T_2 = 100\ ℃$, $p_1 = 1013.25\ \mathrm{kPa}$, $p_2 = 101.325\ \mathrm{kPa}$, $C_{p,\mathrm{m}} = 29.3\ \mathrm{J\cdot mol^{-1}\cdot K^{-1}}$, 试求 $p_3, p_4$ 及 $W, Q$。

解: (1) $1 \to 2:\quad W_1 = -Q_1 = -nRT_1 \ln\dfrac{V_2}{V_1}$

$$2 \to 3:\quad Q_2 = 0,\quad W_2 = \Delta U_2 = \int_{T_1}^{T_2} nC_{V,\mathrm{m}}\mathrm{d}T$$

$$3 \to 4:\quad W_3 = -Q_3 = -nRT_2 \ln\frac{V_4}{V_3}$$

$$4 \to 1:\quad Q_4 = 0,\quad W_4 = \Delta U_4 = \int_{T_2}^{T_1} nC_{V,\mathrm{m}}\mathrm{d}T$$

整个循环:
$$W = -Q = -nRT_1 \ln\frac{V_2}{V_1} - nRT_2 \ln\frac{V_4}{V_3}$$

(2) 对于绝热可逆膨胀过程 $2 \to 3$:

因为 $p^{1-\gamma}T^{\gamma} = K$, 故
$$\left(\frac{p_2}{p_3}\right)^{1-\gamma} = \left(\frac{T_2}{T_1}\right)^{\gamma}$$

$$\gamma = \frac{C_{p,\mathrm{m}}}{C_{V,\mathrm{m}}} = \frac{29.3\ \mathrm{J\cdot mol^{-1}\cdot K^{-1}}}{(29.3-8.314)\ \mathrm{J\cdot mol^{-1}\cdot K^{-1}}} = 1.396$$

$$p_3 = 22.3\ \mathrm{kPa}$$

同理, 对于绝热可逆压缩过程 $4 \to 1$:

$$\left(\frac{p_4}{p_1}\right)^{1-\gamma} = \left(\frac{T_1}{T_2}\right)^{\gamma}$$

$$p_4 = 223\ \mathrm{kPa}$$

$$W = -Q = -nRT_1\ln\frac{V_2}{V_1} - nRT_2\ln\frac{V_4}{V_3} = -nRT_1\ln\frac{p_1}{p_2} - nRT_2\ln\frac{p_3}{p_4}$$

$$= -1\ \mathrm{mol}\times 8.314\ \mathrm{J\cdot mol^{-1}\cdot K^{-1}}\times\left(573\ \mathrm{K}\times\ln\frac{1013.25\ \mathrm{kPa}}{101.325\ \mathrm{kPa}} + 373\ \mathrm{K}\times\ln\frac{22.3\ \mathrm{kPa}}{223\ \mathrm{kPa}}\right) = -3829\ \mathrm{J}$$

**2.38** 在 18 ℃ 时, 使含有质量分数为 80% 的过氧化氢的混合物 (其余为水) 通过装有催化剂的绝热管, 过氧化氢全部分解为水蒸气和氧气。试计算分解产物的温度。稀释热及压力–体积功可忽略不计。已知在 18 ℃, 100 kPa 时由水与氧气生成 1 mol 过氧化氢的反应焓变为 96.48 kJ。水的比热容为 $4.18\ \mathrm{J\cdot g^{-1}\cdot K^{-1}}$, 水在 100 ℃ 时的蒸发焓为 $2255\ \mathrm{J\cdot g^{-1}}$, 水蒸气及氧气的平均等压比热容分别为 $2.01\ \mathrm{J\cdot g^{-1}\cdot K^{-1}}$ 和 $0.96\ \mathrm{J\cdot g^{-1}\cdot K^{-1}}$。

**解**: 过氧化氢的分解反应　$H_2O_2(l) = H_2O(l) + \frac{1}{2}O_2(g)$

在 18 ℃, 100 kPa 时:　$\Delta_r H_m^\ominus = -96.48\ \mathrm{kJ\cdot mol^{-1}}$

该过程当成等压绝热反应处理。

以 1 mol $H_2O_2(l)$ 为准, 产物为 1 mol 水和 0.5 mol $O_2(g)$。此外, 混合物中原来含水为

$$m = 1\ \mathrm{mol}\times 34\ \mathrm{g\cdot mol^{-1}}/80\% - 1\ \mathrm{mol}\times 34\ \mathrm{g\cdot mol^{-1}} = 8.5\ \mathrm{g}$$

即反应后系统共含水 26.5 g, 先从 18 ℃ 升温到 100 ℃, 汽化之后继续升温到温度 $T_2$。则有

$$1\ \mathrm{mol}\times\Delta_r H_m^\ominus + \Delta H(\text{水}) + \Delta H(\text{氧气}) = 0$$

$$\Delta H(\text{水}) = 26.5\ \mathrm{g}\times 4.18\ \mathrm{J\cdot g^{-1}\cdot K^{-1}}\times(100-18)\ ℃ + 26.5\ \mathrm{g}\times 2255\ \mathrm{J\cdot g^{-1}} +$$
$$26.5\ \mathrm{g}\times 2.01\ \mathrm{J\cdot g^{-1}\cdot K^{-1}}\times(T_2 - 100\ ℃)$$
$$= 68.84\ \mathrm{kJ} + 53.265\ \mathrm{J\cdot K^{-1}}\times(T_2 - 100\ ℃)$$

$$\Delta H(\text{氧气}) = 0.5\ \mathrm{mol}\times 32\ \mathrm{g\cdot mol^{-1}}\times 0.96\ \mathrm{J\cdot g^{-1}\cdot K^{-1}}\times(T_2 - 18\ ℃)$$
$$= 15.36\ \mathrm{J\cdot K^{-1}}\times(T_2 - 18\ ℃)$$

$$-96.48\ \mathrm{kJ} + 68.84\ \mathrm{kJ} + 53.265\ \mathrm{J\cdot K^{-1}}\times(T_2 - 100\ ℃) + 15.36\ \mathrm{J\cdot K^{-1}}\times(T_2 - 18\ ℃) = 0$$

$$T_2 = 484\ ℃$$

**2.39** 某铜热量计 (一个钻有小孔并嵌入鸭绒垫中的铜块) 的起始温度为 59.105 ℃, 将温度为 0 ℃ 的 40.0 g 白锡迅速放入孔中, 结果使铜热量计的温度降为 58.224 ℃。在另一次实验中, 在同一铜热量计的孔中放入温度为 0 ℃ 的 40.0 g 灰锡, 结果温度从 60.073 ℃ 降为 57.941 ℃, 此时灰锡完全转变为白锡。求 1 mol 灰锡在转换温度即 19 ℃ 时变为白锡的转变焓。已知灰锡的 $C_{p,\mathrm{m}} = 24.73\ \mathrm{J\cdot mol^{-1}\cdot K^{-1}}$, 白锡的 $C_{p,\mathrm{m}} = 26.82\ \mathrm{J\cdot mol^{-1}\cdot K^{-1}}$, 锡的摩尔质量为 $118.71\ \mathrm{g\cdot mol^{-1}}$。

**解**: 铜热量计的热容为

$$C_{\mathrm{Cu}} \times (59.105\ ℃ - 58.224\ ℃) = 40.0\ \mathrm{g}/(118.71\ \mathrm{g \cdot mol^{-1}}) \times 26.82\ \mathrm{J \cdot mol^{-1} \cdot K^{-1}} \times (58.224\ ℃ - 0)$$

$$C_{\mathrm{Cu}} = 597.25\ \mathrm{J \cdot K^{-1}}$$

灰锡在升温过程中发生的变化为

灰锡 0 ℃ $\longrightarrow$ 19 ℃,　19 ℃ 灰锡 $\longrightarrow$ 白锡,　白锡 19 ℃ $\longrightarrow$ 57.941 ℃

放出的热等于铜热量计吸收的热:

$$Q_1 = C_{\mathrm{Cu}} \times (60.073\ ℃ - 57.941\ ℃) = 1273.34\ \mathrm{J}$$

锡在升温中放出的热为

$$\begin{aligned} Q_2 = {} & [40.0\ \mathrm{g}/(118.71\ \mathrm{g \cdot mol^{-1}})] \times (24.73\ \mathrm{J \cdot mol^{-1} \cdot K^{-1}}) \times (19\ ℃ - 0) + \\ & [40.0\ \mathrm{g}/(118.71\ \mathrm{g \cdot mol^{-1}})] \times \Delta_{\mathrm{trs}} H_{\mathrm{m}} + 26.82\ \mathrm{J \cdot mol^{-1} \cdot K^{-1}} \times (57.941\ ℃ - 19\ ℃) \\ = {} & 510.24\ \mathrm{J} + 0.337\ \mathrm{mol} \times \Delta_{\mathrm{trs}} H_{\mathrm{m}} \end{aligned}$$

$$Q_1 = Q_2$$

$$\Delta_{\mathrm{trs}} H_{\mathrm{m}} = 2264.4\ \mathrm{J \cdot mol^{-1}}$$

**2.40**　若在 100 kPa, 600 ℃ 时, 使 1 mol $NH_3(g)$ 经催化分解为单质, 为了保证温度恒定需要加入热量 54.39 kJ。下列各物质的摩尔定压热容为

$$C_{p,\mathrm{m}}(\mathrm{H_2, g})/(\mathrm{J \cdot mol^{-1} \cdot K^{-1}}) = 27.2 + 3.8 \times 10^{-3}\ T/\mathrm{K}$$

$$C_{p,\mathrm{m}}(\mathrm{NH_3, g})/(\mathrm{J \cdot mol^{-1} \cdot K^{-1}}) = 33.64 + 2.9 \times 10^{-3}\ T/\mathrm{K} + 2.1 \times 10^{-5} (T/\mathrm{K})^2$$

$$C_{p,\mathrm{m}}(\mathrm{N_2, g})/(\mathrm{J \cdot mol^{-1} \cdot K^{-1}}) = 27.20 + 4.2 \times 10^{-3}\ T/\mathrm{K}$$

(1) 写出 $\Delta H_{\mathrm{m}}$ 与 $T$ 的函数关系式;

(2) 求 25 ℃ 时的 $\Delta H_{\mathrm{m}}$。

**解**: (1) $NH_3(g)$ 的分解反应式为

$$\mathrm{NH_3(g)} = \!=\!= \frac{1}{2}\mathrm{N_2(g)} + \frac{3}{2}\mathrm{H_2(g)}$$

根据 Kirchhoff 定律

$$\Delta_{\mathrm{r}} H_{\mathrm{m}}^{\ominus}(T) = \int \Delta C_p \mathrm{d}T + I'$$

$$\begin{aligned} \Delta C_p &= \sum_{\mathrm{B}} \nu_{\mathrm{B}} C_{p,\mathrm{m}} = \frac{3}{2} C_{p,\mathrm{m}}(\mathrm{H_2, g}) + \frac{1}{2} C_{p,\mathrm{m}}(\mathrm{N_2, g}) - C_{p,\mathrm{m}}(\mathrm{NH_3, g}) \\ &= \left\{ \frac{3}{2} \times (27.2 + 3.8 \times 10^{-3}\ T/\mathrm{K}) + \frac{1}{2} \times (27.20 + 4.2 \times 10^{-3}\ T/\mathrm{K}) - \right. \\ &\qquad \left. [33.64 + 2.9 \times 10^{-3}\ T/\mathrm{K} + 2.1 \times 10^{-5} (T/\mathrm{K})^2] \right\} \mathrm{J \cdot mol^{-1} \cdot K^{-1}} \\ &= [20.76 + 4.9 \times 10^{-3}\ T/\mathrm{K} - 2.1 \times 10^{-5} (T/\mathrm{K})^2]\ \mathrm{J \cdot mol^{-1} \cdot K^{-1}} \end{aligned}$$

$$\Delta_{\mathrm{r}} H_{\mathrm{m}}^{\ominus}(T) = [20.76\ T/\mathrm{K} + 2.45 \times 10^{-3} (T/\mathrm{K})^2 - 7.0 \times 10^{-6} (T/\mathrm{K})^3 + I']\ \mathrm{J \cdot mol^{-1}}$$

在 600 ℃ 时反应的摩尔焓变为 54.39 $\mathrm{kJ \cdot mol^{-1}}$, 则

$$I' = (54390 - 20.76 \times 873 - 2.45 \times 10^{-3} \times 873^2 + 7.0 \times 10^{-6} \times 873^3)\ \mathrm{J \cdot mol^{-1}} = 39056\ \mathrm{J \cdot mol^{-1}}$$

$$\Delta_r H_m^{\ominus}(T) = [39056 + 20.76\,T/\mathrm{K} + 2.45 \times 10^{-3}(T/\mathrm{K})^2 - 7.0 \times 10^{-6}(T/\mathrm{K})^3]\ \mathrm{J\cdot mol^{-1}}$$

(2) $\Delta_r H_m(25\ ^\circ\mathrm{C}) = (39056 + 20.76 \times 298 + 2.45 \times 10^{-3} \times 298^2 - 7.0 \times 10^{-6} \times 298^3)\ \mathrm{J\cdot mol^{-1}}$
$= 45.27\ \mathrm{kJ\cdot mol^{-1}}$

# 四、自测题

## (一) 自 测 题 1

### Ⅰ. 选择题

1. 某绝热封闭系统在接受了环境所做的功之后, 其温度 ··························· (　　)

(A) 一定升高　　(B) 一定降低
(C) 一定不变　　(D) 不一定改变

2. 有 1 mol 单原子分子理想气体, 从 298 K, 200 kPa 经历 ① 等温、② 绝热、③ 等压三种途径可逆膨胀使体积加倍, 所做的功分别为 $W_1, W_2, W_3$, 三者的关系是 ························ (　　)

(A) $W_1 < W_2 < W_3$　　(B) $W_2 < W_1 < W_3$
(C) $W_3 < W_2 < W_1$　　(D) $W_3 < W_1 < W_2$

3. 下述说法中**错误**的是 ························································ (　　)

(A) 封闭系统的状态与其状态图上的点一一对应
(B) 封闭系统的状态即是其平衡态
(C) 封闭系统的任一变化与其状态图上的实线一一对应
(D) 封闭系统的任一可逆变化途径都可在其状态图上表示为实线

4. 凡是在孤立系统中进行的变化, 其 $\Delta U$ 和 $\Delta H$ 的值一定是 ························· (　　)

(A) $\Delta U > 0, \Delta H > 0$
(B) $\Delta U = 0, \Delta H = 0$
(C) $\Delta U < 0, \Delta H < 0$
(D) $\Delta U = 0$, $\Delta H$ 大于、小于或等于零不确定

5. 一恒压反应系统, 若产物与反应物的 $\Delta_r C_p > 0$, 则此反应 ··························· (　　)

(A) 吸热　　(B) 放热
(C) 无热效应　　(D) 不能肯定吸热或放热

6. 下列关系式中不需要理想气体的假设的是 ··············································· (　　)

(A) $C_p - C_V = nR$
(B) 对于等温可逆膨胀, $W = nRT\ln(V_1/V_2)$
(C) 对于恒压过程, $\Delta H = \Delta U + p\Delta V$
(D) 对于绝热可逆过程, $pV^{\gamma} =$ 常数

7. 已知 $C_2H_6(g, 25\ ^\circ C) + \frac{7}{2}O_2(g, 25\ ^\circ C) \Longrightarrow 2CO_2(g, 25\ ^\circ C) + 3H_2O(g, 25\ ^\circ C)$

$$\Delta_r U_m^\ominus = -1099\ kJ\cdot mol^{-1}$$

$C_{V,m}/(J\cdot mol^{-1}\cdot K^{-1})$　　$C_2H_6$ 33.47; $H_2O$ 25.94; $O_2$ 20.08; $CO_2$ 23.85

若反应物的初始温度为 25 ℃, 当 0.1 mol 乙烷与 1 mol $O_2$ 在完全绝热的弹式量热计中爆炸后的最高温度应为 (假设 $C_V$ 与 $T$ 无关) ······ (　　)

(A) 341 K　　(B) 4566 K

(C) 4591 K　　(D) 4318 K

8. 在 $p^\ominus$ 下, C(石墨) + $O_2(g) \longrightarrow CO_2(g)$ 的标准摩尔反应焓变为 $\Delta_r H_m^\ominus$, 下列说法中**错误**的是 ······ (　　)

(A) $\Delta_r H_m^\ominus$ 是 $CO_2(g)$ 的标准摩尔生成焓

(B) $\Delta_r H_m^\ominus = \Delta_r U_m^\ominus$

(C) $\Delta_r H_m^\ominus$ 是石墨的标准摩尔燃烧焓

(D) $\Delta_r U_m^\ominus < \Delta_r H_m^\ominus$

9. 遵循状态方程式 $p(V_m - b) = RT (b > 0)$ 的实际气体经节流膨胀后温度会 ······ (　　)

(A) 上升　　(B) 下降

(C) 不变　　(D) 无法判断

10. 下列过程可看作可逆过程的有 ······ (　　)

(A) $p^\ominus$, 273 K 下冰醋酸熔化

(B) 电流通过金属发热

(C) 往车胎内打气

(D) 水在 101325 Pa, 373 K 下蒸发

11. 下述哪一种说法正确? 从相同的始态到达相同的终态 ······ (　　)

(A) 经任意可逆途经所做功一定比经任意不可逆途经做功多

(B) 经不同的可逆途经所做的功都一样多

(C) 经不同的不可逆途经所做的功都一样多

(D) 在不同过程中所做功和热之和相等

12. 冬天可使用油汀取暖器或空调使室内温度维持在 20 ℃, 用何种方式更节能? ······ (　　)

(A) 油汀取暖器　　(B) 空调

(C) 一样　　(D) 不一定

13. 石墨 (C) 和金刚石 (C) 在 25 ℃、101325 Pa 下的标准摩尔燃烧焓分别为 $-393.4\ kJ\cdot mol^{-1}$ 和 $-395.3\ kJ\cdot mol^{-1}$, 则金刚石的标准摩尔生成焓 $\Delta_f H_m^\ominus$ (金刚石, 298 K) 为 ······ (　　)

(A) $-393.4\ kJ\cdot mol^{-1}$　　(B) $-395.3\ kJ\cdot mol^{-1}$

(C) $-1.9\ kJ\cdot mol^{-1}$　　(D) $1.9\ kJ\cdot mol^{-1}$

14. 某化学反应在恒压、绝热且只做膨胀功的条件下进行, 系统的温度由 $T_1$ 升高到 $T_2$, 则此过程的焓变 $\Delta H$ ······ (　　)

(A) 大于零　　(B) 等于零

(C) 小于零　　(D) 不能确定

15. 某理想气体的 $\gamma = C_p/C_V = 1.67$, 则该气体为 ··································· (  )

(A) 单原子分子气体　　(B) 双原子分子气体

(C) 三原子分子气体　　(D) 四原子分子气体

## Ⅱ. 填空题

1. 根据能量均分原理, 常温下由 0.5 mol $N_2$ 和 0.5 mol Ar 混合而成的理想气体的 $C_{p,\mathrm{m}}$ 为____________。

2. 一蒸汽机在 120 ℃ 和 30 ℃ 之间工作。欲使蒸汽机做 1000 J 的功, 最少需从 120 ℃ 的热源中吸收____________ 的热量。

3. 某理想气体, 等温 (25 ℃) 可逆地从 1.5 $\mathrm{dm}^3$ 膨胀到 10 $\mathrm{dm}^3$ 时, 吸热 9414.5 J, 则此气体的物质的量为____________mol。

4. 某单原子分子理想气体从 $T_1 = 298$ K, $p_1 = 5p^{\ominus}$ 的初态经绝热可逆膨胀到达终态压力 $p_2 = p^{\ominus}$, 系统的终态温度 $T_2$ 为____________。

5. 某制冷机的工作效率为理想效率的 50%, 在室温 (298 K) 下工作, 如要把 1 kg 水冻成冰, 需要做功____________J (已知冰的熔化焓是 6.01 $\mathrm{kJ\cdot mol^{-1}}$, 水的摩尔质量为 18 $\mathrm{g\cdot mol^{-1}}$)。

6. 298 K 时, $5\times10^{-3}\ \mathrm{m}^3$ 的理想气体绝热可逆膨胀到 $6\times10^{-3}\ \mathrm{m}^3$, 这时温度为 278 K。该气体的热容比 $\gamma$ 为____________, $C_{V,\mathrm{m}}$ 为____________$\mathrm{J\cdot mol^{-1}\cdot K^{-1}}$。

7. 已知反应 $2H_2(g) + O_2(g) \xlongequal{\quad} 2H_2O(l)$ 在 298 K 时的等容反应热 $Q_V = -564\ \mathrm{kJ\cdot mol^{-1}}$, 则 $H_2(g)$ 在 298 K 时标准摩尔燃烧焓 $\Delta_c H_m^{\ominus} =$ ____________$\mathrm{kJ\cdot mol^{-1}}$。

8. 已知 $C_2H_2(g)$ 为线形分子, 可视为理想气体, 根据能量均分原理, 在常温下其摩尔等容热容 $C_{V,\mathrm{m}}$ 为____________。

9. 在 298 K, 200 kPa 条件下的 1 mol 单原子气体经过绝热可逆膨胀过程, 使体积增大一倍, 其终态压力为____________Pa。

10. 已知 (1) $2Al(s) + 6HCl(aq) \xlongequal{\quad} 2AlCl_3(aq) + 3H_2(g)$

$\Delta_r H_{m,1}^{\ominus}(298\ \mathrm{K}) = -1003\ \mathrm{kJ\cdot mol^{-1}}$

(2) $H_2(g) + Cl_2(g) \xlongequal{\quad} 2HCl(g)$　　$\Delta_r H_{m,2}^{\ominus}(298\ \mathrm{K}) = -184.1\ \mathrm{kJ\cdot mol^{-1}}$

(3) $HCl(g) \xlongequal{H_2O} HCl(aq)$　　$\Delta_r H_{m,3}^{\ominus}(298\ \mathrm{K}) = -72.45\ \mathrm{kJ\cdot mol^{-1}}$

(4) $AlCl_3(s) \xlongequal{H_2O} AlCl_3(aq)$　　$\Delta_r H_{m,4}^{\ominus}(298\ \mathrm{K}) = -321.5\ \mathrm{kJ\cdot mol^{-1}}$

则无水 $AlCl_3$ 在 298 K 的标准摩尔生成焓为____________。

## Ⅲ. 计算题

1. 一个绝热圆筒上有一个无摩擦无质量的绝热活塞, 被两个销钉 (C) 固定在圆筒壁上, 其内部空间由一固定的导热壁分隔成两部分, 分别填充 2 mol Ar(g) 和 1 mol $N_2(g)$ (如右图所示)。两种气体均可看成理想气体, 其起始温度均为 300 K, 压力均为 100 kPa。



(1) 移走固定销钉 C, 活塞对抗 50 kPa 外压 ($p_e$) 膨胀直至平衡,

计算该过程的 $W$;

(2) 移走固定销钉 C 后, 如果系统经可逆膨胀达到平衡压力为 50 kPa, 该过程的 $W$ 为多少?

2. 在 $p^\ominus$, 25 ℃ 时, 乙烯腈 ($CH_2{=\!=}CH{-}CN$)、石墨和氢气的燃烧热分别为 $-1758\ \mathrm{kJ \cdot mol^{-1}}$, $-393.5\ \mathrm{kJ \cdot mol^{-1}}$ 和 $-285.84\ \mathrm{kJ \cdot mol^{-1}}$; 气态氰化氢和乙炔的标准摩尔生成焓分别为 $129.7\ \mathrm{kJ \cdot mol^{-1}}$ 和 $226.7\ \mathrm{kJ \cdot mol^{-1}}$。已知 $p^\ominus$ 下 $CH_2{=\!=}CH{-}CN$ 的凝固点为 −82 ℃, 沸点为 78.5 ℃, 在 25 ℃ 时其标准摩尔蒸发焓为 $32.84\ \mathrm{kJ \cdot mol^{-1}}$。求 25 ℃, $p^\ominus$ 下, 反应 $C_2H_2(g) + HCN(g) \longrightarrow CH_2{=\!=}CH{-}CN(g)$ 的 $\Delta_r H_m^\ominus(298\ \mathrm{K})$。

3. 甲烷和氧气按摩尔比 1∶2 混合, 发生以下方程式所示的反应, 在 25 ℃ 时的相关数据如下:

$$CH_4(g) + 2O_2(g) \xlongequal{\quad} CO_2(g) + 2H_2O(g); \quad \Delta_c H_m^\ominus(CH_4, g, 298\ \mathrm{K}) = -891\ \mathrm{kJ \cdot mol^{-1}}$$

| 物质 | $C_{p,\mathrm{m}}/(\mathrm{J \cdot mol^{-1} \cdot K^{-1}})$ |
|---|---|
| $CO_2(g)$ | $26.4 + 4.26 \times 10^{-2}\ T/\mathrm{K}$ |
| $H_2O(g)$ | $32.4 + 0.21 \times 10^{-2}\ T/\mathrm{K}$ |

计算甲烷在纯氧中完全绝热恒压燃烧, 反应进度为 1 mol 时火焰的温度。

4. 在 $p^\ominus$, 298 K 时, 水煤气燃烧反应方程式为

$$H_2(g) + CO(g) + O_2(g) \xlongequal{\quad} H_2O(g) + CO_2(g)$$

为使燃烧完全, 加入了两倍空气 [$N_2 : O_2 = 4 : 1$(体积比)]。问燃烧可能达到的最高火焰温度为多少? 已知:

$\Delta_f H_m^\ominus(H_2O, g) = -241.8\ \mathrm{kJ \cdot mol^{-1}}$

$C_{p,\mathrm{m}}(H_2O, g) = [29.99 + 10.71 \times 10^{-3}(T/\mathrm{K})]\ \mathrm{J \cdot mol^{-1} \cdot K^{-1}}$

$\Delta_f H_m^\ominus(CO_2, g) = -393.5\ \mathrm{kJ \cdot mol^{-1}}$

$C_{p,\mathrm{m}}(CO_2, g) = [32.22 + 22.18 \times 10^{-3}(T/\mathrm{K})]\ \mathrm{J \cdot mol^{-1} \cdot K^{-1}}$

$\Delta_f H_m^\ominus(CO, g) = -110.5\ \mathrm{kJ \cdot mol^{-1}}$

$C_{p,\mathrm{m}}(O_2) = [34.6 + 1.01 \times 10^{-3}(T/\mathrm{K})]\ \mathrm{J \cdot mol^{-1} \cdot K^{-1}}$

$C_{p,\mathrm{m}}(N_2, g) = [28.28 + 2.54 \times 10^{-3}(T/\mathrm{K})]\ \mathrm{J \cdot mol^{-1} \cdot K^{-1}}$

5. 为发射火箭, 现有三种燃料可选: $CH_4 + 2O_2$、$H_2 + \frac{1}{2}O_2$, $N_2H_4 + O_2$。已知:

$$\Delta_f H_m^\ominus(298\ \mathrm{K})/(\mathrm{kJ \cdot mol^{-1}}): \ CO_2(g) - 393.5;\ H_2O(g) - 241.8;\ CH_4(g) - 74.6;\ N_2H_4(g) + 95$$

$$C_{p,\mathrm{m}}^\ominus(298\ \mathrm{K})/(\mathrm{J \cdot mol^{-1} \cdot K^{-1}}): \ CO_2(g)\ 37;\ H_2O(g)\ 34;\ N_2O(g)\ 39$$

(1) 假设燃烧时无热量损失, 分别计算各燃料燃烧时的火焰温度。

(2) 火箭发动机能达到的最终速度主要是通过火箭推进力公式 $I_{\mathrm{sp}} = KC_pT/M$ 确定的。$T$ 为排出气体的绝对温度, $M$ 为排出气体的平均相对分子质量, $C_p$ 为排出气体的平均摩尔热容, $K$ 对一定的火箭为常数。问上述燃料中哪一种最理想?

6. 1 mol $N_2(g)$ 在 300 K, $p^\ominus$ 下被等温压缩到 $500p^\ominus$, 试计算 $\Delta H$ 值。

已知 van der Waals 常数 $a_0 = 135.2\ \mathrm{kPa \cdot dm^6 \cdot mol^{-2}}$, $b_0 = 0.0387\ \mathrm{dm^3 \cdot mol^{-1}}$;

Joule-Thomson 系数 $\mu_{\mathrm{J\text{-}T}} = [(2a_0/RT) - b_0]/C_{p,\mathrm{m}}$, $C_{p,\mathrm{m}} = 29.12\ \mathrm{J \cdot mol^{-1} \cdot K^{-1}}$。

第二章自测题 1 参考答案

## (二) 自测题 2

### Ⅰ. 选择题

1. 下述说法**正确**的是 ……………………………………………………………… (　　)

(A) 热是系统中微观粒子平均平动能的量度

(B) 温度是系统所储存热量的量度

(C) 温度是系统中微观粒子平均能量的量度

(D) 温度是系统中微观粒子平均平动能的量度

2. 有一高压钢筒, 打开活塞后气体喷出筒外, 当筒内与筒外的压力相等时关闭活塞, 此时筒内温度将 ……………………………………………………………… (　　)

(A) 升高　　(B) 降低

(C) 不变　　(D) 无法判定

3. 下列的四种表述:

(1) 因为 $\Delta H = Q_p$, 所以只有等压过程才有 $\Delta H$

(2) 因为 $\Delta H = Q_p$, 所以 $Q_p$ 也具有状态函数的性质

(3) 公式 $\Delta H = Q_p$ 只适用于封闭系统

(4) 某封闭系统经历一个不做其他功的等压过程, 其热量只取决于系统的始态和终态

其中**正确**的是 ……………………………………………………………… (　　)

(A) (1)(2)　　(B) (1)(4)

(C) (3)(4)　　(D) (2)(3)

4. 下列诸过程可应用公式 $\mathrm{d}U = (C_p - nR)\mathrm{d}T$ 进行计算的是 ……………………… (　　)

(A) 实际气体的等压可逆冷却　　(B) 理想气体的绝热可逆膨胀

(C) 恒容搅拌某液体以升高温度　　(D) 氧弹中的燃烧过程

5. 对于一定量的理想气体, 下列过程**不可能**发生的是 ……………………………… (　　)

(A) 恒压下绝热膨胀　　(B) 恒温下绝热膨胀

(C) 吸热而温度不变　　(D) 吸热, 同时体积又缩小

6. 5 mol $H_2(g)$ 与 4 mol $Cl_2(g)$ 混合后发生反应, 生成 2 mol HCl(g)。若以 $H_2(g)+Cl_2(g) \longrightarrow 2HCl(g)$ 为计量方程, 则反应进度 $\xi$ 为 ……………………………………………… (　　)

(A) 1 mol (B) 2 mol

(C) 4 mol (D) 5 mol

7. $Cl_2(g)$ 的燃烧热为 ······ ( )

(A) HCl(g) 的生成焓 (B) $HClO_3$ 的生成焓

(C) $HClO_4$ 的生成焓 (D) $Cl_2(g)$ 生成盐酸水溶液的热效应

8. 下述说法中**不正确**的是 ······ ( )

(A) 理想气体经绝热自由膨胀后, 其内能变化为零

(B) 非理想气体经绝热自由膨胀后, 其内能变化不一定为零

(C) 非理想气体经绝热膨胀后, 其温度一定降低

(D) 非理想气体经一不可逆循环, 其内能变化为零

9. 有一真空绝热瓶子通过阀门和大气隔离, 当阀门打开时, 大气 (视为理想气体) 进入瓶内, 此时瓶内气体的温度将 ······ ( )

(A) 降低 (B) 不变

(C) 升高 (D) 不定

10. 在一定 $T, p$ 下, 蒸发焓 $\Delta_{\text{vap}}H$、熔化焓 $\Delta_{\text{fus}}H$ 和升华焓 $\Delta_{\text{sub}}H$ 的关系**错误**的是 ( )

(A) $\Delta_{\text{sub}}H > \Delta_{\text{vap}}H$ (B) $\Delta_{\text{sub}}H > \Delta_{\text{fus}}H$

(C) $\Delta_{\text{sub}}H = \Delta_{\text{vap}}H + \Delta_{\text{fus}}H$ (D) $\Delta_{\text{vap}}H > \Delta_{\text{sub}}H$

11. 一可逆热机与另一不可逆热机在其他条件都相同时, 燃烧等量的燃料, 则可逆热机拖动的列车运行的速度 ······ ( )

(A) 较快 (B) 较慢

(C) 一样 (D) 不一定

12. 系统经历一个正的卡诺循环后, 试判断下列哪一种说法是**错误**的? ······ ( )

(A) 系统本身没有任何变化

(B) 再沿反方向经历一个可逆的卡诺循环, 最后系统和环境都没有任何变化

(C) 系统复原了, 但环境并未复原

(D) 系统和环境都没有任何变化

13. 反应 (1) $CaCO_3(s) \longrightarrow CaO(s) + CO_2(g)$; $\Delta_r H_m = 179.5\ \text{kJ}\cdot\text{mol}^{-1}$

反应 (2) $C_2H_2(g) + H_2O(l) \longrightarrow CH_3CHO(g)$; $\Delta_r H_m = -107.2\ \text{kJ}\cdot\text{mol}^{-1}$

反应 (3) $C_2H_4(g) + H_2O(l) \longrightarrow C_2H_5OH(l)$; $\Delta_r H_m = -44.08\ \text{kJ}\cdot\text{mol}^{-1}$

反应 (4) $CS_2(l) + 3O_2(g) \longrightarrow CO_2(g) + 2SO_2(g)$; $\Delta_r H_m = -897.6\ \text{kJ}\cdot\text{mol}^{-1}$

其中热效应 $|Q_p| > |Q_V|$ 的反应是 ······ ( )

(A) (1), (4) (B) (1), (2)

(C) (1), (3) (D) (4), (3)

14. 理想气体从同一始态 $(p_1, V_1)$ 出发, 经等温可逆压缩或绝热可逆压缩, 使其均达到体积为 $V_2$ 的终态, 此两过程做的功的绝对值应是 ······ ( )

(A) 等温功大于绝热功 (B) 等温功等于绝热功

(C) 等温功小于绝热功　　　　(D) 无法确定关系

15. 某化学反应在恒压、绝热且只做膨胀功的条件下进行，系统的温度由 $T_1$ 升高到 $T_2$，则此过程的焓变 $\Delta H$ ……………………………………………………（　）

(A) 小于零　　　　(B) 等于零

(C) 大于零　　　　(D) 不能确定

## Ⅱ. 填空题

1. 已知 $p^{\ominus}$, 298 K 时两反应的焓变:

(1) $2C(s) + O_2(g) \xlongequal{\quad} 2CO(g)$　　$\Delta_r H^{\ominus}_{m,1}(298\ K) = -221.1\ kJ\cdot mol^{-1}$

(2) $3Fe(s) + 2O_2(g) \xlongequal{\quad} Fe_3O_4(s)$　　$\Delta_r H^{\ominus}_{m,2}(298\ K) = -117.1\ kJ\cdot mol^{-1}$

则反应 (3) $Fe_3O_4(s) + 4C(g) \xlongequal{\quad} 3Fe(s) + 4CO(g)$ 的焓变 $\Delta_r H^{\ominus}_{m,3}(298\ K)$ 为＿＿＿＿＿＿。

2. 1 mol 某气体遵循状态方程式 $p(V_m - b) = RT$ (其中, $b$ 为常数)。该气体在等温下膨胀使体积加倍, 其 $\Delta U$ 为＿＿＿＿＿＿。

3. 5 mol $H_2$, 4 mol $N_2$ 与 1 mol $NH_3$ 混合气体发生反应, 达平衡后产物中含有 4 mol $NH_3$ 气。若以 $3H_2(g) + N_2(g) \longrightarrow 2NH_3(g)$ 为计量方程, 则反应进度 $\xi$ 为＿＿＿＿＿＿。

4. 高温下 $H_2O(g)$ 的摩尔等压热容 $C_{p,m}$ 为＿＿＿＿＿＿。

5. 根据能量均分原理, 常温下由 1.5 mol $N_2$ 和 0.5 mol Ar 混合而成的理想气体的 $C_{p,m}$ 为＿＿＿＿＿＿。

6. 一辆汽车的轮胎压力在开始行驶时为 280 kPa, 经过 3 h 的高速行驶后达到 320 kPa, 则该过程中轮胎的 $\Delta U$ 是＿＿＿＿＿＿。已知空气可视为理想气体, 其 $C_{V,m} = 20.88\ J\cdot mol^{-1}\cdot K^{-1}$, 轮胎内体积保持不变为 50.0 $dm^3$。

7. 对于任何宏观物质, 其焓 $H$ 一定＿＿＿＿＿＿内能 $U$; 对于等温理想气体反应, 分子数增多的 $\Delta H$ 一定＿＿＿＿＿＿$\Delta U$ (填入 $>$、$<$ 或 $=$)。

8. 打开钢瓶的阀门快速放气, 一段时间后发现放气口凝结有白霜, 这是因为＿＿＿＿＿＿＿＿＿＿＿＿＿＿＿＿＿＿。

9. 理想气体的 Joule-Thomson 系数 $\mu_{J\text{-}T}$ 一定等于零。此话＿＿＿＿＿＿(填入 “正确” 或 “错误”)。

10. $CO_2(g)$ 通过一节流孔由 $70p^{\ominus}$ 向 $p^{\ominus}$ 膨胀, 其温度由原来的 25 ℃ 下降到 −66 ℃, 则 $CO_2$ 的 Joule-Thomson 系数 $\mu_{J\text{-}T}$ 为＿＿＿＿＿＿。

## Ⅲ. 计算题

1. 在 300 K 和 $p^{\ominus}$ 下, 2 mol 理想气体在一定外压下绝热膨胀到初始体积的 3 倍。已知该气体的摩尔等容热容为 $C_{V,m}/(J\cdot mol^{-1}\cdot K^{-1}) = 20.0 + 0.04T/K$。计算气体的终态压力 $p$ 及该过程的 $Q, W, \Delta U$ 和 $\Delta H$。

2. 带有旋塞的容器中有 25 ℃, 121323 Pa 的气体, 打开旋塞后气体自容器中冲出, 待器内压力降至 101325 Pa 时关闭旋塞, 然后加热容器使气体温度恢复到 25 ℃, 此时压力升高至 103991 Pa。设气体为理想气体, 第一过程为绝热可逆过程, 求该气体的 $C_{p,m}$。

3. 1 mol 单原子分子理想气体, 始态为 $p_1 = 202650$ Pa, $T_1 = 273$ K, 沿可逆途径 $p/V = a$(常数) 至终态, 压力增加一倍, 计算 $V_1, V_2, T_2, \Delta U, \Delta H, Q, W$ 及该气体沿此途径的热容 $C$。

4. 已知某气体的状态方程式及摩尔等压热容分别为 $pV_{\mathrm{m}} = RT + \alpha p$, $C_{p,\mathrm{m}} = a + bT + cT^2$, 其中 $\alpha, a, b, c$ 均为常数。若该气体在绝热节流膨胀中状态由 $(T_1, p_1)$ 变化到 $(T_2, p_2)$, 求终态的压力 $p_2$, 其中 $T_1, p_1, T_2$ 为已知。

5. 重要的化工原料氯乙烯由如下反应制备:

$$\mathrm{C_2H_2(g) + HCl(g) \longrightarrow CH_2{=\!=}CHCl(g)}$$

假设反应物进料配比按计量系数而定, 且反应可认为能进行到底。若要使反应釜温度保持在 25 ℃, 则每消耗 1 kg HCl(g) 需多少千克冷却水? 设水的比热为 4.184 $\mathrm{J \cdot g^{-1} \cdot K^{-1}}$, 进口水温为 10 ℃, 各物质 $\Delta_{\mathrm{f}} H_{\mathrm{m}}^{\ominus}(298\ \mathrm{K})/(\mathrm{kJ \cdot mol^{-1}})$ 分别为 $\mathrm{CH_2{=\!=}CHCl(g)}$ 35; $\mathrm{C_2H_2(g)}$ 227; HCl(g) − 92。

第二章自测题 2 参考答案

# 第三章　热力学第二定律

本章主要公式和内容提要

## 一、复习题及解答

**3.1**　指出下列公式的适用范围。

(1) $\Delta_{\mathrm{mix}}S=-R\sum_{\mathrm{B}}n_{\mathrm{B}}\ln x_{\mathrm{B}}$;

(2) $\Delta S=nR\ln\dfrac{p_1}{p_2}+C_p\ln\dfrac{T_2}{T_1}=nR\ln\dfrac{V_2}{V_1}+C_V\ln\dfrac{T_2}{T_1}$;

(3) $\mathrm{d}U=T\mathrm{d}S-p\mathrm{d}V$;

(4) $\Delta G=\int V\mathrm{d}p$;

(5) $\Delta S,\Delta A,\Delta G$ 作为判据时必须满足的条件。

**答**: (1) 封闭系统平衡态, 理想气体的等温混合, 混合前各气体单独存在时的压力相等, 且等于混合后气体的总压力。

(2) 封闭系统中, 一定量的理想气体由状态 $\mathrm{A}(p_1,V_1,T_1)$ 改变到状态 $\mathrm{B}(p_2,V_2,T_2)$ 时, 可以分解为先等温可逆过程 (到 $p_2$) 再等压变温过程 (到 $T_2$) 的组合, 或者先等温可逆过程 (到 $V_2$) 再等容变温过程 (到 $T_2$) 的组合, $\mathrm{A}\rightarrow\mathrm{B}$ 的熵变可由两个可逆过程的熵变相加求得。

(3) 组成不变、内部平衡、只做膨胀功的封闭系统中发生的任何过程。

(4) 组成不变、不做非膨胀功的封闭系统的等温过程。

(5) $\Delta S$: 封闭系统的绝热过程, 可判定过程可逆与否;

隔离系统, 可判定过程的自发及平衡与否。

$\Delta A$: 不做非膨胀功的封闭系统的等温等容过程, 可判断过程平衡与否;

$\Delta G$: 不做非膨胀功的封闭系统的等温等压过程, 可判断过程平衡与否;

**3.2** 判断下列说法是否正确, 并说明原因。

(1) 不可逆过程一定是自发的, 而自发过程一定是不可逆的;

(2) 凡熵增加过程都是自发过程;

(3) 不可逆过程的熵永不减少;

(4) 系统达平衡时, 熵值最大, Gibbs 自由能最小;

(5) 当某系统的热力学能和体积恒定时, $\Delta S < 0$ 的过程不可能发生;

(6) 某系统从始态经过一个绝热不可逆过程到达终态, 现在要在相同的始态和终态之间设计一个绝热可逆过程;

(7) 在一个绝热系统中, 发生了一个不可逆过程, 系统从状态 1 变到了状态 2, 不论用什么方法, 系统再也无法回到原来的状态;

(8) 对于理想气体的等温膨胀过程, $\Delta U = 0$, 系统所吸的热全部变成了功, 这与 Kelvin 说法不符;

(9) 冷冻机可以从低温热源吸热放给高温热源, 这与 Clausius 说法不符;

(10) $C_p$ 恒大于 $C_V$。

**答**: (1) 不正确。不可逆过程不一定是自发的, 如不可逆压缩就不是自发过程; 但自发过程一定是不可逆的;

(2) 不正确。因为熵增加过程不一定是自发过程, 但自发过程都是熵增加的过程; 在隔离系统中, 凡熵增加的过程都是自发过程。

(3) 不正确。在隔离系统中, 不可逆过程的熵永不减少。

(4) 不正确。绝热系统或隔离系统达平衡时熵最大, 等温等压且不做非膨胀功的条件下, 系统达平衡时 Gibbs 自由能最小。

(5) 不正确。当组成不变的封闭系统的 $U$ 和 $V$ 恒定且不做非膨胀功时, $\Delta S < 0$ 的过程不可能发生;

(6) 不正确。根据熵增加原理, 绝热不可逆过程的 $\Delta S > 0$, 而绝热可逆过程的 $\Delta S = 0$。从始态出发经历一个绝热不可逆过程到达终态, 再经过一个绝热可逆过程回到始态, 其熵变 $\Delta S$ 就会大于 0。根据状态函数的特点, 一个循环过程的 $\Delta S = 0$, 因此, 该过程不可能实现。

(7) 正确。在绝热系统中, 发生了一个不可逆过程, 从状态 1 变到了状态 2, $\Delta S > 0$, $S_2 > S_1$, 仍然在绝热系统中, 从状态 2 出发, 无论经历什么过程, 系统的熵值都不会减少, 所以永远回不到原来状态了。

(8) 不正确。Kelvin 说法是不可能从单一的热源取出热使之变为功而不留下其他变化。关键是不留下其他变化, 理想气体的等温膨胀时热全部变成了功, 体积增大了, 留下了变化, 故该过程不违反 Kelvin 说法。

(9) 不正确。Clausius 说法是不可能把热从低温热源传到高温热源而不引起其他变化。冷冻机可以从低温热源吸热放给高温热源时, 环境失去了功, 得到了热, 引起了变化, 故该过程不违反 Clausius 说法。

(10) 不正确。$C_p - C_V = \dfrac{T\alpha^2 V}{\kappa}$, $\alpha = \dfrac{1}{V}\left(\dfrac{\partial V}{\partial T}\right)_p$, $\kappa = -\dfrac{1}{V}\left(\dfrac{\partial V}{\partial p}\right)_T$。因为 $\left(\dfrac{\partial V}{\partial T}\right)_p > 0$, $\left(\dfrac{\partial V}{\partial p}\right)_T < 0$, 即 $\alpha > 0$, $\kappa > 0$, 则 $C_p - C_V > 0$, $C_p$ 恒大于 $C_V$。但有例外, 如对 277.15 K 的水而

言, $\left(\dfrac{\partial V}{\partial T}\right)_p = 0$, 此时 $C_p = C_V$。

**3.3** 指出下列各过程的 $Q, W, \Delta U, \Delta H, \Delta S, \Delta A$ 和 $\Delta G$ 等热力学函数的变量中, 哪些为零? 哪些绝对值相等?

(1) 理想气体真空膨胀;

(2) 理想气体等温可逆膨胀;

(3) 理想气体绝热节流膨胀;

(4) 实际气体绝热可逆膨胀;

(5) 实际气体绝热节流膨胀;

(6) $H_2(g)$ 和 $O_2(g)$ 在绝热钢瓶中发生反应生成水;

(7) $H_2(g)$ 和 $Cl_2(g)$ 在绝热钢瓶中发生反应生成 HCl(g);

(8) $H_2O(l, 373\ K, 101\ kPa) \rightleftharpoons H_2O(g, 373\ K, 101\ kPa)$;

(9) 在等温等压且不做非膨胀功的条件下, 下列反应达到平衡:

$$3H_2(g) + N_2(g) \rightleftharpoons 2NH_3(g)$$

(10) 在绝热、恒压且不做非膨胀功的条件下, 发生了一个化学反应。

**答**: (1) $Q = W = \Delta U = \Delta H = 0$

(2) $\Delta U = \Delta H = 0$, $Q = -W_R$, $\Delta G = \Delta A$

(3) $\Delta U = \Delta H = Q = W = 0$

(4) $Q_R = \Delta S = 0$, $\Delta U = W$

(5) $Q = 0$, $\Delta H = 0$

(6) $W = Q_V = \Delta U = 0$

(7) $W = Q_V = \Delta U = 0$

(8) $\Delta G = 0$, $\Delta A = W_R$

(9) $\Delta G = 0$

(10) $\Delta H = Q_p = 0$, $\Delta U = W$

**3.4** 将下列不可逆过程设计为可逆过程。

(1) 理想气体从压力为 $p_1$ 向真空膨胀为 $p_2$;

(2) 将两块温度分别为 $T_1, T_2$ 的铁块 $(T_1 > T_2)$ 相接触, 最后终态温度为 $T$;

(3) 水真空蒸发为同温同压的水蒸气, 设水在该温度时的饱和蒸气压为 $p_s$:

$$H_2O(l, 303\ K, 100\ kPa) \longrightarrow H_2O(g, 303\ K, 100\ kPa)$$

(4) 理想气体从 $p_1, V_1, T_1$ 经不可逆过程到达 $p_2, V_2, T_2$, 可设计几条可逆路线, 画出示意图。

**答**: (1) 设计为等温可逆膨胀过程。

(2) 在 $T_1$ 和 $T_2$ 之间设置无数个温差为 $dT$ 的热源, 使铁块 $T_1$ 和 $T_1 - dT, T_1 - 2dT, \cdots$ 的无数热源接触, 无限缓慢地达到终态温度 $T$, 使铁块 $T_2$ 和 $T_2 + dT, T_2 + 2dT, \cdots$ 的热源接触, 无限缓慢地达到终态温度 $T$。

(3) 可以设计两条可逆途径: 一条是等压可逆, 另一条是等温可逆。

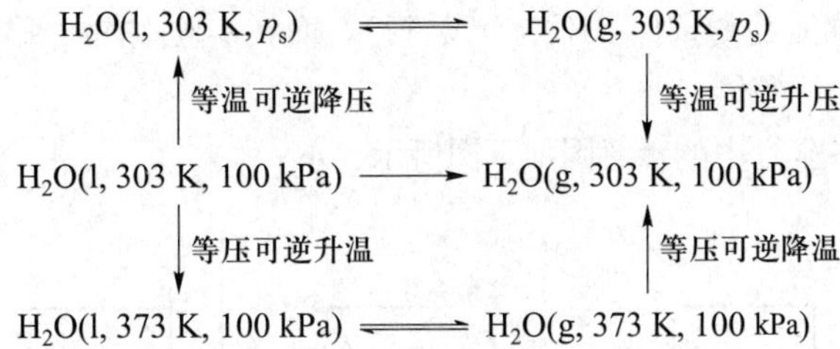


(4) 从始态 1 $(p_1, V_1, T_1)$ 变化到终态 2 $(p_2, V_2, T_2)$ 可设计无数条可逆途径, 其中四条途径如下 (见右图):

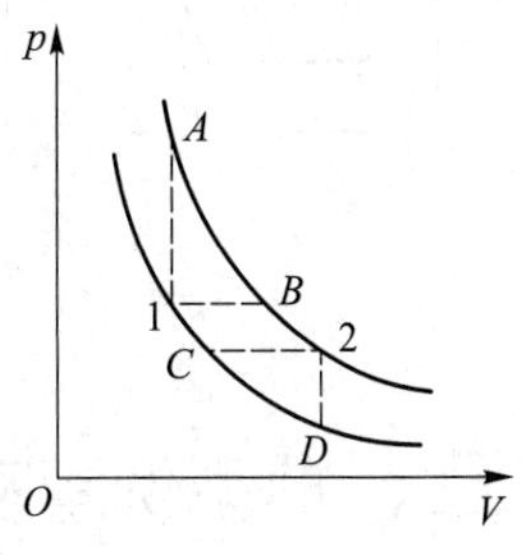


(a) 等容可逆升压到状态 $A$ 后再等温可逆膨胀到终态 2;

(b) 等压可逆膨胀到状态 $B$ 后再等温可逆膨胀到终态 2;

(c) 等温可逆膨胀到状态 $C$ 后再等压可逆膨胀到终态 2;

(d) 等温可逆膨胀到状态 $D$ 后再等容可逆升压到终态 2。

**3.5** 判断下列恒温恒压过程中, 熵值的变化, 是大于零, 小于零还是等于零? 为什么?

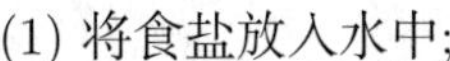

(1) 将食盐放入水中;

(2) HCl(g) 溶于水中生成盐酸;

(3) $\mathrm{NH_4Cl(s)} \longrightarrow \mathrm{NH_3(g)} + \mathrm{HCl(g)}$;

(4) $\mathrm{H_2(g)} + \dfrac{1}{2}\mathrm{O_2(g)} \longrightarrow \mathrm{H_2O(l)}$;

(5) $1\ \mathrm{dm^3(N_2, g)} + 1\ \mathrm{dm^3(Ar, g)} \longrightarrow 2\ \mathrm{dm^3(N_2 + Ar, g)}$;

(6) $1\ \mathrm{dm^3(N_2, g)} + 1\ \mathrm{dm^3(Ar, g)} \longrightarrow 1\ \mathrm{dm^3(N_2 + Ar, g)}$;

(7) $1\ \mathrm{dm^3(N_2, g)} + 1\ \mathrm{dm^3(N_2, g)} \longrightarrow 2\ \mathrm{dm^3(N_2, g)}$;

(8) $1\ \mathrm{dm^3(N_2, g)} + 1\ \mathrm{dm^3(N_2, g)} \longrightarrow 1\ \mathrm{dm^3(N_2, g)}$。

**答**: (1) $\Delta S > 0$, 食盐溶解到水中, 混乱度增加;

(2) $\Delta S < 0$, 气体变为溶液, 混乱度降低;

(3) $\Delta S > 0$, 产生气体, 混乱度增加;

(4) $\Delta S < 0$, 气体反应变为液体, 混乱度降低;

(5) $\Delta S > 0$, 根据 $\Delta_{\mathrm{min}} S = -R\sum\limits_{\mathrm{B}} n_{\mathrm{B}} \ln x_{\mathrm{B}} = 2R\ln 2 > 0$, 或气体混合, 混乱度增加;

(6) $\Delta S = 0$, 先混合后压缩, 计算得到 $\Delta S = 0$;

(7) $\Delta S = 0$, 相同气体等温等压混合, 混乱度不变;

(8) $\Delta S < 0$, 等温压缩过程, $\Delta S < 0$。

**3.6** (1) 在 298 K 和 100 kPa 时, 反应 $\mathrm{H_2O(l)} \longrightarrow \mathrm{H_2(g)} + \dfrac{1}{2}\mathrm{O_2(g)}$ 的 $\Delta_{\mathrm{r}} G_{\mathrm{m}} > 0$, 说明该反应不能自发进行。但在实验室内常用电解水的方法制备氢气, 这两者有无矛盾?

(2) 试将 Carnot 循环分别表达在以如下坐标表示的图上:

$$T - p;\quad T - S;\quad S - V;\quad U - S;\quad T - H$$

**答**: (1) 在 298 K 和 100 kPa 时, 反应 $\mathrm{H_2O(l)} \longrightarrow \mathrm{H_2(g)} + \dfrac{1}{2}\mathrm{O_2(g)}$ 的 $\Delta_{\mathrm{r}} G_{\mathrm{m}} > 0$, 说明该反

应在等温等压且不做非膨胀功的条件下不能自发进行。而在实验室内常用电解水的方法制备氢气, 对系统做了电功, 所以并不矛盾。

(2) Carnot 循环在各坐标中的示意图如下图所示。

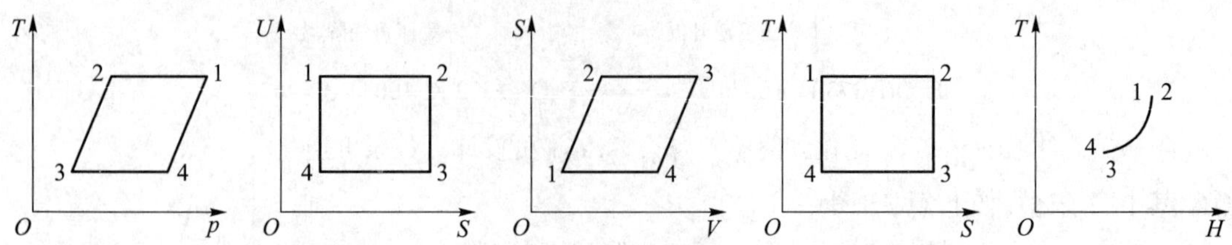


## 二、典型例题及解答

**例3.1** 有 2 mol 理想气体, 从始态 300 K, 20 dm$^3$, 经下列不同过程等温膨胀至 50 dm$^3$, 计算各过程的 $Q, W, \Delta U, \Delta H$ 和 $\Delta S$。

(1) 可逆膨胀;

(2) 真空膨胀;

(3) 对抗恒外压 100 kPa 膨胀。

**解**: (1) 等温可逆膨胀

理想气体的热力学能 $U$ 和焓 $H$ 仅是温度 $T$ 的函数, 在等温过程中其 $U$ 和 $H$ 均不变, 即

$$\Delta U_1 = \Delta H_1 = 0$$

$$W_1 = -nRT\ln\frac{V_2}{V_1} = -2\ \text{mol} \times 8.314\ \text{J}\cdot\text{mol}^{-1}\cdot\text{K}^{-1} \times 300\ \text{K} \times \ln\frac{50\ \text{dm}^3}{20\ \text{dm}^3} = -4570.8\ \text{J}$$

$$Q_1 = \Delta U_1 - W_1 = 0 - (-4570.8\ \text{J}) = 4570.8\ \text{J}$$

$$\Delta S_1 = \frac{Q_\text{R}}{T} = \frac{4570.8\ \text{J}}{300\ \text{K}} = 15.24\ \text{J}\cdot\text{K}^{-1}$$

(2) 等温真空膨胀

真空膨胀时气体不做功, 即 $W_2 = 0$

等温真空膨胀与 (1) 等温可逆膨胀的始态和终态相同, 根据状态函数的性质, 有

$$\Delta U_2 = \Delta U_1 = 0, \quad \Delta H_2 = \Delta H_1 = 0$$

$$Q_2 = \Delta U_2 - W_2 = 0$$

等温真空膨胀是不可逆过程, 求熵变时可设计等温可逆膨胀过程至 $V_2$ (50dm$^3$), 则有

$$\Delta S_2 = nR\ln\frac{V_2}{V_1} = 2\ \text{mol} \times 8.314\ \text{J}\cdot\text{mol}^{-1}\cdot\text{K}^{-1} \times \ln\frac{50\ \text{dm}^3}{20\ \text{dm}^3} = 15.24\ \text{J}\cdot\text{K}^{-1}$$

或, 由于等温真空膨胀与等温可逆膨胀的始态和终态相同, 根据状态函数的特点, 有

$$\Delta S_2 = \Delta S_1 = 15.24\ \mathrm{J\cdot K^{-1}}$$

(3) 对抗恒外压 100 kPa 膨胀

计算终态温度 $T_2 = \dfrac{p_2 V_2}{nR} = \dfrac{10^5\ \mathrm{Pa} \times 50 \times 10^{-3}\ \mathrm{m^3}}{2\ \mathrm{mol} \times 8.314\ \mathrm{J\cdot mol^{-1}\cdot K^{-1}}} = 300.7\ \mathrm{K}$

温度近似不变, 可当成对抗恒外压等温膨胀过程处理。

$$W_3 = -p_{外}(V_2 - V_1) = -10^5\ \mathrm{Pa} \times (50 \times 10^{-3}\ \mathrm{m^3} - 20 \times 10^{-3}\ \mathrm{m^3}) = -3000\ \mathrm{J}$$

$$Q_3 = \Delta U_3 - W_3 = 3000\ \mathrm{J} \qquad (因为\ \Delta U_3 = \Delta U_1 = 0)$$

可设计等温可逆膨胀过程至 $V_2$ 为 50 dm$^3$, 熵变值同 (1), 即

$$\Delta S_3 = 15.24\ \mathrm{J\cdot K^{-1}}$$

**例3.2** 某实际气体的状态方程为 $pV_\mathrm{m} = RT + \alpha p$, 式中的 $\alpha$ 为常数。设有 1 mol 该气体, 在温度 $T$ 的等温条件下, 由 $p_1$ 可逆地变到 $p_2$。试写出 $Q, W, \Delta U, \Delta H, \Delta S, \Delta A$ 及 $\Delta G$ 的计算表达式。

**解**: 该题的已知条件是 $T_1 = T_2 = T$, $p_1$ 和 $p_2$, 所有热力学函数变化值须表示成 $p_1, p_2$ 和 $T$ 的函数。

$$pV_\mathrm{m} = RT + \alpha p, \quad pV = nRT + n\alpha p, \quad p(V - n\alpha) = nRT$$

$$W = -\int p\mathrm{d}V = \int_{V_1}^{V_2} \left(-\frac{nRT}{V - n\alpha}\right) \mathrm{d}V = -nRT\ln\frac{V_2 - n\alpha}{V_1 - n\alpha} = -nRT\ln\frac{nRT/p_2}{nRT/p_1} = -nRT\ln\frac{p_1}{p_2}$$

$$\mathrm{d}U = \left(\frac{\partial U}{\partial T}\right)_V \mathrm{d}T + \left(\frac{\partial U}{\partial V}\right)_T \mathrm{d}V$$

等温条件下 $\mathrm{d}U = \left(\dfrac{\partial U}{\partial V}\right)_T \mathrm{d}V$

$$\left(\frac{\partial U}{\partial V}\right)_T = T\left(\frac{\partial S}{\partial V}\right)_T - p = T\left(\frac{\partial p}{\partial T}\right)_V - p = T\left[\frac{\partial}{\partial T}\left(\frac{nRT}{V - n\alpha}\right)\right]_V - p$$

$$= T\left(\frac{nR}{V - n\alpha}\right) - p = p - p = 0$$

$$\Delta U = 0$$

该位力 (virial) 方程无压力校正项, 说明分子间无引力, 等温膨胀时热力学能不变。

$$Q = \Delta U - W = nRT\ln\frac{p_1}{p_2}$$

$$\Delta H = \Delta U + \Delta(pV) = 0 + p_2 V_2 - p_1 V_1 = n(RT + \alpha p_2) - n(RT + \alpha p_1) = n\alpha(p_2 - p_1)$$

$$\Delta S = \frac{Q_\mathrm{R}}{T} = \frac{\Delta U - W}{T} = -\frac{W}{T} = -\frac{1}{T}\left(-nRT\ln\frac{p_1}{p_2}\right) = nR\ln\frac{p_1}{p_2}$$

**另解**: $\left(\dfrac{\partial S}{\partial p}\right)_T = -\left(\dfrac{\partial V}{\partial T}\right)_p = -\left[\dfrac{\partial}{\partial T}\left(\dfrac{nRT}{p} + n\alpha\right)\right]_p = -\dfrac{nR}{p}$

$$\int \mathrm{d}S_T = \int_{p_1}^{p_2} \left(-\frac{nR}{p}\right) \mathrm{d}p$$

$$\Delta S_T = -nR\ln\frac{p_2}{p_1} = nR\ln\frac{p_1}{p_2}$$

$$\Delta A = \Delta U - T\Delta S = 0 - T\left(nR\ln\frac{p_1}{p_2}\right) = -nRT\ln\frac{p_1}{p_2}$$

$$\Delta G = \Delta H - T\Delta S = n\alpha(p_2 - p_1) - nRT\ln\frac{p_1}{p_2}$$

**例3.3** 已知某气体的状态方程为 $pV_{\mathrm{m}} = RT + \alpha p$, 其摩尔等压热容为 $C_{p,\mathrm{m}} = a + bT$, 其中 $\alpha, a, b$ 均为常数。若该气体在绝热节流膨胀中状态由 $T_1, p_1$ 变到 $T_2, p_2$, 其中 $T_1, p_1, T_2$ 已知, 求终态的压力 $p_2$, 以及该过程的 $\Delta U_{\mathrm{m}}, \Delta H_{\mathrm{m}}$ 和 $\Delta S_{\mathrm{m}}$。

**解**: 由于是节流膨胀, 故 $\qquad \Delta H_{\mathrm{m}} = 0$

$$\Delta U_{\mathrm{m}} = -\Delta(pV_{\mathrm{m}}) = (RT_1 + \alpha p_1) - (RT_2 + \alpha p_2)$$

$$\left(\frac{\partial U}{\partial T}\right)_p = \left(\frac{\partial H}{\partial T}\right)_p - p\left(\frac{\partial V}{\partial T}\right)_p = C_p - p\left(\frac{\partial V}{\partial T}\right)_p$$

$$\begin{aligned}\Delta U_{\mathrm{m}} &= \int_{T_1}^{T_2} C_{p,\mathrm{m}}\mathrm{d}T - \int_{T_1}^{T_2} p(\partial V_{\mathrm{m}}/\partial T)_p\mathrm{d}T = \int_{T_1}^{T_2}(a + bT)\mathrm{d}T - \int_{T_1}^{T_2} p(R/p)\mathrm{d}T \\ &= a(T_2 - T_1) + (b/2)(T_2^2 - T_1^2) - R(T_2 - T_1)\end{aligned}$$

所以

$$a(T_2 - T_1) + (b/2)(T_2^2 - T_1^2) - R(T_2 - T_1) = (RT_1 + \alpha p_1) - (RT_2 + \alpha p_2)$$

$$p_2 = p_1 - (a/\alpha)(T_2 - T_1) - (b/2\alpha)(T_2^2 - T_1^2)$$

绝热节流膨胀是不可逆过程, 计算熵变时可设计先等温再等压的可逆过程:

$$\begin{aligned}\Delta S_{\mathrm{m}} &= R\ln\frac{p_1}{p_2} + \int_{T_1}^{T_2}\frac{C_{p,\mathrm{m}}}{T}\mathrm{d}T = R\ln\frac{p_1}{p_2} + \int_{T_1}^{T_2}\frac{(a + bT)}{T}\mathrm{d}T \\ &= R\ln\frac{p_1}{p_2} + a\ln\frac{T_2}{T_1} + b(T_2 - T_1)\end{aligned}$$

**例3.4** 在 101.325 kPa 时, 甲苯的沸点为 383.2 K, 已知此条件下 $S_{\mathrm{m}}$(甲苯, l) = 264.19 J·mol$^{-1}$·K$^{-1}$, $\Delta_{\mathrm{vap}}S_{\mathrm{m}} = 87.03$ J·mol$^{-1}$·K$^{-1}$。试计算:

(1) 在上述条件下, 1 mol 液态甲苯蒸发时的 $Q, W, \Delta_{\mathrm{vap}}U_{\mathrm{m}}$, $\Delta_{\mathrm{vap}}H_{\mathrm{m}}$, $\Delta_{\mathrm{vap}}A_{\mathrm{m}}$, $\Delta_{\mathrm{vap}}G_{\mathrm{m}}$ 及 $S_{\mathrm{m}}(\mathrm{g})$。

(2) 欲使甲苯在 373.2 K 时沸腾, 其相应的饱和蒸气压为若干?

**解**: (1) 在 101.325 kPa, 383.2 K 时甲苯的沸腾是可逆过程。

$$\Delta_{\mathrm{vap}}H_{\mathrm{m}} = T\Delta_{\mathrm{vap}}S_{\mathrm{m}} = 383.2\ \mathrm{K} \times 87.03\ \mathrm{J\cdot mol^{-1}\cdot K^{-1}} = 33.35\ \mathrm{kJ\cdot mol^{-1}}$$

$$Q_p = n\Delta_{\mathrm{vap}}H_{\mathrm{m}} = 1\ \mathrm{mol} \times 33.35\ \mathrm{kJ\cdot mol^{-1}} = 33.35\ \mathrm{kJ}$$

甲苯汽化过程中体积增加, 系统对外做功为

$$\begin{aligned}W &= -p(V_{\mathrm{g}} - V_{\mathrm{l}}) \approx -pV_{\mathrm{g}} = -nRT \qquad \text{(忽略液体的体积, 蒸气当成理想气体)} \\ &= -1\ \mathrm{mol} \times 8.314\ \mathrm{J\cdot mol^{-1}\cdot K^{-1}} \times 383.2\ \mathrm{K} = -3.186\ \mathrm{kJ}\end{aligned}$$

$$\Delta_{\mathrm{vap}}U_{\mathrm{m}} = (Q_p + W)/(1\ \mathrm{mol}) = 30.16\ \mathrm{kJ\cdot mol^{-1}}$$

$$\Delta_{\text{vap}}A_{\text{m}} = W/(1\ \text{mol}) = -3.186\ \text{kJ}\cdot\text{mol}^{-1}$$

对于可逆相变过程，有 $\Delta_{\text{vap}}G_{\text{m}} = 0$

$$S_{\text{m}}(\text{甲苯},\text{g}) = \Delta_{\text{vap}}S_{\text{m}} + S_{\text{m}}(\text{甲苯},\text{l}) = (264.19 + 87.03)\ \text{J}\cdot\text{mol}^{-1}\cdot\text{K}^{-1} = 351.22\ \text{J}\cdot\text{mol}^{-1}\cdot\text{K}^{-1}$$

(2) 根据 Clausius-Clapeyron 方程:

$$\ln\frac{p_2}{p_1} = \frac{\Delta_{\text{vap}}H_{\text{m}}}{R}\left(\frac{1}{T_1} - \frac{1}{T_2}\right)$$

$$p(373.2\ \text{K}) = p(383.2\ \text{K})\cdot\exp\left(\frac{\Delta_{\text{vap}}H_{\text{m}}}{R}\cdot\frac{T_2 - T_1}{T_1T_2}\right) = 76.54\ \text{kPa}$$

**例3.5** 已知冰的比热容为 1.975 $\text{J}\cdot\text{g}^{-1}\cdot\text{K}^{-1}$，水的比热容为 4.185 $\text{J}\cdot\text{g}^{-1}\cdot\text{K}^{-1}$，水蒸气的比热容为 1.860 $\text{J}\cdot\text{g}^{-1}\cdot\text{K}^{-1}$，冰在 $p^\ominus$，0 ℃ 下的熔化热为 333.5 $\text{J}\cdot\text{g}^{-1}$，水在 $p^\ominus$，100 ℃ 下的汽化热为 2255.2 $\text{J}\cdot\text{g}^{-1}$。计算 −50 ℃，$p^\ominus$ 下冰的标准摩尔升华焓。

**解**: 根据状态函数的特点，在相同温度下，有

$$\Delta_{\text{sub}}H_{\text{m}}^\ominus(\text{H}_2\text{O}, 223\ \text{K}) = \Delta_{\text{fus}}H_{\text{m}}^\ominus(\text{H}_2\text{O}, 223\ \text{K}) + \Delta_{\text{vap}}H_{\text{m}}^\ominus(\text{H}_2\text{O}, 223\ \text{K})$$

$$\begin{aligned}\Delta_{\text{fus}}H_{\text{m}}^\ominus(\text{H}_2\text{O}, 223\ \text{K}) =\ & \Delta H_{\text{m}}^\ominus(\text{冰从 } 223\ \text{K} \longrightarrow 273\ \text{K}) + \Delta_{\text{fus}}H_{\text{m}}^\ominus(\text{H}_2\text{O}, 273\ \text{K}) + \\ & \Delta H_{\text{m}}^\ominus(\text{水从 } 273\ \text{K} \longrightarrow 223\ \text{K}) \\ =\ & \int_{T_1}^{T_2} C_{p,\text{m}}(\text{s})\text{d}T + \Delta_{\text{fus}}H_{\text{m}}^\ominus(\text{H}_2\text{O}, 273\ \text{K}) + \int_{T_2}^{T_1} C_{p,\text{m}}(\text{l})\text{d}T \\ =\ & 18\ \text{g}\cdot\text{mol}^{-1} \times 1.975\ \text{J}\cdot\text{g}^{-1}\cdot\text{K}^{-1} \times (273\ \text{K} - 223\ \text{K}) + \\ & 18\ \text{g}\cdot\text{mol}^{-1} \times 333.5\ \text{J}\cdot\text{g}^{-1} + 18\ \text{g}\cdot\text{mol}^{-1} \times 4.185\ \text{J}\cdot\text{g}^{-1}\cdot\text{K}^{-1} \times (223\ \text{K} - 273\ \text{K}) \\ =\ & 4014\ \text{J}\cdot\text{mol}^{-1}\end{aligned}$$

$$\begin{aligned}\Delta_{\text{vap}}H_{\text{m}}^\ominus(\text{H}_2\text{O}, 223\ \text{K}) =\ & \Delta H_{\text{m}}^\ominus(\text{水从 } 223\ \text{K} \longrightarrow 373\ \text{K}) + \Delta_{\text{vap}}H_{\text{m}}^\ominus(\text{H}_2\text{O}, 373\ \text{K}) + \\ & \Delta H_{\text{m}}^\ominus(\text{水汽从 } 373\ \text{K} \longrightarrow 223\ \text{K}) \\ =\ & \int_{T_1}^{T_2} C_{p,\text{m}}(\text{l})\text{d}T + \Delta_{\text{vap}}H_{\text{m}}^\ominus(\text{H}_2\text{O}, 273\ \text{K}) + \int_{T_2}^{T_1} C_{p,\text{m}}(\text{g})\text{d}T \\ =\ & 18\ \text{g}\cdot\text{mol}^{-1} \times 4.185\ \text{J}\cdot\text{g}^{-1}\cdot\text{K}^{-1} \times (373\ \text{K} - 223\ \text{K}) + \\ & 18\ \text{g}\cdot\text{mol}^{-1} \times 2255.2\ \text{J}\cdot\text{g}^{-1} + 18\ \text{g}\cdot\text{mol}^{-1} \times 1.860\ \text{J}\cdot\text{g}^{-1}\cdot\text{K}^{-1} \times (223\ \text{K} - 373\ \text{K}) \\ =\ & 46871\ \text{J}\cdot\text{mol}^{-1}\end{aligned}$$

故 $$\Delta_{\text{sub}}H_{\text{m}}^\ominus(\text{H}_2\text{O}, 223\ \text{K}) = 4014\ \text{J}\cdot\text{mol}^{-1} + 46871\ \text{J}\cdot\text{mol}^{-1} = 50885\ \text{J}\cdot\text{mol}^{-1}$$

**例3.6** 在 400 K 和 101.325 kPa 下，将 1 $\text{dm}^3$ $\text{N}_2$ 和 1 $\text{dm}^3$ $\text{O}_2$ 进行混合，然后将所得气体在等容下降温至 300 K，接着使其在等温下膨胀到 52.0 kPa，求此过程的总熵变 $\Delta S_{\text{总}}$。设 $\text{N}_2$ 和 $\text{O}_2$ 均为理想气体，它们的摩尔定压热容 $C_{p,\text{m}} = 29.10\ \text{J}\cdot\text{mol}^{-1}\cdot\text{K}^{-1}$。

**解**: 该过程由气体等温等压混合、等容降温和等温可逆膨胀三个过程组成，其总熵变等于三个分过程的熵变之和。

等温等压混合过程可以看成每种气体的等温可逆膨胀过程，则熵变为

$$\Delta_{\text{mix}}S = \Delta S(\text{N}_2) + \Delta S(\text{O}_2) = n_{\text{N}_2}R\ln\frac{V_2}{V_1} + n_{\text{O}_2}R\ln\frac{V_2}{V_1}$$

$$n_{\text{N}_2} = n_{\text{O}_2} = \frac{pV}{RT} = \frac{101.325\ \text{kPa}\times 1\times 10^{-3}\ \text{m}^3}{8.314\ \text{J}\cdot\text{mol}^{-1}\cdot\text{K}^{-1}\times 400\ \text{K}} = 0.0305\ \text{mol}$$

$$\Delta_{\text{mix}}S = 2\times 0.0305\ \text{mol}\times 8.314\ \text{J}\cdot\text{mol}^{-1}\cdot\text{K}^{-1}\times \ln 2 = 0.352\ \text{J}\cdot\text{K}^{-1}$$

**另解**: $\Delta_{\text{mix}}S = -R\sum n_{\text{B}}\ln x_{\text{B}}$

$$= -8.314\ \text{J}\cdot\text{mol}^{-1}\cdot\text{K}^{-1}\times\left(0.0305\ \text{mol}\times\ln\frac{1}{2} + 0.0305\ \text{mol}\times\ln\frac{1}{2}\right) = 0.352\ \text{J}\cdot\text{K}^{-1}$$

等容降温的熵变为

$$\Delta S_V = \int_{T_2}^{T_1}\frac{nC_{V,\text{m}}}{T}\text{d}T = nC_{V,\text{m}}\ln\frac{T_2}{T_1} = n(C_{p,\text{m}} - R)\ln\frac{T_2}{T_1}$$

$$= 2\times 0.0305\ \text{mol}\times(29.10\ \text{J}\cdot\text{mol}^{-1}\cdot\text{K}^{-1} - 8.314\ \text{J}\cdot\text{mol}^{-1}\cdot\text{K}^{-1})\times\ln\frac{300\ \text{K}}{400\ \text{K}} = -0.365\ \text{J}\cdot\text{K}^{-1}$$

等温膨胀过程的熵变为

$$\Delta S_T = nR\ln\frac{p_2}{p_3}$$

$$p_2 = \frac{(n_{\text{N}_2} + n_{\text{O}_2})RT}{V} = \frac{2\times 0.0305\ \text{mol}\times 8.314\ \text{J}\cdot\text{mol}^{-1}\cdot\text{K}^{-1}\times 300\ \text{K}}{2\times 10^{-3}\ \text{m}^3} = 76.07\ \text{kPa}$$

$$\Delta S_T = nR\ln\frac{p_2}{p_3} = 2\times 0.0305\ \text{mol}\times 8.314\ \text{J}\cdot\text{mol}^{-1}\cdot\text{K}^{-1}\times\ln\frac{76.07\ \text{kPa}}{52.0\ \text{kPa}} = 0.193\ \text{J}\cdot\text{K}^{-1}$$

$$\Delta S_{\text{总}} = \Delta_{\text{mix}}S + \Delta S_V + \Delta S_T = 0.180\ \text{J}\cdot\text{K}^{-1}$$

**例3.7** 1 mol 某气体在 $p_{\text{外}} = 0$ 的条件下由 $T_1, V_1$ 绝热膨胀至 $V_2$。

(1) 设该气体为理想气体, 求终态的温度和过程的熵变;

(2) 设该气体遵循 van der Waals 方程式 $(p + a/V_{\text{m}}^2)(V_{\text{m}} - b) = RT$, 定容热容为 $C_V$, 且 $C_V$ 可认为不随 $T, p$ 变化, 求终态的温度和过程的熵变。

**解**: (1) 在 $p_{\text{外}} = 0$ 的条件下绝热膨胀, 有

$$W = 0 \qquad Q = 0 \qquad \Delta U = 0$$

由于理想气体的热力学能是温度的单值函数, 所以温度不变, 即

$$T_2 = T_1$$

设计等温可逆膨胀过程计算熵变, 即 $\Delta S = nR\ln(V_2/V_1)$

(2)
$$\left(\frac{\partial U}{\partial V}\right)_T = T\left(\frac{\partial S}{\partial V}\right)_T - p = T\left(\frac{\partial p}{\partial T}\right)_V - p = \frac{a}{V_{\text{m}}^2}$$

$$\text{d}U = \left(\frac{\partial U}{\partial T}\right)_V\text{d}T + \left(\frac{\partial U}{\partial V}\right)_T\text{d}V$$

$$\text{d}U = C_V\text{d}T + \left(\frac{a}{V_{\text{m}}^2}\right)\text{d}V = 0$$

将该式积分得

$$C_V(T_2-T_1)-\left(\frac{a}{V_{m,2}}-\frac{a}{V_{m,1}}\right)=0$$

$$T_2=T_1+\frac{a}{C_V}\left(\frac{1}{V_{m,2}}-\frac{1}{V_{m,1}}\right)$$

$$\Delta S=\int_{T_1}^{T_2}\left(\frac{\partial S}{\partial T}\right)_V\mathrm{d}T+\int_{V_1}^{V_2}\left(\frac{\partial S}{\partial V}\right)_T\mathrm{d}V$$

$$\left(\frac{\partial S}{\partial V}\right)_T=\left(\frac{\partial p}{\partial T}\right)_V=\frac{R}{V_m-b}$$

$$\Delta S=\int_{T_1}^{T_2}(C_V/T)\mathrm{d}T+\int_{V_1}^{V_2}[R/(V_m-b)]\mathrm{d}V=C_V\ln\frac{T_2}{T_1}+R\ln\frac{V_{m,2}-b}{V_{m,1}-b}$$

$$=C_V\ln\left[1+\frac{a}{T_1C_V}\left(\frac{1}{V_{m,2}}-\frac{1}{V_{m,1}}\right)\right]+R\ln\frac{V_{m,2}-b}{V_{m,1}-b}$$

**例3.8** 一理想气体从状态 1 膨胀到状态 2, 若定压热容与定容热容之比为 $\gamma=C_p/C_V$, 可以认为是常数, 试证明: $p_1V_1^\gamma\exp\left(-\frac{S_1}{C_V}\right)=p_2V_2^\gamma\exp\left(-\frac{S_2}{C_V}\right)$, 式中 $S_1,S_2$ 分别为该气体在状态 1 和状态 2 的熵。

**解**: 因为 $\mathrm{d}U=T\mathrm{d}S-p\mathrm{d}V$, 所以

$$C_V\mathrm{d}T=T\mathrm{d}S-nRT\mathrm{d}V/V$$

$$\frac{\mathrm{d}T}{T}=\frac{\mathrm{d}S}{C_V}-\frac{nR}{C_V}\frac{\mathrm{d}V}{V}$$

因为

$$\frac{nR}{C_V}=\frac{C_p-C_V}{C_V}=\gamma-1$$

$$\frac{\mathrm{d}T}{T}=\frac{\mathrm{d}S}{C_V}-(\gamma-1)\frac{\mathrm{d}V}{V}$$

将上式作定积分, 则得

$$\ln\left[\frac{T_2}{T_1}\left(\frac{V_2}{V_1}\right)^{\gamma-1}\right]=\frac{S_2-S_1}{C_V}$$

所以

$$\frac{T_2}{T_1}\left(\frac{V_2}{V_1}\right)^{\gamma-1}=\exp\left(\frac{S_2-S_1}{C_V}\right)$$

对于理想气体

$$\frac{T_2}{T_1}=\frac{p_2V_2}{p_1V_1}$$

则有

$$\exp\left(\frac{S_2-S_1}{C_V}\right)=\frac{p_2V_2}{p_1V_1}\left(\frac{V_2}{V_1}\right)^{\gamma-1}=\frac{p_2}{p_1}\left(\frac{V_2}{V_1}\right)^{\gamma}$$

故

$$p_1V_1^\gamma\exp\left(-\frac{S_1}{C_V}\right)=p_2V_2^\gamma\exp\left(-\frac{S_2}{C_V}\right)$$

**例3.9** 设给系统定义一个函数 $\varPhi$, $\varPhi = S - (U + pV)/T$, 试证明:

(1) $V = -T\left(\dfrac{\partial \varPhi}{\partial p}\right)_T$

(2) $U = T\left[T\left(\dfrac{\partial \varPhi}{\partial T}\right)_p + p\left(\dfrac{\partial \varPhi}{\partial p}\right)_T\right]$

(3) $S = \varPhi + T\left(\dfrac{\partial \varPhi}{\partial T}\right)_p$

**解**: (1) 等温下函数 $\varPhi$ 对 $p$ 求微分, 得

$$\left(\frac{\partial \varPhi}{\partial p}\right)_T = \left(\frac{\partial S}{\partial p}\right)_T - \frac{1}{T}\left[\left(\frac{\partial U}{\partial p}\right)_T + V + p\left(\frac{\partial V}{\partial p}\right)_T\right]$$

因为 $$\left(\frac{\partial U}{\partial p}\right)_T = \left[\frac{\partial (H - pV)}{\partial p}\right]_T = \left(\frac{\partial H}{\partial p}\right)_T - V - p\left(\frac{\partial V}{\partial p}\right)_T$$

$$= V + T\left(\frac{\partial S}{\partial p}\right)_T - V - \left(\frac{\partial V}{\partial p}\right)_T = T\left(\frac{\partial S}{\partial p}\right)_T - p\left(\frac{\partial V}{\partial p}\right)_T$$

所以 $$\left(\frac{\partial \varPhi}{\partial p}\right)_T = \left(\frac{\partial S}{\partial p}\right)_T - \frac{1}{T}\left[T\left(\frac{\partial S}{\partial p}\right)_T - p\left(\frac{\partial V}{\partial p}\right)_T + V + p\left(\frac{\partial V}{\partial p}\right)_T\right] = -\frac{V}{T}$$

故 $$V = -T\left(\frac{\partial \varPhi}{\partial p}\right)_T$$

(2) 等压下函数 $\varPhi$ 对 $T$ 求微分, 得

$$\left(\frac{\partial \varPhi}{\partial T}\right)_p = \left(\frac{\partial S}{\partial T}\right)_p - \frac{1}{T}\left[\left(\frac{\partial U}{\partial T}\right)_p + p\left(\frac{\partial V}{\partial T}\right)_p\right] + \frac{U + pV}{T^2}$$

$$= \frac{C_p}{T} - \frac{1}{T}\left(\frac{\partial H}{\partial T}\right)_p + \frac{U + pV}{T^2} = \frac{U + pV}{T^2}$$

$$T^2\left(\frac{\partial \varPhi}{\partial T}\right)_p = U + pV$$

根据 (1) 的结论, 则有 $$T^2\left(\frac{\partial \varPhi}{\partial T}\right)_p = U - pT\left(\frac{\partial \varPhi}{\partial p}\right)_T$$

即 $$U = T\left[T\left(\frac{\partial \varPhi}{\partial T}\right)_p + p\left(\frac{\partial \varPhi}{\partial p}\right)_T\right]$$

(3) 将函数 $\varPhi$ 的定义式代入等式右边, 得

$$\varPhi + T\left(\frac{\partial \varPhi}{\partial T}\right)_p = S - \frac{U + pV}{T} + T\left(\frac{\partial \varPhi}{\partial T}\right)_p$$

将 $\left(\dfrac{\partial \varPhi}{\partial T}\right)_p = \dfrac{U + pV}{T^2}$ 代入上式, 得

$$\varPhi + T\left(\frac{\partial \varPhi}{\partial T}\right)_p = S - \frac{U + pV}{T} + T\left(\frac{\partial \varPhi}{\partial T}\right)_p = S$$

得证。

**例3.10** 一导热良好的固定隔板将一带无摩擦绝热活塞的绝热气缸分为左右两室, 左室中充入 1 mol 单原子理想气体 A, 右室中充入 2 mol 双原子理想气体 B, 起始温度均为 300 K, 压力均为 101.325 kPa, 始态如下图所示, 图中 C 为销钉, $p_{外}$ 为 50.663 kPa。

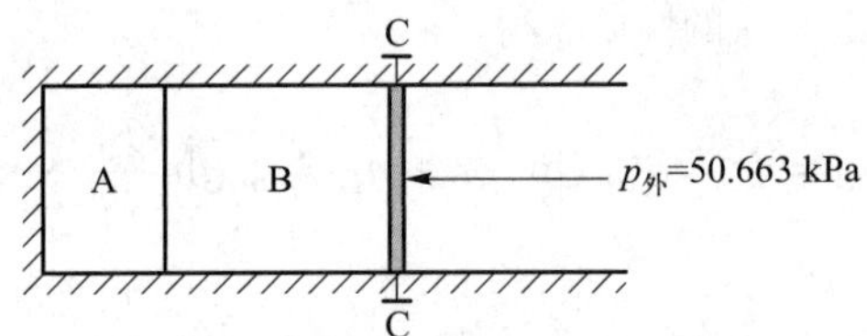


(1) 若将绝热活塞上的销钉 C 拔掉, 试求达平衡时该过程的功及系统的熵变。

(2) 若拔掉销钉后使其可逆膨胀至相同终态压力, 则该过程的功和系统熵变为多少?

**解**: (1) 据题意, 将气体 A 和 B 看成系统, 起始时 A 和 B 的温度、压力均相等, 达热力学平衡态。当拔掉销钉后, 气体 B 做绝热等外压膨胀, 终态压力等于外压, 温度和体积均发生变化。由于 A, B 间的隔板是固定的, 气体 A 的状态变化为等容过程; 又由于隔板导热良好, A 与 B 的终态温度相等。设终态温度为 $T_2$, 则系统 $(\mathrm{A+B})$ 的总熵变为

$$\Delta S=\Delta S_{\mathrm{A}}+\Delta S_{\mathrm{B}}=n_{\mathrm{A}}C_{V,\mathrm{m,A}}\ln\frac{T_2}{T_1}+n_{\mathrm{B}}C_{p,\mathrm{m,B}}\ln\frac{T_2}{T_1}+n_{\mathrm{B}}R\ln\frac{p_{\mathrm{B},1}}{p_{\mathrm{B},2}}$$

式中 $T_1, p_{\mathrm{B},1}$ 和 $p_{\mathrm{B},2}$ 均已知, 剩下的问题是如何获得终态温度 $T_2$。由于该过程在绝热气缸中进行, 活塞也是绝热的, 所以 $Q=0$。则有

$$\Delta U=W=W_{\mathrm{A}}+W_{\mathrm{B}}=0+W_{\mathrm{B}}=W_{\mathrm{B}}$$

建立下述联立方程即可求 $T_2$。

$$\begin{aligned}\Delta U&=\Delta U_{\mathrm{A}}+\Delta U_{\mathrm{B}}=n_{\mathrm{A}}C_{V,\mathrm{m,A}}(T_2-T_1)+n_{\mathrm{B}}C_{V,\mathrm{m,B}}(T_2-T_1)\\&=(1\ \mathrm{mol}\times1.5R+2\ \mathrm{mol}\times2.5R)(T_2-T_1)=(6.5\ \mathrm{mol}\times R)(T_2-300\ \mathrm{K})\end{aligned}\tag{a}$$

$$\begin{aligned}W&=W_{\mathrm{B}}=-p_{外}(V_{\mathrm{B},2}-V_{\mathrm{B},1})=-\left(p_{\mathrm{B},2}V_{\mathrm{B},2}-p_{\mathrm{B},2}V_{\mathrm{B},1}\right)=-n_{\mathrm{B}}R(T_2-T_{\mathrm{B},1}\frac{p_{\mathrm{B},2}}{p_{\mathrm{B},1}})\\&=-2\ \mathrm{mol}\times R\left(T_2-300\ \mathrm{K}\times\frac{1}{2}\right)\end{aligned}\tag{b}$$

联立式 (a) 和式 (b): $6.5\ \mathrm{mol}\times R(T_2-300\ \mathrm{K})=-2\ \mathrm{mol}\times R(T_2-150\ \mathrm{K})$

$$T_2=264.7\ \mathrm{K}$$

$$W=-2\ \mathrm{mol}\times8.314\ \mathrm{J\cdot mol^{-1}\cdot K^{-1}}\times(264.7\ \mathrm{K}-150\ \mathrm{K})=-1907\ \mathrm{J}$$

$$\Delta S_{\mathrm{A}}=n_{\mathrm{A}}C_{V,\mathrm{m,A}}\ln\frac{T_2}{T_1}=1\ \mathrm{mol}\times1.5\times8.314\ \mathrm{J\cdot mol^{-1}\cdot K^{-1}}\times\ln\frac{264.7\ \mathrm{K}}{300\ \mathrm{K}}=-1.56\ \mathrm{J\cdot K^{-1}}$$

$$\begin{aligned}\Delta S_{\mathrm{B}}&=n_{\mathrm{B}}C_{p,\mathrm{m,B}}\ln\frac{T_2}{T_1}+n_{\mathrm{B}}R\ln\frac{p_{\mathrm{B},1}}{p_{\mathrm{B},2}}\\&=2\ \mathrm{mol}\times(2.5+1)\times8.314\ \mathrm{J\cdot mol^{-1}\cdot K^{-1}}\times\ln\frac{264.7\ \mathrm{K}}{300\ \mathrm{K}}+2\ \mathrm{mol}\times8.314\ \mathrm{J\cdot mol^{-1}\cdot K^{-1}}\times\ln2\\&=4.24\ \mathrm{J\cdot K^{-1}}\end{aligned}$$

$$\Delta S = \Delta S_A + \Delta S_B = 2.68\ \text{J}\cdot\text{K}^{-1}$$

(2) 这是一个绝热可逆膨胀过程, 所以系统 (A + B) 的 $\Delta S = 0$, B 的终态压力 $p_{B,2} = p_{外} = \frac{1}{2}p_{B,1}$, 则终态温度可利用 $\Delta S = 0$ 的性质获得。

$$\Delta S = \Delta S_A + \Delta S_B = n_A C_{V,m,A} \ln\frac{T_2}{T_1} + n_B C_{p,m,B} \ln\frac{T_2}{T_1} + n_B R \ln\frac{p_{B,1}}{p_{B,2}}$$

$$0 = [n_A C_{V,m,A} + n_B (C_{V,m,B} + R)] \ln\frac{T_2}{T_1} + n_B R \ln\frac{p_{B,1}}{p_{B,2}}$$

$$0 = [1\ \text{mol} \times 1.5 + 2\ \text{mol} \times (2.5 + 1)] \times 8.314\ \text{J}\cdot\text{mol}^{-1}\cdot\text{K}^{-1} \times \ln\frac{T_2}{300\ \text{K}} + 2\ \text{mol} \times 8.314\ \text{J}\cdot\text{mol}^{-1}\cdot\text{K}^{-1} \times \ln 2$$

$$T_2 = 254.84\ \text{K}$$

因为 $Q = 0$, 所以

$$\begin{aligned} W = \Delta U = \Delta U_A + \Delta U_B &= n_A C_{V,m,A}(T_2 - T_1) + n_B C_{V,m,B}(T_2 - T_1) \\ &= 6.5\ \text{mol} \times 8.314\ \text{J}\cdot\text{mol}^{-1}\cdot\text{K}^{-1} \times (254.84\ \text{K} - 300\ \text{K}) = -2440.5\ \text{J} \end{aligned}$$

**另解**: 求终态温度 $T_2$ 的另一种方法如下。

对于可逆过程, 有 $$\delta W_B = -p_{B,内}\text{d}V$$

又 $p_B V_B = n_B R T_B$, 对该式全微分后得

$$p_B \text{d}V_B + V_B \text{d}p_B = n_B R \text{d}T_B$$

则 $$\delta W_B = -p_B \text{d}V_B = -(n_B R \text{d}T_B - V_B \text{d}p_B) = -\left(n_B R \text{d}T_B - n_B R T_B \frac{\text{d}p_B}{p_B}\right)$$

因为 $\delta Q = 0$, 所以 $$\text{d}U = \delta W = (\delta W_A + \delta W_B) = \delta W_B$$

则 $$6.5\ \text{mol} \times R\text{d}T = -2\ \text{mol} \times R\text{d}T + 2\ \text{mol} \times RT\frac{\text{d}p_B}{p_B}$$

$$4.25\int_{T_1}^{T_2} \frac{\text{d}T}{T} = \int_{p_{B,1}}^{p_{B,2}} \frac{\text{d}p_B}{p_B}$$

$$4.25 \ln\frac{T_2}{300\ \text{K}} = \ln\frac{1}{2}$$

$$T_2 = 254.84\ \text{K}$$

显然此法不如第一种方法简便。

**例3.11** 1 mol 单原子理想气体始态为 273 K, 101325 Pa, 分别经历下列可逆变化:

(1) 恒温下压力加倍;

(2) 恒压下体积加倍;

(3) 恒容下压力加倍;

(4) 绝热可逆膨胀至压力减少一半;

(5) 绝热不可逆反抗恒外压 $0.5 \times 101325$ Pa 膨胀至平衡。

试计算上述各过程的 $Q, W, \Delta U, \Delta H, \Delta S, \Delta G, \Delta A$。(已知 273 K, 101325 Pa 下该气体的摩尔熵为 $100\ \mathrm{J \cdot mol^{-1} \cdot K^{-1}}$。)

**解**: (1) 恒温下压力加倍, 则

$$\Delta U = \Delta H = 0$$

$$W = -Q = -nRT\ln\frac{p_1}{p_2} = -1\ \mathrm{mol} \times 8.314\ \mathrm{J \cdot mol^{-1} \cdot K^{-1}} \times 273\ \mathrm{K} \times \ln\frac{1}{2} = 1573\ \mathrm{J}$$

$$\Delta S = nR\ln\frac{p_1}{p_2} = 1\ \mathrm{mol} \times 8.314\ \mathrm{J \cdot mol^{-1} \cdot K^{-1}} \times \ln\frac{1}{2} = -5.763\ \mathrm{J \cdot K^{-1}}$$

$$\Delta A = W = 1573\ \mathrm{J}$$

$$\Delta G = \Delta A = 1573\ \mathrm{J}$$

或 $$\Delta G = nRT\ln\frac{p_2}{p_1} = 1573\ \mathrm{J}$$

(2) 恒压下体积加倍: $p = \dfrac{nRT}{V}$

当 $V_1 \rightarrow 2V_1$ 时, $T_1 \rightarrow 2T_1$, 则

$$\Delta U = nC_{V,\mathrm{m}}(T_2 - T_1) = 1\ \mathrm{mol} \times \frac{3}{2} \times 8.314\ \mathrm{J \cdot mol^{-1} \cdot K^{-1}} \times 273\ \mathrm{K} = 3405\ \mathrm{J}$$

$$\begin{aligned} W &= -p\Delta V = -p_1(2V_1 - V_1) = -p_1 V_1 = -nRT \\ &= -1\ \mathrm{mol} \times 8.314\ \mathrm{J \cdot mol^{-1} \cdot K^{-1}} \times 273\ \mathrm{K} = -2270\ \mathrm{J} \end{aligned}$$

$$Q = \Delta U - W = 5675\ \mathrm{J}$$

$$\Delta H = nC_{p,\mathrm{m}}(T_2 - T_1) = 1\ \mathrm{mol} \times \frac{5}{2} \times 8.314\ \mathrm{J \cdot mol^{-1} \cdot K^{-1}} \times 273\ \mathrm{K} = 5674\ \mathrm{J}$$

或 $$\Delta H = Q_p = 5674\ \mathrm{J}$$

$$\Delta S = nC_{p,\mathrm{m}}\ln\frac{T_2}{T_1} = 1\ \mathrm{mol} \times \frac{5}{2} \times 8.314\ \mathrm{J \cdot mol^{-1} \cdot K^{-1}} \times \ln 2 = 14.41\ \mathrm{J \cdot K^{-1}}$$

$$S_2 = S_1 + \Delta S = 1\ \mathrm{mol} \times 100\ \mathrm{J \cdot mol^{-1} \cdot K^{-1}} + 14.41\ \mathrm{J \cdot K^{-1}} = 114.4\ \mathrm{J \cdot K^{-1}}$$

$$\begin{aligned} \Delta G &= \Delta H - \Delta(TS) = \Delta H - (T_2 S_2 - T_1 S_1) \\ &= 5674\ \mathrm{J} - (2 \times 273\ \mathrm{K} \times 114.4\ \mathrm{J \cdot K^{-1}} - 273\ \mathrm{K} \times 100\ \mathrm{J \cdot K^{-1}}) = -2.949 \times 10^4\ \mathrm{J} \end{aligned}$$

$$\begin{aligned} \Delta A &= \Delta U - \Delta(TS) = \Delta U - (T_2 S_2 - T_1 S_1) \\ &= 3405\ \mathrm{J} - (2 \times 273\ \mathrm{K} \times 114.4\ \mathrm{J \cdot K^{-1}} - 273\ \mathrm{K} \times 100\ \mathrm{J \cdot K^{-1}}) = -3.176 \times 10^4\ \mathrm{J} \end{aligned}$$

(3) 恒容下压力加倍: $V = \dfrac{nRT}{p}$

当压力加倍时, 温度也加倍, 即 $T_2 = 2T_1$, 则

$$W = -p\Delta V = 0$$

$$\Delta U = nC_{V,\mathrm{m}}(T_2 - T_1) = 3405\ \mathrm{J}$$

$$Q_V = \Delta U = 3405\ \mathrm{J}$$

$$\Delta H = nC_{p,\mathrm{m}}(T_2 - T_1) = 5674\ \mathrm{J}$$

$$\Delta S = nC_{V,\mathrm{m}}\ln\frac{T_2}{T_1} = 1\ \mathrm{mol} \times \frac{3}{2} \times 8.314\ \mathrm{J \cdot mol^{-1} \cdot K^{-1}} \times \ln 2 = 8.644\ \mathrm{J \cdot K^{-1}}$$

$$S_2 = S_1 + \Delta S = 108.6\ \mathrm{J \cdot K^{-1}}$$

$$\Delta G = \Delta H - \Delta(TS) = \Delta H - (T_2S_2 - T_1S_1)$$

$$= 5674\ \mathrm{J} - (2 \times 273\ \mathrm{K} \times 108.6\ \mathrm{J \cdot K^{-1}} - 273\ \mathrm{K} \times 100\ \mathrm{J \cdot K^{-1}}) = -2.632 \times 10^4\ \mathrm{J}$$

$$\Delta A = \Delta U - \Delta(TS) = \Delta U - (T_2S_2 - T_1S_1)$$

$$= 3405\ \mathrm{J} - (2 \times 273\ \mathrm{K} \times 108.6\ \mathrm{J \cdot K^{-1}} - 273\ \mathrm{K} \times 100\ \mathrm{J \cdot K^{-1}}) = -2.859 \times 10^4\ \mathrm{J}$$

(4) 绝热可逆膨胀至压力减少一半:　　$Q = 0$

$$p_1^{1-\gamma}T_1^{\gamma} = p_2^{1-\gamma}T_2^{\gamma} \qquad \gamma = \frac{C_{p,\mathrm{m}}}{C_{V,\mathrm{m}}} = \frac{\frac{5}{2}R}{\frac{3}{2}R} = 1.667$$

$$\left(\frac{p_1}{p_2}\right)^{1-\gamma} = \left(\frac{T_2}{T_1}\right)^{\gamma} \qquad 2^{1-1.667} = \left(\frac{T_2}{273\ \mathrm{K}}\right)^{1.667}$$

$$T_2 = 207\ \mathrm{K}$$

$$\Delta U = nC_{V,\mathrm{m}}(T_2 - T_1) = 1\ \mathrm{mol} \times \frac{3}{2} \times 8.314\ \mathrm{J \cdot mol^{-1} \cdot K^{-1}} \times (207\ \mathrm{K} - 273\ \mathrm{K}) = -823.1\ \mathrm{J}$$

$$W = \Delta U = -823.1\ \mathrm{J}$$

$$\Delta H = nC_{p,\mathrm{m}}(T_2 - T_1) = 1\ \mathrm{mol} \times \frac{5}{2} \times 8.314\ \mathrm{J \cdot mol^{-1} \cdot K^{-1}} \times (207\ \mathrm{K} - 273\ \mathrm{K}) = -1372\ \mathrm{J}$$

$$\Delta S = \frac{Q_\mathrm{R}}{T} = 0$$

$$\Delta G = \Delta H - \Delta(TS) = \Delta H - S\Delta T$$

$$= -1372\ \mathrm{J} - 1\ \mathrm{mol} \times 100\ \mathrm{J \cdot mol^{-1} \cdot K^{-1}} \times (207\ \mathrm{K} - 273\ \mathrm{K}) = 5228\ \mathrm{J}$$

$$\Delta A = \Delta U - S\Delta T = -823.1\ \mathrm{J} - 1\ \mathrm{mol} \times 100\ \mathrm{J \cdot mol^{-1} \cdot K^{-1}} \times (207\ \mathrm{K} - 273\ \mathrm{K}) = 5777\ \mathrm{J}$$

(5) 绝热不可逆反抗恒外压 $0.5 \times 101325$ Pa 膨胀至平衡。绝热不可逆过程中不可使用绝热可逆过程方程, 现利用下述方法求终态温度:

$$Q = 0$$

$$\Delta U = W$$

$$nC_{V,\mathrm{m}}(T_2 - T_1) = -p_{外}(V_2 - V_1)$$

$$n\frac{3}{2}R(T_2 - T_1) = -nR\left(T_2 - \frac{T_1}{p_1}p_2\right)$$

$$\frac{3}{2}(T_2 - 273\ \mathrm{K}) = -T_2 + \frac{273\ \mathrm{K}}{101325\ \mathrm{Pa}} \times (0.5 \times 101325\ \mathrm{Pa})$$

$$T_2 = 218.4\ \mathrm{K}$$

$$\Delta U = nC_{V,\mathrm{m}}(T_2 - T_1) = 1\ \mathrm{mol} \times \frac{3}{2} \times 8.314\ \mathrm{J \cdot mol^{-1} \cdot K^{-1}} \times (218.4\ \mathrm{K} - 273\ \mathrm{K}) = -680.9\ \mathrm{J}$$

$$\Delta H = nC_{p,\mathrm{m}}(T_2 - T_1) = 1\ \mathrm{mol} \times \frac{5}{2} \times 8.314\ \mathrm{J \cdot mol^{-1} \cdot K^{-1}} \times (218.4\ \mathrm{K} - 273\ \mathrm{K}) = -1135\ \mathrm{J}$$

理想气体的绝热不可逆过程的熵变计算可使用从状态 1 到状态 2 的普遍熵变公式:

$$\begin{aligned}\Delta S &= nR\ln\frac{p_1}{p_2} + nC_{p,\mathrm{m}}\ln\frac{T_2}{T_1}\\ &= 1\ \mathrm{mol} \times 8.314\ \mathrm{J \cdot mol^{-1} \cdot K^{-1}} \times \ln\frac{1}{0.5} + 1\ \mathrm{mol} \times 8.314\ \mathrm{J \cdot mol^{-1} \cdot K^{-1}} \times \ln\frac{218.4\ \mathrm{K}}{273\ \mathrm{K}}\\ &= 1.125\ \mathrm{J \cdot K^{-1}}\end{aligned}$$

$$S_2 = S_1 + \Delta S = 101.1\ \mathrm{J \cdot K^{-1}}$$

$$\begin{aligned}\Delta G &= \Delta H - \Delta(TS) = \Delta H - (T_2S_2 - T_1S_1)\\ &= -1135\ \mathrm{J} - (218.4\ \mathrm{K} \times 101.1\ \mathrm{J \cdot K^{-1}} - 273\ \mathrm{K} \times 100\ \mathrm{J \cdot K^{-1}}) = 4085\ \mathrm{J}\end{aligned}$$

$$\begin{aligned}\Delta A &= \Delta U - \Delta(TS) = \Delta U - (T_2S_2 - T_1S_1)\\ &= -680.9\ \mathrm{J} - (218.4\ \mathrm{K} \times 101.1\ \mathrm{J \cdot K^{-1}} - 273\ \mathrm{K} \times 100\ \mathrm{J \cdot K^{-1}}) = 4539\ \mathrm{J}\end{aligned}$$

**例3.12**　请计算 1 mol 过冷苯 (液) 在 268.2 K, 101325 Pa 时凝固过程的 $\Delta S$ 和 $\Delta G$。已知 268.2 K 时固态苯和液态苯的饱和蒸气压分别为 2280 Pa 和 2675 Pa, 268.2 K 时苯的熔化焓为 9860 $\mathrm{J \cdot mol^{-1}}$。

**解**: 根据已知条件设计如下可逆过程。

(268.2 K, 101325 Pa)　$C_6H_6(l) \xrightarrow{\Delta G} C_6H_6(s)$　(268.2 K, 101325 Pa)

$\downarrow$ (1)　　　　$\uparrow$ (5)

(268.2 K, 2675 Pa)　$C_6H_6(l)$　　$C_6H_6(s)$　(268.2 K, 2280 Pa)

$\downarrow$ (2)　　　　$\uparrow$ (4)

(268.2 K, 2675 Pa)　$C_6H_6(g) \xrightarrow{(3)} C_6H_6(g)$　(268.2 K, 2280 Pa)

$$\Delta G_1 = \int_{p_1}^{p_2} V_\mathrm{l}\mathrm{d}p = V_\mathrm{l}(p_2 - p_1) = V_\mathrm{l}(2675\ \mathrm{Pa} - 101325\ \mathrm{Pa})$$

$$\Delta G_5 = \int_{p_1}^{p_2} V_\mathrm{s}\mathrm{d}p = V_\mathrm{s}(p_2 - p_1) = V_\mathrm{s}(101325\ \mathrm{Pa} - 2280\ \mathrm{Pa})$$

忽略液态苯的体积和固态苯的体积差别, 忽略 $\Delta p_1$ 和 $\Delta p_2$ 的误差, 则

$$\Delta G_1 \approx -\Delta G_5$$

过程 (2) 和 (4) 都是恒温恒压可逆相变过程, 则

$$\Delta G_2 = 0, \quad \Delta G_4 = 0$$

$$\Delta G_3 = nRT\ln\frac{p_2}{p_1} = 1\ \mathrm{mol} \times 8.314\ \mathrm{J \cdot mol^{-1} \cdot K^{-1}} \times 268.2\ \mathrm{K} \times \ln\frac{2280\ \mathrm{Pa}}{2675\ \mathrm{Pa}} = -356.3\ \mathrm{J}$$

$$\Delta G = \Delta G_1 + \Delta G_2 + \Delta G_3 + \Delta G_4 + \Delta G_5 = \Delta G_3 = -356.3\ \mathrm{J}$$

$$\Delta S=\frac{\Delta H-\Delta G}{T}=\frac{1\ \mathrm{mol}\times(-9860\ \mathrm{J\cdot mol^{-1}})-(-356.3\ \mathrm{J})}{268.2\ \mathrm{K}}=-35.44\ \mathrm{J\cdot K^{-1}}$$

**例3.13** 某实际气体状态方程 $\left(p+\dfrac{a}{V_\mathrm{m}^2}\right)V_\mathrm{m}=RT$, 式中 $a$ 为常数, 在压力不太大的情况下, 将 1 mol 该气体从 $p_1, V_1$ 经恒温可逆过程变化到 $p_2, V_2$, 求该过程的 $\Delta U, \Delta H, \Delta S, \Delta A, \Delta G, Q$ 和 $W$。

**解**: 对于非理想气体经历不同过程后诸热力学函数变量的求算, 不管过程可逆与否, 均可以利用全微分的性质, 即

$$\mathrm{d}Z=\left(\frac{\partial Z}{\partial x}\right)_y\mathrm{d}x+\left(\frac{\partial Z}{\partial y}\right)_x\mathrm{d}y$$

但在求算与过程有关的 $Q$ 和 $W$ 时, 需分别对待。对于可逆过程, 可以用 $W=-\int p\mathrm{d}V, Q_\mathrm{R}=T\Delta S$ 或 $\Delta U=Q+W$; 对于不可逆过程, 只能用 $\Delta U=Q+W$。

所有的热力学函数变量均用已知值 $p_1, V_1, p_2, V_2$ 表示, 所以设热力学变量为 $T$ 和 $V$:

(1) $U=f(T,V)$

$$\mathrm{d}U=\left(\frac{\partial U}{\partial T}\right)_V\mathrm{d}T+\left(\frac{\partial U}{\partial V}\right)_T\mathrm{d}V=\left(\frac{\partial U}{\partial V}\right)_T\mathrm{d}V \qquad (\text{因为恒温过程, } \mathrm{d}T=0)$$

$$=T\left(\frac{\partial S}{\partial V}\right)_T-p \qquad (\text{因为 } \mathrm{d}U=T\mathrm{d}S-p\mathrm{d}V)$$

$$=T\left(\frac{\partial p}{\partial T}\right)_V-p \qquad \left[\text{因为 } \left(\frac{\partial S}{\partial V}\right)_T=\left(\frac{\partial p}{\partial T}\right)_V\right]$$

$$=T\frac{\partial}{\partial T}\left(\frac{RT}{V_\mathrm{m}}-\frac{a}{V_\mathrm{m}^2}\right)_V-p \qquad \left(\text{因为 } p=\frac{RT}{V_\mathrm{m}}-\frac{a}{V_\mathrm{m}^2}\right)$$

$$=T\frac{R}{V_\mathrm{m}}-p=\frac{a}{V_\mathrm{m}^2}$$

$$\Delta U_\mathrm{m}=\int_{V_{\mathrm{m},1}}^{V_{\mathrm{m},2}}\frac{a}{V_\mathrm{m}^2}\mathrm{d}V=a\left(\frac{1}{V_{\mathrm{m},1}}-\frac{1}{V_{\mathrm{m},2}}\right)$$

(2) $H=f(T,V)$

$$\mathrm{d}H=\left(\frac{\partial H}{\partial T}\right)_V\mathrm{d}T+\left(\frac{\partial H}{\partial V}\right)_T\mathrm{d}V=\left(\frac{\partial H}{\partial V}\right)_T\mathrm{d}V \qquad (\text{因为恒温过程, } \mathrm{d}T=0)$$

$$=\left[T\left(\frac{\partial S}{\partial V}\right)_T+V\left(\frac{\partial p}{\partial V}\right)_T\right]\mathrm{d}V \qquad (\text{因为 } \mathrm{d}H=T\mathrm{d}S+V\mathrm{d}p)$$

$$=\left[T\left(\frac{\partial p}{\partial T}\right)_V+V\left(\frac{\partial p}{\partial V}\right)_T\right]\mathrm{d}V \qquad \left[\text{因为 } \left(\frac{\partial S}{\partial V}\right)_T=\left(\frac{\partial p}{\partial T}\right)_V\right]$$

$$=\left[T\frac{R}{V_\mathrm{m}}+V_\mathrm{m}\left(-\frac{RT}{V_\mathrm{m}^2}+\frac{2a}{V_\mathrm{m}^3}\right)\right]\mathrm{d}V_\mathrm{m} \qquad \left(\text{因为 } p=\frac{RT}{V_\mathrm{m}}-\frac{a}{V_\mathrm{m}^2}\right)$$

$$=\frac{2a}{V_\mathrm{m}^2}\mathrm{d}V_\mathrm{m}$$

$$\Delta H_{\rm m}=\int_{V_{\rm m,1}}^{V_{\rm m,2}}\frac{2a}{V_{\rm m}^2}{\rm d}V_{\rm m}=2a\left(\frac{1}{V_{\rm m,1}}-\frac{1}{V_{\rm m,2}}\right)$$

或　$\Delta H=\Delta U+\Delta(pV)=\Delta U+(p_2V_{\rm m,2}-p_1V_{\rm m,1})$

$$=a\left(\frac{1}{V_{\rm m,1}}-\frac{1}{V_{\rm m,2}}\right)+\left(RT-\frac{a}{V_{\rm m,2}}\right)-\left(RT-\frac{a}{V_{\rm m,1}}\right)$$

$$=2a\left(\frac{1}{V_{\rm m,1}}-\frac{1}{V_{\rm m,2}}\right)$$

(3) $S=f(T,V)$

$${\rm d}S=\left(\frac{\partial S}{\partial T}\right)_V{\rm d}T+\left(\frac{\partial S}{\partial V}\right)_T{\rm d}V=\left(\frac{\partial S}{\partial V}\right)_T{\rm d}V\qquad(\text{因为恒温过程, }{\rm d}T=0)$$

$$=\left(\frac{\partial p}{\partial T}\right)_V{\rm d}V=\frac{R}{V_{\rm m}}{\rm d}V_{\rm m}\qquad\left(\text{因为 }p=\frac{RT}{V_{\rm m}}-\frac{a}{V_{\rm m}^2}\right)$$

$$\Delta S_{\rm m}=\int_{V_{\rm m,1}}^{V_{\rm m,2}}\frac{R}{V_{\rm m}}{\rm d}V_{\rm m}=R\ln\frac{V_{\rm m,2}}{V_{\rm m,1}}$$

(4) $\Delta A_{\rm m}=\Delta U_{\rm m}-T\Delta S_{\rm m}=a\left(\frac{1}{V_{\rm m,1}}-\frac{1}{V_{\rm m,2}}\right)-RT\ln\frac{V_{\rm m,2}}{V_{\rm m,1}}$

(5) $\Delta G_{\rm m}=\Delta H_{\rm m}-T\Delta S_{\rm m}=2a\left(\frac{1}{V_{\rm m,1}}-\frac{1}{V_{\rm m,2}}\right)-RT\ln\frac{V_{\rm m,2}}{V_{\rm m,1}}$

(6) 因为本过程是恒温可逆过程, 所以 $W=-\int p{\rm d}V$, 即

$$W=-\int_{V_{\rm m,1}}^{V_{\rm m,2}}p{\rm d}V_{\rm m}=-\int_{V_{\rm m,1}}^{V_{\rm m,2}}\left(\frac{RT}{V_{\rm m}}-\frac{a}{V_{\rm m}^2}\right){\rm d}V_{\rm m}$$

$$=-RT\ln\frac{V_{\rm m,2}}{V_{\rm m,1}}+a\left(\frac{1}{V_{\rm m,1}}-\frac{1}{V_{\rm m,2}}\right)$$

或
$$W=(\Delta A)_T=-RT\ln\frac{V_{\rm m,2}}{V_{\rm m,1}}+a\left(\frac{1}{V_{\rm m,1}}-\frac{1}{V_{\rm m,2}}\right)$$

(7) $Q=\Delta U-W=a\left(\frac{1}{V_{\rm m,1}}-\frac{1}{V_{\rm m,2}}\right)+RT\ln\frac{V_{\rm m,2}}{V_{\rm m,1}}-a\left(\frac{1}{V_{\rm m,1}}-\frac{1}{V_{\rm m,2}}\right)=RT\ln\frac{V_{\rm m,2}}{V_{\rm m,1}}$

或对于可逆过程
$$Q_{\rm R}=T\Delta S=RT\ln\frac{V_{\rm m,2}}{V_{\rm m,1}}$$

本题的运算方法具有一定的代表性。只要知道状态方程式, 不同系统经历不同过程后的热力学状态函数变量和过程中热和功的求算方法, 均可使用本题的解法。

**例3.14**　证明: (1) $T{\rm d}S=C_V\left(\frac{\partial T}{\partial p}\right)_V{\rm d}p+C_p\left(\frac{\partial T}{\partial V}\right)_p{\rm d}V$

(2) 已知物质的等温压缩系数 $\kappa$ 和绝热压缩系数 $\kappa_S$ 分别为

$$\kappa=-\frac{1}{V}\left(\frac{\partial V}{\partial p}\right)_T,\qquad\kappa_S=-\frac{1}{V}\left(\frac{\partial V}{\partial p}\right)_S$$

试证明 $\dfrac{\kappa}{\kappa_S}=\dfrac{C_p}{C_V}=\gamma$。

**解**: (1) 设 $S=S(p,V)$, 则

$$\mathrm{d}S=\left(\frac{\partial S}{\partial p}\right)_V\mathrm{d}p+\left(\frac{\partial S}{\partial V}\right)_p\mathrm{d}V=\left(\frac{\partial S}{\partial T}\right)_V\left(\frac{\partial T}{\partial p}\right)_V\mathrm{d}p+\left(\frac{\partial S}{\partial T}\right)_p\left(\frac{\partial T}{\partial V}\right)_p\mathrm{d}V$$

$$=\frac{C_V}{T}\left(\frac{\partial T}{\partial p}\right)_V\mathrm{d}p+\frac{C_p}{T}\left(\frac{\partial T}{\partial V}\right)_p\mathrm{d}V$$

$$T\mathrm{d}S=C_V\left(\frac{\partial T}{\partial p}\right)_V\mathrm{d}p+C_p\left(\frac{\partial T}{\partial V}\right)_p\mathrm{d}V$$

(2) $$\frac{\kappa}{\kappa_S}=\frac{-\dfrac{1}{V}\left(\dfrac{\partial V}{\partial p}\right)_T}{-\dfrac{1}{V}\left(\dfrac{\partial V}{\partial p}\right)_S}=\left(\frac{\partial V}{\partial p}\right)_T\left(\frac{\partial p}{\partial V}\right)_S \tag{a}$$

由题 (a) 中 $T\mathrm{d}S$ 方程可知, 当 $\mathrm{d}S=0$ 时, 有

$$\left(\frac{\partial p}{\partial V}\right)_S=-\frac{C_p(\partial T/\partial V)_p}{C_V(\partial T/\partial p)_V} \tag{b}$$

将式 (b) 代入式 (a) 得

$$\frac{\kappa}{\kappa_S}=-\frac{C_p}{C_V}\left(\frac{\partial V}{\partial p}\right)_T\left(\frac{\partial T}{\partial V}\right)_p\left(\frac{\partial p}{\partial T}\right)_V=\frac{C_p}{C_V}=\gamma$$

**例3.15** 用六种不同方法将偏微商 $\left(\dfrac{\partial H}{\partial G}\right)_S$ 转换成实验可测量的表达式:

$$\left(\frac{\partial H}{\partial G}\right)_S=\frac{C_p}{C_p-ST\alpha}\qquad\left[\text{式中 }\alpha=\frac{1}{V}\left(\frac{\partial V}{\partial T}\right)_p\right]$$

**解**: (1) 利用偏微商循环法则:

$$\left(\frac{\partial H}{\partial G}\right)_S=\frac{(\partial H/\partial p)_S}{(\partial G/\partial p)_S}=\frac{V}{[\partial(H-TS)/\partial p]_S}=\frac{V}{V-S(\partial T/\partial p)_S} \tag{a}$$

$$\left(\frac{\partial T}{\partial p}\right)_S=-\frac{(\partial S/\partial p)_T}{(\partial S/\partial T)_p}=\frac{(\partial V/\partial T)_p}{C_p/T}=\frac{T}{C_p}\left(\frac{\partial V}{\partial T}\right)_p \tag{b}$$

将式 (b) 代入式 (a) 得

$$\left(\frac{\partial H}{\partial G}\right)_S=\frac{V}{V-\dfrac{ST}{C_p}\left(\dfrac{\partial V}{\partial T}\right)_p}=\frac{C_p}{C_p-ST\alpha}$$

(2) 利用热力学基本方程和 Maxwell 关系式:

$$\mathrm{d}H=T\mathrm{d}S+V\mathrm{d}p \tag{c}$$

$$\mathrm{d}G=-S\mathrm{d}T+V\mathrm{d}p \tag{d}$$

联立式 (c) 和式 (d) 得 $\mathrm{d}H - T\mathrm{d}S = \mathrm{d}G + S\mathrm{d}T$

当恒定熵值时, $\mathrm{d}S = 0$, 则

$$\left(\frac{\partial H}{\partial G}\right)_S = 1 + S\left(\frac{\partial T}{\partial G}\right)_S \tag{e}$$

对式 (d) 微商得

$$\left(\frac{\partial G}{\partial T}\right)_S = -S + V\left(\frac{\partial p}{\partial T}\right)_S \tag{f}$$

$$\left(\frac{\partial p}{\partial T}\right)_S = -\left(\frac{\partial S}{\partial T}\right)_p\left(\frac{\partial p}{\partial S}\right)_T = \frac{C_p}{T}\left(\frac{\partial T}{\partial V}\right)_p \tag{g}$$

将式 (g) 代入式 (f) 得

$$\left(\frac{\partial G}{\partial T}\right)_S = -S + V\frac{C_p}{T}\left(\frac{\partial T}{\partial V}\right)_p \tag{h}$$

将式 (h) 代入式 (e) 得

$$\left(\frac{\partial H}{\partial G}\right)_S = 1 + \frac{S}{-S + V\dfrac{C_p}{T}\left(\dfrac{\partial T}{\partial V}\right)_p} = 1 + \frac{S}{-S + C_p/(T\alpha)} = \frac{C_p}{C_p - ST\alpha}$$

(3) 用求算一阶偏微商通式:

$$\left(\frac{\partial Z}{\partial x}\right)_y = \frac{\left(\dfrac{\partial Z}{\partial S}\right)_t\left(\dfrac{\partial y}{\partial t}\right)_S - \left(\dfrac{\partial Z}{\partial t}\right)_S\left(\dfrac{\partial y}{\partial S}\right)_t}{\left(\dfrac{\partial x}{\partial S}\right)_t\left(\dfrac{\partial y}{\partial t}\right)_S - \left(\dfrac{\partial x}{\partial t}\right)_S\left(\dfrac{\partial y}{\partial S}\right)_t}$$

本题中 $Z$–$H$, $x$–$G$, $y$–$S$, $S$–$T$, $t$–$p$ 分别代入上式后得

$$\left(\frac{\partial H}{\partial G}\right)_S = \frac{\left(\dfrac{\partial H}{\partial T}\right)_p\left(\dfrac{\partial S}{\partial p}\right)_T - \left(\dfrac{\partial H}{\partial p}\right)_T\left(\dfrac{\partial S}{\partial T}\right)_p}{\left(\dfrac{\partial G}{\partial T}\right)_p\left(\dfrac{\partial S}{\partial p}\right)_T - \left(\dfrac{\partial G}{\partial p}\right)_T\left(\dfrac{\partial S}{\partial T}\right)_p} = \frac{C_p(-\partial V/\partial T)_p - [V - T(\partial V/\partial T)_p]\dfrac{C_p}{T}}{-S(-\partial V/\partial T)_p - V\dfrac{C_p}{T}}$$

$$= \frac{-V\dfrac{C_p}{T}}{S(\partial V/\partial T)_p - V\dfrac{C_p}{T}} = \frac{C_p}{-ST\dfrac{1}{V}\left(\dfrac{\partial V}{\partial T}\right)_p + C_p} = \frac{C_p}{C_p - ST\alpha}$$

(4) 用 Tobolsky 方法:

① 从 $\left(\dfrac{\partial H}{\partial G}\right)_S$ 写出 $H = H(G,S)$ 的全微分关系式:

$$\mathrm{d}H = \left(\frac{\partial H}{\partial G}\right)_S\mathrm{d}G + \left(\frac{\partial H}{\partial S}\right)_G\mathrm{d}S = x\mathrm{d}G + y\mathrm{d}S \tag{i}$$

② 从实验可测量 $T,p$ 为独立变量, 写出 $H,G,S$ 的全微商。然后用相关的 Maxwell 关系, 转换为与实测量有关的表达式。

$$\mathrm{d}H=\left(\frac{\partial H}{\partial T}\right)_p\mathrm{d}T+\left(\frac{\partial H}{\partial p}\right)_T\mathrm{d}p=C_p\mathrm{d}T+\left[V-T\left(\frac{\partial V}{\partial T}\right)_p\right]\mathrm{d}p \tag{j}$$

$$\mathrm{d}G=\left(\frac{\partial G}{\partial T}\right)_p\mathrm{d}T+\left(\frac{\partial G}{\partial p}\right)_T\mathrm{d}p=-S\mathrm{d}T+V\mathrm{d}p \tag{k}$$

$$\mathrm{d}S=\left(\frac{\partial S}{\partial T}\right)_p\mathrm{d}T+\left(\frac{\partial S}{\partial p}\right)_T\mathrm{d}p=\frac{C_p}{T}\mathrm{d}T-\left(\frac{\partial V}{\partial T}\right)_p\mathrm{d}p \tag{l}$$

③ 将式 (j)、式 (k)、式 (l) 代入式 (i) 得

$$C_p\mathrm{d}T+\left[V-T\left(\frac{\partial V}{\partial T}\right)_p\right]\mathrm{d}p=x(-S\mathrm{d}T+V\mathrm{d}p)+y\left[\frac{C_p}{T}\mathrm{d}T-\left(\frac{\partial V}{\partial T}\right)_p\mathrm{d}p\right]$$

$$\left(C_p+xS-y\frac{C_p}{T}\right)\mathrm{d}T+\left\{\left[V-T\left(\frac{\partial V}{\partial T}\right)_p\right]-xV+y\left(\frac{\partial V}{\partial T}\right)_p\right\}\mathrm{d}p=0$$

上式中 $\mathrm{d}T$ 和 $\mathrm{d}p$ 的系数应为零, 则

$$C_p=-xS+y\frac{C_p}{T} \tag{m}$$

$$V-T\left(\frac{\partial V}{\partial T}\right)_p=xV-y\left(\frac{\partial V}{\partial T}\right)_p \tag{n}$$

由式 (m) 得

$$y=\frac{C_p+xS}{C_p/T}=T+\frac{SxT}{C_p} \tag{o}$$

将式 (o) 代入式 (n) 得

$$V-T\left(\frac{\partial V}{\partial T}\right)_p=xV-\left(T+\frac{SxT}{C_p}\right)\left(\frac{\partial V}{\partial T}\right)_p=xV-T\left(\frac{\partial V}{\partial T}\right)_p-\frac{SxT}{C_p}\left(\frac{\partial V}{\partial T}\right)_p$$

$$V=x\left[V-\frac{ST}{C_p}\left(\frac{\partial V}{\partial T}\right)_p\right]$$

$$x=\frac{1}{1-\dfrac{ST}{C_pV}\left(\dfrac{\partial V}{\partial T}\right)_p}=\frac{C_p}{C_p-ST\alpha}$$

所以

$$\left(\frac{\partial H}{\partial G}\right)_S=x=\frac{C_p}{C_p-ST\alpha}$$

(5) Jacobi 行列式法:

$$\left(\frac{\partial H}{\partial G}\right)_S=\frac{(\partial H,S)}{(\partial G,S)}=\frac{\dfrac{\partial(H,S)}{\partial(T,p)}}{\dfrac{\partial(G,S)}{\partial(T,p)}}=\frac{\left(\dfrac{\partial H}{\partial T}\right)_p\left(\dfrac{\partial S}{\partial p}\right)_T-\left(\dfrac{\partial H}{\partial p}\right)_T\left(\dfrac{\partial S}{\partial T}\right)_p}{\left(\dfrac{\partial G}{\partial T}\right)_p\left(\dfrac{\partial S}{\partial p}\right)_T-\left(\dfrac{\partial G}{\partial p}\right)_T\left(\dfrac{\partial S}{\partial T}\right)_p}$$

$$=\frac{-C_p\left(\dfrac{\partial V}{\partial T}\right)_p-\left[V-T\left(\dfrac{\partial V}{\partial T}\right)_p\right]\dfrac{C_p}{T}}{-S\left[-\left(\dfrac{\partial V}{\partial T}\right)_p\right]-V\dfrac{C_p}{T}}=\frac{-V\dfrac{C_p}{T}}{S\left(\dfrac{\partial V}{\partial T}\right)_p-V\dfrac{C_p}{T}}$$

$$= \frac{1}{1 - \frac{ST}{VC_p}\left(\frac{\partial V}{\partial T}\right)_p} = \frac{C_p}{C_p - ST\alpha}$$

(6) 使用 Bridgman 偏微分等式表示法 (见教材附录):

使用方法如下: 先将偏微商 $(\partial H/\partial G)_S$ 拆为两项, $(\partial H)_S$ 和 $(\partial G)_S$。在熵是常量栏内查出:

$$(\partial H)_S = -\frac{VC_p}{T}$$

$$(\partial G)_S = -\frac{1}{T}\left[VC_p - ST\left(\frac{\partial V}{\partial T}\right)_p\right]$$

将偏微商 $(\partial H/\partial G)_S$ 书写为上述两项之商后代入得

$$\left(\frac{\partial H}{\partial G}\right)_S = \frac{(\partial H)_S}{(\partial G)_S} = \frac{-VC_p/T}{-\frac{1}{T}\left[VC_p - ST\left(\frac{\partial V}{\partial T}\right)_p\right]} = \frac{1}{1 - \frac{ST}{VC_p}\left(\frac{\partial V}{\partial T}\right)_p} = \frac{C_p}{C_p - ST\alpha}$$

从上述六种计算方法可见: 使用 Bridgman 偏微分等式表示法求算热力学一阶偏微商最为简便。使用 Tobolsky 方法最为正统, 按部就班, 一定能得到结果。使用一阶偏微商通式最直接。使用 Jacobi 行列式法, 在引人 $T, p$ 变量后转难为易了。使用偏微商循环法则和热力学基本方程, 要视具体情况具体对待, 比较灵活, 使用恰当, 会有捷径。

**例3.16**　计算下述催化加氢反应, 在 298 K 和标准压力 $p^\ominus$ 下的熵变。

$$C_2H_2(g) + 2H_2(g) \longrightarrow C_2H_6(g)$$

已知 $C_2H_2(g)$, $H_2(g)$, $C_2H_6(g)$ 在 298 K 和标准压力 $p^\ominus$ 下的标准摩尔熵分别为 200.94 $J\cdot mol^{-1}\cdot K^{-1}$, 130.684 $J\cdot mol^{-1}\cdot K^{-1}$, 229.60 $J\cdot mol^{-1}\cdot K^{-1}$。

**解:** $\Delta_r S_m^\ominus = \sum_B \nu_B S_{m,B}^\ominus = S_m^\ominus(C_2H_6, g) - S_m^\ominus(C_2H_2, g) - 2S_m^\ominus(H_2, g)$

$$= 229.60\ J\cdot mol^{-1}\cdot K^{-1} - 200.94\ J\cdot mol^{-1}\cdot K^{-1} - 2 \times 130.684\ J\cdot mol^{-1}\cdot K^{-1}$$

$$= -232.71\ J\cdot mol^{-1}\cdot K^{-1}$$

**例3.17**　对于乙炔加氢生成乙烷的反应: $C_2H_2(g) + 2H_2(g) \longrightarrow C_2H_6(g)$, 计算其在标准压力 $p^\ominus$ 下分别在 298.15 K 及 398.15 K 时的 Gibbs 自由能变化值。

已知在 298.15 K, $p^\ominus$ 下各物质的 $\Delta_c H_m^\ominus$, $S_m^\ominus$ 和 $C_{p,m}$ 的数据如下:

| 物质 | $\Delta_c H_m^\ominus/(kJ\cdot mol^{-1})$ | $S_m^\ominus/(J\cdot mol^{-1}\cdot K^{-1})$ | $C_{p,m}/(J\cdot mol^{-1}\cdot K^{-1})$ |
|---|---|---|---|
| $H_2(g)$ | −285.8 | 130.59 | 28.84 |
| $C_2H_2(g)$ | −1299.6 | 200.82 | 43.93 |
| $C_2H_6(g)$ | −1559.8 | 229.49 | 52.65 |

**解:**　$$\Delta_r H_m^\ominus(298.15\ K) = -\sum_B \nu_B \Delta_c H_m^\ominus(298.15\ K) = -311.4\ kJ\cdot mol^{-1}$$

$$\Delta_r S_m^{\ominus}(298.15\ \text{K}) = \sum_B \nu_B S_m^{\ominus}(298.15\ \text{K}) = -232.51\ \text{J}\cdot\text{mol}^{-1}\cdot\text{K}^{-1}$$

298.15 K 时:
$$\Delta_r G_m^{\ominus} = \Delta_r H_m^{\ominus} - T\Delta_r S_m^{\ominus} = -242.1\ \text{kJ}\cdot\text{mol}^{-1}$$

$$\Delta_r H_m^{\ominus}(398.15\ \text{K}) = \Delta_r H_m^{\ominus}(298.15\ \text{K}) + \int_{T_1}^{T_2} \sum_B \nu_B C_{p,m}(\text{B})\text{d}T = -316.3\ \text{kJ}\cdot\text{mol}^{-1}$$

$$\Delta_r S_m^{\ominus}(398.15\ \text{K}) = \Delta_r S_m^{\ominus}(298.15\ \text{K}) + \int_{T_1}^{T_2} \sum_B \nu_B \frac{C_{p,m}(\text{B})}{T}\text{d}T = -246.7\ \text{J}\cdot\text{mol}^{-1}\cdot\text{K}^{-1}$$

398.15 K 时:
$$\Delta_r G_m^{\ominus} = \Delta_r H_m^{\ominus} - T\Delta_r S_m^{\ominus} = -218.1\ \text{kJ}\cdot\text{mol}^{-1}$$

## 三、习题及解答

**3.1** 对于 Carnot 机:

(1) 已知水在 $50p^{\ominus}$ 下沸点为 265 ℃, $p^{\ominus}$ 下沸点为 100 ℃, 试比较: (a) 在 $p^{\ominus}$ 下, (b) 在 $50p^{\ominus}$ 下, 工作于水的沸点的蒸汽机的理论效率。假定低温热源温度均为 40 ℃。

(2) 在题 (1) 中, 若两种情况下都要对外做功 1000 J, 则必须从高温热源吸热各多少?

(3) 欲提高 Carnot 机效率, 是保持 $T_1$ 不变、升高 $T_2$ 好, 还是保持 $T_2$ 不变、降低 $T_1$ 好? 并说明理由。

**解**: (1) $\eta = \dfrac{T_h - T_c}{T_h}$

$$\eta_1 = \frac{(273+100)\ \text{K} - (273+40)\ \text{K}}{(273+100)\ \text{K}} = 0.161$$

$$\eta_2 = \frac{(273+265)\ \text{K} - (273+40)\ \text{K}}{(273+265)\ \text{K}} = 0.418$$

(2) $\eta = \dfrac{-W}{Q_h}$

$$Q_1 = \frac{-W}{\eta_1} = \frac{-1000\ \text{J}}{0.161} = 6.211\ \text{kJ}$$

$$Q_2 = \frac{-W}{\eta_2} = \frac{-1000\ \text{J}}{0.418} = 2.392\ \text{kJ}$$

(3) 因为
$$\eta = \frac{T_h - T_c}{T_h} = \frac{T_2 - T_1}{T_2}$$

所以
$$\left(\frac{\partial \eta}{\partial T_2}\right)_{T_1} = \frac{T_1}{T_2^2}$$

$$-\left(\frac{\partial \eta}{\partial T_1}\right)_{T_2} = \frac{1}{T_2}$$

则
$$\left(\frac{\partial\eta}{\partial T_2}\right)_{T_1} < -\left(\frac{\partial\eta}{\partial T_1}\right)_{T_2}$$

故降低 $T_1$ 为好。

**3.2** 一系统有 2 mol $N_2(g)$, 可当成理想气体处理, 已知 $N_2(g)$ 的 $C_{V,m} = 2.5R$。300 K 时, 该系统从 100 kPa 的始态出发, 经绝热可逆压缩至 300 kPa 后, 再真空膨胀至 100 kPa, 求整个过程的 $Q, W, \Delta U, \Delta H$ 和 $\Delta S$。

**解**: (1) 绝热可逆压缩:

$$Q_1 = Q_R = 0 \qquad \Delta S_1 = \frac{Q_R}{T} = 0$$

根据绝热过程方程式求终态的温度:

$$p_1^{1-\gamma}T_1^{\gamma} = p_2^{1-\gamma}T_2^{\gamma} \qquad \gamma = \frac{C_{p,m}}{C_{p,m}} = \frac{7}{5} = 1.4$$

$$T_2 = T_1\left(\frac{p_1}{p_2}\right)^{\frac{1-\gamma}{\gamma}} = 300\ \text{K} \times \left(\frac{100\ \text{kPa}}{300\ \text{kPa}}\right)^{\frac{1-1.4}{1.4}} = 410.6\ \text{K}$$

$$W_1 = \Delta U_1 = nC_{V,m}(T_2 - T_1) = 2\ \text{mol} \times 2.5 \times 8.314\ \text{J}\cdot\text{mol}^{-1}\cdot\text{K}^{-1} \times (410.6 - 300)\ \text{K} = 4598\ \text{J}$$

$$\Delta H_1 = nC_{p,m}(T_2 - T_1) = 2\ \text{mol} \times 3.5 \times 8.314\ \text{J}\cdot\text{mol}^{-1}\cdot\text{K}^{-1} \times (410.6 - 300)\ \text{K} = 6437\ \text{J}$$

(2) 真空膨胀: $W_2 = -p_e\Delta V = 0$

理想气体的真空膨胀, 其温度不变, 则

$$\Delta U_2 = 0 \qquad \Delta H_2 = 0$$
$$Q_2 = \Delta U_2 - W_2 = 0$$

熵变计算可设计等温可逆过程, 则

$$\Delta S_2 = nR\ln\frac{p_1}{p_2} = 2\ \text{mol} \times 8.314\ \text{J}\cdot\text{mol}^{-1}\cdot\text{K}^{-1} \times \ln\frac{300\ \text{kPa}}{100\ \text{kPa}} = 18.27\ \text{J}\cdot\text{K}^{-1}$$

整个过程的 $Q, W, \Delta U, \Delta H$ 和 $\Delta S$ 是上述两过程的加和:

$$Q = 0 \qquad W = 4598\ \text{J}$$
$$\Delta U = 4598\ \text{J} \qquad \Delta H = 6437\ \text{J} \qquad \Delta S = 18.27\ \text{J}\cdot\text{K}^{-1}$$

**3.3** 一系统有 10 mol Ar(g), 可看作理想气体, 已知 Ar(g) 的 $C_{V,m} = 1.5R$。该系统从始态 273 K, 100 kPa 变到终态 398 K, 1000 kPa, 设计 3 种不同的路径, 分别计算该过程的熵变。比较结果, 说明什么问题?

**解**: (1) 先等温再等压:

$$\begin{aligned}\Delta S &= nR\ln\frac{p_1}{p_2} + nC_{p,m}\ln\frac{T_2}{T_1}\\ &= 10\ \text{mol} \times 8.314\ \text{J}\cdot\text{mol}^{-1}\cdot\text{K}^{-1} \times \ln\frac{100\ \text{kPa}}{1000\ \text{kPa}} + 10\ \text{mol} \times \frac{5}{2} \times 8.314\ \text{J}\cdot\text{mol}^{-1}\cdot\text{K}^{-1} \times \ln\frac{398\ \text{K}}{273\ \text{K}}\\ &= -113.08\ \text{J}\cdot\text{K}^{-1}\end{aligned}$$

(2) 先等温再等容:

$$\frac{p_1V_1}{T_1}=\frac{p_2V_2}{T_2},\quad \frac{V_2}{V_1}=\frac{p_1T_2}{p_2T_1}=\frac{100\ \text{kPa}\times 398\ \text{K}}{1000\ \text{kPa}\times 273\ \text{K}}=0.1458$$

$$\Delta S=nR\ln\frac{V_2}{V_1}+nC_{V,\text{m}}\ln\frac{T_2}{T_1}$$

$$=10\ \text{mol}\times 8.314\ \text{J}\cdot\text{mol}^{-1}\cdot\text{K}^{-1}\times\ln 0.1458+10\ \text{mol}\times\frac{3}{2}\times 8.314\ \text{J}\cdot\text{mol}^{-1}\cdot\text{K}^{-1}\times\ln\frac{398\ \text{K}}{273\ \text{K}}$$

$$=-113.08\ \text{J}\cdot\text{K}^{-1}$$

(3) 先等压再等容:

$$\Delta S=nC_{p,\text{m}}\ln\frac{V_2}{V_1}+nC_{V,\text{m}}\ln\frac{p_2}{p_1}$$

$$=10\ \text{mol}\times 2.5\times 8.314\ \text{J}\cdot\text{mol}^{-1}\cdot\text{K}^{-1}\times\ln 0.1458+10\ \text{mol}\times\frac{3}{2}\times 8.314\ \text{J}\cdot\text{mol}^{-1}\cdot\text{K}^{-1}\times\ln\frac{1000\ \text{kPa}}{100\ \text{kPa}}$$

$$=-113.08\ \text{J}\cdot\text{K}^{-1}$$

小结: 始终态相同时, 通过不同的可逆路径进行变化, 其熵变值是恒定的。

**3.4** 在绝热容器中, 将 0.10 kg, 263 K 的冰与 0.50 kg, 353 K 的水混合, 求混合过程的熵变。设水的平均比热容为 4.184 $\text{kJ}\cdot\text{kg}^{-1}\cdot\text{K}^{-1}$, 冰的平均比热容为 2.067 $\text{kJ}\cdot\text{kg}^{-1}\cdot\text{K}^{-1}$, 冰的熔化热为 333 $\text{kJ}\cdot\text{kg}^{-1}$。

**解**: 冰与水混合后, 先吸热升温到 273 K, 融化成水, 再继续升温, 设终态温度为 $T$, 则冰吸收的热为

$$\begin{aligned}Q_1&=C_p(\text{s})(T_\text{f}-T_1)+\Delta_\text{fus}H+C_p(\text{l})(T-T_\text{f})\\&=0.1\ \text{kg}\times 2.067\ \text{kJ}\cdot\text{kg}^{-1}\cdot\text{K}^{-1}\times(273-263)\ \text{K}+0.1\ \text{kg}\times 333\ \text{kJ}\cdot\text{kg}^{-1}+\\&\quad 0.1\ \text{kg}\times 4.184\ \text{kJ}\cdot\text{kg}^{-1}\cdot\text{K}^{-1}\times(T-273)\ \text{K}\\&=35.067\ \text{kJ}+0.4184\ \text{kJ}\cdot\text{K}^{-1}\times(T-273)\ \text{K}\end{aligned}$$

热水放出的热为

$$Q_2=C_p(\text{l})(T_2-T)=0.5\ \text{kg}\times 4.184\ \text{kJ}\cdot\text{kg}^{-1}\cdot\text{K}^{-1}\times(353-T)\ \text{K}$$

$$Q_1=Q_2$$

则

$$T=325.7\ \text{K}$$

$$\begin{aligned}\Delta S_1&=C_p(\text{s})\ln\frac{T_\text{f}}{T_1}+\frac{\Delta_\text{fus}H}{T_\text{f}}+C_p(\text{l})\ln\frac{T}{T_\text{f}}\\&=0.1\ \text{kg}\times 2.067\ \text{kJ}\cdot\text{kg}^{-1}\cdot\text{K}^{-1}\times\ln\frac{273\ \text{K}}{263\ \text{K}}+\frac{0.1\ \text{kg}\times 333\ \text{kJ}\cdot\text{kg}^{-1}}{273\ \text{K}}+\\&\quad 0.1\ \text{kg}\times 4.184\ \text{kJ}\cdot\text{kg}^{-1}\cdot\text{K}^{-1}\times\ln\frac{325.7\ \text{K}}{273\ \text{K}}=203.54\ \text{J}\cdot\text{K}^{-1}\end{aligned}$$

$$\Delta S_2=C_p(\text{l})\ln\frac{T}{T_2}=0.5\ \text{kg}\times 4.184\ \text{kJ}\cdot\text{kg}^{-1}\cdot\text{K}^{-1}\times\ln\frac{325.7\ \text{K}}{353\ \text{K}}=-168.39\ \text{J}\cdot\text{K}^{-1}$$

$$\Delta_\text{mix}S=\Delta S_1+\Delta S_2=203.54\ \text{J}\cdot\text{K}^{-1}-168.39\ \text{J}\cdot\text{K}^{-1}=35.15\ \text{J}\cdot\text{K}^{-1}$$

**3.5** 一个中间由导热隔板分开的盒子, 一边放 0.2 mol $O_2(g)$, 压力为 20 kPa, 另一边放 0.8 mol $N_2(g)$, 压力为 80 kPa。在等温 (298 K) 下, 抽去隔板使两种气体混合, 试求:

(1) 混合后盒子中的压力;

(2) 混合过程的 $Q, W, \Delta U, \Delta S$ 和 $\Delta G$;

(3) 在等温情况下, 使混合后的气体再可逆地回到始态, 计算该过程的 $Q$ 和 $W$。

**解**: (1) $V_{O_2} = \dfrac{n_{O_2}RT}{p_{O_2}} = \dfrac{0.2\ \text{mol} \times 8.314\ \text{J·mol}^{-1}\text{·K}^{-1} \times 298\ \text{K}}{20\ \text{kPa}} = 0.02478\ \text{m}^3$

$$V_{N_2} = \frac{n_{N_2}RT}{p_{N_2}} = \frac{0.8\ \text{mol} \times 8.314\ \text{J·mol}^{-1}\text{·K}^{-1} \times 298\ \text{K}}{80\ \text{kPa}} = 0.02478\ \text{m}^3$$

$$p_{总} = \frac{n_{总}RT}{V_{总}} = \frac{1\ \text{mol} \times 8.314\ \text{J·mol}^{-1}\text{·K}^{-1} \times 298\ \text{K}}{(0.02478 \times 2)\ \text{m}^3} = 49991\ \text{Pa}$$

(2) 以整个盒子气体为系统, 混合过程没有对外做功, $W = 0$。

该过程是等温过程, 当成理想气体处理, 则 $\Delta U = \Delta H = 0$。

$$Q = \Delta U - W = 0$$

$$\Delta_{\text{mix}}S = \Delta S_{O_2} + \Delta S_{N_2} = n_{O_2}R\ln\frac{V_{总}}{V_{O_2}} + n_{N_2}R\ln\frac{V_{总}}{V_{N_2}}$$

$$= (0.2\ \text{mol} \times \ln2 + 0.8\ \text{mol} \times \ln2) \times 8.314\ \text{J·mol}^{-1}\text{·K}^{-1} = 5.763\ \text{J·K}^{-1}$$

$$\Delta_{\text{mix}}G = \Delta_{\text{mix}}H - T\Delta_{\text{mix}}S = -298\ \text{K} \times 5.763\ \text{J·K}^{-1} = -1717\ \text{J}$$

**另解**: $\Delta_{\text{mix}}G = \Delta G_{O_2} + \Delta G_{N_2} = -n_{O_2}RT\ln\dfrac{V_{总}}{V_{O_2}} - n_{N_2}RT\ln\dfrac{V_{总}}{V_{N_2}}$

$$= -(0.2\ \text{mol} \times \ln2 + 0.8\ \text{mol} \times \ln2) \times 8.314\ \text{J·mol}^{-1}\text{·K}^{-1} \times 298\ \text{K} = -1717\ \text{J}$$

(3) 等温可逆分离使气体各回原态:

$$Q_R = -T\Delta_{\text{mix}}S = -298\ \text{K} \times 5.763\ \text{J·K}^{-1} = -1717\ \text{J}$$

$$\Delta U = 0$$

$$W = -Q_R = 1717\ \text{J}$$

**另解**: $W = W_{O_2} + W_{N_2} = -n_{O_2}RT\ln\dfrac{V_{O_2}}{V_{总}} - n_{N_2}RT\ln\dfrac{V_{N_2}}{V_{总}} = 1717\ \text{J}$

**3.6** 有一绝热箱子, 中间用绝热隔板分为两部分, 一边放 1 mol 300 K, 100 kPa 的单原子理想气体 Ar(g), 另一边放 2 mol 400 K, 200 kPa 的双原子理想气体 $N_2(g)$。若把绝热隔板抽去, 让两种气体混合达平衡, 求混合过程的熵变。

**解**: 将绝热隔板抽去后, Ar 和 $N_2$ 的温度和体积都发生变化。

(1) 温度: 设抽去隔板达热平衡后温度为 $T$, 则

$$n_{\text{Ar}}C_{V,\text{m,Ar}}(T - T_{\text{Ar}}) = n_{N_2}C_{V,\text{m},N_2}(T_{N_2} - T)$$

$$1\ \text{mol} \times \frac{3}{2}R(T - 300\ \text{K}) = 2\ \text{mol} \times \frac{5}{2}R(400\ \text{K} - T)$$

$$T = 376.9\ \text{K}$$

(2) 体积:

$$V_{\mathrm{Ar}}=\frac{n_{\mathrm{Ar}}RT_{\mathrm{Ar}}}{p_{\mathrm{Ar}}}=\frac{1\ \mathrm{mol}\times 8.314\ \mathrm{J\cdot mol^{-1}\cdot K^{-1}}\times 300\ \mathrm{K}}{100\ \mathrm{kPa}}=0.02494\ \mathrm{m^3}$$

$$V_{\mathrm{N_2}}=\frac{n_{\mathrm{N_2}}RT_{\mathrm{N_2}}}{p_{\mathrm{N_2}}}=\frac{2\ \mathrm{mol}\times 8.314\ \mathrm{J\cdot mol^{-1}\cdot K^{-1}}\times 400\ \mathrm{K}}{200\ \mathrm{kPa}}=0.03326\ \mathrm{m^3}$$

$$V_{总}=V_{\mathrm{Ar}}+V_{\mathrm{N_2}}=0.05820\ \mathrm{m^3}$$

(3) Ar 的熵变:

$$\begin{aligned}\Delta S_{\mathrm{Ar}}&=n_{\mathrm{Ar}}R\ln\frac{V_{总}}{V_{\mathrm{Ar}}}+n_{\mathrm{Ar}}C_{V,\mathrm{m}}\ln\frac{T}{T_{\mathrm{Ar}}}\\&=1\ \mathrm{mol}\times 8.314\ \mathrm{J\cdot mol^{-1}\cdot K^{-1}}\times\ln\frac{0.05820\ \mathrm{m^3}}{0.02494\ \mathrm{m^3}}+1\ \mathrm{mol}\times\frac{3}{2}\times 8.314\ \mathrm{J\cdot mol^{-1}\cdot K^{-1}}\times\ln\frac{376.9\ \mathrm{K}}{300\ \mathrm{K}}\\&=9.89\ \mathrm{J\cdot K^{-1}}\end{aligned}$$

(4) $N_2$ 的熵变:

$$\begin{aligned}\Delta S_{\mathrm{N_2}}&=n_{\mathrm{N_2}}R\ln\frac{V_{总}}{V_{\mathrm{N_2}}}+n_{\mathrm{N_2}}C_{V,\mathrm{m}}\ln\frac{T}{T_{\mathrm{N_2}}}\\&=2\ \mathrm{mol}\times 8.314\ \mathrm{J\cdot mol^{-1}\cdot K^{-1}}\times\ln\frac{0.05820\ \mathrm{m^3}}{0.03326\ \mathrm{m^3}}+2\ \mathrm{mol}\times\frac{5}{2}\times 8.314\ \mathrm{J\cdot mol^{-1}\cdot K^{-1}}\times\ln\frac{376.9\ \mathrm{K}}{400\ \mathrm{K}}\\&=6.83\ \mathrm{J\cdot K^{-1}}\end{aligned}$$

(5) 该混合过程的系统总熵变:

$$\Delta S=\Delta S_{\mathrm{Ar}}+\Delta S_{\mathrm{N_2}}=9.89\ \mathrm{J\cdot K^{-1}}+6.83\ \mathrm{J\cdot K^{-1}}=16.72\ \mathrm{J\cdot K^{-1}}$$

**3.7** 已知一定量的某气体的等容热容为 $C_V=g+hT$, 其中 $g$ 和 $h$ 皆为常数, 如果该气体服从 van der Waals 方程式, 试求该气体从状态 $(p_1,V_1,T_1)$ 变化到状态 $(p_2,V_2,T_2)$ 时熵变 $\Delta S$ 的表达式。

**解**: $\mathrm{d}S=\left(\frac{\partial S}{\partial T}\right)_V\mathrm{d}T+\left(\frac{\partial S}{\partial V}\right)_T\mathrm{d}V=\left(\frac{C_V}{T}\right)\mathrm{d}T+\left(\frac{\partial p}{\partial T}\right)_V\mathrm{d}V$

van der Waals 方程式为 $\left(p-\frac{n^2a}{V^2}\right)(V-nb)=nRT$

$$p=\frac{nRT}{V-nb}+\frac{n^2a}{V^2}$$

$$\left(\frac{\partial p}{\partial T}\right)_V=\frac{nR}{V-nb}$$

$$\begin{aligned}\mathrm{d}S&=\left(\frac{C_V}{T}\right)\mathrm{d}T+\left(\frac{\partial p}{\partial T}\right)_V\mathrm{d}V\\&=\left(\frac{C_V}{T}\right)\mathrm{d}T+\left(\frac{nR}{V-nb}\right)\mathrm{d}V=\left(\frac{g+hT}{T}\right)\mathrm{d}T+\left(\frac{nR}{V-nb}\right)\mathrm{d}V\end{aligned}$$

$$\Delta S=\int_{T_1}^{T_2}\left(\frac{g+hT}{T}\right)\mathrm{d}T+\int_{V_1}^{V_2}\left(\frac{nR}{V-nb}\right)\mathrm{d}V$$

$$= g\ln\frac{T_2}{T_1} + h(T_2 - T_1) + nR\ln\frac{V_2 - nb}{V_1 - nb}$$

**3.8** 已知 298 K 时, 水的标准摩尔生成 Gibbs 自由能为 $-237.19\ \text{kJ}\cdot\text{mol}^{-1}$。在 298 K, $p^\ominus$ 下, 用 2.200 V 的直流电使 1 mol 水电解变成氢气和氧气, 放热 139.0 kJ。求该反应的摩尔熵变。

**解**: 依题意: $$H_2O(l, p^\ominus) \longrightarrow H_2(g, p^\ominus) + \frac{1}{2}O_2(g, p^\ominus)$$

$$\Delta_r G_m^\ominus = 0 + 0 - \Delta_f G_m^\ominus(H_2O, l) = 237.19\ \text{kJ}\cdot\text{mol}^{-1}$$

$$Q_p = -139.0\ \text{kJ}$$

根据电功计算公式:

$$W_f = nEF = 2\ \text{mol} \times 2.200\ \text{V} \times 96500\ \text{C}\cdot\text{mol}^{-1} = 424.6\ \text{kJ}$$

$$\Delta_r H^\ominus = Q_p + W_f = -139.0\ \text{kJ} + 424.6\ \text{kJ} = 285.6\ \text{kJ}$$

$$\Delta_r H_m^\ominus = \Delta_r H^\ominus/(1\ \text{mol}) = 285.6\ \text{kJ}\cdot\text{mol}^{-1}$$

$$\Delta_r S_m^\ominus = \frac{\Delta_r H_m^\ominus - \Delta_r G_m^\ominus}{T} = \frac{285.6\ \text{kJ}\cdot\text{mol}^{-1} - 237.19\ \text{kJ}\cdot\text{mol}^{-1}}{298\ \text{K}} = 162.4\ \text{J}\cdot\text{mol}^{-1}\cdot\text{K}^{-1}$$

**3.9** 1 mol 某气体在类似于 Joule-Thomson 实验的管中由 $100p^\ominus$, 25 ℃ 慢慢通过一多孔塞变成 $p^\ominus$, 整个装置放在一个温度为 25 ℃ 的特大恒温器中。实验中, 恒温器从气体吸热 202 J。已知该气体的状态方程式 $p(V_m - b) = RT$, 其中 $b = 20 \times 10^{-6}\ \text{m}^3\cdot\text{mol}^{-1}$。试计算实验过程的 $W, \Delta U, \Delta H$ 和 $\Delta S$。

**解**: $$dU = \left(\frac{\partial U}{\partial T}\right)_V dT + \left(\frac{\partial U}{\partial V}\right)_T dV = C_V dT + \left(\frac{\partial U}{\partial V}\right)_T dV = C_V dT + \left[T\left(\frac{\partial p}{\partial T}\right)_V - p\right] dV$$

$$\Delta U = \int_{T_1}^{T_2} C_V dT + \int_{V_1}^{V_2} \left[T\left(\frac{\partial p}{\partial T}\right)_V - p\right] dV$$

气体的状态方程式为 $$p(V_m - b) = RT$$

$$\left(\frac{\partial p}{\partial T}\right)_V = \frac{R}{V_m - b}$$

$$T\left(\frac{\partial p}{\partial T}\right)_V - p = \frac{RT}{V_m - b} - \frac{RT}{V_m - b} = 0$$

所以 $$\Delta U = \int_{T_1}^{T_2} C_V dT$$

由于 $dT = 0$, 所以 $$\Delta U = 0$$

$$W = -Q = 202\ \text{J}$$

$$\Delta H = \Delta U + p_2V_2 - p_1V_1$$

$$V = nRT/p + nb$$

所以 $$p_2V_2 - p_1V_1 = (p_2 - p_1)b$$

$$\Delta H = (p_2 - p_1)b = -198\ \text{J}$$

$$\Delta S = \int_{p_1}^{p_2} \left(\frac{\partial S}{\partial p}\right)_T \mathrm{d}p$$

由于
$$\left(\frac{\partial S}{\partial p}\right)_T = -\left(\frac{\partial V}{\partial T}\right)_p = -\frac{R}{p}$$

$$\Delta S = -\int_{p_1}^{p_2} \frac{R}{p}\mathrm{d}p = -R\ln\frac{p_2}{p_1} = -8.314\ \mathrm{J \cdot mol^{-1} \cdot K^{-1}} \times \ln\frac{100\ \mathrm{kPa}}{100 \times 100\ \mathrm{kPa}} = 38.29\ \mathrm{J \cdot K^{-1}}$$

**3.10** 实验室中有一个大恒温槽的温度为 400 K, 室温为 300 K, 因恒温槽绝热不良而有 4.0 kJ 的热传给了室内的空气, 用计算说明这一过程是否可逆。

**解**: $\Delta S_{系} = \frac{Q_{\mathrm{R}}}{T} = \frac{-4000\ \mathrm{J}}{400\ \mathrm{K}} = -10.0\ \mathrm{J \cdot K^{-1}}$

$\Delta S_{环} = -\frac{Q}{T} = \frac{4000\ \mathrm{J}}{300\ \mathrm{K}} = 13.3\ \mathrm{J \cdot K^{-1}}$

$\Delta S_{隔离} = \Delta S_{系} + \Delta S_{环} = -10.0\ \mathrm{J \cdot K^{-1}} + 13.3\ \mathrm{J \cdot K^{-1}} = 3.3\ \mathrm{J \cdot K^{-1}}$

该过程为不可逆过程。

**3.11** 有 1 mol 过冷水, 从始态 263 K, 101 kPa 变成同温同压的冰, 求该过程的熵变。并用计算说明这一过程的可逆性。已知水和冰在该温度范围内的平均摩尔定压热容分别为 $C_{p,\mathrm{m}}(\mathrm{H_2O,l}) = 75.3\ \mathrm{J \cdot mol^{-1} \cdot K^{-1}}$, $C_{p,\mathrm{m}}(\mathrm{H_2O,s}) = 37.7\ \mathrm{J \cdot mol^{-1} \cdot K^{-1}}$; 在 273 K, 101 kPa 时水的摩尔凝固热为 $\Delta_{\mathrm{fus}}H_{\mathrm{m}}(\mathrm{H_2O,s}) = -6.01\ \mathrm{kJ \cdot mol^{-1}}$。

**解**: 设计如下循环过程。

$H_2O$(l, 263 K, 101 kPa) $\xrightarrow{\Delta S}$ $H_2O$(s, 263 K, 101 kPa)

$\downarrow \Delta S_1$ $\qquad\qquad\qquad\qquad$ $\uparrow \Delta S_3$

$H_2O$(l, 273 K, 101 kPa) $\xrightleftharpoons{\Delta S_2}$ $H_2O$(s, 273 K, 101 kPa)

$$\Delta S_1 = \int_{T_1}^{T_2} \frac{C_p}{T}\mathrm{d}T = nC_{p,\mathrm{m}}\ln\frac{T_2}{T_1} = 1\ \mathrm{mol} \times 75.3\ \mathrm{J \cdot mol^{-1} \cdot K^{-1}} \times \ln\frac{273\ \mathrm{K}}{263\ \mathrm{K}} = 2.81\ \mathrm{J \cdot K^{-1}}$$

$$\Delta S_2 = \frac{-\Delta_{\mathrm{fus}}H_{\mathrm{m}}}{T} = \frac{1\ \mathrm{mol} \times (-6010\ \mathrm{J \cdot mol^{-1}})}{273\ \mathrm{K}} = -22.01\ \mathrm{J \cdot K^{-1}}$$

$$\Delta S_3 = \int_{T_1}^{T_2} \frac{C_p}{T}\mathrm{d}T = nC_{p,\mathrm{m}}\ln\frac{T_2}{T_1} = 1\ \mathrm{mol} \times 37.7\ \mathrm{J \cdot mol^{-1} \cdot K^{-1}} \times \ln\frac{263\ \mathrm{K}}{273\ \mathrm{K}} = -1.41\ \mathrm{J \cdot K^{-1}}$$

$$\Delta S_{系} = \Delta S_1 + \Delta S_2 + \Delta S_3 = (2.81 - 22.01 - 1.41)\ \mathrm{J \cdot K^{-1}} = -20.61\ \mathrm{J \cdot K^{-1}}$$

系统的焓变:

$$\begin{aligned}\Delta H_{系} &= \Delta H_1 + \Delta H_2 + \Delta H_3 = \int_{T_1}^{T_2} C_p(\mathrm{H_2O,l})\mathrm{d}T + [-\Delta_{\mathrm{fus}}H_{\mathrm{m}}(\mathrm{H_2O})] + \int_{T_1}^{T_2} C_p(\mathrm{H_2O,s})\mathrm{d}T \\ &= 1\ \mathrm{mol} \times 75.3\ \mathrm{J \cdot mol^{-1} \cdot K^{-1}} \times (273\ \mathrm{K} - 263\ \mathrm{K}) - 6010\ \mathrm{J \cdot mol^{-1}} + \\ &\quad 1\ \mathrm{mol} \times 37.7\ \mathrm{J \cdot mol^{-1} \cdot K^{-1}} \times (263\ \mathrm{K} - 273\ \mathrm{K}) = -5634\ \mathrm{J \cdot mol^{-1}}\end{aligned}$$

$$\Delta S_{环} = -\frac{1\ \mathrm{mol} \times \Delta H_{系}}{T_{环}} = \frac{5634\ \mathrm{J}}{263\ \mathrm{K}} = 21.42\ \mathrm{J \cdot K^{-1}}$$

$$\Delta S_{隔离} = \Delta S_{系} + \Delta S_{环} = -20.61\ \mathrm{J{\cdot}K^{-1}} + 21.42\ \mathrm{J{\cdot}K^{-1}} = 0.81\ \mathrm{J{\cdot}K^{-1}} > 0$$

该过程为自发不可逆过程。

**3.12**　1 mol $N_2(g)$ 可看作理想气体, 从始态 298 K, 100 kPa 经如下两个等温过程, 分别到达压力为 600 kPa 的终态, 分别求过程的 $Q, W, \Delta U, \Delta H, \Delta A, \Delta G, \Delta S$ 和 $\Delta S_{iso}$。

(1) 等温可逆压缩;

(2) 等外压为 600 kPa 下压缩。

**解**: (1) 等温可逆压缩

对于理想气体　　$\Delta U = \Delta H = 0$

$$W_R = -nRT\ln\frac{p_1}{p_2} = -1\ \mathrm{mol} \times 8.314\ \mathrm{J{\cdot}mol^{-1}{\cdot}K^{-1}} \times 298\ \mathrm{K} \times \ln\frac{100\ \mathrm{kPa}}{600\ \mathrm{kPa}} = 4439.2\ \mathrm{J}$$

$$Q_R = \Delta U - W_R = -W_R = -4439.2\ \mathrm{J}$$

$$\Delta A = W_{max} = 4439.2\ \mathrm{J}$$

$$\Delta G = \int V\mathrm{d}p = \int_{p_1}^{p_2} \frac{nRT}{p}\mathrm{d}p = nRT\ln\frac{p_2}{p_1}$$

$$= 1\ \mathrm{mol} \times 8.314\ \mathrm{J{\cdot}mol^{-1}{\cdot}K^{-1}} \times 298\ \mathrm{K} \times \ln\frac{600\ \mathrm{kPa}}{100\ \mathrm{kPa}} = 4439.2\ \mathrm{J}$$

$$\Delta S_{系} = \frac{Q_R}{T} = \frac{-4439.2\ \mathrm{J}}{298\ \mathrm{K}} = -14.90\ \mathrm{J{\cdot}K^{-1}}$$

$$\Delta S_{环} = -\frac{Q_{系}}{T} = \frac{4439.2\ \mathrm{J}}{298\ \mathrm{K}} = 14.90\ \mathrm{J{\cdot}K^{-1}}$$

$$\Delta S_{隔离} = \Delta S_{系} + \Delta S_{环} = 0$$

(2) 等外压为 600 kPa 下压缩

过程 (1) 和过程 (2) 的始态和终态均相同, 所以系统状态函数的变化值 $\Delta U, \Delta H, \Delta A, \Delta G, \Delta S$ 均不变。

$$W = -p_e(V_2 - V_1) = -p_2\left(\frac{nRT}{p_2} - \frac{nRT}{p_1}\right) = -nRT\left(1 - \frac{p_2}{p_1}\right)$$

$$= -1\ \mathrm{mol} \times 8.314\ \mathrm{J{\cdot}mol^{-1}{\cdot}K^{-1}} \times 298\ \mathrm{K} \times \left(1 - \frac{600\ \mathrm{kPa}}{100\ \mathrm{kPa}}\right) = 12388\ \mathrm{J}$$

$$Q = \Delta U - W = -W = -12388\ \mathrm{J}$$

$$\Delta S_{环} = -\frac{Q_{系}}{T} = \frac{12388\ \mathrm{J}}{298\ \mathrm{K}} = 41.57\ \mathrm{J{\cdot}K^{-1}}$$

$$\Delta S_{隔离} = \Delta S_{系} + \Delta S_{环} = -14.90\ \mathrm{J{\cdot}K^{-1}} + 41.57\ \mathrm{J{\cdot}K^{-1}} = 26.67\ \mathrm{J{\cdot}K^{-1}}$$

小结: 压缩过程中, 可逆压缩过程耗功最小。

**3.13**　将 1 mol $O_2(g)$ 从 298 K, 100 kPa 的始态, 绝热可逆压缩到 600 kPa 的终态, 试求该过程的 $Q, W, \Delta U, \Delta H, \Delta A, \Delta G, \Delta S$ 和 $\Delta S_{iso}$。设 $O_2(g)$ 为理想气体, 已知 $O_2(g)$ 的 $C_{p,m} = 3.5R$, $S_m(O_2, g) = 205.14\ \mathrm{J{\cdot}mol^{-1}{\cdot}K^{-1}}$。如果将该系统从 298 K, 100 kPa 的始态绝热可逆压缩到体积为

5 dm$^3$ 的终态, 试求终态的温度、压力和该过程的 $Q, W, \Delta U, \Delta H$ 和 $\Delta S$。

**解**: 绝热可逆压缩到 600 kPa 的终态:

$$Q=0$$

$$\gamma=\frac{C_p}{C_V}=\frac{3.5R}{2.5R}=1.4$$

$$p_1^{1-\gamma}T_1^{\gamma}=p_2^{1-\gamma}T_2^{\gamma}$$

$$T_2=T_1\left(\frac{p_1}{p_2}\right)^{\frac{1-\gamma}{\gamma}}=298\ \text{K}\times\left(\frac{100\ \text{kPa}}{600\ \text{kPa}}\right)^{\frac{1-1.4}{1.4}}=497.2\ \text{K}$$

$$\Delta U=nC_{V,\text{m}}(T_2-T_1)=1\ \text{mol}\times 2.5\times 8.314\ \text{J}\cdot\text{mol}^{-1}\cdot\text{K}^{-1}\times(497.2-298)\ \text{K}=4140.4\ \text{J}$$

$$W=\Delta U-Q=\Delta U=4140.4\ \text{J}$$

$$\Delta H=nC_{p,\text{m}}(T_2-T_1)=1\ \text{mol}\times 3.5\times 8.314\ \text{J}\cdot\text{mol}^{-1}\cdot\text{K}^{-1}\times(497.2-298)\ \text{K}=5796.5\ \text{J}$$

$$\Delta S_{\text{系}}=S_2-S_1=0$$

所以

$$S_1=S_2$$

$$\Delta A=\Delta U-S\Delta T=4140.4\ \text{J}-205.14\ \text{J}\cdot\text{mol}^{-1}\cdot\text{K}^{-1}\times(497.2-298)\ \text{K}=-36723.5\ \text{J}$$

$$\Delta G=\Delta H-S\Delta T=5796.5\ \text{J}-205.14\ \text{J}\cdot\text{mol}^{-1}\cdot\text{K}^{-1}\times(497.2-298)\ \text{K}=-35067.4\ \text{J}$$

$$\Delta S_{\text{环}}=-\frac{Q_{\text{系}}}{T}=0$$

$$\Delta S_{\text{隔离}}=\Delta S_{\text{系}}+\Delta S_{\text{环}}=0$$

绝热可逆压缩到体积为 5 dm$^3$ 的终态:

$$Q=0$$

$$T_1V_1^{\gamma-1}=T_2V_2^{\gamma-1}$$

$$V_1=\frac{nRT_1}{p_1}=\frac{1\ \text{mol}\times 8.314\ \text{J}\cdot\text{mol}^{-1}\cdot\text{K}^{-1}\times 298\ \text{K}}{100\ \text{kPa}}=24.78\ \text{dm}^3$$

$$T_2=T_1\left(\frac{V_1}{V_2}\right)^{\gamma-1}=298\ \text{K}\times\left(\frac{24.78\ \text{dm}^3}{5\ \text{dm}^3}\right)^{1.4-1}=565.3\ \text{K}$$

$$p_2=\frac{nRT_2}{V_2}=\frac{1\ \text{mol}\times 8.314\ \text{J}\cdot\text{mol}^{-1}\cdot\text{K}^{-1}\times 565.3\ \text{K}}{5\ \text{dm}^3}=940\ \text{kPa}$$

$$\Delta U=nC_{V,\text{m}}(T_2-T_1)=1\ \text{mol}\times 2.5\times 8.314\ \text{J}\cdot\text{mol}^{-1}\cdot\text{K}^{-1}\times(565.3-298)\ \text{K}=5555.8\ \text{J}$$

$$W=\Delta U-Q=\Delta U=5555.8\ \text{J}$$

$$\Delta H=nC_{p,\text{m}}(T_2-T_1)=1\ \text{mol}\times 3.5\times 8.314\ \text{J}\cdot\text{mol}^{-1}\cdot\text{K}^{-1}\times(565.3-298)\ \text{K}=7778.2\ \text{J}$$

$$\Delta S_{\text{系}}=0$$

**3.14** 1 mol $H_2$ 从 100 K, 4.1 dm$^3$ 加热到 600 K, 49.2 dm$^3$, 若此过程是将气体置于 600 K 的炉中让其反抗 101.325 kPa 的恒外压以不可逆方式进行, 计算隔离系统的熵变。已知氢气的摩尔等容热容与温度的关系式是

$$C_{V,\mathrm{m}} = [20.753 - 0.8368 \times 10^{-3}(T/\ \mathrm{K}) + 20.117 \times 10^{-7}(T/\ \mathrm{K})^2]\ \mathrm{J\cdot mol^{-1}\cdot K^{-1}}$$

**解**: 设计先等温后等容的可逆过程求 $\Delta S_{系}$, $\Delta S_{系}=\Delta S_1$(等温)$+\Delta S_2$(等容), 则

$$\Delta S_{系} = nR\ln\frac{V_2}{V_1} + \int_{T_1}^{T_2} \frac{nC_{V,\mathrm{m}}}{T}\mathrm{d}T$$

$$= 1\ \mathrm{mol} \times 8.314\ \mathrm{J\cdot mol^{-1}\cdot K^{-1}} \times \ln\frac{49.2\ \mathrm{dm^3}}{4.1\ \mathrm{dm^3}} +$$

$$\int_{100\ \mathrm{K}}^{600\ \mathrm{K}} \left[\left(\frac{20.753}{T/\mathrm{K}} - 0.8368 \times 10^{-3} + 20.117 \times 10^{-7}T/\mathrm{K}\right)\ \mathrm{J\cdot K^{-1}}\right]\mathrm{d}T$$

$$= 20.66\ \mathrm{J\cdot K^{-1}} + \left[20.753 \times \ln\frac{600\ \mathrm{K}}{100\ \mathrm{K}} - 0.8368 \times 10^{-3} \times (600-100)\ \mathrm{K} + \right.$$

$$\left. 20.117 \times 10^{-7}/2 \times (600^2 - 100^2)\right]\ \mathrm{J\cdot K^{-1}} = 57.78\ \mathrm{J\cdot K^{-1}}$$

$$\Delta U = \int_{T_1}^{T_2} nC_{V,\mathrm{m}}\mathrm{d}T$$

$$= [20.753 \times (600-100) - 0.8368 \times 10^{-3}/2 \times (600^2 - 100^2) +$$

$$20.117 \times 10^{-7}/3 \times (600^3 - 100^3)]\ \mathrm{J} = 10.374\ \mathrm{kJ}$$

$$W = -p(V_2 - V_1) = -101.325\ \mathrm{kPa} \times (49.2 - 4.1)\ \mathrm{dm^3} = -4.570\ \mathrm{kJ}$$

$$Q = \Delta U - W = 10.374\ \mathrm{kJ} - (-4.570\ \mathrm{kJ}) = 14.944\ \mathrm{kJ}$$

$$\Delta S_{环} = -\frac{Q_{实际}}{T_{环}} = \frac{-14944\ \mathrm{J}}{600\ \mathrm{K}} = -24.91\ \mathrm{J\cdot K^{-1}}$$

$$\Delta S_{隔离} = \Delta S_{系} + \Delta S_{环} = 57.78\ \mathrm{J\cdot K^{-1}} - 24.91\ \mathrm{J\cdot K^{-1}} = 32.87\ \mathrm{J\cdot K^{-1}}$$

**3.15**　已知在 353 K 和 101.3 kPa 下, 苯的摩尔蒸发焓为 $\Delta_{\mathrm{vap}}H_{\mathrm{m}} = 30.77\ \mathrm{kJ\cdot mol^{-1}}$, 设气体为理想气体。

(1) 1.0 mol 苯 $C_6H_6$(l) 在正常沸点 353 K 和 101.3 kPa 下蒸发为苯蒸气, 计算该过程的 $Q, W, \Delta U, \Delta H, \Delta S, \Delta A$ 和 $\Delta G$。

(2) 将 1.0 mol 苯 $C_6H_6$(l) 在正常沸点 353 K 和 101.3 kPa 下, 向真空蒸发为同温同压的苯蒸气, 试求该过程的 $Q, W$, 摩尔蒸发熵 $\Delta_{\mathrm{vap}}S_{\mathrm{m}}$、摩尔蒸发 Gibbs 自由能 $\Delta_{\mathrm{vap}}G_{\mathrm{m}}$ 和环境的熵变 $\Delta S_{环}$; 并根据计算结果, 判断上述过程的可逆性。

**解**: (1) $Q_p = \Delta H = 1\ \mathrm{mol} \times \Delta_{\mathrm{vap}}H_{\mathrm{m}} = 30.77\ \mathrm{kJ}$

$$W = -p_{\mathrm{e}}(V_2 - V_1) = -p(V_{\mathrm{g}} - V_{\mathrm{l}}) \approx -pV_{\mathrm{g}} = -nRT$$

$$= -1\ \mathrm{mol} \times 8.314\ \mathrm{J\cdot mol^{-1}\cdot K^{-1}} \times 353\ \mathrm{K} = -2934.8\ \mathrm{J}$$

$$\Delta U = W + Q = -2934.8\ \mathrm{J} + 30.77\ \mathrm{kJ} = 27.835\ \mathrm{kJ}$$

$\Delta G = 0$　　(等温等压下的可逆过程)

$$\Delta A = W_{\mathrm{max}} = -2934.8\ \mathrm{J}$$

$$\Delta S_{系} = \frac{Q_{\rm R}}{T} = \frac{-30770\ {\rm J}}{353\ {\rm K}} = 87.17\ {\rm J \cdot K^{-1}}$$

$$\Delta S_{环} = -\frac{Q_{系}}{T} = -87.17\ {\rm J \cdot K^{-1}}$$

(2) 过程 (1) 和过程 (2) 的始终态均相同, 所以系统状态函数的变化值 $\Delta U, \Delta H, \Delta A, \Delta G, \Delta S$ 均不变。

真空蒸发:

$$W = 0$$

$$Q = \Delta U - W = \Delta U = 27.835\ {\rm kJ}$$

$$\Delta S_{环} = -\frac{Q_{系}}{T} = \frac{-27835\ {\rm J}}{353\ {\rm K}} = -78.9\ {\rm J \cdot K^{-1}}$$

$$\Delta S_{隔离} = \Delta S_{系} + \Delta S_{环} = 87.17\ {\rm J \cdot K^{-1}} - 78.9\ {\rm J \cdot K^{-1}} = 8.3\ {\rm J \cdot K^{-1}} > 0$$

故真空蒸发是不可逆过程。

**3.16** 某一化学反应, 在 298 K, $p^{\ominus}$ 下进行, 当反应进度为 1 mol 时, 放热 40.0 kJ。若使反应通过可逆电池来完成, 反应程度相同, 则吸热 4.0 kJ。

(1) 计算反应进度为 1 mol 时的熵变 $\Delta_{\rm r} S_{\rm m}$。

(2) 当反应不通过可逆电池完成时, 求环境的熵变和隔离系统的总熵变, 从隔离系统的总熵变值说明了什么问题?

(3) 计算系统可能做的最大非膨胀功。

**解**: (1) $\Delta_{\rm r} S_{\rm m} = \dfrac{\Delta_{\rm r} S}{\xi} = \dfrac{Q_{\rm R}}{T\xi} = \dfrac{4000\ {\rm J}}{298\ {\rm K} \times 1\ {\rm mol}} = 13.42\ {\rm J \cdot mol^{-1} \cdot K^{-1}}$

(2) $\Delta S_{环} = -\dfrac{Q_p}{T\xi} = \dfrac{40000\ {\rm J}}{298\ {\rm K} \times 1\ {\rm mol}} = 134.2\ {\rm J \cdot mol^{-1} \cdot K^{-1}}$

$$\Delta S_{隔离} = \Delta S_{系} + \Delta S_{环} = 13.42\ {\rm J \cdot K^{-1}} + 134.2\ {\rm J \cdot K^{-1}} = 147.6\ {\rm J \cdot K^{-1}} > 0$$

说明该过程能自发发生。

(3) $\Delta G = \Delta H - T\Delta S = \Delta H - Q_{\rm R} = -40.0\ {\rm kJ} - 4.0\ {\rm kJ} = -44.0\ {\rm kJ}$

$W_{\rm f,max} = \Delta G = -44.0\ {\rm kJ}$

**3.17** 1 mol 单原子理想气体, 从始态 273 K, 100 kPa, 分别经下列可逆变化到达各自的终态, 试计算各过程的 $Q, W, \Delta U, \Delta H, \Delta S, \Delta A$ 和 $\Delta G$。已知该气体在 273 K, 100 kPa 下的摩尔熵 $S_{\rm m} = 100\ {\rm J \cdot mol^{-1} \cdot K^{-1}}$。

(1) 恒温下压力加倍;

(2) 恒压下体积加倍;

(3) 恒容下压力加倍;

(4) 绝热可逆膨胀至压力减少一半;

(5) 绝热不可逆反抗 50 kPa 恒外压膨胀至平衡。

**解**: (1) 恒温下压力加倍

对于理想气体有

$$\Delta U = \Delta H = 0$$

$$W = -Q = nRT\ln\frac{p_2}{p_1} = 1\ {\rm mol} \times 8.314\ {\rm J \cdot mol^{-1} \cdot K^{-1}} \times 273\ {\rm K} \times \ln 2 = 1573\ {\rm J}$$

$$\Delta S = -nR\ln\frac{p_2}{p_1} = -1\ \text{mol} \times 8.314\ \text{J}\cdot\text{mol}^{-1}\cdot\text{K}^{-1} \times \ln 2 = -5.762\ \text{J}\cdot\text{K}^{-1}$$

$$\Delta G = \Delta H - T\Delta S = -T\Delta S = 1573\ \text{J} \quad 或 \quad \Delta G = nRT\ln\frac{p_2}{p_1} = 1573\ \text{J}$$

$$\Delta A = \Delta U - T\Delta S = -T\Delta S = 1573\ \text{J}$$

(2) 恒压下体积加倍 $p = \dfrac{nRT}{V}$

当体积加倍时, 温度也加倍, 则

$$T_2 = 546\ \text{K}$$

$$\Delta U = nC_{V,\text{m}}(T_2 - T_1) = 1\ \text{mol} \times 1.5 \times 8.314\ \text{J}\cdot\text{mol}^{-1}\cdot\text{K}^{-1} \times (546 - 273)\ \text{K} = 3404.6\ \text{J}$$

$$\begin{aligned} W &= -p\Delta V = -p_1(V_2 - V_1) = -p_1V_1 = -nRT_1 \\ &= -1\ \text{mol} \times 8.314\ \text{J}\cdot\text{mol}^{-1}\cdot\text{K}^{-1} \times 273\ \text{K} = -2269.7\ \text{J} \end{aligned}$$

$$Q = \Delta U - W = 3404.6\ \text{J} - (-2269.7\ \text{J}) = 5674.3\ \text{J}$$

$$\Delta H = nC_{p,\text{m}}(T_2 - T_1) = 1\ \text{mol} \times 2.5 \times 8.314\ \text{J}\cdot\text{mol}^{-1}\cdot\text{K}^{-1} \times (546 - 273)\ \text{K} = 5674.3\ \text{J}$$

$$\Delta S = C_p\ln\frac{T_2}{T_1} = 1\ \text{mol} \times 2.5 \times 8.314\ \text{J}\cdot\text{mol}^{-1}\cdot\text{K}^{-1} \times \ln\frac{546\ \text{K}}{273\ \text{K}} = 14.41\ \text{J}\cdot\text{K}^{-1}$$

$$S_2 = S_1 + \Delta S = 1\ \text{mol} \times 100\ \text{J}\cdot\text{mol}^{-1}\cdot\text{K}^{-1} + 14.41\ \text{J}\cdot\text{K}^{-1} = 114.41\ \text{J}\cdot\text{K}^{-1}$$

$$\Delta G = \Delta H - \Delta(TS) = \Delta H - (T_2S_2 - T_1S_1) = -2.949 \times 10^4\ \text{J}$$

$$\Delta A = \Delta U - \Delta(TS) = \Delta U - (T_2S_2 - T_1S_1) = -3.176 \times 10^4\ \text{J}$$

(3) 恒容下压力加倍 $V = \dfrac{nRT}{p}$

当压力加倍时, 温度也加倍, 则

$$T_2 = 546\ \text{K}$$

$$W = -p\Delta V = 0 \quad (恒容)$$

$$\Delta U = nC_{V,\text{m}}(T_2 - T_1) = 1\ \text{mol} \times 1.5 \times 8.314\ \text{J}\cdot\text{mol}^{-1}\cdot\text{K}^{-1} \times (546 - 273)\ \text{K} = 3404.6\ \text{J}$$

$$\Delta H = nC_{p,\text{m}}(T_2 - T_1) = 1\ \text{mol} \times 2.5 \times 8.314\ \text{J}\cdot\text{mol}^{-1}\cdot\text{K}^{-1} \times (546 - 273)\ \text{K} = 5674.3\ \text{J}$$

$$\Delta S = C_V\ln\frac{T_2}{T_1} = 1\ \text{mol} \times 1.5 \times 8.314\ \text{J}\cdot\text{mol}^{-1}\cdot\text{K}^{-1} \times \ln\frac{546\ \text{K}}{273\ \text{K}} = 8.644\ \text{J}\cdot\text{K}^{-1}$$

$$S_2 = S_1 + \Delta S = 1\ \text{mol} \times 100\ \text{J}\cdot\text{mol}^{-1}\cdot\text{K}^{-1} + 8.644\ \text{J}\cdot\text{K}^{-1} = 108.644\ \text{J}\cdot\text{K}^{-1}$$

$$\Delta G = \Delta H - \Delta(TS) = \Delta H - (T_2S_2 - T_1S_1) = -2.632 \times 10^4\ \text{J}$$

$$\Delta A = \Delta U - \Delta(TS) = \Delta U - (T_2S_2 - T_1S_1) = -2.859 \times 10^4\ \text{J}$$

(4) 绝热可逆膨胀至压力减少一半

$$Q = 0$$

$$p_1^{1-\gamma}T_1^{\gamma} = p_2^{1-\gamma}T_2^{\gamma} \qquad \gamma = \frac{C_{p,\text{m}}}{C_{V,\text{m}}} = \frac{2.5R}{1.5R} = \frac{5}{3}$$

$$T_2 = T_1\left(\frac{p_1}{p_2}\right)^{\frac{1-\gamma}{\gamma}} = 273\ \text{K} \times (2)^{-\frac{2}{5}} = 207\ \text{K}$$

$$\Delta U = nC_{V,\text{m}}(T_2 - T_1) = 1\ \text{mol} \times 1.5 \times 8.314\ \text{J}\cdot\text{mol}^{-1}\cdot\text{K}^{-1} \times (207 - 273)\ \text{K} = -823.1\ \text{J}$$

$$W = \Delta U = -823.1\ \text{J}$$

$$\Delta H = nC_{p,\text{m}}(T_2 - T_1) = 1\ \text{mol} \times 2.5 \times 8.314\ \text{J}\cdot\text{mol}^{-1}\cdot\text{K}^{-1} \times (207 - 273)\ \text{K} = -1372\ \text{J}$$

$$\Delta S = \frac{Q_\text{R}}{T} = 0$$

$$\Delta G = \Delta H - \Delta(TS) = \Delta H - S\Delta T$$

$$= -1372\ \text{J} - 1\ \text{mol} \times 100\ \text{J}\cdot\text{mol}^{-1}\cdot\text{K}^{-1} \times (207\ \text{K} - 273\ \text{K}) = 5228\ \text{J}$$

$$\Delta A = \Delta U - \Delta(TS) = \Delta U - S\Delta T$$

$$= -823.1\ \text{J} - 1\ \text{mol} \times 100\ \text{J}\cdot\text{mol}^{-1}\cdot\text{K}^{-1} \times (207\ \text{K} - 273\ \text{K}) = 5777\ \text{J}$$

(5) 绝热不可逆反抗 50 kPa 恒外压膨胀至平衡

绝热不可逆过程中不可使用绝热可逆过程方程式, 需利用下述方法求终态温度:

$$Q = 0 \qquad W = \Delta U$$

则有

$$\Delta U = nC_{V,\text{m}}(T_2 - T_1) = -p_\text{e}(V_2 - V_1) = W$$

$$n\frac{3}{2}R(T_2 - T_1) = -nR\left(T_2 - \frac{T_1}{p_1}p_2\right)$$

$$\frac{3}{2}(T_2 - 273\ \text{K}) = -T_2 + \frac{273\ \text{K}}{100\ \text{kPa}} \times 50\ \text{kPa}$$

$$T_2 = 218.4\ \text{K}$$

$$\Delta U = nC_{V,\text{m}}(T_2 - T_1) = 1\ \text{mol} \times 1.5 \times 8.314\ \text{J}\cdot\text{mol}^{-1}\cdot\text{K}^{-1} \times (218.4 - 273)\ \text{K} = -680.9\ \text{J}$$

$$\Delta H = nC_{p,\text{m}}(T_2 - T_1) = 1\ \text{mol} \times 2.5 \times 8.314\ \text{J}\cdot\text{mol}^{-1}\cdot\text{K}^{-1} \times (218.4 - 273)\ \text{K} = -1135\ \text{J}$$

$$\Delta S = nR\ln\frac{p_1}{p_2} + nC_{p,\text{m}}\ln\frac{T_2}{T_1}$$

$$= 1\ \text{mol}\times 8.314\ \text{J}\cdot\text{mol}^{-1}\cdot\text{K}^{-1}\times\ln 2 + 1\ \text{mol}\times\frac{5}{2}\times 8.314\ \text{J}\cdot\text{mol}^{-1}\cdot\text{K}^{-1}\times\ln\frac{218.4\ \text{K}}{273\ \text{K}}$$

$$= 1.125\ \text{J}\cdot\text{K}^{-1}$$

$$S_2 = S_1 + \Delta S = 1\ \text{mol} \times 100\ \text{J}\cdot\text{mol}^{-1}\cdot\text{K}^{-1} + 1.125\ \text{J}\cdot\text{K}^{-1} = 101.125\ \text{J}\cdot\text{K}^{-1}$$

$$\Delta G = \Delta H - \Delta(TS) = \Delta H - (T_2S_2 - T_1S_1) = 4085\ \text{J}$$

$$\Delta A = \Delta U - \Delta(TS) = \Delta U - (T_2S_2 - T_1S_1) = 4539\ \text{J}$$

**3.18** 将 1 mol $H_2O$(g) 从 373 K, 100 kPa 的始态, 小心等温压缩, 在没有灰尘等凝聚中心存在下, 得到了 373 K, 200 kPa 的介稳水蒸气, 但不久介稳水蒸气全变成了液态水, 即

$$\text{H}_2\text{O}(\text{g}, 373\ \text{K}, 200\ \text{kPa}) \longrightarrow \text{H}_2\text{O}(\text{l}, 373\ \text{K}, 200\ \text{kPa})$$

求该过程的 $\Delta H, \Delta G$ 和 $\Delta S$。已知在该条件下, 水的摩尔蒸发焓为 46.02 $\text{kJ}\cdot\text{mol}^{-1}$, 水的密度为

1000 kg·m$^{-3}$。设气体为理想气体, 液体体积受压力的影响可忽略不计。

**解**: 设计可逆过程如下:

$$\begin{array}{ccc} H_2O(g, 373\ K, 200\ kPa) & \longrightarrow & H_2O(l, 373\ K, 200\ kPa) \\ \downarrow (1) & & \uparrow (3) \\ H_2O(g, 373\ K, 100\ kPa) & \xrightleftharpoons{(2)} & H_2O(l, 373\ K, 100\ kPa) \end{array}$$

$$\Delta G_1 = nRT\ln\frac{p_2}{p_1} = 1\ \text{mol} \times 8.314\ \text{J}\cdot\text{mol}^{-1}\cdot\text{K}^{-1} \times 373\ \text{K} \times \ln\frac{100\ \text{kPa}}{200\ \text{kPa}} = -2149.5\ \text{J}$$

$$\Delta G_2 = 0$$

$$\Delta G_3 = \int_{100\ \text{kPa}}^{200\ \text{kPa}} V_1 \mathrm{d}p = \frac{nM}{\rho}(p_2 - p_1) = \frac{1\ \text{mol} \times 0.018\ \text{kg}\cdot\text{mol}^{-1}}{1000\ \text{kg}\cdot\text{m}^{-3}} \times 100\ \text{kPa} = 1.8\ \text{J}$$

$$\Delta G = \Delta G_1 + \Delta G_2 + \Delta G_3 = -2147.7\ \text{J}$$

$$\Delta H = n\Delta_r H_m^{\ominus} = 1\ \text{mol} \times (-46.02\ \text{kJ}\cdot\text{mol}^{-1}) = -46.02\ \text{kJ}$$

$$\Delta S = \frac{\Delta H - \Delta G}{T} = \frac{-46020\ \text{J} - (-2147.7\ \text{J})}{373\ \text{K}} = -117.62\ \text{J}\cdot\text{K}^{-1}$$

**3.19** 用合适的判据证明:

(1) 在 373 K, 200 kPa 下, $H_2O(l)$ 比 $H_2O(g)$ 更稳定;

(2) 在 263 K, 100 kPa 下, $H_2O(s)$ 比 $H_2O(l)$ 更稳定。

**解**: (1) 设计下面的循环:

$$\begin{array}{ccc} H_2O(l, 373\ K, 200\ kPa) & \xrightarrow{\Delta G} & H_2O(g, 373\ K, 200\ kPa) \\ \downarrow \Delta G_1 & & \uparrow \Delta G_3 \\ H_2O(l, 373\ K, 100\ kPa) & \xrightleftharpoons{\Delta G_2=0} & H_2O(g, 373\ K, 100\ kPa) \end{array}$$

$$\Delta G_1 = \int_{200\ \text{kPa}}^{100\ \text{kPa}} V_1 \mathrm{d}p$$

$$\Delta G_2 = 0$$

$$\Delta G_3 = \int_{100\ \text{kPa}}^{200\ \text{kPa}} V_g \mathrm{d}p$$

$$\Delta G = \Delta G_1 + \Delta G_2 + \Delta G_3 = \int_{100\ \text{kPa}}^{200\ \text{kPa}} (V_g - V_1)\mathrm{d}p > 0$$

所以在 373 K, 200 kPa 下液态水稳定。

(2) 设计下面的循环:

$$\begin{array}{ccc} H_2O(s, 263\ K, 100\ kPa) & \xrightarrow{\Delta G} & H_2O(l, 263\ K, 100\ kPa) \\ \downarrow \Delta G_1 & & \uparrow \Delta G_3 \\ H_2O(s, 273\ K, 100\ kPa) & \xrightleftharpoons{\Delta G_2=0} & H_2O(l, 273\ K, 100\ kPa) \end{array}$$

$$\Delta G_1 = -\int_{263\ \text{K}}^{273\ \text{K}} S_s \mathrm{d}T$$

$$\Delta G_2 = 0$$

$$\Delta G_3 = -\int_{273\text{ K}}^{263\text{ K}} S_\text{l}\text{d}T$$

$$\Delta G = \Delta G_1 + \Delta G_2 + \Delta G_3 = \int_{273\text{ K}}^{263\text{ K}} (S_\text{l} - S_\text{s})\text{d}T > 0 \qquad (\text{因为 } S_\text{l} > S_\text{s})$$

所以在 263 K, 100 kPa 下冰稳定。

**3.20** 在 298 K, 100 kPa 下, 已知 C (金刚石) 和 C (石墨) 的摩尔熵、摩尔燃烧焓和密度数据如下:

| 物质 | $S_\text{m}/(\text{J·mol}^{-1}\text{·K}^{-1})$ | $\Delta_\text{c}H_\text{m}/(\text{kJ·mol}^{-1})$ | $\rho/(\text{kg·m}^{-3})$ |
|---|---|---|---|
| C(金刚石) | 2.377 | −395.40 | 3513 |
| C(石墨) | 5.74 | −393.51 | 2260 |

(1) 在 298 K, 100 kPa 下, C(石墨) $\longrightarrow$ C(金刚石)的 $\Delta_\text{trs}G_\text{m}^\ominus$;

(2) 在 298 K, 100 kPa 下, 哪种晶体更为稳定?

(3) 增加压力能否使不稳定晶体向稳定晶体转化? 如有可能, 至少要加多大压力, 才能实现这种转化?

**解**: (1) C(石墨) $\longrightarrow$ C(金刚石)

$$\begin{aligned}\Delta_\text{trs}H_\text{m}^\ominus &= \Delta_\text{c}H_\text{m}^\ominus(\text{石墨}) - \Delta_\text{c}H_\text{m}^\ominus(\text{金刚石})\\ &= -393.51\text{ kJ·mol}^{-1} - (-395.40\text{ kJ·mol}^{-1}) = 1.89\text{ kJ·mol}^{-1}\\ \Delta_\text{trs}G_\text{m}^\ominus &= \Delta_\text{trs}H_\text{m}^\ominus - T\Delta_\text{trs}S_\text{m}^\ominus\\ &= 1.89\text{ kJ·mol}^{-1} - 298\text{ K} \times [(2.377 - 5.74)\text{ J·mol}^{-1}\text{·K}^{-1}] = 2.89\text{ kJ·mol}^{-1}\end{aligned}$$

(2) 在 298 K, 100 kPa 下, $\Delta_\text{trs}G_\text{m}^\ominus > 0$, 说明在此条件下反应不能右向进行, 即石墨不能变成金刚石, 故此时石墨更稳定。

(3) 加压有利于反应朝着体积变小的方向进行。金刚石的密度比石墨大, 单位质量的体积比石墨小, 所以增加压力有可能使石墨转化为金刚石。

$$\left(\frac{\partial \Delta G}{\partial p}\right)_T = \Delta V$$

$$\int_{\Delta G_1}^{\Delta G_2} \text{d}\Delta G = \int_{p_1}^{p_2} \Delta V \text{d}p$$

$$\begin{aligned}\Delta_\text{trs}G_\text{m}^\ominus(2) &= \Delta_\text{trs}G_\text{m}^\ominus(1) + \Delta_\text{trs}V_\text{m}(p_2 - p_1)\\ &= 2.89\text{ kJ·mol}^{-1} + \left(\frac{0.012011\text{ kg·mol}^{-1}}{3513\text{ kg·m}^{-3}} - \frac{0.012011\text{ kg·mol}^{-1}}{2260\text{ kg·m}^{-3}}\right) \times (p_2 - 100\text{ kPa})\end{aligned}$$

欲使 $\Delta_\text{trs}G_\text{m}^\ominus(2) < 0$, 解上式得 $\qquad p_2 > 1.526 \times 10^9\text{ Pa}$

需加压至大于 $1.526 \times 10^9$ Pa 时才能使石墨变为金刚石。

**3.21** 某实际气体的状态方程式为 $(p + a/V^2)V = RT$, 其中 $a$ 是常数。在压力不很大的情况下, 有 1 mol 该气体由 $p_1, V_1$ 经恒温可逆过程变到 $p_2, V_2$, 试写出 $Q, W, \Delta U, \Delta H, \Delta S, \Delta A$ 和 $\Delta G$ 的计算表示式。

**解:**
$$p = \frac{RT}{V} - \frac{a}{V^2}$$

$$W = -\int p\mathrm{d}V = -\int_{V_1}^{V_2} \left[\frac{RT}{V} - \frac{a}{V^2}\right] \mathrm{d}V = -RT\ln\frac{V_2}{V_1} - a\left(\frac{1}{V_2} - \frac{1}{V_1}\right)$$

$$\left(\frac{\partial U}{\partial V}\right)_T = T\left(\frac{\partial p}{\partial T}\right)_V - p = \frac{a}{V^2}$$

$$\Delta U = \int_{T_1}^{T_2} C_V \mathrm{d}T + \int_{V_1}^{V_2} \left(\frac{\partial U}{\partial V}\right)_T \mathrm{d}V \qquad (\mathrm{d}T = 0)$$

$$= \int_{V_1}^{V_2} \frac{a}{V^2}\mathrm{d}V = a\left(\frac{1}{V_1} - \frac{1}{V_2}\right)$$

$$Q_{\mathrm{R}} = \Delta U - W = RT\ln(V_2/V_1)$$

$$\Delta H = \Delta U + \Delta(pV) = \Delta U + (p_2V_2 - p_1V_1) = \Delta U + \left[\left(RT - \frac{a}{V_2}\right) - \left(RT - \frac{a}{V_1}\right)\right]$$

$$= a\left(\frac{1}{V_1} - \frac{1}{V_2}\right) + a\left(\frac{1}{V_1} - \frac{1}{V_2}\right) = 2a\left(\frac{1}{V_1} - \frac{1}{V_2}\right)$$

$$\Delta S = \frac{Q_{\mathrm{R}}}{T} = R\ln\frac{V_2}{V_1}$$

$$\Delta G = \Delta H - T\Delta S = 2a\left(\frac{1}{V_1} - \frac{1}{V_2}\right) - RT\ln\frac{V_2}{V_1}$$

**3.22**　在标准压力和 298 K 时, 计算如下反应的 $\Delta_{\mathrm{r}}G_{\mathrm{m}}^{\ominus}(298\ \mathrm{K})$, 从所得数值判断反应的可能性。

(1) $CH_4(g) + \frac{1}{2}O_2(g) \longrightarrow CH_3OH(l)$

(2) $C(石墨) + 2H_2(g) + \frac{1}{2}O_2(g) \longrightarrow CH_3OH(l)$

所需数据可从热力学数据表上查阅。

**解:** 查热力学数据表得

| 物质 | $CH_4(g)$ | $CH_3OH(l)$ | C(石墨) | $O_2(g)$ | $H_2(g)$ |
|---|---|---|---|---|---|
| $\Delta_{\mathrm{f}}G_{\mathrm{m}}^{\ominus}/(\mathrm{kJ\cdot mol^{-1}})$ | −50.5 | −166.6 | 0 | 0 | 0 |

(1) $CH_4(g) + \frac{1}{2}O_2(g) \longrightarrow CH_3OH(l)$

$$\Delta_{\mathrm{r}}G_{\mathrm{m}}^{\ominus}(1) = \Delta_{\mathrm{f}}G_{\mathrm{m}}^{\ominus}(\mathrm{CH_3OH, l}) - \Delta_{\mathrm{f}}G_{\mathrm{m}}^{\ominus}(\mathrm{CH_4, g}) - \frac{1}{2}\Delta_{\mathrm{f}}G_{\mathrm{m}}^{\ominus}(\mathrm{O_2, g})$$

$$= -166.6\ \mathrm{kJ\cdot mol^{-1}} - (-50.5\ \mathrm{kJ\cdot mol^{-1}}) - 0 = -116.1\ \mathrm{kJ\cdot mol^{-1}} < -41.84\ \mathrm{kJ\cdot mol^{-1}}$$

反应能自动发生。

(2) $C(石墨) + 2H_2(g) + \frac{1}{2}O_2(g) \longrightarrow CH_3OH(l)$

$$\Delta_r G_m^\ominus(2) = \Delta_f G_m^\ominus(CH_3OH, l) - \Delta_f G_m^\ominus(石墨, s) - 2\Delta_f G_m^\ominus(H_2, g) - \frac{1}{2}\Delta_f G_m^\ominus(O_2, g)$$
$$= -166.6\ kJ\cdot mol^{-1} - 0 - 0 - 0 = -166.6\ kJ\cdot mol^{-1} < -41.84\ kJ\cdot mol^{-1}$$

反应能自动发生。

**3.23** 已知反应在 298 K 时标准摩尔反应焓如下:

(1) $Fe_2O_3(s) + 3C(石墨) \longrightarrow 2Fe(s) + 3CO(g)$ $\quad \Delta_r H_m^\ominus(1) = 489\ kJ\cdot mol^{-1}$

(2) $2CO(g) + O_2(g) \longrightarrow 2CO_2(g)$ $\quad \Delta_r H_m^\ominus(2) = -564\ kJ\cdot mol^{-1}$

(3) $C(石墨) + O_2(g) \longrightarrow CO_2(g)$ $\quad \Delta_r H_m^\ominus(3) = -393\ kJ\cdot mol^{-1}$

且 $O_2(g), Fe(s), Fe_2O_3(s)$ 的 $S_m^\ominus(298\ K)$ 分别为 $205.03\ J\cdot mol^{-1}\cdot K^{-1}$, $27.15\ J\cdot mol^{-1}\cdot K^{-1}$, $90.0\ J\cdot mol^{-1}\cdot K^{-1}$。在 298 K, $p^\ominus$ 下, 空气能否使 Fe(s) 氧化为 $Fe_2O_3(s)$? (已知空气中氧含量为 20%。)

**解**: 所求反应为

$$2Fe(s) + \frac{3}{2}O_2(g) \longrightarrow Fe_2O_3(s) \tag{4}$$

由题中反应 $3\times(3) - (1) - (3/2)\times(2)$ 可得反应 (4), 所以

$$\Delta_r H_m^\ominus(4) = 3\Delta_r H_m^\ominus(3) - \Delta_r H_m^\ominus(1) - \frac{3}{2}\Delta_r H_m^\ominus(2)$$
$$= \left[3\times(-393) - 489 - \frac{3}{2}\times(-564)\right]\ kJ\cdot mol^{-1} = -822\ kJ\cdot mol^{-1}$$

同理

$$\Delta_r S_m^\ominus(4) = S_m^\ominus(Fe_2O_3) - \frac{3}{2}S_m^\ominus(O_2) - 2S_m^\ominus(Fe)$$
$$= \left(90.0 - \frac{3}{2}\times 205.03 - 2\times 27.15\right)\ J\cdot mol^{-1}\cdot K^{-1} = -271.8\ J\cdot mol^{-1}\cdot K^{-1}$$

$$\Delta_r G_m^\ominus(4) = \Delta_r H_m^\ominus(4) - T\Delta_r S_m^\ominus(4)$$
$$= -822\ kJ\cdot mol^{-1} - 298\ K\times(-271.8\ J\cdot mol^{-1}\cdot K^{-1}) = -741\ kJ\cdot mol^{-1}$$

$$\Delta_r G_m(4) = \Delta_r G_m^\ominus(4) + RT\ln\left(\frac{1}{p_{O_2}/p^\ominus}\right)^{3/2}$$
$$= -741\ kJ\cdot mol^{-1} + 8.314\ J\cdot mol^{-1}\cdot K^{-1}\times 298\ K\times\frac{3}{2}\times\ln\frac{1}{0.2} = -735\ kJ\cdot mol^{-1} < 0$$

故在该条件下空气可以使 Fe(s) 氧化为 $Fe_2O_3(s)$。

**3.24** 若令膨胀系数 $\alpha = \frac{1}{V}\left(\frac{\partial V}{\partial T}\right)_p$, 压缩系数 $\beta = -\frac{1}{V}\left(\frac{\partial V}{\partial p}\right)_T$。试证明:

(1) $C_p - C_V = \frac{VT\alpha^2}{\beta}$

(2) $\left(\frac{\partial U}{\partial p}\right)_T = -\alpha TV + pV\beta$

**解**: (1) $C_V = \left(\frac{\partial U}{\partial T}\right)_V = T\left(\frac{\partial S}{\partial T}\right)_V$ (因为 $dU = TdS - pdV$)

$$C_p = \left(\frac{\partial H}{\partial T}\right)_p = T\left(\frac{\partial S}{\partial T}\right)_p \quad (\text{因为 } \mathrm{d}H = T\mathrm{d}S + V\mathrm{d}p)$$

$$C_p - C_V = \left(\frac{\partial H}{\partial T}\right)_p - \left(\frac{\partial U}{\partial T}\right)_V = T\left(\frac{\partial S}{\partial T}\right)_p - T\left(\frac{\partial S}{\partial T}\right)_V \tag{a}$$

因为

$$\left(\frac{\partial S}{\partial T}\right)_p = \left(\frac{\partial S}{\partial T}\right)_V + \left(\frac{\partial S}{\partial V}\right)_T\left(\frac{\partial V}{\partial T}\right)_p \tag{b}$$

将式 (b) 代入式 (a) 得

$$C_p - C_V = T\left(\frac{\partial S}{\partial V}\right)_T\left(\frac{\partial V}{\partial T}\right)_p$$

$$= T\left(\frac{\partial p}{\partial T}\right)_V\left(\frac{\partial V}{\partial T}\right)_p \quad (\text{代入 Maxwell 关系式}) \tag{c}$$

又因为

$$\left(\frac{\partial p}{\partial T}\right)_V\left(\frac{\partial T}{\partial V}\right)_p\left(\frac{\partial V}{\partial p}\right)_T = -1 \tag{d}$$

将式 (d) 代入式 (c) 得

$$C_p - C_V = -T\left(\frac{\partial p}{\partial V}\right)_T\left(\frac{\partial V}{\partial T}\right)_p^2 = -T\frac{\dfrac{1}{V^2}\left(\dfrac{\partial V}{\partial T}\right)_p^2}{-\dfrac{1}{V^2}\left(\dfrac{\partial V}{\partial p}\right)_T} = \frac{TV\alpha^2}{\beta}$$

(2) $\left(\frac{\partial U}{\partial p}\right)_T = \left[\frac{\partial(H-pV)}{\partial p}\right]_T = \left(\frac{\partial H}{\partial p}\right)_T - \left(\frac{\partial pV}{\partial p}\right)_T = \left(\frac{\partial H}{\partial p}\right)_T - V - p\left(\frac{\partial V}{\partial p}\right)_T$

因为 $\mathrm{d}H = T\mathrm{d}S + V\mathrm{d}p$, 有 $\left(\frac{\partial H}{\partial p}\right)_T = T\left(\frac{\partial S}{\partial p}\right)_T + V$, 则

$$\left(\frac{\partial U}{\partial p}\right)_T = T\left(\frac{\partial S}{\partial p}\right)_T + V - V - p\left(\frac{\partial V}{\partial p}\right)_T = T\left(\frac{\partial S}{\partial p}\right)_T - p\left(\frac{\partial V}{\partial p}\right)_T$$

$$= -T\left(\frac{\partial V}{\partial T}\right)_p - p\left(\frac{\partial V}{\partial p}\right)_T \quad (\text{代入 Maxwell 关系式})$$

$$= -\frac{TV}{V}\left(\frac{\partial V}{\partial T}\right)_p + \frac{pV}{V}\left(-\frac{\partial V}{\partial p}\right)_T = -TV\alpha + pV\beta$$

**3.25** 对 van der Waals 实际气体, 试证明:

(1) $\left(\frac{\partial U}{\partial V}\right)_T = \frac{a}{V_\mathrm{m}^2}$

(2) $\left(\frac{\partial V}{\partial T}\right)_A\left(\frac{\partial T}{\partial G}\right)_p\left(\frac{\partial S}{\partial V}\right)_U = \frac{R}{p(V_\mathrm{m}-b) + \frac{a}{V_\mathrm{m}} - \frac{ab}{V_\mathrm{m}^2}}$

**解**: (1) 因为 $\mathrm{d}U = T\mathrm{d}S - p\mathrm{d}V$, 有

$$\left(\frac{\partial U}{\partial V}\right)_T = T\left(\frac{\partial S}{\partial V}\right)_T - p = T\left(\frac{\partial p}{\partial T}\right)_V - p \tag{a}$$

van der Waals 方程式为 $$\left(p-\frac{n^2a}{V^2}\right)(V-nb)=nRT$$

$$p=\frac{nRT}{V-nb}+\frac{n^2a}{V^2}$$

$$\left(\frac{\partial p}{\partial T}\right)_V=\frac{nR}{V-nb} \tag{b}$$

将式 (b) 代入式 (a) 得 $$\left(\frac{\partial U}{\partial V}\right)_T=\frac{nRT}{V-nb}-p=\frac{n^2a}{V^2}=\frac{a}{V_{\mathrm{m}}^2}$$

(2) $$\left(\frac{\partial V}{\partial T}\right)_A\left(\frac{\partial T}{\partial A}\right)_V\left(\frac{\partial A}{\partial V}\right)_T=-1$$

$$\left(\frac{\partial V}{\partial T}\right)_A=-\left(\frac{\partial A}{\partial T}\right)_V\left(\frac{\partial V}{\partial A}\right)_T=-\frac{S}{p}$$

$$\left(\frac{\partial G}{\partial T}\right)_p=-S \qquad \left(\frac{\partial T}{\partial p}\right)_p=-\frac{1}{S}$$

$$\left(\frac{\partial S}{\partial V}\right)_U=-\left(\frac{\partial U}{\partial V}\right)_S\left(\frac{\partial S}{\partial U}\right)_V$$

$$\left(\frac{\partial S}{\partial V}\right)_U=-\left(\frac{\partial U}{\partial V}\right)_S\left(\frac{\partial S}{\partial U}\right)_V=-(-p)/T=\frac{p}{T}$$

$$\left(\frac{\partial V}{\partial T}\right)_A\left(\frac{\partial T}{\partial G}\right)_p\left(\frac{\partial S}{\partial V}\right)_U=-\frac{S}{p}\times\left(-\frac{1}{S}\right)\times\frac{p}{T}=\frac{1}{T}$$

根据 van der Waals 方程式 $\frac{1}{T}=\frac{nR}{\left(p-\frac{n^2a}{V^2}\right)(V-nb)}$, 有

$$\left(\frac{\partial V}{\partial T}\right)_A\left(\frac{\partial T}{\partial G}\right)_p\left(\frac{\partial S}{\partial V}\right)_U=\frac{R}{p(V_{\mathrm{m}}-b)+\frac{a}{V_{\mathrm{m}}}-\frac{ab}{V_{\mathrm{m}}^2}}$$

**3.26** 对于理想气体, 试证明: $\frac{\left(\frac{\partial U}{\partial V}\right)_S\left(\frac{\partial H}{\partial p}\right)_S}{\left(\frac{\partial U}{\partial S}\right)_V}=-nR$。

**解**: 因为 $\mathrm{d}U=T\mathrm{d}S-p\mathrm{d}V$, 所以

$$\left(\frac{\partial U}{\partial S}\right)_V=T \qquad \left(\frac{\partial U}{\partial V}\right)_S=-p$$

因为 $\mathrm{d}H=T\mathrm{d}S+V\mathrm{d}p$, 所以 $$\left(\frac{\partial H}{\partial p}\right)_S=V$$

则有 $$\frac{\left(\frac{\partial U}{\partial V}\right)_S\left(\frac{\partial H}{\partial p}\right)_S}{\left(\frac{\partial U}{\partial S}\right)_V}=\frac{-pV}{T}=-nR$$

**3.27** 在 600 K, 100 kPa 下, 生石膏的脱水反应为

$$\mathrm{CaSO_4 \cdot 2H_2O(s) \longrightarrow CaSO_4(s) + 2H_2O(g)}$$

试计算该反应进度为 1 mol 时的 $Q, W, \Delta U_m, \Delta H_m, \Delta S_m, \Delta A_m$ 和 $\Delta G_m$。已知各物质在 298 K, 100 kPa 下的热力学数据如下:

| 物质 | $\Delta_f H_m^\ominus/(\mathrm{kJ\cdot mol^{-1}})$ | $S_m^\ominus/(\mathrm{J\cdot mol^{-1}\cdot K^{-1}})$ | $C_{p,m}/(\mathrm{J\cdot mol^{-1}\cdot K^{-1}})$ |
|---|---|---|---|
| $CaSO_4\cdot 2H_2O(s)$ | −2021.12 | 193.97 | 186.20 |
| $CaSO_4(s)$ | −1432.68 | 106.70 | 99.60 |
| $H_2O(g)$ | −241.82 | 188.83 | 33.58 |

**解**: $\mathrm{CaSO_4 \cdot 2H_2O(s) \longrightarrow CaSO_4(s) + 2H_2O(g)}$

$$\Delta_r H_m^\ominus(298\ \mathrm{K}) = \Delta_f H_m^\ominus(\mathrm{CaSO_4, s}) + 2\Delta_f H_m^\ominus(\mathrm{H_2O, g}) - \Delta_f H_m^\ominus(\mathrm{CaSO_4\cdot 2H_2O, s})$$
$$= [(-1432.68) + 2\times(-241.82) - (-2021.12)]\ \mathrm{kJ\cdot mol^{-1}} = 104.8\ \mathrm{kJ\cdot mol^{-1}}$$

$$\left(\frac{\partial \Delta_r H_m^\ominus}{\partial T}\right)_p = \Delta_r C_p = C_{p,m}(\mathrm{CaSO_4, s}) + 2C_{p,m}(\mathrm{H_2O, g}) - C_{p,m}(\mathrm{CaSO_4\cdot 2H_2O, s})$$
$$= (99.60 + 2\times 33.58 - 186.20)\ \mathrm{J\cdot mol^{-1}\cdot K^{-1}} = -19.44\ \mathrm{J\cdot mol^{-1}\cdot K^{-1}}$$

$$\int_{\Delta_r H_m^\ominus(298\ \mathrm{K})}^{\Delta_r H_m^\ominus(600\ \mathrm{K})} \mathrm{d}\Delta_r H_m^\ominus = \int_{298\ \mathrm{K}}^{600\ \mathrm{K}} (-19.44\ \mathrm{J\cdot mol^{-1}\cdot K^{-1}})\mathrm{d}T$$

$$\Delta_r H_m^\ominus(600\ \mathrm{K}) = 104.8\ \mathrm{kJ\cdot mol^{-1}} - 19.44\ \mathrm{J\cdot mol^{-1}\cdot K^{-1}} \times (600\ \mathrm{K} - 298\ \mathrm{K}) = 98.93\ \mathrm{kJ\cdot mol^{-1}}$$

$$Q_p(600\ \mathrm{K}) = \Delta_r H_m^\ominus(600\ \mathrm{K}) \times 1\ \mathrm{mol} = 98.93\ \mathrm{kJ}$$

$$W = -p(V_2 - V_1) = -pV_g(\mathrm{H_2O}) = -nRT$$
$$= -2\ \mathrm{mol} \times 8.314\ \mathrm{J\cdot mol^{-1}\cdot K^{-1}} \times 600\ \mathrm{K} = -9977\ \mathrm{J}$$

(注: 近似计算, 假设 600 K 时仍可当成理想气体处理)

$$\Delta U_m(600\ \mathrm{K}) = Q + W = (98.93\ \mathrm{kJ} - 9977\ \mathrm{J})/(1\ \mathrm{mol}) = 88.95\ \mathrm{kJ\cdot mol^{-1}}$$

$$\Delta_r S_m^\ominus(298\ \mathrm{K}) = S_m^\ominus(\mathrm{CaSO_4, s}) + 2S_m^\ominus(\mathrm{H_2O, g}) - S_m^\ominus(\mathrm{CaSO_4\cdot 2H_2O, s})$$
$$= (106.70 + 2\times 188.83 - 193.97)\ \mathrm{J\cdot mol^{-1}\cdot K^{-1}} = 290.39\ \mathrm{J\cdot mol^{-1}\cdot K^{-1}}$$

$$\left(\frac{\partial \Delta_r S_m^\ominus}{\partial T}\right)_p = \frac{\Delta_r C_p}{T}$$

$$\int_{\Delta_r S_m^\ominus(298\ \mathrm{K})}^{\Delta_r S_m^\ominus(600\ \mathrm{K})} \mathrm{d}\Delta_r S_m^\ominus = \int_{298\ \mathrm{K}}^{600\ \mathrm{K}} (-19.44\ \mathrm{J\cdot mol^{-1}\cdot K^{-1}})\frac{\mathrm{d}T}{T}$$

$$\Delta_r S_m^\ominus(600\ \mathrm{K}) = 290.39\ \mathrm{J\cdot mol^{-1}\cdot K^{-1}} - 19.44\ \mathrm{J\cdot mol^{-1}\cdot K^{-1}} \times \ln\frac{600\ \mathrm{K}}{298\ \mathrm{K}} = 276.79\ \mathrm{J\cdot mol^{-1}\cdot K^{-1}}$$

$$\Delta_r A_m^\ominus(600\ \mathrm{K}) = \Delta_r U_m^\ominus(600\ \mathrm{K}) - T\Delta_r S_m^\ominus(600\ \mathrm{K})$$
$$= 88.95\ \mathrm{kJ\cdot mol^{-1}} - 600\ \mathrm{K} \times 276.79\ \mathrm{J\cdot mol^{-1}\cdot K^{-1}} = -77.124\ \mathrm{kJ\cdot mol^{-1}}$$

$$\Delta_r G_m^{\ominus}(600\ \mathrm{K}) = \Delta_r H_m^{\ominus}(600\ \mathrm{K}) - T\Delta_r S_m^{\ominus}(600\ \mathrm{K})$$
$$= 98.93\ \mathrm{kJ\cdot mol^{-1}} - 600\ \mathrm{K} \times 276.79\ \mathrm{J\cdot mol^{-1}\cdot K^{-1}} = -67.144\ \mathrm{kJ\cdot mol^{-1}}$$

**3.28** 将 1 mol 固体碘 $I_2(s)$ 从 298 K, 100 kPa 的始态, 转变成 457 K, 100 kPa 的 $I_2(g)$, 计算在 457 K 时 $I_2(g)$ 的标准摩尔熵和过程的熵变。已知 $I_2(s)$ 在 298 K, 100 kPa 时的标准摩尔熵为 $S_m(I_2, s) = 116.14\ \mathrm{J\cdot mol^{-1}\cdot K^{-1}}$, 熔点为 387 K, 标准摩尔熔化焓 $\Delta_{fus}H_m^{\ominus}(I_2, s) = 15.66\ \mathrm{kJ\cdot mol^{-1}}$。设在 298 ~ 387 K 的温度区间内, 固体与液体碘的摩尔定压热容分别为 $C_{p,m}(I_2, s) = 54.68\ \mathrm{J\cdot mol^{-1}\cdot K^{-1}}$, $C_{p,m}(I_2, l) = 79.59\ \mathrm{J\cdot mol^{-1}\cdot K^{-1}}$, 碘在沸点 457 K 时的摩尔蒸发焓为 $\Delta_{vap}H_m(I_2, l) = 25.52\ \mathrm{kJ\cdot mol^{-1}}$。

**解**: 在 100 kPa 下, 碘从 298 K 固态升温到 457 K 时的气态, 其升温过程经历从 298 K 固态升温到熔点 387 K (摩尔熵变为 $\Delta S_{m,1}$), 在 387 K 下发生固液–相变 ($\Delta S_{m,2}$), 液态碘从 387 K 升温到其沸点 457 K ($\Delta S_{m,3}$), 再在 457 K 发生液–气相变 ($\Delta S_{m,4}$), 成为气态碘 $I_2(g)$。

$$\Delta S_m = \Delta S_{m,1} + \Delta S_{m,2} + \Delta S_{m,3} + \Delta S_{m,4}$$

$$\Delta S_{m,1} = \int_{T_1}^{T_2} \frac{C_{p,m}(s)}{T}\mathrm{d}T = C_{p,m}(s)\ln\frac{T_2}{T_1} = 54.68\ \mathrm{J\cdot mol^{-1}\cdot K^{-1}} \times \ln\frac{387\ \mathrm{K}}{298\ \mathrm{K}} = 14.29\ \mathrm{J\cdot mol^{-1}\cdot K^{-1}}$$

$$\Delta S_{m,2} = \frac{\Delta_{fus}H_m^{\ominus}}{T_f} = \frac{15660\ \mathrm{J\cdot mol^{-1}}}{387\ \mathrm{K}} = 40.47\ \mathrm{J\cdot mol^{-1}\cdot K^{-1}}$$

$$\Delta S_{m,3} = \int_{T_1}^{T_2} \frac{C_{p,m}(l)}{T}\mathrm{d}T = C_{p,m}(l)\ln\frac{T_2}{T_1} = 79.59\ \mathrm{J\cdot mol^{-1}\cdot K^{-1}} \times \ln\frac{457\ \mathrm{K}}{387\ \mathrm{K}} = 13.23\ \mathrm{J\cdot mol^{-1}\cdot K^{-1}}$$

$$\Delta S_{m,4} = \frac{\Delta_{vap}H_m^{\ominus}}{T_b} = \frac{25520\ \mathrm{J\cdot mol^{-1}}}{457\ \mathrm{K}} = 55.84\ \mathrm{J\cdot mol^{-1}\cdot K^{-1}}$$

$$\Delta S_m = \Delta S_{m,1} + \Delta S_{m,2} + \Delta S_{m,3} + \Delta S_{m,4} = 123.8\ \mathrm{J\cdot mol^{-1}\cdot K^{-1}}$$

$$S_m(I_2, g, 457\ \mathrm{K}) = \Delta S_m + S_m(I_2, s, 298\ \mathrm{K}) = 123.8\ \mathrm{J\cdot mol^{-1}\cdot K^{-1}} + 116.14\ \mathrm{J\cdot mol^{-1}\cdot K^{-1}}$$
$$= 239.9\ \mathrm{J\cdot mol^{-1}\cdot K^{-1}}$$

**3.29** 保持压力为标准压力, 计算丙酮蒸气在 1000 K 时的标准摩尔熵值。已知在 298 K 时丙酮蒸气的标准摩尔熵值 $S_m^{\ominus}(298\ \mathrm{K}) = 295.3\ \mathrm{J\cdot mol^{-1}\cdot K^{-1}}$, 在 273 ~ 1500 K 的温度区间内, 丙酮蒸气的摩尔定压热容 $C_{p,m}^{\ominus}$ 与温度的关系式为

$$C_{p,m}^{\ominus} = [22.47 + 201.8 \times 10^{-3}(T/\mathrm{K}) - 63.5 \times 10^{-6}(T/\mathrm{K})^2]\ \mathrm{J\cdot mol^{-1}\cdot K^{-1}}$$

**解**: $\left(\frac{\partial S}{\partial T}\right)_p = \frac{C_p}{T}$

$$\int_{S(T_1)}^{S(T_2)} \mathrm{d}S = \int_{T_1}^{T_2} \frac{C_p}{T}\mathrm{d}T = \int_{T_1}^{T_2} \frac{[22.47 + 0.2018(T/\mathrm{K}) - 63.5 \times 10^{-6}(T/\mathrm{K})^2]\ \mathrm{J\cdot mol^{-1}\cdot K^{-1}}}{T}\mathrm{d}T$$

$$S(T_2) = S(T_1) + \left\{22.47\ln\frac{T_2}{T_1} + 0.2018(T_2/\mathrm{K} - T_1/\mathrm{K}) - \frac{63.5}{2} \times 10^{-6}[(T_2/\mathrm{K})^2 - (T_1/\mathrm{K})^2]\right\}\ \mathrm{J\cdot mol^{-1}\cdot K^{-1}}$$

$$S_{\rm m}^{\ominus}(1000\ {\rm K}) = 295.3\ {\rm J\cdot mol^{-1}\cdot K^{-1}} + \left[22.47 \times \ln\frac{1000}{298} + 0.2018\times (1000-298) - \frac{63.5}{2} \times 10^{-6} \times (1000^2 - 298^2)\right] {\rm J\cdot mol^{-1}\cdot K^{-1}}$$

$$= 435.23\ {\rm J\cdot mol^{-1}\cdot K^{-1}}$$

**3.30** 对反应 $2{\rm Ag(s)} + \frac{1}{2}{\rm O_2(g)} \longrightarrow {\rm Ag_2O(s)}$, 有

$$\Delta_{\rm r}G_{\rm m}^{\ominus}(T) = [-32384 - 17.32(T/{\rm K}){\rm lg}(T/{\rm K}) + 116.48(T/{\rm K})]\ {\rm J\cdot mol^{-1}}$$

(1) 试写出该反应的 $\Delta_{\rm r}S_{\rm m}^{\ominus}, \Delta_{\rm r}H_{\rm m}^{\ominus}$ 与温度 $T$ 的关系式;

(2) 目前生产上用电解银作催化剂, 在 600 ℃, $p^{\ominus}$ 下将甲醇催化氧化成甲醛, 试说明在生产过程中 Ag(s) 是否会变成 $Ag_2O(s)$。

**解**: (1) $\Delta_{\rm r}S_{\rm m}^{\ominus}(T) = -\left[\dfrac{\partial\Delta_{\rm r}G_{\rm m}^{\ominus}(T)}{\partial T}\right]_p = [17.32\times{\rm lg}(T/{\rm K})-108.96]\ {\rm J\cdot mol^{-1}\cdot K^{-1}}$

$$\Delta_{\rm r}H_{\rm m}^{\ominus} = \Delta_{\rm r}G_{\rm m}^{\ominus} + T\Delta_{\rm r}S_{\rm m}^{\ominus} = [-32384 + 7.52(T/{\rm K})]\ {\rm J\cdot mol^{-1}}$$

(2) $\Delta_{\rm r}G_{\rm m}^{\ominus}(873.15\ {\rm K}) = (-32384-17.32\times873.15\times{\rm lg}873.15+116.48\times873.15)\ {\rm J\cdot mol^{-1}}$

$$=24.84\ {\rm kJ\cdot mol^{-1}}>0$$

故在该条件下 Ag(s) 不会变成 $Ag_2O(s)$。

**3.31** 在文石 (aragonite) 转变为方解石 (calcite) 时, 体积增加 $2.75\times10^{-3}\ {\rm dm^3\cdot mol^{-1}}$, $\Delta G_{\rm m} = -795\ {\rm J\cdot mol^{-1}}$。问 25 ℃ 时使文石成为稳定相所需要的压力是多少?

**解**: 加压有利于反应朝着体积变小的方向进行。文石的体积比方解石小, 所以增加压力有可能使方解石转化为文石。

$$\left(\frac{\partial\Delta G}{\partial p}\right)_T = \Delta V$$

$$\int_{\Delta G_1}^{\Delta G_2} {\rm d}\Delta G = \int_{p_1}^{p_2} \Delta V {\rm d}p$$

$$\Delta_{\rm trs}G_{\rm m}^{\ominus}(2) = \Delta_{\rm trs}G_{\rm m}^{\ominus}(1) + \Delta_{\rm trs}V_{\rm m}(p_2 - p_1)$$

$$= -795\ {\rm J\cdot mol^{-1}} + 2.75\times10^{-6}\ {\rm m^3\cdot mol^{-1}} \times (p_2 - 100\times10^3\ {\rm Pa})$$

欲使 $\Delta_{\rm trs}G_{\rm m}^{\ominus}(2) > 0$, 解上式得 $p_2 > 2.89\times10^8\ {\rm Pa}$

需加压至大于 $2.89\times10^8$ Pa 时才能使方解石变为文石。

**3.32** 在 −3 ℃ 时, 冰的蒸气压为 475.4 Pa。过冷水的蒸气压为 489.2 Pa。试求在 −3 ℃ 时, 1 mol 过冷水转变为冰时的 $\Delta G$。

**解**: 该过程可表示为 $H_2O(l, 270\ {\rm K}, p_l) \xrightarrow{\Delta G} H_2O(s, 270\ {\rm K}, p_s)$

$$\Delta G = nRT\ln\frac{p_{\rm s}}{p_{\rm l}} = 1\ {\rm mol}\times 8.314\ {\rm J\cdot mol^{-1}\cdot K^{-1}} \times (273-3)\ {\rm K} \times \ln\frac{475.4\ {\rm Pa}}{489.2\ {\rm Pa}} = -64.23\ {\rm J}$$

**3.33** 假定 $C_6H_6$ 在 100 kPa 和 25 ℃ 时是理想气体, 试由下列数据估计 $C_6H_6$ 的标准摩尔熵。25 ℃ 时 $C_6H_6(l)$ 的蒸气压为 12.68 kPa, 摩尔蒸发焓为 33849 ${\rm J\cdot mol^{-1}}$, 在熔点 5.53 ℃ 时的摩

尔熔化焓为 9866.3 J·mol$^{-1}$。在熔点和 25 ℃ 之间, 其 $C_{p,\mathrm{m}}$ 的平均值为 133.97 J·mol$^{-1}$·K$^{-1}$。从 $C_{p,\mathrm{m}} \sim T$ 的关系式已经算出了在 5.53 ℃ 时, $C_6H_6(s)$ 的 $S_\mathrm{m}$ 为 128.817 J·mol$^{-1}$·K$^{-1}$。

**解**: 在 5.53 ℃ 时 $C_6H_6(s)$ 转变为 $C_6H_6(l)$ 的熵变为

$$\Delta S_{\mathrm{m},1} = \frac{\Delta_\mathrm{fus} H_\mathrm{m}}{T_\mathrm{f}} = \frac{9866.3\ \mathrm{J\cdot mol^{-1}}}{(273.15+5.53)\ \mathrm{K}} = 35.40\ \mathrm{J\cdot mol^{-1}\cdot K^{-1}}$$

$C_6H_6(l)$ 从 5.53 ℃ 升温到 25 ℃ 的熵变为

$$\begin{aligned}\Delta S_{\mathrm{m},2} &= \int_{T_1}^{T_2} \frac{C_{p,\mathrm{m}}(\mathrm{l})}{T}\mathrm{d}T = C_{p,\mathrm{m}}(\mathrm{l})\ln\frac{T_2}{T_1} \\ &= 133.97\ \mathrm{J\cdot mol^{-1}\cdot K^{-1}} \times \ln\frac{(273.15+25)\ \mathrm{K}}{(273.15+5.53)\ \mathrm{Pa}} = 9.047\ \mathrm{J\cdot mol^{-1}\cdot K^{-1}}\end{aligned}$$

在 25 ℃ 时 $C_6H_6(l)$ 转变为 $C_6H_6(g)$ 的熵变为

$C_6H_6(l, 298.15\ K, p_s)$ ⇌ $C_6H_6(g, 298.15, p_s)$

↑ ↓

$C_6H_6(l, 298.15\ K, 100\ kPa)$ ⟶ $C_6H_6(g, 298.15\ K, 100\ kPa)$

$$\begin{aligned}\Delta S_{\mathrm{m},3} &= 0 + \frac{\Delta_\mathrm{vap} H_\mathrm{m}}{T} + nR\ln\frac{p_1}{p_2} \\ &= \frac{33849\ \mathrm{J\cdot mol^{-1}}}{(273.15+25)\ \mathrm{K}} + 8.314\ \mathrm{J\cdot mol^{-1}\cdot K^{-1}} \times \ln\frac{12.68\ \mathrm{kPa}}{100\ \mathrm{kPa}} = 96.36\ \mathrm{J\cdot mol^{-1}\cdot K^{-1}}\end{aligned}$$

$$\begin{aligned}S_\mathrm{m}(\mathrm{C_6H_6, g}, 25\ ℃, 100\ \mathrm{kPa}) &= S_\mathrm{m}(\mathrm{C_6H_6, s}, 5.53\ ℃, 100\ \mathrm{kPa}) + \Delta S_{\mathrm{m},1} + \Delta S_{\mathrm{m},2} + \Delta S_{\mathrm{m},3} \\ &= (128.817 + 35.40 + 9.047 + 96.36)\ \mathrm{J\cdot mol^{-1}\cdot K^{-1}} \\ &= 269.62\ \mathrm{J\cdot mol^{-1}\cdot K^{-1}}\end{aligned}$$

**3.34** 用 Debye 公式和图解积分法, 求得固态肼在熔点 1.53 ℃ 时的摩尔熵为 67.15 J·mol$^{-1}$·K$^{-1}$。已知在该温度时固态肼的摩尔熔化焓为 12657 J·mol$^{-1}$。在 1.53 ~ 25 ℃ 时, 对液态肼可近似地应用公式, $C_{p,\mathrm{m}}/(\mathrm{J\cdot mol^{-1}\cdot K^{-1}}) = 81.372 + 0.0586\ T/\mathrm{K}$。在 25 ℃ 时液态肼的摩尔蒸发焓为 44769 J·mol$^{-1}$。液态肼的蒸气压遵从下面的方程:

$$\lg(p/\mathrm{Pa}) = 9.93177 - \frac{1680.745}{T/\mathrm{K} - 45.41}$$

假定肼蒸气是理想气体, 试求在 100 kPa 和 25 ℃ 时气态肼的摩尔熵。

**解**: 从 1.53 ℃ 时固态肼转变为 25 ℃ 时气态肼的熵变为

$$\Delta S_\mathrm{m} = \frac{\Delta_\mathrm{fus} H_\mathrm{m}}{T_\mathrm{f}} + \int_{T_\mathrm{f}}^{T_2} \frac{C_{p,\mathrm{m}}(\mathrm{l})}{T}\mathrm{d}T + \frac{\Delta_\mathrm{vap} H_\mathrm{m}}{T_2} + R\ln\frac{p_1}{p_2}$$

25 ℃ 时液态肼的蒸气压为

$$\lg(p_1/\mathrm{Pa}) = 9.93177 - \frac{1680.745}{298.15 - 45.41}$$

$$p_1 = 1912.8\ \mathrm{Pa}$$

$$\Delta S_{\mathrm{m}} = \frac{12657\ \mathrm{J\cdot mol^{-1}}}{(273.15+1.53)\ \mathrm{K}} + \int_{T_{\mathrm{f}}}^{T_2} \frac{(81.372+0.0586T/\mathrm{K})\ \mathrm{J\cdot mol^{-1}\cdot K^{-1}}}{T}\mathrm{d}T +$$

$$\frac{44769\ \mathrm{J\cdot mol^{-1}}}{(273.15+25)\ \mathrm{K}} + 8.314\ \mathrm{J\cdot mol^{-1}\cdot K^{-1}} \times \ln\frac{1912.8\ \mathrm{Pa}}{100\ \mathrm{kPa}} = 171.39\ \mathrm{J\cdot mol^{-1}\cdot K^{-1}}$$

$$\begin{aligned} S_{\mathrm{m}}(\text{肼}, \mathrm{g}, 25\ ^{\circ}\mathrm{C}, 100\ \mathrm{kPa}) &= S_{\mathrm{m}}(\text{肼}, \mathrm{s}, 1.53\ ^{\circ}\mathrm{C}, 100\ \mathrm{kPa}) + \Delta S_{\mathrm{m}} \\ &= (67.15+171.39)\ \mathrm{J\cdot mol^{-1}\cdot K^{-1}} = 238.54\ \mathrm{J\cdot mol^{-1}\cdot K^{-1}} \end{aligned}$$

**3.35** 将 298 K, $p^{\ominus}$ 下的 1 $\mathrm{dm}^3$ $\mathrm{O_2(g)}$ (作为理想气体) 绝热压缩到 $5p^{\ominus}$, 耗费功 502 J。求终态的 $T_2$ 和 $S_2$, 以及此过程中系统的 $\Delta H$ 和 $\Delta G$。已知 $\mathrm{O_2(g)}$ 的 $S_{\mathrm{m}}^{\ominus}(298\ \mathrm{K}) = 205.14\ \mathrm{J\cdot mol^{-1}\cdot K^{-1}}$, $C_{p,\mathrm{m}}(\mathrm{O_2, g}) = 29.36\ \mathrm{J\cdot mol^{-1}\cdot K^{-1}}$。

**解**: $n = \dfrac{pV}{RT} = \dfrac{100\ \mathrm{kPa}\times 1\ \mathrm{dm^3}}{8.314\ \mathrm{J\cdot mol^{-1}\cdot K^{-1}}\times 298\ \mathrm{K}} = 4.04\times 10^{-2}\ \mathrm{mol}$

绝热压缩过程 $Q = 0$

$$\Delta U = W = nC_{V,\mathrm{m}}(T_2 - T_1)$$

故 $$502\ \mathrm{J} = 4.04\times 10^{-2}\ \mathrm{mol}\times(29.36-8.314)\ \mathrm{J\cdot mol^{-1}\cdot K^{-1}}\times(T_2 - 298\ \mathrm{K})$$

$$T_2 = 888.4\ \mathrm{K}$$

$$\begin{aligned} \Delta S &= nC_{p,\mathrm{m}}\ln(T_2/T_1) + nR\ln(p_1/p_2) \\ &= 4.04\times10^{-2}\ \mathrm{mol}\times 29.36\ \mathrm{J\cdot mol^{-1}\cdot K^{-1}}\times\ln(888.4/298) + \\ &\quad 4.04\times10^{-2}\ \mathrm{mol}\times 8.314\ \mathrm{J\cdot mol^{-1}\cdot K^{-1}}\times\ln(p^{\ominus}/5p^{\ominus}) = 0.755\ \mathrm{J\cdot K^{-1}} \end{aligned}$$

$$\begin{aligned} S_2 &= S_1 + \Delta S \\ &= 205.14\ \mathrm{J\cdot mol^{-1}\cdot K^{-1}}\times 4.02\times10^{-2}\ \mathrm{mol} + 0.755\ \mathrm{J\cdot K^{-1}} = 9.043\ \mathrm{J\cdot K^{-1}} \end{aligned}$$

$$\begin{aligned} \Delta H &= nC_{p,\mathrm{m}}(T_2 - T_1) \\ &= 4.04\times10^{-2}\ \mathrm{mol}\times 29.36\ \mathrm{J\cdot mol^{-1}\cdot K^{-1}}\times(888.4\ \mathrm{K} - 298\ \mathrm{K}) = 700.3\ \mathrm{J} \end{aligned}$$

$$\begin{aligned} \Delta G &= \Delta H - T_2S_2 + T_1S_1 \\ &= 700.3\ \mathrm{J} - 888.4\ \mathrm{K}\times 9.043\ \mathrm{J\cdot K^{-1}} + 298\ \mathrm{K}\times 8.288\ \mathrm{J\cdot K^{-1}} = -4.86\times10^3\ \mathrm{J} \end{aligned}$$

# 四、自测题

## (一) 自 测 题 1

### Ⅰ. 选择题

1. 求任一不可逆绝热过程的熵变 $\Delta S$ 时, 可以通过以下哪个途径求得? ……………… (　　)

(A) 始终态相同的可逆绝热过程　　　　(B) 始终态相同的可逆恒温过程

(C) 始终态相同的可逆非绝热过程　　(D) (B) 和 (C) 均可

2. 在理想气体的节流膨胀过程中, 系统的 $\Delta U, \Delta H, \Delta S, \Delta A, \Delta G$ 一定为零的是 ········ (　　)

(A) $\Delta U, \Delta S$　　(B) $\Delta H, \Delta G$

(C) $\Delta U, \Delta H$　　(D) $\Delta S, \Delta A$

3. 在 $p^{\ominus}$, 273.15 K 下水凝结为冰, 判断系统的下列热力学量 $\Delta U, \Delta H, \Delta S, \Delta G$ 与 0 的大小关系为 ········································ (　　)

(A) $=, >, =, <$　　(B) $=, <, <, =$

(C) $<, <, >, <$　　(D) $<, <, <, =$

4. 理想气体的经历四个可逆步骤回到原态: (1) 绝热可逆压缩, (2) 恒容升温, (3) 绝热可逆膨胀, (4) 恒容降温。该循环过程的 $T$–$S$ 图为 ········································ (　　)

(A)　　(B)　　(C)　　(D)

5. 单原子分子理想气体的 $C_{V,\mathrm{m}} = \dfrac{3}{2}R$, 温度由 $T_1$ 变到 $T_2$ 时, 等压过程系统的熵变 $\Delta S_p$ 与等容过程熵变 $\Delta S_V$ 之比是 ········································ (　　)

(A) 5∶3　　(B) 1∶1　　(C) 3∶5　　(D) 2∶1

6. 根据熵的统计意义判断, 下列过程中熵值增大的是 ········································ (　　)

(A) 水蒸气冷却成水　　(B) 石灰石分解生成石灰

(C) 乙烯聚合成聚乙烯　　(D) 理想气体绝热可逆膨胀

7. 将一个内盛 0.1 mol 乙醚液体的薄玻璃球放在真空箱中, 在正常沸点 308 K 和 101.325 kPa 下, 击碎玻璃球, 使乙醚向真空蒸发为同温同压的蒸气 (可视为理想气体)。已知该条件下乙醚的蒸发焓为 25.104 $\mathrm{kJ\cdot mol^{-1}}$。下面**错误**的是 ········································ (　　)

(A) 乙醚的 $\Delta_{\mathrm{vap}}S_{\mathrm{m}}^{\ominus}$ 为 81.5 $\mathrm{J\cdot mol^{-1}\cdot K^{-1}}$　　(B) 环境的熵变为 $-8.15\ \mathrm{J\cdot K^{-1}}$

(C) 环境的熵变为 $-7.32\ \mathrm{J\cdot K^{-1}}$　　(D) 乙醚的 $\Delta_{\mathrm{vap}}G_{\mathrm{m}}^{\ominus}$ 为 0

8. 理想气体由同一始态出发, 分别经 (1) 绝热可逆膨胀, (2) 多方过程膨胀, 达到同一体积 $V_2$, 则熵变 $\Delta S_1$ 和 $\Delta S_2$ 之间的关系为 ········································ (　　)

(A) $\Delta S_1 > \Delta S_2$　　(B) $\Delta S_1 < \Delta S_2$

(C) $\Delta S_1 = \Delta S_2$　　(D) 两者无确定关系

9. 某非理想气体服从状态方程式 $pV = nRT + bp$ ($b$ 为大于零的常数), 1 mol 该气体经历等温过程, 体积从 $V_1$ 变成 $V_2$, 则熵变 $\Delta S_{\mathrm{m}}$ 等于 ········································ (　　)

(A) $R\ln(V_2 - b)/(V_1 - b)$　　(B) $R\ln(V_2/V_1)$

(C) $R\ln(V_1 - b)/(V_2 - b)$　　(D) $R\ln(V_1/V_2)$

10. 2 mol 液态苯在其正常沸点 (353.2 K) 和 101.325 kPa 下蒸发为蒸气, 该过程的 $\Delta_{\mathrm{vap}}A$ (　　)

(A) $-23.48$ kJ　　(B) $-5.87$ kJ

(C) $-2.94$ kJ　　　　(D) $-1.47$ kJ

11. 如下图所示, 在 298 K 时将分别封装在两个体积相等的盒子中的 1 mol $N_2$ 和 1 mol $O_2$ 混合, 再压缩至混合体积的一半, 则 …………（　）

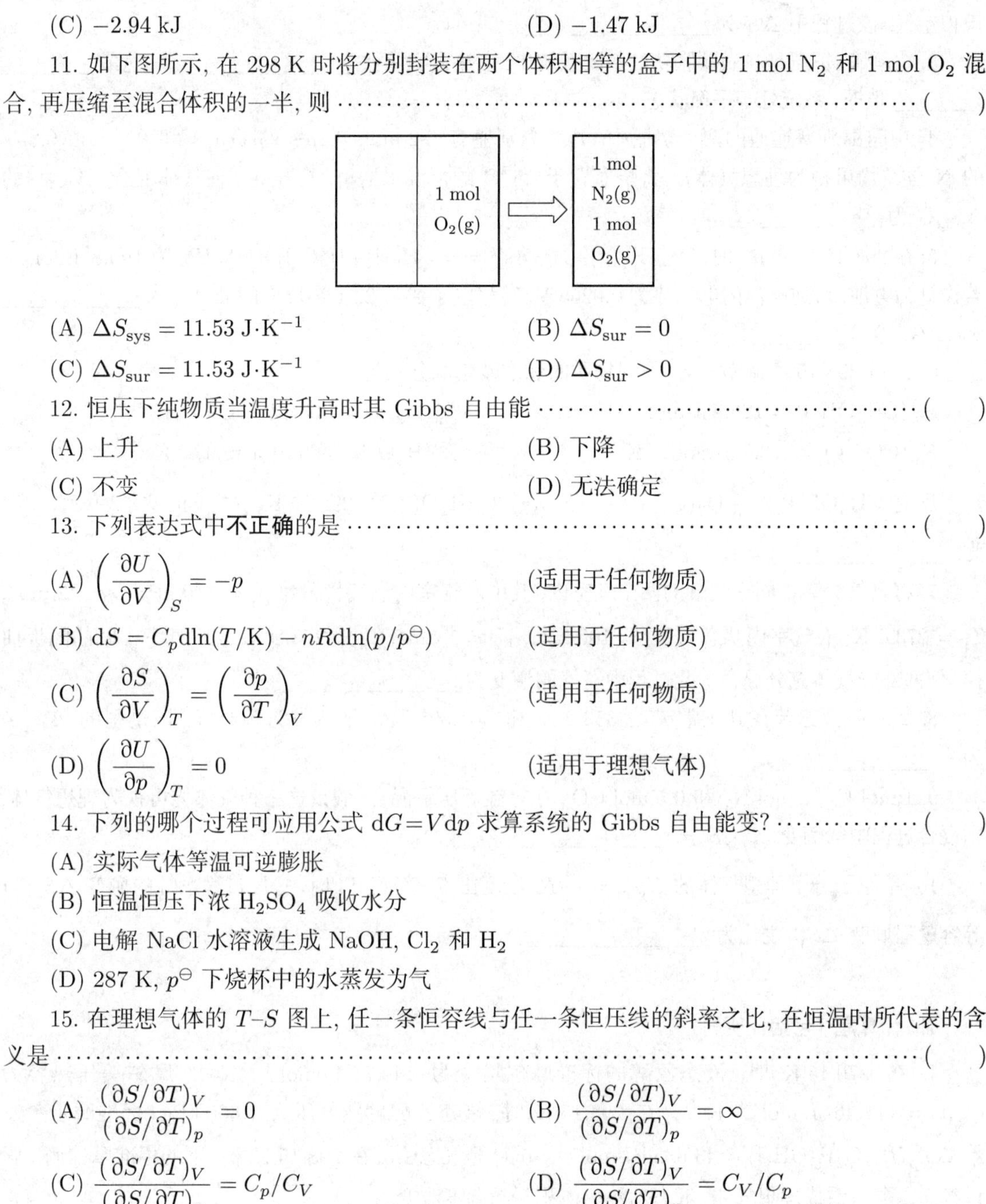


(A) $\Delta S_{\rm sys} = 11.53\ {\rm J \cdot K^{-1}}$　　　　(B) $\Delta S_{\rm sur} = 0$

(C) $\Delta S_{\rm sur} = 11.53\ {\rm J \cdot K^{-1}}$　　　　(D) $\Delta S_{\rm sur} > 0$

12. 恒压下纯物质当温度升高时其 Gibbs 自由能 …………（　）

(A) 上升　　　　(B) 下降

(C) 不变　　　　(D) 无法确定

13. 下列表达式中**不正确**的是 …………（　）

(A) $\left(\dfrac{\partial U}{\partial V}\right)_S = -p$　　　　(适用于任何物质)

(B) $\mathrm{d}S = C_p \mathrm{dln}(T/\mathrm{K}) - nR\mathrm{dln}(p/p^{\ominus})$　　　　(适用于任何物质)

(C) $\left(\dfrac{\partial S}{\partial V}\right)_T = \left(\dfrac{\partial p}{\partial T}\right)_V$　　　　(适用于任何物质)

(D) $\left(\dfrac{\partial U}{\partial p}\right)_T = 0$　　　　(适用于理想气体)

14. 下列的哪个过程可应用公式 $\mathrm{d}G = V\mathrm{d}p$ 求算系统的 Gibbs 自由能变? …………（　）

(A) 实际气体等温可逆膨胀

(B) 恒温恒压下浓 $H_2SO_4$ 吸收水分

(C) 电解 NaCl 水溶液生成 NaOH, $Cl_2$ 和 $H_2$

(D) 287 K, $p^{\ominus}$ 下烧杯中的水蒸发为气

15. 在理想气体的 $T$–$S$ 图上, 任一条恒容线与任一条恒压线的斜率之比, 在恒温时所代表的含义是 …………（　）

(A) $\dfrac{(\partial S/\partial T)_V}{(\partial S/\partial T)_p} = 0$　　　　(B) $\dfrac{(\partial S/\partial T)_V}{(\partial S/\partial T)_p} = \infty$

(C) $\dfrac{(\partial S/\partial T)_V}{(\partial S/\partial T)_p} = C_p/C_V$　　　　(D) $\dfrac{(\partial S/\partial T)_V}{(\partial S/\partial T)_p} = C_V/C_p$

## Ⅱ. 填空题

1. 丙酮蒸气在 298.15 K 时标准摩尔熵为 $S_{\rm m}^{\ominus} = 295.3\ {\rm J \cdot mol^{-1} \cdot K^{-1}}$, 在 273 ~ 1500 K 范围内, 其蒸气的 $C_{p,\rm m}$ 与 $T$ 的关系为 $C_{p,\rm m} = [22.47 + 210.8 \times 10^{-3}(T/\mathrm{K})]\ {\rm J \cdot mol^{-1} \cdot K^{-1}}$。丙酮在 1000 K 时的标准摩尔熵值为__________。

2. 将 298 K, 100 kPa 的氮气 0.78 mol、氧气 0.21 mol 和氩气 0.01 mol 混合形成等温等压下的

模拟空气, 该过程中 $\Delta S$ 为__________。

3. 在恒熵、恒压且只做膨胀功的封闭系统中, 当热力学函数__________到达最__________值时, 系统处于平衡状态。

4. 中间由旋塞连通的两个烧瓶中, 开始分别盛有 0.2 mol, $0.2p^{\ominus}$ 的 $O_2(g)$ 和 0.8 mol, $0.8p^{\ominus}$ 的 $N_2(g)$ (均可视为理想气体)。将烧瓶置于 25 ℃ 的恒温水浴里, 打开旋塞使气体混合, 该过程的 $\Delta_{\text{mix}}G$ 为__________。

5. 在 298.15 K 和 $p^{\ominus}$ 时, 反应 $H_2(g)+HgO(s) \xlongequal{\quad} Hg(l)+H_2O(l)$ 的 $\Delta_r H_m^{\ominus}$ 为 195.8 J·mol$^{-1}$。若设计为电池, 可逆电池的电动势为 0.9265 V, 转移电子数为 2, 上述反应的 $\Delta_r S_m$ 为__________和 $\Delta_r G_m$ 为__________。

6. 已知 298.15 K 和 $p^{\ominus}$ 下, 下列物质的标准摩尔熵分别为

$S_m^{\ominus}(CH_3OH, l) = 126.8\ J\cdot mol^{-1}\cdot K^{-1}$;　　$S_m^{\ominus}(O_2, g) = 205.14\ J\cdot mol^{-1}\cdot K^{-1}$;

$S_m^{\ominus}(CO_2, g) = 213.8\ J\cdot mol^{-1}\cdot K^{-1}$;　　$S_m^{\ominus}(H_2O, l) = 69.91\ J\cdot mol^{-1}\cdot K^{-1}$。

反应 $CH_3OH(l) + \dfrac{3}{2}O_2(g) \longrightarrow CO_2(g) + 2H_2O(l)$ 在 298.15 K, $p^{\ominus}$ 下的摩尔熵变 $\Delta_r S_m^{\ominus}$ 为__________。

7. 将氧气分装在同一气缸的两个气室内, 其中左气室内氧气状态为 $p_1 = 100$ kPa, $V_1 = 2$ dm$^3$, $T_1 = 273.2$ K; 右气室内状态为 $p_2 = 100$ kPa, $V_2 = 1$ dm$^3$, $T_2 = 273.2$ K; 现将气室中间的隔板抽掉, 使两部分气体充分混合。此过程中氧气的熵变为__________。

8. 2 mol 液态苯在其正常沸点 353.2 K 和 101.325 kPa 下蒸发为苯蒸气, 该过程的 $\Delta_{\text{vap}}A$ 为__________。

9. 1 mol $O_2$, 2 mol $N_2$ 和 0.5 mol $CO_2$ 在等温等压下混合, 假设这三种气体均可视为理想气体, 则混合过程中的熵变 $\Delta_{\text{mix}}S =$ __________。

10. 单原子分子理想气体的 $C_{V,m} = \dfrac{3}{2}R$, 温度由 $T_1$ 变到 $T_2$ 时, 等压过程系统的熵变 $\Delta S_p$ 与等容过程熵变 $\Delta S_V$ 之比为__________。

**Ⅲ. 计算题 (包括证明题)**

1. 在 270.15 K 时, 液态乙醇的标准摩尔焓变为 149.7 J·mol$^{-1}$·K$^{-1}$, 摩尔等压热容为 $C_{p,m} = 111.46\ J\cdot mol^{-1}\cdot K^{-1}$。在 298.15 K 时, 液态乙醇的蒸气压为 7.866 kPa, 标准摩尔蒸发焓 $\Delta_{\text{vap}}H_m^{\ominus}(C_2H_5OH, l) = 43.635\ kJ\cdot mol^{-1}$。试计算气态乙醇在 298.15 K, $p^{\ominus}$ 下的标准摩尔熵。假设气态乙醇可看成理想气体, 液态乙醇的体积不随温度改变。

2. 硫的晶形从斜方 $S_8$ 转变为单斜 $S_8$ 时的体积增大 0.0138 dm$^3$·kg$^{-1}$。斜方和单斜硫的标准摩尔燃烧焓分别为 $-296.7$ kJ·mol$^{-1}$ 和 $-297.1$ kJ·mol$^{-1}$。在相变温度为 96.7 ℃、压力为 100 kPa 时, 求该相变过程的摩尔 Gibbs 自由能变化值, 并讨论在 100 ℃, 500 kPa 下哪种晶形的硫更稳定。已知两种晶形的硫的摩尔等压热容相等, 且相变过程中的体积变化是定值。硫元素的摩尔质量为 0.03206 kg·mol$^{-1}$。

3. 在 20 ℃, $p^{\ominus}$ 下, 1 mol 冰醋酸 $(CH_3COOH, s)$ 在敞口瓶中熔化为液态。已知在熔化过程中体积不变, 冰醋酸与液态醋酸的摩尔等压热容 $(C_{p,m})$ 分别为 178.2 J·mol$^{-1}$·K$^{-1}$ 和 123.3 J·mol$^{-1}$·K$^{-1}$。

在 $p^\ominus$ 下醋酸的熔点为 16.6 ℃, 摩尔熔化焓为 1.17 $\mathrm{kJ\cdot mol^{-1}}$。试计算该过程的 $\Delta U, \Delta H, \Delta A, \Delta G$ 和 $\Delta S$。

4. 碳酸钙在 1173 K, 100 kPa 下发生分解, $CaCO_3(s) \longrightarrow CaO(s) + CO_2(g)$, 试计算反应进度 $\xi = 1$ mol 时 $\Delta U_\mathrm{m}, \Delta H_\mathrm{m}, \Delta S_\mathrm{m}, \Delta A_\mathrm{m}$ 和 $\Delta G_\mathrm{m}$。已知:

| 物质 | $\Delta_\mathrm{f}H_\mathrm{m}^\ominus(298\ \mathrm{K})/(\mathrm{kJ\cdot mol^{-1}})$ | $S_\mathrm{m}^\ominus(298\ \mathrm{K})/(\mathrm{J\cdot mol^{-1}\cdot K^{-1}})$ | $C_{p,\mathrm{m}}/(\mathrm{J\cdot mol^{-1}\cdot K^{-1}})$ |
|---|---|---|---|
| $CaCO_3(s)$ | −1207.6 | 91.7 | 81.88 |
| $CaO(s)$ | −634.9 | 38.1 | 42.8 |
| $CO_2(g)$ | −393.509 | 213.8 | 37.11 |

5. 证明: (1) $\left(\dfrac{\partial C_V}{\partial V}\right)_T = T\left(\dfrac{\partial^2 p}{\partial T^2}\right)_V$

(2) $\left(\dfrac{\partial U}{\partial p}\right)_V = \dfrac{C_V\beta}{\alpha}$ $\left[已知\ \alpha = \dfrac{1}{V}\left(\dfrac{\partial V}{\partial T}\right)_p, \beta = -\dfrac{1}{V}\left(\dfrac{\partial V}{\partial p}\right)_T\right]$

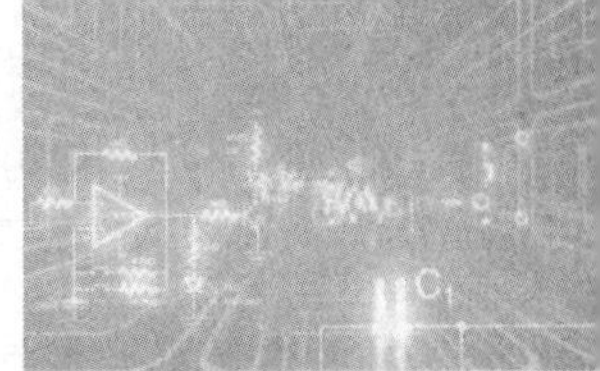

第三章自测题 1 参考答案

## (二) 自 测 题 2

### Ⅰ. 选择题

1. 在 $p^\ominus$, 273.15 K 下水凝结为冰, 判断系统的下列热力学量中一定为零的是 ·········· (　　)

(A) $\Delta U$　　(B) $\Delta H$

(C) $\Delta S$　　(D) $\Delta G$

2. 下列表达式中**不正确**的是 ······························ (　　)

(A) $(\partial U/\partial p)_T = 0$　　(适用于理想气体)

(B) $\mathrm{d}S = C_p \mathrm{dln}(T/\mathrm{K}) - nR\mathrm{dln}(p/p^\ominus)$　　(适用于任何物质)

(C) $(\partial S/\partial V)_T = (\partial p/\partial T)_V$　　(适用于任何物质)

(D) $(\partial U/\partial V)_S = -p$　　(适用于任何物质)

3. 已知某可逆反应的 $(\partial \Delta_\mathrm{r}H_\mathrm{m}/\partial T)_p = 0$, 则当反应温度降低时其熵变 $\Delta_\mathrm{r}S_\mathrm{m}$ ·········· (　　)

(A) 不变　　(B) 增大

(C) 减小　　(D) 难以判断

4. 水在 100 ℃, $p^{\ominus}$ 下沸腾时, 下列各量增加的是 ······ (　　)

(A) Gibbs 自由能　　(B) 汽化热

(C) 熵　　(D) 蒸气压

5. 下列的过程:

(1) 理想气体恒温可逆膨胀　　(2) 理想气体绝热可逆膨胀

(3) 373.15 K 和 101.325 kPa 下水的汽化　　(4) 理想气体向真空膨胀

可应用公式 $\Delta S = nR\ln(V_2/V_1)$ 进行计算的有 ······ (　　)

(A) (1)(2)　　(B) (3)(4)

(C) (2)(3)　　(D) (1)(4)

6. 将 1 mol 甲苯在 100 kPa, 383 K (正常沸点) 下与 383 K 的热源接触, 使它向真空容器中汽化, 完全变成 100 kPa 下的蒸气。该过程的 ······ (　　)

(A) $\Delta_{\mathrm{vap}}U_{\mathrm{m}} = 0$　　(B) $\Delta_{\mathrm{vap}}H_{\mathrm{m}} = 0$

(C) $\Delta_{\mathrm{vap}}G_{\mathrm{m}} = 0$　　(D) $\Delta_{\mathrm{vap}}S_{\mathrm{m}} = 0$

7. 下列各系统在等温等压过程中熵值减少的是 ······ (　　)

(A) NaOH 溶解于水

(B) 水溶液中, $Ag^+ + 2NH_3(g) \longrightarrow [Ag(NH_3)_2]^+$

(C) $2KClO_3(s) \longrightarrow 2KCl(s) + 3O_2(g)$

(D) $NH_4Cl(s) \longrightarrow NH_3(g) + HCl(g)$

8. 将氧气分装在同一气缸的两个气室内, 其中左气室内氧气状态为 $p_1 = 100$ kPa, $V_1 = 2$ dm$^3$, $T_1 = 273.2$ K; 右气室内状态为 $p_2 = 100$ kPa, $V_2 = 1$ dm$^3$, $T_2 = 273.2$ K; 现将气室中间的隔板抽掉, 使两部分气体充分混合。此过程中氧气的熵变为 ······ (　　)

(A) $\Delta S > 0$　　(B) $\Delta S < 0$

(C) $\Delta S = 0$　　(D) 都不一定

9. 1 mol Ag(s) 在等容下由 273 K 加热到 303 K, 已知在该温度区间内 Ag(s) 的 $C_{V,\mathrm{m}} = 24.48$ J·mol$^{-1}$·K$^{-1}$, 则其熵变为 ······ (　　)

(A) 2.552 J·K$^{-1}$　　(B) 5.622 J·K$^{-1}$

(C) 25.52 J·K$^{-1}$　　(D) 56.22 J·K$^{-1}$

10. 统计力学中, 下列说法**正确**的是 ······ (　　)

(A) 热力学概率的数值只能在 $0 \sim 1$ 之间

(B) 数学概率的数值只能在 $0 \sim 1$ 之间

(C) 数学概率的数值很大

(D) 热力学概率等同于数学概率

11. 公式 $\mathrm{d}G = -S\mathrm{d}T + V\mathrm{d}p$ 可适用下述哪一过程? ······ (　　)

(A) 298 K, 101325 Pa 下的水蒸发过程

(B) 理想气体真空膨胀

(C) 电解水制取氢

(D) $N_2(g) + 3H_2(g) \Longrightarrow 2NH_3(g)$ 未达平衡

12. 在一简单的 (单组分、单相) 封闭系统中, 恒压且只做膨胀功的条件下, Gibbs 自由能随温度升高如何变化? ························ (　　)

(A) $(\partial G/\partial T)_p > 0$　　(B) $(\partial G/\partial T)_p < 0$

(C) $(\partial G/\partial T)_p = 0$　　(D) 视具体系统而定

13. 1 mol 单原子分子理想气体被装在带有活塞的气缸中, 温度是 300 K, 压力为 1000 kPa。压力突然降至 200 kPa, 并且气体在 200 kPa 的压力下做绝热膨胀, 则该过程的 $\Delta S$ 是 ······ (　　)

(A) $\Delta S < 0$　　(B) $\Delta S = 0$

(C) $\Delta S > 0$　　(D) $\Delta S \geqslant 0$

14. $(\partial G/\partial p)_T = (\partial H/\partial p)_S$, 该式的使用条件为 ························ (　　)

(A) 等温过程　　(B) 等熵过程

(C) 等温等熵过程　　(D) 任何热力学均相平衡系统, $W_f = 0$

15. 纯液体甲苯在其正常沸点等温汽化, 则 ························ (　　)

(A) $\Delta_{vap}U^\ominus = \Delta_{vap}H^\ominus$, $\Delta_{vap}A^\ominus = \Delta_{vap}G^\ominus$, $\Delta_{vap}S^\ominus > 0$

(B) $\Delta_{vap}U^\ominus < \Delta_{vap}H^\ominus$, $\Delta_{vap}A^\ominus < \Delta_{vap}G^\ominus$, $\Delta_{vap}S^\ominus > 0$

(C) $\Delta_{vap}U^\ominus > \Delta_{vap}H^\ominus$, $\Delta_{vap}A^\ominus > \Delta_{vap}G^\ominus$, $\Delta_{vap}S^\ominus < 0$

(D) $\Delta_{vap}U^\ominus < \Delta_{vap}H^\ominus$, $\Delta_{vap}A^\ominus < \Delta_{vap}G^\ominus$, $\Delta_{vap}S^\ominus < 0$

**Ⅱ. 填空题**

1. 某化学反应在等温等压下 (298 K, $p^\ominus$) 进行, 放热 25.0 kJ, 若使该反应通过可逆电池来完成, 则吸热 8.0 kJ。该系统可能做的最大电功为 ______________。

2. 在 298.2 K 的等温情况下, 两个瓶子中间有旋塞连通。开始时一瓶放 0.4 mol $O_2$, 压力为 0.4 $p^\ominus$; 另一瓶放 0.6 mol $N_2$, 压力为 $0.6p^\ominus$。打开旋塞后, 两气体相互混合, 该过程的 $\Delta_{mix}S$ 为 ______________。

3. 选择 “>”、“<”、“=” 中的一个填入下列空格:

100 ℃, $1.5p^\ominus$ 的水蒸气变成 100 ℃, $p^\ominus$ 的液态水, $\Delta S$ ________ 0, $\Delta G$ ________ 0。

4. 已知在 $p^\ominus$, 298 K 时, $H_2(g)$ 的摩尔熵为 130.7 $J\cdot mol^{-1}\cdot K^{-1}$, 摩尔等压热容为 $C_{p,m} = 28.82\ J\cdot mol^{-1}\cdot K^{-1}$, 则 1 mol $H_2(g)$ 在 $p^\ominus$ 下由 298 K 加热到 373 K 的 $\Delta G^\ominus$ 为 ______________。

5. 在 300 K 时, 48.98 $dm^3$ 的理想气体从 100 kPa 变到 500 kPa, 系统的 Gibbs 自由能变化为 ______________ kJ。

6. 两个同体积、同温度 (298 K)、同压力的相连容器, 分别盛有 1 mol $N_2$ 与 1 mol $O_2$ (视为理想气体), 打开通路使气体混合, 则混合 Gibbs 自由能 $\Delta_{mix}G =$ ______________。

7. 1 mol Ag(s) 在等容下由 273.15 K 加热到终态温度 $T_2$, 其熵变 $\Delta S = 2.531\ J\cdot K^{-1}$。已知该温度区间内银的摩尔等容热容 $C_{V,m} = 24.48\ J\cdot mol^{-1}\cdot K^{-1}$, 则终态温度 $T_2$ 为 ______________ K。

8. 在 $p^\ominus$ 下, 将 25 g, 273 K 的冰加到 200 g, 323 K 的水中, 假设系统与环境无能量交换, 则系统的熵变 $\Delta S$ 为 ______________。(已知水的热容为 4.18 $kJ\cdot kg^{-1}\cdot K^{-1}$, 冰的熔化焓为 333 $kJ\cdot kg^{-1}$, 并设它们为常数)。

9. 对于一封闭系统, $W_{\mathrm{f}}=0$ 时, 下列过程中系统的 $\Delta U, \Delta S, \Delta G$ 何者必为零? 绝热密闭刚性容器中进行的化学反应过程__________; 某物质的恒温恒压可逆相变过程__________。

10. 将 298 K, 100 kPa 的 4 mol 氮气和 1 mol 氧气混合形成等温等压下的模拟空气, 该过程中 $\Delta S$ 为__________。

### Ⅲ. 计算题

1. 氮气在 $p^{\ominus}\sim 1000p^{\ominus}$ 范围内服从下列状态方程式: $pV_{\mathrm{m}}=RT+bp$, 式中 $b=3.90\times10^{-2}\ \mathrm{dm^3\cdot mol^{-1}}$。在 500 K 下, 1 mol $N_2(g)$ 从 $1000p^{\ominus}$ 等温膨胀到 $p^{\ominus}$, 计算该过程的 $W, Q, \Delta U_{\mathrm{m}}, \Delta G_{\mathrm{m}}, \Delta A_{\mathrm{m}}$ 及 $\Delta S_{\mathrm{m}}$。

2. 一根带有多孔塞的管子浸在 25 ℃ 的恒温水槽中 (见下图), 多孔塞左室中有 1 mol 始态为 $100p^{\ominus}$, 25 ℃ 的气体, 该气体的状态方程式为 $p(V_{\mathrm{m}}-b)=RT$, 式中 $b=20\times10^{-6}\ \mathrm{m^3\cdot mol^{-1}}$。在左侧活塞的推动下, 该气体缓慢地通过多孔塞扩散, 终态压力为 $p^{\ominus}$。该过程中气体向水中放热为 $-202$ J。求该过程的 $W, \Delta U, \Delta H, \Delta S, \Delta A$ 和 $\Delta G$。

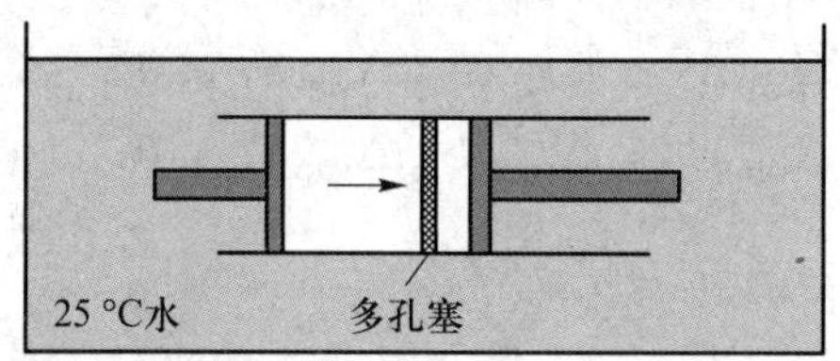


3. 试证明: $\left(\dfrac{\partial H}{\partial T}\right)_S=-\dfrac{V\left(\dfrac{\partial p}{\partial V}\right)_T C_p}{\left(\dfrac{\partial p}{\partial T}\right)_V T}$。

4. 某实际气体的状态方程式为 $pV=nRT+\alpha p+\beta p^2$, 其中 $\alpha$ 和 $\beta$ 为常数。在温度 $T$ 时, $n$ mol 的该气体的压力从 $p_1$ 经历一等温压缩过程变为 $p_2$, 求该过程的 $\Delta U, \Delta H, \Delta S, \Delta A$ 和 $\Delta G$。

5. 5 mol 始态为 373.6 K, 2.750 MPa 的单原子理想气体发生一绝热不可逆过程, 做功 $-6.275$ kJ, 其摩尔熵变为 $\Delta S_{\mathrm{m}}=20.92\ \mathrm{J\cdot mol^{-1}\cdot K^{-1}}$。求终态压力、体积和温度, 以及该过程的 $\Delta U, \Delta H, \Delta G$ 和 $\Delta A$。已知该气体始态时摩尔熵为 $S_{\mathrm{m}}(373.6\ \mathrm{K},\ 2.750\ \mathrm{MPa})=167.4\ \mathrm{J\cdot mol^{-1}\cdot K^{-1}}$。

6. 在 298.15 K, $p^{\ominus}$ 时, 反应

$$C_2H_2(g)+2H_2(g) \;=\!=\!=\; C_2H_6(g)$$

的标准摩尔熵变 $\Delta_{\mathrm{r}}S_{\mathrm{m}}^{\ominus}$ 为 $-232.51\ \mathrm{J\cdot mol^{-1}\cdot K^{-1}}$。298.15 K 时 $C_2H_2(g)$, $H_2(g)$ 和 $C_2H_6(g)$ 的热力学数据见下表。

| | $C_2H_2(g)$ | $H_2(g)$ | $C_2H_6(g)$ |
|---|---|---|---|
| $S_{\mathrm{m}}^{\ominus}/(\mathrm{J\cdot mol^{-1}\cdot K^{-1}})$ | ? | 130.68 | 229.2 |
| $C_{p,\mathrm{m}}/(\mathrm{J\cdot mol^{-1}\cdot K^{-1}})$ | 44 | 28.82 | 52.5 |
| $\Delta_{\mathrm{c}}H_{\mathrm{m}}^{\ominus}/(\mathrm{kJ\cdot mol^{-1}})$ | $-1300$ | $-285.84$ | $-1561$ |

(1) 求 298.15 K, $p^{\ominus}$ 时乙炔 [$C_2H_2$(g)] 的标准摩尔熵 ($S_m^{\ominus}$);

(2) 求该反应在 323.15 K 时的标准摩尔熵变 ($\Delta_r S_m^{\ominus}$)、标准摩尔焓变 ($\Delta_r H_m^{\ominus}$) 和标准摩尔 Gibbs 自由能变化值 ($\Delta_r G_m^{\ominus}$)。

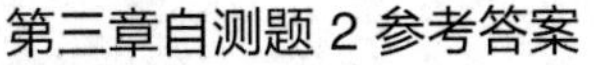

第三章自测题 2 参考答案

# 第四章 多组分系统热力学及其在溶液中的应用

本章主要公式和内容提要

## 一、复习题及解答

**4.1** 下列说法是否正确, 为什么?

(1) 溶液的化学势等于溶液中各组分的化学势之和;

(2) 对于纯组分, 其化学势就等于它的 Gibbs 自由能;

(3) 在同一稀溶液中, 溶质 B 的浓度分别可以用 $x_B, m_B, c_B$ 表示, 其标准态的表示方法也不同, 则其相应的化学势也就不同;

(4) 在同一溶液中, 若标准态规定不同, 则其相应的相对活度也就不同;

(5) 二组分理想液态混合物的总蒸气压, 一定大于任一组分的蒸气分压;

(6) 在相同温度、压力下, 浓度都是 $0.01\ \mathrm{mol\cdot kg^{-1}}$ 的蔗糖和食盐水溶液的渗透压相等;

(7) 稀溶液的沸点一定比纯溶剂的高;

(8) 在 KCl 重结晶过程中, 析出的 KCl(s) 的化学势大于母液中 KCl 的化学势;

(9) 相对活度 $a = 1$ 的状态就是标准态;

(10) 在理想液态混合物中, Raoult 定律与 Henry 定律相同。

答: (1) 错。溶液无化学势。

(2) 错。纯组分的化学势等于其摩尔 Gibbs 自由能。

(3) 错。因为 $p_B = k_x \cdot x_B = k_m \cdot m_B = k_c \cdot c_B$, $\mu_B = \mu_x^* + RT\ln x_B = \mu_m^* + RT\ln(m_B/m^\ominus) = \mu_c^* + RT\ln(c_B/c^\ominus)$, 所以, 虽然其标准态的表示方法不同, 但其相应的化学势相同。

(4) 对。

(5) 对。$p = p_A + p_B$, 则 $p > p_A$ 或 $p > p_B$。

(6) 错。蔗糖以分子形式存在于水溶液中, 而食盐以离子形式存在于水溶液中, 虽然浓度相同,但在溶液中的粒子数不同, 所以产生的渗透压不相等。

(7) 错。稀溶液中所加的溶质若是难挥发的非电解质, 则其沸点一定比纯溶剂高; 若加的是易挥发的溶质就不一定。

(8) 错。自发变化从化学势高向化学势低的方向进行, 析出的 KCl(s) 的化学势应该小于母液中 KCl 的化学势。

(9) 错。对溶质, 在 $T,p^{\ominus}$ 下, 当 $\gamma \to 1$ 时, 各自浓度均为 1 的假想态为标准态。

(10) 对。$p_{\mathrm{B}} = p_{\mathrm{B}}^{*} \cdot x_{\mathrm{B}} = k_x \cdot x_{\mathrm{B}}$。

**4.2** 想一想, 这是为什么?

(1) 在寒冷的国家, 冬天下雪之前, 在路上撒盐;

(2) 口渴的时候喝海水, 感觉渴得更厉害;

(3) 盐碱地上, 庄稼总是长势不良; 施太浓的肥料, 庄稼会 "烧死";

(4) 吃冰棒时, 边吃边吸, 感觉甜味越来越淡;

(5) 被砂锅里的肉汤烫伤的程度要比被开水烫伤的程度厉害得多;

(6) 北方冬天吃冻梨前, 先将冻梨放入凉水中浸泡一段时间, 发现冻梨表面结了一层薄冰, 而里边却已经解冻了。

**答**: (1) 基于凝固点降低原理, 在路上撒盐可降低水的凝固点, 防止道路结冰。

(2) 根据渗透压原理, 海水相当于稀溶液, 水的化学势较小, 人体内水分子透过细胞 (半透膜) 渗出, 因此反而觉得缺水。

(3) 根据渗透压原理, 盐类 (或肥料) 在土壤中的浓度大于在植物中的浓度时, 导致庄稼中水分子通过植物细胞膜向土壤渗透, 从而脱水而枯萎, 出现 "烧死" 现象。

(4) 反渗透。通过吸而对冰棒施加了一定压力, 水分渗透出来而被吸入, 所以感觉无味。

(5) 因为肉汤的沸点高于纯水的沸点。

(6) 凉水温度比冻梨温度高, 可使冻梨解冻。冻梨含有糖分, 其凝固点低于水的冰点, 当冻梨内部解冻时, 要吸收热量, 而解冻后的温度仍略低于水的冰点, 所以冻梨内部解冻了而表面上仍凝结一层薄冰。

**4.3** 在稀溶液中, 沸点升高、凝固点降低和渗透压等依数性都出于同一个原因, 这个原因是什么? 能否把它们的计算公式用同一个公式联系起来?

**答**: 共同原因是稀溶液中溶剂的化学势比纯溶剂小。联系公式为

$$-\ln x_{\mathrm{A}} = \frac{\Delta p_{\mathrm{A}}}{p_{\mathrm{A}}^{*}} = \frac{\Delta_{\mathrm{fus}} H_{\mathrm{m,A}}^{*}}{R} \frac{\Delta T_{\mathrm{f}}}{(T_{\mathrm{f}}^{*})^2} = \frac{\Delta_{\mathrm{vap}} H_{\mathrm{m,A}}^{*}}{R} \frac{\Delta T_{\mathrm{b}}}{(T_{\mathrm{b}}^{*})^2} = \frac{\Pi V_{\mathrm{A}}}{RT}$$

**4.4** 在如下的偏微分公式中, 哪些表示偏摩尔量, 哪些表示化学势, 哪些什么都不是?

(1) $\left(\dfrac{\partial H}{\partial n_{\mathrm{B}}}\right)_{T,p,n_{\mathrm{C}}}$; (2) $\left(\dfrac{\partial G}{\partial n_{\mathrm{B}}}\right)_{T,V,n_{\mathrm{C}}}$; (3) $\left(\dfrac{\partial U}{\partial n_{\mathrm{B}}}\right)_{S,V,n_{\mathrm{C}}}$; (4) $\left(\dfrac{\partial A}{\partial n_{\mathrm{B}}}\right)_{T,p,n_{\mathrm{C}}}$;

(5) $\left(\dfrac{\partial G}{\partial n_{\mathrm{B}}}\right)_{T,p,n_{\mathrm{C}}}$; (6) $\left(\dfrac{\partial H}{\partial n_{\mathrm{B}}}\right)_{S,p,n_{\mathrm{C}}}$; (7) $\left(\dfrac{\partial U}{\partial n_{\mathrm{B}}}\right)_{S,T,n_{\mathrm{C}}}$; (8) $\left(\dfrac{\partial A}{\partial n_{\mathrm{B}}}\right)_{T,V,n_{\mathrm{C}}}$。

**答**: 表示偏摩尔量的有 (1), (4), (5);

表示化学势的有 (3), (5), (6), (8);

什么都不是的有 (2), (7)。

**4.5** 室温、大气压力下, 气体 A(g) 和 B(g) 在某一溶剂中单独溶解时的 Henry 定律常数分别

为 $k_A$ 和 $k_B$, 且已知 $k_A > k_B$。若 A(g) 和 B(g) 同时溶解在该溶剂中达平衡, 当气相中 A(g) 和 B(g) 的平衡分压相同时, 则在溶液中哪种气体的浓度大?

答: 因为 $$p_A = k_A \cdot c_A, \quad p_B = k_B \cdot c_B$$

当 $p_A = p_B$ 时, 有 $$k_A > k_B$$

所以 $$c_A < c_B$$

**4.6** 下列过程均为等温等压且不做非膨胀功的过程, 根据热力学基本公式: $dG = -SdT + Vdp$, 都得到 $\Delta G = 0$ 的结论。这些结论哪个对, 哪个不对, 为什么?

(1) $H_2O(l, 268\ K, 100\ kPa) \longrightarrow H_2O(s, 268\ K, 100\ kPa)$;

(2) 在 298 K, 100 kPa 时, $H_2(g) + Cl_2(g) \xlongequal{\quad} 2HCl(g)$;

(3) 在 298 K, 100 kPa 时, 一定量的 NaCl(s) 溶于水中;

(4) $H_2O(l, 373\ K, 100\ kPa) \longrightarrow H_2O(g, 373\ K, 100\ kPa)$。

答: 公式 $dG = -SdT + Vdp$ 适用于组成不变、内部平衡且不做非膨胀功的均相封闭系统。

过程 (2), (3) 中 $dn_B \neq 0$, 组成改变了, 必须使用 $dG = -SdT + Vdp + \sum \mu_B dn_B$ 计算 $\Delta G$;

过程 (1) 为不可逆相变过程, $\Delta G \neq 0$;

过程 (4) $\Delta G = 0$, 正确。

**4.7** 试比较下列 $H_2O$ 在不同状态时的化学势的大小, 根据的原理是什么?

(1) (a)$H_2O(l, 373\ K, 100\ kPa)$ 与 (b)$H_2O(g, 373\ K, 100\ kPa)$;

(2) (c)$H_2O(l, 373\ K, 200\ kPa)$ 与 (d)$H_2O(g, 373\ K, 200\ kPa)$;

(3) (e)$H_2O(l, 374\ K, 100\ kPa)$ 与 (f)$H_2O(g, 374\ K, 100\ kPa)$;

(4) (a)$H_2O(l, 373\ K, 100\ kPa)$ 与 (d)$H_2O(g, 373\ K, 200\ kPa)$。

答: (1) $\mu_a = \mu_b$。可逆相变, 满足相平衡条件。

(2) $\mu_c < \mu_d$。$\Delta G_m = \int_{100\ kPa}^{200\ kPa} V_m dp$, $H_2O(g)$ 的摩尔体积比 $H_2O(l)$ 的大, 增加压力后化学势增加更显著 [相对于 (1)]。

(3) $\mu_e > \mu_f$。$\Delta G_m = \int_{373\ K}^{374\ K} (-S_m) dT$, $H_2O(g)$ 的摩尔熵比 $H_2O(l)$ 的大, 升高温度后化学势下降更显著 [相对于 (1)]。

(4) $\mu_a < \mu_d$。$H_2O(l, 373\ K, 100\ kPa)$ 的化学势与 $H_2O(g, 373\ K, 100\ kPa)$ 的相等, 而 $H_2O(g, 373\ K, 200\ kPa)$ 的化学势比 $H_2O(g, 373\ K, 100\ kPa)$ 的要大。

**4.8** 理想液态混合物模型的微观特征是什么? 它有几种不同的定义式? 不同定义式之间有何关系?

答: 所有组分在全部浓度范围内都服从 Raoult 定律的液态混合物称为理想液态混合物。理想液态混合物的微观特征是: A–A、A–B 和 B–B 间的相互作用完全相同, 分子大小也完全相同。理想液态混合物有以下两个定义式:

(1) $p_A = p_A^* x_A$, $p_B = p_B^* x_B$

(2) $\mu_i = \mu_i^* + RT\ln x_i$, 其中 $\mu_i^* = \mu_i^{\ominus}(g) + RT\ln(p_i/p^{\ominus})$

这两个定义式是等价的, 可以相互推导。严格地说, 式中所有的 $p$ (除 $p^{\ominus}$ 外) 均应以逸度 $f$ 代替。

## 二、典型例题及解答

**例4.1**　在 298 K 时, $K_2SO_4$ 在水溶液中的偏摩尔体积 $V_2$ 为

$$V_2/\mathrm{m^3} = 3.228\times10^{-5} + 1.821\times10^{-5}\, m^{1/2}/(\mathrm{mol\cdot kg^{-1}})^{1/2} + 2.2\times10^{-8}\, m/(\mathrm{mol\cdot kg^{-1}})$$

求 $H_2O$ 的偏摩尔体积 $V_{\mathrm{H_2O}}$ 与 $m$ 的关系。已知纯水的摩尔体积为 $1.7963\times10^{-5}\ \mathrm{m^3\cdot mol^{-1}}$。

**解**: 根据 Gibbs-Duhem 公式有　$\sum\limits_{\mathrm{B}=1}^{k} n_\mathrm{B}\mathrm{d}Z_\mathrm{B} = 0$

对于二组分系统:

$$n_1\mathrm{d}V_1 + n_2\mathrm{d}V_2 = 0$$

$$\mathrm{d}V_1 = -\frac{n_2}{n_1}\mathrm{d}V_2 \tag{a}$$

已知　$V_2/\mathrm{m^3} = 3.228\times10^{-5} + 1.821\times10^{-5}\, m^{1/2}/(\mathrm{mol\cdot kg^{-1}})^{1/2} + 2.2\times10^{-8}\, m/(\mathrm{mol\cdot kg^{-1}})$

$$\mathrm{d}V_2 = [9.105\times10^{-6}\, m^{-1/2}/(\mathrm{mol\cdot kg^{-1}})^{-1/2} + 2.2\times10^{-8}]\mathrm{d}m \tag{b}$$

以含有 1 kg 的水的溶液为系统, 则

$$n_1 = 1\ \mathrm{kg}/(0.01802\ \mathrm{kg\cdot mol^{-1}})$$

$$n_2 = m$$

将式 (b) 代入式 (a) 并积分:

$$\int \mathrm{d}V_1 = \int -\frac{m}{n_1}(9.105\times10^{-6}m^{-1/2} + 2.2\times10^{-8})\mathrm{d}m$$

$$= -\frac{1}{1\ \mathrm{kg}/(0.01802\ \mathrm{kg\cdot mol^{-1}})} \times \int (9.105\times10^{-6}m^{1/2} + 2.2\times10^{-8}m)\mathrm{d}m$$

$$V_1/\mathrm{m^3} = -1.094\times10^{-7}m^{3/2}/(\mathrm{mol\cdot kg^{-1}})^{3/2} - 1.982\times10^{-10}m^2/(\mathrm{mol\cdot kg^{-1}})^2 + C \tag{c}$$

已知水的摩尔体积为 $1.7963\times10^{-5}\ \mathrm{m^3\cdot mol^{-1}}$, 当 $m=0$ 时, 将 $V_1 = V_\mathrm{m}(\mathrm{l}) = 1.7963\times10^{-5}\ \mathrm{m^3\cdot mol^{-1}}$ 代入式 (c), 解得 $C = 1.7963\times10^{-5}$, 则式 (c) 为

$$V_1/\mathrm{m^3} = 1.7963\times10^{-5} - 1.094\times10^{-7}m^{3/2}/(\mathrm{mol\cdot kg^{-1}})^{3/2} - 1.982\times10^{-10}m^2/(\mathrm{mol\cdot kg^{-1}})^2$$

**例4.2**　试证明:

(1) $\mu_\mathrm{B} = -T\left(\dfrac{\partial S}{\partial n_\mathrm{B}}\right)_{V,U,n_{\mathrm{C(C\neq B)}}}$

(2) $\left(\dfrac{\partial H}{\partial n_\mathrm{B}}\right)_{S,p,n_\mathrm{C}} = p\left(\dfrac{\partial V}{\partial n_\mathrm{B}}\right)_{A,T,n_\mathrm{C}}$

(3) $\left(\dfrac{\partial S}{\partial n_\mathrm{B}}\right)_{V,T,n_{\mathrm{C(C\neq B)}}} = S_\mathrm{B} - V_\mathrm{B}\left(\dfrac{\partial p}{\partial T}\right)_{V,n}$

(4) $\left(\dfrac{\partial U}{\partial n_\mathrm{B}}\right)_{T,V,n_\mathrm{C}} = H_\mathrm{B} - TV_\mathrm{B}\left(\dfrac{\partial p}{\partial T}\right)_{V,n}$

**解**: (1) $\mathrm{d}U = T\mathrm{d}S - p\mathrm{d}V + \sum \mu_\mathrm{B}\mathrm{d}n_\mathrm{B}$

当 $U,V,n_{C(C\neq B)}$ 恒定时, 上式为　$0=T\mathrm{d}S+\sum\mu_B\mathrm{d}n_B$

$$\mu_B=-T\left(\frac{\partial S}{\partial n_B}\right)_{V,U,n_{C(C\neq B)}}$$

(2) $\mathrm{d}H=T\mathrm{d}S+V\mathrm{d}p+\sum_B\mu_B\mathrm{d}n_B$

$$\left(\frac{\partial H}{\partial n_B}\right)_{S,p,n_C}=\mu_B \tag{a}$$

$$\mathrm{d}A=-S\mathrm{d}T-p\mathrm{d}V+\sum_B\mu_B\mathrm{d}n_B$$

当 $A,T,n_C$ 恒定时, 上式两边除以 $\mathrm{d}n_B$ 得

$$0=0-p\left(\frac{\partial V}{\partial n_B}\right)_{A,T,n_C}+\mu_B$$

$$\mu_B=p\left(\frac{\partial V}{\partial n_B}\right)_{A,T,n_C} \tag{b}$$

由式 (a) 和式 (b) 得　$\left(\frac{\partial H}{\partial n_B}\right)_{S,p,n_C}=p\left(\frac{\partial V}{\partial n_B}\right)_{A,T,n_C}$

(3) $S=S(T,V,n_B)$

$$\mathrm{d}S=\left(\frac{\partial S}{\partial T}\right)_{V,n_B}\mathrm{d}T+\left(\frac{\partial S}{\partial V}\right)_{T,n_B}\mathrm{d}V+\sum\left(\frac{\partial S}{\partial n_B}\right)_{T,V,n_{C(C\neq B)}}\mathrm{d}n_B$$

当 $T,p,n_C$ 恒定时, 上式两边除以 $\mathrm{d}n_B$ 得

$$\left(\frac{\partial S}{\partial n_B}\right)_{T,p,n_C}=0+\left(\frac{\partial S}{\partial V}\right)_{T,n_B}\left(\frac{\partial V}{\partial n_B}\right)_{T,p,n_C}+\left(\frac{\partial S}{\partial n_B}\right)_{T,V,n_{C(C\neq B)}} \tag{c}$$

$$\left(\frac{\partial S}{\partial n_B}\right)_{T,p,n_C}=S_B \tag{d}$$

$$\left(\frac{\partial S}{\partial V}\right)_{T,n_B}=\left(\frac{\partial p}{\partial T}\right)_{V,n_B} \tag{e}$$

$$\left(\frac{\partial V}{\partial n_B}\right)_{T,p,n_C}=V_B \tag{f}$$

将式 (d)、式 (e)、式 (f) 代入式 (c) 得

$$S_B=\left(\frac{\partial p}{\partial T}\right)_{V,n_B}V_B+\left(\frac{\partial S}{\partial n_B}\right)_{T,V,n_{C(C\neq B)}}$$

则　$\left(\frac{\partial S}{\partial n_B}\right)_{V,T,n_{C(C\neq B)}}=S_B-V_B\left(\frac{\partial p}{\partial T}\right)_{V,n}$

(4) $H_B=\left(\frac{\partial H}{\partial n_B}\right)_{T,p,n_C}=\left(\frac{\partial U}{\partial n_B}\right)_{T,p,n_C}+p\left(\frac{\partial V}{\partial n_B}\right)_{T,p,n_C}=\left(\frac{\partial U}{\partial n_B}\right)_{T,p,n_C}+pV_B$　(g)

$$\left(\frac{\partial U}{\partial n_{\mathrm{B}}}\right)_{T,p,n_{\mathrm{C}}}=\left(\frac{\partial U}{\partial n_{\mathrm{B}}}\right)_{T,V,n_{\mathrm{C}}}+\left(\frac{\partial U}{\partial V}\right)_{T,n_{\mathrm{B}},n_{\mathrm{C}}}\left(\frac{\partial V}{\partial n_{\mathrm{B}}}\right)_{T,p,n_{\mathrm{C}}}$$

$$=\left(\frac{\partial U}{\partial n_{\mathrm{B}}}\right)_{T,V,n_{\mathrm{C}}}+\left[T\left(\frac{\partial p}{\partial T}\right)_{V,n}-p\right]V_{\mathrm{B}} \tag{h}$$

将式 (g) 代入式 (h) 得

$$\left(\frac{\partial U}{\partial n_{\mathrm{B}}}\right)_{T,V,n_{\mathrm{C}}}=H_{\mathrm{B}}-TV_{\mathrm{B}}\left(\frac{\partial p}{\partial T}\right)_{V,n}$$

**另解**: $\left(\frac{\partial U}{\partial n_{\mathrm{B}}}\right)_{T,V,n_{\mathrm{C}}}=\left[\frac{\partial}{\partial n_{\mathrm{B}}}(A+TS)\right]_{T,V,n_{\mathrm{C}}}=\left(\frac{\partial A}{\partial n_{\mathrm{B}}}\right)_{T,V,n_{\mathrm{C}}}+T\left(\frac{\partial S}{\partial n_{\mathrm{B}}}\right)_{T,V,n_{\mathrm{C}}}$

$$=\mu_{\mathrm{B}}+T\left(\frac{\partial S}{\partial n_{\mathrm{B}}}\right)_{T,V,n_{\mathrm{C}}}=(H_{\mathrm{B}}-TS_{\mathrm{B}})+T\left(\frac{\partial S}{\partial n_{\mathrm{B}}}\right)_{T,V,n_{\mathrm{C}}} \tag{i}$$

由上面 (3) 题可得

$$\left(\frac{\partial S}{\partial n_{\mathrm{B}}}\right)_{V,T,n_{\mathrm{C(C\neq B)}}}=S_{\mathrm{B}}-V_{\mathrm{B}}\left(\frac{\partial p}{\partial T}\right)_{V,n} \tag{j}$$

将式 (i) 代入式 (j) 得

$$\left(\frac{\partial U}{\partial n_{\mathrm{B}}}\right)_{T,V,n_{\mathrm{C}}}=(H_{\mathrm{B}}-TS_{\mathrm{B}})+T\left[S_{\mathrm{B}}-V_{\mathrm{B}}\left(\frac{\partial p}{\partial T}\right)_{V,n}\right]=H_{\mathrm{B}}-TV_{\mathrm{B}}\left(\frac{\partial p}{\partial T}\right)_{V,n}$$

**例4.3** 298.2 K, $p^{\ominus}$ 下, 苯 (组分 1) 和甲苯 (组分 2) 混合组成理想液态混合物, 求下列过程所需的最小功。

(1) 将 1 mol 苯从 $x_1=0.8$ (状态 Ⅰ) 稀释到 $x_1=0.6$ (状态 Ⅱ), 用甲苯稀释。

(2) 将 1 mol 苯从状态 Ⅱ 分离出来。

**解**: 等温等压下, 环境对系统所做的最小功 $W_{\mathrm{f}}=(\Delta G)_{T,p}$。

(1) 据题意: 状态 Ⅰ

$$x_1=0.8,\qquad x_2=0.2$$

$$x_2=\frac{n_2}{n_1+n_2}=\frac{n_2}{1\ \mathrm{mol}+n_2}=0.2$$

$$n_2=\frac{1}{4}\ \mathrm{mol}$$

状态 Ⅱ

$$x_1=0.6,\qquad x_2=0.4$$

$$x_2=\frac{n_2}{n_1+n_2}=\frac{n_2}{1\ \mathrm{mol}+n_2}=0.4$$

$$n_2=\frac{2}{3}\ \mathrm{mol}$$

在稀释过程中所需甲苯的物质的量为

$$\Delta n_2=\frac{2}{3}\ \mathrm{mol}-\frac{1}{4}\ \mathrm{mol}=\frac{5}{12}\ \mathrm{mol}$$

稀释过程表示如下:

| 1 mol 苯<br>$\frac{1}{4}$ mol 甲苯 | + | $\frac{5}{12}$ mol 甲苯 | $\longrightarrow$ | 1 mol 苯<br>$\frac{2}{3}$ mol 甲苯 |
|---|---|---|---|---|

$$G_{始} = \sum_{\mathrm{B}} n_{\mathrm{B}} G_{\mathrm{B}} = G_{\mathrm{I}} + \frac{5}{12}\ \mathrm{mol} \times G_{\mathrm{m},2}$$

$$= n_1(\mu_1^* + RT\ln x_1) + n_2(\mu_2^* + RT\ln x_2) + \frac{5}{12}\mathrm{mol} \times \mu_2^*$$

$$= 1\ \mathrm{mol} \times (\mu_1^* + RT\ln 0.8) + \left(\frac{1}{4} + \frac{5}{12}\right)\mathrm{mol} \times \mu_2^* + \frac{1}{4}\ \mathrm{mol} \times RT\ln 0.2$$

$$G_{终} = G_{\mathrm{II}} = \sum_{\mathrm{B}} n_{\mathrm{B}} G_{\mathrm{B}} = n_1\mu_1 + n_2\mu_2$$

$$= n_1(\mu_1^* + RT\ln x_1) + n_2(\mu_2^* + RT\ln x_2)$$

$$= 1\ \mathrm{mol} \times (\mu_1^* + RT\ln 0.6) + \frac{2}{3}\ \mathrm{mol} \times (\mu_2^* + RT\ln 0.4)$$

$$\Delta G = G_{终} - G_{始}$$

$$= 1\ \mathrm{mol} \times RT\ln\frac{0.6}{0.8} + \frac{2}{3}\ \mathrm{mol} \times RT\ln 0.4 - \frac{1}{4}\ \mathrm{mol} \times RT\ln 0.2 = -1230\ \mathrm{J}$$

$$W_{\mathrm{f}} = (\Delta G)_{T,p} = -1230\ \mathrm{J}$$

即环境对系统做功为 $-1230$ J。

(2) 分离过程表示如下:

| 1 mol 苯<br>$\frac{2}{3}$ mol 甲苯 | $\longrightarrow$ | 1 mol 苯 | + | $\frac{2}{3}$ mol 甲苯 |
|---|---|---|---|---|

$$G_{\mathrm{III}} = n_1 G_{\mathrm{m},1} + n_2 G_{\mathrm{m},2} = n_1\mu_1^* + n_2\mu_2^* = 1\ \mathrm{mol} \times \mu_1^* + \frac{2}{3}\ \mathrm{mol} \times \mu_2^*$$

$$\Delta G = G_{\mathrm{III}} - G_{\mathrm{II}} = -RT\left(1\ \mathrm{mol} \times \ln 0.6 + \frac{2}{3}\ \mathrm{mol} \times \ln 0.4\right)$$

$$= -8.314\ \mathrm{J \cdot mol^{-1} \cdot K^{-1}} \times 298.2\ \mathrm{K} \times \left(1\ \mathrm{mol} \times \ln 0.6 + \frac{2}{3}\ \mathrm{mol} \times \ln 0.4\right) = 2781\ \mathrm{J}$$

$$W_{\mathrm{f}} = (\Delta G)_{T,p} = 2781\ \mathrm{J}$$

即环境对系统做功为 2781 J。

**例4.4** 333 K 时, 苯胺 (A) 和水 (B) 的蒸气压分别为 0.760 kPa 和 19.9 kPa, 在此温度苯胺和水部分互溶形成两相, 苯胺在两相中的摩尔分数分别为 0.732 (苯胺层中) 和 0.088 (水层中)。试求:

(1) 苯胺和水的 Henry 定律常数。假设每一相中溶剂遵守 Raoult 定律, 溶质遵守 Henry 定律。

(2) 水层中苯胺和水的活度因子。先以 Raoult 定律为基准, 后以 Henry 定律为基准, 分别计算。

**解**: (1) 据题意, 每一相中溶剂遵守 Raoult 定律, 溶质遵守 Henry 定律。

在苯胺层中:
$$p_A = p_A^* x_A \tag{a}$$
$$p_B = k_B x_B \tag{b}$$
在水层中:
$$p_B = p_B^* x'_B \tag{c}$$
$$p_A = k_A x'_A \tag{d}$$

由于溶液上方苯胺的分压只有一个, 所以式 (a) 与式 (d) 相等, 则

$$p_A = p_A^* x_A = k_A x'_A$$
$$k_A = \frac{p_A^* x_A}{x'_A} = \frac{0.760\ \text{kPa} \times 0.732}{0.088} = 6.32\ \text{kPa}$$

同理, 在溶液上方, 水的分压也只有一个, 所以式 (b) 与式 (c) 相等, 则

$$p_B = p_B^* x'_B = k_B x_B$$
$$k_B = \frac{p_B^* x'_B}{x_B} = \frac{19.9\ \text{kPa} \times (1-0.088)}{1-0.732} = 67.7\ \text{kPa}$$

(2) 求水层中苯胺和水的活度因子。当以 Raoult 定律为基准时, 有

$$p_A = p_A^* x'_A \gamma_A^R$$
$$\gamma_A^R = \frac{p_A}{p_A^* x'_A} \tag{e}$$

将式 (a) 代入式 (e) 得　$\gamma_A^R = \dfrac{p_A^* x_A}{p_A^* x'_A} = \dfrac{x_A}{x'_A} = \dfrac{0.732}{0.088} = 8.32$

也可将式 (d) 代入式 (e) 得　$\gamma_A^R = \dfrac{k_A x'_A}{p_A^* x'_A} = \dfrac{k_A}{p_A^*} = \dfrac{6.32\ \text{kPa}}{0.760\ \text{kPa}} = 8.32$

同理
$$\gamma_B^R = \frac{p_B}{p_B^* x'_B} \tag{f}$$

将式 (b) 代入式 (f) 得　$\gamma_B^R = \dfrac{k_B x_B}{p_B^* x'_B} = \dfrac{67.7\ \text{kPa} \times (1-0.732)}{19.9\ \text{kPa} \times (1-0.088)} = 1$

也可将式 (c) 代入式 (f) 得　$\gamma_B^R = \dfrac{p_B^* x'_B}{p_B^* x'_B} = 1$

当以 Henry 定律为基准时:
$$p_A = k_A x'_A \gamma_A^H$$
$$\gamma_A^H = \frac{p_A}{k_A x'_A} \tag{g}$$

将式 (a) 代入式 (g) 得　$\gamma_A^H = \dfrac{p_A^* x_A}{k_A x'_A} = \dfrac{0.760\ \text{kPa} \times 0.732}{6.32\ \text{kPa} \times 0.088} = 1$

也可将式 (d) 代入式 (g) 得　$\gamma_A^H = \dfrac{k_A x'_A}{k_A x'_A} = 1$

同理
$$\gamma_B^H = \frac{p_B}{k_B x'_B} \tag{h}$$

将式 (b) 代入式 (h) 得 $\gamma_B^H = \dfrac{k_B x_B}{k_B x_B'} = \dfrac{x_B}{x_B'} = \dfrac{1-0.732}{1-0.088} = 0.294$

也可将式 (c) 代入式 (h) 得 $\gamma_B^H = \dfrac{p_B^* x_B'}{k_B x_B'} = \dfrac{p_B^*}{k_B} = \dfrac{19.9\ \text{kPa}}{67.7\ \text{kPa}} = 0.294$

小结: 本题有两个主要概念。一是当多组分、多相系统达到气–液平衡时, 任意相中组分 B 在气相中的平衡分压只有一个, 其值与温度有关。二是活度和活度因子是一个相对值, 所谓相对值就是选择一个状态, 作为参考基准。

当浓度用摩尔分数表示时, 该状态的选择通常有两种:

(1) 以 Raoult 定律为基准, 就是指当 $x_B$ 趋于 1 时, B 组分的蒸气压与浓度的关系完全符合 Raoult 定律 $p_B = p_B^* x_B$, 此时活度因子 $\gamma_B$ 等于 1。也可表示为 $\lim\limits_{x_B \to 1} a_B = x_B$, 在整个浓度范围内 $x_B$ 与蒸气压的关系可表示成 $p_B = p_B^* x_B \gamma_B$, 式中 $\gamma_B$ 就是指以 Raoult 定律为基准的组分 B 的活度因子。

(2) 以 Henry 定律为基准, 就是指当 $x_B$ 趋于零时, B 组分的蒸气压与浓度的关系完全符合 Henry 定律 $p_B = k_B x_B$, 此时活度因子 $\gamma_B$ 等于 1。也可表示为 $\lim\limits_{x_B \to 0} a_B = x_B$, 在整个浓度范围内, $x_B$ 与蒸气压的关系可表示为 $p_B = k_B x_B \gamma_B$, 式中 $\gamma_B$ 就是以 Henry 定律为基准的组分 B 的活度因子。

**例4.5** 323 K 时醋酸 (A) 和苯 (B) 组成二组分系统, 各组分在气–液平衡时气相中的分压分别为 $p_A$ 和 $p_B$, A 组分在液相中的摩尔分数为 $x_A$。$x_A$ 和 $p_A$, $p_B$ 的关系经实验测定如下表所示:

| $x_A$ | 0 | 0.0835 | 0.2973 | 0.6604 | 0.9931 | 1.000 |
|---|---|---|---|---|---|---|
| $p_A$/Pa | — | 1535 | 3306 | 5360 | 7293 | 7333 |
| $p_B$/Pa | 35197 | 33277 | 28158 | 18012 | 466.6 | — |

假定蒸气为理想气体, 当醋酸在溶液中的摩尔分数为 0.6604 时:

(1) 以 Raoult 定律为基准, 求醋酸和苯的活度和活度因子;

(2) 以 Henry 定律为基准, 求苯的活度和活度因子;

(3) 求在 298 K 时上述组分的超额 Gibbs 自由能和混合 Gibbs 自由能。

**解**: 从实验数据表可知, $p_A^* = 7333$ Pa, $p_B^* = 35197$ Pa。活度 $a_B$ 是一个相对值, 对易挥发溶液组分, 活度是相对逸度, $a_B = f_B/f_B^\ominus$, 若蒸气视为理想气体, 则活度可以写成 $a_B = p_B/p_B^\ominus$。当以 Raoult 定律为基准时, 选择纯液体为标准态, $p_B^\ominus = p_B^*$。当以 Henry 定律为基准时, 以极稀溶液为参考态, $p_B^\ominus = k_B$。

(1) $a_A^R = \dfrac{p_A}{p_A^*} = \dfrac{5360\ \text{Pa}}{7333\ \text{Pa}} = 0.7310$ $\qquad a_B^R = \dfrac{p_B}{p_B^*} = \dfrac{18012\ \text{Pa}}{35197\ \text{Pa}} = 0.5117$

$\gamma_A^R = \dfrac{a_A^R}{x_A} = \dfrac{0.7310}{0.6604} = 1.107$ $\qquad \gamma_B^R = \dfrac{a_B^R}{x_B} = \dfrac{0.5117}{1-0.6604} = 1.507$

(2) Henry 定律常数可选择最稀的一点: $x_A = 0.9931$, $x_B = 0.0069$ 进行求算。因为稀溶液中溶质服从 Henry 定律, 所以 $p_B = k_x x_B$

$$k_x = \left(\frac{p_{\rm B}}{x_{\rm B}}\right)_{x_{\rm B}\to 0} = \frac{466.6\ {\rm Pa}}{0.0069} = 67623\ {\rm Pa}$$

$$a_{\rm B}^{\rm H} = \frac{p_{\rm B}}{k_x} = \frac{18012\ {\rm Pa}}{67623\ {\rm Pa}} = 0.2664$$

$$\gamma_{\rm B}^{\rm H} = \frac{a_{\rm B}^{\rm H}}{x_{\rm B}} = \frac{0.2664}{1-0.6604} = 0.7845$$

(3) $G^{\rm E} = \Delta_{\rm mix}G^{\rm re} - \Delta_{\rm mix}G^{\rm id} = RT\sum\limits_{\rm B} n_{\rm B}\ln\gamma_{\rm B}^{\rm R}$

$$= 8.314\ {\rm J\cdot mol^{-1}\cdot K^{-1}} \times 298\ {\rm K} \times (0.6604\ {\rm mol} \times \ln 1.107 + 0.3396\ {\rm mol} \times \ln 1.507)$$

$$= 511.4\ {\rm J}$$

注意: 在使用公式 $G^{\rm E} = RT\sum\limits_{\rm B} n_{\rm B}\ln\gamma_{\rm B}$ 计算 $G^E$ 时所用的活度因子 $\gamma_{\rm B}$ 必须是以 Raoult 定律为基准的那个相对值 $\gamma_{\rm B}^{\rm R}$, 不可用以 Henry 定律为基准的那个相对值 $\gamma_{\rm B}^{\rm H}$。现证明如下:

$$\begin{aligned} G^{\rm E} &= \Delta_{\rm mix}G^{\rm re} - \Delta_{\rm mix}G^{\rm id} = (G_{混合后} - G_{混合前})^{\rm re} - (G_{混合后} - G_{混合前})^{\rm id} \\ &= [(n_1\mu_1 + n_2\mu_2) - (n_1\mu_1^* + n_2\mu_2^*)]^{\rm re} - [(n_1\mu_1 + n_2\mu_2) - (n_1\mu_1^* + n_2\mu_2^*)]^{\rm id} \\ &= RT\sum_{\rm B} n_{\rm B}\ln a_{\rm B}^{\rm R} - RT\sum_{\rm B} n_{\rm B}\ln x_{\rm B} = RT\sum_{\rm B} n_{\rm B}\ln\gamma_{\rm B}^{\rm R} \end{aligned}$$

**例4.6**　在 1000 K, 101325 Pa 下, 有一金属 A 和 B 的混合溶液, 其中金属 A 的物质的量 $n_{\rm A} = 5000$ mol, 金属 B 的物质的量 $n_{\rm A} = 40$ mol。已知该溶液的 Gibbs 自由能与温度和物质的量的关系为

$$G = n_{\rm A}G_{\rm m,A} + n_{\rm B}G_{\rm m,B} - [0.05774(n_{\rm A}/{\rm mol})^2 + 7.950(n_{\rm B}/{\rm mol})^3 + 2.385(T/{\rm K})]\ {\rm J}$$

若将此溶液与炉渣混合, 设炉渣可视为理想稀溶液, 其中含 B 的摩尔分数为 $x_{\rm B} = 0.001$。

(1) 求金属液中 B 的活度;

(2) 求金属液中 B 的活度因子;

(3) 这种炉渣能否将合金中的 B 除去一部分?

**解**: (1) 求算活度的方法有蒸气压法、凝固点下降法、Gibbs-Duhem 方程等方法。在本题给出的条件下, 上述方法都不可使用。由于已知该溶液的 Gibbs 自由能与温度和物质的量的关系式, 可以求得溶液中 A 和 B 的化学势, 从而可以从化学势表达式获得活度 $a_{\rm B}$。

$$\begin{aligned} \mu_{\rm B} &= \left(\frac{\partial G}{\partial n_{\rm B}}\right)_{T,p,n_{\rm A}} \\ &= \left(\frac{\partial}{\partial n_{\rm B}}\{n_{\rm A}G_{\rm m,A} + n_{\rm B}G_{\rm m,B} - [0.05774(n_{\rm A}/{\rm mol})^2 + 7.950(n_{\rm B}/{\rm mol})^3 + 2.385(T/{\rm K})]\ {\rm J}\}\right)_{T,p,n_{\rm A}} \\ &= G_{\rm m,B} - [3 \times 7.950(n_{\rm B}/{\rm mol})^2]\ {\rm J\cdot mol^{-1}} = \mu_{\rm B}^* - [23.85(n_{\rm B}/{\rm mol})^2]\ {\rm J\cdot mol^{-1}} \end{aligned}$$

$$\mu_{\rm B} - \mu_{\rm B}^* = RT\ln a_{x,{\rm B}} = -23.85 \times 40^2\ {\rm J\cdot mol^{-1}}$$

$$\ln a_{x,{\rm B}} = -23.85 \times 40^2\ {\rm J\cdot mol^{-1}}/(8.314\ {\rm J\cdot mol^{-1}\cdot K^{-1}} \times 1000\ {\rm K}) = -4.5898$$

$$a_{x,{\rm B}} = 0.01015$$

(2) $\gamma_{x,\mathrm{B}} = a_{x,\mathrm{B}}/x_{\mathrm{B}} = 0.01015 \Big/ \left(\dfrac{40}{5000+40}\right) = 1.28$

(3) 视炉渣为理想稀溶液, 则活度等于浓度, 即

$$a'_{x,\mathrm{B}}(\text{炉渣中}) = x_{\mathrm{B}} = 0.001$$

金属液中 B 的活度 $a_{x,\mathrm{B}}$ 大于炉渣中 B 的活度 $a'_{x,\mathrm{B}}$, 即金属液中 B 的化学势 $\mu_{\mathrm{B}}$ 大于炉渣中 B 的化学势 $\mu'_{\mathrm{B}}$。因为

$$\mu_{\mathrm{B}} = \mu_{\mathrm{B}}^* + RT\ln a_{x,\mathrm{B}} \qquad \mu'_{\mathrm{B}} = \mu_{\mathrm{B}}^* + RT\ln a'_{x,\mathrm{B}}$$

$$a_{x,\mathrm{B}} > a'_{x,\mathrm{B}}$$

所以

$$\mu_{x,\mathrm{B}} > \mu'_{x,\mathrm{B}}$$

即物质 B 将从化学势大的一相向化学势小的一相转移, 即炉渣能除去合金中的一部分 B。

**例4.7** 某一稀溶液组成为 1 kg 溶剂中含 $m$ mol 溶质 A, 溶剂的沸点升高常数为 $K_{\mathrm{b}}$, 该溶质 A 在溶液中发生二聚反应:

$$2\mathrm{A} \longrightarrow \mathrm{A}_2$$

则该反应的平衡常数 $K$ 为

$$K = \frac{K_{\mathrm{b}}(K_{\mathrm{b}}m - \Delta T_{\mathrm{b}})}{(2\Delta T_{\mathrm{b}} - K_{\mathrm{b}}m)^2}$$

**解**: 设平衡时溶液中含 $x$ mol $\mathrm{A}_2$, 则

$$\begin{array}{llll} & 2\mathrm{A} & \longrightarrow & \mathrm{A}_2 \\ t=0 & m & & 0 \\ t=t_{\text{平}} & m-2x & & x \quad \sum\limits_{\mathrm{B}} n_{\mathrm{B}} = m - x \end{array}$$

沸点升高值 $\Delta T_{\mathrm{b}}$ 与溶液中溶质粒子总数的关系为

$$\Delta T_{\mathrm{b}} = K_{\mathrm{b}}(m-x) \qquad x = m - \frac{\Delta T_{\mathrm{b}}}{K_{\mathrm{b}}}$$

$$m - 2x = m - 2\left(m - \frac{\Delta T_{\mathrm{b}}}{K_{\mathrm{b}}}\right) = 2\frac{\Delta T_{\mathrm{b}}}{K_{\mathrm{b}}} - m$$

$$K = \frac{[\mathrm{A}_2]}{[\mathrm{A}]^2} = \frac{x}{(m-2x)^2} = \frac{m - \Delta T_{\mathrm{b}}/K_{\mathrm{b}}}{(2\Delta T_{\mathrm{b}}/K_{\mathrm{b}} - m)^2} = \frac{K_{\mathrm{b}}(K_{\mathrm{b}}m - \Delta T_{\mathrm{b}})}{(2\Delta T_{\mathrm{b}} - K_{\mathrm{b}}m)^2}$$

**例4.8** 在 298 K 和标准压力下, 溶质 NaCl(s)(B) 溶于 1.0 kg $\mathrm{H_2O}$(l)(A) 中, 所得溶液的体积 $V$ 与溶入 NaCl(s)(B) 的物质的量 $n_{\mathrm{B}}$ 之间的关系为

$$V = \left[1001.38 + 16.625\left(\frac{n_{\mathrm{B}}}{\mathrm{mol}}\right) + 1.774\left(\frac{n_{\mathrm{B}}}{\mathrm{mol}}\right)^{3/2} + 0.119\left(\frac{n_{\mathrm{B}}}{\mathrm{mol}}\right)^2\right]\mathrm{cm}^3$$

试求:

(1) $\mathrm{H_2O}$(l) 和 NaCl 的偏摩尔体积与溶入 NaCl(s) 的物质的量 $n_{\mathrm{B}}$ 之间的关系;

(2) $n_{\mathrm{B}} = 0.5$ mol 时, $\mathrm{H_2O}$(l) 和 NaCl 的偏摩尔体积;

(3) 在无限稀释时, $\mathrm{H_2O}$(l) 和 NaCl 的偏摩尔体积。

**解**: (1) $V_B = \left(\frac{\partial V}{\partial n_B}\right)_{T,p,n_C}$

$$= \frac{\partial}{\partial n_B}\left[1001.38 + 16.625\left(\frac{n_B}{\text{mol}}\right) + 1.774\left(\frac{n_B}{\text{mol}}\right)^{3/2} + 0.119\left(\frac{n_B}{\text{mol}}\right)^2\right]\text{cm}^3$$

$$= \left[16.625 + 2.661\left(\frac{n_B}{\text{mol}}\right)^{1/2} + 0.238\left(\frac{n_B}{\text{mol}}\right)\right]\text{cm}^3\cdot\text{mol}^{-1}$$

偏摩尔量加和公式:
$$V = n_A V_A + n_B V_B$$

$$V_A = \frac{1}{n_A}(V - n_B V_B)$$

$$= \frac{1}{n_A}\left\{\left[1001.38 + 16.625\left(\frac{n_B}{\text{mol}}\right) + 1.774\left(\frac{n_B}{\text{mol}}\right)^{3/2} + 0.119\left(\frac{n_B}{\text{mol}}\right)^2\right]\text{cm}^3 - \left(\frac{n_B}{\text{mol}}\right)\left[16.625 + 2.661\left(\frac{n_B}{\text{mol}}\right)^{1/2} + 0.238\left(\frac{n_B}{\text{mol}}\right)\right]\right\}\text{cm}^3$$

$$= \frac{1}{n_A}\left[1001.38 - 0.887\left(\frac{n_B}{\text{mol}}\right)^{3/2} - 0.119\left(\frac{n_B}{\text{mol}}\right)^2\right]\text{cm}^3 \qquad \text{(a)}$$

$$n_A = m_A/M_A = 1000\ \text{g}/(18.016\ \text{g}\cdot\text{mol}^{-1}) = 55.506\ \text{mol} \qquad \text{(b)}$$

将式 (b) 代入式 (a) 得

$$V_A = \left[18.041 - 1.598\times10^{-2}\left(\frac{n_B}{\text{mol}}\right)^{3/2} - 2.144\times10^{-3}\left(\frac{n_B}{\text{mol}^2}\right)^2\right]\text{cm}^3\cdot\text{mol}^{-1} \qquad \text{(c)}$$

(2) 当 $n_B = 0.5$ mol 时, 则

$$V_B = (16.625 + 2.661\times0.5^{1/2} + 0.238\times0.5)\ \text{cm}^3\cdot\text{mol}^{-1} = 18.626\ \text{cm}^3\cdot\text{mol}^{-1}$$
$$V_A = (18.041 - 1.598\times10^{-2}\times0.5^{3/2} - 2.144\times10^{-3}\times0.5^2)\text{cm}^3\cdot\text{mol}^{-1} = 18.035\ \text{cm}^3\cdot\text{mol}^{-1}$$

(3) 无限稀释时, $n_B \to 0$, 则

$$V_B = 16.625\ \text{cm}^3\cdot\text{mol}^{-1} \qquad V_A = 18.041\ \text{cm}^3\cdot\text{mol}^{-1}$$

**例4.9** 298 K 时, 纯 A 与纯 B 可形成理想的混合物, 试计算如下两种情况下所需做的最小功值。

(1) 从大量的等物质的量的纯 A 与纯 B 形成的理想混合物中, 分出 1 mol 纯 A;

(2) 从 2 mol 纯 A 与 2 mol 纯 B 所形成的理想混合物中, 分出 1 mol 纯 A。

**解**: (1) 该过程表示如下:

| $n$ mol A<br>$n$ mol B | ⟶ | $(n-1)$ mol A<br>$n$ mol B | + | 1 mol A |
|---|---|---|---|---|

$$\Delta G_{T,p} = W_f = G_{后} - G_{前} = \sum_B n_B\mu_B(后) - \sum_B n_B\mu_B(前)$$
$$= [(n-1)\mu_A + n\mu_B + \mu_A^*] - (n\mu_A + n\mu_B) = \mu_A^* - \mu_A = -RT\ln x_A$$
$$= -8.314\ \text{J}\cdot\text{mol}^{-1}\cdot\text{K}^{-1}\times298\ \text{K}\times\ln0.5 = 1717\ \text{J}\cdot\text{mol}^{-1}$$

(2) 该过程表示如下:

| 2 mol A<br>2 mol B | $\longrightarrow$ | 1 mol A<br>2 mol B | + | 1 mol A |
|---|---|---|---|---|

$$\Delta G = G_{后} - G_{前} = \sum_{\mathrm{B}} n_{\mathrm{B}}\mu_{\mathrm{B}}(后) - \sum_{\mathrm{B}} n_{\mathrm{B}}\mu_{\mathrm{B}}(前)$$

$$= (1\ \mathrm{mol} \times \mu_{\mathrm{A}}' + 2\ \mathrm{mol} \times \mu_{\mathrm{B}}' + 1\ \mathrm{mol} \times \mu_{\mathrm{A}}^*) - (2\ \mathrm{mol} \times \mu_{\mathrm{A}} + 2\ \mathrm{mol} \times \mu_{\mathrm{B}})$$

$$= \left[1\ \mathrm{mol} \times \left(\mu_{\mathrm{A}}^* + RT\ln\frac{1}{3}\right) + 2\ \mathrm{mol} \times \left(\mu_{\mathrm{B}}^* + RT\ln\frac{2}{3}\right) + 1\ \mathrm{mol} \times \mu_{\mathrm{A}}^*\right] -$$

$$\left[2\ \mathrm{mol} \times \left(\mu_{\mathrm{A}}^* + RT\ln\frac{1}{2}\right) + 2\ \mathrm{mol} \times \left(\mu_{\mathrm{B}}^* + RT\ln\frac{1}{2}\right)\right]$$

$$= 1\ \mathrm{mol} \times RT\ln\left[\frac{1}{3} \times \left(\frac{2}{3}\right)^2 \times 2^4\right]$$

$$= 1\ \mathrm{mol} \times 8.314\ \mathrm{J\cdot mol^{-1}\cdot K^{-1}} \times 298\ \mathrm{K} \times \ln 2.37 = 2138\ \mathrm{J}$$

$$W_{\mathrm{f}} = \Delta G = 2138\ \mathrm{J}$$

**例4.10** 在 413 K 时, 纯 $C_6H_5Cl(l)$ 和纯 $C_6H_5Br(l)$ 的蒸气压分别为 125.24 kPa 和 66.10 kPa。假定两种液体形成某理想液态混合物, 在 101.33 kPa 和 413 K 时沸腾。试求:

(1) 沸腾时理想液态混合物的组成;

(2) 沸腾时液面上蒸气的组成。

**解**: 令 A 为 $C_6H_5Cl$, B 为 $C_6H_5Br$, 则

$$p = p_{\mathrm{A}} + p_{\mathrm{B}} = p_{\mathrm{A}}^* x_{\mathrm{A}} + p_{\mathrm{B}}^*(1 - x_{\mathrm{A}}) = p_{\mathrm{B}}^* + x_{\mathrm{A}}(p_{\mathrm{A}}^* - p_{\mathrm{B}}^*)$$

$$x_{\mathrm{A}} = \frac{p - p_{\mathrm{B}}^*}{p_{\mathrm{A}}^* - p_{\mathrm{B}}^*} = \frac{101330\ \mathrm{Pa} - 66100\ \mathrm{Pa}}{125240\ \mathrm{Pa} - 66100\ \mathrm{Pa}} = 0.5957$$

$$x_{\mathrm{B}} = 1 - x_{\mathrm{A}} = 0.4043$$

$$y_{\mathrm{A}} = \frac{p_{\mathrm{A}}^* x_{\mathrm{A}}}{p} = \frac{125240\ \mathrm{Pa} \times 0.5957}{101330\ \mathrm{Pa}} = 0.7363$$

$$y_{\mathrm{B}} = 1 - y_{\mathrm{A}} = 0.2637$$

**例4.11** 在 298 K 和标准压力下, 有 1 mol A 和 1 mol B 形成理想液态混合物, 试求混合过程的 $\Delta_{\mathrm{mix}}V$, $\Delta_{\mathrm{mix}}H$, $\Delta_{\mathrm{mix}}U$, $\Delta_{\mathrm{mix}}S$ 和 $\Delta_{\mathrm{mix}}G$。

**解**: $\Delta_{\mathrm{mix}}V = 0, \quad \Delta_{\mathrm{mix}}H = 0, \quad \Delta_{\mathrm{mix}}U = 0$

$$\Delta_{\mathrm{mix}}G = RT\sum_{\mathrm{B}} n_{\mathrm{B}}\ln x_{\mathrm{B}} = 8.314\ \mathrm{J\cdot mol^{-1}\cdot K^{-1}} \times 298\ \mathrm{K} \times 2 \times 1\ \mathrm{mol} \times \ln\frac{1}{2} = -3435\ \mathrm{J}$$

$$\Delta_{\mathrm{mix}}S = -R\sum_{\mathrm{B}} n_{\mathrm{B}}\ln x_{\mathrm{B}} = -8.314\ \mathrm{J\cdot mol^{-1}\cdot K^{-1}} \times 2 \times 1\ \mathrm{mol} \times \ln\frac{1}{2} = 11.53\ \mathrm{J\cdot K^{-1}}$$

**例4.12** 在 293 K 时, 乙醚的蒸气压为 58.95 kPa, 今在 0.1 kg 乙醚中, 溶入某非挥发性有机物 0.01 kg, 乙醚的蒸气压降低到 56.79 kPa, 试求该有机物的摩尔质量。

**解**: $p_A = p_A^*(1-x_B)$

$$x_B = 1 - \frac{p_A}{p_A^*} = \frac{m_B/M_B}{m_B/M_B + m_A/M_A}$$

$$= 1 - \frac{p_A}{p_A^*} = \frac{0.01\ \text{kg}/M_B}{0.01\ \text{kg}/M_B + 0.1\ \text{kg}/(0.07411\ \text{kg}\cdot\text{mol}^{-1})} = 1 - \frac{56.79\ \text{kPa}}{58.95\ \text{kPa}}$$

$M_B = 0.195\ \text{kg}\cdot\text{mol}^{-1}$

**例4.13**　设某一新合成的有机物 R, 其中含碳、氢和氧的质量分数分别为 $w_C = 0.632$, $w_H = 0.088$, $w_O = 0.280$。今将 0.0702 g 该有机物溶于 0.804 g 樟脑中, 其凝固点比纯樟脑下降了 15.3 K。试求该有机物的摩尔质量及其化学式。已知樟脑的凝固点降低常数为 $K_f = 40.0\ \text{K}\cdot\text{mol}^{-1}\cdot\text{kg}$ (由于樟脑的凝固点降低常数较大, 虽然溶质的用量较少, 但凝固点降低值仍较大, 相对于沸点升高的实验, 其准确度较高)。

**解**: $\Delta T_f = k_f m_B = k_f \dfrac{m(\text{B})/M_B}{m(\text{A})}$

$$M_B = \frac{k_f m(\text{B})}{\Delta T_f m(\text{A})} = \frac{40.0\ \text{K}\cdot\text{kg}\cdot\text{mol}^{-1} \times 0.0702\ \text{g}}{15.3\ \text{K} \times 0.804\ \text{g}} = 0.2283\ \text{kg}\cdot\text{mol}^{-1}$$

该有机物的碳、氢、氧的原子数比值为

$$N_C : N_H : N_O = \frac{0.632}{0.012\ \text{kg}\cdot\text{mol}^{-1}} : \frac{0.088}{0.001\ \text{kg}\cdot\text{mol}^{-1}} : \frac{0.280}{0.016\ \text{kg}\cdot\text{mol}^{-1}} = 3:5:1$$

则　$n(3\times 0.012\ \text{kg}\cdot\text{mol}^{-1} + 5\times 0.001\ \text{kg}\cdot\text{mol}^{-1} + 1\times 0.016\ \text{kg}\cdot\text{mol}^{-1}) = 0.2283\ \text{kg}\cdot\text{mol}^{-1}$

$$n = 4$$

该有机物的化学式为 $C_{12}H_{20}O_4$。

**例4.14**　101.325 kPa 下, 纯苯的凝固点为 278.55 K, 现有 0.223 g 苯乙酸溶于 4.4 g 苯中, 该系统于 277.62 K 开始结晶。已知苯的摩尔熔化焓为 $9.89\ \text{kJ}\cdot\text{mol}^{-1}$。

(1) 试计算苯乙酸的摩尔质量;

(2) 讨论上述计算结果。已知苯乙酸分子的摩尔质量为 $136.1\ \text{g}\cdot\text{mol}^{-1}$。

**解**: (1) 根据凝固点降低公式, 有　$\Delta T_f = \dfrac{RT_f^2}{\Delta_{\text{fus}} H_m^{\ominus}} \cdot \dfrac{n_B}{n_A}$

$$278.55\ \text{K} - 277.62\ \text{K} = \frac{8.314\ \text{J}\cdot\text{mol}^{-1}\cdot\text{K}^{-1} \times (278.55\ \text{K})^2}{9.89\ \text{kJ}\cdot\text{mol}^{-1}} \times \frac{0.223\ \text{g}/M_B}{4.4\ \text{g}/(78\ \text{g}\cdot\text{mol}^{-1})}$$

$$M_B = 277.3\ \text{g}\cdot\text{mol}^{-1}$$

(2) 实际上苯乙酸 $C_6H_5CH_2COOH$ 的摩尔质量为 $136.1\ \text{g}\cdot\text{mol}^{-1}$。现根据实际测得的 $\Delta T_f$ 算得的数值几乎是实际摩尔质量的一倍。说明苯乙酸在苯溶液中呈双分子缔合。

**例4.15**　(1) 证明 273 K 时蔗糖水溶液渗透压公式为

$$\Pi/\text{Pa} = -1.26\times 10^8 \ln x_{H_2O}, \quad \frac{1}{x_{H_2O}} = 1 + \frac{m}{55.55\ \text{mol}\cdot\text{kg}^{-1} - 5m}$$

假定一个蔗糖分子溶解后可与 5 个水分子结合起来, $x_{H_2O}$ 和 $m$ 分别为水的摩尔分数和蔗糖的质量摩尔浓度。

(2) 计算 1 kg 水中含 0.25 kg 蔗糖的水溶液的渗透压 (已知蔗糖的摩尔质量为 $342.2\times10^{-3}$ kg·mol$^{-1}$)。

**解**: (1) 根据渗透压公式 $-\ln x_{\mathrm{H_2O}}=\dfrac{\Pi V_{\mathrm{H_2O}}}{RT}\approx\dfrac{\Pi V_{\mathrm{m,H_2O}}}{RT}$

$$\Pi=-\frac{RT}{V_{\mathrm{m,H_2O}}}\ln x_{\mathrm{H_2O}}=-\frac{8.314\ \mathrm{J\cdot mol^{-1}\cdot K^{-1}}\times 273\ \mathrm{K}}{18\times10^{-6}\ \mathrm{m^3\cdot mol^{-1}}}\ln x_{\mathrm{H_2O}}=-(1.26\times10^{8}\ \mathrm{Pa})\ln x_{\mathrm{H_2O}}$$

以 $m$ mol 蔗糖溶于 1 kg 水的蔗糖水溶液为准, 其中蔗糖的质量摩尔浓度为 $m$, 则有

$$x_{\mathrm{H_2O}}=\frac{n_{\mathrm{H_2O}}}{n_{\mathrm{H_2O}}+n_{蔗糖}}=\frac{\dfrac{1.0\ \mathrm{kg}}{18\times10^{-3}\ \mathrm{kg\cdot mol^{-1}}}-5m\times1.0\ \mathrm{kg}}{\left(\dfrac{1.0\ \mathrm{kg}}{18\times10^{-3}\ \mathrm{kg\cdot mol^{-1}}}-5m\times1.0\ \mathrm{kg}\right)+m\times1.0\ \mathrm{kg}}$$

$$=\frac{55.55\ \mathrm{mol}-5m\times1.0\ \mathrm{kg}}{(55.55\ \mathrm{mol}-5m\times1.0\ \mathrm{kg})+m\times1.0\ \mathrm{kg}}=\frac{55.55\ \mathrm{mol\cdot kg^{-1}}-5m}{55.55\ \mathrm{mol\cdot kg^{-1}}-4m}$$

$$\frac{1}{x_{\mathrm{H_2O}}}=\frac{55.55\ \mathrm{mol\cdot kg^{-1}}-4m}{55.55\ \mathrm{mol\cdot kg^{-1}}-5m}=1+\frac{m}{55.55\ \mathrm{mol\cdot kg^{-1}}-5m}$$

(2) 对于 1 kg 水中含 0.25 kg 蔗糖的水溶液, 根据以上公式, 有

$$x_{\mathrm{H_2O}}=\frac{55.55\ \mathrm{mol\cdot kg^{-1}}-5m}{55.55\ \mathrm{mol\cdot kg^{-1}}-4m}=\frac{55.55\ \mathrm{mol\cdot kg^{-1}}-5\times\dfrac{0.25\ \mathrm{kg}}{342.2\times10^{-3}\ \mathrm{kg\cdot mol^{-1}}}}{55.55\ \mathrm{mol\cdot kg^{-1}}-4\times\dfrac{0.25\ \mathrm{kg}}{342.2\times10^{-3}\ \mathrm{kg\cdot mol^{-1}}}}=0.9861$$

$$\Pi=-(1.26\times10^{8}\ \mathrm{Pa})\ln x_{\mathrm{H_2O}}=-(1.26\times10^{8}\ \mathrm{Pa})\ln0.9861=1.76\times10^{6}\ \mathrm{Pa}$$

**例4.16** 在 660.7 K 时, 金属 K 和 Hg 的蒸气压分别为 433.2 kPa 和 170.6 kPa, 在 K 和 Hg 的物质的量相同的溶液上方, K 和 Hg 的蒸气压分别为 142.6 kPa 和 1.733 kPa, 计算:

(1) K 和 Hg 在溶液中的活度和活度因子;

(2) 若 K 和 Hg 的物质的量分别为 0.5 mol, 计算它们的 $\Delta_{\mathrm{mix}}G_{\mathrm{m}}$, $\Delta_{\mathrm{mix}}S_{\mathrm{m}}$ 和 $\Delta_{\mathrm{mix}}H_{\mathrm{m}}$。

**解**: (1) 对于 K–Hg 溶液, $x_{\mathrm{K}}=x_{\mathrm{Hg}}=0.5$。

通过蒸气压法求 K 和 Hg 的活度, 则

$$a_{\mathrm{K}}=\frac{p_{\mathrm{K}}}{p_{\mathrm{K}}^{*}}=\frac{142.6\ \mathrm{kPa}}{433.2\ \mathrm{kPa}}=0.3292$$

$$\gamma_{\mathrm{K}}=\frac{a_{\mathrm{K}}}{x_{\mathrm{K}}}=\frac{0.3292}{0.5}=0.6584$$

同理

$$a_{\mathrm{Hg}}=\frac{p_{\mathrm{Hg}}}{p_{\mathrm{Hg}}^{*}}=\frac{1.733\ \mathrm{kPa}}{170.6\ \mathrm{kPa}}=0.01016$$

$$\gamma_{\mathrm{Hg}}=\frac{a_{\mathrm{Hg}}}{x_{\mathrm{Hg}}}=\frac{0.01016}{0.5}=0.02032$$

(2) 根据两组分等温等压混合 Gibbs 自由能公式, 有

$$\Delta_{\mathrm{mix}}G_{\mathrm{m}} = RT\sum_{\mathrm{B}} n_{\mathrm{B}}\ln a_{\mathrm{B}}$$
$$= 8.314\ \mathrm{J\cdot mol^{-1}\cdot K^{-1}} \times 660.7\ \mathrm{K} \times (0.5\ \mathrm{mol} \times \ln 0.3292 + 0.5\ \mathrm{mol} \times \ln 0.01016)$$
$$= -15.66\ \mathrm{kJ\cdot mol^{-1}}$$

$$\Delta_{\mathrm{mix}}S_{\mathrm{m}} = -R\sum_{\mathrm{B}} n_{\mathrm{B}}\ln x_{\mathrm{B}}$$
$$= -8.314\ \mathrm{J\cdot mol^{-1}\cdot K^{-1}} \times (0.5\ \mathrm{mol} \times \ln 0.5 + 0.5\ \mathrm{mol} \times \ln 0.5) = 5.763\ \mathrm{kJ\cdot mol^{-1}}$$

$$\Delta_{\mathrm{mix}}H_{\mathrm{m}} = \Delta_{\mathrm{mix}}G_{\mathrm{m}} + T\Delta_{\mathrm{mix}}S_{\mathrm{m}}$$
$$= -15.66\ \mathrm{kJ\cdot mol^{-1}} + 660.7\ \mathrm{K} \times 5.763\ \mathrm{kJ\cdot mol^{-1}} = -11.85\ \mathrm{kJ\cdot mol^{-1}}$$

**例4.17**　在 298 K 时, 对于溴溶解在四氯化碳中的溶液, 其质量分数与上方溴的蒸气压关系如下:

| $x_{溴}$ | 0.00394 | 0.00599 | 0.0130 | 0.0250 | 1 |
|---|---|---|---|---|---|
| $p_{溴}$/Pa | 202.7 | 381.6 | 724.0 | 1639 | 28398 |

求溴的质量分数 $x$ 为 0.0130 时溴的活度和活度因子。分别选择下列标准态:

(1) 纯液态溴;

(2) $p^{\ominus}$ 下气态溴;

(3) 压力为 133.3 Pa 的气态溴;

(4) 无限稀释的四氯化碳溴液中, 溴的活度因子为 1。

**解**: 设 $Br_2$ 为第二组分。

(1) 以纯液态溴为标准态, 根据蒸气压法可得

$$a_2 = \frac{p_2}{p_2^*} = \frac{724.0\ \mathrm{Pa}}{28398\ \mathrm{Pa}} = 0.02549$$

$$\gamma_2 = \frac{a_2}{x_2} = \frac{0.02549}{0.0130} = 1.96$$

(2) 以 $p^{\ominus}$ 下气态溴为标准态。

$$a_2 = \frac{p_2}{p^{\ominus}} = \frac{724.0\ \mathrm{Pa}}{100\ \mathrm{kPa}} = 0.007240$$

$$\gamma_2 = \frac{a_2}{x_2} = \frac{0.007240}{0.0130} = 0.557$$

(3) 以压力为 133.3 Pa 的气态溴为标准态。

$$a_2 = \frac{p_2}{133.3\ \mathrm{Pa}} = \frac{724.0\ \mathrm{Pa}}{133.3\ \mathrm{Pa}} = 5.431$$

$$\gamma_2 = \frac{a_2}{x_2} = \frac{5.431}{0.0130} = 418$$

(4) 基于溶液最稀点的数据求 Henry 定律常数。

$$k = \frac{p_2}{x_2} = \frac{202.7\ \mathrm{Pa}}{0.00394} = 51447\ \mathrm{Pa}$$

$$a_2 = \frac{p_2}{k} = \frac{724.0\ \mathrm{Pa}}{51447\ \mathrm{Pa}} = 0.0141$$

$$\gamma_2 = \frac{a_2}{x_2} = \frac{0.0141}{0.0130} = 1.08$$

可见, 活度和活度因子的数值跟标准态的选择密切相关。

**例4.18** 根据下面数据回答问题。

| 组分 | A | B |
|---|---|---|
| 熔点 $T_\mathrm{f}/\mathrm{K}$ | 1073 | 918 |
| 熔化熵 $\Delta_\mathrm{fus}S_\mathrm{m}/(\mathrm{J\cdot mol^{-1}\cdot K^{-1}})$ | 26 | 22 |
| $\Delta C_p = [C_p(\mathrm{l}) - C_p(\mathrm{s})]/(\mathrm{J\cdot mol^{-1}\cdot K^{-1}})$ | 3.3 | 4.6 |

(1) 由 A 和 B 组成熔液时其低共熔点为 760 K, 低共熔组成为 $x_\mathrm{B} = 0.65$, 求 A 和 B 在 760 K 时, 从纯态到低共熔组成的 Gibbs 自由能的变化;

(2) 计算低共熔组成熔液中 A 和 B 的活度因子。

**解**: (1) 以 760 K 时纯液态 A, B 为参考基准。在低共熔组成时, 有

$$\mu_\mathrm{A}(\mathrm{l}) = \mu_\mathrm{A}^*(\mathrm{l}, T, p) + RT\ln a_\mathrm{A} \tag{a}$$

$$\mu_\mathrm{B}(\mathrm{l}) = \mu_\mathrm{B}^*(\mathrm{l}, T, p) + RT\ln a_\mathrm{B} \tag{b}$$

在 760 K 时, 存在固–液平衡, 则

$$\mu_\mathrm{A}(\mathrm{l}) = \mu_\mathrm{A}^*(\mathrm{s}) \qquad \mu_\mathrm{B}(\mathrm{l}) = \mu_\mathrm{B}^*(\mathrm{s}) \tag{c}$$

将式 (c) 代入式 (a) 和式 (b) 得

$$\mu_\mathrm{A}^*(\mathrm{s}) - \mu_\mathrm{A}^*(\mathrm{l}) = RT\ln a_\mathrm{A} \tag{d}$$

$$\mu_\mathrm{B}^*(\mathrm{s}) - \mu_\mathrm{B}^*(\mathrm{l}) = RT\ln a_\mathrm{B} \tag{e}$$

又 $$\Delta_\mathrm{fus}H_\mathrm{m}(\mathrm{A}, T) = \Delta_\mathrm{fus}H_\mathrm{m}(\mathrm{A}, T_\mathrm{f}) + \int_{T_\mathrm{f}}^{T} \Delta C_p \mathrm{d}T = T_\mathrm{f}\Delta_\mathrm{fus}S_\mathrm{m}(\mathrm{A}, T_\mathrm{f}) + \Delta C_p(T - T_\mathrm{f})$$

$$= 1073\ \mathrm{K} \times 26\ \mathrm{J\cdot mol^{-1}\cdot K^{-1}} + 3.3\ \mathrm{J\cdot mol^{-1}\cdot K^{-1}} \times (760\ \mathrm{K} - 1073\ \mathrm{K})$$

$$= 26865.1\ \mathrm{J\cdot mol^{-1}}$$

同理 $$\Delta_\mathrm{fus}H_\mathrm{m}(\mathrm{B}, T) = 19469.2\ \mathrm{J\cdot mol^{-1}}$$

$$\Delta_\mathrm{fus}S_\mathrm{m}(\mathrm{A}, T) = \Delta_\mathrm{fus}S_\mathrm{m}(\mathrm{A}, T_\mathrm{f}) + \int_{T_\mathrm{f}}^{T} \frac{\Delta C_p}{T} \mathrm{d}T = \Delta_\mathrm{fus}S_\mathrm{m}(\mathrm{A}, T_\mathrm{f}) + \Delta C_p \ln\frac{T}{T_\mathrm{f}}$$

$$= 26\ \mathrm{J\cdot mol^{-1}\cdot K^{-1}} + 3.3\ \mathrm{J\cdot mol^{-1}\cdot K^{-1}} \times \ln\frac{760\ \mathrm{K}}{1073\ \mathrm{K}} = 24.86\ \mathrm{J\cdot mol^{-1}\cdot K^{-1}}$$

同理 $$\Delta_\mathrm{fus}S_\mathrm{m}(\mathrm{B}, T) = 21.13\ \mathrm{J\cdot mol^{-1}\cdot K^{-1}}$$

则有　$\Delta_{\text{fus}}G_{\text{m}}(\text{A},T) = \Delta_{\text{fus}}H_{\text{m}}(\text{A},T) - T\Delta_{\text{fus}}S_{\text{m}}(\text{A},T)$

$$= 26865.1\ \text{J}\cdot\text{mol}^{-1} - 760\ \text{K} \times 24.86\ \text{J}\cdot\text{mol}^{-1}\cdot\text{K}^{-1} = 7971.5\ \text{J}\cdot\text{mol}^{-1}$$

同理
$$\Delta_{\text{fus}}G_{\text{m}}(\text{B},T) = 3410.4\ \text{J}\cdot\text{mol}^{-1}$$

在 760 K 时, 从纯态到低共熔组成时的 Gibbs 自由能变化为

$$\Delta\mu_{\text{A}} = \mu_{\text{A}}(\text{l}) - \mu_{\text{A}}^*(\text{l}) = \mu_{\text{A}}(\text{s}) - \mu_{\text{A}}^*(\text{l}) = -\Delta_{\text{fus}}G_{\text{m}}(\text{A},T) = -7971.5\ \text{J}\cdot\text{mol}^{-1} \quad \text{(f)}$$

$$\Delta\mu_{\text{B}} = \mu_{\text{B}}(\text{l}) - \mu_{\text{B}}^*(\text{l}) = \mu_{\text{B}}(\text{s}) - \mu_{\text{B}}^*(\text{l}) = -\Delta_{\text{fus}}G_{\text{m}}(\text{B},T) = -3410.4\ \text{J}\cdot\text{mol}^{-1} \quad \text{(g)}$$

(2) 将式 (f)、式 (g) 代入式 (d)、式 (e) 得

$$\ln a_{\text{A}} = \frac{\mu_{\text{A}}^*(\text{s}) - \mu_{\text{A}}^*(\text{l})}{RT} = \frac{\Delta\mu_{\text{A}}}{RT} = \frac{-7971.5\ \text{J}\cdot\text{mol}^{-1}}{8.314\ \text{J}\cdot\text{mol}^{-1}\cdot\text{K}^{-1} \times 760\ \text{K}} = -1.2616$$

$$a_{\text{A}} = 0.2832$$

$$\gamma_{\text{A}} = \frac{a_{\text{A}}}{x_{\text{A}}} = \frac{0.2832}{1 - 0.65} = 0.8091$$

$$\ln a_{\text{B}} = \frac{\mu_{\text{B}}^*(\text{s}) - \mu_{\text{B}}^*(\text{l})}{RT} = \frac{\Delta\mu_{\text{B}}}{RT} = \frac{-3410.4\ \text{J}\cdot\text{mol}^{-1}}{8.314\ \text{J}\cdot\text{mol}^{-1}\cdot\text{K}^{-1} \times 760\ \text{K}} = -0.5397$$

$$a_{\text{B}} = 0.5829$$

$$\gamma_{\text{B}} = \frac{a_{\text{B}}}{x_{\text{B}}} = \frac{0.5829}{0.65} = 0.8968$$

**例4.19**　在 293 K 时, 某有机酸在水和乙醚间的分配系数为 0.4。今有 5 g 该有机酸, 溶于 $0.10\ \text{dm}^3$ 水中。试计算:

(1) 若每次用 $0.02\ \text{dm}^3$ 乙醚萃取, 连续萃取两次, 水中还余下有机酸的量。设所用乙醚事先已被水所饱和, 萃取时不会再有乙醚溶于水。

(2) 若用 $0.04\ \text{dm}^3$ 乙醚萃取一次, 水中还余下有机酸的量。

**解**: 设在体积为 $V_1$ 的溶液中含质量为 $m$ 的溶质, 若萃取 $n$ 次, 每次都用体积为 $V_2$ 的新鲜溶剂, 则最后原溶液中所剩溶质的质量 $m$ 为

$$m_n = m\left(\frac{KV_1}{KV_1 + V_2}\right)^n$$

(1) $m_2 = 5\ \text{g} \times \left(\dfrac{0.4 \times 0.10\ \text{dm}^3}{0.4 \times 0.10\ \text{dm}^3 + 0.02\ \text{dm}^3}\right)^2 = 2.2\ \text{g}$

(2) $m_1 = 5\ \text{g} \times \left(\dfrac{0.4 \times 0.10\ \text{dm}^3}{0.4 \times 0.10\ \text{dm}^3 + 0.04\ \text{dm}^3}\right) = 2.5\ \text{g}$

# 三、习题及解答

**4.1**　在 298 K 时, 有 0.10 kg 质量分数为 0.0947 的 $H_2SO_4$ 水溶液, 试分别用 (1) 质量摩尔浓度 $m_{\text{B}}$, (2) 物质的量浓度 $c_{\text{B}}$, (3) 摩尔分数 $x_{\text{B}}$ 表示硫酸的含量。已知在该条件下硫酸溶液的密度

为 $1.0603\times10^3\ \mathrm{kg\cdot m^{-3}}$, 纯水的密度为 $997.1\ \mathrm{kg\cdot m^{-3}}$。

解: (1) $m_{H_2SO_4}=\dfrac{n_{H_2SO_4}}{m_{H_2O}}=\dfrac{m_{H_2SO_4}/M_{H_2SO_4}}{m_{H_2O}}$

$$=\frac{0.0947\times0.1\ \mathrm{kg}/(0.09807\ \mathrm{kg\cdot mol^{-1}})}{(1-0.0947)\times0.1\ \mathrm{kg}}=1.07\ \mathrm{mol\cdot kg^{-1}}$$

(2) $c_{H_2SO_4}=\dfrac{n_{H_2SO_4}}{V}=\dfrac{m_{H_2SO_4}/M_{H_2SO_4}}{m_{溶液}/\rho(\mathrm{l})}$

$$=\frac{0.0947\times0.1\ \mathrm{kg}/(0.09807\ \mathrm{kg\cdot mol^{-1}})}{0.1\ \mathrm{kg}/(1.0603\times10^3\ \mathrm{kg\cdot m^{-3}})}=1.02\ \mathrm{mol\cdot dm^{-3}}$$

(3) $x_{H_2SO_4}=\dfrac{n_{H_2SO_4}}{n_{H_2SO_4}+n_{H_2O}}$

$$=\frac{0.0947\times0.1\ \mathrm{kg}/(0.09807\ \mathrm{kg\cdot mol^{-1}})}{0.0947\times0.1\ \mathrm{kg}/(0.09807\ \mathrm{kg\cdot mol^{-1}})+(1-0.0947)\times0.1\ \mathrm{kg}/(0.01802\ \mathrm{kg\cdot mol^{-1}})}$$

$$=0.0189$$

**4.2** 25 ℃ 时, CO 在水中溶解时 Henry 定律常数 $k_x=5.79\times10^9$ Pa, 若将含 CO 30% (体积分数) 的水煤气在 $1.013\times10^5$ Pa 总压下用 25 ℃ 的水洗涤, 问每用 1000 kg 水洗涤, 将损失多少 CO?

解: 根据 Henry 定律, 溶液中 CO 的摩尔分数为

$$x_{CO}=\frac{p_{CO}}{k_x}=\frac{1.013\times10^5\ \mathrm{Pa}\times30\%}{5.79\times10^9\ \mathrm{Pa}}=5.25\times10^{-6}$$

由于是极稀溶液, 有

$$x_{CO}=\frac{n_{CO}}{n_{CO}+n_{H_2O}}\approx\frac{n_{CO}}{n_{H_2O}}$$

$$m_{CO}=n_{CO}M_{CO}=n_{H_2O}x_{CO}M_{CO}$$
$$=1000\ \mathrm{kg}/(0.01802\ \mathrm{kg\cdot mol^{-1}})\times5.25\times10^{-6}\times0.02801\ \mathrm{kg\cdot mol^{-1}}=8.17\times10^{-3}\ \mathrm{kg}$$

**4.3** 在 288 K 和大气压力下, 某酒窖中存有 10.0 $\mathrm{m^3}$ 酒, 其中含乙醇的质量分数为 0.96。今欲加水调制含乙醇的质量分数为 0.56 的酒, 试计算:

(1) 应加入水的体积;

(2) 加水后, 能得到含乙醇的质量分数为 0.56 的酒的体积。

已知该条件下, 纯水的密度为 $999.1\ \mathrm{kg\cdot m^{-3}}$, 水和乙醇的偏摩尔体积为

| $w_{C_2H_5OH}$ | $V_{H_2O}/(10^{-6}\ \mathrm{m^3\cdot mol^{-1}})$ | $V_{C_2H_5OH}/(10^{-6}\ \mathrm{m^3\cdot mol^{-1}})$ |
|---|---|---|
| 0.96 | 14.61 | 58.01 |
| 0.56 | 17.11 | 56.58 |

解: (1) 先求算 10.0 $\mathrm{m^3}$ 含乙醇的质量分数为 0.96 的酒中水和乙醇的物质的量。

$$\frac{n_{C_2H_5OH}M_{C_2H_5OH}}{n_{C_2H_5OH}M_{C_2H_5OH}+n_{H_2O}M_{H_2O}}=0.96$$

$$\frac{n_{C_2H_5OH}\times0.04607\ \mathrm{kg\cdot mol^{-1}}}{n_{C_2H_5OH}\times0.04607\ \mathrm{kg\cdot mol^{-1}}+n_{H_2O}\times0.01802\ \mathrm{kg\cdot mol^{-1}}}=0.96\qquad\text{(a)}$$

根据偏摩尔量的加和公式:

$$V = n_{C_2H_5OH}V_{C_2H_5OH} + n_{H_2O}V_{H_2O}$$

$$10.0\ m^3 = n_{C_2H_5OH}\times 58.01\times 10^{-6}\ m^3\cdot mol^{-1} + n_{H_2O}\times 14.61\times 10^{-6}\ m^3\cdot mol^{-1} \qquad (b)$$

联立式 (a) 和式 (b), 解得

$$n_{C_2H_5OH} = 1.679\times 10^5\ mol \qquad n_{H_2O} = 1.788\times 10^4\ mol$$

稀释后, 含乙醇的质量分数为 0.56 的酒的质量为

$$m = \frac{m_{C_2H_5OH}}{x} = \frac{n_{C_2H_5OH}M_{C_2H_5OH}}{x} = \frac{1.679\times 10^5\ mol\times 0.04607\ kg\cdot mol^{-1}}{0.56} = 1.381\times 10^4\ kg$$

$$m_{H_2O} = m - m_{C_2H_5OH} = 1.381\times 10^4\ kg - 1.679\times 10^5\ mol\times 0.04607\ kg\cdot mol^{-1} = 6.075\times 10^3\ kg$$

需加水的质量和体积为

$$m'_{H_2O} = 6.075\times 10^3\ kg - 1.788\times 10^4\ mol\times 0.01802\ kg\cdot mol^{-1} = 5.753\times 10^3\ kg$$

$$V'_{H_2O} = m'_{H_2O}/\rho = 5.753\times 10^3\ kg/(999.1\ kg\cdot m^{-3}) = 5.76\ m^3$$

(2) 利用偏摩尔量加和公式:

$$\begin{aligned} V &= n_{C_2H_5OH}V_{C_2H_5OH} + n_{H_2O}V_{H_2O} \\ &= 1.679\times 10^5\ mol\times 56.58\times 10^{-6}\ m^3\cdot mol^{-1} + \frac{6.075\times 10^3\ kg}{0.01802\ kg\cdot mol^{-1}}\times 17.11\times 10^{-6}\ m^3\cdot mol^{-1} \\ &= 15.3\ m^3 \end{aligned}$$

**4.4** 在 298 K 和大气压力下, 甲醇 (B) 的摩尔分数 $x_B$ 为 0.30 的水溶液中, 水 (A) 和甲醇 (B) 的偏摩尔体积分别为 $V_{H_2O} = 17.765\ cm^3\cdot mol^{-1}$, $V_{CH_3OH} = 38.632\ cm^3\cdot mol^{-1}$。已知在该条件下, 甲醇和水的摩尔体积分别为 $V_{m,CH_3OH} = 40.722\ cm^3\cdot mol^{-1}$, $V_{m,H_2O} = 18.068\ cm^3\cdot mol^{-1}$。现在需要配制上述水溶液 $1000\ cm^3$, 试求:

(1) 需要纯水和纯甲醇的体积;

(2) 混合前后体积的变化值。

**解**: (1) 根据偏摩尔量加和公式有

$$V = n_{CH_3OH}V_{CH_3OH} + n_{H_2O}V_{H_2O} \qquad (a)$$

溶液的平均摩尔体积为

$$V_m = \frac{V}{n_{CH_3OH} + n_{H_2O}} \qquad (b)$$

将式 (a) 代入式 (b) 得

$$\begin{aligned} V_m &= x_{CH_3OH}V_{CH_3OH} + x_{H_2O}V_{H_2O} \\ &= 0.30\times 38.632\ cm^3\cdot mol^{-1} + 0.70\times 17.765\ cm^3\cdot mol^{-1} = 24.025\ cm^3\cdot mol^{-1} \end{aligned}$$

欲配制 $1000\ cm^3$ 上述溶液, 根据式 (b) 需要甲醇和水的物质的量分别为

$$n_{总} = n_{CH_3OH} + n_{H_2O} = \frac{V}{V_m} = 1000\ cm^3/(24.025\ cm^3\cdot mol^{-1}) = 41.623\ mol$$

$$n_{CH_3OH} = x_{CH_3OH}n_{总} = 12.487\ mol$$

$$n_{H_2O} = x_{H_2O} n_{总} = 29.136 \text{ mol}$$

这些纯物质相应的体积为

$$V_{CH_3OH} = n_{CH_3OH} V_{m,CH_3OH} = 12.487 \text{ mol} \times 40.722 \text{ cm}^3 \cdot \text{mol}^{-1} = 508.50 \text{ cm}^3$$

$$V_{H_2O} = n_{H_2O} V_{m,H_2O} = 29.136 \text{ mol} \times 18.068 \text{ cm}^3 \cdot \text{mol}^{-1} = 526.43 \text{ cm}^3$$

混合前的总体积为 $$V_{总} = V_{CH_3OH} + V_{H_2O} = 1034.93 \text{ cm}^3$$

(2) 混合前后体积变化值为

$$\Delta V = V_{前} - V_{后} = 1034.93 \text{ cm}^3 - 1000 \text{ cm}^3 = 34.93 \text{ cm}^3$$

**4.5** 在 298 K 和大气压力下, $K_2SO_4$ 在水溶液中的偏摩尔体积 $V_2$ 与 $m$ 的关系由下式表示:

$$V_2/(\text{m}^3 \cdot \text{mol}^{-1}) = 3.228 \times 10^{-5} + 1.8216 \times 10^{-5}[m/(\text{mol} \cdot \text{kg}^{-1})]^{1/2} + 2.22 \times 10^{-8}[m/(\text{mol} \cdot \text{kg}^{-1})]$$

式中 $m$ 为质量摩尔浓度。试根据 Gibbs-Duhem 公式导出 $H_2O$ 的偏摩尔体积 $V_1$ 的表达式。已知 298 K 时, 纯水的摩尔体积 $V_m = 1.7963 \times 10^{-5} \text{ m}^3 \cdot \text{mol}^{-1}$。

**解**: 根据 Gibbs-Duhem 公式, 对于二组分系统, 有

$$n_1 \frac{\partial V_1}{\partial n_2} + n_2 \frac{\partial V_2}{\partial n_2} = 0$$

以 1 kg 溶剂为基准, 溶质的 $n_2$ 在数值上等于 $K_2SO_4$ 的质量摩尔浓度 $m$。

$$n_1 \frac{\partial V_1}{\partial n_2} = -n_2 \left( \frac{1}{2} \times 1.8216 \times 10^{-5} n_2^{-1/2} + 2.22 \times 10^{-8} \right)$$

$$\text{d}V_1 = \frac{1}{55.5} \left( -\frac{1}{2} \times 1.8216 \times 10^{-5} n_2^{1/2} - 2.22 \times 10^{-8} n_2 \right) \text{d}n_2$$

$$\int \text{d}V_1 = \int (-1.641 \times 10^{-7} n_2^{1/2} - 4.0 \times 10^{-10} n_2) \text{d}n_2$$

$$V_1 = -1.094 \times 10^{-7} n_2^{3/2} - 2.0 \times 10^{-10} n_2^2 + C$$

当 $n_2 = 0$ 时 $$V_1 = V_m(1) = 1.7963 \times 10^{-5} \text{ m}^3 \cdot \text{mol}^{-1}$$

则 $$C = 1.7963 \times 10^{-5} \text{ m}^3 \cdot \text{mol}^{-1}$$

代入前式得

$$V_1/(\text{m}^3 \cdot \text{mol}^{-1}) = 1.7963 \times 10^{-5} - 1.094 \times 10^{-7}[m/(\text{mol} \cdot \text{kg}^{-1})]^{3/2} - 2.0 \times 10^{-10}[m/(\text{mol} \cdot \text{kg}^{-1})]^2$$

**4.6** 在 293 K 时, 氨的水溶液 A 中 $NH_3$ 与 $H_2O$ 的摩尔比为 1∶8.5, 溶液 A 上方 $NH_3$ 的分压为 10.64 kPa; 氨的水溶液 B 中 $NH_3$ 与 $H_2O$ 的摩尔比为 1∶21, 溶液 B 上方 $NH_3$ 的分压为 3.597 kPa。在相同温度下, 试求:

(1) 从大量的溶液 A 中转移 1 mol $NH_3$(g) 到大量的溶液 B 中的 $\Delta G$;

(2) 将处于标准压力下的 1 mol $NH_3$(g) 溶于大量的溶液 B 中的 $\Delta G$。

**解**: (1) $$\begin{aligned} \Delta G_m &= \mu_{NH_3}(\text{B,l}) - \mu_{NH_3}(\text{A,l}) = \mu_{NH_3}(\text{B,g}) - \mu_{NH_3}(\text{A,g}) \\ &= \{\mu^\ominus + RT\ln[p_{NH_3}(\text{B})/p^\ominus]\} - \{\mu^\ominus + RT\ln[p_{NH_3}(\text{A})/p^\ominus]\} \\ &= RT\ln[p_{NH_3}(\text{B})/p_{NH_3}(\text{A})] \end{aligned}$$

$$= 8.314\ \mathrm{J\cdot mol^{-1}\cdot K^{-1}} \times 293\ \mathrm{K} \times \ln\frac{3.597\ \mathrm{kPa}}{10.64\ \mathrm{kPa}} = -2642\ \mathrm{J\cdot mol^{-1}}$$

$$\Delta G = n\Delta G_\mathrm{m} = 1\ \mathrm{mol} \times (-2642\ \mathrm{J\cdot mol^{-1}}) = -2642\ \mathrm{J}$$

(2) $\Delta G_\mathrm{m} = \mu_{\mathrm{NH_3}}(\mathrm{B,l}) - \mu^*_{\mathrm{NH_3}} = \mu_{\mathrm{NH_3}}(\mathrm{B,g}) - \mu^*_{\mathrm{NH_3}} = RT\ln[p_{\mathrm{NH_3}}(\mathrm{B})/p^\ominus_{\mathrm{NH_3}}]$

$$= 8.314\ \mathrm{J\cdot mol^{-1}\cdot K^{-1}} \times 293\ \mathrm{K} \times \ln\frac{3.597\ \mathrm{kPa}}{100\ \mathrm{kPa}} = -8100\ \mathrm{J\cdot mol^{-1}}$$

$$\Delta G = n\Delta G_\mathrm{m} = 1\ \mathrm{mol} \times (-8100\ \mathrm{J\cdot mol^{-1}}) = -8100\ \mathrm{J}$$

**4.7** 某化合物有两种晶型 α 和 β。298 K, $p^\ominus$ 时 α 型化合物和 β 型化合物的标准摩尔生成焓分别为 $-200.0\ \mathrm{kJ\cdot mol^{-1}}$ 和 $-198.0\ \mathrm{kJ\cdot mol^{-1}}$, 标准摩尔熵分别为 $70.0\ \mathrm{J\cdot mol^{-1}\cdot K^{-1}}$ 和 $71.5\ \mathrm{J\cdot mol^{-1}\cdot K^{-1}}$。它们都能溶于 $CS_2$ 中, α 型化合物在 $CS_2$ 中的溶解度以质量摩尔浓度表示为 $10.0\ \mathrm{mol\cdot kg^{-1}}$, 假定 α 型化合物和 β 型化合物溶解后活度因子皆为 1。

(1) 求 298 K 时该化合物由 α 型转化为 β 型的 $\Delta_\mathrm{trs}G^\ominus_\mathrm{m}$;

(2) 求 298 K 时 β 型化合物在 $CS_2$ 中的溶解度 $(\mathrm{mol\cdot kg^{-1}})$。

**解**: (1) 由 α 型化合物转化为 β 型化合物:

$$\Delta_\mathrm{trs}H^\ominus_\mathrm{m} = \Delta_\mathrm{f}H^\ominus_\mathrm{m}(\beta) - \Delta_\mathrm{f}H^\ominus_\mathrm{m}(\alpha) = -198.0\ \mathrm{kJ\cdot mol^{-1}} - (-200.0\ \mathrm{kJ\cdot mol^{-1}}) = 2.0\ \mathrm{kJ\cdot mol^{-1}}$$

$$\Delta_\mathrm{trs}S^\ominus_\mathrm{m} = S^\ominus_\mathrm{m}(\beta) - S^\ominus_\mathrm{m}(\alpha) = 71.5\ \mathrm{J\cdot mol^{-1}\cdot K^{-1}} - 70.0\ \mathrm{J\cdot mol^{-1}\cdot K^{-1}} = 1.5\ \mathrm{J\cdot mol^{-1}\cdot K^{-1}}$$

$$\Delta_\mathrm{trs}G^\ominus_\mathrm{m} = \Delta_\mathrm{trs}H^\ominus_\mathrm{m} - T\Delta_\mathrm{trs}S^\ominus_\mathrm{m} = 2.0\ \mathrm{kJ\cdot mol^{-1}} - 298\ \mathrm{K} \times 1.5\ \mathrm{J\cdot mol^{-1}\cdot K^{-1}} = 1553\ \mathrm{J\cdot mol^{-1}}$$

(2) $\mu_\mathrm{B} = \mu^\ominus_\mathrm{m}(T,p) + RT\ln\dfrac{m}{m^\ominus}$

$$\Delta G_\mathrm{m} = \mu(\beta) - \mu(\alpha) = RT\ln[m(\beta)/m(\alpha)]$$

$$m(\beta)/m(\alpha) = 1.87$$

$$m(\beta) = 1.87m(\alpha) = 1.87 \times 10.0\ \mathrm{mol\cdot kg^{-1}} = 18.7\ \mathrm{mol\cdot kg^{-1}}$$

**4.8** 液体 A 与液体 B 能形成理想液态混合物, 在 343 K 时, 1 mol 纯 A 与 2 mol 纯 B 形成的理想液态混合物的总蒸气压为 50.66 kPa。若在液态混合物中再加入 3 mol 纯 A, 则液态混合物的总蒸气压为 70.93 kPa。试求:

(1) 纯 A 与纯 B 的饱和蒸气压;

(2) 对于第一种理想液态混合物, 在对应的气相中 A 与 B 各自的摩尔分数。

**解**: (1) $p = p^*_\mathrm{A}x_\mathrm{A} + p^*_\mathrm{B}x_\mathrm{B}$, 则

$$50660\ \mathrm{Pa} = \frac{1}{3}p^*_\mathrm{A} + \frac{2}{3}p^*_\mathrm{B}$$

$$70930\ \mathrm{Pa} = \frac{2}{3}p^*_\mathrm{A} + \frac{1}{3}p^*_\mathrm{B}$$

联立上两式可得　　$p^*_\mathrm{A} = 91.20\ \mathrm{kPa}$　　$p^*_\mathrm{B} = 30.39\ \mathrm{kPa}$

(2) $y_\mathrm{A} = \dfrac{p_\mathrm{A}}{p} = \dfrac{p^*_\mathrm{A}x_\mathrm{A}}{p} = \dfrac{91.20\ \mathrm{kPa} \times \frac{1}{3}}{50.66\ \mathrm{kPa}} = 0.6$

$$y_\mathrm{B} = 1 - y_\mathrm{A} = 0.4$$

**4.9** 在 293 K 时, 纯 A(l) 和纯 B(l) 的蒸气压分别为 9.96 kPa 和 2.97 kPa, 今以等物质的量的 A 和 B 混合形成理想液态混合物, 试求:

(1) 与液态混合物对应的气相中, A 和 B 的分压;

(2) 液面上蒸气的总压力;

(3) 要从大量的 A 和 B 的等物质的量混合物中分出 1 mol 纯 A, 最少必须做多少功?

(4) 要从含 A 和 B 各 2 mol 的混合物中分出 1 mol 纯 B, 最少必须做多少功?

**解**: (1) 设 A 和 B 的物质的量均为 $n$ mol, 则

$$x_{\mathrm{A}} = x_{\mathrm{B}} = 0.5$$

$$p_{\mathrm{A}} = p_{\mathrm{A}}^* x_{\mathrm{A}} = 9.96\ \mathrm{kPa} \times 0.5 = 4.98\ \mathrm{kPa}$$

$$p_{\mathrm{B}} = p_{\mathrm{B}}^* x_{\mathrm{B}} = 2.97\ \mathrm{kPa} \times 0.5 = 1.48\ \mathrm{kPa}$$

(2) $p = p_{\mathrm{A}}^* x_{\mathrm{A}} + p_{\mathrm{B}}^* x_{\mathrm{B}} = 9.96\ \mathrm{kPa} \times 0.5 + 2.97\ \mathrm{kPa} \times 0.5 = 6.46\ \mathrm{kPa}$

(3) 过程如下:

| $n$ mol A<br>$n$ mol B | $\longrightarrow$ | $(n-1)$ mol A<br>$n$ mol B | + | 1 mol A |
|---|---|---|---|---|

$$\Delta G_{T,p} \leqslant W_{\mathrm{f}}$$

$$\begin{aligned}\Delta G = G_{后} - G_{前} &= \sum n_{\mathrm{B}} G_{\mathrm{B,m}}(后) - \sum n_{\mathrm{B}} G_{\mathrm{B,m}}(前) \\ &= [(n-1)\mu_{\mathrm{A}} + n\mu_{\mathrm{B}} + \mu_{\mathrm{A}}^*] - (n\mu_{\mathrm{A}} + n\mu_{\mathrm{B}}) = 1\ \mathrm{mol} \times (\mu_{\mathrm{A}}^* - \mu_{\mathrm{A}}) = -1\ \mathrm{mol} \times RT\ln x_{\mathrm{A}} \\ &= -1\ \mathrm{mol} \times 8.314\ \mathrm{J \cdot mol^{-1} \cdot K^{-1}} \times 293\ \mathrm{K} \times \ln\frac{1}{2} = 1689\ \mathrm{J}\end{aligned}$$

$$W_{\mathrm{f}} = \Delta G = 1689\ \mathrm{J}$$

(4) 过程如下:

| 2 mol A<br>2 mol B | $\longrightarrow$ | 1 mol A<br>2 mol B | + | 1 mol A |
|---|---|---|---|---|

$$\begin{aligned}\Delta G = G_{后} - G_{前} &= \sum n_{\mathrm{B}} \mu_{\mathrm{B}}(后) - \sum n_{\mathrm{B}} \mu_{\mathrm{B}}(前) \\ &= \left[1\ \mathrm{mol} \times \left(\mu_{\mathrm{A}}^* + RT\ln\frac{1}{3}\right) + 2\ \mathrm{mol} \times \left(\mu_{\mathrm{B}}^* + RT\ln\frac{2}{3}\right) + 1\ \mathrm{mol} \times \mu_{\mathrm{A}}^*\right] - \\ &\quad \left[2\ \mathrm{mol} \times \left(\mu_{\mathrm{A}}^* + RT\ln\frac{1}{2}\right) + 2\ \mathrm{mol} \times \left(\mu_{\mathrm{B}}^* + RT\ln\frac{1}{2}\right)\right] \\ &= 1\ \mathrm{mol} \times RT\ln\left[\left(\frac{1}{3}\right) \times \left(\frac{2}{3}\right)^2 \times 2^4\right] \\ &= 1\ \mathrm{mol} \times 8.314\ \mathrm{J \cdot mol^{-1} \cdot K^{-1}} \times 293\ \mathrm{K} \times \ln 2.37 = 2102\ \mathrm{J}\end{aligned}$$

$$W_{\mathrm{f}} = \Delta G = 2102\ \mathrm{J}$$

**4.10** 在 80.3 K 下, 氧的蒸气压为 3.13 kPa, 氮的蒸气压为 144.7 kPa。设空气由 21% 的氧和 79% 的氮组成 (体积分数), 并认为液态空气是理想液态混合物。问在 80.3 K 时, 最少要加多大压力

才能使空气全部液化? 并求液化开始时和终止时气相和液相的组成。

**解**: (1) 所谓全部液化就是指液相组成 $x_{O_2}=0.21$, $x_{N_2}=0.79$。

气相总压为

$$p=p_{O_2}^*x_{O_2}+p_{N_2}^*x_{N_2}=3.13\ \mathrm{kPa}\times0.21+144.7\ \mathrm{kPa}\times0.79=114.97\ \mathrm{kPa}$$

(2) 刚开始液化时, 气相组成为 $y_{O_2}=0.21$, $y_{N_2}=0.79$。

此时:

$$p_{O_2}=py_{O_2}=p_{O_2}^*x_{O_2}$$

$$p_{N_2}=py_{N_2}=p_{N_2}^*x_{N_2}$$

上两式相除得

$$\frac{x_{O_2}}{x_{N_2}}=\frac{y_{O_2}p_{N_2}^*}{y_{N_2}p_{O_2}^*}=\frac{0.21\times144.7\ \mathrm{kPa}}{0.79\times3.13\ \mathrm{kPa}}=12.29$$

$$x_{O_2}+x_{N_2}=1$$

代入上式得

$$x_{O_2}=0.925\qquad x_{N_2}=0.075$$

(3) 液化终止时, 液相组成为 $x_{O_2}=0.21$, $x_{N_2}=0.79$。

气相总压

$$p=114.97\ \mathrm{kPa}$$

气相组成

$$y_{O_2}=p_{O_2}^*x_{O_2}/p=3.13\ \mathrm{kPa}\times0.21/(114.97\ \mathrm{kPa})=0.006$$

$$y_{N_2}=p_{N_2}^*x_{N_2}/p=144.79\ \mathrm{kPa}\times0.79/(114.97\ \mathrm{kPa})=0.994$$

**4.11**　在 298 K 时, 纯苯的气、液相标准摩尔生成焓分别为 $\Delta_\mathrm{f}H_\mathrm{m}^\ominus(\mathrm{C_6H_6,g})=82.93\ \mathrm{kJ\cdot mol^{-1}}$ 和 $\Delta_\mathrm{f}H_\mathrm{m}^\ominus(\mathrm{C_6H_6,l})=49.0\ \mathrm{kJ\cdot mol^{-1}}$, 纯苯在 101.33 kPa 下的沸点是 353 K。若在 298 K 时, 甲烷溶在苯中达平衡后, 溶液中含甲烷的摩尔分数为 $x_{CH_4}=0.0043$ 时, 其对应的气相中甲烷的分压为 $p_{CH_4}=245.0\ \mathrm{kPa}$。在 298 K 时, 试求:

(1) 当含甲烷的摩尔分数 $x_{CH_4}=0.01$ 时, 甲烷的苯溶液的总蒸气压;

(2) 与上述溶液对应的气相组成。

**解**: (1) 设甲烷的苯溶液的总蒸气压为 $p_{总}$, 则

$$p_{总}=p_{CH_4}+p_{C_6H_6} \tag{a}$$

甲烷为溶质, 服从 Henry 定律, 即 $p_{CH_4}=k\cdot x_{CH_4}$。则 298 K 时:

$$245.0\ \mathrm{kPa}=0.0043k \tag{b}$$

$$p_{CH_4}=0.01k \tag{c}$$

将式 (b) 除以式 (c) 得　$p_{CH_4}=245.0\ \mathrm{kPa}\times0.01/0.0043=569.8\ \mathrm{kPa}$

苯为溶剂, 服从 Raoult 定律, 即 $p_{C_6H_6}=p_{C_6H_6}^*x_{C_6H_6}$。则 298 K 时:

$$\Delta_\mathrm{vap}H_\mathrm{m}=\Delta_\mathrm{f}H_\mathrm{m}^\ominus(\mathrm{C_6H_6,g})-\Delta_\mathrm{f}H_\mathrm{m}^\ominus(\mathrm{C_6H_6,l})=(82.93-49.0)\ \mathrm{kJ\cdot mol^{-1}}=33.93\ \mathrm{kJ\cdot mol^{-1}}$$

$$\ln\frac{p(T_2)}{p(T_1)}=\frac{\Delta_\mathrm{vap}H_\mathrm{m}}{R}\left(\frac{1}{T_1}-\frac{1}{T_2}\right)$$

$$\ln\frac{p(T_2)}{101.33\ \mathrm{kPa}}=\frac{33930\ \mathrm{J\cdot mol^{-1}}}{8.314\ \mathrm{J\cdot mol^{-1}\cdot K^{-1}}}\left(\frac{1}{353\ \mathrm{K}}-\frac{1}{298\ \mathrm{K}}\right)$$

$$p(T_2) = p^*_{C_6H_6}(298\ K) = 12.00\ kPa$$

298 K 时:

$$p_{C_6H_6} = p^*_{C_6H_6} x_{C_6H_6} = 12.00\ kPa \times (1 - 0.01) = 11.88\ kPa$$

$$p_{总} = p_{CH_4} + p_{C_6H_6} = 569.8\ kPa + 11.88\ kPa = 581.7\ kPa$$

(2) 上述溶液的气相组成为

$$y_{CH_4} = \frac{p_{CH_4}}{p_{总}} = \frac{569.8\ kPa}{581.7\ kPa} = 0.98$$

$$y_{C_6H_6} = 1 - y_{CH_4} = 0.02$$

**4.12** 在 293 K 时, HCl(g) 溶于 $C_6H_6$(l) 中形成理想的稀溶液。当达到气–液平衡时, 液相中 HCl 的摩尔分数为 0.0385, 气相中 $C_6H_6$(g) 的摩尔分数为 0.095。已知 293 K 时, $C_6H_6$(l) 的饱和蒸气压为 10.01 kPa。试求:

(1) 气–液平衡时, 气相的总压;

(2) 293 K 时, HCl(g) 在苯溶液中的 Henry 定律常数 $k_{x,B}$。

**解**: 据题意分析, $C_6H_6$(l) 为溶剂, 服从 Raoult 定律, HCl(g) 为溶质, 服从 Henry 定律, 气相为理想气体, 服从 Dalton 分压定律。

(1) $p_{C_6H_6} = p^*_{C_6H_6} x_{C_6H_6} = 10.01\ kPa \times (1 - 0.0385) = 9.625\ kPa$

$$p_{C_6H_6} = p_{总} y_{C_6H_6}$$

$$p_{总} = \frac{p_{C_6H_6}}{y_{C_6H_6}} = \frac{9.625\ kPa}{0.095} = 101.3\ kPa$$

(2) $p_{HCl} = p_{总} x_{HCl} = 101.3\ kPa \times (1 - 0.095) = 91.68\ kPa$

$$p_{HCl} = k_{x,B} x_{HCl}$$

$$k_{x,B} = \frac{p_{HCl}}{x_{HCl}} = \frac{91.68\ kPa}{0.0385} = 2381\ kPa$$

**4.13** 物质 A 与 B 的物质的量分别为 $n_A$ 和 $n_B$ 的二元溶液, 其 Gibbs 自由能为

$$G = n_A\mu_A^\ominus + n_B\mu_B^\ominus + RT(n_A\ln x_A + n_B\ln x_B) + cn_An_B/(n_A + n_B)$$

其中 $c$ 是 $T, p$ 的函数。

(1) 试推导 $\mu_A$ 的表达式;

(2) 给出活度因子 $\gamma_A$ 的表达式。

**解**: (1) $\mu_A = \left(\dfrac{\partial G}{\partial n_A}\right)_{T,p,n_B}$

$$= \mu_A^\ominus + RT\left[\ln x_A + n_A\left(\frac{1}{n_A} - \frac{1}{n_A + n_B}\right) - \frac{n_B}{n_A+n_B}\right] + \frac{cn_B^2}{(n_A+n_B)^2}$$

$$= \mu_A^\ominus + RT\ln x_A + \frac{cn_B^2}{(n_A + n_B)^2}$$

(2) 与 $\mu_A = \mu_A^\ominus + RT\ln(x_A\gamma_A)$ 比较:

$$\gamma_{\mathrm{A}}=\exp\left[\frac{cn_{\mathrm{B}}^{2}}{RT(n_{\mathrm{A}}+n_{\mathrm{B}})^{2}}\right]=\exp\left(\frac{cx_{\mathrm{B}}^{2}}{RT}\right)$$

要使 $\gamma_{\mathrm{A}}=1$, 必须使 $c=0$, 则

$$G=n_{\mathrm{A}}\mu_{\mathrm{A}}^{\ominus}+n_{\mathrm{B}}\mu_{\mathrm{B}}^{\ominus}+RT(n_{\mathrm{A}}\ln x_{\mathrm{A}}+n_{\mathrm{B}}\ln x_{\mathrm{B}})$$

**4.14** 若 $\Delta_{\mathrm{fus}}H_{\mathrm{m}}=a+bT+cT^{2}+dT^{3}$, 试导出 $\ln x_{\mathrm{A}}, T_{\mathrm{f}}$ 和 $T_{\mathrm{f}}^{*}$ 之间的关系。其中 $a,b,c,d$ 为常数; $x_{\mathrm{A}}$ 表示溶剂的摩尔分数。

**解**: 设压力 $p$ 时, 溶液的凝固点为 $T$, A 为溶剂, 此时两相平衡:

$$\mu_{\mathrm{A}}^{\mathrm{l}}(T,p,x_{\mathrm{A}})=\mu_{\mathrm{A}}^{\mathrm{s}}(T,p)$$

在等压下, 当溶液浓度有 $\mathrm{d}x_{\mathrm{A}}$ 变化时, 凝固点相应也有 $\mathrm{d}T$ 变化, 重新建立平衡:

$$\mu_{\mathrm{A}}^{\mathrm{l}}(T+\mathrm{d}T,p,x_{\mathrm{A}}+\mathrm{d}x_{\mathrm{A}})=\mu_{\mathrm{A}}^{\mathrm{s}}(T+\mathrm{d}T,p)$$

$$\mathrm{d}\mu_{\mathrm{A}}^{\mathrm{l}}=\mathrm{d}\mu_{\mathrm{A}}^{\mathrm{s}}$$

$$\left(\frac{\partial\mu_{\mathrm{A}}^{\mathrm{l}}}{\partial T}\right)_{p,x_{\mathrm{A}}}\mathrm{d}T+\left(\frac{\partial\mu_{\mathrm{A}}^{\mathrm{l}}}{\partial x_{\mathrm{A}}}\right)_{T,p}\mathrm{d}x_{\mathrm{A}}=\left(\frac{\partial\mu_{\mathrm{A}}^{\mathrm{s}}}{\partial T}\right)_{p}\mathrm{d}T$$

$$-S_{\mathrm{A,m}}^{\mathrm{l}}\mathrm{d}T+\frac{RT}{x_{\mathrm{A}}}\mathrm{d}x_{\mathrm{A}}=-S_{\mathrm{m}}^{\mathrm{s}}(\mathrm{A})\mathrm{d}T$$

$$\frac{RT}{x_{\mathrm{A}}}\mathrm{d}x_{\mathrm{A}}=[S_{\mathrm{A,m}}^{\mathrm{l}}-S_{\mathrm{m}}^{\mathrm{s}}(\mathrm{A})]\mathrm{d}T\approx\frac{\Delta_{\mathrm{fus}}H_{\mathrm{m}}(\mathrm{A})}{T}\mathrm{d}T$$

$$\frac{\mathrm{d}x_{\mathrm{A}}}{x_{\mathrm{A}}}=\frac{\Delta_{\mathrm{fus}}H_{\mathrm{m}}(\mathrm{A})}{RT^{2}}\mathrm{d}T=\frac{1}{R}\left(\frac{a+bT+cT^{2}+dT^{3}}{T^{2}}\right)\mathrm{d}T$$

$$\int_{1}^{x_{\mathrm{A}}}\frac{\mathrm{d}x_{\mathrm{A}}}{x_{\mathrm{A}}}=\frac{1}{R}\int_{T_{\mathrm{f}}^{*}}^{T_{\mathrm{f}}}\left(\frac{a}{T^{2}}+\frac{b}{T}+c+dT\right)\mathrm{d}T$$

$$\ln x_{\mathrm{A}}=\frac{1}{R}\left[a\left(\frac{1}{T_{\mathrm{f}}^{*}}-\frac{1}{T_{\mathrm{f}}}\right)+b\ln\frac{T_{\mathrm{f}}}{T_{\mathrm{f}}^{*}}+c(T_{\mathrm{f}}-T_{\mathrm{f}}^{*})+\frac{d}{2}(T_{\mathrm{f}}^{2}-T_{\mathrm{f}}^{*2})\right]$$

**4.15** 将一含 5 mol 苯和 7 mol 甲苯的溶液与一含 3 mol 苯、2 mol 甲苯和 4 mol 对二甲苯的溶液等温混合, 计算混合熵变。

**解**: 混合前后的组成及熵变如下图所示。

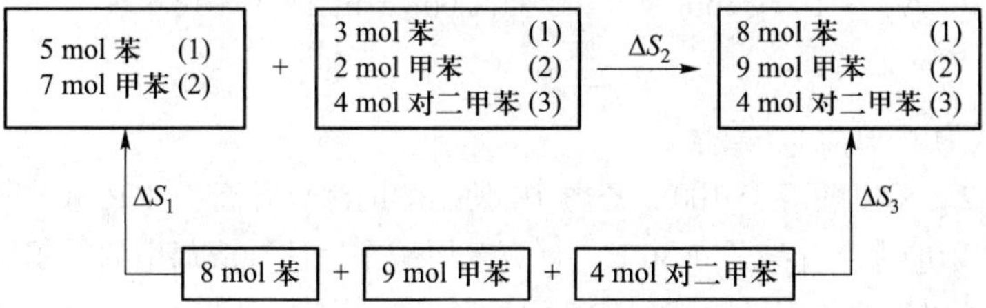

5 mol 苯 (1)
7 mol 甲苯 (2)
+
3 mol 苯 (1)
2 mol 甲苯 (2)
4 mol 对二甲苯 (3)
$\Delta S_2$
8 mol 苯 (1)
9 mol 甲苯 (2)
4 mol 对二甲苯 (3)
$\Delta S_1$
$\Delta S_3$
8 mol 苯 + 9 mol 甲苯 + 4 mol 对二甲苯

$$\Delta S_2=\Delta S_3-\Delta S_1=-R\sum n_{\mathrm{B}}'\ln x_{\mathrm{B}}'-\left(-R\sum n_{\mathrm{B}}\ln x_{\mathrm{B}}\right)$$

$$=-8.314\ \mathrm{J\cdot mol^{-1}\cdot K^{-1}}\times\left[\left(8\ln\frac{8}{21}+9\ln\frac{9}{21}+4\ln\frac{4}{21}\right)-\right.$$

$$\left(5\ln\frac{5}{12}+7\ln\frac{7}{12}\right)-\left(3\ln\frac{3}{9}+2\ln\frac{2}{9}+4\ln\frac{4}{9}\right)\Bigg]=35.6\ \text{J}\cdot\text{K}^{-1}$$

**4.16** 把一个含有 0.1 mol 萘和 0.9 mol 苯的溶液冷却到一些固体苯析出, 然后把溶液从固体中倾析出来, 并将倾析出来的溶液加热到 353 K, 在此温度下测其蒸气压为 89.33 kPa。苯的凝固点和正常沸点分别为 278.5 K 和 353 K, $\Delta_{\text{fus}}H_{\text{m}}^{\ominus}=10.66\ \text{kJ}\cdot\text{mol}^{-1}$。求固体苯最初被析出的温度及已析出的苯的量。

**解**: 假设萘不挥发, 溶液为理想液态混合物, 则苯的摩尔分数为

$$x_{C_6H_6}=\frac{p_{C_6H_6}}{p_{C_6H_6}^*}=\frac{89.33\ \text{kPa}}{101.325\ \text{kPa}}=0.8816$$

$$\ln x_{C_6H_6}=\frac{\Delta_{\text{fus}}H_{\text{m}}^{\ominus}}{R}\left(\frac{1}{T_{\text{f}}^*}-\frac{1}{T_{\text{f}}}\right)$$

$$\ln 0.8816=\frac{10660\ \text{J}\cdot\text{mol}^{-1}}{8.314\ \text{J}\cdot\text{mol}^{-1}\cdot\text{K}^{-1}}\times\left(\frac{1}{278.5\ \text{K}}-\frac{1}{T_{\text{f}}}\right)$$

$$T_{\text{f}}=271.1\ \text{K}$$

正在凝固的溶液中 $x_{萘}=1-0.8816=0.1184$, 所以

$$x_{萘}=\frac{n_{萘}}{n_{萘}+n_{C_6H_6}}=\frac{0.1\ \text{mol}}{0.1\ \text{mol}+n_{C_6H_6}}=0.1184$$

$$n_{C_6H_6}=0.745\ \text{mol}$$

$$\Delta n_{C_6H_6}=0.9\ \text{mol}-0.745\ \text{mol}=0.155\ \text{mol}$$

即已有 0.155 mol 的苯已凝固出来。

**4.17** 香烟中主要含有尼古丁 (nicotine), 经分析得知其中含 9.3% 的 H, 72% 的 C 和 18.70% 的 N。现将 0.6 g 尼古丁溶于 12.0 g 水中, 所得溶液在 $p^{\ominus}$ 下的凝固点为 −0.62 ℃, 试确定该物质的分子式 (已知水的凝固点降低常数为 $1.86\ \text{K}\cdot\text{kg}\cdot\text{mol}^{-1}$)。

**解**: 根据凝固点下降公式 $\Delta T_{\text{f}}=k_{\text{f}}\cdot m_{\text{B}}$

尼古丁的质量摩尔浓度 $m_{\text{B}}=m(\text{B})/[M_{\text{B}}\times m(\text{H}_2\text{O})]$

则有 $0.62\ \text{K}=1.86\ \text{K}\cdot\text{kg}\cdot\text{mol}^{-1}\times[0.6\times10^{-3}\ \text{kg}/(M_{\text{B}}\times0.012\ \text{kg})]$

$$M_{\text{B}}=0.150\ \text{kg}\cdot\text{mol}^{-1}$$

分子中所含 H 原子数为

$$N_{\text{H}}=150\ \text{g}\cdot\text{mol}^{-1}\times9.3\%/(1.008\ \text{g}\cdot\text{mol}^{-1})=13.8\approx14$$

同理得 $N_{\text{N}}=2\qquad N_{\text{C}}=9$

即尼古丁的分子式为 $C_9H_{14}N_2$。

**4.18** 将 12.2 g 苯甲酸溶于 100 g 乙醇中, 使乙醇的沸点升高了 1.13 K。若将这些苯甲酸溶于 100 g 苯中, 则苯的沸点升高了 1.36 K。计算苯甲酸在这两种溶剂中的摩尔质量。计算结果说明了什么问题? 苯甲酸的苯溶液冷却到什么温度时开始结晶? 已知乙醇的沸点升高常数为 $k_{\text{b}}=1.19\ \text{K}\cdot\text{kg}\cdot\text{mol}^{-1}$, 苯的沸点升高常数为 $k_{\text{b}}=2.60\ \text{K}\cdot\text{kg}\cdot\text{mol}^{-1}$, 苯的摩尔熔化焓为 $\Delta_{\text{fus}}H_{\text{m}}^{\ominus}=9.87\ \text{kJ}\cdot\text{mol}^{-1}$。

**解**: (1) 乙醇的 $k_b = 1.19\ \text{K·kg·mol}^{-1}$, 则

$$\Delta T_b = k_b m_B = k_b \frac{m(\text{B})/M_B}{m(\text{A})}$$

$$M_B = \frac{k_b m(\text{B})}{\Delta T_b \cdot m(\text{A})} = \frac{1.19\ \text{K·kg·mol}^{-1} \times 0.0122\ \text{kg}}{1.13\ \text{K} \times 0.10\ \text{kg}} = 0.128\ \text{kg·mol}^{-1}$$

苯的 $k_b = 2.60\ \text{K·kg·mol}^{-1}$, 则

$$M_B = \frac{k_b m(\text{B})}{\Delta T_b \cdot m(\text{A})} = \frac{2.60\ \text{K·kg·mol}^{-1} \times 0.0122\ \text{kg}}{1.36\ \text{K} \times 0.10\ \text{kg}} = 0.233\ \text{kg·mol}^{-1}$$

以上计算结果说明, 苯甲酸在苯中以双分子缔合。

(2) 根据凝固点下降公式

$$\ln x_{C_6H_6} = \frac{\Delta_{\text{fus}} H_m^{\ominus}}{R}\left(\frac{1}{T_f^*} - \frac{1}{T_f}\right)$$

由习题 4.16 可知苯的正常凝固点为 278.5 K, 则

$$\ln \frac{100\ \text{g}/(78\ \text{g·mol}^{-1})}{12.2\ \text{g}/(92\ \text{g·mol}^{-1}) + 100\ \text{g}/(78\ \text{g·mol}^{-1})} = \frac{9870\ \text{J·mol}^{-1}}{8.314\ \text{J·mol}^{-1}\text{·K}^{-1}} \times \left(\frac{1}{278.5\ \text{K}} - \frac{1}{T_f}\right)$$

$$T_f = 275.9\ \text{K}$$

**4.19**　可以用不同的方法计算沸点升高常数。根据下列数据, 分别计算 $CS_2$(l) 的沸点升高常数。

(1) 3.20 g 萘 ($C_{10}H_8$) 溶于 50.0 g $CS_2$(l) 中, 溶液的沸点较纯溶剂升高了 1.17 K;

(2) 1.0 g $CS_2$(l) 在沸点 319.45 K 时的汽化焓为 351.9 $\text{J·g}^{-1}$;

(3) 根据 $CS_2$(l) 的蒸气压与温度的关系曲线, 知道在大气压力 101.325 kPa 及其沸点 319.45 K 时, $CS_2$(l) 的蒸气压随温度的变化率为 3293 $\text{Pa·K}^{-1}$ (见后面 Clapeyron 方程)。

**解**: (1) $\Delta T_b = k_b m_B = k_b \dfrac{m(\text{B})/M_B}{m(\text{A})}$

$$k_b = \frac{\Delta T_b m(\text{A}) M_B}{m(\text{B})} = \frac{1.17\ \text{K} \times 50.0\ \text{g} \times 0.128\ \text{kg·mol}^{-1}}{3.20\ \text{g}} = 2.34\ \text{K·kg·mol}^{-1}$$

(2) $k_b = \dfrac{R(T_b^*)^2 M_A}{\Delta_{\text{vap}} H_m} = \dfrac{8.314\ \text{J·mol}^{-1}\text{·K}^{-1} \times (319.45\ \text{K})^2 \times M_A}{351.9 \times 10^3\ \text{J·kg}^{-1} \times M_A} = 2.411\ \text{K·kg·mol}^{-1}$

(3) 单组份系统两相平衡时, Clapeyron 方程为

$$\frac{dp}{dT} = \frac{\Delta_{\text{vap}} H_m}{T \Delta_{\text{vap}} V_m} \approx \frac{\Delta_{\text{vap}} H_m}{T V_m(\text{g})} = \frac{\Delta_{\text{vap}} H_m p}{R(T_b^*)^2}$$

$$k_b = \frac{R(T_b^*)^2 M_A}{\Delta_{\text{vap}} H_m} = \frac{dT}{dp} p \cdot M_A$$

$$= \frac{1}{3293\ \text{Pa·K}^{-1}} \times 101325\ \text{Pa} \times 0.07613\ \text{kg·mol}^{-1} = 2.343\ \text{K·kg·mol}^{-1}$$

**4.20** 有一密闭抽空的容器, 如右图所示。纯水与溶液间用半透膜隔开, 298.15 K 时纯水蒸气压为 3.169 kPa, 溶液中溶质 B 的摩尔分数为 0.001。试问:

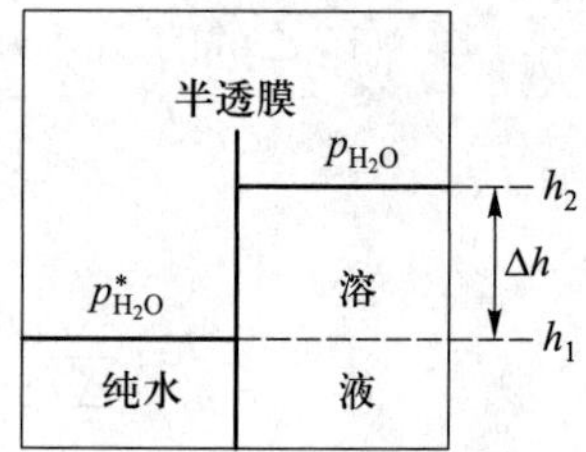


(1) 系统在 298.15 K 达渗透平衡时, 液面上升高度 $\Delta h$ 为多少?

(2) 298.15 K 时, 此液面上方蒸气压为多少?

(3) 纯水蒸气压大于溶液蒸气压。根据力学平衡原理, 水汽将从左方流向右上方, 且凝聚于溶液中, 渗透平衡受到破坏, 因而在密闭容器下不能形成渗透平衡, 此结论对吗? 何故?

**解**: (1) 根据渗透压公式 $\quad \ln x_{H_2O} = -\dfrac{\Pi V_{H_2O}}{RT}$

$$\Pi = -\frac{RT}{V_{H_2O}}\ln x_{H_2O} \approx -\frac{RT}{V_{m,H_2O}}\ln(1-x_B)$$

$$= -\frac{8.314\ \text{J}\cdot\text{mol}^{-1}\cdot\text{K}^{-1}\times 298.15\ \text{K}}{18\times 10^{-6}\ \text{m}^3\cdot\text{mol}^{-1}}\ln(1-0.001) = 1.378\times 10^5\ \text{Pa}$$

$$\Delta h = \frac{\Pi}{\rho g} = \frac{1.378\times 10^5\ \text{Pa}}{1.0\times 10^3\ \text{kg}\cdot\text{m}^3\times 9.807\ \text{m}\cdot\text{s}^{-2}} = 14.05\ \text{m}$$

(2) $p_{H_2O}(\text{右}) = p^*_{H_2O}x_{H_2O} = p^*_{H_2O}(1-x_B) = 3169\ \text{Pa}\times(1-0.001) = 3165.83\ \text{Pa}$

(3) 在物理化学教科书中所述的热力学四大平衡中的力学平衡原理指出: 系统内部不存在不平衡的力, 即系统内部压力处处相等。该原理是在能量守恒只考虑热力学能, 仅仅对宏观静止系统、无外力场 (如重力场、电磁场、离心力场等) 存在前提下得到的结论。在液面上升高度为 14.05 m 时, 就不能忽略重力场作用了。在重力场中, 压力随高度分布应满足 Boltzmann 公式。此时, 在高度 $h_2$ 处左面水面上方的压力应为

$$p_{H_2O}(\text{左}) = p^*_{H_2O}\exp\left(-\frac{Mgh}{RT}\right)$$

$$= 3169\ \text{Pa}\times\exp\left(-\frac{18\times 10^{-3}\ \text{kg}\cdot\text{mol}^{-1}\times 9.807\ \text{m}\cdot\text{s}^{-2}\times 14.05\ \text{m}}{8.314\ \text{J}\cdot\text{mol}^{-1}\cdot\text{K}^{-1}\times 298.15\ \text{K}}\right) = 3165.83\ \text{Pa}$$

说明了在高度 $h_2$ 处, 左方纯水的蒸气压与右方液面上的蒸气压完全相等。这是一个重力场中的热力学平衡系统, 包括了热平衡、力学平衡、相平衡和渗透平衡, 虽然不同高度处压力不等, 但因为是平衡分布, 所以不会产生气体流动, 也就不会影响渗透平衡了。

**4.21** (1) 人类血浆的凝固点为 −0.5 ℃(272.65 K), 求在 37 ℃(310.15 K) 时血浆的渗透压。已知水的凝固点降低常数 $k_f = 1.86\ \text{K}\cdot\text{kg}\cdot\text{mol}^{-1}$, 血浆的密度近似等于水的密度, 为 $1\times 10^3\ \text{kg}\cdot\text{m}^{-3}$;

(2) 假设某人在 310.15 K 时其血浆的渗透压为 729 kPa, 试计算葡萄糖等渗溶液的质量摩尔浓度。

**解**: (1) 水的 $k_f = 1.86\ \text{K}\cdot\text{kg}\cdot\text{mol}^{-1}$, 则

$$m_B = \frac{\Delta T_f}{k_f} = \frac{0.5\ \text{K}}{1.86\ \text{K}\cdot\text{kg}\cdot\text{mol}^{-1}} = 0.2688\ \text{mol}\cdot\text{kg}^{-1}$$

血浆为稀溶液, 视溶液密度为纯水密度, 以 1 kg 稀溶液为基准:

$$\varPi=\frac{n_{\mathrm{B}}}{V}RT=\frac{m_{\mathrm{B}}\times 1\ \mathrm{kg}}{1\ \mathrm{kg}/\rho}RT$$
$$=\frac{0.2688\ \mathrm{mol\cdot kg^{-1}}\times 1\ \mathrm{kg}}{1\ \mathrm{kg}/(1\times 10^{3}\ \mathrm{kg\cdot m^{-3}})}\times 8.314\ \mathrm{J\cdot mol^{-1}\cdot K^{-1}}\times 310.15\ \mathrm{K}=6.95\times 10^{5}\ \mathrm{Pa}$$

(2) 以 1 kg 稀溶液为基准, 则

$$\varPi=\frac{n_{\mathrm{B}}}{V}RT=\frac{m_{\mathrm{B}}\times 1\ \mathrm{kg}}{1\ \mathrm{kg}/\rho}RT$$

$$m_{\mathrm{B}}=\frac{\varPi\times 1\ \mathrm{kg}/\rho}{1\ \mathrm{kg}\times RT}=\frac{729\ \mathrm{kPa}\times 1\ \mathrm{kg}/(1\times 10^{3}\ \mathrm{kg\cdot m^{-3}})}{1\ \mathrm{kg}\times 8.314\ \mathrm{J\cdot mol^{-1}\cdot K^{-1}}\times 310.15\ \mathrm{K}}=0.283\ \mathrm{mol\cdot kg^{-1}}$$

**4.22**　在 298 K 时, 质量摩尔浓度为 $m_{\mathrm{B}}$ 的 NaCl(B) 水溶液, 测得其渗透压为 200 kPa。现在要从该溶液中取出 1 mol 纯水, 试计算此过程的化学势的变化值。设这时溶液的密度近似等于纯水的密度, 为 $1\times 10^{3}\ \mathrm{kg\cdot m^{-3}}$。

**解**: $\mathrm{H_2O(sln},m)\longrightarrow \mathrm{H_2O}$(纯)

$$\Delta\mu=\mu^{*}_{\mathrm{H_2O}}-\mu_{\mathrm{H_2O}}=-RT\ln x_{\mathrm{H_2O}}=V_{\mathrm{H_2O}}\varPi\approx V_{\mathrm{m,H_2O}}\varPi$$
$$=18.02\times 10^{-6}\ \mathrm{m^3}\times 200\times 10^{3}\ \mathrm{Pa}=3.604\ \mathrm{J}$$

**4.23**　已知水的 $k_{\mathrm{b}}=0.52\ \mathrm{K\cdot kg\cdot mol^{-1}}$, $k_{\mathrm{f}}=1.86\ \mathrm{K\cdot kg\cdot mol^{-1}}$。某水溶液含有非挥发性溶质, 在 271.65 K 时凝固。试求:

(1) 该溶液的正常沸点;

(2) 在 298.15 K 时的蒸气压, 已知该温度时纯水的蒸气压为 3.178 kPa;

(3) 在 298.15 K 时的渗透压 (假设溶液是理想稀溶液)。

**解**: (1) $\Delta T_{\mathrm{f}}=273.15-271.65\ \mathrm{K}=1.5\ \mathrm{K}$

$$\Delta T_{\mathrm{f}}=k_{\mathrm{f}}m_{\mathrm{B}},\quad \Delta T_{\mathrm{b}}=k_{\mathrm{b}}m_{\mathrm{B}},\ 故\ \frac{\Delta T_{\mathrm{f}}}{\Delta T_{\mathrm{b}}}=\frac{k_{\mathrm{f}}}{k_{\mathrm{b}}}$$

$$T_{\mathrm{b}}=T_{\mathrm{b}}^{*}+\Delta T_{\mathrm{b}}=T_{\mathrm{b}}^{*}+\frac{k_{\mathrm{b}}}{k_{\mathrm{f}}}\Delta T_{\mathrm{f}}=373.15\ \mathrm{K}+\frac{0.52\ \mathrm{K\cdot kg\cdot mol^{-1}}}{1.86\ \mathrm{K\cdot kg\cdot mol^{-1}}}\times 1.5\ \mathrm{K}=373.57\ \mathrm{K}$$

(2) $\Delta T_{\mathrm{f}}=k_{\mathrm{f}}m_{\mathrm{B}}$

$$m_{\mathrm{B}}=\frac{\Delta T_{\mathrm{f}}}{k_{\mathrm{f}}}=\frac{1.5\ \mathrm{K}}{1.86\ \mathrm{K\cdot kg\cdot mol^{-1}}}=0.806\ \mathrm{mol\cdot kg^{-1}}$$

$$x_{\mathrm{B}}=\frac{0.806\ \mathrm{mol}}{0.806\ \mathrm{mol}+1\ \mathrm{kg}/(0.01802\ \mathrm{kg\cdot mol^{-1}})}=0.0143$$

$$p_{\mathrm{A}}=p_{\mathrm{A}}^{*}(1-x_{\mathrm{B}})=3178\ \mathrm{Pa}\times(1-0.0143)=3133\ \mathrm{Pa}$$

(3) 以 1 kg 稀溶液为基准, 则

$$\varPi=\frac{n_{\mathrm{B}}}{V}RT=\frac{m_{\mathrm{B}}RT}{1\times 10^{-3}\ \mathrm{m^3\cdot kg^{-1}}}$$
$$=\frac{0.806\ \mathrm{mol\cdot kg^{-1}}\times 8.314\ \mathrm{J\cdot mol^{-1}\cdot K^{-1}}\times 298.15\ \mathrm{K}}{1\times 10^{-3}\ \mathrm{m^3\cdot kg^{-1}}}=1.998\times 10^{6}\ \mathrm{Pa}$$

**4.24** 由三氯甲烷 (A) 和丙酮 (B) 组成的溶液, 若液相的组成为 $x_{\mathrm{B}}=0.713$, 则在 301.4 K 时的总蒸气压为 29.39 kPa, 在蒸气中丙酮 (B) 的组成为 $y_{\mathrm{B}}=0.818$。已知在该温度时, 纯三氯甲烷的蒸气压为 29.57 kPa。试求在三氯甲烷和丙酮组成的溶液中, 三氯甲烷的相对活度 $a_{x,\mathrm{A}}$ 和活度因子 $\gamma_{x,\mathrm{A}}$。

**解**: (1) $a_{x,\mathrm{A}}=\dfrac{p_{\mathrm{A}}}{p_{\mathrm{A}}^{*}}=\dfrac{p(1-y_{\mathrm{B}})}{p_{\mathrm{A}}^{*}}=\dfrac{29390\ \mathrm{Pa}\times(1-0.818)}{29570\ \mathrm{Pa}}=0.181$

(2) $\gamma_{x,\mathrm{A}}=\dfrac{a_{x,\mathrm{A}}}{x_{\mathrm{A}}}=\dfrac{0.181}{1-0.713}=0.630$

**4.25** 在 288 K 时, 1 mol NaOH(s) 溶在 4.559 mol 纯水中所形成溶液的蒸气压为 596.5 Pa, 在该温度下, 纯水的蒸气压为 1705 Pa。试求:

(1) 溶液中水的活度;

(2) 在溶液和在纯水中, 水的化学势的差值。

**解**: (1) $a_{x,\mathrm{H_2O}}=\dfrac{p_{\mathrm{H_2O}}}{p_{\mathrm{H_2O}}^{*}}=\dfrac{596.5\ \mathrm{Pa}}{1705\ \mathrm{Pa}}=0.3498$

(2) $\mathrm{H_2O(sln},m) \longrightarrow \mathrm{H_2O}$(纯)

$$\begin{aligned}\Delta\mu&=\mu_{\mathrm{H_2O}}^{*}-\mu_{\mathrm{H_2O}}=-RT\ln x_{\mathrm{H_2O}}\\&=-8.314\ \mathrm{J\cdot mol^{-1}\cdot K^{-1}}\times 288\ \mathrm{K}\times\ln 0.3498=2515\ \mathrm{J\cdot mol^{-1}}\end{aligned}$$

**4.26** 已知金属 Cd(s) 的熔点为 594 K, 摩尔熔化焓为 6.21 kJ·mol$^{-1}$, Cd 与 Pb 在固态完全不溶。现有 Cd–Pb 液态合金, 含 Cd 的摩尔分数为 0.8, 在 586 K, $p^{\ominus}$ 下测得 Cd 从纯固态到该液态合金时的 $\Delta_{\mathrm{sol}}H_{\mathrm{m}}^{\ominus}=200\ \mathrm{J\cdot mol^{-1}}$, $\Delta_{\mathrm{sol}}S_{\mathrm{m}}^{\ominus}=0.54\ \mathrm{J\cdot mol^{-1}\cdot K^{-1}}$, 且在一定范围内为常数。

(1) 求该合金中 Cd 的活度因子 $\gamma_x$ (以纯固态 Cd 为标准参考基准);

(2) 求 Cd(s) 从该液态合金中析出的温度。

**解**: (1) $\mathrm{Cd(s)} \longrightarrow \mathrm{Cd(sln)}$

$$\Delta_{\mathrm{sol}}G_{\mathrm{m}}^{\ominus}=\Delta_{\mathrm{sol}}H_{\mathrm{m}}^{\ominus}-T\Delta_{\mathrm{sol}}S_{\mathrm{m}}^{\ominus}=200\ \mathrm{J\cdot mol^{-1}}-586\ \mathrm{K}\times 0.54\ \mathrm{J\cdot mol^{-1}\cdot K^{-1}}=-116.44\ \mathrm{J\cdot mol^{-1}}$$

$$\Delta_{\mathrm{sol}}G_{\mathrm{m}}^{\ominus}=\Delta\mu=\mu_{\mathrm{Cd(sln)}}-\mu_{\mathrm{Cd(s)}}^{*}=RT\ln a_{\mathrm{Cd}}$$

$$-116.44\ \mathrm{J\cdot mol^{-1}}=8.314\ \mathrm{J\cdot mol^{-1}\cdot K^{-1}}\times 586\ \mathrm{K}\times\ln a_{\mathrm{Cd}}$$

$$a_{\mathrm{Cd}}=0.9764$$

$$\gamma_{x,\mathrm{Cd}}=\frac{a_{\mathrm{Cd}}}{x_{\mathrm{Cd}}}=\frac{0.9764}{0.8}=1.22$$

(2) 根据凝固点降低公式, 有

$$\ln a_{\mathrm{Cd}}=\frac{\Delta_{\mathrm{fus}}H_{\mathrm{m}}^{\ominus}}{R}\left(\frac{1}{T_{\mathrm{f}}^{*}}-\frac{1}{T_{\mathrm{f}}}\right)$$

$$\ln 0.9764=\frac{6210\ \mathrm{J\cdot mol^{-1}}}{8.314\ \mathrm{J\cdot mol^{-1}\cdot K^{-1}}}\times\left(\frac{1}{594\ \mathrm{K}}-\frac{1}{T_{\mathrm{f}}}\right)$$

$$T_{\mathrm{f}}=583\ \mathrm{K}$$

**4.27** 在 300 K 时, 液态 A 的蒸气压为 37.33 kPa, 液态 B 的蒸气压为 22.66 kPa。当 2 mol A 与 2 mol B 混合后, 液面上蒸气的总压为 50.66 kPa, 在蒸气中 A 的摩尔分数为 0.60。假定蒸气为理想气体, 试求:

(1) 溶液中 A 和 B 的活度与活度系数;

(2) 混合过程的 Gibbs 自由能变化值 $\Delta_{\text{mix}}G^{\text{re}}$;

(3) 如果溶液是理想的, 求混合过程的 Gibbs 自由能变化值 $\Delta_{\text{mix}}G^{\text{id}}$。

**解**: (1) $a_{x,\text{A}} = \dfrac{p_\text{A}}{p_\text{A}^*} = \dfrac{py_\text{A}}{p_\text{A}^*} = \dfrac{50660\ \text{Pa} \times 0.6}{37330\ \text{Pa}} = 0.8143$

$$a_{x,\text{B}} = \frac{p_\text{B}}{p_\text{B}^*} = \frac{py_\text{B}}{p_\text{B}^*} = \frac{50660\ \text{Pa} \times 0.4}{22660\ \text{Pa}} = 0.8943$$

$$\gamma_{x,\text{A}} = \frac{a_{x,\text{A}}}{x_\text{A}} = \frac{0.8143}{0.5} = 1.63$$

$$\gamma_{x,\text{B}} = \frac{a_{x,\text{B}}}{x_\text{B}} = \frac{0.8943}{0.5} = 1.79$$

(2) $\Delta_{\text{mix}}G^{\text{re}} = RT(n_\text{A}\ln a_{x,\text{A}} + n_\text{B}\ln a_{x,\text{B}})$

$$= 8.314\ \text{J}\cdot\text{mol}^{-1}\cdot\text{K}^{-1} \times 300\ \text{K} \times (2\ \text{mol} \times \ln 0.8143 + 2\ \text{mol} \times \ln 0.8943) = -1582\ \text{J}$$

(3) $\Delta_{\text{mix}}G^{\text{id}} = RT(n_\text{A}\ln x_\text{A} + n_\text{B}\ln x_\text{B})$

$$= 8.314\ \text{J}\cdot\text{mol}^{-1}\cdot\text{K}^{-1} \times 300\ \text{K} \times (2\ \text{mol} \times \ln 0.5 + 2\ \text{mol} \times \ln 0.5) = -6915\ \text{J}$$

**4.28** 在 262.5 K 时, 在 1.0 kg 水中溶解 3.30 mol KCl(s) 形成饱和溶液, 在该温度下饱和溶液与冰平衡共存。

(1) 若以纯水为标准态, 试计算饱和溶液中水的活度和活度因子。已知水的摩尔凝固焓变为 $\Delta_{\text{fre}}H_\text{m} = 6010\ \text{J}\cdot\text{mol}^{-1}$。

(2) 在 298 K 时, 用反渗透压法使其淡化, 问最少需加多大压力? 已知水的摩尔体积为 $1.8 \times 10^{-5}\ \text{m}^3\cdot\text{mol}^{-1}$。

**解**: (1) 用凝固点降低法求溶剂的活度和活度因子, 则有

$$\ln a_{\text{H}_2\text{O}} = \frac{\Delta_{\text{fre}}H_\text{m}(\text{H}_2\text{O})}{R}\left(\frac{1}{T_\text{f}^*} - \frac{1}{T_\text{f}}\right)$$

$$= \frac{6010\ \text{J}\cdot\text{mol}^{-1}}{8.314\ \text{J}\cdot\text{mol}^{-1}\cdot\text{K}^{-1}} \times \left(\frac{1}{273.15\ \text{K}} - \frac{1}{262.5\ \text{K}}\right) = -0.1074$$

$$a_{\text{H}_2\text{O}} = 0.8982$$

$$n_{\text{H}_2\text{O}} = \frac{m_{\text{H}_2\text{O}}}{M_{\text{H}_2\text{O}}} = \frac{1000\ \text{g}}{18.02\ \text{g}\cdot\text{mol}^{-1}} = 55.51\ \text{mol}$$

$$x_{\text{H}_2\text{O}} = \frac{n_{\text{H}_2\text{O}}}{n_{\text{H}_2\text{O}} + n_{\text{K}^+} + n_{\text{Cl}^-}} = \frac{55.51\ \text{mol}}{(55.51 + 3.30 \times 2)\ \text{mol}} = 0.8937$$

$$\gamma_{\text{H}_2\text{O}} = \frac{a_{\text{H}_2\text{O}}}{x_{\text{H}_2\text{O}}} = \frac{0.8982}{0.8937} = 1.005$$

(2) 用反渗透法淡化盐水所需的压力, 就是该盐水的渗透压。

$$\ln a_{\text{H}_2\text{O}} = \frac{\Delta_{\text{fre}}H_\text{m}(\text{H}_2\text{O})}{R}\left(\frac{1}{T_\text{f}^*} - \frac{1}{T_\text{f}}\right) = -\frac{\varPi V_{\text{H}_2\text{O}}}{RT}$$

$$\Pi = \frac{\Delta_{\rm fre}H_{\rm m}(\rm H_2O)T}{V_{\rm H_2O}}\left(\frac{1}{T_{\rm f}}-\frac{1}{T_{\rm f}^*}\right) = \frac{\Delta_{\rm fre}H_{\rm m}(\rm H_2O)T}{V_{\rm m}(\rm H_2O)}\left(\frac{1}{T_{\rm f}}-\frac{1}{T_{\rm f}^*}\right)$$

$$= \frac{6010\ \rm J\cdot mol^{-1}\times 298\ K}{1.8\times 10^{-5}\ \rm m^3\cdot mol^{-1}}\times\left(\frac{1}{262.5\ \rm K}-\frac{1}{273.15\ \rm K}\right) = 1.48\times 10^7\ \rm Pa$$

或 $$\Pi = -\frac{RT\ln a_{\rm H_2O}}{V_{\rm m,H_2O}} = -\frac{8.314\ \rm J\cdot mol^{-1}\cdot K^{-1}\times 298\ K}{1.8\times 10^{-5}\ \rm m^3\cdot mol^{-1}}\times(-0.1074) = 1.48\times 10^7\ \rm Pa$$

**4.29** 已知 $I_2$ 的相对分子质量为 253.8。在 298.15 K, $p^\ominus$ 下, 纯 $I_2(s)$ 蒸气压 $p(I_2) = 40.66$ Pa。将 0.568 g 碘溶于 0.050 $dm^3$ $CCl_4$ 中所形成的溶液与 0.500 $dm^3$ 水一起摇动, 平衡后测得水中含有 0.233 mmol 碘。

(1) 计算碘在两溶剂中的分配系数 $K$ (设碘在两种溶剂中均以 $I_2$ 分子形式存在);

(2) 若 298.15 K 时, 碘在水中溶解度为 0.00135 $mol\cdot dm^{-3}$, 求碘在 $CCl_4$ 中的溶解度;

(3) 计算 298.15 K, $p^\ominus$ 时, $I_2(g)$ 的 $\Delta_f G_m^\ominus$ 与 $CCl_4$ 溶液中 $I_2$ 的 $\Delta_f G_m^\ominus$。

**解**: (1) 碘的物质的量为

$$n_{\rm I_2} = m/M = 0.568\ \rm g/(253.8\ g\cdot mol^{-1}) = 2.238\ mmol$$

分配系数 $K$ 为

$$K = \frac{c(\rm I_2, H_2O)}{c(\rm I_2, CCl_4)} = \frac{0.233\ \rm mmol/(0.5\ dm^3)}{(2.238-0.233)\ \rm mmol/(0.050\ dm^3)} = 0.0116$$

(2) $c(\rm I_2, CCl_4) = \dfrac{c(\rm I_2, H_2O)}{K} = \dfrac{1.35\ \rm mmol\cdot dm^{-3}}{0.0116} = 116\ \rm mmol\cdot dm^{-3}$

(3) 对于 $I_2$ 的气–固转化, 可以设计以下过程:

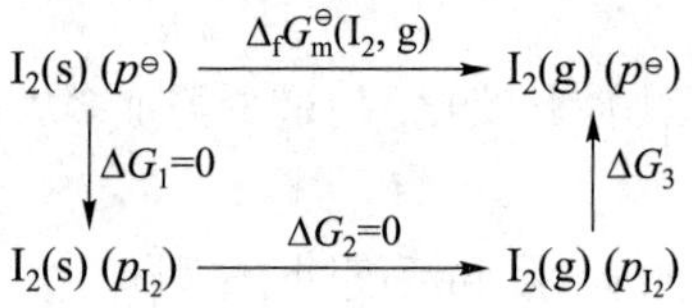

$$\begin{array}{ccc} \rm I_2(s)\ (p^\ominus) & \xrightarrow{\Delta_f G_m^\ominus(\rm I_2,\ g)} & \rm I_2(g)\ (p^\ominus) \\ \downarrow \Delta G_1=0 & & \uparrow \Delta G_3 \\ \rm I_2(s)\ (p_{I_2}) & \xrightarrow{\Delta G_2=0} & \rm I_2(g)\ (p_{I_2}) \end{array}$$

$$\Delta_f G_m^\ominus(\rm I_2, g) \approx \Delta G_3 = RT\ln\frac{p^\ominus}{p_{\rm I_2}}$$

$$= 8.314\ \rm J\cdot mol^{-1}\cdot K^{-1}\times 298.15\ K\times\ln\frac{100\ kPa}{40.66\ Pa} = 19.35\ kJ\cdot mol^{-1}$$

对于 $I_2$ 在 $CCl_4$ 中的溶解, 可以设计以下过程:

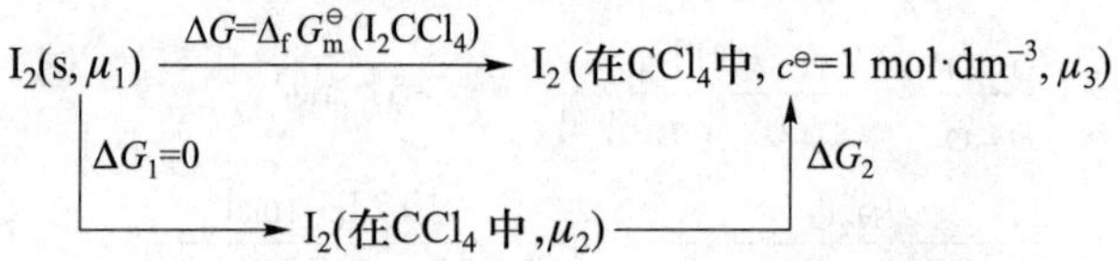

$$\begin{array}{ccc} \rm I_2(s,\mu_1) & \xrightarrow{\Delta G=\Delta_f G_m^\ominus(\rm I_2CCl_4)} & \rm I_2\ (在CCl_4中,\ c^\ominus=1\ mol\cdot dm^{-3},\ \mu_3) \\ \downarrow \Delta G_1=0 & & \uparrow \Delta G_2 \\ & \longrightarrow \rm I_2(在CCl_4中,\mu_2) \longrightarrow & \end{array}$$

等温等压下, $I_2(s)$ 在 $CCl_4$ 中溶解, 达平衡时, $\Delta G_1 = 0$。

根据 (2) 的计算结果, 298.15 K 时 $I_2$ 在 $CCl_4$ 中的饱和溶解度为

$$c(\rm I_2, CCl_4) = 0.116\ mol\cdot dm^{-3}$$

$$\mu_2 = \mu_{\rm I_2}^* + RT\ln c(\rm I_2, CCl_4), \quad \mu_3 = \mu_{\rm I_2}^* + RT\ln c^\ominus$$

两式相减得 $$\mu_2 = \mu_3 + RT\ln[c(I_2, CCl_4)/c^{\ominus}]$$

$$\Delta G_2 = \mu_3 - \mu_2 = -RT\ln[c(I_2, CCl_4)/c^{\ominus}]$$
$$= -8.314\ \text{J·mol}^{-1}\text{·K}^{-1} \times 298.15\ \text{K} \times \ln 0.116 = 5.34\ \text{kJ·mol}^{-1}$$
$$\Delta_f G_m^{\ominus}(I_2, CCl_4) = \Delta G_1 + \Delta G_2 = 5.34\ \text{kJ·mol}^{-1}$$

**4.30**　在 1.0 $dm^3$ 水中含有某物质 100 g, 在 298 K 时, 用 1.0 $dm^3$ 乙醚萃取一次, 可得该物质 66.7 g。试求:

(1) 该物质在水和乙醚之间的分配系数;

(2) 若用 1.0 $dm^3$ 乙醚分 10 次萃取, 能萃取出该物质的质量。

**解**: 已知溶液体积 $V = 1.0\ dm^3$, 溶质质量 $m_B = 100$ g, 萃取液体积 $V(A) = 1.0\ dm^3$, 剩余溶质质量 $m_{B,n} = (100 - 66.7)$ g, 萃取次数为 $n$。

(1) $m_{B,n} = m_B\left[\dfrac{KV}{KV + V(A)}\right]^n$

一次萃取时, $n = 1$, 则 $$(100 - 66.7)\ \text{g} = 100\ \text{g} \times \frac{K_1 \times 1.0\ \text{dm}^3}{K_1 \times 1.0\ \text{dm}^3 + 1.0\ \text{dm}^3}$$

$$K_1 = 0.5$$

(2) 当 1.0 $dm^3$ 乙醚分 10 次萃取时, 每次用量 0.1 $dm^3$, 则

$$m_{B,n} = m_B\left[\frac{KV}{KV + V(A)}\right]^{10} = 100\ \text{g} \times \left(\frac{0.5 \times 1.0\ \text{dm}^3}{0.5 \times 1.0\ \text{dm}^3 + 0.1\ \text{dm}^3}\right)^{10} = 16.15\ \text{g}$$

被萃取出的溶质质量为　　100 g − 16.15 g = 83.85 g

小结: 由上述计算可见, 多次萃取的效率高。

**4.31**　在 293 K 时, 浓度为 0.1 $mol·dm^{-3}$ 的 $NH_3(g)$ 的 $CHCl_3(l)$ 溶液, 其上方 $NH_3(g)$ 的蒸气压为 4.43 kPa; 浓度为 0.05 $mol·dm^{-3}$ 的 $NH_3(g)$ 的 $H_2O(l)$ 溶液, 其上方 $NH_3(g)$ 的蒸气压为 0.8866 kPa。试求 $NH_3(g)$ 在 $CHCl_3(l)$ 和 $H_2O(l)$ 两液相间的分配系数。

**解**: 设 $CHCl_3$ 为溶剂 (1), $H_2O$ 为溶剂 (2), 根据 Henry 定律有

$$p = kc$$

$$k_1 = \frac{p_{NH_3}^{(1)}}{c_{NH_3}^{(1)}} = \frac{4.43\ \text{kPa}}{0.1\ \text{mol·dm}^{-3}} = 44.3\ \text{kPa·dm}^3\text{·mol}^{-1}$$

$$k_2 = \frac{p_{NH_3}^{(2)}}{c_{NH_3}^{(2)}} = \frac{0.8866\ \text{kPa}}{0.05\ \text{mol·dm}^{-3}} = 17.73\ \text{kPa·dm}^3\text{·mol}^{-1}$$

$NH_3(g)$ 在 $CHCl_3(l)$ 和 $H_2O(l)$ 两液相间的分配系数为

$$K = \frac{c_{NH_3}^{(1)}}{c_{NH_3}^{(2)}} = \frac{p_{NH_3}/k_1}{p_{NH_3}/k_2} = \frac{k_2}{k_1}$$　　[溶液上方的 $NH_3(g)$ 蒸气压只有一个]

$$= 17.73/44.3 = 0.40$$

**4.32**　(1) 用饱和的气流法测 $CS_2$ 蒸气压的步骤如下: 以 288 K, $p^{\ominus}$ 的 2 $dm^3$ 干燥空气通过一

已知质量的 $CS_2$ 的计泡器，空气与 $CS_2$ 的混合物逸至大气中 (压力为 $p^{\ominus}$)，重称记泡器的质量，有 3.011 g 的 $CS_2$ 蒸发掉了。求 288 K 时 $CS_2$ 的蒸气压。

(2) 在上述同样条件下，将 2 $dm^3$ 干燥空气缓缓通过含硫 8% (质量分数) 的 $CS_2$ 溶液，则发现 2.902 g $CS_2$ 被带走。求算溶液上方 $CS_2$ 的蒸气分压及硫在 $CS_2$ 中相对分子质量和分子式。已知 $CS_2$ 的相对分子质量为 76.13，硫的相对原子质量为 32.06。

**解**: (1) 通气前后压力均为 $p^{\ominus}$。通气后体积增大，增大部分为 $CS_2$ 蒸气在 $p^{\ominus}$ 下的分体积 $V^*_{CS_2}$。

$$V^*_{CS_2} = \frac{nRT}{p} = \frac{mRT/M}{p^{\ominus}}$$

$$= \frac{8.314\ \text{J}\cdot\text{mol}^{-1}\cdot\text{K}^{-1} \times 288\ \text{K} \times 3.011\ \text{g}/(76.13\ \text{g}\cdot\text{mol}^{-1})}{100000\ \text{Pa}} = 9.47 \times 10^{-4}\ \text{m}^3$$

$$V_{总} = 2\ \text{dm}^3 + 9.47 \times 10^{-4}\ \text{m}^3 = 2.947 \times 10^{-3}\ \text{m}^3$$

$$p^*_{CS_2}/p_{总} = V^*_{CS_2}/V_{总} = 9.47 \times 10^{-4}/(2.947 \times 10^{-3}) = 0.3213$$

$$p^*_{CS_2} = 0.3213 p_{总} = 32.13\ \text{kPa}$$

(2) 通过溶液后，气体体积增大为

$$V_{CS_2} = \frac{8.314\ \text{J}\cdot\text{mol}^{-1}\cdot\text{K}^{-1} \times 288\ \text{K} \times 2.902\ \text{g}/(76.13\ \text{g}\cdot\text{mol}^{-1})}{100000\ \text{Pa}} = 9.127 \times 10^{-4}\ \text{m}^3$$

$$V_{总} = (2 + 0.9127) \times 10^{-3}\ \text{m}^3 = 2.9127 \times 10^{-3}\ \text{m}^3$$

$$p_{CS_2}/p_{总} = V_{CS_2}/V_{总} = 9.127 \times 10^{-4}/(2.9127 \times 10^{-3}) = 0.3134$$

$$p_{CS_2} = 0.3134 p_{总} = 31.34\ \text{kPa}$$

根据 Raoult 定律:

$$x_{CS_2} = p_{CS_2}/p^*_{CS_2} = 31.34\ \text{kPa}/(32.13\ \text{kPa}) = 0.9754$$

$$x_{CS_2} = \frac{n_{CS_2}}{n_{CS_2} + n_{S_x}} = \frac{100\ \text{g} \times (1 - 8\%)/(76.13\ \text{g}\cdot\text{mol}^{-1})}{100\ \text{g} \times (1 - 8\%)/(76.13\ \text{g}\cdot\text{mol}^{-1}) + 100\ \text{g} \times 8\%/M_{S_x}}$$

$$= \frac{92\ \text{g}/(76.13\ \text{g}\cdot\text{mol}^{-1})}{92\ \text{g}/(76.13\ \text{g}\cdot\text{mol}^{-1}) + 8\ \text{g}/M_{S_x}} = 0.9754$$

$$M_{S_x} = 262.5\ \text{g}\cdot\text{mol}^{-1}$$

$$x = 262.5/32.06 = 8.19 \approx 8$$

说明 S 在 $CS_2$ 中以 $S_8$ 分子形式存在。

**4.33** 当水与二乙醚呈平衡时，水的凝固点是 −3.853 ℃; 当水与 100 g 二乙醚中含有 10.50 g 碳氢化合物 N 的溶液呈平衡时，水的凝固点为 −3.621 ℃。试求:

(1) 接近凝固点时，在饱和了二乙醚的水溶液中二乙醚的质量分数;

(2) 碳氢化合物 N 的摩尔质量。

假定 N 不溶于水，水在二乙醚中的溶解度可忽略不计，且在此温度范围内二乙醚在水中的溶解度随温度的变化可忽略不计。已知水的凝固点降低常数为 1.86 $\text{K}\cdot\text{kg}\cdot\text{mol}^{-1}$。

**解**: (1) $\Delta T_{\text{f}} = k_{\text{f}} \cdot m_{\text{B}}$

$$m_{\text{B}} = \Delta T_{\text{f}}/k_{\text{f}} = -3.853\ \text{K}/(1.86\ \text{K}\cdot\text{kg}\cdot\text{mol}^{-1}) = 2.072\ \text{mol}\cdot\text{kg}^{-1}$$

$$w_B = \frac{1.0\ \text{kg} \times m_B \times M_B}{1.0\ \text{kg} \times m_B \times M_B + 1.0\ \text{kg}}$$

$$= \frac{1.0\ \text{kg} \times 2.072\ \text{mol}\cdot\text{kg}^{-1} \times 74 \times 10^{-3}\ \text{kg}\cdot\text{mol}^{-1}}{1.0\ \text{kg} \times 2.072\ \text{mol}\cdot\text{kg}^{-1} \times 74 \times 10^{-3}\ \text{kg}\cdot\text{mol}^{-1} + 1.0\ \text{kg}} = 0.133$$

(2) $\Delta T_f = k_f \cdot m_B$

$$m'_B = \Delta T'_f / k_f = -3.621\ \text{K}/(1.86\ \text{K}\cdot\text{kg}\cdot\text{mol}^{-1}) = 1.947\ \text{mol}\cdot\text{kg}^{-1}$$

$$\frac{m'_B}{m_B} = \frac{100\ \text{g}/(74\ \text{g}\cdot\text{mol}^{-1})}{100\ \text{g}/(74\ \text{g}\cdot\text{mol}^{-1}) + 10.50\ \text{g}/M_N}$$

$$M_N = 121.3\ \text{g}\cdot\text{mol}^{-1}$$

**4.34** 两个 10 $\text{dm}^3$ 容器用一旋塞连接, 抽空后一个注入 0.1 kg $H_2O$; 另一个压入 202650 Pa 的干燥 $CO_2$ 气体, 两者温度均为 298.15 K。恒温下旋开旋塞, 待达到平衡后, 问系统内的总压力为多少? 已知 $CO_2$ 在 298.15 K 时在水中的溶解度为 2 mol · (1 kg $H_2O$)$^{-1}$, 纯水在 298.15 K 时的蒸气压为 3199.7 Pa。

**解**: $CO_2$ 的总物质的量为

$$n_{CO_2} = \frac{pV}{RT} = \frac{202650\ \text{Pa} \times 10 \times 10^{-3}\ \text{m}^3}{8.314\ \text{J}\cdot\text{mol}^{-1}\cdot\text{K}^{-1} \times 298.15\ \text{K}} = 0.8175\ \text{mol}$$

设 $CO_2$ 的水溶液服从 Henry 定律, 溶在水中的 $CO_2$ 的物质的量为 $n_{CO_2,l}$。

$$k_m = \frac{p_{CO_2}}{m_{CO_2}} = \frac{101325\ \text{Pa}}{0.2\ \text{mol}\cdot\text{kg}^{-1}}$$

溶在水中的 $CO_2$ 的物质的量为 $n_{CO_2,l}$, 其质量摩尔浓度 $m = n_{CO_2,l}/(0.1\ \text{kg})$, 则

$$p_{CO_2} = k_m \cdot n_{CO_2,l}/(0.1\ \text{kg})$$

$$n_{CO_2,l} = 0.2\ \text{mol} \times p_{CO_2}/(101325\ \text{Pa}) = 1.9738 \times 10^{-6} p_{CO_2} \tag{a}$$

$$p_{CO_2} = \frac{n(CO_2, g)RT}{V(g)} = \frac{[n(CO_2) - n(CO_2, l)]RT}{V(g)}$$

$$= \frac{(0.8175\ \text{mol} - n_{CO_2,l}) \times 8.314\ \text{J}\cdot\text{mol}^{-1}\cdot\text{K}^{-1} \times 298.15\ \text{K}}{10\ \text{dm}^3 + [10\ \text{dm}^3 - 0.1\ \text{kg}/(1.0\ \text{kg}\cdot\text{dm}^{-3})]} \tag{b}$$

联立式 (a) 和式 (b), 解得

$$p_{CO_2} = 81734\ \text{Pa}$$

$$n_{CO_2,l} = 0.1613\ \text{mol}$$

水的蒸气压为

$$p_{H_2O} = p^*_{H_2O} x_{H_2O}$$

$$x_{H_2O} = \frac{0.1\ \text{kg}/(0.01802\ \text{kg}\cdot\text{mol}^{-1})}{0.1\ \text{kg}/(0.01802\ \text{kg}\cdot\text{mol}^{-1}) + 0.1613\ \text{mol}} = 0.9718$$

$$p_{H_2O} = p^*_{H_2O} x_{H_2O} = 3199.7\ \text{Pa} \times 0.9718 = 3109.5\ \text{Pa}$$

所以, 系统总压力为

$$p_{总} = p_{H_2O} + p_{CO_2} = 84844\ \text{Pa}$$

**4.35** 在 333.15 K, 水 (A) 和有机物 (B) 混合形成两个液层。A 层中, 含有机物的摩尔分数为 $x_B = 0.17$。B 层中含水的质量分数为 $w_A = 0.045$。视两层均为理想稀溶液。求此混合系统的气

相总压及气相组成。已知 333.15 K 时, $p_A^* = 19.97$ kPa, $p_B^* = 40.00$ kPa, 有机物 B 的摩尔质量为 $M = 80\ \text{g·mol}^{-1}$。

**解**: B 层中水的质量分数为 $w_A = 0.045$, 则其摩尔分数为

$$x_{H_2O} = \frac{n_{H_2O}}{n_{H_2O}+n_B} = \frac{100\ \text{g}\times0.045/(18.02\ \text{g·mol}^{-1})}{100\ \text{g}\times0.045/(18.02\ \text{g·mol}^{-1}) + 100\ \text{g}\times(1-0.045)/(80\ \text{g·mol}^{-1})} = 0.173$$

对于每一个液层, 其中溶剂遵从 Raoult 定律, 溶质则服从 Henry 定律。

A 层中水为溶剂, 有机物为溶质, 则有

$$p = p_A^* x_A(\text{A}) + k_{x,B} x_B(\text{A})$$

B 层中水为溶质, 有机物为溶剂, 则有

$$p = k_{x,A} x_A(\text{B}) + p_B^* x_B(\text{B})$$

又由于气相中水的分压只有一个, 有机物的分压也只有一个, 则有

$$p_A^* x_A(\text{A}) = k_{x,A} x_A(\text{B}) \qquad k_{x,B} x_B(\text{A}) = p_B^* x_B(\text{B})$$

解得

$$k_{x,A} = 95.81\ \text{kPa} \qquad k_{x,B} = 194.59\ \text{kPa}$$

$$p = p_A^* x_A(\text{A}) + k_{x,B} x_B(\text{A}) = 19.97\ \text{kPa}\times(1-0.17) + 194.59\ \text{kPa}\times0.17 = 49.66\ \text{kPa}$$

$$y_A = p_A^* x_A(\text{A})/p = 19.97\ \text{kPa}\times0.83/(49.66\ \text{kPa}) = 0.334$$

$$y_B = 1 - y_A = 0.666$$

**4.36** 二组分溶液中组分 (1) 在 25 ℃ 时平衡蒸气压与浓度的关系如下:

$$p_1 = 66650 x_1(1+x_2^2)\ \text{Pa}$$

(1) 计算 25 ℃ 时, Raoult 定律常数 $p_1^*$ 和 Henry 定律常数 $k_1$;

(2) 计算 25 ℃ 时, $x_1 = 0.50$ 的溶液中组分 (1) 的活度 (分别以 Raoult 定律的纯溶剂和以 Henry 定律的纯溶质为标准态);

(3) 已知纯组分 (2) 在 25 ℃ 的平衡蒸气压为 79.992 kPa。二组分溶液在 $x_2 = 0.50$ 时的总蒸气压为 169.983 kPa。计算组分 (2) 的活度。

**解**: (1) $p_1^* = \lim\limits_{\substack{x_1\to1\\x_2\to0}} p_1/x_1 = 66650\ \text{Pa}$

$$k_1 = \lim_{\substack{x_1\to0\\x_2\to1}} p_1/x_1 = 66650\ \text{Pa}\times(1+1) = 133300\ \text{Pa}$$

(2) $a_1^{\text{R}} = p_1/p^* = x_1(1+x_2^2) = 0.5\times(1+0.25) = 0.625$

$$a_1^{\text{H}} = p_1/k_1 = \frac{66650\ \text{Pa}\times x_1(1+x_2^2)}{133300\ \text{Pa}} = \frac{1}{2}\times0.5\times(1+0.25) = 0.3125$$

(3) $a_2 = p_2/p_2^* = (p_{总} - p_1)/p_2^*$

$$= \frac{169.983\ \text{kPa} - 66650\ \text{Pa}\times x_1(1+x_2^2)}{79.992\ \text{kPa}} = \frac{169.983\ \text{kPa} - 66.650\ \text{kPa}\times0.625}{79.992\ \text{kPa}} = 1.604$$

**4.37**　$Na_2SO_4 \cdot 10H_2O$ 能分解成 $NaSO_4$ 与 $H_2O$, 在 298 K 平衡时, 水的平衡蒸气压 $p_{H_2O}=2559.8$ Pa。今将 $C_6H_5Cl$ 与 $Na_2SO_4 \cdot 10H_2O$ 及 $Na_2SO_4$ 放在一起摇动, 达到平衡时, 有机层中 $x_{H_2O}=0.02$, 求 $C_6H_5Cl$ 中 $H_2O$ 的活度因子。已知 298 K 时纯水的蒸气压为 3173.1 Pa。

**解**: 达到平衡时两层中的水的分压相等, 即 $C_6H_5Cl$ 层的水平衡蒸气压为

$$p_{H_2O}=2559.8\ \text{Pa}$$

则 $C_6H_5Cl$ 层中水的活度为

$$a_{H_2O}=\frac{p_{H_2O}}{p^*_{H_2O}}=\frac{2559.8\ \text{Pa}}{3173.1\ \text{Pa}}=0.8067$$

$$\gamma_{H_2O}=\frac{a_{H_2O}}{x_{H_2O}}=\frac{0.8067}{0.02}=40.34$$

**4.38**　在 100 kPa 时, 使干燥空气依下列次序缓慢地通过一系列温度均为 20 ℃ 的容器, 它包括: A, 每 100 g 水中有 13.333 g 尿素的溶液; B, 纯水 (蒸气压为 2.33 kPa); C, 浓硫酸。若干时间以后, C 增加 2.0361 g, 而 B 减少了 0.087 g。求 A 中蒸气压下降多少 (用百分数表示): (1) 从实验数据来计算, (2) 用理论公式来计算。

**解**: (1) A 的质量减少为 2.0361 g − 0.087 g = 1.9491 g

干燥空气通过 A 和 B, 到达 C 之前, 其中水蒸气压力应达到饱和蒸气压 2.33 kPa, 则 A 中蒸气压下降值即为由 B 补充的蒸气压 0.087 g/(2.0361 g) = 4.27%

(2) A 溶液中尿素的摩尔分数为

$$x_{尿素}=\frac{m_{尿素}/M_{尿素}}{m_{尿素}/M_{尿素}+m(水)/M_{水}}=\frac{13.333\ \text{g}/(60\ \text{g}\cdot\text{mol}^{-1})}{13.333\ \text{g}/(60\ \text{g}\cdot\text{mol}^{-1})+100\ \text{g}/(18\ \text{g}\cdot\text{mol}^{-1})}=0.0385$$

$$\frac{\Delta p_{H_2O}}{p^*_{H_2O}}=x_B=3.85\%$$

# 四、自测题

## (一)　自 测 题 1

### Ⅰ. 选择题

1. 设 $N_2$ 和 $O_2$ 皆为理想气体。它们的温度、压力相同, 均为 298 K, $p^{\ominus}$, 则这两种气体的化学势应该 ·································· (　　)

(A) 相等　　　　(B) 不一定相等

(C) 与物质的量有关　　　　(D) 不可比较

2. 下列各式中哪个是化学势? ………………………………………………………………( )

(A) $(\partial H/\partial n_B)_{T,S,n_C}$ (B) $(\partial A/\partial n_B)_{T,p,n_C}$

(C) $(\partial G/\partial n_B)_{T,V,n_C}$ (D) $(\partial U/\partial n_B)_{S,V,n_C}$

3. 假设 A, B 两组分混合可以形成理想液态混合物, 则下列叙述中**不正确**的是 ………( )

(A) A, B 分子之间的作用力很微弱

(B) A, B 都遵守 Raoult 定律

(C) 液态混合物的蒸气压介于 A, B 的蒸气压之间

(D) 可以用重复蒸馏的方法使 A, B 完全分离

4. 在恒温抽空的玻璃罩中封入两杯液面相同的糖水 (A) 和纯水 (B)。经历若干时间后, 两杯液面的高度将 ……………………………………………………………………………( )

(A) A 杯高于 B 杯 (B) A 杯等于 B 杯

(C) A 杯低于 B 杯 (D) 视温度而定

5. 在温度 $T$ 时, 纯液体 A 的饱和蒸气压为 $p_A^*$, 化学势为 $\mu_A^*$, 并且已知在 $p^\ominus$ 下的凝固点为 $T_f^*$。当 A 中溶入少量与 A 不形成固态溶液的溶质而形成为稀溶液时, 上述三物理量分别为 $p_A$, $\mu_A$, $T_f$, 则 ……………………………………………………………………………( )

(A) $p_A^* < p_A$, $\mu_A^* < \mu_A$, $T_f^* < T_f$ (B) $p_A^* > p_A$, $\mu_A^* < \mu_A$, $T_f^* < T_f$

(C) $p_A^* < p_A$, $\mu_A^* < \mu_A$, $T_f^* > T_f$ (D) $p_A^* > p_A$, $\mu_A^* > \mu_A$, $T_f^* > T_f$

6. 关于 Henry 定律, 下面的表述中**不正确**的是 ……………………………………( )

(A) 若溶剂在某浓度区间遵从 Raoult 定律, 则在该浓度区间组分 B 必遵从 Henry 定律

(B) 温度越高、压力越低, Henry 定律越正确

(C) 因为 Henry 定律是稀溶液定律, 所以任何溶质在稀溶液范围内都遵守 Henry 定律

(D) 温度一定时, 在一定体积的溶液中溶解的气体体积与该气体的分压力无关

7. 298 K 时, HCl(g, $M_r = 36.5$) 溶解在甲苯中的 Henry 定律常数为 245 kPa·kg·mol$^{-1}$。当 HCl(g) 在甲苯溶液中的质量分数达 2% 时, HCl(g) 的平衡压力为 ……………………( )

(A) 137 kPa (B) 11.99 kPa (C) 134 kPa (D) 49 kPa

8. 下述系统中的组分 B, 选择假想标准态的是 …………………………………………( )

(A) 混合理想气体中的组分 B (B) 混合非理想气体中的组分 B

(C) 理想液态混合物中的组分 B (D) 理想稀溶液中的溶剂

9. 对于理想液态混合物, 下列偏微商小于零的是 ……………………………………( )

(A) $[\partial(\Delta_{mix}A_m)/\partial T]_p$ (B) $[\partial(\Delta_{mix}S_m)/\partial T]_p$

(C) $[\partial(\Delta_{mix}G_m/T)/\partial T]_p$ (D) $[\partial(\Delta_{mix}G_m)/\partial p]_T$

10. 当溶液中溶质浓度采用不同浓度标准时, 下列说法中**正确**的是 ……………………( )

(A) 溶质的活度相同

(B) 溶质的活度因子相同

(C) 溶质的标准化学势相同

(D) 溶质的化学势相同

11. 598.15 K 时, 与汞的摩尔分数为 0.497 的汞齐呈平衡的气相中, 汞的蒸气压为纯汞在该温

度下饱和蒸气压的 43.3%, 汞在该汞齐中的活度因子 $\gamma_{\mathrm{Hg}}$ 为 ……………………………（　）

(A) 1.15　　(B) 0.87　　(C) 0.50　　(D) 0.43

12. 在 $T$ 时, 一纯液体的蒸气压为 8000 Pa, 当 0.2 mol 的非挥发性溶质溶于 0.8 mol 的该液体中时, 溶液的蒸气压为 4000 Pa, 若蒸气是理想的, 则在该溶液中溶剂的活度因子是 ………（　）

(A) 2.27　　(B) 1.80　　(C) 0.625　　(D) 0.230

13. 下图中 M 是只允许水能透过的半透膜, A 是蔗糖浓度为 0.01 $\mathrm{mol\cdot dm^{-3}}$ 的溶液,B 为蔗糖浓度为 0.003 $\mathrm{mol\cdot dm^{-3}}$ 的水溶液, 温度为 300 K, 则 ……………………………（　）

(A) 水通过 M 从 A 流向 B

(B) 水通过 M 从 B 流向 A

(C) 水在宏观上不动

(D) 水在 A 中的化学势等于 B 中的化学势

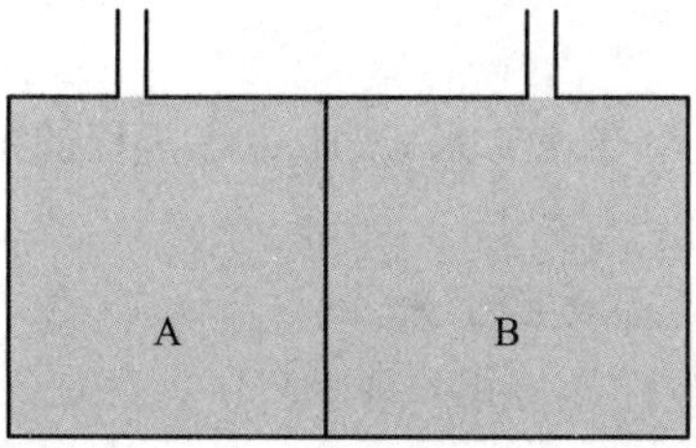

14. 两只烧杯各有 1 kg 水, 向 A 杯中加入 0.01 mol 蔗糖, 向 B 杯内溶入 0.01 mol NaCl, 两只烧杯按同样速度冷却降温, 则有 ……………………………（　）

(A) A 杯先结冰　　(B) B 杯先结冰

(C) 两杯同时结冰　　(D) 不能预测其结冰的先后次序

15. 恒压下将 0.005 kg 相对分子质量为 50 的二元电解质溶于 0.250 kg 水中, 测得凝固点为 −0.744 ℃, 则该电解质在水中的解离度为 (水的 $K_{\mathrm{f}} = 1.86\ \mathrm{K\cdot kg\cdot mol^{-1}}$) ………………（　）

(A) 100%　　(B) 26%　　(C) 27%　　(D) 0

## Ⅱ. 填空题

1. 300 K 时, 将 1 mol $x_{\mathrm{A}} = 0.4$ 的 A–B 二元理想液态混合物等温可逆分离成两个纯组元, 此过程中所需做的最小功为__________。

2. 形成正偏差的溶液, 异种分子间的引力______同类分子间的引力, 使分子逸出液面的倾向______, 实际蒸气压______Raoult 定律计算值, 且 $\Delta_{\mathrm{mix}}H$ ______0, $\Delta_{\mathrm{mix}}V$ ______0。

3. 液体 A 和 B 可形成理想液态混合物。在外压为 101325 Pa 时, 该混合物于温度 $T$ 沸腾, 该温度下 $p_{\mathrm{A}}^*$ 为 40 kPa, $p_{\mathrm{B}}^*$ 为 120 kPa, 则达到平衡状态后, 液相组成为 $x_{\mathrm{B}}$ = ______; $x_{\mathrm{A}}$ = ______。

4. 樟脑的熔点是 172 ℃, $K_{\mathrm{f}} = 40\ \mathrm{K\cdot kg\cdot mol^{-1}}$, 今有 7.900 mg 酚酞和 129.2 mg 樟脑的混合物, 测得该溶液的凝固点比樟脑低 8.00 ℃, 则酚酞的摩尔质量为______。

5. 298 K 时, A 和 B 两种气体, 分别在某一溶剂中溶解达平衡时相应的 Henry 定律常数分别为 $k_{\mathrm{A}}$ 和 $k_{\mathrm{B}}$。且已知 $k_{\mathrm{A}} > k_{\mathrm{B}}$, 当 A 和 B 同时溶解在该溶剂中达平衡时, 发现 A 和 B 的平衡分压相同。则溶液中二者的浓度 $c_A$ ________ $c_B$。

6. 已知苯的沸点为 353 K, 把足够量的苯封闭在一个预先抽真空的小瓶内, 当加热到 373 K 时, 试估计瓶内的压力约为 ________ Pa。

7. 0 ℃ 时, 压力为 101325 Pa 的氧气在水中的溶解度为 $4.490\times10^{-2}$ $dm^3\cdot kg^{-1}$, 则该温度时氧气在水中溶解的 Henry 定律常数 $k_x(O_2)$ 为 ________。

8. 298 K, $p^{\ominus}$ 下, 1 mol 甲苯与 2 mol 苯混合形成理想液态混合物, 混合过程的 $\Delta_{mix}S$ = ________。

9. 通过水蒸气蒸馏溴苯的水溶液, 其沸点为 95.4 ℃, 该温度下溴苯的蒸气压为 15.70 kPa。已知溴苯的摩尔质量为 156.9 $g\cdot mol^{-1}$。在这种水蒸气蒸馏的蒸气中, 溴苯的质量分数为 ________。

10. 蔗糖的稀水溶液在 298 K 时的蒸气压为 3094 $N\cdot m^{-2}$ (已知纯水的蒸气压为 3168 $N\cdot m^{-2}$), 则溶液中蔗糖的摩尔分数为 ________。

**Ⅲ. 计算题**

1. 288.15 K 时, 1 mol NaOH 溶在 4.559 mol $H_2O$ 中形成的溶液的蒸气压为 596.5 Pa。在该温度下, 纯水的蒸气压为 1705 Pa, 问:

(1) 溶液中水的活度等于多少? 活度因子为多少?

(2) 在溶液中和在纯水中, 水的化学势相差多少?

2. 1000 K, 100 kPa 下, 金属 A 的物质的量 $n_A = 5000$ mol, 金属 B 的物质的量 $n_B = 40$ mol, 混合形成溶液。已知溶液的 Gibbs 自由能与温度及物质的量的关系为

$$G/J = (n_A G^*_{m,A}/J) + (n_B G^*_{m,B}/J) - 0.0577(n_A/mol)^2 - 7.95(n_B/mol)^3 - 2.385(T/K)$$

若将此溶液与炉渣混合 (炉渣可视为理想液态混合物), 含 B 的摩尔分数为 0.001。

(1) 求金属液中 B 的活度和活度因子;

(2) 这种炉渣能否将合金中的 B 除去一部分?

3. 298 K 时, 当 $SO_2$ 在 1 $dm^3$ $CHCl_3$ 中含有 1.0 mol 时, 液面 $SO_2$ 的平衡压力为 53702 Pa; 当 $SO_2$ 在 1 $dm^3$ 水中总量为 1.0 mol 时, 水面上 $SO_2$ 的压力为 70927.5 Pa, 此时溶于水中的 $SO_2$ 有 13% 解离成 $H^+$ 和 $HSO_3^-$。如今将 $SO_2$ 通入含有 1 $dm^3$ $CHCl_3$ 和 1 $dm^3$ 水的 5 $dm^3$ 容器中 (不含空气), 在 298 K 时达平衡, 1 $dm^3$ 水中 $SO_2$ 总量为 0.200 mol, 水中 $SO_2$ 有 25% 解离, 试求通入此容器的 $SO_2$ 有多少摩尔?

4. 298 K 时, 2.0 g 未知化合物 A 溶于 1.0 kg 水, 形成溶液 Ⅰ; 0.8 g 葡萄糖 ($C_6H_{12}O_6$) 和 1.2 g 蔗糖 ($C_{12}H_{22}O_{11}$) 溶于 1.0 kg 水, 形成溶液 Ⅱ。两者的渗透压相等。求:

(1) 未知化合物 A 的摩尔质量;

(2) 溶液 Ⅰ 的凝固点;

(3) 溶液 Ⅰ 的蒸气压降低值。

已知水的凝固点降低常数 $K_f = 1.86$ $K\cdot kg\cdot mol^{-1}$, 饱和蒸气压为 3167.7 Pa, 稀溶液的密度为 $10^3$ $kg\cdot m^{-3}$。

5. 饱和 KCl 溶液与冰在 262.5 K 时平衡共存, 饱和溶液中 KCl 的质量分数为 18.3%。已知水的摩尔熔化焓为 6.01 $kJ\cdot mol^{-1}$。求溶液中水的活度和活度因子 (以标准态纯水为基准)。

第四章自测题 1 参考答案

## (二) 自 测 题 2

### Ⅰ. 选择题

1. 下列四个偏微商中**不属于**化学势的有 ······ (　　)

(A) $\left(\dfrac{\partial U}{\partial n_{\mathrm{B}}}\right)_{S,V,n_{\mathrm{C}}}$　　(B) $\left(\dfrac{\partial H}{\partial n_{\mathrm{B}}}\right)_{T,p,n_{\mathrm{C}}}$

(C) $\left(\dfrac{\partial A}{\partial n_{\mathrm{B}}}\right)_{T,V,n_{\mathrm{C}}}$　　(D) $\left(\dfrac{\partial G}{\partial n_{\mathrm{B}}}\right)_{T,p,n_{\mathrm{C}}}$

2. 在 400 K 时, 液体 A 的蒸气压为 $4\times10^4$ Pa, 液体 B 的蒸气压为 $6\times10^4$ Pa。两者组成理想液态混合物, 平衡时在液相中 A 的摩尔分数为 0.6, 则在气相中 B 的摩尔分数为 ······ (　　)

(A) 0.31　　(B) 0.40

(C) 0.50　　(D) 0.60

3. 液体 B 比液体 A 易于挥发, 在一定温度下向纯 A 液体中加入少量纯 B 液体形成稀溶液, 下列几种说法中**正确**的是 ······ (　　)

(A) 该溶液的饱和蒸气压必高于同温度下纯液体 A 的饱和蒸气压

(B) 该溶液的沸点必低于同样压力下纯液体 A 的沸点

(C) 该溶液的凝固点必低于同压下纯液体 A 的凝固点 (溶液凝固时析出纯固态 A)

(D) 该溶液的渗透压为负值

4. 现有四种处于相同温度和压力下的理想稀溶液。

(1) 0.1 mol 蔗糖溶于 80 mol 水中, 水蒸气压力为 $p_1$

(2) 0.1 mol 萘溶于 80 mol 苯中, 苯蒸气压为 $p_2$

(3) 0.1 mol 葡萄糖溶于 40 mol 水中, 水蒸气压为 $p_3$

(4) 0.1 mol 尿素溶于 80 mol 水中, 水蒸气压为 $p_4$

这四个蒸气压之间的关系为 ······ (　　)

(A) $p_1 \neq p_2 \neq p_3 \neq p_4$　　(B) $p_2 \neq p_1 = p_4 > p_3$

(C) $p_1 = p_2 = p_4 = \dfrac{1}{2}p_3$　　(D) $p_1 = p_4 < 2p_3 \neq p_2$

5. 对于非电解质溶液, 下述说法中**正确**的是 ······ (　　)

(A) 溶液就是多种液态物质组成的混合物

(B) 在一定温度下, 溶液的蒸气压一定小于纯溶剂的蒸气压

(C) 在有限浓度范围内, 真实溶液的某些热力学性质与理想溶液相近似

(D) 溶液浓度选择不同标度时, 其化学势也不同

6. 恒温时, B 溶解于 A 中形成溶液。若纯 B 的摩尔体积大于溶液中 B 的偏摩尔体积, 则增加压力将使 B 在 A 中的溶解度如何变化? ……………………………………………………( )

(A) 增大 (B) 减小

(C) 不变 (D) 不一定

7. 关于偏摩尔量, 下面的叙述中**不正确**的是 ……………………………………………( )

(A) 偏摩尔量的数值可以是正数、负数和零

(B) 溶液中每一种广度性质都有偏摩尔量, 而且都不等于其摩尔量

(C) 除偏摩尔 Gibbs 自由能外, 其他偏摩尔量都不等于化学势

(D) 溶液中各组分的偏摩尔量之间符合 Gibbs-Duhem 关系式

8. 已知水的凝固点降低常数 $K_f$ 为 $1.86\ K\cdot kg\cdot mol^{-1}$。在 0.1 kg $H_2O$ 中含 0.0045 kg 某纯非电解质的溶液, 于 272.685 K 时结冰, 该溶质的摩尔质量最接近于 ……………………………( )

(A) $0.135\ kg\cdot mol^{-1}$ (B) $0.172\ kg\cdot mol^{-1}$

(C) $0.090\ kg\cdot mol^{-1}$ (D) $0.180\ kg\cdot mol^{-1}$

9. 根据理想稀溶液中溶质 B 和溶剂 A 的化学势公式:

$$\mu_B = \mu_B^*(T,p) + RT\ln x_B, \quad \mu_A = \mu_A^*(T,p) + RT\ln x_A$$

下面叙述中**不正确**的是 ……………………………………………………………………( )

(A) $\mu_A^*(T,p)$ 是纯溶剂在 $T,p$ 时的化学势

(B) $\mu_B^*(T,p)$ 是 $x_B = 1$, 且服从 Henry 定律的假想态的化学势, 不是纯溶质的化学势

(C) 当溶质的浓度用不同方法 (如 $x_B, m_B, c_B$) 表示时, $\mu_B^*(T,p)$ 不同, 但 $\mu_B$ 不变

(D) $\mu_A^*(T,p)$ 只与 $T,p$ 及溶剂的性质有关, $\mu_B^*(T,p)$ 只与 $T,p$ 及溶质的性质有关

10. 298 K 时, 纯水的蒸气压为 3167.7 Pa, 某溶液中水的摩尔分数 $x_1 = 0.98$, 与溶液平衡共存的气相中, 水的分压为 3066 Pa, 以 298 K, $p^\ominus$ 为纯水的标准态, 则该溶液中水的活度因子为 ( )

(A) 大于 1 (B) 等于 1

(C) 小于 1 (D) 不确定

11. 盐碱地的农作物长势不良, 甚至枯萎, 其主要原因是 ……………………………( )

(A) 天气太热 (B) 很少下雨

(C) 水分从植物向土壤倒流 (D) 肥料不足

12. 总浓度一定的无恒沸点的气–液平衡系统, 当在定压下升高温度时, 蒸气压大的组分气、液相浓度变化为 ………………………………………………………………………………( )

(A) 气相浓度上升, 液相浓度下降 (B) 气相浓度下降, 液相浓度上升

(C) 气、液相浓度均上升 (D) 气、液相浓度均下降

13. 含有非挥发性溶质 B 的水溶液, 在 101325 Pa, 270.15 K 时开始析出冰。已知水的 $K_f = 1.86\ K\cdot kg\cdot mol^{-1}$, $K_b = 0.52\ K\cdot kg\cdot mol^{-1}$, 该溶液的正常沸点是 ……………………( )

(A) 370.84 K (B) 372.31 K

(C) 373.99 K (D) 376.99 K

14. 下述诸说法**正确**的是 ……………………………………………………………（　　）

(1) 溶液的化学势等于溶液中各组分的化学势之和

(2) 纯组分的化学势等于其 Gibbs 自由能

(3) 理想液态混合物各组分在其全部浓度范围内服从 Henry 定律

(4) 理想液态混合物各组分在其全部浓度范围内服从 Raoult 定律

(A) (1), (2)　　(B) (2), (3)

(C) (2), (4)　　(D) (3), (4)

15. 当多孔硅胶吸附水达到饱和时，自由水分子与吸附在硅胶表面的水分子比较，化学势将 ……………………………………………………………………………（　　）

(A) 前者高　　(B) 前者低

(C) 相等　　(D) 不可比较

**Ⅱ. 填空题**

1. 1.0 kg 水中含 NaCl 的物质的量为 $n$ 的溶液，体积 $V$ 随 $n$ 的变化关系为

$$V/(10^{-6}\ \mathrm{m^3}) = 1001.38 + 16.6253n/\mathrm{mol} + 1.773(n/\mathrm{mol})^{3/2} + 0.1194(n/\mathrm{mol})^2$$

当 $n$ 为 2 mol 时，NaCl 的偏摩尔体积为________。

2. 挥发性溶质 B 与溶剂 A 形成理想稀溶液。温度 $T$ 时，在该理想稀溶液及平衡气相中 A 的组成为 $x_\mathrm{A} = 0.85$, $y_\mathrm{A} = 0.89$。已知纯 A 的蒸气压为 50 kPa，则 B 的 Henry 定律常数 $k_x$ 为________。

3. 4.0 mol 水和 6.0 mol 乙醇形成溶液，其密度为 849.4 $\mathrm{kg \cdot m^{-3}}$，乙醇的偏摩尔体积为 $57.5 \times 10^{-6}\ \mathrm{m^3 \cdot mol^{-1}}$，则溶液中水的偏摩尔体积 $V_{水,\mathrm{m}} =$ ________$\mathrm{m^3 \cdot mol^{-1}}$。

4. 形成负偏差的溶液，异种分子间的引力______同类分子间的引力，实际蒸气压______Raoult 定律计算值，且 $\Delta_\mathrm{mix}H$ ______0, $\Delta_\mathrm{mix}V$ ______0。(填入 >、< 或 =)

5. 在 400 K 时，液体 A 的蒸气压为 $4\times10^4$ Pa，液体 B 的蒸气压为 $6\times10^4$ Pa，两者组成理想液体混合物，平衡时溶液中 A 的物质的量分数为 0.6，则气相中 B 的物质的量分数为________。

6. 氯仿 (1) 和丙酮 (2) 形成非理想液体混合物。在 $T$ 时，测得总蒸气压为 29398 Pa，蒸气中丙酮的物质的量分数 $y_2 = 0.818$，而该温度下纯氯仿的饱和蒸气压为 29571 Pa，则在溶液中氯仿的活度 $a_1$ 为________。

7. 有两筒氮气，其中一筒为 1 mol 处于 300 K, $p^\ominus$ 的理想气体，其化学势为 $\mu_1$；另一筒为 1 mol 处于 300 K, $10p^\ominus$，逸度系数 $\gamma = 0.1$ 的实际气体，其化学势为 $\mu_2$。这两个化学势的大小关系为 $\mu_1$ ______ $\mu_2$。

8. 过饱和溶液中，溶剂的化学势比同温同压下纯溶剂的化学势______0 (填入 “大”、“小” 或 “相等”)。

9. 在 0 ℃, 100 kPa 时，$O_2(g)$ 在水中的溶解度为 $4.490 \times 10^{-2}\ \mathrm{dm^3 \cdot kg^{-1}}$。则 0 ℃ 时，$O_2(g)$ 在水中的摩尔分数 $x_{O_2}$ 为________，Henry 定律常数 $k_x(O_2)$ 为________。

10. 293.15 K 时乙醚的蒸气压为 58.95 kPa。今在 0.100 kg 乙醚中溶入某非挥发性有机物 0.010 kg，乙醚的蒸气压降低到 56.79 kPa，该有机物的摩尔质量为 ________ $\mathrm{g \cdot mol^{-1}}$ (已

知乙醚的摩尔质量为 74 $g \cdot mol^{-1}$)。

### Ⅲ. 计算题

1. 金属镉 Cd(s) 的熔点为 1038 K, 标准摩尔熔化焓为 6.1086 $kJ \cdot mol^{-1}$。镉和铅在液态时完全互溶, 在固态时完全不互溶。在 1046 K, $p^{\ominus}$ 下, 金属镉和金属铅形成 Cd 的摩尔分数为 $x_{Cd} = 0.8$ 的液态混合物, 此过程的摩尔溶解焓 $\Delta_{sol}H_m^{\ominus}$ 和摩尔溶解熵 $\Delta_{sol}S_m^{\ominus}$ 分别为 200 $J \cdot mol^{-1}$ 和 0.54 $J \cdot K^{-1} \cdot mol^{-1}$。求:

(1) 液态混合物中 Cd 的活度因子 (以纯镉为标准态);

(2) 液态混合物的熔点。

2. 干燥空气缓慢通过两个相连的烧瓶 (如右图所示), 在第一个烧瓶中装有含 50 $g \cdot dm^{-3}$ 非挥发溶质的水溶液, 第二个烧瓶中装纯水。停止通入干燥空气, 左瓶溶液失重 0.487 g, 右瓶中水失重 0.0125 g。求非挥发溶质的摩尔质量。已知溶液的密度为 1.00 $kg \cdot dm^{-3}$, 水汽可看成理想气体, 水汽在出口端是饱和的。

干空气
出口
水溶液
纯水

3. A 和 B 形成理想液态混合物, 其中 A 的摩尔分数为 $x_A = 0.25$。其蒸气可看成理想气体混合物, 298 K 时蒸气中 A 的摩尔分数为 $y_A = 0.50$。求 298 K 和 373 K 时纯 A 和纯 B 的饱和蒸气压之比 $p_A^*/p_B^*$。假定 $\Delta_{vap}H_m^{\ominus}(A) = 20.9\ kJ \cdot mol^{-1}$, $\Delta_{vap}H_m^{\ominus}(B) = 29.26\ kJ \cdot mol^{-1}$。

4. 在 298 K 时, 5.0 g 未知非电解质 B 溶于 2.5 kg 水形成溶液 1, 1.6 g 葡萄糖 ($C_6H_{12}O_6$) 和 2.4 g 蔗糖 ($C_{12}H_{22}O_{11}$) 溶于 1 kg 水中形成溶液 2, 两者的渗透压相等。水的标准摩尔熔化焓为 6.008 $kJ \cdot mol^{-1}$, 假定溶液的密度与纯水的密度相等, 求:

(1) 未知电解质 B 的摩尔质量;

(2) 溶液 1 的凝固点。

5. 在 660.7 K 时, 金属 K 和金属汞的蒸气压分别为 433.2 和 170.6 kPa。K 和 Hg 形成摩尔比为 10∶90 的熔融物, 求:

(1) 如果 K–Hg 熔融物中 K 和 Hg 的蒸气压分别为 20.6 和 127.33 kPa, 则 K 和 Hg 的活度和活度因子各为多少? 熔融物形成中的 $\Delta_{mix}G_m$, $\Delta_{mix}S_m$ 和 $\Delta_{mix}H_m$ 为多少?

(2) 假定 K 是非挥发的, 汞在 660.7 K 时的蒸气压为 157.2 kPa, 则熔融物的渗透压为多少? 已知熔融物的密度为 13.0 $g \cdot cm^{-3}$, 汞的摩尔质量为 200.6 $g \cdot mol^{-1}$。

第四章自测题 2 参考答案

# 第五章 化学平衡

本章主要公式和内容提要

## 一、复习题及解答

**5.1** 判断下列说法是否正确, 为什么?

(1) 某一反应的平衡常数是一个不变的常数;

(2) $\Delta_r G_m^\ominus$ 是平衡状态时 Gibbs 自由能的变化值, 因为 $\Delta_r G_m^\ominus = -RT\ln K_p^\ominus$;

(3) 反应 $CO(g) + H_2O(g) \rightleftharpoons CO_2(g) + H_2(g)$, 因为反应前后气体分子数相等, 所以无论压力如何变化, 对平衡均无影响;

(4) 在一定的温度和压力下, 某反应的 $\Delta_r G_m > 0$, 所以要寻找合适的催化剂, 使反应得以进行;

(5) 某反应的 $\Delta_r G_m^\ominus < 0$, 所以该反应一定能正向进行;

(6) 平衡常数值改变了, 平衡一定会移动; 反之, 平衡移动了, 平衡常数值也一定改变。

**答**: (1) 不正确。标准平衡常数 $K_p^\ominus$ 只与温度有关, 温度改变, 则标准平衡常数 $K_p^\ominus$ 也会改变。其他平衡常数 (如 $K_p$、$K_c$ 和 $K_x$ 等), 除了与温度有关外, 还可能与压力有关, 改变温度或压力均有可能改变这些平衡常数。

(2) 不正确。在平衡状态时, 反应的摩尔 Gibbs 自由能的变化值等于零, 即 $\Delta_r G_m = 0$。

(3) 不正确。压力太高时气体不是理想气体。另外, 压力变大时, 还存在着反应物或产物由气相变成液相的问题。

(4) 不正确。合适的催化剂能降低反应的活化能, 从而加快反应速率, 但不能改变反应的方向; $\Delta_r G_m > 0$, 反应不能正向进行。

(5) 不正确。根据化学反应等温式, 只有当 $\Delta_r G_m < 0$ 时反应才能正向进行。只有当参与反应的所有物质均处在标准态时, 才能用 $\Delta_r G_m^\ominus < 0$ 来判断在这个特定条件下该反应一定能正向进行。

(6) 不正确。平衡常数值改变了, 平衡一定会移动; 但平衡移动了, 则平衡常数值不一定改变。

**5.2** 化学反应的 $\Delta_r G_m$ 的下标 “m” 的含义是什么? 若用下列两个化学计量方程来表示合成氨的反应, 问两者的 $\Delta_r G_m^\ominus, K_p^\ominus$ 之间的关系如何?

(1) $3H_2(g) + N_2(g) \rightleftharpoons 2NH_3(g)$ $\qquad \Delta_r G^{\ominus}_{m,1}, K^{\ominus}_{p,1}$

(2) $\frac{3}{2}H_2(g) + \frac{1}{2}N_2(g) \rightleftharpoons NH_3(g)$ $\qquad \Delta_r G^{\ominus}_{m,2}, K^{\ominus}_{p,2}$

答: $\Delta_r G_m$ 的下标 "m" 表示反应进度为 1 mol 时化学反应 Gibbs 自由能的变化值。$\Delta_r G^{\ominus}_{m,1} = 2\Delta_r G^{\ominus}_{m,2}$, $K^{\ominus}_{p,1} = (K^{\ominus}_{p,2})^2$。

**5.3** 若选取不同的标准态, 则 $\mu^{\ominus}(T)$ 不同, 所以反应的 $\Delta_r G^{\ominus}_m$ 也会不同, 那么用化学反应等温式 $\Delta_r G_m = \Delta_r G^{\ominus}_m + RT\ln Q_p$ 计算出来的 $\Delta_r G_m$ 值是否也会改变, 为什么?

答: 不会。虽然 $\Delta_r G^{\ominus}_m$ 会因为标准态选取不同而不同, 但 $Q_p$ 也会相应地发生改变, 其结果是 $\Delta_r G_m$ 值不会因为标准态选取的不同而改变。

**5.4** 根据公式 $\Delta_r G^{\ominus}_m = -RT\ln K^{\ominus}_p$, 能否认为 $\Delta_r G^{\ominus}_m$ 是处在平衡态时的 Gibbs 自由能的变化值, 为什么?

答: 不能。平衡态时, 反应 Gibbs 自由能的变化值 $\Delta_r G_m = 0$。$\Delta_r G^{\ominus}_m$ 是反应物和产物均处于标准态时反应 Gibbs 自由能的变化值。

**5.5** 合成氨反应 $3H_2(g) + N_2(g) \rightleftharpoons 2NH_3(g)$ 达到平衡后, 在保持温度和压力不变的情况下, 加入水蒸气作为惰性气体, 设气体近似作为理想气体处理, 问氨的含量会不会发生变化? $K^{\ominus}_p$ 值会不会改变, 为什么?

答: 氨的含量会减少。$K^{\ominus}_p$ 仅与温度有关, $T$ 不变, 则 $K^{\ominus}_p$ 不变。

$$K^{\ominus}_p = K_x \left(\frac{p}{p^{\ominus}}\right)^{\sum_B \nu_B} = \frac{n^2_{NH_3}}{n_{N_2} n^3_{H_2}} \left(\frac{p^{\ominus}}{p} \cdot \sum_B n_B\right)^2$$

在保持温度和压力不变的情况下, 加入水蒸气作为惰性气体, 则 $\sum_B n_B$ 增加, $\frac{n^2_{NH_3}}{n_{N_2} n^3_{H_2}}$ 减小, 故氨的含量会减少。

**5.6** 反应 $MgO(s) + Cl_2(g) \rightleftharpoons MgCl_2(s) + \frac{1}{2}O_2(g)$ 达平衡后, 保持温度不变, 增加总压, $K^{\ominus}_p$ 和 $K_x$ 分别有何变化? 设气体为理想气体。

答: $K^{\ominus}_p$ 仅与温度有关, $T$ 不变, 则 $K^{\ominus}_p$ 不变。$K^{\ominus}_p = K_x \left(\frac{p}{p^{\ominus}}\right)^{\sum_B \nu_B}$, 由于 $\sum_B \nu_B = \frac{1}{2} - 1 = -\frac{1}{2} < 0$, 所以增加总压将导致 $K_x$ 增大。

**5.7** 工业上制水煤气反应为 $C(s) + H_2O(g) \rightleftharpoons CO(g) + H_2(g)$, 反应的标准摩尔焓变为 131.3 kJ·mol$^{-1}$, 设反应在 673 K 时达成平衡。试讨论如下各种因素对平衡的影响。

(1) 增加 C(s) 的含量;

(2) 提高反应温度;

(3) 增加系统的总压力;

(4) 增加 $H_2O(g)$ 的分压;

(5) 增加 $N_2(g)$ 的分压。

答: (1) 只要碳是纯的固态, 则它的活度等于 1, 它的化学势就等于标准态时的化学势。在复相化学平衡中, 纯固态不出现在平衡常数的表达式中, 则增加 C(s) 的含量对平衡没有影响。

(2) $\Delta_r H_m^{\ominus} > 0$, 反应吸热, 故提高反应温度, 平衡向右移动。

(3) 增加系统的总压力, 虽然不影响平衡常数的数值, 但是会影响平衡的组成。因为这是一个气体分子数增加的反应, 增加压力, 会使平衡向体积减小的方向移动, 即平衡向左方移动, 不利于正向反应。

(4) $H_2O(g)$ 是反应物, 增加 $H_2O(g)$ 的分压, 平衡将向右移动。

(5) $N_2(g)$ 在这个反应中是惰性气体, 增加 $N_2(g)$ 虽然不会影响平衡常数的数值, 但会影响平衡的组成。因为这是一个气体分子数增加的反应, 增加惰性气体, 使气态物质总的物质的量增加, 相当于将反应系统中各个物质的分压降低了, 这与降低系统总压的效果相当, 起到了稀释、降压的作用, 可以使产物的含量增加, 对正向反应有利。

**5.8**　$PCl_5(g)$ 的分解反应为 $PCl_5(g) \rightleftharpoons PCl_3(g) + Cl_2(g)$, 在一定的温度和压力下, 反应达到平衡, 试讨论如下各种因素对 $PCl_5(g)$ 解离度的影响。

(1) 降低气体的总压;

(2) 通入 $N_2(g)$, 保持压力不变, 使体积增加一倍;

(3) 通入 $N_2(g)$, 保持体积不变, 使压力增加一倍;

(4) 通入 $Cl_2(g)$, 保持体积不变, 使压力增加一倍。

**答**: (1) 解离度增加。$K_x = K_p^{\ominus}\dfrac{p^{\ominus}}{p}$, 因为 $K_p^{\ominus}$ 不变, 而 $p$ 降低, 故 $K_x$ 上升, 解离度增加。

(2) 解离度增加。$K_p^{\ominus} = K_x\dfrac{p}{p^{\ominus}} = \dfrac{n_{Cl_2}n_{PCl_3}}{n_{PCl_5}} \cdot \dfrac{p/p^{\ominus}}{\sum\limits_B n_B}$, 因为 $K_p^{\ominus}$ 不变, $p$ 不变, $\sum\limits_B n_B$ 增加必然使 $\dfrac{n_{Cl_2} \cdot n_{PCl_3}}{n_{PCl_5}}$ 增加, 故解离度增加。

(3) 解离度不变。$K_p^{\ominus} = \dfrac{n_{PCl_3}n_{Cl_2}}{n_{PCl_5}} \cdot \dfrac{p/p^{\ominus}}{\sum\limits_B n_B}$, 因为 $K_p^{\ominus}$ 不变, $p$ 和 $\sum\limits_B n_B$ 均增加一倍, 则 $\dfrac{n_{PCl_3}n_{Cl_2}}{n_{PCl_5}}$ 不变, 故解离度不变。

(4) 解离度减小。$K_p^{\ominus} = \dfrac{n_{PCl_3}n_{Cl_2}}{n_{PCl_5}} \cdot \dfrac{p/p^{\ominus}}{\sum\limits_B n_B}$, 因为 $K_p^{\ominus}$ 不变, $p$ 和 $\sum\limits_B n_B$ 均增加一倍, 故 $\dfrac{n_{PCl_3}n_{Cl_2}}{n_{PCl_5}}$ 不变, 但因 $n_{Cl_2}$ 增加, 则 $n_{PCl_5}$ 必然增加, 即解离度减小。

详见习题 5.18 的解答。

**5.9**　设某分解反应为 $A(s) \rightleftharpoons B(g) + 2C(g)$, 若其平衡常数和解离压力分别为 $K_p^{\ominus}$ 和 $p$, 写出平衡常数与解离压力的关系式。

**答**: 对于题中反应, 若解离压力为 $p$, 则 $B(g)$ 的平衡分压为 $\dfrac{1}{3}p$, $C(g)$ 的平衡分压为 $\dfrac{2}{3}p$。所以, $K_p^{\ominus} = \dfrac{p_B}{p^{\ominus}}\left(\dfrac{p_C}{p^{\ominus}}\right)^2 = \dfrac{4}{27}\left(\dfrac{p}{p^{\ominus}}\right)^3$。

**5.10**　对于气相反应 $CO(g) + 2H_2(g) \rightleftharpoons CH_3OH(l)$, 已知其标准摩尔反应 Gibbs 自由能

与温度的关系式为 $\Delta_r G_m^\ominus = (-90.625 + 0.221T/\mathrm{K})\ \mathrm{kJ\cdot mol^{-1}}$, 若要使平衡常数 $K_p^\ominus > 1$, 则温度应控制在多少为宜?

答: $K_p^\ominus = \exp\left(-\dfrac{\Delta_r G_m^\ominus}{RT}\right)$; 要使平衡常数 $K_p^\ominus > 1$, 则 $-\dfrac{\Delta_r G_m^\ominus}{RT} > 0$, 即 $\dfrac{90.625}{T} - 0.221 > 0$, 也即 $T < 410.07\ \mathrm{K}$。

## 二、典型例题及解答

**例5.1** 银可能受到 $H_2S$ 气体的腐蚀而发生下列反应:

$$H_2S(g) + 2Ag(s) \rightleftharpoons Ag_2S(s) + H_2(g)$$

已知在 298 K 和 100 kPa 下, $Ag_2S(s)$ 和$H_2S(g)$ 的标准摩尔生成 Gibbs 自由能 $\Delta_f G_m^\ominus(\mathrm{B})$ 分别为 $-40.7\ \mathrm{kJ\cdot mol^{-1}}$ 和 $-33.4\ \mathrm{kJ\cdot mol^{-1}}$。试问, 在 298 K 和 100 kPa 下:

(1) 在 $H_2S(g)$ 和 $H_2(g)$ 等体积混合的气体中, Ag(s) 是否会被腐蚀生成 $Ag_2S(s)$?

(2) 在 $H_2S(g)$ 和 $H_2(g)$ 的混合气体中, $H_2S(g)$ 的摩尔分数低于多少时便不至于使 Ag(s) 发生腐蚀?

**解**: (1) 由 $\Delta_r G_m = \Delta_r G_m^\ominus + RT\ln Q_p$ 可得

$$\Delta_r G_m^\ominus = \Delta_f G_m^\ominus(Ag_2S, s) - \Delta_f G_m^\ominus(H_2S, g) = (-40.7 + 33.4)\ \mathrm{kJ\cdot mol^{-1}} = -7.3\ \mathrm{kJ\cdot mol^{-1}}$$

$$Q_p = \frac{\dfrac{p_{H_2}}{p^\ominus}}{\dfrac{p_{H_2S}}{p^\ominus}} = \frac{p_{H_2}}{p_{H_2S}} = 1$$

故
$$\Delta_r G_m = \Delta_r G_m^\ominus = -7.3\ \mathrm{kJ\cdot mol^{-1}} < 0$$

也即 Ag(s) 会被腐蚀生成 $Ag_2S(s)$。

(2) 设 $H_2S(g)$ 的摩尔分数为 $x$, 则 $Q_p = \dfrac{p_{H_2}}{p_{H_2S}} = \dfrac{px_{H_2}}{px_{H_2S}} = \dfrac{1-x}{x}$

根据化学反应等温式, 要使 Ag(s) 不被腐蚀, 则必须 $\Delta_r G_m > 0$, 也即

$$\Delta_r G_m = \Delta_r G_m^\ominus + RT\ln Q_p = -7.3 \times 10^3\ \mathrm{J\cdot mol^{-1}} + 8.314\ \mathrm{J\cdot mol^{-1}\cdot K^{-1}} \times 298\ \mathrm{K} \times \ln\frac{1-x}{x} > 0$$

解得
$$x < 0.05$$

即 $H_2S(g)$ 的摩尔分数低于 0.05 才不至于使 Ag(s) 发生腐蚀。

**例5.2** 用空气和甲醇蒸气通过银催化剂制备甲醛, 在反应过程中银逐渐失去光泽, 并且有些碎裂。试根据下述数据, 说明在 823 K 和气体压力为 100 kPa 的反应条件下, 银催化剂是否有可能被氧化为氧化银。已知 298 K 时 $Ag_2O(s)$ 的 $\Delta_f G_m^\ominus = -11.20\ \mathrm{kJ\cdot mol^{-1}}$, $\Delta_f H_m^\ominus = -31.05\ \mathrm{kJ\cdot mol^{-1}}$。$O_2(g)$, $Ag_2O(s)$, Ag(s) 在 298～823 K 的温度区间内的平均摩尔定压热容分别为 $29.36\ \mathrm{J\cdot mol^{-1}\cdot K^{-1}}$, $65.86\ \mathrm{J\cdot mol^{-1}\cdot K^{-1}}$, $25.35\ \mathrm{J\cdot mol^{-1}\cdot K^{-1}}$。

**解**: $2Ag(s) + \frac{1}{2}O_2(g) \rightleftharpoons Ag_2O(s)$

$$\Delta_r C_{p,m} = \left(65.86 - 2 \times 25.35 - \frac{1}{2} \times 29.36\right)\ J\cdot mol^{-1}\cdot K^{-1} = 0.48\ J\cdot mol^{-1}\cdot K^{-1}$$

$$\Delta_r H_m^{\ominus}(298\ K) = \sum_B \nu_B \Delta_f H_m^{\ominus}(B, 298\ K) = -31.05\ kJ\cdot mol^{-1}$$

$$\Delta_r H_m^{\ominus}(T) = \Delta_r H_m^{\ominus}(298\ K) + \int_{298\ K}^{T} \Delta_r C_{p,m} dT$$

$$= -31050\ J\cdot mol^{-1} + 0.48\ J\cdot mol^{-1}\cdot K^{-1} \times (T - 298\ K)$$

$$\Delta_r G_m^{\ominus}(298\ K) = \sum_B \nu_B \Delta_f G_m^{\ominus}(B, 298\ K) = -11.20\ kJ\cdot mol^{-1}$$

根据 Gibbs-Helmholtz 公式, 有

$$\frac{\Delta_r G_m^{\ominus}(823\ K)}{823\ K} - \frac{\Delta_r G_m^{\ominus}(298\ K)}{298\ K} = -\int_{298\ K}^{823\ K} \frac{\Delta_r H_m^{\ominus}(T)}{T^2} dT$$

代入 $\Delta_r H_m^{\ominus}(T)$ 的表达式, 可解得　$\Delta_r G_m^{\ominus}(823\ K) = 23.62\ kJ\cdot mol^{-1}$

根据化学反应等温式, 则有　$\Delta_r G_m(823\ K) = \Delta_r G_m^{\ominus}(823\ K) + RT\ln Q_p$

式中

$$Q_p = \left(\frac{p_{O_2}}{p^{\ominus}}\right)^{-1/2} = 0.21^{-1/2}$$

所以　$\Delta_r G_m(823\ K) = 23.62\ kJ\cdot mol^{-1} + 8.314\ J\cdot mol^{-1}\cdot K^{-1} \times 823\ K \times \ln(0.21^{-1/2})$

$$= 28.96\ kJ\cdot mol^{-1} > 0$$

故不能生成 $Ag_2O(s)$。

**例5.3**　已知反应 $C(s) + CO_2(g) \rightleftharpoons 2CO(g)$ 的标准摩尔 Gibbs 自由能的变化值为

$$\Delta_r G_m^{\ominus}/(J\cdot mol^{-1}) = 170255 - 55.19(T/K)\lg(T/K) + 26.15 \times 10^{-3}(T/K)^2 - 2.43 \times 10^{-6}(T/K)^3 - 34.27(T/K)$$

(1) 分析 $T = 873$ K 及总压为 $p^{\ominus}$ 时, 反应开始及反应后析出碳的可能性。已知反应开始时气相中 $CO_2(g)$ 及 $CO(g)$ 的分压为 $0.048p^{\ominus}$ 及 $0.378p^{\ominus}$, 而反应后气体中 $CO_2(g)$ 及 $CO(g)$ 分压为 $0.228p^{\ominus}$ 及 $0.198p^{\ominus}$。

(2) 求 $T = 1200$ K 及总压为 $p^{\ominus}$ 时 $CO_2(g)$ 的转化率。

**解**: (1) 将 $T = 873$ K 代入题给 $\Delta_r G_m^{\ominus}$ 的表达式, 可解得

$$\Delta_r G_m^{\ominus}(873\ K) = 16949.6\ J\cdot mol^{-1}$$

根据化学反应等温式, 在反应开始时, 有

$$\Delta_r G_m = \Delta_r G_m^{\ominus} + RT\ln Q_p = 16949.6\ J\cdot mol^{-1} + 8.314\ J\cdot mol^{-1}\cdot K^{-1} \times 873\ K \times \ln\frac{\left(\frac{p_{CO}}{p^{\ominus}}\right)^2}{\frac{p_{CO_2}}{p^{\ominus}}}$$

$$= 16949.6\ J\cdot mol^{-1} + 8.314\ J\cdot mol^{-1}\cdot K^{-1} \times 873\ K \times \ln\frac{0.378^2}{0.048} = 24867.0\ J\cdot mol^{-1} > 0$$

反应后, 则有

$$\Delta_r G_m = 16949.6\ \text{J}\cdot\text{mol}^{-1} + 8.314\ \text{J}\cdot\text{mol}^{-1}\cdot\text{K}^{-1} \times 873\ \text{K} \times \ln\frac{0.198^2}{0.228} = 4171.2\ \text{J}\cdot\text{mol}^{-1} > 0$$

$\Delta_r G_m > 0$ 说明正向反应不能进行, 而逆向反应能进行, 故两种情况下均有碳析出。

(2) 将 $T = 1200$ K 代入题给 $\Delta_r G_m^\ominus$ 的表达式, 可解得

$$\Delta_r G_m^\ominus(1200\ \text{K}) = -41340\ \text{J}\cdot\text{mol}^{-1}$$

$$K_p^\ominus(1200\ \text{K}) = \exp\left[-\frac{\Delta_r G_m^\ominus(1200\ \text{K})}{RT}\right] = \exp\left(-\frac{-41340\ \text{J}\cdot\text{mol}^{-1}}{8.314\ \text{J}\cdot\text{mol}^{-1}\cdot\text{K}^{-1} \times 1200\ \text{K}}\right) = 63.0$$

设 $CO_2(g)$ 的转化率为 $\alpha$, 则有

$$\begin{array}{lccc} & C(s) + CO_2(g) & \rightleftharpoons & 2CO(g) \\ \text{平衡时} & 1-\alpha & & 2\alpha \end{array}$$

$$K_p^\ominus = \frac{\left(\dfrac{p_{CO}}{p^\ominus}\right)^2}{\dfrac{p_{CO_2}}{p^\ominus}} = \frac{\left(\dfrac{px_{CO}}{p^\ominus}\right)^2}{\dfrac{px_{CO_2}}{p^\ominus}} = \frac{x_{CO}^2}{x_{CO_2}} \cdot \frac{p}{p^\ominus} = \frac{\left(\dfrac{2\alpha}{1+\alpha}\right)^2}{\dfrac{1-\alpha}{1+\alpha}} \cdot \frac{p}{p^\ominus} = \frac{4\alpha^2}{1-\alpha^2} = 63.0$$

解得 $$\alpha = 0.97$$

**例5.4** $PCl_5(g)$ 的分解反应为 $PCl_5(g) \rightleftharpoons PCl_3(g) + Cl_2(g)$, 在 523 K 和 100 kPa 下达成平衡, 测得平衡混合物的密度 $\rho = 2.695\ \text{kg}\cdot\text{m}^{-3}$。试计算:

(1) $PCl_5(g)$ 的解离度;

(2) 在该反应条件下的标准平衡常数 $K_p^\ominus$ 和反应的标准摩尔 Gibbs 自由能的变化值 $\Delta_r G_m^\ominus$。

**解**: (1)

$$\begin{array}{lcccc} & PCl_5(g) & \rightleftharpoons & PCl_3(g) + & Cl_2(g) \\ \text{开始时} & n & & 0 & 0 \\ \text{平衡时} & n(1-\alpha) & & n\alpha & n\alpha \end{array}$$

设 $\alpha$ 为解离度, 平衡时总物质的量为 $n(1+\alpha)$。平衡系统中:

$$pV = n(1+\alpha)RT$$

$$n = \frac{m_{PCl_5}}{M_{PCl_5}} = \frac{m_{\text{混}}}{M_{PCl_5}}$$

$m_{PCl_5}$ 和 $m_{\text{混}}$ 表示开始时 $PCl_5(g)$ 的质量和混合气体的质量。

$$p = \frac{m_{\text{混}}}{V} \cdot \frac{1}{M_{PCl_5}}(1+\alpha)RT = \rho\frac{1+\alpha}{M_{PCl_5}}RT$$

$$\alpha = \frac{pM_{PCl_5}}{\rho RT} - 1 = \frac{100 \times 10^3\ \text{Pa} \times 208.2 \times 10^{-3}\ \text{kg}\cdot\text{mol}^{-1}}{2.695\ \text{kg}\cdot\text{m}^{-3} \times 8.314\ \text{J}\cdot\text{mol}^{-1}\cdot\text{K}^{-1} \times 523\ \text{K}} - 1 = 0.777$$

**另解**:

$$M_{PCl_5} = 208.2 \times 10^{-3}\ \text{kg}\cdot\text{mol}^{-1}$$

$$M_{PCl_3} = 137.3 \times 10^{-3}\ \text{kg}\cdot\text{mol}^{-1}$$

$$M_{Cl_2} = 70.9 \times 10^{-3}\ \text{kg}\cdot\text{mol}^{-1}$$

$$\overline{M}=\frac{n(1-\alpha)M_{\mathrm{PCl_5}}+n\alpha M_{\mathrm{PCl_3}}+n\alpha M_{\mathrm{Cl_2}}}{n(1-\alpha)+n\alpha+n\alpha}$$

$$p=\frac{n_{总}}{V}RT=\frac{m_{总}}{\overline{M}}\frac{1}{V}RT=\rho\frac{RT}{\overline{M}}$$

即
$$p\overline{M}=\rho RT$$

代入 $\overline{M}$ 的表示式可求出 $\alpha=0.777$。

(2) $$K_p^{\ominus}=\frac{\dfrac{p_{\mathrm{PCl_3}}}{p^{\ominus}}\cdot\dfrac{p_{\mathrm{Cl_2}}}{p^{\ominus}}}{\dfrac{p_{\mathrm{PCl_5}}}{p^{\ominus}}}=\frac{\dfrac{px_{\mathrm{PCl_3}}}{p^{\ominus}}\cdot\dfrac{px_{\mathrm{Cl_2}}}{p^{\ominus}}}{\dfrac{px_{\mathrm{PCl_5}}}{p^{\ominus}}}=\frac{\left(\dfrac{\alpha}{1+\alpha}\right)^2}{\dfrac{1-\alpha}{1+\alpha}}\cdot\frac{p}{p^{\ominus}}$$

当 $p=p^{\ominus}$, $\alpha=0.777$ 时, 有

$$K_p^{\ominus}=\frac{\left(\dfrac{0.777}{1+0.777}\right)^2}{\dfrac{1-0.777}{1+0.777}}=1.52$$

$$\Delta_{\mathrm{r}}G_{\mathrm{m}}^{\ominus}=-RT\ln K_p^{\ominus}=-8.314\ \mathrm{J\cdot mol^{-1}\cdot K^{-1}}\times 523\ \mathrm{K}\times\ln 1.52=-1.82\ \mathrm{kJ\cdot mol^{-1}}$$

**例5.5** 复相反应 $2CuBr_2(s)\rightleftharpoons 2CuBr(s)+Br_2(g)$, 在 487 K 下达平衡时 $p_{\mathrm{Br_2}}=0.046p^{\ominus}$。现有 10 L 容器, 其中装有过量 $CuBr_2(s)$, 并加入 0.1 mol $I_2(g)$。由于发生均相反应 $Br_2(g)+I_2(g)\rightleftharpoons 2BrI(g)$, 使系统在 487 K 平衡时总压 $p=0.746\times p^{\ominus}$。求反应 $Br_2(g)+I_2(g)\rightleftharpoons 2BrI(g)$ 在 487 K 时的平衡常数。

**解**: 加入 $I_2(g)$ 以前, $Br_2(g)$ 的物质的量可以通过理想气体状态方程式求得, 即

$$n_{\mathrm{Br_2}}=\frac{pV}{RT}=\frac{0.046\times 100\ \mathrm{kPa}\times 10\ \mathrm{dm^3}}{8.314\ \mathrm{J\cdot mol^{-1}\cdot K^{-1}}\times 487\ \mathrm{K}}=0.01136\ \mathrm{mol}$$

$$\begin{array}{ccccc}2\mathrm{CuBr_2(s)} & \rightleftharpoons & 2\mathrm{CuBr(s)} & + & \mathrm{Br_2(g)}\\ & & & & 0.01136\end{array}\qquad\text{(a)}$$

$$\begin{array}{ccccc}\mathrm{Br_2(g)} & + & \mathrm{I_2(g)} & \rightleftharpoons & 2\mathrm{BrI(g)}\\ 0.01136 & & 0.1-x & & 2x\end{array}\qquad\text{(b)}$$

在加入 $I_2(g)$ 后, 反应 (a) 中的 $Br_2(g)$ 被反应 (b) 所消耗, 反应 (a) 平衡发生移动, 但由于过量 $CuBr_2(s)$ 的存在, 系统中 $p_{\mathrm{Br_2}}$ 不会改变。因此, 平衡时各物的量可表示如上, $2x$ mol 表示 BrI(g) 的物质的量, 平衡系统中总的物质的量为 $(0.11136+x)$ mol。利用理想气体状态方程式可求出 $x$。

$$pV=n_{总}RT$$

$$0.746\times 100\ \mathrm{kPa}\times 10\ \mathrm{dm^3}=(0.11136+x)\ \mathrm{mol}\times 8.314\ \mathrm{J\cdot mol^{-1}\cdot K^{-1}}\times 487\ \mathrm{K}$$

解得
$$x=0.0729$$

$$K_p^{\ominus}=\frac{\left(\dfrac{p_{\mathrm{BrI}}}{p^{\ominus}}\right)^2}{\dfrac{p_{\mathrm{Br_2}}}{p^{\ominus}}\cdot\dfrac{p_{\mathrm{I_2}}}{p^{\ominus}}}=\frac{\left(\dfrac{px_{\mathrm{BrI}}}{p^{\ominus}}\right)^2}{\dfrac{px_{\mathrm{Br_2}}}{p^{\ominus}}\cdot\dfrac{px_{\mathrm{I_2}}}{p^{\ominus}}}=\frac{x_{\mathrm{BrI}}^2}{x_{\mathrm{Br_2}}\cdot x_{\mathrm{I_2}}}=\frac{n_{\mathrm{BrI}}^2}{n_{\mathrm{Br_2}}\cdot n_{\mathrm{I_2}}}$$

$$= \frac{4x^2}{(0.1-x)\times 0.01136} = \frac{4\times(0.0729)^2}{(0.1-0.0729)\times 0.01136} = 69.1$$

**另解**: 设平衡时 BrI(g) 的分压为 $p_{\text{BrI}}$, 则有

$$\begin{array}{ccccc} \text{Br}_2(\text{g}) + & \text{I}_2(\text{g}) & \rightleftharpoons & 2\text{BrI}(\text{g}) \\ p_{\text{Br}_2} & p^0_{\text{I}_2} - \dfrac{p_{\text{BrI}}}{2} & & p_{\text{BrI}} \end{array}$$

其中

$$p_{\text{Br}_2} = 0.046p^{\ominus} = 0.046\times 100\ \text{kPa} = 4.6\ \text{kPa}$$

$$p^0_{\text{I}_2} = \frac{0.1\ \text{mol}\times 8.314\ \text{J}\cdot\text{mol}^{-1}\cdot\text{K}^{-1}\times 487\ \text{K}}{10\ \text{dm}^3} = 40.5\ \text{kPa}$$

现 $$p_{\text{总}} = 0.746p^{\ominus} = 0.746\times 100\ \text{kPa} = 74.6\ \text{kPa}$$

所以 $$p_{\text{BrI}} = 2(p_{\text{总}} - p_{\text{Br}_2} - p^0_{\text{I}_2}) = 2\times(74.6-4.6-40.5)\ \text{kPa} = 59.0\ \text{kPa}$$

$$K_p^{\ominus} = \frac{\left(\dfrac{p_{\text{BrI}}}{p^{\ominus}}\right)^2}{\dfrac{p_{\text{Br}_2}}{p^{\ominus}}\cdot\dfrac{p_{\text{I}_2}}{p^{\ominus}}} = \frac{p^2_{\text{BrI}}}{p_{\text{Br}_2}\left(p^0_{\text{I}_2} - \dfrac{p_{\text{BrI}}}{2}\right)} = \frac{(59.0\ \text{kPa})^2}{4.6\ \text{kPa}\times\left(40.5-\dfrac{1}{2}\times 59.0\right)\text{kPa}} = 68.8$$

例 5.4 和例 5.5 均涉及已知平衡时的浓度 (分压), 求反应的平衡常数问题, 这是从实验中获得平衡常数的方法。由于实验中直接测定的物理量不同, 如测定系统的总压 $p$、密度 $\rho$、平均摩尔质量 $\overline{M}$、解离度 $\alpha$ 等, 需从所测定的物理量求算平衡时的浓度 (分压), 再计算平衡常数, 在此过程中平衡时各物理量的正确表示是关键。

**例5.6** 将 $N_2$(g) 和 $H_2$(g) 按 1∶3 混合生成 $NH_3$(g), 证明当 $x \ll 1$ 时, 平衡时 $NH_3$(g) 的摩尔分数 $x$ 与总压 $p$ 成正比 (设气体为理想气体)。

**解**: 合成氨反应由于反应前后物质的量不相等, 总压对平衡浓度有影响。只要正确写出 $K_p^{\ominus}$ 和平衡浓度的关系式, 在此关系式中必然反映出总压 $p$ 和平衡浓度的关系。

反应平衡时各物质的浓度表示为

$$\begin{array}{lcccc} & \text{N}_2(\text{g}) + & 3\text{H}_2(\text{g}) & \rightleftharpoons & 2\text{NH}_3(\text{g}) \\ \text{开始时} & \dfrac{1}{4} & \dfrac{3}{4} & & \\ \text{平衡时} & \dfrac{1-x}{4} & \dfrac{3(1-x)}{4} & & x \end{array}$$

设总压为 $p$, $x$ 为平衡时 $NH_3$(g) 的摩尔分数。

$$K_p^{\ominus} = \frac{\left(\dfrac{p_{\text{NH}_3}}{p^{\ominus}}\right)^2}{\dfrac{p_{\text{N}_2}}{p^{\ominus}}\left(\dfrac{p_{\text{H}_2}}{p^{\ominus}}\right)^3} = \frac{\left(\dfrac{px_{\text{NH}_3}}{p^{\ominus}}\right)^2}{\dfrac{px_{\text{N}_2}}{p^{\ominus}}\left(\dfrac{px_{\text{H}_2}}{p^{\ominus}}\right)^3} = \frac{x^2}{\left(\dfrac{1-x}{4}\right)\left[\dfrac{3(1-x)}{4}\right]^3}\left(\frac{p^{\ominus}}{p}\right)^2$$

$$= \frac{256x^2}{27(1-x)^4}\left(\frac{p^{\ominus}}{p}\right)^2$$

当 $x \ll 1$ 时, $1-x \approx 1$, 则

$$K_p^{\ominus} = \frac{256x^2}{27}\left(\frac{p^{\ominus}}{p}\right)^2 \qquad x = \sqrt{\frac{27K_p^{\ominus}}{256}\cdot\frac{p}{p^{\ominus}}}$$

又理想气体 $K_p^{\ominus}$ 只是温度的函数, 在此为常数, 即 $x=$ 常数 $\times p$, $x$ 与 $p$ 成正比。

**例5.7** 298 K 时, 反应 $N_2O_4(g) \rightleftharpoons 2NO_2(g)$ 的 $K_p^{\ominus}=0.155$。

(1) 求总压为 $p^{\ominus}$ 时 $N_2O_4(g)$ 的解离度。

(2) 求总压为 $\frac{1}{2}p^{\ominus}$ 时 $N_2O_4(g)$ 的解离度。

(3) 求总压为 $p^{\ominus}$、解离前 $N_2O_4(g)$ 和 $N_2(g)$ (惰性气体) 的摩尔比为 1∶1 时 $N_2O_4(g)$ 的解离度。

**解**: 上述反应由于反应物和产物物质的量不同, 因此改变压力和加入惰性气体均要改变平衡浓度, 但对 $K_p^{\ominus}$ 无影响。

(1) $N_2O_4(g) \rightleftharpoons 2NO_2(g)$

| | $N_2O_4(g)$ | $2NO_2(g)$ |
|---|---|---|
| 开始时 | 1 | 0 |
| 平衡时 | $1-\alpha$ | $2\alpha$ |

$\alpha$ 为解离度, 平衡时总物质的量为 $(1+\alpha)$。

$$K_p^{\ominus} = \frac{\left(\frac{p_{NO_2}}{p^{\ominus}}\right)^2}{\frac{p_{N_2O_4}}{p^{\ominus}}} = \frac{\left(\frac{px_{NO_2}}{p^{\ominus}}\right)^2}{\frac{px_{N_2O_4}}{p^{\ominus}}} = \frac{\left(\frac{2\alpha}{1+\alpha}\right)^2}{\frac{1-\alpha}{1+\alpha}}\cdot\frac{p}{p^{\ominus}} = \frac{4\alpha^2}{(1-\alpha^2)}\cdot\frac{p}{p^{\ominus}}$$

当 $p=p^{\ominus}$ 时, 有
$$K_p^{\ominus}=\frac{4\alpha^2}{1-\alpha^2}=0.155$$
解得
$$\alpha = 0.193$$

(2) 同理, 当 $p=\frac{1}{2}p^{\ominus}$ 时, 则有
$$\frac{2\alpha^2}{1-\alpha^2}=0.155$$
解得
$$\alpha=0.268$$

(3) 加入惰性气体 $N_2(g)$ 后, 平衡时总物质的量为 $(2+\alpha)$, 则

$$K_p^{\ominus} = \frac{\left(\frac{2\alpha}{2+\alpha}\right)^2}{\frac{1-\alpha}{2+\alpha}}\cdot\frac{p}{p^{\ominus}} = \frac{4\alpha^2}{(1-\alpha)(2+\alpha)}\cdot\frac{p}{p^{\ominus}}$$

当 $p=p^{\ominus}$ 时, 有
$$K_p^{\ominus}=\frac{4\alpha^2}{(1-\alpha)(2+\alpha)}=0.155$$
解得
$$\alpha=0.255$$

**例5.8** 293.2 K 时 $O_2(g)$ 在水中的 Henry 定律常数 $k_m = 3.93\times10^6\ \text{kPa·kg·mol}^{-1}$, 求 303.2 K 时空气中 $O_2(g)$ 在水中的溶解度。已知 293.2～303.2 K 时 $O_2(g)$ 在水中溶解热为 $-13.04\ \text{kJ·mol}^{-1}$。

**解**: Henry 定律常数可看成下列反应的经验平衡常数。

$$O_2(\text{溶液}) \rightleftharpoons O_2(g) \qquad k_m = \frac{p_{O_2}}{m_{O_2}}$$

因此本题实质上是讨论温度对平衡常数的影响, 则有

$$\ln\frac{k_m(T_2)}{k_m(T_1)}=\frac{\Delta_{\rm sol}H_{\rm m}}{R}\left(\frac{1}{T_1}-\frac{1}{T_2}\right)$$

$$\ln\frac{k_m(303.2\ {\rm K})}{k_m(293.2\ {\rm K})}=\frac{13040\ {\rm J\cdot mol^{-1}}}{8.314\ {\rm J\cdot mol^{-1}\cdot K^{-1}}}\times\left(\frac{1}{293.2\ {\rm K}}-\frac{1}{303.2\ {\rm K}}\right)=0.1764$$

$$k_m(303.2\ {\rm K})=4.69\times10^6\ {\rm kPa\cdot kg\cdot mol^{-1}}$$

由 Henry 定律常数可求平衡时溶液中 $O_2$ 的质量摩尔浓度:

$$m_{\rm O_2}=\frac{p_{\rm O_2}}{k_m(303.2\ {\rm K})}=\frac{101.325\ {\rm kPa}\times0.21}{4.69\times10^6\ {\rm kPa\cdot kg\cdot mol^{-1}}}=4.5\times10^{-6}\ {\rm mol\cdot kg^{-1}}$$

由平衡常数计算平衡浓度是平衡常数一大用处。本题和上题中显示了压力、温度和惰性气体对平衡的影响。本题还可以推广, 用来计算温度对固体溶解度、液体蒸气压及固体解离压的影响。

**例5.9** 已知在 298 K 时下列物质的 $\Delta_{\rm f}H_{\rm m}^{\ominus}$ 和 $S_{\rm m}^{\ominus}$:

| | $SO_3$(g) | $SO_2$(g) | $O_2$(g) |
|---|---|---|---|
| $\Delta_{\rm f}H_{\rm m}^{\ominus}/({\rm kJ\cdot mol^{-1}})$ | −395.72 | −296.830 | 0 |
| $S_{\rm m}^{\ominus}/({\rm J\cdot mol^{-1}\cdot K^{-1}})$ | 256.76 | 248.22 | 205.138 |

总压力为 $p^{\ominus}$, 反应前气体中含 $SO_2$(g) (摩尔分数) 0.06, $O_2$(g) (摩尔分数) 0.12, 其余为惰性气体, 求反应 $SO_2(g)+\frac{1}{2}O_2(g)\rightleftharpoons SO_3(g)$:

(1) 在 298 K 时的平衡常数 $K_p^{\ominus}$。

(2) 在什么温度反应达平衡时有 80% 的 $SO_2$(g) 被转化? (设反应 $\Delta_{\rm r}C_p=0$。)

**解**: (1) $\Delta_{\rm r}H_{\rm m}^{\ominus}=\Delta_{\rm f}H_{\rm m}^{\ominus}({\rm SO_3,g})-\Delta_{\rm f}H_{\rm m}^{\ominus}({\rm SO_2,g})-\frac{1}{2}\Delta_{\rm f}H_{\rm m}^{\ominus}({\rm O_2,g})$

$$=(-395.72+296.830-\frac{1}{2}\times0)\ {\rm kJ\cdot mol^{-1}}=-98.89\ {\rm kJ\cdot mol^{-1}}$$

$$\Delta_{\rm r}S_{\rm m}^{\ominus}=S_{\rm m}^{\ominus}({\rm SO_3,g})-S_{\rm m}^{\ominus}({\rm SO_2,g})-\frac{1}{2}S_{\rm m}^{\ominus}({\rm O_2,g})$$

$$=\left(256.76-248.22-\frac{1}{2}\times205.138\right)\ {\rm J\cdot mol^{-1}\cdot K^{-1}}=-94.029\ {\rm J\cdot mol^{-1}\cdot K^{-1}}$$

$$\Delta_{\rm r}G_{\rm m}^{\ominus}(298\ {\rm K})=\Delta_{\rm r}H_{\rm m}^{\ominus}-T\Delta_{\rm r}S_{\rm m}^{\ominus}$$

$$=-98.89\ {\rm kJ\cdot mol^{-1}}-298\ {\rm K}\times(-94.029\ {\rm J\cdot mol^{-1}\cdot K^{-1}})=-70869.36\ {\rm J\cdot mol^{-1}}$$

$$K_p^{\ominus}=\exp\left(-\frac{\Delta_{\rm r}G_{\rm m}^{\ominus}}{RT}\right)=\exp\left(-\frac{-70869.36\ {\rm J\cdot mol^{-1}}}{8.314\ {\rm J\cdot mol^{-1}\cdot K^{-1}}\times298\ {\rm K}}\right)=2.65\times10^{12}$$

(2) 设平衡温度为 $T$, 因为题中已假设反应的 $\Delta_{\rm r}C_p=0$, 故 $\Delta_{\rm r}H_{\rm m}^{\ominus}$ 和 $\Delta_{\rm r}S_{\rm m}^{\ominus}$ 均与温度无关。则有

$$\Delta_{\rm r}G_{\rm m}^{\ominus}(T)=\Delta_{\rm r}H_{\rm m}^{\ominus}(298\ {\rm K})-T\Delta_{\rm r}S_{\rm m}^{\ominus}(298\ {\rm K})=-RT\ln K_p^{\ominus}(T)$$

在转化率为 80% 时, 反应的 $K_p^{\ominus}$ 求算如下:

$$
\begin{array}{lcccc}
 & SO_2(g) & + \quad \frac{1}{2}O_2(g) & \rightleftharpoons \quad SO_3(g) & \text{惰性气体} \\
\text{开始时} & 6 & 12 & 0 & 82 \\
\text{平衡时} & 6(1-0.8) & 12-3\times 0.8 & 6\times 0.8 & 82
\end{array}
$$

平衡时总物质的量为 97.6 mol。

$$
K_p^{\ominus} = \frac{\dfrac{p_{SO_3}}{p^{\ominus}}}{\dfrac{p_{SO_2}}{p^{\ominus}} \cdot \left(\dfrac{p_{O_2}}{p^{\ominus}}\right)^{1/2}} = \frac{\dfrac{px_{SO_3}}{p^{\ominus}}}{\dfrac{px_{SO_2}}{p^{\ominus}} \cdot \left(\dfrac{px_{O_2}}{p^{\ominus}}\right)^{1/2}} = \frac{x_{SO_3}}{x_{SO_2}x_{O_2}^{1/2}} \cdot \left(\frac{p^{\ominus}}{p}\right)^{1/2}
$$

$$
= \frac{\dfrac{6\times 0.8\ \text{mol}}{97.6\ \text{mol}}}{\dfrac{6\times 0.2\ \text{mol}}{97.6\ \text{mol}} \times \left[\dfrac{(12-3\times 0.8)\ \text{mol}}{97.6\ \text{mol}}\right]^{1/2}} = 12.75
$$

代入上式得

$$
-98.89\times 10^3\ \text{J}\cdot\text{mol}^{-1} + T\times 94.029\ \text{J}\cdot\text{mol}^{-1}\cdot\text{K}^{-1} = -8.314\ \text{J}\cdot\text{mol}^{-1}\cdot\text{K}^{-1}\times T\times \ln 12.75
$$

解得

$$
T = 858\ \text{K}
$$

**例5.10**　在催化剂作用下, 乙烯气体通过水柱生成乙醇水溶液反应为

$$
C_2H_4(g) + H_2O(l) \rightleftharpoons C_2H_5OH(aq)
$$

已知 298 K 时纯乙醇的饱和蒸气压为 $7.6\times 10^3$ Pa, 其标准态 $c^{\ominus}_{C_2H_5OH} = 1\ \text{mol}\cdot\text{dm}^{-3}$ 时平衡蒸气压为 $5.33\times 10^2$ Pa。已知 298 K 时各物质的 $\Delta_f G_m^{\ominus}$ 数据: $C_2H_5OH(l)$ 为 $-174.8\ \text{kJ}\cdot\text{mol}^{-1}$; $H_2O(l)$ 为 $-237.129\ \text{kJ}\cdot\text{mol}^{-1}$; $C_2H_4(g)$ 为 $68.4\ \text{kJ}\cdot\text{mol}^{-1}$。求反应的平衡常数。

**解**: 反应的 $\Delta_r G_m^{\ominus}$ 可由各物的标准摩尔生成 Gibbs 自由能求出。

$$
\Delta_r G_m^{\ominus} = \Delta_f G_m^{\ominus}(C_2H_5OH, c=1\ \text{mol}\cdot\text{dm}^{-3}) - \Delta_f G_m^{\ominus}(H_2O,l) - \Delta_f G_m^{\ominus}(C_2H_4,g)
$$

在条件中没有给出 $\Delta_f G_m^{\ominus}(C_2H_5OH, c=1\ \text{mol}\cdot\text{dm}^{-3})$ 的数据, 但此值可通过如下过程求得。

$$
\begin{array}{ccc}
C_2H_5OH(l) & \xrightarrow{\Delta G_1} & C_2H_5OH(c=1\ \text{mol}\cdot\text{dm}^{-3}) \\
\Delta G_2 \downarrow & & \uparrow \Delta G_4 \\
C_2H_5OH(g, 7.6\times 10^3\ \text{Pa}) & \xrightarrow{\Delta G_3} & C_2H_5OH(g, 5.33\times 10^2\ \text{Pa})
\end{array}
$$

$$
\Delta G_1 = \Delta G_2 + \Delta G_3 + \Delta G_4 = 0 + RT\ln\frac{5.33\times 10^2\ \text{Pa}}{7.6\times 10^3\ \text{Pa}} + 0 = -6.584\ \text{kJ}\cdot\text{mol}^{-1}
$$

因为

$$
\Delta G_1 = \Delta_f G_m^{\ominus}(C_2H_5OH, c=1\ \text{mol}\cdot\text{dm}^{-3}) - \Delta_f G_m^{\ominus}(C_2H_5OH, l)
$$

所以 $\Delta_f G_m^{\ominus}(C_2H_5OH, c=1\ \text{mol}\cdot\text{dm}^{-3}) = \Delta G_1 + \Delta_f G_m^{\ominus}(C_2H_5OH, l)$

$$
= -6.584\ \text{kJ}\cdot\text{mol}^{-1} - 174.8\ \text{kJ}\cdot\text{mol}^{-1} = -181.384\ \text{kJ}\cdot\text{mol}^{-1}
$$

再代入上面计算反应 $\Delta_r G_m^{\ominus}$ 的表达式, 可求得

$$
\begin{aligned}
\Delta_r G_m^{\ominus} &= \Delta_f G_m^{\ominus}(C_2H_5OH, c=1\ \text{mol}\cdot\text{dm}^{-3}) - \Delta_f G_m^{\ominus}(H_2O,l) - \Delta_f G_m^{\ominus}(C_2H_4,g) \\
&= -181.384\ \text{kJ}\cdot\text{mol}^{-1} + 237.129\ \text{kJ}\cdot\text{mol}^{-1} - 68.4\ \text{kJ}\cdot\text{mol}^{-1} = -12.655\ \text{kJ}\cdot\text{mol}^{-1}
\end{aligned}
$$

$$K_p^{\ominus}=\exp\left(-\frac{\Delta_r G_m^{\ominus}}{RT}\right)=\exp\left(-\frac{-12.655\times10^3\ \mathrm{J\cdot mol^{-1}}}{8.314\ \mathrm{J\cdot mol^{-1}\cdot K^{-1}}\times298\ \mathrm{K}}\right)=165.3$$

平衡常数 $K^{\ominus}$ 可由反应的 $\Delta_r G_m^{\ominus}$ 求得, 而 $\Delta_r G_m^{\ominus}$ 值可由标准摩尔生成 Gibbs 自由能表值, 或由标准摩尔生成焓和标准摩尔熵表值计算而得。在计算时, 需注意物质在溶液中的标准摩尔生成 Gibbs 自由能值不同于纯态时的值, 因此必须进行换算。在换算时需知蒸气压数据或饱和溶解度数据。

**例5.11** 蒸馏水放在敞开容器中将导致空气中的 $CO_2(g)$ 溶入水中从而改变水的 pH, 使其偏离 7, 试计算 298 K 时, 当空气中的 $CO_2(g)$ 分压为 $4\times10^{-3}\times101325$ Pa 时, 该蒸馏水的 pH。已知 298 K 时, $CO_2(g)$ 的压力 101325 Pa 时, 0.100 $\mathrm{dm^3}$ 水中含有 $1.45\times10^{-3}$ g 分子状态的 $CO_2$。溶液中存在下列两个平衡:

$$H_2O(l) \rightleftharpoons H^+(aq)+OH^-(aq)$$

$$CO_2(aq)+H_2O(l) \rightleftharpoons H^+(aq)+HCO_3^-(aq)$$

纯水的离子积常数 $K_w=10^{-14}$。已知:

| | $H_2O(l)$ | $HCO_3^-(aq)$ | $CO_2(aq)$ |
|---|---|---|---|
| $\Delta_f G_m^{\ominus}(298\ \mathrm{K})/(\mathrm{kJ\cdot mol^{-1}})$ | −237.129 | −586.8 | −386.02 |

**解**:

$$H_2O(l) \rightleftharpoons H^+(aq)+OH^-(aq) \qquad \text{(a)}$$

$$a_{H_2O}=1 \qquad x+y \qquad x$$

$$CO_2(aq)+\ H_2O(l) \rightleftharpoons H^+(aq)+HCO_3^-(aq) \qquad \text{(b)}$$

$$c_{CO_2} \qquad a_{H_2O}=1 \qquad x+y \qquad y$$

在反应 (b) 中, $CO_2$ 在水中分子状态的浓度与水面上的 $CO_2$ 分压呈平衡状态, 只要温度恒定, 则在水中呈分子状态的 $CO_2$ 的浓度不变。将溶液视为理想稀溶液, 则水中 $CO_2$ 的浓度与液面上 $CO_2$ 分压之间的关系应符合 Henry 定律。根据题给数据, 可先求出 Henry 定律常数 $k_c$, 即

$$101325\ \mathrm{Pa}=k_c\times\frac{1.45\times10^{-3}\ \mathrm{g}/M_{CO_2}}{0.100\ \mathrm{dm^3}}$$

解得 $$k_c=3.07\times10^8\ \mathrm{Pa\cdot mol^{-1}\cdot dm^3}$$

当空气中的 $CO_2(g)$ 分压为 $4\times10^{-3}\times101325$ Pa 时, $CO_2$ 在水中分子状态的浓度为

$$c_{CO_2}=\frac{p_{CO_2}}{k_c}=\frac{4\times10^{-3}\times101325\ \mathrm{Pa}}{3.07\times10^8\ \mathrm{Pa\cdot mol^{-1}\cdot dm^3}}=1.32\times10^{-6}\ \mathrm{mol\cdot dm^{-3}}$$

$$\begin{aligned}\Delta_r G_m^{\ominus}(2)&=\Delta_f G_m^{\ominus}(H^+,c^{\ominus})+\Delta_f G_m^{\ominus}(HCO_3^-,c^{\ominus})-\Delta_f G_m^{\ominus}(CO_2,c^{\ominus})-\Delta_f G_m^{\ominus}(H_2O,l)\\&=[0+(-586.8)-(-386.02)-(-237.129)]\ \mathrm{kJ\cdot mol^{-1}}=36.35\ \mathrm{kJ\cdot mol^{-1}}\end{aligned}$$

$$K_c^{\ominus}(2)=\exp\left[-\frac{\Delta_r G_m^{\ominus}(2)}{RT}\right]=\exp\left(-\frac{36350\ \mathrm{J\cdot mol^{-1}}}{8.314\ \mathrm{J\cdot mol^{-1}\cdot K^{-1}}\times298\ \mathrm{K}}\right)=4.28\times10^{-7}$$

因为 $K_c^{\ominus}(1)=\dfrac{\dfrac{x+y}{c^{\ominus}}\cdot\dfrac{x}{c^{\ominus}}}{a_{H_2O}}=1\times10^{-14}$ $\quad K_c^{\ominus}(2)=\dfrac{\dfrac{x+y}{c^{\ominus}}\cdot\dfrac{y}{c^{\ominus}}}{\dfrac{c_{CO_2}}{c^{\ominus}}\cdot a_{H_2O}}=4.28\times10^{-7}$

所以 $(x+y)x=1\times10^{-14}(\text{mol}\cdot\text{dm}^{-3})^2$ $\quad (x+y)y=5.607\times10^{-13}\ (\text{mol}\cdot\text{dm}^{-3})^2$

联立两式解得

$$[OH^-]=x=1.32\times10^{-8}\ \text{mol}\cdot\text{dm}^{-3}$$

$$[H^+]=x+y=\frac{K_w}{[OH^-]}(c^{\ominus})^2=7.57\times10^{-7}\ \text{mol}\cdot\text{dm}^{-3}$$

$$\text{pH}=-\lg a_{H^+}=-\lg\left(\frac{\gamma_{H^+}c_{H^+}}{c^{\ominus}}\right)=-\lg\left(\frac{1\times7.57\times10^{-7}}{1}\right)=6.12$$

**例5.12** 一个可能大规模制备氢气的方法是将 $CH_4(g)$ 和 $H_2O(g)$ 的混合气通过灼热的催化剂床, 若原料气组成的摩尔比 $n_{H_2O}:n_{CH_4}=5:1$, 温度为 873 K, 压力为 100 kPa, 并假设只发生如下两个反应:

(1) $CH_4(g)+H_2O(g)\rightleftharpoons CO(g)+3H_2(g)\quad \Delta_rG_m^{\ominus}(1)=4.435\ \text{kJ}\cdot\text{mol}^{-1}$

(2) $CO(g)+H_2O(g)\rightleftharpoons CO_2(g)+H_2(g)\quad \Delta_rG_m^{\ominus}(2)=-6.633\ \text{kJ}\cdot\text{mol}^{-1}$

试计算达到平衡并除去 $H_2O(g)$ 后, 平衡干气的组成 (用摩尔分数表示)。

**解**: 首先求出两反应的 $K_p^{\ominus}$, 有

$$K_p^{\ominus}(1)=\exp\left[-\frac{\Delta_rG_m^{\ominus}(1)}{RT}\right]=\exp\left(-\frac{4.435\times10^3\ \text{J}\cdot\text{mol}^{-1}}{8.314\ \text{J}\cdot\text{mol}^{-1}\cdot\text{K}^{-1}\times873\ \text{K}}\right)=0.543$$

$$K_p^{\ominus}(2)=\exp\left[-\frac{\Delta_rG_m^{\ominus}(2)}{RT}\right]=\exp\left(-\frac{-6.633\times10^3\ \text{J}\cdot\text{mol}^{-1}}{8.314\ \text{J}\cdot\text{mol}^{-1}\cdot\text{K}^{-1}\times873\ \text{K}}\right)=2.494$$

设两反应同时达平衡, 则有下列关系:

$$\begin{array}{ccccc} CH_4(g) & + & H_2O(g) & \rightleftharpoons & CO(g)\ +\ 3H_2(g) \\ 1\ \text{mol}-x & & 5\ \text{mol}-x-y & & x-y\qquad 3x+y \end{array}\qquad(1)$$

$$\begin{array}{ccccc} CO(g) & + & H_2O(g) & \rightleftharpoons & CO_2(g)\ +\ H_2(g) \\ x-y & & 5\ \text{mol}-x-y & & y\qquad 3x+y \end{array}\qquad(2)$$

$$n_{总}=n_{CH_4}+n_{H_2O}+n_{CO}+n_{H_2}+n_{CO_2}=6\ \text{mol}+2x$$

$$K_p^{\ominus}(1)=\frac{\dfrac{x-y}{6\ \text{mol}+2x}\cdot\left(\dfrac{3x+y}{6\ \text{mol}+2x}\right)^3}{\dfrac{1\ \text{mol}-x}{6\ \text{mol}+2x}\cdot\dfrac{5\ \text{mol}-x-y}{6\ \text{mol}+2x}}=0.543$$

$$K_p^{\ominus}(2)=\frac{\dfrac{y}{6\ \text{mol}+2x}\cdot\dfrac{3x+y}{6\ \text{mol}+2x}}{\dfrac{x-y}{6\ \text{mol}+2x}\cdot\dfrac{5\ \text{mol}-x-y}{6\ \text{mol}+2x}}=2.494$$

联立两方程, 可求得 $x = 0.911\ \text{mol} \qquad y = 0.653\ \text{mol}$

除去 $H_2O(g)$ 后, 则

$$n'_{总} = n_{CH_4} + n_{CO} + n_{H_2} + n_{CO_2} = (1\ \text{mol} - x) + (x - y) + (3x + y) + y$$
$$= 1\ \text{mol} + 3x + y = 4.386\ \text{mol}$$

$$x_{CH_4} = \frac{n_{CH_4}}{n'_{总}} = \frac{1\ \text{mol} - x}{4.386\ \text{mol}} = 0.0203$$

$$x_{CO} = \frac{n_{CO}}{n'_{总}} = \frac{x - y}{4.386\ \text{mol}} = 0.0588$$

$$x_{H_2} = \frac{n_{H_2}}{n'_{总}} = \frac{3x + y}{4.386\ \text{mol}} = 0.772$$

$$x_{CO_2} = \frac{n_{CO_2}}{n'_{总}} = \frac{y}{4.386\ \text{mol}} = 0.149$$

**例5.13** 在 448 ~ 688 K 的温度区间内, 用分光光度计研究下面的气相反应:

$$I_2(g) + 环戊烯\ (g) \rightleftharpoons 2HI(g) + 环戊二烯\ (g)$$

得到标准平衡常数与温度的关系式为 $\ln K_p^\ominus = 17.39 - \dfrac{51034\ \text{K}}{4.575T}$。试计算:

(1) 在 573 K 时反应的 $\Delta_r G_m^\ominus$, $\Delta_r H_m^\ominus$ 和 $\Delta_r S_m^\ominus$;

(2) 若开始以等物质的量的 $I_2(g)$ 和环戊烯 (g) 混合, 温度为 573 K, 起始总压为 100 kPa, 求达平衡时 $I_2(g)$ 的分压;

(3) 起始总压为 1000 kPa, 求达平衡时 $I_2(g)$ 的分压。

**解**: (1) $\Delta_r G_m^\ominus = -RT\ln K_p^\ominus = -RT\left(17.39 - \dfrac{51034\ \text{K}}{4.575T}\right)$

$$= 92742.44\ \text{J}\cdot\text{mol}^{-1} - (144.58\ \text{J}\cdot\text{mol}^{-1}\cdot\text{K}^{-1}) \times T$$

当 $T = 573$ K, 根据上式可求得

$$\Delta_r G_m^\ominus(573\ \text{K}) = 9.90\ \text{kJ}\cdot\text{mol}^{-1}$$

$$\Delta_r S_m^\ominus = -\left(\frac{\partial \Delta_r G_m^\ominus}{\partial T}\right)_p = 144.58\ \text{J}\cdot\text{mol}^{-1}\cdot\text{K}^{-1}$$

$$\Delta_r H_m^\ominus = -T^2\left[\frac{\partial(\Delta_r G_m^\ominus/T)}{\partial T}\right]_p = 92742.44\ \text{J}\cdot\text{mol}^{-1}$$

(2) $K_p^\ominus(573\ \text{K}) = \exp\left[-\dfrac{\Delta_r G_m^\ominus(573\ \text{K})}{RT}\right] = \exp\left(-\dfrac{9.90 \times 10^3\ \text{J}\cdot\text{mol}^{-1}}{8.314\ \text{J}\cdot\text{mol}^{-1}\cdot\text{K}^{-1} \times 573\ \text{K}}\right) = 0.125$

$$I_2(g) \quad + 环戊烯\ (g) \rightleftharpoons 2HI(g) + 环戊二烯\ (g)$$

平衡时 $\quad \dfrac{p^\ominus}{2} - p_2 \quad \dfrac{p^\ominus}{2} - p_2 \quad 2p_2 \quad p_2$

其中 $p_2$ 为平衡时环戊二烯的分压。则有

$$K_p^\ominus = \frac{\left(\dfrac{p_{HI}}{p^\ominus}\right)^2 \cdot \dfrac{p_{环戊二烯}}{p^\ominus}}{\dfrac{p_{I_2}}{p^\ominus} \cdot \dfrac{p_{环戊烯}}{p^\ominus}} = \frac{4p_2^3}{\left(\dfrac{p^\ominus}{2} - p_2\right)^2 \cdot p^\ominus} = 0.125$$

解得
$$p_2 = 0.155p^\ominus$$

$$p_{I_2} = \frac{p^\ominus}{2} - 0.155p^\ominus = 0.345p^\ominus = 34.5\ \text{kPa}$$

(3) 当起始总压为 1000 kPa, 即 $10p^\ominus$ 时, 则有

$$p_{I_2} = p_{环戊烯} = 5p^\ominus - p_2$$

$$K_p^\ominus = \frac{\left(\dfrac{p_{HI}}{p^\ominus}\right)^2 \cdot \dfrac{p_{环戊二烯}}{p^\ominus}}{\dfrac{p_{I_2}}{p^\ominus} \cdot \dfrac{p_{环戊烯}}{p^\ominus}} = \frac{4p_2^3}{(5p^\ominus - p_2)^2 \cdot p^\ominus} = 0.125$$

可解得
$$p_2 = 0.818p^\ominus$$
$$p_{I_2} = 5p^\ominus - p_2 = 4.182p^\ominus = 418.2\ \text{kPa}$$

# 三、习题及解答

**5.1** 反应 $C(s) + 2H_2(g) \rightleftharpoons CH_4(g)$ 在 1000 K 时的 $\Delta_r G_m^\ominus = 19.290\ \text{kJ}\cdot\text{mol}^{-1}$, 若参加反应的气体是由 10% $CH_4$, 80% $H_2$ 和 10% $N_2$ (均为体积百分数) 所组成的, 总压为 100 kPa, 试计算该反应在上述条件下的 $\Delta_r G_m$, 并判断反应的方向。

**解:** $\Delta_r G_m = \Delta_r G_m^\ominus + RT\ln Q_p = \Delta_r G_m^\ominus + RT\ln\left[\dfrac{p_{CH_4}/p^\ominus}{(p_{H_2}/p^\ominus)^2}\right]$

$$= 19290\ \text{J}\cdot\text{mol}^{-1} + 8.314\ \text{J}\cdot\text{mol}^{-1}\cdot\text{K}^{-1} \times 1000\ \text{K} \times \ln\left[\frac{0.10 \times 100\ \text{kPa}/p^\ominus}{(0.80 \times 100\ \text{kPa}/p^\ominus)^2}\right]$$

$$= 3857\ \text{J}\cdot\text{mol}^{-1} > 0$$

所以不会有甲烷生成。

**5.2** 在合成甲醇过程中有一个水煤气变换工段, 即把 $H_2(g)$ 变换成原料气 $CO(g)$ : $H_2(g) + CO_2(g) \rightleftharpoons CO(g) + H_2O(g)$。现有一混合气体, 其中 $H_2(g)$, $CO_2(g)$, $CO(g)$ 和 $H_2O(g)$ 的分压分别为 20.265 kPa, 20.265 kPa, 50.663 kPa 和 10.133 kPa。已知该反应在 820 ℃ 时的 $K_p^\ominus = 1$。试问:

(1) 在 820 ℃ 时反应能否发生?

(2) 如果把 $CO_2(g)$ 分压提高到 405.30 kPa, $CO(g)$ 的分压提高到 303.98 kPa, 其余不变, 则情况又将怎样?

**解**: (1) 压力较低, 可视为理想气体反应系统。

$$\begin{aligned}\Delta_r G_m &= \Delta_r G_m^\ominus + RT\ln Q_p = -RT\ln K_p^\ominus + RT\ln Q_p \\ &= -RT\ln K_p^\ominus + RT\ln\left[\frac{(p_{CO}/p^\ominus)(p_{H_2O}/p^\ominus)}{(p_{H_2}/p^\ominus)(p_{CO_2}/p^\ominus)}\right] \\ &= 8.314\ \mathrm{J\cdot mol^{-1}\cdot K^{-1}} \times 1093.15\ \mathrm{K} \times \ln\left[\frac{(50.663\ \mathrm{kPa}/p^\ominus)(10.133\ \mathrm{kPa}/p^\ominus)}{(20.265\ \mathrm{kPa}/p^\ominus)(20.265\ \mathrm{kPa}/p^\ominus)}\right] \\ &= 2028.6\ \mathrm{J\cdot mol^{-1}} > 0\end{aligned}$$

故该条件下反应不能自发进行。

(2) $\Delta_r G_m = \Delta_r G_m^\ominus + RT\ln Q_p = -RT\ln K_p^\ominus + RT\ln Q_p = RT\ln Q_p$

$$\begin{aligned}&= 8.314\ \mathrm{J\cdot mol^{-1}\cdot K^{-1}} \times 1093.15\ \mathrm{K} \times \ln\left[\frac{(303.98\ \mathrm{kPa}/p^\ominus)(10.133\ \mathrm{kPa}/p^\ominus)}{(20.265\ \mathrm{kPa}/p^\ominus)(405.30\ \mathrm{kPa}/p^\ominus)}\right] \\ &= -8913.6\ \mathrm{J\cdot mol^{-1}} < 0\end{aligned}$$

故该条件下反应可自发进行。

**5.3** 298 K 时, 有潮湿的空气与 $Na_2HPO_4\cdot 7H_2O(s)$ 接触, 为了使 $Na_2HPO_4\cdot 7H_2O(s)$: (1) 不发生变化; (2) 失去水分 (即风化); (3) 吸收水分 (即潮解), 则空气的相对湿度 (即空气中水蒸气分压与相同温度下纯水的饱和蒸气压之比) 应分别等于多少? 已知 $Na_2HPO_4\cdot 12H_2O(s)$ 与 $Na_2HPO_4\cdot 7H_2O(s)$, $Na_2HPO_4\cdot 7H_2O(s)$ 与 $Na_2HPO_4\cdot 2H_2O(s)$, $Na_2HPO_4\cdot 2H_2O(s)$ 与 $Na_2HPO_4(s)$ 平衡共存时水的蒸气压分别为 2547 Pa, 1935 Pa 和 1307 Pa; 298 K 时纯水的饱和蒸气压为 3167 Pa。

**解**: 根据题意, 有

$$Na_2HPO_4\cdot 12H_2O(s) \rightleftharpoons Na_2HPO_4\cdot 7H_2O(s) + 5H_2O(g) \qquad p_{H_2O} = 2547\ \mathrm{Pa}$$

$$Na_2HPO_4\cdot 7H_2O(s) \rightleftharpoons Na_2HPO_4\cdot 2H_2O(s) + 5H_2O(g) \qquad p_{H_2O} = 1935\ \mathrm{Pa}$$

$$Na_2HPO_4\cdot 2H_2O(s) \rightleftharpoons Na_2HPO_4(s) + 2H_2O(g) \qquad p_{H_2O} = 1307\ \mathrm{Pa}$$

(1) 当水蒸气分压处于 2547 ~ 1935 Pa, 即相对湿度为 $\dfrac{p_{H_2O}}{p^*_{H_2O}} = \dfrac{2547\ \mathrm{Pa}}{3167\ \mathrm{Pa}} = 80.42\%$ 到 $\dfrac{p_{H_2O}}{p^*_{H_2O}} = \dfrac{1935\ \mathrm{Pa}}{3167\ \mathrm{Pa}} = 61.10\%$ 时, $Na_2HPO_4\cdot 7H_2O(s)$ 不发生变化。

(2) 当水蒸气分压处于 1935 ~ 1307 Pa, 即相对湿度为 $\dfrac{p_{H_2O}}{p^*_{H_2O}} = \dfrac{1935\ \mathrm{Pa}}{3167\ \mathrm{Pa}} = 61.10\%$ 到 $\dfrac{p_{H_2O}}{p^*_{H_2O}} = \dfrac{1307\ \mathrm{Pa}}{3167\ \mathrm{Pa}} = 41.27\%$ 时, $Na_2HPO_4\cdot 7H_2O(s)$ 失水生成 $Na_2HPO_4\cdot 2H_2O(s)$。当水蒸气分压小于 1307 Pa, 即相对湿度小于 41.27% 时, $Na_2HPO_4\cdot 2H_2O(s)$ 继续失水生成 $Na_2HPO_4(s)$。

(3) 当水蒸气分压大于 2547 Pa, 即相对湿度大于 80.42% 时, $Na_2HPO_4\cdot 7H_2O(s)$ 吸水潮解。

**5.4** 对于理想气体反应 $2A(g) \rightleftharpoons B(g)$, 已知在 298 K 时, A(g) 和 B(g) 的 $\Delta_f H_m^\ominus$ 分别为 $35.0\ \mathrm{kJ\cdot mol^{-1}}$ 和 $10.0\ \mathrm{kJ\cdot mol^{-1}}$, $S_m^\ominus$ 分别为 $250\ \mathrm{J\cdot mol^{-1}\cdot K^{-1}}$ 和 $300\ \mathrm{J\cdot mol^{-1}\cdot K^{-1}}$, $C_{p,m}^\ominus$ 分别为 $38.0\ \mathrm{J\cdot mol^{-1}\cdot K^{-1}}$ 和 $76.0\ \mathrm{J\cdot mol^{-1}\cdot K^{-1}}$。

(1) 在 310 K, $p^{\ominus}$ 下, 当系统中 $x_{\mathrm{A}}=0.50$ 时, 试通过计算判断反应进行的方向;

(2) 欲使反应与 (1) 中相反方向进行, 当 $T,x_{\mathrm{A}}$ 不变时, 则压力应控制在什么范围? 若 $p,x_{\mathrm{A}}$ 不变, 则温度应控制在什么范围? 若 $T,p$ 不变, 则 $x_{\mathrm{A}}$ 应控制在什么范围?

**解**: (1) $\Delta_{\mathrm{r}}H_{\mathrm{m}}^{\ominus}=\sum\limits_{\mathrm{B}}\nu_{\mathrm{B}}\Delta_{\mathrm{f}}H_{\mathrm{m}}^{\ominus}(\mathrm{B})=(10.0-2\times35)\ \mathrm{kJ\cdot mol^{-1}}=-60\ \mathrm{kJ\cdot mol^{-1}}$

$$\Delta_{\mathrm{r}}S_{\mathrm{m}}^{\ominus}=\sum_{\mathrm{B}}\nu_{\mathrm{B}}S_{\mathrm{m}}^{\ominus}(\mathrm{B})=(300-2\times250)\ \mathrm{J\cdot mol^{-1}\cdot K^{-1}}=-200\ \mathrm{J\cdot mol^{-1}\cdot K^{-1}}$$

$$\Delta_{\mathrm{r}}C_{p,\mathrm{m}}^{\ominus}=\sum_{\mathrm{B}}\nu_{\mathrm{B}}C_{p,\mathrm{m}}^{\ominus}(\mathrm{B})=(76.0-2\times38.0)\ \mathrm{J\cdot mol^{-1}\cdot K^{-1}}=0$$

由于 $\Delta_{\mathrm{r}}C_{p,\mathrm{m}}^{\ominus}=0$, 所以 $\Delta_{\mathrm{r}}H_{\mathrm{m}}^{\ominus}$ 和 $\Delta_{\mathrm{r}}S_{\mathrm{m}}^{\ominus}$ 均与 $T$ 无关。

$$\Delta_{\mathrm{r}}G_{\mathrm{m}}^{\ominus}=\Delta_{\mathrm{r}}H_{\mathrm{m}}^{\ominus}-T\Delta_{\mathrm{r}}S_{\mathrm{m}}^{\ominus}=(-60.0\times10^{3}+200T/\mathrm{K})\ \mathrm{J\cdot mol^{-1}}$$

310 K 时:

$$\begin{aligned}\ln K_{p}^{\ominus}&=-\frac{\Delta_{\mathrm{r}}G_{\mathrm{m}}^{\ominus}}{RT}=-\frac{(-60.0\times10^{3}+200T/\mathrm{K})\ \mathrm{J\cdot mol^{-1}}}{RT}\\&=-\frac{(-60.0\times10^{3}+200\times310)\ \mathrm{J\cdot mol^{-1}}}{8.314\ \mathrm{J\cdot mol^{-1}\cdot K^{-1}}\times310\ \mathrm{K}}=-0.776\end{aligned}$$

$$K_{p}^{\ominus}=0.460$$

$$\Delta_{\mathrm{r}}G_{\mathrm{m}}=-RT\ln K_{p}^{\ominus}+RT\ln Q_{p}$$

$$Q_{p}=\frac{p_{\mathrm{B}}/p^{\ominus}}{(p_{\mathrm{A}}/p^{\ominus})^{2}}=\frac{0.50p^{\ominus}/p^{\ominus}}{(0.50p^{\ominus}/p^{\ominus})^{2}}=2$$

可见 $Q_{p}>K_{p}^{\ominus}$, 即 $\Delta_{\mathrm{r}}G_{\mathrm{m}}>0$, 故反应由 B 向 A 进行。

(2) 欲使反应与 (1) 中相反方向进行, 则 $Q_{p}<K_{p}^{\ominus}$。

当 $T,x_{\mathrm{A}}$ 不变时, 已知 $K_{p}^{\ominus}=0.460$, 则

$$Q_{p}=\frac{p_{\mathrm{B}}/p^{\ominus}}{(p_{\mathrm{A}}/p^{\ominus})^{2}}=\frac{0.50p/p^{\ominus}}{(0.50p/p^{\ominus})^{2}}<0.460$$

解得
$$p>4.35p^{\ominus}$$

若 $p,x_{\mathrm{A}}$ 不变, 即 $Q_{p}$ 不变, 此时可通过改变温度来调节 $K_{p}^{\ominus}$, 使其大于 $Q_{p}$, 即

$$\ln K_{p}^{\ominus}=-\frac{\Delta_{\mathrm{r}}G_{\mathrm{m}}^{\ominus}}{RT}=-\frac{(-60.0\times10^{3}+200T/\mathrm{K})\ \mathrm{J\cdot mol^{-1}}}{RT}>\ln Q_{p}=\ln2$$

解得
$$T<291.6\ \mathrm{K}$$

若 $T,p$ 不变, 则 $K_{p}^{\ominus}=0.460$, 且 $p=p^{\ominus}$, 此时有

$$Q_{p}=\frac{p_{\mathrm{B}}/p^{\ominus}}{(p_{\mathrm{A}}/p^{\ominus})^{2}}=\frac{(1-x_{\mathrm{A}})p^{\ominus}/p^{\ominus}}{(x_{\mathrm{A}}p^{\ominus}/p^{\ominus})^{2}}<0.460$$

解得
$$x_{\mathrm{A}}>0.745$$

**5.5** 已知: $\Delta_f G_m^\ominus(\mathrm{MnO,s})/(\mathrm{J\cdot mol^{-1}}) = -3849\times 10^2 + 74.48T/\mathrm{K}$

$$\Delta_f G_m^\ominus(\mathrm{CO,g})/(\mathrm{J\cdot mol^{-1}}) = -1163\times 10^2 - 83.89T/\mathrm{K}$$

$$\Delta_f G_m^\ominus(\mathrm{CO_2,g})/(\mathrm{J\cdot mol^{-1}}) = -3944\times 10^2$$

试问: (1) 在 0.13333 Pa 的真空条件下, 用炭粉还原 MnO(s) 生成纯 Mn(s) 及 CO(g) 的最低温度是多少?

(2) 在上述条件下, 还原反应能否按 $2\mathrm{MnO(s)} + \mathrm{C(s)} \rightleftharpoons 2\mathrm{Mn(s)} + \mathrm{CO_2(g)}$ 进行?

**解**: (1) 还原反应为 $\mathrm{MnO(s)} + \mathrm{C(s)} \rightleftharpoons \mathrm{Mn(s)} + \mathrm{CO(g)}$

$$\Delta_r G_m^\ominus = \Delta_f G_m^\ominus(\mathrm{CO,g}) - \Delta_f G_m^\ominus(\mathrm{MnO,s}) = (2686\times 10^2 - 158.37T/\mathrm{K})\ \mathrm{J\cdot mol^{-1}}$$

$$\Delta_r G_m = \Delta_r G_m^\ominus + RT\ln Q_p = \Delta_r G_m^\ominus + RT\ln\frac{p_{\mathrm{CO}}}{p^\ominus} = (2686\times 10^2 - 270.84T/\mathrm{K})\ \mathrm{J\cdot mol^{-1}}$$

在最低还原温度时, $\Delta_r G_m = 0$, 由此可得 $T = 992\ \mathrm{K}$。

(2) $\Delta_r G_m^\ominus = \Delta_f G_m^\ominus(\mathrm{CO_2,g}) - 2\Delta_f G_m^\ominus(\mathrm{MnO,s}) = (3754\times 10^2 - 148.96T/\mathrm{K})\ \mathrm{J\cdot mol^{-1}}$

$$\Delta_r G_m = \Delta_r G_m^\ominus + RT\ln\left(\frac{p_{\mathrm{CO_2}}}{p^\ominus}\right) = 116.06\times 10^3\ \mathrm{J\cdot mol^{-1}} > 0$$

故在该条件下, 还原反应不可能按 $2\mathrm{MnO(s)} + \mathrm{C(s)} \rightleftharpoons 2\mathrm{Mn(s)} + \mathrm{CO_2(g)}$ 进行。

**5.6** 合成氨时所用的 $\mathrm{H_2(g)}$ 和 $\mathrm{N_2(g)}$ 的摩尔比为 3∶1, 在 673 K, 1000 kPa 下, 平衡混合物中 $\mathrm{NH_3(g)}$ 的摩尔分数为 0.0385。

(1) 计算反应 $\mathrm{N_2(g)} + 3\mathrm{H_2(g)} \rightleftharpoons 2\mathrm{NH_3(g)}$ 在 673 K 时的 $K_p^\ominus$;

(2) 在此温度时, 若要平衡混合物中 $\mathrm{NH_3(g)}$ 的摩尔分数达到 0.05, 则总压应为多少?

**解**: (1)

$$\begin{array}{lccc} & \mathrm{N_2(g)} & +\ 3\mathrm{H_2(g)} & \rightleftharpoons\ 2\mathrm{NH_3(g)} \\ \text{平衡时} & \frac{1}{4}(1-x) & \frac{3}{4}(1-x) & x \end{array}$$

设 $x$ 为平衡时混合气体中 $\mathrm{NH_3(g)}$ 的摩尔分数。

$$K_p^\ominus = \frac{(p_{\mathrm{NH_3}}/p^\ominus)^2}{(p_{\mathrm{N_2}}/p^\ominus)(p_{\mathrm{H_2}}/p^\ominus)^3} = \frac{(xp/p^\ominus)^2}{\left[\frac{1}{4}(1-x)p\Big/p^\ominus\right]\left[\frac{3}{4}(1-x)p\Big/p^\ominus\right]^3}$$

$$= \frac{4^4}{3^3}\cdot\frac{x^2}{(1-x)^4}\cdot\left(\frac{p^\ominus}{p}\right)^2 = \frac{4^4}{3^3}\times\frac{0.0385^2}{(1-0.0385)^4}\times\left(\frac{100\ \mathrm{kPa}}{1000\ \mathrm{kPa}}\right)^2 = 1.64\times 10^{-4}$$

(2) 由 (1) 得

$$p = p^\ominus\sqrt{\frac{x^2}{\frac{1}{4}(1-x)\left[\frac{3}{4}(1-x)\right]^3 K_p^\ominus}}$$

当 $x = 0.05$ 时, 解得 $p = 1.33\times 10^6\ \mathrm{Pa}$。

**5.7** 半导体工业为了获得 $\mathrm{O_2(g)}$ 含量不大于 $10^{-6}$ 的高纯 $\mathrm{H_2(g)}$, 在 298 K, 100 kPa 下让电解水制得的 $\mathrm{H_2(g)}$ [其中 $x(\mathrm{H_2}) = 0.995$, $x(\mathrm{O_2}) = 0.005$] 通过催化剂, 发生反应 $2\mathrm{H_2(g)} + \mathrm{O_2(g)} \rightleftharpoons 2\mathrm{H_2O(g)}$, 从而达到消除 $\mathrm{O_2(g)}$ 的目的。试问反应后 $\mathrm{H_2(g)}$ 的纯度能否达到标准要求? 已知 298 K 时 $\mathrm{H_2O(g)}$ 的 $\Delta_f G_m^\ominus = -228.57\ \mathrm{kJ\cdot mol^{-1}}$。

**解**: 恒温恒压下, 体积分数就是摩尔分数。现设 100 mol 原料气, 反应后剩余的 $O_2(g)$ 为 $n$ mol; 根据题意, 则有

| | $2H_2(g)$ | $+\ O_2(g) \rightleftharpoons$ | $2H_2O(g)$ |
|---|---|---|---|
| 开始时/mol | 99.5 | 0.5 | 0 |
| 平衡时/mol | $99.5 - 2\times(0.5-n)$ | $n$ | $2\times(0.5-n)$ |

$$\sum_{\mathrm{B}} n_{\mathrm{B}} = (99.5+n)\ \mathrm{mol}$$

因为 $p = p^{\ominus}$, 所以
$$K_p^{\ominus} = K_x\left(\frac{p}{p^{\ominus}}\right)^{\sum_{\mathrm{B}}\nu_{\mathrm{B}}} = K_x$$

$$K_p^{\ominus} = \exp\left(-\frac{\Delta_{\mathrm{r}}G_{\mathrm{m}}^{\ominus}}{RT}\right) = \exp\left(-\frac{-2\times 228.57\ \mathrm{kJ\cdot mol^{-1}}}{8.314\ \mathrm{J\cdot mol^{-1}\cdot K^{-1}}\times 298\ \mathrm{K}}\right) = 1.356\times 10^{80}$$

$$K_p^{\ominus} = \frac{x_{\mathrm{H_2O}}^2}{x_{\mathrm{H_2}}^2 x_{\mathrm{O_2}}} = \frac{\left(\dfrac{1-2n}{99.5+n}\right)^2}{\left(\dfrac{98.5+2n}{99.5+n}\right)^2\times\dfrac{n}{99.5+n}} = 1.356\times 10^{80}$$

解得
$$n \approx 7.6\times 10^{-83} \ll 1\times 10^{-6}$$
由此可见, 催化除氧能使氢气纯度达标。

**5.8** 对于反应 $2A(g) \rightleftharpoons 2B(g) + C(g)$, 试用解离度 $\alpha$ 及总压 $p$ 表示反应的 $K_p^{\ominus}$, 并证明当 $p/K_p^{\ominus}$ 很大时, $\alpha$ 与 $p^{1/3}$ 成反比 (设反应系统中的气体均为理想气体)。

**解**:

| | $2A(g) \rightleftharpoons$ | $2B(g)\ +$ | $C(g)$ | |
|---|---|---|---|---|
| 开始时/mol | 2 | 0 | 0 | |
| 平衡时/mol | $2(1-\alpha)$ | $2\alpha$ | $\alpha$ | $\sum_{\mathrm{B}} n_{\mathrm{B}} = (2+\alpha)\ \mathrm{mol}$ |

$$K_p^{\ominus} = \frac{\left(\dfrac{p_{\mathrm{B}}}{p^{\ominus}}\right)^2\cdot\dfrac{p_{\mathrm{C}}}{p^{\ominus}}}{\left(\dfrac{p_{\mathrm{A}}}{p^{\ominus}}\right)^2} = \frac{\left(\dfrac{x_{\mathrm{B}}p}{p^{\ominus}}\right)^2\cdot\dfrac{x_{\mathrm{C}}p}{p^{\ominus}}}{\left(\dfrac{x_{\mathrm{A}}p}{p^{\ominus}}\right)^2} = \frac{x_{\mathrm{B}}^2 x_{\mathrm{C}}}{x_{\mathrm{A}}^2}\cdot\frac{p}{p^{\ominus}}$$

$$= \frac{\left(\dfrac{2\alpha}{2+\alpha}\right)^2\cdot\dfrac{\alpha}{2+\alpha}}{\left[\dfrac{2(1-\alpha)}{2+\alpha}\right]^2}\cdot\frac{p}{p^{\ominus}} = \frac{\alpha^3}{2-3\alpha+\alpha^3}\cdot\frac{p}{p^{\ominus}}$$

当 $p/K_p^{\ominus}$ 很大时, $\alpha$ 必然很小, 即 $2-3\alpha+\alpha^3 \longrightarrow 2$, 此时

$$K_p^{\ominus} = \frac{\alpha^3}{2}\cdot\frac{p}{p^{\ominus}} \qquad \alpha = \left(\frac{2K_p^{\ominus}p^{\ominus}}{p}\right)^{1/3}$$

因温度一定, $K_p^{\ominus}$ 为常数, 故 $\alpha$ 与 $p^{1/3}$ 成反比。

**5.9** 已知反应 $2SO_3(g) \rightleftharpoons 2SO_2(g) + O_2(g)$ 在 1000 K, 100 kPa 时的平衡常数 $K_c = 3.54\ \mathrm{mol\cdot m^{-3}}$。试计算:

(1) 此反应的 $K_p^{\ominus}, K_p$ 和 $K_x$;

(2) 反应 $SO_3(g) \rightleftharpoons SO_2(g) + \frac{1}{2}O_2(g)$ 的 $K_p^{\ominus}, K_p, K_x$ 和 $K_c$。设气体为理想气体。

**解**: (1) 根据理想气体状态方程式 $p = cRT$, 有

$$K_p = K_c(RT)^{\sum_B \nu_B} = 3.54\ \text{mol}\cdot\text{m}^{-3} \times (8.314\ \text{J}\cdot\text{mol}^{-1}\cdot\text{K}^{-1} \times 1000\ \text{K}) = 29.43\ \text{kPa}$$

$$K_p^{\ominus} = K_p\left(\frac{1}{p^{\ominus}}\right)^{\sum_B \nu_B} = \frac{29.43\ \text{kPa}}{100\ \text{kPa}} = 0.2943$$

$$K_x = K_p^{\ominus}\left(\frac{p^{\ominus}}{p}\right)^{\sum_B \nu_B} = K_p^{\ominus} \times \frac{100\ \text{kPa}}{100\ \text{kPa}} = K_p^{\ominus} = 0.2943$$

(2) 反应相同, 只不过反应物和产物前面的计量系数减半, 则相应的标准平衡常数 $K_p^{\ominus}$ 变为之前数值的二分之一次方, 即开平方。

$$K_p^{\ominus} = \sqrt{0.2943} = 0.5425$$

$$K_p = \sqrt{29.43 \times 10^3\ \text{Pa}} = 171.55\ \text{Pa}^{1/2}$$

$$K_x = \sqrt{0.2943} = 0.5425$$

$$K_c = \sqrt{3.54\ \text{mol}\cdot\text{m}^{-3}} = 1.88\ \text{mol}^{1/2}\cdot\text{m}^{-3/2}$$

**5.10** 在 870 K, 100 kPa 时, 反应 $CO(g) + H_2O(g) \rightleftharpoons CO_2(g) + H_2(g)$ 达到平衡, 若将压力从 100 kPa 提高到 50000 kPa, 问:

(1) 各气体仍作为理想气体处理, 其标准平衡常数有无变化?

(2) 若各气体的逸度因子分别为 $\gamma_{CO_2} = 1.09$, $\gamma_{H_2} = 1.10$, $\gamma_{CO} = 1.23$, $\gamma_{H_2O} = 0.77$, 则平衡应向何方移动?

**解**: (1) 对于理想气体:

$$\left(\frac{\partial \ln K_p^{\ominus}}{\partial p}\right)_T = 0 \qquad \left(\frac{\partial \ln K_c^{\ominus}}{\partial p}\right)_T = 0 \qquad \left(\frac{\partial \ln K_x}{\partial p}\right)_T = -\frac{\sum_B \nu_B}{p}$$

因为该反应的 $\sum_B \nu_B = 0$, 故 $\left(\frac{\partial \ln K_x}{\partial p}\right)_T = 0$。即增加或降低压力对平衡无影响。

(2) $K_f^{\ominus} = K_p^{\ominus}K_\gamma = K_p^{\ominus}\frac{\gamma_{CO_2}\gamma_{H_2}}{\gamma_{CO}\gamma_{H_2O}}$

因为 $\gamma_{CO_2}\gamma_{H_2} > \gamma_{CO}\gamma_{H_2O}$, 所以 $K_\gamma > 1$。又因为 $K_f^{\ominus}$ 只是温度的函数, 在一定温度下有定值, 而 $K_\gamma > 1$, 当压力从 $p^{\ominus}$ 增加至 $500p^{\ominus}$ 时, $K_p^{\ominus}$ 必然减小, 因为 $K_p^{\ominus} = K_x\left(\frac{p}{p^{\ominus}}\right)^{\sum_B \nu_B} = K_x$, 所以 $K_x$ 下降, 平衡向左移动。

**5.11** 已知 $N_2O_4(g)$ 和 $NO_2(g)$ 的混合物, 在 15 ℃, 100 kPa 下, 其密度为 $3.62\ \text{g}\cdot\text{dm}^{-3}$; 在 75 ℃, 100 kPa 下, 其密度为 $1.84\ \text{g}\cdot\text{dm}^{-3}$。设反应的 $\Delta_r C_p = 0$, 气体为理想气体。试计算:

(1) 反应 $N_2O_4(g) \rightleftharpoons 2NO_2(g)$ 的 $\Delta_r H_m^{\ominus}$ 和 $\Delta_r S_m^{\ominus}$;

(2) 上述反应在 40 ℃, 100 kPa 下的 $K_p^{\ominus}, K_p, K_x$ 和 $K_c$。

**解**: (1) $N_2O_4(g) \rightleftharpoons 2NO_2(g)$

开始时/mol 1 0

平衡时/mol $1-\alpha$ $2\alpha$ $\sum_B n_B = (1+\alpha)$ mol

设系统为混合理想气体, 则有

$$V = \frac{(1+\alpha)RT}{p}$$

$$\rho = \frac{(1-\alpha)M_{N_2O_4} + 2\alpha M_{NO_2}}{V} = \frac{M_{N_2O_4}}{V} = \frac{M_{N_2O_4}p}{(1+\alpha)RT}$$

即
$$\alpha = \frac{M_{N_2O_4}p}{\rho RT} - 1$$

15 ℃ 时:

$$\alpha(288.15\ \text{K}) = \frac{92\times10^{-3}\ \text{kg}\cdot\text{mol}^{-1}\times100\ \text{kPa}}{3.62\times10^{-3}\ \text{kg}\cdot\text{dm}^{-3}\times8.314\ \text{J}\cdot\text{mol}^{-1}\cdot\text{K}^{-1}\times288.15\ \text{K}} - 1 = 0.061$$

75 ℃ 时:
$$\alpha(348.15\ \text{K}) = 0.727$$

$$K_p^{\ominus} = \frac{\left(\dfrac{2\alpha}{1+\alpha}\cdot\dfrac{p}{p^{\ominus}}\right)^2}{\dfrac{1-\alpha}{1+\alpha}\cdot\dfrac{p}{p^{\ominus}}} = \frac{4\alpha^2}{1-\alpha^2}\cdot\frac{p}{p^{\ominus}}$$

15 ℃ 时:
$$K_p^{\ominus}(288.15\ \text{K}) = \frac{4\alpha^2}{1-\alpha^2}\cdot\frac{p}{p^{\ominus}} = \frac{4\times0.061^2}{1-0.061^2} = 0.015$$

75 ℃ 时:
$$K_p^{\ominus}(348.15\ \text{K}) = 4.484$$

$$\ln\frac{K_p^{\ominus}(T_2)}{K_p^{\ominus}(T_1)} = \frac{\Delta_r H_m^{\ominus}}{R}\left(\frac{1}{T_1} - \frac{1}{T_2}\right)$$

$$\ln\frac{4.484}{0.015} = \frac{\Delta_r H_m^{\ominus}}{8.314\ \text{J}\cdot\text{mol}^{-1}\cdot\text{K}^{-1}}\left(\frac{1}{288.15\ \text{K}} - \frac{1}{348.15\ \text{K}}\right)$$

解得
$$\Delta_r H_m^{\ominus} = 79.24\times10^3\ \text{J}\cdot\text{mol}^{-1}$$

又 $\Delta_r G_m^{\ominus}(348.15\ \text{K}) = -RT\ln K_p^{\ominus}(348.15\ \text{K})$

$$= -8.314\ \text{J}\cdot\text{mol}^{-1}\cdot\text{K}^{-1}\times348.15\ \text{K}\times\ln4.484 = -4.343\times10^3\ \text{J}\cdot\text{mol}^{-1}$$

所以 $\Delta_r S_m^{\ominus} = \dfrac{\Delta_r H_m^{\ominus} - \Delta_r G_m^{\ominus}}{T}$

$$= \frac{79.24\times10^3\ \text{J}\cdot\text{mol}^{-1} - (-4.343\times10^3\ \text{J}\cdot\text{mol}^{-1})}{348.15\ \text{K}} = 240.08\ \text{J}\cdot\text{mol}^{-1}\cdot\text{K}^{-1}$$

(2) $\Delta_r G_m^{\ominus}(313.15\ \text{K}) = \Delta_r H_m^{\ominus} - 313.15\ \text{K}\times\Delta_r S_m^{\ominus}$

$$= 79.24\times10^3\ \text{J}\cdot\text{mol}^{-1} - 313.15\ \text{K}\times240.08\ \text{J}\cdot\text{mol}^{-1}\cdot\text{K}^{-1}$$

$$= 4058.95\ \text{J}\cdot\text{mol}^{-1}$$

$$K_p^{\ominus}(313.15\ \text{K}) = \exp\left[-\frac{\Delta_r G_m^{\ominus}(313.15\ \text{K})}{8.314\ \text{J}\cdot\text{mol}^{-1}\cdot\text{K}^{-1}\times 313.15\ \text{K}}\right] = 0.210$$

$$K_p^{\ominus} = K_p\left(\frac{1}{p^{\ominus}}\right)^{\sum\limits_B \nu_B} = K_c\left(\frac{RT}{p^{\ominus}}\right)^{\sum\limits_B \nu_B} = K_x\left(\frac{p}{p^{\ominus}}\right)^{\sum\limits_B \nu_B} \qquad \sum_B \nu_B = 2-1=1$$

$$K_p = K_p^{\ominus}(p^{\ominus})^{\sum\limits_B \nu_B} = 0.210\times 100\ \text{kPa} = 21.0\ \text{kPa}$$

$$K_c = K_p^{\ominus}\left(\frac{p^{\ominus}}{RT}\right)^{\sum\limits_B \nu_B} = \frac{0.210\times 100\ \text{kPa}}{8.314\ \text{J}\cdot\text{mol}^{-1}\cdot\text{K}^{-1}\times 313.15\ \text{K}} = 8.1\times 10^{-3}\ \text{mol}\cdot\text{dm}^3$$

$$K_x = K_p^{\ominus}\left(\frac{p^{\ominus}}{p}\right)^{\sum\limits_B \nu_B} = 0.210\times\frac{100\ \text{kPa}}{100\ \text{kPa}} = 0.210$$

**5.12** 对某气相反应, 证明: $\dfrac{\partial \ln K_c^{\ominus}}{\partial T} = \dfrac{\Delta_r U_m^{\ominus}}{RT^2}$。

**解**: 设气体为理想气体, 则有

$$K_a^{\ominus} = K_f^{\ominus} = K_p^{\ominus} = K_c^{\ominus}\left(\frac{c^{\ominus}RT}{p^{\ominus}}\right)^{\sum\limits_B \nu_B}$$

所以
$$\left(\frac{\partial \ln K_c^{\ominus}}{\partial T}\right)_p = \left(\frac{\partial \ln K_p^{\ominus}}{\partial T}\right)_p - \frac{\sum\limits_B \nu_B}{T} = \frac{\Delta_r H_m^{\ominus}}{RT^2} - \frac{\Delta(pV_m)}{RT^2} = \frac{\Delta_r U_m^{\ominus}}{RT^2}$$

**5.13** 已知 298 K 时, 下列反应:

(a) $CO_2(g) + 2NH_3(g) \rightleftharpoons H_2O(g) + CO(NH_2)_2(s)$ $\qquad \Delta_r G_m^{\ominus}(a) = 1908\ \text{J}\cdot\text{mol}^{-1}$

(b) $H_2O(g) \rightleftharpoons H_2(g) + \frac{1}{2}O_2(g)$ $\qquad \Delta_r G_m^{\ominus}(b) = 228572\ \text{J}\cdot\text{mol}^{-1}$

(c) $C$(石墨) $+ O_2(g) \rightleftharpoons CO_2(g)$ $\qquad \Delta_r G_m^{\ominus}(c) = -394359\ \text{J}\cdot\text{mol}^{-1}$

(d) $N_2(g) + 3H_2(g) \rightleftharpoons 2NH_3(g)$ $\qquad \Delta_r G_m^{\ominus}(d) = -32800\ \text{J}\cdot\text{mol}^{-1}$

(1) 计算尿素 $CO(NH_2)_2(s)$ 的标准摩尔生成 Gibbs 自由能 $\Delta_f G_m^{\ominus}$;

(2) 列出由稳定单质生成摩尔尿素反应的平衡常数与上列反应平衡常数的关系式;

(3) 计算由稳定单质生成摩尔尿素反应的平衡常数 $K_p^{\ominus}$。

**解**: (1) 反应 (a) + (b) + (c) + (d) 得

$$\text{C(石墨)} + \frac{1}{2}O_2(g) + N_2(g) + 2H_2(g) \rightleftharpoons CO(NH_2)_2(s) \qquad \text{(e)}$$

则 $\quad \Delta_f G_m^{\ominus}(\text{尿素,s}) = \Delta_r G_m^{\ominus}(a) + \Delta_r G_m^{\ominus}(b) + \Delta_r G_m^{\ominus}(c) + \Delta_r G_m^{\ominus}(d) = -196679\ \text{J}\cdot\text{mol}^{-1}$

(2) $K_p^{\ominus}(e) = K_p^{\ominus}(a)\cdot K_p^{\ominus}(b)\cdot K_p^{\ominus}(c)\cdot K_p^{\ominus}(d)$

(3) $K_p^{\ominus} = \exp\left[-\dfrac{\Delta_f G_m^{\ominus}(\text{尿素,s})}{RT}\right] = \exp\left(-\dfrac{-196679\ \text{J}\cdot\text{mol}^{-1}}{8.314\ \text{J}\cdot\text{mol}^{-1}\cdot\text{K}^{-1}\times 298\ \text{K}}\right) = 2.99\times 10^{34}$

**5.14** 已知 298.15 K 时甲醇蒸气 $CH_3OH(g)$ 的标准摩尔生成 Gibbs 自由能为 $-162.3\ \text{kJ}\cdot\text{mol}^{-1}$, 试计算甲醇液体 $CH_3OH(l)$ 的标准摩尔生成 Gibbs 自由能。假定蒸气为理想气体, 且已知 298.15 K 时 $CH_3OH(l)$ 的蒸气压为 17.1 kPa。

**解**: 设计下列循环。

$$
\begin{array}{llccc}
298.15\ \text{K} & 101\text{kPa} & \text{CH}_3\text{OH(g)} & \xrightarrow{\Delta G_\text{m}} & \text{CH}_3\text{OH(l)} \\
 & & \downarrow \Delta G_{\text{m},1} & & \uparrow \Delta G_{\text{m},3} \\
298.15\ \text{K} & 17.1\ \text{kPa} & \text{CH}_3\text{OH(g)} & \xrightarrow{\Delta G_{\text{m},2}} & \text{CH}_3\text{OH(l)}
\end{array}
$$

$$\Delta G_\mathrm{m} = \Delta G_\mathrm{m,1} + \Delta G_\mathrm{m,2} + \Delta G_\mathrm{m,3} \approx \int_{100\ \mathrm{kPa}}^{17.1\ \mathrm{kPa}} V_\mathrm{m}(\mathrm{g})\mathrm{d}p = \int_{100\ \mathrm{kPa}}^{17.1\ \mathrm{kPa}} \frac{RT}{p}\mathrm{d}p$$

$$= 8.314\ \ \mathrm{J\cdot mol^{-1}\cdot K^{-1}} \times 298.15\ \mathrm{K} \times \ln 0.171 = -4.38\ \mathrm{kJ\cdot mol^{-1}}$$

$$\Delta_\mathrm{f}G_\mathrm{m}^\ominus(\mathrm{CH_3OH,l}) = \Delta G_\mathrm{m} + \Delta_\mathrm{f}G_\mathrm{m}^\ominus(\mathrm{CH_3OH,g}) = -166.7\ \mathrm{kJ\cdot mol^{-1}}$$

**5.15** 已知 298.15 K 时, $CO_2(g)$, $NH_3(g)$, $(NH_2)_2CO(s)$ 和 $H_2O(l)$ 的标准摩尔生成 Gibbs 自由能分别为 $-394.36\ \mathrm{kJ\cdot mol^{-1}}$, $-16.40\ \mathrm{kJ\cdot mol^{-1}}$, $-196.68\ \mathrm{kJ\cdot mol^{-1}}$ 和 $-237.13\ \mathrm{kJ\cdot mol^{-1}}$, $(NH_2)_2CO(s)$ 在 1 kg $H_2O(l)$ 中的溶解度为 1200 g。假设活度因子的影响以及 $CO_2(g)$ 和 $NH_3(g)$ 在 $H_2O(l)$ 中的溶解可忽略不计, 试计算非均相反应 $CO_2(g)+2NH_3(g) \rightleftharpoons (NH_2)_2CO(aq)+H_2O(l)$ 在 298.15 K 时的热力学平衡常数。

**解**: $\Delta_\mathrm{f}G_\mathrm{m}^\ominus[(\mathrm{NH_2})_2\mathrm{CO}, m^\ominus] = \Delta_\mathrm{f}G_\mathrm{m}^\ominus[(\mathrm{NH_2})_2\mathrm{CO,s}] + RT\ln\dfrac{m^\ominus}{m_\mathrm{s}}$

$$= -196.68\ \mathrm{kJ\cdot mol^{-1}} + 8.314\ \mathrm{J\cdot mol^{-1}\cdot K^{-1}}\times$$

$$298.15\ \mathrm{K} \times \ln\frac{1\ \mathrm{mol\cdot kg^{-1}}}{1200\ \mathrm{g\cdot kg^{-1}}/(60\ \mathrm{g\cdot mol^{-1}})}$$

$$= -204.11\ \mathrm{kJ\cdot mol^{-1}}$$

$$\Delta_\mathrm{r}G_\mathrm{m}^\ominus = \sum_\mathrm{B}\nu_\mathrm{B}\Delta_\mathrm{f}G_\mathrm{m}^\ominus(\mathrm{B})$$

$$= \Delta_\mathrm{f}G_\mathrm{m}^\ominus(\mathrm{H_2O,l}) + \Delta_\mathrm{f}G_\mathrm{m}^\ominus[(\mathrm{NH_2})_2\mathrm{CO}, m^\ominus] - \Delta_\mathrm{f}G_\mathrm{m}^\ominus(\mathrm{CO_2,g}) - 2\Delta_\mathrm{f}G_\mathrm{m}^\ominus(\mathrm{NH_3,g})$$

$$= (-237.13 - 204.11 + 394.36 + 2\times 16.40)\ \mathrm{kJ\cdot mol^{-1}}$$

$$= -14.08\ \mathrm{kJ\cdot mol^{-1}}$$

$$\Delta_\mathrm{r}G_\mathrm{m}^\ominus = -RT\ln K^\ominus$$

$$K^\ominus = 2.93\times 10^2$$

**5.16** 已知 298 K 时 $Br_2(g)$ 的标准摩尔生成焓 $\Delta_\mathrm{f}H_\mathrm{m}^\ominus = 30.91\ \mathrm{kJ\cdot mol^{-1}}$, 标准摩尔生成 Gibbs 自由能 $\Delta_\mathrm{f}G_\mathrm{m}^\ominus = 3.11\ \mathrm{kJ\cdot mol^{-1}}$。设 $\Delta_\mathrm{r}H_\mathrm{m}^\ominus$ 不随温度而改变, 试计算:

(1) $Br_2(l)$ 在 298 K 时的饱和蒸气压;

(2) $Br_2(l)$ 在 323 K 时的饱和蒸气压;

(3) $Br_2(l)$ 在 100 kPa 时的沸点。

**解**: $Br_2(l) \rightleftharpoons Br_2(g)$

(1) $\Delta_\mathrm{r}G_\mathrm{m}^\ominus(298\ \mathrm{K}) = -RT\ln K_p^\ominus(298\ \mathrm{K}) = -RT\ln\dfrac{p_{\mathrm{Br_2}}}{p^\ominus}$

$$\ln\frac{p_{\mathrm{Br_2}}}{p^\ominus}=-\frac{\Delta_\mathrm{r}G_\mathrm{m}^\ominus(298\ \mathrm{K})}{RT}=-\frac{\Delta_\mathrm{f}G_\mathrm{m}^\ominus(\mathrm{Br_2,g},298\ \mathrm{K})}{RT}$$

$$=-\frac{3.11\times10^3\ \mathrm{J\cdot mol^{-1}}}{8.314\ \mathrm{J\cdot mol^{-1}\cdot K^{-1}}\times298\ \mathrm{K}}=-1.255$$

$$\frac{p_{\mathrm{Br_2}}}{p^\ominus}=0.285\qquad p_{\mathrm{Br_2}}=28.5\ \mathrm{kPa}$$

(2) $$\ln\frac{K_p^\ominus(323\ \mathrm{K})}{K_p^\ominus(298\ \mathrm{K})}=\frac{\Delta_\mathrm{r}H_\mathrm{m}^\ominus}{R}\left(\frac{1}{298\ \mathrm{K}}-\frac{1}{323\ \mathrm{K}}\right)$$

$$=\frac{30.91\times10^3\ \mathrm{J\cdot mol^{-1}}}{8.314\ \mathrm{J\cdot mol^{-1}\cdot K^{-1}}}\left(\frac{1}{298\ \mathrm{K}}-\frac{1}{323\ \mathrm{K}}\right)=0.9656$$

$$\frac{K_p^\ominus(323\ \mathrm{K})}{K_p^\ominus(298\ \mathrm{K})}=2.626$$

$$K_p^\ominus(323\ \mathrm{K})=0.748$$

$$p_{\mathrm{Br_2}}=74.8\ \mathrm{kPa}$$

(3) 沸腾时, $p_{\mathrm{Br_2}}=p^\ominus$, 即 $K_p^\ominus(T_\mathrm{b})=1$, 则

$$\ln\frac{K_p^\ominus(298\ \mathrm{K})}{K_p^\ominus(T_\mathrm{b})}=\frac{\Delta_\mathrm{r}H_\mathrm{m}^\ominus}{R}\left(\frac{1}{T_\mathrm{b}}-\frac{1}{298\ \mathrm{K}}\right)$$

$$\ln0.285=\frac{30.91\times10^3\ \mathrm{J\cdot mol^{-1}}}{8.314\ \mathrm{J\cdot mol^{-1}\cdot K^{-1}}}\left(\frac{1}{T_\mathrm{b}}-\frac{1}{298\ \mathrm{K}}\right)$$

$$T_\mathrm{b}=331\ \mathrm{K}$$

**5.17** 对于反应 $\mathrm{MgCO_3}$(菱镁矿) $\rightleftharpoons$ MgO(方镁石) + $\mathrm{CO_2(g)}$:

(1) 计算 298 K 时的反应的 $\Delta_\mathrm{r}H_\mathrm{m}^\ominus,\Delta_\mathrm{r}S_\mathrm{m}^\ominus$ 和 $\Delta_\mathrm{r}G_\mathrm{m}^\ominus$ 值;

(2) 计算 298 K 时 $\mathrm{MgCO_3(s)}$ 的解离压;

(3) 设在 298 K 时地表上 $\mathrm{CO_2(g)}$ 的分压 $p_{\mathrm{CO_2}}=32.04$ Pa, 问此时 $\mathrm{MgCO_3(s)}$ 能否自动分解为 MgO(s) 和 $\mathrm{CO_2(g)}$?

(4) 从热力学上说明当温度升高时, $\mathrm{MgCO_3}$ 稳定性的变化趋势 (变大或变小)。

已知 298 K 时, $\mathrm{MgCO_3(s)}$, MgO(s) 和 $\mathrm{CO_2(g)}$ 的 $\Delta_\mathrm{f}H_\mathrm{m}^\ominus$ 分别是 $-1095.8\ \mathrm{kJ\cdot mol^{-1}}$, $-601.6\ \mathrm{kJ\cdot mol^{-1}}$ 和 $-393.5\ \mathrm{kJ\cdot mol^{-1}}$, $S_\mathrm{m}^\ominus$ 分别为 $65.7\ \mathrm{J\cdot mol^{-1}\cdot K^{-1}}$, $27\ \mathrm{J\cdot mol^{-1}\cdot K^{-1}}$ 和 $213.8\ \mathrm{J\cdot mol^{-1}\cdot K^{-1}}$。

**解**: (1) $$\Delta_\mathrm{r}H_\mathrm{m}^\ominus=\sum_\mathrm{B}\nu_\mathrm{B}\Delta_\mathrm{f}H_\mathrm{m}^\ominus(\mathrm{B})$$

$$=[-601.6+(-393.5)-(-1095.8)]\ \mathrm{kJ\cdot mol^{-1}}=100.7\ \mathrm{kJ\cdot mol^{-1}}$$

$$\Delta_\mathrm{r}S_\mathrm{m}^\ominus=\sum_\mathrm{B}\nu_\mathrm{B}S_\mathrm{m}^\ominus(\mathrm{B})$$

$$=(27+213.8-65.7)\ \mathrm{J\cdot mol^{-1}\cdot K^{-1}}=175.1\ \mathrm{J\cdot mol^{-1}\cdot K^{-1}}$$

$$\Delta_\mathrm{r}G_\mathrm{m}^\ominus=\Delta_\mathrm{r}H_\mathrm{m}^\ominus-T\Delta_\mathrm{r}S_\mathrm{m}^\ominus$$

$$=100.7\times10^3\ \mathrm{J\cdot mol^{-1}}-298\ \mathrm{K}\times175.1\ \mathrm{J\cdot mol^{-1}\cdot K^{-1}}=48.52\ \mathrm{kJ\cdot mol^{-1}}$$

(2) $K_p^{\ominus} = \dfrac{p_{CO_2}}{p^{\ominus}} = \exp\left(-\dfrac{\Delta_r G_m^{\ominus}}{RT}\right) = 3.13 \times 10^{-9}$

$p = 3.13 \times 10^{-4}$ Pa

(3) 因为 32.04 Pa > $3.13 \times 10^{-4}$ Pa, 所以 $MgCO_3(s)$ 不能自动分解为 MgO(s) 和 $CO_2(g)$。

(4) 因为 $\Delta_r H_m^{\ominus} = 100.7\ \text{kJ}\cdot\text{mol}^{-1} > 0$, 所以 $\dfrac{\text{d}\ln K_p^{\ominus}}{\text{d}T} = \dfrac{\Delta_r H_m^{\ominus}}{RT^2} > 0$, 即升高温度导致 $K_p^{\ominus}$ 变大, $MgCO_3(s)$ 的稳定性变小。

**5.18** 设在某一温度下, 有一定量的 $PCl_5(g)$ 在 100 kPa 下的体积为 1 $dm^3$, 在该条件下 $PCl_5(g)$ 的解离度 $\alpha = 0.5$。用计算说明, 在下列几种情况下, $PCl_5(g)$ 的解离度是增大还是减小?

(1) 使气体的总压降低, 直到体积增加到 2 $dm^3$;

(2) 通入 $N_2(g)$, 使体积增加到 2 $dm^3$, 而压力仍保持为 100 kPa;

(3) 通入 $N_2(g)$, 使压力增加到 200 kPa, 而体积仍保持为 1 $dm^3$;

(4) 通入 $Cl_2(g)$, 使压力增加到 200 kPa, 而体积仍保持为 1 $dm^3$。

**解**:

| | $PCl_5(g) \rightleftharpoons$ | $PCl_3(g)$ + | $Cl_2(g)$ |
|---|---|---|---|
| 开始时/mol | 1 | 0 | 0 |
| 平衡时/mol | $1-\alpha_1$ | $\alpha_1$ | $\alpha_1$ |

设 $\alpha_1$ 为解离度, 由题意得在 $p^{\ominus}$ 时 $\alpha_1 = 0.5$, 则

$$K_p^{\ominus} = \frac{\left(\dfrac{0.5}{1.5} \times \dfrac{p}{p^{\ominus}}\right)^2}{\dfrac{0.5}{1.5} \times \dfrac{p}{p^{\ominus}}} = \frac{1}{3}$$

(1) 设气体为理想气体, $K_p^{\ominus}$ 只是温度的函数。

$$K_x = K_p^{\ominus} \frac{p^{\ominus}}{p}$$

因为 $K_p^{\ominus}$ 不变, 而 $p$ 降低, 故 $K_x$ 上升, $\alpha$ 增加。计算如下:

| | $PCl_5(g) \rightleftharpoons$ | $PCl_3(g)$ + | $Cl_2(g)$ |
|---|---|---|---|
| 平衡时/mol | $1-\alpha_2$ | $\alpha_2$ | $\alpha_2$ |

因为
$$\frac{p_1 V_1}{n_1} = \frac{p_2 V_2}{n_2}$$

所以
$$\frac{p^{\ominus} \times 1 \times 10^{-3}\ \text{m}^3}{1.5\ \text{mol}} = \frac{p_2 \times 2 \times 10^{-3}\ \text{m}^3}{(1+\alpha_2)\ \text{mol}}$$

$$p_2 = \frac{1+\alpha_2}{3} p^{\ominus}$$

$$K_p^{\ominus} = \frac{\left(\dfrac{\alpha_2}{1+\alpha_2}\right)^2}{\dfrac{1-\alpha_2}{1+\alpha_2}} \times \frac{p_2}{p^{\ominus}} = \frac{\left(\dfrac{\alpha_2}{1+\alpha_2}\right)^2}{\dfrac{1-\alpha_2}{1+\alpha_2}} \times \frac{1+\alpha_2}{3} = \frac{1}{3}$$

解得 $\alpha_2 = 0.62 > 0.5$, 故解离度增加。

(2) $K_p^\ominus = K_x\left(\dfrac{p}{p^\ominus}\right) = \dfrac{n_{Cl_2}n_{PCl_3}}{n_{PCl_5}} \cdot \dfrac{p/p^\ominus}{\sum\limits_B n_B}$

因为 $K_p^\ominus$ 不变, $p$ 不变, $\sum\limits_B n_B$ 增加必然使 $\dfrac{n_{Cl_2}n_{PCl_3}}{n_{PCl_5}}$ 增加, 解离度增加。计算如下:

$$PCl_5(g) \rightleftharpoons PCl_3(g) + Cl_2(g)$$

平衡时/mol $\quad 1-\alpha_3 \quad\quad \alpha_3 \quad\quad \alpha_3 \quad\quad n_{N_2}$

$$n_{总} = (1+\alpha_3) \times 1\ \text{mol} + n_{N_2}$$

因为
$$\frac{p_1V_1}{n_1} = \frac{p_3V_3}{n_{总}}$$

$$\frac{p^\ominus \times 0.001\ \text{m}^3}{1.5\ \text{mol}} = \frac{p^\ominus \times 0.002\ \text{m}^3}{n_{总}}$$

$$n_{总} = 3\ \text{mol}$$

$$K_p^\ominus = K_x\frac{p}{p^\ominus} = \frac{\left(\dfrac{\alpha_3}{3}\right)^2}{\dfrac{1-\alpha_3}{3}} = \frac{1}{3}$$

解得 $\alpha_3 = 0.62 > 0.5$, 故解离度增加。

(3) $K_p^\ominus = \dfrac{n_{PCl_3}n_{Cl_2}}{n_{PCl_5}} \cdot \dfrac{p/p^\ominus}{\sum\limits_B n_B}$

因为 $K_p^\ominus$ 不变, $p$ 和 $\sum\limits_B n_B$ 均增加一倍, 必然 $\dfrac{n_{PCl_3}n_{Cl_2}}{n_{PCl_5}}$ 不变, 即解离度不变。计算如下:

$$PCl_5(g) \rightleftharpoons PCl_3(g) + Cl_2(g)$$

平衡时/mol $\quad 1-\alpha_4 \quad\quad \alpha_4 \quad\quad \alpha_4 \quad\quad n_{N_2}$

$$n_{总} = (1+\alpha_4) \times 1\ \text{mol} + n_{N_2}$$

因为
$$\frac{p_1V_1}{n_1} = \frac{p_4V_4}{n_{总}}$$

$$\frac{p^\ominus \times 0.001\ \text{m}^3}{1.5\ \text{mol}} = \frac{2p^\ominus \times 0.001\ \text{m}^3}{n_{总}}$$

$$n_{总} = 3\ \text{mol}$$

$$K_p^\ominus = K_x\frac{p}{p^\ominus} = \frac{\left(\dfrac{\alpha_4}{3}\right)^2}{\dfrac{1-\alpha_4}{3}} \times 2 = \frac{1}{3}$$

解得 $\alpha_4 = 0.5$, 故解离度不变。

(4) $K_p^{\ominus}=\dfrac{n_{PCl_3}n_{Cl_2}}{n_{PCl_5}}\cdot\dfrac{p/p^{\ominus}}{\sum\limits_B n_B}$

$K_p^{\ominus}$ 不变, $p$ 和 $\sum\limits_B n_B$ 均增加一倍, 故 $\dfrac{n_{PCl_3}n_{Cl_2}}{n_{PCl_5}}$ 不变, 但因 $n_{Cl_2}$ 增加, 必然 $n_{PCl_5}$ 增加, 即解离度减少。计算如下:

$$PCl_5(g) \rightleftharpoons PCl_3(g) + Cl_2(g)$$

$$\text{平衡时/mol} \qquad 1-\alpha_5 \qquad\qquad \alpha_5 \qquad y+\alpha_5$$

$$n_{总}=(1+y+\alpha_5)\times 1\ \text{mol}$$

由 $\dfrac{p_1V_1}{n_1}=\dfrac{p_5V_5}{n_{总}}$, 可解得 $\qquad n_{总}=3\ \text{mol}$

$$K_p^{\ominus}=\frac{\dfrac{\alpha_5}{3}\times\dfrac{y+\alpha_5}{3}}{\dfrac{1-\alpha_5}{3}}\times 2=\frac{\dfrac{\alpha_5}{3}\times\dfrac{2}{3}}{\dfrac{1-\alpha_5}{3}}\times 2=\frac{1}{3}$$

解得 $\alpha_5=0.2<0.5$, 故解离度下降。

**5.19** 将固体 $NaHCO_3$ 放入真空容器中会发生分解反应 $2NaHCO_3(s) \rightleftharpoons Na_2CO_3(s) + H_2O(g) + CO_2(g)$, 试计算:

(1) 298 K 时该平衡系统的总压 (即解离压);

(2) 平衡总压为 100 kPa 时的分解温度。

已知 298 K 时相关的热力学数据如下:

| | $NaHCO_3(s)$ | $Na_2CO_3(s)$ | $CO_2(g)$ | $H_2O(g)$ |
|---|---|---|---|---|
| $\Delta_f H_m^{\ominus}/(kJ\cdot mol^{-1})$ | −950.81 | −1130.68 | −393.51 | −241.82 |
| $S_m^{\ominus}/(J\cdot mol^{-1}\cdot K^{-1})$ | 101.7 | 134.98 | 213.8 | 188.83 |
| $C_{p,m}^{\ominus}/(J\cdot mol^{-1}\cdot K^{-1})$ | 87.61 | 112.3 | 37.11 | 33.58 |

**解**: (1) $\Delta_r H_m^{\ominus}=\sum\limits_B \nu_B\Delta_f H_m^{\ominus}(B)$

$$=[-1130.68+(-241.82)+(-393.51)-2\times(-950.81)]\ kJ\cdot mol^{-1}$$

$$=135.6\ kJ\cdot mol^{-1}$$

$$\Delta_r S_m^{\ominus}=\sum_B \nu_B S_m^{\ominus}(B)=(134.98+188.83+213.8-2\times 101.7)=334.2\ J\cdot mol^{-1}\cdot K^{-1}$$

$$\Delta_r G_m^{\ominus}=\Delta_r H_m^{\ominus}-T\Delta_r S_m^{\ominus}=135.6\ kJ\cdot mol^{-1}-298\ K\times 334.2\ J\cdot mol^{-1}\cdot K^{-1}=36.0\ kJ\cdot mol^{-1}$$

$$K_p^{\ominus}=\exp\left(-\frac{\Delta_r G_m^{\ominus}}{RT}\right)=\exp\left(-\frac{36.0\times 10^3\ J\cdot mol^{-1}}{8.314\ J\cdot mol\cdot K^{-1}\times 298\ K}\right)=4.89\times 10^{-7}$$

$$K_p^{\ominus}=\frac{p_{H_2O}}{p^{\ominus}}\cdot\frac{p_{CO_2}}{p^{\ominus}}=\frac{1}{4}\cdot\left(\frac{p}{p^{\ominus}}\right)^2=4.89\times 10^{-7}$$

解得 $$p = 1.40 \times 10^2\ \mathrm{Pa}$$

(2) 当 $p = 100$ kPa 时, $K_p^\ominus = \dfrac{1}{4}$, 所以

$$\Delta_r G_m^\ominus = -RT\ln K_p^\ominus = 8.314\ \mathrm{J\cdot mol^{-1}\cdot K^{-1}} \times \ln\frac{1}{4} \times 7 = (11.53T/\mathrm{K})\ \mathrm{J\cdot mol^{-1}}$$

$$\Delta_r H_m^\ominus(T) = \Delta_r H_m^\ominus(298\ \mathrm{K}) + \int_{298\ \mathrm{K}}^{T} \Delta_r C_{p,m} \mathrm{d}T = (133284.54 + 7.77T/\mathrm{K})\ \mathrm{J\cdot mol^{-1}}$$

$$\Delta_r S_m^\ominus(T) = \Delta_r S_m^\ominus(298\ \mathrm{K}) + \int_{298\ \mathrm{K}}^{T} \frac{\Delta_r C_{p,m}}{T} \mathrm{d}T = [289.93 + 7.77\ln(T/\mathrm{K})]\ \mathrm{J\cdot mol^{-1}\cdot K^{-1}}$$

代入 $\Delta_r G_m^\ominus = \Delta_r H_m^\ominus - T\Delta_r S_m^\ominus$, 得

$$293.6(T/\mathrm{K}) + 7.77(T/\mathrm{K})\ln(T/\mathrm{K}) - 133284.54 = 0$$

解得 $$T = 392\ \mathrm{K}$$

**5.20** 乙酸分子在气相可部分缔合为 $(CH_3COOH)_2$, 即

$$CH_3COOH(g) \rightleftharpoons \frac{1}{2}(CH_3COOH)_2(g)。$$

有人通过测定分子量来研究缔合反应平衡和测定缔合反应热, 在 101.325 kPa, 124.8 ℃ 时测得平衡混合气体的表观分子量为 90.35, 在 101.325 kPa, 164.8 ℃ 时测得平衡混合气体的表观分子量则为 74.14。试计算缔合反应热 (假定在给定温度范围内反应热为常数)。

**解**:

| | $CH_3COOH(g) \rightleftharpoons$ | $\frac{1}{2}(CH_3COOH)_2(g)$ |
|---|---|---|
| 开始时/mol | 1 | 0 |
| 平衡时/mol | $1-\alpha$ | $\frac{1}{2}\alpha$ |
| 摩尔分数 | $\frac{1-\alpha}{1-0.5\alpha}$ | $\frac{0.5\alpha}{1-0.5\alpha}$ |

以 $M, M_0, M_m$ 分别表示 $(CH_3COOH)_2(g)$, $CH_3COOH(g)$ 和混合气体的表观分子量, 则

$$M_m = M_0\frac{1-\alpha}{1-0.5\alpha} + M\frac{0.5\alpha}{1-0.5\alpha}$$

因为 $M = 2M_0$, 所以由上式可得 $\alpha = 2\left(1 - \dfrac{M_0}{M_m}\right)$

124.8 ℃ 时: $M_m = 90.35$, $M_0 = 60.05$, 代入上式, 可求得 $\alpha = 0.671$;

164.8 ℃ 时: $M_m = 74.14$, $M_0 = 60.05$, 代入上式, 可求得 $\alpha = 0.380$。

$$K_p^\ominus = \frac{\left(\dfrac{0.5\alpha}{1-0.5\alpha}\cdot\dfrac{p}{p^\ominus}\right)^{1/2}}{\dfrac{1-\alpha}{1-0.5\alpha}\cdot\dfrac{p}{p^\ominus}}$$

求得 $$K_p^\ominus(397.95\ \mathrm{K}) = 1.43 \qquad K_p^\ominus(437.95\ \mathrm{K}) = 0.63$$

$$\ln\frac{K_p^\ominus(437.95\ \mathrm{K})}{K_p^\ominus(397.95\ \mathrm{K})} = \frac{\Delta_r H_m^\ominus}{R}\left(\frac{1}{397.95\ \mathrm{K}} - \frac{1}{437.95\ \mathrm{K}}\right)$$

解得 $$\Delta_r H_m^\ominus = -2.97 \times 10^4\ \mathrm{J\cdot mol^{-1}}$$

**5.21** 已知在 298 K, $p^\ominus$ 下, 反应 $CO(g)+H_2O(g) \rightleftharpoons CO_2(g)+H_2(g)$ 相关的热力学数据如下:

| | $CO(g)$ | $H_2O(g)$ | $CO_2(g)$ | $H_2(g)$ |
|---|---|---|---|---|
| $\Delta_f H_m^\ominus/(kJ\cdot mol^{-1})$ | −110.53 | −241.82 | −393.51 | 0 |
| $S_m^\ominus/(J\cdot mol^{-1}\cdot K^{-1})$ | 197.67 | 188.83 | 213.8 | 130.68 |
| $C_{p,m}^\ominus/(J\cdot mol^{-1}\cdot K^{-1})$ | 29.14 | 33.58 | 37.11 | 28.82 |

将各气体视为理想气体, 试计算:

(1) 298 K 下反应的 $\Delta_r G_m^\ominus$ 和 $K_p^\ominus$;

(2) 596 K, 500 kPa 下反应的 $\Delta_r H_m$ 和 $\Delta_r S_m$;

(3) 596 K 下反应的 $\Delta_r G_m^\ominus$ 和 $K_p^\ominus$。

**解**: (1) $\Delta_r H_m^\ominus = \sum_B \nu_B \Delta_f H_m^\ominus(B, 298\ K)$

$$= [-393.51+0-(-110.53)-(-241.82)]\ kJ\cdot mol^{-1} = -41.16\ kJ\cdot mol^{-1}$$

$$\Delta_r S_m^\ominus(298\ K) = \sum_B \nu_B S_m^\ominus(B, 298\ K)$$

$$= (213.8+130.68-197.67-188.83)\ J\cdot mol^{-1}\cdot K^{-1} = -42.02\ J\cdot mol^{-1}\cdot K^{-1}$$

$$\Delta_r C_p = \sum_B \nu_B C_{p,m}(B)$$

$$= (37.11+28.82-29.14-33.58)\ J\cdot mol^{-1}\cdot K^{-1} = 3.21\ J\cdot mol^{-1}\cdot K^{-1}$$

$$\Delta_r G_m^\ominus(298\ K) = \Delta_r H_m^\ominus(298\ K) - T\Delta_r S_m^\ominus(298\ K)$$

$$= -41.16\ kJ\cdot mol^{-1} - 298\ K\times(-42.02\ J\cdot mol^{-1}\cdot K^{-1}) = -28.64\ kJ\cdot mol^{-1}$$

$$K_p^\ominus(298\ K) = \exp\left[-\frac{\Delta_r G_m^\ominus(298\ K)}{RT}\right] = \exp\left(-\frac{-28.64\times10^3\ J\cdot mol^{-1}}{8.314\ J\cdot mol^{-1}\cdot K^{-1}\times 298\ K}\right) = 1.048\times10^5$$

(2) 对于理想气体, 596 K, 500 kPa 下反应的 $\Delta_r H_m(596\ K)$ 与 596 K, 100 kPa 下反应的 $\Delta_r H_m^\ominus(596\ K)$ 相同。

$$\Delta_r H_m(596\ K) = \Delta_r H_m^\ominus(596\ K) = \Delta_r H_m^\ominus(298\ K) + \int_{298\ K}^{596\ K} \Delta_r C_p dT = -40.20\ kJ\cdot mol^{-1}$$

$$\Delta_r S_m^\ominus(596\ K) = \Delta_r S_m^\ominus(298\ K) + \int_{298\ K}^{596\ K} \frac{\Delta_r C_p}{T} dT = -39.79\ J\cdot mol^{-1}\cdot K^{-1}$$

因为
$$\left(\frac{\partial \Delta S}{\partial p}\right)_T = -\left(\frac{\partial \Delta V}{\partial T}\right)_p$$

现 $\Delta V = 0$, 所以 $\Delta_r S_m(596\ K) = \Delta_r S_m^\ominus(596\ K) = -39.79\ J\cdot mol^{-1}\cdot K^{-1}$

(3) $\Delta_r G_m^\ominus(596\ K) = \Delta_r H_m^\ominus(596\ K) - T\Delta_r S_m^\ominus(596\ K) = -16.48\ kJ\cdot mol^{-1}$

$$K_p^\ominus(596\ K) = \exp\left[-\frac{\Delta_r G_m^\ominus(596\ K)}{RT}\right] = 27.82$$

**5.22** 已知乙烯水合反应 $C_2H_4(g) + H_2O(g) \rightleftharpoons C_2H_5OH(g)$ 的 $\Delta_r G_m^\ominus$ 与温度 $T$ 的关系式为

$$\Delta_r G_m^\ominus(T)/(J\cdot mol^{-1}) = -34585 + 26.4(T/K)\ln(T/K) + 45.19(T/K)$$

(1) 试导出 $\Delta_r H_m^\ominus$ 与 $T$ 的关系式;

(2) 试计算 573 K 时反应的平衡常数 $K^\ominus$ 和标准熵变 $\Delta_r S_m^\ominus$。

**解**: (1) 由 Gibbs-Helmholtz 方程

$$\left[\frac{\partial(\Delta_r G_m^\ominus/T)}{\partial T}\right]_p = -\frac{\Delta_r H_m^\ominus}{T^2}$$

可得
$$\Delta_r H_m^\ominus = -T^2\left[\frac{\partial(\Delta_r G_m^\ominus/T)}{\partial T}\right]_p$$

已知
$$\Delta_r G_m^\ominus(T)/(J\cdot mol^{-1}) = -34585 + (26.4T/K)\ln(T/K) + 45.19T/K$$

$$\Delta_r H_m^\ominus = -T^2\left(\frac{34585\ J\cdot mol^{-1}}{T^2} + \frac{26.4\ J\cdot mol^{-1}\cdot K^{-1}}{T}\right) = (-34585 - 26.4T/K)\ J\cdot mol^{-1}$$

(2) $\Delta_r G_m^\ominus(573\ K) = (-34585 + 26.4\times 573\times \ln 573 + 45.19\times 573)\ J\cdot mol^{-1} = 87379.99\ J\cdot mol^{-1}$

因为 $K_p^\ominus(T) = \exp\left[-\frac{\Delta_r G_m^\ominus(T)}{RT}\right]$, 则

$$K_p^\ominus(573\ K) = \exp\left(-\frac{87379.99\ J\cdot mol^{-1}}{8.314\ J\cdot mol^{-1}\cdot K^{-1}\times 573\ K}\right) = 1.08\times 10^{-8}$$

$$\Delta_r H_m^\ominus(573\ K) = (-34585 - 26.4\times 573)\ J\cdot mol^{-1} = -49712.2\ J\cdot mol^{-1}$$

因为 $\Delta_r S_m^\ominus = \frac{\Delta_r H_m^\ominus - \Delta_r G_m^\ominus}{T}$, 则

$$\Delta_r S_m^\ominus(573\ K) = \frac{-49712.2\ J\cdot mol^{-1} - 87379.99\ J\cdot mol^{-1}}{573\ K} = -239.3\ J\cdot mol^{-1}\cdot K^{-1}$$

**5.23** 已知在 250 ~ 400 K 温度范围内反应 $NH_4Cl(s) \rightleftharpoons NH_3(g) + HCl(g)$ 的平衡常数为 $\ln K_p^\ominus = 37.32 - \frac{21020}{T/K}$, 试计算 300 K 时反应的 $\Delta_r G_m^\ominus$, $\Delta_r H_m^\ominus$ 和 $\Delta_r S_m^\ominus$。

**解**: 300 K 时, 有

$$\Delta_r G_m^\ominus = -RT\ln K_p^\ominus = -8.314\times(300\times 37.32 - 21020)\ J\cdot mol^{-1} = 81.68\ kJ\cdot mol^{-1}$$

$$\Delta_r S_m^\ominus = -\left(\frac{\partial \Delta_r G_m^\ominus}{\partial T}\right)_p = 37.32R = 310.3\ J\cdot mol^{-1}\cdot K^{-1}$$

$$\Delta_r H_m^\ominus = \Delta_r G_m^\ominus + T\Delta_r S_m^\ominus = 81680\ J\cdot mol^{-1} + 300\ K\times 310.3\ J\cdot mol^{-1}\cdot K^{-1} = 174.8\ kJ\cdot mol^{-1}$$

**5.24** 已知反应 $2Cu(s) + \frac{1}{2}O_2(g) \rightleftharpoons Cu_2O(s)$ 的 $\Delta_r G_m^\ominus/(J\cdot mol^{-1}) = -169000 - 7.12(T/K)\ln(T/K) + 123.4(T/K)$, 试计算 298 K 时该反应的 $\Delta_r G_m^\ominus$, $\Delta_r H_m^\ominus$ 和 $\Delta_r S_m^\ominus$。

**解**: $\Delta_r G_m^\ominus(298\ K) = (-169000 - 7.12\times 298\times \ln 298 + 123.4\times 298)\ J\cdot mol^{-1} = -144.3\ kJ\cdot mol^{-1}$

$$\left[\frac{\partial(\Delta_r G_m^\ominus/T)}{\partial T}\right]_p = \frac{169000}{T^2} - \frac{7.12}{T}$$

与 $\left[\frac{\partial(\Delta_r G_m^\ominus/T)}{\partial T}\right]_p = -\frac{\Delta_r H_m^\ominus}{T^2}$ 比较, 可得

$$\Delta_r H_m^\ominus = [-169000 + 7.12(T/\mathrm{K})]\ \mathrm{J\cdot mol^{-1}}$$

$$\Delta_r H_m^\ominus(298\ \mathrm{K}) = (-169000 + 7.12 \times 298)\ \mathrm{J\cdot mol^{-1}} = -166.9\ \mathrm{kJ\cdot mol^{-1}}$$

又

$$\left(\frac{\partial \Delta_r G_m^\ominus}{\partial T}\right)_p = 116.28 - 7.12\ln(T/\mathrm{K})$$

与公式 $\left(\frac{\partial \Delta_r G_m^\ominus}{\partial T}\right)_p = -\Delta_r S_m^\ominus$ 比较, 可得

$$\Delta_r S_m^\ominus = [-116.28 + 7.12\ln(T/\mathrm{K})]\ \mathrm{J\cdot mol^{-1}\cdot K^{-1}}$$

$$\Delta_r S_m^\ominus(298\ \mathrm{K}) = (-116.28 + 7.12 \times \ln 298)\ \mathrm{J\cdot mol^{-1}\cdot K^{-1}} = -75.7\ \mathrm{J\cdot mol^{-1}\cdot K^{-1}}$$

**5.25** 已知斜方硫在 100 kPa, 368.5 K 下转变为单斜硫, 此时吸热 402 $\mathrm{J\cdot mol^{-1}}$; 在 298～369 K 时, 单斜硫和斜方硫的摩尔定压热容之差为 $\Delta C_{p,m}/(\mathrm{J\cdot mol^{-1}\cdot K^{-1}}) = 0.356 + 1.38 \times 10^{-3}(T/\mathrm{K})$。

(1) 试导出从斜方硫转变成单斜硫的标准摩尔 Gibbs 自由能变化 $\Delta_{trs}G_m^\ominus$ 与温度的关系式;

(2) 在 100 kPa, 298 K 时, 哪一种晶形更稳定?

**解**: (1) $\left(\frac{\partial \Delta_{trs} H_m^\ominus}{\partial T}\right)_p = \Delta C_{p,m}$

$$\begin{aligned}\Delta_{trs}H_m^\ominus(T) &= \Delta_{trs}H_m^\ominus(368.5\ \mathrm{K}) + \int_{368.5\ \mathrm{K}}^{T} \Delta C_{p,m}\mathrm{d}T \\ &= \left\{402 + \int_{368.5\ \mathrm{K}}^{T}[0.356 + 1.38 \times 10^{-3}(T/\mathrm{K})]\mathrm{d}T\right\}\ \mathrm{J\cdot mol^{-1}} \\ &= [177.12 + 0.356(T/\mathrm{K}) + 6.9 \times 10^{-4}(T/\mathrm{K})^2]\ \mathrm{J\cdot mol^{-1}}\end{aligned}$$

$$\left[\frac{\partial(\Delta_r G_m^\ominus/T)}{\partial T}\right]_p = -\frac{\Delta_r H_m^\ominus}{T^2}$$

$$\frac{\Delta_{trs}G_m^\ominus(T)}{T} - \frac{\Delta_{trs}G_m^\ominus(368.5\ \mathrm{K})}{368.5\ \mathrm{K}} = -\int_{368.5\ \mathrm{K}}^{T}\frac{\Delta_{trs}H_m^\ominus}{T^2}\mathrm{d}T$$

$$\frac{\Delta_{trs}G_m^\ominus(T)}{T} - \frac{0}{368.5\ \mathrm{K}} = -\int_{368.5\ \mathrm{K}}^{T}\frac{[177.12 + 0.356(T/\mathrm{K}) + 6.9 \times 10^{-4}(T/\mathrm{K})^2]\ \mathrm{J\cdot mol^{-1}}}{T^2}\mathrm{d}T$$

$$\Delta_{trs}G_m^\ominus(T) = [177.12 + 1.8774(T/\mathrm{K}) - 0.356(T/\mathrm{K})\ln(T/\mathrm{K}) - 6.9 \times 10^{-4}(T/\mathrm{K})^2]\ \mathrm{J\cdot mol^{-1}}$$

(2) 将 $T = 298$ K 代入上式, 求得

$$\Delta_{trs}G_m^\ominus(298\ \mathrm{K}) = 70.92\ \mathrm{J\cdot mol^{-1}} > 0$$

故在该条件下斜方硫稳定。

**5.26** 用丁烯脱氢制丁二烯的反应如下:

$$CH_3CH_2CH{=\!=}CH_2(g) \rightleftharpoons CH_2{=\!=}CHCH{=\!=}CH_2(g)+H_2(g)$$

反应过程中通入水蒸气, 丁烯与水蒸气的摩尔比为 1∶15, 操作压力为 200 kPa。问在什么温度下丁烯的平衡转化率可达 40%? 假设反应焓变和熵变不随温度变化, 气体视为理想气体。已知 298.15 K 时丁二烯和丁烯的 $\Delta_f H_m^{\ominus}$ 分别为 110 kJ·mol$^{-1}$ 和 −0.13 kJ·mol$^{-1}$, $\Delta_f G_m^{\ominus}$ 分别为 150.7 kJ·mol$^{-1}$ 和 71.4 kJ·mol$^{-1}$。

| **解**: | $CH_3CH_2CH{=\!=}CH_2(g)$ $\rightleftharpoons$ | $CH_2{=\!=}CHCH{=\!=}CH_2(g)$ + | $H_2(g)$ | $H_2O(g)$ |
|---|---|---|---|---|
| 开始时/mol | 1 | 0 | 0 | 15 |
| 平衡时/mol | 1 − 0.4 | 0.4 | 0.4 | 15 |

$$\sum_B n_{B,e}=16.4\ \text{mol}$$

$$K_p^{\ominus}=\prod_B\left(\frac{n_{B,e}}{\sum_B n_{B,e}}\cdot\frac{p}{p^{\ominus}}\right)^{\nu_B}=0.0325$$

298.15 K 时:

$$\Delta_r G_m^{\ominus}=\sum_B \nu_B\Delta_f G_m^{\ominus}(B)=(150.7-71.4)\ \text{kJ·mol}^{-1}=79.3\ \text{kJ·mol}^{-1}$$

$$\Delta_r H_m^{\ominus}=\sum_B \nu_B\Delta_f H_m^{\ominus}(B)=[110-(-0.13)]\ \text{kJ·mol}^{-1}=110.13\ \text{kJ·mol}^{-1}$$

$$\Delta_r S_m^{\ominus}=\frac{\Delta_r H_m^{\ominus}-\Delta_r G_m^{\ominus}}{T}=\frac{(110.13-79.3)\ \text{kJ·mol}^{-1}}{298.15\ \text{K}}=103.4\ \text{J·mol}^{-1}\text{·K}^{-1}$$

$$-RT\ln K_p^{\ominus}=\Delta_r G_m^{\ominus}=\Delta_r H_m^{\ominus}-T\Delta_r S_m^{\ominus}$$

$$-8.314\ \text{J·mol}^{-1}\text{·K}^{-1}\times T\times\ln 0.0325=110.13\ \text{kJ·mol}^{-1}-T\times 103.4\ \text{J·mol}^{-1}\text{·K}^{-1}$$

解得

$$T=835\ \text{K}$$

**5.27** 已知反应 (1)$2NaHCO_3(s) \rightleftharpoons Na_2CO_3(s)+H_2O(g)+CO_2(g)$ 的 $\Delta_r G_m^{\ominus}(1)/(\text{J·mol}^{-1})=129076.4-334.12(T/\text{K})$, 反应 (2)$NH_4HCO_3(s) = NH_3(g)+H_2O(g)+CO_2(g)$ 的 $\Delta_r G_m^{\ominus}(2)/(\text{J·mol}^{-1})=171502.16-476.14(T/\text{K})$。试计算在 298.15 K 下, 当 $NaHCO_3(s)$, $Na_2CO_3(s)$ 和 $NH_4HCO_3(s)$ 平衡共存时氨的分压 $p_{NH_3}$。

**解**: 在 298.15 K 时, 对反应 (1), 有

$$\Delta_r G_m^{\ominus}(1)=(129076.4-334.12\times 298.15)\ \text{J·mol}^{-1}=29458.52\ \text{J·mol}^{-1}$$

$$K_p^{\ominus}(1)=\exp\left[-\frac{\Delta_r G_m^{\ominus}(1)}{RT}\right]=\exp\left(-\frac{29458.52\ \text{J·mol}^{-1}}{8.314\ \text{J·mol}^{-1}\text{·K}^{-1}\times 298.15\ \text{K}}\right)=6.90\times 10^{-6}$$

在 298.15 K 时, 对反应 (2), 有

$$\Delta_r G_m^{\ominus}(2)=(171502.16-476.14\times 298.15)\ \text{J·mol}^{-1}=29541.02\ \text{J·mol}^{-1}$$

$$K_p^{\ominus}(2)=\exp\left[-\frac{\Delta_r G_m^{\ominus}(2)}{RT}\right]=\exp\left(-\frac{29541.02\ \text{J·mol}^{-1}}{8.314\ \text{J·mol}^{-1}\text{·K}^{-1}\times 298.15\ \text{K}}\right)=6.67\times 10^{-6}$$

平衡共存时, 则有

$$K_p^{\ominus}(1)=\frac{p_{H_2O}}{p^{\ominus}}\cdot\frac{p_{CO_2}}{p^{\ominus}}\qquad K_p^{\ominus}(2)=\frac{p_{NH_3}}{p^{\ominus}}\cdot\frac{p_{H_2O}}{p^{\ominus}}\cdot\frac{p_{CO_2}}{p^{\ominus}}$$

所以
$$p_{NH_3}=\frac{K_p^{\ominus}(2)}{K_p^{\ominus}(1)}p^{\ominus}=9.67\times10^4\ \text{Pa}$$

**5.28** 对于下面两个分解反应:

(1) $2NaHCO_3(s)\rightleftharpoons Na_2CO_3(s)+H_2O(g)+CO_2(g)$

(2) $CuSO_4\cdot5H_2O(s)\rightleftharpoons CuSO_4\cdot3H_2O(s)+2H_2O(g)$

已知反应 (1) 和 (2) 在 50 ℃ 时的解离压分别为 $p(1)=4.00$ kPa 和 $p(2)=6.05$ kPa。若两个分解反应在同一容器内进行, 试计算 50 ℃ 时系统的平衡压。

**解**: $2NaHCO_3(s)\rightleftharpoons Na_2CO_3(s)+H_2O(g)+CO_2(g)$ (1)

$x+y\qquad x$

$CuSO_4\cdot5H_2O(s)\rightleftharpoons CuSO_4\cdot3H_2O(s)+2H_2O(g)$ (2)

$x+y$

$$K_p(1)=p_{H_2O}\cdot p_{CO_2}=(x+y)x=\left(\frac{4.00\times10^3\ \text{Pa}}{2}\right)^2$$

$$K_p(2)=p_{H_2O}^2=(x+y)^2=(6.05\times10^3\ \text{Pa})^2$$

两反应同时共存时, 必须同时满足两方程。联立解出:

$$p_{CO_2}=x=661.2\ \text{Pa}\qquad p_{H_2O}=x+y=6.05\times10^3\ \text{Pa}$$

$$p_{CO_2}+p_{H_2O}=6711.2\ \text{Pa}$$

**5.29** 在 723 K 时, 将 0.10 mol $H_2(g)$ 和 0.20 mol $CO_2(g)$ 通入抽空的瓶中, 发生如下反应:

(1) $CO_2(g)+H_2(g)\rightleftharpoons CO(g)+H_2O(g)$

平衡后瓶中的总压为 50.66 kPa, 经分析知其中水蒸气的摩尔分数为 0.10。今在容器中加入过量的氧化钴 CoO(s) 和金属钴 Co(s), 在容器中又加了如下两个平衡:

(2) $CoO(s)+H_2(g)\rightleftharpoons Co(s)+H_2O(g)$

(3) $CoO(s)+CO(g)\rightleftharpoons Co(s)+CO_2(g)$

经分析知容器中水蒸气的摩尔分数为 0.30。试分别计算这三个反应用摩尔分数表示的平衡常数。

| **解**: | $CO_2(g)$ + | $H_2(g)$ | $\rightleftharpoons$ | $CO(g)$ + | $H_2O(g)$ |
|---|---|---|---|---|---|
| 平衡时/mol | $0.10-\alpha$ | $0.20-\alpha$ | | $\alpha$ | $\alpha$ |

$\alpha$ 为平衡时 CO(g) 的物质的量, $n_{总}=0.30$ mol。

$$\alpha=n_{总}x_{H_2O}=0.30\ \text{mol}\times0.10=0.030\ \text{mol}$$

$$K_x(1)=\frac{\left(\dfrac{\alpha}{0.30}\right)^2}{\dfrac{0.10-\alpha}{0.30}\times\dfrac{0.20-\alpha}{0.30}}=7.56\times10^{-2}$$

在反应 (1) 和 (2) 中, 用去一份 $H_2(g)$ 就生成一份 $H_2O(g)$。在反应 (1) 和 (3) 中, 一份 $CO_2(g)$ 对应一份 CO(g)。系统中总物质的量不变, $n_{总} = 0.30$ mol。

$$\alpha_{H_2O} = 0.30\ \text{mol} \times 0.3 = 0.09\ \text{mol} \qquad \alpha_{H_2} = 0.10\ \text{mol} - 0.09\ \text{mol} = 0.01\ \text{mol}$$

$$K_x(2) = \frac{\alpha_{H_2O}}{\alpha_{H_2}} = \frac{0.09\ \text{mol}}{0.01\ \text{mol}} = 9$$

因为 (3) = (2) − (1), 所以

$$K_x(3) = \frac{K_x(2)}{K_x(1)} = \frac{9}{0.0756} = 119$$

**5.30** 用 Si(s) 还原 MgO(s) 的反应是 $\text{Si(s)} + 2\text{MgO(s)} \rightleftharpoons 2\text{Mg(g)} + \text{SiO}_2\text{(s)}$, 已知该反应的 $\Delta_r G_m^\ominus(1)/(\text{J}\cdot\text{mol}^{-1}) = 523000 - 211.71(T/\text{K})$。

(1) 若使反应在标准态下进行, 则反应温度至少是多少?

(2) 过高的温度在工业上难以实现, 故需采取措施以降低还原温度。一种措施是加入 "附加剂" CaO(s) 进行反应的耦合, 加入的 CaO(s) 与上述还原反应中生成的 $SiO_2(s)$ 进行如下反应: $2\text{CaO(s)}+\text{SiO}_2\text{(s)} \rightleftharpoons \text{Ca}_2\text{SiO}_4\text{(s)}$, 已知该反应的 $\Delta_r G_m^\ominus(2)/(\text{Jmol}^{-1}) = -126357-5.021(T/\text{K})$, 试确定耦合反应的转折温度。

**解**: (1) 要使反应在标准态下进行, 则

$$\Delta_r G_m^\ominus(1) = [523000 - 211.71(T/\text{K})]\ \text{J}\cdot\text{mol}^{-1} < 0$$

解得

$$T > 2470.4\ \text{K}$$

(2) 耦合后的反应为 (1) + (2):

$$\text{Si(s)} + 2\text{MgO(s)} \rightleftharpoons 2\text{Mg(g)} + \text{SiO}_2\text{(s)}$$

$$+) \quad 2\text{CaO(s)} + \text{SiO}_2\text{(s)} \rightleftharpoons \text{Ca}_2\text{SiO}_4\text{(s)}$$

$$\overline{\text{Si(s)} + 2\text{CaO(s)} + 2\text{MgO(s)} \rightleftharpoons 2\text{Mg(g)} + \text{Ca}_2\text{SiO}_4\text{(s)}}$$

$$\Delta_r G_m^\ominus = \Delta_r G_m^\ominus(1) + \Delta_r G_m^\ominus(2) = [396643 - 216.73(T/\text{K})]\ \text{J}\cdot\text{mol}^{-1}$$

转折温度时, $\Delta_r G_m^\ominus = 0$, 可解得 $T = 1830$ K

**5.31** 出土文物青铜器编钟由于长期受到潮湿空气及水溶性氯化物的作用生成了粉状铜锈, 经鉴定其中含有 CuCl(s), $Cu_2O(s)$ 和 $Cu_2(OH)_3Cl(s)$。有人提出其腐蚀反应两种可能的途径为

$$\text{Cu(s)} + \text{Cl}^- \rightarrow \text{CuCl(s)} \rightarrow \text{Cu}_2\text{O(s)} \rightarrow \text{Cu}_2\text{(OH)}_3\text{Cl(s)}$$

及

$$\text{Cu(s)} + \text{Cl}^- \rightarrow \text{CuCl(s)} \rightarrow \text{Cu}_2\text{(OH)}_3\text{Cl(s)}$$

试根据下列热力学数据说明其是否正确?

| | $Cu_2O(s)$ | CuCl(s) | $Cu_2(OH)_3Cl(s)$ | $OH^-(aq)$ | HCl(aq) | $H_2O(l)$ |
|---|---|---|---|---|---|---|
| $\Delta_f G_m^\ominus/(\text{kJ}\cdot\text{mol}^{-1})$ | −146.0 | −120 | −1338 | −157.2 | −131 | −237.1 |

**解**: 根据 $\Delta_r G_m^\ominus = \sum_B \nu_B \Delta_f G_m^\ominus(B)$ 可得

反应 (1): $2Cu(s) + 2HCl(ag) \rightleftharpoons 2CuCl(s) + H_2(g)$

$$\Delta_r G_m^\ominus(1) = [2\times(-120) - 2\times(-131)]\ kJ\cdot mol^{-1} = 22\ kJ\cdot mol^{-1}$$

反应 (2): $2CuCl(s) + H_2O(l) \rightleftharpoons Cu_2O(s) + 2HCl(aq)$

$$\Delta_r G_m^\ominus(2) = [-146 - 131\times 2 - (-120\times 2 - 237.1)]\ kJ\cdot mol^{-1} = 69.1\ kJ\cdot mol^{-1}$$

反应 (3): $Cu_2O(s) + \frac{1}{2}O_2(g) + 2H_2O(l) + Cl^-(aq) \rightleftharpoons Cu_2(OH)_3Cl(s) + OH^-(aq)$

$$\Delta_r G_m^\ominus(3) = [-1338 - 157.2 - (-146 - 237.1\times 2 - 131)]\ kJ\cdot mol^{-1} = -744\ kJ\cdot mol^{-1} < 0$$

反应 (4): $2CuCl(s) + \frac{1}{2}O_2(g) + 2H_2O(l) \rightleftharpoons Cu_2(OH)_3Cl(s) + HCl(aq)$

$$\Delta_r G_m^\ominus(4) = [-1338 - 131 - (-120\times 2 - 237.1\times 2)]\ kJ\cdot mol^{-1} = -754.8\ kJ\cdot mol^{-1} < 0$$

虽 $\Delta_r G_m^\ominus(1) > 0$, 但若将反应 (1) 与 (2) 和 (3) 耦合, 可得下述反应 (5):

$$2Cu(s) + \frac{1}{2}O_2(g) + 3H_2O(l) + Cl^-(aq) \rightleftharpoons Cu_2(OH)_3Cl(s) + H_2(g) + OH^-(aq)$$

$$\Delta_r G_m^\ominus(5) = -652.9\ kJ\cdot mol^{-1} << 0$$

即 (1) + (2) + (3) 方程式生成 $Cu_2(OH)_3Cl(s)$ 在热力学上也是成立的。

另外, 若将反应 (1) 与 (4) 耦合, 可得下述反应 (6):

$$2Cu(s) + HCl(aq) + \frac{1}{2}O_2(g) + 2H_2O(l) \rightleftharpoons Cu_2(OH)_3Cl(s) + H_2(g)$$

$$\Delta_r G_m^\ominus(6) = -732.8\ kJ\cdot mol^{-1} << 0$$

即 (1) + (4) 方程式生成 $Cu_2(OH)_3Cl(s)$ 在热力学上也是成立的。

**5.32** (1) 由甲醇可以通过脱氢反应制备甲醛: $CH_3OH(g) \rightleftharpoons HCHO(g) + H_2(g)$, 试利用 $\Delta_r G_m^\ominus(T) = \Delta_r H_m^\ominus(298\ K) - T\Delta_r S_m^\ominus(298\ K)$, 近似估算反应的转折温度, 以及 973 K 时的 $\Delta_r G_m^\ominus(973\ K)$ 和标准平衡常数 $K_p^\ominus(973\ K)$。

(2) 电解水是得到纯氢的重要来源之一, 试问能否用水的热分解反应制备氢气? 试估算反应的转折温度。所需数据请查阅附录。

$$H_2O(g) \rightleftharpoons H_2(g) + \frac{1}{2}O_2(g)$$

**解**: (1) 先查教材附录Ⅳ表 15, 得到进行计算所需的数据。

| | $CH_3OH(g)$ | $HCHO(g)$ | $H_2(g)$ | $H_2O(g)$ | $O_2(g)$ |
|---|---|---|---|---|---|
| $\Delta_f H_m^\ominus/(kJ\cdot mol^{-1})$ | −201.0 | −108.57 | 0 | −241.818 | 0 |
| $S_m^\ominus/(J\cdot mol^{-1}\cdot K^{-1})$ | 239.9 | 218.77 | 130.684 | 188.825 | 205.138 |

$$\Delta_r H_m^\ominus(298\ K) = \sum_B \nu_B \Delta_f H_m^\ominus(B, 298\ K)$$

$$= [-108.57 + 0 - (-201.0)]\ kJ\cdot mol^{-1} = 92.43\ kJ\cdot mol^{-1}$$

$$\Delta_r S_m^\ominus(298\ K) = \sum_B \nu_B S_m^\ominus(B, 298\ K)$$

$$= (218.77 + 130.684 - 239.9)\ \text{J}\cdot\text{mol}^{-1}\cdot\text{K}^{-1} = 109.554\ \text{J}\cdot\text{mol}^{-1}\cdot\text{K}^{-1}$$

$$T_{转} = \frac{\Delta_r H_m^{\ominus}(298\ \text{K})}{\Delta_r S_m^{\ominus}(298\ \text{K})} = \frac{92.43\times 10^3\ \text{J}\cdot\text{mol}^{-1}}{109.554\ \text{J}\cdot\text{mol}^{-1}\cdot\text{K}^{-1}} = 843.7\ \text{K}$$

$$\Delta_r G_m^{\ominus}(973\ \text{K}) = \Delta_r H_m^{\ominus}(298\ \text{K}) - T\Delta_r S_m^{\ominus}(298\ \text{K})$$

$$= 92.43\ \text{kJ}\cdot\text{mol}^{-1} - 973\ \text{K}\times 109.554\ \text{J}\cdot\text{mol}^{-1}\cdot\text{K}^{-1} = -14.17\ \text{kJ}\cdot\text{mol}^{-1}$$

$$\ln K_p^{\ominus}(973\ \text{K}) = -\frac{\Delta_r G_m^{\ominus}(973\ \text{K})}{RT} - \frac{-14.17\times 10^3\ \text{J}\cdot\text{mol}^{-1}}{8.314\ \text{J}\cdot\text{mol}^{-1}\cdot\text{K}^{-1}\times 973\ \text{K}} = 1.752$$

$$K_p^{\ominus}(973\ \text{K}) = 5.76$$

(2) 对于反应 $H_2O(g) \rightleftharpoons H_2(g) + \frac{1}{2}O_2(g)$, 有

$$\Delta_r H_m^{\ominus}(298\ \text{K}) = [0 + 0 - (-241.818)]\ \text{kJ}\cdot\text{mol}^{-1} = 241.818\ \text{kJ}\cdot\text{mol}^{-1}$$

$$\Delta_r S_m^{\ominus}(298\ \text{K}) = \left(130.684 + \frac{1}{2}\times 205.138 - 188.825\right)\ \text{J}\cdot\text{mol}^{-1}\cdot\text{K}^{-1} = 44.428\ \text{J}\cdot\text{mol}^{-1}\cdot\text{K}^{-1}$$

$$T_{转} = \frac{\Delta_r H_m^{\ominus}(298\ \text{K})}{\Delta_r S_m^{\ominus}(298\ \text{K})} = \frac{241.818\times 10^3\ \text{J}\cdot\text{mol}^{-1}}{44.428\ \text{J}\cdot\text{mol}^{-1}\cdot\text{K}^{-1}} = 5442.9\ \text{K}$$

**5.33** 苯烃化制乙苯的反应是 $C_6H_6(l) + C_2H_4(g) \rightleftharpoons C_6H_5C_2H_5(l)$。若反应在 97 ℃ 下进行, 乙烯的压力保持在 $1.5p^{\ominus}$, 试估算苯的最大转化率。气体视为理想气体, 液相当作理想液体混合物, 假设反应的标准摩尔焓变不随温度而改变。已知 298 K 时相关热力学数据如下所示:

| | $C_2H_4(g)$ | $C_6H_6(l)$ | $C_6H_5C_2H_5(l)$ |
|---|---|---|---|
| $\Delta_f G_m^{\ominus}/(\text{kJ}\cdot\text{mol}^{-1})$ | 68.4 | 124.5 | 119.9 |
| $\Delta_f H_m^{\ominus}/(\text{kJ}\cdot\text{mol}^{-1})$ | 52.4 | 49.1 | −12.3 |

**解**: $C_6H_6(l) + C_2H_4(g) \rightleftharpoons C_6H_5C_2H_5(l)$

开始时/mol　1　　0

平衡时/mol　$1-\alpha$　　$\alpha$

$$K_p^{\ominus} = \frac{a_{乙苯}}{a_{苯}a_{乙烯}} = \frac{x_{乙苯}}{x_{苯}(p_{乙烯}/p^{\ominus})} = \frac{\alpha}{(1-\alpha)(p_{乙烯}/p^{\ominus})} \tag{a}$$

$$\Delta_r H_m^{\ominus}(298\ \text{K}) = \sum_B \nu_B \Delta_f H_m^{\ominus}(B, 298\ \text{K}) = (-12.3 - 49.1 - 52.4)\ \text{kJ}\cdot\text{mol}^{-1} = -113.8\ \text{kJ}\cdot\text{mol}^{-1}$$

$$\Delta_r G_m^{\ominus}(298\ \text{K}) = \sum_B \nu_B \Delta_f G_m^{\ominus}(B, 298\ \text{K}) = (119.9 - 124.5 - 68.4)\ \text{kJ}\cdot\text{mol}^{-1} = -73.0\ \text{kJ}\cdot\text{mol}^{-1}$$

$$K_a^{\ominus}(298\ \text{K}) = \exp\left[-\frac{\Delta_r G_m^{\ominus}(298\ \text{K})}{R\times 298\ \text{K}}\right] = 6.254\times 10^{12}$$

$$\ln\frac{K_a^{\ominus}(370\ \text{K})}{K_a^{\ominus}(298\ \text{K})} = \frac{\Delta_r H_m^{\ominus}(298\ \text{K})}{R}\times\left(\frac{1}{298\ \text{K}} - \frac{1}{370\ \text{K}}\right)$$

求得

$$K_a^{\ominus}(370\ \text{K}) = 8.21\times 10^{8}$$

代入式 (a), 得
$$8.21 \times 10^8 = \frac{\alpha}{(1-\alpha)(1.5p^{\ominus}/p^{\ominus})}$$

解得
$$\alpha \approx 1$$

**5.34** 估算当 $NH_4Cl(s)$ 的解离压为 100 kPa 时的温度。假设反应的标准摩尔焓变不随温度而改变, 并已知 298 K 时相关热力学数据如下所示:

| | $NH_4Cl(s)$ | $HCl(g)$ | $NH_3(g)$ |
|---|---|---|---|
| $\Delta_f G_m^{\ominus}/(kJ\cdot mol^{-1})$ | −202.9 | −95.3 | −16.4 |
| $\Delta_f H_m^{\ominus}/(kJ\cdot mol^{-1})$ | −314.4 | −92.3 | −45.9 |

**解**:
$$NH_4Cl(s) \rightleftharpoons HCl(g) + NH_3(g)$$
$$K_p^{\ominus} = \frac{p_{HCl}}{p^{\ominus}} \cdot \frac{p_{NH_3}}{p^{\ominus}}$$

设在温度 $T$ 时解离压为 100 kPa, 则

$$p_{HCl} = p_{NH_3} = \frac{1}{2}p^{\ominus} \qquad K_p^{\ominus}(T) = \frac{1}{4}$$
$$\Delta_r G_m^{\ominus}(298\ K) = \sum_B \nu_B \Delta_f G_m^{\ominus}(B, 298\ K) = 91.2\ kJ\cdot mol^{-1}$$
$$K_p^{\ominus}(298\ K) = \exp\left[-\frac{\Delta_r G_m^{\ominus}(298\ K)}{R \times 298\ K}\right] = 1.03 \times 10^{-16}$$
$$\Delta_r H_m^{\ominus}(298\ K) = \sum_B \nu_B \Delta_f H_m^{\ominus}(B, 298\ K) = 176.2\ kJ\cdot mol^{-1}$$
$$\ln\frac{K_p^{\ominus}(T)}{K_p^{\ominus}(298\ K)} = \frac{\Delta_r H_m^{\ominus}(298\ K)}{R} \times \left(\frac{1}{298\ K} - \frac{1}{T}\right)$$

代入数据, 可解得
$$T = 594\ K$$

**5.35** 已知反应 $H_2O(l) + ATP(aq) \rightleftharpoons ADP(aq) + P_i^-(aq) + H^+$, 在 310 K, pH = 7 时的 $K_c^{\oplus} = 1.3 \times 10^5$。如果 $\Delta_r H_m^{\oplus} = -20.0\ kJ\cdot mol^{-1}$, 试计算 298 K 时该反应的 $K_c^{\oplus}, K_c^{\ominus}, \Delta_r G_m^{\oplus}$ 和 $\Delta_r G_m^{\ominus}$ 值。

**解**: $$\ln\frac{K_c^{\oplus}(310\ K)}{K_c^{\oplus}(298\ K)} = \frac{\Delta_r H_m^{\oplus}}{R}\left(\frac{1}{298\ K} - \frac{1}{310\ K}\right)$$
$$\ln\frac{1.3 \times 10^5}{K_c^{\oplus}(298\ K)} = \frac{-20.0\ kJ\cdot mol^{-1}}{8.314 \times 10^{-3}\ kJ\cdot mol^{-1}\cdot K^{-1}} \times \left(\frac{1}{298\ K} - \frac{1}{310\ K}\right)$$

解得
$$K_c^{\oplus}(298\ K) = 1.78 \times 10^5$$

因为
$$\frac{K_c^{\ominus}(298\ K)}{K_c^{\oplus}(298\ K)} = \frac{c^{\oplus}}{c^{\ominus}} = 1 \times 10^{-7}$$

所以
$$K_c^{\ominus}(298\ K) = 1.78 \times 10^{-2}$$

$$\Delta_r G_m^{\oplus} = -RT\ln K_c^{\oplus} = -29.95\ kJ\cdot mol^{-1}$$
$$\Delta_r G_m^{\ominus} = -RT\ln K_c^{\ominus} = 9.98\ kJ\cdot mol^{-1}$$

# 四、自测题

## (一) 自测题 1

Ⅰ. 选择题

1. 化学反应系统在等温等压下发生 $\Delta\xi = 1$ mol 反应, 所引起系统 Gibbs 自由能的改变值 $\Delta_r G_m$ 的数值正好等于系统化学反应 Gibbs 自由能 $(\partial G/\partial \xi)_{T,p}$ 的条件是 ……………… (　　)

(A) 系统发生单位反应　　(B) 反应达到平衡

(C) 反应物处于标准状态　　(D) 无穷大系统中所发生的单位反应

2. 化学反应等温式 $\Delta_r G_m = \Delta_r G_m^\ominus + RT\ln Q_a$, 当选取不同标准态时, 反应的 $\Delta_r G_m^\ominus$ 将改变, 该反应的 $\Delta_r G_m$ 和 $Q_a$ 将 ……………… (　　)

(A) 都随之改变　　(B) 都不改变

(C) $Q_a$ 变, $\Delta_r G_m$ 不变　　(D) $Q_a$ 不变, $\Delta_r G_m$ 改变

3. 在等温等压下, 当反应的 $\Delta_r G_m^\ominus = 5\ \mathrm{kJ\cdot mol^{-1}}$ 时, 该反应能否进行? ……………… (　　)

(A) 能正向自发进行　　(B) 能逆向自发进行

(C) 不能判断　　(D) 不能进行

4. 在温度 $T$ 和压力 $p$ 时, 理想气体反应 $C_2H_6(g) \rightleftharpoons H_2(g) + C_2H_4(g)$ 的平衡常数 $K_c/K_x$ 值为 ……………… (　　)

(A) $RT$　　(B) $1/RT$　　(C) $RT/p$　　(D) $p/RT$

5. 气相反应 $A(g) + B(g) \rightleftharpoons 2C(g) + D(g)$ 在 298 K、恒定容器内进行, A 和 B 的初始分压均为 101.325 kPa, 当反应达平衡后, A 和 B 的平衡分压均为 $\dfrac{1}{3} \times 101.325$ kPa, 起始时容器内不含 C 和 D, 则该反应在 298 K 时的 $K_c/(\mathrm{mol\cdot dm^{-3}})$ 为 ……………… (　　)

(A) 0.44　　(B) 8　　(C) 10.67　　(D) 16

6. 某温度时, $NH_4Cl(s)$ 分解压力是 $p^\ominus$, 则分解反应的平衡常数 $K^\ominus$ 为 ……………… (　　)

(A) 1　　(B) 1/2　　(C) 1/4　　(D) 1/8

7. 标准态的选择对下列某些物理量有影响的是 ……………… (　　)

(A) $f, \mu, \Delta_r G_m^\ominus$　　(B) $m, \mu^\ominus, \Delta A$

(C) $a, \mu^\ominus, \Delta_r G_m^\ominus$　　(D) $a, \mu, (\partial G/\partial \xi)_{T,p,W_f} = 0$

8. 某实际气体反应的平衡常数用逸度表示为 $K_f^\ominus$, 则 $K_f^\ominus$ 与下述物理量有关的是 …… (　　)

(A) 系统的总压力　　(B) 催化剂

(C) 温度　　(D) 惰性气体的数量

9. 已知反应 $3O_2(g) \rightleftharpoons 2O_3(g)$ 在 25 ℃ 时, $\Delta_r H_m^\ominus = -280\ \mathrm{J\cdot mol^{-1}}$, 则对该反应有利的条件是 ……………… (　　)

(A) 升温升压　　(B) 升温降压　　(C) 降温升压　　(D) 降温降压

10. 加入惰性气体能增大以下哪个反应的平衡转化率?…………………………………( )

(A) $C_6H_5C_2H_5(g) \rightleftharpoons C_6H_5C_2H_3(g) + H_2(g)$

(B) $CO(g) + H_2O(g) \rightleftharpoons CO_2(g) + H_2(g)$

(C) $\frac{3}{2}H_2(g) + \frac{1}{2}N_2(g) \rightleftharpoons NH_3(g)$

(D) $CH_3COOH(l) + C_2H_5OH(l) \rightleftharpoons H_2O(l) + C_2H_5COOCH_3(l)$

## Ⅱ. 填空题

1. 化学平衡的化学势判据是____________, 其适用条件是____________。

2. 反应 $CO(g) + 2H_2(g) \rightleftharpoons CH_3OH(g)$ 在 300 ℃, 1013.25 kPa 下进行, 按理想气体反应处理时, 其平衡常数 $K_c = 10\ \mathrm{mol^{-2}\cdot dm^6}$, 则 $K_x =$ ____________。

3. 在 2000 K 时, 理想气体反应 $CO(g)+\frac{1}{2}O_2(g) = CO_2(g)$ 的平衡常数 $K_p=0.644(\mathrm{kPa})^{-1/2}$, 则该反应的 $\Delta_r G_m^\ominus =$ ____________。

4. 在 298 K 时反应 $N_2O_4(g) \rightleftharpoons 2NO_2(g)$ 的 $K_p^\ominus = 0.1132$, 当 $p_{N_2O_4} = p_{NO_2} = 1$ kPa 时, 反应将向____________移动。当 $p_{N_2O_4} = 1$ kPa, $p_{NO_2} = 10$ kPa 时, 反应将向____________移动。

5. 25 ℃ 时水的饱和蒸气压为 3.164 kPa, 此时液态水的标准摩尔生成 Gibbs 自由能 $\Delta_f G_m^\ominus$ 为 $-237.13\ \mathrm{kJ\cdot mol^{-1}}$, 则水蒸气的标准摩尔生成 Gibbs 自由能为____________。

6. 已知 298 K 时, 固体甘氨酸的标准生成 Gibbs 自由能 $\Delta_f G_m^\ominus$(甘) $= -370.7\ \mathrm{kJ\cdot mol^{-1}}$。甘氨酸在水中的饱和浓度为 3.33 $\mathrm{mol\cdot kg^{-1}}$, 又已知 298 K 时甘氨酸水溶液的标准态取 $m^\ominus = 1\ \mathrm{mol\cdot kg^{-1}}$ 时其标准生成 Gibbs 自由能 $\Delta_f G_m^\ominus(\mathrm{aq}) = -372.9\ \mathrm{kJ\cdot mol^{-1}}$, 则甘氨酸在饱和溶液中的活度 $a =$ ____________, 活度因子 $\gamma =$ ____________。

7. 按照 D. P. Stevenson 等人的工作, 异构化反应环己烷 (l) $\rightleftharpoons$ 甲基环戊烷的平衡常数与温度的关系为 $\ln K_p^\ominus = 4.184 - 2059\ \mathrm{K}/T$, 则 25 ℃ 时的 $\Delta_r H_m^\ominus =$ ____________, $\Delta_r S_m^\ominus =$ ____________。

8. 温度从 298 K 升高到 308 K, 反应的平衡常数加倍, 则该反应的 $\Delta_r H_m^\ominus$ (设其与温度无关)= ____________。

## Ⅲ. 计算题

1. 已知反应 $CO(g) + H_2O(g) \rightleftharpoons H_2(g) + CO_2(g)$ 的标准平衡常数与温度的关系为 $\lg K_p^\ominus = 2150\ \mathrm{K}/T - 2.216$, 当 $CO(g), H_2O(g), H_2(g), CO_2(g)$ 的初始组成的质量分数分别为 0.30, 0.30, 0.20 和 0.20, 总压为 100.00 kPa 时, 问在什么温度以下 (或以上) 反应才能向生成产物的方向进行?

2. 有人尝试用甲烷和苯为原料来制备甲苯:

$$CH_4(g) + C_6H_6(g) \rightleftharpoons C_6H_5CH_3(g) + H_2(g),$$

通过不同的催化剂和选择不同的温度, 但都以失败而告终。而在石化工业上, 是利用该反应的逆反应, 使甲苯加氢来获得苯。试通过如下两种情况, 从理论上计算平衡转化率。

(1) 在 500 K 和 100 kPa 的条件下, 使用适当的催化剂, 若原料甲烷和苯的摩尔比为 1:1, 用热力学数据估算一下, 可能获得的甲苯所占的摩尔分数;

(2) 若反应条件同上, 使甲苯和氢气的摩尔比为 1:1, 计算甲苯的平衡转化率。

已知 500 K 时这些物质的标准摩尔生成 Gibbs 自由能分别为

$$\Delta_f G_m^\ominus(CH_4, g) = -33.08\ kJ\cdot mol^{-1} \qquad \Delta_f G_m^\ominus(C_6H_6, g) = 162.0\ kJ\cdot mol^{-1}$$

$$\Delta_f G_m^\ominus(C_6H_5CH_3, g) = 172.4\ kJ\cdot mol^{-1} \qquad \Delta_f G_m^\ominus(H_2, g) = 0$$

3. 298 K 时有 0.01 kg $N_2O_4(g)$, 压力为 202.6 kPa, 若把它全部分解为 $NO_2(g)$, 压力为 30.4 kPa。试求该过程的 Gibbs 自由能变化值 $\Delta_r G$。已知 $\Delta_f G_m^\ominus(NO_2, g) = 51.31\ kJ\cdot mol^{-1}$, $\Delta_f G_m^\ominus(N_2O_4, g) = 99.8\ kJ\cdot mol^{-1}$。

4. 800 K, 100 kPa 时, 反应 $C_6H_5C_2H_5(g) \rightleftharpoons C_6H_5C_2H_3(g) + H_2(g)$ 的 $K_p^\ominus = 0.05$, 试计算:

(1) 平衡时乙苯的解离度 $\alpha$;

(2) 若在原料中添加水蒸气, 使乙苯和水蒸气的摩尔比为 1:9, 总压仍为 100 kPa, 求此时乙苯的解离度 $\alpha$。

5. 从 $NH_3(g)$ 制备 $HNO_3$ 的一种工业方法, 是将 $NH_3(g)$ 与空气的混合物通过高温下的金属 Pt 催化剂, 主要反应为 $4NH_3(g) + 5O_2(g) \rightleftharpoons 4NO(g) + 6H_2O(g)$。试计算 1073 K 时反应的标准平衡常数。设反应的 $\Delta_r H_m^\ominus$ 不随温度而改变, 已知 298 K 时的热力学数据如下。

| | $NH_3(g)$ | $H_2O(g)$ | $NO(g)$ | $O_2(g)$ |
|---|---|---|---|---|
| $\Delta_f H_m^\ominus(298\ K)/(kJ\cdot mol^{-1})$ | −45.9 | −241.818 | 91.3 | 0 |
| $\Delta_f G_m^\ominus(298\ K)/(kJ\cdot mol^{-1})$ | −16.4 | −228.572 | 87.6 | 0 |

6. 已知气相反应 $2SO_2(g) + O_2(g) \rightleftharpoons 2SO_3(g)$ 的标准平衡常数 $K_c^\ominus$ 与温度 $T$ 的函数关系为 $\lg K_c^\ominus = 10373\ K/T + 2.222\lg(T/K) - 14.585$。上述反应视为理想气体反应。

(1) 求该反应在 1000 K 时的 $\Delta_r U_m^\ominus$, $\Delta_r H_m^\ominus$, $\Delta_r G_m^\ominus$。

(2) 在 1000 K, $2\times 101325$ Pa 下若有 $SO_2(g)$, $O_2(g)$, $SO_3(g)$ 的混合气体, 其中 $SO_2(g)$ 占 20%, $O_2(g)$ 占 20% (体积分数)。试判断在此条件下的反应方向。

7. 已知反应 (1) $4Na(g) + O_2(g) \rightleftharpoons 2Na_2O(g)$ 的

$$\Delta_r G_m^\ominus(1)/(J\cdot mol^{-1}) = -1276222 + 890.6(T/K) - 32.34(T/K)\ln(T/K)$$

而反应 (2) $4Cr(s) + 3O_2(g) \rightleftharpoons 2Cr_2O_3(s)$ 的 $\Delta_r H_m^\ominus(298\ K) = -2256.85\ kJ\cdot mol^{-1}$, $\Delta_r S_m^\ominus(298\ K) = -547.77\ J\cdot mol^{-1}\cdot K^{-1}$, $\Delta C_{p,m}^\ominus = 56\ J\cdot mol^{-1}\cdot K^{-1}$。

(1) 写出反应 (2) 的 $\Delta_r G_m^\ominus(2)$ 与 $T$ 的关系式;

(2) 证明在 $p^\ominus$ 时, 温度在 1062 K 以下 $Cr_2O_3(s)$ 才能被 $Na(g)$ 还原。

8. 在 288 K 时, 将适量 $CO_2(g)$ 引入某容器, 测得 $CO_2(g)$ 压力为 $0.0259p^{\ominus}$。若加入过量 $NH_4COONH_2(s)$, 平衡后测得系统总压力为 $0.0639 \times p^{\ominus}$。求 288 K 时反应 $NH_4COONH_2(s) \rightleftharpoons 2NH_3(g) + CO_2(g)$ 的 $K_p^{\ominus}$。

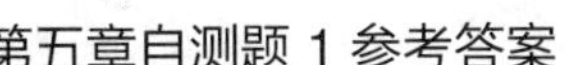

第五章自测题 1 参考答案

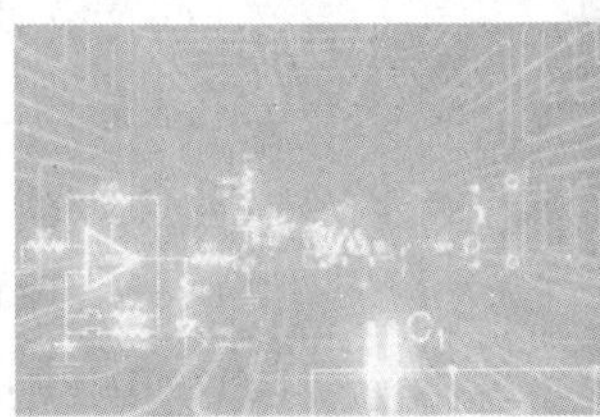

## (二) 自测题 2

Ⅰ. 选择题

1. 在一定温度下, (1) $K_m$, (2) $(\partial G/\partial \xi)_{T,p}$, (3) $\Delta_r G_m^{\ominus}$, (4) $K_f^{\ominus}$ 四个量中, 不随化学反应系统压力及组成而改变的量是 …………（ ）

(A) (1), (3) (B) (3), (4) (C) (2), (4) (D) (2), (3)

2. 在一定温度和压力下, 对于一个化学反应, 能用以判断其反应方向的是 …………（ ）

(A) $\Delta_r G_m^{\ominus}$ (B) $K_p$ (C) $\Delta_r G_m$ (D) $\Delta_r H_m$

3. 一定温度压力下, 化学反应摩尔 Gibbs 自由能变化值 $\Delta_r G_m = (\partial G/\partial \xi)_{T,p}$ 与反应的标准摩尔 Gibbs 自由能变化值 $\Delta_r G_m^{\ominus}$ 相等的条件是 …………（ ）

(A) 反应系统处于平衡 (B) 反应系统的压力为 $p^{\ominus}$

(C) 反应可进行到底 (D) 参与反应的各物质均处于标准态

4. 理想气体反应平衡常数 $K_x$ 与 $K_c$ 的关系是 …………（ ）

(A) $K_x = K_c(RT)^{\sum_B \nu_B}$ (B) $K_x = K_c p^{\sum_B \nu_B}$

(C) $K_x = K_c(RT/p)^{-\sum_B \nu_B}$ (D) $K_x = K_c\left(V\Big/\sum_B n_B\right)^{\sum_B \nu_B}$

5. 反应 $CO(g) + H_2O(g) \rightleftharpoons CO_2(g) + H_2(g)$ 在 873 K, 100 kPa 下达化学平衡, 当压力增至 5000 kPa 时, 各气体的逸度因子为: $\gamma_{CO_2} = 1.90$; $\gamma_{H_2} = 1.10$; $\gamma_{CO} = 1.23$; $\gamma_{H_2O} = 0.77$, 则平衡点将 …………（ ）

(A) 向右移动 (B) 不移动 (C) 向左移动 (D) 无法确定

6. 已知分解反应 $NH_2COONH_4(s) \rightleftharpoons 2NH_3(g) + CO_2(g)$ 在 30 ℃ 时的平衡常数 $K = 6.55 \times 10^{-4}$, 则此时 $NH_2COONH_4(s)$ 的解离压为 …………（ ）

(A) $16.4 \times 10^3$ Pa (B) $594.0 \times 10^3$ Pa

(C) $5.542 \times 10^3$ Pa (D) $2.928 \times 10^3$ Pa

7. 在刚性密闭容器中, 有下列理想气体反应达平衡 $A(g) + B(g) \rightleftharpoons C(g)$, 若在恒温下加入一定量惰性气体, 则平衡将 ··················· (　)

(A) 向右移动 (B) 向左移动 (C) 不移动 (D) 无法确定

8. 在温度为 1000 K 时的理想气体反应: $2SO_3(g) \rightleftharpoons 2SO_3(g) + O_2(g)$ 的平衡常数 $K_p = 29.0$ kPa, 则该反应的 $\Delta_r G_m^\ominus$ 为 ··················· (　)

(A) 28 $kJ \cdot mol^{-1}$ (B) 10.3 $kJ \cdot mol^{-1}$

(C) $-10.3$ $kJ \cdot mol^{-1}$ (D) $-28$ $kJ \cdot mol^{-1}$

9. 在通常温度下, $NH_4HCO_3(s)$ 可发生下列分解反应:

$$NH_4HCO_3(s) = NH_3(g) + CO_2(g) + H_2O(g)$$

设在两个容积相等的密闭容器 A 和 B 中, 分别加入纯 $NH_4HCO_3(s)$ 1 kg 及 20 kg, 均保持在 298 K, 达到平衡后, 下列说法**正确**的是 ··················· (　)

(A) 两容器中压力相等

(B) A 内压力大于 B 内压力

(C) B 内压力大于 A 内压力

(D) 须经实际测定方能判别哪个容器中压力大

10. 已知反应 $FeO(s) + C(s) \rightleftharpoons CO(g) + Fe(s)$ 的 $\Delta_r H_m^\ominus$ 为正, $\Delta_r S_m^\ominus$ 为正 (设 $\Delta_r H_m^\ominus$ 和 $\Delta_r S_m^\ominus$ 不随温度而变化), 欲使反应正向进行, 则一定 ··················· (　)

(A) 高温有利 (B) 低温有利 (C) 与温度无关 (D) 与压力有关

**Ⅱ. 填空题**

1. 若以 A 代表 $Na_2HPO_4$。已知 $A \cdot 12H_2O(s) \rightleftharpoons A \cdot 7H_2O(s) + 5H_2O(g)$, $A \cdot 7H_2O(s) \rightleftharpoons A \cdot 2H_2O(s) + 5H_2O(g)$, $A \cdot 2H_2O(s) \rightleftharpoons A(s) + 2H_2O(g)$ 三个反应各自的平衡水汽压力分别为 $0.02514p^\ominus$, $0.0191p^\ominus$, $0.0129p^\ominus$, 298 K 的饱和水汽压为 $0.0313p^\ominus$。现于某沙漠地区气温为 298 K, 相对湿度稳定在 45%, 有一长期在此保存的 $A \cdot 7H_2O(s)$(AR) 样品, 该样品的稳定组成可能性最大的是____________。

2. 若反应 $CO(g) + \frac{1}{2}O_2(g) \rightleftharpoons CO_2(g)$ 在 2000 K 时的 $K_p^\ominus = 6.44$, 同样温度下, 则反应 $2CO(g) + O_2(g) \rightleftharpoons 2CO_2(g)$ 的 $K_p^\ominus(1) =$ ____________, 反应 $2CO_2(g) \rightleftharpoons 2CO(g) + O_2(g)$ 的 $K_p^\ominus(2) =$ ____________。

3. 在温度为 1000 K 时的理想气体反应 $2SO_3(g) \rightleftharpoons 2SO_2(g) + O_2(g)$ 的 $\Delta_r G_m^\ominus = 10293$ $J \cdot mol^{-1}$, 则该反应的平衡常数 $K_p =$ ____________。

4. 实验证明: 两块表面无氧化膜的光滑洁净的金属紧靠一起时会自动黏合在一起。现有两个表面镀铬的宇宙飞船由地面进入外层空间对接时它们将__________ (填入 "会" 或 "不会") 自动黏在一起。已知 $\Delta_f G_m^\ominus(Cr_2O_3, s, 298.15\ K) = -1079$ $kJ \cdot mol^{-1}$, 设外层空间气压为 $1.013 \times 10^{-9}$ Pa, 空气组成与地面相同。不考虑温度影响。

5. 25 ℃ 时, 水蒸气与液态水的标准摩尔生成 Gibbs 自由能分别为 $-228.57\ \mathrm{kJ\cdot mol^{-1}}$ 和 $-237.13\ \mathrm{kJ\cdot mol^{-1}}$, 则该温度下水的饱和蒸气压为______________kPa。

6. 在 $1\ \mathrm{dm^3}$ 的玻璃容器内放入 2.695 g $PCl_5(g)$, 部分发生解离。在 250 ℃ 达平衡, 容器内的压力是 100 kPa, 则解离度 $\alpha =$ ______________, 平衡常数 $K_p =$ ______________。

7. 一个抑制剂结合到碳酸酐酶中去时, 在 298 K 下反应的平衡常数为 $K_a^\ominus = 4.17\times10^7$, $\Delta_r H_m^\ominus = -45.1\ \mathrm{kJ\cdot mol^{-1}}$, 则在该温度下反应的 $\Delta_r S_m^\ominus =$ ______________ $\mathrm{J\cdot mol^{-1}\cdot K^{-1}}$。

8. 在 298 K 时, 磷酸酯结合到醛缩酶的平衡常数 $K_a^\ominus = 540$, 直接测定焓的变化是 $-87.8\ \mathrm{kJ\cdot mol^{-1}}$, 若假定 $\Delta_r H_m^\ominus$ 与温度无关, 则在 310 K 时平衡常数的值是______________。

### Ⅲ. 计算题

1. 373 K 时, 反应 $2NaHCO_3(s) \rightleftharpoons Na_2CO_3(s) + CO_2(g) + H_2O(g)$ 的 $K_p^\ominus = 0.231$。

(1) 在 $1\times10^{-2}\ \mathrm{m^3}$ 的抽空容器中, 放入 0.1 mol $Na_2CO_3(s)$, 并通入 0.2 mol $H_2O(g)$, 问最少需通入物质的量为多少的 $CO_2(g)$, 才能使 $Na_2CO_3(s)$ 全部转变成 $NaHCO_3(s)$?

(2) 在 373 K, 总压为 101325 Pa 时, 要在 $CO_2(g)$ 及 $H_2O(g)$ 的混合气体中干燥潮湿的 $NaHCO_3(s)$, 问混合气体中 $H_2O(g)$ 的分压应为多少才不致使 $NaHCO_3(s)$ 分解?

2. 在 298 K 时, $NH_4HS(s)$ 在一真空瓶中的分解反应为 $NH_4HS(s) \rightleftharpoons NH_3(g) + H_2S(g)$。

(1) 达平衡后, 测得总压为 66.66 kPa, 计算反应的标准平衡常数 $K_p^\ominus$, 设气体为理想气体。

(2) 若瓶中已有 $NH_3(g)$, 其压力为 40.00 kPa, 计算这时瓶中的总压。

3. 已知反应 $(CH_3)_2CHOH(g) \rightleftharpoons (CH_3)_2CO(g) + H_2(g)$ 的 $\Delta C_{p,m}^\ominus = 16.72\ \mathrm{J\cdot mol^{-1}\cdot K^{-1}}$。在 457 K 时的 $K_p^\ominus = 0.36$, 在 298 K 时的 $\Delta_r H_m^\ominus = 61.5\ \mathrm{kJ\cdot mol^{-1}}$。

(1) 写出 $\ln K_p^\ominus - f(T)$ 的函数关系式;

(2) 计算 500 K 时的 $K_p^\ominus$ 值。

4. $CO_2(g)$ 与 $H_2S(g)$ 在高温下的反应为 $CO_2(g)+H_2S(g) \rightleftharpoons COS(g)+H_2O(g)$, 今在 610 K 时将 4.4 g 的 $CO_2(g)$ 加入体积为 $2.5\ \mathrm{dm^3}$ 的空瓶中, 然后再充入 $H_2S(g)$, 使总压为 1000 kPa。达平衡后取样分析, 得其中 $H_2O(g)$ 的摩尔分数为 0.02。将温度升至 620 K 重复上述实验, 达平衡后取样分析, 得其中 $H_2O(g)$ 的摩尔分数为 0.03。视气体为理想气体, 试计算:

(1) 610 K 时的 $K_p^\ominus$ 和 $\Delta_r G_m^\ominus$;

(2) 设反应的标准摩尔焓变 $\Delta_r H_m^\ominus$ 不随温度而变, 求 $\Delta_r H_m^\ominus$;

(3) 在 610 K 时, 往该体积的瓶中充入不参与反应的气体, 直至压力加倍, 则 COS(g) 的产量有何变化, 若充入不参与反应的气体, 保持压力不变, 而使体积加倍, 则 COS(g) 的产量又有何变化?

5. 两种硫化汞晶体转换反应为 HgS(s, 红) $\rightleftharpoons$ HgS(s, 黑), 转换反应的标准摩尔 Gibbs 自由能的变化值与温度的关系为 $\Delta_{trs} G_m^\ominus = (4100 - 6.09T/\mathrm{K})\times 4.184\ \mathrm{J\cdot mol^{-1}}$。

(1) 问在 373 K 时, 哪一种硫化汞晶体较为稳定?

(2) 求该反应的转换温度。

6. 标准压力下, $N_2O_4(g)$ 的解离度在 60 ℃ 时为 0.544, 在 100 ℃ 时为 0.892, 求反应 $N_2O_4(g) \rightleftharpoons 2NO_2(g)$ 的 $\Delta_r H_m^\ominus$ 及 $\Delta_r S_m^\ominus$ (均可视为常数)。

7. 在 1500 K, $p^{\ominus}$ 时, 反应 (1) $H_2O(g) \rightleftharpoons H_2(g) + \frac{1}{2}O_2(g)$, 水蒸气的解离度为 $2.21 \times 10^{-4}$; 反应 (2) $CO_2(g) \rightleftharpoons CO(g) + \frac{1}{2}O_2(g)$ 的解离度为 $4.8 \times 10^{-4}$。求反应 (3) $CO(g) + H_2O(g) \rightleftharpoons CO_2(g) + H_2(g)$ 在该温度下的标准平衡常数。

第五章自测题 2 参考答案

# 第六章 相 平 衡

本章主要公式和内容提要

## 一、复习题及解答

**6.1** 判断下列说法是否正确, 为什么?

(1) 在一个密封的容器内, 装满了 373.2 K 的水, 一点空隙也不留, 这时水的蒸气压等于零;

(2) 在室温和大气压力下, 纯水的蒸气压为 $p^*$, 若在水面上充入 $N_2(g)$ 以增加外压, 则纯水的蒸气压下降;

(3) 小水滴与水汽混在一起成雾状, 因为它们都有相同的化学组成和性质, 所以是一个相;

(4) 面粉和米粉混合得十分均匀, 肉眼已无法分清彼此, 所以它们已成为一相;

(5) 将金粉和银粉混合加热至熔融, 再冷却至固态, 它们已成为一相;

(6) 1 mol NaCl(s) 溶于一定量的水中, 在 298 K 时, 只有一个蒸气压;

(7) 1 mol NaCl(s) 溶于一定量的水中, 再加少量的 $KNO_3(s)$, 在一定的外压下, 当达到气–液平衡时, 温度必有定值;

(8) 纯水在三相点和冰点时, 都是三相共存, 根据相律, 这两点的自由度都应该等于零。

**答**: (1) 错。具有蒸气压是液体的本征特性, 可理解为液体中能量大的分子脱离液面成为气态分子的趋势。在密封的容器中加满水, 虽然没有水蒸气产生, 但其蒸气压等于 373.2 K 时水的饱和蒸气压。

(2) 错。根据公式 $\dfrac{\mathrm{d}p_\mathrm{g}}{\mathrm{d}p_\mathrm{l}}=\dfrac{V_\mathrm{l}}{V_\mathrm{g}}$, $\ln\dfrac{p_\mathrm{g}}{p_\mathrm{g}^*}=\dfrac{V_\mathrm{m}(\mathrm{l})}{RT}(p_\mathrm{l}-p_\mathrm{g}^*)$, 当外压增加时, 纯水的蒸气压将上升, 可以理解成外压增加, 液面分子的逃逸倾向增大, 即蒸气压增大。

(3) 错。相是指系统中宏观上看来化学组成、物理性质与化学性质完全均匀的部分。水滴与水汽的物理性质不同, 两者有明显的界面, 是两相。

(4) 错。面粉与米粉虽然肉眼无法分清彼此, 但其化学组成不同, 在更小的尺度内可以区分, 所以它们不是一相。

(5) 对。金粉与银粉加热熔融成溶液，冷却后的固溶体中金和银在原子层次上相互分散，是一相。

(6) 对。$C=S-R-R'=2-1=1$ (浓度限制)，在 298 K 时，$f^*=C+1-\Phi(\Phi=1)$，$f^*=1$，故只有一个蒸气压。

(7) 错。增加了少许 $KNO_3(s)$ (若水量已知)，$C=S-R-R'$，$S=3$，$R=0$，$R'=1$ (NaCl 浓度)，则 $C=2$；外压一定时，$f^*=C+1-\Phi=3-1=2$，温度与 $KNO_3$ 量也有关系，不为定值。

(8) 错。根据相律 $C=1$，$f=C+2-\Phi=3-\Phi$，则

三相点：$f=3-\Phi=3-3=0$，自由度为 0；

冰点：冰点指水与冰两相平衡的温度，是两相共存，$f=3-\Phi=3-2=1$，与压力有关。

**6.2** 指出下列平衡系统中的物种数、组分数、相数和自由度。

(1) $NH_4Cl(s)$ 在真空容器中，分解成 $NH_3(g)$ 和 $HCl(g)$ 达平衡；

(2) $NH_4Cl(s)$ 在含有一定量 $NH_3(g)$ 的容器中，分解成 $NH_3(g)$ 和 $HCl(g)$ 达平衡；

(3) $CaCO_3(s)$ 在真空容器中，分解成 $CO_2(g)$ 和 $CaO(s)$ 达平衡；

(4) $NH_4HCO_3(s)$ 在真空容器中，分解成 $NH_3(g)$, $CO_2(g)$ 和 $H_2O(g)$ 达平衡；

(5) NaCl 水溶液与纯水分置于某半透膜两边，达渗透平衡；

(6) NaCl(s) 与其饱和溶液达平衡；

(7) 过量的 $NH_4Cl(s)$, $NH_4I(s)$ 在真空容器中达如下的分解平衡:

$$NH_4Cl(s) \rightleftharpoons NH_3(g) + HCl(g)$$

$$NH_4I(s) \rightleftharpoons NH_3(g) + HI(g)$$

(8) 含有 $Na^+, K^+, SO_4^{2-}, NO_3^-$ 四种离子的均匀水溶液。

答：(1) $S=3\,[NH_4Cl(s), NH_3(g)$ 和 $HCl(g)]$，$\Phi=2$

$NH_4Cl(s) \rightleftharpoons NH_3(g)+HCl(g)$，在同一相中，$[NH_3]=[HCl]$，$C=S-R-R'=3-1-1=1$，则

$$f=C+2-\Phi=3-2=1$$

(2) $S=3$，$NH_4Cl(s) \rightleftharpoons NH_3(g)+HCl(g)$，不存在浓度限制条件，$C=S-R-R'=3-1-0=2$，$\Phi=2$，则

$$f=C+2-\Phi=2$$

(3) $S=3\,[CaCO_3(s), CO_2(g), CaO(s)]$

$CaCO_3(s) \rightleftharpoons CaO(s)+CO_2(g)$，不在同一相中，无浓度限制条件，$C=3-1=2$，$\Phi=2$，则

$$f=C+2-\Phi=2$$

(4) $S=4$，$R=1$，$R'=2$，$C=S-R-R'=1$，$\Phi=2$，则

$$f=C+2-\Phi=1$$

(5) $S=2$，$R=0$，$R'=0$，$C=S-R-R'=2$，$\Phi=2$，则

$$f=C+3-\Phi=3 \qquad (\text{渗透平衡时，两者上方压力不同，则 } n=3)$$

(6) $S=2$，$R=0$，$R'=0$，$C=S-R-R'=2$，$\Phi=2$，则

$$f=C+2-\Phi=2$$

(7) $S=5$，$R=2$，$R'=1$，即 $[NH_3]=[HCl]+[HI]$，$C=5-2-1=2$，$\Phi=3$，则

$$f=C+2-\Phi=1$$

(8) $S=5,\ R=0,\ R'=1$, 即电荷平衡, $C=S-R-R'=4,\ \Phi=1$ (溶液), 则

$$f=C+2-\Phi=5$$

**6.3** 回答下列问题。

(1) 在同一温度下, 某研究系统中有两相共存, 但它们的压力不等, 能否达成平衡?

(2) 为什么把 $CO_2(s)$ 叫作干冰? 什么时候能见到 $CO_2(l)$?

(3) 能否用市售的 60 度烈性白酒, 经多次蒸馏后, 得到无水乙醇?

(4) 在相图上, 哪些区域能使用杠杆规则? 在三相共存的平衡线上能否使用杠杆规则?

(5) 在下列物质共存的平衡系统中, 请写出可能发生的化学反应, 并指出有几个独立反应。

(a) $C(s), CO(g), CO_2(g), H_2(g), H_2O(l), O_2(g)$

(b) $C(s), CO(g), CO_2(g), Fe(s), FeO(s), Fe_2O_3(s), Fe_3O_4(s)$

(6) 在二组分固–液平衡系统相图中, 稳定化合物与不稳定化合物有何本质区别?

(7) 在室温与大气压力下, 用 $CCl_4(l)$ 萃取碘的水溶液, $I_2$ 在 $CCl_4(l)$ 和 $H_2O(l)$ 中达成分配平衡, 无固体碘存在, 这时的独立组分数和自由度为多少?

(8) 在相图上, 试分析如下特殊点的相数和自由度: 熔点、低共熔点、沸点、恒沸点和临界点。

**答**: (1) 在同一温度下, 压力不等可以两相共存。如渗透平衡, 相平衡条件为: $\mu_B^\alpha=\mu_B^\beta$。

(2) 在常温常压下, $CO_2(s)$ 直接升华变为 $CO_2(g)$, 不经过液态, 因此, $CO_2(s)$ 被称为干冰。在较大压力下, 可以在室温下看到 $CO_2(l)$。

(3) 不能。白酒是乙醇和水形成的非理想液态混合物, 在 $T-x$ 图上有最低恒沸点, 恒沸混合物中乙醇的质量分数为 0.9557。如用乙醇质量分数小于 0.9557 的白酒进行分馏, 只能得到纯水和乙醇质量分数为 0.9557 的恒沸混合物, 得不到无水乙醇。

(4) 对于任何二相平衡区域, 杠杆规则均可适用。在三角坐标中, 杠杆规则也适用。在三相共存的平衡线上, 可以使用杠杆规则求取两个三组分系统的物系点, 使用两次杠杆规则可以确定三相的量。

(5) (a) 可能发生的化学反应有

$$C(s)+\frac{1}{2}O_2(g) \rightleftharpoons CO(g) \quad ①$$

$$C(s)+O_2(g) \rightleftharpoons CO_2(g) \quad ②$$

$$H_2(g)+\frac{1}{2}O_2(g) \rightleftharpoons H_2O(l) \quad ③$$

$$CO(g)+\frac{1}{2}O_2(g) \rightleftharpoons CO_2(g) \quad ④$$

$$C(s)+H_2O(l) \rightleftharpoons CO(g)+H_2(g) \quad ⑤$$

独立反应有 3 个。

(b) 可能发生的化学反应有

$$Fe(s)+Fe_3O_4(s) \rightleftharpoons 4FeO(s) \quad ①$$

$$Fe(s)+Fe_2O_3(s) \rightleftharpoons 3FeO(s) \quad ②$$

$$Fe+CO_2(g) \rightleftharpoons FeO(s)+CO(g) \quad ③$$

$$C(s) + CO_2(g) \rightleftharpoons 2CO(g) \quad ④$$

$$CO(g) + FeO(s) \rightleftharpoons CO_2(g) + Fe(s) \quad ⑤$$

$$4CO(s) + Fe_3O_4(s) \rightleftharpoons 4CO_2(g) + 3Fe(s) \quad ⑥$$

$$C(s) + FeO(s) \rightleftharpoons Fe(s) + CO(g) \quad ⑦$$

$$C(s) + Fe_3O_4(s) \rightleftharpoons Fe(s) + 4CO(g) \quad ⑧$$

独立反应有 4 个。

(6) 稳定化合物有固定的组成和熔点, 温度低于其熔点不会分解, 在相图上有最高点; 不稳定化合物在熔点之下即分解, 新生的两相与其组成不同, 在相图上呈 T 字形, 水平线温度为其转熔温度。

(7) $S=3$, $C=S-R-R'=2$, $\Phi=2$, 条件自由度 $f^{**}=C-\Phi=2-2=0$

(8) 熔点/沸点: $\Phi=2$, $S=1$, $C=1$, $f^{*}=C-\Phi+1=0$

低共熔点: $\Phi=3$, $S=2$, $C=2$, $f^{*}=C-\Phi+1=0$

恒沸点: $\Phi=2$, $S=2$, $C=2$, $f^{*}=C-\Phi+1=1$

临界点: $\Phi=3$, $S=1$, $C=1$, $f=C-\Phi+2=0$

## 二、典型例题及解答

**例6.1** 对于 $NiO(s), Ni(s)$ 与 $H_2O(g), H_2(g), CO(g), CO_2(g)$ 呈平衡的系统, 试求其组分数和自由度。

**解**: 系统的物种数 $S=6$, 即 $NiO(s), Ni(s), H_2O(g), H_2(g), CO(g), CO_2(g)$。

6 种物质存在如下化学平衡:

$$CO(g) + H_2O(g) \rightleftharpoons CO_2(g) + H_2(g) \quad (a)$$

$$NiO(s) + CO(g) \rightleftharpoons CO_2(g) + Ni(s) \quad (b)$$

$$NiO(s) + H_2(g) \rightleftharpoons Ni(s) + H_2O(g) \quad (c)$$

其中仅有两个化学平衡是独立的 [(c) = (b) − (a)], 故

$$R=2 \qquad R'=0$$

所以, 组分数为 $$C=S-R-R'=6-2-0=4$$

此时, $\Phi=3$ (即两个固相, 一个气相), 则

$$f=C-\Phi+2=4-3+2=3$$

**例6.2** 求下列情况下的组分数和自由度:

(1) $NaCl(s)$, $KCl(s)$, $NaNO_3(s)$, $KNO_3(s)$ 的混合物与水振荡达平衡;

(2) $NaCl(s)$, $KNO_3(s)$ 与水振荡达平衡。

以上系统达平衡时, 固相均消失。

**解**: (1) 系统的物种数 $S=5$, 即 $NaCl$, $KCl$, $NaNO_3$, $KNO_3$, $H_2O$。

独立平衡数 $R=1$, 即 $\mathrm{NaCl+KNO_3 \rightleftharpoons NaNO_3+KCl}$

其他限制条件 $R'=0$

故 $C=S-R-R'=4$

溶液单相 $\Phi=1$, 则 $f=4-1+2=5$

**另解**: 系统的物种数 $S=5$, 即 $Na^+$, $K^+$, $Cl^-$, $NO_3^-$, $H_2O$。

独立平衡数 $R=0$

其他限制条件 $R'=1$, 即电中性 $[Na^+]+[K^+]=[Cl^-]+[NO_3^-]$

则
$$C=S-R-R'=4$$
$$f=4-1+2=5$$

(2) 系统的物种数 $S=3$, 即 NaCl, $KNO_3$, $H_2O$。

$R=0$, $R'=0$, 故
$$C=S=3$$
$$f=3-1+2=4$$

**另解**: 系统的物种数 $S=5$, 即 $Na^+$, $K^+$, $Cl^-$, $NO_3^-$, $H_2O$。

独立平衡数 $R=0$

其他限制条件 $R'=2$, 即 $[Na^+]+[K^+]=[Cl^-]+[NO_3^-], [Na^+]=[Cl^-]$

则
$$C=S-R-R'=3$$
$$f=3-1+2=4$$

**例6.3** 在水、苯、苯甲酸三组分系统中, 若任意指定下列事项, 则系统中最多可能有几个相? 并各举一例说明。

(1) 指定温度;

(2) 指定温度与水中苯甲酸的浓度;

(3) 指定温度、压力与苯中苯甲酸的浓度。

**解**: 系统的独立组分数 $C=3$, 根据相律, 有

$$f=C-\Phi+2=5-\Phi$$

当指定 $n$ 个独立可变因素时, 系统的自由度数目亦相应地减少 $n$ 个, 故相律可写为

$$f'=5-\Phi-n$$

系统的相数欲达最多, 其自由度必为最小, 即 $f'=0$, 此时

$$\Phi=5-n$$

(1) 指定温度, $n=1$, 则 $\Phi=4$。

例如: 水相 (溶有苯甲酸)、苯相 (溶有苯甲酸)、气相和固相平衡共存。

(2) 指定温度与水中苯甲酸的浓度, $n=2$, 则 $\Phi=3$。

例如: 水相、苯相、气相平衡共存。

(3) 指定温度、压力与苯中苯甲酸的浓度, $n=3$, 则 $\Phi=2$。

例如: 水相、苯相平衡共存。

**例6.4** 在 101.325 kPa 下, $HgI_2$ 的红、黄两种晶体的晶形转变温度为 400.2 K。已知由红色 $HgI_2$ 转变为黄色 $HgI_2$ 的相变热 $\Delta_{trs}H_m = 1.250\ \mathrm{kJ \cdot mol^{-1}}$, 摩尔体积变化 $\Delta_{trs}V_m = -5.4 \times$

$10^{-3}\ \mathrm{dm^3 \cdot mol^{-1}}$, 试求压力为 $1.013 \times 10^4$ kPa 时的晶形转变温度。

**解**: 即求固–固相变温度随压力的变化。根据 Clapeyron 方程

$$\frac{\mathrm{d}p}{\mathrm{d}T} = \frac{\Delta_{\mathrm{trs}}H_{\mathrm{m}}}{T\Delta_{\mathrm{trs}}V_{\mathrm{m}}}$$

移项整理, 并积分, 得

$$\frac{\mathrm{d}T}{T} = \frac{\Delta_{\mathrm{trs}}V_{\mathrm{m}}}{\Delta_{\mathrm{trs}}H_{\mathrm{m}}}\mathrm{d}p$$

$$\int_{T_1}^{T_2} \frac{\mathrm{d}T}{T} = \frac{\Delta_{\mathrm{trs}}V_{\mathrm{m}}}{\Delta_{\mathrm{trs}}H_{\mathrm{m}}} \int_{p_1}^{p_2} \mathrm{d}p$$

$$\ln\frac{T_2}{T_1} = \frac{\Delta_{\mathrm{trs}}V_{\mathrm{m}}}{\Delta_{\mathrm{trs}}H_{\mathrm{m}}}(p_2 - p_1)$$

故 $T_2 = T_1 \exp\left[\dfrac{\Delta_{\mathrm{trs}}V_{\mathrm{m}}}{\Delta_{\mathrm{trs}}H_{\mathrm{m}}}(p_2 - p_1)\right]$

$$= 400.2\ \mathrm{K} \times \exp\left[\frac{-5.4 \times 10^{-3}\ \mathrm{dm^3 \cdot mol^{-1}}}{1.250\ \mathrm{kJ \cdot mol^{-1}}} \times (1.013 \times 10^4 - 101.3)\ \mathrm{kPa}\right] = 383.2\ \mathrm{K}$$

**例6.5** 白磷的摩尔熔化焓是 627.6 $\mathrm{J \cdot mol^{-1}}$ (假定与 $T, p$ 无关), 液态磷的蒸气压数据如下:

| $p$/Pa | 133.3 | 1333 | 13330 |
|---|---|---|---|
| $T$/K | 349.8 | 401.2 | 470.5 |

(1) 计算液态磷的蒸发焓 $\Delta_{\mathrm{vap}}H_{\mathrm{m}}$;

(2) 三相点的温度为 317.3 K, 计算三相点的蒸气压;

(3) 计算 298.2 K 时, 固态白磷的蒸气压。

**解**: (1) 根据 Clausius-Clapeyron 方程

$$\ln\frac{p(T_2)}{p(T_1)} = \frac{\Delta_{\mathrm{vap}}H_{\mathrm{m}}}{R}\left(\frac{1}{T_1} - \frac{1}{T_2}\right)$$

$$\Delta_{\mathrm{vap}}H_{\mathrm{m}} = R\frac{T_1T_2}{T_2 - T_1}\ln\frac{p(T_2)}{p(T_1)}$$

则 $\Delta_{\mathrm{vap}}H_{\mathrm{m}}(1) = 8.314\ \mathrm{J \cdot mol^{-1} \cdot K^{-1}} \times \dfrac{349.8\ \mathrm{K} \times 401.2\ \mathrm{K}}{401.2\ \mathrm{K} - 349.8\ \mathrm{K}} \times \ln\dfrac{1333\ \mathrm{Pa}}{133.3\ \mathrm{Pa}} = 52.269\ \mathrm{kJ \cdot mol^{-1}}$

$$\Delta_{\mathrm{vap}}H_{\mathrm{m}}(2) = 8.314\ \mathrm{J \cdot mol^{-1} \cdot K^{-1}} \times \frac{401.2\ \mathrm{K} \times 470.5\ \mathrm{K}}{470.5\ \mathrm{K} - 401.2\ \mathrm{K}} \times \ln\frac{13330\ \mathrm{Pa}}{1333\ \mathrm{Pa}} = 52.145\ \mathrm{kJ \cdot mol^{-1}}$$

$$\Delta_{\mathrm{vap}}H_{\mathrm{m}}(3) = 8.314\ \mathrm{J \cdot mol^{-1} \cdot K^{-1}} \times \frac{470.5\ \mathrm{K} \times 349.8\ \mathrm{K}}{470.5\ \mathrm{K} - 349.8\ \mathrm{K}} \times \ln\frac{13330\ \mathrm{Pa}}{133.3\ \mathrm{Pa}} = 52.207\ \mathrm{kJ \cdot mol^{-1}}$$

可见, 在此温度区间内, $\Delta_{\mathrm{vap}}H_{\mathrm{m}}$ 基本不变, 取三者平均得

$$\Delta_{\mathrm{vap}}H_{\mathrm{m}} = [\Delta_{\mathrm{vap}}H_{\mathrm{m}}(1) + \Delta_{\mathrm{vap}}H_{\mathrm{m}}(2) + \Delta_{\mathrm{vap}}H_{\mathrm{m}}(3)]/3 = 52.207\ \mathrm{kJ \cdot mol^{-1}}$$

(2) 根据 Clausius-Clapeyron 方程, 将三组 $T, p$ 中的任意一组数据代入即可求得三相点 317.3 K 时的蒸气压:

$$\ln\frac{p(T_2)}{p(T_1)}=\frac{\Delta_{\text{vap}}H_{\text{m}}}{R}\left(\frac{1}{T_1}-\frac{1}{T_2}\right)$$

$$\ln\frac{p(317.3\ \text{K})}{133.3\ \text{Pa}}=\frac{52207\ \text{J}\cdot\text{mol}^{-1}}{8.314\ \text{J}\cdot\text{mol}^{-1}\cdot\text{K}^{-1}}\left(\frac{1}{349.8\ \text{K}}-\frac{1}{317.3\ \text{K}}\right)$$

$$p(317.2\ \text{K})=21.198\ \text{Pa}$$

(3) 要求固态白磷的蒸气压, 需要知道白磷的摩尔升华焓 $\Delta_{\text{sub}}H_{\text{m}}$, 即

$$\Delta_{\text{sub}}H_{\text{m}}=\Delta_{\text{fus}}H_{\text{m}}+\Delta_{\text{vap}}H_{\text{m}}=627.6\ \text{J}\cdot\text{mol}^{-1}+52.207\ \text{kJ}\cdot\text{mol}^{-1}=52.835\ \text{kJ}\cdot\text{mol}^{-1}$$

根据 Clausius-Clapeyron 方程 $\ln\dfrac{p(T_2)}{p(T_1)}=\dfrac{\Delta_{\text{sub}}H_{\text{m}}}{R}\left(\dfrac{1}{T_1}-\dfrac{1}{T_2}\right)$

代入三相点温度和压力 (注: 三相点跟气–液、气–固和液–固平衡线都相连), 得

$$\ln\frac{p(298.2\ \text{K})}{21.198\ \text{Pa}}=\frac{52835\ \text{J}\cdot\text{mol}^{-1}}{8.314\ \text{J}\cdot\text{mol}^{-1}\cdot\text{K}^{-1}}\left(\frac{1}{317.3\ \text{K}}-\frac{1}{298.2\ \text{K}}\right)$$

$$p(298.2\ \text{K})=5.877\ \text{Pa}$$

**例6.6** 实验测得固体和液体苯在熔点附近的蒸气压如下两式表示:

$$\ln(p_{\text{s}}/p^{\ominus})=16.040-5319.2\ \text{K}/T \qquad ①$$

$$\ln(p_{\text{l}}/p^{\ominus})=11.702-4110.4\ \text{K}/T \qquad ②$$

(1) 试计算苯的三相点的温度和压力;

(2) 求苯 (固体) 的摩尔熔化熵;

(3) 计算压力增加 101.325 kPa 时, 熔点变化值为多少? 已知 1 mol 液体苯的体积比固体苯大 $0.0094\ \text{dm}^3$。

**解**: (1) 在三相点时, 固体苯和液体苯的蒸气压相等, 即 $p_{\text{s}}=p_{\text{l}}$, 故

$$16.040-5319.2\ \text{K}/T=111.702-4110.4\ \text{K}/T$$

$$T=278.65\ \text{K}$$

代入式①或式②, 均可求得三相点压力:

$$p_{\text{s}}=p^{\ominus}\exp(-5319.2\ \text{K}/T+16.040)=4.740\ \text{kPa}$$

或 $p_{\text{l}}=p^{\ominus}\exp(-4110.4\ \text{K}/T+11.702)=4.740\ \text{kPa}$

(2) 由式①、式②分别可求摩尔升华焓和摩尔蒸发焓, 即

$$\ln p=-\frac{\Delta_{\text{sub}}H_{\text{m}}}{RT}+C \qquad \Delta_{\text{sub}}H_{\text{m}}=(5319.2\ \text{K})\times R=44.224\ \text{kJ}\cdot\text{mol}^{-1}$$

$$\ln p=-\frac{\Delta_{\text{vap}}H_{\text{m}}}{RT}+C \qquad \Delta_{\text{vap}}H_{\text{m}}=(4110.4\ \text{K})\times R=34.174\ \text{kJ}\cdot\text{mol}^{-1}$$

由于 $\Delta_{\text{fus}}H_{\text{m}}=\Delta_{\text{sub}}H_{\text{m}}-\Delta_{\text{vap}}H_{\text{m}}=10.05\ \text{kJ}\cdot\text{mol}^{-1}$

故 $\Delta_{\text{fus}}S_{\text{m}}=\Delta_{\text{fus}}H_{\text{m}}/T=36.07\ \text{J}\cdot\text{mol}^{-1}\cdot\text{K}^{-1}$

(3) 根据 Clapeyron 方程, 有 $\dfrac{\text{d}p}{\text{d}T}=\dfrac{\Delta_{\text{fus}}H}{T\Delta_{\text{fus}}V}=\dfrac{\Delta_{\text{fus}}S}{\Delta_{\text{fus}}V}$

压力改变不大时, 近似为 $$\Delta p=\frac{\Delta_{\rm fus}S_{\rm m}}{\Delta_{\rm fus}V_{\rm m}}\Delta T$$

$$\Delta T=\frac{\Delta p\cdot\Delta_{\rm fus}V_{\rm m}}{\Delta_{\rm fus}S_{\rm m}}=\frac{101.325\ {\rm kPa}\times 0.0094\ {\rm dm^3\cdot mol^{-1}}}{36.07\ {\rm J\cdot mol^{-1}\cdot K^{-1}}}=0.026\ {\rm K}$$

**例6.7** 若 1000 g 斜方硫 ($S_8$) 转变为单斜硫 ($S_8$) 时, 体积增加了 $13.8\times10^{-3}\ {\rm dm^3}$, 斜方硫和单斜硫的标准摩尔燃烧焓分别为 $-296.7\ {\rm kJ\cdot mol^{-1}}$ 和 $-297.1\ {\rm kJ\cdot mol^{-1}}$, 在 $p^{\ominus}$ 下两种晶形的正常转化温度为 96.7 ℃, 试判断在 100 ℃, $5p^{\ominus}$ 下, 硫的哪一种晶形稳定? 设两种晶形的 $C_{p,{\rm m}}$ 相等 (硫的相对原子质量为 32)。

**解**: $S_8$(斜方) $\rightleftharpoons$ $S_8$(单斜)

该相变过程的摩尔焓变为

$$\begin{aligned}\Delta_{\rm r}H_{\rm m}^{\ominus}&=\Delta_{\rm c}H_{\rm m}^{\ominus}(\text{斜方})-\Delta_{\rm c}H_{\rm m}^{\ominus}(\text{单斜})\\&=(-296700\ {\rm J\cdot mol^{-1}})-(-297100\ {\rm J\cdot mol^{-1}})=400\ {\rm J\cdot mol^{-1}}\end{aligned}$$

因为两种晶形的 $C_{p,{\rm m}}$ 相等, 即 $\Delta C_{p,{\rm m}}=0$, 该相变过程的 $\Delta_{\rm r}H_{\rm m}$, $\Delta_{\rm r}S_{\rm m}$ 不随温度而变化。在 $p^{\ominus}$, 96.7 ℃ 下, 两种晶形转化达到平衡, $\Delta_{\rm r}G_{\rm m}=0$。

$$\Delta_{\rm r}S_{\rm m}=\Delta_{\rm r}H_{\rm m}/T=(400\ {\rm J\cdot mol^{-1}})/(369.9\ {\rm K})=1.08\ {\rm J\cdot mol^{-1}\cdot K^{-1}}$$

在 $p^{\ominus}$, 100 ℃ 下:

$$\Delta_{\rm r}G_{\rm m}=\Delta_{\rm r}H_{\rm m}-T\Delta_{\rm r}S_{\rm m}=400\ {\rm J\cdot mol^{-1}}-373.2\ {\rm K}\times1.08\ {\rm J\cdot mol^{-1}\cdot K^{-1}}=-3.06\ {\rm J\cdot mol^{-1}}$$

在 $5p^{\ominus}$, 100 ℃ 下, 因为 $\left(\dfrac{\partial\Delta G}{\partial p}\right)_T=\Delta V$, 则

$$\Delta V=[(13.8\times10^{-3}\times10^{-3}\ {\rm m^3})/1000\ {\rm g}]\times256\ {\rm g\cdot mol^{-1}}=3.53\times10^{-6}\ {\rm m^3\cdot mol^{-1}}$$

$$\begin{aligned}\Delta_{\rm r}G_{\rm m}&=(-3.06\ {\rm J\cdot mol^{-1}})+\int_{p_1}^{p_2}\Delta V{\rm d}p\\&=-3.06\ {\rm J\cdot mol^{-1}}+3.53\times10^{-6}\ {\rm m^3\cdot mol^{-1}}\times(500-100)\ {\rm kPa}=-1.63\ {\rm J\cdot mol^{-1}}\end{aligned}$$

该过程 $\Delta G<0$, 由斜方硫变为单斜硫的过程是自发的, 即在 100 ℃, $5p^{\ominus}$ 下单斜硫更稳定。

**例6.8** $CaCO_3$(s) 在不同温度下达到分解平衡, 这时 $CO_2$(g) 的压力为

| $T$/K | 773 | 873 | 973 | 1073 | 1170 | 1273 | 1373 |
|---|---|---|---|---|---|---|---|
| $p_{CO_2}$/Pa | 9.7 | 245 | 2959 | $2.23\times10^4$ | $1.01\times10^5$ | $3.9\times10^5$ | $1.17\times10^7$ |

(1) 绘出 $p$–$T$ 图, 指出各区中的相;

(2) 若在不含 $CO_2$ 的空气中, $CaCO_3$ 在常温下能否分解?

(3) 若在一个带盖的坩埚中加热 (设压力与外界相等, 但空气不进入坩埚), 问在什么温度下能完全分解?

(4) 烧生石灰时, 若窑中气体不与外界对流, 为了使 $CaCO_3$ 不断分解, 窑内温度应如何调节?

(5) 若用焦炭作燃料, 通入空气的量恰好能使所有焦炭燃烧为 $CO_2$, 燃烧后的气体从窑顶逸出。在这种情况下, 窑的温度应维持多少?

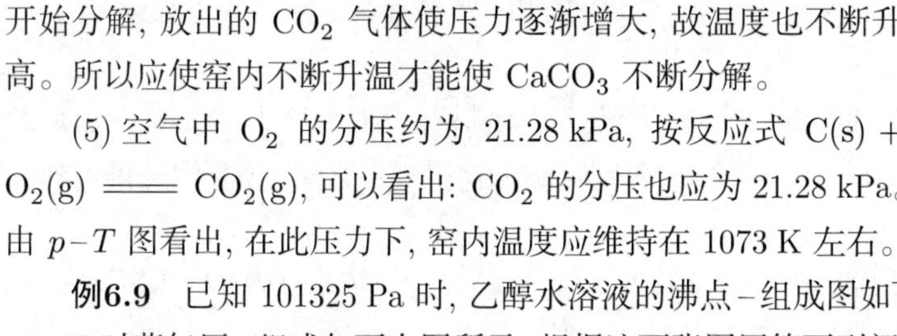


**解**: (1) $p-T$ 图如右图所示。

(2) 在不含 $CO_2$ 的空气中, $CaCO_3$ 能在常温下分解。

(3) 因空气不进入坩埚内, 故须使 $p_{CO_2}$ 大于大气压 (101325 Pa) 才能使其完全分解, 应保持温度 $T > 1170$ K 才可行。

(4) 因窑内气体不与外界对流, 故窑内温度低于 773 K 时就开始分解, 放出的 $CO_2$ 气体使压力逐渐增大, 故温度也不断升高。所以应使窑内不断升温才能使 $CaCO_3$ 不断分解。

(5) 空气中 $O_2$ 的分压约为 21.28 kPa, 按反应式 $C(s) + O_2(g) \Longrightarrow CO_2(g)$, 可以看出: $CO_2$ 的分压也应为 21.28 kPa。由 $p-T$ 图看出, 在此压力下, 窑内温度应维持在 1073 K 左右。

**例6.9** 已知 101325 Pa 时, 乙醇水溶液的沸点–组成图如下左图所示, 乙醇与水组成的溶液在 348 K 时蒸气压–组成如下右图所示, 根据这两张图回答下列问题:

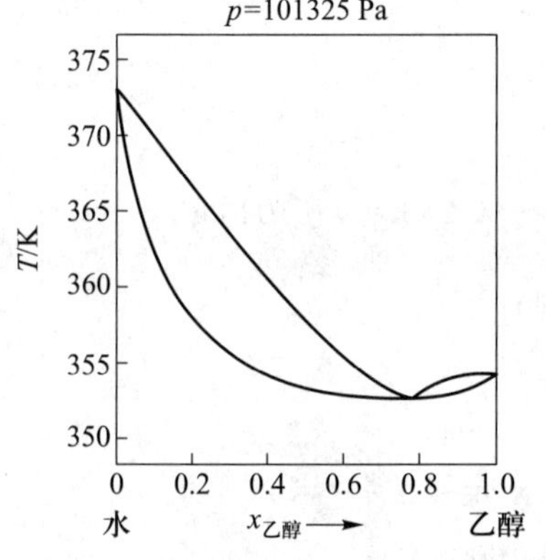


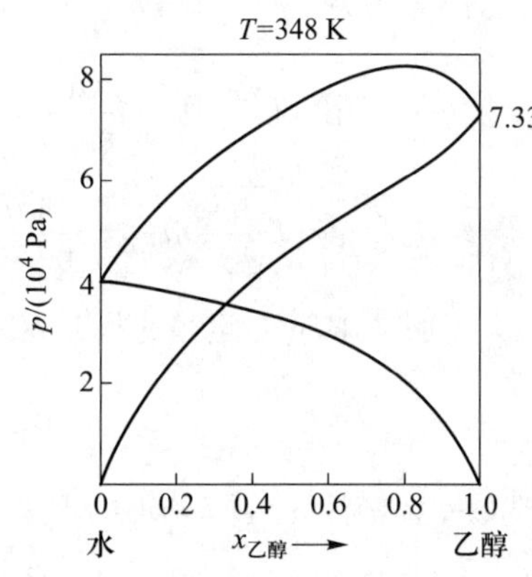


(1) 将 348 K 下, $a_{乙醇} = 0.6$ (以纯乙醇为标准态) 的溶液加热, 问此溶液在什么温度下开始沸腾? 什么温度下恰能全部汽化? 用分馏法能否得到纯乙醇?

(2) 将上述溶液 0.25 kg 加热到 356 K 时, 气相中乙醇分压为多少? 液相中还剩下多少?

(3) 将 348 K 时, $a_{乙醇} = 0.4$ (以 $x = 1$, 仍服从 Henry 定律的状态为标准态) 的溶液加热, 用分馏法能否得到纯乙醇?

(4) 应用相律分析最低恒沸点时的自由度是多少?

**解**: 将活度换算成浓度, 再在 $T-x$ 图和 $p-x$ 图 (见下) 上回答上述问题。

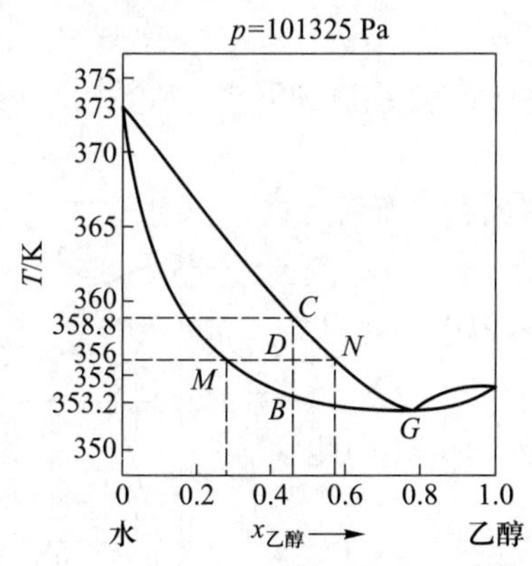


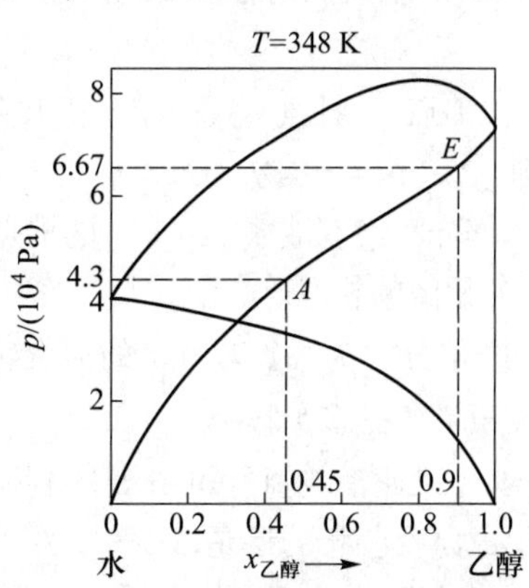

(1) 以纯乙醇为标准态, 则有 $$a_{乙醇} = \frac{p_{乙醇}}{p^*_{乙醇}}$$

从 $p$–$x$ 图中查得 $p^*_{乙醇} = 73327\ \text{Pa}$, 则

$$p_{乙醇} = a_{乙醇} p^*_{乙醇} = 0.6 \times 73327\ \text{Pa} = 43996\ \text{Pa}$$

从 $p$–$x$ 图上查得, 当乙醇的蒸气压为 43996 Pa 时, 其液相组成为

$$x_{乙醇} = 0.45$$

从 $T-x$ 图上查得, $x_{乙醇} = 0.45$ 的溶液加热到 $B$ 点时开始沸腾, 此时温度为 353.2 K, 加热到 $C$ 点时完全汽化, 温度为 358.8 K。该组成点落在水和恒沸混合物组成点之间, 故分馏时得不到纯乙醇。

(2) 将 $x_{乙醇} = 0.45$ 的溶液加热到 356 K 时, 系统处于气–液平衡区, 物系点为 $D$, 气相点为 $N$, 含乙醇的摩尔分数为 0.575, 液相点为 $M$, 含乙醇的摩尔分数为 0.275。

气相中乙醇的分压为 $p_{乙醇} = py_{乙醇} = 101325\ \text{Pa} \times 0.575 = 58262\ \text{Pa}$

液相剩余质量为 $m_l$, 利用杠杆规则: $\dfrac{m_l}{m_{总}} = \dfrac{\overline{DN}}{\overline{MN}}$

$$m_l = \frac{\overline{DN}}{\overline{MN}} m_{总} = \frac{0.575 - 0.45}{0.575 - 0.275} \times 0.25\ \text{kg} = 0.104\ \text{kg}$$

(3) 以 $x = 1$, 服从 Henry 定律的状态为标准态, 则有

$$a_{乙醇} = \frac{p_{乙醇}}{k}$$

在 $p$–$x$ 图上选取一稀溶液 $x_{乙醇} = 0.1$ 的点来计算 Henry 定律常数, 当

$$x_{乙醇} = 0.1, \quad p_{乙醇} = 16665\ \text{Pa}$$

$$k = \frac{p_{乙醇}}{x_{乙醇}} = \frac{16665\ \text{Pa}}{0.1} = 166650\ \text{Pa}$$

则 $$p_{乙醇} = ka_{乙醇} = 166650\ \text{Pa} \times 0.4 = 66660\ \text{Pa}$$

当 $p_{乙醇} = 66660\ \text{Pa}$ 时, 从 $p$–$x$ 图上查得相应的液相组成 ($E$ 点) 为

$$x_{乙醇} = 0.9$$

$x_{乙醇} = 0.9$ 的组成点落在 $T-x$ 图上纯乙醇和恒沸混合物组成点之间, 故分馏时可以得到纯乙醇。

(4) 最低恒沸点 $G$ 处气–液两相平衡共存, $\Phi = 2$, 且气相组成和液相组成相同, 具有纯物质性质, $C = 1$, 则 $f^* = C + 1 - \Phi = 1 + 1 - 2 = 0$。

**例6.10** 部分互溶双液系 A 和 B 的沸点–组成图如右图所示。

(1) 标出各相区的相态;

(2) 有一摩尔分数为 $x_A = 0.6$ 的混合物在敞开容器中加热时, 其沸点和气相组成各是多少?

(3) 如果将上述混合物 1 mol 在密闭容器中加热到 318 K, 问此时存在相的组成以及各相的量是多少?

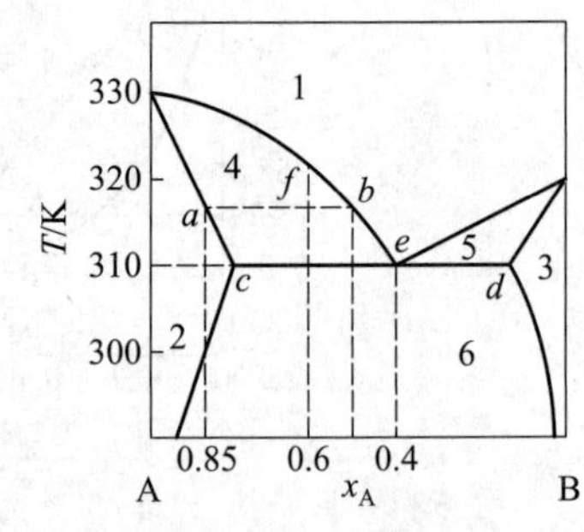


**解**: (1) 图中各相区的相态如下所示。

| 相区 | 相态 | 相区 | 相态 |
|---|---|---|---|
| 1 | g (混合蒸气) | 4 | $l_1+g$ |
| 2 | $l_1$ (部分互溶液相) | 5 | $l_2+g$ |
| 3 | $l_2$ (部分互溶液相) | 6 | $l_1+l_2$ |

(2) 图中 $ced$ 为三相平衡线，两个液相分别为 $c$ 和 $d$，气相为 $e$，温度为 310 K。当组成为 $x_A=0.6$ 的 A–B 混合液在敞开容器中加热温度达 310 K 时，溶液开始沸腾，其气相组成为 $x_A=0.4$ (即 $e$ 点的组成)。

(3) 如在密闭容器中加热 1 mol 组成为 $x_A=0.6$ 的 A–B 混合液，当温度达 310 K 时开始出现气相。温度继续升高，气–液平衡组成不断变化，温度升至 318 K 时，液相组成为 $a$ 点，$x_A=0.85$，气相组成为 $b$ 点，$x_A=0.5$。各相的量用杠杆规则求算：

$$\frac{n_l}{n_{总}}=\frac{\overline{fb}}{\overline{ab}}$$

$$n_l=\frac{\overline{fb}}{\overline{ab}}n_{总}=\frac{0.6-0.5}{0.85-0.5}\times 1\text{ mol}=0.286\text{ mol}$$

$$n_g=n_{总}-n_l=0.714\text{ mol}$$

**例6.11**　等压下，Tl, Hg 及其仅有的一种化合物 ($Tl_2Hg_5$) 的熔点分别为 303 ℃, −39 ℃ 和 15 ℃。还已知组成为含 8% (质量分数) Tl 的溶液和含 41%Tl 的溶液的步冷曲线如右图所示。且 Hg、Tl 的固相互不相溶。

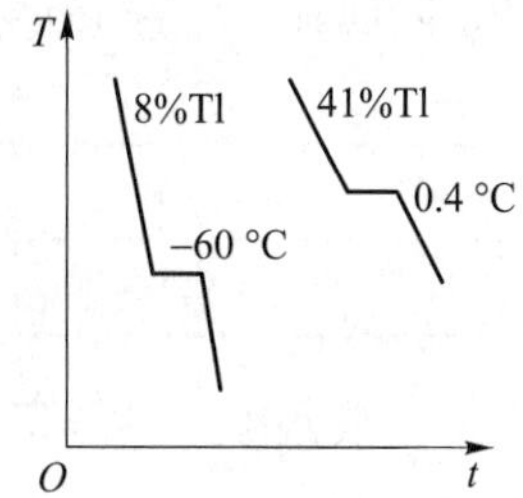


(1) 画出上述系统的相图 (Tl 和 Hg 的相对原子质量分别为 204.4 和 200.6)；

(2) 若系统的总质量为 500 g，总组成为 10% Tl，温度为 20 ℃，使之降温至 −70 ℃ 时，求达到平衡后各相的量。

**解**：(1) 题目中给出的信息有：① Tl 和 Hg 的熔点分别为 303 ℃ 和 −39 ℃；② $Tl_2Hg_5$ 是稳定化合物，其熔点为 15 ℃，Tl 的质量分数为 28.96%；③ −60 ℃ 时形成含 8% Tl 的低共熔混合物，0.4 ℃ 时形成含 41% Tl 的低共熔混合物；④ Hg, Tl 的固相互不相溶。根据以上信息，相图绘制如右图所示。

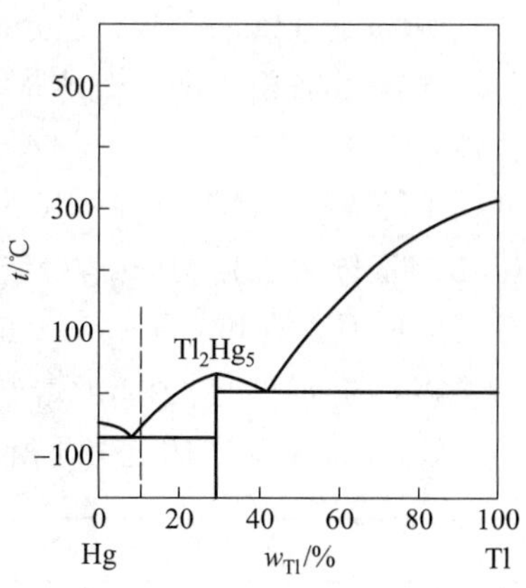


(2) −70 ℃ 时 Hg 和 $Tl_2Hg_5$ 两固相共存，设 Hg(s) 的质量为 $x$，则 $Tl_2Hg_5$(s) 的质量为 $(500\text{ g}-x)$。

根据杠杆规则：$x\times(0.1-0)=(500\text{ g}-x)\times(0.2896-0.1)$

$$x=327.3\text{ g}$$

**例6.12**　已知铋与镉不形成化合物，在固态也不互溶，并已知下列数据：

| 物质 | 熔点 $T_f$/K | 摩尔熔化焓 $\Delta_{fus}H_m/(kJ\cdot mol^{-1})$ |
|---|---|---|
| Bi | 544.5 | 10.88 |
| Cd | 594 | 6.07 |

假设 Bi 与 Cd 形成的熔液是理想的，请作出 Cd–Bi 的 $T-x$ 相图，并由图上求出低共熔温度与低共熔物的组成。

**解**: Bi 和 Cd 不形成化合物，也不形成固熔体，因此它们形成具有一个低共熔点的简单相图。已知 Bi(s) 和 Cd(s) 的熔点，只要知道低共熔点温度和组成即可绘制 Bi–Cd 的 $T-x$ 相图 (见右图)。

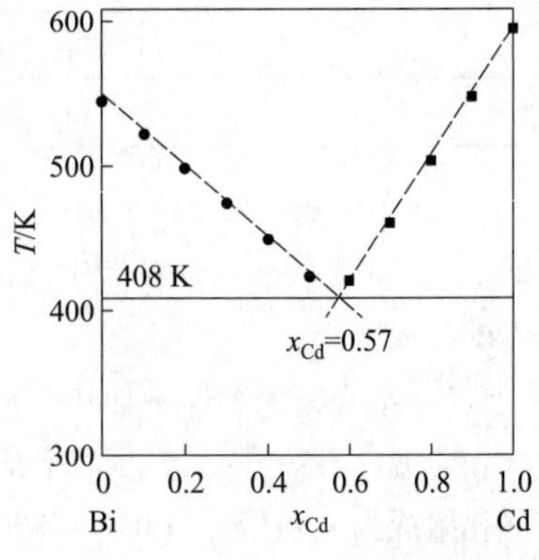


对 Bi–Cd 理想熔液，其凝固点降低的积分式如下:

$$\ln x_{\rm B} = \frac{\Delta H_{\rm m}}{R}\left(\frac{1}{T_{\rm f}^*} - \frac{1}{T_{\rm f}}\right)$$

对于 Cd，有 $\ln x_{\rm Cd} = \dfrac{6070\ {\rm J\cdot mol^{-1}}}{8.314\ {\rm J\cdot mol^{-1}\cdot K^{-1}}} \times \left(\dfrac{1}{594\ {\rm K}} - \dfrac{1}{T_{\rm f}}\right)$

可得如下结果:

| $x_{\rm Cd}$ | 1.0 | 0.9 | 0.8 | 0.7 | 0.6 |
|---|---|---|---|---|---|
| $T_{\rm f}/{\rm K}$ | 594 | 547 | 503 | 460 | 420 |

对于 Bi，同理有 $\ln x_{\rm Bi} = \dfrac{10880\ {\rm J\cdot mol^{-1}}}{8.314\ {\rm J\cdot mol^{-1}\cdot K^{-1}}} \times \left(\dfrac{1}{544.5\ {\rm K}} - \dfrac{1}{T_{\rm f}}\right)$

| $x_{\rm Bi}$ | 1.0 | 0.9 | 0.8 | 0.7 | 0.6 | 0.5 |
|---|---|---|---|---|---|---|
| $T_{\rm f}$ /K | 544.5 | 522 | 498 | 474 | 449 | 423 |

由上述数据作图，即得到 Bi–Cd 相图。由相图得出低共熔点温度为 408 K，低共熔物组成为 $x_{\rm Bi} = 0.43$, $x_{\rm Cd} = 0.57$。

**例6.13** 已知 A–B 二组分系统的相图，如右图所示。

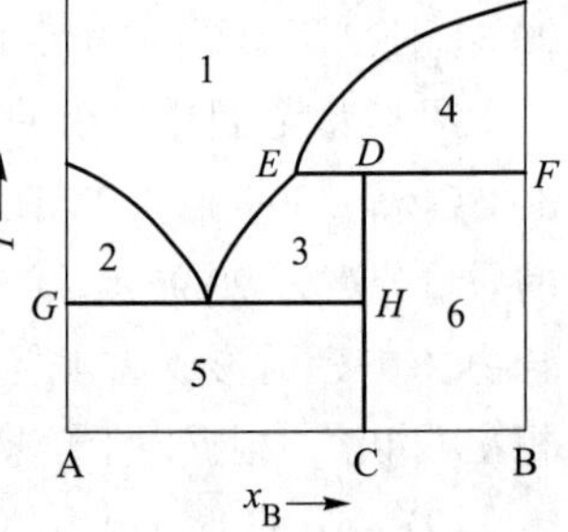


(1) 标出各相区的相态，水平线 $EF$, $GH$ 及垂线 $CD$ 上系统的自由度是多少?

(2) 已知纯 A 的熔点为 610 K，摩尔熔化熵 $\Delta_{\rm fus}S_{\rm m} = 30\ {\rm J{\cdot}mol^{-1}\cdot K^{-1}}$，其固体的摩尔等压热容较液体小 $5\ {\rm J\cdot mol^{-1}\cdot K^{-1}}$。低共熔点温度 590 K 时熔液组成为 $x_{\rm A} = 0.6$ (摩尔分数)，把 A 作为非理想液体混合物中的溶剂时，求在低共熔点时熔液中 A 的活度因子 $\gamma_{\rm A}$。

**解**: (1) 各相区的相态如下所示。

| 相区 | 相态 |
|---|---|
| 1 | l (熔液) |
| 2 | $\rm l + s_A$ |
| 3 | $\rm l + s_C$ (C 为不稳定化合物) |
| 4 | $\rm l + s_B$ |
| 5 | $\rm s_A + s_C$ |
| 6 | $\rm s_C + s_B$ |

$EF, GH$ 线上: $f^* = C + 1 - \Phi = 2 + 1 - \Phi = 0$

$CD$ 线上: $f^* = C + 1 - \Phi = 1 + 1 - 1 = 1$

(2) 低共熔温度时: $\mu_A^s(T,p) = \mu_A^l(T,p)$

发生微小改变, 则 $d\mu_A^s = d\mu_A^l$

$$-S_{A,m}^s dT = -S_A^l dT + RT d\ln a_A$$

$$\frac{\Delta_{fus}S_m}{RT} dT = d\ln a_A \qquad \frac{\Delta_{fus}H_m}{RT^2} dT = d\ln a_A \tag{a}$$

$$\Delta_{fus}H_m(T) = \Delta_{fus}H_m(610\ \text{K}) + \int_{610\ \text{K}}^{T} \Delta C_p dT = T\Delta_{fus}S_m + \int_{610\ \text{K}}^{T} (5\ \text{J}\cdot\text{mol}^{-1}\cdot\text{K}^{-1}) dT$$

$$= 610\ \text{K} \times 30\ \text{J}\cdot\text{mol}^{-1}\cdot\text{K}^{-1} + 5\ \text{J}\cdot\text{mol}^{-1}\cdot\text{K}^{-1} \times (T - 610\ \text{K})$$

$$= (15250 + 5T/\text{K})\ \text{J}\cdot\text{mol}^{-1} \tag{b}$$

将式 (b) 代入式 (a) 并积分得

$$\int_{610\ \text{K}}^{590\ \text{K}} \frac{15250\ \text{J}\cdot\text{mol}^{-1} + 5\ \text{J}\cdot\text{mol}^{-1}\cdot\text{K}^{-1} \times T}{RT^2} dT = \int_0^{\ln a_A} d\ln a_A$$

$$\ln a_A = \frac{1}{R} \int_{610\ \text{K}}^{590\ \text{K}} \left( \frac{15250}{T^2} + \frac{5}{T} \right) dT$$

$$= \frac{1}{R} \left[ 15250\ \text{J}\cdot\text{mol}^{-1} \times \left( \frac{1}{610\ \text{K}} - \frac{1}{590\ \text{K}} \right) + 5\ \text{J}\cdot\text{mol}^{-1}\cdot\text{K}^{-1} \times \ln \frac{590\ \text{K}}{610\ \text{K}} \right] = -0.122$$

$$a_A = 0.8852$$

$$\gamma_A = \frac{a_A}{x_A} = \frac{0.8852}{0.6} = 1.475$$

**例6.14** 下图为 $H_2O - FeSO_4 - (NH_4)_2SO_4$ 的三组分系统相图, $x$ 代表体系状态点。现从 $x$ 点出发制取复盐 E($FeSO_4 \cdot 7H_2O$), 请在相图上表示出采取的步骤, 并作简要说明。

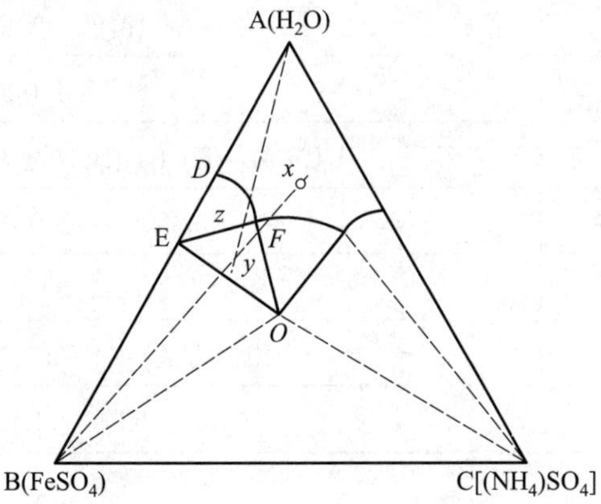


**解**: 在 $x$ 物系中加入 $FeSO_4$ 后, 物系沿 $\overline{xB}$ 线移动, 在靠近 E$O$ 线处, 取一点 $y$, 向 $y$ 物系中加入水, 物系沿 $\overline{yA}$ 移动, 进入 E$DF$ 区, 当物系点到达 $z$ 点时就有 $FeSO_4 \cdot 7H_2O$ 固体析出, 过滤可得复盐 E。

**例6.15** $H_2O$–KI–$I_2$ 三组分系统在等温等压下的相图如右图所示, 坐标采用摩尔分数, 该三组分系统有一化合物生成, 其组成为 $KI \cdot I_2 \cdot H_2O$。

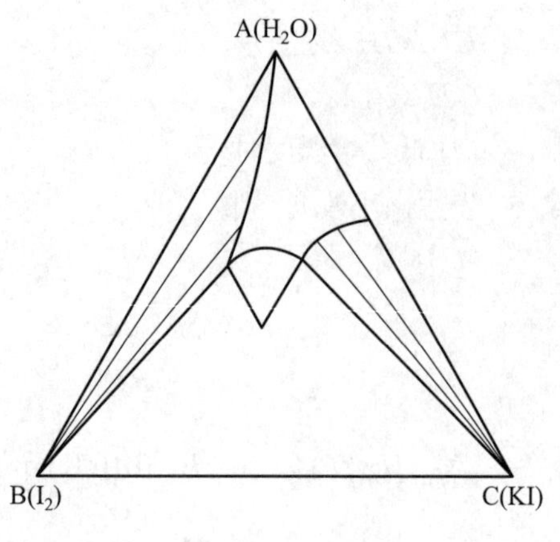


(1) 完成该相图, 标明各相区的相态。

(2) 有一溶液含 75% $H_2O$, 20% KI, 5% $I_2$, 在常温常压下蒸发, 指出其蒸发过程的相变情况。

(3) 当蒸发到 50% $H_2O$ 时, 处于什么相态? 相对含量为多少?

**解**: (1) 化合物 $KI \cdot I_2 \cdot H_2O$ 中各物质的含量换成摩尔分数后, 从图中可知, 其组成即为中心扇形的顶点 ($D$)。$D$ 点应与 B、C 相连, 形成三相共存区, 该相图如下图所示。

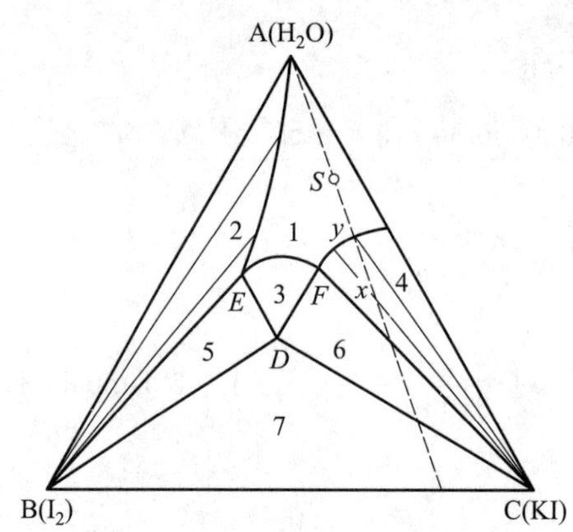


各相区的相态如下:

| 相区 | 相态 |
|---|---|
| 1 | l (溶液、单相区) |
| 2 | $l + I_2(s)$ |
| 3 | $l_1$(组成为 $E$) + $l_2$(组成为 $F$) + $KI \cdot I_2 \cdot H_2O(s)$ |
| 4 | $l + KI(s)$ |
| 5 | l(组成为 $E$) + $I_2(s)$ + $KI \cdot I_2 \cdot H_2O(s)$ |
| 6 | l(组成为 $F$) + $KI(s)$ + $KI \cdot I_2 \cdot H_2O(s)$ |
| 7 | $I_2(s) + KI(s) + KI \cdot I_2 \cdot H_2O(s)$ |

(2) 含 75% $H_2O$, 20% KI, 5% $I_2$ 的物系位于图中 $S$ 点。根据背向性规则, 蒸发过程沿 A$S$ 变化, 当进入区域 4 时开始析出固体 KI, 呈固–液两相平衡, 继续蒸发水分进入区域 6, 开始析出固体化合物 $D$, 呈一液二固平衡。当物系进入区域 7 时, 固态 $I_2$ 开始析出。此时物系全部凝固, 呈三固相平衡。

(3) 当上述系统蒸发至 $x_{H_2O} = 50\%$ 时, 位于图中 $x$ 点, 处于溶液 $l + KI(s)$ 的二相平衡区, 连

$Cx$ 交该区液线为 $y$, 该点组成为 55% $H_2O$, 35% KI, 10% $I_2$, 该平衡系统的固–液两相的相对含量可以用杠杆规则求算:

$$\overline{Cx} \cdot m_{KI} = \overline{xy} \cdot m_l$$

$$\frac{m_{KI}}{m_l} = \frac{\overline{xy}}{\overline{Cx}} = \frac{1}{10}$$

即固态 KI 和溶液的摩尔比为 1∶10。

**例6.16** 酚–水二组分系统在 60 ℃ 时分成 A 和 B 两液相, A 相含酚的质量分数为 0.168, B 相含水的质量分数为 0.449。

(1) 如果系统含 90 g 水和 60 g 酚, 问 A, B 两相的质量各为多少?

(2) 如果要使 100 g 含酚的质量分数为 0.800 的溶液变混浊, 最少应该向系统加入多少水?

(3) 欲使 (2) 中变混浊的系统恰好变清, 必须向系统中加入多少水?

**解**: (1) 设 A 相的质量为 $m_A$, B 相的质量为 $m_B = 150\text{ g} - m_A$

根据杠杆规则: $$m_A(0.40 - 0.168) = (150\text{ g} - m_A)(0.551 - 0.40)$$

解得 $$m_A = 59.1\text{ g}$$

$$m_B = 150\text{ g} - 59.1\text{ g} = 90.9\text{ g}$$

(2) 设最少应向系统再加入水的质量为 $m_{H_2O}$, 则

$$m_{酚}/(100\text{ g} + m_{H_2O}) = 0.551$$

即 $$(100\text{ g} \times 0.80)/(100\text{ g} + m_{H_2O}) = 0.551$$

解得 $$m_{H_2O} = 45.2\text{ g}$$

(3) 设应向 (2) 中系统内再加入水的质量为 $m'_{H_2O}$, 则

$$(100\text{ g} \times 0.80)/[(100\text{ g} + 45.2\text{ g}) + m'_{H_2O}] = 0.168$$

解得 $$m'_{H_2O} = 331.0\text{ g}$$

**例6.17** (1) 硝基苯和水组成的系统可看作完全不互溶双液系, 在 101.325 kPa 下, 其沸点为 372.15 K。已查得 372.15 K 时水的蒸气压为 97.730 kPa。若将此混合物进行水蒸气蒸馏以除去不溶性杂质, 试求馏出物中硝基苯所占的质量分数。

(2) 若在合成某一化合物后, 进行水蒸气蒸馏, 混合物的沸腾温度为 368.15 K, 那天的大气压为 99.190 kPa, 馏出物经分离、称量后得知水的质量分数为 0.45, 试估计此化合物的摩尔质量。已知水在 368.15 K 时的饱和蒸气压为 84.526 kPa。

**解**: (1) 设 372.15 K 时, A 为水, B 为硝基苯, 则总压为

$$p = p_A^* + p_B^* = 101.325\text{ kPa}$$

已知 $$p_A^* = 97.730\text{ kPa}$$

故 $$p_B^* = 3.595\text{ kPa}$$

因为 $$\frac{m_A}{m_B} = \frac{M_A p_A^*}{M_B p_B^*} = \frac{18 \times 97.730\text{ kPa}}{123 \times 3.595\text{ kPa}} = 3.978$$

即 $$m_B = 0.251 m_A$$

所以, 馏出物中硝基苯的质量分数为

$$w_{\mathrm{B}} = 0.251m_{\mathrm{A}}/(m_{\mathrm{A}} + 0.251m_{\mathrm{A}}) = 0.201$$

(2) 设以 A, B 分别代表水和化合物。纯化合物在 368.15 K 时的蒸气压为

$$p_{\mathrm{B}}^* = p - p_{\mathrm{A}}^* = 99.190\ \mathrm{kPa} - 84.526\ \mathrm{kPa} = 14.664\ \mathrm{kPa}$$

因为 $$m_{\mathrm{A}}/(m_{\mathrm{A}} + m_{\mathrm{B}}) = 0.45$$

即 $$m_{\mathrm{B}}/m_{\mathrm{A}} = 11/9$$

故化合物的摩尔质量为

$$M_{\mathrm{B}} = \frac{m_{\mathrm{B}}M_{\mathrm{A}}p_{\mathrm{A}}^*}{m_{\mathrm{A}}p_{\mathrm{B}}^*} = \frac{11 \times 18\ \mathrm{g\cdot mol^{-1}} \times 84.526\ \mathrm{kPa}}{9 \times 14.664\ \mathrm{kPa}} = 126.8\ \mathrm{g\cdot mol^{-1}}$$

## 三、习题及解答

**6.1** $Ag_2O(s)$ 分解的反应方程式为 $Ag_2O(s) \overline{\overline{\quad}} 2Ag(s) + \frac{1}{2}O_2(g)$。

(1) 当 $Ag_2O(s)$ 分解达平衡时, 系统的组分数、自由度和可能平衡共存的最大相数各为多少?

(2) 当 $Ag_2O(s)$ 分解时, 测得不同温度下 $O_2(g)$ 的压力为

| $T$/K | 401 | 417 | 443 | 463 | 486 |
|---|---|---|---|---|---|
| $p(O_2)$/kPa | 10.1 | 20.3 | 50.7 | 101.3 | 202.6 |

则如果在空气中加热 Ag(s) 粉, 在 413 K 和 423 K 时是否会有 $Ag_2O(s)$ 生成? 如何才能使 $Ag_2O(s)$ 加热到 443 K 而不分解?

**解**: (1) $C = S - R - R' = 3 - 1 - 0 = 2$ $\quad \Phi = 3$ (2 个固相, 1 个气相)

$f = C + 2 - \Phi = 2 + 2 - 3 = 1$

求可能平衡共存的最大相数 $\Phi_{\max}$, 即 $f_{\min} = 0$。

$$\Phi_{\max} = C + 2 = 2 + 2 = 4$$

(2) 根据数据可绘出 $p$–$T$ 图 (见右图)。

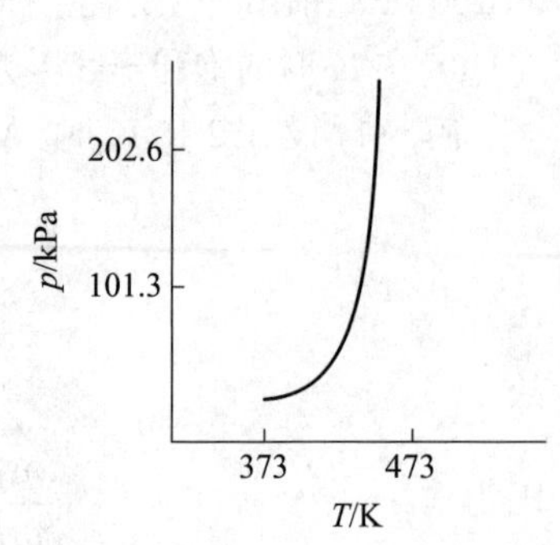


按反应 $2Ag(s) + \frac{1}{2}O_2(g) \overline{\overline{\quad}} Ag_2O(s)$

空气中 $O_2$ 的分压为

$$p'_{O_2} = 0.21 \times 101.325\ \mathrm{kPa} = 21.28\ \mathrm{kPa}$$

由 $p$–$T$ 图查得在 413 K 时, $Ag_2O(s)$ 的分解压为 $p_{O_2} = 17.23\ \mathrm{kPa}$, 则

$$\Delta_{\mathrm{r}}G_{\mathrm{m}} = RT\ln\frac{Q_p}{K_p} = \frac{1}{2}RT\ln\frac{p_{O_2}}{p'_{O_2}} < 0$$

故在 413 K 时可以生成 $Ag_2O(s)$。

同理 423 K 时, 由 $p$–$T$ 图查得 $p_{O_2}=25.33\,\mathrm{kPa}$, 则

$$\Delta_r G_m = RT\ln\frac{Q_p}{K_p}=\frac{1}{2}RT\ln\frac{p_{O_2}}{p'_{O_2}}>0$$

故在 423 K 时不能生成 $Ag_2O(s)$。

欲使 $Ag_2O(s)$ 在 443K 时不分解, 则要 $\Delta_r G_m=\dfrac{1}{2}RT\ln\dfrac{p_{O_2}}{p'_{O_2}}\leqslant 0$, 即 $p'_{O_2}\geqslant p_{O_2}$, 即要增加系统中 $O_2(g)$ 的分压。

查表得 443 K 时 $O_2(g)$ 的分压为 50.7 kPa, 即若要使 $Ag_2O(s)$ 加热到 443 K 时而不分解, $O_2(g)$ 的分压应大于 50.7 kPa。

**6.2** 指出如下各系统的组分数、相数和自由度各为多少。

(1) $NH_4HS(s)$ 与任意量的 $NH_3(g)$ 和 $H_2S(g)$ 混合, 达分解平衡;

(2) 在 900 K 时, $C(s)$ 与 $CO(g), CO_2(g), O_2(g)$ 达平衡;

(3) 在标准压力下, 固态 NaCl 和它的饱和水溶液达平衡;

(4) 水蒸气、固体 NaCl 和它的饱和水溶液达平衡;

(5) $TiCl_4$ 和 $SiCl_4$ 的溶液和它们的蒸气达平衡。

**解**: (1) $NH_4HS(s) \rightleftharpoons NH_3(g) + H_2S(g)$

$C=S-R-R'=3-1-0=2$

$\Phi=2$ (1 个固相, 1 个气相)

$f=C+2-\Phi=2+2-2=2$

(2) $C(s)+\frac{1}{2}O_2(g) \rightleftharpoons CO(g)$ $\qquad$ $C(s)+O_2(g) \rightleftharpoons CO_2(g)$

$C=S-R-R'=4-2-0=2$

$\Phi=2$ (1 个固相, 1 个气相)

$f^*=C+1-\Phi=2+1-2=1$

(3) $\Phi=2$ (1 个固相, 1 个液相)

$C=2$

$f^*=C+1-\Phi=2+1-2=1$ (压力已定)

(4) $\Phi=3$ (1 个固相, 1 个液相, 1 个气相)

$C=2$

$f=C+2-\Phi=2+2-3=1$

(5) $\Phi=2$ (1 个液相, 1 个气相)

$C=2$

$f=C+2-\Phi=2+2-2=2$

**6.3** 在制水煤气的过程中, 有五种物质: $C(s), CO(g), CO_2(g), O_2(g)$ 和 $H_2O(g)$ 建立如下三个平衡, 试求该系统的独立组分数。

$$C(s)+H_2O(g) = H_2(g)+CO(g) \tag{1}$$

$$CO_2(g)+H_2(g) = H_2O(g)+CO(g) \tag{2}$$

$$CO_2(g) + C(s) \rightleftharpoons 2CO(g) \tag{3}$$

**解**: 该系统的物种数 $S = 5$。

式 (3) 减去式 (2) 等于式 (1), 独立的化学平衡数 $R = 2$, 则

$$C = S - R - R' = 5 - 2 - 0 = 3$$

**6.4** 已知 $Na_2CO_3(s)$ 和 $H_2O(l)$ 可以生成三种水合盐: $Na_2CO_3 \cdot H_2O(s)$, $Na_2CO_3 \cdot 7H_2O(s)$ 和 $Na_2CO_3 \cdot 10H_2O(s)$, 试求:

(1) 在常压下, 与 $Na_2CO_3$ 水溶液和冰平衡共存的水合盐的最大数量;

(2) 在 298 K 时, 与水蒸气平衡共存的水合盐的最大数量;

(3) 在常压下, 与 $Na_2CO_3$ 水溶液和 $Na_2CO_3(s)$ 平衡共存的水合盐是哪一种?

**解**: 当没有水合盐生成时, $S = 2$; 当有水合盐生成时, 每增加 $n$ 种水合盐就增加 $n$ 个化学平衡条件, 即

$$Na_2CO_3(s) + nH_2O(l) \rightleftharpoons Na_2CO_3 \cdot nH_2O(s)$$

$$C = (S + n) - (R + n) - R' = S - R - R' = S = 2$$

所以, 该系统中不管有多少种水合盐, 独立组分数 $C$ 恒等于 2。

(1) 在常压下: $f^* = C + 1 - \Phi = 3 - \Phi$

$f^*$ 最小为 0, 则 $\Phi$ 最多为 3。现已有 $Na_2CO_3$ 水溶液和冰两相共存, 则最多还可能出现一种水合盐。

(2) 在 298 K 时: $f^* = C + 1 - \Phi = 3 - \Phi$

$f^*$ 最小为 0, 则 $\Phi$ 最多为 3。则与水蒸气平衡共存的相最多还有两相, 即最多还可能出现两种水合盐。

(3) 在常压下, $f^* = 3 - \Phi$, 最多还可能出现一种水合盐, 与 $Na_2CO_3$ 水溶液和 $Na_2CO_3(s)$ 平衡共存。根据 $Na_2CO_3-H_2O$ 二元相图可知, 与 $Na_2CO_3$ 水溶液和 $Na_2CO_3(s)$ 平衡共存的水合盐只能是结晶水最少的水合盐, 即 $Na_2CO_3 \cdot H_2O(s)$。

**6.5** 一个平衡系统如右图所示, 其中半透膜 $aa'$ 只能允许 $O_2(g)$ 通过, $bb'$ 不允许 $O_2(g)$, $N_2(g)$, $H_2O(g)$ 通过。

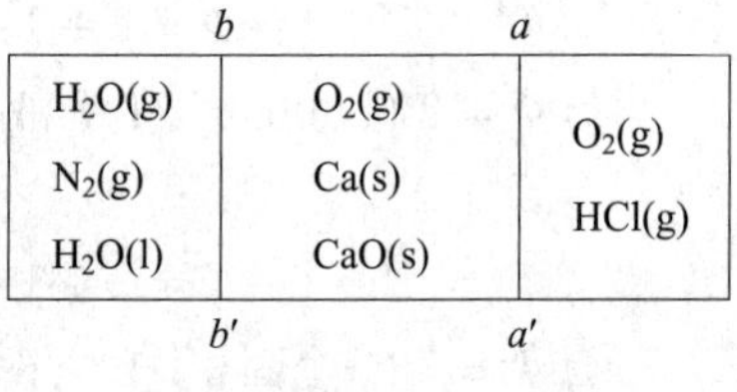

(1) 给出系统的组分数和相数, 并指出相态;

(2) 写出所有平衡条件;

(3) 求系统的自由度。

| | $b$ | | $a$ | |
|---|---|---|---|---|
| $H_2O(g)$<br>$N_2(g)$<br>$H_2O(l)$ | | $O_2(g)$<br>$Ca(s)$<br>$CaO(s)$ | | $O_2(g)$<br>$HCl(g)$ |
| | $b'$ | | $a'$ | |

**解**: (1) 中间容器中存在如下化学反应平衡:

$$Ca(s) + \frac{1}{2}O_2(g) \rightleftharpoons CaO(s)$$

即 $R = 1$, 则 $C = S - R - R' = 6 - 1 = 5$

$\Phi = 6$, 即 $Ca(s)$, $CaO(s)$, $O_2(g)$, $O_2(g) + HCl(g)$ 混合气, $H_2O(g) + N_2(g)$ 混合气, $H_2O(l)$。

(2) 化学平衡 $Ca(s) + \frac{1}{2}O_2(g) \rightleftharpoons CaO(s)$ (中)

相平衡 $H_2O(l) \rightleftharpoons H_2O(g)$ (左)

化学势 $\mu_{O_2,中} = \mu_{O_2,右}$

温度 $$T_1 = T_2 = T_3 = T$$

(3) $f = C - \Phi + n$ ($n = 4$, 1 个温度 $T$, 3 个压力)

$= 5 - 6 + 4 = 3$

**6.6** 通常在大气压力为 101.325 kPa 时, 水的沸点为 373 K, 而在海拔很高的高原上, 当大气压力降为 66.9 kPa 时, 水的沸点为多少? 已知水的标准摩尔蒸发焓为 40.67 kJ·mol$^{-1}$, 并设其与温度无关。

解:
$$\ln\frac{p(T_2)}{p(T_1)} = \frac{\Delta_{\text{vap}}H_{\text{m}}}{R}\left(\frac{1}{T_1} - \frac{1}{T_2}\right)$$

$$\ln\frac{66.9\ \text{kPa}}{101.325\ \text{kPa}} = \frac{40670\ \text{J}\cdot\text{mol}^{-1}}{8.314\ \text{J}\cdot\text{mol}^{-1}\cdot\text{K}^{-1}} \times \left(\frac{1}{373\ \text{K}} - \frac{1}{T_2}\right)$$

$$T_2 = 361.6\ \text{K}$$

**6.7** 某种溜冰鞋下面冰刀与冰的接触面为: 长 7.62 cm, 宽 0.14 cm。若某运动员的体重为 60 kg, 试求:

(1) 运动员施加于冰面的总压力;

(2) 在该压力下冰的熔点。

已知冰的摩尔熔化焓为 6.01 kJ·mol$^{-1}$ (设不随温度和压力而改变), 冰的正常熔点为 273.15 K, 冰和水的密度分别为 920 kg·m$^{-3}$ 和 1000 kg·m$^{-3}$。

解: (1) 一双溜冰鞋下有两把冰刀。冰所受压力为

$$p = \frac{F}{S} = \frac{60\ \text{kg} \times 9.8\ \text{m}\cdot\text{s}^{-2}}{2 \times 7.62 \times 10^{-2}\ \text{m} \times 0.14 \times 10^{-2}\ \text{m}} = 2.76 \times 10^6\ \text{Pa}$$

(2) 根据 Clapeyron 方程: $$\frac{\text{d}p}{\text{d}T} = \frac{\Delta_{\text{fus}}H_{\text{m}}}{T\Delta_{\text{fus}}V_{\text{m}}}$$

$$\Delta_{\text{fus}}V_{\text{m}} = V_{\text{m}}^{\text{l}} - V_{\text{m}}^{\text{s}} = 0.018\ \text{kg}\cdot\text{mol}^{-1} \times \left(\frac{1}{1000\ \text{kg}\cdot\text{m}^{-3}} - \frac{1}{920\ \text{kg}\cdot\text{m}^{-3}}\right)$$

$$= -1.565 \times 10^{-6}\ \text{m}^3\cdot\text{mol}^{-1}$$

$$\int_{p_1}^{p_2} \text{d}p = \frac{\Delta_{\text{fus}}H_{\text{m}}}{\Delta_{\text{fus}}V_{\text{m}}}\int_{T_1}^{T_2}\frac{\text{d}T}{T}$$

$$(2.76 \times 10^6\ \text{Pa} - 101325\ \text{Pa}) = \frac{6010\ \text{J}\cdot\text{mol}^{-1}}{-1.565 \times 10^{-6}\ \text{m}^3\cdot\text{mol}^{-1}}\ln\frac{T}{273\ \text{K}}$$

$$T = 272.8\ \text{K}$$

计算结果表明, 因压力增加而导致的熔点降低很少。

**6.8** 已知在 101.325 kPa 时, 正己烷的正常沸点为 342 K, 假定它符合 Trouton 规则, 即 $\Delta_{\text{vap}}H_{\text{m}}/T_{\text{b}} = 88\ \text{J}\cdot\text{mol}^{-1}\cdot\text{K}^{-1}$, 试求 298 K 时正己烷的蒸气压。若在外压为 202.2 kPa 的空气中, 求正己烷的饱和蒸气压。设空气在正己烷中溶解的影响可忽略不计, 已知正己烷的密度为 0.66 g·cm$^{-3}$。

解: (1) 由 Trouton 规则:

$$\Delta_{\text{vap}}H_{\text{m}} = CT_{\text{b}} = 88\ \text{J}\cdot\text{mol}^{-1}\cdot\text{K}^{-1} \times 342\ \text{K} = 3.0 \times 10^4\ \text{J}\cdot\text{mol}^{-1}$$

$$\ln\frac{p_2}{p_1}=\frac{\Delta_{\rm vap}H_{\rm m}}{R}\left(\frac{1}{T_1}-\frac{1}{T_2}\right)$$

$$\ln\frac{p_2}{101.325\ \rm kPa}=\frac{3.0\times10^4\ \rm J\cdot mol^{-1}}{8.314\ \rm J\cdot mol^{-1}\cdot K^{-1}}\left(\frac{1}{342\ \rm K}-\frac{1}{298\ \rm K}\right)$$

$$p_2=21.33\ \rm kPa$$

(2) 根据外压与蒸气压的关系式

$$\ln\frac{p_{\rm g}}{p_{\rm g}^*}=\frac{V_{\rm m}(\rm l)}{RT}(p_{\rm e}-p_{\rm g}^*)$$

$$\ln\frac{p_{\rm g}}{21.33\ \rm kPa}=\frac{86\ \rm g\cdot mol^{-1}/(0.66\times10^{-6}\ g\cdot m^{-3})}{8.314\ \rm J\cdot mol^{-1}\cdot K^{-1}\times298\ K}\times(202200\ \rm Pa-21330\ Pa)=0.009513$$

$$p_{\rm g}=21.53\ \rm kPa$$

小结: 通常情况下, 外压对饱和蒸气压的影响不大, 故常可忽略不计。

**6.9** 从实验测得乙烯的蒸气压与温度的关系为

$$\ln\frac{p}{\rm Pa}=-\frac{1921\ \rm K}{T}+1.75\ln\frac{T}{\rm K}-1.928\times10^{-2}\frac{T}{\rm K}+12.26$$

试求乙烯在正常沸点 169.5 K 时的摩尔蒸发焓。

**解**: 根据 Clausius-Clapeyron 方程 $\dfrac{{\rm d}\ln p}{{\rm d}T}=\dfrac{\Delta_{\rm vap}H_{\rm m}}{RT^2}$

$$\begin{aligned}\Delta_{\rm vap}H_{\rm m}&=RT^2\frac{{\rm d}\ln p}{{\rm d}T}=RT^2\frac{\rm d}{{\rm d}T}\left(-\frac{1921\ \rm K}{T}+1.75\ln\frac{T}{\rm K}-1.928\times10^{-2}\frac{T}{\rm K}+12.26\right)\\&=RT^2\left(\frac{1921\ \rm K}{T^2}+1.75\frac{1}{T}-1.928\times10^{-2}\frac{1}{\rm K}\right)\\&=R\left(1921\ {\rm K}+1.75T-1.928\times10^{-2}T^2\frac{1}{\rm K}\right)\end{aligned}$$

当 $T=169.5$ K 时:

$$\begin{aligned}\Delta_{\rm vap}H_{\rm m}&=8.314\ \rm J\cdot mol^{-1}\cdot K^{-1}\times\left[1921\ K+1.75\times169.5\ K-1.928\times10^{-2}\times(169.5\ K)^2\frac{1}{K}\right]\\&=13832\ \rm J\cdot mol^{-1}\end{aligned}$$

**6.10** 已知水的蒸气压与温度的关系为

$$\ln(p/{\rm Pa})=24.62-4885\ {\rm K}/T$$

(1) 将 1 mol 水引入体积为 15 $\rm dm^3$ 的真空容器中, 试计算在 333 K 时容器中剩余液态水的质量 $m(\rm l)$。水蒸气可视作理想气体。

(2) 逐渐升高温度使水恰好全部变为水蒸气, 其温度为多少?

**解**: (1) 333 K 时水的蒸气压为 $p/{\rm Pa}=\exp[24.62-4885\ {\rm K}/(333\ {\rm K})]=\exp 9.9503$

$$p=20.959\ \rm Pa$$

水蒸气的物质的量为 $n=pV/RT=0.1136\ \rm mol$

故液态水的质量 $m(\mathrm{l})$ 为 $m(\mathrm{l}) = (1\ \mathrm{mol} - 0.1136\ \mathrm{mol}) \times 18\ \mathrm{g{\cdot}mol^{-1}} = 15.96\ \mathrm{g}$

(2) $\ln(p/\mathrm{Pa}) = 24.62 - 4885\ \mathrm{K}/T = 24.62 - \dfrac{4885\ \mathrm{K}}{pV/nR}$

$$= 24.62 - \frac{1\ \mathrm{mol} \times 8.314\ \mathrm{J{\cdot}mol^{-1}{\cdot}K^{-1}} \times 4885\ \mathrm{K}}{p \times 15 \times 10^{-3}\ \mathrm{m^3}}$$

解得
$$p = 220\ \mathrm{kPa}$$

故水蒸气的温度为

$$T = pV/nR = \frac{220 \times 10^3\ \mathrm{Pa} \times 15 \times 10^{-3}\ \mathrm{m^3}}{1\ \mathrm{mol} \times 8.314\ \mathrm{J{\cdot}mol^{-1}{\cdot}K^{-1}}} = 396.9\ \mathrm{K}$$

**6.11** 在 360 K 时水 (A) 与异丁醇 (B) 部分互溶, 异丁醇在水相中的摩尔分数为 $x_\mathrm{B} = 0.021$。已知水相中的异丁醇符合 Henry 定律, Henry 定律常数 $k_{x,\mathrm{B}} = 1.58 \times 10^6\ \mathrm{Pa}$。试计算在与之平衡的气相中, 水与异丁醇的分压。已知水的摩尔蒸发焓为 $40.66\ \mathrm{kJ{\cdot}mol^{-1}}$, 且不随温度变化而变化。设气体为理想气体。

**解**: 部分互溶液上方水 (A) 和异丁醇 (B) 的分压可用任意一层液相的浓度进行计算。溶质异丁醇符合 Henry 定律, 溶剂水符合 Raoult 定律。现利用水相进行运算。

(1) 异丁醇的分压: $p_\mathrm{B} = k_{x,\mathrm{B}} x_\mathrm{B} = 1.58 \times 10^6\ \mathrm{Pa} \times 0.021 = 33180\ \mathrm{Pa}$

(2) 水的分压:
$$p_\mathrm{A} = p_\mathrm{A}^* x_\mathrm{A}$$

已知 298 K 时水的饱和蒸气压为 3167.4 Pa。在 360 K 时水的饱和蒸气压可用下式获得:

$$\ln\frac{p_2}{p_1} = \frac{\Delta_\mathrm{vap} H_\mathrm{m}}{R}\left(\frac{1}{T_1} - \frac{1}{T_2}\right)$$

$$\ln\frac{p_2}{3167.4\ \mathrm{Pa}} = \frac{40.66 \times 10^3\ \mathrm{J{\cdot}mol^{-1}}}{8.314\ \mathrm{J{\cdot}mol^{-1}{\cdot}K^{-1}}} \times \left(\frac{1}{298\ \mathrm{K}} - \frac{1}{360\ \mathrm{K}}\right)$$

$$p_2 = 53.48\ \mathrm{kPa}$$

$$p_\mathrm{A} = p_\mathrm{A}^* x_\mathrm{A} = 53.48\ \mathrm{kPa} \times (1 - 0.021) = 52.36\ \mathrm{kPa}$$

**6.12** 根据右图所示碳的相图, 回答如下问题:

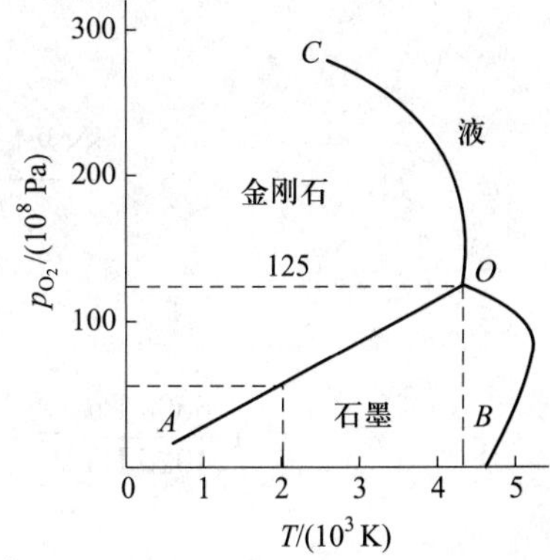


(1) 曲线 $OA, OB, OC$ 分别代表什么意思?

(2) 指出 $O$ 点的含义;

(3) 碳在常温常压下的稳定状态是什么?

(4) 在 2000 K 时, 增加压力, 使石墨转变为金刚石是一个放热反应, 试从相图判断两者的摩尔体积哪个大。

(5) 试从相图上估计, 在 2000 K 时, 将石墨转变为金刚石至少要加多大压力?

**解**: (1) $OA$ 表示石墨、金刚石晶形转化的两相平衡共存线, $OB$ 为石墨和液态碳的固–液两相平衡共存线, $OC$ 为金刚石和液态碳的固–液两相平衡共存线。在这三条线上, $\varPhi = 2$, $f = 1$, 温度和压力只有一个是可以独立变动的。

(2) $O$ 点是三条曲线的交点, 为三相点, 即石墨、金刚石和液态碳的三相平衡点, $\varPhi = 3$, $f = 0$,

该点的温度和压力是恒定的。

(3) 碳在室温、常压 (101.325 kPa) 下, 此点位于石墨单相区, 以石墨形态稳定存在。

(4) 转化反应写为 $\qquad \mathrm{C}(石墨) \rightleftharpoons \mathrm{C}(金刚石)$

$$\frac{\mathrm{d}p}{\mathrm{d}T}=\frac{\Delta_{\mathrm{trs}}H_{\mathrm{m}}}{T\Delta_{\mathrm{trs}}V_{\mathrm{m}}}$$

$$\frac{\mathrm{d}p}{\mathrm{d}T}>0 \qquad (因为\ OA\ 的斜率大于零)$$

$$\Delta_{\mathrm{trs}}H_{\mathrm{m}}<0 \qquad (石墨转变为金刚石为放热反应)$$

则
$$\Delta_{\mathrm{trs}}V_{\mathrm{m}}<0$$

$$\Delta_{\mathrm{trs}}V_{\mathrm{m}}=V_{\mathrm{m,金刚石}}-V_{\mathrm{m,石墨}}<0$$

则
$$V_{\mathrm{m,金刚石}}<V_{\mathrm{m,石墨}}$$

(5) 2000 K 时, 欲使石墨转变为金刚石, 从相图上估计 $p$ 约为 $5\times10^{9}$ Pa。

**6.13** 在外压 101.3 kPa 下, 将水蒸气通入固体 A(s) 与水的混合物中, 进行水蒸气蒸馏, 在 371.6 K 时收集馏出水蒸气冷凝, 分析馏出物的组成得知, 每 100 g 水中含 A(s) 81.9 g。试计算在 371.6 K 时 A 的蒸气压。如果在大气压力只有 88.2 kPa 的高原上进行水蒸气蒸馏, 在 360.7 K 时收集馏出水蒸气冷凝, 馏出物组成为每 100 g 水中含 A(s) 67.4 g。试计算在 360.7 K 时 A 的蒸气压以及 A 的平均摩尔蒸发焓。已知 A(s) 的摩尔质量为 $254\ \mathrm{g\cdot mol^{-1}}$, 与水互不相溶。

**解**: (1) $\dfrac{p_{\mathrm{H_2O}}}{p_{\mathrm{A}}}=\dfrac{py_{\mathrm{H_2O}}}{py_{\mathrm{A}}}=\dfrac{n_{\mathrm{H_2O}}}{n_{\mathrm{A}}}=\dfrac{m_{\mathrm{H_2O}}M_{\mathrm{A}}}{m_{\mathrm{A}}M_{\mathrm{H_2O}}}=\dfrac{100\ \mathrm{g}\times254\ \mathrm{g\cdot mol^{-1}}}{81.9\ \mathrm{g}\times18.02\ \mathrm{g\cdot mol^{-1}}}=17.21$

$$p_{\mathrm{H_2O}}+p_{\mathrm{A}}=101.3\ \mathrm{kPa} \qquad \frac{101.3\ \mathrm{kPa}-p_{\mathrm{A}}}{p_{\mathrm{A}}}=17.21$$

$$p_{\mathrm{A}}=5563\ \mathrm{Pa}$$

(2) $\dfrac{p_{\mathrm{H_2O}}}{p_{\mathrm{A}}}=\dfrac{py_{\mathrm{H_2O}}}{py_{\mathrm{A}}}=\dfrac{n_{\mathrm{H_2O}}}{n_{\mathrm{A}}}=\dfrac{m_{\mathrm{H_2O}}M_{\mathrm{A}}}{m_{\mathrm{A}}M_{\mathrm{H_2O}}}=\dfrac{100\ \mathrm{g}\times254\ \mathrm{g\cdot mol^{-1}}}{67.4\ \mathrm{g}\times18.02\ \mathrm{g\cdot mol^{-1}}}=20.91$

$$p_{\mathrm{H_2O}}+p_{\mathrm{A}}=88.2\ \mathrm{kPa}$$

$$\frac{88.2\ \mathrm{kPa}-p_{\mathrm{A}}}{p_{\mathrm{A}}}=20.91 \qquad p_{\mathrm{A}}=4026\ \mathrm{Pa}$$

$$\ln\frac{p_2}{p_1}=\frac{\Delta_{\mathrm{vap}}H_{\mathrm{m}}}{R}\left(\frac{1}{T_1}-\frac{1}{T_2}\right)$$

$$\ln\frac{5563\ \mathrm{Pa}}{4026\ \mathrm{Pa}}=\frac{\Delta_{\mathrm{vap}}H_{\mathrm{m}}}{8.314\ \mathrm{J\cdot mol^{-1}\cdot K^{-1}}}\times\left(\frac{1}{360.7\ \mathrm{K}}-\frac{1}{371.6\ \mathrm{K}}\right)$$

$$\Delta_{\mathrm{vap}}H_{\mathrm{m}}=33.06\ \mathrm{kJ\cdot mol^{-1}}$$

**6.14** 水 (A) 与溴苯 (B) 互溶度极小, 故对溴苯进行水蒸气蒸馏。80 ℃ 时, 溴苯和水的蒸气压分别为 8.826 kPa 和 47.343 kPa, 溴苯的正常沸点为 156 ℃, 计算:

(1) 溴苯水蒸气蒸馏的温度, 已知实验室大气压为 101.325 kPa;

(2) 在这种水蒸气蒸馏的蒸气中, 溴苯的质量分数;

(3) 欲蒸出 10 kg 纯溴苯, 需要消耗多少水蒸气? 已知溴苯的摩尔质量为 156.9 $\mathrm{g\cdot mol^{-1}}$。

**解**: (1) 首先需要求出水和溴苯的蒸气压与温度的关系式, 设溴苯的蒸气压公式为

$$\lg\frac{p}{\mathrm{kPa}}=-\frac{A}{T}+B$$

代入两个已知条件得
$$\lg\frac{8.826\ \mathrm{kPa}}{\mathrm{kPa}}=-\frac{A}{353.15\ \mathrm{K}}+B \tag{a}$$

$$\lg\frac{101.325\ \mathrm{kPa}}{\mathrm{kPa}}=-\frac{A}{429.15\ \mathrm{K}}+B \tag{b}$$

联立式 (a) 和式 (b), 解得 $A=2114\ \mathrm{K}\qquad B=9.932$

则溴苯的蒸气压公式为
$$\lg\frac{p}{\mathrm{kPa}}=-\frac{2114\ \mathrm{K}}{T}+9.932 \tag{c}$$

同理, 设水的蒸气压公式为
$$\lg\frac{p}{\mathrm{kPa}}=-\frac{A'}{T}+B'$$

代入两个已知条件, 得
$$\lg\frac{47.343\ \mathrm{kPa}}{\mathrm{kPa}}=-\frac{A'}{353.15\ \mathrm{K}}+B' \tag{d}$$

$$\lg\frac{101.325\ \mathrm{kPa}}{\mathrm{kPa}}=-\frac{A'}{373.15\ \mathrm{K}}+B' \tag{e}$$

联立式 (d) 和式 (e), 解得 $A'=2177\ \mathrm{K}\qquad B'=7.840$

则水的蒸气压公式为
$$\lg\frac{p}{\mathrm{kPa}}=-\frac{2177\ \mathrm{K}}{T}+7.840 \tag{f}$$

用作图法求出 $p_{溴苯}+p_{水}=101.325\ \mathrm{kPa}$ 时的温度 $T$, 即溴苯的水蒸气蒸馏的温度 (图解法的图略)。亦即在同一坐标系中, 作 $p_{溴苯}-T$ 曲线与 $(101.325\ \mathrm{kPa}-p_{水})-T$ 曲线, 两曲线交点即为混合液的沸腾温度。

作图交点对应的温度 (即溴苯水蒸气蒸馏的温度) 为 $T=368.6\ \mathrm{K}$, 在该温度下溴苯的蒸气压为

$$p_{溴苯}=15.70\ \mathrm{kPa}$$

(2) 根据 Dalton 分压定律, 气相中溴苯的摩尔分数为 $y_{溴苯}=p_{溴苯}/p_{总}=0.1549$

则气相中水的摩尔分数为 $y_{水}=1-y_{溴苯}=1-0.1549=0.8451$

故气相中溴苯的质量分数为 $w_{溴苯}=\dfrac{y_{溴苯}M_{溴苯}}{y_{溴苯}M_{溴苯}+y_{水}M_{水}}=0.615$

(3) 若要蒸出 10 kg 溴苯, 需消耗水蒸气的质量为

$$m_{水}=\frac{m_{溴苯}p^*_{水}M_{水}}{p^*_{溴苯}M_{溴苯}}=\frac{10\ \mathrm{kg}\times(101325-15700)\ \mathrm{Pa}\times18.02\ \mathrm{g\cdot mol^{-1}}}{15700\ \mathrm{Pa}\times156.9\ \mathrm{g\cdot mol^{-1}}}=6.26\ \mathrm{kg}$$

**6.15** 在 273 K 和 293 K 时, 固体苯的蒸气压分别为 3.27 kPa 和 12.30 kPa, 液体苯在 293 K 时的蒸气压为 10.02 kPa, 液体苯的摩尔蒸发焓为 34.17 $\mathrm{kJ\cdot mol^{-1}}$。试求:

(1) 303 K 时液体苯的蒸气压;

(2) 固体苯的摩尔升华焓;

(3) 固体苯的摩尔熔化焓。

**解**: (1)
$$\ln\frac{p_2}{p_1}=\frac{\Delta_{\text{vap}}H_{\text{m}}^{\ominus}}{R}\left(\frac{1}{T_1}-\frac{1}{T_2}\right)$$

$$\ln\frac{p_2}{10.02\ \text{kPa}}=\frac{34170\ \text{J}\cdot\text{mol}^{-1}}{8.314\ \text{J}\cdot\text{mol}^{-1}\cdot\text{K}^{-1}}\times\left(\frac{1}{293\ \text{K}}-\frac{1}{303\ \text{K}}\right)$$

$$p_2=15.91\ \text{kPa}$$

(2)
$$\ln\frac{p_2}{p_1}=\frac{\Delta_{\text{sub}}H_{\text{m}}^{\ominus}}{R}\left(\frac{1}{T_1}-\frac{1}{T_2}\right)$$

$$\ln\frac{12.30\ \text{kPa}}{3.27\ \text{kPa}}=\frac{\Delta_{\text{sub}}H_{\text{m}}^{\ominus}}{8.314\ \text{J}\cdot\text{mol}^{-1}\cdot\text{K}^{-1}}\times\left(\frac{1}{273\ \text{K}}-\frac{1}{293\ \text{K}}\right)$$

$$\Delta_{\text{sub}}H_{\text{m}}^{\ominus}=44.05\ \text{kJ}\cdot\text{mol}^{-1}$$

(3) $\Delta_{\text{fus}}H_{\text{m}}^{\ominus}=\Delta_{\text{sub}}H_{\text{m}}^{\ominus}-\Delta_{\text{vap}}H_{\text{m}}^{\ominus}=44.05\ \text{kJ}\cdot\text{mol}^{-1}-34.17\ \text{kJ}\cdot\text{mol}^{-1}=9.88\ \text{kJ}\cdot\text{mol}^{-1}$

**6.16** 在 298 K 时, 水 (A) 与丙醇 (B) 的二组分液相系统的蒸气压与组成的关系如下所示, 总蒸气压在 $x_{\text{B}}=0.4$ 时出现极大值。

| $x_{\text{B}}$ | 0 | 0.05 | 0.20 | 0.40 | 0.60 | 0.80 | 0.90 | 1.00 |
|---|---|---|---|---|---|---|---|---|
| $p_{\text{B}}$/Pa | 0 | 1440 | 1813 | 1893 | 2013 | 2653 | 2584 | 2901 |
| $p_{总}$/Pa | 3168 | 4533 | 4719 | 4786 | 4653 | 4160 | 3668 | 2901 |

(1) 请画出 $p-x-y$ 图, 并指出各点、线和面的含义和自由度;

(2) 将 $x_{\text{B}}$=0.56 的丙醇水溶液在 4786 Pa 下进行精馏, 精馏塔的顶部和底部分别得到什么产品?

(3) 若以 298 K 时的纯丙醇为标准态, 求 $x_{\text{B}}=0.2$ 的水溶液中, 丙醇的相对活度和活度因子。

**解**: (1) $y_{\text{B}}=p_{\text{B}}/p_{总}$, 计算结果列表如下:

| $x_{\text{B}}$ | 0 | 0.05 | 0.20 | 0.40 | 0.60 | 0.80 | 0.90 | 1.00 |
|---|---|---|---|---|---|---|---|---|
| $p_{\text{B}}$/Pa | 0 | 1440 | 1813 | 1893 | 2013 | 2653 | 2584 | 2901 |
| $p_{总}$/Pa | 3168 | 4533 | 4719 | 4786 | 4653 | 4160 | 3668 | 2901 |
| $y_{\text{B}}$ | 0 | 0.3177 | 0.3842 | 0.3955 | 0.4326 | 0.6377 | 0.7045 | 1 |

绘 $p-x-y$ 图如右图所示。

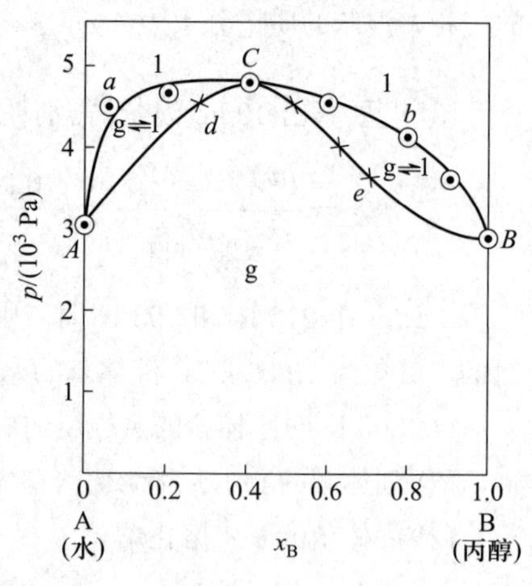


点: $A$: 纯水在 298 K 时的蒸气压, $f^*=0$;

$B$: 纯丙醇在 298 K 时的蒸气压, $f^*=0$;

$C$: 溶液蒸气压最高点, $f^*=0$。

线: $AaC, CbB$ 为液相线;

$AdC, CeB$ 为气相线。

面: 液相线上方为液相区, $f^*=2$;

气相线下方为气相区, $f^*=2$;

梭形区为气–液两相平衡区, $f^*=1$。

(2) 将 $x_{\text{B}}=0.56$ 的丙醇水溶液进行精馏, 精馏塔的底部得到纯丙醇, 顶部得到 $x_{\text{B}}=0.4$ 的混合液。

(3) 以纯丙醇为标准态时, $x_B = 0.2$, 溶液的活度为

$$a_B = p_B/p_B^* = 1813\ \text{Pa}/(2901\ \text{Pa}) = 0.6250$$

$$\gamma_{x,B} = a_B/x_B = 0.6250/0.2 = 3.125$$

**6.17** 由锑和镉的步冷曲线得到下列数据:

| $w_{Cd}/\%$ | 0 | 20 | 35 | 47.5 | 50 | 58.3 | 70 | 93 | 100 |
|---|---|---|---|---|---|---|---|---|---|
| 转折温度 $t$/℃ | 无 | 550 | 460 | 无 | 419 | 无 | 400 | 无 | 无 |
| 停顿温度 $t$/℃ | 630 | 410 | 410 | 410 | 410 | 439 | 295 | 295 | 321 |

(1) 作出相应的相图, 并表明各区域的相态;

(2) 给出生成化合物的组成分子式。已知 $M_r(\text{Sb}) = 121.76$; $M_r(\text{Cd}) = 112.41$。

(3) 410 ℃ 时, 1 kg 含 Cd 的质量分数为 47.5% 的物系和 1 kg 含 Cd 的质量分数为 80% 的物系混合, 达到平衡后, 能否得到该化合物? 其质量约为多少?

解: (1) 由数据表可知:

① 纯组分锑、镉的熔点分别为 630 ℃ 和 321 ℃;

② 含 Cd 质量分数 $w_{Cd} = 58.3\%$ 的物系在冷却过程中出现一停顿温度, 且为最高值, 又无转折温度, 说明生成了稳定化合物 $\text{Sb}_m\text{Cd}_n$;

③ 含 Cd 质量分数 $w_{Cd} = 58.3\%$ 的稳定化合物左边有一共同停顿温度 (410 ℃), 此即为 Sb 与 $\text{Sb}_m\text{Cd}_n$ 的低共熔点, 其最低共熔点组成为 $w_{Cd} = 47.5\%$。

④ 含 Cd 质量分数 $w_{Cd} = 58.3\%$ 的稳定化合物右边有一共同停顿温度 (295 ℃), 此即为 $\text{Sb}_m\text{Cd}_n$ 和 Cd 的低共熔点, 其低共熔点组成为 $w_{Cd} = 93\%$。

由以上分析可知, Sb-Cd 相图由两个简单低共熔点相图合并而成, 如右图所示。

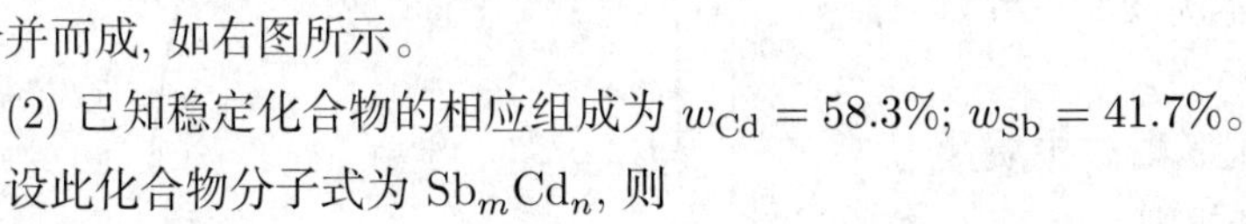


(2) 已知稳定化合物的相应组成为 $w_{Cd} = 58.3\%$; $w_{Sb} = 41.7\%$。

设此化合物分子式为 $\text{Sb}_m\text{Cd}_n$, 则

$$58.3\% = \frac{n \times 112.41\ \text{g}\cdot\text{mol}^{-1}}{n \times 112.41\ \text{g}\cdot\text{mol}^{-1} + m \times 121.76\ \text{g}\cdot\text{mol}^{-1}}$$

$$41.7\% = \frac{m \times 121.76\ \text{g}\cdot\text{mol}^{-1}}{n \times 112.41\ \text{g}\cdot\text{mol}^{-1} + m \times 121.76\ \text{g}\cdot\text{mol}^{-1}}$$

解得 $$n/m = 1.5$$

故 $$m = 2, \quad n = 3$$

分子式应为 $\text{Sb}_2\text{Cd}_3$。

(3) 根据杠杆规则, 新物系点的组成为

$$w_{Cd} = \frac{1\ \text{kg} \times 0.475 + 1\ \text{kg} \times 0.8}{2\ \text{kg}} = 63.75\%$$

从相图可知, 物系点位于化合物与熔液共存区, 可以得到化合物 $Sb_2Cd_3$。

从相图读出熔液组成为 $w_{Cd} \approx 67\%$。

根据杠杆规则, 化合物 $Sb_2Cd_3$ 的质量约为

$$m_{Sb_2Cd_3} \times (0.6375 - 0.583) = m_l \times (0.67 - 0.6375)$$

$$m_{Sb_2Cd_3} + m_l = 2\ \text{kg}$$

$$m_{Sb_2Cd_3} = 0.75\ \text{kg}$$

**6.18** 在大气压力下, 水 (A) 与苯酚 (B) 二元液相系统在 341.7 K 以下都是部分互溶。水层 (1) 和苯酚层 (2) 中, 含苯酚 (B) 的质量分数 $w_B$ 与温度的关系如下所示:

| $T$/K | 276 | 297 | 306 | 312 | 319 | 323 | 329 | 333 | 334 | 335 | 338 |
|---|---|---|---|---|---|---|---|---|---|---|---|
| $w_B(1)$ | 6.9 | 7.8 | 8.0 | 7.8 | 9.7 | 11.5 | 12.0 | 13.6 | 14.0 | 15.1 | 18.5 |
| $w_B(2)$ | 75.5 | 71.1 | 69.0 | 66.5 | 64.5 | 62.0 | 60.0 | 57.6 | 55.4 | 54.0 | 50.0 |

(1) 画出水与苯酚二元液相系统的 $T-w$ 图;

(2) 从图中指出最高会溶温度和在该温度下苯酚 (B) 的含量;

(3) 在 300 K 时, 将水与苯酚各 1.0 kg 混合, 达平衡后, 计算此时水与苯酚共轭层中各含苯酚的质量分数及共轭水层和苯酚层的质量;

(4) 若在 (3) 中再加入 1.0 kg 水, 达平衡后再计算此时水与苯酚共轭层中各含苯酚的质量分数及共轭水层和苯酚层的质量。

**解**: (1) 水和苯酚二元液相系统的 $T-w$ 图如右图所示。

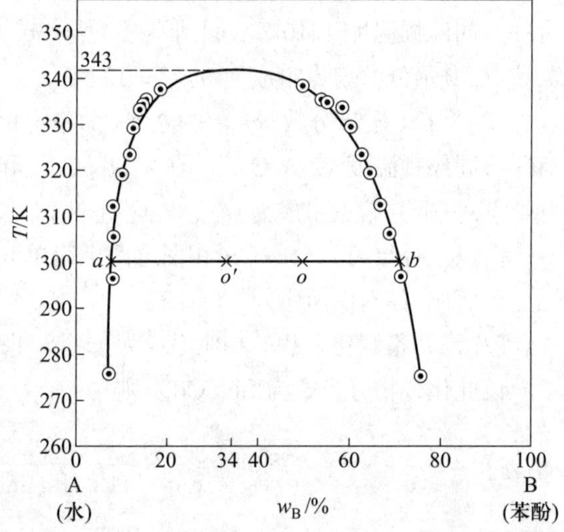


(2) 从该图可见, 该系统的最高会溶温度为 343 K, 该温度下苯酚含量为 $w_B = 34\%$。

(3) 水和苯酚各 1.0 kg 时, 质量分数为 $w_B = 50\%$, 在 300 K 时, 水层 (a) 中的苯酚质量分数为 $w_B = 7.5\%$, 苯酚层 (b) 中苯酚的质量分数为 $w_B = 71.2\%$。

设水层中的质量为 $m_a$, 则苯酚层中质量为 $m_b$ 为 $(2000\ \text{g} - m_a)$, 根据杠杆规则:

$$m_a \cdot \overline{ao} = m_b \cdot \overline{ob}$$

$$m_a \times 42.5 = (2000\ \text{g} - m_a) \times 21.2$$

$$m_a = 665.6\ \text{g}$$

$$m_b = 1334.4\ \text{g}$$

(4) 如在 (3) 中再加入 1.0 kg 水, 则新系统含水 2.0 kg, 苯酚 1.0 kg。物系点 $o'$ 中苯酚的质量分数为 $w_B = 33.33\%$, 水层和苯酚层中含苯酚的质量分数与 (3) 中一样, 因为温度仍为 300 K, 溶解度不变, 但两层的质量发生了变化:

$$m_a \cdot \overline{ao'} = m_b \cdot \overline{o'b}$$

$$m_a \times 25.83 = (3000\ \text{g} - m_a) \times 37.87$$

水层质量为 $m_a = 1783.5\ \text{g}$

苯酚层质量为 $m_b = 1216.5\ \text{g}$

**6.19** 已知活泼的轻金属 Na(A) 和 K(B) 的熔点分别为 372.7 K 和 336.9 K，两者可以形成一种不稳定化合物 $Na_2K(s)$，该化合物在 280 K 时分解为纯金属 Na(s) 和含 K 的摩尔分数为 $x_B = 0.42$ 的熔化物。在 258 K 时，Na(s) 和 K(s) 有一个低共熔混合物，这时含 K 的摩尔分数为 $x_B = 0.68$。

(1) 试画出 Na(s) 和 K(s) 的二组分低共熔相图，并分析各点、线和面的相态和自由度；

(2) 画出含 K 的摩尔分数为 $x_B = 0.38$ 的熔化物的步冷曲线；

(3) 85 g $Na_2K(s)$ 从 260 K 升温到 280.1 K，估算系统中含有固体和熔液的质量分别为多少？

**解**：(1) Na(s) 和 K(s) 的二组分低共熔相图如下图 (左) 所示。各点、线和面的相态、相数和自由度见下表。

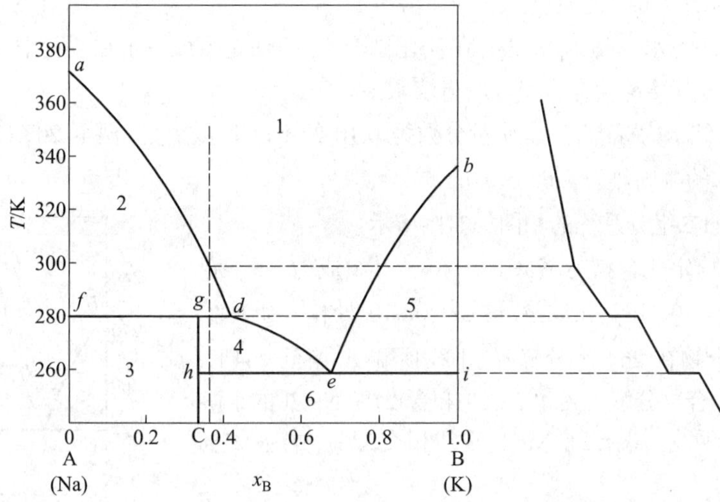


| | | 相态 | 相数 $\Phi$ | 自由度 ($f^* = C + 1 - \Phi$) |
|---|---|---|---|---|
| 点 | $a$: Na 的熔点 | $s_A + l_A$ | 2 | 0 |
| | $b$: K 的熔点 | $s_B + l_B$ | 2 | 0 |
| | $e$: 低共熔点 | $s_B + s_C + l_e$ | 3 | 0 |
| 线 | $fd$: 转熔线 | $s_A + s_C + l$ | 3 | 0 |
| | $hi$: 低共熔线 | $s_B + s_C + l$ | 3 | 0 |
| 面 | 1: 液相区 | l | 1 | 2 |
| | 2: 固–液平衡区 | $s_A + l$ | 2 | 1 |
| | 3: 固–固平衡区 | $s_A + s_C$ | 2 | 1 |
| | 4: 固–液平衡区 | $s_C + l$ | 2 | 1 |
| | 5: 固–液平衡区 | $s_B + l$ | 2 | 1 |
| | 6: 固–固平衡区 | $s_B + s_C$ | 2 | 1 |

(2) 含 K 的摩尔分数为 $x_B = 0.38$ 的熔化物的步冷曲线如上图 (右) 所示。

(3) 85 g $Na_2K(s)$ 的物质的量为 $85\ \text{g}/(85\ \text{g}\cdot\text{mol}^{-1}) = 1\ \text{mol}$

根据杠杆规则: $$x_{\mathrm{Na}}\times 0.333 = x_{\mathrm{d}}\times(0.42-0.333)$$

$$x_{\mathrm{Na}}+x_{\mathrm{d}}=3.0$$

解得 $$x_{\mathrm{Na}}=0.6214\ \mathrm{mol},\quad m_{\mathrm{Na}}=0.6214\ \mathrm{mol}\times 23\ \mathrm{g\cdot mol^{-1}}=14.3\ \mathrm{g}$$

$$x_{\mathrm{d}}=2.3785\ \mathrm{mol},\quad m(\mathrm{d})=1\ \mathrm{mol}\times 39\ \mathrm{g\cdot mol^{-1}}+(2-0.6214)\ \mathrm{mol}\times 23\ \mathrm{g\cdot mol^{-1}}=70.7\ \mathrm{g}$$

**6.20** 在大气压力下, NaCl(s) 与水组成的二组分系统在 252 K 时有一个低共熔点, 此时 $H_2O$(s), $NaCl\cdot 2H_2O$(s) 和质量分数为 0.223 的 NaCl 水溶液三相共存。264 K 时, 不稳定化合物 $NaCl\cdot 2H_2O$(s) 分解为 NaCl(s) 和质量分数为 0.27 的 NaCl 水溶液。已知 NaCl(s) 在水中的溶解度受温度的影响不大, 温度升高溶解度略有增大。

(1) 试画出 NaCl(s) 与水组成的二组分系统的相图, 并分析各部分的相态;

(2) 若有 1.0 kg NaCl 的质量分数为 0.28 的水溶液, 由 433 K 冷却到略高于 264 K 的温度, 试计算能分离出纯的 NaCl(s) 的质量。

(3) 某工厂利用海水 ($w_{\mathrm{NaCl}}=2.5\%$) 淡化制淡水, 方法是泵取海水在装置中降温析出冰, 然后将冰融化而得淡水, 问冷冻至什么温度所得淡水最多?

(4) 以 273 K 纯水为标准态, 求质量分数为 0.10 的 NaCl 水溶液降温至 263 K 时, 饱和溶液中水的活度。已知水的凝固热为 $-6008\ \mathrm{J\cdot mol^{-1}}$。

**解**: (1) 绘制的二组分系统的相图如右图所示。

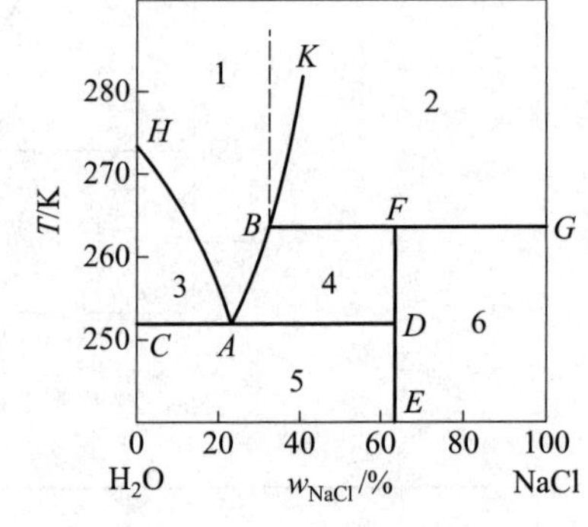


根据题意, 不稳定化合物为 $NaCl\cdot 2H_2O$。其组成为 $m_{\mathrm{NaCl}}/(m_{\mathrm{NaCl}}+m_{\mathrm{H_2O}})=0.619$。在质量分数为 0.619 处作一条垂线 $EF$, 该不稳定化合物在 264 K 分解, 故垂线顶端 $F$ 点至 264 K, 该温度下不稳定化合物分解为无水 NaCl 和含 27% NaCl 的水溶液。过 $F$ 点的水平线一端与纯 NaCl 垂线相交, 另一端达 27% 处。

根据题意, 低共熔温度为 252 K, 在该温度处有一根三相共存水平线 $CAD$, 一相为冰和纯水垂线交于 $C$ 点, 一相为不稳定化合物 $NaCl\cdot 2H_2O$ (与 $EF$ 线交于 $D$ 点), 另一相为含 NaCl 22.3% 的水溶液, 即 $A$ 点。

水的冰点 273 K 处为 $H$ 点, $HA$ 线为冰点下降曲线。

$AB$ 线为不稳定化合物的溶解度随温度的变化曲线。$BK$ 线表示温度升高时 NaCl 溶解度略有增加。

图中各区域的相态如下:

1: l(液相)　　2: s(NaCl) + l

3: l + s($H_2O$)　　4: s($NaCl\cdot 2H_2O$) + l

5: s($H_2O$) + s($NaCl\cdot 2H_2O$)　　6: s($NaCl\cdot 2H_2O$) + s(NaCl)

(2) 当 1.0 kg NaCl 质量分数为 0.28 的水溶液从 433 K 冷却到接近 264 K 时, 析出的 NaCl 的质量可用杠杆规则求算:

$$m_{\mathrm{l}}\times(28-27)=m_{\mathrm{NaCl}}\times(100-28)$$

$$(1.0\ \mathrm{kg}-m_{\mathrm{NaCl}})\times 1=m_{\mathrm{NaCl}}\times 72$$

$$m_{\mathrm{NaCl}}=0.0137\ \mathrm{kg}$$

(3) 在 $w_{\mathrm{NaCl}} = 2.5\%$ 时, 当物系点降温时, 由杠杆规则可知, 当温度在 252 K 稍上一点时, 所获冰最多, 即所得淡水最多。

(4) $\mathrm{H_2O(s, 263\ K)} \rightleftharpoons \mathrm{H_2O}$ (含 NaCl 10% 的水溶液, 263 K)

$$\mu_{\mathrm{A}}(\mathrm{s}) = \mu_{\mathrm{A}}(\mathrm{l}) = \mu_{\mathrm{A}}^{\ominus}(T, p) + RT\ln a_{\mathrm{A}}$$

$$\frac{\partial \ln a_{\mathrm{A}}}{\partial T} = \frac{\partial}{\partial T}\{[\mu_{\mathrm{A}}(\mathrm{s}) - \mu_{\mathrm{A}}^{\ominus}]/RT\} = \frac{1}{R}\frac{\partial(\Delta G_{\mathrm{m}}/T)}{\partial T} = -\frac{\Delta H_{\mathrm{m}}}{RT^2}$$

$$\mathrm{d}\ln a_{\mathrm{A}} = \frac{-\Delta H_{\mathrm{m}}}{RT^2}\mathrm{d}T$$

取 273 K 纯水的活度为 1, 积分上式:

$$\int_0^{\ln a_{\mathrm{A}}} \mathrm{d}\ln a_{\mathrm{A}} = \frac{-\Delta H_{\mathrm{m}}}{R}\int_{T_1}^{T_2}(\mathrm{d}T/T^2)$$

$$\ln a_{\mathrm{A}} = \frac{\Delta H_{\mathrm{m}}}{R}\left(\frac{1}{T_2} - \frac{1}{T_1}\right) = \frac{-6008\ \mathrm{J\cdot mol^{-1}}}{8.314\ \mathrm{J\cdot mol^{-1}\cdot K^{-1}}} \times \left(\frac{1}{263\ \mathrm{K}} - \frac{1}{273\ \mathrm{K}}\right)$$

$$\ln a_{\mathrm{A}} = -0.10065 \qquad a_{\mathrm{A}} = 0.9043$$

**6.21** Zn(A) 与 Mg(B) 形成的二组分低共熔相图具有两个低共熔点。一个含 Mg 的质量分数为 0.032, 温度为 641 K, 另一个含 Mg 的质量分数为 0.49, 温度为 620 K, 在系统的熔液组成曲线上有一个最高点, 含 Mg 的质量分数为 0.157, 温度为 863 K。已知 Zn(s) 和 Mg(s) 的熔点分别为 692 K 和 924 K。

(1) 试画出 Zn(A) 与 Mg(B) 形成的二组分低共熔相图, 并分析各区的相态和自由度;

(2) 分别用相律说明, 含 Mg 的质量分数分别为 0.80 和 0.30 的熔化物, 在从 973 K 冷却到 573 K 过程中的相变和自由度的变化;

(3) 分别画出含 Mg 的质量分数分别为 0.80、0.49 和 0.30 的熔化物, 在从 973 K 冷却到 573 K 过程中的步冷曲线。

(4) 计算含 Mg 的质量分数为 0.032 的低共熔物中 Zn 的活度和活度因子。已知 Zn(s) 的摩尔熔化焓为 $7.32\ \mathrm{kJ\cdot mol^{-1}}$。

**解**: (1) Zn(A) 与 Mg(B) 的二组分低共熔相图如下图 (左) 所示。

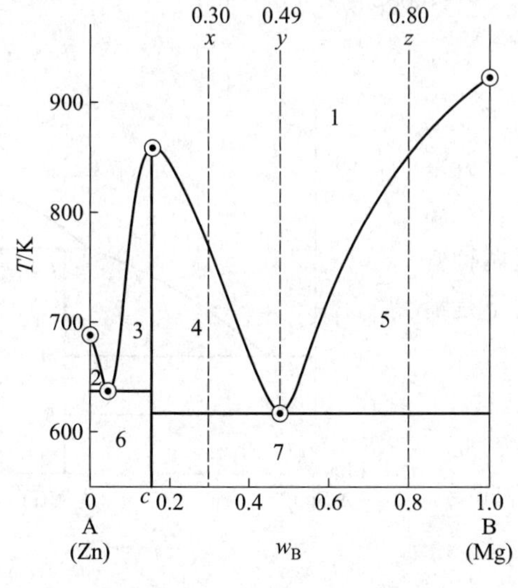


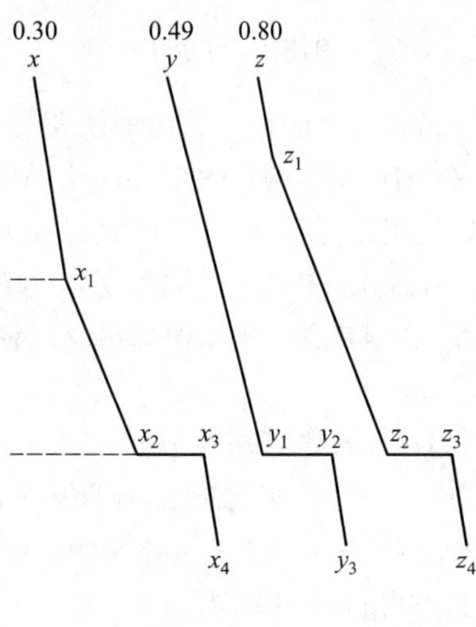

各相区的相态和自由度如下:

| 相区 | 相态 | 自由度 ($f^* = C + 1 - \Phi$) | 相区 | 相态 | 自由度 ($f^* = C + 1 - \Phi$) |
|---|---|---|---|---|---|
| 1 | l | 2 | 5 | $s_B + l$ | 1 |
| 2 | $s_A + l$ | 1 | 6 | $s_A + s_C$ | 1 |
| 3 | $s_C + l$ | 1 | 7 | $s_B + s_C$ | 1 |
| 4 | $s_C + l$ | 1 | | | |

(2) 相态和自由度的变化如下:

| | 步冷曲线 | 相态 | 自由度 $f^*$ |
|---|---|---|---|
| 0.30 | $x - x_1$ | l | 2 |
| | $x_1 - x_2$ | $s_C + l$ | 1 |
| | $x_2 - x_3$ | $s_B + s_C + l$ | 0 |
| | $x_3 - x_4$ | $s_B + s_C$ | 1 |
| 0.49 | $y - y_1$ | l | 2 |
| | $y_1 - y_2$ | $s_B + s_C + l$ | 0 |
| | $y_2 - y_3$ | $s_B + s_C$ | 1 |
| 0.80 | $z - z_1$ | l | 2 |
| | $z_1 - z_2$ | $s_B + l$ | 1 |
| | $z_2 - z_3$ | $s_B + s_C + l$ | 0 |
| | $z_3 - z_4$ | $s_B + s_C$ | 1 |

(3) 步冷曲线如上页图 (右) 所示。

(4) $\ln a_A = \dfrac{-\Delta_{fus}H_m}{R}\left(\dfrac{1}{T_f} - \dfrac{1}{T_f^*}\right) = \dfrac{-7320\ \mathrm{J\cdot mol^{-1}}}{8.314\ \mathrm{J\cdot mol^{-1}\cdot K^{-1}}} \times \left(\dfrac{1}{641\ \mathrm{K}} - \dfrac{1}{692\ \mathrm{K}}\right) = -0.10123$

$a_A = 0.9037$

$$x_A = \frac{n_A}{n_A + n_B} = \frac{(1-0.032)\ \mathrm{g}/(65.4\ \mathrm{g\cdot mol^{-1}})}{(1-0.032)\ \mathrm{g}/(65.4\ \mathrm{g\cdot mol^{-1}}) + 0.032\ \mathrm{g}/(24.3\ \mathrm{g\cdot mol^{-1}})} = 0.9183$$

$\gamma_A = 0.9037/0.9183 = 0.9841$

**6.22** $SiO_2 - Al_2O_3$ 二组分系统在耐火材料工业上有重要意义, 右图所示的相图是 $SiO_2 - Al_2O_3$ 二组分系统在高温区的相图, 莫莱石的组成为 $2Al_2O_3{\cdot}3SiO_2$, 在高温下 $SiO_2$ 有白硅石和鳞石英两种变体, $AB$ 线是两种变体的转晶线, 在 $AB$ 线之上是白硅石, 在 $AB$ 线之下是鳞石英。

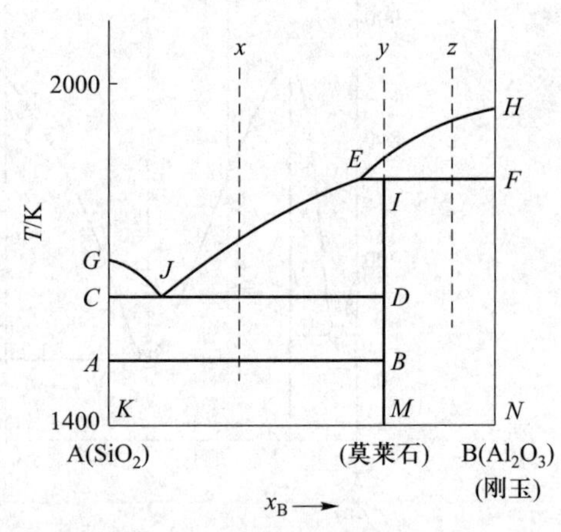


(1) 指出各相区分别由哪些相组成?

(2) 图中三条水平线分别代表哪些相平衡共存?

(3) 分别画出从 $x, y, z$ 点将熔化物冷却的步冷曲线。

**解**: (1) 各相区的相态为

$GJEH$ 线以上: l(熔液单相区) $GCJ$: s(白硅石)+l

$EHF$: s($Al_2O_3$) + l $JEID$: s(莫莱石)+l

$CDBA$: s(白硅石)+s(莫莱石) $ABMK$: s(鳞石英)+s(莫莱石)

$IFNM$: s(莫莱石)+s($Al_2O_3$)

(2) 图中三条水平线均为三相线。

$EF$: l($E$)+s(莫莱石)+s($Al_2O_3$) $CD$: l($J$)+s(白硅石)+s(莫莱石)

$AB$: s(白硅石)+s(鳞石英)+s(莫莱石)

(3) 从 $x, y, z$ 点开始冷却的步冷曲线如下图 (右) 所示。

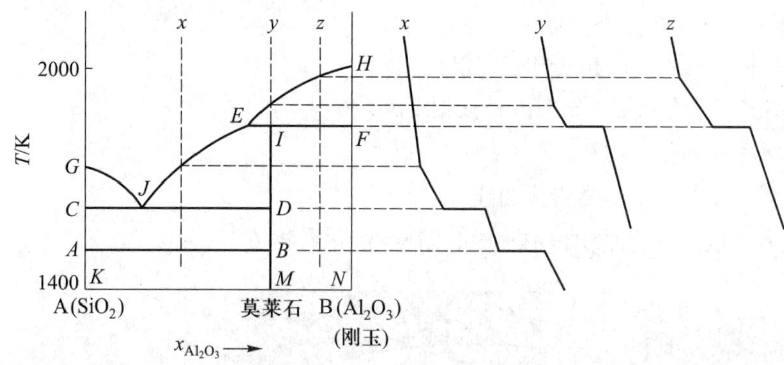


**6.23** 分别指出下面三个二组分系统相图中各区域的平衡共存的相数、相态和自由度。

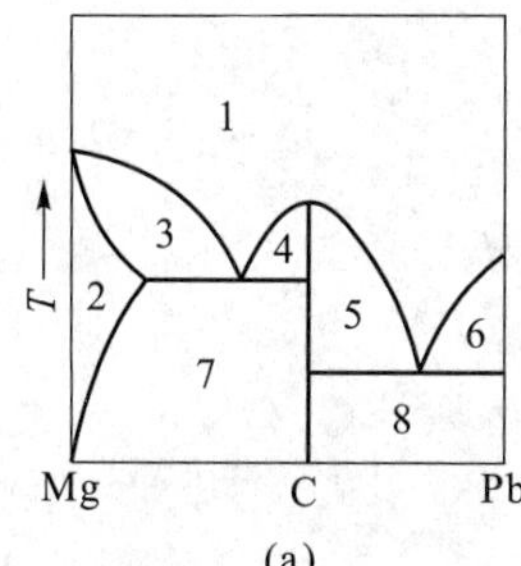

(a)

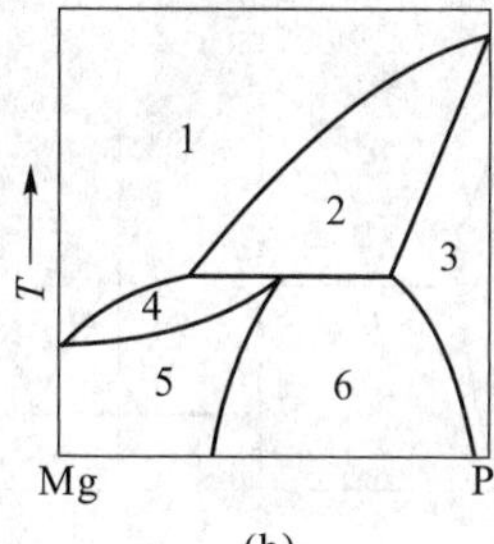

(b)

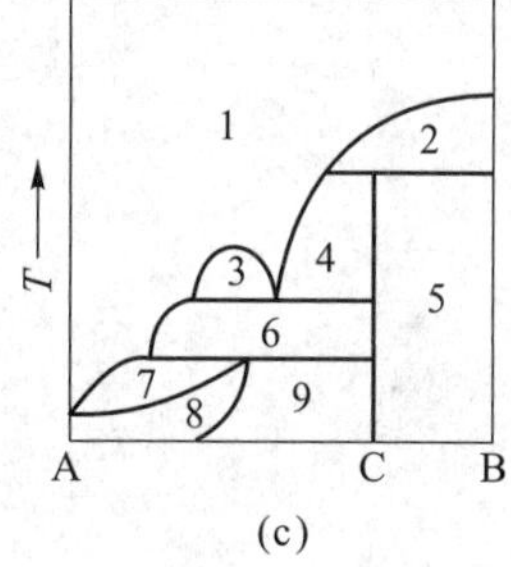

(c)

**解**: (a)

| 相区 | 相数 $\Phi$ | 相态 | 自由度 $f^*$ | 相区 | 相数 $\Phi$ | 相态 | 自由度 $f^*$ |
|---|---|---|---|---|---|---|---|
| 1 | 1 | 液相 l | 2 | 5 | 2 | $s_C + l$ | 1 |
| 2 | 1 | 固溶体 $\alpha$ | 2 | 6 | 2 | $s_{Pb} + l$ | 1 |
| 3 | 2 | $\alpha + l$ | 1 | 7 | 2 | $\alpha + s_C$ | 1 |
| 4 | 2 | $s_C$(稳定化合物) + l | 1 | 8 | 2 | $s_C + s_{Pb}$ | 1 |

(b)

| 相区 | 相数 $\Phi$ | 相态 | 自由度 $f^*$ | 相区 | 相数 $\Phi$ | 相态 | 自由度 $f^*$ |
|---|---|---|---|---|---|---|---|
| 1 | 1 | 液相 l | 2 | 4 | 2 | $\beta + l$ | 1 |
| 2 | 2 | $\alpha + l$ | 1 | 5 | 1 | 固溶体 $\beta$ | 2 |
| 3 | 1 | 固溶体 $\alpha$ | 2 | 6 | 2 | $\alpha + \beta$ | 1 |

(c)

| 相区 | 相数 $\Phi$ | 相态 | 自由度 $f^*$ | 相区 | 相数 $\Phi$ | 相态 | 自由度 $f^*$ |
|---|---|---|---|---|---|---|---|
| 1 | 1 | 液相 l | 2 | 6 | 2 | $s_C + l$ | 1 |
| 2 | 2 | $s_B + l$ | 1 | 7 | 2 | $\alpha + l$ | 1 |
| 3 | 2 | $l_1 + l_2$(共轭液层) | 1 | 8 | 1 | 固溶体 $\alpha$ | 2 |
| 4 | 2 | $s_C + l$ | 1 | 9 | 2 | $\alpha + s_C$ | 1 |
| 5 | 2 | $s_C + s_B$ | 1 | | | | |

**6.24** 根据下面的相图回答问题:

(1) 写出图中标号的各区的相态和自由度;

(2) 图中有几条三相平衡线, 分别由哪三相组成?

(3) C 是什么性质的化合物?

(4) 画出分别从 $a, b$ 点冷却的步冷曲线。

(5) 有处于第 7 区的一物系, 如何操作可以得到纯化合物 C?

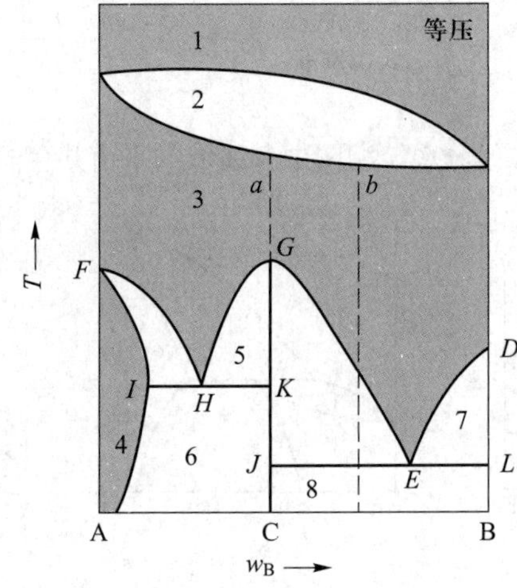


**解**: (1) 图中标号的各相区的相态和自由度如下:

| 相区 | 相态 | 自由度 $f^*$ | 相区 | 相态 | 自由度 $f^*$ |
|---|---|---|---|---|---|
| 1 | 混合气　单相 | 2 | 5 | C(s) + l　两相 | 1 |
| 2 | g + l　两相 | 1 | 6 | $\alpha$ + C(s)　两相 | 1 |
| 3 | 熔液　单相 | 2 | 7 | B(s) + l　两相 | 1 |
| 4 | 固溶体 $\alpha$　单相 | 2 | 8 | C(s) + B(s)　两相 | 1 |

(2) 有两条三相平衡线, 在 $IHK$ 线上, 固溶体 $\alpha$、C(s) 和组成为 $H$ 的熔液三相共存; 在 $JEL$ 线上, C(s)、B(s) 和组成为 $E$ 的熔液三相共存。

(3) C(s) 是稳定化合物, 有自己的熔点。

(4) 步冷曲线如下图 (右) 所示。

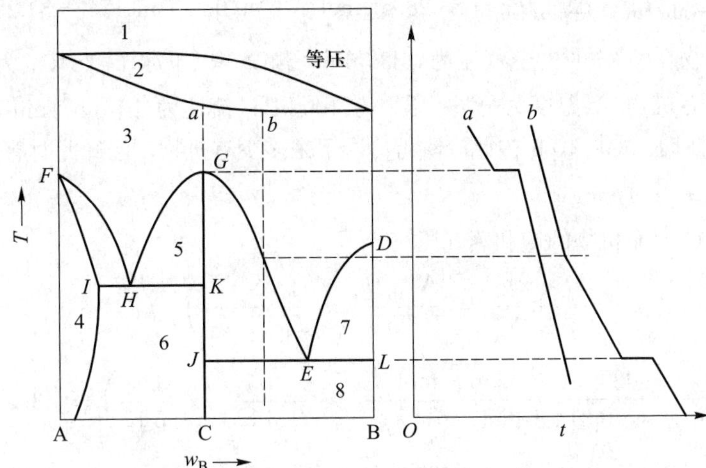


(5) 先升温使物系进入第 2 区, 通过蒸馏过程使液相进入 $H-E$ 点之间的区间, 再冷却进入两相区, 即可得到纯的 C 固体。其中, 蒸馏得到的液相的组成为 $a$ 时, 可得到最多的 C。

**6.25** $UF_4(s), UF_4(l)$ 的蒸气压与温度的关系分别由如下两个方程表示:

$$\ln\frac{p(UF_4,s)}{Pa} = 41.67 - \frac{10017\ K}{T}$$

$$\ln\frac{p(UF_4,l)}{Pa} = 29.43 - \frac{5899.5\ K}{T}$$

(1) 试计算 $UF_4(s), UF_4(l), UF_4(g)$ 三相共存时的温度和压力。

(2) 计算 $UF_4$ 的摩尔蒸发焓、摩尔熔化焓和摩尔升华焓。

**解**: (1) 三相共存时

$$\ln\frac{p(UF_4,s)}{Pa} = \ln\frac{p(UF_4,l)}{Pa}$$

$$41.67 - \frac{10017\ K}{T} = 29.43 - \frac{5899.5\ K}{T}$$

$$T = 336.4\ K$$

将 $T$ 代入题中任意一式, 即可求得 $p$:

$$\ln\frac{p(UF_4,s)}{Pa} = 41.67 - \frac{10017\ K}{336.4\ K}$$

$$p = 1.462 \times 10^5\ Pa$$

(2) 摩尔蒸发焓 $\Delta_{vap}H_m$ 为

$$\Delta_{vap}H_m = RT^2\frac{d\ln p_l}{dT} = -R\frac{d\ln p_l}{d\left(\frac{1}{T}\right)} = 8.314\ J\cdot mol^{-1}\cdot K^{-1} \times 5899.5\ K = 49.05\ kJ\cdot mol^{-1}$$

摩尔升华焓 $\Delta_{sub}H_m$ 为

$$\Delta_{sub}H_m = RT^2\frac{d\ln p_s}{dT} = -R\frac{d\ln p_s}{d\left(\frac{1}{T}\right)} = 8.314\ J\cdot mol^{-1}\cdot K^{-1} \times 10017\ K = 83.28\ kJ\cdot mol^{-1}$$

摩尔熔化焓为

$$\Delta_{\rm fus}H_{\rm m} = \Delta_{\rm sub}H_{\rm m} - \Delta_{\rm vap}H_{\rm m} = 83.28\ {\rm kJ\cdot mol^{-1}} - 49.05\ {\rm kJ\cdot mol^{-1}} = 34.23\ {\rm kJ\cdot mol^{-1}}$$

**6.26** 某有机物在 0 ℃ 时的蒸气压为 133.3 Pa。若设一以干冰 (−78 ℃) 为冷却剂的冷阱来捕捉流动气体中的有机物, 当温度为 0 ℃, 压力为 100 kPa, 流速为 10 $\rm dm^3\cdot min^{-1}$ 的含饱和有机物的氮气流过此冷阱时, 试求 10 h 内此冷阱可冷凝下来多少有机物。已知此时有机物的 $\Delta_{\rm vap}H = 420\ {\rm J\cdot g^{-1}}$, $M_{有机物} = 46\ {\rm g\cdot mol^{-1}}$。

**解**: 先求 −78 ℃ 时有机物的饱和蒸气压:

$$\ln\frac{p_2}{p_1} = \frac{\Delta_{\rm vap}H_{\rm m}}{R}\left(\frac{1}{T_1}-\frac{1}{T_2}\right)$$

$$\ln\frac{p_2}{p_1} = \frac{420\ {\rm J\cdot g^{-1}}\times 46\ {\rm g\cdot mol^{-1}}}{8.314\ {\rm J\cdot mol^{-1}\cdot K^{-1}}}\times\left(\frac{1}{273\ {\rm K}}-\frac{1}{195\ {\rm K}}\right) = -3.405$$

$$p_2/p_1 = 0.0332 \qquad p_2 = 4.426\ {\rm Pa}$$

10 h 内通过冷阱的气体体积为

$$V = 10\ {\rm dm^3\cdot min^{-1}}\times 60\ {\rm min}\times 10 = 6000\ {\rm dm^3} = 6\ {\rm m^3}$$

$$\begin{aligned} m &= \Delta n\cdot M = \Delta p\cdot V\cdot M/RT \\ &= (133.3\ {\rm Pa} - 4.426\ {\rm Pa})\times 6\ {\rm m^3}\times 46\times 10^{-3}\ {\rm kg\cdot mol^{-1}}/(8.314\ {\rm J\cdot mol^{-1}\cdot K^{-1}}\times 273\ {\rm K}) \\ &= 1.567\times 10^{-2}\ {\rm kg} \end{aligned}$$

**6.27** 电解熔融的 LiCl(s) 制备金属锂 Li(s) 时, 常常要加一定量的 KCl(s), 这样可节约电能。已知 LiCl(s) 的熔点为 878 K, KCl(s) 的熔点为 1048 K, LiCl(A) 与 KCl(B) 组成的二组分系统的低共熔点为 629 K, 这时 KCl(B) 的质量分数 $w_{\rm B} = 0.50$。在 723 K 时, KCl(B) 的质量分数为 $w_{\rm B} = 0.43$ 的熔化物冷却时, 首先析出 LiCl(s), 而 $w_{\rm B} = 0.63$ 的熔化物冷却时, 首先析出 KCl(s)。

(1) 绘出 LiCl(A) 与 KCl(B) 二组分系统的低共熔相图;

(2) 简述加一定量 KCl(s) 的原因;

(3) 电解槽的操作温度应高于哪个温度? 为什么?

(4) 要保证 LiCl 全部熔融, KCl(s) 的质量分数应控制在什么范围内?

**解**: (1) 根据题意, LiCl(s) 与 KCl(s) 混合物在 629 K, 质量分数 $w_{\rm B} = 0.50$ 有一低共熔物。通过该点 $c$ 应有一根三相平衡线 $ab$。当 $w_{\rm B} = 0.43$ 时, 熔化物从高温冷却到 723 K 析出 LiCl(s), 说明该点 $d$ 一定落在 LiCl 的凝固点下降曲线上。同理, 点 $e$ (723 K, $w_{\rm B} = 0.63$) 一定落在 KCl 的凝固点下降曲线上。LiCl(A) 与 KCl(B) 的凝固点分别为 878 K (点 $f$) 和 1048 K (点 $g$), 连接 $fdc$, $gec$ 曲线, 即得到完整相图 (如右图所示)。

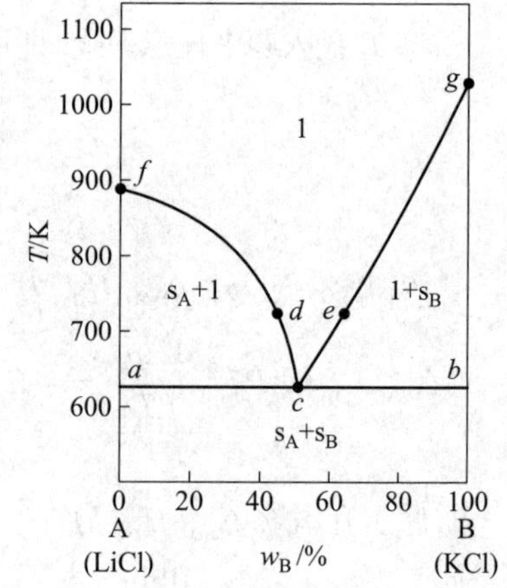


(2) 加入 KCl(s) 可与 LiCl 形成低共熔混合物, 降低 LiCl 的熔点, 节约电能。

(3) 电解槽操作温度应高于 629 K。如果低于 629 K, 电解液全部凝固, $\rm Li^+$ 无法向阴极移动而析出金属锂。

(4) KCl(s) 的质量分数应控制在 $w_{\rm KCl} > 0.50$ 为好。

**6.28** 右图所示为 $NaCl-Na_2SO_4-H_2O$ 三组分系统在 25 ℃ 和 101325 Pa 时的相图, A 代表 NaCl, B 代表 $Na_2SO_4$, C 代表 $Na_2SO_4\cdot 10H_2O$。试问:

(1) 在相图中各区域存在哪些相?

(2) 讨论含有 5% NaCl, 5% $Na_2SO_4$, 90% $H_2O$ 的溶液蒸发至干的相变情况。

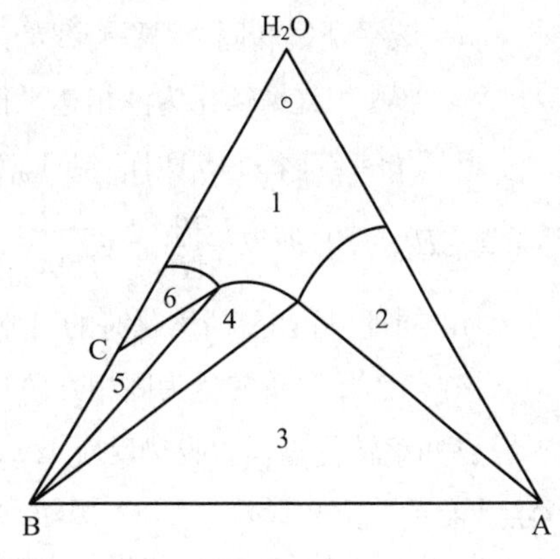


**解**: (1) 各区域存在的相如下:

1: 溶液单相区

2: A(固)+液 (A 在含 B 的水中的饱和溶液)

3: A(固)+B(固)+液 (A 与 B 所饱和的水溶液)

4: B(固)+液 (B 在含 A 的水中的饱和溶液)

5: B(固)+C(固)+液 (B 与 C 所饱和的水溶液)

6: C(固)+液 (C 在含 A, B 的水中的饱和溶液)

(2) 如右图所示, 组成为 X (5% NaCl, 5% $Na_2SO_4$, 90% $H_2O$) 的溶液蒸发时沿 $H_2O$–X 线向下移动, 首先进入 4 区, 此时有 $Na_2SO_4$ 晶体析出, 呈饱和溶液和 $Na_2SO_4$(s) 两相共存; 继续下行进入三相区, 即饱和溶液 (3) 和 NaCl(s)、$Na_2SO_4$(s) 三相平衡; 最后完全干燥脱水, 得到等质量的 NaCl 和 $Na_2SO_4$ 的混合盐。

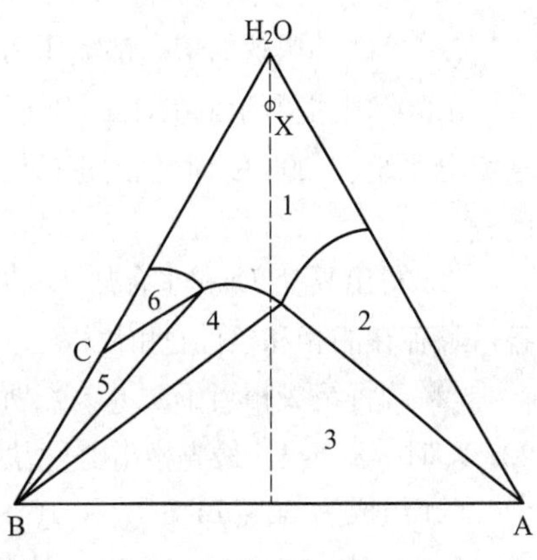

**6.29** 经实验测得如下数据:

(a) 磷的三种状态: P(s, 红磷), P(l) 和 P(g) 达三相平衡时的温度和压力分别为 863 K 和 4.4 MPa;

(b) 磷的另外三种状态: P(s, 黑磷), P(s, 红磷) 和 P(l) 达三相平衡时的温度和压力分别为 923 K 和 10.0 MPa;

(c) 已知 P(s, 黑磷), P(s, 红磷) 和 P(l) 的密度分别为 $2.70\times10^3\ kg\cdot m^{-3}$, $2.34\times10^3\ kg\cdot m^{-3}$ 和 $1.81\times10^3\ kg\cdot m^{-3}$。

(d) P(s, 黑磷) 转化为 P(s, 红磷) 是吸热反应。

(1) 根据以上数据, 画出磷相图的示意图;

(2) P(s, 黑磷) 与 P(s, 红磷) 的熔点随压力如何变化?

**解**: (1) 根据题意, 在 863 K, 4.4 MPa 时有三相平衡共存, P(s, 红磷) $\rightleftharpoons$ P(l) $\rightleftharpoons$ P(g), 此点为三相点, 见右图中 $a$ 点。

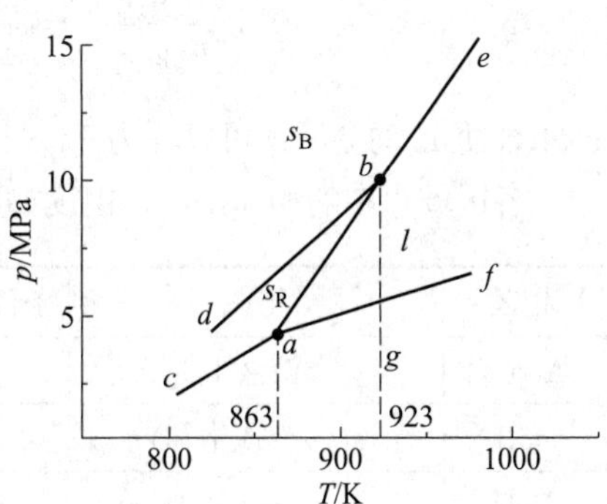


根据题意, 在 923 K, 10.0 MPa 时有三相平衡共存, P(l) $\rightleftharpoons$ P(s, 黑磷) $\rightleftharpoons$ P(s, 红磷), 此点为三相点, 见右图中 $b$ 点。

根据 Clapeyron 方程 $\dfrac{dp}{dT}=\dfrac{\Delta H_m}{T\Delta V_m}$

气–固平衡线和气–液平衡线的 $dp/dT$ 一定为正值, 如图中 $ca$ 线和 $af$ 线。

固–液平衡线和固–固平衡线的 $dp/dT$ 值视两者密度大小而定。

(a) 当固相红磷熔化为液相达平衡时: $P(s, 红磷) \rightleftharpoons P(l)$

已知 $\rho(s, 红磷) > \rho[P(l)]$, 则 $V_m(s, 红磷) < V_m[P(l)]$, $\Delta_{fus}V_m = V_m[P(l)] - V_m(s, 红磷) > 0$, 因为 $\Delta_{fus}H_m > 0$, 所以 $\dfrac{dp}{dT} = \dfrac{\Delta H_m}{T\Delta V_m} > 0$, 即图中 $ab$ 线斜率为正值。

(b) 同理, 固相黑磷熔化时的 $dp/dT > 0$, 如图中 $be$ 线所示。

(c) 当固相黑磷转化为固相红磷达平衡时: $P(s, 黑磷) \rightleftharpoons P(s, 红磷)$

已知该转化过程为吸热反应, $\Delta_{trs}H_m > 0$, $\rho(s, 红磷) < \rho(s, 黑磷)$, 则 $V_m(s, 红磷) > V_m(s, 黑磷)$, $\Delta_{fus}V_m = V_m(s, 红磷) - V_m(s, 黑磷) > 0$, 所以 $dp/dT > 0$, 如图中 $bd$ 线所示。

从以上分析绘制得到磷相图, 如右上图所示。

(2) 红磷和黑磷的熔点都随压力增加而升高。

**6.30** 根据所示的 $(NH_4)_2SO_4-Li_2SO_4-H_2O$ 三组分系统在 298 K 时的相图 (见右图), 回答如下问题。

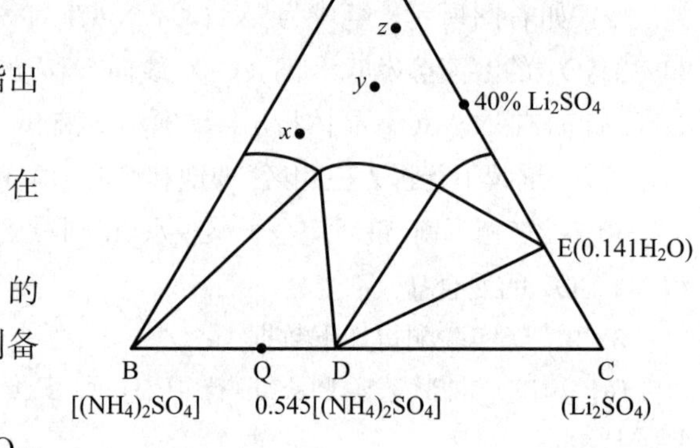


(1) 写出复盐 D 和水合盐 E 的分子式, 并指出各区域存在的相和条件自由度;

(2) 若将组成相当于 $x, y, z$ 点所代表的物系, 在 298 K 时等温蒸发, 最先析出哪种盐的晶体?

(3) 组成为 30% $Li_2SO_4$ 和 70% $(NH_4)_2SO_4$ 的混合物 Q, 在加入 40% $Li_2SO_4$ 水溶液后可以制备得到纯的复盐 D, 方法步骤如何?

**解**: (1) 复盐 D 的分子式可以写为 $(NH_4)_2SO_4 \cdot xLi_2SO_4$, 其中含有 $(NH_4)_2SO_4$ 的质量分数是 54.5%, 则

$$x = \frac{n_{Li_2SO_4}}{n_{(NH_4)_2SO_4}} = \frac{1000\ g \times 0.455/(110\ g \cdot mol^{-1})}{1000\ g \times 0.545/(132\ g \cdot mol^{-1})} = 1.002 \approx 1$$

即复盐 D 的分子式可以写为 $(NH_4)_2SO_4 \cdot Li_2SO_4$。

水合盐 E 的分子式可以写为 $Li_2SO_4 \cdot yH_2O$, 其中含有 $H_2O$ 的质量分数是 14.1%, 则

$$y = \frac{n_{H_2O}}{n_{Li_2SO_4}} = \frac{1000\ g \times 0.141/(18\ g \cdot mol^{-1})}{1000\ g \times 0.859/(110\ g \cdot mol^{-1})} = 1.003 \approx 1$$

即水合盐 E 的分子式可以写为 $Li_2SO_4 \cdot H_2O$。

各区域存在的相和条件自由度如下表所列。

| 相区 | 相态 | 条件自由度 $f^{**}$ | 相区 | 相态 | 条件自由度 $f^{**}$ |
|---|---|---|---|---|---|
| A$abcd$ | 溶液 l | 2 | $c$ED | $s_D + s_E + l$(组成 $c$) | 0 |
| $ab$B | $s_B + l$(B 饱和) | 1 | $cd$E | $s_E + l$(E 饱和) | 1 |
| B$b$D | $s_B + s_D + l$(组成 $b$) | 0 | DEC | $s_D + s_E + s_C$ | 0 |
| $bc$D | $s_D + l$(D 饱和) | 1 | | | |

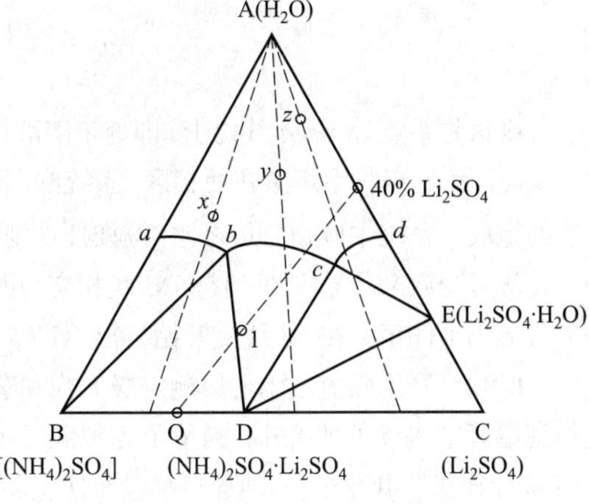


(2) 当将组成相当于 $x, y, z$ 点所代表的物系在 298 K 时等温蒸发, 物系点分别沿 A$x$, A$y$ 和 A$z$ 方向移动。当 A$x$ 与 $ab$ 相交时, 首先析出固体 B, 即 $(NH_4)_2SO_4$; A$y$ 与 $bc$ 相交时, 首先析出复盐 D; 当 A$z$ 与 $cd$ 相交时, 首先析出水合盐 E。如右图所示。

(3) 向原料 Q 中加入 40% $Li_2SO_4$ 水溶液, 使物系点沿两者连线移动进入 $bc$D 两相共存区, 析出复盐 D。为了尽量多地消耗 Q 并得到更多纯 D, 要求物系点越过 $b$D 线, 并尽可能靠近 $b$D 线 (例如 1 点)。制备过程如右图所示。

**6.31** 根据右图所示的 $KNO_3-NaNO_3-H_2O$ 三组分系统在定温下的相图, 回答如下问题。

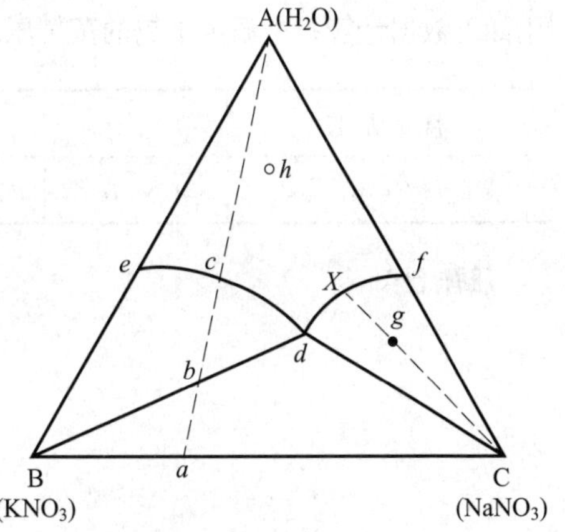


(1) 指出各相区存在的相和条件自由度;

(2) 有 10 kg $KNO_3$(s) 和 $NaNO_3$(s) 的混合盐, 含 $KNO_3$(s) 的质量分数为 0.70, 含 $NaNO_3$(s) 的质量分数为 0.30, 对混合盐加水搅拌, 最后留下的是哪种盐的晶体?

(3) 如果对混合盐加 10 kg 水, 所得的平衡物系由哪几相组成?

(4) 若 $g$ 点代表某一原始的物系点, 试问 $X$ 点代表什么? 这个系统的固相是什么? 系统中两相的质量比如何?

(5) 设一原始组成为 $h$ 的溶液, 应如何蒸发才能得到最大产量的 $KNO_3$(s) 晶体?

**解**: (1) 各相区的平衡相态和条件自由度如下表所列。

| 相区 | A$edf$ | $ed$B | $df$C | B$d$C |
|---|---|---|---|---|
| 相态 | l(溶液) | $s_B + l$(B 饱和) | $s_C + l$(C 饱和) | $s_B + s_C + l$(组成 $d$) |
| 条件自由度 $f^{**}$ | 2 | 1 | 1 | 1 |

(2) $w_B = 0.70$, $w_C = 0.30$ 的混合盐 (如图中 $a$ 点所示), 在 $a$ 点所代表的物系中不断加水, 物系点沿 $a$A 移动, 当物系点越过 $b$ 点进入相区 $ed$B 时, 固体 C 完全溶解, 剩下固体 B($KNO_3$)。随着加水量增加, 当物系点越过 $c$ 点后, 固体 B 也消失, 进入溶液单相区。

(3) 在上述 10 kg 混合盐中再加 10 kg 水, 该物系点组成为

$$w_{H_2O} = \frac{10\ \text{kg}}{20\ \text{kg}} = 0.50$$

$$w_B = \frac{10\ \text{kg} \times 0.70}{20\ \text{kg}} = 0.35$$

$$w_C = \frac{10\ \text{kg} \times 0.30}{20\ \text{kg}} = 0.15$$

则该物系点处于 $ed$ 线之上, 即处于溶液单相区。

(4) 因 $g$ 点物系点落在两相区, 系统的固相为 $C[NaNO_3(s)]$, $X$ 点代表和此固相平衡共存的溶液的组成。系统中两相质量之比, 按杠杆规则: $m_s/m_l = \overline{gX}/\overline{gC}$;

(5) 连接 A$h$ 线, 延长到与 B$d$ 线相交, 可看出将 $h$ 溶液等温蒸发水分时, 系统沿 A$h$ 方向移动进入 $ed$B 两相区, 在 $ed$ 线上开始析出 $KNO_3(s)$, 物系点越接近 B$d$ 线析出的 $KNO_3(s)$ 量越多。

**6.32** 利用隙流技术可以测定极低饱和蒸气压物质的蒸气压。Irving Langmuir 在其有关灯泡和真空管中钨丝的研究中, 测量了各种温度下钨的蒸气压 (Langmuir 当时为通用电器工作, 曾获 1932 年诺贝尔化学奖)。他通过称量每次实验前后钨丝的质量来估算溢流通量。Langmuir 在 1913 年前后做了这些实验, 但他的数据至今仍出现在 *CRC Handbook of Chemistry and Physics* 上。请用如下数据计算每个温度下钨的蒸气压, 并确定钨的摩尔蒸发焓。

| 温度 $T$/K | 1200 | 1600 | 2000 | 2400 | 2800 | 3200 |
|---|---|---|---|---|---|---|
| 溢流通量/$(g \cdot m^{-2} \cdot s^{-1})$ | $3.21\times10^{-23}$ | $1.25\times10^{-14}$ | $1.76\times10^{-9}$ | $4.26\times10^{-6}$ | $1.10\times10^{-3}$ | $6.38\times10^{-2}$ |

**解**: 已知
$$\text{溢流通量} = z_e m$$
其中
$$z_e = \frac{p}{\sqrt{2\pi m k_B T}}$$
故
$$p = \text{溢流通量} \times \sqrt{\frac{2\pi k_B T}{m}}$$
则各温度下钨的蒸气压为

| 温度 $T$/K | 1200 | 1600 | 2000 | 2400 | 2800 | 3200 |
|---|---|---|---|---|---|---|
| 溢流通量/$(g \cdot m^{-2} \cdot s^{-1})$ | $3.21\times10^{-23}$ | $1.25\times10^{-14}$ | $1.76\times10^{-9}$ | $4.26\times10^{-6}$ | $1.10\times10^{-3}$ | $6.38\times10^{-2}$ |
| $p$/Pa | $1.87\times10^{-23}$ | $8.42\times10^{-15}$ | $1.33\times10^{-9}$ | $3.52\times10^{-6}$ | $9.81\times10^{-4}$ | $6.08\times10^{-2}$ |
| $\ln(p/\text{Pa})$ | −52.33 | −32.41 | −20.44 | −12.56 | −6.93 | −2.80 |
| $1/(T/\text{K})$ | $8.33\times10^{-4}$ | $6.25\times10^{-4}$ | $5.00\times10^{-4}$ | $4.17\times10^{-4}$ | $3.57\times10^{-4}$ | $3.125\times10^{-4}$ |

根据 Clausius-Clapeyron 方程
$$\frac{\text{d}\ln p}{\text{d}T} = \frac{\Delta_{\text{vap}}H_m}{RT^2}$$
当 $\Delta_{\text{vap}}H_m$ 为常数时, 作不定积分, 得
$$\ln p = -\frac{\Delta_{\text{vap}}H_m}{R} \cdot \frac{1}{T} + C$$
将 $\ln p$ 对 $1/T$ 作图, 可得一直线, 其斜率为 $-9.29 \times 10^4$, 即

$$-\frac{\Delta_{\text{vap}}H_m}{R} = -9.29 \times 10^4$$

$$\Delta_{\text{vap}}H_m = 7.72 \times 10^5\ \text{J} \cdot \text{mol}^{-1}$$

**6.33** 碳酸钠在不同温度时的溶解度如下:

| $t$/℃ | 0 | 10 | 20 | 30 | 32 | 35 | 40 | 70 | 100 |
|---|---|---|---|---|---|---|---|---|---|
| $m_{Na_2CO_3}/[g\cdot(100\ g\ 溶液)^{-1}]$ | 6.4 | 10.7 | 17.9 | 28.4 | 31.5 | 33.0 | 32.7 | 31.8 | 30.8 |

饱和溶液的沸点在 101.325 kPa 时是 104.8 ℃。32 ℃ 以下的固体是 $Na_2CO_3\cdot 10H_2O$, 在 32 ℃ 和 35 ℃ 之间的是 $Na_2CO_3\cdot 7H_2O$, 35 ℃ 以上的是 $Na_2CO_3\cdot H_2O$。101.325 kPa 时, $Na_2CO_3\cdot H_2O$ 约在 110 ℃ 时与 $Na_2CO_3$ 呈平衡。$w = 0.0476$ 的 $Na_2CO_3$ 溶液在 $-1.85$ ℃ 时冻结。在低于 35 ℃ 时, 有水蒸气的分压, 此时, $Na_2CO_3\cdot 7H_2O$ 和 $Na_2CO_3\cdot H_2O$ 是稳定的。借助上述数据, 画出 $Na_2CO_3-H_2O$ 的相图, 并指出每个区域存在多少相, 是哪些相的平衡。

**解**: 根据数据, 画出的 $Na_2CO_3-H_2O$ 相图如下图所示。

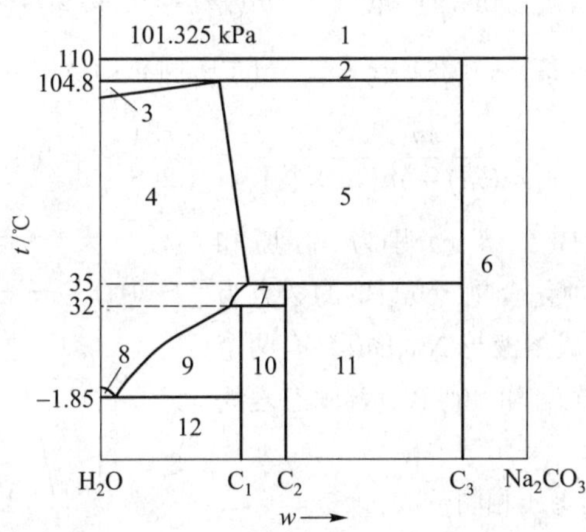


每个区域的相数和相态见下表:

| 相区 | 相数 | 相态 |
|---|---|---|
| 1 | 2 | $H_2O(g) + Na_2CO_3(s)$ |
| 2 | 2 | $H_2O(g) + C_3[Na_2CO_3\cdot H_2O(s)]$ |
| 3 | 2 | $H_2O(g) + Na_2CO_3$ 水溶液 (l) |
| 4 | 1 | 水溶液 (l) |
| 5 | 2 | 水溶液 (l) + $C_3$ |
| 6 | 2 | $C_3$+$Na_2CO_3(s)$ |
| 7 | 2 | 水溶液 (l) + $C_2[Na_2CO_3\cdot 7H_2O(s)]$ |
| 8 | 2 | 冰 + 水溶液 (l) |
| 9 | 2 | 水溶液 (l) + $C_1[Na_2CO_3\cdot 10H_2O(s)]$ |
| 10 | 2 | $C_1$+$C_2$ |
| 11 | 2 | $C_2$+$C_3$ |
| 12 | 2 | 冰 + $C_1$ |

**6.34** 萘和二苯胺形成低共熔混合物，熔点为 32.45 ℃。当在 18.43 g 萘中加入 1.268 g 低共熔混合物后，熔融物的凝固点比纯萘低 1.89 ℃。假设萘和二苯胺的凝固点降低常数分别为 6.78 K·kg·mol$^{-1}$ 和 8.60 K·kg·mol$^{-1}$。求低共熔混合物中萘的质量分数。

**解**: 熔融物中二苯胺为溶质，其质量摩尔浓度计算如下:

$$\Delta T_{\text{f,萘}} = k_{\text{f,萘}} m_{\text{二苯胺}}$$

$$m_{\text{二苯胺}} = \frac{\Delta T_{\text{f,萘}}}{k_{\text{f,萘}}} = \frac{1.89\ \text{K}}{6.78\ \text{K·kg·mol}^{-1}} = 0.279\ \text{mol·kg}^{-1}$$

设低共熔混合物中萘的质量为 $m$(萘)，则有

$$m(\text{萘}) + m(\text{二苯胺}) = 1.268\ \text{g}$$

$$m_{\text{二苯胺}} = \frac{n_{\text{二苯胺}}}{\text{萘的总质量}} = \frac{m(\text{二苯胺})/(169\ \text{g·mol}^{-1})}{[m(\text{萘}) + 18.43\ \text{g}]/1000}$$

解得 $$m(\text{萘}) = 0.381\ \text{g} \qquad m(\text{二苯胺}) = 0.887\ \text{g}$$

$$w_{\text{萘}} = \frac{m(\text{萘})}{m(\text{萘}) + m(\text{二苯胺})} = \frac{0.381\ \text{g}}{1.268\ \text{g}} = 0.300$$

**6.35** 在 $p^{\ominus}$ 下，Na 与 Bi 的熔点分别为 371 K 和 546 K。Na 与 Bi 可生成两种化合物，$Na_3Bi$ 的熔点为 1048 K，NaBi 于 719 K 分解成熔液与 $Na_3Bi(s)$，有两个低共熔点，其温度分别为 370 K 和 491 K。各固态之间都不互溶，而液态则完全互溶。

(1) 试画出该系统大致的等压相图;

(2) 试标出各个相区的相态及自由度;

(3) Bi(s) 与 $Na_3Bi(s)$ 能否一同结晶析出?

**解**: (1) 等压相图如右图所示。

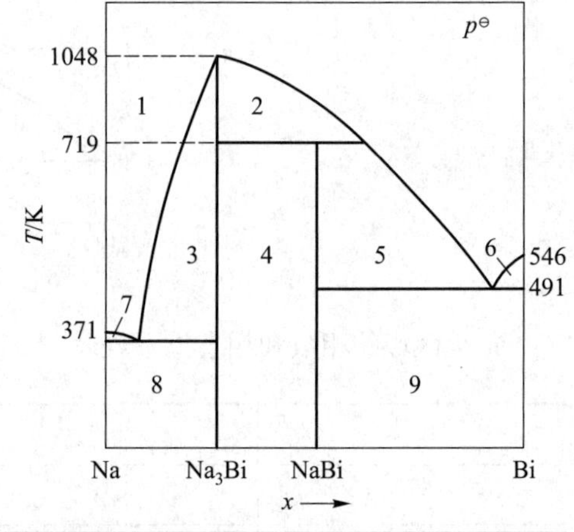


(2) 各个相区的相态及自由度见下表。

| 相区 | 相数 | 相态 | 自由度 $f^*$ |
|---|---|---|---|
| 1 | 1 | 熔化物 (l) | 2 |
| 2 | 2 | l + $Na_3Bi(s)$ | 1 |
| 3 | 2 | l + $Na_3Bi(s)$ | 1 |
| 4 | 2 | $Na_3Bi(s)$ + NaBi(s) | 1 |
| 5 | 2 | NaBi(s) + l | 1 |
| 6 | 2 | l + Bi(s) | 1 |
| 7 | 2 | Na(s) + l | 1 |
| 8 | 2 | Na(s) + $Na_3Bi(s)$ | 1 |
| 9 | 2 | NaBi(s) + Bi(s) | 1 |

(3) 由相图可知，Bi(s) 与 $Na_3Bi(s)$ 没有平衡共存的区域，因此不能同时析出。

# 四、自测题

## (一) 自测题 1

### Ⅰ. 选择题

1. 二元合金处于低共熔温度时, 物系的自由度为 ⋯⋯⋯⋯⋯⋯⋯⋯⋯⋯⋯⋯⋯⋯⋯⋯⋯⋯ ( )

(A) $f=0$ (B) $f=1$ (C) $f=3$ (D) $f=2$

2. $Na_2CO_3$ 可形成三种水合盐: $Na_2CO_3\cdot H_2O$, $Na_2CO_3\cdot 7H_2O$ 和 $Na_2CO_3\cdot 10H_2O$, 常压下将 $Na_2CO_3(s)$ 投入其水溶液中, 待达三相平衡时, 一相是 $Na_2CO_3$ 水溶液, 一相是 $Na_2CO_3(s)$, 则另一相是 ⋯⋯⋯⋯⋯⋯⋯⋯⋯⋯⋯⋯⋯⋯⋯⋯⋯⋯⋯⋯⋯⋯⋯⋯ ( )

(A) 冰 (B) $Na_2CO_3\cdot 10H_2O(s)$

(C) $Na_2CO_3\cdot 7H_2O(s)$ (D) $Na_2CO_3\cdot H_2O(s)$

3. 已知 A 和 B 可构成固溶体, 在 A 中, 若加入 B 可使 A 的熔点提高, 则 B 在此固溶体中的含量必____B 在液相中的含量。 ⋯⋯⋯⋯⋯⋯⋯⋯⋯⋯⋯⋯⋯⋯⋯⋯⋯⋯ ( )

(A) 大于 (B) 小于 (C) 等于 (D) 不能确定

4. 由 $CaCO_3(s)$, $CaO(s)$, $BaCO_3(s)$, $BaO(s)$ 及 $CO_2(s)$ 构成的平衡系统, 其自由度为 ( )

(A) $f=2$ (B) $f=1$ (C) $f=0$ (D) $f=3$

5. 相律在下列系统中**不适用**的是 ⋯⋯⋯⋯⋯⋯⋯⋯⋯⋯⋯⋯⋯⋯⋯⋯⋯⋯⋯⋯ ( )

(A) NaCl 水溶液 (B) NaCl 饱和水溶液

(C) NaCl 过饱和水溶液 (D) NaCl 水溶液与纯水达渗透平衡

6. 在相图上, 当系统处于下列哪一点时只存在一个相? ⋯⋯⋯⋯⋯⋯⋯⋯⋯⋯⋯⋯ ( )

(A) 恒沸点 (B) 熔点 (C) 临界点 (D) 低共熔点

7. 在 0 ℃ 到 100 ℃ 的范围内, 液态水的蒸气压 $p$ 与 $T$ 的关系为 $\lg(p/\mathrm{Pa}) = -2265\ \mathrm{K}/T + 11.101$, 某高原地区的气压只有 59995 Pa, 则该地区水的沸点为 ⋯⋯⋯⋯⋯⋯⋯⋯⋯ ( )

(A) 358.2 K (B) 85.2 K (C) 358.2 ℃ (D) 373 K

8. 对于与本身的蒸气处于平衡状态的液体, 通过下列哪种作图法可获得一直线? ⋯⋯ ( )

(A) $p$ 对 $T$ (B) $\lg(p/\mathrm{Pa})$ 对 $T$

(C) $\lg(p/\mathrm{Pa})$ 对 $1/T$ (D) $1/p$ 对 $\lg(T/\mathrm{K})$

9. 在相图上, 当系统处于下列哪一点时存在两个相? ⋯⋯⋯⋯⋯⋯⋯⋯⋯⋯⋯⋯⋯ ( )

(A) 恒沸点 (B) 不稳定化合物的异成分熔点

(C) 临界点 (D) 低共熔点

10. $CuSO_4$ 与水可生成 $CuSO_4\cdot H_2O$, $CuSO_4\cdot 3H_2O$, $CuSO_4\cdot 5H_2O$ 三种水合物, 则在一定温度下与水蒸气平衡的含水盐最多为 ⋯⋯⋯⋯⋯⋯⋯⋯⋯⋯⋯⋯⋯⋯⋯⋯⋯⋯ ( )

(A) 1 种 (B) 2 种

(C) 3 种 (D) 不可能有共存的含水盐

11. 在 $p^\ominus$ 下, 用水蒸气蒸馏法提纯某不溶于水的有机物时, 系统的沸点 ⋯⋯⋯⋯⋯ ( )

(A) 必低于 373.15 K　　(B) 必高于 373.15 K
(C) 取决于水与有机物的相对数量　　(D) 取决于有机物的相对分子质量大小

12. 已知苯–乙醇双液系中, 苯的沸点是 353.3 K, 乙醇的沸点是 351.6 K, 两者的共沸组成为: 含乙醇 0.475 (摩尔分数), 沸点为 341.2 K。今有含乙醇 0.775 (摩尔分数) 的苯溶液, 将进行精馏, 则能得到 ………………………………………………………………………………… ( )

(A) 纯苯　　(B) 纯乙醇
(C) 纯苯和恒沸混合物　　(D) 纯乙醇和恒沸混合物

13. 当 Clausius-Clapeyron 方程应用于凝聚相转变为蒸气时, 则 ………………………… ( )

(A) $p$ 必随 $T$ 升高而降低　　(B) $p$ 必不随 $T$ 变化而变化
(C) $p$ 必随 $T$ 升高而升高　　(D) $p$ 随 $T$ 升高可升高或降低

14. 对三相点描述**正确**的是 ………………………………………………………………… ( )

(A) 某一温度, 超过此温度, 液相就不能存在
(B) 通常发现在很靠近正常沸点的某一温度
(C) 液体的蒸气压等于 25 ℃ 时的蒸气压三倍数值时的温度
(D) 固体、液体和气体可以平衡共存时的温度和压力

15. 哪一种相变过程可以利用来提纯化学药品? ………………………………………… ( )

(A) 凝固　　(B) 沸腾
(C) 升华　　(D) (A)、(B)、(C) 任一种

## Ⅱ. 填空题

1. 把一种盐加入水中, 系统的组分数为________。

2. 完全互溶的二组分溶液, 在 $x_B = 0.6$ 处平衡蒸气压有最高值, 那么组成 $x_B = 0.4$ 的溶液在气–液平衡时, $x_B(g)$, $x_B(l)$, $x_B(总)$ 的大小顺序为________。将 $x_B = 0.4$ 的溶液进行精馏, 塔顶将得到________。

3. 在 101.325 kPa 时, 使水蒸气通入固态碘 ($I_2$) 和水的混合物, 蒸馏进行的温度为 371.6 K, 使馏出的蒸气凝结, 并分析馏出物的组成。已知每 0.10 kg 水中有 0.0819 kg 碘, 则该温度时固态碘的蒸气压为________。

4. 下图为水的相图, 请指出图中的错误:

(1)________________________

(2)________________________

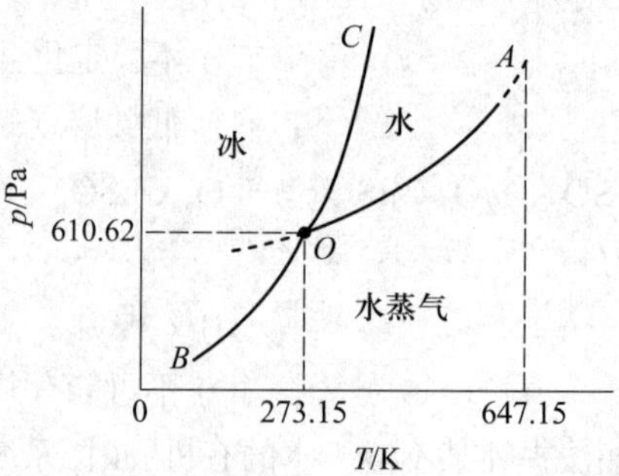

5. $C_2H_5OH-C_6H_5Cl$ 和 $C_2H_5OH-H_2O$ 完全互溶，$C_6H_5Cl-H_2O$ 部分互溶。利用水进行液-液萃取，可从 $C_2H_5OH-C_6H_5Cl$ 中分离出较纯的氯苯。此说法________（填入“正确”或“错误”）。

6. 如下图所示，$D$ 点是 A-B-C 三液系的________点，$K$ 点是________点。

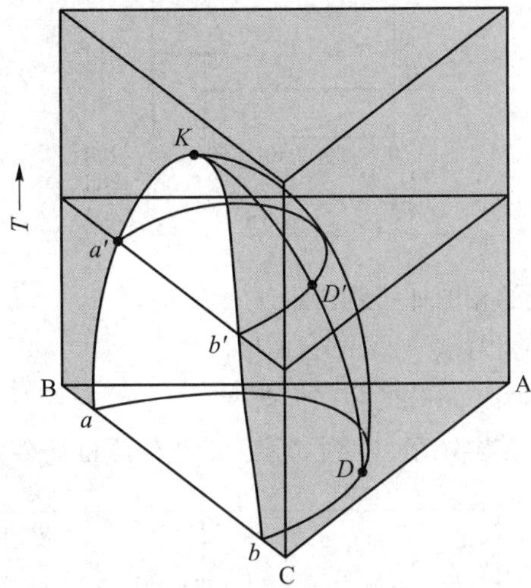


7. 把 $N_2$、$H_2$ 和 $NH_3$ 三种气体充入 773 K、3242 kPa、带有催化剂的合成塔中，气体进入塔中反应达平衡后，系统的独立组分数为____________；若只充入 $NH_3$，达平衡后系统的自由度为____________。

8. 若 A 和 B 可形成最高恒沸混合物 E，欲在精馏塔中将任意比例的 A 和 B 的混合物分离，则塔顶将馏出____________，塔底将剩余____________。

9. 水-酚系统在 60 ℃ 时分成 A、B 两个液相，A 相含酚的质量分数为 0.168，B 相含水的质量分数为 0.449。如果一系统含水 90 g、含酚 60 g，则在 60 ℃ 时 A 相的质量为____________g。

10. 冰的熔点随压力的增大而________；干冰的熔点随压力的增大而________。（填入“升高”或“降低”）

### Ⅲ. 计算题

1. 已知 $KNO_3-NaNO_3-H_2O$ 的相图如右图所示，现有 200 kg 混合盐，已知其中含 $NaNO_3$ 29%、$KNO_3$ 71%。问：

(1) 用加水溶解的方法能得到哪一种纯盐？

(2) 如果向混合盐中加入 200 kg 水，平衡后能得到什么？

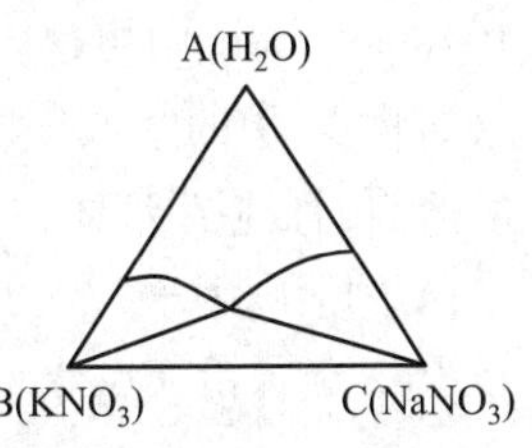


2. 已知 $H_2O-NaI$ 系统的相图如下图所示。

(1) 指出 $a, b$ 各点的相数、相态与自由度，并说明这些点所代表的意义；

(2) 指出 $cd$ 线、1、2 区的相数、相态与自由度；

(3) 以 0 ℃ 纯水为标准态，求 10% NaI 水溶液降温至 $-10.7$ ℃ 时，饱和溶液中水的活度。已知水的凝固热为 $-6008\ J\cdot mol^{-1}$。

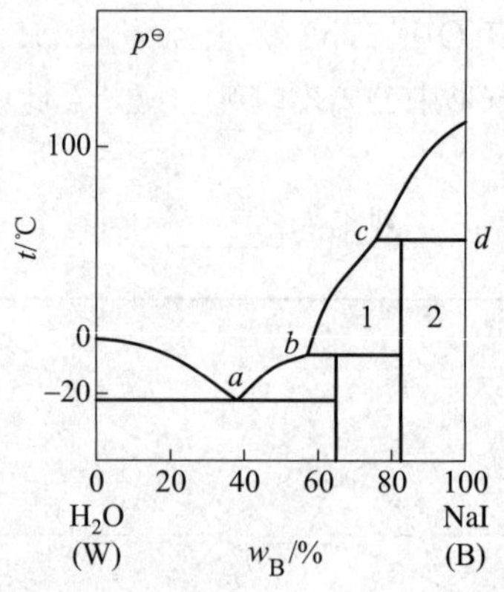


3. 已知 A–B 二组分系统的相图如下图所示。

(1) 指出 1 ~ 5 所示区域的相数、相态和自由度;

(2) 将纯 A 添加到物系 $P$ 中, 系统的相如何改变?

(3) 现有 3 kg 熔融液体 $P$, 当物系冷却到 $O$ 点, 液相的质量是多少?

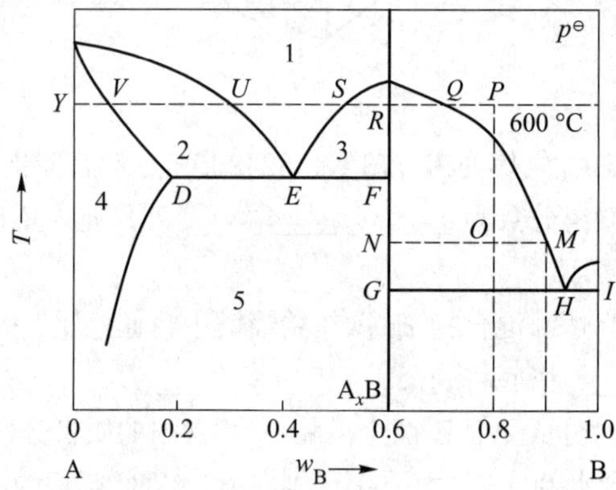


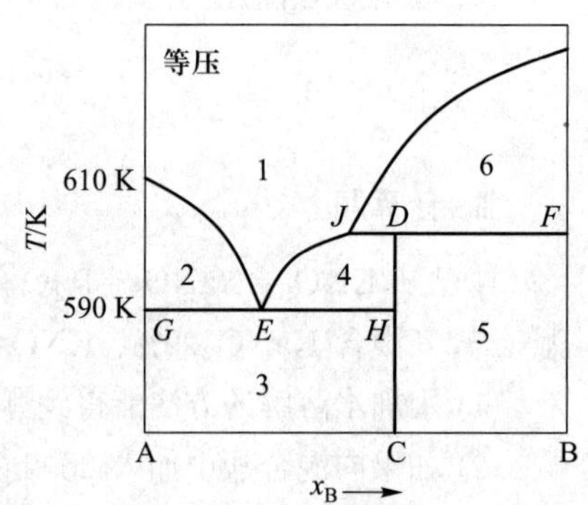


4. 已知 A–B 二组分系统的固–液相图如右图所示。

(1) 指出 1 ~ 6 所示区域的相态;

(2) 分析 $JF$、$GH$、$CD$ 线上系统的自由度;

(3) 假定纯 A 的熔点是 610 K, 摩尔熔化焓 ($\Delta_{\rm fus}H_{\rm m}$) 为 104.3 $\rm kJ\cdot mol^{-1}$ (可视为常数)。在最低共熔点 590 K 时, A 在共熔物 E 中的摩尔分数为 $x_{\rm A}=0.6$。如果将 A 当成熔融液的溶剂, 且纯 A 液体在 610 K 时的相对活度为 1, 求共熔物 $E$ 中 A 的活度因子。

5. 金属铅 Pb(s) 和金属银 Ag(s) 的熔点分别为 600 和 1233 K, Pb(s) 的摩尔熔化焓 ($\Delta_{\rm fus}H_{\rm m}^{\ominus}$) 为 4.858 $\rm kJ\cdot mol^{-1}$。铅和银可在 578 K 形成低共熔混合物, 可视为理想液态混合物。

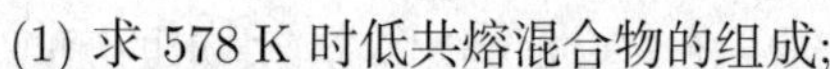

(1) 求 578 K 时低共熔混合物的组成;

(2) 画出 Pb–Ag 二组分系统的 $T$–$x$ 相图;

(3) 指出相图中各区域的物相及其状态。

第六章自测题 1 参考答案

## (二) 自测题 2

### Ⅰ. 选择题

1. 在 101.325 kPa 时, 使水蒸气通入固态碘 ($I_2$) 和水的混合物, 蒸馏进行的温度为 371.6 K, 使馏出的蒸气凝结并分析馏出物的组成。已知每 0.10 kg 水中有 0.0819 kg 碘, 则该温度时固态碘的蒸气压为 ··················( )

(A) 24635 Pa　(B) 5568 Pa　(C) 10556 Pa　(D) 5495 Pa

2. 在 101325 Pa 下, $I_2$ 在液态水和 $CCl_4$ 中达到分配平衡 (无固态碘存在), 则该系统的自由度为 ··················( )

(A) $f^*=1$　(B) $f^*=2$　(C) $f^*=0$　(D) $f^*=3$

3. 对于 KCl–$H_2O$ 组成的平衡系统, 其最大相数 $\Phi$ 为 ··················( )

(A) 1　(B) 2　(C) 3　(D) 4

4. 对于单组分的气–液平衡系统, $p$ 为该物质的蒸气压, 若在所研究的温度范围内, $\ln(p/\mathrm{Pa})$ 与 $1/T$ 成直线关系, 则 ··················( )

(A) $\Delta_{\mathrm{vap}}H_{\mathrm{m}}=0$　(B) $\Delta_{\mathrm{vap}}H_{\mathrm{m}}=$ 常数

(C) $\Delta_{\mathrm{vap}}S_{\mathrm{m}}=0$　(D) $\Delta_{\mathrm{vap}}H_{\mathrm{m}}=f(T)$

5. 在二盐一水相图中, 下列操作中**不能**改变物系点的位置的有 ··················( )

(A) 蒸发水分　(B) 加盐　(C) 改变温度　(D) 加水

6. 设 373 K 时, 液体 A 的饱和蒸气压为 133.3 kPa, 液体 B 为 66.67 kPa。若 A 和 B 完全不互溶, 当由 2 mol A 和 3 mol B 在恒温下构成双液系时, 系统的总蒸气压为 ··················( )

(A) 66.67 kPa　(B) 133.3 kPa　(C) 200.0 kPa　(D) 466.6 kPa

7. 在相图上, 当系统处于下列哪一点时存在两个相? ··················( )

(A) 恒沸点　(B) 异成分熔点　(C) 临界点　(D) 低共熔点

8. 在等边三角形坐标中, 当物系点在通过 A 点的一条直线上变动时, 则此物系的特点是 ( )

(A) B 和 C 的含量之比不变　(B) A 的含量不变

(C) B 的含量不变　(D) C 的含量不变

9. 下列哪种工艺可以使金属保持高温时的结构状态? ··················( )

(A) 退火　(B) 枝晶偏析　(C) 区域熔炼　(D) 淬火

10. Fe(s)、FeO(s)、$Fe_3O_4$(s) 与 CO(g)、$CO_2$(g) 达到平衡时, 其独立化学平衡数 $R$、独立组分数 $C$ 和自由度 $f$ 分别为 ························ (　　)

(A) $R=3, C=2, f=0$　　(B) $R=3, C=5, f=3$

(C) $R=1, C=4, f=2$　　(D) $R=2, C=3, f=1$

11. 对恒沸混合物的描述, 下列各种叙述中**不正确**的是 ························ (　　)

(A) 与化合物一样, 具有确定的组成

(B) 不具有确定的组成

(C) 平衡时, 气相和液相的组成相同

(D) 其沸点随外压的改变而改变

12. 某一物质 X 在三相点时的温度为 20 ℃, 压力为 $2p^{\ominus}$。下列说法中**不正确**的是 ····· (　　)

(A) 在 20 ℃ 以上 X 能以液体存在

(B) 在 20 ℃ 以下 X 能以固体存在

(C) 在 20 ℃ 时, 液体 X 和固体 X 具有相同的蒸气压

(D) 在 25 ℃, $p^{\ominus}$ 下液体 X 是稳定的

13. 冬季建筑施工中, 为了保证施工质量, 常在浇注混凝土时加入少量盐类, 用来降低混凝土的固化温度。为达到上述目的, 选用下列几种盐中的哪一种比较理想? ························ (　　)

(A) NaCl　　(B) $NH_4Cl$

(C) KCl　　(D) $CaCl_2$

14. 1000 g 水中加入 0.01 mol 食盐, 其沸点升高了 0.01 K, 则 373.15 K 左右时水的蒸气压随温度的变化率 $dp/dT$ 为 ························ (　　)

(A) $1823.9\ Pa\cdot K^{-1}$　　(B) $3647.7\ Pa\cdot K^{-1}$

(C) $5471.6\ Pa\cdot K^{-1}$　　(D) $7295.4\ Pa\cdot K^{-1}$

15. $NH_4HS$(s) 与一定量的 $NH_3$(g) 及 $H_2S$(g) 混合达平衡时, 有 ························ (　　)

(A) $C=2, \Phi=2, f=2$　　(B) $C=1, \Phi=2, f=1$

(C) $C=2, \Phi=3, f=2$　　(D) $C=3, \Phi=2, f=3$

## Ⅱ. 填空题

1. 对于 $K_2SO_4-H_2O$ 平衡系统, 其最大相数 $\Phi$ 为________。

2. 在一定外压下形成恒沸混合物的双液系, 在其恒沸点时的组分数 $C$ 为________, 相数 $\Phi$ 为________。

3. 水蒸气蒸馏溴苯溶液时, 其沸点为 95.4 ℃, 该温度下溴苯的蒸气压为 15.70 kPa。已知溴苯的摩尔质量为 $156.9\ g\cdot mol^{-1}$。在这种水蒸气蒸馏的蒸气中, 溴苯的质量分数为________。

4. 把 $N_2$、$H_2$ 和 $NH_3$ 三种气体充入 773 K、3242 kPa 的带有催化剂的合成塔中, 气体进入塔中反应达平衡后, 系统的独立组分数为________; 若只充入 $NH_3$ 气, 达平衡后系统的自由度为________。

5. 含有非挥发性溶质 B 的水溶液, 在 100 kPa 下、270.15 K 时开始析出冰, 已知水的 $K_f=1.86\ K\cdot kg\cdot mol^{-1}$, $K_b=0.52\ K\cdot kg\cdot mol^{-1}$, 该溶液的正常沸点是________。

6. 已知苯乙烯的正常沸点为 418 K, 摩尔蒸发焓为 $\Delta_{vap}H_m=40.31\ kJ\cdot mol^{-1}$。若采用减压蒸

馏精制苯乙烯, 当蒸馏温度控制为 323 K 时, 蒸馏设备压力为__________。

7. 已知 298 K 时纯水的蒸气压为 3168 Pa, 蔗糖的稀水溶液的蒸气压为 3094 Pa, 其密度为 $1.0 \times 10^3\ \mathrm{kg \cdot m^{-3}}$。该蔗糖溶液的渗透压为_______________。

8. 水的凝固点降低常数 $K_\mathrm{f} = 1.86\ \mathrm{K \cdot kg \cdot mol^{-1}}$。将 4.5 g 某非电解质溶解于 0.1 kg $H_2O$ 中, 所得溶液于 272.685 K 时结冰, 该溶质的摩尔质量为_______________。

9. 某气体服从状态方程 $pV(1-\beta p) = nRT$, $\beta$ 为与气体性质和温度有关的常数。根据相图和相律可知, 该气体在气相区、气–液共存区、临界点时的自由度分别为_______________。

10. 已知 $\Delta_\mathrm{vap}H_\mathrm{m}^\ominus(298\ \mathrm{K}, \mathrm{H_2O}) = 40.67\ \mathrm{kJ \cdot mol^{-1}}$, 且在 273 ~ 373 K 范围内可视为常数。当外压降到 66.0 kPa 时, 水的沸点为_______________K。

## Ⅲ. 计算题

1. (1) 根据以下信息画出 A–B 二组分系统的 $T-x$ 固–液相图。在标准压力下, A 和 B 的熔点分别为 50 ℃ 和 40 ℃。A 和 B 可形成一稳定化合物 C, 其熔点为 28 ℃, 组成为 $x_\mathrm{B} = 0.5$。该相图分别在 17 ℃ 和 23 ℃ 有两个低共熔点, 对应低共熔物中 B 的摩尔分数分别为 0.75 和 0.36。

(2) 对于组成为 $x_\mathrm{B} = 0.6$ 的熔融液, 画出在 50 ~ 10 ℃ 区间的步冷曲线。

(3) 当 1 mol 该熔融液冷却到 17.01 ℃, 会析出何种固体? 该固体的数量为多少?

2. 右图为 Bi–Zn 二元相图:

(1) 指出 Ⅰ ~ Ⅵ 区域对应的相态;

(2) 在 527 K 时, 金属 Bi(s) 和含 13% (质量分数) Zn 的熔融液达两相平衡, 计算 Bi 在熔融液中的活度 (以纯 Bi 固体为标准态);

(3) 在 750 K 时, 分别含 Zn 质量分数为 35% ($l_1$) 和 86% ($l_2$) 两熔融液达平衡, 那么这两个熔融液中 Bi 的活度有何关系 (以纯 Bi 液体为标准态)?

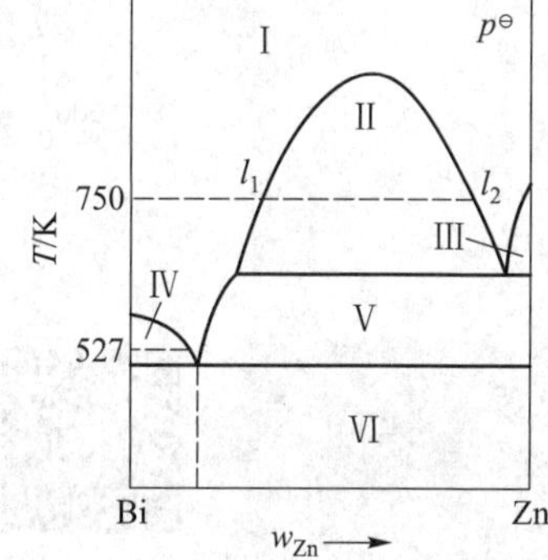


3. 下图为 Fe–Ti 二元相图。

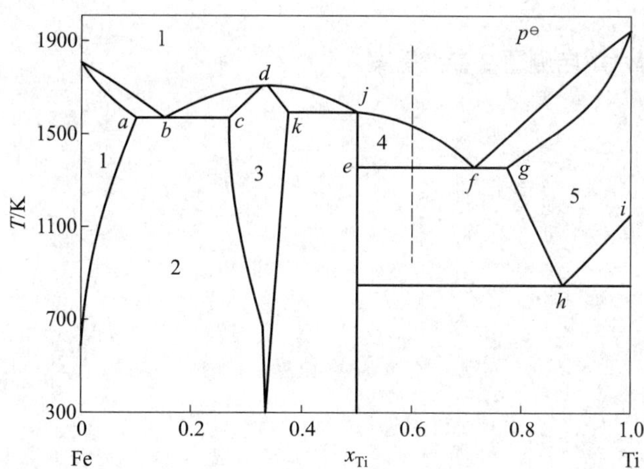


(1) 指出图中所示 1 ~ 5 区域的条件自由度、相数和相应的相态;

(2) 画出垂直虚线处物系的步冷曲线。

4. 铅和银在固态时完全不互溶, 在液态时完全互溶形成理想液态混合物。铅和银的凝固点分别为 600 K 和 1233 K。将银加入熔融的 Pb 会导致 Pb 的凝固点降低, 在 578 K 时形成一低共熔混合物。已知 Pb 的摩尔熔化焓为 $\Delta_{\mathrm{fus}}H_{\mathrm{m}} = 4.858\ \mathrm{kJ \cdot mol^{-1}}$。

(1) 计算低共熔混合物的组成;

(2) 画出 Pb–Ag 二元合金的 $T-x$ 相图;

(3) 画出 $x_{\mathrm{Ag}} = 0.7$ 的熔融液的步冷曲线。

5. 下图为 Au–Ti 二元相图:

(1) 指出图中 1 ~ 7 区域的条件自由度、相数和相应的相态;

(2) 画出虚线 $ab$ 所示系统的步冷曲线。

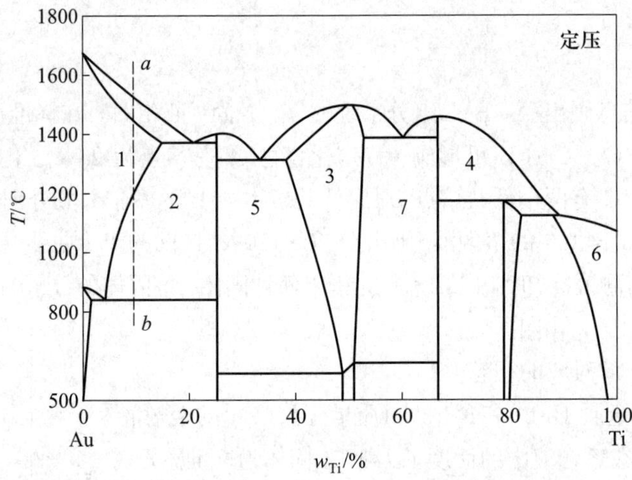


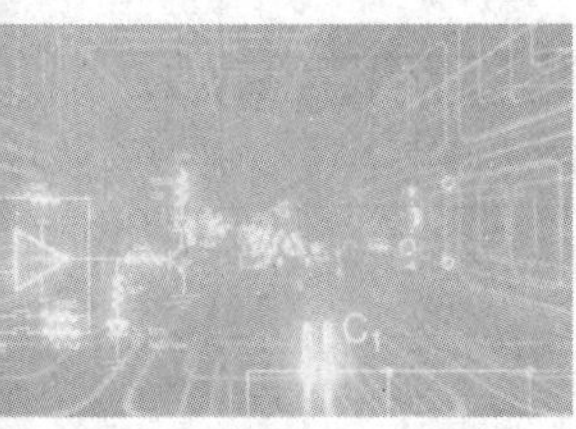

第六章自测题 2 参考答案

# 第七章 统计热力学基础

本章主要公式和内容提要

## 一、复习题及解答

**7.1** 设有三个穿绿色、两个穿灰色和一个穿蓝色制服的军人一起列队。

(1) 试问有多少种队形?

(2) 现设穿绿色制服的军人有三种不同的肩章, 可从中任选一种佩戴; 穿灰色制服的军人有两种不同的肩章, 可从中任选一种佩戴; 穿蓝色制服的军人有四种不同的肩章, 可从中任选一种佩戴, 试问有多少种队形?

**答**: (1) $n=\dfrac{6!}{3!\times 2!\times 1!}=60$

(2) $n=\dfrac{6!}{3!\times 2!\times 1!}\times 3^3\times 2^2\times 4^1=25920$

**7.2** 在公园的猴舍中陈列着三只金丝猴和两只长臂猿, 金丝猴有红、绿两种帽子, 可任意选戴一种, 长臂猿可在黄、灰和黑三种帽子中选戴一种, 试问在陈列时可出现多少种不同的情况, 并列出计算公式。

**答**: $n=\prod\limits_i \dfrac{(N_i+g_i-1)!}{N_i!(g_i-1)!}=\dfrac{(3+2-1)!}{3!\times(2-1)!}\times\dfrac{(2+3-1)!}{2!\times(3-1)!}=24$

**7.3** 混合晶体可看作在晶格点阵中, 随机放置 $N_\mathrm{A}$ 个 A 分子和 $N_\mathrm{B}$ 个 B 分子而组成的晶体, 试证明:

(1) 分子能够占据格点的花样数为 $\varOmega=\dfrac{(N_\mathrm{A}+N_\mathrm{B})!}{N_\mathrm{A}!N_\mathrm{B}!}$;

(2) 若 $N_\mathrm{A}=N_\mathrm{B}=\dfrac{N}{2}$, 利用 Stirling 近似公式证明 $\varOmega=2^N$;

(3) 若 $N_\mathrm{A}=N_\mathrm{B}=2$, 利用上式计算得 $\varOmega=2^4=16$, 但实际上只能排出 6 种花样, 这是为什么?

**答**: (1) 假定在晶体点阵中, $N(N=N_\mathrm{A}+N_\mathrm{B})$ 个分子完全不相同, 则分子能够占据格点的花样数为 $\varOmega=N!$, 即 $N$ 个不同分子的全排列。今其中有 $N_\mathrm{A}$ 个分子相同 (均为 A 分子), 这些分子彼此互换位置, 并不能导致新的花样, 而 $N_A$ 个 A 分子的全排列为 $N_A!$。同理, 系统中还有 $N_B$ 个分子相同 (均为 B 分子), 这些分子彼此互换位置, 也不能导致新的花样; $N_B$ 个 B 分子的全排列为 $N_B!$。所以, 分子能够占据格点的花样数为 $\Omega=\dfrac{(N_A+N_B)!}{N_A!N_B!}$。

(2) 根据 Stirling 近似公式, 当 $N$ 很大 ($N\gg 1$) 时, $\ln N!=N\ln N-N$。当 $N_A=N_B=\dfrac{N}{2}$ 时, 有

$$\Omega=\frac{(N_A+N_B)!}{N_A!N_B!}=\frac{N!}{\left(\dfrac{N}{2}\right)!\times\left(\dfrac{N}{2}\right)!}$$

$$\ln\Omega=\ln N!-2\ln\left[\left(\frac{N}{2}\right)!\right]=N\ln N-N-2\left(\frac{N}{2}\ln\frac{N}{2}-\frac{N}{2}\right)=N\ln N-N\ln\frac{N}{2}=N\ln 2$$

所以
$$\Omega=2^N$$

(3) 这是因为只有当 $N$ 很大 ($N\gg 1$) 时, Stirling 近似公式才能成立。现 $N_A=N_B=2$, 不能满足 Stirling 近似公式的使用条件, 故不能使用 $\Omega=2^N$ 来计算花样数。

**7.4** 欲做一个体积为 1.0 m$^3$ 的圆柱形铁皮筒, 试用 Lagrange 乘因子法, 求出圆柱体半径 $R$ 与柱高 $L$ 之间成什么关系时, 所用的铁皮最少。并计算所用铁皮的面积。

**答**: 根据题意, 设筒的体积为 $V$, 所用铁皮的面积为 $S$, 则

$$V=\pi R^2\times L=1\ \mathrm{m}^3 \qquad g(R,L)=\pi R^2L-1=0$$
$$S=2\pi R^2+2\pi RL \qquad f(R,L)=2\pi R^2+2\pi RL$$

根据 Lagrange 乘因子法, 可令 $F(R,L)=f(R,L)+\alpha g(R,L)=2\pi R^2+2\pi RL+\alpha(\pi R^2L-1)$, 则有

$$\left(\frac{\partial F}{\partial R}\right)_{L,\alpha}=4\pi R+2\pi L+2\pi\alpha RL=0 \tag{a}$$

$$\left(\frac{\partial F}{\partial L}\right)_{R,\alpha}=2\pi R+\pi\alpha R^2=0 \tag{b}$$

$$\left(\frac{\partial F}{\partial \alpha}\right)_{R,L}=\pi R^2L-1=0 \tag{c}$$

由式 (a)、式 (b)、式 (c), 可解得

$$L=2R \qquad V=\pi R^2\times L=2\pi R^3=1\ \mathrm{m}^3 \qquad R=0.542\ \mathrm{m}$$
$$S=6\pi R^2=6\times 3.1416\times(0.542\ \mathrm{m})^2=5.54\ \mathrm{m}^2$$

**7.5** 设 $CO_2(g)$ 可视作理想气体, 并设其各个自由度均服从能量均分原理。已知 $CO_2(g)$ 的 $\gamma=\dfrac{C_{p,\mathrm{m}}}{C_{V,\mathrm{m}}}=1.15$, 试用计算的方法判断 $CO_2(g)$ 是否为线形分子。

**答**: 根据能量均分原理, 如果 $CO_2(g)$ 为非线形分子, 则其

$$C_{V,\mathrm{m}}=\frac{1}{2}\times[3+3+(3n-6)\times 2]R=\frac{1}{2}\times[3+3+(3\times 3-6)\times 2]R=6R$$

$$C_{p,\mathrm{m}} = C_{V,\mathrm{m}} + R = 7R \qquad \gamma = \frac{C_{p,\mathrm{m}}}{C_{V,\mathrm{m}}} = \frac{7R}{6R} = 1.167$$

如果 $CO_2(g)$ 为线形分子, 则其

$$C_{V,\mathrm{m}} = \frac{1}{2} \times [3+2+(3n-5)\times 2]\,R = \frac{1}{2} \times [3+2+(3\times 3-5)\times 2]\,R = 6.5R$$

$$C_{p,\mathrm{m}} = C_{V,\mathrm{m}} + R = 7.5R \qquad \gamma = \frac{C_{p,\mathrm{m}}}{C_{V,\mathrm{m}}} = \frac{7.5R}{6.5R} = 1.154$$

因此, $CO_2(g)$ 为线形分子。

**7.6** 指出下列分子的对称数。

(1) $O_2$; (2) $CH_3Cl$; (3) $CH_2Cl_2$; (4) $C_6H_6$(苯); (5) $C_6H_5CH_3$(甲苯); (6) 顺丁二烯; (7) 反丁二烯; (8) $SF_6$。

**答**: (1) $O_2, \sigma=2$; (2) $CH_3Cl, \sigma=3$; (3) $CH_2Cl_2, \sigma=1$; (4) $C_6H_6$(苯), $\sigma=12$; (5) $C_6H_5CH_3$(甲苯), $\sigma=2$; (6) 顺丁二烯, $\sigma = 2$; (7) 反丁二烯, $\sigma = 1$; (8) $SF_6, \sigma = 24$。

**7.7** 从以下数据判断某 X 分子的结构。

(1) 它是理想气体, 含有 $n$ 个原子;

(2) 在低温时, 振动自由度不激发, 它的 $C_{p,\mathrm{m}}$ 与 $N_2(g)$ 的相同;

(3) 在高温时, 它的 $C_{p,\mathrm{m}}$ 比 $N_2(g)$ 的高 $25.1\ \mathrm{J \cdot mol^{-1} \cdot K^{-1}}$。

**答**: 低温时, 振动自由度不激发, 即可以不考虑振动的贡献, X 分子的 $C_{p,\mathrm{m}}$ 与 $N_2(g)$ 的相同, 说明两种分子的转动自由度相同, 故 X 分子为线形分子。在高温时, 它的 $C_{p,\mathrm{m}}$ 比 $N_2(g)$ 的高 $25.1\ \mathrm{J \cdot mol^{-1} \cdot K^{-1}}$, 即 $3R$, 说明 X 分子的振动自由度比 $N_2(g)$ 的多 3 个, 即多一个原子, 故 X 分子是三原子线形分子。

**7.8** 请定性说明下列各种气体的 $C_{V,\mathrm{m}}$ 值随温度的变化规律。

| $T$/K | 298 | 800 | 2000 |
|---|---|---|---|
| $C_{V,\mathrm{m}}(\mathrm{He})/(\mathrm{J \cdot mol^{-1} \cdot K^{-1}})$ | 12.48 | 12.48 | 12.48 |
| $C_{V,\mathrm{m}}(\mathrm{N_2})/(\mathrm{J \cdot mol^{-1} \cdot K^{-1}})$ | 20.81 | 23.12 | 27.68 |
| $C_{V,\mathrm{m}}(\mathrm{Cl_2})/(\mathrm{J \cdot mol^{-1} \cdot K^{-1}})$ | 25.53 | 28.89 | 29.99 |
| $C_{V,\mathrm{m}}(\mathrm{CO_2})/(\mathrm{J \cdot mol^{-1} \cdot K^{-1}})$ | 28.81 | 43.11 | 52.02 |

**答**: 单原子分子只有平动, 没有转动和振动; 而平动能级间隔很小, 常温下即可完全激发; 根据能量均分原理, 每个平动自由度对 $C_{V,\mathrm{m}}$ 的贡献为 $0.5R$; 单原子分子 He(g) 只有 3 个平动自由度, 故其 $C_{V,\mathrm{m}} = 1.5R = 12.48\ \mathrm{J \cdot mol^{-1} \cdot K^{-1}}$, 且不随温度升高而变化。

双原子分子除了拥有 3 个平动自由度外, 还有 2 个转动自由度和 1 个振动自由度; 一般情况下, 转动能级的间隔也很小, 常温下即可完全激发; 但振动能级的间隔较大, 常温下基本不激发或仅部分激发; 根据能量均分原理, 每个转动自由度对 $C_{V,\mathrm{m}}$ 的贡献为 $0.5R$, 每个振动自由度对 $C_{V,\mathrm{m}}$ 的贡献为 $R$。$N_2(g)$ 的振动特征温度较大, 298 K 时振动基本不激发, 故此时其 $C_{V,\mathrm{m}} = 1.5R + R = 20.81\ \mathrm{J \cdot mol^{-1} \cdot K^{-1}}$; 随着温度升高, 振动逐渐开始部分激发, 故其 $C_{V,\mathrm{m}}$ 也逐渐增加。比较而言, 同

样是双原子分子, $Cl_2(g)$ 的振动特征温度相对较小, 298 K 时振动已有部分激发, 故此时其 $C_{V,\mathrm{m}} > 2.5R$, 为 25.53 J·mol$^{-1}$·K$^{-1}$; 此后, 随着温度升高, 振动进一步激发, 故其 $C_{V,\mathrm{m}}$ 也逐渐增加。

三原子分子 $CO_2(g)$ 除了拥有 3 个平动自由度外, 还有 2 个转动自由度和 4 个振动自由度; 298 K 时其振动已有部分激发, 故此时其 $C_{V,\mathrm{m}} > 2.5R$, 为 28.81 J·mol$^{-1}$·K$^{-1}$; 此后, 随着温度升高, 振动进一步激发, 故其 $C_{V,\mathrm{m}}$ 也逐渐增加。由于 $CO_2(g)$ 拥有的振动自由度多于双原子分子 $N_2(g)$ 和 $Cl_2(g)$, 故其在高温下的 $C_{V,\mathrm{m}}$ 值也明显大于 $N_2(g)$ 和 $Cl_2(g)$ 的 $C_{V,\mathrm{m}}$ 值。

**7.9** 在同温同压下, 根据下面的数据判断: 哪种分子的 $S_{\mathrm{t,m}}$ 最大? 哪种分子的 $S_{\mathrm{r,m}}$ 最大? 哪种分子的振动频率最小?

| 分子 | $M_{\mathrm{r}}$ | $\Theta_{\mathrm{r}}$/K | $\Theta_{\mathrm{v}}$/K |
|---|---|---|---|
| $H_2$ | 2 | 87.5 | 5976 |
| HBr | 81 | 12.2 | 3682 |
| $N_2$ | 28 | 2.89 | 3353 |
| $Cl_2$ | 71 | 0.35 | 801 |

**答**: $S_{\mathrm{t,m}} = R\left(\ln\dfrac{q_t}{L} + \dfrac{5}{2}\right) = R\left[\ln\left(\dfrac{2\pi m k_{\mathrm{B}} T}{h^2}\right)^{3/2} - \ln L + \dfrac{5}{2}\right]$, 在同温同压下,HBr 的分子质量 $m$ 最大, 故 HBr 分子的 $S_{\mathrm{t,m}}$ 最大。

$S_{\mathrm{r,m}} = R(\ln q_{\mathrm{r}} + 1) = R\left[\ln\left(\dfrac{T}{\sigma\Theta_{\mathrm{r}}}\right) + 1\right]$, 在同温同压下, $Cl_2$ 分子的 $\sigma\Theta_{\mathrm{r}}$ 最小, 故 $Cl_2$ 分子的 $S_{\mathrm{r,m}}$ 最大。

$\Theta_{\mathrm{v}} = \dfrac{h\nu}{k_{\mathrm{B}}}$, 在同温同压下, $Cl_2$ 分子的 $\Theta_{\mathrm{v}}$ 最小, 故 $Cl_2$ 分子的振动频率最小。

## 二、典型例题及解答

**例7.1** 50 个定域的全同分子, 其总能量为 $5\varepsilon$, 分布在能级为 $0, \varepsilon, 2\varepsilon, 3\varepsilon, 4\varepsilon, 5\varepsilon$ 上。

(1) 写出所有可能的能级分布;

(2) 哪一种分布的微观状态数 $\Omega$ 最大?

(3) 所有可能分布的微观状态数为多少?

**解**: (1) 在满足粒子数守恒 $\left(\sum\limits_i N_i = 50\right)$ 和能量守恒 $\left(\sum\limits_i N_i\varepsilon_i = 5\varepsilon\right)$ 的条件下, 可以有以下 7 种分布:

| 能级: | 0 | $\varepsilon$ | $2\varepsilon$ | $3\varepsilon$ | $4\varepsilon$ | $5\varepsilon$ |
|---|---|---|---|---|---|---|
| 分布 1: | 49 | 0 | 0 | 0 | 0 | 1 |
| 分布 2: | 48 | 1 | 0 | 0 | 1 | 0 |
| 分布 3: | 48 | 0 | 1 | 1 | 0 | 0 |
| 分布 4: | 47 | 2 | 0 | 1 | 0 | 0 |
| 分布 5: | 47 | 1 | 2 | 0 | 0 | 0 |
| 分布 6: | 46 | 3 | 1 | 0 | 0 | 0 |
| 分布 7: | 46 | 5 | 0 | 0 | 0 | 0 |

(2) 第 1 种分布的微观状态数 $\Omega_1 = C_{50}^{49}C_1^1 = 50$

第 2 种分布的微观状态数 $\Omega_2 = C_{50}^{48}C_2^1C_1^1 = 2450$

第 3 种分布的微观状态数 $\Omega_3 = C_{50}^{48}C_2^1C_1^1 = 2450$

第 4 种分布的微观状态数 $\Omega_4 = C_{50}^{47}C_3^2C_1^1 = 58800$

第 5 种分布的微观状态数 $\Omega_5 = C_{50}^{47}C_3^1C_2^2 = 58800$

第 6 种分布的微观状态数 $\Omega_6 = C_{50}^{46}C_4^3C_1^1 = 921200$

第 7 种分布的微观状态数 $\Omega_7 = C_{50}^{45}C_5^5 = 2118760$

可见, 第 7 种分布的微观状态数最大。

(3) 所有可能分布的微观状态数为

$$\Omega = \Omega_1 + \Omega_2 + \Omega_3 + \Omega_4 + \Omega_5 + \Omega_6 + \Omega_7 = 3162510$$

或
$$\Omega = \frac{(49+5)!}{49!5!} = 3162510$$

**例7.2** 根据 Boltzmann 分布定律及公式 $S = k_\mathrm{B}\ln\Omega$, 证明: 对于独立可分辨系统 (粒子数为 $N$), 有关系式 $S = Nk_\mathrm{B}\ln q + U/T$。

**证明**: 对于粒子数为 $N$ 的独立可分辨系统, 已知其中最概然分布的微观状态数 $t_\mathrm{m}$ 为

$$t_\mathrm{m} = N!\prod \frac{g_i^{N_i}}{N_i!} \quad (\text{式中 } N_i \text{ 即为 } N_i^*\text{, 后同; } g_i \text{ 为能级简并度})$$

当系统中的粒子数 $N$ 足够多时, 可用最概然分布的微观状态数 $t_\mathrm{m}$ 代替总的微观状态数 $\Omega$, 即

$$\ln\Omega = \ln t_\mathrm{m} = \ln N! + \sum N_i \ln g_i - \sum \ln N_i!$$

当 $N \gg 1$ 时, 可使用 Stirling 近似公式, $\ln N! = N\ln N - N$。所以

$$\begin{aligned}\ln\Omega &= N\ln N - N + \sum N_i \ln g_i - \sum N_i \ln N_i + \sum N_i \\ &= N\ln N + \sum N_i \ln g_i - \sum N_i \ln N_i \qquad \left(\sum N_i = N\right)\end{aligned}$$

根据 Boltzmann 分布定律, 有 $\quad N_i = N\dfrac{g_i}{q}\exp\left(-\dfrac{\varepsilon_i}{k_\mathrm{B}T}\right)$

即 $\ln N_i = \ln N + \ln g_i - \ln q - \dfrac{\varepsilon_i}{k_\mathrm{B}T}$。所以

$$\sum N_i \ln N_i = \sum N_i \ln N + \sum N_i \ln g_i - \sum N_i \ln q - \sum (N_i\varepsilon_i/k_\mathrm{B}T)$$

$$= \ln N\sum N_i + \sum N_i \ln g_i - \ln q\sum N_i - \sum N_i\varepsilon_i/k_{\mathrm{B}}T$$

(与 $i$ 无关的量提到加和符号之外)

$$= N\ln N + \sum N_i \ln g_i - N\ln q - U/k_{\mathrm{B}}T \qquad \left(\sum N_i\varepsilon_i = U\right)$$

因此 $\ln\Omega = N\ln N + \sum N_i \ln g_i - \sum N_i \ln N_i$

$$= N\ln N + \sum N_i \ln g_i - N\ln N - \sum N_i \ln g_i + N\ln q + U/k_{\mathrm{B}}T$$

$$= N\ln q + U/k_{\mathrm{B}}T$$

根据公式 $S = k_{\mathrm{B}}\ln\Omega$, 可得 $S = Nk_{\mathrm{B}}\ln q + U/T$

**例7.3** 已知 $N_2(g)$ 分子中两个 N 原子间的距离为 $1.09\times10^{-10}$ m, 振动频率为 $7.08\times10^{13}\ \mathrm{s^{-1}}$。若 298 K 时, $N_2(g)$ 分子在边长为 0.10 m 的立方容器中运动。试估算平动、转动和振动基态与第一激发态能级间隔的数量级 (以 $k_{\mathrm{B}}T$ 表示)。

**解**: 对于平动, 其能级能量的计算公式为 $\varepsilon_{\mathrm{t}} = \dfrac{h^2}{8mV^{2/3}}(n_x^2 + n_y^2 + n_z^2)$

基态时: $n_x^2 + n_y^2 + n_z^2 = 1^2 + 1^2 + 1^2 = 3$

第一激发态时: $n_x^2 + n_y^2 + n_z^2 = 1^2 + 1^2 + 2^2 = 6$

故平动基态与第一激发态的能级间隔为

$$\Delta\varepsilon_{\mathrm{t}} = \varepsilon_{\mathrm{t},1} - \varepsilon_{\mathrm{t},0} = \frac{h^2}{8mV^{2/3}} \times (6-3)$$

$$= \frac{(6.626\times10^{-34}\ \mathrm{J\cdot s})^2}{8\times\dfrac{14.01\times2\times10^{-3}\ \mathrm{kg\cdot mol^{-1}}}{6.022\times10^{23}\ \mathrm{mol^{-1}}}\times(1\times10^{-3}\ \mathrm{m^3})^{2/3}} \times 3 = 3.54\times10^{-40}\ \mathrm{J}$$

已知 $k_{\mathrm{B}}T = 1.38\times10^{-23}\ \mathrm{J\cdot K^{-1}} \times 298\ \mathrm{K} = 4.11\times10^{-21}\ \mathrm{J} \approx 10^{-21}\ \mathrm{J}$, 所以

$$\Delta\varepsilon_{\mathrm{t}} \approx 10^{-19}k_{\mathrm{B}}T$$

对于转动, 其能级能量的计算公式为 $\varepsilon_{\mathrm{r}} = J(J+1)\dfrac{h^2}{8\pi^2 I}$

基态时, $J=0$; 第一激发态基态时, $J=1$。故转动基态与第一激发态的能级间隔为

$$\Delta\varepsilon_{\mathrm{r}} = \varepsilon_{\mathrm{r},1} - \varepsilon_{\mathrm{r},0} = 2\frac{h^2}{8\pi^2 I}$$

$$I = \mu r^2 = \frac{m_1 m_2}{m_1 + m_2}r^2 = \frac{1}{2}mr^2$$

$$= \frac{1}{2}\times\frac{14.01\times10^{-3}\ \mathrm{kg\cdot mol^{-1}}}{6.022\times10^{23}\ \mathrm{mol^{-1}}}\times(1.09\times10^{-10}\ \mathrm{m})^2 = 1.38\times10^{-46}\ \mathrm{kg\cdot m^2}$$

$$\Delta\varepsilon_{\mathrm{r}} = 2\frac{h^2}{8\pi^2 I} = 2\times\frac{(6.626\times10^{-34}\ \mathrm{J\cdot s})^2}{8\times3.1416^2\times1.38\times10^{-46}\ \mathrm{kg\cdot m^2}} = 8.06\times10^{-23}\ \mathrm{J}$$

$$\Delta\varepsilon_{\mathrm{r}} \approx 10^{-2}k_{\mathrm{B}}T$$

对于振动，其能级能量的计算公式为　$\varepsilon_{\mathrm{v}}=\left(\upsilon+\dfrac{1}{2}\right)h\nu$

基态时，$\upsilon=0$; 第一激发态基态时，$\upsilon=1$。故振动基态与第一激发态的能级间隔为

$$\Delta\varepsilon_{\mathrm{v}}=\varepsilon_{\mathrm{v},1}-\varepsilon_{\mathrm{v},0}=h\nu=6.626\times10^{-34}\ \mathrm{J\cdot s}\times7.08\times10^{13}\ \mathrm{s^{-1}}=4.69\times10^{-20}\ \mathrm{J}$$

$$\Delta\varepsilon_{\mathrm{v}}\approx10k_{\mathrm{B}}T$$

上述计算结果表明，平动能级间隔 $<$ 转动能级间隔 $<$ 振动能级间隔。室温下，平动和转动能量间隔与 $k_{\mathrm{B}}T$ 相比很小，因此室温时平动和转动能量可看作连续的 (称为经典自由度)，在求算配分函数时加和符号变为积分号。振动能级间隔比 $k_{\mathrm{B}}T$ 大，此时振动能量不能看作连续的 (称为激发自由度)。一般电子运动能级间隔和核运动能级间隔比 $k_{\mathrm{B}}T$ 大很多，此时电子和原子核基本上处于基态 (称为未激发自由度)。凡经典自由度，服从能量均分原理；凡未激发自由度，对热力学函数 $C_V$ 无贡献。

**例7.4**　$Cl_2$ 第一激发态能量等于 $k_{\mathrm{B}}T$ 时，第一激发态对配分函数的贡献变得很重要。试分别计算转动和振动运动在此时的温度。已知 $Cl_2$ 的核间距为 $1.988\times10^{-10}$ m, $\Theta_{\mathrm{v}}=801.3$ K。

**解**: $\varepsilon_{\mathrm{r}}=J(J+1)\dfrac{h^2}{8\pi^2I}=J(J+1)\dfrac{h^2}{8\pi^2\mu r^2}=k_{\mathrm{B}}T$

转动第一激发态对应的 $J=1$，所以

$$T=\frac{2h^2}{8\pi^2\mu r^2k_{\mathrm{B}}}$$

$$=\frac{2\times(6.626\times10^{-34}\ \mathrm{J\cdot s})^2}{8\times3.1416^2\times\dfrac{35.45\times10^{-3}\ \mathrm{kg\cdot mol^{-1}}}{2\times6.022\times10^{23}\ \mathrm{mol^{-1}}}\times(1.988\times10^{-10}\ \mathrm{m})^2\times1.38\times10^{-23}\ \mathrm{J\cdot K^{-1}}}=0.7\ \mathrm{K}$$

$$\varepsilon_{\mathrm{v}}=\left(\upsilon+\frac{1}{2}\right)h\nu=\frac{3}{2}h\nu=k_{\mathrm{B}}T\qquad(\text{振动第一激发态对应的 }\upsilon=1)$$

所以

$$T=\frac{3}{2}\frac{h\nu}{k_{\mathrm{B}}}=\frac{3}{2}\Theta_{\mathrm{v}}=1202\ \mathrm{K}$$

此题说明，对于转动运动，在 0.7 K 时第一激发态对配分函数已变得很重要 (即第一激发态不能忽略)；而对于振动运动，在 1202 K 时第一激发态才变得不能忽略。其根本原因还在于振动运动有较大的能级间隔，只有在较高温度时，粒子才能激发至第一激发态。

**例7.5**　试分别计算，在 $T=298$ K 时:

(1) $H_2$(g) 分子在 1.0 $\mathrm{m^3}$ 的方盒中处于第一平动激发态与基态的粒子数之比，以及平动配分函数，已知 $H_2$(g) 的摩尔质量为 $2.0\times10^{-3}\ \mathrm{kg\cdot mol^{-1}}$;

(2) $H_2$(g) 分子处于第一转动激发态与基态的粒子数之比，以及转动配分函数，已知 $H_2$(g) 的转动惯量 $I=4.715\times10^{-48}\ \mathrm{kg\cdot m^2}$;

(3) $H_2$(g) 分子处于第一振动激发态与基态的粒子数之比，以及振动配分函数，已知 $H_2$(g) 的振动频率 $1.271\times10^{14}\ \mathrm{s^{-1}}$;

(4) 第一电子激发态分子所占分数，设第一电子激发态比基态能量高 400 $\mathrm{kJ\cdot mol^{-1}}$。若要使激发态分子所占分数为 10%，则这时的温度为多少?

**解**: (1) 根据 Boltzmann 分布定律, 有 $N_i = N\dfrac{g_i \mathrm{e}^{-\varepsilon_i/k_{\mathrm{B}}T}}{\sum\limits_i g_i \mathrm{e}^{-\varepsilon_i/k_{\mathrm{B}}T}}$

对于平动, 则有 $\dfrac{N_{\mathrm{t},1}}{N_{\mathrm{t},0}} = \dfrac{g_{\mathrm{t},1}\exp\left(-\dfrac{\varepsilon_{\mathrm{t},1}}{k_{\mathrm{B}}T}\right)}{g_{\mathrm{t},0}\exp\left(-\dfrac{\varepsilon_{\mathrm{t},0}}{k_{\mathrm{B}}T}\right)} = \dfrac{g_{\mathrm{t},1}}{g_{\mathrm{t},0}}\exp\left(-\dfrac{\varepsilon_{\mathrm{t},1}-\varepsilon_{\mathrm{t},0}}{k_{\mathrm{B}}T}\right)$

已知平动能级的能量计算公式为 $\varepsilon_{\mathrm{t}} = \dfrac{h^2}{8mV^{2/3}}(n_x^2+n_y^2+n_z^2)$

基态时: $n_x^2+n_y^2+n_z^2 = 1^2+1^2+1^2 = 3$, 简并度 $g_{\mathrm{t},0} = 1$

第一激发态时: $n_x^2+n_y^2+n_z^2 = 1^2+1^2+2^2 = 6$, 简并度 $g_{\mathrm{t},1} = 3$

平动基态与第一激发态的能级间隔为

$$\begin{aligned}\Delta\varepsilon_{\mathrm{t}} &= \varepsilon_{\mathrm{t},1}-\varepsilon_{\mathrm{t},0} = \frac{h^2}{8mV^{2/3}}\times(6-3)\\ &= \frac{(6.626\times10^{-34}\ \mathrm{J\cdot s})^2}{8\times\dfrac{2.0\times10^{-3}\ \mathrm{kg\cdot mol^{-1}}}{6.022\times10^{23}\ \mathrm{mol^{-1}}}\times(1.0\ \mathrm{m^3})^{2/3}}\times3 = 4.96\times10^{-41}\ \mathrm{J}\end{aligned}$$

$$\frac{N_{\mathrm{t},1}}{N_{\mathrm{t},0}} = \frac{g_{\mathrm{t},1}}{g_{\mathrm{t},0}}\exp\left(-\frac{\varepsilon_{\mathrm{t},1}-\varepsilon_{\mathrm{t},0}}{kT}\right) = 3\times\exp\left(-\frac{4.96\times10^{-41}\ \mathrm{J}}{1.38\times10^{-23}\ \mathrm{J\cdot K^{-1}}\times298\ \mathrm{K}}\right)\approx3$$

$$q_{\mathrm{t}} = \left(\frac{2\pi mk_{\mathrm{B}}T}{h^2}\right)^{3/2}\cdot V$$

$$= \left[\frac{2\times3.1416\times\dfrac{2.0\times10^{-3}\ \mathrm{kg\cdot mol^{-1}}}{6.022\times10^{23}\mathrm{mol^{-1}}}\times1.38\times10^{-23}\ \mathrm{J\cdot K^{-1}}\times298\ \mathrm{K}}{(6.626\times10^{-34}\ \mathrm{J\cdot s})^2}\right]^{3/2}\times1\ \mathrm{m^3} = 2.73\times10^{30}$$

(2) 已知转动能级的能量 $\varepsilon_{\mathrm{r}}$ 和简并度 $g_{\mathrm{r}}$ 的计算公式分别为

$$\varepsilon_{\mathrm{r}} = J(J+1)\frac{h^2}{8\pi^2 I} \qquad g_{\mathrm{r}} = 2J+1$$

基态时: $J=0$, $\varepsilon_{\mathrm{r},0}=0$, $g_{\mathrm{r},0}=1$; 第一激发态时: $J=1$, $\varepsilon_{\mathrm{r},1} = 2\times\dfrac{h^2}{8\pi^2 I}$, $g_{\mathrm{r},1}=3$。则转动基态与第一激发态的能级间隔为

$$\Delta\varepsilon_{\mathrm{r}} = \varepsilon_{\mathrm{r},1}-\varepsilon_{\mathrm{r},0} = 2\frac{h^2}{8\pi^2 I} = 2\times\frac{(6.626\times10^{-34}\ \mathrm{J\cdot s})^2}{8\times3.1416^2\times4.715\times10^{-48}\ \mathrm{kg\cdot m^2}} = 2.36\times10^{-21}\ \mathrm{J}$$

$$\frac{N_{\mathrm{r},1}}{N_{\mathrm{r},0}} = \frac{g_{\mathrm{r},1}}{g_{\mathrm{r},0}}\exp\left(-\frac{\varepsilon_{\mathrm{r},1}-\varepsilon_{\mathrm{r},0}}{kT}\right) = 3\times\exp\left(-\frac{2.36\times10^{-21}\ \mathrm{J}}{1.38\times10^{-23}\ \mathrm{J\cdot K^{-1}}\times298\ \mathrm{K}}\right) = 1.69$$

$$q_{\mathrm{r}} = \frac{8\pi^2 Ik_{\mathrm{B}}T}{\sigma h^2} = \frac{8\times3.1416^2\times4.715\times10^{-48}\ \mathrm{kg\cdot m^2}\times1.38\times10^{-23}\ \mathrm{J\cdot K^{-1}}\times298\ \mathrm{K}}{2\times(6.626\times10^{-34}\ \mathrm{J\cdot s})^2} = 1.74$$

(3) 已知振动能级的能量 $\varepsilon_{\mathrm{v}}$ 的计算公式为

$$\varepsilon_{\mathrm{v}} = \left(\upsilon+\frac{1}{2}\right)h\nu$$

基态时, $\upsilon=0$; 第一激发态时, $\upsilon=1$。故振动基态与第一激发态的能级间隔为

$$\Delta\varepsilon_{\mathrm{v}}=\varepsilon_{\mathrm{v},1}-\varepsilon_{\mathrm{v},0}=h\nu=6.626\times10^{-34}\ \mathrm{J\cdot s}\times1.271\times10^{14}\ \mathrm{s^{-1}}=8.42\times10^{-20}\ \mathrm{J}$$

振动能级是非简并的。所以

$$\frac{N_{\mathrm{v},1}}{N_{\mathrm{v},0}}=\frac{g_{\mathrm{v},1}}{g_{\mathrm{v},0}}\exp\left(-\frac{\varepsilon_{\mathrm{v},1}-\varepsilon_{\mathrm{v},0}}{k_{\mathrm{B}}T}\right)=\exp\left(-\frac{8.42\times10^{-20}\ \mathrm{J}}{1.38\times10^{-23}\ \mathrm{J\cdot K^{-1}}\times298\ \mathrm{K}}\right)=1.28\times10^{-9}\approx0$$

$$q_{\mathrm{v}}=\frac{1}{1-\exp\left(-\dfrac{h\nu}{k_{\mathrm{B}}T}\right)}=\frac{1}{1-\exp\left(-\dfrac{6.626\times10^{-34}\ \mathrm{J\cdot s}\times1.271\times10^{14}\ \mathrm{s^{-1}}}{1.38\times10^{-23}\ \mathrm{J\cdot K^{-1}}\times298\ \mathrm{K}}\right)}=1.0$$

(4) 设电子基态和第一激发态能级的简并度均为 1, 则根据 Boltzmann 分布定律可得

$$\frac{N_{\mathrm{e},1}}{N}=\frac{\exp\left(-\dfrac{\varepsilon_{\mathrm{e},1}}{k_{\mathrm{B}}T}\right)}{\exp\left(-\dfrac{\varepsilon_{\mathrm{e},0}}{k_{\mathrm{B}}T}\right)+\exp\left(-\dfrac{\varepsilon_{\mathrm{e},1}}{k_{\mathrm{B}}T}\right)}=\frac{\exp\left(-\dfrac{\varepsilon_{\mathrm{e},1}-\varepsilon_{\mathrm{e},0}}{k_{\mathrm{B}}T}\right)}{1+\exp\left(-\dfrac{\varepsilon_{\mathrm{e},1}-\varepsilon_{\mathrm{e},0}}{k_{\mathrm{B}}T}\right)}$$

$$=\frac{\exp\left(-\dfrac{400\times10^{3}\ \mathrm{J\cdot mol^{-1}}}{8.314\ \mathrm{J\cdot mol^{-1}\cdot K^{-1}}\times298\ \mathrm{K}}\right)}{1+\exp\left(-\dfrac{400\times10^{3}\ \mathrm{J\cdot mol^{-1}}}{8.314\ \mathrm{J\cdot mol^{-1}\cdot K^{-1}}\times298\ \mathrm{K}}\right)}=7.65\times10^{-71}\approx0$$

若 $\dfrac{N_{\mathrm{e},1}}{N}=0.10$, 则有

$$\frac{\exp\left(-\dfrac{400\times10^{3}\ \mathrm{J\cdot mol^{-1}}}{8.314\ \mathrm{J\cdot mol^{-1}\cdot K^{-1}}\times T}\right)}{1+\exp\left(-\dfrac{400\times10^{3}\ \mathrm{J\cdot mol^{-1}}}{8.314\ \mathrm{J\cdot mol^{-1}\cdot K^{-1}}\times T}\right)}=0.10$$

解得

$$T=2.2\times10^{4}\ \mathrm{K}$$

**例7.6**　在 298.15 K 和标准压力下, 将 1 mol $O_2(g)$ 放在体积为 $V$ 的容器中, 已知电子基态的 $g_{\mathrm{e},0}=3$, 基态能量 $\varepsilon_{\mathrm{e},0}=0$, 忽略电子激发态项的贡献。$O_2$ 的核间距 $r=1.207\times10^{-10}$ m。忽略 $q_{\mathrm{n}}$ 和 $q_{\mathrm{v}}$ 的贡献。计算氧分子的 $q_{\mathrm{e}}$, $q_{\mathrm{t}}$, $q_{\mathrm{r}}$ 和 $S_{\mathrm{m}}^{\ominus}$。

**解**: 根据题意, 如果忽略 $q_{\mathrm{n}}$ 和 $q_{\mathrm{v}}$, 这时 $O_2$ 的全配分函数只有 $q_{\mathrm{e}}$, $q_{\mathrm{r}}$ 和 $q_{\mathrm{t}}$ 三项, 分别计算如下, 可以看出它们贡献的大小。

$$q_{\mathrm{e}}=g_{\mathrm{e},0}\exp\left(-\frac{\varepsilon_{\mathrm{e},0}}{k_{\mathrm{B}}T}\right)=g_{\mathrm{e},0}=3$$

$$m(\mathrm{O_2})=\frac{32.00\times10^{-3}\ \mathrm{kg\cdot mol^{-1}}}{6.022\times10^{23}\ \mathrm{mol^{-1}}}=5.313\times10^{-26}\ \mathrm{kg}$$

$$V_{\mathrm{m}}(\mathrm{O_2})=\frac{RT}{p}=\frac{8.314\ \mathrm{J\cdot mol^{-1}\cdot K^{-1}}\times298.15\ \mathrm{K}}{100000\ \mathrm{Pa}}=0.02479\ \mathrm{m^3\cdot mol^{-1}}$$

$$q_{\mathrm{t}}=\left(\frac{2\pi mk_{\mathrm{B}}T}{h^2}\right)^{3/2}V$$

$$=\left[\frac{2\times3.1416\times5.313\times10^{-26}\ \mathrm{kg}\times1.38\times10^{-23}\ \mathrm{J\cdot K^{-1}}\times298.15\ \mathrm{K}}{(6.626\times10^{-34}\ \mathrm{J\cdot s})^2}\right]^{3/2}\times0.02479\ \mathrm{m^3}=4.34\times10^{30}$$

$$q_r = \frac{8\pi^2 I k_B T}{\sigma h^2}$$

$$I = \mu r^2 = \frac{1}{2} m(\mathrm{O}) r^2 = \frac{1}{2} \times \frac{16.00\times10^{-3}\ \mathrm{kg\cdot mol^{-1}}}{6.022\times10^{23}\ \mathrm{mol^{-1}}} \times (1.207\times10^{-10}\ \mathrm{m})^2 = 1.935\times10^{-46}\ \mathrm{kg\cdot m^2}$$

已知 $O_2$ 的对称数 $\sigma = 2$, 将 $k_B$、$h$ 等常数代入, 可得

$$q_r = \frac{8\pi^2 I k_B T}{2h^2} = \frac{8\times 3.1416^2 \times 1.935\times10^{-46}\ \mathrm{kg\cdot m^2} \times 1.38\times10^{-23}\ \mathrm{J\cdot K^{-1}} \times 298.15\ \mathrm{K}}{2\times(6.626\times10^{-34}\ \mathrm{J\cdot s})^2} = 71.6$$

可见 $q_t$ 的数值最大, $q_r$ 次之。

$$S_m^{\ominus}(O_2) = S_{m,e} + S_{m,r} + S_{m,t}$$

$$A_{m,e} = -Nk_B T \ln q_e = -RT \ln g_{e,0}$$

$$S_{m,e} = -\left(\frac{\partial A_{m,e}}{\partial T}\right)_{V,N} = R\ln g_{e,0} = R\ln 3 = 9.13\ \mathrm{J\cdot mol^{-1}\cdot K^{-1}}$$

$$A_{m,r} = -Nk_B T \ln q_r = -RT \ln \frac{8\pi^2 I k_B T}{\sigma h^2}$$

$$S_{m,r} = -\left(\frac{\partial A_{m,r}}{\partial T}\right)_{V,N} = R\left(\ln\frac{8\pi^2 I k_B T}{\sigma h^2} + 1\right)$$

$$= R(\ln q_r + 1) = 8.314\ \mathrm{J\cdot mol^{-1}\cdot K^{-1}} \times (\ln 71.6 + 1) = 43.82\ \mathrm{J\cdot mol^{-1}\cdot K^{-1}}$$

$S_{m,t}$ 可利用 Sackur-Tetrode 公式计算, 即

$$S_{t,m} = R\left(\ln\frac{q_t}{L} + \frac{5}{2}\right) = 8.314\ \mathrm{J\cdot mol^{-1}\cdot K^{-1}} \times \left(\ln\frac{4.82\times10^{30}}{6.022\times10^{23}} + \frac{5}{2}\right) = 152.1\ \mathrm{J\cdot mol^{-1}\cdot K^{-1}}$$

$$S_m^{\ominus}(O_2) = S_{m,e} + S_{m,r} + S_{m,t} = (9.13 + 43.82 + 152.1)\ \mathrm{J\cdot mol^{-1}\cdot K^{-1}} = 205.1\ \mathrm{J\cdot mol^{-1}\cdot K^{-1}}$$

显然, 平动熵的贡献最大, 转动熵次之。

**例7.7** 证明: 对于双原子分子, 在标准压力时, 有

$$S_{t,m} = R\left\{\frac{3}{2}\ln[M/(\mathrm{g\cdot mol^{-1}})] + \frac{5}{2}\ln(T/\mathrm{K}) - 1.152\right\}$$

$$S_{r,m} = R\left(\ln\frac{IT}{\sigma} + 105.53\right)$$

$$S_{v,m} = R\left[\frac{n}{e^n - 1} - \ln(1 - e^{-n})\right] \qquad \left(\text{其中 } n = \frac{h\nu}{k_B T}\right)$$

$$S_{e,m} = R\ln(2j+1)$$

**证明**: $A_t = -k_B T \ln\frac{q_t^N}{N!}$ $\qquad S_t = -\left(\frac{\partial A_t}{\partial T}\right)_{V,N} = k_B \ln\frac{q_t^N}{N!} + Nk_B T\left(\frac{\partial \ln q_t}{\partial T}\right)_{V,N}$

$$q_t = \left(\frac{2\pi m k_B T}{h^2}\right)^{3/2} V \qquad S_t = Nk_B\left\{\ln\left[\frac{(2\pi m k_B T)^{3/2}}{Nh^3} V\right] + \frac{5}{2}\right\}$$

对于 1 mol 理想气体, 有

$$S_{\mathrm{t,m}}=R\left\{\ln\left[\frac{(2\pi mk_{\mathrm{B}}T)^{3/2}}{Lh^3}V_{\mathrm{m}}\right]+\frac{5}{2}\right\}\qquad V_{\mathrm{m}}^{\ominus}=\frac{RT}{p^{\ominus}}$$

$$S_{\mathrm{t,m}}=R\left\{\ln\left[\frac{\left(2\times3.1416\times\dfrac{M\times10^{-3}\ \mathrm{kg\cdot mol^{-1}}}{6.022\times10^{23}\ \mathrm{mol^{-1}}}\times1.38\times10^{-23}\ \mathrm{J\cdot K^{-1}}\times T\right)^{3/2}}{6.022\times10^{23}\ \mathrm{mol^{-1}}\times(6.626\times10^{-34}\ \mathrm{J\cdot s})^3}\times\right.\right.$$

$$\left.\left.\frac{8.314\ \mathrm{J\cdot mol^{-1}\cdot K^{-1}}\times T}{100\times10^3\ \mathrm{Pa}}\right]+\frac{5}{2}\right\}$$

$$=R\left\{\frac{3}{2}\ln[M/(\mathrm{g\cdot mol^{-1}})]+\frac{5}{2}\ln(T/\mathrm{K})-1.152\right\}$$

$$A_{\mathrm{r}}=-Nk_{\mathrm{B}}T\ln q_{\mathrm{r}}\qquad S_{\mathrm{r}}=-\left(\frac{\partial A_{\mathrm{r}}}{\partial T}\right)_{V,N}=Nk_{\mathrm{B}}\ln q_{\mathrm{r}}+Nk_{\mathrm{B}}T\left(\frac{\partial\ln q_{\mathrm{r}}}{\partial T}\right)_{V,N}$$

$$q_{\mathrm{r}}=\frac{8\pi^2Ik_{\mathrm{B}}T}{\sigma h^2}\qquad S_{\mathrm{r}}=Nk_{\mathrm{B}}(\ln q_{\mathrm{r}}+1)$$

$$S_{\mathrm{r,m}}=R(\ln q_{\mathrm{r}}+1)=R\left(\ln\frac{8\pi^2Ik_{\mathrm{B}}T}{\sigma h^2}+1\right)$$

$$=R\left[\ln\frac{IT}{\sigma}+\ln\frac{8\times3.1416^2\times1.38\times10^{-23}\ \mathrm{J\cdot K^{-1}}}{(6.626\times10^{-34}\ \mathrm{J\cdot s})^2}+1\right]=R\left(\ln\frac{IT}{\sigma}+105.53\right)$$

$$A_{\mathrm{v}}=-Nk_{\mathrm{B}}T\ln q_{\mathrm{v}}\qquad S_{\mathrm{v}}=-\left(\frac{\partial A_{\mathrm{v}}}{\partial T}\right)_{V,N}=Nk_{\mathrm{B}}\ln q_{\mathrm{v}}+Nk_{\mathrm{B}}T\left(\frac{\partial\ln q_{\mathrm{v}}}{\partial T}\right)_{V,N}$$

$$q_{\mathrm{v}}=\frac{1}{1-\mathrm{e}^{-h\nu/k_{\mathrm{B}}T}}=\frac{1}{1-\mathrm{e}^{-n}}\qquad\left(\text{其中 }n=\frac{h\nu}{k_{\mathrm{B}}T}\right)$$

$$S_{\mathrm{v,m}}=R\ln q_{\mathrm{v}}+RT\left(\frac{\partial\ln q_{\mathrm{v}}}{\partial T}\right)_{V,N}=R\ln\frac{1}{1-\mathrm{e}^{-n}}+RT\left(\frac{\partial\ln\dfrac{1}{1-\mathrm{e}^{-n}}}{\partial T}\right)_{V,N}$$

$$=R\left[\frac{n}{\mathrm{e}^n-1}-\ln(1-\mathrm{e}^{-n})\right]$$

$$A_{\mathrm{e}}=-Nk_{\mathrm{B}}T\ln q_{\mathrm{e}}\qquad S_{\mathrm{e}}=-\left(\frac{\partial A_{\mathrm{e}}}{\partial T}\right)_{V,N}=Nk_{\mathrm{B}}\ln q_{\mathrm{e}}+Nk_{\mathrm{B}}T\left(\frac{\partial\ln q_{\mathrm{e}}}{\partial T}\right)_{V,N}$$

$$S_{\mathrm{e,m}}=R\ln q_{\mathrm{e}}+RT\left(\frac{\partial\ln q_{\mathrm{e}}}{\partial T}\right)_{V,N}=R\ln(g_{\mathrm{e},0}\mathrm{e}^{-\varepsilon_{\mathrm{e},0}/k_{\mathrm{B}}T})+RT\cdot\frac{g_{\mathrm{e},0}\mathrm{e}^{-\varepsilon_{\mathrm{e},0}/k_{\mathrm{B}}T}\dfrac{\varepsilon_{\mathrm{e},0}}{k_{\mathrm{B}}T^2}}{g_{\mathrm{e},0}\mathrm{e}^{-\varepsilon_{\mathrm{e},0}/k_{\mathrm{B}}T}}$$

$$=R\ln g_{\mathrm{e},0}=R\ln(2j+1)$$

熵的计算在统计热力学中占重要地位, 由此题 4 个公式分别计算 $S_{\mathrm{t,m}}$, $S_{\mathrm{r,m}}$, $S_{\mathrm{v,m}}$, $S_{\mathrm{e,m}}$ 并相

加, 即为 1 mol 物质的标准统计熵或光谱熵。由于规定 0 K 时, $S_0=0$, 因此规定熵也可以从量热实验中获得 (也称为量热熵), 两者可以比较。

**例7.8** 已知 CO(g) 分子的核间距 $r=1.1281\times10^{-10}$ m, 振动波数 $\sigma=2169.52\times10^3\ \mathrm{m^{-1}}$, 摩尔质量 $M=28\ \mathrm{g\cdot mol^{-1}}$, 电子基态能级的简并度 $g_{\mathrm{e},0}=1$, 求 CO(g) 在 298 K 时的标准摩尔熵, 并同量热熵比较。已知量热熵 $S_{\mathrm{m}}^{\ominus}$(量热) $=193.4\ \mathrm{J\cdot mol^{-1}\cdot K^{-1}}$。

**解**: $S_{\mathrm{t,m}}=R\left\{\dfrac{3}{2}\ln[M/(\mathrm{g\cdot mol^{-1}})]+\dfrac{5}{2}\ln(T/\mathrm{K})-1.153\right\}$

$$=R\left(\frac{3}{2}\ln28+\frac{5}{2}\ln298-1.152\right)=150.39\ \mathrm{J\cdot mol^{-1}\cdot K^{-1}}$$

$$I=\mu r^2=\frac{12\times16\times10^{-3}\ \mathrm{kg\cdot mol^{-1}}}{(12+16)\times6.022\times10^{23}\ \mathrm{mol^{-1}}}\times(1.1281\times10^{-10}\ \mathrm{m})^2=1.449\times10^{-46}\ \mathrm{kg\cdot m^2}$$

$$S_{\mathrm{r,m}}=R\left(\ln\frac{IT}{\sigma}+105.53\right)=R\left[\ln(1.449\times10^{-46}\times298)+105.53\right]\qquad(\sigma=1)$$

$$=47.22\ \mathrm{J\cdot mol^{-1}\cdot K^{-1}}$$

$$n=\frac{h\nu}{k_{\mathrm{B}}T}=\frac{hc\sigma}{k_{\mathrm{B}}T}=\frac{6.626\times10^{-34}\ \mathrm{J\cdot s}\times2.998\times10^8\ \mathrm{m\cdot s^{-1}}\times2169.52\times10^3\ \mathrm{m^{-1}}}{1.38\times10^{-23}\ \mathrm{J\cdot K^{-1}}\times298\ \mathrm{K}}=104.8$$

$$S_{\mathrm{v,m}}=R\left[\frac{n}{\mathrm{e}^n-1}-\ln(1-\mathrm{e}^{-n})\right]$$

$$=8.314\ \mathrm{J\cdot mol^{-1}\cdot K^{-1}}\times\left[\frac{104.8}{\mathrm{e}^{104.8}-1}-\ln(1-\mathrm{e}^{-104.8})\right]=0$$

$$S_{\mathrm{e,m}}=R\ln g_{\mathrm{e},0}=0$$

$$S_{\mathrm{m}}^{\ominus}(光谱)=S_{\mathrm{t,m}}+S_{\mathrm{r,m}}+S_{\mathrm{v,m}}+S_{\mathrm{e,m}}=197.6\ \mathrm{J\cdot mol^{-1}\cdot K^{-1}}$$

同量热熵比较, 两者差为 $4.2\ \mathrm{J\cdot mol^{-1}\cdot K^{-1}}$。这是由于 CO 在 0 K 时有两种不同的取向, 由此引起的熵 $S_{\mathrm{m}}=R\ln2=5.76\ \mathrm{J\cdot mol^{-1}\cdot K^{-1}}$, 这部分熵称为残余熵, 在量热实验中无法测得, 因此 $S_{\mathrm{m}}^{\ominus}$(量热) 比 $S_{\mathrm{m}}^{\ominus}$(光谱) 偏低。

**例7.9** HCN 气体的转动光谱呈现在远红外区, 其中一部分如下: 2.96 $\mathrm{cm^{-1}}$, 5.92 $\mathrm{cm^{-1}}$, 8.87 $\mathrm{cm^{-1}}$, 11.83 $\mathrm{cm^{-1}}$。试求:

(1) 300 K 时该分子的转动配分函数;

(2) 转动运动对摩尔定容热容的贡献。

**解**: (1) 计算转动配分函数的公式为

$$q_{\mathrm{r}}=\frac{8\pi^2Ik_{\mathrm{B}}T}{\sigma h^2}\qquad\text{(a)}$$

HCN 的对称数 $\sigma=1$, 公式中 $\pi, k_{\mathrm{B}}, h$ 和温度 $T$ 均已知。关键在于如何利用已知条件获得转动惯量 $I$。

已知转动能级的能量公式为 $\qquad \varepsilon_{\mathrm{r}}=J(J+1)\dfrac{h^2}{8\pi^2I}$

转动光谱跃迁条件为 $\Delta J=\pm1$, 跃迁时吸收光的波数为

$$\sigma=\frac{\Delta\varepsilon_{\rm r}}{hc}=\frac{\varepsilon_{\rm r}(J+1)-\varepsilon_{\rm r}(J)}{hc}=\frac{1}{hc}[(J+1)(J+2)-J(J+1)]\frac{h^2}{8\pi^2 I}$$

$$=2(J+1)\frac{h}{8\pi^2 Ic}=2(J+1)B\qquad\left(B=\frac{h}{8\pi^2 Ic},\text{ 称为转动常数, 它表征了分子的特性}\right)$$

$$\Delta\sigma=\sigma_2-\sigma_1=2B[(J+1)+1]-2B(J+1)=2B=\frac{h}{4\pi^2 Ic}$$

所以

$$I=\frac{h}{4\pi^2 c\Delta\sigma}\tag{b}$$

根据题意条件, $\Delta\sigma$ 取平均值:

$$\Delta\sigma=\frac{1}{3}(\Delta\sigma_1+\Delta\sigma_2+\Delta\sigma_3)$$

$$=\frac{1}{3}[(5.92-2.96)+(8.87-5.92)+(11.83-8.87)]\ \text{cm}^{-1}=2.96\ \text{cm}^{-1}=296\ \text{m}^{-1}$$

将式 (b) 代入式 (a) 得

$$q_{\rm r}=\frac{8\pi^2 k_{\rm B}T}{h^2}\cdot\frac{h}{4\pi^2 c\Delta\sigma}=\frac{2k_{\rm B}T}{hc\Delta\sigma}$$

$$=\frac{2\times1.38\times10^{-23}\ \text{J}\cdot\text{K}^{-1}\times300\ \text{K}}{6.626\times10^{-34}\ \text{J}\cdot\text{s}\times2.998\times10^{8}\ \text{m}\cdot\text{s}^{-1}\times296\ \text{m}^{-1}}=140.8$$

(2) 配分函数 $q$ 对热力学能 $U$ 的贡献可通过下式计算。

$$U=Nk_{\rm B}T^2\left(\frac{\partial\ln q}{\partial T}\right)_{V,N}$$

对 1 mol 物质, $N=L$, $Nk_{\rm B}=R$。转动配分函数 $q_{\rm r}=\dfrac{8\pi^2 Ik_{\rm B}T}{\sigma h^2}$, 代入上式后, 可得

$$U_{\rm m}=RT^2\left[\partial\ln\left(\frac{8\pi^2 Ik_{\rm B}T}{\sigma h^2}\right)\Big/\partial T\right]_{V,N}=RT^2\frac{1}{T}=RT$$

$$C_{V,\rm m}=\left(\frac{\partial U_{\rm m}}{\partial T}\right)_V=R$$

**例7.10**　乙炔分子是线形分子, 其中 C≡C 键键长为 120.3 pm, C—H 键键长为 106.0 pm。

(1) 乙炔分子的对称数 $\sigma$ 是多少?

(2) 计算乙炔分子的转动惯量 $I$ 和转动特征温度 $\Theta_{\rm r}$;

(3) 由光谱实验测得其简正振动模式的基本波数为 $\sigma_1=1975\ \text{cm}^{-1}$, $\sigma_2=3370\ \text{cm}^{-1}$, $\sigma_3=3277\ \text{cm}^{-1}$, $\sigma_4=729\ \text{cm}^{-1}$, $\sigma_5=600\ \text{cm}^{-1}$。其中, 简正模式 4 和 5 是双重简并的, 其他模式则是非简并的。计算每个简正振动模式的特征温度 $\Theta_{\rm v}$ 及 300 K 时的 $C_{V,\rm m}$。

**解**: (1) H—C≡C—H, 对称数 $\sigma=2$。

(2) $I=\sum\limits_i m_i d_i^2$

$$=2\times\frac{12\times10^{-3}\ \text{kg}\cdot\text{mol}^{-1}}{6.022\times10^{23}\ \text{mol}^{-1}}\times\left(\frac{120.3\times10^{-12}\ \text{m}}{2}\right)^2+$$

$$2\times\frac{1\times10^{-3}\ \mathrm{kg\cdot mol^{-1}}}{6.022\times10^{23}\ \mathrm{mol^{-1}}}\times\left(\frac{120.3\times10^{-12}\ \mathrm{m}}{2}+106.0\times10^{-12}\ \mathrm{m}\right)^2$$

$$=2.359\times10^{-46}\ \mathrm{kg\cdot m^2}$$

$$\Theta_\mathrm{r}=\frac{h^2}{8\pi^2 Ik_\mathrm{B}}=\frac{(6.626\times10^{-34}\ \mathrm{J\cdot s})^2}{8\times3.1416^2\times2.359\times10^{-46}\ \mathrm{kg\cdot m^2}\times1.38\times10^{-23}\ \mathrm{J\cdot K^{-1}}}=1.71\ \mathrm{K}$$

(3) $\Theta_\mathrm{v}=\dfrac{hc\sigma}{k_\mathrm{B}}$

$$\Theta_\mathrm{v,1}=\frac{6.626\times10^{-34}\ \mathrm{J\cdot s}\times2.998\times10^{8}\ \mathrm{m\cdot s^{-1}}\times1975\times10^{2}\ \mathrm{m^{-1}}}{1.38\times10^{-23}\ \mathrm{J\cdot K^{-1}}}=2843\ \mathrm{K}$$

同理可得 $\Theta_\mathrm{v,2}=4851\ \mathrm{K},\quad \Theta_\mathrm{v,3}=4717\ \mathrm{K},\quad \Theta_\mathrm{v,4}=1049\ \mathrm{K},\quad \Theta_\mathrm{v,5}=863.7\ \mathrm{K}$

$$C_{V,\mathrm{m}}=C_{V,\mathrm{t,m}}+C_{V,\mathrm{r,m}}+C_{V,\mathrm{v,m}}$$

$$U_\mathrm{m}=RT^2\left(\frac{\partial\ln q}{\partial T}\right)_{V,N}\qquad C_{V,\mathrm{m}}=\left(\frac{\partial U_\mathrm{m}}{\partial T}\right)_V$$

$$q_\mathrm{t}=\left(\frac{2\pi mk_\mathrm{B}T}{h^2}\right)^{3/2}\cdot V\qquad C_{V,\mathrm{t,m}}=\frac{3}{2}R$$

$$q_\mathrm{r}=\frac{8\pi^2 Ik_\mathrm{B}T}{\sigma h^2}=\frac{T}{\sigma\Theta_\mathrm{r}}\qquad C_{V,\mathrm{r,m}}=R$$

$$q_\mathrm{v}=\prod_{i=1}^{7}\frac{\exp\left(-\dfrac{\Theta_{\mathrm{v},i}}{2T}\right)}{1-\exp\left(-\dfrac{\Theta_{\mathrm{v},i}}{T}\right)}\qquad C_{V,\mathrm{v,m},i}=R\left(\frac{\Theta_{\mathrm{v},i}}{T}\right)^2\frac{\mathrm{e}^{-\Theta_{\mathrm{v},i}/T}}{(1-\mathrm{e}^{-\Theta_{\mathrm{v},i}/T})^2}$$

$$\frac{C_{V,\mathrm{v,m,1}}}{R}=\left(\frac{2843\ \mathrm{K}}{300\ \mathrm{K}}\right)^2\times\frac{\mathrm{e}^{-2843/300}}{(1-\mathrm{e}^{-2843/300})^2}=6.88\times10^{-3}$$

同理可得

$$\frac{C_{V,\mathrm{v,m,2}}}{R}=2.48\times10^{-5}\qquad \frac{C_{V,\mathrm{v,m,3}}}{R}=3.67\times10^{-5}$$

$$\frac{C_{V,\mathrm{v,m,4}}}{R}=0.394\qquad \frac{C_{V,\mathrm{v,m,5}}}{R}=0.523$$

$$C_{V,\mathrm{v,m}}=\sum_{i=1}^{7}C_{V,\mathrm{v,m},i}=C_{V,\mathrm{v,m,1}}+C_{V,\mathrm{v,m,2}}+C_{V,\mathrm{v,m,3}}+2C_{V,\mathrm{v,m,4}}+2C_{V,\mathrm{v,m,5}}$$

$$=R(6.88\times10^{-3}+2.48\times10^{-5}+3.67\times10^{-5}+2\times0.394+2\times0.523)=1.84R$$

$$C_{V,\mathrm{m}}=C_{V,\mathrm{t,m}}+C_{V,\mathrm{r,m}}+C_{V,\mathrm{v,m}}=\frac{3}{2}R+R+1.84R=4.34R=36.08\ \mathrm{J\cdot mol^{-1}\cdot K^{-1}}$$

**例7.11** 已知下列光谱数据: $Na_2(g)$ 的振动频率为 $\nu=477.6\times10^{10}\ \mathrm{s^{-1}}$, $B=\dfrac{h}{8\pi^2 Ic}=15.47\ \mathrm{m^{-1}}$, 解离能 $\Delta_\mathrm{r}U_\mathrm{m}^\ominus(0)=70.4\ \mathrm{kJ\cdot mol^{-1}}$, Na 原子光谱项为 $^2\mathrm{S}_{1/2}$。求反应 $Na_2(g)\rightleftharpoons 2Na(g)$ 在 1000 K 时的平衡常数 $K_p^\ominus$。

**解**: 已知 $\quad K_p^\ominus=\prod_\mathrm{B}f_\mathrm{B}^{\nu_\mathrm{B}}\cdot\left(\dfrac{k_\mathrm{B}T}{p^\ominus}\right)^{\sum\nu_\mathrm{B}}\cdot\exp\left(-\dfrac{\Delta\varepsilon_0}{k_\mathrm{B}T}\right)$

对于题给反应, 则有

$$K_p^{\ominus} = \frac{f_{\mathrm{Na}}^2}{f_{\mathrm{Na_2}}} \cdot \frac{k_{\mathrm{B}}T}{p^{\ominus}} \cdot \mathrm{e}^{-\Delta_{\mathrm{r}}U_{\mathrm{m}}^{\ominus}(0)/RT} = \frac{[f_{\mathrm{e}}(\mathrm{Na})f_{\mathrm{t}}(\mathrm{Na})]^2}{f_{\mathrm{t}}(\mathrm{Na_2})f_{\mathrm{r}}(\mathrm{Na_2})f_{\mathrm{v}}(\mathrm{Na_2})} \cdot \frac{k_{\mathrm{B}}T}{p^{\ominus}} \cdot \mathrm{e}^{-\Delta_{\mathrm{r}}U_{\mathrm{m}}^{\ominus}(0)/RT}$$

$$f_{\mathrm{e}}(\mathrm{Na}) = g_{\mathrm{e},0} = (2j+1) = 2 \qquad (\text{由 Na 原子光谱项可知 } j = 1/2)$$

$$\begin{aligned} f_{\mathrm{t}}(\mathrm{Na}) &= \left(\frac{2\pi m_{\mathrm{Na}}k_{\mathrm{B}}T}{h^2}\right)^{3/2} \\ &= \left[\frac{2\times 3.1416\times\dfrac{23\times 10^{-3}\ \mathrm{kg\cdot mol^{-1}}}{6.022\times 10^{23}\mathrm{mol^{-1}}}\times 1.38\times 10^{-23}\ \mathrm{J\cdot K^{-1}}\times 1000\ \mathrm{K}}{(6.626\times 10^{-34}\ \mathrm{J\cdot s})^2}\right]^{3/2} \\ &= 6.551\times 10^{32}\ \mathrm{m^{-3}} \end{aligned}$$

$$\begin{aligned} f_{\mathrm{t}}(\mathrm{Na_2}) &= \left(\frac{2\pi m_{\mathrm{Na_2}}k_{\mathrm{B}}T}{h^2}\right)^{3/2} \\ &= \left[\frac{2\times 3.1416\times\dfrac{46\times 10^{-3}\ \mathrm{kg\cdot mol^{-1}}}{6.022\times 10^{23}\ \mathrm{mol^{-1}}}\times 1.38\times 10^{-23}\ \mathrm{J\cdot K^{-1}}\times 1000\ \mathrm{K}}{(6.626\times 10^{-34}\ \mathrm{J\cdot s})^2}\right]^{3/2} \\ &= 1.853\times 10^{33}\ \mathrm{m^{-3}} \end{aligned}$$

$$\begin{aligned} f_{\mathrm{r}}(\mathrm{Na_2}) &= \frac{8\pi^2 Ik_{\mathrm{B}}T}{\sigma h^2} = \frac{k_{\mathrm{B}}T}{B\sigma hc} \\ &= \frac{1.38\times 10^{-23}\ \mathrm{J\cdot K^{-1}}\times 1000\ \mathrm{K}}{15.47\ \mathrm{m^{-1}}\times 2\times 6.626\times 10^{-34}\ \mathrm{J\cdot s}\times 2.998\times 10^{8}\ \mathrm{m\cdot s^{-1}}} = 2245 \end{aligned}$$

$$f_{\mathrm{v}}(\mathrm{Na_2}) = \frac{1}{1-\mathrm{e}^{-h\nu/k_{\mathrm{B}}T}} = \frac{1}{1-\exp\left(-\dfrac{6.626\times 10^{-34}\ \mathrm{J\cdot s}\times 477.6\times 10^{10}\ \mathrm{s^{-1}}}{1.38\times 10^{-23}\ \mathrm{J\cdot K^{-1}}\times 1000\ \mathrm{K}}\right)} = 4.880$$

$$\begin{aligned} K_p^{\ominus} &= \frac{[f_{\mathrm{e}}(\mathrm{Na})f_{\mathrm{t}}(\mathrm{Na})]^2}{f_{\mathrm{t}}(\mathrm{Na_2})f_{\mathrm{r}}(\mathrm{Na_2})f_{\mathrm{v}}(\mathrm{Na_2})} \cdot \frac{k_{\mathrm{B}}T}{p^{\ominus}} \cdot \mathrm{e}^{-\Delta_{\mathrm{r}}U_{\mathrm{m}}^{\ominus}(0)/RT} \\ &= \frac{(2\times 6.551\times 10^{32}\ \mathrm{m^{-3}})^2}{1.853\times 10^{33}\ \mathrm{m^{-3}}\times 2245\times 4.880} \times \frac{1.38\times 10^{-23}\ \mathrm{J\cdot K^{-1}}\times 1000\ \mathrm{K}}{100\times 10^3\ \mathrm{Pa}} \times \\ &\quad \exp\left(-\frac{70.4\times 10^3\ \mathrm{J\cdot mol^{-1}}}{8.314\ \mathrm{J\cdot mol^{-1}\cdot K^{-1}}\times 1000\ \mathrm{K}}\right) = 2.45 \end{aligned}$$

**例7.12**　列出在 200～700 K 区间内反应 $H_2(g)+D_2(g) \rightleftharpoons 2HD(g)$ 的 $K_p^{\ominus}$ 和温度的关系式。已知 $H_2(g)$ 的振动频率为 $12.95\times 10^{13}\ \mathrm{s^{-1}}$, $H_2$, $D_2$, HD 具有相同的核间距 $R_{\mathrm{e}}$ 和相同的力常数 $K$, 三者的光谱解离能均为 $D_{\mathrm{e}}$, 分子的势能曲线如右图所示。

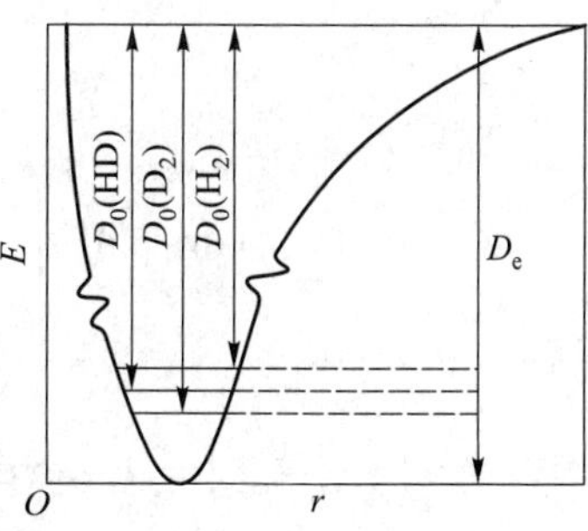


**解**: 对于反应　　$H_2(g) + D_2(g) \rightleftharpoons 2HD(g)$

因为 $\sum_{\mathrm{B}} \nu_{\mathrm{B}} = 0$, 所以　　$K_p^{\ominus} = K_p = K_{\mathrm{c}} = \dfrac{f_{\mathrm{HD}}^2}{f_{\mathrm{H_2}}f_{\mathrm{D_2}}}\exp\left(-\dfrac{\Delta\varepsilon_0}{k_{\mathrm{B}}T}\right)$

$$f_t = \left(\frac{2\pi m k_B T}{h^2}\right)^{3/2} \qquad f_r = \frac{8\pi^2 I k_B T}{\sigma h^2} \qquad f_v = \frac{1}{1-\exp\left(-\dfrac{h\nu}{k_B T}\right)}$$

$$K_p^{\ominus} = \left(\frac{m_{HD}^2}{m_{H_2} m_{D_2}}\right)^{3/2} \cdot \frac{I_{HD}^2}{I_{H_2} I_{D_2}} \cdot \frac{\sigma_{H_2}\sigma_{D_2}}{\sigma_{HD}^2} \cdot \frac{\left[1-\exp\left(-\dfrac{h\nu_{H_2}}{k_B T}\right)\right]\left[1-\exp\left(-\dfrac{h\nu_{D_2}}{k_B T}\right)\right]}{\left[1-\exp\left(-\dfrac{h\nu_{HD}}{k_B T}\right)\right]^2} \exp\left(-\frac{\Delta\varepsilon_0}{k_B T}\right)$$

其中
$$\left(\frac{m_{HD}^2}{m_{H_2} m_{D_2}}\right)^{3/2} = \left(\frac{3^2}{2\times 4}\right)^{3/2} = \left(\frac{9}{8}\right)^{3/2}$$

因为 $H_2$, $D_2$, HD 具有相同的核间距, 即 $R_e(H_2) = R_e(D_2) = R_e(HD)$, 所以

$$\frac{I_{HD}^2}{I_{H_2} I_{D_2}} = \frac{\mu_{HD}^2}{\mu_{H_2}\mu_{D_2}} = \frac{\left(\dfrac{m_H m_D}{m_H + m_D}\right)^2}{\dfrac{m_H m_H}{m_H + m_H} \cdot \dfrac{m_D m_D}{m_D + m_D}}$$

$$= \frac{(m_H + m_H)\times(m_D + m_D)}{(m_H + m_D)^2} = \frac{2\times 4}{3^2} = \frac{8}{9}$$

$$\frac{\sigma_{H_2}\sigma_{D_2}}{\sigma_{HD}^2} = \frac{2\times 2}{1} = 4$$

$T$ 处于 200 ~ 700 K 区间内, 设 $T$ 为 700 K 时, 有

$$1-\exp\left(-\frac{h\nu_{H_2}}{k_B T}\right) = 1-\exp\left(-\frac{6.626\times 10^{-34}\ \text{J·s}\times 12.95\times 10^{13}\ \text{s}^{-1}}{1.38\times 10^{-23}\ \text{J·K}^{-1}\times 700\ \text{K}}\right) = 1-\exp(-8.88) \approx 1$$

已知振动频率 $\nu = \dfrac{1}{2\pi}\sqrt{\dfrac{K}{\mu}}$, 且 $H_2$, $D_2$, HD 具有相同的力常数 $K$, 所以

$$\frac{\nu_{D_2}}{\nu_{H_2}} = \sqrt{\frac{\mu_{H_2}}{\mu_{D_2}}} = \sqrt{\frac{1/2}{1}} = \sqrt{\frac{1}{2}}$$

$$\nu_{D_2} = \sqrt{\frac{1}{2}}\nu_{H_2} = \sqrt{\frac{1}{2}}\times 12.95\times 10^{13}\ \text{s}^{-1} = 9.157\times 10^{13}\ \text{s}^{-1}$$

$$\frac{\nu_{HD}}{\nu_{H_2}} = \sqrt{\frac{\mu_{H_2}}{\mu_{HD}}} = \sqrt{\frac{1/2}{2/3}} = \sqrt{\frac{3}{4}}$$

$$\nu_{HD} = \sqrt{\frac{3}{4}}\nu_{H_2} = \sqrt{\frac{3}{4}}\times 12.95\times 10^{13}\ \text{s}^{-1} = 11.215\times 10^{13}\ \text{s}^{-1}$$

所以

$$1-\exp\left(-\frac{h\nu_{D_2}}{k_B T}\right) = 1-\exp\left(-\frac{6.626\times 10^{-34}\ \text{J·s}\times 9.157\times 10^{13}\ \text{s}^{-1}}{1.38\times 10^{-23}\ \text{J·K}^{-1}\times 700\ \text{K}}\right) = 1-\exp(-6.28) \approx 1$$

$$1-\exp\left(-\frac{h\nu_{\mathrm{HD}}}{k_{\mathrm{B}}T}\right)=1-\exp\left(-\frac{6.626\times10^{-34}\ \mathrm{J\cdot s}\times11.215\times10^{13}\ \mathrm{s}^{-1}}{1.38\times10^{-23}\ \mathrm{J\cdot K}^{-1}\times700\ \mathrm{K}}\right)=1-\exp(-7.69)\approx1$$

所以
$$\frac{[1-\exp(-h\nu_{\mathrm{H}_2}/k_{\mathrm{B}}T)][1-\exp(-h\nu_{\mathrm{D}_2}/k_{\mathrm{B}}T)]}{[1-\exp(-h\nu_{\mathrm{HD}}/k_{\mathrm{B}}T)]^2}=1$$

从图中可知, $H_2$, $D_2$ 和 HD 的光谱解离能是相同的, 而零点能不一样。所以

$$\Delta\varepsilon_0=2\times\left(\frac{1}{2}h\nu_{\mathrm{HD}}\right)-\frac{1}{2}h\nu_{\mathrm{D}_2}-\frac{1}{2}h\nu_{\mathrm{H}_2}=h\sqrt{\frac{3}{4}}\nu_{\mathrm{H}_2}-\frac{1}{2}h\sqrt{\frac{1}{2}}\nu_{\mathrm{H}_2}-\frac{1}{2}h\nu_{\mathrm{H}_2}=0.01247h\nu_{\mathrm{H}_2}$$

所以

$$\frac{\Delta\varepsilon_0}{k_{\mathrm{B}}T}=\frac{0.01247h\nu_{\mathrm{H}_2}}{k_{\mathrm{B}}T}=\frac{0.01247\times6.626\times10^{-34}\ \mathrm{J\cdot s}\times12.95\times10^{13}\ \mathrm{s}^{-1}}{1.38\times10^{-23}\ \mathrm{J\cdot K}^{-1}\times T}=\frac{77.5\ \mathrm{K}}{T}$$

$$K_p^{\ominus}=\left(\frac{9}{8}\right)^{3/2}\times\frac{8}{9}\times4\times\exp\left(-\frac{77.5\ \mathrm{K}}{T}\right)=4.243\exp\left(-\frac{77.5\ \mathrm{K}}{T}\right)$$

# 三、习题及解答

**7.1**　设某分子有 $0, 1\varepsilon, 2\varepsilon, 3\varepsilon$ 四个能级, 系统中共有 6 个分子, 试问:

(1) 如果能级是非简并的, 当总能量是 $3\varepsilon$ 时, 6 个分子在四个能级上有几种分布方式? 总的微观状态数为多少? 每一种分布的热力学概率是多少?

(2) 如果 $0, 1\varepsilon$ 两个能级是非简并的, $2\varepsilon$ 能级的简并度为 6, $3\varepsilon$ 能级的简并度为 10, 则有几种分布方式? 总的微观状态数为多少? 每一种分布的热力学概率是多少?

**解**: (1) 在满足粒子数和能量守恒的前提条件下, 可有 3 种分布方式: 第一种分布方式是 5 个粒子在基态能级上, 1 个粒子在能量为 $3\varepsilon$ 的能级上; 第二种分布方式是 4 个粒子在基态能级上, 1 个粒子在能量为 $1\varepsilon$ 的能级上, 1 个粒子在能量为 $2\varepsilon$ 的能级上; 第三种分布方式是 3 个粒子在基态能级上, 3 个粒子在能量为 $1\varepsilon$ 的能级上。

根据公式 $t_i=\prod\limits_i\dfrac{N!}{N_i!}$, 可知

$$t_1=6!/(5!1!)=6;\quad t_2=6!/(4!1!1!)=30;\quad t_3=6!/(3!3!)=20$$

$$\Omega=t_1+t_2+t_3=56$$

$$P_1=t_1/\Omega=6/56=10.7\%;\quad P_2=t_2/\Omega=30/56=53.6\%;\quad P_3=t_3/\Omega=20/56=35.7\%$$

(2) 仍有 3 种能级分布方式。根据公式 $t_i=N!\prod\limits_i\dfrac{g_i^{N_i}}{N_i!}$, 可知

$$t_1=[6!/(5!1!)]\times10=60;\quad t_2=[6!/(4!1!1!)]\times6=180;\quad t_3=[6!/(3!3!)]\times1=20$$

$$\Omega=t_1+t_2+t_3=260$$

$$P_1=t_1/\Omega=60/260=23.1\%;\quad P_2=t_2/\Omega=180/260=69.2\%;\quad P_3=t_3/\Omega=20/260=7.7\%$$

**7.2** 设有由 $N$ 个独立定域子构成的系统, 总能量为 $3\varepsilon$, 许可能级为 $0, \varepsilon, 2\varepsilon$ 和 $3\varepsilon$, 简并度皆为 1。

(1) 试举出不同的分布方式, 求每一分布所拥有的微观状态数;

(2) 当 $N$ 分别为 $10, 100, 1000$ 和 $6 \times 10^{23}$ 时, 求各分布的微观状态数 $t$ 以及最概然分布的微观状态数 $t_{\max}$ 与总微观状态数 $\sum t$ 之比;

(3) 当 $N \to \infty$ 时, $t_{\max}/\sum t$ 趋于什么数值?

**解**: (1) 在满足粒子数和能量守恒的前提条件下, 可有 3 种分布方式: 第一种分布方式是 $(N-3)$ 个粒子在基态能级上, 3 个粒子在能量为 $\varepsilon$ 的能级上; 第二种分布方式是 $(N-2)$ 个粒子在基态能级上, 1 个粒子在能量为 $\varepsilon$ 的能级上, 1 个粒子在能量为 $2\varepsilon$ 的能级上; 第三种分布方式是 $(N-1)$ 个粒子在基态能级上, 1 个粒子在能量为 $3\varepsilon$ 的能级上。

根据公式 $t_i = \prod_i \dfrac{N!}{N_i!}$, 可知

$$t_1 = N(N-1)(N-2)/6; \quad t_2 = N(N-1); \quad t_3 = N$$

(2) 根据 (1) 中所得 $t_1, t_2$ 和 $t_3$ 的表达式, 可得

当 $N = 10$ 时, $t_1 = 120$, $t_2 = 90$, $t_3 = 10$, $t_{\max}/\sum t = 6/11$ (第一种分布为最概然分布)

当 $N = 100$ 时, $t_1 = 161700$, $t_2 = 9900$, $t_3 = 100$, $t_{\max}/\sum t = 1617/1717$

当 $N = 1000$ 时, $t_1 = 166167000$, $t_2 = 999000$, $t_3 = 1000$, $t_{\max}/\sum t = 166167/167167$

当 $N = 6 \times 10^{23}$ 时, $t_1 = 3.6 \times 10^{70}$, $t_2 = 3.6 \times 10^{47}$, $t_3 = 6 \times 10^{23}$, $t_{\max}/\sum t \approx 1$

(3) 当 $N \to \infty$ 时, $t_{\max}/\sum t \approx 1$。

**7.3** 设某分子的一个能级的能量和简并度分别为 $\varepsilon_1 = 6.1 \times 10^{-21}$ J, $g_1 = 3$, 另一个能级的能量和简并度分别为 $\varepsilon_2 = 8.4 \times 10^{-21}$ J, $g_2 = 5$。试分别计算在 300 K 和 3000 K 时, 这两个能级上分布的粒子数之比 $N_1/N_2$。

**解**: 根据 Boltzmann 分布公式, 可得 $\quad \dfrac{N_1}{N_2} = \dfrac{g_1}{g_2} \exp\left(-\dfrac{\varepsilon_1 - \varepsilon_2}{k_{\mathrm{B}}T}\right)$

(1) 当 $T = 300$ K 时:

$$\frac{N_1}{N_2} = \frac{3}{5} \exp\left(-\frac{6.1 \times 10^{-21}\ \mathrm{J} - 8.4 \times 10^{-21}\ \mathrm{J}}{1.38 \times 10^{-23}\ \mathrm{J \cdot s^{-1}} \times 300\ \mathrm{K}}\right) = 1.046$$

(2) 当 $T = 3000$ K 时:

$$\frac{N_1}{N_2} = \frac{3}{5} \exp\left(-\frac{6.1 \times 10^{-21}\ \mathrm{J} - 8.4 \times 10^{-21}\ \mathrm{J}}{1.38 \times 10^{-23}\ \mathrm{J \cdot s^{-1}} \times 3000\ \mathrm{K}}\right) = 0.634$$

说明随着温度升高, 高能级上的粒子数逐渐增多。

**7.4** 设有一个由极大数目的三维平动子组成的粒子系统, 运动于边长为 $a$ 的立方容器内, 系统的体积、粒子质量和温度的关系为 $\dfrac{h^2}{8ma^2} = 0.10k_{\mathrm{B}}T$。现有两个能级的能量分别为 $\varepsilon_1 = \dfrac{9h^2}{4ma^2}$, $\varepsilon_2 = \dfrac{27h^2}{8ma^2}$, 试计算处于这两个能级上的粒子数之比 $N_1/N_2$。

**解**: 由 Boltzmann 分布公式得

$$\frac{N_1}{N_2}=\frac{g_1\exp\left(-\dfrac{\varepsilon_1}{k_{\rm B}T}\right)}{g_2\exp\left(-\dfrac{\varepsilon_2}{k_{\rm B}T}\right)}$$

已知 $$\varepsilon_1=\frac{18h^2}{8ma^2}=1.8k_{\rm B}T \qquad g_1=3 \qquad (n_x^2+n_y^2+n_z^2=18)$$

$$\varepsilon_2=\frac{27h^2}{8ma^2}=2.7k_{\rm B}T \qquad g_2=4 \qquad (n_x^2+n_y^2+n_z^2=27)$$

所以 $$\frac{N_1}{N_2}=\frac{3{\rm e}^{-1.8}}{4{\rm e}^{-2.7}}=\frac{3}{4}{\rm e}^{0.9}=1.84$$

**7.5** 某气体的第一电子激发态比基态能量高 400 kJ·mol$^{-1}$, 试计算:

(1) 在 300 K 时, 第一电子激发态分子所占的分数;

(2) 若要使第一电子激发态分子所占的分数为 0.10, 则这时的温度为多少?

**解**: (1) $$\frac{N_1}{N}=\frac{{\rm e}^{-\varepsilon_1/k_{\rm B}T}}{{\rm e}^{-\varepsilon_0/k_{\rm B}T}+{\rm e}^{-\varepsilon_1/k_{\rm B}T}}=\frac{{\rm e}^{-(\varepsilon_1-\varepsilon_0)/k_{\rm B}T}}{1+{\rm e}^{-(\varepsilon_1-\varepsilon_0)/k_{\rm B}T}}=2.2\times10^{-70}$$

(2) $$\frac{N_1}{N}=\frac{\exp\left(-\dfrac{400\times10^3\ {\rm J\cdot mol^{-1}}}{8.314\ {\rm J\cdot mol^{-1}\cdot K^{-1}}\times T}\right)}{1+\exp\left(-\dfrac{400\times10^3\ {\rm J\cdot mol^{-1}}}{8.314\ {\rm J\cdot mol^{-1}\cdot K^{-1}}\times T}\right)}=0.1$$

解得 $$T=2.2\times10^4{\rm K}$$

**7.6** 1 mol 纯物质的理想气体, 设分子的某内部运动形式只有三个可及的能级, 它们的能量和简并度分别为 $\varepsilon_1=0$, $g_1=1$; $\varepsilon_2/k_{\rm B}=100$ K, $g_2=3$; $\varepsilon_3/k_{\rm B}=300$ K, $g_3=5$; 其中 $k_{\rm B}$ 为 Boltzmann 常数。试计算:

(1) 200 K 时的分子配分函数;

(2) 200 K 时能级 $\varepsilon_2$ 上的最概然分子数;

(3) 当 $T\to\infty$ 时, 三个能级上的最概然分子数之比。

**解**: (1) $q=g_1{\rm e}^{-\varepsilon_1/k_{\rm B}T}+g_2{\rm e}^{-\varepsilon_2/k_{\rm B}T}+g_3{\rm e}^{-\varepsilon_3/k_{\rm B}T}=1+3{\rm e}^{-100/200}+5{\rm e}^{-300/200}=3.935$

(2) $N_2=N_{\rm A}\cdot\dfrac{g_2{\rm e}^{-\varepsilon_2/k_{\rm B}T}}{q}=6.022\times10^{23}\times\dfrac{3{\rm e}^{-100/200}}{3.935}=2.785\times10^{23}$

(3) 当 $T\to\infty$ 时: $N_1:N_2:N_3=g_1:g_2:g_3=1:3:5$

**7.7** 对于定域、独立子系统, 试证明其 Boltzmann 分布的微观状态数 $\varOmega$ 与粒子配分函数 $q$ 的关系为 $\varOmega=q^N{\rm e}^{U/k_{\rm B}T}$, 式中 $q=\sum\limits_i g_i\exp\left(-\dfrac{\varepsilon_i}{k_{\rm B}T}\right)$, $U=\sum\limits_i N_i\varepsilon_i$, $N=\sum\limits_i N_i$。

**证明**: 能级有简并度的定域子系统所有可能分配方式的总的微观状态数为

$$\varOmega(U,V,N)=\sum_i N!\prod_i\frac{g_i^{N_i}}{N_i!}$$

采用最概然分布的概念, 令 $$\ln\varOmega\approx\ln t_{\rm m}=\ln\left(N!\prod_i\frac{g_i^{N_i^*}}{N_i^*!}\right)$$

用 Stirling 公式 ($\ln N! = N\ln N - N$), 将上式展开:

$$\begin{aligned}\ln\Omega &= N\ln N - N + \sum N_i^*\ln g_i - \sum N_i^*\ln N_i^* + \sum N_i^* \\ &= N\ln N + \sum N_i^*\ln g_i - \sum N_i^*\ln N_i^* \qquad \left(\sum N_i^* = N\right) \qquad \text{(a)}\end{aligned}$$

依据 Boltzmann 最概然分布公式, 有

$$N_i^* = N\frac{g_i \mathrm{e}^{-\varepsilon_i/k_\mathrm{B}T}}{\sum\limits_i g_i \mathrm{e}^{-\varepsilon_i/k_\mathrm{B}T}} = N\frac{g_i \mathrm{e}^{-\varepsilon_i/k_\mathrm{B}T}}{q}$$

$$\ln N_i^* = \ln N - \ln q + \ln g_i - \frac{\varepsilon_i}{k_\mathrm{B}T} \qquad \text{(b)}$$

将式 (b) 代入式 (a) 得

$$\begin{aligned}\ln\Omega &= N\ln N + \sum N_i^*\ln g_i - \sum N_i^*\ln N + \sum N_i^*\ln q - \sum N_i^*\ln g_i + \frac{\sum N_i^*\varepsilon_i}{k_\mathrm{B}T} \\ &= \sum N_i^*\ln q + \frac{\sum N_i^*\varepsilon_i}{k_\mathrm{B}T} = \ln q^N + \frac{U}{k_\mathrm{B}T} = \ln(q^N \mathrm{e}^{U/k_\mathrm{B}T})\end{aligned}$$

所以 $$\Omega = q^N \mathrm{e}^{U/k_\mathrm{B}T}$$

**7.8** 已知质子的磁量子数 $m_l = \pm 1/2$, 在磁场中可有两种取向, 即与磁场方向平行和反平行, 对应的两个能级 (非简并) 的能量可由公式 $\varepsilon = -\hbar\gamma m_l B_0$ 给出。式中 $\gamma$ 为磁旋比; $B_0$ 为磁场强度。对于由一裸露质子组成的简单系统:

(1) 写出质子的配分函数。

(2) 导出在一磁场中的平均能量的表达式, 并证明当 $T \to 0$ K 时, $\overline{\varepsilon} = -\dfrac{h\gamma B_0}{4\pi}$; 当 $T \to \infty$ 时, $\overline{\varepsilon} = 0$。

(3) 将结果推广至一个自旋为 1 的核, 并确定平均能量的高、低温极限值。

(4) 如果 $N_\mathrm{w}$ 是与磁场 $B_0$ 平行的质子数, $N_\mathrm{o}$ 是与磁场 $B_0$ 相反的质子数, 证明 $\dfrac{N_\mathrm{o}}{N_\mathrm{w}} = \mathrm{e}^{-\hbar\gamma B_0/k_\mathrm{B}T}$。假设对于一个质子 $\gamma = 26.7522 \times 10^{-7}\ \mathrm{rad\cdot T^{-1}\cdot s^{-1}}$, 现磁场强度为 5.0 T, 试给出 $N_\mathrm{o}/N_\mathrm{w}$ 与温度 $T$ 的函数关系式, 并说明在什么温度时有 $N_\mathrm{o} = N_\mathrm{w}$?

**解**: (1) 对于质子, 在磁场中两个能级的能量分别为

$$\varepsilon\left(m_l = +\frac{1}{2}\right) = -\frac{h\gamma B_0}{4\pi} \qquad 和 \qquad \varepsilon\left(m_l = -\frac{1}{2}\right) = \frac{h\gamma B_0}{4\pi}$$

故相应的配分函数为

$$q = \sum_i g_i \mathrm{e}^{-\varepsilon_i/k_\mathrm{B}T} = \exp\left(-\frac{h\gamma B_0}{4\pi k_\mathrm{B}T}\right) + \exp\left(\frac{h\gamma B_0}{4\pi k_\mathrm{B}T}\right)$$

(2) $\overline{\varepsilon} = k_\mathrm{B}T^2\left(\dfrac{\partial \ln q}{\partial T}\right)_{V,N} = \dfrac{k_\mathrm{B}T^2}{q}\left(\dfrac{\partial q}{\partial T}\right)_{V,N}$

$$\left(\frac{\partial q}{\partial T}\right)_{V,N} = \frac{h\gamma B_0}{4\pi k_\mathrm{B}T^2}\left[\exp\left(-\frac{h\gamma B_0}{4\pi k_\mathrm{B}T}\right) - \exp\left(\frac{h\gamma B_0}{4\pi k_\mathrm{B}T}\right)\right]$$

$$\bar{\varepsilon} = \frac{k_\mathrm{B}T^2}{q}\cdot\frac{h\gamma B_0}{4\pi k_\mathrm{B}T^2}\left[\exp\left(-\frac{h\gamma B_0}{4\pi k_\mathrm{B}T}\right) - \exp\left(\frac{h\gamma B_0}{4\pi k_\mathrm{B}T}\right)\right] = \frac{h\gamma B_0}{4\pi}\cdot\frac{\exp\left(-\dfrac{h\gamma B_0}{2\pi k_\mathrm{B}T}\right)-1}{\exp\left(-\dfrac{h\gamma B_0}{2\pi k_\mathrm{B}T}\right)+1}$$

当 $T \to 0\ \mathrm{K}$ 时, $\exp\left(-\dfrac{h\gamma B_0}{2\pi k_\mathrm{B}T}\right) = 0$, 故 $\bar{\varepsilon} = -\dfrac{h\gamma B_0}{4\pi}$; 此时无热能 $(k_\mathrm{B}T)$, 质子定位取向平行于磁场方向。当 $T \to \infty$ 时, $\exp\left(-\dfrac{h\gamma B_0}{2\pi k_\mathrm{B}T}\right) = 1$, 故 $\bar{\varepsilon} = 0$。此时质子热能已增加到足够高, 以致在两个定位取向上质子出现的概率相等。

(3) 对自旋为 1 的原子核, $m_l$ 可为 $-1, 0$ 和 $+1$, 在磁场中对应有 3 个能级, 能量分别为

$$\varepsilon(m_l = +1) = \frac{h\gamma B_0}{2\pi} \qquad \varepsilon(m_l = 0) = 0 \qquad \varepsilon(m_l = -1) = \frac{h\gamma B_0}{2\pi}$$

故相应的配分函数为

$$q = \sum_i g_i \mathrm{e}^{-\varepsilon_i/k_\mathrm{B}T} = \exp\left(-\frac{h\gamma B_0}{2\pi k_\mathrm{B}T}\right) + 1 + \exp\left(\frac{h\gamma B_0}{2\pi k_\mathrm{B}T}\right)$$

$$\bar{\varepsilon} = k_\mathrm{B}T^2\left(\frac{\partial \ln q}{\partial T}\right)_{V,N} = \frac{k_\mathrm{B}T^2}{q}\left(\frac{\partial q}{\partial T}\right)_{V,N}$$

$$\left(\frac{\partial q}{\partial T}\right)_{V,N} = \frac{h\gamma B_0}{2\pi k_\mathrm{B}T^2}\left[\exp\left(-\frac{h\gamma B_0}{2\pi k_\mathrm{B}T}\right) - \exp\left(\frac{h\gamma B_0}{2\pi k_\mathrm{B}T}\right)\right]$$

$$\bar{\varepsilon} = \frac{k_\mathrm{B}T^2}{q}\cdot\frac{h\gamma B_0}{2\pi k_\mathrm{B}T^2}\left[\exp\left(-\frac{h\gamma B_0}{2\pi k_\mathrm{B}T}\right) - \exp\left(\frac{h\gamma B_0}{2\pi k_\mathrm{B}T}\right)\right]$$

$$= \frac{h\gamma B_0}{2\pi}\cdot\frac{\exp\left(-\dfrac{h\gamma B_0}{\pi k_\mathrm{B}T}\right)-1}{\exp\left(-\dfrac{h\gamma B_0}{\pi k_\mathrm{B}T}\right)+\exp\left(-\dfrac{h\gamma B_0}{2\pi k_\mathrm{B}T}\right)+1}$$

当 $T \to 0\ \mathrm{K}$ 时, $\exp\left(-\dfrac{h\gamma B_0}{\pi k_\mathrm{B}T}\right) = 0$, $\exp\left(-\dfrac{h\gamma B_0}{2\pi k_\mathrm{B}T}\right) = 0$, 故 $\bar{\varepsilon} = -\dfrac{h\gamma B_0}{2\pi}$;

当 $T \to \infty$ 时, $\exp\left(-\dfrac{h\gamma B_0}{\pi k_\mathrm{B}T}\right) = 1$, $\exp\left(-\dfrac{h\gamma B_0}{2\pi k_\mathrm{B}T}\right) = 1$, 故 $\bar{\varepsilon} = 0$。

(4) 证明: 与磁场方向平行和反平行对应的质子能级能量分别为

$$\varepsilon\left(m_l = +\frac{1}{2}\right) = -\frac{h\gamma B_0}{4\pi} \qquad \varepsilon\left(m_l = -\frac{1}{2}\right) = \frac{h\gamma B_0}{4\pi}$$

故

$$\Delta\varepsilon = \frac{h\gamma B_0}{2\pi}$$

根据 Boltzmann 分布公式, 有

$$\frac{N_\mathrm{o}}{N_\mathrm{w}} = \exp\left(-\frac{\Delta\varepsilon}{k_\mathrm{B}T}\right) = \exp\left(-\frac{h\gamma B_0}{2\pi k_\mathrm{B}T}\right)$$

$$= \exp\left(-\frac{6.626\times10^{-34}\ \mathrm{J\cdot s}\times26.7522\times10^{7}\ \mathrm{rad\cdot T^{-1}\cdot s^{-1}}\times5.0\ \mathrm{T}}{2\times3.1416\times1.38\times10^{-23}\ \mathrm{J\cdot K^{-1}}\times T}\right)=\exp(-0.010\ \mathrm{K}/T)$$

要使 $N_\mathrm{o}=N_\mathrm{w}$, 则 $T$ 必须是无穷大。

**7.9** 已知一个分子中的电子有单重态 (singlet) 和三重态 (triplet) 两种能态。单重态能量比三重态的高 $4.11\times10^{-21}$ J, 单重态和三重态的简并度分别为 $g_{\mathrm{e},1}=1$, $g_{\mathrm{e},0}=3$。试计算 298.15 K 时:

(1) 此两种状态的电子配分函数;

(2) 三重态与单重态上分子数之比。

**解**: (1) $q_\mathrm{e}=g_{\mathrm{e},0}\mathrm{e}^{-\varepsilon_0/k_\mathrm{B}T}+g_{\mathrm{e},1}\mathrm{e}^{-\varepsilon_1/k_\mathrm{B}T}$

设三重态为能量零点, 则

$$q_\mathrm{e}=3+1\times\exp\left(-\frac{4.11\times10^{-21}\ \mathrm{J}}{1.38\times10^{-23}\ \mathrm{J\cdot K^{-1}}\times298.15\ \mathrm{K}}\right)=3.368$$

(2) 298.15 K 时, 三重态与单重态上分子数之比为

$$\frac{N_0}{N_1}=\frac{g_{\mathrm{e},0}\mathrm{e}^{-\varepsilon_0/k_\mathrm{B}T}}{g_{\mathrm{e},1}\mathrm{e}^{-\varepsilon_1/k_\mathrm{B}T}}=\frac{g_{\mathrm{e},0}}{g_{\mathrm{e},1}}\times\mathrm{e}^{(\varepsilon_1-\varepsilon_0)/k_\mathrm{B}T}$$

$$=\frac{3}{1}\times\exp\left(\frac{4.11\times10^{-21}\ \mathrm{J}}{1.38\times10^{-23}\ \mathrm{J\cdot K^{-1}}\times298.15\ \mathrm{K}}\right)=8.146$$

**7.10** Si(g) 在 5000 K 时有下列数据:

| 能级 | $^3\mathrm{P}_0$ | $^3\mathrm{P}_1$ | $^3\mathrm{P}_2$ | $^1\mathrm{D}_2$ | $^1\mathrm{S}_0$ |
|---|---|---|---|---|---|
| 简并度 | 1 | 3 | 5 | 5 | 1 |
| $\varepsilon_i/k_\mathrm{B}T$ | 0.0 | 0.022 | 0.064 | 1.812 | 4.430 |

试计算 5000 K 时:

(1) Si(g) 的电子配分函数;

(2) 在 $^1\mathrm{D}_2$ 能级上最概然分布的原子分数。

**解**: (1) $q_\mathrm{e}=\sum\limits_i g_{\mathrm{e},i}\mathrm{e}^{-\varepsilon_{\mathrm{e},i}/k_\mathrm{B}T}$

$$=g_{\mathrm{e},0}\mathrm{e}^{-\varepsilon_{\mathrm{e},0}/k_\mathrm{B}T}+g_{\mathrm{e},1}\mathrm{e}^{-\varepsilon_{\mathrm{e},1}/k_\mathrm{B}T}+g_{\mathrm{e},2}\mathrm{e}^{-\varepsilon_{\mathrm{e},2}/k_\mathrm{B}T}+g_{\mathrm{e},3}\mathrm{e}^{-\varepsilon_{\mathrm{e},3}/k_\mathrm{B}T}+g_{\mathrm{e},4}\mathrm{e}^{-\varepsilon_{\mathrm{e},4}/k_\mathrm{B}T}$$

$$=1\times\mathrm{e}^{-0.0}+3\times\mathrm{e}^{-0.022}+5\times\mathrm{e}^{-0.064}+5\times\mathrm{e}^{-1.812}+1\times\mathrm{e}^{-4.430}=9.453$$

(2) 在 $^1\mathrm{D}_2$ 能级上最概然分布的原子分数为

$$\frac{N_i}{N}=\frac{g_{\mathrm{e},i}\mathrm{e}^{-\varepsilon_{\mathrm{e},i}/k_\mathrm{B}T}}{q_\mathrm{e}}=\frac{5\times\mathrm{e}^{-1.812}}{9.453}=0.0864$$

**7.11** $N_2$(g) 分子在电弧中加热, 光谱观察到 $N_2$(g) 分子振动激发态对基态的相对分子数如下所示:

| $v$ (振动量子数) | 0 | 1 | 2 | 3 |
|---|---|---|---|---|
| $N_v/N_0$ ($N_0$ 为基态分子数) | 1.00 | 0.26 | 0.07 | 0.018 |

已知 $N_2(g)$ 分子的振动频率 $\nu = 6.99 \times 10^{13}\ \mathrm{s}^{-1}$。

(1) 试通过计算, 说明气体处于振动能级分布的平衡态;

(2) 计算气体的温度;

(3) 计算振动能在总能量 (平动 + 转动 + 振动) 中所占的百分数。

**解**: (1) 根据 Boltzmann 分布定律, 有

$$\frac{N_i}{N_0} = \frac{g_i}{g_0}\exp\left(-\frac{\varepsilon_i - \varepsilon_0}{k_\mathrm{B}T}\right)$$

$$\frac{N_1}{N_0} = \mathrm{e}^{-h\nu/k_\mathrm{B}T} = 0.26$$

$$\frac{N_2}{N_0} = \mathrm{e}^{-2h\nu/k_\mathrm{B}T} = (\mathrm{e}^{-h\nu/k_\mathrm{B}T})^2 = (0.26)^2 = 0.0676 \approx 0.07$$

$$\frac{N_3}{N_0} = \mathrm{e}^{-3h\nu/k_\mathrm{B}T} = (\mathrm{e}^{-h\nu/k_\mathrm{B}T})^3 = (0.26)^3 = 0.017576 \approx 0.018$$

即气体的振动符合 Boltzmann 分布定律, 故气体处于振动能级分布的平衡态。

(2) $\dfrac{N_1}{N_0} = \mathrm{e}^{-h\nu/k_\mathrm{B}T} = 0.26$

$$T = \frac{-h\nu}{k_\mathrm{B}\ln 0.26} = \frac{-6.626\times10^{-34}\ \mathrm{J\cdot s}\times 6.99\times10^{13}\mathrm{s}^{-1}}{1.38\times10^{-23}\ \mathrm{J\cdot K^{-1}}\times\ln 0.26} = 2491.5\ \mathrm{K}$$

若温度升高, 高能级上的粒子数相对增加。本题提供一种温度的测量方法: 只要从光谱中测得能级上粒子数之比, 就能测得温度。

(3) 因为平动、转动为经典自由度, 服从能量均分原理, 故

$$U_\mathrm{t} = \frac{3}{2}RT \qquad U_\mathrm{r} = RT$$

$$q_\mathrm{v} = \frac{\exp\left(-\dfrac{h\nu}{2k_\mathrm{B}T}\right)}{1-\exp\left(-\dfrac{h\nu}{k_\mathrm{B}T}\right)}$$

$$U_\mathrm{v} = RT^2\frac{\mathrm{d}\ln q_\mathrm{v}}{\mathrm{d}T} = R\left[\frac{h\nu}{k_\mathrm{B}}\frac{1}{\exp\left(\dfrac{h\nu}{k_\mathrm{B}T}\right)-1}+\frac{1}{2}\right]$$

$$= R\times\frac{6.626\times10^{-34}\ \mathrm{J\cdot s}\times6.99\times10^{13}\mathrm{s}^{-1}}{1.38\times10^{-23}\ \mathrm{J\cdot K^{-1}}}\times$$

$$\left[\frac{1}{\exp\left(\dfrac{6.626\times10^{-34}\ \mathrm{J\cdot s}\times6.99\times101^{3}\mathrm{s}^{-1}}{1.38\times10^{-23}\ \mathrm{J\cdot K^{-1}}\times2490.3\ \mathrm{K}}\right)-1}+\frac{1}{2}\right] = 2857.3R$$

$$\frac{U_\mathrm{v}}{U_\mathrm{t}+U_\mathrm{r}+U_\mathrm{v}} = \frac{2857.3R}{\dfrac{3}{2}\times2491.5R+2491.5R+2857.3R} = 0.3145 = 31.45\%$$

**7.12** Cl(g) 的电子运动基态是四重简并的, 其第一激发态能量比基态能量高 87540 $m^{-1}$ (波数), 且为二重简并。试计算:

(1) 1000 K 时 Cl(g) 的电子配分函数;

(2) 基态上的分子数与总分子数之比;

(3) 电子运动对摩尔熵的贡献 (提示: $\varepsilon = hc\sigma$, 其中 $\sigma$ 是波数, 光速 $c = 2.998 \times 10^8\ \mathrm{m\cdot s^{-1}}$)。

**解**: (1) $g_{\mathrm{e},0} = 4$, $g_{\mathrm{e},1} = 2$, $\varepsilon_{\mathrm{e},0} = 0$, $\varepsilon_{\mathrm{e},1} - \varepsilon_{\mathrm{e},0} = hc\sigma$

$$q = g_{\mathrm{e},0} + g_{\mathrm{e},1}\exp(-hc\sigma/k_{\mathrm{B}}T) = 4.57$$

(2) $\dfrac{N_0}{N} = \dfrac{g_{\mathrm{e},0}\exp(-\varepsilon_{\mathrm{e},0}/k_{\mathrm{B}}T)}{q} = \dfrac{g_{\mathrm{e},0}}{q} = \dfrac{4}{4.57} = 87.5\%$

(3) $S_{\mathrm{m,e}} = R\left[\ln q + \dfrac{hc\sigma}{k_{\mathrm{B}}T}\cdot\dfrac{g_{\mathrm{e},1}\exp(-hc\sigma/k_{\mathrm{B}}T)}{q}\right] = 13.9\ \mathrm{J\cdot mol^{-1}\cdot K^{-1}}$

**7.13** 在 300 K 时, 已知 F 原子的电子配分函数 $q_{\mathrm{e}} = 4.288$。试计算:

(1) 标准压力下的总配分函数 (忽略核配分函数的贡献);

(2) 标准压力下的摩尔熵值。

已知 F 原子的摩尔质量 $M = 18.998\ \mathrm{g\cdot mol^{-1}}$。

**解**: (1) $q_{\mathrm{t}} = \left(\dfrac{2\pi m k_{\mathrm{B}}T}{h^2}\right)^{3/2} V$

$$m = \frac{18.998 \times 10^{-3}\ \mathrm{kg\cdot mol^{-1}}}{6.022 \times 10^{23}\ \mathrm{mol^{-1}}} = 3.1548 \times 10^{-26}\ \mathrm{kg}$$

$$V_{\mathrm{m}} = \frac{RT}{p^{\ominus}} = \frac{8.314\ \mathrm{J\cdot mol^{-1}\cdot K^{-1}} \times 300\ \mathrm{K}}{100 \times 10^3\ \mathrm{Pa}} = 2.4942 \times 10^{-2}\ \mathrm{m^3\cdot mol^{-1}}$$

$$q_{\mathrm{t}} = \frac{(2 \times 3.1416 \times 3.1548 \times 10^{-26}\ \mathrm{kg} \times 1.38 \times 10^{-23}\ \mathrm{J\cdot K^{-1}} \times 300\ \mathrm{K})^{3/2}}{(6.626 \times 10^{-34}\ \mathrm{J\cdot s})^3} \times 2.4942 \times 10^{-2}\ \mathrm{m^3}$$

$$= 2.016 \times 10^{30}$$

$$q_{总} = q_{\mathrm{e}} \cdot q_{\mathrm{t}} = 8.645 \times 10^{30}$$

(2) $S^{\ominus}_{\mathrm{t,m}} = R\left(\ln\dfrac{q_{\mathrm{t}}}{L} + \dfrac{5}{2}\right) = R\left\{\ln\left[\dfrac{(2\pi m k_{\mathrm{B}}T)^{3/2}}{Lh^3}\cdot V\right] + \dfrac{5}{2}\right\} = 145.7\ \mathrm{J\cdot mol^{-1}\cdot K^{-1}}$

$$S^{\ominus}_{\mathrm{e,m}} = R\ln q_{\mathrm{e}} = 12.1\ \mathrm{J\cdot mol^{-1}\cdot K^{-1}}$$

$$S^{\ominus}_{\mathrm{m}} = S^{\ominus}_{\mathrm{t,m}} + S^{\ominus}_{\mathrm{e,m}} = 157.8\ \mathrm{J\cdot mol^{-1}\cdot K^{-1}}$$

**7.14** (1) 对于粒子在各转动能级上的分布, 证明粒子数最多的能级所对应的转动量子数 $J = \sqrt{\dfrac{T}{2\Theta_{\mathrm{r}}}} - \dfrac{1}{2}$;

(2) 已知 CO(g) 的转动特征温度为 $\Theta_{\mathrm{r}} = 2.8$ K, 试计算在 240 K 时 CO(g) 最可能出现的量子态对应的转动量子数 $J$。

**解**: (1) 根据 Boltzmann 分布公式, 有

$$P_i = \frac{N_i}{N} = \frac{g_i \mathrm{e}^{-\varepsilon_i/k_{\mathrm{B}}T}}{q} = \frac{(2J+1)\exp[-J(J+1)\Theta_{\mathrm{r}}/T]}{T/(\sigma\Theta_{\mathrm{r}})} = (2J+1)\frac{\sigma\Theta_{\mathrm{r}}}{T}\exp[-J(J+1)\Theta_{\mathrm{r}}/T]$$

$$\frac{\mathrm{d}P_i}{\mathrm{d}J}=\frac{2\sigma\Theta_\mathrm{r}}{T}\exp[-J(J+1)\Theta_\mathrm{r}/T]-(2J+1)^2\sigma\left(\frac{\Theta_\mathrm{r}}{T}\right)^2\exp[-J(J+1)\Theta_\mathrm{r}/T]=0$$

$$(2J+1)^2\sigma\left(\frac{\Theta_\mathrm{r}}{T}\right)^2\exp[-J(J+1)\Theta_\mathrm{r}/T]=\frac{2\sigma\Theta_\mathrm{r}}{T}\exp[-J(J+1)\Theta_\mathrm{r}/T]$$

$$(2J+1)^2=\frac{2T}{\Theta_\mathrm{r}}\qquad J=\sqrt{\frac{T}{2\Theta_\mathrm{r}}}-\frac{1}{2}$$

(2) 当 $\Theta_\mathrm{r}=2.8\ \mathrm{K}$, $T=240\ \mathrm{K}$ 时: $J=\sqrt{\dfrac{240\ \mathrm{K}}{2\times 2.8\ \mathrm{K}}}-\dfrac{1}{2}=6$

**7.15** 计算 HBr 理想气体分子在 1000 K 时处于状态 $v=2$, $J=5$ 和状态 $v=1$, $J=2$ 的分子数之比。已知 $\Theta_\mathrm{v}=3700\ \mathrm{K}$, $\Theta_\mathrm{r}=12.1\ \mathrm{K}$。

**解**: $\dfrac{N_i}{N_j}=\dfrac{g_i\mathrm{e}^{-\varepsilon_i/k_\mathrm{B}T}}{g_j\mathrm{e}^{-\varepsilon_j/k_\mathrm{B}T}}=\dfrac{g_i}{g_j}\exp\left(-\dfrac{\varepsilon_i-\varepsilon_j}{k_\mathrm{B}T}\right)$

$$g_i=g_{\mathrm{v},i}\cdot g_{\mathrm{r},i}=g_{\mathrm{v},i}\cdot(2J+1)=1\times(2\times 5+1)=11$$

$$g_j=g_{\mathrm{v},j}\cdot g_{\mathrm{r},j}=1\times(2\times 2+1)=5$$

$$\varepsilon_i-\varepsilon_j=(\varepsilon_{\mathrm{v},i}+\varepsilon_{\mathrm{r},i})-(\varepsilon_{\mathrm{v},j}+\varepsilon_{\mathrm{r},j})=(\varepsilon_{\mathrm{v},i}-\varepsilon_{\mathrm{v},j})-(\varepsilon_{\mathrm{r},i}-\varepsilon_{\mathrm{r},j})$$

$$\varepsilon_\mathrm{v}=\left(v+\frac{1}{2}\right)h\nu\qquad \varepsilon_\mathrm{r}=\frac{J(J+1)h^2}{8\pi^2 I}$$

$$\begin{aligned}\varepsilon_i-\varepsilon_j&=\left[\left(2+\frac{1}{2}\right)-\left(1+\frac{1}{2}\right)\right]h\nu+[5\times(5+1)-2\times(2+1)]\frac{h^2}{8\pi^2 I}\\&=h\nu+\frac{24h^2}{8\pi^2 I}=k_\mathrm{B}\Theta_\mathrm{v}+24k_\mathrm{B}\Theta_\mathrm{r}\end{aligned}$$

$$\frac{N(v=2,J=5)}{N(v=1,J=2)}=\frac{11}{5}\exp\left(-\frac{3700\ \mathrm{K}+24\times 12.1\ \mathrm{K}}{1000\ \mathrm{K}}\right)=0.0407$$

**7.16** 已知 HBr 分子的核间平均距离 $r=0.1414\ \mathrm{nm}$, 试计算:

(1) HBr 的转动特征温度;

(2) 在 298 K 时, HBr 分子占据转动量子数 $J=1$ 的能级的百分数;

(3) 在 298 K 时, HBr 理想气体的摩尔转动熵。

**解**: (1) HBr 转动惯量 $I=\mu r^2$

$$\begin{aligned}I&=\frac{m_\mathrm{H}m_\mathrm{Br}}{m_\mathrm{H}+m_\mathrm{Br}}\cdot r^2=\frac{\dfrac{M_\mathrm{H}}{L}\cdot\dfrac{M_\mathrm{Br}}{L}}{\dfrac{M_\mathrm{H}}{L}+\dfrac{M_\mathrm{Br}}{L}}\cdot r^2\\&=\frac{1\times 79.9}{80.9}\times 10^{-3}\ \mathrm{kg\cdot mol^{-1}}\times\frac{1}{6.022\times 10^{23}\ \mathrm{mol^{-1}}}\times(1.414\times 10^{-10}\ \mathrm{m})^2\\&=3.28\times 10^{-47}\ \mathrm{kg\cdot m^2}\end{aligned}$$

$$\Theta_\mathrm{r}=\frac{h^2}{8\pi^2 Ik_\mathrm{B}}=\frac{(6.626\times 10^{-34}\ \mathrm{J\cdot s})^2}{8\times 3.1416^2\times 3.28\times 10^{-47}\ \mathrm{kg\cdot m^2}\times 1.38\times 10^{-23}\ \mathrm{J\cdot K^{-1}}}=12.3\ \mathrm{K}$$

(2) 在 298 K 时, HBr 分子的转动配分函数为

$$q_r = \frac{8\pi^2 I k_B T}{h^2} = \frac{T}{\Theta_r} = \frac{298\ \text{K}}{12.3\ \text{K}} = 24.23$$

$$\frac{N_1}{N} = \frac{(2J+1)e^{-J(J+1)\Theta_r/T}}{q} = \frac{3e^{-2\Theta_r/T}}{q} = \frac{3e^{-0.08255}}{24.23} = 11.4\%$$

(3) $S_{r,m} = R(\ln q_r + 1) = 34.8\ \text{J}\cdot\text{mol}^{-1}\cdot\text{K}^{-1}$

**7.17** 已知 $H_2(g)$ 和 $I_2(g)$ 的摩尔质量、转动特征温度和振动特征温度如下所示。试计算 298 K 时:

(1) $H_2(g)$ 和 $I_2(g)$ 分子的平动摩尔热力学能、转动摩尔热力学能和振动摩尔热力学能;

(2) $H_2(g)$ 和 $I_2(g)$ 分子的平动摩尔定容热容、转动摩尔定容热容和振动摩尔定容热容 (忽略电子和核运动对热容的贡献)。

| 物质 | $M/(\text{kg}\cdot\text{mol}^{-1})$ | $\Theta_r/\text{K}$ | $\Theta_v/\text{K}$ |
|---|---|---|---|
| $H_2$ | $2.0\times10^{-3}$ | 85.4 | 6100 |
| $I_2$ | $253.8\times10^{-3}$ | 0.054 | 310 |

**解**: (1) $U_m = RT^2\left(\frac{\partial \ln q}{\partial T}\right)_{V,N}$

$$q_t = \left(\frac{2\pi m k_B T}{h^2}\right)^{3/2} V \qquad q_r = \frac{8\pi^2 I k_B T}{\sigma h^2} = \frac{T}{\sigma\Theta_r}$$

$$q_v = \frac{\exp\left(-\frac{h\nu}{2k_B T}\right)}{1-\exp\left(-\frac{h\nu}{k_B T}\right)} = \frac{\exp\left(-\frac{\Theta_v}{2T}\right)}{1-\exp\left(-\frac{\Theta_v}{T}\right)}$$

对于 $H_2$:

$$U_{t,m} = RT^2\left(\frac{\partial \ln q_t}{\partial T}\right)_{V,N} = \frac{3}{2}RT = 3716.4\ \text{J}\cdot\text{mol}^{-1}$$

$$U_{r,m} = RT^2\left(\frac{\partial \ln q_r}{\partial T}\right)_{V,N} = RT = 2477.6\ \text{J}\cdot\text{mol}^{-1}$$

$$U_{v,m} = RT^2\left(\frac{\partial \ln q_v}{\partial T}\right)_{V,N} = R\cdot\Theta_v\cdot\frac{\exp\left(-\frac{\Theta_v}{T}\right)}{1-\exp\left(-\frac{\Theta_v}{T}\right)} + \frac{1}{2}R\Theta_v = 25357.7\ \text{J}\cdot\text{mol}^{-1}$$

同理, 对于 $I_2$:

$$U_{t,m} = \frac{3}{2}RT = 3716.4\ \text{J}\cdot\text{mol}^{-1}$$

$$U_{r,m} = RT = 2477.6\ \text{J}\cdot\text{mol}^{-1}$$

$$U_{v,m} = 2697.1\ \text{J}\cdot\text{mol}^{-1}$$

(2) $C_{V,m} = \left(\frac{\partial U_m}{\partial T}\right)_V$。对于 $H_2$:

$$C_{V,\mathrm{t,m}}=\frac{3}{2}R=12.47\ \mathrm{J\cdot mol^{-1}\cdot K^{-1}}$$

$$C_{V,\mathrm{r,m}}=R=8.314\ \mathrm{J\cdot mol^{-1}\cdot K^{-1}}$$

$$C_{V,\mathrm{v,m}}=R\cdot\left(\frac{\Theta_\mathrm{v}}{T}\right)^2\cdot\frac{\mathrm{e}^{\Theta_\mathrm{v}/T}}{(\mathrm{e}^{\Theta_\mathrm{v}/T}-1)^2}=4.49\times10^{-6}\ \mathrm{J\cdot mol^{-1}\cdot K^{-1}}$$

$$C_{V,\mathrm{m}}=C_{V,\mathrm{t,m}}+C_{V,\mathrm{r,m}}+C_{V,\mathrm{v,m}}=20.8\ \mathrm{J\cdot mol^{-1}\cdot K^{-1}}$$

同理, 对于 $I_2$:

$$C_{V,\mathrm{t,m}}=\frac{3}{2}R=12.47\ \mathrm{J\cdot mol^{-1}\cdot K^{-1}}$$

$$C_{V,\mathrm{r,m}}=R=8.314\ \mathrm{J\cdot mol^{-1}\cdot K^{-1}}$$

$$C_{V,\mathrm{v,m}}=7.6\ \mathrm{J\cdot mol^{-1}\cdot K^{-1}}$$

$$C_{V,\mathrm{m}}=28.4\ \mathrm{J\cdot mol^{-1}\cdot K^{-1}}$$

**7.18**　双原子分子 $Cl_2$ 的振动特征温度 $\Theta_\mathrm{v}=803.1$ K, 试用统计热力学方法求算 1 mol 氯气在 50 ℃ 时的 $C_{V,\mathrm{m}}$ 值 (电子处在基态)。

**解**: 已知

$$q_\mathrm{t}=\left(\frac{2\pi mk_\mathrm{B}T}{h^2}\right)^{3/2}V\qquad q_\mathrm{r}=\frac{8\pi^2Ik_\mathrm{B}T}{\sigma h^2}=\frac{T}{\sigma\Theta_\mathrm{r}}\qquad q_\mathrm{v}=\frac{\exp\left(-\dfrac{\Theta_\mathrm{v}}{2T}\right)}{1-\exp\left(-\dfrac{\Theta_\mathrm{v}}{T}\right)}$$

$$U_\mathrm{t,m}=RT^2\left(\frac{\partial\ln q_\mathrm{t}}{\partial T}\right)_{V,N}=\frac{3}{2}RT\qquad C_{V,\mathrm{t,m}}=\frac{3}{2}R$$

$$U_\mathrm{r,m}=RT^2\left(\frac{\partial\ln q_\mathrm{r}}{\partial T}\right)_{V,N}=RT\qquad C_{V,\mathrm{r,m}}=R$$

$$U_\mathrm{v,m}=RT^2\left(\frac{\partial\ln q_\mathrm{v}}{\partial T}\right)_{V,N}=R\Theta_\mathrm{v}\frac{\exp\left(-\dfrac{\Theta_\mathrm{v}}{T}\right)}{1-\exp\left(-\dfrac{\Theta_\mathrm{v}}{T}\right)}+\frac{1}{2}R\Theta_\mathrm{v}$$

$$C_{V,\mathrm{v,m}}=R\left(\frac{\Theta_\mathrm{v}}{T}\right)^2\frac{\mathrm{e}^{\Theta_\mathrm{v}/T}}{(\mathrm{e}^{\Theta_\mathrm{v}/T}-1)^2}=5.09\ \mathrm{J\cdot mol^{-1}\cdot K^{-1}}$$

$$C_{V,\mathrm{m}}=C_{V,\mathrm{t,m}}+C_{V,\mathrm{r,m}}+C_{V,\mathrm{v,m}}=25.88\ \mathrm{J\cdot mol^{-1}\cdot K^{-1}}$$

**7.19**　$I_2$ 分子的振动基态能量选为零, 在激发态的振动波数为 213.30 $\mathrm{cm^{-1}}$, 425.39 $\mathrm{cm^{-1}}$, 636.27 $\mathrm{cm^{-1}}$, 845.93 $\mathrm{cm^{-1}}$ 和 1054.38 $\mathrm{cm^{-1}}$。

(1) 用直接求和的方法, 计算 298 K 时 $I_2$ 分子的振动配分函数;

(2) 计算在 298 K 时, 基态和第一激发态上 $I_2$ 分子数占总分子数的比例。

(3) 计算在 298 K 时, $I_2$ 的平均振动能。

**解**: (1) $q_\mathrm{v}=\sum\limits_i g_{\mathrm{v},i}\mathrm{e}^{-\varepsilon_{\mathrm{v},i}/k_\mathrm{B}T}$

$$=1+\exp\left(-\frac{hc\sigma_1}{k_\mathrm{B}T}\right)+\exp\left(-\frac{hc\sigma_2}{k_\mathrm{B}T}\right)+\exp\left(-\frac{hc\sigma_3}{k_\mathrm{B}T}\right)+$$

$$\exp\left(-\frac{hc\sigma_4}{k_BT}\right)+\exp\left(-\frac{hc\sigma_5}{k_BT}\right)$$

$$=1+0.357+0.128+0.046+0.017+0.006=1.554$$

(2) $$\frac{N_0}{N}=\frac{\exp\left(-\frac{hc\sigma_0}{k_BT}\right)}{q_v}=\frac{1}{1.554}=0.64$$

$$\frac{N_1}{N}=\frac{\exp\left(-\frac{hc\sigma_1}{k_BT}\right)}{q_v}=\frac{0.357}{1.554}=0.23$$

(3) $$U_m=\sum_i N_i\varepsilon_i=L\sum_i P_i\varepsilon_i$$

$$=L\left(\frac{1}{1.554}\times 0+\frac{0.357}{1.554}\times hc\sigma_1+\frac{0.128}{1.554}\times hc\sigma_2+\frac{0.046}{1.554}\times hc\sigma_3+\right.$$

$$\left.\frac{0.017}{1.554}\times hc\sigma_4+\frac{0.006}{1.554}\times hc\sigma_5\right)=1.39\ \mathrm{kJ\cdot mol^{-1}}$$

**7.20** 已知 CO(g) 分子的转动特征温度 $\Theta_r=2.77$ K, 振动特征温度 $\Theta_v=3070$ K, 求 CO(g) 气体在 500 K 时的标准摩尔熵 $S_m^\ominus$ 和摩尔定压热容 $C_{p,m}$。

解: $S_m^\ominus(\mathrm{CO,g})=S_{t,m}^\ominus+S_{r,m}^\ominus+S_{v,m}^\ominus$

$$S_{t,m}^\ominus=R\left(\ln\frac{q_t}{L}+\frac{5}{2}\right)=R\left\{\ln\left[\frac{(2\pi mk_BT)^{3/2}}{Lh^3}V\right]+\frac{5}{2}\right\}=161.14\ \mathrm{J\cdot mol^{-1}\cdot K^{-1}}$$

$$S_{r,m}^\ominus=R\left(\ln q_r+1\right)=R\left(\ln\frac{T}{\Theta_r}+1\right)=51.51\ \mathrm{J\cdot mol^{-1}\cdot K^{-1}}$$

$$S_{v,m}^\ominus=R\left[\frac{\Theta_v/T}{e^{\Theta_v/T}-1}-\ln(1-e^{-\Theta_v/T})\right]\approx 0\ \mathrm{J\cdot mol^{-1}\cdot K^{-1}}$$

$$S_m^\ominus(\mathrm{CO,g})=S_{t,m}^\ominus+S_{r,m}^\ominus+S_{v,m}^\ominus=212.65\ \mathrm{J\cdot mol^{-1}\cdot K^{-1}}$$

$$C_{V,m}=C_{V,t,m}+C_{V,r,m}+C_{V,v,m}\quad\left(\text{其中 } C_{V,t,m}=\frac{3}{2}R, C_{V,r,m}=R\right)$$

$$C_{V,v,m}=R\frac{(\Theta_v/T)^2e^{\Theta_v/T}}{(e^{\Theta_v/T}-1)^2}=0.68\ \mathrm{J\cdot mol^{-1}\cdot K^{-1}}$$

$$C_{V,m}=C_{V,t,m}+C_{V,r,m}+C_{V,v,m}=21.465\ \mathrm{J\cdot mol^{-1}\cdot K^{-1}}$$

$$C_{p,m}=C_{V,m}+R=29.78\ \mathrm{J\cdot mol^{-1}\cdot K^{-1}}$$

**7.21** 已知 NO(g) 的转动特征温度为 2.42 K, 振动特征温度为 2690 K, 电子基态与第一激发态的简并度均为 2, 两能级间的能量差为 $\Delta\varepsilon=2.473\times10^{-21}$ J。在 298 K, 100 kPa 时, 求 1 mol NO(g) (设为理想气体) 的:

(1) 标准摩尔统计熵值;

(2) 标准摩尔残余熵值和标准摩尔量热熵值。

已知 NO(s) 晶体是由 $N_2O_2$ 二聚分子组成的, 在晶格中有两种排列方式。

**解**: (1) $S_{\mathrm{m}}^{\ominus}(\mathrm{NO,g})=S_{\mathrm{t,m}}^{\ominus}+S_{\mathrm{r,m}}^{\ominus}+S_{\mathrm{v,m}}^{\ominus}+S_{\mathrm{e,m}}^{\ominus}$

$$S_{\mathrm{t,m}}^{\ominus}=R\left(\ln\frac{q_{\mathrm{t}}}{L}+\frac{5}{2}\right)=R\left\{\ln\left[\frac{(2\pi mk_{\mathrm{B}}T)^{3/2}}{Lh^3}V\right]+\frac{5}{2}\right\}=151.25\ \mathrm{J\cdot mol^{-1}\cdot K^{-1}}$$

$$S_{\mathrm{r,m}}^{\ominus}=R(\ln q_{\mathrm{r}}+1)=R\left(\ln\frac{T}{\sigma\Theta_{\mathrm{r}}}+1\right)=48.33\ \mathrm{J\cdot mol^{-1}\cdot K^{-1}}$$

$$S_{\mathrm{v,m}}^{\ominus}=R\left[\frac{\Theta_{\mathrm{v}}/T}{\mathrm{e}^{\Theta_{\mathrm{v}}/T}-1}-\ln(1-\mathrm{e}^{\Theta_{\mathrm{v}}/T})\right]=0.01\ \mathrm{J\cdot mol^{-1}\cdot K^{-1}}$$

$$q_{\mathrm{e}}=2+2\mathrm{e}^{-\Delta\varepsilon/k_{\mathrm{B}}T}=2+2\mathrm{e}^{-179.2\ \mathrm{K}/T}$$

$$S_{\mathrm{e,m}}^{\ominus}=R\ln q_{\mathrm{e}}+RT\left(\frac{\partial\ln q_{\mathrm{e}}}{\partial T}\right)_{V,N}=R\ln(2+2\mathrm{e}^{-179.2\ \mathrm{K}/T})+R\frac{2\mathrm{e}^{-179.2\ \mathrm{K}/T}\times179.2\ \mathrm{K}}{2(1+\mathrm{e}^{-179.2\ \mathrm{K}/T})T}$$

$$=R(1.130+0.213)=11.166\ \mathrm{J\cdot mol^{-1}\cdot K^{-1}}$$

$$S_{\mathrm{m}}^{\ominus}(\mathrm{NO,g})=S_{\mathrm{t,m}}^{\ominus}+S_{\mathrm{r,m}}^{\ominus}+S_{\mathrm{v,m}}^{\ominus}+S_{\mathrm{e,m}}^{\ominus}=210.76\ \mathrm{J\cdot mol^{-1}\cdot K^{-1}}$$

(2) 残余熵为　　$S_{\mathrm{m}}^{\ominus}(\text{残余})=\dfrac{1}{2}R\ln2=2.88\ \mathrm{J\cdot mol^{-1}\cdot K^{-1}}$

量热熵为　　$S_{\mathrm{m}}^{\ominus}(\text{量热})=S_{\mathrm{m}}^{\ominus}(\text{统计})-S_{\mathrm{m}}^{\ominus}(\text{残余})=207.9\ \mathrm{J\cdot mol^{-1}\cdot K^{-1}}$

**7.22**　NO 分子的电子配分函数可简单表示为 $q_{\mathrm{e}}=2+2\exp(-\Delta\varepsilon_0/k_{\mathrm{B}}T)$, 式中 $\Delta\varepsilon_0=2.4734\times10^{-21}$ J, 是电子基态和第一激发态的能量之差。又 NO 分子的核间距及振动波数分别为 $r_0=1.154\times10^{-10}$ m 和 $\sigma=1904\ \mathrm{cm^{-1}}$。

(1) 试导出室温下气态 NO 的摩尔定容热容的表达式;

(2) 在 $T=20\sim300$ K 范围内, 上述 NO 的 $C_V-T$ 曲线出现一极值, 试证明此极值的存在并确定该极值所处的温度。

**解**: (1) 已知 $q_{\mathrm{e}}=2+2\exp(-\Delta\varepsilon_0/k_{\mathrm{B}}T)$, 则

$$U_{\mathrm{e,m}}=Lk_{\mathrm{B}}T^2\left(\frac{\partial\ln q_{\mathrm{e}}}{\partial T}\right)_V=\frac{L\Delta\varepsilon_0}{1+\exp(\Delta\varepsilon_0/k_{\mathrm{B}}T)}$$

$$C_{V,\mathrm{e,m}}=\left(\frac{\partial U_{\mathrm{e,m}}}{\partial T}\right)_V=R\left(\frac{\Delta\varepsilon_0}{k_{\mathrm{B}}T}\right)^2\frac{1}{[1+\exp(\Delta\varepsilon_0/k_{\mathrm{B}}T)][1+\exp(-\Delta\varepsilon_0/k_{\mathrm{B}}T)]}$$

又 $C_{V,\mathrm{t,m}}=\dfrac{3}{2}R$, $C_{V,\mathrm{r,m}}=R$, 则

$$C_{V,\mathrm{m}}=C_{V,\mathrm{t,m}}+C_{V,\mathrm{r,m}}+C_{V,\mathrm{e,m}}=\frac{5}{2}R+R\frac{x^2}{[1+\exp(x)]\cdot[1+\exp(-x)]}$$

上式中 $x=\Delta\varepsilon_0/k_{\mathrm{B}}T$, 考虑室温下振动对 $C_{V,\mathrm{m}}$ 没有贡献。

(2) 当 $C_{V,\mathrm{m}}$ 有极值时, 则

$$\frac{\mathrm{d}C_{V,\mathrm{m}}}{\mathrm{d}x}=R\left\{\frac{2x}{[1+\exp(x)]\cdot[1+\exp(-x)]}-x^2\frac{\exp(x)-\exp(-x)}{[2+\exp(x)+\exp(-x)]^2}\right\}=0$$

也即
$$x=\frac{2[1+\exp(x)]\cdot[1+\exp(-x)]}{\exp(x)-\exp(-x)}$$

解得

$$x = 2.4$$

$$T = \frac{\Delta\varepsilon_0}{xk_B} = \frac{\Delta\varepsilon_0}{2.4k_B} = 74.68 \text{ K}$$

**7.23** 已知 $CO_2(g)$ 为线形多原子分子, 有 4 个振动自由度, 对应 4 个简正模式, 每个简正模式相应于一个独立的谐振子。其中, 2 个弯曲振动模式对应的波数为 667 $cm^{-1}$, 1 个不对称伸缩振动模式对应的波数为 2349 $cm^{-1}$, 1 个对称伸缩振动模式对应的波数为 1388 $cm^{-1}$。试计算:

(1) $CO_2$ 气体在 298.15 K 时的标准摩尔振动熵;

(2) 振动配分函数对 $C_{V,m}$ 的贡献。

**解**: (1) 对于线形多原子分子, 标准摩尔振动熵为

$$S^{\ominus}_{v,m} = R\sum_i \frac{\Theta_{v,i}/T}{\exp(\Theta_{v,i}/T)-1} - R\sum_i \ln[1-\exp(-\Theta_{v,i}/T)]$$

$$\Theta_{v,i} = \frac{hc\sigma_i}{k_B} = \frac{6.626\times10^{-34}\text{ J·s}\times2.998\times10^8\text{ m·s}^{-1}}{1.38\times10^{-23}\text{ J·K}^{-1}}\sigma_i = 1.4395\sigma_i\text{ cm·K}$$

$$\Theta_{v,1} = 1.4395\times1388\text{ K} = 1998\text{ K} \qquad \frac{\Theta_{v,1}}{T} = \frac{1998\text{ K}}{298.15\text{ K}} = 6.70$$

$$\Theta_{v,2} = 1.4395\times667\text{ K} = 960\text{ K} \qquad \frac{\Theta_{v,2}}{T} = \frac{960\text{ K}}{298.15\text{ K}} = 3.22$$

$$\Theta_{v,4} = 1.4395\times2349\text{ K} = 3381\text{ K} \qquad \frac{\Theta_{v,4}}{T} = \frac{3381\text{ K}}{298.15\text{ K}} = 11.34$$

$$\begin{aligned}S^{\ominus}_{v,m} &= R\left[\frac{\Theta_{v,1}/T}{\exp(\Theta_{v,1}/T)-1} + 2\times\frac{\Theta_{v,2}/T}{\exp(\Theta_{v,2}/T)-1} + \frac{\Theta_{v,4}/T}{\exp(\Theta_{v,4}/T)-1}\right] - \\ &\quad R\{\ln[1-\exp(-\Theta_{v,1}/T)] - 2\ln[1-\exp(-\Theta_{v,2}/T)] - \ln[1-\exp(-\Theta_{v,4}/T)]\} \\ &= 8.314\text{ J·mol}^{-1}\text{·K}^{-1}\times\left(\frac{6.70}{e^{6.70}-1} + 2\times\frac{3.22}{e^{3.22}-1} + \frac{11.34}{e^{11.34}-1}\right) - \\ &\quad 8.314\text{ J·mol}^{-1}\text{·K}^{-1}\times[\ln(1-e^{-6.70}) + 2\ln(1-e^{-3.22}) + \ln(1-e^{-11.34})] \\ &= 2.99\text{ J·mol}^{-1}\text{·K}^{-1}\end{aligned}$$

(2) 根据 $C_{V,v,m} = R\left(\frac{\Theta_v}{T}\right)^2 \frac{e^{\Theta_v/T}}{(e^{\Theta_v/T}-1)^2}$, 可得

每个弯曲振动模式对 $C_{V,m}$ 的贡献为 $C_{V,v,m} = R(3.22)^2\cdot\frac{e^{3.22}}{(e^{3.22}-1)^2} = 0.4495R$

每个不对称伸缩振动模式对 $C_{V,m}$ 的贡献为 $C_{V,v,m} = R(6.70)^2\cdot\frac{e^{6.70}}{(e^{6.70}-1)^2} = 0.0554R$

每个对称伸缩振动模式对 $C_{V,m}$ 的贡献为 $C_{V,v,m} = R(11.34)^2\cdot\frac{e^{11.34}}{(e^{11.34}-1)^2} = 0.00153R$

可见, 振动模式的特征温度越高 (也即波数越大), 激发所需的温度就越高, 对 $C_{V,m}$ 的贡献也就越小。振动配分函数对 $C_{V,m}$ 的贡献为

$$C_{V,m} = 2\times0.4495R + 0.0554R + 0.00153R = 0.956R = 7.95\text{ J·mol}^{-1}\text{·K}^{-1}$$

**7.24** $H_2O$ 分子的简正振动波数和在三个主轴方向的转动惯量分别为 $\sigma_1 = 3652\text{ cm}^{-1}$, $\sigma_2 =$

1592 $\mathrm{cm^{-1}}$, $\sigma_3 = 3756\ \mathrm{cm^{-1}}$, $I_\mathrm{A} = 1.024\times10^{-47}\ \mathrm{kg\cdot m^2}$, $I_\mathrm{B} = 1.921\times10^{-47}\ \mathrm{kg\cdot m^2}$, $I_\mathrm{C} = 2.947\times10^{-47}\ \mathrm{kg\cdot m^2}$, 摩尔质量为 18.02 $\mathrm{g\cdot mol^{-1}}$。试求 298.15 K, $10^5$ Pa 下的摩尔平动熵、转动熵和振动熵。

**解**: $S_{\mathrm{t,m}} = R\left(\ln\dfrac{q_t}{L}+\dfrac{5}{2}\right) = R\left\{\ln\left[\left(\dfrac{2\pi mk_\mathrm{B}T}{h^2}\right)^{3/2}\cdot\dfrac{V_\mathrm{m}}{L}\right]+\dfrac{5}{2}\right\}$

$$= 8.314\ \mathrm{J\cdot mol^{-1}\cdot K^{-1}}\times\left\{\ln\left[\left(\frac{2\times3.1416\times\dfrac{18.02\times10^{-3}}{6.022\times10^{23}}}{(6.626\times10^{-34})^2}\right)^{3/2}\times\frac{(1.38\times10^{-23}\times298.15)^{5/2}}{1\times10^5}\right]+\frac{5}{2}\right\} = 144.90\ \mathrm{J\cdot mol^{-1}\cdot K^{-1}}$$

$$q_\mathrm{r} = \frac{\sqrt{\pi}}{\sigma}\left(\frac{T^3}{\Theta_{\mathrm{r,A}}\cdot\Theta_{\mathrm{r,B}}\cdot\Theta_{\mathrm{r,C}}}\right)^{1/2}$$

$$\Theta_{\mathrm{r,A}} = \frac{h^2}{8\pi^2k_\mathrm{B}I_\mathrm{A}} = \left[\frac{(6.626\times10^{-34})^2}{8\times3.1416^2\times1.38\times10^{-23}}\times\frac{1}{1.024\times10^{-47}}\right]\mathrm{K}$$

$$= \left(4.02932\times10^{-46}\times\frac{1}{1.024\times10^{-47}}\right)\mathrm{K} = 39.349\ \mathrm{K}$$

同理

$$\Theta_{\mathrm{r,B}} = 4.02932\times10^{-46}\times\frac{1}{1.921\times10^{-47}} = 20.975\ \mathrm{K}$$

$$\Theta_{\mathrm{r,C}} = 4.02932\times10^{-46}\times\frac{1}{2.947\times10^{-47}} = 13.673\ \mathrm{K}$$

$$S_{\mathrm{r,m}} = R\ln q_\mathrm{r} + RT\left(\frac{\partial\ln q_\mathrm{r}}{\partial T}\right)_{V,N} = R\left(\ln q_\mathrm{r}+\frac{3}{2}\right)$$

$$= R\left[\frac{1}{2}\ln\left(\frac{\pi T^3}{\Theta_{\mathrm{r,A}}\cdot\Theta_{\mathrm{r,B}}\cdot\Theta_{\mathrm{r,C}}}\right)-\ln\sigma+\frac{3}{2}\right]$$

$$= 8.314\ \mathrm{J\cdot mol^{-1}\cdot K^{-1}}\left[\frac{1}{2}\times\ln\left(\frac{3.1416\times298.15^3}{39.349\times20.975\times13.673}\right)-\ln2+\frac{3}{2}\right]$$

$$= 43.73\ \mathrm{J\cdot mol^{-1}\cdot K^{-1}}$$

$$\frac{\Theta_{\mathrm{v},1}}{T} = \frac{hc\sigma_1}{k_\mathrm{B}T} = \frac{6.626\times10^{-34}\times2.998\times10^{10}\times3652}{1.38\times10^{-23}\times298.15} = 4.828\times10^{-3}\times3652 = 17.632$$

同理

$$\frac{\Theta_{\mathrm{v},2}}{T} = 4.828\times10^{-3}\times1592 = 7.686$$

$$\frac{\Theta_{\mathrm{v},3}}{T} = 4.828\times10^{-3}\times3756 = 18.134$$

$$S_{\mathrm{v,m}} = R\left\{\sum_i \frac{\Theta_{\mathrm{v},i}/T}{\exp(\Theta_{\mathrm{v},i}/T)-1} - \sum_i \ln[1-\exp(-\Theta_{\mathrm{v},i}/T)]\right\}$$

$$= R\left\{\left[\frac{17.632}{\mathrm{e}^{17.632}-1} - \ln(1-\mathrm{e}^{-17.632})\right] + \left[\frac{7.686}{\mathrm{e}^{7.686}-1} - \ln(1-\mathrm{e}^{-7.686})\right] + \right.$$

$$\left.\left[\frac{18.134}{\mathrm{e}^{18.134}-1} - \ln(1-\mathrm{c}^{-18.134})\right]\right\} = 3.32\times 10^{-2}\ \mathrm{J\cdot mol^{-1}\cdot K^{-1}}$$

$$S_{\mathrm{m}} = S_{\mathrm{r,m}} + S_{\mathrm{r,m}} + S_{\mathrm{v,m}} = 188.7\ \mathrm{J\cdot mol^{-1}\cdot K^{-1}}$$

**7.25** 计算 298 K 时 HI, $H_2$ 和 $I_2$ 的标准 Gibbs 自由能函数。已知 HI 的转动特征温度为 9.0 K, 振动特征温度为 3200 K, 摩尔质量为 $127.9\times 10^{-3}\ \mathrm{kg\cdot mol^{-1}}$。$I_2$ 在零点时的总配分函数为 $q_0 = q_{\mathrm{t},0}q_{\mathrm{r},0}q_{\mathrm{v},0} = 4.143\times 10^{35}$, $H_2$ 在零点时的总配分函数为 $q_0 = q_{\mathrm{t},0}q_{\mathrm{r},0}q_{\mathrm{v},0} = 1.185\times 10^{29}$。

**解:** $\dfrac{G_{\mathrm{m}}^{\ominus}(T) - H_{\mathrm{m}}^{\ominus}(0)}{T} = -R\ln\dfrac{q}{L}$

对于 HI:

$$q_{\mathrm{t}} = \left(\frac{2\pi m k_{\mathrm{B}} T}{h^2}\right)^{3/2} V_{\mathrm{m}}^{\ominus} \qquad V_{\mathrm{m}}^{\ominus} = \frac{RT}{p^{\ominus}}$$

$$q_{\mathrm{t}} = \left[\frac{2\times 3.1416\times \dfrac{127.9\times 10^{-3}\ \mathrm{kg\cdot mol^{-1}}}{6.022\times 10^{23}\ \mathrm{mol^{-1}}}\times 1.38\times 10^{-23}\ \mathrm{J\cdot K^{-1}}\times 298\ \mathrm{K}}{(6.626\times 10^{-34}\ \mathrm{J\cdot s})^2}\right]^{3/2}\times$$

$$\frac{8.314\ \mathrm{J\cdot mol^{-1}\cdot K^{-1}}\times 298\ \mathrm{K}}{10^5\ \mathrm{Pa}} = 3.46\times 10^{31}$$

$$q_{\mathrm{r}} = \frac{T}{\Theta_{\mathrm{r}}} = 33.11 \qquad q_{\mathrm{v}} = \frac{1}{1-\exp\left(-\dfrac{\Theta_{\mathrm{v}}}{T}\right)} \approx 1$$

$$q = q_{\mathrm{t}}\cdot q_{\mathrm{r}}\cdot q_{\mathrm{v}} = 114.56\times 10^{31}$$

$$\frac{G_{\mathrm{m}}^{\ominus}(T) - H_{\mathrm{m}}^{\ominus}(0)}{T} = -R\ln\frac{q}{L} = -8.314\ \mathrm{J\cdot mol^{-1}\cdot K^{-1}}\times\ln\frac{114.56\times 10^{31}}{6.022\times 10^{23}}$$

$$= -177.64\ \mathrm{J\cdot mol^{-1}\cdot K^{-1}}$$

对于 $I_2$:

$$\frac{G_{\mathrm{m}}^{\ominus}(T) - H_{\mathrm{m}}^{\ominus}(0)}{T} = -R\ln\frac{q}{L} = -8.314\ \mathrm{J\cdot mol^{-1}\cdot K^{-1}}\times\ln\frac{4.143\times 10^{35}}{6.022\times 10^{23}}$$

$$= -226.61\ \mathrm{J\cdot mol^{-1}\cdot K^{-1}}$$

同理, 对于 $H_2$:

$$\frac{G_{\mathrm{m}}^{\ominus}(T) - H_{\mathrm{m}}^{\ominus}(0)}{T} = -R\ln\frac{q}{L} = -8.314\ \mathrm{J\cdot mol^{-1}\cdot K^{-1}}\times\ln\frac{1.185\times 10^{29}}{6.022\times 10^{23}}$$

$$= -101.35\ \mathrm{J\cdot mol^{-1}\cdot K^{-1}}$$

**7.26** 计算 298 K 时 HI(g), $H_2$(g) 和 $I_2$(g) 的标准热函函数。已知 HI(g), $H_2$(g) 和 $I_2$(g) 的振

动特征温度分别为 3200 K, 6100 K 和 610 K。

**解**:
$$\frac{H_{\mathrm{m}}^{\ominus}(T)-U_{\mathrm{m}}^{\ominus}(0)}{T}=RT\left(\frac{\partial \ln q}{\partial T}\right)_{V,N}+R$$

$$q=q_{\mathrm{t}}\cdot q_{\mathrm{r}}\cdot q_{\mathrm{v}}$$

$$\left(\frac{\partial \ln q}{\partial T}\right)_{V,N}=\left(\frac{\partial \ln q_{\mathrm{t}}}{\partial T}\right)_{V,N}+\left(\frac{\partial \ln q_{\mathrm{r}}}{\partial T}\right)_{V,N}+\left(\frac{\partial \ln q_{\mathrm{v}}}{\partial T}\right)_{V,N}$$

因为 $q_{\mathrm{t}}=\left(\frac{2\pi m k_{\mathrm{B}}T}{h^2}\right)^{3/2}V$, 所以 $\left(\frac{\partial \ln q_{\mathrm{t}}}{\partial T}\right)_{V,N}=\frac{3}{2}\cdot\frac{1}{T}$

因为 $q_{\mathrm{r}}=\frac{8\pi^2 I k_{\mathrm{B}}T}{\sigma h^2}$, 所以 $\left(\frac{\partial \ln q_{\mathrm{r}}}{\partial T}\right)_{V,N}=\frac{1}{T}$

因为 $q_{\mathrm{v}}=\frac{1}{1-\mathrm{e}^{-\Theta_{\mathrm{v}}/T}}$, 所以 $\left(\frac{\partial \ln q_{\mathrm{v}}}{\partial T}\right)_{V,N}=\frac{\Theta_{\mathrm{v}}}{T^2}\cdot\frac{1}{\mathrm{e}^{\Theta_{\mathrm{v}}/T}-1}$

对于 HI:
$$\frac{H_{\mathrm{m}}^{\ominus}(T)-U_{\mathrm{m}}^{\ominus}(0)}{T}=\frac{3}{2}R+R+R\cdot\frac{\Theta_{\mathrm{v}}}{T}\cdot\frac{1}{\mathrm{e}^{\Theta_{\mathrm{v}}/T}-1}+R$$
$$=29.10\ \mathrm{J\cdot mol^{-1}\cdot K^{-1}}$$

对于 $H_2$:
$$\frac{H_{\mathrm{m}}^{\ominus}(T)-U_{\mathrm{m}}^{\ominus}(0)}{T}=29.10\ \mathrm{J\cdot mol^{-1}\cdot K^{-1}}$$

对于 $I_2$:
$$\frac{H_{\mathrm{m}}^{\ominus}(T)-U_{\mathrm{m}}^{\ominus}(0)}{T}=31.62\ \mathrm{J\cdot mol^{-1}\cdot K^{-1}}$$

**7.27** 试由下列数据计算反应 $CO(g)+2H_2(g) \rightleftharpoons CH_3OH(g)$ 在 1000 K 时的平衡常数 $K_p^{\ominus}$。

| | CO(g) | $H_2$(g) | $CH_3OH$(g) |
|---|---|---|---|
| $\frac{G_{\mathrm{m}}^{\ominus}(T)-H_{\mathrm{m}}^{\ominus}(0)}{T}/(\mathrm{J\cdot mol^{-1}\cdot K^{-1}})$ ($T=1000$ K) | −204.05 | −136.98 | −257.65 |
| $\Delta_{\mathrm{f}}H_{\mathrm{m}}^{\ominus}(0)/(\mathrm{kJ\cdot mol^{-1}})$ | −113.813 | 0 | −190.246 |

**解**: 根据表中数据可得

$$\sum_{\mathrm{B}}\nu_{\mathrm{B}}\left[\frac{G_{\mathrm{m}}^{\ominus}(T)-H_{\mathrm{m}}^{\ominus}(0)}{T}\right]=(-257.65+204.05+2\times 136.98)\ \mathrm{J\cdot mol^{-1}\cdot K^{-1}}$$
$$=220.36\ \mathrm{J\cdot mol^{-1}\cdot K^{-1}}$$

$$\Delta_{\mathrm{r}}U_{\mathrm{m}}^{\ominus}(0)=\sum_{\mathrm{B}}\nu_{\mathrm{B}}\Delta_{\mathrm{f}}H_{\mathrm{m}}^{\ominus}(0)=(-190.246+113.813)\ \mathrm{kJ\cdot mol^{-1}}=-76.433\ \mathrm{kJ\cdot mol^{-1}}$$

$$-R\ln K_p^{\ominus}=\sum_{\mathrm{B}}\nu_{\mathrm{B}}\left[\frac{G_{\mathrm{m}}^{\ominus}(T)-H_{\mathrm{m}}^{\ominus}(0)}{T}\right]+\frac{\Delta_{\mathrm{r}}U_{\mathrm{m}}^{\ominus}(0)}{T}=143.927\ \mathrm{J\cdot mol^{-1}\cdot K^{-1}}$$

$$K_p^{\ominus}=3.03\times 10^{-8}$$

**7.28** 试由下列数据计算反应 $N_2(g)+3H_2(g) \rightleftharpoons 2NH_3(g)$ 在 1000 K 时的平衡常数 $K_p^{\ominus}$。

| | $N_2(g)$ | $H_2(g)$ | $NH_3(g)$ |
|---|---|---|---|
| $\dfrac{G_m^\ominus(T)-H_m^\ominus(0)}{T}/(\mathrm{J\cdot mol^{-1}\cdot K^{-1}})\ (T=1000\ \mathrm{K})$ | −197.9 | −137.0 | −203.5 |
| $\dfrac{H_m^\ominus(T)-U_m^\ominus(0)}{T}/(\mathrm{J\cdot mol^{-1}\cdot K^{-1}})\ (T=298\ \mathrm{K})$ | 29.09 | 28.42 | 33.29 |
| $\Delta_f H_m^\ominus(\mathrm{B})/(\mathrm{kJ\cdot mol^{-1}})\ (T=298\ \mathrm{K})$ | 0 | 0 | −45.9 |

**解**: 对于题给反应, 由表中数据可得

$$\sum_B \nu_B\left[\frac{G_m^\ominus(T)-H_m^\ominus(0)}{T}\right]_{T=1000\ \mathrm{K}} = (-2\times203.5+197.9+3\times137.0)\ \mathrm{J\cdot mol^{-1}\cdot K^{-1}}$$

$$= 201.9\ \mathrm{J\cdot mol^{-1}\cdot K^{-1}}$$

$$\Delta_r H_m^\ominus(298\ \mathrm{K}) = \sum_B \nu_B \Delta_f H_m^\ominus(\mathrm{B}) = (-2\times45.9+0+0) = -91.8\ \mathrm{kJ\cdot mol^{-1}}$$

$$\sum_B \nu_B\left[\frac{H_m^\ominus(T)-U_m^\ominus(0)}{T}\right]_{T=298\ \mathrm{K}} = (2\times33.29-29.09-3\times28.42)\ \mathrm{J\cdot mol^{-1}\cdot K^{-1}}$$

$$= -47.77\ \mathrm{J\cdot mol^{-1}\cdot K^{-1}}$$

$$\Delta_r H_m^\ominus(298\ \mathrm{K}) = \sum_B \nu_B\left[\frac{H_m^\ominus(T)-U_m^\ominus(0)}{T}\right]_{T=298\ \mathrm{K}} \times 298\ \mathrm{K} + \Delta_r U_m^\ominus(0)$$

$$\Delta_r U_m^\ominus(0) = -91.8\ \mathrm{kJ\cdot mol^{-1}} + 47.77\ \mathrm{J\cdot mol^{-1}\cdot K^{-1}}\times298\ \mathrm{K} = -77.56\ \mathrm{kJ\cdot mol^{-1}}$$

$$-R\ln K_p^\ominus = \sum_B \nu_B\left[\frac{G_m^\ominus(T)-H_m^\ominus(0)}{T}\right]_{T=1000\ \mathrm{K}} + \frac{\Delta_r U_m^\ominus(0)}{T} = 124.34\ \mathrm{J\cdot mol^{-1}\cdot K^{-1}}$$

$$K_p^\ominus = 3.20\times10^{-7}$$

**7.29** 已知反应 $2H_2(g)+S_2(g) \rightleftharpoons 2H_2S(g)$ 在 298.15 K 时的 $[\Delta_r G_m^\ominus(T)/T] = -493.126\ \mathrm{J\cdot mol^{-1}\cdot K^{-1}}$, 试计算:

(1) $\Delta_r U_m^\ominus(0)$;

(2) 在 1000 K 时的 $K_p^\ominus$。

| | $H_2(g)$ | $S_2(g)$ | $H_2S(g)$ |
|---|---|---|---|
| $\dfrac{G_m^\ominus(T)-H_m^\ominus(0)}{T}/(\mathrm{J\cdot mol^{-1}\cdot K^{-1}})\ (T=1000\ \mathrm{K})$ | −136.98 | −236.312 | −214.388 |
| $\dfrac{G_m^\ominus(T)-H_m^\ominus(0)}{T}/(\mathrm{J\cdot mol^{-1}\cdot K^{-1}})\ (T=298.15\ \mathrm{K})$ | −102.17 | −197.661 | −172.272 |

**解**: (1) $-\dfrac{\Delta_r U_m^\ominus(0)}{T} = \sum_B \nu_B\left[\dfrac{G_m^\ominus(T)-H_m^\ominus(0)}{T}\right]_{T=298.15\ \mathrm{K}} - \dfrac{\Delta_r G_m^\ominus(T)}{T}$

$$\Delta_r U_m^\ominus(0) = T\left\{\frac{\Delta_r G_m^\ominus(T)}{T} - \sum_B \nu_B\left[\frac{G_m^\ominus(T)-H_m^\ominus(0)}{T}\right]_{T=298.15\ \mathrm{K}}\right\}$$

$$= 298.15\ \text{K} \times [-493.126 - (-172.272 \times 2 + 197.661)]\ \text{J·mol}^{-1}\text{·K}^{-1} = -163.56\ \text{kJ·mol}^{-1}$$

(2) $$-R\ln K_p^{\ominus} = \sum_{\text{B}} \nu_{\text{B}} \left[\frac{G_{\text{m}}^{\ominus}(T) - H_{\text{m}}^{\ominus}(0)}{T}\right]_{T=1000\ \text{K}} + \frac{\Delta_{\text{r}} U_{\text{m}}^{\ominus}(0)}{T}$$

$$= (-214.388 \times 2 + 136.98 \times 2 + 236.312)\ \text{J·mol}^{-1}\text{·K}^{-1} - \frac{163.56 \times 10^3\ \text{J·mol}^{-1}}{1000\ \text{K}}$$

$$= -82.063\ \text{J·mol}^{-1}\text{·K}^{-1}$$

$$K_p^{\ominus} = 1.935 \times 10^4$$

**7.30**　计算 300 K 时, 反应 $H_2(g) + D_2(g) \rightleftharpoons 2HD(g)$ 的标准平衡常数。已知 298 K 时, $\Delta_{\text{r}} U_{\text{m}}^{\ominus}(0) = 656.9\ \text{J·mol}^{-1}$, $H_2(g)$, $D_2(g)$ 和 HD(g) 的有关数据如下所示:

| | $H_2$ | HD | $D_2$ |
|---|---|---|---|
| $\sigma/(10^3\ \text{cm}^{-1})$ | 4.371 | 3.786 | 3.092 |
| $I/(10^{-47}\ \text{kg·cm}^2)$ | 0.458 | 0.613 | 0.919 |

解: $$K_p^{\ominus} = \frac{(q_{\text{HD}}^{\ominus}/L)^2}{(q_{\text{H}_2}^{\ominus}/L)(q_{\text{D}_2}^{\ominus}/L)} \exp\left[-\frac{\Delta_{\text{r}} U_{\text{m}}^{\ominus}(0)}{RT}\right]$$

$$= \left(\frac{m_{\text{HD}}^2}{m_{\text{H}_2} m_{\text{D}_2}}\right)^{3/2} \cdot \frac{\sigma_{\text{H}_2}\sigma_{\text{D}_2}}{\sigma_{\text{HD}}^2} \cdot \frac{I_{\text{HD}}^2}{I_{\text{H}_2} I_{\text{D}_2}} \cdot$$

$$\frac{(1 - \text{e}^{-h\nu_{\text{H}_2}/k_{\text{B}}T})(1 - \text{e}^{-h\nu_{\text{D}_2}/k_{\text{B}}T})}{(1 - \text{e}^{-h\nu_{\text{HD}}/k_{\text{B}}T})^2} \cdot \exp\left[-\frac{\Delta_{\text{r}} U_{\text{m}}^{\ominus}(0)}{RT}\right]$$

$$= 1.193 \times 4 \times 0.8928 \times 1 \times 0.7685 = 3.274$$

**7.31**　用统计力学方法计算解离反应 $Cl_2(g) \rightleftharpoons 2Cl(g)$ 在 12000 K 时的标准逸度平衡常数 $K_f^{\ominus}$。已知单原子气体氯的电子配分函数 $q_{\text{e}} = 4 + 2\exp(-\varepsilon/k_{\text{B}}T)$, 其中 $\varepsilon = 0.11\ \text{eV}$, $Cl_2$ 气体分子的电子配分函数 $q_{\text{e}} = 1$, $Cl_2$ 分子的转动惯量 $I = 1.165 \times 10^{-45}\ \text{kg·m}^2$, 振动波数 $\sigma = 565\ \text{cm}^{-1}$, $Cl_2$ 分子的解离能为 2.48 eV。

解: $$K_f^{\ominus} = \frac{(q_{\text{Cl}}^{\ominus}/L)^2}{(q_{\text{Cl}_2}^{\ominus}/L)} \exp\left[-\frac{\Delta_{\text{r}} U_{\text{m}}^{\ominus}(0)}{RT}\right]$$

$$q_{\text{Cl}}^{\ominus} = q_{\text{t}}^{\ominus}(\text{Cl}) q_{\text{e}}(\text{Cl}) \quad q_{\text{Cl}_2}^{\ominus} = q_{\text{t}}^{\ominus}(\text{Cl}_2) q_{\text{r}}(\text{Cl}_2) q_{\text{v}}(\text{Cl}_2) q_{\text{e}}(\text{Cl}_2)$$

其中平动配分函数项为

$$\frac{[q_{\text{t}}^{\ominus}(\text{Cl})/L]^2}{q_{\text{t}}^{\ominus}(\text{Cl}_2)/L} = \frac{\left[\dfrac{2\pi m(\text{Cl}) k_{\text{B}} T}{h^2}\right]^3}{\left[\dfrac{2\pi m(\text{Cl}_2) k_{\text{B}} T}{h^2}\right]^{3/2}} \cdot \frac{V_{\text{m}}^{\ominus}}{L} = \frac{\left[\dfrac{2\pi m(\text{Cl}) k_{\text{B}} T}{h^2}\right]^3}{\left[\dfrac{2\pi m(\text{Cl}_2) k_{\text{B}} T}{h^2}\right]^{3/2}} \cdot \frac{k_{\text{B}} T}{p^{\ominus}} = 3.051 \times 10^{10}$$

转动配分函数项　　$$q_{\text{r}}(\text{Cl}_2) = \frac{8\pi^2 I k_{\text{B}} T}{\sigma h^2} = 1.735 \times 10^4$$

振动配分函数项 $\Theta_{\mathrm{v}}=\dfrac{h\nu}{k_{\mathrm{B}}}=\dfrac{hc\sigma}{k_{\mathrm{B}}}=813.3\ \mathrm{K}$

$$q_{\mathrm{v}}(\mathrm{Cl_2})=\frac{1}{1-\exp(-\Theta_{\mathrm{v}}/k_{\mathrm{B}}T)}=15.26$$

电子配分函数项 $\dfrac{[q_{\mathrm{e}}(\mathrm{Cl})]^2}{q_{\mathrm{e}}(\mathrm{Cl_2})}=[4+2\exp(-\varepsilon/k_{\mathrm{B}}T)]^2=33.62$

$$\Delta_{\mathrm{r}}U_{\mathrm{m}}^{\ominus}(0)=L[D(\mathrm{Cl_2})-2D(\mathrm{Cl})]=LD(\mathrm{Cl_2})=238.953\ \mathrm{kJ\cdot mol^{-1}}$$

$$\exp\left[-\frac{\Delta_{\mathrm{r}}U_{\mathrm{m}}^{\ominus}(0)}{RT}\right]=9.12\times10^{-2}$$

$$K_f^{\ominus}=\frac{3.051\times10^{10}\times33.62}{1.735\times10^{4}\times15.26}\times9.12\times10^{-2}=3.53\times10^{5}$$

**7.32** 下列理想气体反应 $\mathrm{A_2(g)+B_2(g)\rightleftharpoons 2AB(g)}$, 已知摩尔质量 $M_{\mathrm{A}}\approx M_{\mathrm{B}}\approx36\ \mathrm{g\cdot mol^{-1}}$, 且 $\mathrm{A_2}$, $\mathrm{B_2}$ 及 AB 分子中的原子核间距 $r_{\mathrm{AA}}\approx r_{\mathrm{BB}}\approx r_{\mathrm{AB}}\approx10^{-10}\ \mathrm{m}$; 振动特征频率 $\nu_{\mathrm{AA}}\approx\nu_{\mathrm{BB}}\approx\nu_{\mathrm{AB}}\approx10^{13}\ \mathrm{s^{-1}}$; 产物分子与反应物分子的基态能量之差 $\Delta_{\mathrm{r}}U_{\mathrm{m}}^{\ominus}(0)\approx-8.314\ \mathrm{kJ\cdot mol^{-1}}$。试计算:

(1) 上述反应在 500 K 下的平衡常数 $K_p^{\ominus}$;

(2) 设反应的标准焓变与温度无关, 且 $\Delta_{\mathrm{r}}H_{\mathrm{m}}^{\ominus}\approx L\Delta\varepsilon\approx\Delta_{\mathrm{r}}U_{\mathrm{m}}^{\ominus}(0)$, 求反应熵变 $\Delta_{\mathrm{r}}S_{\mathrm{m}}^{\ominus}$。

**解**: (1) $K_p^{\ominus}=\dfrac{(q_{\mathrm{AB}}^{\ominus}/L)^2}{(q_{\mathrm{A_2}}^{\ominus}/L)(q_{\mathrm{B_2}}^{\ominus}/L)}\exp\left[-\dfrac{\Delta_{\mathrm{r}}U_{\mathrm{m}}^{\ominus}(0)}{RT}\right]$

$$=\left(\frac{M_{\mathrm{AB}}^2}{M_{\mathrm{A_2}}M_{\mathrm{B_2}}}\right)^{3/2}\cdot\frac{\sigma_{\mathrm{A_2}}\sigma_{\mathrm{B_2}}}{\sigma_{\mathrm{AB}}^2}\cdot\frac{I_{\mathrm{AB}}^2}{I_{\mathrm{A_2}}I_{\mathrm{B_2}}}\cdot$$

$$\frac{(1-\mathrm{e}^{-h\nu_{\mathrm{A_2}}/k_{\mathrm{B}}T})(1-\mathrm{e}^{-h\nu_{\mathrm{B_2}}/k_{\mathrm{B}}T})}{(1-\mathrm{e}^{-h\nu_{\mathrm{AB}}/k_{\mathrm{B}}T})^2}\cdot\exp\left[-\frac{\Delta_{\mathrm{r}}U_{\mathrm{m}}^{\ominus}(0)}{RT}\right]=29.6$$

(2) $\Delta_{\mathrm{r}}G_{\mathrm{m}}^{\ominus}=-RT\ln K_p^{\ominus}=-14083\ \mathrm{J\cdot mol^{-1}}$

$$\Delta_{\mathrm{r}}S_{\mathrm{m}}^{\ominus}=\frac{\Delta_{\mathrm{r}}H_{\mathrm{m}}^{\ominus}-\Delta_{\mathrm{r}}G_{\mathrm{m}}^{\ominus}}{T}=11.5\ \mathrm{J\cdot mol^{-1}\cdot K^{-1}}$$

**7.33** 本章我们曾用统计力学的方法导出了由配分函数直接计算任一理想气体化学反应 $0=\sum_{\mathrm{B}}\nu_{\mathrm{B}}\mathrm{B}$ 标准平衡常数的表达式, 即

$$K_p^{\ominus}=\prod_{\mathrm{B}}\left(\frac{q_{\mathrm{B}}^{\ominus}}{L}\right)^{\nu_{\mathrm{B}}}\cdot\exp\left[-\frac{\Delta_{\mathrm{r}}U_{\mathrm{m}}^{\ominus}(0)}{RT}\right]。$$

试从该式及本章中由配分函数计算 Gibbs 自由能 $G$ 的表达式, 导出化学平衡一章的热力学关系式 $\Delta_{\mathrm{r}}G_{\mathrm{m}}^{\ominus}(T)=\sum_{\mathrm{B}}\nu_{\mathrm{B}}\mu_{\mathrm{B}}^{\ominus}(T)=-RT\ln K_p^{\ominus}$。

**解**: 根据由配分函数计算 Gibbs 自由能 $G$ 的表达式, 可知 $G=-Nk_{\mathrm{B}}T\ln\dfrac{q}{N}+U_0$。式中 $U_0=N\varepsilon_0$, 为 $N$ 个粒子在最低能级时的能量。在统计热力学中常选择处在 0 K 作为最低能级。因此, $U_0$ 就是 $N$ 个粒子在 0 K 时的能量。当 $N=L$ 时, 有

$$G_{\rm m} = -Lk_{\rm B}T\ln\frac{q}{L} + U_{0,\rm m} = -RT\ln\frac{q}{L} + U_{0,\rm m}$$

式中 $U_{0,\rm m} = L\varepsilon_0$。

对于理想气体化学反应 $0 = \sum\limits_{\rm B}\nu_{\rm B}{\rm B}$, 理想气体混合物中任意一个组分 B 的标准态化学势等于该组分单独存在时 (即纯态) 处在相同温度、标准压力下的摩尔 Gibbs 自由能, 即 $\mu_{\rm B}^{\ominus}(T) = G_{\rm m}^{\ominus}({\rm B},T) = -RT\ln\dfrac{q_{\rm B}^{\ominus}}{L} + U_{0,\rm m}^{\ominus}({\rm B})$。故

$$\begin{aligned}\Delta_{\rm r}G_{\rm m}^{\ominus}(T) &= \sum_{\rm B}\nu_{\rm B}\mu_{\rm B}^{\ominus}(T) = -RT\sum_{\rm B}\nu_{\rm B}\ln\frac{q_{\rm B}^{\ominus}}{L} + \sum_{\rm B}\nu_{\rm B}U_{0,\rm m}^{\ominus}({\rm B}) \\ &= -RT\sum_{\rm B}\nu_{\rm B}\ln\frac{q_{\rm B}^{\ominus}}{L} + \Delta_{\rm r}U_{\rm m}^{\ominus}(0) \qquad \text{(a)}\end{aligned}$$

又 $K_p^{\ominus} = \prod\limits_{\rm B}\left(\dfrac{q_{\rm B}^{\ominus}}{L}\right)^{\nu_{\rm B}} \cdot \exp\left[-\dfrac{\Delta_{\rm r}U_{\rm m}^{\ominus}(0)}{RT}\right]$, 故

$$-RT\ln K_p^{\ominus} = -RT\sum_{\rm B}\nu_{\rm B}\ln\frac{q_{\rm B}^{\ominus}}{L} + \Delta_{\rm r}U_{\rm m}^{\ominus}(0) \qquad \text{(b)}$$

比较式 (a) 和式 (b) 可知: $\Delta_{\rm r}G_{\rm m}^{\ominus}(T) = \sum\limits_{\rm B}\nu_{\rm B}\mu_{\rm B}^{\ominus}(T) = -RT\ln K_p^{\ominus}$

**7.34** 试以两种理想气体 A 和 B 的等温混合为例, 用统计热力学方法来说明隔离系统中的熵增加原理, 并导出该混合过程中系统熵变的计算表达式为

$$\Delta_{\rm mix}S = -n_{\rm A}R\ln\frac{V_{\rm A}}{V_{\rm A}+V_{\rm A}} - n_{\rm B}R\ln\frac{V_{\rm B}}{V_{\rm A}+V_{\rm A}},$$

式中 $n_{\rm A}$ 和 $V_{\rm A}$ 为气体 A 的物质的量和体积, $n_{\rm B}$ 和 $V_{\rm B}$ 为气体 B 的物质的量和体积。

**解**: 混合前, A 分子的配分函数为

$$q_{\rm A}^* = q_{\rm t,A}^* \cdot q_{\rm r,A}^* \cdot q_{\rm v,A}^* \cdot q_{\rm e,A}^* \cdot q_{\rm n,A}^* = \left(\frac{2\pi m_{\rm A}k_{\rm B}T}{h^2}\right)^{3/2} V_{\rm A} \cdot q_{\rm r,A}^* \cdot q_{\rm v,A}^* \cdot q_{\rm e,A}^* \cdot q_{\rm n,A}^* = (q_{\rm A}^*)' \cdot V_{\rm A}$$

式中
$$(q_{\rm A}^*)' = \left(\frac{2\pi m_{\rm A}k_{\rm B}T}{h^2}\right)^{3/2} \cdot q_{\rm r,A}^* \cdot q_{\rm v,A}^* \cdot q_{\rm e,A}^* \cdot q_{\rm n,A}^*$$

混合后, A 分子的配分函数为

$$\begin{aligned}q_{\rm A} &= q_{\rm t,A} \cdot q_{\rm r,A} \cdot q_{\rm v,A} \cdot q_{\rm e,A} \cdot q_{\rm n,A} = \left(\frac{2\pi m_{\rm A}k_{\rm B}T}{h^2}\right)^{3/2} (V_{\rm A}+V_{\rm B}) \cdot q_{\rm r,A} \cdot q_{\rm v,A} \cdot q_{\rm e,A} \cdot q_{\rm n,A} \\ &= q_{\rm A}' \cdot (V_{\rm A}+V_{\rm B})\end{aligned}$$

式中
$$q_{\rm A}' = \left(\frac{2\pi m_{\rm A}k_{\rm B}T}{h^2}\right)^{3/2} \cdot q_{\rm r,A} \cdot q_{\rm v,A} \cdot q_{\rm e,A} \cdot q_{\rm n,A}$$

由于理想气体在混合前后只发生了分子运动体积的变化, 而分子的内部性质并未变化, 故 $(q_{\rm A}^*)' = q_{\rm A}'$。因此

$$q_{\mathrm{A}}^{*}=q_{\mathrm{A}}\cdot\frac{V_{\mathrm{A}}}{V_{\mathrm{A}}+V_{\mathrm{B}}}$$

同理, B 分子混合前的配分函数 $q_{\mathrm{B}}^{*}$ 与混合后的配分函数 $q_{\mathrm{B}}$ 之间也有如下关系式:

$$q_{\mathrm{B}}^{*}=q_{\mathrm{B}}\cdot\frac{V_{\mathrm{B}}}{V_{\mathrm{A}}+V_{\mathrm{B}}}$$

由统计热力学公式, 对于独立子非定位系统, 有

$$S=k_{\mathrm{B}}\ln\frac{q^{N}}{N!}+Nk_{\mathrm{B}}T\left(\frac{\partial\ln q}{\partial T}\right)_{V,N}$$

混合前系统的总熵 $$S_{前}=S_{\mathrm{A}}^{*}+S_{\mathrm{B}}^{*}$$

$$S_{前}=k_{\mathrm{B}}\ln\frac{(q_{\mathrm{A}}^{*})^{N_{\mathrm{A}}}}{N_{\mathrm{A}}!}+N_{\mathrm{A}}k_{\mathrm{B}}T\left(\frac{\partial\ln q_{\mathrm{A}}^{*}}{\partial T}\right)_{V,N}+k_{\mathrm{B}}\ln\frac{(q_{\mathrm{B}}^{*})^{N_{\mathrm{B}}}}{N_{\mathrm{B}}!}+N_{\mathrm{B}}k_{\mathrm{B}}T\left(\frac{\partial\ln q_{\mathrm{B}}^{*}}{\partial T}\right)_{V,N}$$

混合后系统的总熵 $$S_{后}=S_{\mathrm{A}}+S_{\mathrm{B}}$$

$$S_{后}=k_{\mathrm{B}}\ln\frac{q_{\mathrm{A}}^{N_{\mathrm{A}}}}{N_{\mathrm{A}}!}+N_{\mathrm{A}}k_{\mathrm{B}}T\left(\frac{\partial\ln q_{\mathrm{A}}}{\partial T}\right)_{V,N}+k_{\mathrm{B}}\ln\frac{q_{\mathrm{B}}^{N_{\mathrm{B}}}}{N_{\mathrm{B}}!}+N_{\mathrm{B}}k_{\mathrm{B}}T\left(\frac{\partial\ln q_{\mathrm{B}}}{\partial T}\right)_{V,N}$$

代入 A, B 两种分子混合前后配分函数的关系式, 加上 $\left(\frac{\partial\ln q_{\mathrm{A}}^{*}}{\partial T}\right)_{V,N}=\left(\frac{\partial\ln q_{\mathrm{A}}}{\partial T}\right)_{V,N}$ 和 $\left(\frac{\partial\ln q_{\mathrm{B}}^{*}}{\partial T}\right)_{V,N}=\left(\frac{\partial\ln q_{\mathrm{B}}}{\partial T}\right)_{V,N}$, 则 A 和 B 两种理想气体等温混合过程中的熵变为

$$\Delta_{\mathrm{mix}}S=S_{后}-S_{前}=-N_{\mathrm{A}}k_{\mathrm{B}}\ln\frac{V_{\mathrm{A}}}{V_{\mathrm{A}}+V_{\mathrm{A}}}-N_{\mathrm{B}}k_{\mathrm{B}}\ln\frac{V_{\mathrm{B}}}{V_{\mathrm{A}}+V_{\mathrm{A}}}$$

由于 $N_{\mathrm{A}}=n_{\mathrm{A}}L$, $N_{\mathrm{B}}=n_{\mathrm{B}}L$, $Lk_{\mathrm{B}}=R$, 故上式可写为

$$\Delta_{\mathrm{mix}}S=-n_{\mathrm{A}}R\ln\frac{V_{\mathrm{A}}}{V_{\mathrm{A}}+V_{\mathrm{A}}}-n_{\mathrm{B}}R\ln\frac{V_{\mathrm{B}}}{V_{\mathrm{A}}+V_{\mathrm{A}}}$$

由于 A 和 B 两种理想气体体积膨胀, 故 $\Delta_{\mathrm{mix}}S>0$。故隔离系统的熵变大于零, 上述过程是一自发过程。此即隔离系统中的熵增加原理。

# 四、自测题

## (一) 自 测 题 1

### Ⅰ. 选择题

1. 下列各系统中属于独立子系统的是 ⋯⋯⋯⋯⋯⋯⋯⋯⋯⋯⋯⋯⋯⋯⋯⋯ (　　)

(A) 绝对零度的晶体　　(B) 理想液体混合物

(C) 纯气体　　(D) 理想气体混合物

2. 有 6 个独立的定位粒子, 分布在三个能级能量为 $\varepsilon_0$, $\varepsilon_1$, $\varepsilon_2$ 上, 能级非简并, 各能级上的分布数依次为 $N_0=3, N_1=2, N_2=1$。则此种分布的微观状态数在下列表达式中哪一种是**错误**的? (　　)

(A) $\mathrm{P}_6^3\mathrm{P}_3^2\mathrm{P}_1^1$　　(B) $\mathrm{C}_6^3\mathrm{C}_3^2\mathrm{C}_1^1$

(C) $\dfrac{6!}{3!2!1!}$　　(D) $\dfrac{6!}{3!(6-3)!}\cdot\dfrac{3!}{2!(3-2)!}\cdot\dfrac{1!}{1!(1-1)!}$

3. Boltzmann 分布 ·································· (　　)

(A) 是最概然分布, 但不是平衡分布

(B) 是平衡分布, 但不是最概然分布

(C) 既是最概然分布, 又是平衡分布

(D) 不是最概然分布, 也不是平衡分布

4. 粒子的配分函数 $q$ 是 ································ (　　)

(A) 一个粒子的

(B) 对一个粒子的 Boltzmann 因子取和

(C) 粒子的简并度和 Boltzmann 因子的乘积取和

(D) 对一个粒子的所有可能状态的 Boltzmann 因子取和

5. 热力学函数与分子配分函数的关系式对于定域粒子系统和离域粒子系统都相同的是 (　　)

(A) $G, A, S$　　(B) $U, H, S$　　(C) $U, H, C_V$　　(D) $H, G, C_V$

6. 三维平动子的平动能 $\varepsilon_{\mathrm{t}} = 6h^2/(8mV^{2/3})$ 能级的简并度为 ·················· (　　)

(A) 1　　(B) 3　　(C) 6　　(D) 0

7. 在平动、转动、振动运动对热力学函数的贡献中, 下述关系式中**错误**的是 ·········· (　　)

(A) $A_{\mathrm{r}} = G_{\mathrm{r}}$　　(B) $U_{\mathrm{v}} = H_{\mathrm{v}}$　　(C) $C_{V,\mathrm{v}} = C_{p,\mathrm{v}}$　　(D) $C_{p,\mathrm{t}} = C_{V,\mathrm{t}}$

8. $H_2O$ 分子气体在室温下振动运动时 $C_{V,\mathrm{m}}$ 的贡献可以忽略不计。则它的 $C_{p,\mathrm{m}}/C_{V,\mathrm{m}}$ 值为 ($H_2O$ 可当作理想气体) ································ (　　)

(A) 1.15　　(B) 1.4　　(C) 1.7　　(D) 1.33

9. 双原子分子在温度很低时且选取振动基态能量为零, 则振动配分函数值为 ·········· (　　)

(A) 0　　(B) 1　　(C) $< 0$　　(D) $> 0$

10. 在 298.15 K 和 101.325 kPa 时, 摩尔平动熵最大的气体是 ························ (　　)

(A) $H_2$　　(B) $CH_4$　　(C) NO　　(D) $CO_2$

11. 某双原子分子 AB 取振动基态能量为零, 在温度 $T$ 时的振动配分函数为 2.0, 则粒子分布在基态上的分布分数 $N_0/N$ 应为 ································ (　　)

(A) 2　　(B) 0　　(C) 1　　(D) 1/2

12. 晶体 $CH_3D$ 中的残余熵 $S_{0,\mathrm{m}}$ 为 ································ (　　)

(A) $R\ln 2$　　(B) $\dfrac{1}{2}R\ln 2$　　(C) $\dfrac{1}{3}R\ln 2$　　(D) $R\ln 4$

## Ⅱ. 填空题

1. 若有一个热力学系统, 当其熵值增加 $0.418\ \mathrm{J\cdot K^{-1}}$ 时, 则系统增加的微观状态数与原有微观

状态数的比值 $(\Delta\Omega/\Omega_1)$ 为________。

2. Boltzmann 统计的基本假设是________________。

3. 设有一个由极大数目三维平动子组成的粒子系统, 运动于边长为 $a$ 的立方容器内, 系统的体积、粒子质量和温度的关系为 $\dfrac{h^2}{8ma^2}=0.1k_{\rm B}T$, 则平动量子数为 $(1,2,3)$ 和 $(1,1,1)$ 两个状态上粒子分布数的比值为________。

4. 已知电子能级间隔约为 $100k_{\rm B}T$, 则电子能级间隔的 Boltzmann 因子为________。

5. 最低能量零点选择不同, 则配分函数的值____, 热力学能值____, 熵值____, 定容热容值____。(填入 "相同" 或 "不同")

6. 已知 $I_2(g)$ 的基态振动波数 $\sigma=21420\ {\rm m}^{-1}$, $k_{\rm B}=1.38\times10^{-23}\ {\rm J{\cdot}K^{-1}}$, $h=6.626\times10^{-34}\ {\rm J{\cdot}s}$, $c=2.998\times10^8\ {\rm m{\cdot}s^{-1}}$, 则 $I_2$ 的振动特征温度 $\Theta_{\rm v}$ 为________。

7. $I_2$ 分子的振动能级间隔为 $0.43\times10^{-20}$ J。在 298 K 时某一能级与其次能级上分子数的比值 $N_{i+1}/N_i=$ ________。

8. 300 K 时, 当分布在 $J=1$ 转动能级上的分子数是 $J=0$ 能级上的 $3{\rm e}^{-0.1}$ 倍时, 其分子的转动特征温度为________。

### Ⅲ. 计算题

1. 设有一个由三个定位的单维简谐振子组成的系统, 这三个振子分别在各自的位置上振动, 系统的总能量为 $\dfrac{11}{2}h\nu$。试问:

(1) 有几种分布方式?

(2) 每种分布的微观状态数是多少?

(3) 系统总的微观状态数是多少?

2. (1) 某单原子理想气体的配分函数 $q$ 具有的函数形式为 $q=Vf(T)$, 试导出理想气体的状态方程式。

(2) 若该单原子理想气体的配分函数 $q$ 的函数形式为 $q=\left(\dfrac{2\pi mk_{\rm B}T}{h^2}\right)^{3/2}V$, 试导出压力 $p$ 和热力学能 $U$ 的表示式, 以及理想气体的状态方程式。

3. 设某理想气体 A, 其分子的最低能级是非简并的, 取分子的基态作为能量零点, 相邻能级的能量为 $\varepsilon$, 其简并度为 2, 忽略更高能级。

(1) 写出 A 分子的总配分函数的表达式;

(2) 设 $\varepsilon=k_{\rm B}T$, 求出相邻两能级上最概然分子数之比 $N_1/N_0$ 的值;

(3) 设 $\varepsilon=k_{\rm B}T$, 试计算在 298 K 时, 1 mol A 分子气体的平均能量。

4. 在 298 K 和 100 kPa 时, 求 1 mol $SO_2(g)$ (设为理想气体) 的标准摩尔热力学能、焓、Gibbs 自由能、Helmholtz 自由能、熵、摩尔定压热容和摩尔定容热容。已知 $SO_2(g)$ 的摩尔质量为 $M_{SO_2}=64.063\ {\rm g{\cdot}mol^{-1}}$, $\sigma_1=1151.4\ {\rm cm}^{-1}$, $\sigma_2=517.7\ {\rm cm}^{-1}$, $\sigma_3=1361.8\ {\rm cm}^{-1}$; 三个转动惯量分别为 $I_x=1.386\times10^{-46}\ {\rm kg{\cdot}m^2}$, $I_y=8.143\times10^{-46}\ {\rm kg{\cdot}m^2}$, $I_z=9.529\times10^{-46}\ {\rm kg{\cdot}m^2}$。$SO_2(g)$ 分子的对称数为 2, 忽略电子和核的贡献。

5. 计算 298 K 时, 如下反应的标准摩尔 Gibbs 自由能变化值和标准平衡常数。

$$H_2(g) + I_2(g) \rightleftharpoons 2HI(g)$$

已知 298 K 时, HI(g), $H_2(g)$, $I_2(g)$ 的有关数据如下:

| 物质 | $\dfrac{[G_m^\ominus(T)-H_m(0)]/T}{J\cdot mol^{-1}\cdot K^{-1}}$ | $\dfrac{[H_m^\ominus(T)-H_m(0)]/T}{J\cdot mol^{-1}\cdot K^{-1}}$ | $\dfrac{\Delta_f H_m^\ominus}{kJ\cdot mol^{-1}}$ |
| --- | --- | --- | --- |
| $H_2(g)$ | −102.17 | 28.42 | 0 |
| $I_2(g)$ | −226.69 | 30.16 | 62.438 |
| HI(g) | −177.44 | 29.06 | 26.48 |

6. 计算 5000 K 时, 反应 $N_2(g) \rightleftharpoons 2N(g)$ 的标准平衡常数。已知 $N_2(g)$ 分子的转动特征温度 $\Theta_r = 2.84$ K, 振动特征温度 $\Theta_v = 3350$ K, 解离能 $D = 708.35\ kJ\cdot mol^{-1}$, $N_2(g)$ 的电子基态是非简并的, 而 N 原子的基态是四重简并的。

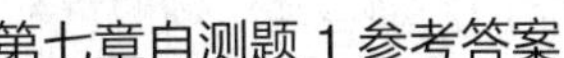
第七章自测题 1 参考答案

## (二) 自 测 题 2

### Ⅰ. 选择题

1. 非理想气体是 ………………………………………………………………（　　）

(A) 独立的全同粒子系统　　(B) 相依的粒子系统

(C) 独立的可别粒子系统　　(D) 定域的可别粒子系统

2. 对于服从 Boltzmann 分布定律的系统, 其分布规律为 ……………………………（　　）

(A) 能量最低的单个量子状态上的粒子数最多

(B) 第一激发能级上的粒子数最多

(C) 视系统的具体条件而定

(D) 以上三答案都不对

3. 分子的平动、转动和振动的能级间隔的大小顺序是 ………………………………（　　）

(A) 振动能 > 转动能 > 平动能　　(B) 振动能 > 平动能 > 转动能

(C) 平动能 > 振动能 > 转动能　　(D) 转动能 > 平动能 > 振动能

4. 关于配分函数, 下面说法**不正确**的是 …………………………………………………… (　　)

(A) 粒子的配分函数是一个粒子所有可能状态的 Boltzmann 因子之和

(B) 并不是所有配分函数都无量纲

(C) 粒子的配分函数只有在独立粒子系统中才有意义

(D) 只有平动配分函数才与系统的压力有关

5. 下列热力学函数的单粒子配分函数 $q$ 统计表达式中, 与系统的定位或非定位**无关**的是 (　　)

(A) $H$　　(B) $S$　　(C) $A$　　(D) $G$

6. 一个体积为 $V$, 粒子质量为 $m$ 的离域子系统, 其最低平动能级和其相邻能级间隔为 (　　)

(A) $h^2/(8mV^{2/3})$　　(B) $3h^2/(8mV^{2/3})$

(C) $4h^2/(8mV^{2/3})$　　(D) $9h^2/(8mV^{2/3})$

7. 在分子配分函数的表达式中与压力有关的是 …………………………………… (　　)

(A) 电子运动的配分函数　　(B) 平动配分函数

(C) 转动配分函数　　(D) 振动配分函数

8. $NH_3$ 分子的平动、转动、振动自由度分别为 …………………………………… (　　)

(A) 3, 2, 7　　(B) 3, 2, 6　　(C) 3, 3, 7　　(D) 3, 3, 6

9. 2 mol $CO_2$ 的转动能 $U_r$ 为 ……………………………………………………… (　　)

(A) $\frac{1}{2}RT$　　(B) $RT$　　(C) $\frac{3}{2}RT$　　(D) $2RT$

10. 忽略 CO 和 $N_2$ 的振动运动对熵的贡献差别, $N_2$ 和 CO 的摩尔熵的大小关系为 ··· (　　)

(A) $S_m(CO) > S_m(N_2)$　　(B) $S_m(CO) < S_m(N_2)$

(C) $S_m(CO) = S_m(N_2)$　　(D) 不确定

11. 对于某双原子分子 AB, 取振动基态能量为零, 在 $T$ 时的振动配分函数为 1.02, 则粒子分布在 $v = 0$ 的基态上的分布数 $N_0/N$ 应为 ……………………………………………… (　　)

(A) 1.02　　(B) 0　　(C) 1　　(D) 1/1.02

12. 在 $N$ 个 NO 分子组成的晶体中, 每个分子都有两种可能的排列方式, 即 NO 和 ON, 也可将晶体视为 NO 和 ON 的混合物, 在 0 K 时该体系的熵值 …………………………… (　　)

(A) $S_0 = 0$　　(B) $S_0 = k_B \ln 2$

(C) $S_0 = Nk_B \ln 2$　　(D) $S_0 = 2k_B \ln N$

## Ⅱ. 填空题

1. 当两能级差 $\varepsilon_2 - \varepsilon_1 = k_B T$ 时, 则两能级上最概然分布时分子数之比 $N_2^*/N_1^*$ 为__________; 当两能级差为 $\varepsilon_2 - \varepsilon_1 = k_B T$, 且其简并度 $g_1 = 1$, $g_2 = 3$, 则 $N_2^*/N_1^*$ 为__________。

2. 对于 1 mol 理想气体, 在 298 K 时, 已知其分子的配分函数为 1.6, 假定 $\varepsilon_0 = 0$, $g_0 = 1$, 则处于基态的分子数为__________。

3. 对于 1 mol 纯物质的理想气体, 设分子的某内部运动形式只有三种可能的能级, 它们的能量和简并度分别为 $\varepsilon_1 = 0$, $g_1 = 1$; $\varepsilon_2/k_B = 100$ K, $g_2 = 3$; $\varepsilon_3/k_B = 300$ K, $g_3 = 5$。其中, $k_B$ 为 Boltzmann 常数, 则 200 K 时分子的配分函数 $q =$ __________。

4. 已知振动能级间隔约为 $10k_\mathrm{B}T$, 则振动能级间隔的 Boltzmann 因子为______________。

5. 已知 CO 的转动惯量 $I=1.45\times10^{-46}$ kg·m$^2$, $k_\mathrm{B}=1.38\times10^{-23}$ J·K$^{-1}$, $h=6.626\times10^{-34}$ J·s, 则 CO 的转动特征温度 $\Theta_\mathrm{r}$ 为______________。

6. 相同温度和体积下, $^{14}N_2$ 和 $^{14}N^{16}N$ 分子平动配分函数的比值为_________。

7. $I_2$(g) 样品光谱的振动能级上分子的布居为 $N(\upsilon=2)/N(\upsilon=0)=0.5414$ 时, 系统的温度为______________。(已知振动频率 $\nu=6.39\times10^{12}$ s$^{-1}$, $h=6.626\times10^{-34}$ J·s, $k_\mathrm{B}=1.38\times10^{-23}$ J·K$^{-1}$。)

8. 已知 CO 的转动惯量 $I=1.45\times10^{-46}$ kg·m$^2$, 在 25 ℃ 时, 转动能量为 $k_\mathrm{B}T$ 时的转动量子数 $J=$ ______________。

### Ⅲ. 计算题

1. (1) 计算运动于 1 m$^3$ 盒子中的 $O_2$ 分子 $n_x=1, n_y=1, n_z=1$ 量子态的平动能。

(2) 计算 $O_2$ 分子 $J=1$ 转动量子态的转动能。已知 $O_2$ 分子的核间距 $r=1.2074\times10^{-10}$ m。

(3) 计算 $O_2$ 分子 $\upsilon=0$ 振动量子态的振动能量。已知 $O_2$ 分子的振动波数 $\sigma=1580.246\times10^3$ m$^{-1}$。

2. 零族元素氩 (Ar) 可看作理想气体, 相对分子质量为 40, 取分子的基态 (设其简并度为 1) 作为能量零点, 第一激发态 (设其简并度为 2) 与基态的能量差为 $\varepsilon$, 忽略其他高能级。

(1) 写出 Ar 分子的总的配分函数表达式;

(2) 设 $\varepsilon=5k_\mathrm{B}T$, 求在第一激发态上最概然分布的分子数占总分子数的分数;

(3) 计算 298 K 时 1 mol Ar(g) 在标准状态下的统计熵值。设 Ar 分子的核和电子的简并度均等于 1。

3. 设 Na 原子气体 (设为理想气体) 凝聚成一表面膜。

(1) 若 Na 原子可以在膜内自由运动 (即二维平动), 试写出此凝聚过程的摩尔平动熵变的统计表达式;

(2) 若 Na 原子在膜内不能运动, 其凝聚过程的摩尔平动熵变的统计表达式又将如何?

4. 在 298 K 和 100 kPa 时, 1 mol NO(g) (设为理想气体) 放在体积为 $V$ 的容器中, 已知 NO(g) 的摩尔质量为 30.0 g·mol$^{-1}$, 转动特征温度为 2.47 K, 振动特征温度为 2690 K, 设以基态为能量零点, 忽略电子和核运动的贡献, 试计算:

(1) NO(g) 分子的总的配分函数;

(2) NO(g) 的标准摩尔统计熵值;

(3) NO(g) 的摩尔热力学能;

(4) NO(g) 的摩尔等容热容的值。

5. 计算 298 K 时, 如下两个反应的标准平衡常数。

(1) $CH_4(g)+H_2O(g) \rightleftharpoons CO(g)+3H_2(g)$

(2) $CH_4(g)+2H_2O(g) \rightleftharpoons CO_2(g)+4H_2(g)$

已知自由能函数和 0 K 时的焓变为

| 函数 | $H_2O(g)$ | $CO(g)$ | $CO_2(g)$ | $CH_4(g)$ | $H_2(g)$ |
|---|---|---|---|---|---|
| $\dfrac{[G_m^\ominus(T)-H_m^\ominus(0)]/T}{J\cdot mol^{-1}\cdot K^{-1}}$ | −155.56 | −168.41 | −182.26 | −152.55 | −102.17 |
| $\dfrac{\Delta_f H_m^\ominus(0)}{kJ\cdot mol^{-1}}$ | −238.99 | −113.81 | −393.17 | −66.90 | 0 |

6. 用配分函数计算 298 K 时, 如下反应的标准平衡常数。

$$H_2(g)+I_2(g) \rightleftharpoons 2HI(g)$$

已知反应的 $\Delta_r U_m^\ominus(0)=-8.03\ kJ\cdot mol^{-1}$, 在 298 K 时的数据如下表所示, 忽略电子和核的贡献。

| 分子 | $M/(g\cdot mol^{-1})$ | $\Theta_r/K$ | $\Theta_v/K$ |
|---|---|---|---|
| $H_2(g)$ | 2.0 | 85.4 | 6100 |
| $I_2(g)$ | 253.8 | 0.054 | 310 |
| $HI(g)$ | 127.9 | 9.0 | 3200 |

第七章自测题 2 参考答案

# 第八章 电解质溶液

本章主要公式和内容提要

## 一、复习题及解答

**8.1** Faraday 电解定律的基本内容是什么？此定律在电化学中有何用处？

**答**: Faraday 电解定律的文字表述为: (1) 在电极上 (即两相界面上) 物质发生化学变化的物质的量与通入的电荷量成正比; (2) 若将几个电解池串联, 通入一定的电荷量后, 在各个电解池的电极上发生化学变化的物质的量都相等, 用公式表示为

$$n_{\mathrm{B}} = \frac{Q}{z_+ F} \qquad m_{\mathrm{B}} = \frac{Q}{z_+ F} M_{\mathrm{B}}$$

Faraday 电解定律在任何温度和压力下均可适用, 没有使用的限制条件; 可用来计算在电极上反应物质的物质的量, 可以求出通入的电荷量和电流效率等。

**8.2** 电池中正极、负极、阴极、阳极的定义分别是什么？为什么在原电池中负极是阳极而正极是阴极？

**答**: 电池中电势高的电极称为正极, 电势低的电极称为负极。电流从正极流向负极, 电子从负极流向正极。发生还原作用的电极称为阴极, 发生氧化作用的电极称为阳极。在原电池中, 阳极发生氧化作用, 电势低, 所以是负极; 阴极发生还原作用, 电势高, 所以是正极。在电解池中, 阳极是正极, 阴极是负极。

**8.3** 电解质溶液的电导率和摩尔电导率与电解质溶液浓度的关系有何不同？为什么？

**答**: 强电解质溶液的电导率随浓度的增加而升高。当浓度增加到一定程度后, 由于正、负离子之间的相互作用力增大, 解离度下降, 离子运动速率降低, 电导率也降低, 如 HCl、KOH 溶液。中性盐如 KCl 由于受饱和溶解度的限制, 浓度不会太高。弱电解质溶液的电导率随浓度变化不显著, 因解离平衡常数在一定温度下有定值, 浓度增加, 其解离度下降, 粒子数目变化不大。

**8.4** 怎样分别求强电解质和弱电解质的无限稀释摩尔电导率？为什么要用不同的方法？

**答**: 在低浓度下, 强电解质溶液的摩尔电导率与浓度 $c$ 成线性关系。

$$\Lambda_{\mathrm{m}} = \Lambda_{\mathrm{m}}^{\infty}(1 - \beta\sqrt{c})$$

在一定温度下，一定电解质溶液来说，$\beta$ 是定值，通过作图，直线与纵坐标的交点即为无限稀释时溶液的摩尔电导率 $\Lambda_{\mathrm{m}}^{\infty}$，即外推法。

对于弱电解质的无限稀释摩尔电导率 $\Lambda_{\mathrm{m}}^{\infty}$，根据离子独立移动定律，可由强电解质溶液的无限稀释摩尔电导率 $\Lambda_{\mathrm{m}}^{\infty}$ 设计求算，不能由外推法求出；由于弱电解质的稀溶液在很低浓度下，$\Lambda_{\mathrm{m}}$ 与 $\sqrt{c}$ 不成直线关系，并且浓度的变化对 $\Lambda_{\mathrm{m}}$ 的值影响很大，实验的误差很大，由实验值直接求弱电解质的 $\Lambda_{\mathrm{m}}^{\infty}$ 很困难。

**8.5** 离子的摩尔电导率、离子的迁移速率、离子的电迁移率和离子迁移数之间有哪些定量关系式？

**答**：定量关系式：$r_+ = u_+ \dfrac{\mathrm{d}E}{\mathrm{d}l}$ $\qquad r_- = u_- \dfrac{\mathrm{d}E}{\mathrm{d}l}$

$r_+, r_-$ 为正、负离子迁移速率，$u_+, u_-$ 为正、负离子的电迁移率。

$$t_{\mathrm{B}} = \frac{I_{\mathrm{B}}}{I}$$

$$t_+ = \frac{I_+}{I} = \frac{r_+}{r_+ + r_-} = \frac{u_+}{u_+ + u_-} \qquad t_- = \frac{I_-}{I} = \frac{r_-}{r_+ + r_-} = \frac{u_-}{u_+ + u_-}$$

$t_+, t_-$ 为正、负离子迁移数。

$$\sum t_+ + \sum t_- = 1$$

对于无限稀释强电解质溶液，有

$$\Lambda_{\mathrm{m}}^{\infty} = \Lambda_{\mathrm{m},+}^{\infty} + \Lambda_{\mathrm{m},-}^{\infty}$$

$$t_+ = \frac{\Lambda_{\mathrm{m},+}^{\infty}}{\Lambda_{\mathrm{m}}^{\infty}} \qquad t_- = \frac{\Lambda_{\mathrm{m},-}^{\infty}}{\Lambda_{\mathrm{m}}^{\infty}}$$

$$\Lambda_{\mathrm{m}}^{\infty} = (u_+^{\infty} + u_-^{\infty})F$$

**8.6** 在某电解质溶液中，若有 $i$ 种离子存在，则溶液的总电导应该用下列哪个公式表示？为什么？

(1) $G = \dfrac{1}{R_1} + \dfrac{1}{R_2} + \cdots$

(2) $G = \dfrac{1}{\sum\limits_i R_i}$

**答**：对电解质溶液来说，电导 $G$ 用以表示其导电的能力，以 1–1 价型电解质溶液为例：

$$G = \kappa \frac{A}{l}$$

$$\kappa = \Lambda_{\mathrm{m}} \cdot c$$

对于稀电解质溶液：$\qquad \Lambda_{\mathrm{m}}^{\infty} = \Lambda_{\mathrm{m},+}^{\infty} + \Lambda_{\mathrm{m},-}^{\infty}$

故 $\qquad \kappa = (\Lambda_{\mathrm{m},+}^{\infty} + \Lambda_{\mathrm{m},-}^{\infty})c = \Lambda_{\mathrm{m},+}^{\infty} \cdot c + \Lambda_{\mathrm{m},-}^{\infty} \cdot c$

$$\kappa_+ = \Lambda_{\mathrm{m}}^{+} \cdot c$$

则 $$G_+ = \kappa_+ \frac{A}{l}$$

故 $$G_{总} = G_+ + G_- = \frac{1}{R_1} + \frac{1}{R_2} + \cdots = \sum \frac{1}{R_i}$$

**8.7** 电解质与非电解质的化学势表示形式有什么不同? 活度因子的表示式有什么不同?

**答**: 非电解质的化学势可以表示为

$$\mu_B = \mu_B^{\ominus}(T) + RT\ln\left(\gamma_{m,B}\frac{m_B}{m^{\ominus}}\right) = \mu_B^{\ominus}(T) + RT\ln a_{m,B}$$

若溶液是理想的, $\gamma_{m,B} = 1$, 活度与质量摩尔浓度的数值相同。

电解质的化学势可以表示为

$$\mu_B = (\nu_+\mu_+^{\ominus} + \nu_-\mu_-^{\ominus}) + RT\ln(a_+^{\nu_+}a_-^{\nu_-}) = \mu_B^{\ominus}(T) + RT\ln a_B$$

$$a_B = a_+^{\nu_+}a_-^{\nu_-},\quad a_+ = \gamma_+\frac{m_+}{m^{\ominus}},\quad a_- = \gamma_-\frac{m_-}{m^{\ominus}},\quad \gamma_\pm = ({\gamma_+}^{\nu_+}{\gamma_-}^{\nu_-})^{1/\nu},\quad \nu = \nu_+ + \nu_-$$

即使活度因子等于 1, 电解质的活度与质量摩尔浓度的数值也可能不相同。

**8.8** 为什么要引入离子强度的概念? 离子强度对电解质的平均活度因子有什么影响?

**答**: 影响离子平均活度因子 $\gamma_\pm$ 的主要因素为离子的浓度和单个离子所带的电荷数 (价数), 且离子价数的影响比浓度的影响更大, 价数越高, 影响也越大。因此, Lewis 提出了离子强度的概念, 即 $I \overset{\text{def}}{=\!=} \frac{1}{2}\sum_B m_B z_B^2$。根据 Debye-Hückel 极限公式: $\lg\gamma_\pm = -A|z_+z_-|\sqrt{I}$ [在 298 K 的水溶液中, $A$ 的数值约为 0.509 $(\text{kg}\cdot\text{mol}^{-1})^{-1/2}$], 可以看出离子强度越大, 平均活度因子越小。

**8.9** 用 Debye-Hückel 极限公式计算平均活度因子时有何限制条件? 在什么时候要用修正的 Debye-Hückel 公式?

**答**: Debye-Hückel 导出稀溶液中离子平均活度因子的计算公式, 即 Debye-Hückel 极限公式: $\lg\gamma_\pm = -A|z_+z_-|\sqrt{I}$, 需要满足几个假定: (1) 强电解质的稀溶液完全解离; (2) 离子间的相互作用力 (主要是静电库仑力) 可归结为中心离子和离子氛之间的作用; (3) 离子在静电引力分布下遵从 Boltzmann 分布公式, 且电荷密度与电势之间的关系遵从静电学中的 Poisson (泊松) 公式; (4) 离子是带电荷的圆球, 离子电场是球形对称的, 离子不极化, 在极稀溶液中可看作点电荷; (5) 离子间的作用力只存在库仑引力, 其相互吸引产生的吸引能小于它的热运动的能量; (6) 在稀溶液中, 溶液的介电常数与溶剂的介电常数相差不大, 可忽略加入电解质后溶液介电常数的变化。

因此该极限公式适用于强电解质的稀溶液 (离子强度在 0.01 $\text{mol}\cdot\text{kg}^{-1}$ 以下), 且将离子视为点电荷进行处理。

若溶液浓度较大, 或不能把离子看作点电荷, 考虑离子的直径, 则极限公式为

$$\lg\gamma_\pm = \frac{-A|z_+z_-|\sqrt{I}}{1 + aB\sqrt{I}}$$

$a$ 为离子的平均有效直径; $A$ 和 $B$ 为常数。

**8.10** 不论是离子的电迁移率还是摩尔电导率, 氢离子和氢氧根离子都比其他与之带相同电荷的离子要大得多, 这是为什么?

**答**: 因为氢离子和氢氧根离子传导电流的方式与其他离子不同, 它们是依靠氢键来传递的, 所以特别快。它们传导电流时, 离子本身并未移动, 依靠氢键和水分子的翻转, 电荷就传过去了。在非水溶液中, 就没有这个优势。

**8.11** 在水溶液中带有相同电荷数的离子, 如 $Li^+, Na^+, K^+, Rb^+, \cdots$, 它们的离子半径依次增大, 而迁移速率也相应增大, 这是为什么?

**答**: 原则上讲, 离子半径增大其迁移速率是会下降的。但是, 对于 Ⅰ A 族碱金属元素来说, 随着离子半径的增大, 水合程度下降, 实际迁移的离子半径反而下降, 所以迁移速率随之增大。

**8.12** 影响难溶盐溶解度的因素主要有哪些? 试讨论 AgCl(s) 在下列电解质溶液中的溶解度大小, 按由小到大的次序排列出来 (除水外, 所有电解质的浓度都是 $0.1\ mol\cdot dm^{-3}$)。

(1) $NaNO_3$; (2) NaCl; (3) $H_2O$; (4) $CuSO_4$; (5) NaBr。

**答**: 影响难溶盐溶解度的主要因素有同离子效应、盐效应和难溶盐的转移等。AgCl(s) 在这些电解质溶液中溶解度大小的次序为

$$\text{(5) NaBr} > \text{(4) CuSO}_4 > \text{(1) NaNO}_3 > \text{(3) H}_2\text{O} > \text{(2) NaCl}$$

由于 AgBr(s) 的溶解度小于 AgCl(s), 所以 AgCl(s) 几乎全部转移成为了 AgBr(s)。从这个意义上说, AgCl(s) 完全溶解了。在电解质溶液中, 离子强度越大, 平均活度因子 $\gamma_\pm$ 越小, 而解离平衡常数 $K_a^\ominus$ 在定温下有定值, 所以难溶盐溶解的量会增加, 即 $\dfrac{m}{m^\ominus}$ 会变大, 这通常称为盐效应。

$$\text{AgCl(s)} \rightleftharpoons \text{Ag}^+(a_{\text{Ag}^+}) + \text{Cl}^-(a_{\text{Cl}^-})$$

$$K_a^\ominus = a_{\text{Ag}^+} \cdot a_{\text{Cl}^-} = \left(\gamma_\pm \frac{m}{m^\ominus}\right)^2$$

由于同离子效应, 所以 AgCl(s) 在 NaCl 溶液中的溶解度最小。

**8.13** 用 Pt 电极电解一定浓度的 $CuSO_4$ 溶液, 试分析阴极部、中部和阳极部溶液的颜色在电解过程中有何变化? 若都改用 Cu 电极, 三部分溶液颜色又将如何变化?

**答**: 用 Pt 电极电解 $CuSO_4$ 溶液, 在阳极上放出氧气, $Cu^{2+}$ 向阴极迁移, 所以阳极部由于 $Cu^{2+}$ 的减少, 溶液颜色变淡。在阴极上, $Cu^{2+}$ 在阴极上还原, 而迁移来的 $Cu^{2+}$ 不足以补充, 所以阴极部由于 $Cu^{2+}$ 的减少, 溶液颜色明显变淡。在通电时间不十分长时, 中部溶液的颜色基本不变。

用 Cu 电极电解 $CuSO_4$ 溶液, 在阳极上 Cu 电极氧化, 阳极部由于 $Cu^{2+}$ 的增加而颜色明显加深。阴极上由于 $Cu^{2+}$ 的还原, 溶液颜色明显变淡, 而中部溶液的颜色基本不变。

**8.14** 什么叫离子氛? Debye-Hückel–Onsager 电导理论说明了什么问题?

**答**: 离子氛是指在溶液中每一个离子都被电荷符号相反的离子所包围, 由于离子间的相互作用, 使得离子的分布不均匀, 一个正的中心离子周围包围着较多的负离子, 而负的中心离子周围包围着较多的正离子, 这种离子的分布形式称为离子氛。

Debye-Hückel–Onsager 电导理论说明了在某一浓度电解质的摩尔电导率 $\Lambda_m$ 与无限稀释时的摩尔电导率 $\Lambda_m^\infty$ 之间的差值主要是由弛豫效应和电泳效应引起的, 从理论上推算出了差值的定量关系式, 即 Debye-Hückel–Onsager 电导公式, 对于 1–1 价型电解质为

$$\Lambda_m = \Lambda_m^\infty - (p + q\Lambda_m^\infty)\sqrt{c}$$

从理论上解释了 Kohlrausch 的 $\Lambda_m$ 与 $\sqrt{c}$ 的经验公式 $\Lambda_m = \Lambda_m^\infty - A\sqrt{c}$。

# 二、典型例题及解答

**例8.1** 用电解 NaCl 水溶液的方法制备 NaOH, 在通电一段时间后, 得到了浓度为 1.0 $\mathrm{mol\cdot dm^{-3}}$ 的 NaOH 溶液 0.6 $\mathrm{dm^3}$, 在与之串联的铜库仑计中析出了 30.4 g Cu(s)。试计算该电解池的电流效率。

**解**: 电解池的电流效率为按法拉第电解定律计算所需的理论电荷量 $Q_{理论}$ 除以实际所消耗的电荷量 $Q_{实际}$, 根据串联的铜库仑计中析出的铜的质量可以算出实际所消耗的电荷量 $Q_{实际}$, 再根据电解后溶液中 NaOH 浓度可以算出按法拉第电解定律计算所需的理论电荷量 $Q_{理论}$, 从而求得该电解池的电流效率。

$$\mathrm{Cu^{2+} + 2e^- \longrightarrow Cu}$$

$$\xi = \frac{m_{\mathrm{Cu}}}{M_{\mathrm{Cu}}} = \frac{30.4\ \mathrm{g}}{63.6\ \mathrm{g\cdot mol^{-1}}} = 0.478\ \mathrm{mol}$$

$$Q_{实际} = zF\xi = 2 \times 96500\ \mathrm{C\cdot mol^{-1}} \times 0.478\ \mathrm{mol} = 92254\ \mathrm{C}$$

$$\mathrm{2H_2O + 2e^- \longrightarrow H_2 + 2OH^-}$$

$$\xi = \frac{1.0\ \mathrm{mol\cdot dm^{-3}} \times 0.6\ \mathrm{dm^3}}{2} = 0.3\ \mathrm{mol}$$

$$Q_{理论} = zF\xi = 2 \times 96500\ \mathrm{C\cdot mol^{-1}} \times 0.3\ \mathrm{mol} = 57900\ \mathrm{C}$$

电池效率为
$$\frac{Q_{理论}}{Q_{实际}} = \frac{57900\ \mathrm{C}}{92254\ \mathrm{C}} \times 100\% = 62.8\%$$

**例8.2** 用银电极来电解 $AgNO_3$ 水溶液。通电一定时间后, 在阴极上有 0.078 g 的 Ag(s) 析出。经分析知道阳极部含有水 23.14 g, $AgNO_3$ 0.236 g。已知原来所用溶液的浓度为 1 g 水中溶有 $AgNO_3$ 0.00739 g。试计算 $Ag^+$ 和 $NO_3^-$ 的迁移数。

**解**: 在计算离子迁移数时, 首先要了解阳极部该离子的浓度变化情况。以 $Ag^+$ 为例, 在阳极部 $Ag^+$ 是迁移出去的, 但同时作为阳极的银电极会发生氧化反应, 使得 $Ag^+$ 的浓度增加。根据阳极部 $Ag^+$ 物质的量的变化以及通入的电荷量, 就可以计算出 $Ag^+$ 的迁移数。

从相对原子质量表可以算得 Ag 和 $AgNO_3$ 的摩尔质量:

$$M_{\mathrm{Ag}} = 107.9\ \mathrm{g\cdot mol^{-1}} \qquad M_{\mathrm{AgNO_3}} = 169.9\ \mathrm{g\cdot mol^{-1}}$$

设电解过程中阳极区水的量不发生变化, 则在电解过程中, 通入电荷的物质的量为

$$n_{电} = \frac{0.078\ \mathrm{g}}{107.9\ \mathrm{g\cdot mol^{-1}}} = 7.229 \times 10^{-4}\ \mathrm{mol}$$

在电解前阳极区 $AgNO_3$ 的物质的量为

$$n_{始} = \frac{23.14\ \mathrm{g} \times 0.00739\ \mathrm{g\cdot g^{-1}}}{169.9\ \mathrm{g\cdot mol^{-1}}} = 1.007 \times 10^{-3}\ \mathrm{mol}$$

电解后阳极区剩余 $AgNO_3$ 的物质的量为

$$n_{终} = \frac{0.236\ \mathrm{g}}{169.9\ \mathrm{g\cdot mol^{-1}}} = 1.389 \times 10^{-3}\ \mathrm{mol}$$

则 $Ag^+$ 迁出阳极区的物质的量为

$$\begin{aligned} n_{迁} &= n_{始} + n_{电} - n_{终} \\ &= 7.229 \times 10^{-4}\ \text{mol} + 1.007 \times 10^{-3}\ \text{mol} - 1.389 \times 10^{-3}\ \text{mol} = 3.409 \times 10^{-4}\ \text{mol} \end{aligned}$$

所以

$$t_+ = \frac{n_{迁}}{n_{电}} = \frac{3.409 \times 10^{-4}\ \text{mol}}{7.229 \times 10^{-4}\ \text{mol}} = 0.47$$

$$t_- = 1 - t_+ = 1 - 0.47 = 0.53$$

**例8.3** 在 298 K 时, 用 Pb(s) 作电极电解 $Pb(NO_3)_2$ 溶液, 该溶液的浓度为 1000 g 水中含有 $Pb(NO_3)_2$ 16.64 g。当与电解池串联的银库仑计中有 0.1658 g 银沉积后就停止通电。已知阳极部溶液质量为 62.50 g, 经分析含有 $Pb(NO_3)_2$ 1.151 g。试计算 $Pb^{2+}$ 的迁移数。

**解**: 在阳极部 $Pb^{2+}$ 是迁移出去的, 但同时作为阳极的 Pb 电极会发生氧化反应, 使得 $Pb^{2+}$ 的浓度增加。根据阳极部通电前后 $Pb^{2+}$ 物质的量的变化以及通入的电荷量, 就可以计算出 $Pb^{2+}$ 的迁移数, 在这里选取二价的 $Pb^{2+}$ 为基本粒子。

通电前后, 阳极部水的量不变, 所以通电前, 阳极部含 $Pb^{2+}$ 的物质的量为

$$n_{始} = \frac{16.64 \times (62.5 - 1.151)}{331.22 \times 1000}\ \text{mol} = 3.082 \times 10^{-3}\ \text{mol}$$

通电后, 阳极部含 $Pb^{2+}$ 的物质的量为

$$n_{终} = \frac{m_{Pb(NO_3)_2}}{M_{Pb(NO_3)_2}} = \frac{1.151}{331.22}\ \text{mol} = 3.475 \times 10^{-3}\ \text{mol}$$

电解的物质的量为

$$n_{电} = \frac{1}{2} \cdot \frac{m_{Ag}}{M_{Ag}} = \frac{0.1658}{2 \times 107.9}\ \text{mol} = 7.683 \times 10^{-4}\ \text{mol}$$

通电前后, 阳极部 $Pb^{2+}$ 物质的量的变化是由 $Pb^{2+}$ 的迁出和 Pb 的电解所引起的, 则

$$n_{迁} = n_{始} - n_{终} + n_{电} = (3.082 - 3.475 + 0.7683) \times 10^{-3}\ \text{mol} = 3.753 \times 10^{-5}\ \text{mol}$$

所以, $Pb^{2+}$ 的迁移数为

$$t_{Pb^{2+}} = \frac{n_{迁}}{n_{电}} = \frac{3.753 \times 10^{-4}\ \text{mol}}{7.683 \times 10^{-4}\ \text{mol}} = 0.49$$

**例8.4** 298 K 时, 在用界面移动法测定离子迁移数的迁移管中, 首先注入一定浓度的某有色离子溶液, 然后在其上面小心地注入浓度为 $0.01065\ \text{mol}\cdot\text{dm}^{-3}$ 的 HCl 水溶液, 使其间形成一明显的分界面。通入 11.54 mA 的电流, 历时 22 min, 界面移动了 15 cm。已知迁移管的内径为 1.0 cm, 试求 $H^+$ 的迁移数。

**解**: 根据题意可知, 在 22 min 内, HCl 水溶液迁移的体积为 $\pi r^2 l$, 其中 $r$ 为迁移管的半径, $l$ 是界面移动的距离。在此体积内含 $H^+$ 的物质的量为 $c\pi r^2 l$, 相当于迁移的电荷量为 $c\pi r^2 lF$, 通过的总电荷量为 $It$。$H^+$ 的迁移数就等于 $H^+$ 迁移的电荷量与通入的总电荷量之比, 所以

$$t_{H^+} = \frac{c\pi r^2 lF}{It} = \frac{0.01065\ \text{mol}\cdot\text{dm}^{-3} \times 3.1416 \times (0.005\ \text{m})^2 \times 0.15\ \text{m} \times 96500\ \text{C}\cdot\text{mol}^{-1}}{11.54 \times 10^{-3}\ \text{C}\cdot\text{s}^{-1} \times (22 \times 60)\ \text{s}} = 0.794$$

**例8.5** 在 291 K 时, 已知 KCl 和 NaCl 的无限稀释摩尔电导率分别为 $\Lambda_m^\infty(\text{KCl}) = 1.2965 \times$

$10^{-2}\ \text{S}\cdot\text{m}^2\cdot\text{mol}^{-1}$ 和 $\Lambda_{\text{m}}^{\infty}(\text{NaCl}) = 1.0860 \times 10^{-2}\ \text{S}\cdot\text{m}^2\cdot\text{mol}^{-1}$, $\text{K}^+$ 和 $\text{Na}^+$ 的迁移数分别为 $t(\text{K}^+) = 0.496$, $t(\text{Na}^+) = 0.397$。试求在 291 K 和无限稀释时:

(1) KCl 溶液中 $\text{K}^+$ 和 $\text{Cl}^-$ 的摩尔电导率。

(2) NaCl 溶液中 $\text{Na}^+$ 和 $\text{Cl}^-$ 的摩尔电导率。

**解**: (1) 根据迁移数的扩展定义, $t_+ = \dfrac{\Lambda_{\text{m},+}^{\infty}}{\Lambda_{\text{m}}^{\infty}}$, 所以有

$$\begin{aligned}\Lambda_{\text{m}}^{\infty}(\text{K}^+) &= t(\text{K}^+)\Lambda_{\text{m}}^{\infty}(\text{KCl}) \\ &= 1.2965 \times 10^{-2}\ \text{S}\cdot\text{m}^2\cdot\text{mol}^{-1} \times 0.496 = 6.431 \times 10^{-3}\ \text{S}\cdot\text{m}^2\cdot\text{mol}^{-1}\end{aligned}$$

$$\begin{aligned}\Lambda_{\text{m}}^{\infty}(\text{Cl}^-) &= \Lambda_{\text{m}}^{\infty}(\text{KCl}) - \Lambda_{\text{m}}^{\infty}(\text{K}^+) \\ &= (12.965 - 6.431) \times 10^{-3}\ \text{S}\cdot\text{m}^2\cdot\text{mol}^{-1} = 6.534 \times 10^{-3}\ \text{S}\cdot\text{m}^2\cdot\text{mol}^{-1}\end{aligned}$$

(2)
$$\begin{aligned}\Lambda_{\text{m}}^{\infty}(\text{Na}^+) &= t(\text{Na}^+)\Lambda_{\text{m}}^{\infty}(\text{NaCl}) \\ &= 1.0860 \times 10^{-2}\ \text{S}\cdot\text{m}^2\cdot\text{mol}^{-1} \times 0.397 = 4.311 \times 10^{-3}\ \text{S}\cdot\text{m}^2\cdot\text{mol}^{-1}\end{aligned}$$

$$\begin{aligned}\Lambda_{\text{m}}^{\infty}(\text{Cl}^-) &= \Lambda_{\text{m}}^{\infty}(\text{NaCl}) - \Lambda_{\text{m}}^{\infty}(\text{Na}^+) \\ &= (10.860 - 4.311) \times 10^{-3}\ \text{S}\cdot\text{m}^2\cdot\text{mol}^{-1} = 6.549 \times 10^{-3}\ \text{S}\cdot\text{m}^2\cdot\text{mol}^{-1}\end{aligned}$$

**例8.6** 在某电导池中先后充以浓度均为 $0.001\ \text{mol}\cdot\text{dm}^{-3}$ 的 HCl 溶液, NaCl 溶液和 $\text{NaNO}_3$ 溶液, 分别测得电阻为 468 Ω, 1580 Ω 和 1650 Ω。已知 $\text{NaNO}_3$ 溶液的摩尔电导率为 $\Lambda_{\text{m}}(\text{NaNO}_3) = 1.21 \times 10^{-2}\ \text{S}\cdot\text{m}^2\cdot\text{mol}^{-1}$。设这些都是强电解质, 其摩尔电导率不随浓度而变。试计算:

(1) $0.001\ \text{mol}\cdot\text{dm}^{-3}$ $\text{NaNO}_3$ 溶液的电导率。

(2) 该电导池的常数 $K_{\text{cell}}$。

(3) 此电导池充以 $0.001\ \text{mol}\cdot\text{dm}^{-3}$ $\text{HNO}_3$ 溶液时的电阻及该 $\text{HNO}_3$ 溶液的摩尔电导率。

**解**: (1) 对于 $0.001\ \text{mol}\cdot\text{dm}^{-3}$ $\text{NaNO}_3$ 溶液, 已知其摩尔电导率, 根据摩尔电导率的定义式, 求其电导率是比较容易的。

$$\begin{aligned}\kappa_{\text{NaNO}_3} &= \Lambda_{\text{m}}(\text{NaNO}_3)\cdot c_{\text{NaNO}_3} \\ &= 1.21 \times 10^{-2}\ \text{S}\cdot\text{m}^2\cdot\text{mol}^{-1} \times 0.001 \times 10^{-3}\ \text{mol}\cdot\text{m}^{-3} = 0.0121\ \text{S}\cdot\text{m}^{-1}\end{aligned}$$

(2) 已求出 $\text{NaNO}_3$ 溶液的电导率, 又已知该溶液在电导池中的电阻, 就可以计算电导池的常数, 相当于用 $\text{NaNO}_3$ 溶液来测电导池常数:

$$K_{\text{cell}} = \kappa_{\text{NaNO}_3}\cdot R_{\text{NaNO}_3} = 1.21 \times 10^{-2}\ \text{S}\cdot\text{m}^{-1} \times 1650\ \Omega = 19.97\ \text{m}^{-1}$$

(3) 此题的关键是要求出 $\text{HNO}_3$ 的电导率。根据离子独立移动定律, 这几种电解质的摩尔电导率之间有如下的关系 (假定它们能全部解离):

$$\Lambda_{\text{m}}(\text{HNO}_3) = \Lambda_{\text{m}}(\text{HCl}) + \Lambda_{\text{m}}(\text{NaNO}_3) - \Lambda_{\text{m}}(\text{NaCl})$$

由于它们的浓度都相同, 所以它们的电导率之间有类似的关系, 即

$$\kappa_{\text{HNO}_3} = \kappa_{\text{HCl}} + \kappa_{\text{NaNO}_3} - \kappa_{\text{NaCl}}$$

根据已求出的电导池常数和相应的电阻, 求得

$$\kappa_{\text{HCl}} = \frac{K_{\text{cell}}}{R_{\text{HCl}}} = \frac{19.97\ \text{m}^{-1}}{468\ \Omega} = 0.0427\ \text{S}\cdot\text{m}^{-1}$$

$$\kappa_{\mathrm{NaCl}}=\frac{19.97\ \mathrm{m}^{-1}}{1580\ \Omega}=0.0126\ \mathrm{S\cdot m^{-1}}$$

$$\kappa_{\mathrm{HNO_3}}=(0.0427+0.0121-0.0126)\ \mathrm{S\cdot m^{-1}}=0.0422\ \mathrm{S\cdot m^{-1}}$$

$$R_{\mathrm{HNO_3}}=\frac{K_{\mathrm{cell}}}{\kappa_{\mathrm{HNO_3}}}=\frac{19.97\ \mathrm{m}^{-1}}{0.0422\ \mathrm{S\cdot m^{-1}}}=473.2\ \Omega$$

$$\Lambda_{\mathrm{m}}(\mathrm{HNO_3})=\frac{\kappa_{\mathrm{HNO_3}}}{c_{\mathrm{HNO_3}}}=\frac{0.0422\ \mathrm{S\cdot m^{-1}}}{0.001\times10^3\ \mathrm{mol\cdot m^{-3}}}=0.0422\ \mathrm{S\cdot m^2\cdot mol^{-1}}$$

**例8.7** 298 K 时, 所用纯水的电导率为 $\kappa_{\mathrm{H_2O}}=1.60\times10^{-4}\ \mathrm{S{\cdot}m^{-1}}$。试计算该温度下 $\mathrm{PbSO_4(s)}$ 饱和溶液的电导率。已知 $\mathrm{PbSO_4(s)}$ 的溶度积为 $K_{\mathrm{sp}}^{\ominus}=1.60\times10^{-8}$, $\Lambda_{\mathrm{m}}^{\infty}\left(\frac{1}{2}\mathrm{Pb^{2+}}\right)=7.0\times10^{-3}\ \mathrm{S\cdot m^2\cdot mol^{-1}}$, $\Lambda_{\mathrm{m}}^{\infty}\left(\frac{1}{2}\mathrm{SO_4^{2-}}\right)=8.0\times10^{-3}\ \mathrm{S\cdot m^2\cdot mol^{-1}}$。

**解**: $\mathrm{PbSO_4(s)}$ 的溶解度很小, $\mathrm{PbSO_4}$ 饱和溶液的电导率应该等于溶解了的 $\mathrm{PbSO_4}$ 的电导率与水的电导率之和, 因为这时水的电导率不能忽略。根据离子的无限稀释摩尔电导率求得 $\mathrm{PbSO_4}$ 的无限稀释摩尔电导率, 用浓度积求 $\mathrm{PbSO_4}$ 的饱和浓度, 设平均活度因子近似为 1。

$$\begin{aligned}\Lambda_{\mathrm{m}}^{\infty}(\mathrm{PbSO_4})&=2\left[\Lambda_{\mathrm{m}}^{\infty}\left(\frac{1}{2}\mathrm{Pb^{2+}}\right)+\Lambda_{\mathrm{m}}^{\infty}\left(\frac{1}{2}\mathrm{SO_4^{2-}}\right)\right]\\&=2\times(7.0+8.0)\times10^{-3}\ \mathrm{S\cdot m^2\cdot mol^{-1}}=3.0\times10^{-2}\ \mathrm{S\cdot m^2\cdot mol^{-1}}\end{aligned}$$

$$K_c^{\ominus}=a_+\cdot a_-=\gamma_+\frac{c_+}{c^{\ominus}}\cdot\gamma_-\frac{c_-}{c^{\ominus}}=\gamma_{\pm}{}^2\left(\frac{c_{\pm}}{c^{\ominus}}\right)^2\approx\left(\frac{c}{c^{\ominus}}\right)^2$$

$$\begin{aligned}c_+=c_-=c&=c^{\ominus}\sqrt{K_c^{\ominus}}\\&=1.0\ \mathrm{mol\cdot dm^{-3}}\times\sqrt{1.60\times10^{-8}}=1.265\times10^{-4}\ \mathrm{mol\cdot dm^{-3}}\end{aligned}$$

$$\begin{aligned}\kappa_{\mathrm{PbSO_4}}&=\Lambda_{\mathrm{m}}^{\infty}(\mathrm{PbSO_4})\cdot c_{\mathrm{PbSO_4}}\\&=3.0\times10^{-2}\ \mathrm{S\cdot m^2\cdot mol^{-1}}\times0.1265\ \mathrm{mol\cdot m^{-3}}=3.795\times10^{-3}\ \mathrm{S\cdot m^{-1}}\end{aligned}$$

$$\begin{aligned}\kappa_{\text{饱和溶液}}&=\kappa_{\mathrm{PbSO_4}}+\kappa_{\mathrm{H_2O}}\\&=(3.795+0.160)\times10^{-3}\ \mathrm{S\cdot m^{-1}}=3.955\times10^{-3}\ \mathrm{S\cdot m^{-1}}\end{aligned}$$

**例8.8** 在 298 K 时, 在某电导池中测得浓度为 $0.01\ \mathrm{mol\cdot dm^{-3}}$ 的 $\mathrm{CH_3COOH}$ 溶液的电阻为 2200 Ω, 已知该电导池常数为 $K_{\mathrm{cell}}=36.7\ \mathrm{m^{-1}}$。试求在该条件下 $\mathrm{CH_3COOH}$ 的解离度和解离平衡常数。

**解**: $\mathrm{CH_3COOH}$ (即 HAc) 是弱酸, 它的无限稀释摩尔电导率可以查阅离子的无限稀释摩尔电导率来求算。

$$\begin{aligned}\Lambda_{\mathrm{m}}^{\infty}(\mathrm{HAc})&=\Lambda_{\mathrm{m}}^{\infty}(\mathrm{H^+})+\Lambda_{\mathrm{m}}^{\infty}(\mathrm{Ac^-})\\&=(3.4965+0.409)\times10^{-2}\ \mathrm{S\cdot m^2\cdot mol^{-1}}=3.9055\times10^{-2}\ \mathrm{S\cdot m^2\cdot mol^{-1}}\end{aligned}$$

$$\begin{aligned}\Lambda_{\mathrm{m}}(\mathrm{HAc})&=\frac{\kappa_{\mathrm{HAc}}}{c_{\mathrm{HAc}}}=\frac{1}{c_{\mathrm{HAc}}}\cdot\frac{K_{\mathrm{cell}}}{R_{\mathrm{HAc}}}\\&=\frac{1}{0.01\times10^3\ \mathrm{mol\cdot m^{-3}}}\times\frac{36.7\ \mathrm{m^{-1}}}{2200\ \Omega}=1.668\times10^{-3}\ \mathrm{S\cdot m^2\cdot mol^{-1}}\end{aligned}$$

$$\alpha = \frac{\Lambda_m(\text{HAc})}{\Lambda_m^\infty(\text{HAc})} = \frac{1.668 \times 10^{-3}\ \text{S}\cdot\text{m}^2\cdot\text{mol}^{-1}}{3.9055 \times 10^{-2}\ \text{S}\cdot\text{m}^2\cdot\text{mol}^{-1}} = 0.0427$$

$$K_c^\ominus = \frac{\frac{c}{c^\ominus}\Lambda_m}{\Lambda_m^\infty(\Lambda_m^\infty - \Lambda_m)}$$

$$= \frac{0.01 \times (1.668 \times 10^{-3}\ \text{S}\cdot\text{m}^2\cdot\text{mol}^{-1})^2}{3.9055 \times 10^{-2}\ \text{S}\cdot\text{m}^2\cdot\text{mol}^{-1} \times (39.055 - 1.668) \times 10^{-3}\ \text{S}\cdot\text{m}^2\cdot\text{mol}^{-1}} = 1.905 \times 10^{-5}$$

或用化学平衡中的方法:

$$\begin{array}{lccc} & \text{HAc} & \rightleftharpoons \text{H}^+ & + \ \text{Ac}^- \\ t=0 & c & 0 & 0 \\ t=t_e & c(1-\alpha) & c\alpha & c\alpha \end{array}$$

$$K_c^\ominus = \frac{\alpha^2}{1-\alpha} \cdot \frac{c}{c^\ominus} = \frac{0.0427^2}{1-0.0427} \times 0.01 = 1.905 \times 10^{-5}$$

**例8.9** 电解质溶液的浓度和离子所带的电荷对平均活度因子都是有影响的。用 Debye-Hückle 公式计算下列强电解质 NaCl, $MgCl_2$ 和 $FeCl_3$ 在浓度分别为 $1.0\times10^{-4}$ mol·kg$^{-1}$ 和 $5.0\times10^{-4}$ mol·kg$^{-1}$ 时的离子平均活度因子。

**解**: 这三种电解质, 阳离子分别为 +1, +2, +3 价, 在浓度相同时它们的离子强度不同, NaCl 的离子强度最小, 而 $FeCl_3$ 的离子强度最大。离子强度最小者其平均活度因子最大。

当质量摩尔浓度均为 $1.0 \times 10^{-4}$ mol·kg$^{-1}$ 时:

$$I_{\text{NaCl}} = \frac{1}{2}\sum_{\text{B}} m_\text{B} z_\text{B}^2 = m_\text{B} = 1.0 \times 10^{-4}\ \text{mol}\cdot\text{kg}^{-1}$$

$$I_{\text{MgCl}_2} = 3m_\text{B} = 3 \times 1.0 \times 10^{-4}\ \text{mol}\cdot\text{kg}^{-1} = 3.0 \times 10^{-4}\ \text{mol}\cdot\text{kg}^{-1}$$

$$I_{\text{AlCl}_3} = 6m_\text{B} = 6 \times 1.0 \times 10^{-4}\ \text{mol}\cdot\text{kg}^{-1} = 6.0 \times 10^{-4}\ \text{mol}\cdot\text{kg}^{-1}$$

$$\lg\gamma_\pm(\text{NaCl}) = -A|z_+z_-|\sqrt{I}$$

$$= -0.509(\text{mol}\cdot\text{kg}^{-1})^{-1/2} \times |1 \times (-1)| \times \sqrt{1.0 \times 10^{-4}\ \text{mol}\cdot\text{kg}^{-1}} = -5.09 \times 10^{-3}$$

$$\gamma_\pm(\text{NaCl}) = 0.988$$

同理有　　$\gamma_\pm(\text{MgCl}_2) = 0.960$　　　$\gamma_\pm(\text{AlCl}_3) = 0.918$

当质量摩尔浓度均为 $5.0 \times 10^{-4}$ mol·kg$^{-1}$ 时:

$$I_{\text{NaCl}} = \frac{1}{2}\sum_{\text{B}} m_\text{B} z_\text{B}^2 = m_\text{B} = 5.0 \times 10^{-4}\ \text{mol}\cdot\text{kg}^{-1}$$

$$I_{\text{MgCl}_2} = 3m_\text{B} = 15.0 \times 10^{-4}\ \text{mol}\cdot\text{kg}^{-1}$$

$$I_{\text{AlCl}_3} = 6m_\text{B} = 30.0 \times 10^{-4}\ \text{mol}\cdot\text{kg}^{-1}$$

$$\lg\gamma_\pm(\text{NaCl}) = -A|z_+z_-|\sqrt{I}$$

$$= -0.509(\text{mol}\cdot\text{kg}^{-1})^{-1/2} \times |1 \times (-1)| \times \sqrt{5.0 \times 10^{-4}\ \text{mol}\cdot\text{kg}^{-1}} = -1.138 \times 10^{-2}$$

$$\gamma_{\pm}(\text{NaCl}) = 0.974$$

同理有 $\gamma_{\pm}(\text{MgCl}_2) = 0.913$ $\gamma_{\pm}(\text{AlCl}_3) = 0.825$

从本题计算可以看出, 浓度会影响离子平均活度因子, 但离子电荷对平均活度因子的影响比浓度更大。

**例8.10** 在 298 K 时, $PbCl_2$ 在纯水中形成的饱和溶液浓度为 $0.01\ \text{mol}\cdot\text{kg}^{-1}$。试计算 $PbCl_2$ 在 $0.1\ \text{mol}\cdot\text{kg}^{-1}$ NaCl 溶液中形成饱和溶液的浓度。

(1) 不考虑活度因子的影响, 即设 $\gamma_{\pm} = 1$;

(2) 用 Debye-Hückle 公式计算 $PbCl_2$ 的 $\gamma_{\pm}$ 后, 再求其饱和溶液的浓度 (计算中可作合理的近似)。

**解**: (1) 根据 $PbCl_2$ 在纯水中形成饱和溶液的质量摩尔浓度, 设这时 $\gamma_{\pm}=1$, 计算溶度积 $K_{\text{sp}}^{\ominus}$。

$$\begin{aligned} K_{\text{sp}}^{\ominus} &= a_{\text{Pb}^{2+}}a_{\text{Cl}^-}^2 = \left(\gamma_+ \frac{m_{\text{Pb}^{2+}}}{m^{\ominus}}\right)\left(\gamma_- \frac{m_{\text{Cl}^-}}{m^{\ominus}}\right)^2 = \gamma_{\pm}^3 \frac{m}{m^{\ominus}}\left(\frac{2m}{m^{\ominus}}\right)^2 \\ &= 0.01 \times (2 \times 0.01)^2 = 4 \times 10^{-6} \end{aligned}$$

在 $0.1\ \text{mol}\cdot\text{kg}^{-1}$ NaCl 溶液中, 如不考虑活度因子的影响, 设饱和溶液质量摩尔浓度为 $m'$。

$$K_{\text{sp}}^{\ominus} = \gamma_{\pm}^3 \frac{m}{m^{\ominus}}\left(\frac{2m}{m^{\ominus}}\right)^2 = \frac{m'}{m^{\ominus}}\left(\frac{2m'}{m^{\ominus}} + 0.1\right)^2 = 4 \times 10^{-6}$$

由于 $m' \ll 0.1\ \text{mol}\cdot\text{kg}^{-1}$, 近似解得

$$4 \times 10^{-6} \approx \frac{m'}{m^{\ominus}} 0.1^2 \qquad m' = 4 \times 10^{-4}\ \text{mol}\cdot\text{kg}^{-1}$$

由于同离子效应, $PbCl_2$ 的溶解量明显减少。

(2) 若考虑活度因子的影响, 由于 $PbCl_2$ 有一定的溶解度, 要先计算离子强度和平均活度因子, 然后再计算在纯水中的溶度积 $K_{\text{sp}}^{\ominus}$。

$$I = 3m = 3 \times 0.01\ \text{mol}\cdot\text{kg}^{-1} = 0.03\ \text{mol}\cdot\text{kg}^{-1}$$

$$\lg\gamma_{\pm}(\text{PbCl}_2) = -0.509(\text{mol}\cdot\text{kg}^{-1})^{-1/2} \times |2 \times (-1)| \times \sqrt{0.03\ \text{mol}\cdot\text{kg}^{-1}} = -0.1763$$

$$\gamma_{\pm}(\text{PbCl}_2) = 0.666$$

$$K_{\text{sp}}^{\ominus} = \gamma_{\pm}^3 \frac{m}{m^{\ominus}}\left(\frac{2m}{m^{\ominus}}\right)^2 = 0.666^3 \times 0.01 \times (2 \times 0.01)^2 = 1.182 \times 10^{-6}$$

在 $0.1\ \text{mol}\cdot\text{kg}^{-1}$ NaCl 溶液中, 离子强度近似为 $0.1\ \text{mol}\cdot\text{kg}^{-1}$ (将 $PbCl_2$ 的贡献忽略), 则

$$\lg\gamma_{\pm}(\text{PbCl}_2) = -0.509(\text{mol}\cdot\text{kg}^{-1})^{-1/2} \times |2 \times (-1)| \times \sqrt{0.1\ \text{mol}\cdot\text{kg}^{-1}} = -0.3219$$

$$\gamma_{\pm}(\text{PbCl}_2) = 0.477$$

$$\begin{aligned} K_{\text{sp}}^{\ominus} &= \gamma_{\pm}^3 \frac{m}{m^{\ominus}}\left(\frac{2m}{m^{\ominus}}\right)^2 = 0.477^3 \times \frac{m''}{m^{\ominus}} \times \left(\frac{2m'' + 0.1\ \text{mol}\cdot\text{kg}^{-1}}{m^{\ominus}}\right)^2 \\ &\approx 0.477^3 \times \frac{m''}{m^{\ominus}} \times 0.1^2 = 1.182 \times 10^{-6} \end{aligned}$$

解得 $$m'' = 1.09 \times 10^{-3}\ \mathrm{mol\cdot kg^{-1}}$$

由于同离子效应使 $PbCl_2$ 的溶解量减少, 而由于盐效应又使 $PbCl_2$ 的溶解量有所增加。这只是近似的计算, 严格讲在 $0.1\ \mathrm{mol\cdot kg^{-1}}$ 的质量摩尔浓度下, 已超出 Debye-Hückle 极限公式的适用范围。

## 三、习题及解答

**8.1**　用电流强度为 5 A 的直流电电解稀硫酸溶液, 假设电流效率为 100%, 在 300 K, 101325 Pa 下, 如欲获得氧气和氢气各 0.001 $m^3$, 需分别通电多少时间? 已知该温度下水的蒸气压为 3565 Pa。

**解**: 放出气体的压力为　$p = (101325 - 3565)\ \mathrm{Pa} = 97760\ \mathrm{Pa}$

气体的物质的量为

$$n = \frac{pV}{RT} = \frac{97760\ \mathrm{Pa} \times 0.001\ \mathrm{m^3}}{8.314\ \mathrm{J\cdot mol^{-1}\cdot K^{-1}} \times 300\ \mathrm{K}} = 0.03919\ \mathrm{mol}$$

$$n_\mathrm{B} = \frac{Q}{zF}$$

$$Q = It = n_\mathrm{B} zF$$

$$t_{\mathrm{O_2}} = \frac{Q}{I} = \frac{n_{\mathrm{O_2}} zF}{I} = \frac{0.03919\ \mathrm{mol} \times 4 \times 96500\ \mathrm{C\cdot mol^{-1}}}{5\ \mathrm{A}} = 3025\ \mathrm{s}$$

$$t_{\mathrm{H_2}} = \frac{n \times 2 \times F}{I} = \frac{0.03919\ \mathrm{mol} \times 2 \times 96500\ \mathrm{C\cdot mol^{-1}}}{5\ \mathrm{A}} = 1513\ \mathrm{s}$$

**8.2**　在一个聚四氟乙烯电解池中, 阴极加入食醋, 并滴入几滴酚酞, 阳极用水充满, 并用盐桥连接, 在 295 K, $p^\ominus$ 下用铂电极进行电解。通电后阳极有 $O_2$ 产生, 阳极生成 $O_2$ 的体积与阴极加入食醋的体积成线性关系。实验中, 在阴极溶液刚好变红的时候, 测阳极产生 $O_2$ 的体积, 测得在阴极加入不同体积食醋时阳极产生的 $O_2$ 的体积如下:

| $V_{食醋}/\mathrm{mL}$ | 0.00 | 0.05 | 0.10 | 0.15 | 0.20 | 0.25 | 0.30 | 0.35 |
|---|---|---|---|---|---|---|---|---|
| $V_{\mathrm{O_2}}/\mathrm{mL}$ | 0.00 | 0.25 | 0.51 | 0.76 | 1.02 | 1.27 | 1.52 | 1.77 |

求食醋中醋酸的百分含量。

**解**: 根据题意, 题目中涉及三个反应:

$$阴极:\quad 2H_2O(l) + 2e^- \longrightarrow 2OH^-(aq) + H_2(g)$$

$$阳极:\quad H_2O(l) \longrightarrow 2H^+(aq) + \frac{1}{2}O_2(g) + 2e^-$$

所以阴极生成的 $OH^-$ 会和醋酸发生如下反应:

$$CH_3COOH(aq) + OH^-(aq) \longrightarrow CH_3COO^-(aq) + H_2O(l)$$

当酚酞开始变红时, 证明食醋中的醋酸已经被阴极生成的 $OH^-$ 消耗干净。

根据题目中所给出的数据, 可以进行线性拟合, 如下图所示:

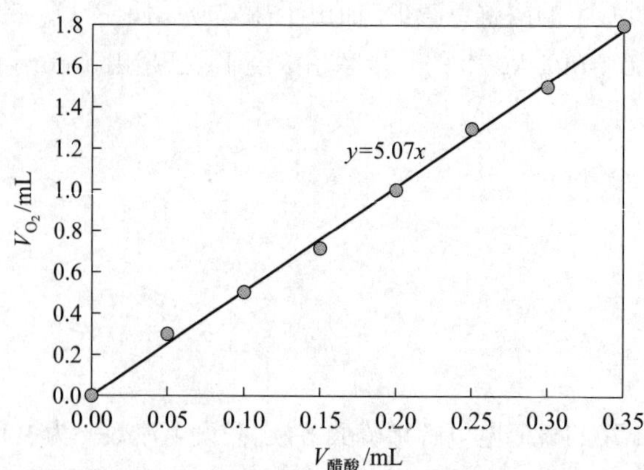


横坐标是加入的食醋的体积, 纵坐标是测得的氧气生成的体积。通过线性拟合可以得到它们的关系: $y = 5.07x$。

当 $x = 1$ mL 时, $y = 5.07$ mL, 即当加入 1 mL 食醋时, 将生成 5.07 mL 氧气。

根据法拉第定律, 此时生成的氢气的量应为

$$V_{H_2} = 2 \times V_{O_2} = 2 \times 5.07\ \text{mL} = 10.14\ \text{mL}$$

所以产生 $H_2$ 的物质的量为

$$n_{H_2} = \frac{pV}{RT} = \frac{100000\ \text{Pa} \times 10.14 \times 10^{-6}\ \text{m}^3}{8.314\ \text{J}\cdot\text{mol}^{-1}\cdot\text{K}^{-1} \times 295\ \text{K}} = 4.13 \times 10^{-4}\ \text{mol}$$

即食醋中醋酸的物质的量为

$$n_{CH_3COOH} = 2n_{H_2} = 8.26 \times 10^{-4}\ \text{mol}$$

换算成质量体积浓度为 5.0%。

**8.3** 在 300 K, 100 kPa 下, 用惰性电极电解水溶液制备氢气, 在通电一段时间后, 得到 0.0085 $m^3$ 氢气, 已知该温度下水的蒸气压为 3565 Pa。在与之串联的铜库仑计中析出了 31.8 g Cu(s), 试计算该电解池的电流效率。

**解:**

$$Cu^{2+} + 2e^- \longrightarrow Cu$$

$$\xi = \frac{m_{Cu}}{M_{Cu}} = \frac{31.8\ \text{g}}{63.6\ \text{g}\cdot\text{mol}^{-1}} = 0.50\ \text{mol}$$

$$Q_{理论} = zF\xi = 2 \times 96500\ \text{C}\cdot\text{mol}^{-1} \times 0.50\ \text{mol} = 96500\text{C}$$

$$2H_2O + 2e^- \longrightarrow H_2 + 2OH^-$$

$$\xi = \frac{p_{H_2}V}{RT} = \frac{(p_0 - p_{H_2O})V}{RT} = \frac{(100000 - 3565)\ \text{Pa} \times 0.0085\ \text{m}^3}{8.314\ \text{J}\cdot\text{mol}^{-1}\cdot\text{K}^{-1} \times 300\ \text{K}} = 0.33\ \text{mol}$$

$$Q_{实际} = zF\xi = 2 \times 96500\ \text{C}\cdot\text{mol}^{-1} \times 0.33\ \text{mol} = 63690\ \text{C}$$

电池效率为

$$\frac{Q_{实际}}{Q_{理论}} = \frac{63690\ \text{C}}{96500\ \text{C}} \times 100\% = 66\%$$

**8.4** 用石墨作电极在 Hittorf 管中电解 HCl 溶液, 在阴极上放出 $H_2(g)$, 在阳极上放出 $Cl_2(g)$。阴极区有一定量的溶液, 在通电前后含 $Cl^-$ 的质量分别为 0.177 g 和 0.163 g。在串联的银库仑计中有 0.2508 g 银析出, 试求 $H^+$ 和 $Cl^-$ 的迁移数。

**解**: $M_{Ag} = 107.9\ g\cdot mol^{-1}$, $M_{Cl^-} = 35.45\ g\cdot mol^{-1}$

设电解过程中阴极区水的物质的量不发生变化, 则在电解前后阴极区 $Cl^-$ 的物质的量为

$$n_{前} = \frac{0.177\ g}{35.45\ g\cdot mol^{-1}} = 4.993 \times 10^{-3}\ mol$$

$$n_{后} = \frac{0.163\ g}{35.45\ g\cdot mol^{-1}} = 4.598 \times 10^{-3}\ mol$$

在电解过程中, 电极反应通入的电荷的物质的量为

$$n_{电} = \frac{0.2508\ g}{107.9\ g\cdot mol^{-1}} = 2.324 \times 10^{-3}\ mol$$

对 $Cl^-$ 而言, $Cl^-$ 迁出阴极, 在阴极迁出的物质的量为

$$n_{迁} = n_{前} - n_{后} = 3.95 \times 10^{-4}\ mol$$

$$t_{Cl^-} = \frac{n_{迁}}{n_{电}} = \frac{3.95 \times 10^{-4}\ mol}{2.324 \times 10^{-3}\ mol} = 0.17$$

$$t_{H^+} = 1 - t_{Cl^-} = 1 - 0.17 = 0.83$$

**8.5** 用两个银电极电解质量分数为 0.007422 的 KCl 水溶液。阳极反应为 $Ag(s) + Cl^- \longrightarrow AgCl(s) + e^-$, 反应所产生的 AgCl(s) 沉积于电极上。当有 548.93 C 的电荷量通过上述电解池时, 实验测出电解后阳极区溶液的质量为 117.51 g, 其中 KCl 为 0.6659 g, 试求 KCl 溶液中正、负离子的迁移数。

**解**: 阳极区中

$$n_{终,Cl^-} = n_{始,Cl^-} + n_{迁,Cl^-} - n_{电,Cl^-}$$

故迁入阳极区的 $Cl^-$ 的物质的量为

$$n_{迁,Cl^-} = n_{电,Cl^-} + n_{终,Cl^-} - n_{始,Cl^-} = \left[\frac{Q}{F} + \frac{m_{终,KCl}}{M_{KCl}} - \frac{m_{始,KCl}}{M_{KCl}}\right] mol$$

$$= \left(\frac{548.93}{96500} + \frac{0.6659}{74.55} - \frac{117.51 \times 0.007422}{74.55}\right) mol = 0.002922\ mol$$

所以

$$t_- = \frac{n_{迁,Cl^-}}{n_{电,Cl^-}} = \frac{0.002922\ mol}{(548.93/96500)\ mol} = 0.51$$

$$t_+ = 1 - t_- = 0.49$$

**8.6** 假设有一个离子迁移能力较强的锂离子电池, 在 298 K 时, 锂电极电解 $LiCoO_2$, 假设负离子不发生反应。对已知浓度的 $Li^+$ 溶液, 溶液中通以 20 mA 的电流一段时间, 通电结束后, 串联在电路中的库仑计阴极上有 3.810 g 银析出。据分析可知, 在通电前阴极部溶液中含有 $Li^+$ 的质量为 1.122 g, 通电后其质量为 1.002 g, 求 $Li^+$ 和 $CoO_2^-$ 的离子迁移数。

**解**: 分析阴极部 $Li^+$ 浓度变化, 有两个原因——离子迁移与离子在阴极上发生的还原反应, 因此得到公式: $n_{终} = n_{始} + n_{迁} - n_{电}$, 选取 $Li^+$ 为基本质点, $Li^+$ 的摩尔质量为 $6.94\ g\cdot mol^{-1}$, Ag 的

摩尔质量为 107.9 g·mol$^{-1}$。

$$n_{终} = \frac{m_{终}(\mathrm{Li}^+)}{M(\mathrm{Li}^+)} = \frac{1.002}{6.94}\ \mathrm{mol} = 0.144\ \mathrm{mol}$$

$$n_{始} = \frac{m_{始}(\mathrm{Li}^+)}{M(\mathrm{Li}^+)} = \frac{1.122}{6.94}\ \mathrm{mol} = 0.162\ \mathrm{mol}$$

$$n_{电} = \frac{m(\mathrm{Ag})}{M(\mathrm{Ag})} = \frac{3.810}{107.9}\ \mathrm{mol} = 0.035\ \mathrm{mol}$$

$$n_{迁} = n_{终} + n_{电} - n_{始} = 0.017\ \mathrm{mol}$$

$$t_+ = \frac{n_{迁}}{n_{电}} = \frac{0.017\ \mathrm{mol}}{0.035\ \mathrm{mol}} = 0.49$$

$$t_- = 1 - t_+ = 0.51$$

**8.7** 以银为电极电解氰化银钾 (KCN + AgCN) 溶液时, Ag(s) 在阴极上析出。每通过 1 mol 电子的电荷量, 阴极部失去 0.40 mol $Ag^+$ 和 0.80 mol $CN^-$, 得到 0.60 mol $K^+$。试求:

(1) 氰化银钾配合物负离子的化学表达式 $[\mathrm{Ag}_n(\mathrm{CN})_m]^{z-}$ 中 $n, m, z$ 的值;

(2) 氰化银钾配合物中正、负离子的迁移数。

**解**: (1) $Ag^+$ 生成 $[\mathrm{Ag}_n(\mathrm{CN})_\mathrm{m}]^{z-}$ 后, 向阳极迁移, $Ag^+$ 迁移了 0.40 mol, $CN^-$ 迁移了 0.80 mol, 所以在 $[\mathrm{Ag}_n(\mathrm{CN})_\mathrm{m}]^{z-}$ 中, 有

$$\frac{m}{n} = \frac{0.8\ \mathrm{mol}}{0.4\ \mathrm{mol}} = \frac{2}{1} \qquad z = 1$$

(2) 通过 1 mol 电子的电荷量时, $K^+$ 迁移了 0.60 mol, 则

$$t_{\mathrm{K}^+} = \frac{n_{迁}}{n_{电}} = \frac{0.6\ \mathrm{mol}}{1.0\ \mathrm{mol}} = 0.6$$

$$t_{[\mathrm{Ag(CN)}_2]^-} = 1 - 0.6 = 0.4$$

**8.8** 在 298 K 时, 用铜电极电解铜氨溶液。已知溶液中每 1000 g 水中含 15.96 g $CuSO_4$ 和 17.0 g $NH_3$。当有 0.01 mol 电子的电荷量通过以后, 在 103.66 g 阳极部溶液中含有 2.091 g $CuSO_4$ 和 1.571 g $NH_3$。试求:

(1) $[\mathrm{Cu(NH_3)}_x]^{2+}$ 中 $x$ 的值;

(2) 该配离子的迁移数。

**解**: (1) 在阳极部中, 溶液中 $Cu^{2+}$ 的浓度变化有两种原因: 一是作为阳极的铜电极氧化生成 $Cu^{2+}$, 当有 0.01 mol 电子的电荷量通过以后, 阳极部溶液中增加 0.005 mol $Cu^{2+}$; 二是 $Cu^{2+}$ 向阴极迁移, 使阳极部 $Cu^{2+}$ 减少。从相对原子质量表算得 $CuSO_4$ 的摩尔质量为 159.6 g·mol$^{-1}$。$Cu^{2+}$ 的物质的量与 $CuSO_4$ 的物质的量是一样的。首先分别计算阳极部在通电前、后 $Cu^{2+}$ (即 $CuSO_4$) 的物质的量 (通电前 $CuSO_4$ 的物质的量相当于通电后那么多水中含的 $CuSO_4$ 的物质的量):

$$n_{前} = \frac{15.96\ \mathrm{g}}{1000\ \mathrm{g}} \times (103.66 - 2.091 - 1.571)\ \mathrm{g} \times \frac{1}{159.6\ \mathrm{g\cdot mol^{-1}}} = 0.010\ \mathrm{mol}$$

$$n_{后} = \frac{2.091\ \mathrm{g}}{159.6\ \mathrm{g\cdot mol^{-1}}} = 0.0131\ \mathrm{mol}$$

$$n_{迁,Cu^{2+}} = n_{前} - n_{后} + n_{电} = \left(0.010 - 0.0131 + \frac{1}{2} \times 0.01\right) \text{ mol} = 0.0019 \text{ mol}$$

$NH_3$ 在电极上不发生反应，本身也不迁移，只是与 $Cu^{2+}$ 形成配离子后才向阴极迁移，阳极部 $NH_3$ 减少的物质的量就是形成 $[Cu(NH_3)_x]^{2+}$ 后迁移的物质的量。$NH_3$ 的摩尔质量为 17.01 g·mol$^{-1}$，通电前 $NH_3$ 的质量相当于通电后那么多水中含 $NH_3$ 的质量，即

$$m_{前} = \frac{17.0 \text{ g}}{1000 \text{ g}} \times (103.66 - 2.091 - 1.571) \text{ g} = 1.70 \text{ g}$$

$NH_3$ 减少的物质的量即等于迁移的物质的量，即

$$n_{迁,NH_3} = \frac{(1.70 - 1.571) \text{ g}}{17.01 \text{ g·mol}^{-1}} = 0.00758 \text{ mol}$$

$Cu^{2+}$ 与 $NH_3$ 迁移的物质的量之比为 $\dfrac{n_{迁,NH_3}}{n_{迁,Cu^{2+}}} = \dfrac{0.00758 \text{ mol}}{0.0019 \text{ mol}} = 4$

所以 $[Cu(NH_3)_x]^{2+}$ 中的 $x = 4$。

(2) $t_{[Cu(NH_3)_4]^{2+}} = \dfrac{n_{迁}}{n_{电}} = \dfrac{0.0019 \text{ mol}}{0.005 \text{ mol}} = 0.38$

**8.9**　有一根均匀的玻璃管，其截面积为 3.25 cm$^2$，在 25 ℃ 时，小心地将 0.0100 mol·dm$^{-3}$ HCl 溶液加在 $CdCl_2$ 溶液上面以形成清晰的界面，当通入 3.00 mA 电流 45.0 min 时观察到界面移动了 2.13 cm。计算氢离子的迁移数。

**解**：$t_{H^+} = \dfrac{H^+ \text{ 迁移的电荷量}}{\text{通过溶液的总电荷量}}$

$$= \frac{0.0213 \text{ m} \times 3.25 \times 10^{-4} \text{ m}^2 \times 0.0100 \times 10^3 \text{ mol·m}^{-3} \times 96500 \text{ C·mol}^{-1}}{0.003 \text{ C·s}^{-1} \times 45 \text{ min} \times 60 \text{ s·min}^{-1}} = 0.825$$

**8.10**　在界面移动法测 $K^+$ 电迁移率的实验中，已知迁移管两极之间的距离为 10.0 cm，两极之间的电位差为 20.0 V，假设电场是均匀的，实验测得通电 800 s 后溶液的界面移动了 1.22 cm，试求 $K^+$ 的电迁移率。

**解**：$K^+$ 的迁移速率 $r_{K^+}$ 与电迁移率 $u_{K^+}$ 之间的关系为

$$r_{K^+} = u_{K^+} \frac{\mathrm{d}E}{\mathrm{d}l}$$

因假设电场是均匀的，即 $\dfrac{\mathrm{d}E}{\mathrm{d}l} = \dfrac{\Delta E}{\Delta l}$，所以

$$u_{K^+} = r_{K^+} \frac{\Delta l}{\Delta E} = \frac{0.0122 \text{ m}}{800 \text{ s}} \times \frac{0.100 \text{ m}}{20.0 \text{ V}} = 7.63 \times 10^{-8} \text{ m}^2\text{·V}^{-1}\text{·s}^{-1}$$

**8.11**　某电导池内装有两个直径为 0.04 m 并相互平行的圆形银电极，电极之间的距离为 0.12 m。若在电导池内盛有浓度为 0.1 mol·dm$^{-3}$ 的 $AgNO_3$ 溶液，施以 20 V 电压，则所得电流强度为 0.1976 A。试计算电导池常数、溶液的电导、电导率，以及 $AgNO_3$ 的摩尔电导率。

**解**：$K_{cell} = \dfrac{l}{A} = \dfrac{l}{\pi r^2} = \dfrac{0.12 \text{ m}}{3.14 \times (0.02 \text{ m})^2} = 95.54 \text{ m}^{-1}$

$$G = \frac{1}{R} = \frac{I}{U} = \frac{0.1976 \text{ A}}{20 \text{ V}} = 9.88 \times 10^{-3}\ \Omega^{-1} = 9.88 \times 10^{-3} \text{ S}$$

$$\kappa = G\frac{l}{A} = GK_{\text{cell}} = 9.88\times10^{-3}\ \text{S}\times95.54\ \text{m}^{-1} = 0.944\ \text{S}\cdot\text{m}^{-1}$$

$$\Lambda_{\text{m}} = \frac{\kappa}{c} = \frac{0.944\ \text{S}\cdot\text{m}^{-1}}{100\ \text{mol}\cdot\text{m}^{-3}} = 9.44\times10^{-3}\ \text{S}\cdot\text{m}^2\cdot\text{mol}^{-1}$$

**8.12** 用实验测定不同浓度 KCl 溶液的电导率的标准方法如下: 273.15 K 时, 在 (a), (b) 两个电导池中分别盛以不同液体并测其电阻。当在 (a) 中盛 Hg(l) 时, 测得电阻为 0.99895 Ω [1 Ω 是指 273.15 K 时, 截面积为 1.0 $\text{mm}^2$, 长为 1062.936 mm 的 Hg(l) 柱的电阻]。当 (a) 和 (b) 中均盛以浓度约为 3 $\text{mol}\cdot\text{dm}^{-3}$ 的 $H_2SO_4$ 溶液时, 测得 (b) 的电阻为 (a) 的电阻的 0.107811 倍。若在 (b) 中盛以浓度为 1.0 $\text{mol}\cdot\text{dm}^{-3}$ 的 KCl 溶液时, 测得电阻为 17565 Ω。试求:

(1) 电导池 (a) 的电导池常数;

(2) 在 273.15 K 时, 该 KCl 溶液的电导率。

**解**: (1) $\rho = R\frac{A}{l} = 1\ \Omega\times\frac{1.0\times10^{-6}\ \text{m}^2}{1062.936\times10^{-3}\ \text{m}} = 9.408\times10^{-7}\ \Omega\cdot\text{m}$

$$K_{\text{cell}}(\text{a}) = \frac{R}{\rho} = \frac{0.99895\ \Omega}{9.408\times10^{-7}\ \Omega\cdot\text{m}} = 1.062\times10^{6}\ \text{m}^{-1}$$

(2) $K_{\text{cell}}(\text{b}) = K_{\text{cell}}(\text{a})\frac{R_2}{R_1} = 1.062\times10^6\ \text{m}^{-1}\times0.107811 = 1.145\times10^5\ \text{m}^{-1}$

$$\kappa_{\text{KCl}} = G\frac{l}{A} = \frac{1}{R}K_{\text{cell}}(\text{b}) = \frac{1}{17565\ \Omega}\times1.145\times10^5\ \text{m}^{-1} = 6.519\ \text{S}\cdot\text{m}^{-1}$$

**8.13** 在 298 K 时, $H^+$ 的摩尔电导率为 $349.65\times10^{-4}\ \text{S}\cdot\text{m}^2\cdot\text{mol}^{-1}$, $Cl^-$ 和 $Na^+$ 在水中的迁移率分别为 $7.91\times10^{-8}\ \text{m}^2\cdot\text{s}^{-1}\cdot\text{V}^{-1}$ 和 $5.19\times10^{-8}\ \text{m}^2\cdot\text{s}^{-1}\cdot\text{V}^{-1}$。

(1) 求 $H^+$ 在稀溶液中的迁移率;

(2) 求 $H^+$ 在 $1\times10^{-3}\ \text{mol}\cdot\text{dm}^{-3}$ HCl 溶液中迁移的电荷量占总电荷量的百分数;

(3) 如果在上述 (2) $1\times10^{-3}\ \text{mol}\cdot\text{dm}^{-3}$ HCl 溶液中再加入 NaCl, 使得溶液中 NaCl 的浓度为 1.0 $\text{mol}\cdot\text{dm}^{-3}$, 问 $H^+$ 在该混合溶液中迁移的电荷量占总电荷量的百分数是多少?

**解**: (1) 对于 $H^+$, 有 $\Lambda_{\text{m},+} = u_+F$

$$u_{\text{H}^+} = \frac{\Lambda_{\text{m}}(\text{H}^+)}{F} = \frac{349.65\times10^{-4}}{96500}\ \text{m}^2\cdot\text{s}^{-1}\cdot\text{V}^{-1} = 3.623\times10^{-7}\ \text{m}^2\cdot\text{s}^{-1}\cdot\text{V}^{-1}$$

(2) $t_{\text{H}^+} = \frac{u_+}{u_+ + u_-} = \frac{3.623\times10^{-7}}{3.623\times10^{-7} + 7.91\times10^{-8}} = 0.821$

(3) $t_{\text{H}^+} = \frac{n_{\text{H}^+}z_{\text{H}^+}r_{\text{H}^+}}{\sum\limits_{\text{B}} n_{\text{B}}z_{\text{B}}r_{\text{B}}} = \frac{c_{\text{H}^+}u_{\text{H}^+}}{c_{\text{H}^+}u_{\text{H}^+} + c_{\text{Na}^+}u_{\text{Na}^+} + c_{\text{Cl}^-}u_{\text{Cl}^-}}$

$$= \frac{0.001\times3.623\times10^{-7}}{0.001\times3.623\times10^{-7} + 1.00\times5.19\times10^{-8} + 1.001\times7.91\times10^{-8}} = 0.00276$$

**8.14** 在 291 K 时, 10 $\text{mol}\cdot\text{m}^{-3}$ $CuSO_4$ 溶液的电导率为 0.1434 $\text{S}\cdot\text{m}^{-1}$, 试求 $CuSO_4$ 的摩尔电导率 $\Lambda_{\text{m}}(\text{CuSO}_4)$ 和 $\frac{1}{2}\text{CuSO}_4$ 的摩尔电导率 $\Lambda_{\text{m}}\left(\frac{1}{2}\text{CuSO}_4\right)$。

**解**: $\Lambda_m(CuSO_4)=\dfrac{\kappa}{c_{CuSO_4}}=\dfrac{0.1434\ S\cdot m^{-1}}{10\ mol\cdot m^{-3}}=14.34\times10^{-3}\ S\cdot m^2\cdot mol^{-1}$

$$\Lambda_m\left(\frac{1}{2}CuSO_4\right)=\frac{\kappa}{c_{\frac{1}{2}CuSO_4}}=\frac{0.1434\ S\cdot m^{-1}}{2\times10\ mol\cdot m^{-3}}=7.17\times10^{-3}\ S\cdot m^2\cdot mol^{-1}$$

注意: (1) 当浓度 $c$ 的单位以 $mol\cdot dm^{-3}$ 表示时, 则要换算成以 $mol\cdot m^{-3}$ 表示, 然后进行计算。即在数字运算的同时, 单位也要进行运算, 才能获得正确的结果。

(2) 在使用摩尔电导率这个物理量时, 应将浓度为 $c$ 的物质的基本单元置于 $\Lambda_m$ 后的括号中, 以免出错。例如, $\Lambda_m(CuSO_4)$ 和 $\Lambda_m\left(\frac{1}{2}CuSO_4\right)$ 都可称为摩尔电导率, 只是所取的基本单元不同, 显然 $\Lambda_m(CuSO_4)=2\Lambda_m\left(\frac{1}{2}CuSO_4\right)$。

**8.15**　在 298 K 时, 在某电导池中盛以浓度为 $0.01\ mol\cdot dm^{-3}$ 的 KCl 水溶液, 测得电阻 $R$ 为 484.0 Ω。当盛以不同浓度的 NaCl 水溶液时测得数据如下:

| $c_{NaCl}/(mol\cdot dm^{-3})$ | 0.0005 | 0.0010 | 0.0020 | 0.0050 |
|---|---|---|---|---|
| $R/\Omega$ | 10910 | 5494 | 2772 | 1128.9 |

已知 298 K 时, $0.01\ mol\cdot dm^{-3}$ KCl 水溶液的电导率为 $\kappa_{KCl}=0.1412\ S\cdot m^{-1}$。试求:

(1) NaCl 水溶液在不同浓度时的摩尔电导率;

(2) 以 $\Lambda_m(NaCl)$ 对 $\sqrt{c}$ 作图, 求 NaCl 的无限稀释摩尔电导率 $\Lambda_m^\infty(NaCl)$。

**解**: (1) 在使用电导池前, 先要测定其电导池常数。通常将一定浓度的 KCl 水溶液放入电导池, 测定其电阻, 然后就可以计算电导池常数, 因为 KCl 水溶液的电导率可以查表得到。

从已知数据计算电导池常数:

$$K_{cell}=\kappa_{KCl}\cdot R=0.1412\ S\cdot m^{-1}\times484.0\ \Omega=68.34\ m^{-1}$$

然后从电导池常数和不同浓度时的电阻计算相应的 NaCl 水溶液的电导率, 并从电导率和浓度计算不同浓度时 NaCl 水溶液的摩尔电导率:

$$\kappa_{NaCl}=\frac{K_{cell}}{R}\qquad \Lambda_m(NaCl)=\frac{\kappa_{NaCl}}{c}$$

计算结果列于下表:

| $c_{NaCl}/(mol\cdot dm^{-3})$ | 0.0005 | 0.0010 | 0.0020 | 0.0050 |
|---|---|---|---|---|
| $\sqrt{c}/(mol\cdot dm^{-3})^{1/2}$ | 0.02236 | 0.03162 | 0.04472 | 0.07071 |
| $\kappa/(10^{-2}\ S\cdot m^{-1})$ | 0.6264 | 12.44 | 2.465 | 6.054 |
| $\Lambda_m/(10^{-2}\ S\cdot m^2\cdot mol^{-1})$ | 1.253 | 1.244 | 1.233 | 1.211 |

(2) 以 $\Lambda_m(NaCl)$ 对 $\sqrt{c}$ 作图, 得一条直线 (见下图)。

对照 Kohlrausch 经验式: $\Lambda_m=\Lambda_m^\infty(1-\beta\sqrt{c})$, 将直线外推至 $c\to0$, 得截距就是 $\Lambda_m^\infty(NaCl)$, 其值为 $0.01270\ S\cdot m^2\cdot mol^{-1}$。

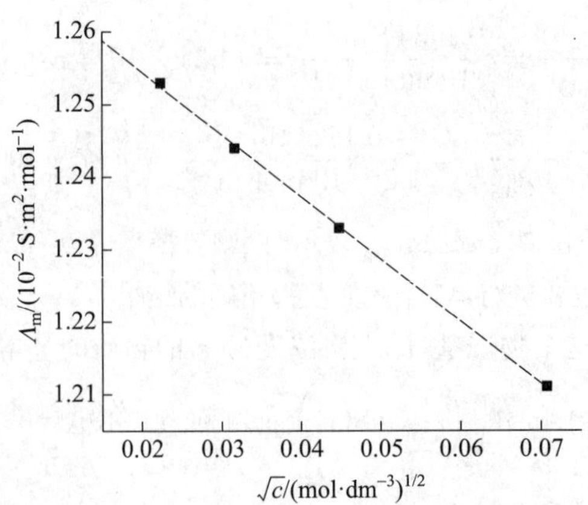


**8.16** 已知 NaCl, $KNO_3$, $NaNO_3$ 在稀溶液中的摩尔电导率分别为 $1.26\times10^{-2}\ S\cdot m^2\cdot mol^{-1}$, $1.45\times10^{-2}\ S\cdot m^2\cdot mol^{-1}$ 和 $1.21\times10^{-2}\ S\cdot m^2\cdot mol^{-1}$。已知 KCl 中 $t_+=t_-$, 设在此浓度范围以内, 摩尔电导率不随浓度而变化。

(1) 试计算以上各种离子的摩尔电导率;

(2) 假定 $0.1\ mol\cdot dm^{-3}$ HCl 溶液电阻是 $0.01\ mol\cdot dm^{-3}$ NaCl 溶液电阻的 $\dfrac{1}{35}$ (用同一电导池测定), 试计算 HCl 的摩尔电导率。

**解**: (1) $\Lambda_m(KCl)=\Lambda_m(KNO_3)+\Lambda_m(NaCl)-\Lambda_m(NaNO_3)=1.50\times10^{-2}\ S\cdot m^2\cdot mol^{-1}$

$$t_+=\frac{\Lambda_{m,+}}{\Lambda_m}$$

$$\Lambda_m(K^+)=t_+\Lambda_m(KCl)=7.50\times10^{-3}\ S\cdot m^2\cdot mol^{-1}$$

$$\Lambda_m(Cl^-)=t_-\Lambda_m(KCl)=7.50\times10^{-3}\ S\cdot m^2\cdot mol^{-1}$$

$$\Lambda_m(Na^+)=\Lambda_m(NaCl)-\Lambda_m(Cl^-)=5.10\times10^{-3}\ S\cdot m^2\cdot mol^{-1}$$

$$\Lambda_m(NO_3^-)=\Lambda_m(KNO_3)-\Lambda_m(K^+)=7.00\times10^{-3}\ S\cdot m^2\cdot mol^{-1}$$

(2) $R=\rho\dfrac{l}{A}=\dfrac{K_{cell}}{\kappa}$

$$\Lambda_m(HCl)=\frac{\kappa_{HCl}}{c_{HCl}}\qquad \Lambda_m(NaCl)=\frac{\kappa_{NaCl}}{c_{NaCl}}$$

$$\frac{\Lambda_m(HCl)}{\Lambda_m(NaCl)}=\frac{\dfrac{\kappa_{HCl}}{c_{HCl}}}{\dfrac{\kappa_{NaCl}}{c_{NaCl}}}=\frac{R_{NaCl}c_{NaCl}}{R_{HCl}c_{HCl}}=3.5$$

$$\Lambda_m(HCl)=3.5\Lambda_m(NaCl)=4.41\times10^{-2}\ S\cdot m^2\cdot mol^{-1}$$

**8.17** 在 298 K 时, $BaSO_4$ 饱和水溶液的电导率是 $4.58\times10^{-4}\ S\cdot m^{-1}$, 所用水的电导率是 $1.52\times10^{-4}\ S\cdot m^{-1}$。求 $BaSO_4$ 饱和水溶液的浓度 (以 $mol\cdot dm^{-3}$ 为单位) 和溶度积。已知 298 K 无限稀释时, $\dfrac{1}{2}Ba^{2+}$ 和 $\dfrac{1}{2}SO_4^{2-}$ 的离子摩尔电导率分别为 $63.6\times10^{-4}\ S\cdot m^2\cdot mol^{-1}$ 和 $80.0\times10^{-4}\ S\cdot m^2\cdot mol^{-1}$。

**解**: 溶液的电导率是已溶解的溶质的电导率和纯水的电导率之和。纯水的电导率和一定浓度强电解质的电导率相比很小, 一般可忽略不计。但因难溶盐的溶解度很小, 则溶剂水对溶液电导率的贡献就不能忽略。

$$\kappa_{BaSO_4} = \kappa_{溶液} - \kappa_{H_2O} = (4.58 \times 10^{-4} - 1.52 \times 10^{-4})\ S\cdot m^{-1} = 3.06 \times 10^{-4}\ S\cdot m^{-1}$$

$$\Lambda_m^\infty(BaSO_4) = \Lambda_m^\infty(Ba^{2+}) + \Lambda_m^\infty(SO_4^{2-}) = 2\left[\Lambda_m^\infty\left(\frac{1}{2}Ba^{2+}\right) + \Lambda_m^\infty\left(\frac{1}{2}SO_4^{2-}\right)\right]$$

$$= 2 \times (63.6 + 80.0) \times 10^{-4}\ S\cdot m^2\cdot mol^{-1} = 0.02872\ S\cdot m^2\cdot mol^{-1}$$

$$c_{BaSO_4} = \frac{\kappa_{BaSO_4}}{\Lambda_m^\infty(BaSO_4)} = \frac{3.06 \times 10^{-4}\ S\cdot m^{-1}}{0.02872\ S\cdot m^2\cdot mol^{-1}} = 1.07 \times 10^{-5}\ mol\cdot dm^{-3}$$

$$K_{sp} = \frac{c_{Ba^{2+}}}{c^\ominus} \cdot \frac{c_{SO_4^-}}{c^\ominus} = 1.07 \times 10^{-5} \times 1.07 \times 10^{-5} = 1.15 \times 10^{-10}$$

**8.18**　在 298 K 时, AgCl 的溶度积为 $K_{sp}^\ominus = 1.77 \times 10^{-10}$, 这时所用水的电导率为 $1.60 \times 10^{-4}\ S\cdot m^{-1}$。已知在该温度下 $Ag^+$ 和 $Cl^-$ 的无限稀释摩尔电导率分别为 $61.9 \times 10^{-4}\ S\cdot m^2\cdot mol^{-1}$ 和 $76.31 \times 10^{-4}\ S\cdot m^2\cdot mol^{-1}$, 试求在该温度下 AgCl 饱和水溶液的电导率。

解: $\Lambda_m^\infty(AgCl) = \Lambda_m^\infty(Ag^+) + \Lambda_m^\infty(Cl^-)$

$$= 61.9 \times 10^{-4}\ S\cdot m^2\cdot mol^{-1} + 76.31 \times 10^{-4}\ S\cdot m^2\cdot mol^{-1}$$

$$= 138.21 \times 10^{-4}\ S\cdot m^2\cdot mol^{-1}$$

$$K_{sp}^\ominus = a_{Ag^+} \cdot a_{Cl^-} = \gamma_+ \frac{c_{Ag^+}}{c^\ominus} \cdot \gamma_- \frac{c_{Cl^-}}{c^\ominus} = {\gamma_\pm}^2 \left(\frac{c_\pm}{c^\ominus}\right)^2 \approx \left(\frac{c}{c^\ominus}\right)^2$$

$$c_{Ag^+} = c_{Cl^-} = c = c^\ominus\sqrt{K_{sp}^\ominus} = 1.0\ mol\cdot dm^{-3} \times \sqrt{1.77 \times 10^{-10}} = 1.33 \times 10^{-5}\ mol\cdot dm^{-3}$$

$$\kappa_{AgCl} = \Lambda_m^\infty(AgCl) \cdot c_{AgCl}$$

$$= 138.21 \times 10^{-4}\ S\cdot m^2\cdot mol^{-1} \times 1.33 \times 10^{-2}\ mol\cdot m^{-3} = 1.84 \times 10^{-4}\ S\cdot m^{-1}$$

$$\kappa_{饱和水溶液} = \kappa_{AgCl} + \kappa_{H_2O} = 1.84 \times 10^{-4}\ S\cdot m^{-1} + 1.60 \times 10^{-4}\ S\cdot m^{-1} = 3.44 \times 10^{-4}\ S\cdot m^{-1}$$

**8.19**　在 291 K 时, 纯水的电导率为 $\kappa_{H_2O} = 4.28 \times 10^{-6}\ S\cdot m^{-1}$。当 $H_2O(l)$ 解离成 $H^+$ 和 $OH^-$ 并达到平衡时, 求该温度下 $H_2O(l)$ 的摩尔电导率、解离度和 $H^+$ 的浓度。已知这时水的密度为 $998.6\ kg\cdot m^{-3}$。

解: $\Lambda_m^\infty(H_2O) = \Lambda_m^\infty(H^+) + \Lambda_m^\infty(OH^-)$

$$= (3.4965 + 1.980) \times 10^{-2}\ S\cdot m^2\cdot mol^{-1} = 5.476 \times 10^{-2}\ S\cdot m^2\cdot mol^{-1}$$

$$c_{H_2O} = \frac{\rho_{H_2O}}{M_{H_2O}} = \frac{998.6\ kg\cdot m^{-3}}{18.02 \times 10^{-3}\ kg\cdot mol^{-1}} = 5.542 \times 10^4\ mol\cdot m^{-3}$$

$$\Lambda_m(H_2O) = \frac{\kappa_{H_2O}}{c_{H_2O}} = \frac{4.28 \times 10^{-6}\ S\cdot m^{-1}}{5.542 \times 10^4\ mol\cdot m^{-3}} = 7.723 \times 10^{-11}\ S\cdot m^2\cdot mol^{-1}$$

$$\alpha = \frac{\Lambda_m(H_2O)}{\Lambda_m^\infty(H_2O)} = \frac{7.723 \times 10^{-11}\ S\cdot m^2\cdot mol^{-1}}{5.476 \times 10^{-2}\ S\cdot m^2\cdot mol^{-1}} = 1.410 \times 10^{-9}$$

$$c_{H^+} = c_{H_2O}\alpha = 5.542 \times 10^4\ mol\cdot m^{-3} \times 1.410 \times 10^{-9} = 7.814 \times 10^{-5}\ mol\cdot m^{-3}$$

**8.20**　根据如下数据, 求 $H_2O(l)$ 在 298 K 时解离成 $H^+$ 和 $OH^-$ 并达到平衡时的解离度和离子积常数 $K_w^\ominus$。已知 298 K 时, 纯水的电导率为 $\kappa_{H_2O} = 5.5 \times 10^{-6}\ S\cdot m^{-1}$, $H^+$ 和 $OH^-$ 的无限稀释

摩尔电导率分别为 $\Lambda_m^\infty(H^+) = 3.4965 \times 10^{-2}\ S\cdot m^2\cdot mol^{-1}$, $\Lambda_m^\infty(OH^-) = 1.980 \times 10^{-2}\ S\cdot m^2\cdot mol^{-1}$, 水的密度为 $997.09\ kg\cdot m^{-3}$。

**解**: 根据水的密度和水的摩尔质量可以计算水的浓度, 结合已知的 $\kappa_{H_2O} = 5.5 \times 10^{-6}\ S\cdot m^{-1}$, 可计算出水的摩尔电导率。利用两个离子的无限稀释摩尔电导率, 计算水的无限稀释摩尔电导率, 这样就可以得到水的解离度。再按水的解离平衡计算水的离子积常数。

$$c_{H_2O} = \frac{\rho_{H_2O}}{M_{H_2O}} = \frac{997.09\ kg\cdot m^{-3}}{18.02 \times 10^{-3}\ kg\cdot mol^{-1}} = 5.533 \times 10^4\ mol\cdot m^{-3}$$

$$\Lambda_m(H_2O) = \frac{\kappa_{H_2O}}{c_{H_2O}} = \frac{5.5 \times 10^{-6}\ S\cdot m^{-1}}{5.533 \times 10^4\ mol\cdot m^{-3}} = 9.940 \times 10^{-11}\ S\cdot m^2\cdot mol^{-1}$$

$$\begin{aligned}\Lambda_m^\infty(H_2O) &= \Lambda_m^\infty(H^+) + \Lambda_m^\infty(OH^-)\\ &= (3.4965 + 1.980) \times 10^{-2}\ S\cdot m^2\cdot mol^{-1} = 5.477 \times 10^{-2}\ S\cdot m^2\cdot mol^{-1}\end{aligned}$$

$$\alpha = \frac{\Lambda_m(H_2O)}{\Lambda_m^\infty(H_2O)} = \frac{9.940 \times 10^{-11}\ S\cdot m^2\cdot mol^{-1}}{5.476 \times 10^{-2}\ S\cdot m^2\cdot mol^{-1}} = 1.815 \times 10^{-9}$$

可见水的解离度是极小的, 所以其离子的平均活度因子近似等于 1, 已知 $c^\ominus = 1.0\ mol\cdot dm^{-3}$。设水的解离为

$$\begin{array}{cccc} & H_2O & \rightleftharpoons & H^+ + OH^- \\ t=0 & c & & 0 \quad\ 0 \\ t=t_e & c(1-\alpha) & & c\alpha \quad c\alpha \end{array}$$

$$\begin{aligned}K_w^\ominus &= a_{H^+}\cdot a_{OH^-} = \gamma_{H^+}\frac{c_{H^+}}{c^\ominus}\cdot\gamma_{OH^-}\frac{c_{OH^-}}{c^\ominus} = \gamma_\pm{}^2\left(\frac{c\alpha}{c^\ominus}\right)^2 = \left(\frac{c\alpha}{c^\ominus}\right)^2\\ &= \left(\frac{5.533 \times 10^4\ mol\cdot m^{-3} \times 1.815 \times 10^{-9}}{1.0\ mol\cdot dm^{-3}}\right)^2 = 1.004 \times 10^{-14}\end{aligned}$$

**8.21** 在 298 K 时, 测得下列溶液: (1) $1.814\ mmol\cdot dm^{-3}$ $CH_2ClCOOH$ 溶液, (2) $1.00\ mmol\cdot dm^{-3}$ $CH_2ClCOONa$ 溶液, (3) $1.00\ mmol\cdot dm^{-3}$ NaCl 溶液, (4) $1.00\ mmol\cdot dm^{-3}$ HCl 溶液的电导率分别为 (1) $4.087 \times 10^{-2}\ S\cdot m^{-1}$, (2) $8.75 \times 10^{-3}\ S\cdot m^{-1}$, (3) $1.237 \times 10^{-2}\ S\cdot m^{-1}$, (4) $4.212 \times 10^{-2}\ S\cdot m^{-1}$, 求 1–氯醋酸 ($CH_2ClCOOH$) 的酸式解离常数 $K_a$。

**解**: 把 $CH_2ClCOOH$ 简写成 HA, $CH_2ClCOO^-$ 简写成 $A^-$, 则

$$K_a = \frac{c_{H^+}\cdot c_{A^-}}{c_{HA}\cdot c^\ominus}$$

在 $1.814\ mmol\cdot dm^{-3}$HA 溶液中:

$$c_{H^+} = c_{A^-} = x \qquad c_{HA} = 1.814\ mmol\cdot dm^{-3} - x$$

则
$$x[\Lambda_m(H^+) + \Lambda_m(A^-)] = 4.087 \times 10^{-2}\ S\cdot m^{-1}$$

同理, 将 (2) ~ (4) 的数据代入得

$$\Lambda_m(Na^+) + \Lambda_m(A^-) = 8.75 \times 10^{-3}\ S\cdot m^2\cdot mol^{-1}$$

$$\Lambda_m(Na^+) + \Lambda_m(Cl^-) = 1.237 \times 10^{-2}\ S\cdot m^2\cdot mol^{-1}$$

$$\Lambda_m(H^+) + \Lambda_m(Cl^-) = 4.212 \times 10^{-2}\ S\cdot m^2\cdot mol^{-1}$$

因而得到

$$\Lambda_{\mathrm{m}}(\mathrm{H}^+) + \Lambda_{\mathrm{m}}(\mathrm{A}^-) = (42.12 + 8.75 - 12.37) \times 10^{-3}\ \mathrm{S \cdot m^2 \cdot mol^{-1}} = 0.03850\ \mathrm{S \cdot m^2 \cdot mol^{-1}}$$

$$x = c_{\mathrm{H}^+} = c_{\mathrm{A}^-} = \frac{4.087 \times 10^{-2}\ \mathrm{S \cdot m^{-1}}}{0.03850\ \mathrm{S \cdot m^2 \cdot mol^{-1}}} = 1.062\ \mathrm{mol \cdot m^{-3}} = 1.062 \times 10^{-3}\ \mathrm{mol \cdot dm^{-3}}$$

$$c_{\mathrm{HA}} = (1.814 - 1.062) \times 10^{-3}\ \mathrm{mol \cdot dm^{-3}} = 7.52 \times 10^{-4}\ \mathrm{mol \cdot dm^{-3}}$$

$$K_{\mathrm{a}} = \frac{c_{\mathrm{H}^+} \cdot c_{\mathrm{A}^-}}{c_{\mathrm{HA}} \cdot c^{\ominus}} = \frac{(1.062 \times 10^{-3}\ \mathrm{mol \cdot dm^{-3}})^2}{7.52 \times 10^{-4}\ \mathrm{mol \cdot dm^{-3}} \times 1\ \mathrm{mol \cdot dm^{-3}}} = 1.50 \times 10^{-3}$$

**8.22**　画出下列电导滴定的示意图。

(1) 用 NaOH 滴定 $C_6H_5OH$;　　(2) 用 NaOH 滴定 HCl;

(3) 用 $AgNO_3$ 滴定 $K_2CrO_4$;　　(4) 用 $BaCl_2$ 滴定 $Tl_2SO_4$。

**解**: 以电导或电导率为纵坐标, 滴定液体积为横坐标作图。作示意图的一般规律是: 若开始的未知液是弱电解质, 电导很小, 则起点很低。若未知液是强电解质, 则起点很高。随着另一作为滴定剂的电解质的加入, 根据电导的变化, 画出曲线走向。当滴定剂过量, 电导会发生突变, 此转变点所对应的即为滴定终点。具体见下图。

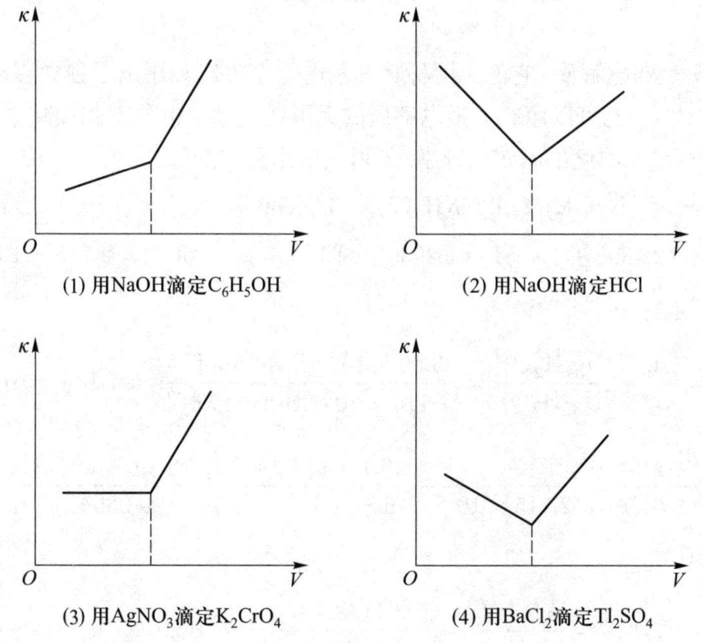


**8.23**　在 298 K 时, 将电导率为 $1.289\ \mathrm{S \cdot m^{-1}}$ 的 KCl 溶液装入电导池, 测得电阻为 23.78 Ω, 若在该电导池中装入 $2.414 \times 10^{-3}\ \mathrm{mol \cdot dm^{-3}}$ HAc 溶液, 测得电阻为 3942 Ω, 计算此 HAc 溶液的解离度及解离常数。

**解**: $\Lambda_{\mathrm{m}}^{\infty}(\mathrm{HAc}) = \Lambda_{\mathrm{m}}^{\infty}(\mathrm{H}^+) + \Lambda_{\mathrm{m}}^{\infty}(\mathrm{Ac}^-)$

$$= (349.65 + 40.9) \times 10^{-4}\ \mathrm{S \cdot m^2 \cdot mol^{-1}} = 3.906 \times 10^{-2}\ \mathrm{S \cdot m^2 \cdot mol^{-1}}$$

$$\frac{\kappa_{\mathrm{HAc}}}{\kappa_{\mathrm{KCl}}} = \frac{K_{\mathrm{cell}}/R_{\mathrm{HAc}}}{K_{\mathrm{cell}}/R_{\mathrm{KCl}}} = \frac{R_{\mathrm{KCl}}}{R_{\mathrm{HAc}}}$$

$$\kappa_{\text{HAc}} = \kappa_{\text{KCl}} \frac{R_{\text{KCl}}}{R_{\text{HAc}}} = 1.289\ \text{S}\cdot\text{m}^{-1} \times \frac{23.78\ \Omega}{3942\ \Omega} = 7.776 \times 10^{-3}\ \text{S}\cdot\text{m}^{-1}$$

$$\Lambda_{\text{m}}(\text{HAc}) = \frac{\kappa_{\text{HAc}}}{c_{\text{HAc}}} = \frac{7.776 \times 10^{-3}\ \text{S}\cdot\text{m}^{-1}}{2.414 \times 10^{-3}\ \text{mol}\cdot\text{dm}^{-3}} = 3.221 \times 10^{-3}\ \text{S}\cdot\text{m}^2\cdot\text{mol}^{-1}$$

$$K_c^{\ominus} = \frac{\frac{c}{c^{\ominus}}\Lambda_{\text{m}}^2(\text{HAc})}{\Lambda_{\text{m}}^{\infty}(\text{HAc})[\Lambda_{\text{m}}^{\infty}(\text{HAc}) - \Lambda_{\text{m}}(\text{HAc})]}$$

$$= \frac{2.414 \times 10^{-3} \times (3.221 \times 10^{-3}\ \text{S}\cdot\text{m}^2\cdot\text{mol}^{-1})^2}{0.03906\ \text{S}\cdot\text{m}^2\cdot\text{mol}^{-1} \times (39.06 - 3.221) \times 10^{-3}\ \text{S}\cdot\text{m}^2\cdot\text{mol}^{-1}} = 1.79 \times 10^{-5}$$

$$\alpha = \frac{\Lambda_{\text{m}}(\text{HAc})}{\Lambda_{\text{m}}^{\infty}(\text{HAc})} = \frac{3.221 \times 10^{-3}\ \text{S}\cdot\text{m}^2\cdot\text{mol}^{-1}}{390.6 \times 10^{-4}\ \text{S}\cdot\text{m}^2\cdot\text{mol}^{-1}} = 8.246 \times 10^{-2}$$

**8.24** 在 298 K 时, 已知 $\Lambda_{\text{m}}^{\infty}(\text{NaCl}) = 1.2639 \times 10^{-2}\ \text{S}\cdot\text{m}^2\cdot\text{mol}^{-1}$, $\Lambda_{\text{m}}^{\infty}(\text{NaOH}) = 2.4808 \times 10^{-2}\ \text{S}\cdot\text{m}^2\cdot\text{mol}^{-1}$ 和 $\Lambda_{\text{m}}^{\infty}(\text{NH}_4\text{Cl}) = 1.4981 \times 10^{-2}\ \text{S}\cdot\text{m}^2\cdot\text{mol}^{-1}$; 又已知 $\text{NH}_3\cdot\text{H}_2\text{O}$ 在浓度为 $0.1\ \text{mol}\cdot\text{dm}^{-3}$ 时的摩尔电导率为 $\Lambda_{\text{m}} = 3.09 \times 10^{-4}\ \text{S}\cdot\text{m}^2\cdot\text{mol}^{-1}$, 浓度为 $0.01\ \text{mol}\cdot\text{dm}^{-3}$ 时的摩尔电导率为 $\Lambda_{\text{m}} = 9.62 \times 10^{-4}\ \text{S}\cdot\text{m}^2\cdot\text{mol}^{-1}$。试根据上述数据求两种不同浓度的 $\text{NH}_3\cdot\text{H}_2\text{O}$ 溶液的解离度和解离常数。

**解**: $\text{NH}_3\cdot\text{H}_2\text{O}$ 是弱电解质, 它的无限稀释摩尔电导率可以利用离子独立移动定律从离子的无限稀释摩尔电导率计算, 也可以用有关强电解质的无限稀释摩尔电导率相加减来求得, 本题显然用第二种方法。再利用已知浓度的摩尔电导率, 就可以解出要求的值。

$$\Lambda_{\text{m}}^{\infty}(\text{NH}_3\cdot\text{H}_2\text{O}) = \Lambda_{\text{m}}^{\infty}(\text{NaOH}) + \Lambda_{\text{m}}^{\infty}(\text{NH}_4\text{Cl}) - \Lambda_{\text{m}}^{\infty}(\text{NaCl})$$
$$= (2.4808 + 1.4981 - 1.2639) \times 10^{-2}\ \text{S}\cdot\text{m}^2\cdot\text{mol}^{-1} = 2.715 \times 10^{-2}\ \text{S}\cdot\text{m}^2\cdot\text{mol}^{-1}$$

对于 $0.1\ \text{mol}\cdot\text{dm}^{-3}$ $\text{NH}_3\cdot\text{H}_2\text{O}$ 溶液:

$$\alpha = \frac{\Lambda_{\text{m}}(\text{NH}_3\cdot\text{H}_2\text{O})}{\Lambda_{\text{m}}^{\infty}(\text{NH}_3\cdot\text{H}_2\text{O})} = \frac{3.09 \times 10^{-4}\ \text{S}\cdot\text{m}^2\cdot\text{mol}^{-1}}{2.715 \times 10^{-2}\ \text{S}\cdot\text{m}^2\cdot\text{mol}^{-1}} = 1.138 \times 10^{-2}$$

$$K_c^{\ominus} = \frac{\frac{c}{c^{\ominus}}\Lambda_{\text{m}}^2}{\Lambda_{\text{m}}^{\infty}(\Lambda_{\text{m}}^{\infty} - \Lambda_{\text{m}})} = \frac{0.1 \times (3.09 \times 10^{-4}\ \text{S}\cdot\text{m}^2\cdot\text{mol}^{-1})^2}{2.715 \times 10^{-2}\ \text{S}\cdot\text{m}^2\cdot\text{mol}^{-1} \times (2.715 - 0.0309) \times 10^{-2}\ \text{S}\cdot\text{m}^2\cdot\text{mol}^{-1}}$$
$$= 1.310 \times 10^{-5}$$

或
$$K_c^{\ominus} = \frac{\alpha^2 c/c^{\ominus}}{1 - \alpha} = \frac{(0.01138)^2 \times 0.1}{1 - 0.01138} = 1.310 \times 10^{-5}$$

对于 $0.01\ \text{mol}\cdot\text{dm}^{-3}$ $\text{NH}_3\cdot\text{H}_2\text{O}$ 溶液:

$$\alpha = \frac{\Lambda_{\text{m}}(\text{NH}_3\cdot\text{H}_2\text{O})}{\Lambda_{\text{m}}^{\infty}(\text{NH}_3\cdot\text{H}_2\text{O})} = \frac{9.62 \times 10^{-4}\ \text{S}\cdot\text{m}^2\cdot\text{mol}^{-1}}{2.715 \times 10^{-2}\ \text{S}\cdot\text{m}^2\cdot\text{mol}^{-1}} = 3.543 \times 10^{-2}$$

$$K_c^{\ominus} = \frac{0.01 \times (9.62 \times 10^{-4}\ \text{S}\cdot\text{m}^2\cdot\text{mol}^{-1})^2}{2.715 \times 10^{-2}\ \text{S}\cdot\text{m}^2\cdot\text{mol}^{-1} \times (2.715 - 0.0962) \times 10^{-2}\ \text{S}\cdot\text{m}^2\cdot\text{mol}^{-1}} = 1.302 \times 10^{-5}$$

可见, 弱电解质的解离度随着浓度的下降而增大, 但在同一温度下, 它的解离常数有定值。

**8.25** 在 291 K 时, 在一电场梯度为 $1000\ \text{V}\cdot\text{m}^{-1}$ 的均匀电场中, 分别放入含 $\text{H}^+$, $\text{K}^+$, $\text{Cl}^-$ 的稀溶液, 试求各种离子的迁移速率。已知各溶液中离子的摩尔电导率数据如下:

| 离子 | $H^+$ | $K^+$ | $Cl^-$ |
| --- | --- | --- | --- |
| $\Lambda_m/(10^{-3}\ S\cdot m^2\cdot mol^{-1})$ | 27.8 | 4.80 | 4.90 |

**解**: $r_+ = u_+\dfrac{dE}{dl} = \dfrac{\Lambda_{m,+}}{F}\dfrac{dE}{dl}$

$$r_{H^+} = \frac{\Lambda_{m,+}}{F}\frac{dE}{dl} = \frac{2.78\times10^{-2}\ S\cdot m^2\cdot mol^{-1}}{96500\ C\cdot mol^{-1}}\times1000\ V\cdot m^{-1} = 2.88\times10^{-4}\ m\cdot s^{-1}$$

$$r_{K^+} = \frac{4.80\times10^{-3}\ S\cdot m^2\cdot mol^{-1}}{96500\ C\cdot mol^{-1}}\times1000\ V\cdot m^{-1} = 4.97\times10^{-5}\ m\cdot s^{-1}$$

$$r_{Cl^-} = \frac{4.90\times10^{-3}\ S\cdot m^2\cdot mol^{-1}}{96500\ C\cdot mol^{-1}}\times1000\ V\cdot m^{-1} = 5.08\times10^{-5}\ m\cdot s^{-1}$$

**8.26**　分别计算下列各溶液的离子强度, 设所有电解质的质量摩尔浓度均为 $0.025\ mol\cdot kg^{-1}$。

(1) NaCl;　(2) $MgCl_2$;　(3) $CuSO_4$;　(4) $LaCl_3$;

(5) NaCl 和 $LaCl_3$ 的混合溶液, 质量摩尔浓度均为 $0.025\ mol\cdot kg^{-1}$。

**解**: 将各离子质量摩尔浓度代入离子强度的定义式计算即可。因为质量摩尔浓度都相同, 从计算结果可比较哪一种类型的电解质离子强度最大。假定这些电解质完全解离。离子强度的定义式为

$$I = \frac{1}{2}\sum_B m_B z_B^2$$

(1) $I_{NaCl} = \dfrac{1}{2}\sum\limits_B m_B z_B^2 = \dfrac{1}{2}\times(0.025\times1^2+0.025\times1^2)\ mol\cdot kg^{-1} = 0.025\ mol\cdot kg^{-1}$

对于 $A^+B^-$ 价型的强电解质, 离子强度与其质量摩尔浓度相同。

(2) $I_{MgCl_2} = \dfrac{1}{2}\times(0.025\times2^2+2\times0.025\times1^2)\ mol\cdot kg^{-1} = 0.075\ mol\cdot kg^{-1}$

对于 $A_2^+B^{2-}$, $A^{2+}B_2^-$ 价型的强电解质, 离子强度是其质量摩尔浓度的三倍。

(3) $I_{CuSO_4} = \dfrac{1}{2}\times(0.025\times2^2+0.025\times2^2)\ mol\cdot kg^{-1} = 0.10\ mol\cdot kg^{-1}$

对于 $A^{2+}B^{2-}$ 价型的强电解质, 离子强度是其质量摩尔浓度的四倍。

(4) $I_{LaCl_3} = \dfrac{1}{2}\times(0.025\times3^2+3\times0.025\times1^2)\ mol\cdot kg^{-1} = 0.15\ mol\cdot kg^{-1}$

对于 $A^{3+}B_3^-$, $A_3^+B^{3-}$ 价型的强电解质, 离子强度是其质量摩尔浓度的六倍。

(5) $I = \dfrac{1}{2}\times(0.025\times1^2+0.025\times1^2+0.025\times3^2+3\times0.025\times1^2)\ mol\cdot kg^{-1}$

$= (0.025+0.15)\ mol\cdot kg^{-1} = 0.175\ mol\cdot kg^{-1}$

对于混合强电解质溶液, 离子强度等于组成溶液的所有电解质的离子强度的加和。

**8.27**　分别计算下列四种溶液的离子平均质量摩尔浓度 $m_\pm$、离子平均活度 $a_\pm$ 及电解质的活度 $a_B$。设各溶液的质量摩尔浓度均为 $0.01\ mol\cdot kg^{-1}$。

(1) $NaCl(\gamma_\pm = 0.904)$;　(2) $K_2SO_4(\gamma_\pm = 0.715)$;

(3) $CuSO_4(\gamma_\pm = 0.444)$;　(4) $K_3[Fe(CN)_6](\gamma_\pm = 0.571)$。

**解**: (1) $m_\pm = (m_+^{\nu_+}\cdot m_-^{\nu_-})^{1/\nu} = (\nu_+^{\nu_+}\nu_-^{\nu_-})^{1/\nu} m_B$

$$m_{\pm}(\mathrm{NaCl}) = (1^1 \times 1^1)^{1/2} \times 0.01\ \mathrm{mol \cdot kg^{-1}} = 0.01\ \mathrm{mol \cdot kg^{-1}}$$

$$a_{\pm}(\mathrm{NaCl}) = \gamma_{\pm} \cdot \frac{m_{\pm}}{m^{\ominus}} = 0.904 \times \frac{0.01\ \mathrm{mol \cdot kg^{-1}}}{1.0\ \mathrm{mol \cdot kg^{-1}}} = 9.04 \times 10^{-3}$$

$$a(\mathrm{NaCl}) = a_{\pm}^{\nu} = a_{\pm}^2 = (9.04 \times 10^{-3})^2 = 8.17 \times 10^{-5}$$

(2) $m_{\pm}(\mathrm{K_2SO_4}) = (2^2 \times 1^1)^{1/3} \times 0.01\ \mathrm{mol \cdot kg^{-1}} = 0.0159\ \mathrm{mol \cdot kg^{-1}}$

$a_{\pm}(\mathrm{K_2SO_4}) = 0.715 \times 0.0159 = 0.0114$

$a(\mathrm{K_2SO_4}) = (0.0114)^3 = 1.48 \times 10^{-6}$

(3) $m_{\pm}(\mathrm{CuSO_4}) = (1^1 \times 1^1)^{1/2} \times 0.01\ \mathrm{mol \cdot kg^{-1}} = 0.01\ \mathrm{mol \cdot kg^{-1}}$

$a_{\pm}(\mathrm{CuSO_4}) = 0.444 \times 0.01 = 4.44 \times 10^{-3}$

$a(\mathrm{CuSO_4}) = (4.44 \times 10^{-3})^2 = 1.97 \times 10^{-5}$

(4) $m_{\pm}(\mathrm{K_3[Fe(CN)_6]}) = (3^3 \times 1^1)^{1/4} \times 0.01\ \mathrm{mol \cdot kg^{-1}} = 2.28 \times 10^{-2}\ \mathrm{mol \cdot kg^{-1}}$

$a_{\pm}(\mathrm{K_3[Fe(CN)_6]}) = 0.571 \times 2.28 \times 10^{-2} = 0.0130$

$a(\mathrm{K_3[Fe(CN)_6]}) = (0.0130)^4 = 2.90 \times 10^{-8}$

**8.28** 有下列不同类型的电解质: ① HCl, ② $MgCl_2$, ③ $CuSO_4$, ④ $LaCl_3$, ⑤ $Al_2(SO_4)_3$, 设它们都是强电解质, 当其溶液的质量摩尔浓度均为 0.025 $\mathrm{mol \cdot kg^{-1}}$ 时, 试计算各种溶液的:

(1) 离子强度 $I$;

(2) 离子平均质量摩尔浓度 $m_{\pm}$;

(3) 用 Debye-Hückel 极限公式计算离子平均活度因子 $\gamma_{\pm}$;

(4) 电解质的离子平均活度 $a_{\pm}$ 和电解质的活度 $a_{\mathrm{B}}$。

**解**: (1) ① $I_{\mathrm{HCl}} = \dfrac{1}{2}\sum_{\mathrm{B}} m_{\mathrm{B}} z_{\mathrm{B}}^2 = m_{\mathrm{B}} = 0.025\ \mathrm{mol \cdot kg^{-1}}$

② $I_{\mathrm{MgCl_2}} = 3m_{\mathrm{B}} = 3 \times 0.025\ \mathrm{mol \cdot kg^{-1}} = 0.075\ \mathrm{mol \cdot kg^{-1}}$

③ $I_{\mathrm{CuSO_4}} = 4m_{\mathrm{B}} = 4 \times 0.025\ \mathrm{mol \cdot kg^{-1}} = 0.10\ \mathrm{mol \cdot kg^{-1}}$

④ $I_{\mathrm{LaCl_3}} = 6m_{\mathrm{B}} = 6 \times 0.025\ \mathrm{mol \cdot kg^{-1}} = 0.15\ \mathrm{mol \cdot kg^{-1}}$

⑤ $I_{\mathrm{Al_2(SO_4)_3}} = \dfrac{1}{2}(2 \times 0.025 \times 3^2 + 3 \times 0.025 \times 2^2)\ \mathrm{mol \cdot kg^{-1}} = 0.375\ \mathrm{mol \cdot kg^{-1}}$

(2) 根据 $m_{\pm} = (m_{+}^{\nu_+} \cdot m_{-}^{\nu_-})^{1/\nu} = (\nu_{+}^{\nu_+} \cdot \nu_{-}^{\nu_-})^{1/\nu} m_{\mathrm{B}}$

① $m_{\pm}(\mathrm{HCl}) = m_{\mathrm{B}} = 0.025\ \mathrm{mol \cdot kg^{-1}}$

② $m_{\pm}(\mathrm{MgCl_2}) = \sqrt[3]{4} m_{\mathrm{B}} = \sqrt[3]{4} \times 0.025\ \mathrm{mol \cdot kg^{-1}} = 0.0397\ \mathrm{mol \cdot kg^{-1}}$

③ $m_{\pm}(\mathrm{CuSO_4}) = m_{\mathrm{CuSO_4}} = 0.025\ \mathrm{mol \cdot kg^{-1}}$

④ $m_{\pm}(\mathrm{LaCl_3}) = (1^1 \times 3^3)^{1/4} m_{\mathrm{B}} = \sqrt[4]{27} \times 0.025\ \mathrm{mol \cdot kg^{-1}} = 0.0570\ \mathrm{mol \cdot kg^{-1}}$

⑤ $m_{\pm}[\mathrm{Al_2(SO_4)_3}] = (2^2 \times 3^3)^{1/5} m_{\mathrm{B}} = \sqrt[5]{108} \times 0.025\ \mathrm{mol \cdot kg^{-1}} = 0.0638\ \mathrm{mol \cdot kg^{-1}}$

(3) 利用 Debye-Hückel 极限公式 $\lg\gamma_{\pm} = -A|z_{+}z_{-}|\sqrt{I}$, 在室温和水溶液中, 取 $A = 0.509\ (\mathrm{mol \cdot kg^{-1}})^{-1/2}$。

① $\lg\gamma_{\pm}(\mathrm{HCl}) = -A|z_+z_-|\sqrt{I}$

$$= -0.509(\mathrm{mol\cdot kg^{-1}})^{-1/2} \times |1 \times (-1)| \times \sqrt{0.025\ \mathrm{mol\cdot kg^{-1}}} = -0.08048$$

$\gamma_{\pm}(\mathrm{HCl}) = 0.831$

② $\lg\gamma_{\pm}(\mathrm{MgCl_2}) = -0.509(\mathrm{mol\cdot kg^{-1}})^{-1/2} \times |2 \times (-1)| \times \sqrt{0.075\ \mathrm{mol\cdot kg^{-1}}} = -0.27879$

$\gamma_{\pm}(\mathrm{MgCl_2}) = 0.526$

③ $\lg\gamma_{\pm}(\mathrm{CuSO_4}) = -0.509(\mathrm{mol\cdot kg^{-1}})^{-1/2} \times |2 \times (-2)| \times \sqrt{0.10\ \mathrm{mol\cdot kg^{-1}}} = -0.64384$

$\gamma_{\pm}(\mathrm{CuSO_4}) = 0.227$

④ $\lg\gamma_{\pm}(\mathrm{LaCl_3}) = -0.509(\mathrm{mol\cdot kg^{-1}})^{-1/2} \times |3 \times (-1)| \times \sqrt{0.15\ \mathrm{mol\cdot kg^{-1}}} = -0.59140$

$\gamma_{\pm}(\mathrm{LaCl_3}) = 0.256$

⑤ $\lg\gamma_{\pm}[\mathrm{Al_2(SO_4)_3}] = -0.509(\mathrm{mol\cdot kg^{-1}})^{-1/2} \times |3 \times (-2)| \times \sqrt{0.375\ \mathrm{mol\cdot kg^{-1}}} = -1.87019$

$\gamma_{\pm}[\mathrm{Al_2(SO_4)_3}] = 0.0135$

(4) 已知 $a_{\pm} = \gamma_{\pm}\dfrac{m_{\mathrm{B}}}{m^{\ominus}}$, $a_{\mathrm{B}} = a_{\pm}^{\nu}$, 则

① $a_{\pm}(\mathrm{HCl}) = 0.831 \times \dfrac{0.025\ \mathrm{mol\cdot kg^{-1}}}{1.0\ \mathrm{mol\cdot kg^{-1}}} = 2.08 \times 10^{-2}$

$a(\mathrm{HCl}) = (2.08 \times 10^{-2})^2 = 4.33 \times 10^{-4}$

② $a_{\pm}(\mathrm{MgCl_2}) = 0.526 \times 0.0397 = 0.0209$

$a(\mathrm{MgCl_2}) = (0.0209)^3 = 9.13 \times 10^{-6}$

③ $a_{\pm}(\mathrm{CuSO_4}) = 0.227 \times 0.025 = 5.68 \times 10^{-3}$

$a(\mathrm{CuSO_4}) = (5.68 \times 10^{-3})^2 = 3.23 \times 10^{-5}$

④ $a_{\pm}(\mathrm{LaCl_3}) = 0.256 \times 0.0570 = 1.46 \times 10^{-2}$

$a(\mathrm{LaCl_3}) = (1.46 \times 10^{-2})^4 = 4.54 \times 10^{-8}$

⑤ $a_{\pm}[\mathrm{Al_2(SO_4)_3}] = 0.0135 \times 0.0638 = 8.61 \times 10^{-4}$

$a[\mathrm{Al_2(SO_4)_3}] = (8.61 \times 10^{-4})^5 = 4.73 \times 10^{-16}$

**8.29**　用 Debye-Hückel 极限公式计算 298 K 时, 0.002 $\mathrm{mol\cdot kg^{-1}}$ $\mathrm{CaCl_2}$ 溶液中 $\mathrm{Ca^{2+}}$ 和 $\mathrm{Cl^-}$ 的活度因子及离子平均活度因子。已知 $A = 0.509\ (\mathrm{mol\cdot kg^{-1}})^{-1/2}$。

**解**: $I = \dfrac{1}{2}\sum_{\mathrm{B}} m_{\mathrm{B}} z_{\mathrm{B}}^2 = \dfrac{1}{2}(2 \times 0.002 \times 1^2 + 0.002 \times 2^2)\ \mathrm{mol\cdot kg^{-1}} = 0.006\ \mathrm{mol\cdot kg^{-1}}$

$$\lg\gamma_{\mathrm{Ca^{2+}}} = -A|z_{\mathrm{Ca^{2+}}}^2|\sqrt{I} = -0.509(\mathrm{mol\cdot kg^{-1}})^{-1/2} \times |2^2| \times \sqrt{0.006\ \mathrm{mol\cdot kg^{-1}}} = -0.1577$$

$$\gamma_{\mathrm{Ca^{2+}}} = 0.696$$

同理

$$\lg\gamma_{\mathrm{Cl^-}} = -A|z_{\mathrm{Cl^-}}|\sqrt{I} = -0.509(\mathrm{mol\cdot kg^{-1}})^{-1/2} \times |(-1)| \times \sqrt{0.006\ \mathrm{mol\cdot kg^{-1}}} = -0.03943$$

$$\gamma_{\text{Cl}^-} = 0.913$$

$$\lg\gamma_\pm = -A|z_+z_-|\sqrt{I} = -0.509(\text{mol}\cdot\text{kg}^{-1})^{-1/2} \times |2 \times (-1)| \times \sqrt{0.006\ \text{mol}\cdot\text{kg}^{-1}} = -0.07885$$

$$\gamma_\pm = 0.834$$

**8.30** 用 Debye-Hückel 极限公式计算 298 K 时, $0.01\ \text{mol}\cdot\text{kg}^{-1}$ $NaNO_3$ 和 $0.001\ \text{mol}\cdot\text{kg}^{-1}$ $Mg(NO_3)_2$ 的混合溶液中 $Mg(NO_3)_2$ 的离子平均活度因子。

**解**: $I = \dfrac{1}{2}\sum_{\text{B}} m_{\text{B}} z_{\text{B}}^2 = \dfrac{1}{2}(0.01 \times 1^2 + 0.001 \times 2^2 + 0.012 \times 1^2)\ \text{mol}\cdot\text{kg}^{-1} = 0.013\ \text{mol}\cdot\text{kg}^{-1}$

$$\lg\gamma_\pm = -A|z_+z_-|\sqrt{I} = -0.509(\text{mol}\cdot\text{kg}^{-1})^{-1/2} \times |2 \times (-1)| \times \sqrt{0.013\ \text{mol}\cdot\text{kg}^{-1}} = -0.1161$$

$$\gamma_\pm = 0.765$$

**8.31** 在 298 K 时, $CO_2(g)$ 饱和水溶液的电导率为 $1.87 \times 10^{-4}\ \text{S}\cdot\text{m}^{-1}$, 已知该温度下纯水的电导率为 $5.5 \times 10^{-6}\ \text{S}\cdot\text{m}^{-1}$, 假定只考虑碳酸的一级解离, 并已知该解离常数 $K_1^\ominus = 4.31 \times 10^{-7}$。试求 $CO_2(g)$ 饱和水溶液的浓度。已知 $\Lambda_{\text{m}}^\infty(\text{H}^+) = 3.4965 \times 10^{-2}\ \text{S}\cdot\text{m}^2\cdot\text{mol}^{-1}$, $\Lambda_{\text{m}}^\infty(\text{HCO}_3^-) = 4.45 \times 10^{-3}\ \text{S}\cdot\text{m}^2\cdot\text{mol}^{-1}$。

**解**: $CO_2(g)$ 饱和水溶液的浓度应理解为已解离和未解离的 $H_2CO_3$ 的总浓度。因为碳酸是弱酸, 所以水对电导率的贡献不能忽略。根据已知的电导率数据和离子的无限稀释摩尔电导率, 可以计算出已解离 $H_2CO_3$ 的浓度。$H_2CO_3$ 的总浓度可以从解离平衡常数求得。

$$\kappa_{\text{H}_2\text{CO}_3} = \kappa_{溶液} - \kappa_{\text{H}_2\text{O}} = 1.87 \times 10^{-4}\ \text{S}\cdot\text{m}^{-1} - 5.5 \times 10^{-6}\ \text{S}\cdot\text{m}^{-1} = 1.82 \times 10^{-4}\ \text{S}\cdot\text{m}^{-1}$$

$$\begin{aligned}\Lambda_{\text{m}}^\infty(\text{H}_2\text{CO}_3) &= \Lambda_{\text{m}}^\infty(\text{H}^+) + \Lambda_{\text{m}}^\infty(\text{HCO}_3^-)\\ &= (3.4965 \times 10^{-2} + 4.45 \times 10^{-3})\ \text{S}\cdot\text{m}^2\cdot\text{mol}^{-1} = 3.942 \times 10^{-2}\ \text{S}\cdot\text{m}^2\cdot\text{mol}^{-1}\end{aligned}$$

$$\begin{aligned}c_{\text{H}^+} = c_{\text{HCO}_3^-} = c_{已解离\text{H}_2\text{CO}_3} &= \frac{\kappa_{\text{H}_2\text{CO}_3}}{\Lambda_{\text{m}}^\infty(\text{H}_2\text{CO}_3)}\\ &= \frac{1.82 \times 10^{-4}\ \text{S}\cdot\text{m}^{-1}}{3.942 \times 10^{-2}\ \text{S}\cdot\text{m}^2\cdot\text{mol}^{-1}} = 4.62 \times 10^{-3}\ \text{mol}\cdot\text{m}^{-3}\end{aligned}$$

设活度因子均等于 1, $H_2CO_3$ 的解离平衡为

$$\begin{array}{cccc} & \text{H}_2\text{CO}_3 & \rightleftharpoons & \text{H}^+ + \text{HCO}_3^- \\ t=0 & c & & 0 \qquad 0 \\ t=t_{\text{e}} & c(1-\alpha) & & c\alpha \qquad c\alpha \end{array}$$

$$K_1^\ominus = \frac{(a_{\text{H}^+}/c^\ominus)(a_{\text{HCO}_3^-}/c^\ominus)}{a_{\text{H}_2\text{CO}_3}/c^\ominus} = \frac{(4.62 \times 10^{-6})^2}{c/c^\ominus - 4.62 \times 10^{-6}} = 4.31 \times 10^{-7}$$

$$c = 5.41 \times 10^{-5}\ \text{mol}\cdot\text{dm}^{-3}$$

这就是 $H_2CO_3$ 的总浓度。

**8.32** 在 298 K 时, 醋酸 (HAc) 的解离常数为 $K_{\text{a}}^\ominus = 1.8 \times 10^{-5}$, 试计算 $1.0\ \text{mol}\cdot\text{kg}^{-1}$ 醋酸在下列不同情况下的解离度。

(1) 设溶液是理想的, 活度因子均为 1;

(2) 用 Debye-Hückel 极限公式计算 $\gamma_\pm$ 的值, 然后再计算解离度。设未解离的 HAc 的活度因子为 1。

**解**: 设已解离的醋酸的活度为 $x$, 由于醋酸的解离度很小, $x$ 与 1.0 相比可以忽略不计。

(1) 醋酸的解离平衡为

$$\begin{array}{lcccc} & \mathrm{HAc} & \rightleftharpoons & \mathrm{H^+} & + \ \mathrm{Ac^-} \\ t=0 & m & & 0 & 0 \\ t=t_e & m(1-\alpha) & & m\alpha & m\alpha \end{array}$$

$$K_a^\ominus = \frac{\alpha^2 \dfrac{m}{m^\ominus}}{1-\alpha} \approx \alpha^2 \times 1.0 = 1.8 \times 10^{-5}$$

解得

$$\alpha = 4.243 \times 10^{-3}$$

(2) 当已解离醋酸的质量摩尔浓度为 $4.243 \times 10^{-3}\ \mathrm{mol\cdot kg^{-1}}$ 时, $I = 4.243 \times 10^{-3}\ \mathrm{mol\cdot kg^{-1}}$, 根据 Debye-Hückel 极限公式:

$$\begin{aligned} \lg\gamma_\pm(\mathrm{HAc}) &= -A|z_+z_-|\sqrt{I} \\ &= -0.509\ (\mathrm{mol\cdot kg^{-1}})^{-1/2} \times |1 \times (-1)| \times \sqrt{4.243 \times 10^{-3}\ \mathrm{mol\cdot kg^{-1}}} = -3.316 \times 10^{-2} \end{aligned}$$

$$\gamma_\pm(\mathrm{HAc}) = 0.926$$

$$K_a^\ominus = \frac{a_m(\mathrm{H^+}) \cdot a_m(\mathrm{Ac^-})}{a_m(\mathrm{HAc})} = \frac{\gamma_+ \dfrac{m_{\mathrm{H^+}}}{m^\ominus} \cdot \gamma_- \dfrac{m_{\mathrm{Ac^-}}}{m^\ominus}}{1.0}$$

设 $m_{\mathrm{H^+}} = m_{\mathrm{Ac^-}} = m$, 则　$1.8 \times 10^{-5} = \gamma_\pm^2 \left(\dfrac{m}{m^\ominus}\right)^2 = 0.926^2 \times \left(\dfrac{m}{m^\ominus}\right)^2$

$$m = 4.58 \times 10^{-3}\ \mathrm{mol\cdot kg^{-1}}$$

$$\alpha = \frac{m}{m_{\mathrm{HAc}}} = \frac{4.58 \times 10^{-3}\ \mathrm{mol\cdot kg^{-1}}}{1.0\ \mathrm{mol\cdot kg^{-1}}} = 4.58 \times 10^{-3}$$

**8.33**　$0.1\ \mathrm{mol\cdot dm^{-3}}$ NaOH 溶液的电导率为 $2.21\ \mathrm{S\cdot m^{-1}}$, 加入等体积的 $0.1\ \mathrm{mol\cdot dm^{-3}}$ HCl 溶液后, 电导率降至 $0.56\ \mathrm{S\cdot m^{-1}}$, 再加入与上次相同体积的 $0.1\ \mathrm{mol\cdot dm^{-3}}$ HCl 溶液后, 电导率增至 $1.70\ \mathrm{S\cdot m^{-1}}$, 试计算:

(1) NaOH 的摩尔电导率;

(2) NaCl 的摩尔电导率;

(3) HCl 的摩尔电导率;

(4) $\mathrm{H^+}$ 和 $\mathrm{OH^-}$ 的离子摩尔电导率之和。

**解**: (1) $\Lambda_\mathrm{m}(\mathrm{NaOH}) = \dfrac{\kappa_{\mathrm{NaOH}}}{c_{\mathrm{NaOH}}} = \dfrac{2.21\ \mathrm{S\cdot m^{-1}}}{0.1 \times 10^3\ \mathrm{mol\cdot m^{-3}}} = 221 \times 10^{-4}\mathrm{S\cdot m^2\cdot mol^{-1}}$

(2) $\Lambda_\mathrm{m}(\mathrm{NaCl}) = \dfrac{\kappa_{\mathrm{NaCl}}}{c_{\mathrm{NaCl}}} = \dfrac{0.56\ \mathrm{S\cdot m^{-1}}}{0.05 \times 10^3\ \mathrm{mol\cdot m^{-3}}} = 112 \times 10^{-4}\ \mathrm{S\cdot m^2\cdot mol^{-1}}$

(3) $\Lambda_\mathrm{m}(\mathrm{HCl}) = \dfrac{\kappa_{\mathrm{HCl}}}{c_{\mathrm{HCl}}} = \dfrac{\left(1.70 - \dfrac{2}{3} \times 0.56\right)\ \mathrm{S\cdot m^{-1}}}{\dfrac{0.1}{3} \times 10^3\ \mathrm{mol\cdot m^{-3}}} = 399 \times 10^{-4}\ \mathrm{S\cdot m^2\cdot mol^{-1}}$

(4) $\Lambda_{\mathrm{m}}(\mathrm{H}^+) + \Lambda_{\mathrm{m}}(\mathrm{OH}^-) = \Lambda_{\mathrm{m}}(\mathrm{HCl}) + \Lambda_{\mathrm{m}}(\mathrm{NaOH}) - \Lambda_{\mathrm{m}}(\mathrm{NaCl}) = 508 \times 10^{-4}\ \mathrm{S \cdot m^2 \cdot mol^{-1}}$

**8.34** 在 25℃ 时, AgCl(s) 在水中饱和溶液的浓度为 $1.27 \times 10^{-5}\ \mathrm{mol \cdot kg^{-1}}$, 根据 Debye-Hückel 理论计算反应 $\mathrm{AgCl(s)} = \mathrm{Ag^+(aq) + Cl^-(aq)}$ 的标准 Gibbs 自由能 $\Delta G_{\mathrm{m}}^{\ominus}$, 并计算 AgCl(s) 在 $KNO_3$ 溶液中的饱和溶液的浓度。已知此混合溶液的离子强度为 $I = 0.010\ \mathrm{mol \cdot kg^{-1}}$, 已知 $A = 0.509\ (\mathrm{mol \cdot kg^{-1}})^{-1/2}$。

**解**: $\lg\gamma_{\pm}(\mathrm{AgCl}) = -A|z_+z_-|\sqrt{I}$

$$= -0.509\ (\mathrm{mol \cdot kg^{-1}})^{-1/2} \times |1 \times (-1)| \times \sqrt{1.27 \times 10^{-5}\ \mathrm{mol \cdot kg^{-1}}}$$

$$= -1.814 \times 10^{-3}$$

$$\gamma_{\pm} = 0.996$$

$$K_{\mathrm{sp}} = \left(\gamma_{\pm}\frac{m}{m^{\ominus}}\right)^2 = (0.996 \times 1.27 \times 10^{-5})^2 = 1.6 \times 10^{-10}$$

$$\Delta G_{\mathrm{m}}^{\ominus} = -RT\ln K_{\mathrm{sp}} = -8.314\ \mathrm{J \cdot mol \cdot k^{-1}} \times 298\ \mathrm{K} \times \ln(1.6 \times 10^{-10}) = 55.88\ \mathrm{kJ \cdot mol^{-1}}$$

在 $KNO_3$ 溶液中:

$$\lg\gamma_{\pm}(\mathrm{AgCl}) = -A|z_+z_-|\sqrt{I}$$

$$= -0.509(\mathrm{mol \cdot kg^{-1}})^{-1/2} \times |1 \times (-1)| \times \sqrt{0.010\ \mathrm{mol \cdot kg^{-1}}} = -0.0509$$

$$\gamma'_{\pm} = 0.889$$

$$K_{\mathrm{sp}} = \left(\gamma_{\pm}\frac{m_1}{m^{\ominus}}\right)^2 = \left(\gamma'_{\pm}\frac{m_2}{m^{\ominus}}\right)^2$$

$$1.6 \times 10^{-10} = \left(0.889 \times \frac{m_2}{m^{\ominus}}\right)^2$$

$$m_2 = 1.42 \times 10^{-5}\ \mathrm{mol \cdot kg^{-1}}$$

可见, 盐效应使 AgCl 的溶解量有所增加。

**8.35** 某有机银盐 AgA(s) ($A^-$ 表示弱有机酸根) 在 pH = 7.0 的水中, 其饱和溶液的质量摩尔浓度为 $1.0 \times 10^{-4}\ \mathrm{mol \cdot kg^{-1}}$。

(1) 计算在质量摩尔浓度为 $0.1\ \mathrm{mol \cdot kg^{-1}}$ 的 $NaNO_3$ 溶液中 (设 pH = 7.0) AgA(s) 饱和溶液的质量摩尔浓度。在该 pH 下, $A^-$ 的水解可以忽略。

(2) 设 AgA(s) 在质量摩尔浓度为 $0.001\ \mathrm{mol \cdot kg^{-1}}$ 的 $HNO_3$ 溶液中的饱和质量摩尔浓度为 $1.3 \times 10^{-4}\ \mathrm{mol \cdot kg^{-1}}$, 计算弱有机酸 HA 的解离常数 $K_{\mathrm{a}}^{\ominus}$。

**解**: 由于有机银盐 AgA(s) 在纯水中溶解得很少, 溶液很稀, 将平均活度因子近似等于 1 不会引入太大的误差, 所以

$$K_{\mathrm{ap}}^{\ominus} = a_{m,+} \cdot a_{m,-} = \left(\gamma_{\pm}\frac{m_{\pm}}{m^{\ominus}}\right)^2 \approx \left(\frac{m_{\pm}}{m^{\ominus}}\right)^2 = \left(\frac{1.0 \times 10^{-4}\ \mathrm{mol \cdot kg^{-1}}}{1.0\ \mathrm{mol \cdot kg^{-1}}}\right)^2 = 1.0 \times 10^{-8}$$

(1) 在质量摩尔浓度为 $0.1\ \mathrm{mol \cdot kg^{-1}}$ 的 $NaNO_3$ 溶液中, 忽略 AgA(s) 溶解出来的离子浓度, 则溶液的离子强度近似为

$$I \approx I_{\mathrm{NaNO_3}} = 0.1\ \mathrm{mol \cdot kg^{-1}}$$

$$\lg\gamma_{\pm}(\text{AgA}) = -0.509(\text{mol}\cdot\text{kg}^{-1})^{-1/2} \times |1 \times (-1)| \times \sqrt{0.1\ \text{mol}\cdot\text{kg}^{-1}} = -0.1610$$

$$\gamma_{\pm}(\text{AgA}) = 0.690$$

$$K_{\text{ap}}^{\ominus} = a_{m,+} \cdot a_{m,-} = \left(\gamma_{\pm}\frac{m_{\pm}}{m^{\ominus}}\right)^2 = \left(0.690\frac{m_{\pm}}{m^{\ominus}}\right)^2 = 1.0 \times 10^{-8}$$

解得　$$m_{\pm} = m_{+} = m_{-} = 1.45 \times 10^{-4}\ \text{mol}\cdot\text{kg}^{-1}$$

从结果看出, AgA(s) 在 $0.1\ \text{mol}\cdot\text{kg}^{-1}$ $NaNO_3$ 溶液中溶解的量比在纯水中大。

(2) 设溶液的总离子强度 $I \approx 1.0 \times 10^{-3}\ \text{mol}\cdot\text{kg}^{-1}$, 因为 AgA(s) 溶解出的 $A^-$ 会与 $HNO_3$ 中的 $H^+$ 结合成难解离的弱酸 HA。则

$$\lg\gamma_{\pm}(\text{AgA}) = -0.509(\text{mol}\cdot\text{kg}^{-1})^{-1/2} \times |1 \times (-1)| \times \sqrt{1.0 \times 10^{-3}\ \text{mol}\cdot\text{kg}^{-1}} = -0.0161$$

$$\gamma_{\pm}(\text{AgA}) = 0.964$$

$$K_{\text{ap}}^{\ominus} = a_{m,+} \cdot a_{m,-} = \left(\gamma_{\pm}\frac{m_{\pm}}{m^{\ominus}}\right)^2 \approx \left(\frac{m_{\pm}}{m^{\ominus}}\right)^2 = \left(\frac{1.0 \times 10^{-4}\ \text{mol}\cdot\text{kg}^{-1}}{1.0\ \text{mol}\cdot\text{kg}^{-1}}\right)^2 = 1.0 \times 10^{-8}$$

$$K_{\text{ap}}^{\ominus} = a_{m,+} \cdot a_{m,-} = \gamma_{+}\frac{m_{+}}{m^{\ominus}} \cdot \gamma_{-}\frac{m_{-}}{m^{\ominus}} = \gamma_{\pm}^2 \cdot \frac{m_{+}}{m^{\ominus}} \cdot \frac{m_{-}}{m^{\ominus}}$$

已知 $Ag^+$ 的质量摩尔浓度为 $1.3 \times 10^{-4}\ \text{mol}\cdot\text{kg}^{-1}$, 代入上式, 得

$$1.0 \times 10^{-8} = (0.964)^2 \times 1.3 \times 10^{-4} \times \frac{m_{-}}{m^{\ominus}}$$

解得 $A^-$ 的质量摩尔浓度为　$m_{-} = 8.28 \times 10^{-5}\ \text{mol}\cdot\text{kg}^{-1}$

设未解离的弱有机酸 HA 的活度因子近似等于 1, 其浓度等于 AgA(s) 在 $HNO_3$ 溶液中溶解的量减去与 AgA(s) 达解离平衡的量, 即 $A^-$ 的浓度下降的量。所以 HA 的解离平衡常数为

$$K_{\text{a}}^{\ominus} = \frac{a_{\text{H}^+} \cdot a_{\text{A}^-}}{a_{\text{HA}}} = \frac{\gamma_{+}\dfrac{m_{+}}{m^{\ominus}} \cdot \gamma_{-}\dfrac{m_{-}}{m^{\ominus}}}{\gamma\dfrac{m_{\text{HA}}}{m^{\ominus}}} = \frac{\gamma_{\pm}^2 \cdot \dfrac{m_{+}}{m^{\ominus}} \cdot \dfrac{m_{-}}{m^{\ominus}}}{\dfrac{m_{\text{HA}}}{m^{\ominus}}}$$

$$= \frac{(0.964)^2 \times 1.0 \times 10^{-3} \times 8.28 \times 10^{-5}}{1.3 \times 10^{-4} - 8.28 \times 10^{-5}} = 1.63 \times 10^{-3}$$

在计算时还作了一个近似, 即忽略了形成 HA 而使 $H^+$ 质量摩尔浓度减少的量, 近似使用了 $HNO_3$ 的质量摩尔浓度。

**8.36**　在 298.15 K 时, $Ag_2CrO_4$ 的溶度积 $K_{\text{sp}}$ 为 $5.21 \times 10^{-12}$, 求 $Ag_2CrO_4$ 在以下溶液中的溶解度:

(1) 纯水中;

(2) $0.002\ \text{mol}\cdot\text{kg}^{-1}$ $K_2CrO_4$ 水溶液中;

(3) $0.002\ \text{mol}\cdot\text{kg}^{-1}$ $KNO_3$ 水溶液中。

**解**: $Ag_2CrO_4$ 在纯水中离子强度极小, 此时 $\gamma_{\pm} \to 1$, 在 $K_2CrO_4$ 溶液中由于同离子效应, 其溶解度会降低; 而在 $KNO_3$ 溶液中由于盐效应, 其溶解度会增加。又因为溶液为极稀溶液, 可以用 Debye-Hückel 极限公式求算电解质离子的平均活度因子 $\gamma_{\pm}$。

$$\begin{array}{ccc} \text{Ag}_2\text{CrO}_4 & \rightleftharpoons & 2\text{Ag}^+ + \text{CrO}_4^{2-} \\ m_{\text{B}} & & 2m_{\text{B}} \quad\quad m_{\text{B}} \end{array}$$

$$K_{sp}^{\ominus}=a_{Ag^+}^2\cdot a_{CrO_4^{2-}}=\left(\gamma_+\cdot\frac{m_+}{m^{\ominus}}\right)^2\cdot\gamma_-\cdot\frac{m_-}{m^{\ominus}}=\gamma_{\pm}{}^3\cdot\frac{m_+^2m_-}{(m^{\ominus})^3}=4\gamma_{\pm}^3\cdot\left(\frac{m_B}{m^{\ominus}}\right)^3$$

(1) 在纯水中, $\gamma_{\pm}\to 1$, 则

$$m_B=\left(\frac{K_{sp}^{\ominus}}{4}\right)^{1/3}\cdot m^{\ominus}=\left(\frac{5.21\times10^{-12}}{4}\right)^{1/3}\times1.0\ \mathrm{mol\cdot kg^{-1}}=1.092\times10^{-4}\ \mathrm{mol\cdot kg^{-1}}$$

(2) 在 $0.002\ \mathrm{mol\cdot kg^{-1}}\ K_2CrO_4$ 水溶液中, 则有

$$I=\frac{1}{2}\sum_B m_Bz_B^2=\frac{1}{2}\times(0.004\times1^2+0.002\times2^2)\ \mathrm{mol\cdot kg^{-1}}=0.006\ \mathrm{mol\cdot kg^{-1}}$$

$$\lg\gamma_{\pm}=-A|z_+z_-|\sqrt{I}=-0.509(\mathrm{mol\cdot kg^{-1}})^{-1/2}\times|1\times(-2)|\times\sqrt{0.006\ \mathrm{mol\cdot kg^{-1}}}=-0.07855$$

$$\gamma_{\pm}=0.834$$

$$K_{sp}^{\ominus}=\gamma_{\pm}^3\cdot\frac{m_+^2m_-}{(m^{\ominus})^3}=4\gamma_{\pm}^3\cdot\frac{m_B^2(m_B+0.002\ \mathrm{mol\cdot kg^{-1}})}{(m^{\ominus})^3}$$

$$m_B^2=\frac{K_{sp}^{\ominus}(m^{\ominus})^3}{4\gamma_{\pm}^3(m_B+0.002\ \mathrm{mol\cdot kg^{-1}})}$$

$$m_B=3.35\times10^{-5}\ \mathrm{mol\cdot kg^{-1}}$$

(3) 在 $0.002\ \mathrm{mol\cdot kg^{-1}}\ KNO_3$ 水溶液中

$$I=\frac{1}{2}\sum_B m_Bz_B^2=\frac{1}{2}\times(0.002\times1^2+0.002\times1^2)\ \mathrm{mol\cdot kg^{-1}}=0.002\ \mathrm{mol\cdot kg^{-1}}$$

$$\lg\gamma_{\pm}=-A|z_+z_-|\sqrt{I}=-0.509(\mathrm{mol\cdot kg^{-1}})^{-1/2}\times|1\times(-2)|\times\sqrt{0.002\ \mathrm{mol\cdot kg^{-1}}}=-0.04553$$

$$\gamma_{\pm}=0.900$$

$$K_{sp}^{\ominus}=4\gamma_{\pm}^3\cdot\frac{m_B^3}{(m^{\ominus})^3}$$

$$m_B=\left(\frac{K_{sp}^{\ominus}}{4\gamma_{\pm}^3}\right)^{1/3}m^{\ominus}=1.21\times10^{-4}\ \mathrm{mol\cdot kg^{-1}}$$

# 四、自测题

## (一) 自 测 题 1

**Ⅰ. 选择题**

1. 当一定的直流电通过一含有金属离子的电解质溶液时, 在阴极上析出金属的物质的量正比于……………………………………………………………………………………（　　）

(A) 阴极的表面积　　(B) 电解质溶液的浓度

(C) 通过的电荷量　　(D) 电解质溶液的温度

2. 描述电极上通过的电荷量与已发生电极反应的物质的量之间的关系的是 …………（　）

(A) 欧姆定律　　(B) 离子独立运动定律

(C) 法拉第定律　　(D) 能斯特定律

3. 欲要比较各种电解质的导电能力的大小, 更为合理应为 …………（　）

(A) 电解质的电导率值　　(B) 电解质的摩尔电导率值

(C) 电解质的电导值　　(D) 电解质的极限摩尔电导率值

4. 对于 $0.1\ \mathrm{mol\cdot kg^{-1}}$ $MgCl_2$ 水溶液, 其离子强度为 …………（　）

(A) $0.1\ \mathrm{mol\cdot kg^{-1}}$　　(B) $0.15\ \mathrm{mol\cdot kg^{-1}}$

(C) $0.2\ \mathrm{mol\cdot kg^{-1}}$　　(D) $0.3\ \mathrm{mol\cdot kg^{-1}}$

5. 298 K 时, $0.005\ \mathrm{mol\cdot kg^{-1}}$ KCl 溶液和 $0.005\ \mathrm{mol\cdot kg^{-1}}$ NaAc 溶液的离子平均活度因子分别为 $\gamma_{\pm,1}$ 和 $\gamma_{\pm,2}$, 则有 …………（　）

(A) $\gamma_{\pm,1} = \gamma_{\pm,2}$　　(B) $\gamma_{\pm,1} > \gamma_{\pm,2}$

(C) $\gamma_{\pm,1} < \gamma_{\pm,2}$　　(D) $\gamma_{\pm,1} \geqslant \gamma_{\pm,2}$

6. AgCl(s) 在以下溶液中溶解度递增次序为 …………（　）

(a) $0.1\ \mathrm{mol\cdot dm^{-3}}$ $NaNO_3$ 溶液　　(b) $0.1\ \mathrm{mol\cdot dm^{-3}}$ NaCl 溶液　　(c) $H_2O$

(d) $0.1\ \mathrm{mol\cdot dm^{-3}}$ $Ca(NO_3)_2$ 溶液　　(e) $0.1\ \mathrm{mol\cdot dm^{-3}}$ NaBr 溶液

(A) (a) < (b) < (c) < (d) < (e)

(B) (b) < (c) < (a) < (d) < (e)

(C) (c) < (a) < (b) < (e) < (d)

(D) (c) < (b) < (a) < (e) < (d)

7. 对于同一电解质的水溶液, 当其浓度逐渐增加时, 何种性质将随之增加? …………（　）

(A) 在稀溶液范围内的电导率　　(B) 摩尔电导率

(C) 电解质的离子平均活度因子　　(D) 离子淌度

8. Kohlrausch 定律 $\Lambda_\mathrm{m} = \Lambda_\mathrm{m}^\infty(1-\beta\sqrt{c})$ 适用于 …………（　）

(A) 弱电解质　　(B) 强电解质

(C) 无限稀释溶液　　(D) 强电解质的稀溶液

9. 设某浓度时, $CuSO_4$ 的摩尔电导率为 $1.4\times10^{-2}\ \mathrm{S\cdot m^2\cdot mol^{-1}}$, 若在该溶液中加入 $1\ \mathrm{m^3}$ 的纯水, 这时 $CuSO_4$ 的摩尔电导率将 …………（　）

(A) 不变　　(B) 减小　　(C) 增大　　(D) 无法确定

10. 某电解质溶液的质量摩尔浓度 $m = 0.05\ \mathrm{mol\cdot kg^{-1}}$, 其离子强度为 $0.15\ \mathrm{mol\cdot kg^{-1}}$, 该电解质是 …………（　）

(A) $A^+B^-$ 价型　　(B) $A_2^+B^{2-}$ 价型

(C) $A^{2+}B^{2-}$ 价型　　(D) $A^{3+}B_3^-$ 价型

11. NaCl 稀溶液的摩尔电导率 $\Lambda_\mathrm{m}$ 与 $Na^+$、$Cl^-$ 的淌度 $(U_i)$ 之间的关系为 …………（　）

(A) $\Lambda_\mathrm{m} = U_+ + U_-$　　(B) $\Lambda_\mathrm{m} = U_+/F + U_-/F$

(C) $\Lambda_m = U_+F + U_-F$ (D) $\Lambda_m = 2(U_+ + U_-)$

12. 在 Hittorff 法测定迁移数实验中, 用 Pt 电极电解 $AgNO_3$ 溶液, 在 100 g 阳极部的溶液中, 含 $Ag^+$ 的物质的量在反应前后分别为 $a$ mol 和 $b$ mol, 在串联的铜库仑计中有 $c$ g 铜析出, 则 $Ag^+$ 的迁移数计算式为 $[M_r(Cu) = 63.546]$ ……………………………………………………( )

(A) $[(a-b)/c] \times 63.6$ (B) $31.8(a-b)/c$

(C) $31.8(b-a)/c$ (D) $[c-(a-b)]/31.8$

13. 298 K 时, 无限稀释的 $NH_4Cl$ 水溶液中正离子迁移数 $t_+ = 0.491$。已知 $\Lambda_m^\infty(NH_4Cl) = 0.0150\ S\cdot m^2\cdot mol^{-1}$, 则 ……………………………………………………( )

(A) $\Lambda_m^\infty(Cl^-) = 0.00764\ S\cdot m^2\cdot mol^{-1}$

(B) $\Lambda_m^\infty(NH_4^+) = 0.00764\ S\cdot m^2\cdot mol^{-1}$

(C) 淌度 $U_{Cl^-}^\infty = 737\ m^2\cdot s^{-1}\cdot V^{-1}$

(D) 淌度 $U_{Cl^-}^\infty = 7.92 \times 10^{-8}\ m^2\cdot s^{-1}\cdot V^{-1}$

14. 下列电解质溶液中, 离子平均活度因子最大的是 ……………………………( )

(A) $0.01\ mol\cdot kg^{-1}$ NaCl 溶液 (B) $0.01\ mol\cdot kg^{-1}$ $CaCl_2$ 溶液

(C) $0.01\ mol\cdot kg^{-1}$ $LaCl_3$ 溶液 (D) $0.01\ mol\cdot kg^{-1}$ $CuSO_4$ 溶液

15. Debye-Hückel 理论及其导出的关系式没有考虑下列哪些因素? …………………( )

(A) 强电解质在稀溶液中完全解离

(B) 每一个离子都是溶剂化的

(C) 每一个离子都被电荷符号相反的离子所包围

(D) 溶液与理想行为的偏差主要是离子间静电引力所导致的

**Ⅱ. 填空题**

1. $YHSO_4$ 的摩尔电导率 $\Lambda_m^\infty(YHSO_4)$ 与 $Y_2SO_4$ 和 $H_2SO_4$ 的摩尔电导率 $\Lambda_m^\infty(Y_2SO_4)$ 和 $\Lambda_m^\infty(H_2SO_4)$ 的关系为________。

2. 用同一电导池分别测定质量摩尔浓度为 $0.01\ mol\cdot dm^{-3}$ 和 $0.1\ mol\cdot dm^{-3}$ 的不同电解质溶液, 其电阻分别为 1000 Ω 和 500 Ω, 则它们的摩尔电导率比为________。

3. $0.001\ mol\cdot kg^{-1}$ KCl 与 $0.001\ mol\cdot kg^{-1}$ $K_4Fe(CN)_6$ 混合溶液的离子强度为________。在 25 ℃ 时, 该溶液中 KCl 的平均活度因子 $\gamma_\pm =$ ________。已知 $A = 0.509(mol\cdot kg^{-1})^{-1/2}$。

4. 在 25 ℃ 时, $0.02\ mol\cdot kg^{-1}$ $CaCl_2$ 和 $0.002\ mol\cdot kg^{-1}$ $ZnSO_4$ 混合溶液的离子强度为________, 混合溶液中 $Zn^{2+}$ 的活度因子为________。

5. 有质量摩尔浓度都是 $0.01\ mol\cdot kg^{-1}$ 的 KCl, $CaCl_2$, $Na_2SO_4$ 和 $AlCl_3$ 四种电解质溶液, 其中平均活度因子 $\gamma_\pm$ 最大的是________溶液。

6. 在 $10\ cm^3$ $1\ mol\cdot dm^{-3}$ KOH 溶液中加入 $10\ cm^3$ 水, 其电导率将________, 摩尔电导率将________(填入 "增加"、"减小"或 "不能确定")。

7. 在 25 ℃ 时, $0.1\ mol\cdot dm^{-3}$ KOH 溶液中 $K^+$ 的迁移数 $t_1$ 与 $0.1\ mol\cdot dm^{-3}$ KCl 溶液中 $K^+$ 的迁移数 $t_2$ 的大小关系为________。

8. 在一定温度和浓度的水溶液中, 带相同电荷数的 $Li^+$, $Na^+$, $K^+$, $Rb^+$, ⋯, 它们的离子半径依次增大, 且其离子摩尔电导率恰好也依次增大, 这是由于________________________________________________________________。

9. 定温下, 比较 $H^+$, $\frac{1}{3}La^{3+}$, $OH^-$, $\frac{1}{2}SO_4^{2-}$ 这四种离子在无限稀释水溶液条件下的摩尔电导率, 最大的是________________。

10. 相同温度下, 各种不同钠盐的水溶液中, 钠离子的迁移数是否相等?________________。

## Ⅲ. 计算题

1. 在 300 K 时, 测得某质量摩尔浓度为 $0.1\ mol\cdot dm^{-3}$ 的电解质溶液的电阻为 $60\ \Omega$, 所用电导池电极的大小为 $0.85\ cm \times 1.4\ cm$, 电极间的距离为 1 cm。试计算:

(1) 电导池常数 $K_{cell}$;

(2) 溶液的电阻率;

(3) 溶液的电导率;

(4) 溶液的摩尔电导率。

2. 在 291 K 时, 设稀溶液中 $H^+$, $K^+$ 和 $Cl^-$ 的离子摩尔电导率分别为 $278 \times 10^{-4}\ S\cdot m^2\cdot mol^{-1}$, $48 \times 10^{-4}\ S\cdot m^2\cdot mol^{-1}$ 和 $49 \times 10^{-4}\ S\cdot m^2\cdot mol^{-1}$, 试计算在该温度下, 在 $1 \times 10^3\ V\cdot m^{-1}$ 的电场中, 每种离子的迁移速率。

3. 在 0 ℃ 时, $0.1\ mol\cdot dm^{-3}$ 盐酸中的 $H^+$ 和 $Cl^-$ 的淌度分别为 $365 \times 10^{-9}\ m^2\cdot V^{-1}\cdot s^{-1}$ 和 $79 \times 10^{-9}\ m^2\cdot V^{-1}\cdot s^{-1}$。

(1) 计算该溶液的电导率;

(2) 将该溶液置于均匀截面为 $0.200\ cm^2$ 的管中做界面移动法实验, 并且将盐酸装在阴极端, 试问当通以 5 mA 的电流 1 h 后, 界面向阴极区移动多少?

(3) 施加的电场强度 (电位梯度) 为多少?

4. 用两个银电极电解 $AgNO_3$ 水溶液, 在电解前, 溶液中每 1 kg 水含 43.50 mmol $AgNO_3$, 实验后, 银库仑计中有 0.723 mmol Ag 沉积。由分析得知, 电解后, 阳极还有 23.14 g 水和 1.390 mmol $AgNO_3$。试计算 $t_{Ag^+}$ 及 $t_{NO_3^-}$。

5. 在 25 ℃ 时, AgCl(s) 在水中饱和溶液的质量摩尔浓度为 $1.27 \times 10^{-5}\ mol\cdot kg^{-1}$, 根据 Debye-Hückel 理论计算反应 $AgCl(s) = Ag^+(aq) + Cl^-(aq)$ 的标准 Gibbs 自由能变化 $\Delta_r G_m^{\ominus}$, 并计算 AgCl(s) 在 $0.01\ mol\cdot kg^{-1}$ $KNO_3$ 溶液中的饱和溶液的浓度。

第八章自测题 1 参考答案

## (二) 自测题 2

### Ⅰ. 选择题

1. 使 2000 A 的电流通过一个铜电解器, 在 1 h 内, 能得到铜的质量是 ················ (　　)

(A) 10 g　　(B) 100 g　　(C) 500 g　　(D) 2400 g

2. 在 298 K 的无限稀释水溶液中, 下列离子摩尔电导率最大的是 ······················ (　　)

(A) $CH_3COO^-$　　(B) $Br^-$　　(C) $Cl^-$　　(D) $OH^-$

3. 在 298 K 时, 离子强度为 $0.015\ mol\cdot kg^{-1}$ 的 $ZnCl_2$ 溶液中, 其平均活度因子是 ····· (　　)

(A) 0.7504　　(B) 1.133　　(C) 0.7793　　(D) 1.2836

4. 将铅酸蓄电池在 10.0 A 电流下充电 1.5 h, 则 $PbSO_4$ 分解的质量为 [已知 $M_r(PbSO_4)=303$] ································································ (　　)

(A) 84.8 g　　(B) 169.6 g　　(C) 339.2 g　　(D) 无法确定

5. 在浓度为 $c_1$ 的 HCl 与浓度 $c_2$ 的 $BaCl_2$ 混合溶液中, $H^+$ 离子迁移数可表示成 ····· (　　)

(A) $\Lambda_m(H^+)/[\Lambda_m(H^+)+\Lambda_m(Ba^{2+})+2\Lambda_m(Cl^-)]$

(B) $c_1\Lambda_m(H^+)/[c_1\Lambda_m(H^+)+2c_2\Lambda_m\left(\frac{1}{2}Ba^{2+}\right)+(c_1+2c_2)\Lambda_m(Cl^-)]$

(C) $c_1\Lambda_m(H^+)/[c_1\Lambda_m(H^+)+c_2\Lambda_m(Ba^{2+})+\Lambda_m(Cl^-)]$

(D) $c_1\Lambda_m(H^+)/[c_1\Lambda_m(H^+)+2c_2\Lambda_m(Ba^{2+})+2c_2\Lambda_m(Cl^-)]$

6. $z_{(B)}, r_B$ 及 $c_B$ 分别是混合电解质溶液中 B 种离子的电荷数、迁移速率及浓度, 对于影响 B 种离子迁移数 ($t_B$) 的下述说法, **正确**的是 ································· (　　)

(A) $|z_B|$ 越大, $t_B$ 越大　　(B) $|z_B|$、$r_B$ 越大, $t_B$ 越大

(C) $|z_B|$、$r_{(B)}c_B$ 越大, $t_B$ 越大　　(D) (A)(B)(C) 均未说完全

7. 下面几种电解质溶液, 质量摩尔浓度均为 $0.01\ mol\cdot dm^{-3}$, 现已按它们的摩尔电导率 $\Lambda_m$ 值由大到小进行了排序。请根据你已有的知识, 判定下面**正确**的是 ··························· (　　)

(A) LiCl > NaCl > KCl > KOH　　(B) HCl > KOH > LiCl > NaCl

(C) HCl > KCl > NaCl > LiCl　　(D) KOH > LiCl > NaCl > KCl

8. 在界面移动法测定离子迁移数的实验中, 其实验结果是否准确取决于 ················ (　　)

(A) 界面移动的清晰程度　　(B) 外加电压的大小

(C) 正、负离子价数是否相同　　(D) 正、负离子运动速度是否相同

9. 电导测定应用广泛, 但下列问题中**不能**用电导测定来解决的是 ······················ (　　)

(A) 求难溶盐的溶解度　　(B) 测电解质溶液的浓度

(C) 求平均活度因子　　(D) 求弱电解质的解离度

10. 电解质在溶液中的离子平均活度因子为 $\gamma_\pm$, 下列判断 $\gamma_\pm$ 大小的说法**正确**的是 ···· (　　)

(A) $\gamma_\pm \leqslant 1$　　(B) $\gamma_\pm \geqslant 1$

(C) (A)(B) 都有可能　　(D) $\gamma_\pm$ 恒小于 1

11. 有 4 种质量摩尔浓度都是 $0.01\ mol\cdot kg^{-1}$ 的电解质溶液, 其中平均活度因子最大的是 (　　)

(A) KCl　　(B) $CaCl_2$　　(C) $Na_2SO_4$　　(D) $AlCl_3$

12. 在无限稀释的电解质溶液中, 正离子淌度 $U_+^\infty$, 正离子的摩尔电导率 $\Lambda_{m,+}^\infty(M^{z+})$ 和法拉第常数 $F$ 之间的关系是 ······ (　　)

(A) $z_+U_+^\infty/\Lambda_{m,+}^\infty = F$　　(B) $z_+U_+^\infty\Lambda_{m,+}^\infty = F$

(C) $z_+U_+^\infty\Lambda_{m,+}^\infty F = 1$　　(D) $\Lambda_{m,+}^\infty/z_+U_+^\infty = F$

13. 在 298 K 时, 0.002 mol·kg$^{-1}$ $CaCl_2$ 溶液的平均活度因子 $\gamma_{\pm,1}$ 与 0.002 mol·kg$^{-1}$ 的 $CaSO_4$ 溶液的平均活度因子 $\gamma_{\pm,2}$ 相比较, 有 ······ (　　)

(A) $\gamma_{\pm,1} > \gamma_{\pm,2}$　　(B) $\gamma_{\pm,1} < \gamma_{\pm,2}$

(C) $\gamma_{\pm,1} = \gamma_{\pm,2}$　　(D) 无法比较

14. 电解熔融 NaCl 时, 用 10 A 的电流通电 5 min, 能产生金属钠的质量为 ······ (　　)

(A) 0.715 g　　(B) 2.545 g　　(C) 23 g　　(D) 2.08 g

15. 某一强电解质 $M_{\nu_+}X_{\nu_-}$, 则其平均活度 $a_\pm$ 与活度 $a_B$ 之间的关系是 ······ (　　)

(A) $a_\pm = a_B$　　(B) $a_\pm = (a_B)^2$

(C) $a_\pm = a_B^\nu$　　(D) $a_\pm = (a_B)^{1/\nu}$

**Ⅱ. 填空题**

1. 在 298 K 时, 有 0.100 mol·dm$^{-3}$ NaCl 水溶液, 已知 $U_{Na^+} = 4.26 \times 10^{-8}$ m$^2$·V$^{-1}$·s$^{-1}$, $U_{Cl^-} = 6.80 \times 10^{-8}$ m$^2$·V$^{-1}$·s$^{-1}$, 则该溶液的摩尔电导率为________。

2. $CaCl_2$ 摩尔电导率与其离子的摩尔电导率的关系是________。

3. 在 298 K 无限稀释的水溶液中, 离子摩尔电导率最大的是________离子。

4. 0.1 mol·kg$^{-1}$ $BaCl_2$ 水溶液的离子强度为________。

5. 有下述几种电解质溶液:

(a) 0.01 mol·kg$^{-1}$ KCl 溶液

(b) 0.01 mol·kg$^{-1}$ $CaCl_2$ 溶液

(c) 0.01 mol·kg$^{-1}$ $LaCl_3$ 溶液

(d) 0.001 mol·kg$^{-1}$ KCl 溶液

其中平均活度因子最大的是________; 最小的是________。

6. 在 Hittorff 法测定迁移数的实验中, 用 Pt 电极电解 $AgNO_3$ 溶液, 在 100 g 阳极部的溶液中, 含 $Ag^+$ 的物质的量在反应前后分别为 $a$ mol 和 $b$ mol, 在串联的铜库仑计中有 $c$ g 铜析出, 则 $Ag^+$ 的迁移数计算式为________。[已知 $M_r(Cu) = 63.564$]

7. 在 298 K 时, 无限稀释的 $NH_4Cl$ 水溶液中, 正离子迁移数 $t_+ = 0.491$。已知 $\Lambda_m^\infty(NH_4Cl) = 0.0150$ S·m$^2$·mol$^{-1}$, 则 $Cl^-$ 的 $U_{Cl^-}^\infty =$ ________。

8. 同样浓度的 NaCl, $CaCl_2$, $LaCl_3$, $CuSO_4$ 四种不同电解质的溶液, 其中离子平均活度因子 $\gamma_\pm$ 最大的是________溶液。

9. 某电解质溶液质量摩尔浓度 $m = 0.05$ mol·kg$^{-1}$, 其离子强度 $I = 0.15$ mol·kg$^{-1}$, 则该电解质是________型。

10. Debye-Hückel 极限公式为________, 适用条件是________。

11. 测迁移数的方法有________，________ 和________。

## Ⅲ. 计算题

1. 对于某盛有 $0.1\ mol\cdot dm^{-3}$ KCl 溶液的电导池，测得其电阻为 $85\ \Omega$。用该电导池盛 $0.052\ mol\cdot dm^{-3}$ 某电解质溶液时，测得其电阻为 $96\ \Omega$。试计算该电解质的摩尔电导率。已知 $0.1\ mol\cdot dm^{-3}$ KCl 溶液的电导率为 $1.29\ S\cdot m^{-1}$。

2. 已知 $\frac{1}{2}Mg^{2+}$ 和 $Cl^-$ 的摩尔电导率分别为 $53.06\times10^{-4}\ S\cdot m^2\cdot mol^{-1}$ 和 $76.34\times10^{-4}\ S\cdot m^2\cdot mol^{-1}$ (25 ℃, 无限稀释)，试计算 $MgCl_2$ 溶液中 $Mg^{2+}$ 和 $Cl^-$ 的迁移数 (无限稀释)。

3. 在 25 ℃ 时，$BaSO_4$ 饱和水溶液的电导率为 $4.58\times10^{-4}\ S\cdot m^{-1}$，所用水的电导率为 $1.52\times10^{-4}\ S\cdot m^{-1}$，试求 $BaSO_4$ 在水中的溶解度 (以 $mol\cdot dm^{-3}$ 或 $g\cdot dm^{-3}$ 为单位) 及溶度积。已知 $\Lambda_m^\infty\left(\frac{1}{2}Ba^{2+}\right)=63.6\times10^{-4}\ S\cdot m^2\cdot mol^{-1}$，$\Lambda_m^\infty\left(\frac{1}{2}SO_4^{2-}\right)=80.08\times10^{-4}\ S\cdot m^2\cdot mol^{-1}$。

4. 分别计算下列两种溶液的平均质量摩尔浓度 $m_\pm$，离子的平均活度 $a_\pm$ 及电解质的活度 $a_B$。

| 电解质 | $m/(mol\cdot kg^{-1})$ | $\gamma_\pm$ |
|---|---|---|
| $K_3Fe(CN)_6$ | 0.01 | 0.571 |
| $CdCl_2$ | 0.1 | 0.219 |

5. 用两个银电极电解 $AgNO_3$ 溶液，通电一定时间后，库仑计中有 $5.432\times10^{-5}$ kg Ag 沉积下来。经分析测定得知，电解后阳极区共有溶液 $2.767\times10^{-2}$ kg，其中含有 $AgNO_3$ $2.326\times10^{-4}$ kg，另由中部取出 $1.948\times10^{-2}$ kg 溶液，经分析其中含有 $1.326\times10^{-4}$ kg $AgNO_3$。试计算迁移数 $t_{Ag^+}$ 和 $t_{NO_3^-}$。

第八章自测题 2 参考答案

# 第九章　可逆电池的电动势及其应用

本章主要公式和内容提要

## 一、复习题及解答

**9.1**　可逆电极有哪些主要类型？每种类型试举一例，并写出该电极的还原反应。对于气体电极和氧化还原电极，在书写电极表示式时应注意什么问题？

**答**：可逆电极主要有三种类型，第一类电极为金属与其阳离子组成的电极，包括气体氢电极、氧电极、卤素电极、汞齐电极等，例如 $\mathrm{H^+}(a_+)|\mathrm{H_2}(p)|\mathrm{Pt(s)}$，相应的电极还原反应为 $2\mathrm{H^+}(a_+)+2\mathrm{e^-}\longrightarrow \mathrm{H_2}(p)$；第二类电极为金属与金属的难溶盐浸在其阴离子中组成的电极、金属与金属氧化物浸在酸性介质或碱性介质中所组成的电极，例如 $\mathrm{Cl^-}(a_-)|\mathrm{AgCl(s)}|\mathrm{Ag(s)}$，相应的电极还原反应为 $\mathrm{AgCl(s)}+\mathrm{e^-}\longrightarrow \mathrm{Ag(s)}+\mathrm{Cl^-}(a_-)$；第三类电极为氧化还原电极，例如 $\mathrm{Fe^{3+}}(a_1),\mathrm{Fe^{2+}}(a_2)|\mathrm{Pt}$，相应的电极还原反应为 $\mathrm{Fe^{3+}}(a_1)+\mathrm{e^-}\longrightarrow \mathrm{Fe^{2+}}(a_2)$。

对于气体电极和氧化还原电极，在书写电极表示式时应注意：(1) 要注明物态；(2) 气体要注明压力和依附的惰性金属；(3) 溶液要注明浓度或活度。

**9.2**　什么叫电池的电动势？用伏特表测得的电池的端电压与电池的电动势是否相同？为何在测电动势时要用对消法？

**答**：电池电动势是当通过电池的电流为零时两极间的电势差，它是电池内各界面电势差的代数和，包括电极与溶液界面电势差、金属与金属界面电势差、溶液与溶液界面电势差。

用伏特表测得的电池的端电压与电池的电动势不相同。因为当把伏特表与电池接通后，必须有适量的电流通过才能使伏特表显示，这样电池中就发生化学反应，溶液的浓度就会不断改变。同时，电池本身也有内阻，所以伏特表不可能有稳定的数值。即测量可逆电池的电动势必须在几乎无电流通过的情况下进行。

在测电动势时要用对消法。设 $E$ 为电池电动势，$U$ 为两极电位降 (即伏特表读数)，$R_\mathrm{o}$ 为导线上电阻 (即外阻)，$R_\mathrm{i}$ 为内阻，则 $E=(R_\mathrm{o}+R_\mathrm{i})I$，外电路 $U=R_\mathrm{o}I$，所以，$U/E=R_\mathrm{o}/(R_\mathrm{o}+R_\mathrm{i})$。当

$R_o \to \infty$ 时, 有 $R_o + R_i \to R_o$, 则 $E \approx U$。Poggendorff 对消法便是根据上述原理设计的。

**9.3** 为什么 Weston 标准电池的负极采用含 Cd 质量分数为 $0.04 \sim 0.12$ 的镉汞齐时, 标准电池都有稳定的电动势值? 试用 Cd – Hg 的二元相图说明。标准电池的电动势会随温度而变化吗?

**答**: 在 Cd – Hg 的二元相图 (参见本书上册第六章) 上, Cd 的质量分数为 $0.04 \sim 0.12$ 的镉汞齐落在与 Cd – Hg 固溶体的两相平衡区, 在一定温度下镉汞齐的活度有定值。因为标准电池的电动势在定温下只与镉汞齐活度有关, 所以电动势也有定值, 但电动势会随温度而改变。

**9.4** 用书面表示电池时有哪些通用符号? 为什么电极电势有正有负? 用实验能测到负的电动势吗?

**答**: 因为规定了用还原电极电势, 将待测电极放在阴极位置, 令它发生还原反应。但是比氢活泼的金属与氢电极组成电池时, 实际的电池反应是金属氧化、氢离子还原, 也就是说电池的书面表示式是非自发电池, 电池反应是非自发反应, 电动势小于零, 电极电势为负值, 如果是比氢不活泼的金属, 则与氢电极组成自发电池, 电极电势为正值。实验只能测定自发电池的电动势, 非自发电池无法与工作电池对消。

**9.5** 电极电势是否就是电极表面与电解质溶液之间的电势差? 单个电极的电极电势能否测量? 如何用 Nernst 方程计算电极的还原电势?

**答**: 电极电势是电极表面与电解质溶液之间的电势差。电极与周围电解质溶液之间的真实电势差是无法测量的。现在把各电极与标准氢电极组成电池, 待测电极作还原电极 (即正极), 并规定标准氢电极的电极电势为 0, 这样测出的电池电动势就作为待测电极的电极电势, 称为氢标还原电极电势, 简称还原电势。用 Nernst 方程进行计算:

$$\varphi_{\mathrm{Ox|Red}} = \varphi^{\ominus}_{\mathrm{Ox|Red}} - \frac{RT}{zF}\ln\prod_{\mathrm{B}} a_{\mathrm{B}}^{\nu_{\mathrm{B}}}$$

**9.6** 如果规定标准氢电极的电极电势为 1.0 V, 则各电极的还原电极电势将如何变化? 电池电动势将如何变化?

**答**: 各电极的还原电极电势都升高 1.0 V, 但电池电动势不变。

**9.7** 在公式 $\Delta_{\mathrm{r}}G^{\ominus}_{\mathrm{m}} = -zE^{\ominus}F$ 中, $\Delta_{\mathrm{r}}G^{\ominus}_{\mathrm{m}}$ 是否表示该电池各物质都处于标准态时, 电池反应的 Gibbs 自由能变化值?

**答**: 是的。因为 $\Delta_{\mathrm{r}}G^{\ominus}_{\mathrm{m}} = \sum\limits_{\mathrm{B}} \nu_{\mathrm{B}}\mu^{\ominus}_{\mathrm{B}}$, 所以在公式 $\Delta_{\mathrm{r}}G^{\ominus}_{\mathrm{m}} = -zE^{\ominus}F$ 中, $\Delta_{\mathrm{r}}G^{\ominus}_{\mathrm{m}}$ 也表示该电池各物质都处于标准态时电池反应的 Gibbs 自由能变化值。

**9.8** 求算标准电动势 $E^{\ominus}$ 有哪些方法? 在公式 $E^{\ominus} = \dfrac{RT}{zF}\ln K^{\ominus}$ 中, $E^{\ominus}$ 是否是电池反应达平衡时的电动势? $K^{\ominus}$ 是否是电池中各物质都处于标准态时的平衡常数?

**答**: 求算标准电动势 $E^{\ominus}$ 的方法较多, 常用的有

$$E^{\ominus} = \varphi^{\ominus}_{+} - \varphi^{\ominus}_{-}, \qquad E^{\ominus} = -\frac{\Delta_{\mathrm{r}}G^{\ominus}_{\mathrm{m}}}{zF}, \qquad E^{\ominus} = \frac{RT}{zF}\ln K^{\ominus}$$

公式 $E^{\ominus} = \dfrac{RT}{zF}\ln K^{\ominus}$ 是由 $\Delta_{\mathrm{r}}G^{\ominus}_{\mathrm{m}}$ 联系在一起的, 但 $E^{\ominus}$ 和 $K^{\ominus}$ 处在不同状态, $E^{\ominus}$ 处在标准态, 不是平衡态 (在平衡态时所有电动势都等于零, 因为 $\Delta_{\mathrm{r}}G^{\ominus}_{\mathrm{m}}$ 等于零)。$K^{\ominus}$ 处在平衡态, 而不是标准态 (在标准态所有平衡常数都等于 1)。

**9.9** 联系电化学与热力学的主要公式是什么? 电化学中能用实验测定哪些数据? 如何用电动势法测定下述各热力学数据? 试写出所设计的电池、应测的数据及计算公式。

(1) $H_2O(l)$ 的标准摩尔生成 Gibbs 自由能 $\Delta_f G_m^\ominus(H_2O, l)$;

(2) $H_2O(l)$ 的离子积常数 $K_w^\ominus$;

(3) $Hg_2SO_4(s)$ 的溶度积 $K_{sp}^\ominus$;

(4) 反应 $Ag(s) + \frac{1}{2}Hg_2Cl_2(s) \longrightarrow AgCl(s) + Hg(l)$ 的标准摩尔反应焓变 $\Delta_r H_m^\ominus$;

(5) 稀的 HCl 水溶液中, HCl 的平均活度因子 $\gamma_\pm$;

(6) $Ag_2O(s)$ 的标准摩尔生成焓 $\Delta_f H_m^\ominus$ 和分解压;

(7) 反应 $Hg_2Cl_2(s) + H_2(g) \longrightarrow 2HCl(aq) + 2Hg(l)$ 的标准平衡常数 $K_a^\ominus$;

(8) 醋酸的解离常数。

答: 联系电化学与热力学的主要公式是

$$\Delta_r G_m = -zEF, \qquad \Delta_r G_m^\ominus = -zE^\ominus F$$

电化学中能用实验测定 $E, E^\ominus$ 和 $\left(\frac{\partial E}{\partial T}\right)_p$。用电动势法测定热力学数据的关键是能设计合适的电池, 使电池反应就是所要求的反应, 显然答案不是唯一的。先提供一个电池作参考。

(1) 设计电池为 $Pt(s) \mid H_2(p^\ominus) \mid H_2O(l)\ (pH = 1 \sim 14) \mid O_2(p^\ominus) \mid Pt(s)$

净反应
$$H_2(p^\ominus) + \frac{1}{2}O_2(p^\ominus) =\!=\!= H_2O(l)$$

$$\Delta_f G_m^\ominus(H_2O, l) = -zE^\ominus F$$

(2) 设计电池为 $Pt(s) \mid H_2(p^\ominus) \mid H^+(a_{OH^+}) \,\vdots\vdots\, OH^-(a_{OH^-}) \mid H_2(p^\ominus) \mid Pt(s)$

净反应
$$H_2O(l) \rightleftharpoons H^+(a_{H^+}) + OH^-(a_{OH^-})$$

$$K_w^\ominus = \exp\left(\frac{zE^\ominus F}{RT}\right)$$

(3) 设计电池为 $Hg(l) \mid Hg^{2+}(a_{Hg^{2+}}) \,\vdots\vdots\, SO_4^{2-}(a_{SO_4^{2-}}) \mid Hg_2SO_4(s) \mid Hg(l)$

净反应
$$Hg_2SO_4(s) \rightleftharpoons Hg^{2+}(a_{Hg^{2+}}) + SO_4^{2-}(a_{SO_4^{2-}})$$

$$K_{sp}^\ominus = \exp\left(\frac{zE^\ominus F}{RT}\right)$$

(4) 设计电池为 $Ag(s) \mid AgCl(s) \mid Cl^-(a_{Cl^-}) \mid Hg_2Cl_2(s) \mid Hg(l)$

净反应
$$Ag(s) + \frac{1}{2}Hg_2Cl_2(s) \longrightarrow AgCl(s) + Hg(l)$$

测定电池的 $E^\ominus$ 和 $\left(\frac{\partial E^\ominus}{\partial T}\right)_p$, 则

$$\Delta_r H_m^\ominus = -zE^\ominus F + zEF\left(\frac{\partial E^\ominus}{\partial T}\right)_p$$

(5) 设计电池为 $Pt(s) \mid H_2(p_{H_2}^\ominus) \mid HCl(m) \mid AgCl(s) \mid Ag(s)$

净反应 $\frac{1}{2}H_2(p^\ominus) + AgCl(s) \longrightarrow H^+(a_{H^+}) + Cl^-(a_{Cl^-}) + Ag(s)$

$$E = E^\ominus - \frac{RT}{zF}\ln\left(\frac{a_{H^+}\cdot a_{Cl^-}}{a_{H_2}^{1/2}}\right) = E^\ominus - \frac{RT}{zF}\ln\left(\gamma_\pm\cdot\frac{m}{m^\ominus}\right)^2$$

已知 HCl 水溶液的浓度, 测定电动势, 使 $\gamma_\pm$ 成为唯一的未知数。

(6) 设计电池为 $Pt(s) \mid O_2(p^\ominus) \mid OH^-(a_{OH^-}) \mid Ag_2O(s) \mid Ag(s)$

净反应 $Ag_2O(s) \longrightarrow 2Ag(s) + \frac{1}{2}O_2(p^\ominus)$

测定电池的 $E^\ominus$ 和 $\left(\frac{\partial E^\ominus}{\partial T}\right)_p$, 则

$$\Delta_r H_m^\ominus = -zE^\ominus F + zEF\left(\frac{\partial E^\ominus}{\partial T}\right)_p$$

$$\Delta_f H_m^\ominus(Ag_2O, s) = -\Delta_r H_m^\ominus$$

$$K_p^\ominus = \left(\frac{p_{O_2}}{p^\ominus}\right)^{\frac{1}{2}} = \exp\left(\frac{zE^\ominus F}{RT}\right)$$

(7) 设计电池为 $Pt(s) \mid H_2(p_{H_2}) \mid HCl(a_{HCl}) \mid Hg_2Cl_2(s) \mid Hg(l)$

净反应 $Hg_2Cl_2(s) + H_2(g) \longrightarrow 2HCl(aq) + 2Hg(l)$

从电极电势查表得标准电极电势, 计算电池的 $E^\ominus$, 则

$$K_a^\ominus = \exp\left(\frac{zE^\ominus F}{RT}\right)$$

(8) 设计电池为 $Pt(s) \mid H_2(p^\ominus) \mid HAc(a_{HAc}), Ac^-(a_{Ac^-}), Cl^-(a_{Cl^-}) \mid AgCl(s) \mid Ag(s)$

净反应 $AgCl(s) + \frac{1}{2}H_2(p^\ominus) \longrightarrow H^+(a_{H^+}) + Cl^-(a_{Cl^-})$

测定电池的电动势, 从电动势计算 $a_{H^+}$。写出 HAc 的解离反应和离子活度关系, 则解离常数为

$$K_a^\ominus = \frac{a_+\cdot a_-}{a_{HAc}} = \frac{a_{H^+}(a_{Ac^-} + a_{H^+})}{a_{HAc} - a_{H^+}}$$

**9.10** 当组成电极的气体为非理想气体时, 公式 $\Delta_r G_m = -zEF$ 是否成立? Nernst 方程能否使用? 其电动势 $E$ 应如何计算?

**答**: 公式 $\Delta_r G_m = -zEF$ 成立, Nernst 方程能使用。因为对于非理想气体, 可先计算电池反应的 $\Delta_r G_m$, 即 $\Delta_r G_m = \int_{p_1}^{p_2} V\mathrm{d}p$ (公式中代入非理想气体的状态方程式), 然后根据 $\Delta_r G_m$ 与电动势的关系, 计算电动势。

**9.11** 什么叫液体接界电势? 它是怎样产生的? 如何从液体接界电势的测定计算离子的迁移数? 如何消除液体接界电势? 用盐桥能否完全消除液体接界电势?

**答**: 液体接界电势是指在两个含不同溶质的溶液的界面上或溶质相同而浓度不同的界面上, 由于离子迁移的速率不同而产生的电势差。可以根据如下公式: $E_j = (2t_+ - 1)\frac{RT}{F}\ln\frac{m}{m'}$, 从液体接界电势的测定计算离子的迁移数。用盐桥只能使液体接界电势降低到可以忽略不计, 但不能完全消

除; 用电池反串联可以消除液体接界电势, 但电池反应就不相同了。

**9.12** 根据公式 $\Delta_r H_m = -zEF + zFT\left(\frac{\partial E}{\partial T}\right)_p$, 如果 $\left(\frac{\partial E}{\partial T}\right)_p$ 为负值, 则表示化学反应的等压热效应一部分转变成电功 $(-zEF)$, 而余下部分仍以热的形式放出$\left[因为\ zFT\left(\frac{\partial E}{\partial T}\right)_p = T\Delta S = Q_R < 0\right]$。这就表明在相同的始态和终态条件下, 化学反应的 $\Delta_r H_m$ 比按电池反应进行的焓变值大 (指绝对值), 这种说法对不对? 为什么?

**答**: 不对。因为焓是状态函数, 只要反应的始态和终态相同, 无论通过化学变化还是电池反应, $\Delta_r H_m$ 的值应该相同。但两种变化过程中的热效应是不一样的。

## 二、典型例题及解答

**例9.1** 从饱和 Weston 电池的电动势与温度的关系式, 试求在 298.15 K, 当电池可逆地产生 2 mol 电子的电荷量时, 电池反应的 $\Delta_r G_m$, $\Delta_r H_m$ 和 $\Delta_r S_m$。已知该关系式为

$$E/\text{V} = 1.01845 - 4.05 \times 10^{-5}(T/\text{K} - 293.15) - 9.5 \times 10^{-7}(T/\text{K} - 293.15)^2$$

**解**: 将 $T = 293.15$ K 代入上述关系式, 计算该温度下的电动势值。

$$E/\text{V} = [1.01845 - 4.05 \times 10^{-5} \times (298.15 - 293.15) - 9.5 \times 10^{-7} \times (298.15 - 293.15)^2]$$

$$E = 1.01822 \text{ V}$$

则 $\left(\frac{\partial E}{\partial T}\right)_p = [-4.05 \times 10^{-5} - 2 \times 9.5 \times 10^{-7} \times (298.15 - 293.15)]\ \text{V}\cdot\text{K}^{-1} = -5.0 \times 10^{-5}\ \text{V}\cdot\text{K}^{-1}$

$$\Delta_r G_m = -zEF = -2 \times 1.01822 \text{ V} \times 96500 \text{ C}\cdot\text{mol}^{-1} = -196.52 \text{ kJ}\cdot\text{mol}^{-1}$$

$$\Delta_r S_m = zF\left(\frac{\partial E}{\partial T}\right)_p = 2 \times 96500 \text{ C}\cdot\text{mol}^{-1} \times (5.0 \times 10^{-5} \text{ V}\cdot\text{K}^{-1}) = -9.65 \text{ J}\cdot\text{mol}^{-1}\cdot\text{K}^{-1}$$

$$\begin{aligned}\Delta_r H_m &= \Delta_r G_m + T\Delta_r S_m \\ &= -196.52 \text{ kJ}\cdot\text{mol}^{-1} + 298.15 \text{ K} \times (-9.65 \text{ J}\cdot\text{mol}^{-1}\cdot\text{K}^{-1}) = -199.40 \text{ kJ}\cdot\text{mol}^{-1}\end{aligned}$$

**例9.2** 298 K 时, 下述电池的电动势为 1.228 V:

$$\text{Pt(s)} \mid \text{H}_2(p^\ominus) \mid \text{H}_2\text{SO}_4(0.0\ 1\text{mol}\cdot\text{kg}^{-1}) \mid \text{O}^2(p^\ominus) \mid \text{Pt(s)}$$

已知 $H_2O(l)$ 的标准摩尔生成焓为 $\Delta_f H_m^\ominus(\text{H}_2\text{O, l}) = -285.83 \text{ kJ}\cdot\text{mol}^{-1}$。试求:

(1) 该电池的温度系数。

(2) 该电池在 273 K 时的电动势。设该反应的 $\Delta_r H_m$ 在该温度区间内为常数。

**解**: 首先写出电池的反应。

负极　　$\text{H}_2(\text{g}) \longrightarrow 2\text{H}^+(a_{\text{H}^+}) + 2\text{e}^-$

正极 $\frac{1}{2}O_2(g) + 2H^+(a_{H^+}) + 2e^- \longrightarrow H_2O(l)$

净反应 $H_2(g) + \frac{1}{2}O_2(g) =\!=\!=\!= H_2O(l)$

如在标准压力下, 这个电池反应的摩尔焓变就等于 $H_2O(l)$ 的标准摩尔生成焓。

(1) 已知 $\Delta_r H_m = \Delta_r G_m + T\Delta_r S_m = -zEF + zFT\left(\frac{\partial E}{\partial T}\right)_p$

$$\left(\frac{\partial E}{\partial T}\right)_p = \frac{1}{zFT}(\Delta_r H_m + zEF) = \frac{\Delta_r H_m}{zFT} + \frac{E}{T}$$

$$= \frac{-285.83\ \text{kJ}\cdot\text{mol}^{-1}}{2 \times 96500\ \text{C}\cdot\text{mol}^{-1} \times 298\ \text{K}} + \frac{1.228\ \text{V}}{298\ \text{K}} = -8.49 \times 10^{-4}\ \text{V}\cdot\text{K}^{-1}$$

(2) 电动势与温度的关系实际就是电池反应 Gibbs 自由能变化与温度的关系, 根据 Gibbs-Helmholtz 公式:

$$\left[\frac{\partial(\Delta_r G_m/T)}{\partial T}\right]_p = -\frac{\Delta_r H_m}{T^2} \qquad \Delta_r G_m = -zEF$$

$$-zF\left[\frac{\partial(E/T)}{\partial T}\right]_p = -\frac{\Delta_r H_m}{T^2}$$

双方积分: $$zF\int_{E_1/T_1}^{E_2/T_2} \mathrm{d}(E/T) = \Delta_r H_m \int_{T_1}^{T_2} \frac{1}{T^2}\mathrm{d}T$$

$$zF\left(\frac{E_2}{T_2} - \frac{E_1}{T_1}\right) = \Delta_r H_m\left(\frac{1}{T_1} - \frac{1}{T_2}\right)$$

$$2 \times 96500\ \text{C}\cdot\text{mol}^{-1} \times \left(\frac{E_2}{273\ \text{K}} - \frac{1.228\ \text{V}}{298\ \text{K}}\right) = -285.83\ \text{kJ}\cdot\text{mol}^{-1} \times \left(\frac{1}{298\ \text{K}} - \frac{1}{273\ \text{K}}\right)$$

解得 $$E_2 = 1.249\ \text{V}$$

**例9.3** 电池 $Zn(s) \mid ZnCl_2(0.05\ \text{mol}\cdot\text{kg}^{-1}) \mid AgCl(s) \mid Ag(s)$ 的电动势与温度的关系为

$$E/\text{V} = 1.015 - 4.92 \times 10^{-4}(T/\text{K} - 298)$$

试计算在 298 K, 当电池有 2 mol 电子的电荷量输出时, 电池反应的 $\Delta_r G_m$, $\Delta_r H_m$ 和此过程的可逆热效应 $Q_R$。

**解**: 因为已指定电池有 2 mol 电子的电荷量输出时的热力学函数变化值, 如没有指定, 一定要先写出电池反应, 计算与电池反应对应的、当反应进度为 1 mol 时的热力学函数的变化值。在 298 K 时, 电池的电动势和温度系数为

$$E = [1.015 - 4.92 \times 10^{-4} \times (298 - 298)]\ \text{V} = 1.015\ \text{V}$$

$$\left(\frac{\partial E}{\partial T}\right)_p = -4.92 \times 10^{-4}\ \text{V}\cdot\text{K}^{-1}$$

$$\Delta_r G_m = -zEF = -2 \times 1.015\ \text{V} \times 96500\ \text{C}\cdot\text{mol}^{-1} = -195.9\ \text{kJ}\cdot\text{mol}^{-1}$$

$$\Delta_r S_m = zF\left(\frac{\partial E}{\partial T}\right)_p = 2 \times 96500\ \text{C}\cdot\text{mol}^{-1} \times (-4.92 \times 10^{-4}\ \text{V}\cdot\text{K}^{-1}) = -94.96\ \text{J}\cdot\text{mol}^{-1}\cdot\text{K}^{-1}$$

$$\Delta_r H_m = \Delta_r G_m + T\Delta_r S_m$$
$$= -195.9\ \text{kJ}\cdot\text{mol}^{-1} + 298\ \text{K} \times (-94.96\ \text{J}\cdot\text{mol}^{-1}\cdot\text{K}^{-1}) = -224.2\ \text{kJ}\cdot\text{mol}^{-1}$$
$$Q_R = T\Delta_r S_m = 298\ \text{K} \times (-94.96\ \text{J}\cdot\text{mol}^{-1}\cdot\text{K}^{-1}) = -28.30\ \text{kJ}\cdot\text{mol}^{-1}$$

**例9.4** 298 K 时, 电池 $\text{Hg(l)} \mid \text{Hg}_2\text{Cl}_2\text{(s)} \mid \text{HCl}(a) \mid \text{Cl}_2(p^\ominus) \mid \text{Pt(s)}$ 的电动势为 1.092 V。温度系数为 $9.427 \times 10^{-4}\ \text{V}\cdot\text{K}^{-1}$。

(1) 写出有两个电子得失的电极反应和电池反应。

(2) 计算与该电池反应相应的 $\Delta_r G_m$, $\Delta_r S_m$, $\Delta_r H_m$ 及可逆热效应 $Q_R$。若只有 1 个电子得失, 则这些值又等于多少?

(3) 计算在相同的温度和压力下, 与两个电子得失的电池净反应相同的热化学方程式的热效应。

**解**: (1) 负极　$2\text{Hg(l)} + 2\text{Cl}^-(a_{\text{Cl}^-}) \longrightarrow \text{Hg}_2\text{Cl}_2\text{(s)} + 2\text{e}^-$

正极　$\text{Cl}_2\text{(g)} + 2\text{e}^- \longrightarrow 2\text{Cl}^-(a_{\text{Cl}^-})$

净反应　$2\text{Hg(l)} + \text{Cl}_2\text{(g)} = \text{Hg}_2\text{Cl}_2\text{(s)}$

(2) $\Delta_r G_m = -zEF = -2 \times 1.092\ \text{V} \times 96500\ \text{C}\cdot\text{mol}^{-1} = -210.8\ \text{kJ}\cdot\text{mol}^{-1}$

$$\Delta_r S_m = zF\left(\frac{\partial E}{\partial T}\right)_p$$
$$= 2 \times 96500\ \text{C}\cdot\text{mol}^{-1} \times (9.427 \times 10^{-4}\ \text{V}\cdot\text{K}^{-1}) = 181.9\ \text{J}\cdot\text{mol}^{-1}\cdot\text{K}^{-1}$$
$$\Delta_r H_m = \Delta_r G_m + T\Delta_r S_m$$
$$= -210.8\ \text{kJ}\cdot\text{mol}^{-1} + 298\ \text{K} \times (181.9\ \text{J}\cdot\text{mol}^{-1}\cdot\text{K}^{-1}) = -156.6\ \text{kJ}\cdot\text{mol}^{-1}$$
$$Q_R = T\Delta_r S_m = 298\ \text{K} \times 181.9\ \text{J}\cdot\text{mol}^{-1}\cdot\text{K}^{-1} = 54.21\ \text{kJ}\cdot\text{mol}^{-1}$$

这是反应进度为 1 mol 时的可逆热效应。

若只有 1 个电子得失, 所有热力学函数的变化值和可逆热效应都减半。

(3) 因为焓是状态函数, 在电化学反应与热化学反应的始态和终态相同时, $\Delta_r H_m$ 是一样的, 所以与热化学方程式的焓的变化值是相同的。但是热效应不一样, 电化学反应中在反应进度为 1 mol 时吸热 54.21 kJ, 而在热化学反应中热效应与焓的变化值相同, 即放热 156.6 kJ。

**例9.5** 试设计一个电池, 使其中进行下述反应:

$$\text{Fe}^{2+}(a_{\text{Fe}^{2+}}) + \text{Ag}^+(a_{\text{Ag}^+}) \rightleftharpoons \text{Ag(s)} + \text{Fe}^{3+}(a_{\text{Fe}^{3+}})$$

(1) 写出电池的表示式。

(2) 计算上述反应在 298 K, 反应进度为 1 mol 时的标准平衡常数 $K_a^\ominus$。

(3) 若将过量磨细的银粉加到质量摩尔浓度为 $0.05\ \text{mol}\cdot\text{kg}^{-1}$ 的 $\text{Fe(NO}_3)_3$ 溶液中, 求当反应达平衡后, $\text{Ag}^+$ 的质量摩尔浓度为多少 (设活度因子均等于 1)?

**解**: (1) 反应方程式中 $\text{Fe}^{2+}(a_{\text{Fe}^{2+}})$ 氧化为 $\text{Fe}^{3+}(a_{\text{Fe}^{3+}})$, 所以这个氧化还原电极作负极。$\text{Ag}^+(a_{\text{Ag}^+})$ 还原为 Ag(s), 所以该金属银电极作正极。所设计电池的表示式为

$$\text{Pt(s)} \mid \text{Fe}^{2+}(a_{\text{Fe}^{2+}}), \text{Fe}^{3+}(a_{\text{Fe}^{3+}}) \parallel \text{Ag}^+(a_{\text{Ag}^+}) \mid \text{Ag(s)}$$

(2) 因为 $\Delta_r G_m^\ominus = -RT\ln K_a^\ominus = -zE^\ominus F$, 所以

$$K_a^{\ominus} = \exp\left(\frac{zE^{\ominus}F}{RT}\right)$$

$$E^{\ominus} = \varphi^{\ominus}_{\mathrm{Ag^+|Ag}} - \varphi^{\ominus}_{\mathrm{Fe^{3+}|Fe^{2+}}} = (0.799 - 0.771)\ \mathrm{V} = 0.028\ \mathrm{V}$$

$$K_a^{\ominus} = \exp\left(\frac{1 \times 0.028 \times 96500}{8.314 \times 298}\right) = 2.976$$

(3) 设 $Ag^+$ 的剩余质量摩尔浓度为 $x$, $Fe^{3+}$ 的起始质量摩尔浓度为 $a$, 则

$$K_a^{\ominus} = \frac{(a-x)/m^{\ominus}}{(x/m^{\ominus})^2} = 2.976$$

$$x = 0.442\ \mathrm{mol \cdot kg^{-1}}$$

**例9.6** 在 298 K 时, 有电池 Ag(s) | AgCl(s) | NaCl(aq) | $Hg_2Cl_2$(s) | Hg(l), 已知化合物的标准生成 Gibbs 自由能分别为 $\Delta_f G_m^{\ominus}(\mathrm{AgCl,s}) = -109.8\ \mathrm{kJ \cdot mol^{-1}}$, $\Delta_f G_m^{\ominus}(\mathrm{Hg_2Cl_2,s}) = -210.745\ \mathrm{kJ \cdot mol^{-1}}$。试写出该电池的电极反应和电池反应, 并计算电池的电动势。

**解**: 负极　$\mathrm{Ag(s) + Cl^-}(a_{\mathrm{Cl^-}}) \longrightarrow \mathrm{AgCl(s) + e^-}$

正极　$\frac{1}{2}\mathrm{Hg_2Cl_2(s) + e^-} \longrightarrow \mathrm{Hg(l) + Cl^-}(a_{\mathrm{Cl^-}})$

净反应　$\mathrm{Ag(s)} + \frac{1}{2}\mathrm{Hg_2Cl_2(s)} =\!=\!= \mathrm{AgCl(s) + Hg(l)}$

首先要根据已知数据计算电池反应的标准摩尔 Gibbs 自由能变化值, 然后计算电动势。

$$\Delta_r G_m^{\ominus} = \Delta_f G_m^{\ominus}(\mathrm{AgCl,s}) - \frac{1}{2}\Delta_f G_m^{\ominus}(\mathrm{Hg_2Cl_2,s})$$

$$= \left[-109.8 - \frac{1}{2} \times (-210.745)\right]\ \mathrm{kJ \cdot mol^{-1}} = -4.428\ \mathrm{kJ \cdot mol^{-1}}$$

$$E = E^{\ominus} = -\frac{\Delta_r G_m^{\ominus}}{zF} = -\frac{-4.428\ \mathrm{kJ \cdot mol^{-1}}}{1 \times 96500\ \mathrm{C \cdot mol^{-1}}} = 0.0459\ \mathrm{V}$$

**例9.7** 有电池 Pt(s) | $H_2(p^{\ominus})$ | $H^+(a_{\mathrm{H^+}})$ ‖ $OH^-(a_{\mathrm{OH^-}})$ | $O_2(p^{\ominus})$ | Pt(s), 在 298 K 时, 已知该电池的标准电动势 $E^{\ominus} = 0.40\ \mathrm{V}$, $\Delta_f G_m^{\ominus}(\mathrm{H_2O,l}) = -237.13\ \mathrm{kJ \cdot mol^{-1}}$。试计算这时 $\mathrm{H_2O(l)} \rightleftharpoons \mathrm{H^+}(a_{\mathrm{H^+}}) + \mathrm{OH^-}(a_{\mathrm{OH^-}})$ 的离子积常数 $K_w^{\ominus}$ 的值。

**解**: 首先写出电极反应和电池反应, 然后根据标准电动势的数值计算电池反应的 $\Delta_r G_m^{\ominus}$, 最后根据状态函数的性质计算 $K_w^{\ominus}$ 的值。

负极　$\frac{1}{2}\mathrm{H_2}(p^{\ominus}) \longrightarrow \mathrm{H^+}(a_{\mathrm{H^+}}) + \mathrm{e^-}$

正极　$\frac{1}{4}\mathrm{O_2}(p^{\ominus}) + \frac{1}{2}\mathrm{H_2O(l)} + \mathrm{e^-} \longrightarrow \mathrm{OH^-}(a_{\mathrm{OH^-}})$

净反应　$\frac{1}{2}\mathrm{H_2}(p^{\ominus}) + \frac{1}{4}\mathrm{O_2}(p^{\ominus}) + \frac{1}{2}\mathrm{H_2O(l)} =\!=\!= \mathrm{H^+}(a_{\mathrm{H^+}}) + \mathrm{OH^-}(a_{\mathrm{OH^-}})$

$$\Delta_r G_m^{\ominus} = -zE^{\ominus}F = -1 \times 0.40\ \mathrm{V} \times 96500\ \mathrm{C \cdot mol^{-1}} = -38.60\ \mathrm{kJ \cdot mol^{-1}}$$

几个 Gibbs 自由能之间有如下关系:

$$\frac{1}{2}H_2(p^\ominus)+\frac{1}{4}O_2(p^\ominus)+\frac{1}{2}H_2O(l)\xrightarrow{\Delta_r G_m^\ominus} H^+(a_{H^+})+OH^-(a_{OH^-})$$

$\Delta G_1$：$\longrightarrow H_2O(l)$；$\Delta G_2$：$H_2O(l)\longrightarrow$

$$\Delta G_2=\Delta G_m^\ominus(\text{解离})=\Delta_r G_m^\ominus-\Delta G_1=\Delta_r G_m^\ominus-\frac{1}{2}\Delta_f G_m^\ominus(H_2O,l)$$

$$=\left[-38.60-\frac{1}{2}\times(-237.13)\right]\ \text{kJ}\cdot\text{mol}^{-1}=79.97\ \text{kJ}\cdot\text{mol}^{-1}$$

$$K_w^\ominus=\exp\left[-\frac{\Delta G_m^\ominus(\text{解离})}{RT}\right]=\exp\left(-\frac{79.97\times10^3}{8.314\times298}\right)=9.59\times10^{-15}$$

**例9.8**　已知电池 $Zn(s)\mid ZnCl_2(m=0.005\ \text{mol}\cdot\text{kg}^{-1})\mid Hg_2Cl_2(s)\mid Hg(l)$, 在 298 K 时的电动势 $E=1.227$ V, Debye-Hückel 极限公式中的常数 $A=0.509(\text{mol}\cdot\text{kg}^{-1})^{-1/2}$。

(1) 写出电极反应和电池反应;

(2) 计算电池的标准电动势 $E^\ominus$ (要考虑 $\gamma_\pm$ 的影响);

(3) 计算按电池反应有两个电子得失, 当反应进度为 1 mol 时的 $\Delta_r G_m^\ominus$。

**解**: (1) 负极　$Zn(s)\longrightarrow Zn^{2+}(a_{Zn^{2+}})+2e^-$

正极　$Hg_2Cl_2(s)+2e^-\longrightarrow 2Hg(l)+2Cl^-(a_{Cl^-})$

净反应　$Zn(s)+Hg_2Cl_2(s)=\!=\!=\!=2Hg(l)+2Cl^-(a_{Cl^-})+Zn^{2+}(a_{Zn^{2+}})$

(2) 设 $ZnCl_2$ 为强电解质, 溶液的离子强度主要由它产生, 忽略 $Hg_2Cl_2(s)$ 的贡献, 则

$$I=\frac{1}{2}\sum_B m_B z_B^2=3m_B=3\times0.005\ \text{mol}\cdot\text{kg}^{-1}=0.015\ \text{mol}\cdot\text{kg}^{-1}$$

$$\lg\gamma_\pm=-A|z_+z_-|\sqrt{I}=-0.509(\text{mol}\cdot\text{kg}^{-1})^{-1/2}\times|2\times(-1)|\times\sqrt{0.015\text{mol}\cdot\text{kg}^{-1}}=-0.1247$$

$$\gamma_\pm=0.750$$

$$E=E^\ominus-\frac{RT}{zF}\ln\prod_B a_B^{\nu_B}$$

$$E^\ominus=E+\frac{RT}{zF}\ln(a_{Zn^{2+}}a_{Cl^-}^2)=E+\frac{RT}{zF}\ln\left[\left(\gamma_+\frac{m_{Zn^{2+}}}{m^\ominus}\right)\left(\gamma_-\frac{m_{Cl^-}}{m^\ominus}\right)^2\right]$$

$$=1.227\ \text{V}+\frac{RT}{2F}\ln\left[4\times(0.750\times0.005)^3\right]=1.030\ \text{V}$$

(3) $\Delta_r G_m^\ominus=-zE^\ominus F=-2\times1.030\ \text{V}\times96500\ \text{C}\cdot\text{mol}^{-1}=-198.8\ \text{kJ}\cdot\text{mol}^{-1}$

**例9.9**　298 K 时, 有下述电池:

$$Ag(s)\mid AgCl(s)\mid KCl(0.5\ \text{mol}\cdot\text{kg}^{-1})\mid KCl(0.05\ \text{mol}\cdot\text{kg}^{-1})\mid AgCl(s)\mid Ag(s)$$

已知该电池的实测电动势为 0.0536 V, 在 0.5 $\text{mol}\cdot\text{kg}^{-1}$ 和 0.05 $\text{mol}\cdot\text{kg}^{-1}$ 的 KCl 溶液中, $\gamma_\pm$ 分别为 0.649 和 0.812, 计算 $Cl^-$ 的迁移数。

**解**: 这是一个电解质相同 (都是 1–1 价型) 而浓度不同的浓差电池, 它的实测电动势由两部分

构成, 一部分是离子浓差的贡献, 另一部分是浓度不同的液接界面上的电势差的贡献。液体接界电势与离子的迁移数有关, 这是用电动势法测定离子迁移数的一种方法。该电池的反应为

负极　$Ag(s) + Cl^-(m_{Cl^-,1} = 0.5\ mol\cdot kg^{-1}) \longrightarrow AgCl(s) + e^-$

正极　$AgCl(s) + e^- \longrightarrow Ag(s) + Cl^-(m_{Cl^-,2} = 0.05\ mol\cdot kg^{-1})$

净反应　$Cl^-(m_{Cl^-,1} = 0.5\ mol\cdot kg^{-1}) \longrightarrow Cl^-(m_{Cl^-,2} = 0.05\ mol\cdot kg^{-1})$

$$E = E_c + E_j$$

$$E_c = -\frac{RT}{F}\ln\frac{a_{Cl^-,2}}{a_{Cl^-,1}} = -\frac{RT}{F}\ln\frac{0.05 \times 0.812}{0.5 \times 0.649} = 0.0534\ V$$

$$E_j = E - E_c = (0.0536 - 0.0534)\ V = 2.0 \times 10^{-4}\ V$$

根据 1–1 价型电解质的迁移数与液接电势的关系式:

$$E_j = (t_+ - t_-)\frac{RT}{F}\ln\frac{a_{Cl^-,1}}{a_{Cl^-,2}} = (2t_+ - 1)\frac{RT}{F}\ln\frac{0.5 \times 0.649}{0.05 \times 0.812} = 2.0 \times 10^{-4}\ V$$

解得　$t_{K^+} = 0.502, \qquad t_{Cl^-} = 1 - t_{K^+} = 0.498$

**例9.10**　已知 298 K 时, 反应 $2H_2O(g) \Longleftrightarrow 2H_2(g) + O_2(g)$ 的平衡常数为 $9.7 \times 10^{-81}$, 这时的饱和蒸气压为 3200 Pa, 试求 298 K 时下述电池的电动势 $E$:

$$Pt(s) \mid H_2(p^\ominus) \mid H_2SO_4(0.01\ mol\cdot kg^{-1}) \mid O_2(p^\ominus) \mid Pt(s)$$

(298 K 时的平衡常数是根据高温下的数据间接求出的。由于氧电极上的电极反应不易达到平衡, 不能测出电动势 $E$ 的精确值, 所以可通过上法来计算 $E$ 值。)

**解**: 这是一个氢氧燃料电池, 电池反应刚好与已知平衡常数的反应相反。要计算电池的电动势, 需要知道电池反应的 $\Delta_r G_m$。

负极　$2H_2(p^\ominus) \longrightarrow 4H^+(a_{H^+}) + 4e^-$

正极　$O_2(p^\ominus) + 4H^+(a_{H^+}) + 4e^- \longrightarrow 2H_2O(l)$

净反应　$2H_2(p_{H_2}) + O_2(p^\ominus) \Longleftrightarrow 2H_2O(l)$

在生成的 $H_2O(l)$ 中, 它的饱和蒸气压为 3200 Pa, 利用热力学状态函数的性质计算该电池反应的 $\Delta_r G_m^\ominus$。

$$\begin{array}{ccc} O_2(p^\ominus) + 2H_2(p_{H_2}) & \xrightarrow{\Delta_r G_m} & 2H_2O(l) \\ \downarrow \Delta_r G_{m,1} & & \uparrow \Delta_r G_{m,3} \\ 2H_2O(g, p^\ominus) & \xrightarrow{\Delta_r G_{m,2}} & 2H_2O(g, 3.2\ kPa) \end{array}$$

$\Delta_r G_{m,1}$ 就是水汽分解反应的逆反应的摩尔 Gibbs 自由能的变化值, 其值为

$$\Delta_r G_{m,1} = RT\ln K^\ominus = 8.314\ J\cdot mol^{-1}\cdot K^{-1} \times 298\ K \times \ln(9.7 \times 10^{-81}) = -456.46\ kJ\cdot mol^{-1}$$

$$\Delta_r G_{m,2} = 2RT\ln\frac{p_2}{p_1} = 2 \times 8.314\ J\cdot mol^{-1}\cdot K^{-1} \times 298\ K \times \ln\frac{3.2\ kPa}{100\ kPa} = -17.06\ kJ\cdot mol^{-1}$$

$\Delta_r G_{m,3}$ 是饱和蒸气压下的气–液平衡时的 Gibbs 自由能变化值, 则 $\Delta_r G_{m,3} = 0$。

$$\Delta_r G_m = \Delta_r G_{m,1} + \Delta_r G_{m,2} + \Delta_r G_{m,3} = (-456.46 - 17.06)\ \text{kJ}\cdot\text{mol}^{-1} = -473.52\ \text{kJ}\cdot\text{mol}^{-1}$$

$$E = -\frac{\Delta_r G_m}{zF} = \frac{473.52\ \text{kJ}\cdot\text{mol}^{-1}}{4 \times 96500\ \text{C}\cdot\text{mol}^{-1}} = 1.227\ \text{V}$$

**例9.11**　计算 298 K 时, 下述电池的电动势 $E$:

$$\text{Pb(s)} \mid \text{PbCl}_2\text{(s)} \mid \text{HCl}(m = 0.1\ \text{mol}\cdot\text{kg}^{-1}) \,\vdots\vdots\, \text{H}_2(10\ \text{kPa}) \mid \text{Pb(s)}$$

已知 $\varphi^{\ominus}_{\text{Pb}^{2+}|\text{Pb}} = -0.126$ V, 该温度下, $PbCl_2$(s) 在水中饱和溶液的质量摩尔浓度为 0.039 mol·kg$^{-1}$, 用 Debye-Hückel 极限公式求活度因子。

**解**: 要计算电池的电动势, 必须知道电极的标准电极电势。这里负极的标准电极电势不知道, 需要用 $\varphi^{\ominus}_{\text{Pb}^{2+}|\text{Pb}}$ 和 $PbCl_2$(s) 在水中饱和溶液的质量摩尔浓度来计算, 这里需要设计一个电池反应刚好是 $PbCl_2$(s) 解离反应的电池。

负极　　$\text{Pb(s)} + 2\text{Cl}^-(a_{\text{Cl}^-}) \longrightarrow \text{PbCl}_2\text{(s)} + 2\text{e}^-$

正极　　$2\text{H}^+(a_{\text{H}^+}) + 2\text{e}^- \longrightarrow \text{H}_2(10\ \text{kPa})$

净反应　　$\text{Pb(s)} + 2\text{Cl}^-(a_{\text{Cl}^-}) + 2\text{H}^+(a_{\text{H}^+}) = \text{PbCl}_2\text{(s)} + \text{H}_2(10\ \text{kPa})$

$$E = E^{\ominus} - \frac{RT}{zF}\ln\prod_B a_B^{\nu_B} = (\varphi^{\ominus}_{\text{H}^+|\text{H}_2} - \varphi^{\ominus}_{\text{Cl}^-|\text{PbCl}_2|\text{Pb}}) - \frac{RT}{zF}\ln\frac{a_{\text{H}_2}}{a^2_{\text{H}^+}\cdot a^2_{\text{Cl}^-}}$$

为了得到 $\varphi^{\ominus}_{\text{Cl}^-|\text{PbCl}_2|\text{Pb}}$, 设计如下电池:

$$\text{Pb(s)} \mid \text{Pb}^{2+}(a_{\text{Pb}^{2+}}) \parallel \text{Cl}^-(a_{\text{Cl}^-}) \mid \text{PbCl}_2\text{(s)} \mid \text{Pb(s)}$$

负极　　$\text{Pb(s)} \longrightarrow \text{Pb}^{2+}(a_{\text{Pb}^{2+}}) + 2\text{e}^-$

正极　　$\text{PbCl}_2\text{(s)} + 2\text{e}^- \longrightarrow \text{Pb(s)} + 2\text{Cl}^-(a_{\text{Cl}^-})$

净反应　　$\text{PbCl}_2\text{(s)} = \text{Pb}^{2+}(a_{\text{Pb}^{2+}}) + 2\text{Cl}^-(a_{\text{Cl}^-})$

从该电池的标准电动势与 $PbCl_2$ 活度积的关系, 可求得 $\varphi^{\ominus}_{\text{Cl}^-|\text{PbCl}_2|\text{Pb}}$ 的值。

$$E^{\ominus} = -\varphi^{\ominus}_{\text{Cl}^-|\text{PbCl}_2|\text{Pb}} - \varphi^{\ominus}_{\text{Pb}^{2+}|\text{Pb}} = \frac{RT}{zF}\ln K_{sp}$$

$PbCl_2$(s) 饱和水溶液的离子强度为

$$I = 3m = 3 \times 0.039\ \text{mol}\cdot\text{kg}^{-1} = 0.117\ \text{mol}\cdot\text{kg}^{-1}$$

$$\lg\gamma_{\pm} = -0.509(\text{mol}\cdot\text{kg}^{-1})^{-1/2} \times |2 \times (-1)| \times \sqrt{0.117\ \text{mol}\cdot\text{kg}^{-1}} = -0.3482$$

$$\gamma_{\pm} = 0.449$$

$$K^{\ominus}_{sp} = 4 \times (0.449 \times 0.039)^3 = 2.148 \times 10^{-5}$$

$$\varphi^{\ominus}_{\text{Cl}^-|\text{PbCl}_2|\text{Pb}} = -0.126\ \text{V} + \frac{RT}{2F}\ln(2.148 \times 10^{-5}) = -0.264\ \text{V}$$

代入要求电池的电动势计算公式:

$$E = (\varphi^{\ominus}_{\text{H}^+|\text{H}_2} - \varphi^{\ominus}_{\text{Cl}^-|\text{PbCl}_2|\text{Pb}}) - \frac{RT}{zF}\ln\frac{a_{\text{H}_2}}{a^2_{\text{H}^+}\cdot a^2_{\text{Cl}^-}}$$

$$= -\varphi^{\ominus}_{\mathrm{Cl^-|PbCl_2|Pb}} - \frac{RT}{zF}\ln\frac{p_{\mathrm{H_2}}/p^{\ominus}}{\left(\gamma_{\pm}\frac{m_{\mathrm{HCl}}}{m^{\ominus}}\right)^4}$$

HCl 溶液的离子平均活度因子计算如下:

$$\lg\gamma_{\pm} = -0.509(\mathrm{mol\cdot kg^{-1}})^{-1/2} \times |1\times(-1)| \times \sqrt{0.1\ \mathrm{mol\cdot kg^{-1}}} = -0.1610$$

$$\gamma_{\pm} = 0.690$$

$$E = 0.264\ \mathrm{V} - \frac{RT}{2F}\ln\frac{10/100}{(0.690\times 0.1)^4} = 0.156\ \mathrm{V}$$

由于 HCl 溶液的浓度较大, 已超出 Debye-Hückel 极限公式的适用范围, 这种计算仅作练习而已。

**例9.12** 有如下电池:

$$\mathrm{Cu(s)\mid Cu(Ac)_2(0.1\ mol\cdot kg^{-1})\mid AgAc(s)\mid Ag(s)}$$

已知 298 K 时, 该电池的电动势 $E(298\ \mathrm{K}) = 0.372\ \mathrm{V}$, 温度为 308 K 时, $E(308\ \mathrm{K}) = 0.374\ \mathrm{V}$, 设电动势 $E$ 随温度的变化是均匀的。又知 298 K 时, $\varphi^{\ominus}_{\mathrm{Ag^+|Ag}} = 0.7996\ \mathrm{V}$, $\varphi^{\ominus}_{\mathrm{Cu^{2+}|Cu}} = 0.3419\ \mathrm{V}$。

(1) 写出电极反应和电池反应。

(2) 当电池可逆地输出 2 mol 电子的电荷量时, 求电池反应的 $\Delta_r G_m$, $\Delta_r H_m$ 和 $\Delta_r S_m$。

(3) 求醋酸银 AgAc(s) 的活度积 $K^{\ominus}_{sp}$ (设活度因子均为 1)。

**解**: (1) 负极 $\mathrm{Cu(s)} \longrightarrow \mathrm{Cu^{2+}}(a_{\mathrm{Cu^{2+}}}) + 2\mathrm{e^-}$

正极 $\mathrm{2AgAc(s)} + 2\mathrm{e^-} \longrightarrow \mathrm{2Ag(s)} + \mathrm{2Ac^-}(a_{\mathrm{Ac^-}})$

净反应 $\mathrm{Cu(s)} + \mathrm{2AgAc(s)} \xlongequal{\quad} \mathrm{2Ag(s)} + \mathrm{Cu^{2+}}(a_{\mathrm{Cu^{2+}}}) + \mathrm{2Ac^-}(a_{\mathrm{Ac^-}})$

(2) 因为电动势 $E$ 随 $T$ 的变化是均匀的, 所以

$$\left(\frac{\Delta E}{\Delta T}\right)_p = \frac{(0.374-0.372)\ \mathrm{V}}{(308-298)\ \mathrm{K}} = 2.00\times 10^{-4}\ \mathrm{V\cdot K^{-1}}$$

$$\Delta_r G_m = -zEF = -2\times 0.372\ \mathrm{V}\times 96500\ \mathrm{C\cdot mol^{-1}} = -71.8\ \mathrm{kJ\cdot mol^{-1}}$$

$$\Delta_r S_m = zF\left(\frac{\partial E}{\partial T}\right)_p = 2\times 96500\ \mathrm{C\cdot mol^{-1}}\times 2.00\times 10^{-4}\ \mathrm{V\cdot K^{-1}} = 38.6\ \mathrm{J\cdot mol^{-1}\cdot K^{-1}}$$

$$\Delta_r H_m = \Delta_r G_m + T\Delta_r S_m = (-71.8 + 298\times 38.6\times 10^{-3})\ \mathrm{kJ\cdot mol^{-1}} = -60.3\ \mathrm{kJ\cdot mol^{-1}}$$

(3) 要计算 AgAc(s) 的活度积, 首先要设计一个电池, 使电池反应就是 AgAc(s) 的解离反应, 这样可从所设计电池的标准电动势, 计算该电池的平衡常数也就是 AgAc(s) 的活度积。所设计的电池为

$$\mathrm{Ag(s)\mid Ag^+}(a_{\mathrm{Ag^+}})\parallel \mathrm{Ac^-}(a_{\mathrm{Ac^-}})\mid \mathrm{AgAc(s)\mid Ag(s)}$$

电池反应为 $\mathrm{AgAc(s)} \xlongequal{\quad} \mathrm{Ag^+}(a_{\mathrm{Ag^+}}) + \mathrm{Ac^-}(a_{\mathrm{Ac^-}})$

现在要从已知电池的电动势, 求出 $\varphi^{\ominus}_{\mathrm{Ac^-|AgAc|Ag}}$。已知电池电动势的计算式为

$$E = \varphi^{\ominus}_{\mathrm{Ac^-|AgAc|Ag}} - \varphi^{\ominus}_{\mathrm{Cu^{2+}|Cu}} - \frac{RT}{2F}\ln(a_{\mathrm{Cu^{2+}}}\cdot a^2_{\mathrm{Ac^-}})$$

$$0.372\ \text{V} = \varphi^{\ominus}_{\text{Ac}^-|\text{AgAc}|\text{Ag}} - 0.3419\ \text{V} - \frac{RT}{2F}\ln[0.1 \times (0.2)^2]$$

解得
$$\varphi^{\ominus}_{\text{Ac}^-|\text{AgAc}|\text{Ag}} = 0.643\ \text{V}$$

则所设计电池的标准电动势为

$$E^{\ominus} = \varphi^{\ominus}_{\text{Ac}^-|\text{AgAc}|\text{Ag}} - \varphi^{\ominus}_{\text{Ag}^+|\text{Ag}} = (0.643 - 0.7996)\ \text{V} = -0.157\ \text{V}$$

AgAc(s) 的活度积为

$$K^{\ominus}_{\text{sp}} = \exp\left(\frac{zE^{\ominus}F}{RT}\right) = \exp\left[\frac{1 \times (-0.157) \times 96500}{8.314 \times 298}\right] = 2.21 \times 10^{-3}$$

**例9.13**　已知 298 K 时电极 $\text{Hg}_2^{2+}(a_{\text{Hg}_2^{2+}})|\text{Hg(l)}$ 的标准还原电极电势为 0.789 V, $\text{Hg}_2\text{SO}_4\text{(s)}$ 的溶度积 $K^{\ominus}_{\text{sp}} = 8.2 \times 10^{-7}$, 试求电极 $\text{SO}_4^{2-}(a_{\text{SO}_4^{2-}})\ |\ \text{Hg}_2\text{SO}_4\text{(s)}\ |\ \text{Hg(l)}$ 的标准电极电势。

**解**: 已知 $\text{Hg}_2\text{SO}_4\text{(s)}$ 的活度积, 就可以用该溶度积计算电池反应刚好是 $\text{Hg}_2\text{SO}_4\text{(s)}$ 解离平衡反应的电池的标准电动势。这两个电极组成的电池的电池反应恰好就是 $\text{Hg}_2\text{SO}_4\text{(s)}$ 解离反应, 电池的表示式如下:

$$\text{Hg(l)}\ |\ \text{Hg}_2^{2+}(a_{\text{Hg}_2^{2+}})\ \|\ \text{SO}_4^{2-}(a_{\text{SO}_4^{2-}})\ |\ \text{Hg}_2\text{SO}_4\text{(s)}\ |\ \text{Hg(l)}$$

负极　　$2\text{Hg(l)} \longrightarrow \text{Hg}_2^{2+}(a_{\text{Hg}_2^{2+}}) + 2\text{e}^-$

正极　　$\text{Hg}_2\text{SO}_4\text{(s)} + 2\text{e}^- \longrightarrow 2\text{Hg(l)} + \text{SO}_4^{2-}(a_{\text{SO}_4^{2-}})$

净反应　　$\text{Hg}_2\text{SO}_4\text{(s)} =\!=\!= \text{Hg}_2^{2+}(a_{\text{Hg}_2^{2+}}) + \text{SO}_4^{2-}(a_{\text{SO}_4^{2-}})$

说明电池反应的离子活度积就等于 $K^{\ominus}_{\text{sp}} = 8.2 \times 10^{-7}$, 则

$$E^{\ominus} = \varphi^{\ominus}_{\text{SO}_4^{2-}|\text{Hg}_2\text{SO}_4|\text{Hg}} - \varphi^{\ominus}_{\text{Hg}_2^{2+}|\text{Hg}} = \frac{RT}{zF}\ln K^{\ominus}_{\text{sp}}$$

$$\varphi^{\ominus}_{\text{SO}_4^{2-}|\text{Hg}_2\text{SO}_4|\text{Hg}} = \frac{RT}{zF}\ln K^{\ominus}_{\text{sp}} + \varphi^{\ominus}_{\text{Hg}_2^{2+}|\text{Hg}} = \left[\frac{8.314 \times 298}{2 \times 96500} \times \ln(8.2 \times 10^{-7}) + 0.789\right]\text{V} = 0.609\ \text{V}$$

**例9.14**　在 298 K 时, 有电池 $\text{Pt(s)}|\text{H}_2(p^{\ominus})|\text{HI}(m)|\text{AuI(s)}|\text{Au(s)}$, 已知当 HI 溶液的质量摩尔浓度 $m = 1.0 \times 10^{-4}\ \text{mol}\cdot\text{kg}^{-1}$ 时, $E = 0.97$ V; 当 $m = 3.0\ \text{mol}\cdot\text{kg}^{-1}$ 时, $E = 0.41$ V; 电极 $\text{Au}^+|\text{Au(s)}$ 的标准电极电势为 $\varphi^{\ominus}_{\text{Au}^+|\text{Au}} = 1.692$ V。试求:

(1) HI 溶液的质量摩尔浓度为 $3.0\ \text{mol}\cdot\text{kg}^{-1}$ 时的平均离子活度因子 $\gamma_{\pm}$;

(2) AuI(s) 的活度积常数 $K^{\ominus}_{\text{ap}}$。

**解**: (1) 如果知道电极电势 $\varphi^{\ominus}_{\text{I}^-|\text{AuI}|\text{Au}}$ 的值, 代入电动势的计算公式, 就能计算各种浓度下的 $\gamma_{\pm}$。现在因为此值不知道, 所以根据题目条件, 在 $m = 1.0 \times 10^{-4}\ \text{mol}\cdot\text{kg}^{-1}$ 时, $\gamma_{\pm} \approx 1$, 从而算出标准电动势 $E^{\ominus}$, 也就是 $\varphi^{\ominus}_{\text{I}^-|\text{AuI}|\text{Au}}$, 再计算 $m = 3.0 \times 10^{-4}\ \text{mol}\cdot\text{kg}^{-1}$ 时的 $\gamma_{\pm}$。

电池反应为

负极　　$\frac{1}{2}\text{H}_2(p^{\ominus}) \longrightarrow \text{H}^+(a_{\text{H}^+}) + \text{e}^-$

正极　　$\text{AuI(s)} + \text{e}^- \longrightarrow \text{Au(s)} + \text{I}^-(a_{\text{I}^-})$

净反应　　$\frac{1}{2}\text{H}_2(p^{\ominus}) + \text{AuI(s)} =\!=\!= \text{Au(s)} + \text{H}^+(a_{\text{H}^+}) + \text{I}^-(a_{\text{I}^-})$

$$E = E^{\ominus} - \frac{RT}{zF}\ln(a_{H^+} \cdot a_{I^-}) = \varphi^{\ominus}_{I^-|AuI|Au} - \frac{RT}{zF}\ln\left(\gamma_{\pm}\frac{m}{m^{\ominus}}\right)^2$$

$$\varphi^{\ominus}_{I^-|AuI|Au} = E + \frac{RT}{zF}\ln\left(\gamma_{\pm}\frac{m}{m^{\ominus}}\right)^2$$

当 $m = 1.0 \times 10^{-4}$ mol·kg$^{-1}$ 时, $\gamma_{\pm} \approx 1$, 代入解得

$$\varphi^{\ominus}_{I^-|AuI|Au} = \left[0.97 + \frac{8.314 \times 298}{96500}\ln(1 \times 10^{-4})^2\right] \text{V} = 0.497 \text{ V}$$

当 $m = 3.0$ mol·kg$^{-1}$ 时, 则

$$0.41 \text{ V} = \left[0.497 - \frac{8.314 \times 298}{96500}\ln(\gamma_{\pm} \times 3.0)^2\right] \text{V}$$

解得

$$\gamma_{\pm} = 1.81$$

由于电解质浓度太大, 使活度因子出现反常的值。

(2) 为了计算 AuI(s) 的 $K^{\ominus}_{ap}$, 设计如下电池, 使电池反应就是 AuI(s) 的解离反应:

$$\text{Au(s)}|\text{Au}^+(a_{\text{Au}^+}) \,\vdots\vdots\, \text{I}^-(a_{\text{I}^-}) \,|\, \text{AuI(s)} \,|\, \text{Au(s)}$$

负极　$\text{Au(s)} \longrightarrow \text{Au}^+(a_{\text{Au}^+}) + \text{e}^-$

正极　$\text{AuI(s)} + \text{e}^- \longrightarrow \text{Au(s)} + \text{I}^-(a_{\text{I}^-})$

净反应　$\text{AuI(s)} == \text{Au}^+(a_{\text{Au}^+}) + \text{I}^-(a_{\text{I}^-})$

$$E^{\ominus} = \varphi^{\ominus}_{I^-|AuI|Au} - \varphi^{\ominus}_{Au^+|Au} = (0.497 - 1.692) \text{ V} = -1.195 \text{ V}$$

$$K^{\ominus}_{ap} = \exp\left(\frac{zE^{\ominus}F}{RT}\right) = \exp\left[\frac{1 \times (-1.195) \times 96500}{8.314 \times 298}\right] = 6.11 \times 10^{-21}$$

这说明 AuI(s) 的溶解度极小。

**例9.15** 在 298 K 时, 下述电池的电动势 $E = 0.1519$ V:

$$\text{Ag(s)} \,|\, \text{AgI(s)} \,|\, \text{HI}(a = 1) \,|\, \text{H}_2(p^{\ominus}) \,|\, \text{Pt(s)}$$

并已知下列物质的标准摩尔生成焓:

| 物质 | AgI(s) | $Ag^+$ | $I^-$ |
| --- | --- | --- | --- |
| $\Delta_f H^{\ominus}_m/(\text{kJ}\cdot\text{mol}^{-1})$ | −61.84 | 105.6 | −55.19 |

(1) 当电池可逆输出 1 mol 电子的电荷量时, 试求电池反应的 $Q, W_e$ (膨胀功), $W_f$ (电功), $\Delta_r U_m$, $\Delta_r H_m$, $\Delta_r S_m$, $\Delta_r A_m$ 和 $\Delta_r G_m$;

(2) 如果让电池短路, 不做电功, 则在发生同样的反应时上述各函数的变量又为多少?

**解**: 首先写出电池反应, 电子的计量系数为 1, 这样该电池反应的反应进度为 1 mol 时, 就相当于输出 1 mol 电子的电荷量。从已知的电动势可以计算 $W_f$ (电功) 和 $\Delta_r G_m$, 从物质的标准摩尔生成焓可以计算电池反应的摩尔反应焓变, 从而可以计算 $\Delta_r S_m$ 和电池的可逆热效应。从气态物质的变化可以计算出 $W_e$ (膨胀功), 然后再计算 $\Delta_r U_m$ 和 $\Delta_r A_m$。根据状态函数的性质, 第 (2) 问是很容易回答的。

(1) 负极　　$Ag(s) + I^-(a_{I^-}) \longrightarrow AgI(s) + e^-$

正极　　$H^+(a_{H^+}) + e^- \longrightarrow \frac{1}{2}H_2(p^\ominus)$

净反应　　$Ag(s) + I^-(a_{I^-}) + H^+(a_{H^+}) =\!=\!= AgI(s) + \frac{1}{2}H_2(p^\ominus)$

$$\Delta_r G_m = -zEF = -1 \times 0.1519\ \text{V} \times 96500\ \text{C·mol}^{-1} = -14.66\ \text{kJ·mol}^{-1}$$

$$W_f(\text{电功}) = \Delta_r G_m = -14.66\ \text{kJ·mol}^{-1}$$

$$\Delta_r H_m = \sum_B \nu_B \Delta_f H_m^\ominus = (-61.84 + 55.19)\ \text{kJ·mol}^{-1} = -6.65\ \text{kJ·mol}^{-1}$$

$$\Delta_r S_m = \frac{\Delta_r H_m - \Delta_r G_m}{T} = \frac{(-6.65 + 14.66)\ \text{kJ·mol}^{-1}}{298\ \text{K}} = 26.88\ \text{J·mol}^{-1}\text{·K}^{-1}$$

$$Q_R = T\Delta_r S_m = \Delta_r H_m - \Delta_r G_m = (-6.65 + 14.66)\ \text{kJ·mol}^{-1} = 8.01\ \text{kJ·mol}^{-1}$$

$$W_e = -p\Delta V = -\sum_B \nu_B RT = -\frac{1}{2} \times 8.314\ \text{J·mol}^{-1}\text{·K}^{-1} \times 298\ \text{K} = -1.24\ \text{kJ·mol}^{-1}$$

$$\Delta_r U_m = \Delta_r H_m - (p\Delta V) = (-6.65 - 1.24)\ \text{kJ·mol}^{-1} = -7.89\ \text{kJ·mol}^{-1}$$

$$\Delta_r A_m = \Delta_r U_m - T\Delta_r S_m = (-7.89 - 8.01)\ \text{kJ·mol}^{-1} = -15.90\ \text{kJ·mol}^{-1}$$

或　$$\Delta_r A_m = W_{max} = W_e + W_f = (-1.24 - 14.66)\ \text{kJ·mol}^{-1} = -15.90\ \text{kJ·mol}^{-1}$$

(2) 当电池短路、不做电功时, 由于反应的始态和终态相同, 所以所有状态函数的变量都与 (1) 中的相同。但功和热不同, 虽然膨胀功是一样的, 但

$$W_f(\text{电功}) = 0$$

$$Q_p = \Delta_r H_m = -6.65\ \text{kJ·mol}^{-1}$$

因为电池短路是不可逆过程, 这时 $\Delta_r A_m = W_{max} \neq W_e$。

# 三、习题及解答

**9.1**　写出下列电池中各电极的反应和电池反应。

(1) $Pt(s) \mid H_2(p_{H_2}) \mid HCl(a) \mid Cl_2(p_{Cl_2}) \mid Pt(s)$

(2) $Pt(s) \mid H_2(p_{H_2}) \mid H^+(a_{H^+}) \,\vdots\vdots\, Ag^+(a_{Ag^+}) \mid Ag(s)$

(3) $Ag(s) \mid AgI(s) \mid I^-(a_{I^-}) \,\vdots\vdots\, Cl^-(a_{Cl^-}) \mid AgCl(s) \mid Ag(s)$

(4) $Pb(s) \mid PbSO_4(s) \mid SO_4^{2-}(a_{SO_4^{2-}}) \,\vdots\vdots\, Cu^{2+}(a_{Cu^{2+}}) \mid Cu(s)$

(5) $Pt(s) \mid H_2(p_{H_2}) \mid NaOH(a) \mid HgO(s) \mid Hg(l)$

(6) $Pt(s) \mid H_2(p_{H_2}) \mid H^+(aq) \mid Sb_2O_3(s) \mid Sb(s)$

(7) $Pt(s) \mid Fe^{3+}(a_1), Fe^{2+}(a_2) \,\vdots\vdots\, Ag^+(a_{Ag^+}) \mid Ag(s)$

(8) $Na(Hg)(a_{am})\,|\,Na^+(a_{Na^+})\,\vdots\vdots\,OH^-(a_{OH^-})\,|\,HgO(s)\,|\,Hg(l)$

**解**: (1) 负极 $H_2(p_{H_2}) \longrightarrow 2H^+(a_{H^+}) + 2e^-$

正极 $Cl_2(p_{Cl_2}) + 2e^- \longrightarrow 2Cl^-(a_{Cl^-})$

净反应 $H_2(p_{H_2}) + Cl_2(p_{Cl_2}) \xlongequal{\quad} 2H^+(a_{H^+}) + 2Cl^-(a_{Cl^-})$

(2) 负极 $H_2(p_{H_2}) \longrightarrow 2H^+(a_{H^+}) + 2e^-$

正极 $2Ag^+(a_{Ag^+}) + 2e^- \longrightarrow 2Ag(s)$

净反应 $H_2(p_{H_2}) + 2Ag^+(a_{Ag^+}) \xlongequal{\quad} 2H^+(a_{H^+}) + 2Ag(s)$

(3) 负极 $Ag(s) + I^-(a_{I^-}) \longrightarrow AgI(s) + 2e^-$

正极 $AgCl(s) + e^- \longrightarrow Ag(s) + Cl^-(a_{Cl^-})$

净反应 $AgCl(s) + I^-(a_{I^-}) \xlongequal{\quad} AgI(s) + Cl^-(a_{Cl^-})$

(4) 负极 $Pb(s) + SO_4^{2-}(a_{SO_4^{2-}}) \longrightarrow PbSO_4(s) + 2e^-$

正极 $Cu^{2+}(a_{Cu^{2+}}) + 2e^- \longrightarrow Cu(s)$

净反应 $Pb(s) + SO_4^{2-}(a_{SO_4^{2-}}) + Cu^{2+}(a_{Cu^{2+}}) \xlongequal{\quad} PbSO_4(s) + Cu(s)$

(5) 负极 $H_2(p_{H_2}) + 2OH^-(a_{OH^-}) \longrightarrow 2H_2O(l) + 2e^-$

正极 $HgO(s) + H_2O(l) + 2e^- \longrightarrow 2OH^-(a_{OH^-}) + Hg(l)$

净反应 $H_2(p_{H_2}) + HgO(s) \xlongequal{\quad} Hg(l) + H_2O(l)$

(6) 负极 $3H_2(p_{H_2}) \longrightarrow 6H^+(aq) + 6e^-$

正极 $Sb_2O_3(s) + 6H^+(aq) + 6e^- \longrightarrow 2Sb(s) + 3H_2O(l)$

净反应 $3H_2(p_{H_2}) + Sb_2O_3(s) \xlongequal{\quad} 2Sb(s) + 3H_2O(l)$

(7) 负极 $Fe^{2+}(a_2) \longrightarrow Fe^{3+}(a_1) + e^-$

正极 $Ag^+(a_{Ag^+}) + e^- \longrightarrow Ag(s)$

净反应 $Fe^{2+}(a_2) + Ag^+(a_{Ag^+}) \xlongequal{\quad} Fe^{3+}(a_1) + Ag(s)$

(8) 负极 $2Na(Hg)(a_{am}) \longrightarrow 2Na^+(a_{Na^+}) + nHg(l) + 2e^-$

正极 $HgO(s) + H_2O(l) + 2e^- \longrightarrow Hg(l) + 2OH^-(a_{OH^-})$

净反应 $2Na(Hg)(a_{am}) + HgO(s) + H_2O(l) \xlongequal{\quad} 2Na^+(a_{Na^+}) + 2OH^-(a_{OH^-}) + (n+1)Hg(l)$

**9.2** 试将下述化学反应设计成电池。

(1) $AgCl(s) \longrightarrow Ag^+(a_{Ag^+}) + Cl^-(a_{Cl^-})$

(2) $AgCl(s) + I^-(a_{I^-}) \longrightarrow AgI(s) + Cl^-(a_{Cl^-})$

(3) $H_2(p_{H_2}) + HgO(s) \longrightarrow Hg(l) + H_2O(l)$

(4) $Fe^{2+}(a_2) + Ag^+(a_{Ag^+}) \longrightarrow Fe^{3+}(a_1) + Ag(s)$

(5) $Cl_2(p_{Cl_2}) + 2I^-(a_{I^-}) \longrightarrow I_2(s) + 2Cl^-(a_{Cl^-})$

(6) $H_2O(l) \longrightarrow H^+(a_{H^+}) + OH^-(a_{OH^-})$

(7) $Mg(s) + \frac{1}{2}O_2(g) + H_2O(l) \longrightarrow Mg(OH)_2(s)$

(8) $Pb(s) + HgO(s) \longrightarrow Hg(l) + PbO(s)$

(9) $Sn^{2+}(a_{Sn^{2+}}) + Tl^{3+}(a_{Tl^{3+}}) \longrightarrow Sn^{4+}(a_{Sn^{4+}}) + Tl^{+}(a_{Tl^{+}})$

**解**: (1) $Ag^+$ 是由 Ag(s) 氧化而来的, 所以电极 $Ag(s)|Ag^+(a_{Ag^+})$ 作阳极, 则二类电极 $Cl^-(a_{Cl^-})|AgCl(s)|Ag(s)$ 作阴极, 设计的电池为

$$Ag(s) \mid Ag^+(a_{Ag^+}) \,\vdots\vdots\, Cl^-(a_{Cl^-}) \mid AgCl(s) \mid Ag(s)$$

然后写出电极反应和电池反应进行证实:

负极　　$Ag(s) \longrightarrow Ag^+(a_{Ag^+}) + e^-$

正极　　$AgCl(s) + e^- \longrightarrow Ag(s) + Cl^-(a_{Cl^-})$

净反应　　$AgCl(s) \xlongequal{\quad} Ag^+(a_{Ag^+}) + Cl^-(a_{Cl^-})$

说明设计的电极反应和电池反应是正确的。同理, 其余设计的电池为

(2) $Ag(s) \mid AgI(s) \mid I^-(a_{I^-}) \,\vdots\vdots\, Cl^-(a_{Cl^-}) \mid AgCl(s) \mid Ag(s)$

(3) $Pt(s) \mid H_2(p_{H_2}) \mid OH^-(aq) \mid HgO(s) \mid Hg(l)$

(4) $Pt(s) \mid Fe^{3+}(a_1), Fe^{2+}(a_2) \,\vdots\vdots\, Ag^+(a_{Ag^+}) \mid Ag(s)$

(5) $Pt(s) \mid I_2(s) \mid I^-(a_{I^-}) \,\vdots\vdots\, Cl^-(a_{Cl^-}) \mid Cl_2(p_{Cl_2}) \mid Pt(s)$

(6) $Pt(s) \mid H_2(p^\ominus) \mid H^+(a_{H^+}) \,\vdots\vdots\, OH^-(aq) \mid H_2(p^\ominus) \mid Pt(s)$

(7) $Mg(s) \mid Mg(OH)_2(s) \mid OH^-(aq) \mid O_2(p_{O_2}) \mid Pt(s)$

(8) $Pb(s) \mid PbO(s) \mid OH^-(aq) \mid HgO(s) \mid Hg(l)$

(9) $Pt(s) \mid Sn^{4+}(a_{Sn^{4+}}), Sn^{2+}(a_{Sn^{2+}}) \,\vdots\vdots\, Tl^{3+}(a_{Tl^{3+}}), Tl^{+}(a_{Tl^{+}}) \mid Pt(s)$

**9.3**　在 298 K 和 313 K 时分别测定 Daniell 电池的电动势, 得到 $E_1(298\ K) = 1.1030\ V$, $E_2(313\ K) = 1.0961\ V$, 设 Daniell 电池的反应为

$$Zn(s) + CuSO_4(a=1) \xlongequal{\quad} Cu(s) + ZnSO_4(a=1)$$

并设在上述温度范围内, $E$ 随 $T$ 的变化率保持不变, 求 Daniell 电池在 298 K 时反应的 $\Delta_r G_m$, $\Delta_r H_m$, $\Delta_r S_m$ 和可逆热效应 $Q_R$。

**解**: $\left(\frac{\partial E}{\partial T}\right)_p = \frac{E_2 - E_1}{T_2 - T_1} = \frac{(1.0961 - 1.1030)\ V}{(313 - 298)\ K} = -4.6 \times 10^{-4}\ V \cdot K^{-1}$

$$\Delta_r G_m = -zEF = -2 \times 1.1030\ V \times 96500\ C \cdot mol^{-1} = -212.9\ kJ \cdot mol^{-1}$$

$$\Delta_r S_m = zF\left(\frac{\partial E}{\partial T}\right)_p = 2 \times 96500\ C \cdot mol^{-1} \times (-4.6 \times 10^{-4}\ V \cdot K^{-1}) = -88.78\ J \cdot mol^{-1} \cdot K^{-1}$$

$$\begin{aligned}\Delta_r H_m &= \Delta_r G_m + T\Delta_r S_m \\ &= -212.9\ kJ \cdot mol^{-1} + 298\ K \times (-88.78\ J \cdot mol^{-1} \cdot K^{-1}) = -239.4\ kJ \cdot mol^{-1}\end{aligned}$$

$$Q_R = T\Delta_r S_m = 298\ K \times (-88.78\ J \cdot mol^{-1} \cdot K^{-1}) = -26.46\ kJ \cdot mol^{-1}$$

**9.4** 在 298 K 时, 有下列电池:

$$\mathrm{Pt(s)\mid Cl_2(p^{\ominus})\mid HCl(0.1\ mol\cdot kg^{-1})\mid AgCl(s)\mid Ag(s)}$$

试求:

(1) 电池的电动势;

(2) 电动势温度系数和有 1 mol 电子电荷量可逆输出时的热效应;

(3) AgCl(s) 的分解压。

已知 $\Delta_f H_m^{\ominus}(\mathrm{AgCl,s}) = -1.270\times10^5\ \mathrm{J\cdot mol^{-1}}$; Ag(s), AgCl(s) 和 $Cl_2(g)$ 的规定熵值 $S_m^{\ominus}$ 分别为 $42.6\ \mathrm{J\cdot mol^{-1}\cdot K^{-1}}$, $96.3\ \mathrm{J\cdot mol^{-1}\cdot K^{-1}}$ 和 $223.066\ \mathrm{J\cdot mol^{-1}\cdot K^{-1}}$。

**解**: (1) 电池反应为 $\quad \mathrm{AgCl(s) \xlongequal{\quad} Ag(s) + \frac{1}{2}Cl_2(p^{\ominus})}$

$$\Delta_r H_m^{\ominus} = -\Delta_f H_m^{\ominus}(\mathrm{AgCl}) = 1.270\times10^5\ \mathrm{J\cdot mol^{-1}}$$

$$\begin{aligned}\Delta_r S_m^{\ominus} &= S_m^{\ominus}(\mathrm{Ag}) + \frac{1}{2}S_m^{\ominus}(\mathrm{Cl_2}) - S_m^{\ominus}(\mathrm{AgCl})\\ &= \left(42.6 + \frac{1}{2}\times223.066 - 96.3\right)\mathrm{J\cdot mol^{-1}\cdot K^{-1}} = 57.83\ \mathrm{J\cdot mol^{-1}\cdot K^{-1}}\end{aligned}$$

$$E = E^{\ominus} = -\frac{\Delta_r G_m^{\ominus}}{zF} = -\frac{\Delta_r H_m^{\ominus} - T\Delta_r S_m^{\ominus}}{zF} = \left(-\frac{1.270\times10^5 - 298\times57.83}{1\times96500}\right)\mathrm{V} = -1.137\ \mathrm{V}$$

(2) $$\left(\frac{\partial E}{\partial T}\right)_p = \frac{\Delta_r S_m^{\ominus}}{zF} = \frac{57.83\ \mathrm{J\cdot mol^{-1}\cdot K^{-1}}}{1\times96500\ \mathrm{C\cdot mol^{-1}}} = 5.993\times10^{-4}\ \mathrm{V\cdot K^{-1}}$$

$$Q_R = T\Delta_r S_m^{\ominus} = 298\ \mathrm{K}\times57.83\ \mathrm{J\cdot mol^{-1}\cdot K^{-1}} = 1.723\times10^4\ \mathrm{J}$$

(3) $$\ln K_p^{\ominus} = \frac{zE^{\ominus}F}{RT} = \frac{1\times(-1.137\ \mathrm{V})\times96500\ \mathrm{C\cdot mol^{-1}}}{8.314\ \mathrm{J\cdot mol^{-1}\cdot K^{-1}}\times298\ \mathrm{K}} = -44.29$$

$$K_p^{\ominus} = 5.82\times10^{-20}$$

$$K_p^{\ominus} = \left(\frac{p_{\mathrm{Cl_2}}}{p^{\ominus}}\right)^{1/2}$$

$$p_{\mathrm{Cl_2}} = 3.39\times10^{-34}\ \mathrm{Pa}$$

**9.5** $p^{\ominus}$ 下, 在 298~350 K 温度区间内测量下述电池在不同温度下的电动势:

$$\mathrm{Pt(s)\mid Ag(s)\mid RbAg_4I_5(\mathit{a})\mid Ag_3AuSe_2(s), Ag_2Se(s), Au(s)\mid Pt(s)}$$

实验测得该电池的电动势与温度的关系如下:

$$E/\mathrm{mV} = 91.193 + 0.116T/\mathrm{K} \qquad (298\ \mathrm{K} < T < 350\ \mathrm{K})$$

已知电池的实际反应为 $\quad \mathrm{Ag + Ag_3AuSe_2 \xlongequal{\quad} 2Ag_2Se + Au}$

(1) 求 298 K 时电池反应的 Gibbs 自由能变化 (不计系统的膨胀功);

(2) 求电池反应的摩尔熵变;

(3) 求 298 K 时电池反应的摩尔焓变;

(4) 求 298 K 时电池反应的可逆热效应。

**解**: (1) $E = (91.193 + 0.116 \times 298)\ \text{mV} = 0.126\ \text{V}$

$$\Delta_r G_m = -zEF = -1 \times 0.126\ \text{V} \times 96500\ \text{C}\cdot\text{mol}^{-1} = -12159\ \text{J}\cdot\text{mol}^{-1}$$

(2) $\left(\dfrac{\partial E}{\partial T}\right)_p = 1.16 \times 10^{-4}\ \text{V}\cdot\text{K}^{-1}$

$$\Delta_r S_m = zF\left(\frac{\partial E}{\partial T}\right)_p = 1 \times 96500\ \text{C}\cdot\text{mol}^{-1} \times (1.16 \times 10^{-4}\ \text{V}\cdot\text{K}^{-1}) = 11.19\ \text{J}\cdot\text{mol}^{-1}\cdot\text{K}^{-1}$$

(3) $\Delta_r H_m = \Delta_r G_m + T\Delta_r S_m$

$$= -12159\ \text{J}\cdot\text{mol}^{-1} + 298\ \text{K} \times (11.19\ \text{J}\cdot\text{mol}^{-1}\cdot\text{K}^{-1}) = -8824.4\ \text{J}\cdot\text{mol}^{-1}$$

(4) $Q_R = T\Delta_r S_m = 298\ \text{K} \times (11.19\ \text{J}\cdot\text{mol}^{-1}\cdot\text{K}^{-1}) = 3334.6\ \text{J}\cdot\text{mol}^{-1}$

**9.6**　有人设计了一个固体电池, 其电池反应为

$$3\text{Rh}_2\text{S}_3(\text{s}) + \text{H}_2(\text{g}) = 2\text{Rh}_3\text{S}_4(\text{s}) + \text{H}_2\text{S}(\text{g})$$

实验测得该电池在 925 K 和 1075 K 时, 电池电动势分别为 $E_1(925\ \text{K}) = 80\ \text{mV}$, $E_2(1075\ \text{K}) = 114\ \text{mV}$, 并发现在实验温度范围内电池电动势与温度的变化成线性关系, 电池温度系数不会发生变化。

(1) 在 1000 K 时, 试求该电池反应的 $\Delta_r G_m$, $\Delta_r S_m$, $\Delta_r H_m$, $Q_R$。

(2) 若只有 1 个电子得失, 则上述这些值又等于多少?

(3) 计算在相同的温度 (1000 K) 和压力下, 与电池净反应相同的热化学方程式的热效应。

**解**: (1) 假设电池电动势 $E$ 与温度 $T$ 的变化可用下列线性关系式表示:

$$E(T)/\text{V} = aT/\text{K} + b$$

由题目给出的不同温度下的电池电动势 $E$ 值, 联解方程, 可得

$$a = 2.27 \times 10^{-4}, \quad b = -0.1299$$

即

$$E(T)/\text{V} = 2.27 \times 10^{-4} T/\text{K} - 0.130$$

将温度 1000 K 代入, 可得　$E(1000\ \text{K}) = 0.097\ \text{V}$

$$\Delta_r G_m = -zEF = -2 \times 0.097\ \text{V} \times 96500\ \text{C}\cdot\text{mol}^{-1} = -18.72\ \text{kJ}\cdot\text{mol}^{-1}$$

$$\left(\frac{\partial E}{\partial T}\right)_p = \frac{E_2 - E_1}{T_2 - T_1} = \frac{(0.114 - 0.080)\ \text{V}}{(1075 - 925)\ \text{K}} = 2.27 \times 10^{-4}\ \text{V}\cdot\text{K}^{-1}$$

$$\Delta_r S_m = zF\left(\frac{\partial E}{\partial T}\right)_p = 2 \times 96500\ \text{C}\cdot\text{mol}^{-1} \times 2.27 \times 10^{-4}\ \text{V}\cdot\text{K}^{-1} = 43.81\ \text{J}\cdot\text{mol}^{-1}\cdot\text{K}^{-1}$$

$$\Delta_r H_m = \Delta_r G_m + T\Delta_r S_m$$

$$= -18.72\ \text{kJ}\cdot\text{mol}^{-1} + 1000\ \text{K} \times 43.81 \times 10^{-3}\ \text{kJ}\cdot\text{mol}^{-1}\cdot\text{K}^{-1} = 25.09\ \text{kJ}\cdot\text{mol}^{-1}$$

$$Q_R = T\Delta_r S_m = 1000\ \text{K} \times 43.81 \times 10^{-3}\ \text{kJ}\cdot\text{mol}^{-1}\cdot\text{K}^{-1} = 43.81\ \text{kJ}\cdot\text{mol}^{-1}$$

这是反应进度为 1 mol 时的可逆热效应。

(2) 若只有 1 个电子得失, 电池电动势值不变, 但所有热力学函数的变化值和热效应都减半。

$$\Delta_r G_m = -zEF = -1 \times 0.097\ \text{V} \times 96500\ \text{C}\cdot\text{mol}^{-1} = -9.36\ \text{kJ}\cdot\text{mol}^{-1}$$

$$\Delta_r S_m = zF\left(\frac{\partial E}{\partial T}\right)_p = 1 \times 96500\ \text{C}\cdot\text{mol}^{-1} \times 2.27 \times 10^{-4}\ \text{V}\cdot\text{K}^{-1} = 21.91\ \text{J}\cdot\text{mol}^{-1}\cdot\text{K}^{-1}$$

$$\Delta_r H_m = \Delta_r G_m + T\Delta_r S_m = 12.55\ \text{kJ}\cdot\text{mol}^{-1}$$

$$Q_R = T\Delta_r S_m = 21.91\ \text{kJ}\cdot\text{mol}^{-1}$$

(3) 因为焓是状态函数, 在电化学反应与热化学反应的始态和终态相同时, $\Delta_r H_m$ 是一样的, 所以与热化学方程式的焓的变化值是相同的。但是热效应不一样, 电化学反应中在反应进度为 1 mol 时吸热 43.81 kJ, 而在热化学反应中热效应与焓的变化值相同, 为吸热 25.09 kJ。

**9.7** 一个可逆电动势为 1.07 V 的原电池, 在恒温槽中恒温至 293 K。当此电池短路时 (即直接发生化学反应, 不做电功), 相当于有 1000 C 的电荷量通过。假定电池中发生的反应与可逆放电时的反应相同, 试求将此电池和恒温槽都看作系统时总的熵变。如果要分别求算恒温槽和电池的熵变, 还需何种数据?

**解**: 如果电池是以 1.07 V 的电动势可逆放出 1000 C 的电荷量, 所做的最大电功为

$$W_{\text{f,max}} = EQ = 1.07\ \text{V} \times 1000\ \text{C} = 1.07\ \text{kJ}$$

电池短路即意味着不做电功, 只放出热能, 俗称电池 "烧掉了", 这时 $Q_p = \Delta_r H_m$。恒温槽的热量得失的数值与电池的热效应相同, 但符号相反。所以

$$\Delta S_{\text{电池}} = \frac{\Delta_r H_m - \Delta_r G_m}{T} = \frac{Q_p - \Delta_r G_m}{T}$$

$$\Delta S_{\text{槽}} = -\frac{Q_p}{T}$$

$$\Delta S_{\text{总}} = \Delta S_{\text{电池}} + \Delta S_{\text{槽}} = \frac{Q_p - \Delta_r G_m}{T} - \frac{Q_p}{T} = -\frac{\Delta_r G_m}{T}$$

$$= \frac{nEF}{T} = \frac{1.07 \times 10^3\ \text{J}}{293\ \text{K}} = 3.65\ \text{J}\cdot\text{K}^{-1}$$

如果要分别求算恒温槽和电池的熵变, 则需要电池反应的焓变值, 或与电池反应相同的化学反应的等压热效应。

**9.8** 分别写出下列电池的电极反应、电池反应, 列出电动势 $E$ 的计算公式, 并计算电池的标准电动势 $E^{\ominus}$。设活度因子均为 1, 气体为理想气体。所需的标准电极电势从电极电势表中查阅。

(1) $\text{Pt(s)} \mid \text{H}_2(p^{\ominus}) \mid \text{KOH}(0.1\ \text{mol}\cdot\text{kg}^{-1}) \mid \text{O}_2(p^{\ominus}) \mid \text{Pt(s)}$

(2) $\text{Pt(s)} \mid \text{H}_2(p^{\ominus}) \mid \text{H}_2\text{SO}_4(0.01\ \text{mol}\cdot\text{kg}^{-1}) \mid \text{O}_2(p^{\ominus}) \mid \text{Pt(s)}$

(3) $\text{Ag(s)} \mid \text{AgI(s)} \mid \text{I}^-(a_{\text{I}^-}) \;\vdots\vdots\; \text{Ag}^+(a_{\text{Ag}^+}) \mid \text{Ag(s)}$

(4) $\text{Pt(s)} \mid \text{Sn}^{4+}(a_{\text{Sn}^{4+}}), \text{Sn}^{2+}(a_{\text{Sn}^{2+}}) \;\vdots\vdots\; \text{Tl}^{3+}(a_{\text{Tl}^{3+}}), \text{Tl}^+(a_{\text{Tl}^+}) \mid \text{Pt(s)}$

(5) $\text{Hg(l)} \mid \text{HgO(s)} \mid \text{KOH}(0.5\ \text{mol}\cdot\text{kg}^{-1}) \mid \text{K(Hg)}(a_{\text{am}} = 1)$

**解**: (1) 负极 $\text{H}_2(p_{\text{H}_2}) + 2\text{OH}^-(a_{\text{OH}^-}) \longrightarrow 2\text{H}_2\text{O(l)} + 2\text{e}^-$

正极 $\frac{1}{2}\text{O}_2(p_{\text{O}_2}) + \text{H}_2\text{O(l)} + 2\text{e}^- \longrightarrow 2\text{OH}^-(a_{\text{OH}^-})$

净反应 $\frac{1}{2}\text{O}_2(p_{\text{O}_2}) + \text{H}_2(p_{\text{H}_2}) =\!=\!= \text{H}_2\text{O(l)}$

$$E = E^{\ominus} - \frac{RT}{zF}\ln\prod_{\mathrm{B}} a_{\mathrm{B}}^{\nu_{\mathrm{B}}} = E^{\ominus} - \frac{RT}{2F}\ln\frac{1}{(p_{\mathrm{O_2}}/p^{\ominus})^{1/2}\cdot(p_{\mathrm{H_2}}/p^{\ominus})}$$

$$E^{\ominus} = \varphi^{\ominus}_{\mathrm{O_2|OH^-}} - \varphi^{\ominus}_{\mathrm{OH^-|H_2}} = [0.401-(-0.828)]\ \mathrm{V} = 1.229\ \mathrm{V}$$

(2) 负极　$\mathrm{H_2}(p_{\mathrm{H_2}}) \longrightarrow 2\mathrm{H^+}(a_{\mathrm{H^+}}) + 2\mathrm{e^-}$

正极　$\frac{1}{2}\mathrm{O_2}(p_{\mathrm{O_2}}) + 2\mathrm{H^+}(a_{\mathrm{H^+}}) + 2\mathrm{e^-} \longrightarrow \mathrm{H_2O(l)}$

净反应　$\frac{1}{2}\mathrm{O_2}(p_{\mathrm{O_2}}) + \mathrm{H_2}(p_{\mathrm{H_2}}) = \mathrm{H_2O(l)}$

$$E = E^{\ominus} - \frac{RT}{zF}\ln\prod_{\mathrm{B}} a_{\mathrm{B}}^{\nu_{\mathrm{B}}} = E^{\ominus} - \frac{RT}{2F}\ln\frac{1}{(p_{\mathrm{O_2}}/p^{\ominus})^{1/2}\cdot(p_{\mathrm{H_2}}/p^{\ominus})}$$

$$E^{\ominus} = \varphi^{\ominus}_{\mathrm{O_2|H^+,H_2O}} - \varphi^{\ominus}_{\mathrm{H^+|H_2}} = (1.229-0)\ \mathrm{V} = 1.229\ \mathrm{V}$$

(3) 负极　$\mathrm{Ag^+(s)} + \mathrm{I^-}(a_{\mathrm{I^-}}) \longrightarrow \mathrm{AgI(s)} + \mathrm{e^-}$

正极　$\mathrm{Ag^+}(a_{\mathrm{Ag^+}}) + \mathrm{e^-} \longrightarrow \mathrm{Ag(s)}$

净反应　$\mathrm{Ag^+}(a_{\mathrm{Ag^+}}) + \mathrm{I^-}(a_{\mathrm{I^-}}) = \mathrm{AgI(s)}$

$$E = E^{\ominus} - \frac{RT}{F}\ln\frac{1}{a_{\mathrm{Ag^+}}\cdot a_{\mathrm{I^-}}}$$

$$E^{\ominus} = \varphi^{\ominus}_{\mathrm{Ag^+|Ag}} - \varphi^{\ominus}_{\mathrm{I^-|AgI|Ag}} = [0.7996-(-0.152)]\ \mathrm{V} = 0.9516\ \mathrm{V}$$

(4) 负极　$\mathrm{Sn^{2+}}(a_{\mathrm{Sn^{2+}}}) \longrightarrow \mathrm{Sn^{4+}}(a_{\mathrm{Sn^{4+}}}) + 2\mathrm{e^-}$

正极　$\mathrm{Tl^{3+}}(a_{\mathrm{Tl^{3+}}}) + 2\mathrm{e^-} \longrightarrow \mathrm{Tl^+}(a_{\mathrm{Tl^+}})$

净反应　$\mathrm{Sn^{2+}}(a_{\mathrm{Sn^{2+}}}) + \mathrm{Tl^{3+}}(a_{\mathrm{Tl^{3+}}}) = \mathrm{Sn^{4+}}(a_{\mathrm{Sn^{4+}}}) + \mathrm{Tl^+}(a_{\mathrm{Tl^+}})$

$$E = E^{\ominus} - \frac{RT}{2F}\ln\frac{a_{\mathrm{Sn^{4+}}}a_{\mathrm{Tl^+}}}{a_{\mathrm{Sn^{2+}}}\cdot a_{\mathrm{Tl^{3+}}}}$$

$$E^{\ominus} = \varphi^{\ominus}_{\mathrm{Tl^{3+}|Tl^+}} - \varphi^{\ominus}_{\mathrm{Sn^{4+}|Sn^{2+}}} = (1.25-0.15)\ \mathrm{V} = 1.10\ \mathrm{V}$$

(5) 负极　$\frac{1}{2}\mathrm{Hg(l)} + \mathrm{OH^-}(a_{\mathrm{OH^-}}) \longrightarrow \frac{1}{2}\mathrm{HgO(s)} + \frac{1}{2}\mathrm{H_2O(l)} + \mathrm{e^-}$

正极　$\mathrm{K^+}(a_{\mathrm{K^+}}) + n\mathrm{Hg(l)} + \mathrm{e^-} \longrightarrow \mathrm{K(Hg)}(a_{\mathrm{am}})$

净反应　$n\mathrm{Hg(l)} + \mathrm{K^+}(a_{\mathrm{K^+}}) + \mathrm{OH^-}(a_{\mathrm{OH^-}}) = \frac{1}{2}\mathrm{HgO(s)} + \frac{1}{2}\mathrm{H_2O(l)} + \mathrm{K(Hg)}(a_{\mathrm{am}})$

$$E = E^{\ominus} - \frac{RT}{F}\ln\frac{a_{\mathrm{am}}}{a_{\mathrm{OH^-}}\cdot a_{\mathrm{K^+}}}$$

$$E^{\ominus} = \varphi^{\ominus}_{\mathrm{K^+|K(Hg)}} - \varphi^{\ominus}_{\mathrm{OH^-|HgO|Hg}}$$

此题中 Hg(l) 作为形成钾汞齐的溶剂, 其用量不是定值, 视钾汞齐的浓度而定。

**9.9**　试为下述反应设计一电池:

$$\mathrm{Cd(s)} + \mathrm{I_2(s)} = \mathrm{Cd^{2+}}(a_{\mathrm{Cd^{2+}}}) + 2\mathrm{I^-}(a_{\mathrm{I^-}})$$

求电池在 298 K 时的标准电动势 $E^{\ominus}$, 反应的 $\Delta_{\mathrm{r}}G_{\mathrm{m}}^{\ominus}$ 和标准平衡常数 $K_a^{\ominus}$。

如将电池反应写成

$$\frac{1}{2}\mathrm{Cd(s)}+\frac{1}{2}\mathrm{I_2(s)} \xlongequal{\quad} \frac{1}{2}\mathrm{Cd}^{2+}(a_{\mathrm{Cd}^{2+}})+\mathrm{I}^-(a_{\mathrm{I}^-})$$

再计算 $E^{\ominus}$, $\Delta_{\mathrm{r}}G_{\mathrm{m}}^{\ominus}$ 和 $K_a^{\ominus}$, 比较两者的结果, 并说明为什么。

**解**: 化学反应中 Cd(s) 被氧化成 $\mathrm{Cd}^{2+}(a_{\mathrm{Cd}^{2+}})$, 应该作负极 (阳极)。而 $\mathrm{I_2(s)}$ 被还原成 $\mathrm{I}^-$, 应该作正极 (阴极), 所以设计的电池为

$$\mathrm{Cd(s)}\mid\mathrm{Cd}^{2+}(a_{\mathrm{Cd}^{2+}}) \,\vdots\vdots\, \mathrm{I}^-(a_{\mathrm{I}^-})\mid\mathrm{I_2(s)}\mid\mathrm{Pt(s)}$$

负极 $\qquad \mathrm{Cd(s)}\longrightarrow\mathrm{Cd}^{2+}(a_{\mathrm{Cd}^{2+}})+2\mathrm{e}^-$

正极 $\qquad \mathrm{I_2(s)}+2\mathrm{e}^-\longrightarrow 2\mathrm{I}^-(a_{\mathrm{I}^-})$

净反应 $\qquad \mathrm{Cd(s)}+\mathrm{I_2(s)} \xlongequal{\quad} \mathrm{Cd}^{2+}(a_{\mathrm{Cd}^{2+}})+2\mathrm{I}^-(a_{\mathrm{I}^-})$

电池反应与所给的化学反应一致, 说明设计的电池是正确的。

$$E^{\ominus}=\varphi_{\mathrm{I_2|I^-}}^{\ominus}-\varphi_{\mathrm{Cd^{2+}|Cd}}^{\ominus}=[0.54-(-0.40)]\ \mathrm{V}=0.94\ \mathrm{V}$$

$$\Delta_{\mathrm{r}}G_{\mathrm{m}}^{\ominus}=-zE^{\ominus}F=-2\times0.94\ \mathrm{V}\times96500\ \mathrm{C\cdot mol^{-1}}=-181.42\ \mathrm{kJ\cdot mol^{-1}}$$

$$K_a^{\ominus}=\exp\left(-\frac{\Delta_{\mathrm{r}}G_{\mathrm{m}}^{\ominus}}{RT}\right)=\exp\left(\frac{181420}{8.314\times298}\right)=6.33\times10^{31}$$

因为 $E^{\ominus}$ 与电池反应的写法无关, $\Delta_{\mathrm{r}}G_{\mathrm{m}}^{\ominus}$ 与 $K_a^{\ominus}$ 电池反应的写法有关, 当电池反应物质的物质的量减半时, $E^{\ominus}$ 不变, $\Delta_{\mathrm{r}}G_{\mathrm{m}}^{\ominus}$ 减半, $K_a^{\ominus}=(K_a^{\ominus})^{1/2}$。

**9.10** 近年来, 锂硫电池由于其较锂离子电池更高的电容量和理论能力密度, 受到科学家的广泛关注。已知在以单质 $\mathrm{S_8}$ 作为正极的锂离子电池中, 以极小电流放电时, 可测出放电平台的稳定电压为 2.0 V, 生成的产物为 $\mathrm{Li_2S}$。求 $p^{\ominus}$, 298 K 时, 此反应正极的标准电极电势。

**解**: 负极 $\qquad 16\mathrm{Li}\longrightarrow16\mathrm{Li}^++16\mathrm{e}^-$

正极 $\qquad 16\mathrm{Li}^++\mathrm{S_8}+16\mathrm{e}^-\longrightarrow8\mathrm{Li_2S}$

净反应 $\qquad 16\mathrm{Li}+\mathrm{S_8} \xlongequal{\quad} 8\mathrm{Li_2S}$

已知 $\varphi_{\mathrm{Li^+|Li}}^{\ominus}=-3.04\ \mathrm{V}$, 则

$$E=\varphi_{\mathrm{Li^+|S_8|Li_2S}}^{\ominus}-\frac{RT}{16F}\ln\frac{1}{a_{\mathrm{Li^+}}^{16}}-\varphi_{\mathrm{Li^+|Li}}^{\ominus}+\frac{RT}{16F}\ln\frac{1}{a_{\mathrm{Li^+}}^{16}}$$

$$2.0\ \mathrm{V}=\varphi_{\mathrm{Li^+|S_8|Li_2S}}^{\ominus}-(-3.04\ \mathrm{V})$$

$$\varphi_{\mathrm{Li^+|S_8|Li_2S}}^{\ominus}=2.0\ \mathrm{V}+(-3.04\ \mathrm{V})=-1.04\ \mathrm{V}$$

**9.11** 在 298 K 时, 已知如下三个电极的反应及标准还原电极电势, 如将电极 (1) 与 (3) 和电极 (2) 与 (3) 分别组成自发电池 (设活度均为 1), 试写出电池的书面表示式, 并写出电池反应式并计算电池的标准电极电动势。

(1) $\mathrm{Fe}^{2+}(a_{\mathrm{Fe}^{2+}})+2\mathrm{e}^-\longrightarrow\mathrm{Fe(s)}$, $\quad \varphi_{\mathrm{Fe^{2+}|Fe}}^{\ominus}=-0.447\ \mathrm{V}$

(2) $\mathrm{AgCl(s)}+\mathrm{e}^-\longrightarrow\mathrm{Ag(s)}+\mathrm{Cl}^-(a_{\mathrm{Cl}^-})$, $\quad \varphi_{\mathrm{Cl^-|AgCl|Ag}}^{\ominus}=0.2223\ \mathrm{V}$

(3) $Cl_2(p^{\ominus}) + 2e^- \longrightarrow 2Cl^-(a_{Cl^-})$,　$\varphi^{\ominus}_{Cl_2|Cl^-} = 1.3583\ V$

**解**: 要组成电池, 还原电极电势小的发生氧化作负极, 反之作正极。电池的电动势等于正极的还原电极电势减去负极的还原电极电势。电极 (1) 与 (3) 组成的电池为

$$Fe(s)\ |\ Fe^{2+}(a_{Fe^{2+}})\ \vdots\vdots\ Cl^-(a_{Cl^-})\ |\ Cl_2(p_{Cl_2})\ |\ Pt(s)$$

负极　$Fe(s) \longrightarrow Fe^{2+}(a_{Fe^{2+}}) + 2e^-$

正极　$Cl_2(p_{Cl_2}) + 2e^- \longrightarrow 2Cl^-(a_{Cl^-})$

净反应　$Fe(s) + Cl_2(p_{Cl_2}) === Fe^{2+}(a_{Fe^{2+}}) + 2Cl^-(a_{Cl^-})$

$$E^{\ominus} = \varphi^{\ominus}_{Cl_2|Cl^-} - \varphi^{\ominus}_{Fe^{2+}|Fe} = [1.3583 - (-0.447)]\ V = 1.805\ V$$

电极 (2) 与 (3) 组成的电池为

$$Ag(s)\ |\ AgCl(s)\ |\ Cl^-(a_{Cl^-})\ |\ Cl_2(p_{Cl_2})\ |\ Pt(s)$$

负极　$Ag(s) + Cl^-(a_{Cl^-}) \longrightarrow AgCl(s) + e^-$

正极　$\frac{1}{2}Cl_2(p_{Cl_2}) + e^- \longrightarrow Cl^-(a_{Cl^-})$

净反应　$Ag(s) + \frac{1}{2}Cl_2(p_{Cl_2}) === AgCl(s)$

$$E^{\ominus} = \varphi^{\ominus}_{Cl_2|Cl^-} - \varphi^{\ominus}_{Cl^-|AgCl|Ag} = (1.3583 - 0.2223)\ V = 1.136\ V$$

**9.12**　电极反应 $O_2(g) + 4H^+(aq) + 4e^- \longrightarrow 2H_2O(l)$ 可以分以下四个步骤进行:

$$O_2(g) + H^+(aq) + e^- \longrightarrow \cdot OOH(aq) \tag{1}$$

$$\cdot OOH(aq) \longrightarrow \cdot O(aq) + \cdot OH(aq) \tag{2}$$

$$\cdot O(aq) + H^+(aq) + e^- \longrightarrow \cdot OH(aq) \tag{3}$$

$$\cdot OH(aq) + H^+(aq) + e^- \longrightarrow H_2O(l) \tag{4}$$

已知上述步骤 (1), (3), (4) 的标准电极电势值分别为 −0.125 V, 2.12 V 和 2.72 V。该电极反应的电极电势值为 1.229 V, 求步骤 (2) 的标准 Gibbs 自由能变化。

**解**: $\Delta_r G_1^{\ominus} = -z_1 E_1^{\ominus} F = -1 \times (-0.125)\ V \times 96500\ C\cdot mol^{-1} = 12062.5\ J\cdot mol^{-1}$

$\Delta_r G_3^{\ominus} = -z_3 E_3^{\ominus} F = -1 \times 2.12\ V \times 96500\ C\cdot mol^{-1} = -204580\ J\cdot mol^{-1}$

$\Delta_r G_4^{\ominus} = -z_4 E_4^{\ominus} F = -1 \times 2.72\ V \times 96500\ C\cdot mol^{-1} = -262480\ J\cdot mol^{-1}$

$\Delta_r G_{总}^{\ominus} = -zE^{\ominus} F = -4 \times 1.229\ V \times 96500\ C\cdot mol^{-1} = -474394\ J\cdot mol^{-1}$

因为 $\Delta_r G_{总}^{\ominus} = \Delta_r G_1^{\ominus} + \Delta_r G_2^{\ominus} + \Delta_r G_3^{\ominus} + 2\Delta_r G_4^{\ominus}$, 故有

$$\Delta_r G_2^{\ominus} = \Delta_r G_{总}^{\ominus} - \Delta_r G_1^{\ominus} - \Delta_r G_3^{\ominus} - 2\Delta_r G_4^{\ominus} = 243083.5\ J\cdot mol^{-1}$$

**9.13**　已知 298 K 时, 下述电池的标准电动势 $E^{\ominus} = 0.2680\ V$:

$$Pt(s)\ |\ H_2(p^{\ominus})\ |\ HCl(0.08\ mol\cdot kg^{-1}, \gamma_{\pm} = 0.809)\ |\ Hg_2Cl_2(s)\ |\ Hg(l)$$

(1) 写出电极反应和电池反应;

(2) 计算该电池的电动势;

(3) 计算甘汞电极的标准电极电势。

**解**: (1) 负极　$H_2(p^\ominus) \longrightarrow 2H^+(a_{H^+}) + 2e^-$

正极　$Hg_2Cl_2(s) + 2e^- \longrightarrow 2Hg(l) + 2Cl^-(a_{Cl^-})$

净反应　$H_2(p^\ominus) + Hg_2Cl_2(s) = 2H^+(a_{H^+}) + 2Cl^-(a_{Cl^-}) + 2Hg(l)$

(2) $$E = E^\ominus - \frac{RT}{zF}\ln\prod_B a_B^{\nu_B} = E^\ominus - \frac{RT}{zF}\ln\frac{a_{Cl^-}^2 \cdot a_{H^+}^2}{p^\ominus/p^\ominus} = E^\ominus - \frac{RT}{zF}\ln a_\pm^4$$

$$= \left[0.2680 - \frac{8.314\times 298}{2\times 96500}\ln(0.809\times 0.08)^4\right]\ \text{V} = 0.4086\ \text{V}$$

(3) $\varphi^\ominus_{Cl^-|Hg_2Cl_2|Hg(l)} = E^\ominus = 0.2680\ \text{V}$, 因为标准氢电极的电极电势等于零。

**9.14**　已知 298 K 时, 下述电池的电动势为 1.362 V:

$$Pt(s)\,|\,H_2(p^\ominus)\,|\,H_2SO_4(aq)\,|\,Au_2O_3(s)\,|\,Au(s)$$

又知 $H_2O(g)$ 的 $\Delta_f G_m^\ominus = -228.572\ \text{kJ·mol}^{-1}$, 该温度下水的饱和蒸气压为 3167 Pa, 求在 298 K 时氧气的逸度等于多少才能使 $Au_2O_3(s)$ 与 $Au(s)$ 呈平衡?

**解**: $Au_2O_3(s)$ 与 $Au(s)$ 呈平衡就是 $Au_2O_3(s)$ 的解离平衡, 即

$$Au_2O_3(s) \rightleftharpoons 2Au(s) + \frac{3}{2}O_2(g)$$

要求出氧气的逸度首先要求出该反应的平衡常数或 $\Delta_r G_m^\ominus$, 也就是 $-\Delta_f G_m^\ominus(Au_2O_3)$, 这要从已知的电池反应和 $H_2O(g)$ 的 $\Delta_f G_m^\ominus$ 看是否有可能。该电池的反应为

负极　$3H_2(p^\ominus) \longrightarrow 6H^+(aq) + 6e^-$

正极　$Au_2O_3(s) + 6H^+(aq) + 6e^- \longrightarrow 2Au(s) + 3H_2O(l)$

净反应　$Au_2O_3(s) + 3H_2(p^\ominus) = 2Au(s) + 3H_2O(l)$　(1)

电池的电动势也就是它的标准电动势, 则

$$\Delta_r G_m^\ominus(l) = -zE^\ominus F = -6\times 1.362\ \text{V}\times 96500\ \text{C·mol}^{-1} = -788.6\ \text{kJ·mol}^{-1}$$

电池反应中 $H_2O(l)$ 的饱和蒸气压为 3167 Pa, 它与标准压力下 $H_2O(g)$ 之间的 Gibbs 自由能有差值。

$$H_2O(1, 3167\ \text{Pa}) \longrightarrow H_2O(g, 100\ \text{kPa}) \tag{2}$$

$$\Delta_r G_m^\ominus(2) = RT\ln\frac{p_2}{p_1} = RT\ln\frac{10^5}{3167} = 8.55\ \text{kJ·mol}^{-1}$$

将 $(1) + 3\times(2)$, 得

$$Au_2O_3(s) + 3H_2(p^\ominus) \longrightarrow 2Au(s) + 3H_2O(g, p^\ominus) \tag{3}$$

$$\Delta_r G_m^\ominus(3) = \Delta_r G_m^\ominus(1) + 3\Delta_r G_m^\ominus(2) = (-788.6 + 3\times 8.55)\ \text{kJ·mol}^{-1} = -762.95\ \text{kJ·mol}^{-1}$$

利用参与反应物质的标准摩尔生成 Gibbs 自由能, 从反应式 (3) 可得到

$$\begin{aligned}\Delta_f G_m^\ominus(Au_2O_3) &= 3\Delta_f G_m^\ominus[H_2O(g)] - \Delta_r G_m^\ominus(3)\\ &= [3\times(-228.572) + 762.95]\ \text{kJ·mol}^{-1} = 77.23\ \text{kJ·mol}^{-1}\end{aligned}$$

则 $Au_2O_3(s)$ 解离平衡的 $\Delta_r G_m^{\ominus} = -\Delta_f G_m^{\ominus}(Au_2O_3) = -77.23\ kJ \cdot mol^{-1}$。对于 $Au_2O_3(s)$ 解离平衡, 其平衡常数与 $\Delta_r G_m^{\ominus}$ 及氧气逸度的关系为

$$\Delta_r G_m^{\ominus} = -RT\ln K_f^{\ominus} = -RT\ln\left(\frac{f_{O_2}}{p^{\ominus}}\right)^{3/2}$$

$$f_{O_2} = p^{\ominus} \cdot \exp\left(-\frac{2}{3} \cdot \frac{\Delta_r G_m^{\ominus}}{RT}\right) = p^{\ominus} \times \exp\left(-\frac{2}{3} \times \frac{-77230\ J \cdot mol^{-1}}{8.314\ J \cdot mol^{-1} \cdot K^{-1} \times 298\ K}\right)$$

$$= 1.06 \times 10^9 p^{\ominus} = 1.06 \times 10^{11}\ kPa$$

**9.15**　在 298 K 时, 下述反应达到平衡:

$$Cu(s) + Cu^{2+}(a_2) \longrightarrow 2Cu^+(a_1)$$

(1) 设计合适的电池, 由 $\varphi^{\ominus}$ 值求反应进度为 1 mol 时反应的平衡常数 $K^{\ominus}$;

(2) 若将 Cu 粉与 $0.1\ mol \cdot kg^{-1}$ $CuSO_4$ 溶液在 298 K 下共摇动, 计算达平衡时 $Cu^+$ 的质量摩尔浓度。

已知 $\varphi_{Cu^{2+}|Cu}^{\ominus} = 0.3419\ V$, $\varphi_{Cu^+|Cu}^{\ominus} = 0.521\ V$。

**解**: (1) 反应方程式中, Cu(s) 被氧化成 $Cu^+$, 所以该金属铜电极作负极。$Cu^{2+}$ 被还原成 $Cu^+$, 所以这个氧化还原电极作正极。设计电池如下:

$$Cu(s) \mid Cu^+(a_1) \mathrel{\vdots\vdots} Cu^{2+}(a_2), Cu^+(a_1) \mid Pt(s)$$

电池反应为

$$Cu(s) + Cu^{2+}(a_2) \xlongequal{\quad} 2Cu^+(a_1)$$

因为 $\Delta_r G_m^{\ominus} = -RT\ln K^{\ominus} = -zE^{\ominus}F$, 所以

$$K^{\ominus} = \exp\left(\frac{zE^{\ominus}F}{RT}\right)$$

由于 $E^{\ominus} = \varphi_{Cu^{2+}|Cu^+}^{\ominus} - \varphi_{Cu^+|Cu}^{\ominus}$, 但题中只给出了 $\varphi_{Cu^{2+}|Cu}^{\ominus}$ 的值, 需要通过 $\varphi_{Cu^{2+}|Cu}^{\ominus}$ 和 $\varphi_{Cu^+|Cu}^{\ominus}$ 的值, 求出 $\varphi_{Cu^{2+}|Cu^+}^{\ominus}$, 进而求出 $E^{\ominus}$。对于如下反应:

① $Cu^{2+} + 2e^- \longrightarrow Cu(s)$,　　$\Delta_r G_m^{\ominus}(1) = -2\varphi_{Cu^{2+}|Cu}^{\ominus}F$

② $Cu^{2+} + e^- \longrightarrow Cu^+$,　　$\Delta_r G_m^{\ominus}(2) = -\varphi_{Cu^{2+}|Cu^+}^{\ominus}F$

③ $Cu^+ + e^- \longrightarrow Cu(s)$,　　$\Delta_r G_m^{\ominus}(3) = -\varphi_{Cu^+|Cu}^{\ominus}F$

$$\Delta_r G_m^{\ominus}(1) = \Delta_r G_m^{\ominus}(2) + \Delta_r G_m^{\ominus}(3)$$

$$-2\varphi_{Cu^{2+}|Cu}^{\ominus}F = -\varphi_{Cu^{2+}|Cu^+}^{\ominus}F + (-\varphi_{Cu^+|Cu}^{\ominus}F)$$

$$\varphi_{Cu^{2+}|Cu^+}^{\ominus} = 2\varphi_{Cu^{2+}|Cu}^{\ominus} - \varphi_{Cu^+|Cu}^{\ominus} = (2 \times 0.3419 - 0.521)\ V = 0.163\ V$$

因此

$$E^{\ominus} = \varphi_{Cu^{2+}|Cu^+}^{\ominus} - \varphi_{Cu^+|Cu}^{\ominus} = (0.163 - 0.521)\ V = -0.358\ V$$

$$\ln K^{\ominus} = \frac{zE^{\ominus}F}{RT} = \frac{1 \times (-0.358\ V) \times 96500\ C \cdot mol^{-1}}{8.314\ J \cdot mol^{-1} \cdot K^{-1} \times 298\ K} = -13.94$$

$$K^{\ominus} = 8.83 \times 10^{-7}$$

(2) 设达平衡时 $Cu^+$ 的质量摩尔浓度为 $x$, 则

$$K^\ominus = \frac{(x/m^\ominus)^2}{\left(0.1-\dfrac{1}{2}x\right)/m^\ominus} = 8.83\times10^{-7}$$

$$x = 2.97\times10^{-4}\ \mathrm{mol\cdot kg^{-1}}$$

**9.16** 试设计合适的电池, 判断在 298 K 时将金属插在碱性溶液中, 在通常的空气中银是否会被氧化 (空气中氧气的分压为 21 kPa)。如果在溶液中加入大量的 $CN^-$, 情况又怎样? 已知 $[Ag(CN)_2]^- + e^- \longrightarrow Ag(s) + 2CN^-$, $\varphi^\ominus = -0.31$ V。

**解**: 要判断银是否会被氧化, 就是以金属银与氧化银组成的二类电极作负极插在碱性溶液中, 与作为正极的氧电极组成电池, 计算该电池的电动势。若电动势是正值, 则银会被氧化, 反之, 则不会。组成的电池为

$$\mathrm{Ag(s)\mid Ag_2O\mid OH^-}(a_{\mathrm{OH^-}})\mid \mathrm{O_2}(p_{\mathrm{O_2}})\mid \mathrm{Pt(s)}$$

负极 $\qquad 2\mathrm{Ag(s)} + 2\mathrm{OH^-}(a_{\mathrm{OH^-}}) \longrightarrow \mathrm{Ag_2O(s)} + \mathrm{H_2O(l)} + 2\mathrm{e^-}$

正极 $\qquad \dfrac{1}{2}\mathrm{O_2}(p_{\mathrm{O_2}}) + \mathrm{H_2O(l)} + 2\mathrm{e^-} \longrightarrow 2\mathrm{OH^-}(a_{\mathrm{OH^-}})$

净反应 $\qquad 2\mathrm{Ag(s)} + \dfrac{1}{2}\mathrm{O_2}(p_{\mathrm{O_2}}) = \mathrm{Ag_2O(s)}$

$$E = E^\ominus - \frac{RT}{zF}\ln\prod_{\mathrm{B}} a_{\mathrm{B}}^{\nu_{\mathrm{B}}} = (\varphi^\ominus_{\mathrm{OH^-|O_2}} - \varphi^\ominus_{\mathrm{OH^-|Ag_2O|Ag}}) - \frac{RT}{2F}\ln\frac{1}{(p_{\mathrm{O_2}}/p^\ominus)^{1/2}}$$

$$= \left[(0.401-0.344) - \frac{8.314\times298}{2\times96500}\ln\frac{1}{0.21^{1/2}}\right]\mathrm{V} = 0.0470\ \mathrm{V}$$

电池的电动势是正值, 则该电池是自发的, 说明银会被氧化。但电动势的值很小, 说明氧化的趋势不大。当生成的 $Ag_2O(s)$ 覆盖在金属银表面可防止银被进一步氧化。

当加入大量的 $CN^-$ 后, 组成的电池为

$$\mathrm{Ag(s)} + 2\mathrm{CN^-}(a_{\mathrm{CN^-}}) \longrightarrow [\mathrm{Ag(CN)_2}]^- + \mathrm{e^-}$$

由于该电极的电极电势为 $\varphi^\ominus = -0.31$ V, 代入电动势的计算公式所得的电动势值显然会比原来的大得多, 所以反应的趋势也大, 这时银主要被氧化生成 $[Ag(CN)_2]^-$。

**9.17** 在 298 K 时, 分别将金属 Fe 和 Cd 插入下述溶液中, 组成电池。试判断哪种金属首先被氧化。

(1) 溶液中 $Fe^{2+}$ 和 $Cd^{2+}$ 的活度都是 0.10;

(2) 溶液中 $Fe^{2+}$ 的活度是 0.1, 而 $Cd^{2+}$ 的活度是 0.001。

**解**: 根据题意, 将电池表示成如下形式,

$$\mathrm{Cd(s)\mid Cd^{2+}}(a_{\mathrm{Cd^{2+}}}), \mathrm{Fe^{2+}}(a_{\mathrm{Fe^{2+}}})\mid \mathrm{Fe(s)}$$

计算该电池的电动势, 若电动势是正值, 则 Cd(s) 被氧化, $Fe^{2+}(a_{Fe^{2+}})$ 被还原 (如两个电极对换, 则结论刚好相反)。因为电极相同, 则影响电动势的主要因素是离子浓度。当两个标准电极电势相差不大时, 改变离子浓度可以改变反应的方向。

(1) 负极　　$Cd(s) \longrightarrow Cd^{2+}(a_{Cd^{2+}}) + 2e^-$

正极　　$Fe^{2+}(a_{Fe^{2+}}) + 2e^- \longrightarrow Fe(s)$

净反应　　$Cd(s) + Fe^{2+}(a_{Fe^{2+}}) \Longrightarrow Cd^{2+}(a_{Cd^{2+}}) + Fe(s)$

$$E = E^\ominus - \frac{RT}{zF}\ln\prod_B a_B^{\nu_B} = (\varphi^\ominus_{Fe^{2+}|Fe} - \varphi^\ominus_{Cd^{2+}|Cd}) - \frac{RT}{2F}\ln\frac{a_{Cd^{2+}}}{a_{Fe^{2+}}}$$

$$= (-0.447 + 0.403)\ \mathrm{V} = -0.044\ \mathrm{V}$$

电池电动势是负值, 则该电池是非自发的, 说明 Cd(s) 不会被氧化, 而 Fe(s) 被氧化。

(2) 将离子浓度代入电动势的计算公式, 则

$$E = \left(-0.044 - \frac{8.314 \times 298}{2 \times 96500}\ln\frac{0.001}{0.10}\right)\mathrm{V} = 0.015\ \mathrm{V}$$

电池电动势是正值, 则该电池是自发的, 说明 Cd(s) 会被氧化, 而 $Fe^{2+}(a_{Fe^{2+}})$ 被还原。

**9.18**　已知 298 K, $Ba(OH)_2$ 质量摩尔浓度为 $1\ \mathrm{mol\cdot kg^{-1}}$ 时, 下列电池的电动势:

(1) $Fe(s) \mid FeO(s) \mid Ba(OH)_2(aq) \mid HgO(s) \mid Hg(l)$　　$E_1 = 0.937\ \mathrm{V}$

(2) $Pt(s) \mid H_2(p^\ominus) \mid Ba(OH)_2(aq) \mid HgO(s) \mid Hg(l)$　　$E_2 = 0.927\ \mathrm{V}$

(3) $Pt(s) \mid H_2(p^\ominus) \mid Ba(OH)_2(aq) \mid O_2(p^\ominus) \mid Pt(s)$　　$E_3 = 1.23\ \mathrm{V}$

试求 FeO(s) 的标准生成 Gibbs 自由能 $\Delta_f G^\ominus_m(FeO, s)$。

**解**: 各个电池反应分别为

(1) $Fe(s) + HgO(s) \Longrightarrow FeO(s) + Hg(l)$

(2) $H_2(p^\ominus) + HgO(s) \Longrightarrow Hg(l) + H_2O(l)$

(3) $H_2(p^\ominus) + \frac{1}{2}O_2(p^\ominus) \Longrightarrow H_2O(l)$

(1) − (2) + (3) 得

(4) $Fe(s) + \frac{1}{2}O_2(p^\ominus) \Longrightarrow FeO(s)$

$$E_4 = E_4^\ominus,\quad \Delta_r G^\ominus_m(4) = -zE_4^\ominus F$$

$$\begin{aligned}\Delta_f G^\ominus_m(FeO, s) &= \Delta_r G^\ominus_m(4) = -zE_1^\ominus F + zE_2^\ominus F - zE_3^\ominus F\\ &= (-2\times 0.937\times 96500 + 2\times 0.927\times 96500 - 2\times 1.23\times 96500)\ \mathrm{kJ\cdot mol^{-1}}\\ &= -239.3\ \mathrm{kJ\cdot mol^{-1}}\end{aligned}$$

**9.19**　根据下列在 298 K, $p^\ominus$ 下的热力学数据, 计算 HgO(s) 在该温度时的解离压。已知:

(1) 电池 $Pt(s)|H_2(p_{H_2})|NaOH(a)|HgO(s)|Hg(l)$ 的标准电动势 $E^\ominus = 0.9265\ \mathrm{V}$;

(2) 反应 $H_2(g) + \frac{1}{2}O_2(g) \Longrightarrow H_2O(l)$ 的 $\Delta_r H^\ominus_m = -285.83\ \mathrm{kJ\cdot mol^{-1}}$;

(3) 298 K 时, 各物质的摩尔熵值为

| 物质 | $HgO(s)$ | $O_2(g)$ | $H_2O(l)$ | $Hg(l)$ | $H_2(g)$ |
|---|---|---|---|---|---|
| $S_m/(\mathrm{J\cdot mol^{-1}\cdot K^{-1}})$ | 70.29 | 205.14 | 69.91 | 77.4 | 130.68 |

**解**: 首先应写出电极反应和电池反应, 与已知的水的生成反应用 Hess 定律找出的解离反应的方程式, 然后求出该解离反应的 $\Delta_r G_m$ 值, 这就可得到反应的平衡常数, 也就得到其解离压力。

负极 $\quad H_2(p_{H_2}) + 2OH^-(a_{OH^-}) \longrightarrow 2H_2O(l) + 2e^-$

正极 $\quad HgO(s) + H_2O(l) + 2e^- \longrightarrow Hg(l) + 2OH^-(a_{OH^-})$

净反应 $\quad H_2(p_{H_2}) + HgO(s) \xlongequal{\quad} Hg(l) + H_2O(l) \qquad$ (a)

已知 $\quad H_2(p_{H_2}) + \dfrac{1}{2}O_2(g) \xlongequal{\quad} H_2O(l) \qquad$ (b)

(a) − (b) 得

$$HgO(s) \xlongequal{\quad} Hg(l) + \frac{1}{2}O_2(g) \tag{c}$$

$$\Delta_r G_m^\ominus(c) = \Delta_r G_m^\ominus(a) - \Delta_r G_m^\ominus(b)$$

$$\Delta_r G_m^\ominus(a) = -zE^\ominus F = -2 \times 0.9265\ \text{V} \times 96500\ \text{C}\cdot\text{mol}^{-1} = -178.81\ \text{kJ}\cdot\text{mol}^{-1}$$

$$\Delta_r H_m^\ominus(b) = -285.83\ \text{kJ}\cdot\text{mol}^{-1}$$

$$\Delta_r S_m^\ominus(b) = \sum_B \nu_B S_m^\ominus(B)$$

$$= \left(69.91 - 130.68 - \frac{1}{2} \times 205.14\right)\ \text{J}\cdot\text{mol}^{-1}\cdot\text{K}^{-1} = -163.34\ \text{J}\cdot\text{mol}^{-1}\cdot\text{K}^{-1}$$

$$\Delta_r G_m^\ominus(b) = \Delta_r H_m^\ominus(b) - T\Delta_r S_m^\ominus(b)$$

$$= -285.83\ \text{kJ}\cdot\text{mol}^{-1} - 298\ \text{K} \times (-163.34\ \text{J}\cdot\text{mol}^{-1}\cdot\text{K}^{-1}) = -237.15\ \text{kJ}\cdot\text{mol}^{-1}$$

$$\Delta_r G_m^\ominus(c) = [-178.81 - (-237.15)]\ \text{kJ}\cdot\text{mol}^{-1} = 58.34\ \text{kJ}\cdot\text{mol}^{-1}$$

$$K^\ominus(c) = \exp\left[-\frac{\Delta_r G_m^\ominus(c)}{RT}\right] = \exp\left(-\frac{58340}{8.314 \times 298}\right) = 5.94 \times 10^{-11}$$

$$K^\ominus(c) = \left(\frac{p_{O_2}}{p^\ominus}\right)^{1/2} = 5.94 \times 10^{-11}$$

$$p_{O_2} = (5.94 \times 10^{-11})^2 \times 100\ \text{kPa} = 3.53 \times 10^{-16}\ \text{Pa}$$

可见, 在常温下, HgO(s) 的解离压很小, 其是十分稳定的。

**9.20** 在 273 ~ 318 K 的温度范围内, 下述电池的电动势与温度的关系可由所列公式表示:

(1) $Cu(s)\,|\,Cu_2O(s)\,|\,NaOH(aq)\,|\,HgO(s)\,|\,Hg(l)$

$$E/\text{mV} = 461.7 - 0.144(T/\text{K} - 298) + 1.4 \times 10^{-4}(T/\text{K} - 298)^2$$

(2) $Pt(s)\,|\,H_2(p^\ominus)\,|\,NaOH(aq)\,|\,HgO(s)\,|\,Hg(l)$

$$E/\text{mV} = 925.65 - 0.2948(T/\text{K} - 298) + 4.9 \times 10^{-4}(T/\text{K} - 298)^2$$

已知 $\Delta_f H_m^\ominus(H_2O, l) = -285.83\ \text{kJ}\cdot\text{mol}^{-1}$, $\Delta_f G_m^\ominus(H_2O, l) = -237.13\ \text{kJ}\cdot\text{mol}^{-1}$, 试分别计算 HgO(s) 和 $Cu_2O(s)$ 在 298 K 时的 $\Delta_f G_m^\ominus$ 和 $\Delta_f H_m^\ominus$ 的值。

**解**: 首先应写出电池的电极反应和电池反应, 然后根据电动势与温度的关系式计算 298 K 时电动势值及相应的热力学函数的变化值。再与已知的水的生成反应的热力学数据, 用 Hess 定律找出 HgO(s) 和 $Cu_2O(s)$ 的生成反应的 $\Delta_f G_m^\ominus$ 和 $\Delta_f H_m^\ominus$ 的值。

对于电池 (1):

负极 $\quad 2Cu(s) + 2OH^-(a_{OH^-}) \longrightarrow Cu_2O(s) + H_2O(l) + 2e^-$

正极　　$HgO(s) + H_2O(l) + 2e^- \longrightarrow Hg(l) + 2OH^-(a_{OH^-})$

净反应　　$2Cu(s) + HgO(s) \xlongequal{\quad} Cu_2O(s) + Hg(l)$　　(a)

$$E_a(298\ \text{K}) = E_a^\ominus(298\ \text{K}) = 0.4617\ \text{V}$$

$$\Delta_r G_m^\ominus(\text{a}) = -zE_a^\ominus F = -2 \times 0.4617\ \text{V} \times 96500\ \text{C}\cdot\text{mol}^{-1} = -89.11\ \text{kJ}\cdot\text{mol}^{-1}$$

$$\Delta_r S_m^\ominus(\text{a}) = zF\left(\frac{\partial E_a}{\partial T}\right)_p = 2 \times 96500\ \text{C}\cdot\text{mol}^{-1} \times (-0.144 \times 10^{-3}\ \text{V}\cdot\text{K}^{-1})$$

$$= -27.79\ \text{J}\cdot\text{mol}^{-1}\cdot\text{K}^{-1}$$

$$\Delta_r H_m^\ominus(\text{a}) = -89.11\ \text{kJ}\cdot\text{mol}^{-1} + 298\ \text{K} \times (-27.79\ \text{J}\cdot\text{mol}^{-1}\cdot\text{K}^{-1}) = -97.39\ \text{kJ}\cdot\text{mol}^{-1}$$

对于电池 (2):

负极　　$H_2(p^\ominus) + 2OH^-(a_{OH^-}) \longrightarrow 2H_2O(l) + 2e^-$

正极　　$HgO(s) + H_2O(l) + 2e^- \longrightarrow Hg(l) + 2OH^-(a_{OH^-})$

净反应　　$H_2(p^\ominus) + HgO(s) \xlongequal{\quad} Hg(l) + H_2O(l)$　　(b)

$$E_b(298\ \text{K}) = E_b^\ominus(298\ \text{K}) = 0.9257\ \text{V}$$

$$\Delta_r G_m^\ominus(\text{b}) = -zE_b^\ominus F = -2 \times 0.9257 \times 96500\ \text{C}\cdot\text{mol}^{-1} = -178.66\ \text{kJ}\cdot\text{mol}^{-1}$$

$$\Delta_r S_m^\ominus(\text{b}) = zF\left(\frac{\partial E_b}{\partial T}\right)_p = 2 \times 96500\ \text{C}\cdot\text{mol}^{-1} \times (-2.948 \times 10^{-4}\ \text{V}\cdot\text{K}^{-1})$$

$$= -56.90\ \text{J}\cdot\text{mol}^{-1}\cdot\text{K}^{-1}$$

$$\Delta_r H_m^\ominus(\text{b}) = -178.66\ \text{kJ}\cdot\text{mol}^{-1} + 298\ \text{K} \times (-56.90\ \text{J}\cdot\text{mol}^{-1}\cdot\text{K}^{-1})$$

$$= -195.62\ \text{kJ}\cdot\text{mol}^{-1}$$

已知　　$H_2(p^\ominus) + \frac{1}{2}O_2(p^\ominus) \xlongequal{\quad} H_2O(l, p^\ominus)$　　(c)

$$\Delta_r G_m^\ominus(\text{c}) = \Delta_f G_m^\ominus(H_2O, l) = -237.13\ \text{kJ}\cdot\text{mol}^{-1}$$

$$\Delta_r H_m^\ominus(\text{c}) = \Delta_f H_m^\ominus(H_2O, l) = -285.83\ \text{kJ}\cdot\text{mol}^{-1}$$

(c) − (b) 得

$$Hg(l) + \frac{1}{2}O_2(p^\ominus) \xlongequal{\quad} HgO(s) \qquad \text{(d)}$$

$$\Delta_f G_m^\ominus(HgO, s) = \Delta_r G_m^\ominus(\text{d}) = \Delta_r G_m^\ominus(\text{c}) - \Delta_r G_m^\ominus(\text{b})$$

$$= [-237.13 - (-178.66)]\ \text{kJ}\cdot\text{mol}^{-1} = -58.47\ \text{kJ}\cdot\text{mol}^{-1}$$

$$\Delta_f H_m^\ominus(HgO, s) = \Delta_r H_m^\ominus(\text{c}) - \Delta_r H_m^\ominus(\text{b})$$

$$= [-285.83 - (-195.62)]\ \text{kJ}\cdot\text{mol}^{-1} = -90.21\ \text{kJ}\cdot\text{mol}^{-1}$$

(a) + (d) 得

$$2Cu(s) + \frac{1}{2}O_2(p^\ominus) \longrightarrow Cu_2O(s) \qquad \text{(e)}$$

$$\Delta_f G_m^\ominus(Cu_2O, s) = \Delta_r G_m^\ominus(e) = \Delta_r G_m^\ominus(a) + \Delta_r G_m^\ominus(d)$$
$$= (-89.11 - 58.47)\ kJ\cdot mol^{-1} = -147.58\ kJ\cdot mol^{-1}$$
$$\Delta_f H_m^\ominus(Cu_2O, s) = \Delta_r H_m^\ominus(a) + \Delta_r H_m^\ominus(d)$$
$$= (-97.39 - 90.21)\ kJ\cdot mol^{-1} = -187.60\ kJ\cdot mol^{-1}$$

**9.21** 已知下列电池在 298 K 时的电动势为 1.0486 V:

$$Pt(s)\,|\,H_2(p^\ominus)\,|\,NaOH(0.010\ mol\cdot kg^{-1}, \gamma_\pm = 0.930)\,||$$
$$NaCl(0.01125\ mol\cdot kg^{-1}, \gamma_\pm = 0.924)|AgCl|Ag(s)$$

(1) 写出电池反应;

(2) 求 $H_2O(l)$ 的离子积常数 $K_w$。已知 $\varphi^\ominus_{AgCl|Ag} = 0.2223$ V。

**解**: (1) 负极 $\quad \frac{1}{2}H_2(p^\ominus) - e^- \longrightarrow H^+\left(\frac{K_w}{a_{OH^-}}\right)$

正极 $\quad AgCl(s) + e^- \longrightarrow Ag(s) + Cl^-(a_{Cl^-})$

净反应 $\quad \frac{1}{2}H_2(p^\ominus) + AgCl(s) \Longrightarrow Ag(s) + H^+\left(\frac{K_w}{a_{OH^-}}\right) + Cl^-(a_{Cl^-})$

(2) $E = \varphi^\ominus_{AgCl|Ag} - 0 - \frac{RT}{F}\ln\frac{a_{Cl^-}K_w}{a_{OH^-}}$

$$1.0486\ V = \left(0.2223 - 0 - \frac{8.314 \times 298}{96500} \times \ln\frac{0.01125 \times 0.924 \times K_w}{0.010 \times 0.930}\right) V$$

$K_w = 9.43 \times 10^{-15}$

**9.22** 电极 $Ag^+\,|\,Ag(s)$ 和 $Cl^-\,|\,AgCl(s)\,|\,Ag(s)$ 在 298 K 时的标准电极电势分别为 0.7996 V 和 0.2223 V。

(1) 计算 AgCl(s) 在水中的饱和溶液的浓度;

(2) 用 Debye-Hückel 极限公式计算 298 K 时 AgCl(s) 在 0.01 $mol\cdot kg^{-1}$ $KNO_3$ 溶液中的溶解度, 已知 $A = 0.509\ (mol\cdot kg^{-1})^{-1/2}$;

(3) 计算反应 $AgCl(s) \Longrightarrow Ag^+(aq) + Cl^-(aq)$ 的 $\Delta_r G_m^\ominus$。

**解**: (1) 电池反应为 $AgCl(s) \Longrightarrow Ag^+(aq) + Cl^-(aq)$

$$E^\ominus = \varphi^\ominus_{AgCl\,|\,Ag} - \varphi^\ominus_{Ag^+\,|\,Ag} = (0.2223 - 0.7996)\ V = -0.5773\ V$$

$$K^\ominus = \exp\left(\frac{zE^\ominus F}{RT}\right) = \exp\left[\frac{1 \times (-0.5773) \times 96500}{8.314 \times 298}\right] = 1.72 \times 10^{-10}$$

$$K^\ominus = a_{Ag^+}a_{Cl^-} = \frac{\gamma_+ m_+}{m^\ominus} \cdot \frac{\gamma_- m_-}{m^\ominus} = \left(\frac{\gamma_\pm m}{m^\ominus}\right)^2$$

$$m = m^\ominus\sqrt{K^\ominus} = 1.0\ mol\cdot kg^{-1} \times \sqrt{1.72 \times 10^{-10}} = 1.31 \times 10^{-5}\ mol\cdot kg^{-1} \qquad (\gamma_\pm \approx 1)$$

(2) $\lg\gamma_\pm = -A\,|\,z_+z_-\,|\sqrt{I} = -0.0509$

$\gamma_\pm = 0.889$

$$K^\ominus = a_{Ag^+}a_{Cl^-} = \frac{\gamma_+ m_+}{m^\ominus} \cdot \frac{\gamma_- m_-}{m^\ominus} = \left(\frac{\gamma_\pm m}{m^\ominus}\right)^2$$

$$m=\frac{m^{\ominus}\sqrt{K^{\ominus}}}{\gamma_{\pm}}=\frac{1.0\ \text{mol}\cdot\text{kg}^{-1}\times\sqrt{1.72\times10^{-10}}}{0.889}=1.47\times10^{-5}\ \text{mol}\cdot\text{kg}^{-1}$$

(3) $\Delta_r G_m^{\ominus}=-zE^{\ominus}F=-1\times(-0.5773\ \text{V})\times96500\ \text{C}\cdot\text{mol}^{-1}=55.71\ \text{kJ}\cdot\text{mol}^{-1}$

**9.23**　写出下列浓差电池的电池反应, 并计算在 298 K 时的电动势。

(1) $\text{Pt(s)}\,|\,\text{H}_2(\text{g},200\ \text{kPa})\,|\,\text{H}^+(a_{\text{H}^+})\,|\,\text{H}_2(\text{g},100\ \text{kPa})\,|\,\text{Pt(s)}$

(2) $\text{Pt(s)}\,|\,\text{H}_2(p^{\ominus})\,|\,\text{H}^+(a_{\text{H}^+,1}=0.01)\,\vdots\vdots\,\text{H}^+(a_{\text{H}^+,2}=0.1)\,|\,\text{H}_2(p^{\ominus})\,|\,\text{Pt(s)}$

(3) $\text{Pt(s)}\,|\,\text{Cl}_2(\text{g},100\ \text{kPa})\,|\,\text{Cl}^-(a_{\text{Cl}^-})\,|\,\text{Cl}_2(\text{g},200\ \text{kPa})\,|\,\text{Pt(s)}$

(4) $\text{Pt(s)}\,|\,\text{Cl}_2(p^{\ominus})\,|\,\text{Cl}^-(a_{\text{Cl}^-,1}=0.1)\,\vdots\vdots\,\text{Cl}^-(a_{\text{Cl}^-,2}=0.01)\,|\,\text{Cl}_2(p^{\ominus})\,|\,\text{Pt(s)}$

(5) $\text{Zn(s)}\,|\,\text{Zn}^{2+}(a_{\text{Zn}^{2+},1}=0.04)\,\vdots\vdots\,\text{Zn}^{2+}(a_{\text{Zn}^{2+},2}=0.02)\,|\,\text{Zn(s)}$

(6) $\text{Pb(s)}\,|\,\text{PbSO}_4\text{(s)}\,|\,\text{SO}_4^{2-}(a_{\text{SO}_4^{2-},1}=0.01)\,\vdots\vdots\,\text{SO}_4^{2-}(a_{\text{SO}_4^{2-},2}=0.001)\,|\,\text{PbSO}_4\text{(s)}\,|\,\text{Pb(s)}$

**解**: 浓差电池的正、负极是相同的, 所以电池的标准电动势等于零。

(1) 负极　$\text{H}_2(\text{g},200\ \text{kPa})\longrightarrow 2\text{H}^+(a_{\text{H}^+})+2\text{e}^-$

正极　$2\text{H}^+(a_{\text{H}^+})+2\text{e}^-\longrightarrow \text{H}_2(\text{g},100\ \text{kPa})$

净反应　$\text{H}_2(\text{g},200\ \text{kPa}) = \text{H}_2(\text{g},100\ \text{kPa})$

$$E_1=E^{\ominus}-\frac{RT}{zF}\ln\prod_{\text{B}}a_{\text{B}}^{\nu_{\text{B}}}=-\frac{RT}{2F}\ln\frac{100\ \text{kPa}/p^{\ominus}}{200\ \text{kPa}/p^{\ominus}}=8.90\times10^{-3}\ \text{V}$$

(2) 负极　$\frac{1}{2}\text{H}_2(p^{\ominus})\longrightarrow \text{H}^+(a_{\text{H}^+,1}=0.01)+\text{e}^-$

正极　$\text{H}^+(a_{\text{H}^+,1}=0.1)+\text{e}^-\longrightarrow \frac{1}{2}\text{H}_2(p^{\ominus})$

净反应　$\text{H}^+(a_{\text{H}^+,1}=0.1) = \text{H}^+(a_{\text{H}^+,1}=0.01)$

$$E_2=-\frac{RT}{F}\ln\frac{0.01}{0.1}=0.0591\ \text{V}$$

(3) 负极　$\text{Cl}^-(a_{\text{Cl}^-})\longrightarrow \frac{1}{2}\text{Cl}_2(\text{g},100\ \text{kPa})+\text{e}^-$

正极　$\frac{1}{2}\text{Cl}_2(\text{g},200\ \text{kPa})+\text{e}^-\longrightarrow \text{Cl}^-(a_{\text{Cl}^-})$

净反应　$\frac{1}{2}\text{Cl}_2(\text{g},200\ \text{kPa}) = \frac{1}{2}\text{Cl}_2(\text{g},100\ \text{kPa})$

$$E_3=-\frac{1}{2}\frac{RT}{F}\ln\frac{100}{200}=8.90\times10^{-3}\ \text{V}$$

(4) 负极　$\text{Cl}^-(a_{\text{Cl}^-,1}=0.1)\longrightarrow \frac{1}{2}\text{Cl}_2(p^{\ominus})+\text{e}^-$

正极　$\frac{1}{2}\text{Cl}_2(p^{\ominus})+\text{e}^-\longrightarrow \text{Cl}^-(a_{\text{Cl}^-,2}=0.01)$

净反应　$\text{Cl}^-(a_{\text{Cl}^-,1}=0.1) = \text{Cl}^-(a_{\text{Cl}^-,2}=0.01)$

$$E_4=-\frac{RT}{F}\ln\frac{0.01}{0.1}=0.0591\ \text{V}$$

(5) 负极 $Zn(s) \longrightarrow Zn^{2+}(a_{Zn^{2+},1}=0.04)+2e^-$

正极 $Zn^{2+}(a_{Zn^{2+},2}=0.02)+2e^- \longrightarrow Zn(s)$

净反应 $Zn^{2+}(a_{Zn^{2+},2}=0.02) \xlongequal{\quad} Zn^{2+}(a_{Zn^{2+},1}=0.04)$

$$E_5=-\frac{RT}{2F}\ln\frac{0.04}{0.02}=-0.0089\ \mathrm{V}$$

(6) 负极 $Pb(s)+SO_4^{2-}(a_{SO_4^{2-},1}=0.01) \longrightarrow PbSO_4(s)+2e^-$

正极 $PbSO_4(s)+2e^- \longrightarrow SO_4^{2-}(a_{SO_4^{2-},2}=0.001)$

净反应 $SO_4^{2-}(a_{SO_4^{2-},1}=0.01) \xlongequal{\quad} SO_4^{2-}(a_{SO_4^{2-},2}=0.001)$

$$E_6=-\frac{RT}{2F}\ln\frac{0.001}{0.01}=0.0296\ \mathrm{V}$$

**9.24** 在 298 K 时, 有如下电池:

$$\mathrm{Pt(s)\,|\,Cl_2(p^{\ominus})\,|\,NaCl(m_1)} \;\vdots\vdots\; \mathrm{NaCl(m_2)\,|\,Cl_2(p^{\ominus})\,|\,Pt(s)}$$

(1) 写出电池反应 (不计液体接界电势), 并列出电子得失数为 1 时的电动势 $E$ 的计算式。

(2) 若 $m_1=0.10\ \mathrm{mol\cdot kg^{-1}}$, $m_2=0.01\ \mathrm{mol\cdot kg^{-1}}$, 不考虑液体接界电势, 计算该浓差电池的电动势 $E_c$。

(3) 考虑液体接界电势, 写出当通过 1 mol 电子电荷量时电池中发生的所有反应, 列出 $E_{总}$ 的表达式。

(4) 若实验测得 $E_{总}=0.046$ V, 求 $Na^+$ 和 $Cl^-$ 的迁移数 $t_+$ 和 $t_-$。

**解**: (1) 负极 $Cl^-(m_1) \longrightarrow \frac{1}{2}Cl_2(p^{\ominus})+e^-$

正极 $\frac{1}{2}Cl_2(p^{\ominus})+e^- \longrightarrow Cl^-(m_2)$

电池反应 $Cl^-(m_1) \xlongequal{\quad} Cl^-(m_2)$

这是一个对负离子可逆的浓差电池, 则

$$E=-\frac{RT}{F}\ln\frac{m_2}{m_1}$$

(2) 设活度因子均为 1, 则

$$E_c=-\frac{8.314\ \mathrm{J\cdot mol^{-1}\cdot K^{-1}}\times 298\ \mathrm{K}}{96500\ \mathrm{C\cdot mol^{-1}}}\times\ln\frac{0.01}{0.10}=0.0591\ \mathrm{V}$$

(3) 这时总的电动势由浓差引起的电动势 $E_c$ 和由液体接界引起的电势差 $E_j$ 两部分组成, 电池中总的变化为

$$\begin{cases} Cl^-(m_1) \longrightarrow Cl^-(m_2) \\ t_+Na^+(m_1) \longrightarrow t_+Na^+(m_2) \\ t_-Cl^-(m_2) \longrightarrow t_-Cl^-(m_1) \end{cases}$$

总反应为 $t_+NaCl(m_1) \longrightarrow t_+NaCl(m_2)$

$$E_{总} = E_c + E_j = -\frac{RT}{F}\ln\frac{m_2}{m_1} + (t_+ - t_-)\frac{RT}{F}\ln\frac{m_1}{m_2}$$

或
$$E_{总} = -\frac{t_+RT}{F}\ln\frac{(a_+a_-)_2}{(a_+a_-)_1}$$

(4) 用第一种 $E_{总}$ 的表达式

$$E_j = E_{总} - E_c = (0.046 - 0.0591)\ \mathrm{V} = -0.0131\ \mathrm{V}$$

$$E_j = (2t_+ - 1)\frac{RT}{F}\ln\frac{m_1}{m_2}$$

$$-0.0131\ \mathrm{V} = (2t_+ - 1)\frac{RT}{F}\ln\frac{0.10}{0.01}$$

解得
$$t_+ = 0.39, \quad t_- = 0.61$$

用第二种 $E_{总}$ 的表达式可得相同的结果:

$$0.046\ \mathrm{V} = -\frac{t_+RT}{F}\ln\frac{(0.01)^2}{(0.10)^2}$$

解得
$$t_+ = 0.39, \quad t_- = 0.61$$

**9.25** 在 298 K 时, 有如下浓差电池:

$$\mathrm{Pt(s)\,|\,Cl_2}(p)\,|\,\mathrm{HCl}(0.01\ \mathrm{mol\cdot kg^{-1}}, a_1)\,|\,\mathrm{HCl}(0.001\ \mathrm{mol\cdot kg^{-1}}, a_2)\,|\,\mathrm{Cl_2}(p)\,|\,\mathrm{Pt(s)}$$

电池反应为

$$\mathrm{Cl^-}(0.01\ \mathrm{mol\cdot kg^{-1}}, a_1) \longrightarrow \mathrm{Cl^-}(0.001\ \mathrm{mol\cdot kg^{-1}}, a_2)$$

求该电池的电动势 $E$ 值。已知 $Cl^-$ 的活度因子 $\gamma_{Cl^-}$ 与溶液的离子强度 $I(\leqslant 0.1\ \mathrm{mol\cdot kg^{-1}})$ 有如下关系:

$$\lg\gamma_{Cl^-} = -\frac{A_c\sqrt{I}}{1+1.5\sqrt{I}}$$

其中在 298 K 的水溶液中 $A_c = 0.511\ \mathrm{mol^{-1/2}\cdot dm^{3/2}}$, 假设 $\gamma_{H^+} = \gamma_\pm$。

**解**: 电池的电动势 $E$ 由浓差电池的电动势和液体接界电势两个部分组成。

浓差电池: $\mathrm{Cl^-}(0.01\ \mathrm{mol\cdot kg^{-1}}, a_1) \longrightarrow \mathrm{Cl^-}(0.001\ \mathrm{mol\cdot kg^{-1}}, a_2)$

液体接界电池: $t_+\mathrm{H^+}(0.01\ \mathrm{mol\cdot kg^{-1}}, a_1) \longrightarrow t_+\mathrm{H^+}(0.001\ \mathrm{mol\cdot kg^{-1}}, a_2)$

$t_-\mathrm{Cl^-}(0.001\ \mathrm{mol\cdot kg^{-1}}, a_2) \longrightarrow t_-\mathrm{Cl^-}(0.01\ \mathrm{mol\cdot kg^{-1}}, a_1)$

$$I_1 = \frac{1}{2}\sum_B m_B z_B^2 = \frac{1}{2}\times[1^2\times 0.01 + (-1)^2\times 0.01]\ \mathrm{mol\cdot kg^{-1}} = 0.01\ \mathrm{mol\cdot kg^{-1}}$$

$$I_2 = \frac{1}{2}\sum_B m_B z_B^2 = \frac{1}{2}\times[1^2\times 0.001 + (-1)^2\times 0.001]\ \mathrm{mol\cdot kg^{-1}} = 0.001\ \mathrm{mol\cdot kg^{-1}}$$

$$\lg\gamma_{Cl^-} = -\frac{A_c\sqrt{I}}{1+1.5\sqrt{I}}$$

对于 HCl
$$\gamma_\pm = (\gamma_{H^+}\cdot\gamma_{Cl^-})^{1/2}$$

由于 $\gamma_{H^+} = \gamma$, 则
$$\gamma_{H^+} = \gamma_{Cl^-}$$

将离子强度 $I$ 的值代入可得

$$\gamma_{Cl^-,1}=0.9027 \qquad \gamma_{H^+,1}=0.9027$$
$$\gamma_{Cl^-,2}=0.9651 \qquad \gamma_{H^+,2}=0.9651$$

电池反应的 Gibbs 自由能变化为

$$\Delta_r G_m=-zEF=RT\ln\frac{\gamma_{Cl^-,2}\cdot m_{Cl^-,2}}{\gamma_{Cl^-,1}\cdot m_{Cl^-,1}}+t_+RT\ln\frac{\gamma_{H^+,2}\cdot m_{H^+,2}}{\gamma_{H^+,1}\cdot m_{H^+,1}}+t_-RT\ln\frac{\gamma_{Cl^-,1}\cdot m_{Cl^-,1}}{\gamma_{Cl^-,2}\cdot m_{Cl^-,2}} \quad (z=1)$$

$$t_+=\frac{\Lambda_{m,+}^{\infty}}{\Lambda_m^{\infty}}=\frac{349.65}{426.16}=0.8209$$

$$t_-=1-t_+=0.1791$$

代入计算, 可得
$$E=0.094\ \mathrm{V}$$

**9.26** 常用的铅蓄电池可表示为

$$\mathrm{Pb(s)\,|\,PbSO_4(s)\,|\,H_2SO_4}(m=1.0\ \mathrm{mol\cdot kg^{-1}})\,|\,\mathrm{PbSO_4(s)\,|\,PbO_2(s)}$$

已知在 0 ~ 60 ℃ 的温度区间内, 电动势 $E$ 与温度的关系式为

$$E/\mathrm{V}=1.91737+56.1\times10^{-6}(T/℃)+1.08\times10^{-8}(T/℃)^2$$

在 25 ℃ 时, 电池的 $E^{\ominus}=2.041$ V, 试计算这时电解质溶液 $H_2SO_4(m=1.0\ \mathrm{mol\cdot kg^{-1}})$ 的平均活度因子 $\gamma_{\pm}$。

**解**: 已知 $E^{\ominus}$ 和计算出 25 ℃ 时的电动势, 在 Nernst 方程中, 使活度因子成为唯一的未知数, 就能计算了。首先写出电极反应和电池的净反应:

负极　$\mathrm{Pb(s)+H_2SO_4}(m)\longrightarrow \mathrm{PbSO_4(s)+2H^+}(a_{H^+})+2e^-$

正极　$\mathrm{PbO_2(s)+H_2SO_4}(m)+2H^+(a_{H^+})+2e^-\longrightarrow \mathrm{PbSO_4(s)+2H_2O(l)}$

净反应　$\mathrm{Pb(s)+PbO_2(s)+2H_2SO_4}(m) =\!=\!= \mathrm{2PbSO_4(s)+2H_2O(l)}$

在 25 ℃ 时, 电池的电动势为

$$E=(1.91737+56.1\times10^{-6}\times25+1.08\times10^{-8}\times25^2)\ \mathrm{V}=1.9187\ \mathrm{V}$$

$$E=E^{\ominus}+\frac{RT}{2F}\ln a_{H_2SO_4}^2=E^{\ominus}+\frac{RT}{F}\ln a_{\pm}^3$$

$$a_{\pm}^3=4\left(\gamma_{\pm}\frac{m}{m^{\ominus}}\right)^3=\gamma_{\pm}^3\times4\times1.0^3=4\gamma_{\pm}^3$$

$$1.9187\ \mathrm{V}=2.041\ \mathrm{V}+\frac{RT}{F}\ln(4\gamma_{\pm}^3)$$

解得
$$\gamma_{\pm}=0.129$$

**9.27** 在 298 K, 100 kPa 时, 试求电极 $\mathrm{Pt\,|\,S_2O_3^{2-},\ S_4O_6^{2-}}$ 的标准电极电势。已知:

(1) 1 mol $\mathrm{Na_2S_2O_3\cdot5H_2O(s)}$ 溶于大量水中, $\Delta_r H_{m,1}^{\ominus}=46.735\ \mathrm{kJ\cdot mol^{-1}}$;

(2) 1 mol $\mathrm{Na_2S_2O_3\cdot5H_2O(s)}$ 溶于过量的 $I_3^-$ 溶液中, $\Delta_r H_{m,2}^{\ominus}=28.786\ \mathrm{kJ\cdot mol^{-1}}$;

(3) 1 mol $\mathrm{I_2(s)}$ 溶于过量的 $I^-$ 溶液中, $\Delta_r H_{m,3}^{\ominus}=3.431\ \mathrm{kJ\cdot mol^{-1}}$;

(4) $\mathrm{Pt\,|\,I_2(s)\,|\,I^-}$, $\varphi_4^{\ominus}=0.5355$ V;

(5) 各物质在 298 K 时的标准摩尔熵如下:

| 物质 | $S_2O_3^{2-}$ | $S_4O_6^{2-}$ | $I^-$ | $I_2(s)$ |
|---|---|---|---|---|
| $S_m^{\ominus}/(J\cdot mol^{-1}\cdot K^{-1})$ | 67.0 | 146.0 | 111.3 | 116.1 |

**解**: 首先写出该电极的电极反应, 要计算其电极电势, 就是用已知的热力学数据计算该电极反应的 $\Delta_r G_m^{\ominus}$ 的值。此题较麻烦的是如何从这 5 个已知条件计算出 $\Delta_r G_m^{\ominus}$ 的值, 这需要用到 Hess 定律。

$Pt\,|\,S_2O_3^{2-}, S_4O_6^{2-}$ 的还原电极反应为　$S_4O_6^{2-}(aq) + 2e^- \longrightarrow 2S_2O_3^{2-}(aq)$

根据 (1) 的条件, 得到

$$2Na_2S_2O_3\cdot 5H_2O(s) \xrightarrow{H_2O} 2S_2O_3^{2-}(aq) + 4Na^+(aq) + 10H_2O(l) \tag{a}$$

$$\Delta_r H_m^{\ominus}(a) = 2 \times 46.735\ kJ\cdot mol^{-1}$$

根据 (2) 的条件, 得到 (这是一个氧化还原反应)

$$2Na_2S_2O_3\cdot 5H_2O(s) \xrightarrow{H_2O} S_4O_6^{2-}(aq) + Na^+(aq) + 3I^-(aq) + 10H_2O(aq) \tag{b}$$

$$\Delta_r H_m^{\ominus}(b) = 2 \times 28.786\ kJ\cdot mol^{-1}$$

根据 (3) 的条件, 得到

$$I_2(s) + I^-(aq) \longrightarrow I_3^-(aq) \tag{c}$$

$$\Delta_r H_m^{\ominus}(c) = 3.431\ kJ\cdot mol^{-1}$$

根据 (4) 的条件, 得到

$$I_2(s) + 2e^- \longrightarrow 2I^-(aq) \tag{d}$$

$$\Delta_r G_m^{\ominus}(d) = -zE^{\ominus}F = -2 \times 0.5355\ V \times 96500\ C\cdot mol^{-1} = -103.35\ kJ\cdot mol^{-1}$$

$$\Delta_r S_m^{\ominus}(d) = \sum_B \nu_B S_{m,B}^{\ominus} = (2 \times 111.3 - 116.1)\ J\cdot mol^{-1}\cdot K^{-1} = 106.5\ J\cdot mol^{-1}\cdot K^{-1}$$

$$\begin{aligned}\Delta_r H_m^{\ominus}(d) &= \Delta_r G_m^{\ominus}(d) + T\Delta_r S_m^{\ominus}(d)\\ &= -103.35\ kJ\cdot mol^{-1} + 298\ K \times 106.5\ J\cdot mol^{-1}\cdot K^{-1} = -71.61\ kJ\cdot mol^{-1}\end{aligned}$$

(a) − (b) 得到

$$S_4O_6^{2-}(aq) + 3I^-(aq) \longrightarrow 2S_2O_3^{2-}(aq) + I_3^-(aq) \tag{e}$$

$$\Delta_r H_m^{\ominus}(e) = \Delta_r H_m^{\ominus}(a) - \Delta_r H_m^{\ominus}(b) = 35.898\ kJ\cdot mol^{-1}$$

(c) − (d) 得到

$$3I^-(aq) \longrightarrow I_3^-(aq) + 2e^- \tag{f}$$

$$\Delta_r H_m^{\ominus}(f) = \Delta_r H_m^{\ominus}(c) - \Delta_r H_m^{\ominus}(d) = 75.041\ kJ\cdot mol^{-1}$$

(e) − (f) 得到

$$S_4O_6^{2-}(aq) + 2e^- \longrightarrow 2S_2O_3^{2-} \tag{g}$$

式 (g) 即为要求的反应, 则

$$\Delta_r H_m^{\ominus}(g) = \Delta_r H_m^{\ominus}(e) - \Delta_r H_m^{\ominus}(f) = (35.898 - 75.041)\ kJ\cdot mol^{-1} = -39.143\ kJ\cdot mol^{-1}$$

$$\Delta_r S_m^{\ominus}(g) = \sum_B \nu_B S_{m,B}^{\ominus} = (2 \times 67.0 - 146.0)\ J\cdot mol^{-1}\cdot K^{-1} = -12.0\ J\cdot mol^{-1}\cdot K^{-1}$$

$$\Delta_r G_m^{\ominus}(g) = \Delta_r H_m^{\ominus}(g) - T\Delta_r S_m^{\ominus}(g)$$

$$= -39.143\ \text{kJ}\cdot\text{mol}^{-1} - 298\ \text{K} \times (-12.0\ \text{J}\cdot\text{mol}^{-1}\cdot\text{K}^{-1}) = -35.567\ \text{kJ}\cdot\text{mol}^{-1}$$

所以 $\text{Pt}\,|\,\text{S}_2\text{O}_3^{2-}, \text{S}_4\text{O}_6^{2-}$ 的标准电极电势 $\varphi^\ominus$ 为

$$\varphi^\ominus = -\frac{\Delta_\text{r}G_\text{m}^\ominus(\text{g})}{zF} = -\frac{-35.567 \times 10^3\ \text{J}\cdot\text{mol}^{-1}}{2 \times 96500\ \text{C}\cdot\text{mol}^{-1}} = 0.184\ \text{V}$$

**9.28** 在 298 K 时, 电极 $\text{H}_2\text{O}_2, \text{H}^+, \text{H}_2\text{O}\,|\,\text{Pt}$ 的电极反应为

$$\text{H}_2\text{O}_2(\text{l}) + 2\text{H}^+(a_{\text{H}^+}) + 2\text{e}^- \longrightarrow 2\text{H}_2\text{O}(\text{l})$$

求该电极的标准电极电势。已知电极 $\text{H}^+, \text{H}_2\text{O}_2\,|\,\text{O}_2(p^\ominus)\,|\,\text{Pt}$ 的电极反应为

$$\text{O}_2(p^\ominus) + 2\text{H}^+(a_{\text{H}^+} = 1) + 2\text{e}^- \longrightarrow \text{H}_2\text{O}_2(\text{l})$$

其标准电极电势 $\varphi^\ominus_{\text{H}^+,\text{H}_2\text{O}_2\,|\,\text{O}_2(p^\ominus)\,|\,\text{Pt}} = 0.682\ \text{V}$, 水的离子积常数 $K_\text{w}^\ominus = 1 \times 10^{-14}$, $\varphi^\ominus_{\text{O}_2\,|\,\text{OH}^-} = 0.401\ \text{V}$, 氢氧燃料电池的 $E^\ominus = 1.229\ \text{V}$。

**解**: 本题可有如下两种解法。

**解法 1** 利用状态函数的性质解题。

根据电极 $\text{H}_2\text{O}, \text{H}_2\text{O}_2\,|\,\text{O}_2(p^\ominus)\,|\,\text{Pt}$ 的电极反应:

$$\text{O}_2(p^\ominus) + 2\text{H}^+(a_{\text{H}^+} = 1) + 2\text{e}^- \longrightarrow \text{H}_2\text{O}_2(\text{l}) \tag{1}$$

$$\Delta_\text{r}G^\ominus_{\text{m},1} = -z\varphi_1^\ominus F = -2 \times 0.682\ \text{V} \times 96500\ \text{C}\cdot\text{mol}^{-1} = -131.63\ \text{kJ}\cdot\text{mol}^{-1}$$

根据水的离子积常数, 则

$$\text{H}_2\text{O}(\text{l}) \rightleftharpoons \text{H}^+ + \text{OH}^- \tag{2}$$

$$\Delta_\text{r}G^\ominus_{\text{m},2} = -RT\ln K_\text{w}^\ominus = -8.314\ \text{J}\cdot\text{mol}^{-1}\cdot\text{K}^{-1} \times 298\ \text{K} \times \ln(1 \times 10^{-14}) = 79.87\ \text{kJ}\cdot\text{mol}^{-1}$$

根据已知的电极电势 $\varphi^\ominus_{\text{O}_2\,|\,\text{OH}^-} = 0.401\ \text{V}$, 则

$$\text{O}_2(p^\ominus) + 2\text{H}_2\text{O}(\text{l}) + 4\text{e}^- \longrightarrow 4\text{OH}^- \tag{3}$$

$$\Delta_\text{r}G^\ominus_{\text{m},3} = -z\varphi_3^\ominus F = -4 \times 0.401\ \text{V} \times 96500\ \text{C}\cdot\text{mol}^{-1} = -154.79\ \text{kJ}\cdot\text{mol}^{-1}$$

要求解的电极反应可以由以上 3 个反应组合而成, 即 (3) − (1) − 4 × (2) = (4), 所以

$$\text{H}_2\text{O}_2(\text{l}) + 2\text{H}^+(a_{\text{H}^+}) + 2\text{e}^- \longrightarrow 2\text{H}_2\text{O}(\text{l}) \tag{4}$$

$$\Delta_\text{r}G^\ominus_{\text{m},4} = \Delta_\text{r}G^\ominus_{\text{m},3} - \Delta_\text{r}G^\ominus_{\text{m},1} - 4\Delta_\text{r}G^\ominus_{\text{m},2}$$

$$= (-154.79 + 131.63 - 4 \times 79.87)\ \text{kJ}\cdot\text{mol}^{-1} = -342.64\ \text{kJ}\cdot\text{mol}^{-1}$$

$$\varphi_4^\ominus = -\frac{\Delta_\text{r}G^\ominus_{\text{m},4}}{2F} = \frac{342.64\ \text{kJ}\cdot\text{mol}^{-1}}{2 \times 96500\ \text{C}\cdot\text{mol}^{-1}} = 1.775\ \text{V}$$

**解法 2** 利用设计电池的方法解题, 当然也用到状态函数的性质。设计电池:

$$\text{Pt(s)}\,|\,\text{H}_2(p^\ominus)\,|\,\text{OH}^-(a_{\text{OH}^-})\,|\,\text{O}_2(p^\ominus)\,|\,\text{Pt(s)}$$

负极 $\text{H}_2(p^\ominus) + 2\text{OH}^-(\text{aq}) \longrightarrow 2\text{H}_2\text{O}(\text{l}) + 2\text{e}^-$

正极 $\frac{1}{2}\text{O}_2(p^\ominus) + \text{H}_2\text{O}(\text{l}) + 2\text{e}^- \longrightarrow 2\text{OH}^-(\text{aq})$

净反应　$H_2(p^\ominus) + \frac{1}{2}O_2(p^\ominus) \xlongequal{\quad} H_2O(l)$ (1)

$$E_1^\ominus = 1.229\ \mathrm{V}$$

$$\Delta_r G_{m,1}^\ominus = -zE_1^\ominus F = -2 \times 1.229\ \mathrm{V} \times 96500\ \mathrm{C\cdot mol^{-1}} = -237.20\ \mathrm{kJ\cdot mol^{-1}}$$

设计电池:　$Pt(s)\,|\,H_2(p^\ominus)\,|\,H^+(a_{H^+}=1), H_2O_2(l)\,|\,O_2(p^\ominus)\,|\,Pt(s)$

负极　$H_2(p^\ominus) \longrightarrow 2H^+(a_{H^+}=1) + 2e^-$

正极　$O_2(p^\ominus) + 2H^+(a_{H^+}=1) + 2e^- \longrightarrow H_2O_2(l)$

净反应　$H_2(p^\ominus) + O_2(p^\ominus) \xlongequal{\quad} H_2O_2(l)$ (2)

$$E_2^\ominus = \varphi_{H^+,H_2O_2\,|\,O_2} = 0.682\ \mathrm{V}$$

$$\Delta_r G_{m,2}^\ominus = -zE_2^\ominus F = -2 \times 0.682\ \mathrm{V} \times 96500\ \mathrm{C\cdot mol^{-1}} = -131.63\ \mathrm{kJ\cdot mol^{-1}}$$

设计电池:　$Pt(s)\,|\,H_2(p^\ominus)\,|\,H^+, H_2O_2(l)\,|\,Pt(s)$

负极　$H_2(p^\ominus) \longrightarrow 2H^+ + 2e^-$

正极　$H_2O_2(l) + 2H^+ + 2e^- \longrightarrow 2H_2O(l)$

净反应　$H_2(p^\ominus) + H_2O_2(l) \xlongequal{\quad} 2H_2O(l)$ (3)

$E_3^\ominus = \varphi^\ominus_{H_2O_2,H^+,H_2O\,|\,Pt}$ 即为所要求的电极电势, 反应 (3) = 2 × (1) − (2), 所以

$$\Delta_r G_{m,3}^\ominus = 2\Delta_r G_{m,1}^\ominus - \Delta_r G_{m,2}^\ominus = [2 \times (-237.20) + 131.63]\ \mathrm{kJ\cdot mol^{-1}} = -342.77\ \mathrm{kJ\cdot mol^{-1}}$$

$$E_3^\ominus = -\frac{\Delta_r G_{m,3}^\ominus}{2F} = \frac{342.77\ \mathrm{kJ\cdot mol^{-1}}}{2 \times 96500\ \mathrm{C\cdot mol^{-1}}} = 1.776\ \mathrm{V}$$

即所求的电极电势为 1.776 V。

**9.29**　已知 298 K 时下列电池:

$$Cd(Hg)(a)\,|\,CdCl_2(aq, 0.01\ \mathrm{mol\cdot kg^{-1}})\,|\,AgCl(s)|Ag(s)$$

的电动势是 0.7585 V, 其 $E^\ominus = 0.5732$ V。

(1) 计算 0.01 $\mathrm{mol\cdot kg^{-1}}$ $CdCl_2$ 溶液的 $\gamma_\pm$;

(2) 把 (1) 中求出的 $\gamma_\pm$ 值与从 Debye-Hückel 极限公式计算的 $\gamma_\pm$ 值相比较, 并说明为何两个数值有差异。

**解**: (1) 电池反应为

$$2AgCl(s) + Cd(Hg) \longrightarrow 2Ag(s) + Cd^{2+}(aq) + 2Cl^-(aq) + Hg(l)$$

$$E = E^\ominus - \frac{RT}{zF}\ln a_{Cd^{2+}} - \frac{RT}{zF}\ln a_{Cl^-} = E^\ominus - \frac{RT}{zF}\ln\frac{m_{Cd^{2+}} m_{Cl^-}^2 \gamma_\pm^3}{(m^\ominus)^3}$$

$$0.7585 = 0.5732 - \frac{8.314 \times 298}{2 \times 96500} \times \ln\frac{0.01 \times 0.02^2 \times \gamma_\pm^3}{1.0^3}$$

$$\gamma_\pm = 0.512$$

(2) $I = \frac{1}{2}\sum_B m_B z_B^2 = \frac{1}{2} \times [0.01 \times 2^2 + 0.02 \times (-1)^2]\ \mathrm{mol\cdot kg^{-1}} = 0.03\ \mathrm{mol\cdot kg^{-1}}$

$$\lg\gamma'_{\pm} = -A|z_+z_-|\sqrt{I} = -0.0509 \times |2 \times (-1)| \times \sqrt{0.03} = -0.1763$$

$$\gamma'_{\pm} = 0.666$$

讨论: 对于一个完全解离的电解质, Debye-Hückel 极限公式本身固有的近似导致了离子相互作用过高估计, 因此, 计算的 $\gamma'_{\pm}$ 值比实验的 $\gamma_{\pm}$ 值要低。本例中, $\gamma_{\pm}$ 值比较低, 表明 $CdCl_2$ 中有离子缔合。

**9.30** 已知 298 K 时, AgBr(s) 的 $K^{\ominus}_{sp} = 4.86 \times 10^{-13}$, $\varphi^{\ominus}_{Ag^+|Ag} = 0.7996\ V$, $\varphi^{\ominus}_{Br^-|Br_2} = 1.066\ V$, 试求该温度下:

(1) $\varphi^{\ominus}_{Br^-|AgBr(s)|Ag(s)}$ 值;

(2) AgBr(s) 的标准摩尔生成 Gibbs 自由能变化值 $\Delta_f G^{\ominus}_m(AgBr)$。

**解**: 已知 $K^{\ominus}_{sp}$ 的值一般可以计算难溶电解质的离子活度或难溶盐电极的电极电势, 可通过设计电池来完成。

(1) 计算 $\varphi^{\ominus}_{Br^-|AgBr(s)|Ag(s)}$ 的方法可以不同, 但最后的结果是一样的。

**解法 1** 设计如下电池:

$$Ag(s) \mid Ag^+(a_{Ag^+}) \ \vdots\vdots\ Br^-(a_{Br^-}) \mid AgBr(s) \mid Ag(s)$$

电池反应为

负极 $\quad Ag(s) \longrightarrow Ag^+(a_{Ag^+}) + e^-$

正极 $\quad AgBr(s) + e^- \longrightarrow Ag(s) + Br^-(a_{Br^-})$

净反应 $\quad AgBr(s) \longrightarrow Ag^+(a_{Ag^+}) + Br^-(a_{Br^-})$

$$E^{\ominus} = \varphi^{\ominus}_{Br^-|AgBr(s)|Ag(s)} - \varphi^{\ominus}_{Ag^+|Ag}$$

$$E^{\ominus} = \frac{RT}{F}\ln K^{\ominus}_{sp} = \frac{8.314\ J\cdot mol^{-1}\cdot K^{-1} \times 298\ K}{96500\ C\cdot mol^{-1}} \times \ln(4.86 \times 10^{-13}) = -0.7279\ V$$

$$\varphi^{\ominus}_{Br^-|AgBr(s)|Ag(s)} = (-0.7279 + 0.7996)\ V = 0.0717\ V$$

**解法 2** 应用状态函数性质计算。

① $Ag^+(a_{Ag^+}) + e^- \longrightarrow Ag(s) \qquad \Delta_r G^{\ominus}_m(1) = -\varphi^{\ominus}_1 F$

② $AgBr(s) + e^- \longrightarrow Ag(s) + Br^-(a_{Br^-}) \qquad \Delta_r G^{\ominus}_m(2) = -\varphi^{\ominus}_2 F$

③ $AgBr(s) \longrightarrow Ag^+(a_{Ag^+}) + Br^-(a_{Br^-}) \qquad \Delta_r G^{\ominus}_m(3) = -RT\ln K^{\ominus}_{sp}$

② = ③ + ①, 则有

$$\Delta_r G^{\ominus}_m(2) = \Delta_r G^{\ominus}_m(3) + \Delta_r G^{\ominus}_m(1)$$

$$\varphi^{\ominus}_2 = \varphi^{\ominus}_1 + \frac{RT}{F}\ln K^{\ominus}_{sp} = 0.7996\ V + \frac{RT}{F}\ln(4.86 \times 10^{-13}) = 0.0717\ V$$

**解法 3** 电极 $Br^- \mid AgBr(s) \mid Ag(s)$ 的反应有两种表示法, 但电极电势应该相同。

表示① $\quad AgBr(s) + e^- \longrightarrow Ag(s) + Br^-(a_{Br^-})$

$$\varphi_1 = \varphi^{\ominus}_{Br^-|AgBr(s)|Ag(s)} - \frac{RT}{F}\ln a_{Br^-}$$

表示② $\quad Ag^+(K_{sp}/a_{Br^-}) + e^- \longrightarrow Ag(s)$

$$\varphi_2 = \varphi^{\ominus}_{Ag^+|Ag} - \frac{RT}{F}\ln\frac{1}{a_{Ag^+}} = \varphi^{\ominus}_{Ag^+|Ag} - \frac{RT}{F}\ln\frac{a_{Br^-}}{K^{\ominus}_{sp}}$$

$\varphi_1 = \varphi_2$, 所以

$$\varphi^{\ominus}_{Br^-|AgBr(s)|Ag(s)} = \varphi^{\ominus}_{Ag^+|Ag} + \frac{RT}{F}\ln K^{\ominus}_{sp} = 0.7996\ \mathrm{V} + \frac{RT}{F}\ln(4.86\times10^{-13}) = 0.0717\ \mathrm{V}$$

(2) 计算 AgBr(s) 的 $\Delta_f G^{\ominus}_m$ 也有如下两种方法。

**解法 1**　设计电池, 使电池反应就是 AgBr(s) 的生成反应。所设计的电池为

$$Ag(s)\,|\,AgBr(s)\,|\,Br^-(a_{Br^-})\,|\,Br_2(l)\,|\,Pt(s)$$

$$Ag(s) + Br^-(a_{Br^-}) \longrightarrow AgBr(s) + e^-$$

$$\frac{1}{2}Br_2(l) + e^- \longrightarrow Br^-(a_{Br^-})$$

$$Ag(s) + \frac{1}{2}Br_2(l) \longrightarrow AgBr(s)$$

$$E^{\ominus} = \varphi^{\ominus}_{Br^-|Br_2} - \varphi^{\ominus}_{Br^-|AgBr(s)|Ag(s)} = (1.066 - 0.0717)\ \mathrm{V} = 0.9943\ \mathrm{V}$$

$$\Delta_f G^{\ominus}_m(AgBr) = \Delta_r G^{\ominus}_m = -zE^{\ominus}F = -1\times0.9943\ \mathrm{V}\times96500\ \mathrm{C\cdot mol^{-1}} = -95.95\ \mathrm{kJ\cdot mol^{-1}}$$

**解法 2**　用状态函数性质解题。

① $AgBr(s) \longrightarrow Ag^+ + Br^-$　　$\Delta_r G^{\ominus}_m(1) = -RT\ln K^{\ominus}_{sp}$

② $Ag^+ + e^- \longrightarrow Ag(s)$　　$\Delta_r G^{\ominus}_m(2) = -\varphi^{\ominus}_2 F$

③ $\frac{1}{2}Br_2(l) + e^- \longrightarrow Br^-$　　$\Delta_r G^{\ominus}_m(3) = -\varphi^{\ominus}_3 F$

③ − ② − ① 得

④ $Ag(s) + \frac{1}{2}Br_2(l) \longrightarrow AgBr(s)$　　$\Delta_r G^{\ominus}_m(4)$

$$\begin{aligned}\Delta_r G^{\ominus}_m(4) &= \Delta_f G^{\ominus}_m(AgBr) = \Delta_r G^{\ominus}_m(3) - \Delta_r G^{\ominus}_m(2) - \Delta_r G^{\ominus}_m(1)\\ &= (-1.066 + 0.7996)\ \mathrm{V}\times96500\ \mathrm{C\cdot mol^{-1}} + 8.314\ \mathrm{J\cdot mol^{-1}\cdot K^{-1}}\times298\ \mathrm{K}\times\ln(4.86\times10^{-13})\\ &= -95.95\ \mathrm{kJ\cdot mol^{-1}}\end{aligned}$$

**9.31**　在 298 K, $p^{\ominus}$ 时, 有下列电池反应:

$$Ag_2SO_4(s) + H_2(p^{\ominus}) = 2Ag(s) + H_2SO_4(0.01\ \mathrm{mol\cdot kg^{-1}})$$

(1) 请为这个电池反应设计一个原电池, 并写出电极反应;

(2) 求该电池的可逆电池电动势 $E$ (假设所有离子及电解质的平均活度因子为 1);

(3) 求 $Ag_2SO_4$ 的溶度积 $K_{sp}$。

已知 $\varphi^{\ominus}_{SO_4^{2-}|Ag_2SO_4|Ag} = 0.627\ \mathrm{V}$, $\varphi^{\ominus}_{Ag^+|Ag} = 0.7996\ \mathrm{V}$。

**解**: (1) 设计电池:　　$Pt(s)\,|\,H_2(p^{\ominus})\,|\,H_2SO_4(0.01\ \mathrm{mol\cdot kg^{-1}})\,|\,Ag_2SO_4(s)\,|\,Ag(s)$

负极　　$H_2(p^{\ominus}) \longrightarrow 2H^+(a_{H^+}) + 2e^-$

正极　　$Ag_2SO_4(s) + 2e^- \longrightarrow 2Ag(s) + SO_4^{2-}(a_{SO_4^{2-}})$

(2) $E = E^{\ominus} - \dfrac{RT}{zF}\ln(a_{\mathrm{H^+}}^2 a_{\mathrm{SO_4^{2-}}})$

$$= \varphi^{\ominus}_{\mathrm{SO_4^{2-}|Ag_2SO_4|Ag}} - \varphi^{\ominus}_{\mathrm{H^+|H_2}} - \frac{RT}{zF}\ln[(\gamma_+ m_{\mathrm{H^+}})^2(\gamma_- m_{\mathrm{SO_4^{2-}}})]$$

$$= 0.627\ \mathrm{V} - 0\ \mathrm{V} - \frac{RT}{2F}\ln(0.02^2 \times 0.01) = 0.734\ \mathrm{V}$$

(3) 设计电池: $\mathrm{Ag(s)\,|\,Ag^+}(a_{\mathrm{Ag^+}})\,\|\,\mathrm{SO_4^{2-}}(a_{\mathrm{SO_4^{2-}}})\,|\,\mathrm{Ag_2SO_4(s)\,|\,Ag(s)}$

$$E^{\ominus} = \varphi^{\ominus}_{\mathrm{SO_4^{2-}|Ag_2SO_4|Ag}} - \varphi^{\ominus}_{\mathrm{Ag^+|Ag}} = 0.627\ \mathrm{V} - 0.7996\ \mathrm{V} = -0.1726\ \mathrm{V}$$

$$K_{\mathrm{sp}} = \exp\left(\frac{zE^{\ominus}F}{RT}\right) = \exp\left[\frac{2\times(-0.1726\ \mathrm{V})\times 96500\ \mathrm{C\cdot mol^{-1}}}{8.314\ \mathrm{J\cdot mol\cdot K^{-1}}\times 298\ \mathrm{K}}\right] = 1.45\times10^{-6}$$

**9.32** 在 298 K 时, 如下电池:

$\mathrm{Hg(l)\,|\,Hg_2Br_2(s)\,|\,KBr}(m{=}0.10\ \mathrm{mol\cdot kg^{-1}}, \gamma_{\pm}{=}0.772)\,|\,(0.1\ \mathrm{mol\cdot dm^{-3}})\ \mathrm{KCl}$ 甘汞电极

的电动势为 0.1271 V, 已知右方甘汞电极的电极电势为 0.3338 V, $\varphi^{\ominus}_{\mathrm{Hg_2^{2+}|Hg}} = 0.7973$ V, 求该温度下 $\mathrm{Hg_2Br_2(s)}$ 的活度积。

**解**: 负极 $\mathrm{Hg_2Br_2(s) + 2e^- \longrightarrow 2Hg(l) + 2Br^-}(a_{\mathrm{Br^-}})$

$$E = \varphi_{\text{甘汞电极}} - \left(\varphi^{\ominus}_{\mathrm{Hg_2Br_2|Hg}} - \frac{RT}{zF}\ln a_{\mathrm{Br^-}}^2\right)$$

因为 $\varphi^{\ominus}_{\mathrm{Hg_2Br_2|Hg}} = \varphi^{\ominus}_{\mathrm{Hg_2^{2+}|Hg}} + \dfrac{RT}{zF}\ln K_{\mathrm{sp}}$, 故

$$E = \varphi_{\text{甘汞电极}} - \left(\varphi^{\ominus}_{\mathrm{Hg_2^{2+}|Hg}} + \frac{RT}{zF}\ln\frac{K_{\mathrm{sp}}}{a_{\mathrm{Br^-}}^2}\right)$$

$$0.1271\ \mathrm{V} = 0.3338\ \mathrm{V} - 0.7973\ \mathrm{V} - \frac{RT}{2F}\ln\frac{K_{\mathrm{sp}}}{(0.10\times0.772)^2}$$

$$K_{\mathrm{sp}} = 6.2\times10^{-23}$$

**9.33** 在 298 K 时, 试设计合适的电池, 用电动势法测定下列各热力学函数值。要求写出电池的表达式和列出所求函数的计算式。

(1) $\mathrm{Ag(s) + Fe^{3+}}(a_{\mathrm{Fe^{3+}}}) \longrightarrow \mathrm{Ag^+}(a_{\mathrm{Ag^+}}) + \mathrm{Fe^{2+}}(a_{\mathrm{Fe^{2+}}})$ 的平衡常数;

(2) $\mathrm{Hg_2Cl_2(s)}$ 的标准活度积 $K_{\mathrm{ap}}^{\ominus}$;

(3) HBr(0.01 $\mathrm{mol\cdot kg^{-1}}$) 溶液的离子平均活度因子 $\gamma_{\pm}$;

(4) $\mathrm{Ag_2O(s)}$ 的分解温度;

(5) $\mathrm{H_2O(l)}$ 的标准摩尔生成 Gibbs 自由能;

(6) 弱酸 HA 的解离常数。

**解**: (1) Ag(s) 氧化为 $\mathrm{Ag^+}$, 将这一类电极作阳 (负) 极; $\mathrm{Fe^{3+}}$ 还原为 $\mathrm{Fe^{2+}}$, 将这个氧化还原电极作阴 (正) 极。所设计电池为

$$\mathrm{Ag(s)\,|\,Ag^+}(a_{\mathrm{Ag^+}}) \,\vdots\vdots\, \mathrm{Fe^{3+}}(a_{\mathrm{Fe^{3+}}}), \mathrm{Fe^{2+}}(a_{\mathrm{Fe^{2+}}})\,|\,\mathrm{Pt(s)}$$

$$K_a^{\ominus} = \exp\left(\frac{zE^{\ominus}F}{RT}\right) \qquad E^{\ominus} = \varphi^{\ominus}_{\mathrm{Fe^{3+}|Fe^{2+}}} - \varphi^{\ominus}_{\mathrm{Ag^+|Ag}}$$

(2) 所设计电池为　　$Hg(l)\mid Hg_2^{2+}(a_{Hg_2^{2+}}) \,\vdots\vdots\, Cl^-(a_{Cl^-})\mid Hg_2Cl_2(s)\mid Hg(l)$

$$K_{ap}^{\ominus}=\exp\left(\frac{zE^{\ominus}F}{RT}\right)\qquad E^{\ominus}=\varphi_{Cl^-|Hg_2Cl_2|Hg}^{\ominus}-\varphi_{Hg_2^{2+}|Hg}^{\ominus}$$

(3) 所设计电池为　　$Pt(s)\mid H_2(p_{H_2})\mid HBr(m)\mid AgBr(s)\mid Ag(s)$

电池反应为

$$\frac{1}{2}H_2(p^{\ominus})+AgBr(s) = H^+(a_{H^+})+Br^-(a_{Br^-})+Ag(s)$$

$$E=E^{\ominus}-\frac{RT}{zF}\ln\frac{a_{H^+}\cdot a_{Br^-}}{a_{H_2}^{1/2}}=E^{\ominus}-\frac{RT}{zF}\ln\left(\gamma_{\pm}\cdot\frac{m}{m^{\ominus}}\right)^2$$

已知 HBr 的浓度, 测定电动势, 则 $\gamma_{\pm}$ 成为唯一的未知数。

(4) 所设计电池为　　$Pt(s)\mid O_2(p^{\ominus})\mid OH^-(a_{OH^-})\mid Ag_2O(s)\mid Ag(s)$

验证设计的电池反应是否正确:

负极　　$2OH^-(a_{OH^-})\longrightarrow H_2O(l)+\frac{1}{2}O_2(p_{O_2})+2e^-$

正极　　$Ag_2O(s)+H_2O(l)+2e^-\longrightarrow 2Ag(s)+2OH^-(a_{OH^-})$

净反应　　$Ag_2O(s) = 2Ag(s)+\frac{1}{2}O_2(p_{O_2})$

说明设计的电池是正确的。查出电极的标准电极电势, 测定电池的温度系数 $\left(\frac{\partial E}{\partial T}\right)_p$, 就可以计算 298 K 时的热力学函数变化值。

$$E^{\ominus}=\varphi_{OH^-|Ag_2O|Ag}^{\ominus}-\varphi_{O_2|OH^-}^{\ominus}\qquad \Delta_rG_m^{\ominus}=-zE^{\ominus}F$$

$$\Delta_rS_m^{\ominus}=zF\left(\frac{\partial E}{\partial T}\right)_p\qquad \Delta_rH_m^{\ominus}=\Delta_rG_m^{\ominus}+zFT\left(\frac{\partial E}{\partial T}\right)_p$$

设 $\Delta_rS_m^{\ominus}$ 和 $\Delta_rH_m^{\ominus}$ 为与温度无关的常数, 利用化学平衡中计算分解温度的近似公式:

$$\Delta_rG_m^{\ominus}(T)=\Delta_rH_m^{\ominus}(298\text{ K})-T\Delta_rS_m^{\ominus}(298\text{ K})=-RT\ln K_p^{\ominus}=-RT\ln\left(\frac{p_{O_2}}{p^{\ominus}}\right)^{1/2}$$

测定分解平衡时氧气的分压, 就可以近似计算 $Ag_2O(s)$ 的分解温度。

(5) 所设计的电池就是氢氧燃料电池, 中间介质是水溶液, pH 在 1 ~ 14 的范围内均可。

$$Pt(s)\mid H_2(p^{\ominus})\mid OH^-(\text{或 }H^+)\mid O_2(p^{\ominus})\mid Pt(s)$$

电池反应为　　$H_2(p^{\ominus})+\frac{1}{2}O_2(p^{\ominus}) = H_2O(l)$

$$\Delta_rG_m^{\ominus}(H_2O,l)=\Delta_rG_m^{\ominus}(298\text{ K})=-zE^{\ominus}F$$

查出电极的标准电极电势, 就能计算 $H_2O(l)$ 的标准摩尔生成 Gibbs 自由能。

(6) 由于不能将弱酸作为电解质, 所以设计电池时要借助强电解质, 利用测定的电动势计算出溶液中当弱酸达成解离平衡时的氢离子的活度。由于离子浓度不大, 设活度因子均等于 1。设计的电池不是唯一的, 现以下述电池为例:

$$\mathrm{Pt(s)\,|\,H_2(p^{\ominus})\,|\,HA(m_{HA}),H^+(a_{H^+}),A^-(a_{A^-}),Cl^-(a_{Cl^-})\,|\,AgCl(s)\,|\,Ag(s)}$$

负极 $\quad \frac{1}{2}H_2(p^{\ominus}) \longrightarrow H^+(a_{H^+}) + e^-$

正极 $\quad AgCl(s) + e^- \longrightarrow Ag(s) + Cl^-(a_{Cl^-})$

净反应 $\quad \frac{1}{2}H_2(p^{\ominus}) + AgCl(s) =\!=\!= Ag(s) + H^+(a_{H^+}) + Cl^-(a_{Cl^-})$

电池的电动势 $\quad E = E^{\ominus} - \frac{RT}{F}\ln\frac{a_{H^+}\cdot a_{Cl^-}}{a_{H_2}^{1/2}}$

测定电池的电动势, 就能计算 $a_{H^+}$, 因为 $a_{Cl^-}$ 和标准电极电势都是已知的。

设弱酸 HA 的解离平衡为

$$\begin{array}{lccc} & HA & \rightleftharpoons H^+ + & A^- \\ t=0 & a_{HA} & 0 & a_{A^-} \\ t=t_e & a_{HA}-a_{H^+} & a_{H^+} & a_{A^-}+a_{H^+} \end{array}$$

根据解离常数的定义, 有 $\quad K_a^{\ominus}(HA) = \frac{a_{H^+}\cdot(a_{A^-}+a_{H^+})}{a_{HA}-a_{H^+}}$

$a_{HA} = \frac{m_{HA}}{m^{\ominus}}$, $a_{A^-}$ 都是已知的, 有了 $a_{H^+}$ 就能计算解离常数。

**9.34** 在 298 K 时, 测得如下电池的电动势 $E$ 与 HBr 的质量摩尔浓度的关系如下所示:

$$\mathrm{Pt(s)\,|\,H_2(p^{\ominus})\,|\,HBr(m)\,|\,AgBr(s)\,|\,Ag(s)}$$

| $m/(\text{mol}\cdot\text{kg}^{-1})$ | 0.01 | 0.02 | 0.05 | 0.10 |
|---|---|---|---|---|
| $E$/V | 0.3127 | 0.2786 | 0.2340 | 0.2005 |

试计算:

(1) 电极 $Br^-(a_{Br^-})|AgBr(s)|Ag(s)$ 的标准电极电势 $\varphi^{\ominus}$;

(2) 0.1 $\text{mol}\cdot\text{kg}^{-1}$HBr 溶液的离子平均活度因子 $\gamma_{\pm}$。

**解**: 这是电动势测定法的一个应用, 用来求未知电极的标准电极电势。首先写出电池反应:

负极 $\quad \frac{1}{2}H_2(p^{\ominus}) \longrightarrow H^+(a_{H^+}) + e^-$

正极 $\quad AgBr(s) + e^- \longrightarrow Ag(s) + Br^-(a_{Br^-})$

净反应 $\quad \frac{1}{2}H_2(p^{\ominus}) + AgBr(s) =\!=\!= Ag(s) + H^+(a_{H^+}) + Br^-(a_{Br^-})$

$$E = E^{\ominus} - \frac{RT}{F}\ln\frac{a_{H^+}\cdot a_{Br^-}}{a_{H_2}^{1/2}} = \varphi^{\ominus}_{Br^-|AgBr|Ag} - \frac{RT}{F}\ln\left[\gamma_{\pm}^2\cdot\left(\frac{m}{m^{\ominus}}\right)^2\right]$$

$$= \varphi^{\ominus}_{Br^-|AgBr|Ag} - \frac{RT}{F}\ln\gamma_{\pm}^2 - \frac{RT}{F}\ln\left(\frac{m}{m^{\ominus}}\right)^2$$

(1) 对于 1–1 价型电解质, $I = m$, 代入 Debye-Hückel 极限公式, 得

$$\ln\gamma_{\pm} = -A|z_+z_-|\sqrt{I} = -A\sqrt{m}$$

当温度取 298 K 时, 代入电动势计算公式, 得

$$E=\varphi^{\ominus}_{\mathrm{Br^-|AgBr|Ag}}+0.05135\ \mathrm{V}\times A\sqrt{m}-0.05135\ \mathrm{V}\times\ln\frac{m}{m^{\ominus}}$$

上式重排后得

$$E+0.05135\ \mathrm{V}\times\ln\frac{m}{m^{\ominus}}=\varphi^{\ominus}_{\mathrm{Br^-|AgBr|Ag}}+0.05135\ \mathrm{V}\times A\sqrt{m}$$

显然 $E+0.05135\ \mathrm{V}\times\ln\dfrac{m}{m^{\ominus}}$ 与 $\sqrt{m}$ 成线性关系。根据已知的不同质量摩尔浓度下的电动势数值, 代入进行作图, 作图数据如下表所示:

| $m/(\mathrm{mol\cdot kg^{-1}})$ | 0.01 | 0.02 | 0.05 | 0.10 |
|---|---|---|---|---|
| $\sqrt{m}/(\mathrm{mol\cdot kg^{-1}})^{1/2}$ | 0.1 | 0.1414 | 0.2236 | 0.3162 |
| $\left(E+0.05135\ \mathrm{V}\times\ln\dfrac{m}{m^{\ominus}}\right)/\mathrm{V}$ | 0.07622 | 0.07771 | 0.08017 | 0.08226 |

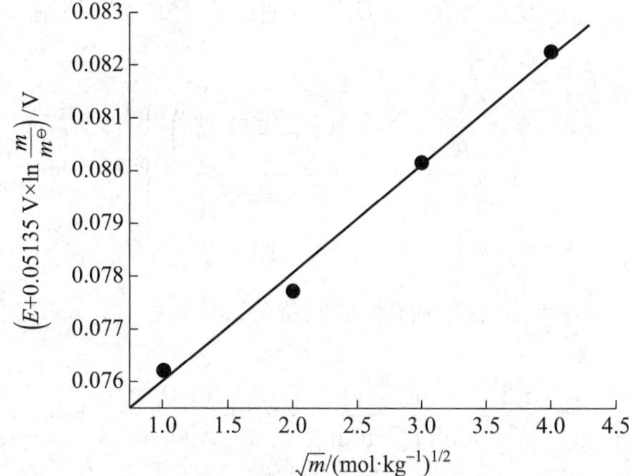


从上图中可知, 当 $\sqrt{m}\longrightarrow 0$ 时, 即 $m\longrightarrow 0$, 这时截距的电动势值即等于电极 $\mathrm{Br^-}(a_{\mathrm{Br^-}})$ | AgBr(s) | Ag(s) 的标准电极电势, 所以 $\varphi^{\ominus}_{\mathrm{Br^-|AgBr|Ag}}=0.0755\ \mathrm{V}$。

(2) 当 HBr 溶液的质量摩尔浓度为 $0.1\ \mathrm{mol\cdot kg^{-1}}$ 时, 代入如下公式:

$$E=\varphi^{\ominus}_{\mathrm{Br^-|AgBr|Ag}}-\frac{RT}{F}\ln\gamma_{\pm}^2-\frac{RT}{F}\ln\left(\frac{m}{m^{\ominus}}\right)^2$$

$$0.2005\ \mathrm{V}=0.0755\ \mathrm{V}-\frac{RT}{F}\ln\gamma_{\pm}^2-\frac{RT}{F}\ln 0.1^2$$

计算得

$$\gamma_{\pm}=0.86$$

**9.35** 电池 $\mathrm{Pt(s)|H_2}(p_1)\mathrm{|H_2SO_4(aq)|H_2}(p_2)\mathrm{|Pt(s)}$ 中, 氢气服从的状态方程式为 $pV_{\mathrm{m}}=RT+\alpha p$, 式中 $\alpha=1.48\times10^{-5}\ \mathrm{m^3\cdot mol^{-1}}$, 且与温度、压力无关。若 $p_1=30p^{\ominus}$, $p_2=p^{\ominus}$, 试:

(1) 写出电池反应;

(2) 求 298 K 时的电动势;

(3) 电池可逆做功时吸热还是放热?

(4) 若使电池短路, 系统和环境间交换多少热量?

**解**: (1) 负极　$H_2(30p^{\ominus}) \longrightarrow 2H^+(a_{H^+}) + 2e^-$

正极　$2H^+(a_{H^+}) + 2e^- \longrightarrow H_2(p^{\ominus})$

净反应　$H_2(30p^{\ominus}) \xlongequal{\quad} H_2(p^{\ominus})$

(2) 因为是非理想气体, 所以先计算电池反应的 $\Delta_r G_m$, 再根据 $\Delta_r G_m$ 与电动势的关系计算电动势。

$$\Delta_r G_m = \int_{p_1}^{p_2} V_m dp = \int_{p_1}^{p_2} \left(\frac{RT}{p} + \alpha\right) dp = RT\ln\frac{p_2}{p_1} + \alpha(p_2 - p_1)$$

$$= 8.314\ \text{J}\cdot\text{mol}^{-1}\cdot\text{K}^{-1} \times 298\ \text{K} \times \ln\frac{p^{\ominus}}{30p^{\ominus}} + 1.48 \times 10^{-5}\ \text{m}^3\cdot\text{mol}^{-1} \times (100 - 3000)\ \text{kPa}$$

$$= -8469.6\ \text{J}\cdot\text{mol}^{-1}$$

$$E = -\frac{\Delta_r G_m}{zF} = -\frac{-8469.6\ \text{J}\cdot\text{mol}^{-1}}{2 \times 96500\ \text{C}\cdot\text{mol}^{-1}} = 0.0439\ \text{V}$$

(3) 电池放电时是吸热的还是放热的, 取决于电池的温度系数, 利用 $\Delta_r G_m = -zEF$ 的关系, 求温度系数的表示式:

$$\left(\frac{\partial E}{\partial T}\right)_p = \left[\frac{\partial\left(-\dfrac{\Delta_r G_m}{zF}\right)}{\partial T}\right]_p$$

将 $\Delta_r G_m = RT\ln\dfrac{p_2}{p_1} + \alpha(p_2 - p_1)$ 代入, 求偏微分, 得

$$\left(\frac{\partial E}{\partial T}\right)_p = \frac{R}{zF}\ln\frac{p_1}{p_2} = \frac{8.314\ \text{J}\cdot\text{mol}^{-1}\cdot\text{K}^{-1}}{2 \times 96500\ \text{C}\cdot\text{mol}^{-1}} \times \ln\frac{3000}{100} = 1.4652 \times 10^{-4}\ \text{V}\cdot\text{K}^{-1} > 0$$

所以电池放电是吸热的, 当反应进度为 1 mol 时, 所吸热量为

$$Q_R = T\Delta_r S_m \cdot \xi = zFT\left(\frac{\partial E}{\partial T}\right)_p \cdot \xi$$

$$= 2 \times 96500\ \text{C}\cdot\text{mol}^{-1} \times 298\ \text{K} \times 1.4652 \times 10^{-4}\ \text{V}\cdot\text{K}^{-1} \times 1\ \text{mol} = 8427.0\ \text{J}$$

(4) 若使电池短路, 体系和环境间交换热量为

$$Q_p = \Delta_r H_m = \Delta_r G_m + T\Delta_r S_m = -zEF + Q_R$$

$$= (-8469.6 + 8427.0)\ \text{J}\cdot\text{mol}^{-1} = -42.6\ \text{J}\cdot\text{mol}^{-1}$$

**9.36**　在 298 K 时, 某电池的电池反应为

$$\text{Pb(s)} + \text{CuBr}_2\text{(aq)} \xlongequal{\quad} \text{PbBr}_2\text{(s)} + \text{Cu(s)}$$

其中 $CuBr_2$ 的质量摩尔浓度为 0.01 mol·kg$^{-1}$, $\gamma_\pm = 0.707$, 实验测得该电池的电动势 $E = 0.442$ V, 已知 $\varphi^{\ominus}_{Cu^{2+}|Cu} = 0.3419$ V, $\varphi^{\ominus}_{Pb^{2+}|Pb} = -0.1262$ V。试:

(1) 写出该电池的书面表示式;

(2) 求电池的标准电动势 $E^{\ominus}$;

(3) 求电池反应的平衡常数 $K^{\ominus}$;

(4) 求 $PbBr_2(s)$ 饱和溶液的质量摩尔浓度 (设活度因子均为 1)。

**解**: (1) 设计电池: $\qquad Pb(s) \mid PbBr_2(s) \mid CuBr_2(aq) \mid Cu(s) \qquad$ (a)

(2) $E = E_1^{\ominus} + \dfrac{RT}{zF}\ln a_{CuBr_2}$

$$E_1^{\ominus} = E - \frac{RT}{zF}\ln a_{CuBr_2} = E - \frac{RT}{zF}\ln\left[4 \times \left(\gamma_{\pm}\frac{m}{m^{\ominus}}\right)^3\right]$$

$$= 0.442\ \text{V} - \frac{RT}{2F}\ln[4 \times (0.707 \times 0.01)^3] = 0.615\ \text{V}$$

(3) $K^{\ominus} = \exp\left(\dfrac{zE^{\ominus}F}{RT}\right) = \exp\left(\dfrac{2 \times 0.615 \times 96500}{8.314 \times 298}\right) = 6.4 \times 10^{20}$

(4) 设计电池: $\qquad Pb(s) \mid Pb^{2+}(aq) \parallel Br^-(aq) \mid PbBr_2(s) \mid Pb(s) \qquad$ (b)

$$E_2^{\ominus} = \varphi^{\ominus}_{PbBr_2|Pb} - \varphi^{\ominus}_{Pb^{2+}|Pb}$$

由上述电池 (a) 的 $E_1^{\ominus}$ 可以求出 $\varphi^{\ominus}_{PbBr_2|Pb}$, 即

$$\varphi^{\ominus}_{PbBr_2|Pb} = \varphi^{\ominus}_{Cu^{2+}|Cu} - E_1^{\ominus} = 0.3419\ \text{V} - 0.615\ \text{V} = -0.2731\ \text{V}$$

则电池 (b) 的标准电动势为

$$E_2^{\ominus} = \varphi^{\ominus}_{PbBr_2|Pb} - \varphi^{\ominus}_{Pb^{2+}|Pb} = -0.2731\ \text{V} - (-0.1262\ \text{V}) = -0.1469\ \text{V}$$

$$K_{sp}^{\ominus}(PbBr_2) = \exp\left(\frac{zE^{\ominus}F}{RT}\right) = \exp\left[\frac{2 \times (-0.1469\ \text{V}) \times 96500\ \text{C}\cdot\text{mol}^{-1}}{8.314\ \text{J}\cdot\text{mol}^{-1}\cdot\text{K}^{-1} \times 298\ \text{K}}\right] = 1.07 \times 10^{-5}$$

$$m = 0.014\ \text{mol}\cdot\text{kg}^{-1}$$

**9.37** 有如下电池:

$$\text{Hg(l)} \mid \text{硝酸亚汞}\ (m_1), \text{HNO}_3(m) \parallel \text{硝酸亚汞}\ (m_2), \text{HNO}_3(m) \mid \text{Hg(l)}$$

电池中 $HNO_3$ 的质量摩尔浓度均为 0.1 $\text{mol}\cdot\text{kg}^{-1}$。在 291 K 时, 维持 $\dfrac{m_2}{m_1} = 10$ 的情形下, 有人对该电池进行了一系列测定, 求得电动势的平均值为 0.029 V。试根据这些数据, 确定亚汞离子在溶液中是以 $Hg_2^{2+}$ 还是 $Hg^+$ 形式存在。

**解**: 负极 $\qquad n\text{Hg(l)} \longrightarrow \text{Hg}_n^{m+}(m_1) + ne^-$

正极 $\qquad \text{Hg}_n^{m+}(m_2) + ne^- \longrightarrow n\text{Hg(l)}$

净反应 $\qquad \text{Hg}_n^{m+}(m_2) =\!=\!= \text{Hg}_n^{m+}(m_1)$

$$E = -\frac{RT}{zF}\ln\frac{m_1}{m_2}$$

$$n = z = \frac{RT}{EF}\ln\frac{m_2}{m_1} = \frac{8.314\ \text{J}\cdot\text{mol}^{-1}\cdot\text{K}^{-1} \times 291\ \text{K}}{0.029\ \text{V} \times 96500\ \text{C}\cdot\text{mol}^{-1}} \times \ln 10 = 2$$

所以溶液中存在的是 $Hg_2^{2+}$。

**9.38** 在 298 K 时, 用玻璃电极通过测下列电池的电动势值来求待测溶液的 pH:

$$玻璃电极 \mid H^+(pH) \parallel KCl(饱和) \mid Hg_2Cl_2(s) \mid Hg(l)$$

实验测得当溶液 pH = 3.98 时, 电池的电动势 $E_1 = 0.228$ V; 当溶液 pH 为 $pH_x$ 时, 电池的电动势为 $E_2 = 0.3451$ V, 求 $pH_x$ 为多少? 当电池中换用 pH = 7.40 的缓冲溶液时, 电池的电动势 $E_3$ 为多少?

**解**: $\varphi_{玻} = \varphi_{玻}^{\ominus} - 0.05916\ V \times pH$

$$E_1 = \varphi_{Hg_2Cl_2|Hg} - \varphi_{玻}^{\ominus} + 0.05916\ V \times pH_1$$

$$E_2 = \varphi_{Hg_2Cl_2|Hg} - \varphi_{玻}^{\ominus} + 0.05916\ V \times pH_x$$

$$E_2 - E_1 = 0.05916\ V \times (pH_x - pH_1)$$

$$pH_x = \frac{E_2 - E_1}{0.05916\ V} + pH_1 = \frac{0.3451 - 0.228}{0.05916} + 3.98 = 5.96$$

当电池中换用 pH = 7.40 的缓冲溶液时, 有

$$E_3 = E_1 + 0.05916\ V \times (pH_3 - pH_1) = [0.228 + 0.05916 \times (7.40 - 3.98)]\ V = 0.43\ V$$

**9.39** 用电动势法测定丁酸的解离常数。298 K 时, 安排如下电池:

$$Pt(s) \mid H_2(p^{\ominus}) \mid HA(m_1), NaA(m_2), NaCl(m_3) \mid AgCl(s) \mid Ag(s)$$

其中 HA 为丁酸, NaA 为丁酸钠, 实验数据如下:

| $m_1/(mol{\cdot}kg^{-1})$ | $m_2/(mol{\cdot}kg^{-1})$ | $m_3/(mol{\cdot}kg^{-1})$ | $E/V$ |
|---|---|---|---|
| 0.00717 | 0.00687 | 0.00706 | 0.63387 |
| 0.01273 | 0.01220 | 0.01254 | 0.61922 |
| 0.01515 | 0.01453 | 0.01493 | 0.61501 |

试求 $HA \rightleftharpoons H^+ + A^-$ 的解离常数 $K_a^{\ominus}$。设活度因子均为 1。

**解**: 根据题意, 设丁酸解离平衡时的各物质的浓度如下:

$$\begin{array}{llll} & HA & \rightleftharpoons H^+ & + A^- \\ 平衡时 & m_1 - x & \quad x & \quad x + m_2 \end{array}$$

因为活度因子均为 1, 故 $$K_a^{\ominus} = \frac{\alpha_{H^+}\alpha_{A^-}}{\alpha_{HA}} = \frac{x(x+m_2)}{(m_1 - x)m^{\ominus}}$$

题给电池的电池反应为

$$\frac{1}{2}H_2(p^{\ominus}) + AgCl(s) = Ag(s) + H^+(x) + Cl^-(m_3)$$

$$E = E^{\ominus} - \frac{RT}{F}\ln\frac{xm_3}{m^{\ominus}m^{\ominus}}$$

$$\lg\frac{x}{m^{\ominus}} = \frac{E^{\ominus} - E}{0.05916} - \lg\frac{m_3}{m^{\ominus}}$$

对于题给电池, $E^{\ominus}=\varphi^{\ominus}_{\mathrm{Cl^-|AgCl|Ag}}=0.2223\ \mathrm{V}$。将第一组数据代入, 得

$$\lg\frac{x}{m^{\ominus}}=\frac{0.2223-0.63387}{0.05916}-\lg0.00706=-4.8057$$

$$x=1.564\times10^{-5}\ \mathrm{mol\cdot kg^{-1}}$$

代入 $K^{\ominus}_{\mathrm{a}}$ 的表达式, 得

$$K^{\ominus}_{\mathrm{a},1}=\frac{1.564\times10^{-5}\times(1.564\times10^{-5}+0.00687)}{0.00717-1.564\times10^{-5}}=1.505\times10^{-5}$$

同理可得　　$K^{\ominus}_{\mathrm{a},2}=1.496\times10^{-5},\quad K^{\ominus}_{\mathrm{a},3}=1.481\times10^{-5}$

故求平均值后得　　$K^{\ominus}_{\mathrm{a}}=1.494\times10^{-5}$

**9.40**　在 298 K 时, 下述电池的实验数据如表所示:

$$\mathrm{Pt(s)\,|\,H_2}(p^{\ominus})\,|\,\mathrm{Ba(OH)_2}(0.005\ \mathrm{mol\cdot kg^{-1}}),\mathrm{BaCl_2}(m)\,|\,\mathrm{AgCl(s)\,|\,Ag(s)}$$

| $m/(\mathrm{mol\cdot kg^{-1}})$ | 0.00500 | 0.01166 | 0.01833 | 0.02833 |
|---|---|---|---|---|
| $E/\mathrm{V}$ | 1.04988 | 1.02783 | 1.01597 | 1.00444 |

试求 298 K 时水的离子积常数 $K^{\ominus}_{\mathrm{w}}$。设活度因子均为 1。

**解**: 电池反应 $\frac{1}{2}\mathrm{H_2}(p^{\ominus})+\mathrm{AgCl(s)}=\!=\!=\mathrm{Ag(s)}+\mathrm{H^+}+\mathrm{Cl^-}$

$$E=E^{\ominus}-\frac{RT}{F}\ln\frac{a_{\mathrm{H^+}}a_{\mathrm{Cl^-}}}{a^{1/2}_{\mathrm{H_2}}}=E^{\ominus}-\frac{RT}{F}\ln\frac{a_{\mathrm{H^+}}a_{\mathrm{OH^-}}a_{\mathrm{Cl^-}}}{a^{1/2}_{\mathrm{H_2}}a_{\mathrm{OH^-}}}=E^{\ominus}-\frac{RT}{F}\ln\frac{K^{\ominus}_{\mathrm{w}}a_{\mathrm{Cl^-}}}{a^{1/2}_{\mathrm{H_2}}a_{\mathrm{OH^-}}}$$

$$\ln K^{\ominus}_{\mathrm{w}}=\frac{(E^{\ominus}-E)F}{RT}-\ln\frac{a_{\mathrm{Cl^-}}}{a_{\mathrm{OH^-}}}$$

对于题给电池, $E^{\ominus}=\varphi^{\ominus}_{\mathrm{Cl^-|AgCl|Ag}}$, 查表得 $\varphi^{\ominus}_{\mathrm{Cl^-|AgCl|Ag}}=0.2223\ \mathrm{V}$; 因活度因子均为 1, $a_{\mathrm{OH^-}}=m_{\mathrm{OH^-}}/m^{\ominus}=0.010$, $a_{\mathrm{Cl^-}}=m_{\mathrm{Cl^-}}/m^{\ominus}$。将第一组数据代入上式, 得

$$\ln K^{\ominus}_{\mathrm{w},1}=\frac{(0.2223-1.04988)\times96500}{8.314\times298}-\ln\frac{0.00500\times2}{0.010}=-32.23$$

$$K^{\ominus}_{\mathrm{w},1}=1.01\times10^{-14}$$

同理可得　$K^{\ominus}_{\mathrm{w},2}=1.02\times10^{-14},\quad K^{\ominus}_{\mathrm{w},3}=1.03\times10^{-14},\quad K^{\ominus}_{\mathrm{w},4}=1.044\times10^{-14}$

故求平均值后得　　$K^{\ominus}_{\mathrm{w}}=1.03\times10^{-14}$

**9.41**　在 298 K 时, 有下列两个电池:

(1) $\mathrm{Ag(s)\,|\,AgCl(s)\,|\,HCl}$水溶液$(m_1)|\mathrm{H_2}(p^{\ominus})|\mathrm{Pt(s)}|\mathrm{H_2}(p^{\ominus})|\mathrm{HCl}$水溶液$(m_2)|\mathrm{AgCl(s)}|\mathrm{Ag(s)}$

(2) $\mathrm{Ag(s)\,|\,AgCl(s)\,|\,HCl}$水溶液$(m_1)\,|\,\mathrm{HCl}$水溶液$(m_2)\,|\,\mathrm{AgCl(s)\,|\,Ag(s)}$

已知 HCl 水溶液的质量摩尔浓度分别为 $m_1=8.238\times10^{-2}\ \mathrm{mol\cdot kg^{-1}}$, $m_2=8.224\times10^{-3}\ \mathrm{mol\cdot kg^{-1}}$, 两电池电动势分别为 $E_1=0.0822\ \mathrm{V}$, $E_2=0.0577\ \mathrm{V}$。试求:

(1) 在两种 HCl 水溶液中离子平均活度因子的比值 $\gamma_{\pm,1}/\gamma_{\pm,2}$;

(2) $\mathrm{H^+}$ 在 HCl 水溶液中的迁移数 $t_+$;

(3) $H^+$ 和 $Cl^-$ 的无限稀释离子摩尔电导率 $\Lambda_m^\infty(H^+)$ 和 $\Lambda_m^\infty(Cl^-)$ 的值。已知 $\Lambda_m^\infty(HCl) = 4.2596 \times 10^{-2}\ S\cdot m^2\cdot mol^{-1}$。

**解**: (1) 串联电池的总反应为 $\qquad HCl(m_1) \Longrightarrow HCl(m_2)$

因 $E_1 = -\dfrac{RT}{F}\ln\dfrac{(\gamma_{\pm,2}m_2)^2}{(\gamma_{\pm,1}m_1)^2}$, 故

$$\ln\frac{\gamma_{\pm,1}}{\gamma_{\pm,2}} = \frac{E_1F}{2RT} - \ln\frac{m_1}{m_2} = \frac{0.0822 \times 96500}{2 \times 8.314 \times 298} - \ln\frac{8.238 \times 10^{-2}}{8.224 \times 10^{-3}} = -0.703$$

得
$$\gamma_{\pm,1}/\gamma_{\pm,2} = 0.495$$

(2) 电池反应为 $\qquad Cl^-(m_1) \Longrightarrow Cl^-(m_2)$

因有液接电势存在, 故

$$E_2 = -\frac{2t_+RT}{F}\ln\frac{a_2(Cl^-)}{a_1(Cl^-)} = -\frac{2t_+RT}{F}\ln\frac{\gamma_{\pm,2}m_2}{\gamma_{\pm,1}m_1}$$

$$t_+ = \frac{E_2F}{2RT}\left(\ln\frac{\gamma_{\pm,1}m_1}{\gamma_{\pm,2}m_2}\right)^{-1} = \frac{0.0577\times96500}{2\times8.314\times298}\times\left(\ln\frac{0.495\times8.238\times10^{-2}}{8.224\times10^{-3}}\right)^{-1} = 0.702$$

(3) $\Lambda_m^\infty(H^+) = t_+\Lambda_m^\infty(HCl) = (0.702 \times 4.2596 \times 10^{-2})\ S\cdot m^2\cdot mol^{-1} = 0.0299\ S\cdot m^2\cdot mol^{-1}$

$\Lambda_m^\infty(Cl^-) = t_-\Lambda_m^\infty(HCl) = [(1 - 0.702) \times 4.2596 \times 10^{-2}]\ S\cdot m^2\cdot mol^{-1} = 0.0127\ S\cdot m^2\cdot mol^{-1}$

**9.42** 已知 298 K, 100 kPa 时, C (石墨) 的标准摩尔燃烧焓为 $\Delta_c H_m^\ominus = -393.5\ kJ\cdot mol^{-1}$。如将 C (石墨) 的燃烧反应安排成燃料电池:

$$C\ (石墨, s) \mid 熔融氧化物 \mid O_2(g) \mid M(s)$$

则能量的利用率将大大提高, 同时可防止热电厂用煤直接发电所造成的能源浪费和环境污染。试根据一些热力学数据, 计算该燃料电池的电动势。已知这些物质的标准摩尔熵如下:

| 物质 | C (石墨, s) | $CO_2(g)$ | $O_2(g)$ |
|---|---|---|---|
| $S_m^\ominus/(J\cdot mol^{-1}\cdot K^{-1})$ | 5.74 | 213.8 | 205.14 |

**解**: 首先写出燃料电池的电极反应和电池反应, 从已知的热力学数据可以计算出该反应的摩尔焓变和摩尔熵变, 从而可以计算其摩尔 Gibbs 自由能的变化, 也就可以计算燃料电池的电动势。

负极 $\qquad C(石墨, s) + 2O^{2-} \longrightarrow CO_2(g) + 4e^-$

正极 $\qquad O_2(g) + 4e^- \longrightarrow 2O^{2-}$

净反应 $\qquad C(石墨, s) + O_2(g) \Longrightarrow CO_2(g)$

反应的摩尔焓变就等于 C(石墨, s) 的摩尔燃烧焓, 即

$$\Delta_r H_m^\ominus = \Delta_c H_m^\ominus(C, 石墨) = -393.5\ kJ\cdot mol^{-1}$$

$$\Delta_r S_m^\ominus = \sum_B \nu_B S_{m,B}^\ominus = (213.8 - 205.14 - 5.74)\ J\cdot mol^{-1}\cdot K^{-1} = 2.92\ J\cdot mol^{-1}\cdot K^{-1}$$

$$\Delta_r G_m^{\ominus} = \Delta_r H_m^{\ominus} - T\Delta_r S_m^{\ominus} = -393.5\ \text{kJ}\cdot\text{mol}^{-1} - 298\ \text{K} \times 2.92\ \text{J}\cdot\text{mol}^{-1}\cdot\text{K}^{-1} = -394.37\ \text{kJ}\cdot\text{mol}^{-1}$$

$$E^{\ominus} = -\frac{\Delta_r G_m^{\ominus}}{zF} = -\frac{-394.37\ \text{kJ}\cdot\text{mol}^{-1}}{4 \times 96500\ \text{C}\cdot\text{mol}^{-1}} = 1.022\ \text{V}$$

**9.43** 在 298 K 时, 有如下电池:

$$\text{Pt(s)} \mid \text{H}_2(p^{\ominus}) \mid \text{KOH}(a=1) \mid \text{Ag}_2\text{O(s)} \mid \text{Ag(s)}$$

已知 $\varphi_{\text{Ag}_2\text{O}|\text{Ag}}^{\ominus} = 0.344\ \text{V}$; $\Delta_f H_m^{\ominus}(\text{H}_2\text{O, l}) = -285.83\ \text{kJ}\cdot\text{mol}^{-1}$; $\Delta_f H_m^{\ominus}(\text{Ag}_2\text{O, s}) = -31.05\ \text{kJ}\cdot\text{mol}^{-1}$。试求:

(1) 该电池的电动势值。已知该温度下水的离子积常数 $K_w = 1.0 \times 10^{-14}$。

(2) 当电池可逆输出 1 mol 电子的电荷量时, 电池反应的 $Q_r$, $W_e$ (膨胀功), $W_f$ (电功), $\Delta_r U_m$, $\Delta_r H_m$, $\Delta_r S_m$, $\Delta_r A_m$, $\Delta_r G_m$ 及 $\left(\frac{\partial E}{\partial T}\right)_p$ 的值各为多少?

(3) 如果让电池短路, 不做电功, 则在发生同样的反应时上述各函数的变量又为多少?

**解**: (1) 首先写出电池反应, 电子的计量系数为 1, 这样该电池反应的反应进度为 1 mol 时, 就相当于输出 1 mol 电子的电荷量。而 $\varphi_{\text{OH}^-|\text{H}_2}^{\ominus}$ 可以通过水的离子积常数来求得。

负极　$\frac{1}{2}\text{H}_2(p^{\ominus}) + \text{OH}^-(a_{\text{OH}^-}) \longrightarrow \text{H}_2\text{O(l)} + \text{e}^-$

正极　$\frac{1}{2}\text{Ag}_2\text{O(s)} + \frac{1}{2}\text{H}_2\text{O(l)} + \text{e}^- \longrightarrow \text{Ag(s)} + \text{OH}^-(a_{\text{OH}^-})$

净反应　$\frac{1}{2}\text{Ag}_2\text{O(s)} + \frac{1}{2}\text{H}_2(p^{\ominus}) = \text{Ag(s)} + \frac{1}{2}\text{H}_2\text{O(l)}$

$$\begin{aligned}\varphi_{\text{OH}^-|\text{H}_2}^{\ominus} &= \varphi_{\text{H}^+|\text{H}_2}^{\ominus} - \frac{RT}{zF}\ln\left(\frac{a_{\text{OH}^-}}{K_w^{\ominus}}\right)\\ &= -\frac{8.314\ \text{J}\cdot\text{mol}^{-1}\cdot\text{K}^{-1} \times 298\ \text{K}}{1 \times 96500\ \text{C}\cdot\text{mol}^{-1}}\ln\frac{1}{1.0 \times 10^{-14}} = -0.828\ \text{V}\end{aligned}$$

$$E = E^{\ominus} + \frac{RT}{zF}\ln\frac{p_{\text{H}_2}}{p^{\ominus}} = E^{\ominus} = \varphi_{\text{Ag}_2\text{O}|\text{Ag}}^{\ominus} - \varphi_{\text{OH}^-|\text{H}_2}^{\ominus} = 0.334\ \text{V} - (-0.828\ \text{V}) = 1.172\ \text{V}$$

(2) $\Delta_r G_m = -zEF = -1 \times 1.172\ \text{V} \times 96500\ \text{C}\cdot\text{mol}^{-1} = -113.1\ \text{kJ}\cdot\text{mol}^{-1}$

$$W_f(\text{电功}) = \Delta_r G_m^{\ominus} = -113.1\ \text{kJ}\cdot\text{mol}^{-1}$$

$$\Delta_r H_m = \sum_B \nu_B \Delta_f H_m^{\ominus} = \frac{1}{2}(-285.83 + 31.05)\ \text{kJ}\cdot\text{mol}^{-1} = -127.4\ \text{kJ}\cdot\text{mol}^{-1}$$

$$\Delta_r S_m = \frac{\Delta_r H_m - \Delta_r G_m}{T} = \frac{(-127.4 + 113.1)\ \text{kJ}\cdot\text{mol}^{-1}}{298\ \text{K}} = -47.99\ \text{J}\cdot\text{mol}^{-1}\cdot\text{K}^{-1}$$

$$Q_R = T\Delta_r S_m = \Delta_r H_m - \Delta_r G_m = (-127.4 + 113.1)\ \text{kJ}\cdot\text{mol}^{-1} = -14.3\ \text{kJ}\cdot\text{mol}^{-1}$$

$$W_e = -p\Delta V = -\sum_B \nu_B RT = \frac{1}{2} \times 8.314\ \text{J}\cdot\text{mol}^{-1}\cdot\text{K}^{-1} \times 298\ \text{K} = 1.24\ \text{kJ}\cdot\text{mol}^{-1}$$

$$\Delta_r U_m = \Delta_r H_m - p\Delta V = (-127.4 + 1.24)\ kJ\cdot mol^{-1} = -126.16\ kJ\cdot mol^{-1}$$

$$\Delta_r A_m = \Delta_r U_m - T\Delta_r S_m = (-126.16 + 14.3)\ kJ\cdot mol^{-1} = -111.86\ kJ\cdot mol^{-1}$$

或 $$\Delta_r A_m = W_{max} = W_e + W_f = (1.24 - 113.1)\ kJ\cdot mol^{-1} = -111.86\ kJ\cdot mol^{-1}$$

$$\left(\frac{\partial E}{\partial T}\right)_p = \frac{\Delta_r S_m}{zF} = \frac{-47.99\ J\cdot mol^{-1}\cdot K^{-1}}{1 \times 96500\ C\cdot mol^{-1}} = -4.97 \times 10^{-4}\ V\cdot K^{-1}$$

(3) 当电池短路、不做电功时, 由于反应的始态和终态相同, 所以所有状态函数的变量都与 (1) 中相同。但功和热不同, 虽然膨胀功是一样的, 但

$$W_f(\text{电功}) = 0$$

$$Q_p = \Delta_r H_m = -127.4\ kJ\cdot mol^{-1}$$

因为电池短路是不可逆过程, 这时 $\Delta_r A_m = W_{max} \neq W_e$。

**9.44** 已知水的离子积常数在 293 K 和 303 K 时分别为 $K_w^\ominus(293\ K) = 0.67 \times 10^{-14}$, $K_w^\ominus(303\ K) = 1.45 \times 10^{-14}$。试求:

(1) 298 K, $p^\ominus$ 时, 中和反应 $H^+(aq) + OH^-(aq) \xlongequal{\quad} H_2O(l)$ 的 $\Delta_r H_m^\ominus$ 和 $\Delta_r S_m^\ominus$ 的值 (设 $\Delta_r H_m^\ominus$ 与温度的关系可以忽略);

(2) 298 K 时, $OH^-$ 的标准摩尔生成 Gibbs 自由能 $\Delta_f G_m^\ominus$ 的值。已知下述电池:

$$Pt(s) \mid H_2(p^\ominus) \mid KOH(aq) \mid HgO(s) \mid Hg(l)$$

的标准电动势 $E^\ominus = 0.927$ V, 并已知反应 $Hg(l) + \frac{1}{2}O_2(g, p^\ominus) \xlongequal{\quad} HgO(s)$ 的 $\Delta_r G_m^\ominus(298\ K) = -58.5\ kJ\cdot mol^{-1}$。

**解**: (1) 水的离子积常数指的是反应为 $H_2O(l) \xlongequal{\quad} H^+(a_{H^+}) + OH^-(a_{OH^-})$ 的平衡常数, 利用平衡常数与温度的关系式, 可以计算该解离反应在此温度区间中的焓变, 它的负值就是中和反应的焓变。利用不同温度下的 $K_w^\ominus$ 和 $\Delta_r H_m^\ominus$, 计算 298 K 时的 $K_w^\ominus$ 及 $\Delta_r G_m^\ominus(298\ K)$。根据热力学函数之间的关系计算 298 K 时的 $\Delta_r S_m^\ominus$。

$$\ln\frac{K_w^\ominus(T_2)}{K_w^\ominus(T_1)} = \frac{\Delta_r H_m^\ominus}{R}\left(\frac{1}{T_1} - \frac{1}{T_2}\right)$$

$$\ln\frac{1.45 \times 10^{-14}}{0.67 \times 10^{-14}} = \frac{\Delta_r H_m^\ominus(\text{解离})}{8.314\ J\cdot mol^{-1}\cdot K^{-1}} \times \left(\frac{1}{293\ K} - \frac{1}{303\ K}\right)$$

解得 $$\Delta_r H_m^\ominus(\text{解离}) = 56.99\ kJ\cdot mol^{-1}$$

计算 298 K 时的 $K_w^\ominus$:

$$\ln\frac{K_w^\ominus(298\ K)}{0.67 \times 10^{-14}} = \frac{56.99\ kJ\cdot mol^{-1}}{8.314\ J\cdot mol^{-1}\cdot K^{-1}} \times \left(\frac{1}{293\ K} - \frac{1}{298\ K}\right)$$

解得 $$K_w^\ominus(298\ K) = 0.99 \times 10^{-14}$$

$$\begin{aligned}\Delta_r G_m^\ominus(\text{解离}) &= -RT\ln K_w^\ominus(298\ K)\\ &= -8.314\ J\cdot mol^{-1}\cdot K^{-1} \times 298\ K \times \ln(0.99 \times 10^{-14}) = 79.89\ kJ\cdot mol^{-1}\end{aligned}$$

$$\Delta_r H_m^\ominus(\text{中和}) = -\Delta_r H_m^\ominus(\text{解离}) = -56.99\ kJ\cdot mol^{-1}$$

$$\Delta_r G_m^\ominus(\text{中和}) = -\Delta_r G_m^\ominus(\text{解离}) = -79.89\ \text{kJ}\cdot\text{mol}^{-1}$$

$$\Delta_r S_m^\ominus(298\ \text{K}) = \frac{\Delta_r H_m^\ominus(298\ \text{K}) - \Delta_r G_m^\ominus(298\ \text{K})}{298\ \text{K}}$$

$$= \frac{(-56.99 + 79.89)\ \text{kJ}\cdot\text{mol}^{-1}}{298\ \text{K}} = 76.85\ \text{J}\cdot\text{mol}^{-1}\cdot\text{K}^{-1}$$

(2) 首先写出所给电池的电池反应, 根据已知条件和 (1) 的结果, 利用 Hess 定律找出 $\Delta_r G_m^\ominus(OH^-)$ 与其他反应的 $\Delta_r G_m^\ominus$ 之间的关系。$\Delta_r G_m^\ominus(OH^-)$ 与 $\Delta_f G_m^\ominus(H^+)$ 共存, 因为已规定 $\Delta_f G_m^\ominus(H^+) = 0$, 所以就可以计算 $\Delta_r G_m^\ominus(OH^-)$。

负极　$H_2(p^\ominus) + 2OH^-(a_{OH^-}) \longrightarrow 2H_2O(l) + 2e^-$

正极　$HgO(s) + H_2O(l) + 2e^- \longrightarrow Hg(l) + 2OH^-(a_{OH^-})$

净反应　$H_2(p^\ominus) + HgO(s) === Hg(l) + H_2O(l)$　(a)

$$\Delta_r G_{m,a}^\ominus(298\ \text{K}) = -zEF = -2 \times 0.927\ \text{V} \times 96500\ \text{C}\cdot\text{mol}^{-1} = -178.91\ \text{kJ}\cdot\text{mol}^{-1}$$

已知
$$Hg(l) + \frac{1}{2}O_2(g, p^\ominus) === HgO(s) \qquad (b)$$

$$\Delta_r G_{m,b}^\ominus(298\ \text{K}) = -58.5\ \text{kJ}\cdot\text{mol}^{-1}$$

从 (1) 得
$$H_2O(l) === H^+(a_{H^+}) + OH^-(a_{OH^-}) \qquad (c)$$

$$\Delta_r G_{m,c}^\ominus(\text{解离}, 298\ \text{K}) = 79.89\ \text{kJ}\cdot\text{mol}^{-1}$$

反应 (a) + (b) + (c) = (d), 即

$$H_2(p^\ominus) + \frac{1}{2}O_2(p^\ominus) === H^+(a_{H^+}) + OH^-(a_{OH^-}) \qquad (d)$$

反应 (d) 的 Gibbs 自由能的变化值 $\Delta_r G_{m,d}^\ominus(298\ \text{K})$ 就是 $OH^-$ 的标准摩尔生成 Gibbs 自由能, 即

$$\Delta_f G_m^\ominus(OH^-, \text{aq}, 298\ \text{K}) = \Delta_r G_{m,d}^\ominus(298\ \text{K})$$

$$= \Delta_r G_{m,a}^\ominus(298\ \text{K}) + \Delta_r G_{m,b}^\ominus(298\ \text{K}) + \Delta_r G_{m,c}^\ominus(298\ \text{K})$$

$$= (-178.91 - 58.5 + 79.89)\ \text{kJ}\cdot\text{mol}^{-1} = -157.52\ \text{kJ}\cdot\text{mol}^{-1}$$

**9.45** 将两根相同的银与氯化银电极插入静息神经细胞膜两边内外液体中, 组成如下电池:

$$Ag(s)|AgCl(s)|KCl(aq)|\text{内液}\ (a_{K^+})|\text{细胞膜}|\text{外液}\ (a'_{K^+})|KCl(aq)|AgCl(s)|Ag(s)$$

已知 298 K 时, 静息神经细胞内液体中 $K^+$ 的活度 $(a_{K^+})$ 是细胞膜外液体中 $K^+$ 的活度 $(a'_{K^+})$ 的 35 倍, 假定 $K^+$ 的活度因子均为 1, 试计算静息神经细胞的膜电势 $\Delta\varphi$。

**解**: 对于静息神经细胞, 根据膜电势公式, 有

$$\Delta\varphi = \frac{RT}{F}\ln\frac{a_{K^+}(\text{外})}{a_{K^+}(\text{内})} = \frac{8.314\ \text{J}\cdot\text{mol}^{-1}\cdot\text{K}^{-1} \times 298\ \text{K}}{96500\ \text{C}\cdot\text{mol}^{-1}} \times \ln\frac{1}{35} = -91\ \text{mV}$$

# 四、自测题

## (一) 自 测 题 1

Ⅰ. 选择题

1. 电极 $AgNO_3(m_1)\,|\,Ag(s)$ 与 $ZnCl_2(m_2)\,|\,Zn(s)$ 组成电池时, 可作为盐桥盐的是 ⋯⋯ (　　)

(A) KCl　　(B) $NaNO_3$　　(C) $KNO_3$　　(D) $NH_4Cl$

2. 测定溶液的 pH 的最常用的指示电极为玻璃电极, 它是 ⋯⋯ (　　)

(A) 第一类电极　　(B) 第二类电极

(C) 氧化还原电极　　(D) 氢离子选择性电极

3. 电极 $Tl^{3+}, Tl^{+}\,|\,Pt$ 的 $\varphi_1^{\ominus}=1.250$ V, 电极 $Tl^{+}\,|\,Tl$ 的 $\varphi_2^{\ominus}=-0.336$ V, 则电极 $Tl^{3+}\,|\,Tl$ 的 $\varphi_3^{\ominus}$ 为 ⋯⋯ (　　)

(A) 0.305 V　　(B) 0.721 V　　(C) 0.914 V　　(D) 1.568 V

4. 对应电池 $Ag(s)\,|\,AgCl(s)\,|\,KCl(aq)\,|\,Hg_2Cl_2(s)\,|\,Hg(l)$ 的化学反应是 ⋯⋯ (　　)

(A) $2Ag(s)+Hg_2^{2+}(aq) \xlongequal{\quad} 2Hg(l)+2Ag^{+}$

(B) $2Hg+2Ag^{+} \xlongequal{\quad} 2Ag+Hg_2^{2+}$

(C) $2AgCl+2Hg \xlongequal{\quad} 2Ag+Hg_2Cl_2$

(D) $2Ag+Hg_2Cl_2 \xlongequal{\quad} 2AgCl+2Hg$

5. 用下列电池测溶液的 pH: 参考电极 $\|\,H^{+}(pH)\,|\,H_2(p^{\ominus})\,|\,Pt(s)$, 设参考电极的 $\varphi^{\ominus}$ 为 $x$, $2.303RT/F=0.059$, 测得电动势为 $E$, 则 pH 的计算式为 ⋯⋯ (　　)

(A) $pH=(E+x)/0.059$　　(B) $pH=-(E+x)/0.059$

(C) $pH=(0.059-x)/E$　　(D) $pH=0.059x/E$

6. 某电池在等温、等压、可逆情况下放电, 其热效应为 $Q_R$, 则 ⋯⋯ (　　)

(A) $Q_R=0$　　(B) $Q_R=\Delta H$　　(C) $Q_R=T\Delta S$　　(D) $Q_R=\Delta U$

7. 下列两电池的电动势之间的关系为 ⋯⋯ (　　)

(1) $Pt(s)\,|\,H_2(p^{\ominus})\,|\,HCl(0.001\ mol\cdot kg^{-1})\,\|\,HCl(0.01\ mol\cdot kg^{-1})\,|\,H_2(p^{\ominus})\,|\,Pt(s)$

(2) $Pt(s)\,|\,H_2(p^{\ominus})\,|\,HCl(0.001\ mol\cdot kg^{-1})|Cl_2(p^{\ominus})-Cl_2(p^{\ominus})\,|\,HCl(0.01\ mol\cdot kg^{-1})|H_2(p^{\ominus})|Pt(s)$

(A) $E_1>E_2$　　(B) $E_1<E_2$　　(C) $E_1=E_2$　　(D) 无法判断

8. 银锌电池 $Zn(s)\,|\,Zn^{2+}\,\|\,Ag^{+}\,|\,Ag(s)$ 的 $\varphi_{Zn^{2+}|Zn}^{\ominus}=-0.761$ V, $\varphi_{Ag^{+}|Ag}^{\ominus}=0.799$ V, 则该电池的标准电动势 $E^{\ominus}$ 是 ⋯⋯ (　　)

(A) 1.180 V　　(B) 2.359 V　　(C) 1.560 V　　(D) 0.038 V

9. 已知 $\varphi_{Zn^{2+}|Zn}^{\ominus}=-0.763$ V, 则下列电池反应 $Zn(s)+2H^{+}(a=1) \xlongequal{\quad} Zn^{2+}(a=1)+H_2(p^{\ominus})$ 的电动势为 ⋯⋯ (　　)

(A) $-0.763$ V　　(B) 0.763 V　　(C) 0 V　　(D) 无法确定

10. 用补偿法（对消法）测定可逆电池的电动势时, 主要为了 ⋯⋯ (　　)

(A) 消除电极上的副反应　　(B) 减少标准电池的损耗

(C) 在可逆情况下测定电池电动势　　(D) 简便易行

11. 下列电池的电动势, 与 $Br^-$ 的活度无关的是 ······ (　　)

(A) $Pt(s)\,|\,H_2(g)\,|\,HBr(aq)\,|\,Br_2(l),Pt(s)$

(B) $Zn(s)\,|\,ZnBr_2(aq)\,|\,Br_2(l)\,|\,Pt(s)$

(C) $Ag(s)\,|\,AgBr(s)\,|\,KBr(aq)\,|\,Br_2(l),Pt(s)$

(D) $Hg(l)\,|\,Hg_2Br_2(s)\,|\,KBr(aq)\,\|\,AgNO_3(aq)\,|\,Ag(s)$

12. 可以用来测定 AgCl(s) 的标准摩尔生成 Gibbs 自由能 $\Delta_f G_m^\ominus$ 的电池为 ······ (　　)

(A) $Ag(s)\,|\,AgCl(s)\,|\,HCl(aq)\,|\,Cl_2(p_{Cl_2})\,|\,Pt(s)$

(B) $Ag(s)\,|\,AgNO_3(aq)\,\|\,HCl(aq)\,|\,AgCl(s)\,|\,Ag(s)$

(C) $Ag(s)\,|\,AgNO_3(aq)\,\|\,HCl(aq)\,|\,Cl_2(p_{Cl_2})\,|\,Pt(s)$

(D) $Ag(s)\,|\,AgCl(s)\,|\,HCl(aq)\,|\,AgCl(s)\,|\,Ag(s)$

13. 已知:

(1) $Pt(s)\,|\,Cu^{2+}(a_2),\ Cu^+(a')\,\|\,Cu^{2+}(a_1),\ Cu^+(a')\,|\,Pt(s)$　　电动势为 $E_1$

(2) $Cu(s)\,|\,Cu^{2+}(a_2)\,\|\,Cu^{2+}(a_1)\,|\,Cu(s)$　　电动势为 $E_2$

则 ······ (　　)

(A) $E_1 = 1/2E_2$　　(B) $E_1 = 2E_2$　　(C) $E_1 = E_2$　　(D) $E_1 \geqslant E_2$

14. 等温下, 电极–溶液界面处电势差主要取决于 ······ (　　)

(A) 电极表面状态　　(B) 电极的本性和溶液中相关离子活度

(C) 溶液中相关离子浓度　　(D) 电极与溶液接触面积的大小

15. 如下说法中, **正确**的是 ······ (　　)

(A) 原电池反应系统的 Gibbs 自由能减少值等于它对外做的电功

(B) 原电池反应的 $(\partial E/\partial T)_p > 0$, 说明电池工作时从环境吸热, 并转变为电能

(C) 原电池工作时越接近可逆过程, 对外做电功的能力越大

(D) 原电池反应的 $\Delta H = Q_R$

## Ⅱ. 填空题

1. 化学反应 $Ni(s) + 2H_2O(l) \;=\!=\!=\; Ni(OH)_2(s) + H_2(g)$, 可以设计成的电池为____________。

2. 298 K 时, 电池 $Pt(s)\,|\,H_2(0.1p^\ominus)\,|\,HCl(a=1)\,|\,H_2(p^\ominus)\,|\,Pt(s)$ 的电动势为______________。

3. 已知可逆电池 $Tl(Hg)\,|\,TlCl(s)\,|\,KCl(aq, c)\,|\,Hg_2Cl_2(s)\,|\,Hg(l)$ 在 25 ℃ 时, 电池反应的 $\Delta_r S$ 为 72.375 $J\cdot K^{-1}$, $\Delta_r H$ 为 −48780 J, 则电池可逆工作时吸收的热量为______________。

4. 测定电动势必须在______________ $= 0$ 的条件下进行, 因此采用______________法。

5. 25 ℃ 时, 电池 $Sb(s)\,|\,Sb_2O_3(s)\,|\,KOH(m),\ KCl(m')\,|\,H_2(g,\ p^\ominus)\,|\,Pt(s)$ 的负极反应为____________________________, 正极反应为__________________________, 电池的总反应为____________________________。

6. 在生物电化学中, 膜电势的存在意味着每个细胞上都有一个______________存在, 相当于一些______________分布在细胞表面。根据电池电动势的计算公式 $E = \varphi_{右} - \varphi_{左}$, 则对 $K^+$ 细胞膜电势公式可表示为________________________。

7. 已知 $\varphi^{\ominus}_{Cu^{2+}|Cu}=0.337$ V, $\varphi^{\ominus}_{Cu^{+}|Cu}=0.521$ V, 则 $\varphi^{\ominus}_{Cu^{2+}|Cu^{+}}=$______________。

8. 下列两个反应: $Pb(Hg) \longrightarrow Pb^{2+}+2e^{-}+Hg(l)$

$$Pb(s) \longrightarrow Pb^{2+}+2e^{-}$$

其电极电势公式分别为______________ 及______________, 这两个反应的 $\varphi$ 是否相同?______________ $\varphi^{\ominus}$ 是否相同?______________

## Ⅲ. 计算题

1. 291 K 时, 下述电池:

$Ag(s)\,|\,AgCl(s)\,|\,KCl(0.05\ mol\cdot kg^{-1}, \gamma_{\pm}=0.840)\,\|\,AgNO_3(0.10\ mol\cdot kg^{-1}, \gamma_{\pm}=0.732)\,|\,Ag(s)$

的电动势 $E=0.4312$ V, 求 AgCl 的溶度积 $K_{sp}$。设盐水溶液中 $\gamma_{+}=\gamma_{-}=\gamma_{\pm}$。

2. 计算以下浓差电池在 25 ℃ 时的电动势:

$$Cu(s)\,|\,CuSO_4(m=0.01\ mol\cdot kg^{-1})\,\|\,CuSO_4(m=0.1\ mol\cdot kg^{-1})\,|\,Cu(s)$$

已知 $CuSO_4$ 的平均活度因子如下:

| $m/(mol\cdot kg^{-1})$ | 0.01 | 0.1 |
|---|---|---|
| $\gamma_{\pm}$ | 0.41 | 0.16 |

3. 298 K 时, 有电池: $Pt(s)\,|\,H_2(p^{\ominus})\,|\,KOH(a=1)\,|\,Ag_2O(s)\,|\,Ag(s)$

已知 $E^{\ominus}_{Ag_2O|Ag}=0.344$ V, $\Delta_f H^{\ominus}_m(H_2O,l)=-285.83\ kJ\cdot mol^{-1}$, $\Delta_f H^{\ominus}_m(Ag_2O,s)=-31.05\ kJ\cdot mol^{-1}$。试求:

(1) 电池的电动势, 已知 $K_w=1.0\times10^{-14}$;

(2) 电池反应的 $\Delta_r G^{\ominus}_m$, $\Delta_r H^{\ominus}_m$, $\Delta_r S^{\ominus}_m$, $Q_R$ 和 $\left(\dfrac{\partial E}{\partial T}\right)_p$;

(3) 若电池在短路下放电, 程度与可逆反应相同时, 求热效应为多少。

4. 已知在 298 K 时, 电池 $Pt(s)\,|\,H_2(g)\,|\,H^{+}\,\|\,OH^{-}\,|\,O_2(g)\,|\,Pt(s)$ 的 $E^{\ominus}=0.40$ V, $H_2O(l)$ 的 $\Delta_f G^{\ominus}_m=-237.129\ kJ\cdot mol^{-1}$。试计算解离过程 $H_2O(l) \longrightarrow H^{+}(aq)+OH^{-}(aq)$ 的 $\Delta_r G^{\ominus}_m$(解离) 和水的 $K_w$。

5. 已知电池 $Pt(s)\,|\,H_2(p^{\ominus})\,|\,HCl(0.1\ mol\cdot dm^{-3})\,|\,AgCl(s)\,|\,Ag(s)$ 在 25 ℃ 时的电动势为 0.3524 V, 求 $0.1\ mol\cdot dm^{-3}$ HCl 溶液中 HCl 的平均离子活度 $a_{\pm}$, 平均活度因子 $\gamma_{\pm}$ 及溶液的 pH。已知 $\varphi^{\ominus}_{AgCl(s)|Ag(s)}=0.2223$ V。

第九章自测题 1 参考答案

## (二) 自测题 2

### Ⅰ. 选择题

1. 满足电池能量可逆条件的要求是 ······························· (　　)

(A) 电池内通过较大电流　　(B) 没有电流通过电池

(C) 有限电流通过电池　　(D) 有一无限小的电流通过电池

2. 盐桥的作用是 ······························· (　　)

(A) 将液体接界电势完全消除

(B) 将不可逆电池变成可逆电池

(C) 使液体接界电势降低到可以忽略不计

(D) 相当于用一根导线将两个电解质溶液沟通

3. 298 K 时, 已知 $\varphi^{\ominus}_{Fe^{3+}|Fe^{2+}} = 0.77$ V, $\varphi^{\ominus}_{Sn^{4+}|Sn^{2+}} = 0.15$ V, 当这两个电极组成自发电池时, $E^{\ominus}$ 为 ······························· (　　)

(A) 1.39 V　　(B) 0.62 V　　(C) 0.92 V　　(D) 1.07 V

4. 298 K 时, 在电池 $Pt(s)\,|\,H_2(p^{\ominus})\,|\,H^+(a=1)\,\|\,CuSO_4(0.01\ mol\cdot kg^{-1})\,|\,Cu(s)$ 的右边溶液中加入 $0.01\ mol\cdot kg^{-1}$ $Na_2S$ 溶液, 则电池的电动势将 ······························· (　　)

(A) 升高　　(B) 下降　　(C) 不变　　(D) 无法判断

5. 将一铂丝两端分别浸入含 $0.1\ mol\cdot dm^{-3}$ $Sn^{2+}$ 和 $0.01\ mol\cdot dm^{-3}$ $Sn^{4+}$ 的溶液中, 这时的电势差为 ······························· (　　)

(A) $\varphi_{Sn^{4+}|Sn^{2+}} + 0.059\ V/2$　　(B) $\varphi_{Sn^{4+}|Sn^{2+}} + 0.059\ V$

(C) $\varphi_{Sn^{4+}|Sn^{2+}} - 0.059\ V$　　(D) $\varphi_{Sn^{4+}|Sn^{2+}} - 0.059\ V/2$

6. 一个电池反应确定的电池, $E$ 值的正或负可以用来说明 ······························· (　　)

(A) 电池是否可逆　　(B) 电池反应是否已达平衡

(C) 电池反应自发进行的方向　　(D) 电池反应的限度

7. 将反应 $H^+ + OH^- \Longrightarrow H_2O$ 设计成可逆电池, 下列电池中**正确**的是 ······························· (　　)

(A) $Pt(s)\,|\,H_2\,|\,H^+(aq)\,\|\,OH^-\,|\,O_2\,|\,Pt(s)$

(B) $Pt(s)\,|\,H_2\,|\,NaOH(aq)\,|\,O_2\,|\,Pt(s)$

(C) $Pt(s)\,|\,H_2\,|\,NaOH(aq)\,\|\,HCl(aq)\,|\,H_2\,|\,Pt(s)$

(D) $Pt(s)\,|\,H_2(p_1)\,|\,H_2O(l)\,|\,H_2(p_2)\,|\,Pt(s)$

8. 下列电池中, 哪个电池的电动势与 $Cl^-$ 的活度无关? ······························· (　　)

(A) $Zn(s)\,|\,ZnCl_2(aq)\,|\,Cl_2(g)\,|\,Pt(s)$

(B) $Zn(s)\,|\,ZnCl_2(aq)\,\|\,KCl(aq)\,|\,AgCl(s)\,|\,Ag(s)$

(C) $Ag(s)\,|\,AgCl(s)\,|\,KCl(aq)\,|\,Cl_2(g)\,|\,Pt(s)$

(D) $Hg(s)\,|\,Hg_2Cl_2(s)\,|\,KCl(aq)\,\|\,AgNO_3(aq)\,|\,Ag(s)$

9. 将两支铂丝插入 $Cu^{2+}$ 浓度为 $0.1\ mol\cdot kg^{-1}$, $Cu^+$ 浓度为 $0.01\ mol\cdot kg^{-1}$ 的溶液中形成电池, 则电动势为 ······························· (　　)

(A) −0.0592 V　　(B) 0.0592 V　　(C) 0.000 V　　(D) 0.592 V

10. 下列电极与甘汞电极配合使用**无法**测定溶液 pH 的是 …………………………( )

(A) 醌氢醌电极 (B) 氢电极

(C) 玻璃电极 (D) $Cl^-$ $(a_{Cl^-})\,|\,AgCl(s)\,|\,Ag(s)$

11. 下列说法**正确**的是 ……………………………………………………………( )

(A) 玻璃电极的电极电势不受氢离子活度的影响

(B) 玻璃电极易受溶液中存在的氧化剂、还原剂干扰

(C) 膜电势是在膜两边由于某离子浓度不等可产生电势差

(D) 膜蛋白在生物体内的活性传输, 是使活性细胞能把化学物种从化学势高的区域传送到化学势低的区域

12. 下列电池中, **没有**正确断路的是 ………………………………………………( )

(A) $Pt(s)\,|\,H_2(g)\,|\,H^+(aq)\,\|\,Cu^{2+}\,|\,Cu(s)\,|\,Pt(s)$

(B) $Cu(s)\,|\,Zn(s)\,|\,Zn^{2+}(aq)\,\|\,Cu^{2+}(aq)\,|\,Cu(s)$

(C) $Ag(s)\,|\,Ag^+(aq)\,\|\,Cl^-(aq)\,|\,AgCl(s)\,|\,Ag(s)$

(D) $Pt(s)\,|\,H_2(g)\,|\,H^+(aq)\,\|\,Ag^+\,|\,Ag(s)$

13. 在电池中, 当电池反应达到平衡时, 电池的电动势等于 ……………………………( )

(A) 标准电动势 (B) $\dfrac{RT}{zF}\ln K^{\ominus}$

(C) 零 (D) 不确定

14. 已知 298 K 时, $\varphi^{\ominus}_{Ag^+|Ag}=0.799$ V, 下列电池的 $E^{\ominus}$ 为 0.627 V 。

$$Pt(s)\,|\,H_2\,|\,H_2SO_4(aq)\,|\,Ag_2SO_4(s)\,|\,Ag(s)$$

则 $Ag_2SO_4(s)$ 的活度积为 ……………………………………………………………( )

(A) $3.8\times10^{-17}$ (B) $1.2\times10^{-3}$ (C) $2.98\times10^{-3}$ (D) $1.52\times10^{-6}$

15. 一个可以重复使用的充电电池以 1.8 V 的输出电压放电, 然后用 2.2 V 的电压充电使电池恢复原状, 整个过程中功、热及系统 Gibbs 自由能变化为 ……………………………( )

(A) $W>0,\ Q<0,\ \Delta G=0$ (B) $W>0,\ Q<0,\ \Delta G<0$

(C) $W>0,\ Q>0,\ \Delta G<0$ (D) $W<0,\ Q>0,\ \Delta G=0$

## Ⅱ. 填空题

1. 将反应 $Sn^{2+}+Pb^{2+} \Longrightarrow Sn^{4+}+Pb$, 设计成可逆电池, 其电池表示式为____________________________。

2. 电极 $AgNO_3(m_1)\,|\,Ag(s)$ 与 $ZnCl_2(m_2)\,|\,Zn(s)$ 组成自发电池的书面表示式为____________________________。选用的盐桥为________________。

3. 298 K 时, 电池反应 $Ag(s)+\dfrac{1}{2}Hg_2Cl_2(s) \Longrightarrow AgCl(s)+Hg(l)$ 所对应的 $\Delta_r S_m=32.9\ J\cdot mol^{-1}\cdot K^{-1}$, 电池电动势为 0.0193 V, 则相同反应进度时 $\Delta_r H_m=$ ________________, $\left(\dfrac{\partial E}{\partial T}\right)_p=$ ________________。

4. 电池 $Ag(s)\,|\,AgCl(s)\,|\,CuCl_2(m)\,|\,Cu(s)$ 的电池反应是____________________________。

5. 已知:

$$Cu^{2+} + 2e^- \longrightarrow Cu \qquad \varphi^\ominus = 0.337\ V$$
$$Cu^{+} + e^- \longrightarrow Cu \qquad \varphi^\ominus = 0.521\ V$$

则 $Cu^{2+} + e^- \longrightarrow Cu^+$ 的 $\varphi^\ominus =$ ________V, 计算根据: ________。

6. 电池 $Pt(s)\,|\,H_2(10\ kPa)\,|\,HCl(1.0\ mol{\cdot}kg^{-1})\,|\,H_2(100\ kPa)\,|\,Pt(s)$ 是否为自发电池? $E=$ ________V。

7. 对于电池: $Pt(s)\,|\,H_2(p^\ominus)\,\|\,HCl(\gamma_\pm, m)\,|\,Hg_2Cl_2(s)\,|\,Hg(l)\,|\,Pt(s)$, 根据能斯特公式, 电动势 $E=$ ________, 得到 $\lg\gamma_\pm =$ ________。

8. 为求 CuI(s) 的 $K_{sp}$, 应设计的电池为________。

9. 已知 $\varphi^\ominus_{Zn^{2+}|Zn} = -0.763\ V$, $\varphi^\ominus_{Fe^{2+}|Fe} = -0.447\ V$。这两电极排成自发电池时, $E^\ominus =$ ________V, 当有 2 mol 电子的电荷量输出时, 电池反应的 $K^\ominus =$ ________。

### Ⅲ. 计算题

1. 计算 298 K 时, 下列电池的 $E^\ominus$ 和电池反应通过 1 mol 电子电荷量时的平衡常数 $K^\ominus$。

$$Cd(s)\,|\,Cd^{2+}\,\|\,Cu^{2+}\,|\,Cu(s)$$

已知 $\varphi^\ominus_{Cu^{2+}|Cu} = 0.337\ V$, $\varphi^\ominus_{Cd^{2+}|Cd} = -0.403\ V$。

2. 利用反应 $2AgCl(s) + Zn(s) \Longrightarrow ZnCl_2(aq) + 2Ag(s)$ 构成电池时, 25 ℃ 时的电动势为 1.1558 V, $ZnCl_2$ 的浓度 $m_{ZnCl_2} = 0.01021\ mol\cdot kg^{-1}$, 设此浓度的平均活度因子 $\gamma_\pm = 0.702$, 试求此反应的标准 Gibbs 自由能变化。

3. 对于反应: $H_2(g, p^\ominus) + I_2(s) \Longrightarrow 2HI(aq, a=1)$

(1) 写出电池表达式;

(2) 计算上述反应在 298 K 时的 $E$, $E^\ominus$, $\Delta_r G^\ominus_m$ 和 $K^\ominus$;

(3) 若反应写成 $\dfrac{1}{2}H_2(g, p^\ominus) + \dfrac{1}{2}I_2(s) \Longrightarrow HI(aq, a=1)$, 则 $E$, $E^\ominus$, $\Delta_r G^\ominus_m$ 和 $K^\ominus$ 又各为多少?

4. 298 K 时, 下列电池的电动势 $E = 0.200\ V$:

$$Pt(s)\,|\,H_2(p^\ominus)\,|\,HBr(0.100\ mol\cdot kg^{-1})\,|\,AgBr(s)\,|\,Ag(s)$$

已知 AgBr(s) 电极的标准电极电势 $\varphi^\ominus_{Ag|AgBr|Br^-} = 0.071\ V$。请写出电极反应与电池反应, 并计算在所指浓度下 HBr 的平均离子活度因子。

5. 电池 $Cd(s)\,|\,Cd(OH)_2(s)\,|\,NaOH(0.01\ mol\cdot kg^{-1})\,|\,H_2(p^\ominus)\,|\,Pt(s)$ 在 298 K 时 $E = 0\ V$, $\varphi^\ominus_{Cd^{2+}|Cd} = -0.40\ V$。求 298 K 时 $Cd(OH)_2(s)$ 的 $K_{sp}$ 值。

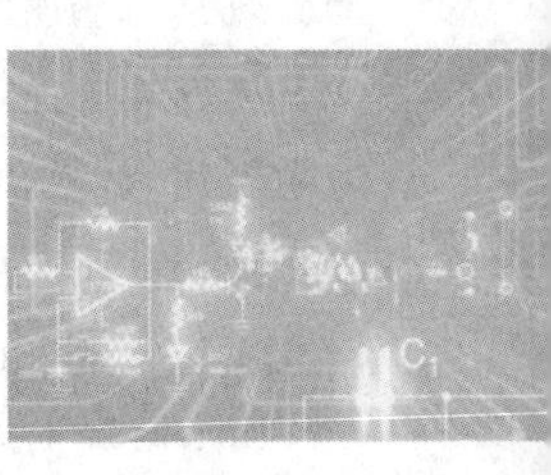

第九章自测题 2 参考答案

# 第十章 电解与极化作用

本章主要公式和内容提要

## 一、复习题及解答

**10.1** 什么叫分解电压? 它在数值上与理论分解电压 (即原电池的可逆电动势) 有何不同? 实际操作时用的分解电压要克服哪几种阻力?

答: 使某电解质溶液能连续不断发生电解时所必需的最小外加电压, 称为该电解质溶液的分解电压。它的数值比理论分解电压高, 实际操作时用的分解电压要克服三种阻力: (1) 原电池的可逆电动势, 即理论分解电压; (2) 由于两个电极上发生极化而产生的超电势, 通常称为不可逆电动势; (3) 克服电池内阻必须付出的电位降。因此, $E_{分解} = E_{理论} + \eta_{阳} + \eta_{阴} + IR$。

**10.2** 产生极化作用的原因主要有哪几种? 原电池和电解池的极化现象有何不同?

答: 主要原因有浓差极化和电化学极化。无论是原电池还是电解池, 阳极的极化曲线随着电流密度的增加向电势增大的方向移动, 阴极的极化曲线向电势减小的方向移动。所不同的是, 电解池中由于超电势的存在, 分解电压变大, 而原电池中由于超电势的存在, 电池的不可逆电动势下降, 做电功能力也下降。

**10.3** 什么叫超电势? 它是怎样产生的? 如何降低超电势的数值?

答: 在有电流通过电极时, 电极电势偏离于平衡值的现象称为电极的极化。为了明确地表示出电极极化的状况, 常把某一电流密度下实际发生电解的电极电势与可逆电势之间的差值称为超电势。它的产生原因有浓差极化、化学极化和电阻极化 (电解过程中在电极表面上生成一层氧化物的薄膜或其他物质)。

在外加电压不太大的情况下, 将溶液剧烈搅动可以降低浓差极化, 设法降低溶液内阻可以降低电阻极化, 还可以加入去极化剂降低化学极化。

**10.4** 析出电势与电极的平衡电势有何不同? 超电势的存在, 使电解池阴、阳极的析出电势如何变化? 使原电池正、负极的电极电势如何变化? 超电势的存在有何不利和有利之处?

答: 析出电势为在有电流通过时, 电极的实际分解电势, 电极的平衡电势为当电极上无电流通过时, 电极处于平衡状态时的电极电势。

对于电解池, 由于超电势的存在, 阴极的析出电势会更负, 阳极的析出电势会更正, 外加电压要更大, 所消耗的能量就越多。

对于原电池, 由于超电势的存在, 负极的析出电势会更大, 正极的析出电势会更小, 输出电压要更小, 所提供的能量就越少。

不管是电解池还是原电池, 超电势的存在, 从能量的角度看都是不利的, 但在电镀工业及定量分析等领域其有重要的作用。例如, 可利用极化来制备一些活泼金属, 极谱分析就是利用滴汞电极上所形成的浓差极化来进行分析的一种方法。

**10.5**　什么叫氢超电势? 氢超电势与哪些因素有关? 如何计算氢超电势? 氢超电势的存在对电解过程有何利弊?

**答**: 氢气在阴极上的析出电势小于它的可逆电极电势, 这个差值称为氢超电势。影响氢超电势的原因很多, 所以氢超电势的测定较难重复, 主要与阴极材料和电流密度有很大关系。用 Tafel 公式计算氢超电势:

$$\eta = a + b\ln(j/[j])$$

氢超电势的存在客观上会多消耗电能, 但可利用氢超电势使比其活泼的金属如 Zn、Sn、Ni、Cr 等先在阴极析出, 这在电镀工业上很重要。

**10.6**　在电解时, 正、负离子分别在阴、阳极上放电, 其放电先后次序有何规律? 欲使不同的金属离子用电解方法分离, 需控制什么条件?

**答**: 在阴极上, 析出电势越大者越先还原; 在阳极上, 析出电势越小者越先氧化。如果溶液中含有多个析出电势不同的金属离子, 可以控制外加电压的大小, 使金属离子分步析出而达到分离的目的。为了使分离效果较好, 后一种离子反应时, 前一种离子的活度应小到 $10^{-7}$ 以下, 这样要求两种离子的析出电势相差一定的数值。例如, 标准态下对于一价金属离子, 不同金属离子的 $\Delta\varphi_{阴}$ 大于 0.4 V 时能完全分离, 而对二价金属离子如 $Cu^{2+}$, 则 $\Delta\varphi_{阴}$ 大于 0.2 V 时才能完全分离。

**10.7**　金属电化学腐蚀的机理是什么? 为什么铁的耗氧腐蚀比析氢腐蚀要严重得多? 为什么粗锌 (杂质主要是 Cu, Fe 等) 比纯锌在稀 $H_2SO_4$ 溶液中反应得更快?

**答**: 金属电化学腐蚀的机理是金属表面与介质如潮湿空气、电解质溶液接触时, 因形成微电池而发生电化学作用遭受破坏。

耗氧腐蚀与析氢腐蚀都发生在阴极上。对于耗氧腐蚀:

$$O_2(g) + 4\,H^+ + 4\,e^- \longrightarrow 2\,H_2O$$

$$\varphi_1 = \varphi^{\ominus}_{O_2\,|\,H^+,H_2O} - \frac{RT}{4F}\ln\frac{1}{a_{O_2}\cdot a^4_{H^+}}$$

对于析氢腐蚀:

$$2\,H^+ + 2\,e^- \longrightarrow H_2(g)$$

$$\varphi_2 = -\frac{RT}{2F}\ln\frac{a_{H_2}}{a^2_{H^+}}$$

已知 $\varphi^{\ominus}_{O_2\,|\,H^+,\,H_2O} = 1.229$ V, 在空气中 $p_{O_2} = 21$ kPa, 显然 $\varphi_1$ 比 $\varphi_2$ 大得多, 即耗氧腐蚀比析氢腐蚀容易发生, 所以铁的耗氧腐蚀比析氢腐蚀要严重得多。

当金属锌中存在杂质如 Cu, Fe 时, 在表面上金属锌的电势和杂质的电势不同, 往往锌的电势更低, 构成了许多以金属锌和杂质为电极的局部电池。氢离子在杂质金属阴极表面放电, 金属锌作为阳极不断溶解, 同时金属锌还受到 $H_2SO_4$ 的化学腐蚀。所以, 含杂质的粗锌在稀 $H_2SO_4$ 溶液中既有化学腐蚀, 又有电化学腐蚀, 要比只发生化学腐蚀的纯锌反应更快。

**10.8** 在铁锅里放一点水, 哪个部位最先出现铁锈? 为什么? 为什么海轮要比江轮采取更有效的防腐措施?

**答**: 水面附近的部位先出现铁锈。因为水面以下含氧量很小, 虽然有 $CO_2$ 等酸性氧化物溶于水中, 但 $H^+$ 浓度较低, 析氢腐蚀的趋势也不大; 水面附近含有 $O_2$, 又有含 $H^+$ 的电解质溶液, 容易发生耗氧腐蚀, 因此这个部位腐蚀最严重; 而在空气中的部分, 虽然与氧气接触, 但是没有电解质溶液, 不易构成腐蚀微电池。海水中所含电解质浓度更大, 更容易发生电化学腐蚀, 所以, 海轮要比江轮采取更有效的防腐措施。

**10.9** 比较镀锌铁与镀锡铁的防腐效果。一旦镀层有损坏, 两种镀层对铁的防腐效果有何不同?

**答**: 在镀层完整时, 两种保护层都是把被保护的金属与外界隔开, 原则上并无区别。但当镀层损坏或不完整时, 镀锌铁的防腐效果好于镀锡铁。一旦镀层有损坏, 锡保护层作为阳极与 Fe 构成原电池, 从而加速 Fe 的腐蚀, 而锌保护层会作为阳极先被腐蚀, 从而保护 Fe 不受腐蚀, 直到锌保护层被完全腐蚀。

**10.10** 金属防腐主要有哪些方法? 这些防腐方法的原理有何不同?

**答**: 金属防腐主要有非金属保护层、金属保护层、电化保护、加缓蚀剂保护等方法。非金属保护层和金属保护层的防腐原理是在金属表面涂上油漆等非金属物质或镀上一层金属, 将金属与腐蚀介质隔开。电化保护有牺牲阳极保护法、阴极电保护、阳极电保护等方法, 防腐原理是利用电化学作用保护某一电极。加缓蚀剂保护的防腐原理是减慢阴极 (或阳极) 过程的速度, 或覆盖电极表面从而防止腐蚀。

**10.11** 化学电源主要有哪几类? 常用的蓄电池有哪几种? 各有何优缺点? 氢氧燃料电池有何优缺点?

**答**: 化学电源主要分为一次电池、二次电池和燃料电池。

常用的蓄电池有铅蓄电池、镍镉电池、锂离子电池等。铅蓄电池的优点是价格便宜、电压稳定、维护简单; 缺点是使用寿命短、环境污染大、能量密度低。镍铬电池的优点是价格便宜、耐用性强、维护简单; 缺点是易在电极板上产生小气泡影响电池容量、环境污染大、有毒性。锂离子电池的优点是能量密度高、输出电压高、环境污染小; 缺点是成本高、易受过充过放影响。

氢氧燃料电池的优点是高效、环境友好、质量轻、比能量高、稳定性好、可连续工作、可积木式组装、可移动; 缺点是液氢储存要求高压、低温, 有危险性, 而用钢瓶储氢可使用氢气只占钢瓶质量的 1%, 质量增加且同样有危险性。

**10.12** 试述电解方法在工业上有哪些应用, 并举例说明。

**答**: 阴极产品: 电镀、金属提纯、保护、产品的美化 (包括金属、塑料) 和制备、有机物的还原产物等。阳极产品: 铝合金的氧化和着色, 制备氧气、双氧水、氯气及有机物的氧化产物等。常见的电解制备工业有氯碱工业、由丙烯腈制乙二腈、用硝基苯制苯胺等。

## 二、典型例题及解答

**例10.1** 在 298 K 和标准压力 $p^{\ominus}$ 下, 用镀铂黑的铂电极电解 $a_{H^+} = 1.0$ 的水溶液, 当所用电流

密度为 $j=5\times10^{-3}\ \text{A}\cdot\text{cm}^{-2}$ 时, 计算使电解能顺利进行所需的最小分解电压。已知 $\eta_{O_2}=0.487\ \text{V}$, $\eta_{H_2}\approx0$, 忽略电阻引起的电位降, $H_2O(l)$ 的标准摩尔生成 Gibbs 自由能为 $\Delta_f G_m^\ominus=-237.129\ \text{kJ}\cdot\text{mol}^{-1}$。

**解**: 电解水的反应就是氢气和氧气生成水反应的逆反应, 所以该电池的可逆电动势可以从水的标准摩尔生成 Gibbs 自由能求得。忽略电阻引起的电位降, 最小分解电压就等于可逆的电池电动势值加两个电极上的超电势。

$$E_{\text{可逆}}=-\frac{\Delta_f G_m^\ominus}{zF}=\frac{237.129\times10^3\ \text{J}\cdot\text{mol}^{-1}}{2\times96500\ \text{C}\cdot\text{mol}^{-1}}=1.229\ \text{V}$$

$$E_{\text{分解}}=E_{\text{可逆}}+\eta_{\text{阳}}+\eta_{\text{阴}}=(1.229+0.487+0)\text{V}=1.716\ \text{V}$$

**例10.2** 298 K 和标准压力 $p^\ominus$ 时, 当电流密度 $j=0.1\ \text{A}\cdot\text{cm}^{-2}$ 时, $H_2(g)$ 和 $O_2(g)$ 在 Ag(s) 电极上的超电势的分别为 0.87 V 和 0.98 V。今用 Ag(s) 电极电解浓度为 0.01 mol$\cdot$kg$^{-1}$ NaOH 溶液, 问这时在两个 Ag(s) 电极上首先发生什么反应? 此时外加电压为多少? 已知 $\varphi^\ominus_{OH^-|Ag_2O|Ag}=0.344\ \text{V}$ (设活度因子为 1)。

**解**: 要求外加电压, 首先要分别写出在阳极和阴极上可能发生反应的离子反应式, 并计算相应的电极电势值。在阳极, 电极电势最小的首先发生氧化 (有时不能忽略电极本身可能发生的反应), 在阴极, 电极电势最大的首先发生还原, 两者的电势差就是必须加的外加电压。

阳极发生氧化反应, 可能的反应为

$$2OH^-(a_{OH^-})\longrightarrow\frac{1}{2}O_2(p^\ominus)+H_2O(l)+2e^-$$

$$\varphi_{O_2|OH^-}=\varphi^\ominus_{O_2|OH^-}+\frac{RT}{zF}\ln\frac{1}{a^2_{OH^-}}+\eta_{O_2}$$

$$=0.401\ \text{V}+\frac{8.314\ \text{J}\cdot\text{mol}^{-1}\cdot\text{K}^{-1}\times298\ \text{K}}{2\times96500\ \text{C}\cdot\text{mol}^{-1}}\times\ln\frac{1}{0.01^2}+0.98\ \text{V}=1.499\ \text{V}$$

或
$$2Ag(s)+2OH^-(a_{OH^-})\longrightarrow Ag_2O(s)+H_2O(l)+2e^-$$

$$\varphi_{OH^-|Ag_2O|Ag}=\varphi^\ominus_{OH^-|Ag_2O|Ag}+\frac{RT}{zF}\ln\frac{1}{a^2_{OH^-}}$$

$$=0.344\ \text{V}+\frac{8.314\ \text{J}\cdot\text{mol}^{-1}\cdot\text{K}^{-1}\times298\ \text{K}}{2\times96500\ \text{C}\cdot\text{mol}^{-1}}\times\ln\frac{1}{0.01^2}=0.462\ \text{V}$$

电极电势小的先发生氧化反应, 所以阳极上首先发生 Ag(s) 氧化为 $Ag_2O(s)$ 的反应。

同理, 阴极可能发生的反应是 $H^+(a_{H^+})+e^-\longrightarrow\frac{1}{2}H_2(p^\ominus)$

$$\varphi_{H^+|H_2}=\varphi^\ominus_{H^+|H_2}+\frac{RT}{F}\ln a_{H^+}-\eta_{H_2}$$

$$=0\ \text{V}+\frac{8.314\ \text{J}\cdot\text{mol}^{-1}\cdot\text{K}^{-1}\times298\ \text{K}}{96500\ \text{C}\cdot\text{mol}^{-1}}\times\ln\frac{10^{-14}}{0.01}-0.87\ \text{V}=-1.579\ \text{V}$$

或
$$Na^+(a_{Na^+})+e^-\longrightarrow Na(s)$$

$$\varphi_{\mathrm{Na^+|Na}}=\varphi^{\ominus}_{\mathrm{Na^+|Na}}+\frac{RT}{F}\ln a_{\mathrm{Na^+}}=-2.71\ \mathrm{V}+\frac{8.314\ \mathrm{J\cdot mol^{-1}\cdot K^{-1}}\times 298\ \mathrm{K}}{96500\ \mathrm{C\cdot mol^{-1}}}\times\ln 0.01=-2.828\ \mathrm{V}$$

$$\varphi_{\mathrm{Na^+|Na}}<\varphi_{\mathrm{H^+|H_2}}$$

故阴极发生 $H^+$ 的还原反应。

因此, 外加电压为 $E=\varphi_{\mathrm{OH^-|Ag_2O|Ag}}-\varphi_{\mathrm{H^+|H_2}}=0.462\ \mathrm{V}-(-1.579\ \mathrm{V})=2.041\ \mathrm{V}$

**例10.3** 在 298 K 和标准压力 $p^{\ominus}$ 时, 若要在某一金属上镀 Pb–Sn 合金, 试计算镀液中两种离子的活度比至少应为多少? 忽略超电势的影响, 已知 $\varphi^{\ominus}_{\mathrm{Pb^{2+}|Pb}}=-0.1262\ \mathrm{V}$, $\varphi^{\ominus}_{\mathrm{Sn^{2+}|Sn}}=-0.1375\ \mathrm{V}$。

**解**: 镀合金时应使两种离子的析出电势相等, 即 $\varphi_{\mathrm{Pb^{2+}|Pb}}=\varphi_{\mathrm{Sn^{2+}|Sn}}$。

如不计超电势的影响, 则有

$$\varphi_{\mathrm{Pb^{2+}|Pb}}=\varphi^{\ominus}_{\mathrm{Pb^{2+}|Pb}}+\frac{RT}{2F}\ln a_{\mathrm{Pb^{2+}}}$$

$$\varphi_{\mathrm{Sn^{2+}|Sn}}=\varphi^{\ominus}_{\mathrm{Sn^{2+}|Sn}}+\frac{RT}{2F}\ln a_{\mathrm{Sn^{2+}}}$$

$$\varphi^{\ominus}_{\mathrm{Pb^{2+}|Pb}}+\frac{RT}{2F}\ln a_{\mathrm{Pb^{2+}}}=\varphi^{\ominus}_{\mathrm{Sn^{2+}|Sn}}+\frac{RT}{2F}\ln a_{\mathrm{Sn^{2+}}}$$

$$-0.1262\ \mathrm{V}+\frac{8.314\ \mathrm{J\cdot mol^{-1}\cdot K^{-1}}\times 298\ \mathrm{K}}{2\times 96500\ \mathrm{C\cdot mol^{-1}}}\times\ln a_{\mathrm{Pb^{2+}}}=$$

$$-0.1357\ \mathrm{V}+\frac{8.314\ \mathrm{J\cdot mol^{-1}\cdot K^{-1}}\times 298\ \mathrm{K}}{2\times 96500\ \mathrm{C\cdot mol^{-1}}}\times\ln a_{\mathrm{Sn^{2+}}}$$

$$\ln\frac{a_{\mathrm{Sn^{2+}}}}{a_{\mathrm{Pb^{2+}}}}=0.740$$

则

$$\frac{a_{\mathrm{Sn^{2+}}}}{a_{\mathrm{Pb^{2+}}}}=2.096$$

**例10.4** 在 298 K 和标准压力 $p^{\ominus}$ 时, 某混合溶液中, $CuSO_4$ 的质量摩尔浓度为 0.5 $\mathrm{mol\cdot kg^{-1}}$, $H_2SO_4$ 的质量摩尔浓度为 0.01 $\mathrm{mol\cdot kg^{-1}}$, 用铂电极进行电解, 首先 Cu(s) 沉积到 Pt(s) 电极上。若 $H_2$(g) 在 Cu(s) 上的超电势为 0.23 V, 问当外加电压增加到有 $H_2$(g) 在电极上析出时, 溶液中所余 $Cu^{2+}$ 的质量摩尔浓度为多少? (设活度因子均为 1, $H_2SO_4$ 作一级解离处理。)

**解**: 在电解进行的过程中, $Cu^{2+}$ 在阴极上还原的同时, 有相当数量的 $OH^-$ 在阳极上氧化, 溶液中就增加相同浓度的 $H^+$。设 0.5 $\mathrm{mol\cdot kg^{-1}}$ 的 $Cu^{2+}$ 在阴极上几乎全部还原时, 溶液中增加了1.00 $\mathrm{mol\cdot kg^{-1}}$ 的 $H^+$, 其中有一半与 ${SO_4}^{2-}$ 结合为 ${HSO_4}^-$, 则溶液中净增加了0.5 $\mathrm{mol\cdot kg^{-1}}$ 的 $H^+$, 则那时的溶液中 $H^+$ 的总质量摩尔浓度为 0.51 $\mathrm{mol\cdot kg^{-1}}$, 其还原电极电势为

$$\varphi_{\mathrm{H^+|H_2}}=\varphi^{\ominus}_{\mathrm{H^+|H_2}}-\frac{RT}{F}\ln\frac{1}{a_{\mathrm{H^+}}}-\eta_{\mathrm{H_2}}$$

$$=0\ \mathrm{V}+\frac{8.314\ \mathrm{J\cdot mol^{-1}\cdot K^{-1}}\times 298\ \mathrm{K}}{96500\ \mathrm{C\cdot mol^{-1}}}\times\ln 0.51-0.23\ \mathrm{V}=-0.247\ \mathrm{V}$$

当 $H_2$(g) 在电极上开始析出时, $\varphi_{\mathrm{H^+|H_2}}=\varphi_{\mathrm{Cu^{2+}|Cu}}$, 则

$$\varphi_{\mathrm{Cu^{2+}|Cu}}=\varphi^{\ominus}_{\mathrm{Cu^{2+}|Cu}}-\frac{RT}{2F}\ln\frac{1}{a_{\mathrm{Cu^{2+}}}}$$

$$-0.247\ \text{V} = 0.3419\ \text{V} - \frac{8.314\ \text{J}\cdot\text{mol}^{-1}\cdot\text{K}^{-1}\times 298\ \text{K}}{2\times 96500\ \text{C}\cdot\text{mol}^{-1}}\times \ln\frac{1}{a_{\text{Cu}^{2+}}}$$

计算得
$$a_{\text{Cu}^{2+}} = 1.19\times 10^{-20}$$
即
$$m_{\text{Cu}^{2+}} = 1.19\times 10^{-20}\ \text{mol}\cdot\text{kg}^{-1}$$
说明溶液中所余 $Cu^{2+}$ 的质量摩尔浓度已经很低了。

**例10.5** 在 298 K 和标准压力 $p^{\ominus}$ 下，以 Pt(s) 为阴极，C(石墨) 为阳极，电解含 $CdCl_2$ ($0.01\ \text{mol}\cdot\text{kg}^{-1}$) 和 $CuCl_2$ ($0.02\ \text{mol}\cdot\text{kg}^{-1}$) 的水溶液。电解过程中超电势可忽略不计，并设活度因子均为 1。试问:

(1) 何种金属先在阴极析出?

(2) 第二种金属析出时，至少需加多少电压?

(3) 当第二种金属析出时，计算第一种金属离子在溶液中的质量摩尔浓度。

(4) 事实上 $O_2(g)$ 在石墨上时有超电势的。若设超电势为 0.85 V，则阳极上首先发生什么反应?

**解**: (1) 在阴极上可能发生还原反应的离子有 $Cd^{2+}$, $Cu^{2+}$, $H^+$，它们的析出电势分别为

$$\begin{aligned}\varphi_{\text{Cd}^{2+}\mid\text{Cd}} &= \varphi^{\ominus}_{\text{Cd}^{2+}\mid\text{Cd}} - \frac{RT}{2F}\ln\frac{1}{a_{\text{Cd}^{2+}}}\\ &= -0.403\ \text{V} - \frac{8.314\ \text{J}\cdot\text{mol}^{-1}\cdot\text{K}^{-1}\times 298\ \text{K}}{2\times 96500\ \text{C}\cdot\text{mol}^{-1}}\times\ln\frac{1}{0.01} = -0.462\ \text{V}\end{aligned}$$

$$\begin{aligned}\varphi_{\text{Cu}^{2+}\mid\text{Cu}} &= \varphi^{\ominus}_{\text{Cu}^{2+}\mid\text{Cu}} - \frac{RT}{2F}\ln\frac{1}{a_{\text{Cu}^{2+}}}\\ &= 0.3419\ \text{V} - \frac{8.314\ \text{J}\cdot\text{mol}^{-1}\cdot\text{K}^{-1}\times 298\ \text{K}}{2\times 96500\ \text{C}\cdot\text{mol}^{-1}}\times\ln\frac{1}{0.02} = 0.292\ \text{V}\end{aligned}$$

$$\begin{aligned}\varphi_{\text{H}^{+}\mid\text{H}_2} &= \varphi^{\ominus}_{\text{H}^{+}\mid\text{H}_2} - \frac{RT}{F}\ln\frac{1}{a_{\text{H}^{+}}}\\ &= 0\ \text{V} - \frac{8.314\ \text{J}\cdot\text{mol}^{-1}\cdot\text{K}^{-1}\times 298\ \text{K}}{96500\ \text{C}\cdot\text{mol}^{-1}}\times\ln\frac{1}{10^{-7}} = -0.414\ \text{V}\end{aligned}$$

所以，首先是还原电极电势最大的 $Cu^{2+}$ 还原成 Cu(s)，在阴极析出。

(2) 当 Cd(s) 开始析出时 (由于氢有超电势而不能析出)，要计算分解电压还需计算阳极的析出电势。在阳极可能发生氧化的离子有 $Cl^-$ 和 $OH^-$。它们的析出电势分别为

$$\begin{aligned}\varphi_{\text{O}_2\mid\text{H}^+,\text{H}_2\text{O}} &= \varphi^{\ominus}_{\text{O}_2\mid\text{H}^+,\text{H}_2\text{O}} - \frac{RT}{F}\ln\frac{1}{a_{\text{H}^{+}}}\\ &= 1.229\ \text{V} - \frac{8.314\ \text{J}\cdot\text{mol}^{-1}\cdot\text{K}^{-1}\times 298\ \text{K}}{96500\ \text{C}\cdot\text{mol}^{-1}}\times\ln\frac{1}{10^{-7}} = 0.815\ \text{V}\end{aligned}$$

$$\begin{aligned}\varphi_{\text{Cl}_2\mid\text{Cl}^-} &= \varphi^{\ominus}_{\text{Cl}_2\mid\text{Cl}^-} - \frac{RT}{F}\ln a_{\text{Cl}^-}\\ &= 1.35827\ \text{V} - \frac{8.314\ \text{J}\cdot\text{mol}^{-1}\cdot\text{K}^{-1}\times 298\ \text{K}}{96500\ \text{C}\cdot\text{mol}^{-1}}\times\ln 0.06 = 1.431\ \text{V}\end{aligned}$$

在阳极上首先是还原电极电势小的 $OH^-$ 先氧化放出氧气。由于 $OH^-$ 的氧化，在 $Cu^{2+}$ 基本还原完成时，溶液中的 $H^+$ 的质量摩尔浓度会增加，约等于 $0.04\ \text{mol}\cdot\text{kg}^{-1}$，此时阳极的实际电极电

势为

$$\varphi_{O_2|H^+,H_2O,析出} = \varphi^{\ominus}_{O_2|H^+,H_2O} - \frac{RT}{F}\ln\frac{1}{a_{H^+}}$$

$$=1.229\ \text{V} - \frac{8.314\ \text{J}\cdot\text{mol}^{-1}\cdot\text{K}^{-1}\times 298\ \text{K}}{96500\ \text{C}\cdot\text{mol}^{-1}}\times\ln\frac{1}{0.04} = 1.146\ \text{V}$$

在 Cd(s) 开始析出时, 外加的电压最小为

$$E_{析出} = \varphi_{阳} - \varphi_{阴} = 1.146\ \text{V} - (-0.462\ \text{V}) = 1.608\ \text{V}$$

(3) 当 Cd(s) 开始析出时, 两种金属离子的析出电势相等, $\varphi_{Cu^{2+}|Cu} = \varphi_{Cd^{2+}|Cd}$, 则

$$\varphi_{Cu^{2+}|Cu} = \varphi^{\ominus}_{Cu^{2+}|Cu} - \frac{RT}{2F}\ln\frac{1}{a_{Cu^{2+}}}$$

$$-0.462\ \text{V} = 0.3419\ \text{V} - \frac{8.314\ \text{J}\cdot\text{mol}^{-1}\cdot\text{K}^{-1}\times 298\ \text{K}}{2\times 96500\ \text{C}\cdot\text{mol}^{-1}}\times\ln\frac{1}{a_{Cu^{2+}}}$$

解得

$$a_{Cu^{2+}} = 6.36\times 10^{-28}$$

即

$$m_{Cu^{2+}} = 6.36\times 10^{-28}\ \text{mol}\cdot\text{kg}^{-1}$$

(4) 考虑 $O_2(g)$ 的超电势, 其析出电势为

$$\varphi_{O_2|H^+,H_2O} = \varphi^{\ominus}_{O_2|H^+,H_2O} - \frac{RT}{F}\ln\frac{1}{a_{H^+}} + \eta_{O_2}$$

$$= 1.229\ \text{V} - \frac{8.314\ \text{J}\cdot\text{mol}^{-1}\cdot\text{K}^{-1}\times 298\ \text{K}}{96500\ \text{C}\cdot\text{mol}^{-1}}\times\ln\frac{1}{10^{-7}} + 0.85\ \text{V} = 1.665\ \text{V}$$

这时在阳极上首先是还原电极电势小的 $Cl^-$ 氧化放出氯气。氯碱工业就是利用氧气在石墨阴极上有很大的超电势而获得氯气的。

**例10.6** 在 298 K 和标准压力 $p^{\ominus}$ 下, 用 Fe(s) 为阴极, C(石墨) 为阳极, 电解 6.0 mol·kg$^{-1}$ 的 NaCl 水溶液。若 $H_2(g)$ 在 Fe(s) 阴极上的超电势为 0.20 V, $O_2(g)$ 在石墨阳极上的超电势为 0.60 V, $Cl_2(g)$ 的超电势可忽略不计, 试说明两极上首先发生的反应, 并计算至少需加多少外加电压, 电解才能进行。(设活度因子均为 1。)

**解**: 查表得 $\varphi^{\ominus}_{Na^+|Na} = -2.71$ V, $\varphi^{\ominus}_{O_2|OH^-} = 0.401$ V, $\varphi^{\ominus}_{Cl_2|Cl^-} = 1.35827$ V, 则在阴极:

$$\varphi_{Na^+|Na} = \varphi^{\ominus}_{Na^+|Na} + \frac{RT}{F}\ln a_{Na^+}$$

$$= -2.71\ \text{V} + \frac{8.314\ \text{J}\cdot\text{mol}^{-1}\cdot\text{K}^{-1}\times 298\ \text{K}}{96500\ \text{C}\cdot\text{mol}^{-1}}\times\ln 6.0 = -2.664\ \text{V}$$

$$\varphi_{H^+|H_2} = \varphi^{\ominus}_{H^+|H_2} + \frac{RT}{F}\ln a_{H^+} - \eta_{H_2}$$

$$= 0\ \text{V} + \frac{8.314\ \text{J}\cdot\text{mol}^{-1}\cdot\text{K}^{-1}\times 298\ \text{K}}{96500\ \text{C}\cdot\text{mol}^{-1}}\times\ln 10^{-7} - 0.20\ \text{V} = -0.614\ \text{V}$$

$\varphi_{H^+|H_2} > \varphi_{Na^+|Na}$, 故在阴极上先析出 $H_2(g)$。

在阳极:

$$\varphi_{O_2|OH^-} = \varphi^{\ominus}_{O_2|OH^-} - \frac{RT}{F}\ln a_{OH^-} + \eta_{O_2}$$

$$= 0.401\ \text{V} - \frac{8.314\ \text{J}\cdot\text{mol}^{-1}\cdot\text{K}^{-1} \times 298\ \text{K}}{96500\ \text{C}\cdot\text{mol}^{-1}} \times \ln 10^{-7} + 0.60\ \text{V} = 1.415\ \text{V}$$

$$\varphi_{Cl_2|Cl^-} = \varphi^{\ominus}_{Cl_2|Cl^-} - \frac{RT}{F}\ln a_{Cl^-}$$

$$= 1.35827\ \text{V} - \frac{8.314\ \text{J}\cdot\text{mol}^{-1}\cdot\text{K}^{-1} \times 298\ \text{K}}{96500\ \text{C}\cdot\text{mol}^{-1}} \times \ln 6.0 = 1.312\ \text{V}$$

故在阴极上先析出 $Cl_2$(g)。

为了使电解能进行, 至少需外加的电压为

$$E_{分解} = \varphi_{阳} - \varphi_{阴} = \varphi_{Cl_2|Cl^-} - \varphi_{H^+|H_2} = 1.312\ \text{V} - (-0.614\ \text{V}) = 1.926\ \text{V}$$

**例10.7**　在 298 K 和标准压力 $p^{\ominus}$ 时, 电解一含 $Zn^{2+}$ 溶液, 希望当 $Zn^{2+}$ 的质量摩尔浓度降至 $1 \times 10^{-4}$ mol·kg$^{-1}$ 时, 仍不会有 $H_2$(g) 析出, 试问溶液的 pH 应控制在多少? 已知 $H_2$(g) 在 Zn(s) 上的超电势为0.72 V, 并设此值与溶液浓度无关。

**解**: 要使 $Zn^{2+}$ 的质量摩尔浓度降至 $1\times10^{-4}$ mol·kg$^{-1}$ 时 $H_2$(g) 不会析出, 必须使得此时 $H_2$(g) 的析出还原电极电势小于 Zn(s) 的析出电势。设活度因子均为 1, 查表得 $\varphi^{\ominus}_{Zn^{2+}|Zn} = -0.7618$ V, 当 $Zn^{2+}$ 的质量摩尔浓度降至 $1 \times 10^{-4}$ mol·kg$^{-1}$ 时, 有

$$\varphi_{Zn^{2+}|Zn} = \varphi^{\ominus}_{Zn^{2+}|Zn} + \frac{RT}{2F}\ln a_{Zn^{2+}}$$

$$= -0.7618\ \text{V} + \frac{8.314\ \text{J}\cdot\text{mol}^{-1}\cdot\text{K}^{-1} \times 298\ \text{K}}{2 \times 96500\ \text{C}\cdot\text{mol}^{-1}} \times \ln(1 \times 10^{-4}) = -0.880\ \text{V}$$

要使此时没有 $H_2$(g) 析出, 则应有 $\varphi_{H^+|H_2} < \varphi_{Zn^{2+}|Zn}$, 即

$$\frac{RT}{F}\ln a_{H^+} - \eta_{H_2} = (-0.05916\text{pH} - 0.72)\ \text{V} < -0.880\ \text{V}$$

故
$$\text{pH} > \frac{0.880 - 0.72}{0.05916} = 2.70$$

pH 应控制在大于 2.70。

**例10.8**　在 298 K 和标准压力 $p^{\ominus}$ 时, 用电解沉积法分离 $Cd^{2+}$ 和 $Zn^{2+}$ 的混合溶液, 已知 $Cd^{2+}$ 和 $Zn^{2+}$ 的质量摩尔浓度均为 0.10 mol·kg$^{-1}$ (设活度因子均为 1), $H_2$(g) 在 Cd(s) 和 Zn(s) 上的超电势分别为 0.48 V 和 0.70 V, 设电解液的 pH 保持为 7.0, 试问:

(1) 阴极上首先析出何种金属?

(2) 第二种金属析出时第一种析出的离子残留质量摩尔浓度为多少?

(3) $H_2$(g) 是否有可能析出而影响分离效果?

**解**: (1) 在阴极上可能发生还原反应的金属离子有 $Cd^{2+}$ 和 $Zn^{2+}$, 它们的析出电势分别为

$$\varphi_{Cd^{2+}|Cd} = \varphi^{\ominus}_{Cd^{2+}|Cd} + \frac{RT}{2F}\ln a_{Cd^{2+}}$$

$$= -0.4030\ \text{V} + \frac{8.314\ \text{J}\cdot\text{mol}^{-1}\cdot\text{K}^{-1} \times 298\ \text{K}}{2 \times 96500\ \text{C}\cdot\text{mol}^{-1}} \times \ln 0.10 = -0.4326\ \text{V}$$

$$\varphi_{Zn^{2+}|Zn} = \varphi^{\ominus}_{Zn^{2+}|Zn} + \frac{RT}{2F}\ln a_{Zn^{2+}}$$

$$= -0.7618\ V + \frac{8.314\ J\cdot mol^{-1}\cdot K^{-1} \times 298\ K}{2 \times 96500\ C\cdot mol^{-1}} \times \ln 0.10 = -0.7914\ V$$

$$\varphi_{Zn^{2+}|Zn} < \varphi_{Cd^{2+}|Cd}$$

在阴极电极电势最大的首先还原, 所以在阴极上先析出 Cd(s)。

(2) 当 Zn(s) 析出时, 两种金属离子的析出电势相等, 即

$$\varphi_{Zn^{2+}|Zn} = \varphi_{Cd^{2+}|Cd}$$

$$\varphi_{Zn^{2+}|Zn} = \varphi^{\ominus}_{Cd^{2+}|Cd} + \frac{RT}{2F}\ln a_{Cd^{2+}}$$

$$-0.7914\ V = -0.4030\ V + \frac{8.314\ J\cdot mol^{-1}\cdot K^{-1} \times 298\ K}{2 \times 96500\ C\cdot mol^{-1}} \times \ln a_{Cd^{2+}}$$

$$a_{Cd^{2+}} = 7.268 \times 10^{-14}$$

故残留 $Cd^{2+}$ 的质量摩尔浓度为 $m_{Cd^{2+}} = 7.268 \times 10^{-14}\ mol\cdot kg^{-1}$

(3) $H_2(g)$ 在不同电极上的实际析出电势为

在 Cd(s) 上:

$$\varphi_{H^+|H_2} = \varphi^{\ominus}_{H^+|H_2} - \frac{RT}{F}\ln\frac{1}{a_{H^+}} - \eta_{H_2}$$

$$= 0\ V - \frac{8.314\ J\cdot mol^{-1}\cdot K^{-1} \times 298\ K}{96500\ C\cdot mol^{-1}} \times \ln\frac{1}{10^{-7}} - 0.48\ V = -0.894\ V$$

在 Zn(s) 上:

$$\varphi_{H^+|H_2} = \varphi^{\ominus}_{H^+|H_2} - \frac{RT}{F}\ln\frac{1}{a_{H^+}} - \eta_{H_2}$$

$$= 0\ V - \frac{8.314\ J\cdot mol^{-1}\cdot K^{-1} \times 298\ K}{96500\ C\cdot mol^{-1}} \times \ln\frac{1}{10^{-7}} - 0.70\ V = -1.114\ V$$

在惰性电极上:

$$\varphi_{H^+|H_2} = \varphi^{\ominus}_{H^+|H_2} - \frac{RT}{F}\ln\frac{1}{a_{H^+}} = 0\ V - \frac{8.314\ J\cdot mol^{-1}\cdot K^{-1} \times 298\ K}{96500\ C\cdot mol^{-1}} \times \ln\frac{1}{10^{-7}} = -0.414\ V$$

可见, 若使用惰性电极则会有 $H_2(g)$ 析出而影响分离效果, 而使用 Zn(s) 或 Cd(s) 电极时由于超电势的存在则不可能有 $H_2(g)$ 析出。

**例10.9** 在 298 K 和标准压力 $p^{\ominus}$ 时, 电解含有 $Ag^+(a_{Ag^+} = 0.05)$, $Fe^{2+}(a_{Fe^{2+}} = 0.01)$, $Cd^{2+}(a_{Cd^{2+}} = 0.001)$, $Ni^{2+}(a_{Ni^{2+}} = 0.1)$ 和 $H^+(a_{H^+} = 0.001)$ 的混合溶液, 并设 $a_{H^+}$ 不随电解进行而变化, 又已知 $H_2(g)$ 在 Ag(s), Fe(s), Cd(s), Ni(s) 上的超电势分别为 0.20 V, 0.24 V, 0.18 V 和 0.30 V, 当外加电压从零开始逐渐增加时, 通过计算说明在阴极上析出物质的顺序。

**解**: 在阴极, 电极电势最大的离子首先还原析出。因此, 本题中应首先写出各阳离子在阴极发生的反应, 并计算相应的电极电势, 然后根据电极电势的大小来判断物质析出的顺序。

$$\varphi_{Fe^{2+}|Fe}=\varphi^{\ominus}_{Fe^{2+}|Fe}+\frac{RT}{2F}\ln a_{Fe^{2+}}$$

$$=-0.447\ V+\frac{8.314\ J\cdot mol^{-1}\cdot K^{-1}\times 298\ K}{2\times 96500\ C\cdot mol^{-1}}\times\ln 0.01=-0.506\ V$$

$$\varphi_{Cd^{2+}|Cd}=\varphi^{\ominus}_{Cd^{2+}|Cd}+\frac{RT}{2F}\ln a_{Cd^{2+}}$$

$$=-0.403\ V+\frac{8.314\ J\cdot mol^{-1}\cdot K^{-1}\times 298\ K}{2\times 96500\ C\cdot mol^{-1}}\times\ln 0.001=-0.492\ V$$

$$\varphi_{Ni^{2+}|Ni}=\varphi^{\ominus}_{Ni^{2+}|Ni}+\frac{RT}{2F}\ln a_{Ni^{2+}}$$

$$=-0.257\ V+\frac{8.314\ J\cdot mol^{-1}\cdot K^{-1}\times 298\ K}{2\times 96500\ C\cdot mol^{-1}}\times\ln 0.1=-0.287\ V$$

$H_2$ 在金属上的电极电势为

Ni : $$\varphi_{H^+|H_2}=\varphi^{\ominus}_{H^+|H_2}-\frac{RT}{F}\ln\frac{1}{a_{H^+}}-\eta_{H_2}$$

$$=0\ V-\frac{8.314\ J\cdot mol^{-1}\cdot K^{-1}\times 298\ K}{96500\ C\cdot mol^{-1}}\times\ln\frac{1}{0.001}-0.30\ V=-0.477\ V$$

Fe : $$\varphi_{H^+|H_2}=\varphi^{\ominus}_{H^+|H_2}-\frac{RT}{F}\ln\frac{1}{a_{H^+}}-\eta_{H_2}$$

$$=0\ V-\frac{8.314\ J\cdot mol^{-1}\cdot K^{-1}\times 298\ K}{96500\ C\cdot mol^{-1}}\times\ln\frac{1}{0.001}-0.24\ V=-0.417\ V$$

Cd : $$\varphi_{H^+|H_2}=\varphi^{\ominus}_{H^+|H_2}-\frac{RT}{F}\ln\frac{1}{a_{H^+}}-\eta_{H_2}$$

$$=0\ V-\frac{8.314\ J\cdot mol^{-1}\cdot K^{-1}\times 298\ K}{96500\ C\cdot mol^{-1}}\times\ln\frac{1}{0.001}-0.18\ V=-0.357\ V$$

在阴极电极电势大的首先还原, 比较以上析出电势大小可得, 析出顺序为 $Ag\rightarrow N_i\rightarrow H_2\rightarrow Cd\rightarrow Fe$。

**例10.10**　以 Ni(s) 为电极, KOH 水溶液为电解质的可逆氢–氧燃料电池, 在 298 K 和标准压力 $p^{\ominus}$ 下稳定地连续工作。

(1) 写出该电池的表示式、电极反应和电池反应。

(2) 求一个 100 W ($1\ W=3.6\ kJ\cdot h^{-1}$) 的电池, 每分钟需要供给 298 K, 100 kPa 的 $H_2(g)$ 的体积。已知该电池反应每消耗 1 mol $H_2(g)$ 时的 $\Delta_r G_m^{\ominus}=-237.1\ kJ\cdot mol^{-1}$。

(3) 该电池的电动势为多少?

**解**: (1) 该电池的表示式为　$Ni(s)\mid H_2(p^{\ominus})\mid KOH(aq)\mid O_2(p^{\ominus})\mid Ni(s)$

负极　$H_2(p^{\ominus})+2OH^-(aq)\longrightarrow 2H_2O(l)+2e^-$

正极　$\frac{1}{2}O_2(p^{\ominus})+H_2O(l)+2e^-\longrightarrow 2OH^-(aq)$

总反应　$H_2(p^{\ominus})+\frac{1}{2}O_2(p^{\ominus})=\!=\!=H_2O(l)$

(2) 因为 $\Delta_r G_m^{\ominus}=W_{f,max}$, 即消耗 1 mol $H_2(g)$ 时所提供的能量为 $237.1\ kJ\cdot mol^{-1}$。根据电池

的功率, 就可以计算每分钟所产生 $H_2(g)$ 的物质的量, 假设 $H_2(g)$ 是理想气体, 根据状态方程可以计算 $H_2(g)$ 的体积:

$$n_{H_2}=\frac{100\times 3.6\ \text{kJ}\cdot\text{h}^{-1}}{237.1\ \text{kJ}\cdot\text{mol}^{-1}}=1.518\ \text{mol}\cdot\text{h}^{-1}=0.0253\ \text{mol}\cdot\text{min}^{-1}$$

$$V_{H_2}=\frac{n_{H_2}RT}{p}=\frac{0.0253\ \text{mol}\cdot\text{min}^{-1}\times 8.314\ \text{J}\cdot\text{mol}^{-1}\cdot\text{K}^{-1}\times 298\ \text{K}}{100\times 10^3\ \text{Pa}}=6.27\times 10^{-4}\ \text{m}^3\cdot\text{min}^{-1}$$

(3) 该电池的可逆电动势为

$$E^{\ominus}=-\frac{\Delta_r G_m^{\ominus}}{zF}=\frac{237.1\ \text{kJ}\cdot\text{mol}^{-1}}{2\times 96500\ \text{C}\cdot\text{mol}^{-1}}=1.228\ \text{V}$$

# 三、习题及解答

**10.1** 在 298 K, $p^{\ominus}$ 下, 试写出下列电解池在两电极上所发生的反应, 并计算其理论分解电压。

(1) $\text{Pt(s)}\,|\,\text{NaOH}(1.0\ \text{mol}\cdot\text{kg}^{-1},\gamma_{\pm}=0.68)\,|\,\text{Pt(s)}$

(2) $\text{Pt(s)}\,|\,\text{HBr}(0.05\ \text{mol}\cdot\text{kg}^{-1},\gamma_{\pm}=0.860)\,|\,\text{Pt(s)}$

(3) $\text{Ag(s)}\,|\,\text{AgNO}_3(0.50\ \text{mol}\cdot\text{kg}^{-1},\gamma_{\pm}=0.526)\,⋮⋮\,\text{AgNO}_3(0.01\ \text{mol}\cdot\text{kg}^{-1},\gamma_{\pm}=0.902)\,|\,\text{Ag(s)}$

**解**: (1) 阴极 $2\,H_2O(l)+2\,e^-\longrightarrow H_2(p^{\ominus})+2\,OH^-(a_{OH^-})$

阳极 $2\,OH^-(a_{OH^-})\longrightarrow \frac{1}{2}O_2(p^{\ominus})+H_2O(l)+2\,e^-$

理论分解电压就相当于该电池的电解产物 $H_2(p^{\ominus})$ 和 $O_2(p^{\ominus})$ 组成原电池时的可逆电动势, 其电池形式为

$$\text{Pt(s)}\,|\,H_2(p^{\ominus})\,|\,\text{NaOH}(1.0\ \text{mol}\cdot\text{kg}^{-1},\gamma_{\pm}=0.68)\,|\,O_2(p^{\ominus})\,|\,\text{Pt(s)}$$

原电池反应为 $$H_2(p^{\ominus})+\frac{1}{2}O_2(p^{\ominus})=\!=\!=H_2O(l)$$

$$E_{\text{可逆}}=\varphi^{\ominus}_{O_2|OH^-,H_2O}-\varphi^{\ominus}_{H_2O,OH^-|H_2}=0.401\ \text{V}-(-0.828\ \text{V})=1.229\ \text{V}$$

这就是电解池的分解电压。或分解电压用两个电极电势相减, 计算更简单:

$$E_{\text{理论分解}}=\varphi_{\text{阳, 可逆}}-\varphi_{\text{阴, 可逆}}=\left(\varphi^{\ominus}_{O_2|OH^-,H_2O}-\frac{RT}{F}\ln a_{OH^-}\right)-\left(\varphi^{\ominus}_{H^+|H_2}+\frac{RT}{F}\ln a_{H^+}\right)$$

$$=\varphi^{\ominus}_{O_2|OH^-,H_2O}-\varphi^{\ominus}_{H^+|H_2}-\frac{RT}{F}\ln(a_{H^+}a_{OH^-})$$

$$=0.401\ \text{V}-0\ \text{V}-\frac{8.314\ \text{J}\cdot\text{mol}^{-1}\cdot\text{K}^{-1}\times 298\ \text{K}}{2\times 96500\ \text{C}\cdot\text{mol}^{-1}}\times\ln 10^{-14}=1.229\ \text{V}$$

(2) 阴极 $H^+(a_{H^+})+e^-\longrightarrow\frac{1}{2}H_2(p^{\ominus})$

阳极 $Br^-(a_{Br^-})\longrightarrow\frac{1}{2}Br_2(l)+e^-$

$$E_{理论分解} = \varphi_{阳,可逆} - \varphi_{阴,可逆} = \left(\varphi^{\ominus}_{Br_2|Br^-} - \frac{RT}{F}\ln a_{Br^-}\right) - \left(\varphi^{\ominus}_{H^+|H_2} + \frac{RT}{F}\ln a_{H^+}\right)$$

$$= \varphi^{\ominus}_{Br_2|Br^-} - \varphi^{\ominus}_{H^+|H_2} - \frac{RT}{F}\ln(a_{H^+}a_{Br^-}) = \varphi^{\ominus}_{Br_2|Br^-} - \varphi^{\ominus}_{H^+|H_2} - \frac{RT}{F}\ln\left(\gamma_{\pm}\frac{m}{m^{\ominus}}\right)^2$$

$$= 1.066\ \text{V} - 0\ \text{V} - \frac{8.314\ \text{J}\cdot\text{mol}^{-1}\cdot\text{K}^{-1}\times 298\ \text{K}}{96500\ \text{C}\cdot\text{mol}^{-1}} \times \ln(0.860\times 0.05)^2 = 1.228\ \text{V}$$

(3) 阴极　$Ag^+(a_{Ag^+,左}) + e^- \longrightarrow Ag(s)$

阳极　$Ag(s) \longrightarrow Ag^+(a_{Ag^+,右}) + e^-$

$$E_{理论分解} = \varphi_{阳,可逆} - \varphi_{阴,可逆} = \left(\varphi^{\ominus}_{Ag^+|Ag} - \frac{RT}{F}\ln\frac{1}{a_{Ag^+,右}}\right) - \left(\varphi^{\ominus}_{Ag^+|Ag} - \frac{RT}{F}\ln\frac{1}{a_{Ag^+,左}}\right)$$

$$= \frac{RT}{F}\ln\frac{a_{Ag^+,右}}{a_{Ag^+,左}} = \frac{8.314\ \text{J}\cdot\text{mol}^{-1}\cdot\text{K}^{-1}\times 298\ \text{K}}{96500\ \text{C}\cdot\text{mol}^{-1}} \times \ln\frac{0.01\times 0.902}{0.50\times 0.526} = -0.0866\ \text{V}$$

结果是负值, 说明原来电池为非自发电池, 但分解电压总是正的, 只是在实际操作中如何连接电极的问题。所以该电池的分解电压为 0.0866 V。

**10.2**　在 298 K 时, 用面积为 2 cm$^2$ 的 Fe(s) 作阴极, 电解 1 mol·kg$^{-1}$ KOH 溶液, 每小时析出 100 mg $H_2$, 这时氢在铁阴极上析出电势为多少? 已知 Tafel 公式 $\left(\eta = a + b\ln\frac{j}{[j]}\right)$ 中常数 $a = 0.76$ V, $b = 0.05$ V, $j$ 的单位为 A·cm$^{-2}$。

**解**: 先求出 Fe(s) 电极上的电流密度, 即

$$j = \frac{I}{A} = \frac{Q}{t}\cdot\frac{1}{A} = \frac{100\times 10^{-3}\ \text{g}}{2.0\ \text{g}\cdot\text{mol}^{-1}} \times 2\times 96500\ \text{C}\cdot\text{mol}^{-1} \times \frac{1}{3600\ \text{s}} \times \frac{1}{2\ \text{cm}^2} = 1.34\ \text{A}\cdot\text{cm}^{-2}$$

$$\eta_{H_2} = a + b\ln\frac{j}{[j]} = 0.76\ \text{V} + 0.05\ \text{V}\times\ln\frac{1.34\ \text{A}\cdot\text{cm}^{-2}}{1\ \text{A}\cdot\text{cm}^{-2}} = 0.77\ \text{V}$$

$$\varphi_{H^+|H_2,析出} = \varphi^{\ominus}_{H^+|H_2} - \frac{RT}{F}\ln\frac{1}{a_{H^+}} - \eta_{H_2}$$

$$= 0\ \text{V} - \frac{8.314\ \text{J}\cdot\text{mol}^{-1}\cdot\text{K}^{-1}\times 298\ \text{K}}{96500\ \text{C}\cdot\text{mol}^{-1}}\ln\frac{1}{10^{-14}} - 0.77\ \text{V} = -1.598\ \text{V}$$

**10.3**　在 298 K 时, 用 Fe(s) 电极电解 1 mol·kg$^{-1}$ KOH 水溶液, 测得氢气在铁阴极上的实际析出电势为 $-1.627$ V, 已知 Tafel 公式中 $a = 0.76$ V, $b = 0.05$ V (电流密度的单位为 A·cm$^{-2}$), Fe(s) 电极的面积为 1 cm$^2$, 求每小时电解出 $H_2(g)$ 的质量。

**解**: 先求 $H_2(g)$ 在 Fe(s) 上的超电势:

$$\eta_{H_2} = \varphi_{H^+|H_2,平衡} - \varphi_{H^+|H_2,析出} = \varphi^{\ominus}_{H^+|H_2} - \frac{RT}{F}\ln\frac{1}{a_{H^+}} - \varphi_{H^+|H_2,析出}$$

$$= 0\ \text{V} - \frac{8.314\ \text{J}\cdot\text{mol}^{-1}\cdot\text{K}^{-1}\times 298\ \text{K}}{96500\ \text{C}\cdot\text{mol}^{-1}}\ln\frac{1}{10^{-14}} - (-1.627\ \text{V}) = 0.7994\ \text{V}$$

根据超电势的值和 Tafel 公式计算电流密度 $j$:

$$\eta_{H_2} = a + b\ln\frac{j}{[j]}$$

$$0.7994\ \mathrm{V} = 0.76\ \mathrm{V} + 0.05\ \mathrm{V} \times \ln\frac{j}{[j]}$$

$$j = 2.199\ \mathrm{A \cdot cm^{-2}}$$

由 $j = \dfrac{I}{A} = \dfrac{Q}{t} \cdot \dfrac{1}{A}$ 可得每小时需要的电荷量:

$$Q = j \cdot t \cdot A = 2.199\ \mathrm{A \cdot cm^{-2}} \times 3600\ \mathrm{s} \times 1\ \mathrm{cm^{-2}} = 7916.4\ \mathrm{C}$$

对应此电荷量析出 $H_2(g)$ 的物质的量为

$$n = \frac{Q}{zF} = \frac{7916.4\ \mathrm{C}}{2 \times 96500\ \mathrm{C \cdot mol^{-1}}} = 0.041\ \mathrm{mol}$$

每小时析出 $H_2$ (g) 的质量为

$$m = n \cdot M = 0.041\ \mathrm{mol} \times 2.0\ \mathrm{g \cdot mol^{-1}} = 0.082\ \mathrm{g}$$

**10.4** 在 298 K 时, 有如下氢氧燃料电池:

$$\mathrm{Pt(s)\,|\,H_2(p^{\ominus})\,|\,H^+(aq)\,|\,O_2(p^{\ominus})\,|\,Pt(s)}$$

(1) 求以 $1.0\ \mathrm{mol \cdot dm^{-3}}$ $H_2SO_4$ ($\gamma_+ = 0.13$) 为电解质溶液的氢氧燃料电池的可逆电极电势 $\varphi_{\mathrm{H^+|H_2}}$ 和 $\varphi_{\mathrm{O_2|H^+,H_2O}}$ 的值。

(2) 如在某一电流密度下放电时, $\varphi_{\mathrm{H^+|H_2}} = 0.265$ V, $\varphi_{\mathrm{O_2|H^+,H_2O}} = 0.599$ V 则保持电流密度不变, 对该电池充电, 如电极极化情况不变, 溶液中电阻降压为 0.20 V 时, 加在电池上的外压是多少? 已知 $\varphi^{\ominus}_{\mathrm{O_2|H^+,H_2O}} = 1.229$ V。

**解**: (1) $\varphi_{\mathrm{H^+\,|\,H_2,可逆}} = \varphi^{\ominus}_{\mathrm{H^+\,|\,H_2}} + \dfrac{RT}{F}\ln a_{\mathrm{H^+}}$

$$= 0\ \mathrm{V} - \frac{8.314\ \mathrm{J \cdot mol^{-1} \cdot K^{-1}} \times 298\ \mathrm{K}}{96500\ \mathrm{C \cdot mol^{-1}}} \times \ln\frac{1}{2.0 \times 0.13} = -0.035\ \mathrm{V}$$

$$\varphi_{\mathrm{O_2\,|\,H^+,H_2O,可逆}} = \varphi^{\ominus}_{\mathrm{O_2\,|\,H^+,H_2O}} - \frac{RT}{F}\ln\frac{1}{a_{\mathrm{H^+}}}$$

$$= 1.229\ \mathrm{V} - \frac{8.314\ \mathrm{J \cdot mol^{-1} \cdot K^{-1}} \times 298\ \mathrm{K}}{96500\ \mathrm{C \cdot mol^{-1}}} \times \ln\frac{1}{2.0 \times 0.13} = 1.194\ \mathrm{V}$$

(2) 当电流通过时:

$$\eta_{\mathrm{H_2}} = \varphi_{\mathrm{H^+\,|\,H_2}} - \varphi_{\mathrm{H^+\,|\,H_2,可逆}} = 0.265\ \mathrm{V} - (-0.035\ \mathrm{V}) = 0.300\ \mathrm{V}$$

$$\eta_{\mathrm{O_2}} = \varphi_{\mathrm{O_2\,|\,H^+,H_2O,可逆}} - \varphi_{\mathrm{O_2\,|\,H^+,H_2O}} = 1.194\ \mathrm{V} - 0.599\ \mathrm{V} = 0.595\ \mathrm{V}$$

对电池充电时氢电极的实际电势为

$$\varphi_{\mathrm{H^+\,|\,H_2,实际}} = \varphi_{\mathrm{H^+\,|\,H_2,可逆}} - \eta_{\mathrm{H_2}} = -0.035\ \mathrm{V} - 0.300\ \mathrm{V} = -0.335\ \mathrm{V}$$

氧电极的实际电势为

$$\varphi_{\mathrm{O_2\,|\,H^+,H_2O,实际}} = \varphi_{\mathrm{O_2\,|\,H^+,H_2O,可逆}} + \eta_{\mathrm{O_2}} = 1.194\ \mathrm{V} + 0.595\ \mathrm{V} = 1.789\ \mathrm{V}$$

故外加电压为 $E = \varphi_{\mathrm{O_2\,|\,H^+,H_2O,实际}} - \varphi_{\mathrm{O_2\,|\,H^+,H_2O,实际}} + IR$

$= 1.789\ \mathrm{V} - (-0.335\ \mathrm{V}) + 0.20\ \mathrm{V} = 2.324\ \mathrm{V}$

**10.5** 在 298 K 时, 使下列电解池发生电解作用:

$$\mathrm{Pt(s)}\,|\,\mathrm{CdCl_2}(1.0\ \mathrm{mol{\cdot}kg^{-1}}),\ \ \mathrm{NiSO_4}(1.0\ \mathrm{mol{\cdot}kg^{-1}})\,|\,\mathrm{Pt(s)}$$

问当外加电压逐渐增加时, 两电极上首先分别发生什么反应? 这时外加电压至少为多少? (设活度因子均为 1, 超电势可忽略。)

**解**: 首先分别写出在阴极和阳极可能发生的电极反应式, 并计算相应的电极电势。在阴极, 电极电势最大的首先还原; 在阳极, 电极电势最小的首先氧化 (有时不能忽略电极本身可能发生的反应), 两者的电势差就是必须外加的最小电压。

在阴极上可能发生还原的有

$$\mathrm{Ni^{2+}}(a_{\mathrm{Ni^{2+}}} = 1.0) + 2\mathrm{e^-} \longrightarrow \mathrm{Ni(s)}$$

$$\varphi_{\mathrm{Ni^{2+}\,|\,Ni}} = \varphi^{\ominus}_{\mathrm{Ni^{2+}\,|\,Ni}} = -0.257\ \mathrm{V}$$

$$\mathrm{Cd^{2+}}(a_{\mathrm{Cd^{2+}}} = 1.0) + 2\mathrm{e^-} \longrightarrow \mathrm{Cd(s)}$$

$$\varphi_{\mathrm{Cd^{2+}\,|\,Cd}} = \varphi^{\ominus}_{\mathrm{Cd^{2+}\,|\,Cd}} = -0.403\ \mathrm{V}$$

$$2\mathrm{H^+}(a_{\mathrm{H^+}} = 10^{-7}) + 2\mathrm{e^-} \longrightarrow \mathrm{H_2}(p^{\ominus})$$

$$\varphi_{\mathrm{H^+\,|\,H_2}} = \varphi^{\ominus}_{\mathrm{H^+\,|\,H_2}} - \frac{RT}{F}\ln\frac{1}{a_{\mathrm{H^+}}} = 0\ \mathrm{V} - \frac{8.314\ \mathrm{J{\cdot}mol^{-1}{\cdot}K^{-1}} \times 298\ \mathrm{K}}{96500\ \mathrm{C{\cdot}mol^{-1}}} \times \ln\frac{1}{10^{-7}} = -0.414\ \mathrm{V}$$

所以, 在阴极上最先发生还原的是 $\mathrm{Ni^{2+}}$, 还原成 Ni(s)。

在阳极上可能发生氧化的有

$$2\mathrm{Cl^-}(a_{\mathrm{Cl^-}} = 2.0) \longrightarrow \mathrm{Cl_2}(p^{\ominus}) + 2\mathrm{e^-}$$

$$\varphi_{\mathrm{Cl_2\,|\,Cl^-}} = \varphi^{\ominus}_{\mathrm{Cl_2\,|\,Cl^-}} - \frac{RT}{F}\ln a_{\mathrm{Cl^-}} = 1.35827\ \mathrm{V} - \frac{8.314\ \mathrm{J{\cdot}mol^{-1}{\cdot}K^{-1}} \times 298\ \mathrm{K}}{96500\ \mathrm{C{\cdot}mol^{-1}}} \times \ln 2.0 = 1.340\ \mathrm{V}$$

$$2\mathrm{OH^-}(a_{\mathrm{OH^-}} = 10^{-7}) \longrightarrow \frac{1}{2}\mathrm{O_2}(p^{\ominus}) + \mathrm{H_2O(l)} + 2\mathrm{e^-}$$

$$\varphi_{\mathrm{O_2\,|\,OH^-}} = \varphi^{\ominus}_{\mathrm{O_2\,|\,OH^-}} - \frac{RT}{F}\ln a_{\mathrm{OH^-}} = 0.401\ \mathrm{V} - \frac{8.314\ \mathrm{J{\cdot}mol^{-1}{\cdot}K^{-1}} \times 298\ \mathrm{K}}{96500\ \mathrm{C{\cdot}mol^{-1}}} \times \ln 10^{-7} = 0.815\ \mathrm{V}$$

$$2\mathrm{SO_4^{2-}}(a_{\mathrm{SO_4^{2-}}} = 1.0) \longrightarrow \mathrm{S_2O_8^{2-}} + 2\mathrm{e^-}$$

$$\varphi_{\mathrm{S_2O_8^{2-}\,|\,SO_4^{2-}}} = \varphi^{\ominus}_{\mathrm{S_2O_8^{2-}\,|\,SO_4^{2-}}} = 2.010\ \mathrm{V}$$

可见, 在阳极上首先发生氧化的是 $\mathrm{OH^-}$, 氧化成 $\mathrm{O_2}(p^{\ominus})$。$\mathrm{SO_4^{2-}}$ 一般情况下不会被氧化, 因为其电极电势太大了。所以使电解池发生反应的最小外加电压为

$$E_{\text{分解}} = \varphi_{\text{阳}} - \varphi_{\text{阴}} = 0.815\ \mathrm{V} - (-0.257\ \mathrm{V}) = 1.072\ \mathrm{V}$$

**10.6** 在 298 K 时, 用 Pb(s) 电极电解 $\mathrm{H_2SO_4}$ 溶液, 已知其质量摩尔浓度为 $0.10\ \mathrm{mol{\cdot}kg^{-1}}$, $\gamma_{\pm} = 0.265$。若在电解过程中, 把 Pb(s) 阴极与另一甘汞电极相连组成原电池, 测得其电动势 $E = 1.0685\ \mathrm{V}$。试求 $\mathrm{H_2(g)}$ 在 Pb(s) 阴极上的超电势 (只考虑 $\mathrm{H_2SO_4}$ 的一级解离)。已知所用甘汞电极的电极电势 $\varphi_{\text{甘汞}} = 0.2802\ \mathrm{V}$。

**解**: $H_2SO_4$ 通常作为强酸, 可按二级解离处理, 但由于二级解离常数远小于一级解离常数, 所以按一级解离处理也是合理的。

测定的电动势 $E$ =1.0685 V 是甘汞电极与 Pb 阴极组成原电池的电动势, 这时的 Pb(s) 阴极上有 $H_2$(g) 析出。由于气体析出一般有超电势存在, 所以该电极电势会偏离可逆电势值, 计算出这个偏离值就是 $H_2$(g) 在 Pb(s) 阴极上的超电势。

$$E = \varphi_{\text{甘汞}} - \varphi_{\text{阴, 析出}}$$

$$\varphi_{\text{阴, 析出}} = \varphi_{\text{甘汞}} - E = (0.2802 - 1.0685)\ \text{V} = -0.7883\ \text{V}$$

$$\eta_{H_2} = \varphi_{\text{可逆}} - \varphi_{\text{阴, 析出}} = \varphi^{\ominus}_{H^+|H_2} - \frac{RT}{F}\ln\frac{1}{a_{H^+}} - \varphi_{\text{阴, 析出}}$$

$$= 0\ \text{V} - \frac{8.314\ \text{J}\cdot\text{mol}^{-1}\cdot\text{K}^{-1}\times 298\ \text{K}}{96500\ \text{C}\cdot\text{mol}^{-1}} \times \ln\frac{1}{0.10\times 0.265} - (-0.7883\ \text{V}) = 0.695\ \text{V}$$

$H_2$(g) 在 Pb(s) 阴极上的超电势为 0.659 V。

**10.7** 在锌电极上析出氢气的 Tafel 公式为

$$\eta/\text{V} = 0.72 + 0.116\ \lg[j/(\text{A}\cdot\text{cm}^{-2})]$$

在 298 K 时, 用 Zn(s) 作阴极, 惰性物质作阳极, 电解 0.1 $\text{mol}\cdot\text{kg}^{-1}$ $ZnSO_4$ 溶液, 设溶液 pH 为 7.0。若要使 $H_2$(g) 不和锌同时析出, 应控制什么条件?

**解**: 要使 $H_2$ (g) 不和锌同时析出, 必须使 $H_2$(g) 的还原电势小于 Zn(s) 的析出电势。控制 $H_2$(g) 的析出电势有两种途径, 一是控制溶液的 pH, 二是控制电流密度。现在溶液的 pH 为定值, 则只有控制电流密度。

$$\varphi_{Zn^{2+}|Zn} = \varphi^{\ominus}_{Zn^{2+}|Zn} - \frac{RT}{2F}\ln\frac{1}{a_{Zn^{2+}}}$$

$$= -0.7618\ \text{V} - \frac{8.314\ \text{J}\cdot\text{mol}^{-1}\cdot\text{K}^{-1}\times 298\ \text{K}}{2\times 96500\ \text{C}\cdot\text{mol}^{-1}} \times \ln\frac{1}{0.1} = -0.791\ \text{V}$$

$$\varphi_{H^+|H_2,\text{析出}} = \varphi^{\ominus}_{H^+|H_2} - \frac{RT}{F}\ln\frac{1}{a_{H^+}} - \eta_{H_2}$$

$$= 0\ \text{V} - \frac{8.314\ \text{J}\cdot\text{mol}^{-1}\cdot\text{K}^{-1}\times 298\ \text{K}}{96500\ \text{C}\cdot\text{mol}^{-1}} \times \ln\frac{1}{10^{-7}} - \{0.72 + 0.116\ \lg[j/(\text{A}\cdot\text{cm}^{-2})]\}\ \text{V}$$

$$= \{-1.134 - 0.116\ \lg[j/(\text{A}\cdot\text{cm}^{-2})]\}\ \text{V}$$

要使 $H_2$(g) 不析出, 必须 $\{-1.134 - 0.116\ \lg[j/(\text{A}\cdot\text{cm}^{-2})]\}\ \text{V} < -0.791\ \text{V}$

解得 $j > 1.104\times 10^{-3}\ \text{A}\cdot\text{cm}^{-2}$

控制电流密度大于 $1.104\times 10^{-3}\ \text{A}\cdot\text{cm}^{-2}$, 可以防止 $H_2$(g) 和锌同时析出。

**10.8** 在 298 K, $p^{\ominus}$ 下, 用铂电极电解含有 $Na^+$ 和 $Zn^{2+}$ 的混合水溶液以分离这两种离子。已知 $Na^+$ 和 $Zn^{2+}$ 的质量摩尔浓度分别为 0.37 $\text{mol}\cdot\text{dm}^{-3}$ 和 0.1 $\text{mol}\cdot\text{dm}^{-3}$, 混合水溶液的 pH = 6 (设活度因子均为 1)。问:

(1) 哪一种物质优先在阴极析出?

(2) 当第二种物质析出时, 阴极区的 pH 为多少?

(3) 如果改用铁电极作阴极, 哪一种物质优先在阴极析出?

已知氢气在铂和铁上的超电势分别为 0.049 V 和 1.291 V; $\varphi^{\ominus}_{Zn^{2+}|Zn} = -0.7618$ V, $\varphi^{\ominus}_{Na^{+}|Na} = -2.71$ V。

**解**: (1) 阴极上有可能发生反应的物质为 $H^+$, $Na^+$ 和 $Zn^{2+}$, 计算它们的实际析出电势:

$$\varphi_{H^+|H_2} = \varphi^{\ominus}_{H^+|H_2} - \frac{RT}{F}\ln\frac{1}{a_{H^+}} - \eta_{Pt} = -0.05916\ \text{V pH} - \eta_{Pt}$$

$$= (-0.05916 \times 6 - 0.049)\ \text{V} = -0.404\ \text{V}$$

$$\varphi_{Zn^{2+}|Zn} = \varphi^{\ominus}_{Zn^{2+}|Zn} - \frac{RT}{2F}\ln\frac{1}{a_{Zn^{2+}}}$$

$$= -0.7618\ \text{V} - \frac{8.314\ \text{J}\cdot\text{mol}^{-1}\cdot\text{K}^{-1} \times 298\ \text{K}}{2 \times 96500\ \text{C}\cdot\text{mol}^{-1}} \times \ln\frac{1}{0.1} = -0.791\ \text{V}$$

$$\varphi_{Na^+|Na} = \varphi^{\ominus}_{Na^+|Na} - \frac{RT}{F}\ln\frac{1}{a_{Na^+}}$$

$$= -2.71\ \text{V} - \frac{8.314\ \text{J}\cdot\text{mol}^{-1}\cdot\text{K}^{-1} \times 298\ \text{K}}{96500\ \text{C}\cdot\text{mol}^{-1}} \times \ln\frac{1}{0.37} = -2.736\ \text{V}$$

$$\varphi_{H^+|H_2} > \varphi_{Zn^{2+}|Zn} > \varphi_{Na^+|Na}$$

故 $H_2$ 先在阴极析出, 之后为 Zn, 最后为 Na。

(2)

$$\varphi_{H^+|H_2} = \varphi_{Zn^{2+}|Zn}$$

$$\varphi^{\ominus}_{Zn^{2+}|Zn} - \frac{RT}{2F}\ln\frac{1}{a_{Zn^{2+}}} = \varphi^{\ominus}_{H^+|H_2} - \frac{RT}{F}\ln\frac{1}{a_{H^+}} - \eta_{Pt}$$

$$-0.791\ \text{V} = (-0.05916\ \text{pH} - 0.049)\text{V}$$

$$\text{pH} = 12.54$$

(3) 当以铁为阴极时:

$$\varphi_{H^+|H_2} = \varphi^{\ominus}_{H^+|H_2} - \frac{RT}{F}\ln\frac{1}{a_{H^+}} - \eta_{Fe} = -0.05916\ \text{V pH} - \eta_{Fe}$$

$$= (-0.05916 \times 6 - 1.291)\ \text{V} = -1.646\ \text{V}$$

可见

$$\varphi_{H^+|H_2} < \varphi_{Zn^{2+}|Zn}$$

所以, Zn 先在阴极析出。

**10.9** 在 298 K 时, Cr 和 Fe 同时沉积进行不锈钢电镀。

(1) 若 $Cr^{3+}$ 的质量摩尔浓度为 1 mol·kg$^{-1}$, 则 $Fe^{2+}$ 的质量摩尔浓度为多少? 假定两个电极均不考虑超电势。

(2) 若电解 $Cr^{3+}$ 的质量摩尔浓度为2.5 mol·kg$^{-1}$, $Fe^{2+}$ 的质量摩尔浓度为 0.5 mol·kg$^{-1}$ 的混合溶液, 假定 Cr 没有超电势, 计算 Fe 析出的超电势。

已知 $\varphi^{\ominus}_{Cr^{3+}|Cr} = -0.744$ V, $\varphi^{\ominus}_{Fe^{2+}|Fe} = -0.447$ V。

**解**: (1) 当 $\varphi_{Cr^{3+}|Cr} = \varphi_{Fe^{2+}|Fe}$ 时, Cr 和 Fe 同时沉积, 即

$$\varphi^{\ominus}_{Cr^{3+}|Cr} = \varphi^{\ominus}_{Fe^{2+}|Fe} - \frac{RT}{2F}\ln\frac{m^{\ominus}}{m_{Fe^{2+}}}$$

$$-0.744\ \mathrm{V} = -0.447\ \mathrm{V} - \frac{8.314\ \mathrm{J \cdot mol^{-1} \cdot K^{-1}} \times 298\ \mathrm{K}}{2 \times 96500\ \mathrm{C \cdot mol^{-1}}} \times \ln \frac{1\ \mathrm{mol \cdot kg^{-1}}}{m_{\mathrm{Fe^{2+}}}}$$

$$m_{\mathrm{Fe^{2+}}} = 8.957 \times 10^{-11}\ \mathrm{mol \cdot kg^{-1}}$$

(2)
$$\varphi_{\mathrm{Cr^{3+}|Cr}} = \varphi_{\mathrm{Fe^{2+}|Fe}}$$

$$\varphi^{\ominus}_{\mathrm{Cr^{3+}|Cr}} - \frac{RT}{3F} \ln \frac{m^{\ominus}}{m_{\mathrm{Cr^{3+}}}} = \varphi^{\ominus}_{\mathrm{Fe^{2+}|Fe}} - \frac{RT}{2F} \ln \frac{m^{\ominus}}{m_{\mathrm{Fe^{2+}}}} - \eta$$

$$-0.744\ \mathrm{V} - \frac{8.314\ \mathrm{J \cdot mol^{-1} \cdot K^{-1}} \times 298\ \mathrm{K}}{3 \times 96500\ \mathrm{C \cdot mol^{-1}}} \times \ln \frac{1\ \mathrm{mol \cdot kg^{-1}}}{2.5\ \mathrm{mol \cdot kg^{-1}}} =$$

$$-0.447\ \mathrm{V} - \frac{8.314\ \mathrm{J \cdot mol^{-1} \cdot K^{-1}} \times 298\ \mathrm{K}}{2 \times 96500\ \mathrm{C \cdot mol^{-1}}} \times \ln \frac{1\ \mathrm{mol \cdot kg^{-1}}}{0.5\ \mathrm{mol \cdot kg^{-1}}} - \eta$$

$$\eta = 0.287\ \mathrm{V}$$

**10.10** 在 298 K 时, 用 Pt 阳极和 Cu 阴极电解 $0.10\ \mathrm{mol \cdot dm^{-3}}$ $CuSO_4$ 溶液, 电极的面积为 $50\ \mathrm{cm^2}$, 电流保持在 0.040 A, 并采取措施, 使浓差极化极小。若电解槽中含 $1\ \mathrm{dm^3}$ 溶液, 试问至少电解多长时间后, $H_2$(g) 才会析出? 此时剩余 $Cu^{2+}$ 的质量摩尔浓度为多少? 设活度因子均为 1。已知氢在铜上的 $\eta = a + b\lg \frac{j}{[j]}$, $a = 0.80$ V, $b = 0.115$ V, $\varphi^{\ominus}_{\mathrm{Cu^{2+}|Cu}} = 0.3419$ V。

**解**: 当 $H_2$(g) 的析出电势与 Cu(s) 的析出电势相等时, $H_2$(g) 开始析出。

电解反应
$$\mathrm{Cu^{2+} + H_2O \longrightarrow Cu + \frac{1}{2}O_2 + 2H^+}$$

$$\varphi_{\mathrm{Cu^{2+}|Cu}} = \varphi_{\mathrm{H^+|H_2}}$$

$$\varphi^{\ominus}_{\mathrm{Cu^{2+}|Cu}} - \frac{RT}{2F} \ln \frac{1}{a_{\mathrm{Cu^{2+}}}} = \varphi^{\ominus}_{\mathrm{H^+|H_2}} - \frac{RT}{F} \ln \frac{1}{a_{\mathrm{H^+}}} - \eta \tag{a}$$

电流密度 $j = \frac{I}{A} = \frac{0.040\ \mathrm{A}}{50\ \mathrm{cm^2}} = 8 \times 10^{-4}\ \mathrm{A \cdot cm^{-2}}$

超电势 $\eta = (0.80 + 0.115\lg \frac{j}{[j]})\ \mathrm{V} = 0.444\ \mathrm{V}$

当 $H^+$ 析出时, $Cu^{2+}$ 基本析出完全, 此时溶液中 $H^+$ 的活度变为: $2 \times (0.10 - a_{\mathrm{Cu^{2+}}}) \approx 0.20$ 代入式 (a):

$$0.3419\ \mathrm{V} - \frac{8.314\ \mathrm{J \cdot mol^{-1} \cdot K^{-1}} \times 298\ \mathrm{K}}{2 \times 96500\ \mathrm{C \cdot mol^{-1}}} \times \ln \frac{1}{a_{\mathrm{Cu^{2+}}}} =$$

$$0\ \mathrm{V} - \frac{8.314\ \mathrm{J \cdot mol^{-1} \cdot K^{-1}} \times 298\ \mathrm{K}}{96500\ \mathrm{C \cdot mol^{-1}}} \times \ln \frac{1}{0.20} - 0.444\ \mathrm{V}$$

解得
$$a_{\mathrm{Cu^{2+}}} = 1.025 \times 10^{-28}\ \mathrm{mol \cdot dm^{-3}}$$

电解需时为 $t = \frac{Q}{I} = \frac{nF}{I} = \left(\frac{2 \times 0.10 \times 96500}{0.040}\right)\ \mathrm{s} = 4.83 \times 10^5\ \mathrm{s} = 134\ \mathrm{h}$

**10.11** 在 298 K, $p^{\ominus}$ 时, 以 Pt 为阴极, 电解含 $FeCl_2$ ($0.01\ \mathrm{mol \cdot kg^{-1}}$) 和 $CuCl_2$ ($0.02\ \mathrm{mol \cdot kg^{-1}}$) 的水溶液。假设氢气和氧气由于有较大的超电势而不能析出, 氯电极的超电势忽略不计, 试问:

(1) 何种金属先析出?

(2) 第二种金属析出时至少需施加多大电压?

(3) 当第二种金属析出时, 第一种金属离子浓度为多少?

已知 $\varphi^{\ominus}_{Fe^{2+}\,|\,Fe}=-0.447\ \mathrm{V}$, $\varphi^{\ominus}_{Cu^{2+}|Cu}=0.3419\ \mathrm{V}$, $\varphi^{\ominus}_{Cl_2|Cl^-}=1.358\ \mathrm{V}$。

**解**: (1) 在阴极上可能发生反应的是 $Fe^{2+}$、$Cu^{2+}$、$H^+$, 它们的析出电势分别为 (设活度因子均为 1)

$$\begin{aligned}\varphi_{Fe^{2+}\,|\,Fe}&=\varphi^{\ominus}_{Fe^{2+}\,|\,Fe}-\frac{RT}{2F}\ln\frac{1}{a_{Fe^{2+}}}\\&=-0.447\ \mathrm{V}-\frac{8.314\ \mathrm{J\cdot mol^{-1}\cdot K^{-1}}\times 298\ \mathrm{K}}{2\times 96500\ \mathrm{C\cdot mol^{-1}}}\times\ln\frac{1}{0.01}=-0.506\ \mathrm{V}\end{aligned}$$

$$\begin{aligned}\varphi_{Cu^{2+}\,|\,Cu}&=\varphi^{\ominus}_{Cu^{2+}\,|\,Cu}-\frac{RT}{2F}\ln\frac{1}{a_{Cu^{2+}}}\\&=0.3419\ \mathrm{V}-\frac{8.314\ \mathrm{J\cdot mol^{-1}\cdot K^{-1}}\times 298\ \mathrm{K}}{2\times 96500\ \mathrm{C\cdot mol^{-1}}}\times\ln\frac{1}{0.02}=0.292\ \mathrm{V}\end{aligned}$$

$$\varphi_{H^+\,|\,H_2}=\varphi^{\ominus}_{H^+\,|\,H_2}-\frac{RT}{F}\ln\frac{1}{a_{H^+}}=\frac{RT}{F}\ln(1\times 10^{-7})=-0.414\ \mathrm{V}$$

所以, 首先是还原电极电势最大的 $Cu^{2+}$ 还原成 Cu(s), 在阴极析出。

(2) 当 Fe(s) 开始析出时 (由于氢有超电势而不能析出), 要计算分解电压还需计算阳极的析出电势。在阳极可能发生氧化的离子有 $Cl^-$, $OH^-$。它们的析出电势分别为

$$\begin{aligned}\varphi_{Cl_2|Cl^-}&=\varphi^{\ominus}_{Cl_2|Cl^-}-\frac{RT}{F}\ln a_{Cl^-}\\&=1.358\ \mathrm{V}-\frac{8.314\ \mathrm{J\cdot K^{-1}\cdot mol^{-1}}\times 298\ \mathrm{K}}{96500\ \mathrm{C\cdot mol^{-1}}}\times\ln(0.02+0.04)=1.430\ \mathrm{V}\end{aligned}$$

$$\begin{aligned}\varphi_{O_2|H^+,H_2O}&=\varphi^{\ominus}_{O_2|H^+,H_2O}-\frac{RT}{F}\ln\frac{1}{a_{H^+}}\\&=1.229\ \mathrm{V}-\frac{8.314\ \mathrm{J\cdot K^{-1}\cdot mol^{-1}}\times 298\ \mathrm{K}}{96500\ \mathrm{C\cdot mol^{-1}}}\times\ln\frac{1}{10^{-7}}=0.815\ \mathrm{V}\end{aligned}$$

在阳极上首先是还原电极电势小的 $OH^-$ 先氧化放出氧气。由于 $OH^-$ 的氧化, 在 $Cu^{2+}$ 基本还原完成时, 溶液中 $H^+$ 的质量摩尔浓度会增加, 约等于 $0.04\ \mathrm{mol\cdot kg^{-1}}$, 此时阳极的实际电势为

$$\varphi_{O_2|H^+,H_2O,析出}=1.229\ \mathrm{V}-\frac{RT}{F}\ln\frac{1}{0.04}=1.146\ \mathrm{V}$$

当 Fe(s) 开始析出时, 外加的最小电压为 $E_{析出}=\varphi_{阳}-\varphi_{阴}=1.146\ \mathrm{V}-(-0.506\ \mathrm{V})=1.652\ \mathrm{V}$

(3) 当 Fe(s) 开始析出时, 两种金属离子的析出电势相等, 即 $\varphi_{Cu^{2+}|Cu}=\varphi_{Fe^{2+}|Fe}$, 故

$$\varphi^{\ominus}_{Cu^{2+}\,|\,Cu}-\frac{RT}{2F}\ln\frac{1}{a_{Cu^{2+}}}=\varphi_{Fe^{2+}\,|\,Fe}$$

$$0.3419\ \mathrm{V}-\frac{8.314\ \mathrm{J\cdot mol^{-1}\cdot K^{-1}}\times 298\ \mathrm{K}}{2\times 96500\ \mathrm{C\cdot mol^{-1}}}\times\ln\frac{1}{a_{Cu^{2+}}}=-0.506\ \mathrm{V}$$

$$a_{Cu^{2+}}=2.06\times 10^{-29}\qquad m_{Cu^{2+}}\approx a_{Cu^{2+}}m^{\ominus}=2.06\times 10^{-29}\ \mathrm{mol\cdot kg^{-1}}$$

**10.12**　电流密度为 $500\ \mathrm{mA\cdot cm^{-2}}$ 时, $O_2$ 在铂阳极上析出的超电势为 0.72 V, 而 $Cl_2$ 析出的超电势则可以忽略不计。在 pH = 7 及 $Cl^-$ 浓度为 $0.1\ \mathrm{mol\cdot dm^{-3}}$ 的溶液中, 插入铂电极逐步

增加电压进行电解, 试问 $O_2(g)$ 和 $Cl_2(g)$ 哪一种气体先在阳极析出? 已知 $\varphi^{\ominus}_{O_2|OH^-} = 0.401\ V$, $\varphi^{\ominus}_{Cl_2|Cl^-} = 1.358\ V$。

**解**: 假设气体分压均为 $p^{\ominus}$, 则

$$\varphi_{O_2\,|\,OH^-,析出} = \varphi_{O_2\,|\,OH^-,可逆} + \eta_{O_2} = \varphi^{\ominus}_{O_2\,|\,OH^-} - \frac{RT}{zF}\ln\frac{a^2_{OH^-}}{a^{1/2}_{O_2}} + \eta_{O_2}$$

$$= 0.401\ V - \frac{8.314\ J\cdot mol^{-1}\cdot K^{-1} \times 298\ K}{2 \times 96500\ C\cdot mol^{-1}} \times \ln\frac{(10^{-7})^2}{1^{1/2}} + 0.72\ V = 1.535\ V$$

$$\varphi^{\ominus}_{Cl_2\,|\,Cl^-,析出} = \varphi^{\ominus}_{Cl_2\,|\,Cl^-,可逆} = \varphi^{\ominus}_{Cl_2\,|\,Cl^-} - \frac{RT}{F}\ln\frac{a^2_{Cl^-}}{a^{1/2}_{Cl_2}}$$

$$= 1.358\ V - \frac{8.314\ J\cdot mol^{-1}\cdot K^{-1} \times 298\ K}{96500\ C\cdot mol^{-1}} \times \ln\frac{0.1^2}{1^{1/2}} = 1.476\ V$$

$Cl_2$ 先于 $O_2$ 在阳极上析出。

**10.13** 在 298 K 时, 某溶液含 $Zn^{2+}$ 和 $H^+$, 设两者活度因子均等于 1。现用 Zn(s) 作为阴极进行电解, 要求让 $Zn^{2+}$ 的质量摩尔浓度降到 $10^{-7}\ mol\cdot kg^{-1}$ 时才允许 $H_2(g)$ 开始析出, 问需如何控制溶液的 pH? 已知 $\varphi^{\ominus}_{Zn^{2+}|Zn} = -0.7618\ V$, $H_2(g)$ 在 Zn(s) 上的超电势为 0.7 V。

**解**: 计算 $Zn^{2+}$ 的质量摩尔浓度为 $10^{-7}\ mol\cdot kg^{-1}$ 时的电极电势, 应该与 $H_2(g)$ 在 Zn(s) 上的析出电势相等, 让溶液的 pH 大于这个数值, $H_2(g)$ 就不会提前析出。

$$\varphi_{Zn^{2+}\,|\,Zn} = \varphi^{\ominus}_{Zn^{2+}\,|\,Zn} - \frac{RT}{2F}\ln\frac{1}{a_{Zn^{2+}}}$$

$$= -0.7618\ V - \frac{8.314\ J\cdot mol^{-1}\cdot K^{-1} \times 298\ K}{2 \times 96500\ C\cdot mol^{-1}} \times \ln\frac{1}{10^{-7}} = -0.969\ V$$

$$\varphi_{H^+\,|\,H_2} = -\frac{RT}{F}\ln\frac{1}{a_{H^+}} - \eta_{H_2} = (-0.05916\text{pH} - 0.7)\ V$$

当 $\varphi_{Zn^{2+}\,|\,Zn} = \varphi_{H^+\,|\,H_2}$ 时: $\quad -0.969\ V = (-0.05916\text{pH} - 0.7)\ V$

解得 $\quad \text{pH} = 4.55$

即溶液的 pH 要控制在大于 4.55, $H_2(g)$ 才不会提前析出。由于题目未给出溶液中 $Zn^{2+}$ 的起始浓度, 所以在计算时并没有考虑由于 Zn(s) 的析出所引起溶液 pH 的改变。

**10.14** 以 Pt 为电极电解 $SnCl_2$ 水溶液, 在阴极上沉积 Sn, 在阳极上产生 $O_2(g)$。已知 $a_{Sn^{2+}} = 0.10$, $a_{H^+} = 0.010$; 氧在阳极上析出的超电势 $\eta_{O_2} = 0.50\ V$; $\varphi^{\ominus}_{Sn^{2+}|Sn} = -0.1375\ V$, $\varphi^{\ominus}_{O_2\,|\,H^+,H_2O} = 1.229\ V$。

(1) 试写出电极反应, 计算实际分解电压;

(2) 若氢在阴极上析出时的超电势为 0.50 V, 试问要使 $a_{Sn^{2+}}$ 降至何值时, 才开始析出氢气?

**解**: (1) 阴极反应为 $\quad Sn^{2+}(a_{Sn^{2+}}) + 2e^- \longrightarrow Sn(s)$

$$\varphi_{阴,析出} = \varphi^{\ominus}_{Sn^{2+}\,|\,Sn} - \frac{RT}{2F}\ln\frac{1}{a_{Sn^{2+}}}$$

$$= -0.1375\ \text{V} - \frac{8.314\ \text{J}\cdot\text{mol}^{-1}\cdot\text{K}^{-1} \times 298\ \text{K}}{2 \times 96500\ \text{C}\cdot\text{mol}^{-1}} \times \ln\frac{1}{0.10} = -0.167\ \text{V}$$

阳极反应为 $H_2O(l) \longrightarrow \frac{1}{2}O_2(p^\ominus) + 2H^+(a_{OH^-}) + 2e^-$

$$\varphi_{\text{阳, 析出}} = \varphi^\ominus_{O_2|H^+,H_2O} - \frac{RT}{2F}\ln\frac{1}{a^2_{H^+}} + \eta_{O_2}$$

$$= 1.229\ \text{V} - \frac{8.314\ \text{J}\cdot\text{mol}^{-1}\cdot\text{K}^{-1} \times 298\ \text{K}}{2 \times 96500\ \text{C}\cdot\text{mol}^{-1}} \times \ln\frac{1}{0.010^2} + 0.50\ \text{V} = 1.611\ \text{V}$$

$$E_{\text{分解}} = \varphi_{\text{阳, 析出}} - \varphi_{\text{阴, 析出}} = 1.611\ \text{V} - (-0.167)\ \text{V} = 1.778\ \text{V}$$

(2) 当 $H^+$ 析出时, $Sn^{2+}$ 基本析出完全, 此时溶液中 $H^+$ 活度变为

$$a_{H^+} = (0.01 \times 2 + 0.010) = 0.21$$

若 $H_2(g)$ 在阴极上析出, 则 $\varphi_{Sn^{2+}|Sn} = \varphi_{H^+|H_2} - \eta_{H_2}$

$$\varphi^\ominus_{Sn^{2+}|Sn} - \frac{RT}{2F}\ln\frac{1}{a_{Sn^{2+}}} = \varphi^\ominus_{H^+|H_2} - \frac{RT}{F}\ln\frac{1}{a_{H^+}} - \eta_{H_2}$$

$$-0.1375\ \text{V} - \frac{8.314\ \text{J}\cdot\text{mol}^{-1}\cdot\text{K}^{-1} \times 298\ \text{K}}{2 \times 96500\ \text{C}\cdot\text{mol}^{-1}} \times \ln\frac{1}{a_{Sn^{2+}}} =$$

$$0\ \text{V} - \frac{8.314\ \text{J}\cdot\text{mol}^{-1}\cdot\text{K}^{-1} \times 298\ \text{K}}{96500\ \text{C}\cdot\text{mol}^{-1}} \times \ln\frac{1}{0.21} - 0.50\ \text{V}$$

解得 $a_{Sn^{2+}} = 2.403 \times 10^{-14}$

**10.15** 在金属镍为电极电解 $NiSO_4(1.10\ \text{mol}\cdot\text{kg}^{-1})$ 水溶液, 已知 $\varphi^\ominus_{Ni^{2+}|Ni} = -0.257\ \text{V}$, $\varphi^\ominus_{O_2|H^+,H_2O} = 1.229\ \text{V}$; 氢在 Ni(s) 上的超电势为 0.14 V, 氧在 Ni(s) 上的超电势为 0.36 V。问在阴、阳极上首次析出哪种物质? 设溶液呈中性, 活度因子均为 1。

**解**: 在阴极上可能发生反应的离子有 $Ni^{2+}$ 和 $H^+$, 它们的析出电势分别为

$$\varphi_{Ni^{2+}|Ni} = \varphi^\ominus_{Ni^{2+}|Ni} - \frac{RT}{2F}\ln\frac{1}{a_{Ni^{2+}}}$$

$$= -0.257\ \text{V} - \frac{8.314\ \text{J}\cdot\text{mol}^{-1}\cdot\text{K}^{-1} \times 298\ \text{K}}{2 \times 96500\ \text{C}\cdot\text{mol}^{-1}} \times \ln\frac{1}{1.10} = -0.256\ \text{V}$$

$$\varphi_{H^+|H_2} = \frac{RT}{F}\ln a_{H^+} - \eta_{H_2} = \frac{8.314\ \text{J}\cdot\text{mol}^{-1}\cdot\text{K}^{-1} \times 298\ \text{K}}{96500\ \text{C}\cdot\text{mol}^{-1}} \times \ln 10^{-7} - 0.14\ \text{V} = -0.554\ \text{V}$$

阴极上由还原电极电势较大的 Ni 首先析出。

阳极上可能发生氧化的有 $H_2O(OH^-)$, ${SO_4}^{2-}$ 和 Ni 电极本身, 由于 ${SO_4}^{2-}$ 的还原电极电势太高, 不容易发生氧化, 所以可能氧化的反应有

$$H_2O \longrightarrow \frac{1}{2}O_2(g) + 2H^+(a_{H^+}) + 2e^-$$

$$\varphi_{O_2|H^+,H_2O} = \varphi^\ominus_{O_2|H^+,H_2O} - \frac{RT}{2F}\ln\frac{1}{a^2_{H^+}a^{1/2}_{O_2}} + \eta_{O_2}$$

$$= 1.229 \text{ V} - \frac{8.314 \text{ J}\cdot\text{mol}^{-1}\cdot\text{K}^{-1} \times 298 \text{ K}}{96500 \text{ C}\cdot\text{mol}^{-1}} \times \ln\frac{1}{10^{-7}} + 0.36 \text{ V} = 1.175 \text{ V}$$

$$\text{Ni(s)} \longrightarrow \text{Ni}^{2+}(a_{\text{Ni}^{2+}}) + 2\text{e}^-$$

$$\varphi_{\text{Ni}^{2+}\,|\,\text{Ni}} = \varphi^{\ominus}_{\text{Ni}^{2+}\,|\,\text{Ni}} - \frac{RT}{2F}\ln\frac{1}{a_{\text{Ni}^{2+}}}$$

$$= -0.257 \text{ V} - \frac{8.314 \text{ J}\cdot\text{mol}^{-1}\cdot\text{K}^{-1} \times 298 \text{ K}}{2 \times 96500 \text{ C}\cdot\text{mol}^{-1}} \times \ln\frac{1}{1.10} = -0.256 \text{ V}$$

阳极上由还原电极电势相对较小的 Ni(s) 首先氧化成 $\text{Ni}^{2+}$。

**10.16** 在 298 K 时, 溶液中含 $\text{Ag}^+$ 和 $\text{CN}^-$ 的原始质量摩尔浓度分别为 $m_{\text{Ag}^+} = 0.10 \text{ mol}\cdot\text{kg}^{-1}$, $m_{\text{CN}^-} = 0.25 \text{ mol}\cdot\text{kg}^{-1}$, 当形成配离子 $[\text{Ag(CN)}_2]^-$ 后, 其解离常数 $K_{\text{a}}^{\ominus} = 3.8 \times 10^{-19}$。试计算在该溶液中剩余 $\text{Ag}^+$ 的摩尔质量浓度和 Ag(s) 的析出电势 (设活度因子均为 1)。

**解**: 通过配离子的解离平衡常数, 计算平衡时 $\text{Ag}^+$ 的剩余质量摩尔浓度就能计算其电极电势。设 $x$ 为 $\text{Ag}^+$ 的剩余活度, 则

| | $\text{Ag}^+$ + | $2\text{CN}^-$ | $\longrightarrow [\text{Ag(CN)}_2]^-$ |
|---|---|---|---|
| 配位前 | 0.10 | 0.25 | 0 |
| 配位后 | $\approx 0$ | 0.05 | 0.10 |
| 解离平衡时 | $x$ | $0.05 + 2x$ | $0.10 - x$ |

$$K_{\text{a}}^{\ominus} = \frac{a_{\text{Ag}^+} a^2_{\text{CN}^-}}{a_{[\text{Ag(CN)}_2]^-}} = \frac{x \cdot (0.05 + 2x)^2}{0.10 - x} = 3.8 \times 10^{-19}$$

因为解离平衡常数很小, 所以 $\text{Ag}^+$ 的剩余活度也很小, 与 0.05 和 0.1 相比可忽略不计, 故上式可简化为

$$\frac{x \cdot (0.05)^2}{0.1} = 3.8 \times 10^{-19}$$

解得

$$x = 1.52 \times 10^{-17}$$

即

$$m_{\text{Ag}^+} = 1.52 \times 10^{-17} \text{ mol}\cdot\text{kg}^{1}$$

$$\varphi_{\text{Ag}^+\,|\,\text{Ag}} = \varphi^{\ominus}_{\text{Ag}^+\,|\,\text{Ag}} - \frac{RT}{F}\ln\frac{1}{a_{\text{Ag}^+}}$$

$$= 0.7996 \text{ V} - \frac{8.314 \text{ J}\cdot\text{mol}^{-1}\cdot\text{K}^{-1} \times 298 \text{ K}}{96500 \text{ C}\cdot\text{mol}^{-1}} \times \ln\frac{1}{1.52 \times 10^{-17}} = -0.195 \text{ V}$$

**10.17** 欲从镀银废液中回收金属银, 废液中 $\text{AgNO}_3$ 的质量摩尔浓度为 $1 \times 10^{-6} \text{ mol}\cdot\text{kg}^{-1}$, 还含有少量的 $\text{Cu}^{2+}$。今以银为阴极、石墨为阳极用电解法回收银, 要求银的回收率达 99%。试问阴极电势应控制在什么范围? $\text{Cu}^{2+}$ 的质量摩尔浓度应低于多少才不致使 Cu(s) 和 Ag(s) 同时析出 (设活度因子均为 1)?

**解**: 首先计算达到银的回收率时 $\text{Ag}^+$ 的剩余活度, 计算这时银的电极电势。要使 $\text{Cu}^{2+}$ 不析出, 铜的电极电势必须低于这个值, 即 $\text{Cu}^{2+}$ 的质量摩尔浓度应低于这个电极电势下的数值。

$Ag^+$ 的剩余活度为　$a_{Ag^+} = 1 \times 10^{-6} \times (1 - 99\%) = 1 \times 10^{-8}$

$$\varphi_{Ag^+|Ag} = \varphi^{\ominus}_{Ag^+|Ag} - \frac{RT}{F}\ln\frac{1}{a_{Ag^+}}$$

$$= 0.7996\ \text{V} - \frac{8.314\ \text{J}\cdot\text{mol}^{-1}\cdot\text{K}^{-1} \times 298\ \text{K}}{96500\ \text{C}\cdot\text{mol}^{-1}} \times \ln\frac{1}{1 \times 10^{-8}} = 0.327\ \text{V}$$

$$\varphi_{Cu^{2+}|Cu} < \varphi_{Ag^+|Ag}$$

$$\varphi^{\ominus}_{Cu^{2+}|Cu} - \frac{RT}{2F}\ln\frac{1}{a_{Cu^{2+}}} < 0.327\ \text{V}$$

$$0.3419\ \text{V} - \frac{8.314\ \text{J}\cdot\text{mol}^{-1}\cdot\text{K}^{-1} \times 298\ \text{K}}{2 \times 96500\ \text{C}\cdot\text{mol}^{-1}} \times \ln\frac{1}{a_{Cu^{2+}}} < 0.327\ \text{V}$$

解得
$$a_{Cu^{2+}} < 0.313$$

即 $Cu^{2+}$ 的质量摩尔浓度应低于 $0.313\ \text{mol}\cdot\text{kg}^{-1}$, 才不致使 Cu(s) 和 Ag(s) 同时析出。

**10.18**　目前工业上电解食盐水制造 NaOH 的反应如下:

$$2NaCl + 2H_2O \xrightarrow{\text{电解}} 2NaOH + H_2(g) + Cl_2(g) \qquad ①$$

有人提出改进方案, 改进电解池的结构, 使电解食盐水的总反应为

$$2NaCl + H_2O + \frac{1}{2}O_2(\text{空气}) \xrightarrow{\text{电解}} 2NaOH + Cl_2(g) \qquad ②$$

(1) 从两种电池总反应分别写出阴极电极反应和阳极电极反应;

(2) 计算在 298 K 时, 两种反应的理论分解电压各为多少? 设活度均为 1, 溶液 pH = 14, 空气中 $O_2$ 的摩尔分数为 0.21。

(3) 计算改进方案理论上可节约多少电能 (用百分数表示)?

**解**: (1) 电解池 ① 的电极反应为

阴极　$2H_2O(l) + 2e^- \longrightarrow H_2(g) + 2OH(a_{OH^-})$

阳极　$2Cl^-(a_{Cl^-}) \longrightarrow Cl_2(g) + 2e^-$

电解池 ② 的电极反应为

阴极　$\frac{1}{2}O_2(\text{g, 空气}) + H_2O + 2\,e^- \longrightarrow H_2(g) + 2\,OH^-(a_{OH^-})$

阳极　$2Cl^-(a_{Cl^-}) \longrightarrow Cl_2(g) + 2\,e^-$

(2) 对于电解池 ① :

$$\varphi_{\text{阳}} = \varphi_{Cl_2|Cl^-} \approx \varphi^{\ominus}_{Cl_2|Cl^-} = 1.35827\ \text{V}$$

$$\varphi_{\text{阴}} = \varphi_{OH^-|H_2} = \varphi^{\ominus}_{OH^-|H_2} - \frac{RT}{F}\ln a_{OH^-}$$

$$= -0.8277\ \text{V} - \frac{8.314\ \text{J}\cdot\text{mol}^{-1}\cdot\text{K}^{-1} \times 298\ \text{K}}{96500\ \text{C}\cdot\text{mol}^{-1}} \times \ln 1.0 = -0.8277\ \text{V}$$

$$E_{\text{分解},①} = \varphi_{\text{阳}} - \varphi_{\text{阴}} = 1.35827\ \text{V} - (-0.8277\ \text{V}) = 2.186\ \text{V}$$

对于电解池 ②:

$$\varphi_{阳} = \varphi_{Cl_2\,|\,Cl^-} \approx \varphi^{\ominus}_{Cl_2\,|\,Cl^-} = 1.35827\ \mathrm{V}$$

$$\varphi_{阴} = \varphi_{O_2\,|\,OH^-} = \varphi^{\ominus}_{O_2\,|\,OH^-} - \frac{RT}{2F}\ln\frac{a^2_{OH^-}}{a^{1/2}_{O_2}}$$

$$= 0.401\ \mathrm{V} - \frac{8.314\ \mathrm{J\cdot mol^{-1}\cdot K^{-1}} \times 298\ \mathrm{K}}{2 \times 96500\ \mathrm{C\cdot mol^{-1}}} \times \ln\frac{1}{\sqrt{0.21}} = 0.391\ \mathrm{V}$$

$$E_{分解,\,②} = \varphi_{阳} - \varphi_{阴} = 1.35827\ \mathrm{V} - 0.391\ \mathrm{V} = 0.967\ \mathrm{V}$$

(3) 节约电能的百分数相当于降低分解电压的百分数:

$$\frac{(2.186 - 0.967)\ \mathrm{V}}{2.186\ \mathrm{V}} \times 100\% = 55.76\%$$

**10.19** 某一溶液中含 KCl, KBr 和 KI 的质量摩尔浓度均为 $0.10\ \mathrm{mol\cdot kg^{-1}}$。今将该溶液放入带有 Pt(s) 电极的素烧瓷杯内, 再将素烧瓷杯放在一带有 Zn(s) 电极和大量$0.10\ \mathrm{mol\cdot kg^{-1}}$ $ZnCl_2$ 溶液的较大器皿中, 若略去液体接界电势和极化影响, 试求 298 K 时, 下列各情况所需施加的最小电压。设活度因子均为 1。

(1) 析出 99% 的碘;

(2) 析出 $Br_2$, 至 $Br^-$ 的质量摩尔浓度为 $1 \times 10^{-4}\ \mathrm{mol\cdot kg^{-1}}$;

(3) 析出 $Cl_2$, 至 $Cl^-$ 的质量摩尔浓度为 $1 \times 10^{-4}\ \mathrm{mol\cdot kg^{-1}}$。

**解**: 电解池的阴极放出 $H_2(g)$, 阴极的电极电势为

$$\varphi_{H^+\,|\,H_2} = \varphi^{\ominus}_{H^+\,|\,H_2} - \frac{RT}{F}\ln\frac{1}{a_{H^+}}$$

$$= 0\ \mathrm{V} - \frac{8.314\ \mathrm{J\cdot mol^{-1}\cdot K^{-1}} \times 298\ \mathrm{K}}{96500\ \mathrm{C\cdot mol^{-1}}} \times \ln\frac{1}{10^{-7}} = -0.414\ \mathrm{V}$$

(1) 阳极上有 99% 的碘析出时, $I^-$ 的剩余质量摩尔浓度和电极电势分别为

$$0.10\ \mathrm{mol\cdot kg^{-1}} \times (1 - 99\%) = 1.0 \times 10^{-3}\ \mathrm{mol\cdot kg^{-1}}$$

$$\varphi_{I_2\,|\,I^-} = \varphi^{\ominus}_{I_2\,|\,I^-} - \frac{RT}{F}\ln a_{I^-}$$

$$= 0.5355\ \mathrm{V} - \frac{8.314\ \mathrm{J\cdot mol^{-1}\cdot K^{-1}} \times 298\ \mathrm{K}}{96500\ \mathrm{C\cdot mol^{-1}}} \times \ln(1.0 \times 10^{-3}) = 0.713\ \mathrm{V}$$

$$E_{分解}(1) = \varphi_{阳} - \varphi_{阴} = 0.713\ \mathrm{V} - (-0.414\ \mathrm{V}) = 1.127\ \mathrm{V}$$

(2) $\varphi_{Br_2\,|\,Br^-} = \varphi^{\ominus}_{Br_2\,|\,Br^-} - \frac{RT}{F}\ln a_{Br^-}$

$$= 1.066\ \mathrm{V} - \frac{8.314\ \mathrm{J\cdot mol^{-1}\cdot K^{-1}} \times 298\ \mathrm{K}}{96500\ \mathrm{C\cdot mol^{-1}}} \times \ln(1.0 \times 10^{-4}) = 1.302\ \mathrm{V}$$

$$E_{分解}(2) = 1.302\ \mathrm{V} - (-0.414\ \mathrm{V}) = 1.716\ \mathrm{V}$$

(3) $\varphi_{Cl_2\,|\,Cl^-} = \varphi^{\ominus}_{Cl_2\,|\,Cl^-} - \frac{RT}{F}\ln a_{Cl^-}$

$$= 1.35827\ \mathrm{V} - \frac{8.314\ \mathrm{J\cdot mol^{-1}\cdot K^{-1}} \times 298\ \mathrm{K}}{96500\ \mathrm{C\cdot mol^{-1}}} \times \ln(1.0 \times 10^{-4}) = 1.595\ \mathrm{V}$$

$$E_{分解}(3) = \varphi_{阳} - \varphi_{阴} = 1.595\ \mathrm{V} - (-0.414\ \mathrm{V}) = 2.009\ \mathrm{V}$$

**10.20**　氯碱工业用铁网为阴极, 石墨棒为阳极, 电解含 NaCl 质量分数为 $w_{\mathrm{NaCl}} = 0.25$ 的溶液来获得 $\mathrm{Cl_2(g)}$ 和 NaOH 溶液。NaCl 溶液不断地加到阳极区, 然后经过隔膜进入阴极区。若某电解槽内阻为 $8 \times 10^{-4}\ \Omega$, 外加电压为 4.5 V, 电流为 2000 A。每小时从阴极区流出溶液为 27.46 kg, 其中 $w_{\mathrm{NaOH}} = 0.10$, $w_{\mathrm{NaCl}} = 0.13$。已知下述电池的电动势为 2.3 V:

$$\mathrm{Pt(s)}\,|\,\mathrm{H_2}(p^{\ominus})\,|\,\mathrm{NaOH}(w = 1.0), \mathrm{NaCl}(w = 0.13) \,\vdots\vdots\, \mathrm{NaCl}(w = 0.25)\,|\,\mathrm{Pt(s)}$$

试求:

(1) 该生产过程的电流效率;

(2) 该生产过程的能量效率 (即生产一定量产品时, 理论上所需的电能与实际消耗的电能之比);

(3) 该电解池中用于克服内阻及用于克服极化的电位降。

**解**: (1) 电流效率通常是指实际产量与理论产量之比。现在根据每小时从阴极区流出的溶液, 计算每小时生成 NaOH 的物质的量, 计算理论上所需的电流强度, 与实验值相比, 也能得到电流效率 $\eta$。已知 NaOH 的摩尔质量为 $40\ \mathrm{g \cdot mol^{-1}}$。

$$n_{\mathrm{NaOH}} = \frac{27.46\ \mathrm{kg \cdot h^{-1}} \times 0.10}{40\ \mathrm{g \cdot mol^{-1}}} = 68.65\ \mathrm{mol \cdot h^{-1}}$$

$$I_{理论} = \frac{68.65\ \mathrm{mol \cdot h^{-1}} \times 96500\ \mathrm{C \cdot mol^{-1}}}{3600\ \mathrm{s \cdot h^{-1}}} = 1840\ \mathrm{A}$$

$$\eta = \frac{I_{理论}}{I_{实际}} = \frac{1840\ \mathrm{A}}{2000\ \mathrm{A}} = 0.92$$

(2) 能量效率是指理论上所需的电能与实际消耗的电能之比, 也等于电流效率与电压效率的乘积, 即

$$能量效率 = \eta \cdot \frac{U_{理论}}{U_{实际}} = 0.92 \times \frac{2.3\ \mathrm{V}}{4.5\ \mathrm{V}} = 0.47$$

(3) 外加的分解电压中需克服三种阻力, 即作为可逆电池的反电动势、内阻和电极上极化产生的超电势, 即

$$E_{分解} = E_{理论} + IR + \eta_{超}$$

克服内阻的电势降为

$$IR = 2000\ \mathrm{A} \times 8 \times 10^{-4}\ \Omega = 1.6\ \mathrm{V}$$

克服超电势的电势降为

$$\eta_{超} = E_{分解} - E_{理论} - IR = (4.5 - 2.3 - 1.6)\ \mathrm{V} = 0.6\ \mathrm{V}$$

**10.21**　通过计算说明 25 ℃ 时, 被 $\mathrm{CO_2(g)}$ 饱和的水溶液能否被还原成 HCOOH。

(1) 以铂片为阴极;

(2) 以铅为阴极。

已知在铂片上的氢超电势为 0 V, 而在铅上的氢超电势则为 0.6 V; 查表可知 (298 K 时):

| | $\Delta_f H_m^\ominus/(kJ\cdot mol^{-1})$ | $S_m^\ominus/(J\cdot mol^{-1}\cdot K^{-1})$ |
|---|---|---|
| $H_2(g)$ | 0 | 130.67 |
| $O_2(g)$ | 0 | 205.10 |
| $H_2O(l)$ | −285.85 | 70.082 |
| $CO_2(g)$ | −393.42 | 213.76 |
| HCOOH(l) | −416.43 | 138.072 |

**解**: 对于电池反应 $H_2O(l) \longrightarrow H_2(g) + \frac{1}{2}O_2(g)$

$$\Delta_r S_m^\ominus = \frac{1}{2}S_m^\ominus(O_2,g) + S_m^\ominus(H_2,g) - S_m^\ominus(H_2O,l)$$
$$= \left(\frac{1}{2}\times 205.10 + 130.67 - 70.082\right)\ J\cdot mol^{-1}\cdot K^{-1} = 163.138\ J\cdot mol^{-1}\cdot K^{-1}$$

$$\Delta_r H_m^\ominus = \frac{1}{2}\Delta_f H_m^\ominus(O_2,g) + \Delta_f H_m^\ominus(H_2,g) - \Delta_f H_m^\ominus(H_2O,l)$$
$$= \left[\frac{1}{2}\times 0 + 0 - (-285.85)\right]\ kJ\cdot mol^{-1} = 285.85\ kJ\cdot mol^{-1}$$

代入可得

$$E^\ominus = -\frac{\Delta_r G_m^\ominus}{zF} = -\frac{\Delta_r H_m^\ominus - T\Delta_r S_m^\ominus}{zF}$$
$$= -\frac{285.85\times 10^3\ J\cdot mol^{-1} - 298\ K\times 163.138\ J\cdot mol^{-1}\cdot K^{-1}}{2\times 96500\ C\cdot mol^{-1}} = -1.229\ V$$

同理, 对于电池反应 $CO_2(g) + H_2O(l) \longrightarrow HCOOH(l) + \frac{1}{2}O_2(g)$

$$\Delta_r S_m^\ominus = \frac{1}{2}S_m^\ominus(O_2,g) + S_m^\ominus(HCOOH,l) - S_m^\ominus(CO_2,g) - S_m^\ominus(H_2O,l)$$
$$= \left(\frac{1}{2}\times 205.10 + 138.072 - 213.76 - 70.082\right)\ J\cdot mol^{-1}\cdot K^{-1} = -43.22\ J\cdot mol^{-1}\cdot K^{-1}$$

$$\Delta_r H_m^\ominus = \frac{1}{2}\Delta_f H_m^\ominus(O_2,g) + \Delta_f H_m^\ominus(HCOOH,l) - \Delta_f H_m^\ominus(CO_2,g) - \Delta_f H_m^\ominus(H_2O,l)$$
$$= \left[\frac{1}{2}\times 0 + (-416.43) - (-393.42) - (-285.85)\right]\ kJ\cdot mol^{-1} = 262.84\ kJ\cdot mol^{-1}$$

$$E^\ominus = -\frac{\Delta_r G_m^\ominus}{zF} = -\frac{\Delta_r H_m^\ominus - T\Delta_r S_m^\ominus}{zF}$$
$$= -\frac{262.84\times 10^3\ J\cdot mol^{-1} - 298\ K\times(-43.22\ J\cdot mol^{-1}\cdot K^{-1})}{2\times 96500\ C\cdot mol^{-1}} = -1.429\ V$$

(1) 以 Pt 为电极时, 电解 $H_2O$ 需加压 1.229 V, 而生成 HCOOH 时需加压

$$E = E^\ominus - \frac{RT}{2F}\ln\frac{1}{a_{HCOOH}} = 1.429\ V - \frac{8.314\ J\cdot mol^{-1}\cdot K^{-1}\times 298\ K}{2\times 96500\ C\cdot mol^{-1}}\times\ln\frac{1}{a_{HCOOH}}$$

即使 $a_{\mathrm{HCOOH}} = 10^{-3}$, 也需加压 1.34 V , 所以总是先电解 $\mathrm{H_2O(l)}$ 而非生成 HCOOH。

(2) 以铅为阴极时, 由于有氢超电势, 电解 $\mathrm{H_2O(l)}$ 需加压

$$E = 1.229\ \mathrm{V} + 0.6\ \mathrm{V} = 1.829\ \mathrm{V}$$

此时, $\mathrm{CO_2(g)}$ 能被还原成 HCOOH。

**10.22** 金属的电化学腐蚀是指金属作原电池的阳极而被氧化, 在不同的 pH 条件下, 原电池的还原作用可能有以下几种:

酸性条件　$\mathrm{2H_3O^+ + 2e^- \longrightarrow 2H_2O(l) + H_2}(p^{\ominus})$

$\mathrm{O_2}(p^{\ominus}) + \mathrm{4H^+ + 4e^- \longrightarrow 2H_2O(l)}$

碱性条件　$\mathrm{O_2}(p^{\ominus}) + \mathrm{2H_2O(l) + 4e^- \longrightarrow 4OH^-}(a_{\mathrm{OH^-}})$

所谓的金属腐蚀是指金属附近能形成离子的活度至少为 $10^{-6}$。现有如下六种金属: Au, Ag, Cu, Fe, Pb, Al, 试问哪些金属在下述 pH 条件下会被腐蚀?

(1) 强酸性溶液, pH = 1;

(2) 强碱性溶液, pH = 14;

(3) 微酸性溶液, pH = 6;

(4) 微碱性溶液, pH = 8。

所需的标准电极电势值自行查询, 设所有物质的活度因子均为 1。

**解**: 金属能被腐蚀指金属作为阳极与对应的阴极所形成的原电池的电动势大于零。只要计算出作为阴极的电极电势和作为阳极的各金属在离子活度等于 $10^{-6}$ 时的电极电势, 进行比较, 凡电动势大于零者即认为可能被腐蚀。由于空气中有氧气的存在, 所以只考虑阴极发生如下两种反应, 并计算对应的电极电势。

在酸性溶液中发生耗氧腐蚀:

$$\mathrm{O_2}(p^{\ominus}) + \mathrm{4H^+ + 4e^- \longrightarrow 2H_2O(l)}$$

$$\varphi_{\mathrm{O_2\,|\,H^+,H_2O}} = \varphi^{\ominus}_{\mathrm{O_2\,|\,H^+,H_2O}} - \frac{RT}{F}\ln\frac{1}{a_{\mathrm{H^+}}} = (1.229 - 0.05916\mathrm{pH})\mathrm{V}$$

在碱性溶液中:

$$\mathrm{O_2}(p^{\ominus}) + \mathrm{2H_2O(l) + 4e^- \longrightarrow 4OH^-}(a_{\mathrm{OH^-}})$$

$$\varphi_{\mathrm{O_2\,|\,OH^-}} = \varphi^{\ominus}_{\mathrm{O_2\,|\,OH^-}} - \frac{RT}{F}\ln a_{\mathrm{OH^-}} = 0.401\ \mathrm{V} - \frac{RT}{F}\ln\frac{K_{\mathrm{w}}}{a_{\mathrm{H^+}}} = (1.229 - 0.05916\mathrm{pH})\ \mathrm{V}$$

金属腐蚀的通式为　$\mathrm{M(s) \longrightarrow M^{z+}}(a_{\mathrm{M^{z+}}}) + z\mathrm{e^-}$

$$\varphi_{\mathrm{M^{z+}\,|\,M}} = \varphi^{\ominus}_{\mathrm{M^{z+}\,|\,M}} - \frac{RT}{zF}\ln\frac{1}{a_{\mathrm{M^{z+}}}} = \varphi^{\ominus}_{\mathrm{M^{z+}\,|\,M}} - \frac{0.355\ \mathrm{V}}{z}$$

则可得

$$\varphi_{\mathrm{Au^{3+}\,|\,Au}} = \varphi^{\ominus}_{\mathrm{Au^{3+}\,|\,Au}} - \frac{0.355\ \mathrm{V}}{z} = 1.498\ \mathrm{V} - \frac{0.355\ \mathrm{V}}{3} = 1.380\ \mathrm{V}$$

$$\varphi_{\mathrm{Ag^{+}\,|\,Ag}} = \varphi^{\ominus}_{\mathrm{Ag^{+}\,|\,Ag}} - \frac{0.355\ \mathrm{V}}{z} = 0.7996\ \mathrm{V} - \frac{0.355\ \mathrm{V}}{1} = 0.445\ \mathrm{V}$$

$$\varphi_{Cu^{2+}|Cu}=\varphi^{\ominus}_{Cu^{2+}|Cu}-\frac{0.355\ \mathrm{V}}{z}=0.3419\ \mathrm{V}-\frac{0.355\ \mathrm{V}}{2}=0.164\ \mathrm{V}$$

$$\varphi_{Pb^{2+}|Pb}=\varphi^{\ominus}_{Pb^{2+}|Pb}-\frac{0.355\ \mathrm{V}}{z}=-0.1262\ \mathrm{V}-\frac{0.355\ \mathrm{V}}{2}=-0.304\ \mathrm{V}$$

$$\varphi_{Fe^{2+}|Fe}=\varphi^{\ominus}_{Fe^{2+}|Fe}-\frac{0.355\ \mathrm{V}}{z}=-0.447\ \mathrm{V}-\frac{0.355\ \mathrm{V}}{2}=-0.625\ \mathrm{V}$$

$$\varphi_{Al^{3+}|Al}=\varphi^{\ominus}_{Al^{3+}|Al}-\frac{0.355\ \mathrm{V}}{z}=-1.676\ \mathrm{V}-\frac{0.355\ \mathrm{V}}{3}=-1.794\ \mathrm{V}$$

(1) 在 $\mathrm{pH}=1$ 的强酸性溶液中:

$$\varphi_{O_2|OH^-}=(1.229-0.05916\mathrm{pH})\ \mathrm{V}=(1.229-0.05916\times 1)\ \mathrm{V}=1.170\ \mathrm{V}$$

除 Au 外, 其他金属都可以被腐蚀。

(2) 在 $\mathrm{pH}=14$ 的强碱性溶液中:

$$\varphi_{O_2|OH^-}=(1.229-0.05916\mathrm{pH})\ \mathrm{V}=(1.229-0.05916\times 14)\ \mathrm{V}=0.401\ \mathrm{V}$$

除 Au, Ag 外, 其他金属都可以被腐蚀。

(3) 在 $\mathrm{pH}=6$ 的弱酸性溶液中:

$$\varphi_{O_2|OH^-}=(1.229-0.05916\mathrm{pH})\ \mathrm{V}=(1.229-0.05916\times 6)\ \mathrm{V}=0.874\ \mathrm{V}$$

除 Au 外, 其他金属都可以被腐蚀。

(4) 在 $\mathrm{pH}=8$ 的弱碱性溶液中:

$$\varphi_{O_2|OH^-}=(1.229-0.05916\mathrm{pH})\ \mathrm{V}=(1.229-0.05916\times 8)\ \mathrm{V}=0.756\ \mathrm{V}$$

除 Au 外, 其他金属都可以被腐蚀。

**10.23** 在 298 K, $p^{\ominus}$ 时, 将反应 $\mathrm{CO}(p^{\ominus})+\frac{1}{2}\mathrm{O_2(g)} = \mathrm{CO_2}(p^{\ominus})$ 设计成燃料电池, 计算该电池的热效率。若将该反应放出的热量利用 Carnot 热机做功, 设高温热源为 1000 K, 低温热源为 300 K, 计算所做的功, 并计算该功占燃料电池所做功的分数。

**解**: 电池的热效率为 $\quad \eta_1=\dfrac{W_\mathrm{f}}{Q}=\dfrac{\Delta_\mathrm{r}G^{\ominus}_\mathrm{m}}{\Delta_\mathrm{r}H^{\ominus}_\mathrm{m}}$

查表可知该反应的 $\Delta_\mathrm{r}G^{\ominus}_\mathrm{m}=-257.19\ \mathrm{kJ\cdot mol^{-1}}$, $\Delta_\mathrm{r}H^{\ominus}_\mathrm{m}=-283.0\ \mathrm{kJ\cdot mol^{-1}}$, 代入可得

$$\eta_1=\frac{\Delta_\mathrm{r}G^{\ominus}_\mathrm{m}}{\Delta_\mathrm{r}H^{\ominus}_\mathrm{m}}=\frac{-257.19\ \mathrm{kJ\cdot mol^{-1}}}{-283.0\ \mathrm{kJ\cdot mol^{-1}}}=0.91$$

Carnot 机的效率为 $\quad \eta_2=\dfrac{W_\mathrm{f}}{Q_\mathrm{h}}=\dfrac{T_\mathrm{h}-T_\mathrm{c}}{T_\mathrm{h}}=\dfrac{1000\ \mathrm{K}-300\ \mathrm{K}}{1000\ \mathrm{K}}=0.7$

$$W=\eta_2\cdot Q_\mathrm{h}=0.7\times(-283.0\ \mathrm{kJ\cdot mol^{-1}})=-198.1\ \mathrm{kJ\cdot mol^{-1}}$$

$$\frac{W}{W_\mathrm{f}}=\frac{-198.1\ \mathrm{kJ\cdot mol^{-1}}}{-257.19\ \mathrm{kJ\cdot mol^{-1}}}=0.77$$

# 四、自测题

## (一) 自测题 1

### Ⅰ. 选择题

1. 下列不属于二次电池的是 ························ (　　)

(A) 铅蓄电池　　(B) 硅太阳能电池

(C) 锂离子电池　　(D) 镉–镍电池

2. 电池在恒温恒压及可逆情况下放电, 则其与环境的热交换为 ·············· (　　)

(A) $\Delta_r H$　　(B) $T\Delta_r S$

(C) 一定为零　　(D) 与 $\Delta_r H$ 与 $T\Delta_r S$ 均无关

3. 通电于含有相同浓度的 $Fe^{2+}$, $Ca^{2+}$, $Zn^{2+}$, $Cu^{2+}$ 的电解质溶液, 已知:

$$\varphi^{\ominus}_{Fe^{2+}\,|\,Fe} = -0.447\ \mathrm{V} \qquad \varphi^{\ominus}_{Ca^{2+}\,|\,Ca} = -2.868\ \mathrm{V}$$

$$\varphi^{\ominus}_{Zn^{2+}\,|\,Zn} = -0.7618\ \mathrm{V} \qquad \varphi^{\ominus}_{Cu^{2+}\,|\,Cu} = 0.3419\ \mathrm{V}$$

当不考虑超电势时, 在电极上金属析出的次序是 ······················ (　　)

(A) Cu→Fe→Zn→Ca　　(B) Ca→Zn→Fe→Cu

(C) Ca→Fe→Zn→Cu　　(D) Ca→Cu→Zn→Fe

4. 电解时, 在阳极上首先发生氧化作用而放电的是 ···················· (　　)

(A) 标准还原电势最大者

(B) 标准还原电势最小者

(C) 考虑极化后, 实际上的不可逆还原电势最大者

(D) 考虑极化后, 实际上的不可逆还原电势最小者

5. 用铜电极电解 $0.1\ \mathrm{mol\cdot kg^{-1}}$ 的 $CuCl_2$ 水溶液, 阳极上的反应为 ·············· (　　)

(A) $2Cl^- \longrightarrow Cl_2 + 2e^-$　　(B) $Cu \longrightarrow Cu^{2+} + 2e^-$

(C) $Cu \longrightarrow Cu^+ + e^-$　　(D) $2OH^- \longrightarrow H_2O + \frac{1}{2}O_2 + 2e^-$

6. 当电池的电压小于它的开路电动势时, 则表示电池在 ··················· (　　)

(A) 放电　　(B) 充电

(C) 没有工作　　(D) 交替地充放电

7. 金属活性排在 $H_2(g)$ 之前的金属离子, 如 $Na^+$ 能优先于 $H^+$ 在汞阴极上析出, 这是由于 ··································· (　　)

(A) $\varphi^{\ominus}_{Na^+\,|\,Na} < \varphi^{\ominus}_{H^+\,|\,H_2}$

(B) $\eta_{Na} > \eta_{H_2}$

(C) $\varphi_{Na^+\,|\,Na} < \varphi_{H^+\,|\,H_2}$

(D) $H_2$ 在汞上析出有很大的超电势, 以至于 $\varphi_{Na^+\,|\,Na} > \varphi_{H^+\,|\,H_2}$

8. 下列对铁表面防腐方法中属于 "电化保护"的是 ……………………………………………… (　　)

(A) 表面喷漆　　　　(B) 电镀

(C) Fe 表面上镶嵌 Zn 块　　　　(D) 加缓蚀剂

9. 当发生极化现象时, 两电极的电极电势将发生如下变化 ……………………………………… (　　)

(A) $\varphi_{平衡,阳} > \varphi_{阳}$; $\varphi_{平衡,阴} > \varphi_{阴}$　　　　(B) $\varphi_{平衡,阳} < \varphi_{阳}$; $\varphi_{平衡,阴} > \varphi_{阴}$

(C) $\varphi_{平衡,阳} < \varphi_{阳}$; $\varphi_{平衡,阴} < \varphi_{阴}$　　　　(D) $\varphi_{平衡,阳} > \varphi_{阳}$; $\varphi_{平衡,阴} < \varphi_{阴}$

10. 用铜电极电解 $CuCl_2$ 的水溶液, 在阳极上会发生 ……………………………………………… (　　)

(A) 析出氧气　　　　(B) 析出氯气

(C) 析出铜　　　　(D) 铜电极溶解

11. 二次电池在充电和放电时电极反应刚好相反, 因此, 充电与放电时, 电极的极性——正极和负极、阴极和阳极——的关系为 …………………………………………………………………………… (　　)

(A) 正极、负极相同, 阴极和阳极相反

(B) 正极、负极相同, 阴极和阳极也相同

(C) 正极、负极相反, 阴极和阳极相同

(D) 正极、负极相反, 阴极和阳极也相反

12. Tafel 公式 $\eta = a + b\ln(j/[j])$ 的适用范围是 …………………………………………………… (　　)

(A) 仅限于氢超电势

(B) 仅限于 $j \to 0$, 电极电势稍有偏差的情况

(C) 仅限于阴极超电势, 可以是析出氢, 也可以是其他

(D) 可以是阴极超电势, 也可以是阳极超电势

13. 在电极尺寸和外加电压都相同的情况下, 分别用 (1) 汞电极, (2) 铁电极, (3) 光亮铂电极, (4) 镀有铂黑的铂电极电解水制备氢气, 反应速率大小次序为 ……………………………… (　　)

(A) (1) > (2) > (3) > (4)　　　　(B) (3) > (1) > (2) > (4)

(C) (2) > (1) > (4) > (3)　　　　(D) (4) > (3) > (2) > (1)

14. 在还原性酸性溶液中, Zn 的腐蚀速度较 Fe 为小, 其原因是 ………………………… (　　)

(A) $\varphi_{Zn^{2+}|Zn_{(平衡)}} < \varphi_{Fe^{2+}|Fe_{(平衡)}}$　　　　(B) $\varphi_{Zn^{2+}|Zn} < \varphi_{Fe^{2+}|Fe}$

(C) $\varphi_{H^+|H_{2(平衡,Zn)}} < \varphi_{H^+|H_{2(平衡,Fe)}}$　　　　(D) $\varphi_{H^+|H_{2(Zn)}} < \varphi_{H^+|H_{2(Fe)}}$

15. 下列示意图描述了原电池和电解池中电极的极化规律, 其中表示电解池阴极的是 ·· (　　)

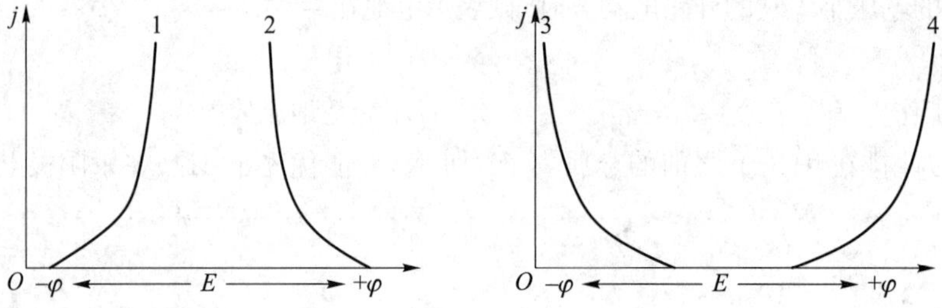

(A) 曲线 1　　(B) 曲线 2　　(C) 曲线 3　　(D) 曲线 4

Ⅱ. 填空题

1. 电解工业中, 为了衡量一个产品的经济指标, 需要计算电流效率, 它指的是______________________________。

2. 电解 $HNO_3$, $H_2SO_4$, NaOH, $NH_3{\cdot}H_2O$, 其理论分解电压均为 1.23 V。其原因是______________________________。

3. 铜板上有一些铁的铆钉, 长期暴露在潮湿的空气中, 在____________部位特别容易生锈。

4. 超电势测量采用的是三电极体系, 即研究电极、辅助电极和参比电极, 其中辅助电极的作用是______________, 参比电极的作用是______________。

5. 某含有 $Ag^+$, $Ni^{2+}$, $Cd^{2+}$(活度均为 1) 的 pH = 2 的溶液, 电解时, $H_2$ 与各金属在阴极析出的先后顺序为__________、__________、__________、__________。(已知 $\varphi^{\ominus}_{Ag^+|Ag} = 0.7996$ V, $\varphi^{\ominus}_{Ni^{2+}|Ni} = -0.257$ V, $\varphi^{\ominus}_{Cd^{2+}|Cd} = -0.403$ V, $H_2(g)$ 在 Ag 上超电势 $\eta = 0.20$ V, 在 Ni 上 $\eta = 0.24$ V, 在 Cd 上 $\eta = 0.30$ V。)

6. (1) 设阳极和阴极的超电势均为 0.7 V, 还原电势均为 1.20 V, 则阳极电势等于____________, 阴极电势等于______________。(2) 电池充电时, 充电电压比平衡电动势______________(填入 “高”、“低” 或 “相等”) 。

7. 电化学中极化是____________________________________________的现象, 极化主要有______________________, ______________________。超电势是____________________。

Ⅲ. 计算题

1. 试计算在 Fe(s) 电极上, 自 1 $mol{\cdot}kg^{-1}$ KOH 水溶液中, 每小时电解出氢气 100 $mg{\cdot}cm^{-2}$ 时应维持的电势 (氢标)。已知 Tafel 公式中 $a = -0.76$ V, $b = -0.11$ V。

2. 在 25 ℃ 时, 用铜片作阴极, 石墨作阳极, 对中性的 0.1 $mol{\cdot}dm^{-3}$ $CuCl_2$ 溶液进行电解。若电流密度为 10 $mA{\cdot}cm^{-2}$, 试通过计算问答:

(1) 在阴极上首先析出什么物质? 已知在电流密度为 10 $mA{\cdot}cm^{-2}$ 时, 氢在铜电极上的超电势为 0.584 V。

(2) 在阳极上析出什么物质? 已知氧气在石墨电极上的超电势为 0.896 V。假定氯气在石墨电极上的超电势可忽略不计。已知 $\varphi^{\ominus}_{Cu^{2+}|Cu} = 0.3419$ V, $\varphi^{\ominus}_{Cl_2|Cl^-} = 1.35827$ V, $\varphi^{\ominus}_{O_2|OH^-} = 0.401$ V。

3. 在 298 K , 标准压力 $p^{\ominus}$ 下, 某混合溶液中, $CuSO_4$ 的质量摩尔浓度为 0.50 $mol{\cdot}kg^{-1}$, $H_2SO_4$ 的质量摩尔浓度为 0.01 $mol{\cdot}kg^{-1}$, 用铂电极进行电解, 首先铜沉积到 Pt(s) 上。若 $H_2(g)$ 在 Cu(s) 上的超电势为 0.23 V, 问当外加电压增加到有 $H_2(g)$ 在电极上析出时, 溶液中所余 $Cu^{2+}$ 的质量摩尔浓度为多少 (设活度因子均为 1, $H_2SO_4$ 作一级解离处理)? 已知 $\varphi^{\ominus}_{Cu^{2+}|Cu} = 0.3419$ V 。

4. 氢在铁电极上超电势为 0.35 V, 阴极区电解液中二价铁离子活度 $a = 0.8$, 电解时不希望 $H_2$ 在电极上析出, 问溶液中 pH 最低需要保持多少? (设温度为 298 K , $\varphi^{\ominus}_{Fe^{2+}|Fe} = -0.447$ V。)

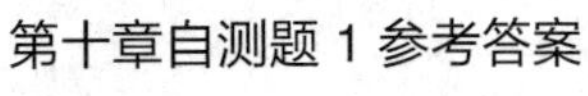

第十章自测题 1 参考答案

## (二) 自测题 2

### Ⅰ. 选择题

1. 298 K 时, 在 0.1 $\mathrm{mol\cdot dm^{-3}}$ HCl 溶液中, 氢电极的热力学电势为 −0.06 V, 电解此溶液时, 氢在铜电极上的析出电势 $\varphi_{\mathrm{H_2}}$ 为 ························ (　　)

(A) 大于 −0.06 V　　(B) 等于 −0.06 V

(C) 小于 −0.06 V　　(D) 不能判定

2. 对于 Tafel 公式 $\eta = a + b\ln(j/[j])$, 下列叙述**不正确**的是 ························ (　　)

(A) 可适用于 $H_2(g)$, $O_2(g)$ 在作为阴极或者阳极的金属电极上析出

(B) 气体析出的超电势与温度无关

(C) Tafel 公式中的 $a$ 是单位电流密度下气体的超电势, 与电极材料关系很大

(D) Tafel 公式中的 $b$ 对于大多数金属是常数, $b \approx 0.050$ V

3. 电解时, 在阳极上首先发生氧化作用而放电的是 ························ (　　)

(A) 标准还原电势最大者

(B) 标准还原电势最小者

(C) 考虑极化后, 实际上的不可逆还原电势最大者

(D) 考虑极化后, 实际上的不可逆还原电势最小者

4. 一贮水铁箱上被腐蚀了一个洞, 今用一金属片焊接在洞外面以堵漏, 为了延长铁箱的寿命, 选用哪种金属片为好? ························ (　　)

(A) 铜片　　(B) 铁片　　(C) 镀锡铁片　　(D) 锌片

5. 极谱分析仪所用的测量阴极为 ························ (　　)

(A) 理想可逆电极　　(B) 难极化电极

(C) 电化学极化电极　　(D) 浓差极化电极

6. 下列对铁表面防腐方法中不属于 “电化保护” 的是 ························ (　　)

(A) 电镀　　(B) 阳极钝化

(C) Fe 表面上镶嵌 Zn 块　　(D) 阴极电保护

7. 电解金属盐的水溶液时, 在阴极上 ························ (　　)

(A) 还原电势越正的粒子越容易析出

(B) 还原电势与其超电势之代数和越正的粒子越容易析出

(C) 还原电势越负的粒子越容易析出

(D) 还原电势与其超电势之和越负的粒子越容易析出

8. 电解混合电解液时, 有一种电解质可以首先析出, 它的分解电压等于下列差值中的哪一个? (式中 $\varphi_{平}$ , $\varphi_{阴}$ 和 $\varphi_{阳}$ 分别代表电极的可逆电极电势和阴、阳极的实际析出电势。) ······ (　　)

(A) $\varphi_{平,阳} - \varphi_{平,阴}$　　(B) $\varphi_{阳} + \varphi_{阴}$

(C) $\varphi_{阳(最小)} - \varphi_{阴(最大)}$　　(D) $\varphi_{阳(最大)} - \varphi_{阴(最小)}$

9. 以石墨为阳极, 电解 0.01 $\mathrm{mol\cdot kg^{-1}}$ NaCl 溶液, 在阳极上首先析出 ························ (　　)

(A) $Cl_2$　　(B) $O_2$

(C) $Cl_2$ 与 $O_2$ 混合气体　　(D) 无气体析出

10. 25 ℃ 时, $H_2$(g) 在锌上的超电势为 0.7 V, $\varphi^{\ominus}_{Zn^{2+}|Zn} = -0.762$ V, 电解一含有 $Zn^{2+}(a = 0.01)$ 的溶液, 为了不使 $H_2$(g) 析出, 溶液的 pH 至少应控制在 …………………………… (　)

(A) pH > 2.05　　(B) pH > 2.72

(C) pH > 7.10　　(D) pH > 8.02

11. 用铜电极电解 $CuCl_2$ 的水溶液, 在阴极上会发生 …………………………… (　)

(A) 析出氧气　　(B) 析出氯气

(C) 析出铜　　(D) 铜电极溶解

12. 298 K, 101.325 kPa 下, 以 1 A 的电流电解 $CuSO_4$ 溶液, 析出 0.1 mol 铜, 需要的时间大约是 …………………………… (　)

(A) 20.2 h　　(B) 5.4 h　　(C) 2.7 h　　(D) 1.5 h

13. 二次电池在充电和放电时电极反应刚好相反, 因此, 充电与放电时, 电极的极性——正极和负极、阴极和阳极——的关系为 …………………………… (　)

(A) 正极、负极相同, 阴极和阳极相反　　(B) 正极、负极相同, 阴极和阳极也相同

(C) 正极、负极相反, 阴极和阳极相同　　(D) 正极、负极相反, 阴极和阳极也相反

14. 在氯碱工业中电解氯化钠水溶液, 为避免氧气直接析出采取的措施为 ………… (　)

(A) 增加 NaCl 浓度　　(B) 增加氧气的分压

(C) 选用流动汞作为阴极　　(D) 选用石墨为阳极

15. 下列说法**错误**的是 …………………………… (　)

(A) 电解时随着电流密度的增大, 两电极上的超电势也增大

(B) 由于极化, 使原电池的做功能力下降

(C) 阳极上由于超电势使电极电势变大, 阴极上由于超电势使电极电势变小

(D) 电解时在阳极上首先发生氧化作用而析出的是, 考虑极化后实际上的不可逆还原电势最大者

## Ⅱ. 填空题

1. 从理论上分析电解时的分解电压, $E_{分解} =$ ____________________。而且随电流强度 $I$ 的增加而 ________________。

2. 酸性介质的氢–氧燃料电池, 其正极反应为 ________________________________________, 负极反应为 ____________________________。

3. 将一铅酸蓄电池在 10.0 A 电流下充电 1.5 h, 则 $PbSO_4$ 分解的质量为 ________________。(已知 $M_{PbSO_4} = 303\ g\cdot mol^{-1}$)

4. 电池放电时, 随电流密度增加阳极电势变 __________, 阴极电势变 __________, 正极电势变 __________, 负极电势变 __________。

5. 电池 $Pb(s)\,|\,H_2SO_4(m)\,|\,PbO_2(s)$, 作为原电池时, 负极是 __________, 正极是 __________; 作为电解池时, 阳极是 __________, 阴极是 __________。

6. 以 Cu 为电极, 电解 1 $\mathrm{mol\cdot dm^{-3}}$ $CuSO_4$ 溶液 (pH=3), 则在阴极上的电极反应____________________________, 阳极上的电极反应______________。已知 $H_2(g)$ 在 Cu 电极上的 $\eta = 0.5$ V, $\varphi^{\ominus}_{\mathrm{Cu^{2+}|Cu}} = 0.3419$ V, $O_2(g)$ 在 Cu 电极上的 $\eta = 0$ V, $\varphi^{\ominus}_{\mathrm{O_2|H^+,H_2O}} = 1.229$ V。

**Ⅲ. 计算题**

1. 将 10 g 硝基苯还原为苯胺, 理论上需要多少电荷量? 若电解槽电压为 2 V, 需消耗多少电能? 已知 $M_{\mathrm{C_6H_5NO_2}} = 123.113\ \mathrm{g\cdot mol^{-1}}$。

2. 在锌电极上析出氢气的 Tafel 公式为 $\eta/\mathrm{V} = 0.72 + 0.116\lg[j/(\mathrm{A\cdot cm^{-2}})]$, 在 298 K 时, 用 Zn 作阴极, 惰性物质作阳极, 电解 0.1 $\mathrm{mol\cdot kg^{-1}}$ $ZnSO_4$ 溶液, 设溶液 pH=7, 要使 $H_2$ 不和锌同时析出, 应控制什么条件? 已知 $\varphi^{\ominus}_{\mathrm{Zn^{2+}|Zn}} = -0.7618$ V。

3. 在 298 K 时, 使下述电解池发生电解作用:

$$\mathrm{Pt(s)\,|\,CdCl_2(1.0\ mol\cdot kg^{-1}),\ NiSO_4(1.0\ mol\cdot kg^{-1})\,|\,Pt(s)}$$

试问当外加电压逐渐增加时, 两电极上首先发生什么反应? 这时外加电压至少为若干? (设活度因子均为 1。) 已知 $\varphi^{\ominus}_{\mathrm{Cd^{2+}|Cd}} = -0.4030$ V, $\varphi^{\ominus}_{\mathrm{Ni^{2+}|Ni}} = -0.257$ V, $\varphi^{\ominus}_{\mathrm{Cl_2|Cl^-}} = 1.35827$ V, $\varphi^{\ominus}_{\mathrm{O_2|OH^-}} = 0.401$ V。

4. 在298 K, $p^{\ominus}$ 时, 电解含有 $Ag^+(a = 0.05)$, $Fe^{2+}(a = 0.01)$, $Cd^{2+}(a = 0.001)$, $Ni^{2+}(a = 0.1)$ 和 $H^+$ ($a = 0.001$, 并设不随电解进行而变化) 的混合溶液, 又已知 $H_2(g)$ 在 Ag(s), Ni(s), Fe(s) 和 Cd(s) 上的超电势分别为 0.20 V, 0.24 V, 0.18 V 和 0.30 V。当外加电压从零开始逐渐增加时, 试通过计算说明在阴极上析出物质的顺序。已知 $\varphi^{\ominus}_{\mathrm{Ag^+|Ag}} = 0.7996$ V, $\varphi^{\ominus}_{\mathrm{Fe^{2+}|Fe}} = -0.447$ V, $\varphi^{\ominus}_{\mathrm{Cd^{2+}|Cd}} = -0.4030$ V, $\varphi^{\ominus}_{\mathrm{Ni^{2+}|Ni}} = -0.257$ V。

第十章自测题 2 参考答案

# 第十一章　化学动力学基础（一）

本章主要公式和内容提要

## 一、复习题及解答

**11.1**　根据质量作用定律, 写出下列基元反应的反应速率表示式 (试用各种物质分别表示)。

(1) $A + B \xlongequal{\quad} 2P$

(2) $2A + B \xlongequal{\quad} 2P$

(3) $A + 2B \xlongequal{\quad} P + 2S$

(4) $2Cl + M \xlongequal{\quad} Cl_2 + M$

**答**: (1) $r_1 = -\dfrac{d[A]}{dt} = -\dfrac{d[B]}{dt} = \dfrac{1}{2}\dfrac{d[P]}{dt} = k_2[A][B]$

(2) $r_2 = -\dfrac{1}{2}\dfrac{d[A]}{dt} = -\dfrac{d[B]}{dt} = \dfrac{1}{2}\dfrac{d[P]}{dt} = k_3[A]^2[B]$

(3) $r_3 = -\dfrac{d[A]}{dt} = -\dfrac{1}{2}\dfrac{d[B]}{dt} = \dfrac{d[P]}{dt} = \dfrac{1}{2}\dfrac{d[S]}{dt} = k_3[A][B]^2$

(4) $r_4 = -\dfrac{1}{2}\dfrac{d[Cl]}{dt} = -\dfrac{d[M]}{dt} = \dfrac{d[Cl_2]}{dt} = \dfrac{d[M]}{dt} = k_3[Cl]^2[M]$

**11.2**　零级反应是否是基元反应? 具有简单级数的反应是否一定是基元反应? 反应 $Pb(C_2H_5)_4 \xlongequal{\quad} Pb + 4C_2H_5$ 是否可能为基元反应?

**答**: 零级反应不可能是基元反应, 因为没有零分子反应。一般是由于总反应机理中的决速步与反应物的浓度无关, 所以对反应物呈现零级反应的特点。零级反应一般出现在表面催化反应中, 决速步是被吸附分子在表面上发生反应, 与反应物的浓度无关, 反应物通常总是过量的。

基元反应一定具有简单反应级数, 但具有简单级数的反应不一定是基元反应, 如 $H_2(g) + I_2(g) \longrightarrow 2HI(g)$ 是二级反应, 但是一个复杂反应。

反应 $Pb(C_2H_5)_4 \longrightarrow Pb + 4C_2H_5$ 不可能是基元反应。根据微观可逆性原理, 正、逆反应必须遵循相同的途径。基元反应最多只有三分子反应, 现在逆反应有五个分子, 所以逆反应不可能是基元反应, 则正反应也不可能是基元反应。

**11.3** 在气相反应动力学中,往往可以用压力来代替浓度,若反应$a\mathrm{A} \longrightarrow \mathrm{P}$ 为 $n$ 级反应,当 $k_p$ 是以压力表示的反应速率常数,$p_\mathrm{A}$ 是 A 的分压,所有气体可看作理想气体时,试证明:$k_p = k_c(RT)^{1-n}$。

**答**:设反应为

$$a\mathrm{A} \longrightarrow \mathrm{P}$$

$$r_c = -\frac{1}{a}\frac{\mathrm{d}[\mathrm{A}]}{\mathrm{d}t} = k_c[\mathrm{A}]^n \tag{a}$$

$$r_p = -\frac{1}{a}\frac{\mathrm{d}p_\mathrm{A}}{\mathrm{d}t} = k_p p_\mathrm{A}^n \tag{b}$$

式中 [A] 代表 A 的浓度。若 A 是理想气体,则有

$$[\mathrm{A}] = \frac{p_\mathrm{A}}{RT} \qquad \frac{\mathrm{d}[\mathrm{A}]}{\mathrm{d}t} = \frac{1}{RT}\frac{\mathrm{d}p_\mathrm{A}}{\mathrm{d}t}$$

式中 $p_\mathrm{A}$ 是 A 的分压,代入速率方程 (a) 得

$$-\frac{1}{a}\frac{\mathrm{d}[\mathrm{A}]}{\mathrm{d}t} = -\frac{1}{a}\frac{1}{RT}\frac{\mathrm{d}p_\mathrm{A}}{\mathrm{d}t} = k_c\left(\frac{p_\mathrm{A}}{RT}\right)^n$$

与式 (b) 对比得

$$-\frac{1}{a}\frac{\mathrm{d}p_\mathrm{A}}{\mathrm{d}t} = k_c\left(\frac{p_\mathrm{A}}{RT}\right)^n RT = k_p p_\mathrm{A}^n$$

所以

$$k_p = k_c(RT)^{1-n}$$

**11.4** 对于一级反应,列式表示当反应物反应掉 $\frac{1}{n}$ 所需要的时间 $t$。试证明一级反应的转化率分别达到 50%, 75%, 87.5% 时所需的时间分别为 $t_{1/2}$, $2t_{1/2}$, $3t_{1/2}$。

**答**:对于一级反应,其定积分的一种形式为

$$t = \frac{1}{k_1}\ln\frac{1}{1-y}$$

现在 $y = \frac{1}{n}$,则需要时间的表示式为

$$t_{\frac{n-1}{n}} = \frac{1}{k_1}\ln\frac{1}{1-\frac{1}{n}} = \frac{1}{k_1}\ln\frac{n}{n-1}$$

当 $y = 0.5$ 时: $t_{1/2} = \frac{1}{k_1}\ln\frac{1}{1-\frac{1}{2}} = \frac{\ln 2}{k_1}$

当 $y = 0.75$ 时: $t_{3/4} = \frac{1}{k_1}\ln\frac{1}{1-\frac{3}{4}} = \frac{\ln 4}{k_1} = 2\times\frac{\ln 2}{k_1} = 2t_{1/2}$

当 $y = 0.875$ 时: $t_{7/8} = \frac{1}{k_1}\ln\frac{1}{1-\frac{7}{8}} = \frac{\ln 8}{k_1} = 3\times\frac{\ln 2}{k_1} = 3t_{1/2}$

**11.5** 对于反应 $\mathrm{A} \longrightarrow \mathrm{P}$,若 A 反应掉 $\frac{3}{4}$ 所需时间为 A 反应掉 $\frac{1}{2}$ 所需时间的 3 倍,该反应是几级反应?若 A 反应掉 $\frac{3}{4}$ 所需时间为 A 反应掉 $\frac{1}{2}$ 所需时间的 5 倍,该反应又是几级反应?

试用计算式说明。

答: 前者是二级反应, 后者是三级反应。

在推导 $n$ 级反应时间与浓度的关系式, 得到如下一般式:

$$t = \frac{(a-x)^{1-n} - a^{1-n}}{k(n-1)}$$

对于二级反应, 当 $x = \frac{1}{2}a$ 时, 时间为 $t_{1/2}$, 当 $x = \frac{3}{4}a$, 时间为 $t_{3/4}$, 分别代入上式, 得

$$t_{1/2} = \frac{\left(a - \frac{1}{2}a\right)^{1-2} - a^{1-2}}{k(2-1)} = \frac{1}{ka} \qquad t_{3/4} = \frac{\left(a - \frac{3}{4}a\right)^{1-2} - a^{1-2}}{k(2-1)} = \frac{3}{ka}$$

所以, 对于二级反应, 有 $t_{3/4} = 3t_{1/2}$; 同理, 对于三级反应, $t_{3/4} = 5t_{1/2}$。

**11.6** 某一反应进行完全所需时间是有限的, 且等于 $\frac{c_0}{k}$ ($c_0$ 为反应物起始浓度), 则该反应是几级反应?

答: 零级, 这是零级反应的特征。

**11.7** 零级反应、一级反应和二级反应各有哪些特征? 平行反应、对峙反应和连续反应又有哪些特征?

答: 零级反应、一级反应和二级反应的特征如下表所示。

| 反应级数 | 定义 | 特征 |
| --- | --- | --- |
| 零级反应 | 反应速率方程中, 反应物浓度项不出现, 即反应速率与反应物浓度无关, 这种反应称为零级反应 | (1) 速率常数 $k$ 的单位为 [浓度][时间]$^{-1}$<br>(2) 半衰期与反应物起始浓度成正比: $t_{1/2} = \frac{a}{2k_0}$<br>(3) $x$ 与 $t$ 成线性关系 |
| 一级反应 | 反应速率只与反应物浓度的一次方成正比的反应称为一级反应 | (1) 速率常数 $k$ 的单位为 [时间]$^{-1}$, 时间 $t$ 可以是秒 (s)、分 (min)、小时 (h)、天 (d) 和年 (a) 等<br>(2) 半衰期 $t_{1/2}$ 是一个与反应物起始浓度无关的常数: $t_{1/2} = \frac{\ln 2}{k_1}$<br>(3) $\ln(a-x)$ 与 $t$ 成线性关系 |
| 二级反应 | 反应速率方程中, 浓度项的指数和等于 2 的反应称为二级反应 | (1) 速率常数 $k$ 的单位为 [浓度]$^{-1}$[时间]$^{-1}$<br>(2) 半衰期与反应物起始浓度成反比: $t_{1/2} = \frac{1}{k_2 a}$<br>(3) $\frac{1}{a-x}$ 与 $t$ 成线性关系 |

平行反应、对峙反应和连续反应的特征如下表所示。

| 反应类型 | 定义 | 特征 |
| --- | --- | --- |
| 平行反应 | 相同反应物同时进行若干个不同的反应称为平行反应 | (1) 平行反应的总速率等于各平行反应速率之和<br>(2) 速率方程的微分式和积分式与同级的简单反应的速率方程相似, 只是速率常数为各个平行反应速率常数的和 |

续表

| 反应类型 | 定义 | 特征 |
|---|---|---|
| | | (3) 当各产物的起始浓度为零时, 在任一瞬间, 各产物浓度之比等于速率常数之比: $\frac{k_1}{k_2}=\frac{x_1}{x_2}$, 若各平行反应的级数不同, 则无此特点<br>(4) 用合适的催化剂可以改变某一反应的速率, 从而提高主反应产物的产量<br>(5) 用改变温度的办法, 可以改变产物的相对含量。活化能高的反应, 速率常数随温度的变化率也大: $\frac{\mathrm{d}\ln k}{\mathrm{d}T}=\frac{E_\mathrm{a}}{RT^2}$ |
| 对峙反应 | 在正、逆两个方向同时进行的反应称为对峙反应, 俗称可逆反应 | (1) 净速率等于正、逆反应速率之差值<br>(2) 达到平衡时, 反应净速率等于零<br>(3) 正、逆反应速率常数之比等于平衡常数 $K=k_\mathrm{f}/k_\mathrm{b}$<br>(4) 在 $c\sim t$ 图上, 达到平衡后, 反应物和产物的浓度不再随时间而改变 |
| 连续反应 | 有很多化学反应是经过连续几步才完成的, 前一步生成物中的一部分或全部作为下一步反应的部分或全部反应物, 依次连续进行, 这种反应称为连续反应或连串反应 | (1) 当其中某一步反应的速率很慢, 就将它的速率近似作为整个反应的速率, 这个慢步骤称为连续反应的速率决定步骤<br>(2) 因为中间产物既是前一步反应的生成物, 又是后一步反应的反应物, 它的浓度有一个先增后减的过程, 中间会出现一个极大值 |

**11.8** 某总包反应速率常数 $k$ 与各基元反应速率常数的关系为 $k=k_2\left(\frac{k_1}{2k_4}\right)^{1/2}$, 则该反应的表观活化能 $E_\mathrm{a}$ 和指前因子与各基元反应活化能和指前因子的关系如何?

答: $E_\mathrm{a}=E_{\mathrm{a},2}+\frac{1}{2}(E_{\mathrm{a},1}-E_{\mathrm{a},4})$; $A=A_2\left(\frac{A_1}{2A_4}\right)^{1/2}$

**11.9** 某定容基元反应的热效应为 100 $\mathrm{kJ\cdot mol^{-1}}$, 则该正反应的实验活化能 $E_\mathrm{a}$ 值将大于、等于还是小于 100 $\mathrm{kJ\cdot mol^{-1}}$? 或是不能确定? 如果反应热效应为 $-100\ \mathrm{kJ\cdot mol^{-1}}$, 则 $E_\mathrm{a}$ 值又将如何?

答: 对于吸热反应, $E_\mathrm{a}\geqslant 100\ \mathrm{kJ\cdot mol^{-1}}$; 对于放热反应, $E_\mathrm{a}$ 值无法确定。

**11.10** 某反应的 $E_\mathrm{a}$ 值为 190 $\mathrm{kJ\cdot mol^{-1}}$, 加入催化剂后活化能降为 136 $\mathrm{kJ\cdot mol^{-1}}$。设加入催化剂前后指前因子 $A$ 值保持不变, 则在 773 K 时, 加入催化剂后反应的速率常数是原来的多少倍?

答: 根据 Arrhenius 经验式 $k=A\mathrm{e}^{-E_\mathrm{a}/RT}$, 设加入催化剂后反应的速率常数为 $k_2$, 未加催化剂的速率常数为 $k_1$, 代入相应的数据后相比, 得

$$\ln\frac{k_2}{k_1}=-\frac{(E_{\mathrm{a},2}-E_{\mathrm{a},1})}{RT}=-\frac{(136-190)\ \mathrm{kJ\cdot mol^{-1}}}{8.314\ \mathrm{J\cdot mol^{-1}\cdot K}\times 773\ \mathrm{K}}=8.40$$

$$\frac{k_2}{k_1}=4458$$

可见, 加入催化剂可以明显提高反应速率。

**11.11** 根据 van′t Hoff 经验规则: 温度每升高 10 K, 反应速率增加到原来的 $2\sim 4$ 倍。在 $298\sim 308$ K 温度区间内, 服从此规则的化学反应的活化能 $E_\mathrm{a}$ 值的范围为多少? 为什么有的反应温度升高, 反应速率反而下降?

**答**: 因为活化能的定义可表示为　　$E_a = RT^2 \dfrac{\mathrm{d}\ln k}{\mathrm{d}T}$

当取温度的平均值为 303 K, $\dfrac{\mathrm{d}\ln k}{\mathrm{d}T} = \dfrac{\ln 2}{10}$ 时, $E_a = 52.9\ \mathrm{kJ\cdot mol^{-1}}$。同理, 当 $\dfrac{\mathrm{d}\ln k}{\mathrm{d}T} = \dfrac{\ln 4}{10}$ 时, $E_a = 105.8\ \mathrm{kJ\cdot mol^{-1}}$。活化能大约处于此范围之内。

对于复杂反应, 如果有一步放出很多热, 大于决速步的活化能, 或激发态分子发生反应, 生成处于基态的产物, 表面上活化能是负值, 所以有负温度系数效应, 反应温度升高, 速率反而下降。这种反应不多, 一般与 NO 氧化反应有关。

**11.12**　某温度时, 有一气相一级反应 $A(g) \longrightarrow 2B(g) + C(g)$, 在恒温恒容下进行。设反应开始时, 各物质的浓度分别为 $a$, $b$, $c$, 气体总压力为 $p_0$, 经 $t$ 时间及当 A 完全分解时的总压力分别为 $p_t$ 和 $p_\infty$, 试证明该分解反应的速率常数为

$$k = \frac{1}{t}\ln\frac{p_\infty - p_0}{p_\infty - p_t}$$

**答**: 首先写出不同时刻各物质的压力:

$$\begin{array}{lccccl} & A(g) & \longrightarrow & 2B(g) & + C(g) & \\ t=0 & p_0 & & 0 & 0 & p_{总} = p_0 \\ t=t & p_A = p_0 - p & & 2p & p & p_t = p_0 + 2p \\ t=\infty & 0 & & 2p_0 & p_0 & p_\infty = 3p_0 \end{array}$$

$$r = -\frac{\mathrm{d}p_A}{\mathrm{d}t} = k_p p_A$$

$$p_A = p_0 - p = \frac{1}{3}p_\infty - \frac{1}{2}(p_t - p_0) = \frac{1}{3}p_\infty - \frac{1}{2}\left(p_t - \frac{1}{3}p_\infty\right) = \frac{1}{2}(p_\infty - p_t)$$

代入速率方程, 进行定积分:

$$\int_{\frac{1}{2}(p_\infty - p_0)}^{\frac{1}{2}(p_\infty - p_t)} -\frac{\mathrm{d}p_A}{p_A} = k\int_0^t \mathrm{d}t$$

$$k = \frac{1}{t}\ln\frac{p_\infty - p_0}{p_\infty - p_t}$$

**11.13**　已知平行反应 $A \xrightarrow{E_{a,1}} B$ 和 $A \xrightarrow{E_{a,2}} C$, 且 $E_{a,1} > E_{a,2}$, 为提高 B 的产量, 应采取什么措施?

**答**: 措施一: 选择合适的催化剂, 减小活化能 $E_{a,1}$, 加快生成 B 的反应;

措施二: 提高反应温度, 使 $k_1$ 的增加量大于 $k_2$ 的增加量, 使 B 的含量提高。

**11.14**　从反应机理推导速率方程时通常有哪几种近似方法? 各有什么适用条件?

**答**: 稳态近似法、平衡假设近似法、速控步近似法等。

稳态近似法: 假定反应进行一段时间后, 系统基本上处于稳态, 各中间产物的浓度可认为不随时间而变化, 这种近似处理的方法称为稳态近似法, 一般对浓度低、寿命短的活泼的中间产物 (如自由基) 可以采用稳态近似。

平衡假设近似法: 在一个含有对峙反应的连续反应中, 如果存在速控步, 则总反应速率及表观速率常数仅取决于速控步及其之前的平衡过程, 与速控步以后的各快反应无关。因速控步反应很慢, 可假定快速平衡反应不受其影响, 各正、逆向反应间的平衡关系仍然存在, 从而利用平衡常数及反应物浓度来求出中间产物的浓度, 这种处理方法称为平衡假设。

速控步近似法: 在连续反应中, 如果有某步很慢, 该步的速率基本上等于整个反应的速率, 则该慢步骤称为速率决定步骤, 简称速决步或速控步。

## 二、典型例题及解答

**例11.1** 400 K 时, 将 0.0125 mol A(g) 引入容积为 0.831 $dm^3$ 的真空容器中, 发生如下反应:

$$A(g) \longrightarrow B(g) + C(g)$$

经 1000 s 后, 测得容器内总压力为 90.0 kPa。实验发现 A(g) 的半衰期与它的起始压力无关。试计算在该温度下反应的速率常数和半衰期。

**解**: 求解反应速率常数和半衰期, 先要确定反应的级数。根据半衰期与起始反应物浓度无关, 就可以判断是一级反应。可以设反应气体为理想气体, 则速率方程可用压力表示, 这样计算就要方便得多。写出起始压力和 $t$ 时刻 (1000 s) 时的压力, 利用一级反应速率方程的定积分式可以得到 $k_p$ 的值。再根据一级反应的半衰期与速率常数的关系式计算半衰期。

根据题目已知条件, 有

$$\begin{array}{lcccc} & A(g) & \longrightarrow \quad B(g) & + \quad C(g) & \\ t=0 & p_A^0 & 0 & 0 & \\ t=1000\ s & p_A & p_A^0-p_A & p_A^0-p_A & p=2p_A^0-p_A \end{array}$$

式中 $p$ 是总压, 根据 $p=2p_A^0-p_A$, 则 $p_A=2p_A^0-p$。

容器内的起始压力为 $p_A^0$, 则

$$p_A^0=\frac{nRT}{V}=\frac{0.0125\ mol\times 8.314\ J\cdot mol^{-1}\cdot K^{-1}\times 400\ K}{0.831\times 10^{-3}\ m^3}=50.0\ kPa$$

$$p_A=2p_A^0-p=(2\times 50.0-90.0)\ kPa=10.0\ kPa$$

代入一级反应的定积分式:

$$k=\frac{1}{t}\ln\frac{a}{a-x}=\frac{1}{t}\ln\frac{p_A^0}{p_A}=\frac{1}{1000\ s}\times\ln\frac{50.0\ kPa}{10.0\ kPa}=1.61\times 10^{-3}\ s^{-1}$$

$$t_{1/2}=\frac{\ln 2}{k}=\frac{\ln 2}{1.61\times 10^{-3}\ s^{-1}}=431\ s$$

**例11.2** 某反应的计量方程为 $2\,A \longrightarrow B$。在反应足够长时间后, 反应物几乎全部可转化为产物。在不同时刻测定产物 B 的浓度随时间的变化数据如下:

| $t$/s | 0 | 600 | 1200 | 1800 | 2400 | $\infty$ |
|---|---|---|---|---|---|---|
| $c_B/(\mathrm{mol\cdot dm^{-3}})$ | 0 | 0.170 | 0.255 | 0.298 | 0.319 | 0.340 |

试确定该反应的级数。

**解**: 本题给出了化学反应的计量方程, 但我们是无法根据它来判断反应级数的。已知产物 B 在不同时刻的浓度。由于我们熟知简单反应速率方程, 通常是用反应物浓度表示的, 因此, 可以先从不同时刻产物 B 的浓度求出反应物 A 的浓度随时间的变化情况, 然后从数据找出某种特征来确定反应级数。本题数据的特征之一是测试间隔的时间相等, 因此可以利用积分法、作图法来确定反应级数。

根据产物 B 的浓度计算反应物 A 的起始浓度和各不同时刻的浓度:

$$c_A^0 = 2c_B^{\infty} = 2 \times 0.340\ \mathrm{mol\cdot dm^{-3}} = 0.680\ \mathrm{mol\cdot dm^{-3}}$$

$$c_A = c_A^0 - 2c_B$$

代入相应的 $c_B$ 值, 计算所得的 $c_A$ 值如下:

| $t$/s | 0 | 600 | 1200 | 1800 | 2400 | $\infty$ |
|---|---|---|---|---|---|---|
| $c_A/(\mathrm{mol\cdot dm^{-3}})$ | 0.680 | 0.340 | 0.170 | 0.085 | 0.043 | 0 |

本题可用以下四种解法来判断反应级数。

**解法 1**　因为测试间隔的时间相等, 试用一级反应的积分式进行尝试。

$$\ln\frac{c_A^0}{c_A} = kt \qquad \frac{c_A^0}{c_A} = \mathrm{e}^{kt}$$

当测试间隔时间相同时 ($t = 600$ s), $\mathrm{e}^{kt}$ 的值也相等, 则等式左边前、后两个浓度的比值应基本为一常数, 有

$$\frac{0.68}{0.34} = \frac{0.34}{0.17} = \frac{0.17}{0.085} = \frac{0.085}{0.043} = 2$$

说明该反应为一级反应。

**解法 2**　反应物 A 的浓度从 $c_A^0 = 0.680\ \mathrm{mol\cdot dm^{-3}}$ 下降一半 ($c_A = 0.340\ \mathrm{mol\cdot dm^{-3}}$) 耗时 600 s, 浓度再下降一半时 ($c_A = 0.170\ \mathrm{mol\cdot dm^{-3}}$) 又耗时 600 s, 所以符合半衰期为一常数的特征, 该反应是一级反应。

**解法 3**　用尝试法, 假设该反应为一级反应, 将实验数据依次代入一级反应的定积分式, 看速率常数是否为一常数。

$$k_1 = \frac{1}{t_1}\ln\frac{a}{a-x} = \frac{1}{600\ \mathrm{s}}\ln\frac{0.680}{0.340} = 1.16 \times 10^{-3}\ \mathrm{s^{-1}}$$

$$k_2 = \frac{1}{t_2}\ln\frac{a}{a-x} = \frac{1}{600\ \mathrm{s}}\ln\frac{0.340}{0.170} = 1.16 \times 10^{-3}\ \mathrm{s^{-1}}$$

同理, 得 $k_3 = 1.16 \times 10^{-3}\ \mathrm{s^{-1}}$, $k_4 = 1.16 \times 10^{-3}\ \mathrm{s^{-1}}$, 所得 $k$ 值为一常数, 所以这是一级反应。其实此方法与方法 1 是类似的。

**解法 4**　用作图法。以 $\ln c_A$ 对时间 $t$ 作图, 得一直线 (图略), 这符合一级反应的特点。若以

$\dfrac{1}{c_A}$ 对 $t$ 作图, 显然不可能得到直线。

由此可见, 判断反应级数可以用不同的方法, 关键要掌握具有简单级数反应的特点和相应的定积分式, 根据题目所给的条件, 选择最简捷的方法。

**例11.3** 500 ℃ 时, 将压力为 7.33 kPa 的乙胺气引入一箱真空箱, 其热解方程为

$$C_2H_5NH_2(g) \longrightarrow NH_3(g) + C_2H_4(g)$$

测定反应进程中容器压力的增加值如下, 求该反应的级数和速率常数。

| $t$/min | 0 | 4 | 8 | 20 | 30 | 40 |
|---|---|---|---|---|---|---|
| $\Delta p$/kPa | 0 | 2.27 | 3.87 | 6.27 | 6.93 | 7.18 |

**解**: 本题给出的实验数据是反应过程中不同时刻体系压力的增加值, 从这样的实验数据不容易判断反应是几级反应, 需要先将其转化为反应物在不同时刻的压力。首先写出反应物与产物在不同时刻压力的表达式, 然后根据已知条件计算不同时刻反应物 A 的压力, 从 A 的压力随时间的变化情况, 用尝试法或其他方法判断反应级数。

反应物与产物在不同时刻的量变化关系式为

$$\begin{array}{lccc} & C_2H_5NH_2(g) & \longrightarrow \quad NH_3(g) & + \quad C_2H_4(g) \\ & (A) & (B) & (C) \\ t=0 & p_A^0 & 0 & 0 \\ t=t & p_A = p_A^0 - \Delta p & \Delta p & \Delta p \end{array}$$

根据已知的不同时刻 $\Delta p$ 值计算对应的反应物 A 的压力, 数据如下:

| $t$/min | 0 | 4 | 8 | 20 | 30 | 40 |
|---|---|---|---|---|---|---|
| $p_A$/kPa | 7.33 | 5.06 | 3.46 | 1.06 | 0.40 | 0.15 |

以上 $p_A$ 随时间的变化值没有明显表示出反应级数的特点, 但从计量方程和时间间隔相等后的最后三组数据 (或前三组数据) 可看出, 该反应为一级反应的可能性很大, 则采用尝试法。

设反应为一级反应, 将实验数据代入一级反应定积分式, 看 $k$ 是否基本为常数。

$$k_1 = \frac{1}{t_1}\ln\frac{p_A^0}{p_A} = \frac{1}{4\ \text{min}} \times \ln\frac{7.33}{5.06} = 0.093\ \text{min}^{-1}$$

$$k_2 = \frac{1}{8\ \text{min}} \times \ln\frac{7.33}{3.46} = 0.094\ \text{min}^{-1}$$

同理, 计算得 $k_3 = 0.097\ \text{min}^{-1}$, $k_4 = 0.097\ \text{min}^{-1}$, $k_5 = 0.097\ \text{min}^{-1}$。速率常数 $k$ 基本为一常数, $\overline{k} = 0.096\ \text{min}^{-1}$, 该反应是一级反应。

一般动力学实验误差较大, 不能要求 $k$ 值完全相同, 基本一致就行。

**例11.4** 在一抽干的刚性容器中, 引入一定量纯气体 A(g), 发生如下反应:

$$A(g) \longrightarrow B(g) + 2\,C(g)$$

设反应能进行完全, 在 323 K 下恒温一定时间后开始计时, 测定系统的总压随时间的变化情况, 实

验数据如下:

| $t$/min | 0 | 30 | 50 | $\infty$ |
|---|---|---|---|---|
| $p_{\mathrm{A}}$/kPa | 53.33 | 73.33 | 80.00 | 106.66 |

求该反应的级数及速率常数。

**解**: 本题的计时是在恒温一定时间后开始的, 因此, 在计时开始时反应已经发生, 不能把 0 时刻的 53.33 kPa 当作反应物的起始压力。题目给出的是容易测定的总压, 此时仍需要先写出反应物、产物的在不同时刻的压力关系式, 算出反应物 A 的起始压力和不同时刻的压力, 再用尝试法判断并计算反应级数。

首先写出在不同时刻物料量之间的关系, 设 $t$ 时刻 A 的压力为 $p$, 则

$$\begin{array}{llccll} & \mathrm{A(g)} & \longrightarrow \quad \mathrm{B(g)} & + \quad 2\,\mathrm{C(g)} & & \\ t=0 & p_0 & p' & 2p' & p_{\text{总}}=p_0+3p'=53.33\ \mathrm{kPa} & \text{(a)} \\ t=t & p & (p_0-p)+p' & 2(p_0-p)+2p' & p_{\text{总}}=3(p_0+p')-2p & \text{(b)} \\ t=\infty & 0 & p_0+p' & 2p_0+2p' & p_{\text{总}}=p_\infty=3(p_0+p')=106.66\ \mathrm{kPa} & \text{(c)} \end{array}$$

由式 (c) 和式 (a) 联立解得　　$p_0=26.67\ \mathrm{kPa}$

将式 (c) 代入式 (b) 并整理得不同时刻的压力关系:　　$p=\dfrac{p_\infty-p_{\text{总}}}{2}$

解得　　$t=30\ \mathrm{min}$　　$p_{\text{总}}=73.33\ \mathrm{kPa}$　　$p=16.67\ \mathrm{kPa}$

　　　　$t=50\ \mathrm{min}$　　$p_{\text{总}}=80.00\ \mathrm{kPa}$　　$p=13.33\ \mathrm{kPa}$

采用尝试法, 将上述结果代入二级反应动力学方程:

$$k_p=\frac{1}{t}\left(\frac{1}{p}-\frac{1}{p_0}\right)$$

解得

$$k_{p,1}=\frac{1}{30}\times\left(\frac{1}{16.67}-\frac{1}{26.67}\right)\mathrm{kPa^{-1}\cdot min^{-1}}=7.50\times10^{-4}\ \mathrm{kPa^{-1}\cdot min^{-1}}$$

$$k_{p,2}=\frac{1}{50}\times\left(\frac{1}{13.33}-\frac{1}{26.67}\right)\mathrm{kPa^{-1}\cdot min^{-1}}=7.50\times10^{-4}\ \mathrm{kPa^{-1}\cdot min^{-1}}$$

$k_p$ 值为一常数, 故反应级数为 2, 且 $k_p=7.50\times10^{-4}\ \mathrm{kPa^{-1}\cdot min^{-1}}$。

**例11.5**　氯乙醇 $\mathrm{ClCH_2CH_2OH(A)}$ 与 $\mathrm{NaHCO_3(B)}$ 反应制取乙二醇的反应为

$$\mathrm{ClCH_2CH_2OH+NaHCO_3\longrightarrow HOCH_2CH_2OH+NaCl+CO_2}$$

从实验测得的反应速率方程为 $r=k[\mathrm{A}][\mathrm{B}]$。在 355 K 时测得速率常数为 $k=5.20\ \mathrm{mol^{-1}\cdot dm^3\cdot h^{-1}}$。

(1) 若 A 和 B 的起始浓度都为 $1.20\ \mathrm{mol\cdot dm^{-3}}$, 试计算该温度时 A 转化 50%、75% 和 87.5% 分别所需的时间。

(2) 若 A 的起始浓度 $a=1.20\ \mathrm{mol\cdot dm^{-3}}$, 而 B 的起始浓度 $b=1.50\ \mathrm{mol\cdot dm^{-3}}$, 保持温度不变, 计算 A 转化 87.5% 所需的时间。

**解**: (1) 这是一个起始浓度相同的二级反应, 要计算的是转化一定分数所需的时间, 则利用二级

反应的定积分式，代入不同的 $y$ 数值，就能获得相应所需的时间。由于这三个转化率所需时间之间有一定的规律，应考虑更简洁的方法。(2) 此题给出的是反应物起始浓度不同的情况，要用 $a \neq b$ 的定积分式，计算比较麻烦。

(1) 对于 $a = b$ 的二级反应，当 $y = 0.5$ 时代入用 $y$ 表示的定积分式，得

$$\frac{y}{1-y} = kat \qquad \frac{0.5}{1-0.5} = kat_{1/2}$$

$$t_{1/2} = \frac{1}{ka} = \frac{1}{5.20\ \mathrm{mol^{-1}\cdot dm^{-3}\cdot h^{-1}} \times 1.20\ \mathrm{mol\cdot dm^{-3}}} = 0.16\ \mathrm{h}$$

对于 $a = b$ 的二级反应，$t_{1/2}(y = 0.5)$，$t_{3/4}(y = 0.75)$ 与 $t_{7/8}(y = 0.875)$ 之间的关系为 $t_{1/2}:t_{3/4}:t_{7/8} = 1:3:7$，则有

$$t_{3/4} = 3t_{1/2} = 3 \times 0.16\ \mathrm{h} = 0.48\ \mathrm{h}$$
$$t_{7/8} = 7t_{1/2} = 7 \times 0.16\ \mathrm{h} = 1.12\ \mathrm{h}$$

若将不同的 $y$ 值代入积分公式，当然也会得到与上面相同的结果，但花的时间要多得多。为什么第一个半衰期时间短，而第二个半衰期时间要增加 3 倍，以后增加更多呢？这是因为 $a = b$ 的二级反应，半衰期与起始浓度成反比，到后来反应物浓度越来越低，转化一半所需的时间就越长。例如，当 $y = 0.9375$ 所需的时间 $t_{15/16} = 2.40$ h，这是第一个半衰期 $t_{1/2}$ 的 15 倍。

(2) 由于反应物起始浓度不等，应用 $a \neq b$ 的定积分式。式中 $x$ 的值为

$$x = ay = 1.20\ \mathrm{mol\cdot dm^{-3}} \times 0.875 = 1.05\ \mathrm{mol\cdot dm^{-3}}$$

代入 $a \neq b$ 的定积分式，设转化 $y = 0.875$ 所需的时间为 $t_2$，则

$$t_2 = \frac{1}{k(a-b)}\ln\frac{b(a-x)}{a(b-x)} = \left[\frac{1}{5.20 \times (1.20-1.50)} \times \ln\frac{1.50 \times (1.20-1.05)}{1.20 \times (1.50-1.05)}\right]\mathrm{h} = 0.56\ \mathrm{h}$$

与 (1) 中相比，显然 $t_2$ 小多了，这是因为反应物 B 的起始浓度增加，使 A 达到相同转化率的时间减少，即 A 的转化速率增加。

由于 A 和 B 的起始浓度不同，它们的半衰期也不同，没有统一的计算公式。

**例11.6** 将 4 mol A(g) 和 2 mol B(g) 通入恒温 500 K 的真空刚性容器中，测得起始总压 $p_0 = 120$ kPa。反应的计量方程式为

$$2\,\mathrm{A(g)} + \mathrm{B(g)} \longrightarrow \mathrm{C(g)}$$

实验测得该反应的速率方程为 $r = kp_\mathrm{A}p_\mathrm{B}$。反应 30 min 后，测得总压为 80 kPa。试求该反应的速率常数 $k$ 和反应至 90 min 时系统的总压力。

**解**：根据反应速率方程可知这是一个二级反应。根据反应的计量方程式中反应物计量系数不同，以及给出的反应物起始浓度不同，我们没有现成的积分公式可用。因此，要先写出微分式，然后进行定积分。写出反应不同时刻压力 (或浓度) 的变化情况，然后将已知数值代入所得的定积分式进行计算。

首先写出反应不同时刻压力的变化情况。本题的特殊性在于，因为物质的量成比例，所以 $p_\mathrm{A}^0 = 2p_\mathrm{B}^0$，这个关系可以使计算大大简化。

$$
\begin{array}{lcccc}
 & 2\,\mathrm{A(g)} & + \quad \mathrm{B(g)} & \longrightarrow \mathrm{C(g)} & \\
t=0 & 2p_{\mathrm{B}}^{0} & p_{\mathrm{B}}^{0} & 0 & p_0 = 3p_{\mathrm{B}}^{0} \\
t=t & p_{\mathrm{A}} = 2(p_{\mathrm{B}}^{0}-p) & p_{\mathrm{B}} = p_{\mathrm{B}}^{0}-p & p & p_t = 3p_{\mathrm{B}}^{0}-2p
\end{array}
$$

已知反应速率的微分式为

$$r = \frac{\mathrm{d}p}{\mathrm{d}t} = kp_{\mathrm{A}}p_{\mathrm{B}} = 2k(p_{\mathrm{B}}^{0}-p)^2$$

进行定积分得

$$\int_0^p \frac{\mathrm{d}p}{(p_{\mathrm{B}}^{0}-p)^2} = 2k\int_0^t \mathrm{d}t$$

$$\frac{1}{p_{\mathrm{B}}^{0}-p} - \frac{1}{p_{\mathrm{B}}^{0}} = 2kt$$

在起始总压 $p_0 = 120\ \mathrm{kPa}$ 时, 根据反应物的比例, 可以得到 $p_{\mathrm{A}}^{0} = 80\ \mathrm{kPa}$, $p_{\mathrm{B}}^{0} = 40\ \mathrm{kPa}$。当 $t = 30\ \mathrm{min}$, $p_t = 80\ \mathrm{kPa}$。所以有

$$p_t = 3p_{\mathrm{B}}^{0} - 2p = 120\ \mathrm{kPa} - 2p = 80\ \mathrm{kPa}$$

$$p = 20\ \mathrm{kPa}$$

代入上面的定积分式, 有

$$
\begin{aligned}
k &= \frac{1}{2t}\left(\frac{1}{p_{\mathrm{B}}^{0}-p} - \frac{1}{p_{\mathrm{B}}^{0}}\right) \\
&= \frac{1}{2\times 30\ \mathrm{min}} \times \left[\frac{1}{(40-20)\ \mathrm{kPa}} - \frac{1}{40\ \mathrm{kPa}}\right] = 4.2\times 10^{-4}\ (\mathrm{kPa})^{-1}\cdot\mathrm{min}^{-1}
\end{aligned}
$$

当 $t = 90\ \mathrm{min}$ 时, 将 $k$ 值代入积分式, 求 90 min 时产物的压力 $p$。

$$4.2\times 10^{-4}\ (\mathrm{kPa})^{-1}\cdot\mathrm{min}^{-1} = \frac{1}{2\times 90\ \mathrm{min}} \times \left(\frac{1}{40\ \mathrm{kPa}-p} - \frac{1}{40\ \mathrm{kPa}}\right)$$

解得

$$p = 30\ \mathrm{kPa}$$

所以 $t = 90\ \mathrm{min}$ 时系统的压力为

$$p(90\,\mathrm{min}) = 3p_{\mathrm{B}}^{0} - 2p = (3\times 40 - 2\times 30)\ \mathrm{kPa} = 60\ \mathrm{kPa}$$

**例11.7** 1100 ℃ 时, $NH_3(g)$ 在钨催化剂上发生分解反应, 使用不同的起始压力测定其半衰期, 从以下所得的实验结果, 确定该反应的级数。

| $p_{\mathrm{NH_3}}^{0}/\mathrm{kPa}$ | 40 | 20 | 10 |
|---|---|---|---|
| $t_{1/2}/\mathrm{min}$ | 8.61 | 4.27 | 2.20 |

**解**: 测定半衰期求反应级数至少有两种方法, 一是看半衰期与反应物起始浓度的比例关系, 若与 $p_{\mathrm{NH_3}}^{0}$ 无关, 是一级反应, 成正比是零级反应, 成反比是二级反应; 二是利用半衰期法求反应级数, 用代入法或作图法均可。

因为反应的半衰期与 $p_{\mathrm{NH_3}}^{0}$ 成正比, 所以是零级反应, 用半衰期法, 利用第一、第二两组实验数

据计算, 得

$$n = 1 + \frac{\ln(t_{1/2}/t'_{1/2})}{\ln(p'_0/p_0)} = 1 + \frac{\ln(8.61/4.27)}{\ln(20/40)} \approx 0$$

利用第二、第三两组实验数据计算, 得

$$n = 1 + \frac{\ln(4.27/2.20)}{\ln(10/20)} \approx 0$$

所以该反应对反应物 $NH_3(g)$ 为零级反应, 表面催化反应的速率取决于催化剂的表面活性位, 与反应物的浓度关系不大。

**例11.8** 含有相同物质的量的 A, B 溶液, 等体积相混合, 发生反应$A + B \longrightarrow C$, 在反应经过 1.0 h 后, A 已消耗了 75%; 当反应时间为 2.0 h 时, 在下列情况下, A 还有多少未反应?

(1) 该反应对 A 为一级, 对 B 为零级;

(2) 该反应对 A, B 均为一级;

(3) 该反应对 A, B 均为零级。

**解**: 根据题意可知反应物 A, B 的初始溶度相同, 且反应时每个时刻变化的量也相同, 判断反应级数时可以合并。反应物 A 的初始浓度和反应 1.0 h 后浓度的比例可应用于具有不同级数反应的公式中, 求出反应 2.0 h 后 A 的浓度。

(1) 设 A 的起始浓度为 $[A]_0$, 1.0 h 后 A 的浓度为 $[A]_1$, 根据题意可知 $[A]_1 = 0.25[A]_0$。

当反应对 A 为一级反应, B 为零级反应时: $r = k[A][B]_0 = k[A]$

反应相当于一级反应, 所以 $k = \dfrac{1}{t}\ln\dfrac{[A]_0}{[A]_1} = \left(\ln\dfrac{1}{0.25}\right)\ \mathrm{h}^{-1} = (\ln 4)\ \mathrm{h}^{-1}$

当 $t_2 = 2$ h 时: $\dfrac{[A]_2}{[A]_0} = \exp(-kt_2) = \exp(-2\ln 4) = 0.0625 = 6.25\%$

即 A 还有 6.25% 未反应。

(2) 当反应对 A, B 均为一级反应时:

$$r = k[A][B] = k[A]^2 \qquad ([A] = [B])$$

反应相当于二级反应。则 $t_1 = 1$ h 时, 有

$$k = \frac{1}{t_1}\left(\frac{1}{[A]_1} - \frac{1}{[A]_0}\right) = \frac{1}{0.25[A]_0} - \frac{1}{[A]_0} = \frac{3}{[A]_0}$$

$t_2 = 2$ h 时, 有

$$t_2 = \frac{1}{k}\left(\frac{1}{[A]_2} - \frac{1}{[A]_0}\right) = \frac{[A]_0}{3}\left(\frac{1}{[A]_2} - \frac{1}{[A]_0}\right) = \frac{1}{3}\left(\frac{[A]_0}{[A]_2} - 1\right)$$

$$\frac{[A]_0}{[A]_2} = \frac{1}{7} = 14.3\%$$

即 A 还有 14.3% 未反应。

(3) 当反应对 A, B 均为零级反应时, 反应相当于零级反应。

$$r = k$$

$t_1 = 1\ \mathrm{h}$ 时, 有　　$[\mathrm{A}]_0 - [\mathrm{A}]_1 = kt_1 \qquad k = 0.75[\mathrm{A}]_0$

$t_2 = 2\ \mathrm{h}$ 时, 有　　$[\mathrm{A}]_0 - [\mathrm{A}]_2 = kt_2 = 0.75[\mathrm{A}]_0 \times 2 = 1.5[\mathrm{A}]_0$

此时 $[\mathrm{A}]_2 < 0$, 因此不到 2 h 时, A 已完全反应。

当 A 反应完时, 有 $[\mathrm{A}] = 0$, 则 $[\mathrm{A}]_0 = 0.75[\mathrm{A}]_0 t$

解得
$$t = \frac{1}{0.75}\ \mathrm{h} = 1.33\ \mathrm{h}$$

即 A 反应完只需 1.33 h。

**例11.9**　在 800 K 时, 有两个都是一级反应组成的某平行反应, 设反应 1 为主反应, 反应 2 为副反应:

$$\mathrm{A} \begin{cases} \xrightarrow{k_1,\, E_{\mathrm{a},1}} \mathrm{P}(\text{产物}) \\ \xrightarrow{k_2,\, E_{\mathrm{a},2}} \mathrm{S}(\text{副产物}) \end{cases}$$

(1) 当反应物 A 消耗一半所需时间为 138.6 s, 求反应物 A 消耗 99% 所需的时间。设副反应可以忽略。

(2) 若副反应不可忽略, 当反应物 A 消耗 99% 所需的时间为 837 s, 计算 $k_1 + k_2$ 的值。

(3) 若在该温度下, $k_1 = 4.7 \times 10^{-3}\ \mathrm{s}^{-1}$, 计算 $k_2$ 和产物的浓度比 $\dfrac{[\mathrm{P}]}{[\mathrm{S}]}$。

(4) 设两个反应的指前因子相等, 已知 $E_{\mathrm{a},1} = 80\ \mathrm{kJ \cdot mol^{-1}}$, 求 $E_{\mathrm{a},2}$。

(5) 在同一坐标上绘制两个平行反应的 $\ln\dfrac{k}{[k]} - \dfrac{1}{T}$ 示意图。若要提高主产物的比例, 应如何调节反应温度?

(6) 推导表观活化能与基元反应活化能之间的关系, 并计算表观活化能。

**解**: 两个一级反应, 构成了简单的平行反应。其微分式和积分式与简单的一级反应的速率方程相似, 只是速率常数为各个平行反应速率常数的和。此外, 当各产物的起始浓度为零时, 在任一瞬间, 各产物浓度之比等于速率常数之比; 用改变温度的办法, 可以改变产物的相对含量。

(1) 若忽略副反应, 则按简单一级反应处理, 从 A 的半衰期求速率常数。

$$k_1 = \frac{\ln 2}{t_{1/2}} = \frac{\ln 2}{138.6\ \mathrm{s}} = 0.005\ \mathrm{s}^{-1}$$

$$t = \frac{1}{k_1}\ln\frac{1}{1-y} = \frac{1}{0.005\ \mathrm{s}^{-1}}\ln\frac{1}{1-0.99} = 921\ \mathrm{s}$$

(2) 若不忽略副反应, 则变为两个反应都是一级反应的平行反应, 定积分式为

$$\ln\frac{a}{a-x} = (k_1 + k_2)t = \ln\frac{1}{1-y}$$

$$k_1 + k_2 = \frac{1}{t}\ln\frac{1}{1-y} = \frac{1}{837\ \mathrm{s}} \times \ln\frac{1}{1-0.99} = 5.5 \times 10^{-3}\ \mathrm{s}^{-1}$$

(3) 根据题目已知条件　　$k_1 = 4.7 \times 10^{-3}\ \mathrm{s}^{-1}$

$$k_2 = (k_1 + k_2) - k_1 = 5.5 \times 10^{-3}\ \mathrm{s}^{-1} - 4.7 \times 10^{-3}\ \mathrm{s}^{-1} = 8.0 \times 10^{-4}\ \mathrm{s}^{-1}$$

在开始无生成物存在时, 产物的浓度之比等于速率常数之比, 所以

$$\frac{[\mathrm{P}]}{[\mathrm{S}]}=\frac{k_1}{k_2}=\frac{4.7\times10^{-3}\ \mathrm{s}^{-1}}{8.0\times10^{-4}\ \mathrm{s}^{-1}}=5.88$$

(4) 根据 Arrhenius 公式的指数形式, $k=A\exp\left(-\dfrac{E_\mathrm{a}}{RT}\right)$, 将两个表示式相除, 得

$$\frac{k_1}{k_2}=\frac{A_1\exp\left(-\dfrac{E_{\mathrm{a},1}}{RT}\right)}{A_2\exp\left(-\dfrac{E_{\mathrm{a},2}}{RT}\right)}=\exp\left(\frac{E_{\mathrm{a},2}-E_{\mathrm{a},1}}{RT}\right)$$

$$E_{\mathrm{a},2}=RT\ln\frac{k_1}{k_2}+E_{\mathrm{a},1}=8.314\ \mathrm{J\cdot mol^{-1}\cdot K^{-1}}\times800\ \mathrm{K}\times\ln5.88+80\ \mathrm{kJ\cdot mol^{-1}}=91.8\ \mathrm{kJ\cdot mol^{-1}}$$

反应 2 的活化能更大, 所以反应 2 的速率常数更小。

(5) 根据 Arrhenius 公式得对数式 $\ln\dfrac{k}{[k]}=\ln A-\dfrac{E_\mathrm{a}}{RT}$, 以 $\ln\dfrac{k}{[k]}-\dfrac{1}{T}$ 作图, 得一直线, 由于指前因子相同, 所以直线的截距相同。斜率是 $-E_\mathrm{a}/R$, 为负值, 活化能大的斜率的绝对值也大, 所以作的示意图如右图所示。

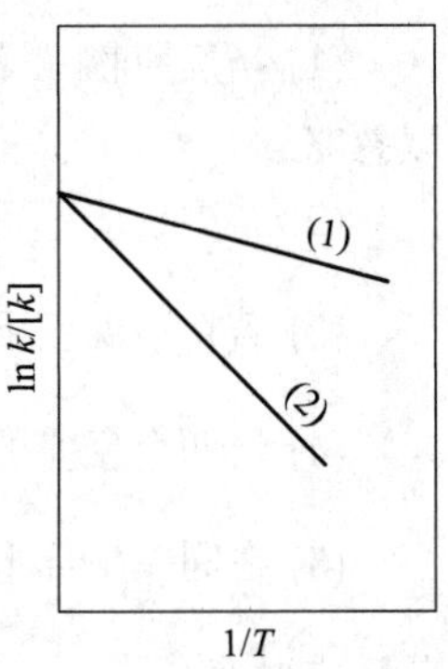

图 11.1

因为

$$\frac{\mathrm{d}\ln k}{\mathrm{d}T}=\frac{E_\mathrm{a}}{RT^2}$$

在改变相同温度时, 活化能大的反应的速率常数增加得多, 由于 $E_{\mathrm{a},1}<E_{\mathrm{a},2}$, 所以, 适当降低温度反而能提高产物的比例。

(6) 级数相同的平行反应的微分式为

$$r=-\frac{\mathrm{d}c_\mathrm{A}}{\mathrm{d}t}=k_1c_\mathrm{A}+k_2c_\mathrm{A}=(k_1+k_2)c_\mathrm{A}=kc_\mathrm{A}$$

表观速率常数为

$$k=k_1+k_2$$

根据 Arrhenius 公式的微分式 $\dfrac{\mathrm{d}\ln k}{\mathrm{d}T}=\dfrac{E_\mathrm{a}}{RT^2}$, 将表观速率常数代入, 并进行数学处理:

$$\begin{aligned}\frac{\mathrm{d}\ln k}{\mathrm{d}T}&=\frac{\mathrm{d}\ln(k_1+k_2)}{\mathrm{d}T}=\frac{\mathrm{d}(k_1+k_2)}{(k_1+k_2)\mathrm{d}T}=\frac{1}{k_1+k_2}\left(\frac{\mathrm{d}k_1}{\mathrm{d}T}+\frac{\mathrm{d}k_2}{\mathrm{d}T}\right)\\&=\frac{1}{k_1+k_2}\left(k_1\frac{\mathrm{d}\ln k_1}{\mathrm{d}T}+k_2\frac{\mathrm{d}\ln k_2}{\mathrm{d}T}\right)=\frac{1}{k_1+k_2}\left(\frac{k_1E_{\mathrm{a},1}}{RT^2}+\frac{k_2E_{\mathrm{a},2}}{RT^2}\right)\\&=\frac{1}{k_1+k_2}\cdot\frac{k_1E_{\mathrm{a},1}+k_2E_{\mathrm{a},2}}{RT^2}\end{aligned}$$

$$\frac{\mathrm{d}\ln(k_1+k_2)}{\mathrm{d}T}=\frac{E_\mathrm{a}}{RT^2}$$

两式相比, 得

$$E_\mathrm{a}=\frac{k_1E_{\mathrm{a},1}+k_2E_{\mathrm{a},2}}{k_1+k_2}=\frac{(4.7\times10^{-3}\times80+0.8\times10^{-3}\times91.8)\ \mathrm{kJ\cdot mol^{-1}\cdot s^{-1}}}{(4.7+0.8)\times10^{-3}\ \mathrm{s}^{-1}}=81.7\ \mathrm{kJ\cdot mol^{-1}}$$

**例 11.10** 在 298 K 时, 某有机羧酸在 0.2 $\mathrm{mol\cdot dm^{-3}}$ HCl 溶液中异构化为内酯的反应是 1–1

级对峙反应。当羧酸的起始浓度为 18.23 (单位可任意选定) 时, 内酯含量随时间的变化如下:

| $t$/min | 0 | 21 | 36 | 50 | 65 | 80 | 100 | $\infty$ |
|---|---|---|---|---|---|---|---|---|
| 内酯含量 | 0 | 2.41 | 3.73 | 4.96 | 6.10 | 7.08 | 8.11 | 13.28 |

试计算反应的平衡常数和正、逆反应的速率常数。

**解**: 对峙反应的特点是净速率等于正、逆反应速率之差, 所以达到平衡时, 反应净速率等于零; 正、逆速率常数之比等于平衡常数 $K$。根据题目给出的在反应开始时的反应物浓度, 以及反应物在 $t=\infty$ 时的产物浓度 (平衡浓度), 可以求得正、逆速率常数之比 (1)。通过对动力学方程推导, 可以得到正、逆速率常数和不同时间下反应物浓度与产物浓度的关系 (2)。(1) 和 (2) 联立可以得到正、逆速率常数。

因为是 1–1 级对峙反应, 动力学方程可写作

$$\frac{\mathrm{d}x}{\mathrm{d}t}=k_1(a-x)-k_{-1}x$$

达平衡时, 有
$$\frac{\mathrm{d}x}{\mathrm{d}t}=0 \qquad k_1(a-x_{\mathrm{e}})=k_{-1}x_{\mathrm{e}}$$

$$K=\frac{k_1}{k_{-1}}=\frac{x_{\mathrm{e}}}{a-x_{\mathrm{e}}}=\frac{13.28}{18.23-13.28}=2.68$$

从平衡条件得
$$k_{-1}=\frac{k_1(a-x_{\mathrm{e}})}{x_{\mathrm{e}}}$$

代入动力学微分式, 得
$$\frac{\mathrm{d}x}{\mathrm{d}t}=k_1(a-x)-\frac{k_1(a-x_{\mathrm{e}})}{x_{\mathrm{e}}}x=\frac{k_1a}{x_{\mathrm{e}}}(x_{\mathrm{e}}-x)$$

对上式作定积分, 得
$$\ln\frac{x_{\mathrm{e}}}{x_{\mathrm{e}}-x}=\frac{k_1a}{x_{\mathrm{e}}}t$$

从上式中得到 $k_1$ 的表示式:
$$k_1=\frac{x_{\mathrm{e}}}{ta}\ln\frac{x_{\mathrm{e}}}{x_{\mathrm{e}}-x}$$

再根据 $k_{-1}$ 和 $k_1$ 的关系:
$$k_{-1}=k_1\frac{(a-x_{\mathrm{e}})}{x_{\mathrm{e}}}$$

可得
$$k_1+k_{-1}=\frac{1}{t}\ln\frac{x_{\mathrm{e}}}{x_{\mathrm{e}}-x}$$

所以
$$\ln\frac{x_{\mathrm{e}}}{x_{\mathrm{e}}-x}=(k_1+k_{-1})t$$

以实验值代入上式可得一系列 $(k_1+k_{-1})$ 值, 取平均值为 $k_1+k_{-1}=9.48\times10^{-3}\ \mathrm{min}^{-1}$, 解联立方程:

$$\begin{cases}k_1+k_{-1}=9.48\times10^{-3}\ \mathrm{min}^{-1}\\ \dfrac{k_1}{k_{-1}}=K=2.68\end{cases}$$

解得
$$k_1=6.90\times10^{-3}\ \mathrm{min}^{-1} \qquad k_{-1}=2.58\times10^{-3}\ \mathrm{min}^{-1}$$

**例11.11**　某天然矿含放射性元素铀 (U), 其蜕变反应可简单表示为

$$\mathrm{U}\xrightarrow{k_{\mathrm{U}}}\mathrm{Ra}\xrightarrow{k_{\mathrm{Ra}}}\mathrm{Pb}$$

设已达稳态放射蜕变平衡, 测得镭与铀的浓度比保持为 [Ra]/[U]=$3.47\times10^{-7}$, 稳定产物铅与铀的浓度比为 [Pb]/[U]=0.1792, 已知镭的半衰期为 1580 年。

(1) 求铀的半衰期;

(2) 估计此矿的地质年龄 (计算时可作适当近似)。

**解**: (1) 因为放射性同位素衰变都是一级反应 (且不受温度等外界条件影响), 所以该题可直接用一级反应的相关公式。反应达到稳态放射蜕变平衡时, 中间产物反应速率为 0, 由此可通过反应物、中间产物和最终产物的比例计算出反应常数和半衰期。(2) 此天然矿的地质年龄相当于反应达稳态平衡后的时间, 此时反应物的消耗量等于产物的生成量。

(1) 当达到稳态放射蜕变平衡时, 根据稳态近似, 可知中间物 Ra 反应速率:

$$\frac{\mathrm{d[Ra]}}{\mathrm{d}t}=k_{\mathrm{U}}[\mathrm{U}]-k_{\mathrm{Ra}}[\mathrm{Ra}]=0$$

所以

$$\frac{k_{\mathrm{U}}}{k_{\mathrm{Ra}}}=\frac{[\mathrm{Ra}]}{[\mathrm{U}]}=3.47\times10^{-7}$$

因此, U 的半衰期可以通过 Ra 的半衰期得到。

$$k_{\mathrm{Ra}}=\frac{\ln 2}{t_{1/2}(\mathrm{Ra})}=\frac{0.693}{1580\ \mathrm{a}}=4.387\times10^{-4}\ \mathrm{a}^{-1}$$

$$k_{\mathrm{U}}=k_{\mathrm{Ra}}\frac{[\mathrm{Ra}]}{[\mathrm{U}]}=4.387\times10^{-4}\ \mathrm{a}^{-1}\times3.47\times10^{-7}=1.522\times10^{-10}\ \mathrm{a}^{-1}$$

$$t_{1/2}(\mathrm{U})=\frac{\ln 2}{k_{\mathrm{U}}}=\frac{0.693}{1.522\times10^{-10}\ \mathrm{a}^{-1}}=4.55\times10^{9}\ \mathrm{a}$$

(2) 达稳态平衡时, U 的消耗量等于 Pb 的生成量, 可忽略其他中间物的量。因此:

$$\ln\frac{[\mathrm{U}]_0}{[\mathrm{U}]}=k_{\mathrm{U}}t=\ln\frac{[\mathrm{U}]+[\mathrm{Pb}]}{[\mathrm{U}]}$$

$$t=\frac{\ln\left(\dfrac{[\mathrm{U}]+[\mathrm{Pb}]}{[\mathrm{U}]}\right)}{k_{\mathrm{U}}}=\frac{\ln(1+0.1792)}{1.522\times10^{-10}\ \mathrm{a}^{-1}}=1.08\times10^{9}\ \mathrm{a}$$

**例11.12** $N_2O_5$ 分解反应的历程如下:

① $N_2O_5 \underset{k_{-1}}{\overset{k_1}{\rightleftharpoons}} NO_2+NO_3$

② $NO_2+NO_3 \xrightarrow{k_2} NO+O_2+NO_2$

③ $NO+NO_3 \xrightarrow{k_3} 2\,NO_2$

(1) 当用 $O_2$ 的生成速率表示反应的速率时, 试用稳态近似法证明:

$$r_1=\frac{k_1k_2}{k_{-1}+2k_2}[\mathrm{N_2O_5}]$$

(2) 设反应②为控速步, 反应①为快平衡, 用平衡假设写出反应的速率 $r_2$ 的表示式。

(3) 在什么情况下, $r_1=r_2$?

**解**: 稳态近似法和平衡假设法都能将无法测量的中间产物浓度用反应物 (或生成物) 浓度来表示, 只是所得的结果稍微有些差别。满足平衡假设法的使用条件时用平衡态假设法计算更简单。

(1) 用 $O_2$ 的生成速率表示的反应速率为

$$r_1 = \frac{d[O_2]}{dt} = k_2[NO_2][NO_3] \tag{a}$$

其中 $NO_3$ 是中间产物, 这个速率方程没有意义。由于 $NO_3$ 和 NO 是活泼中间产物, 可以对它们进行稳态近似, 即

$$\frac{d[NO_3]}{dt} = k_1[N_2O_5] - k_{-1}[NO_2][NO_3] - k_2[NO_2][NO_3] - k_3[NO][NO_3] = 0 \tag{b}$$

$$\frac{d[NO]}{dt} = k_2[NO_2][NO_3] - k_3[NO][NO_3] = 0 \tag{c}$$

将式 (c) 代入式 (b), 整理得
$$[NO_3] = \frac{k_1[N_2O_5]}{(2k_2 + k_{-1})[NO_2]} \tag{d}$$

以式 (d) 代入式 (a), 整理得
$$r_1 = \frac{k_1 k_2}{k_{-1} + 2k_2}[N_2O_5]$$

即得到了所要的证明式。

(2) 因为第二步为决速步, 第一步是快平衡, 所以

$$r_2 = \frac{d[O_2]}{dt} = k_2[NO_2][NO_3] \tag{e}$$

中间产物 $NO_3$ 的浓度可用平衡假设法求得。

$$K = \frac{k_1}{k_{-1}} = \frac{[NO_2][NO_3]}{[N_2O_5]}$$

$$[NO_3] = \frac{k_1[N_2O_5]}{k_{-1}[NO_2]} \tag{f}$$

以式 (f) 代入式 (e), 整理得
$$r_2 = \frac{k_1 k_2}{k_{-1}}[N_2O_5]$$

(3) 要使 $r_1 = r_2$, 则必须有
$$\frac{k_1 k_2}{2k_2 + k_{-1}} = \frac{k_1 k_2}{k_{-1}}$$

当反应的第二步为慢步骤, $k_2$ 很小, 第一步为快平衡, $k_{-1} \gg 2k_2$, $2k_2$ 与 $k_{-1}$ 相比可忽略不计, 这时两种处理方法可得相同结果。

**例11.13**　298 K 时, 在恒容密闭容器中盛有 A(g), 其起始压力为 101.325 kPa, 在该温度下 A(g) 按下式分解, 接着生成物之一 B(g) 又很快生成 D(g), 并建立平衡:

$$A(g) \longrightarrow \frac{1}{2}B(g) + C(g)$$

$$B(g) \rightleftharpoons D(g)$$

已知 A(g) 的分解为一级反应, $k_1 = 0.1\ \mathrm{min}^{-1}$, 对峙反应的平衡常数 $K = 10$, 求 10 min 后在该密闭容器中 A, B, C, D 各物质的分压。

**解**: 由题意可知第一步慢反应为决速步, 可用它来代表整个反应的速率。第二步为快平衡, 通过平衡态假设法, 将中间产物的分压用生成物分压表示。

首先写出在不同时刻各物质量的关系:

$$
\begin{array}{llll}
 & A(g) \longrightarrow & \frac{1}{2}B(g) & + \quad C(g) \\
t=0 & p_A^0 & 0 & 0 \\
t=10\ \text{min} & p_A & \frac{1}{2}(p_A^0-p_A) & p_A^0-p_A
\end{array}
$$

因为是一级反应, 所以可直接用一级反应的积分式:

$$\ln\frac{p_A^0}{p_A}=k_1t$$

$$\ln\frac{101.325\ \text{kPa}}{p_A}=0.1\ \text{min}^{-1}\times 10\ \text{min}=1.0$$

解得

$$p_A=37.28\ \text{kPa}$$

$$p_C=p_A^0-p_A=(101.325-37.28)\ \text{kPa}=64.05\ \text{kPa}$$

因为 B(g) 很快与 D(g) 达成平衡, 所以 $\frac{1}{2}(p_A^0-p_A)=p_B+p_D$。另外, 已知 $\frac{p_D}{p_B}=K=10$, 所以, 解如下方程:

$$p_B+p_D=\frac{1}{2}(p_A^0-p_A)=32.02\ \text{kPa}$$

$$\frac{p_D}{p_B}=10$$

解得

$$p_B=2.91\ \text{kPa} \qquad p_D=29.1\ \text{kPa}$$

**例11.14** 有对峙反应 $A(g)\underset{k_b}{\overset{k_f}{\rightleftharpoons}}B(g)+C(g)$, 已知其 $k_f(298\ \text{K})=0.21\ \text{s}^{-1}$, $k_b(298\ \text{K})=5.0\times10^{-6}\ \text{kPa}^{-1}\cdot\text{s}^{-1}$, $k_f(310\ \text{K})=0.84\ \text{s}^{-1}$。试计算:

(1) 298 K 时的经验平衡常数 $K_p$ 和标准平衡常数 $K^\ominus$。

(2) 298 K 时反应的 $\Delta_r G_m^\ominus$。

(3) 该反应正反应的活化能 $E_{a,f}$。

(4) 298 K 时反应物 A(g) 的起始压力为 100 kPa, 求到达总压 150 kPa 所需的时间。设逆反应可以忽略不计。

**解**: 经验平衡常数等于正、逆反应的速率常数之比, 一般有单位。若将每个参与反应的物质压力与标准压力相比, 得到的才是单位为 1 的标准平衡常数 $K^\ominus$, 而只有用 $K^\ominus$ 才能计算 $\Delta_r G_m^\ominus$。已知两个温度 (310 K 和 298 K) 下的正反应的速率常数, 利用 Arrhenius 公式可以计算正反应活化能。最后, 可以用一级反应的积分式计算所需的时间。

(1) $K_p(298\ \text{K})=\dfrac{k_f}{k_b}=\dfrac{0.21\ \text{s}^{-1}}{5.0\times10^{-6}\ \text{kPa}^{-1}\cdot\text{s}^{-1}}=4.2\times10^4\ \text{kPa}$

$$K^\ominus=K_p(p^\ominus)^{-\sum\nu_B}=\frac{K_p}{p^\ominus}=\frac{4.2\times10^4\ \text{kPa}}{100\ \text{kPa}}=420$$

(2) $\Delta_r G_m^\ominus=-RT\ln K^\ominus=-(8.314\times298)\ \text{J}\cdot\text{mol}^{-1}\times\ln420=-14.97\ \text{kJ}\cdot\text{mol}^{-1}$

(3) $\ln\dfrac{k(310\ \text{K})}{k(298\ \text{K})}=\dfrac{E_{\text{a,f}}}{R}\left(\dfrac{1}{298\ \text{K}}-\dfrac{1}{310\ \text{K}}\right)=\ln\dfrac{0.84\ \text{s}^{-1}}{0.21\ \text{s}^{-1}}$

$E_{\text{a,f}}=88.73\ \text{kJ}\cdot\text{mol}^{-1}$

(4) 因 $k_{\text{b}}(298\ \text{K})\ll k_{\text{f}}(298\ \text{K})$, 则不考虑逆反应的假设是合理的。从 $k_{\text{f}}$ 的单位可知此反应是一级反应, 写出不同时刻各物质的压力变化, 用一级反应的积分公式计算所需时间。

$$
\begin{array}{llll}
 & \text{A(g)} & \xrightarrow{k_{\text{f}}} & \text{B(g)} + \text{C(g)} \\
t=0 & p_{\text{A},0}=100\ \text{kPa} & & 0 \qquad 0 \\
t=t & p_{\text{A}}=p_{\text{A},0}-x & & x \qquad x
\end{array}
$$

$$p_{\text{总}}=p_{\text{A},0}+x=150\ \text{kPa}\qquad x=p_{\text{总}}-p_{\text{A},0}=50\ \text{kPa}$$

$$t=\frac{1}{k_{\text{f}}}\ln\frac{p_{\text{A},0}}{p_{\text{A},0}-x}=\frac{1}{0.21\ \text{s}^{-1}}\ln\frac{100\ \text{kPa}}{(100-50)\ \text{kPa}}=3.3\ \text{s}$$

**例11.15**　某个 1–2 级对峙反应: $\text{A}\underset{k_{-2}}{\overset{k_1}{\rightleftharpoons}}2\text{B}$ 在 300 K 时, 平衡常数 $K_c=100\ \text{mol}\cdot\text{dm}^{-3}$, 恒容反应热 $\Delta_{\text{r}}U_{\text{m}}=-25.0\ \text{kJ}\cdot\text{mol}^{-1}$, 在反应的温度区间内可视为常数。已知正反应 $k_1=\left[10^9\times\exp\left(-\dfrac{1000\ \text{K}}{T}\right)\right]\text{s}^{-1}$。若反应从纯物质 A 开始, 在 A 的转化率为 50% 时, 物料总浓度为 $0.3\ \text{mol}\cdot\text{dm}^{-3}$, 问在这样的组成时使反应速率达到最大值的最佳温度为多少?

**解**: 对峙反应有两个速率常数, 该题为 1–2 级对峙反应, 因此净速率可用 $r=k_1[\text{A}]-k_{-2}[\text{B}]^2$ 表示。最大的反应速率时的温度应该满足 $\dfrac{\text{d}r}{\text{d}T}=0$ 的条件, 对 Arrhenius 公式的对数形式求导即可得出最佳的温度。

首先, 写出在不同时刻物料量之间的关系:

$$
\begin{array}{llll}
 & \text{A} & \underset{k_{-2}}{\overset{k_1}{\rightleftharpoons}}\ 2\text{B} & \\
t=0 & a & 0 & \\
t=t_{1/2} & a-x & 2x & n_{\text{总}}=a+x
\end{array}
$$

当 A 的转化率为 50% 时, 所需时间就是半衰期, 即 $t=t_{1/2}$, $x=\dfrac{1}{2}a$, $a=2x$。

$$n_{\text{总}}=a+x=3x=0.3\ \text{mol}\cdot\text{dm}^{-3}$$

所以
$$x=0.1\ \text{mol}\cdot\text{dm}^{-3}$$

则在反应时间为半衰期时, A 和 B 的浓度分别为

$$[\text{A}]=(a-x)=x=0.1\ \text{mol}\cdot\text{dm}^{-3}$$

$$[\text{B}]=2x=0.2\ \text{mol}\cdot\text{dm}^{-3}$$

对峙反应的净速率表示式为
$$r=k_1[\text{A}]-k_{-2}[\text{B}]^2\qquad\text{(a)}$$

求反应速率达到最大值时的最佳温度即是求上述速率方程的极值, 即 $\dfrac{\text{d}r}{\text{d}T}=0$ 时的 $T$ 值, 这就需

要知道 $k_1-T$, $k_{-2}-T$ 的关系式, 前者为已知条件, 而后者应从题中所给条件求出。根据平衡常数与温度的关系式:

$$\frac{\mathrm{d}\ln K_c}{\mathrm{d}T}=\frac{\Delta_\mathrm{r}U_\mathrm{m}}{RT^2}$$

对上式进行不定积分, 得

$$\ln K_c=-\frac{\Delta_\mathrm{r}U_\mathrm{m}}{RT}+A$$

代入已知条件求出积分常数 $A$ 值。已知在 $T=300\ \mathrm{K}$ 时, $K_c=100\ \mathrm{mol\cdot dm^{-3}}$, $\Delta_\mathrm{r}U_\mathrm{m}=-25.0\ \mathrm{kJ\cdot mol^{-1}}$, 代入上式, 解得 $A=-5.418$, 所以可得

$$\ln K_c=\frac{3007\ \mathrm{K}}{T}-5.418$$

因为 $K_c=k_1/k_{-2}$, 即 $k_{-2}=k_1/K_c$, 双方取对数得

$$\ln k_{-2}=\ln k_1-\ln K_c \tag{b}$$

已知 $k_1=\left[10^9\times\exp\left(-\dfrac{1000\ \mathrm{K}}{T}\right)\right]\ \mathrm{s^{-1}}$, 所以 $\ln(k_1/\mathrm{s^{-1}})=20.723-\dfrac{1000\ \mathrm{K}}{T}$

代入式 (b), 得

$$\ln\frac{k_{-2}}{[k_{-2}]}=20.723-\frac{1000\ \mathrm{K}}{T}-\frac{3007\ \mathrm{K}}{T}+5.418=-\frac{4007\ \mathrm{K}}{T}+26.14$$

$$k_{-2}=\left[2.25\times10^{11}\times\exp\left(-\frac{4007\ \mathrm{K}}{T}\right)\right]\ (\mathrm{mol\cdot dm^{-3}})^{-1}\cdot\mathrm{s^{-1}}$$

这时, 将速率常数和反应物浓度代入式 (a), 可得

$$r=k_1[\mathrm{A}]-k_{-2}[\mathrm{B}]^2=\left[10^9\times\exp\left(-\frac{1000\ \mathrm{K}}{T}\right)\right]\ \mathrm{s^{-1}}\times0.1\ \mathrm{mol\cdot dm^{-3}}-$$
$$\left[2.25\times10^{11}\times\exp\left(-\frac{4007\ \mathrm{K}}{T}\right)\right]\ (\mathrm{mol\cdot dm^{-3}})^{-1}\cdot\mathrm{s^{-1}}\times(0.2\ \mathrm{mol\cdot dm^{-3}})^2$$

$$\frac{\mathrm{d}r}{\mathrm{d}T}=\left[10^8\times\exp\left(-\frac{1000\ \mathrm{K}}{T}\right)\times\frac{1000}{(T/\mathrm{K})^2}\right]\ \mathrm{mol\cdot dm^{-3}\cdot s^{-1}}-$$
$$\left[9.0\times10^9\times\exp\left(-\frac{4007\ \mathrm{K}}{T}\right)\times\frac{4007}{(T/\mathrm{K})^2}\right]\ \mathrm{mol\cdot dm^{-3}\cdot s^{-1}}=0$$

解得 $T=511\ \mathrm{K}$, 这就是使反应速率达到最大值的最佳温度。

## 三、习题及解答

**11.1** 有反应 $\mathrm{A}\longrightarrow\mathrm{P}$, 实验测得是 $\dfrac{1}{2}$ 级反应, 试证明:

(1) $[\mathrm{A}]_0^{1/2}-[\mathrm{A}]^{1/2}=\dfrac{1}{2}kt$;

(2) $t_{1/2}=\dfrac{\sqrt{2}}{k}\left[\sqrt{2}-1\right][\mathrm{A}]_0^{1/2}$

**解**: (1) 反应为 $\dfrac{1}{2}$ 级反应, 则

$$-\frac{\mathrm{d}[\mathrm{A}]}{\mathrm{d}t}=k[\mathrm{A}]^{1/2} \qquad -\frac{\mathrm{d}[\mathrm{A}]}{\mathrm{d}[\mathrm{A}]^{1/2}}=k\mathrm{d}t$$

$$-\int_{[\mathrm{A}]_0}^{[\mathrm{A}]}\frac{\mathrm{d}[\mathrm{A}]}{\mathrm{d}[\mathrm{A}]^{1/2}}=\int_0^t k\mathrm{d}t \qquad 2([\mathrm{A}]_0^{1/2}-[\mathrm{A}]^{1/2})=kt$$

故
$$[\mathrm{A}]_0^{1/2}-[\mathrm{A}]^{1/2}=\frac{1}{2}kt$$

(2) 当 $t=t_{1/2}$ 时, $[\mathrm{A}]=\dfrac{[\mathrm{A}]_0}{2}$, 代入上式得

$$[\mathrm{A}]_0^{1/2}-\frac{[\mathrm{A}]_0^{1/2}}{2^{1/2}}=\frac{1}{2}kt_{1/2}$$

即
$$(\sqrt{2}-1)[\mathrm{A}]_0^{1/2}=\frac{1}{\sqrt{2}}kt_{1/2}$$

故
$$t_{1/2}=\frac{\sqrt{2}}{k}[\sqrt{2}-1][\mathrm{A}]_0^{1/2}$$

**11.2**　一级反应和二级反应极难由反应百分数对时间图的形状来分辨, 对于半衰期相等的一级反应、二级反应 (两种反应物起始浓度相等), 当 $t=\dfrac{1}{2}t_{1/2}$ 时, 求两者未反应的百分数。

**解**: 对于一级反应, 有
$$k_1=\frac{1}{t}\ln\frac{a}{a-x}=\frac{\ln 2}{t_{1/2}}=\frac{1}{\frac{1}{2}t_{1/2}}\ln\frac{a}{a-x}$$

$$\ln\frac{a}{a-x}=\frac{1}{2}\ln 2$$

$$\frac{a-x}{a}\times 100\%=\left[\exp\left(\frac{1}{2}\ln 2\right)^{-1}\right]\times 100\%=70.7\%$$

对于二级反应, 有
$$k_2=\frac{1}{t}\frac{x}{a(a-x)}=\frac{1}{t_{1/2}a}=\frac{1}{\frac{1}{2}t_{1/2}}\frac{a-(a-x)}{a(a-x)}$$

$$3x=a$$

$$\frac{a-x}{a}\times 100\%=\frac{2}{3}\times 100\%=66.7\%$$

**11.3**　蔗糖在稀酸溶液中按下式水解:

$$\mathrm{C_{12}H_{22}O_{11}}\ (\text{蔗糖})+\mathrm{H_2O} = \mathrm{C_6H_{12}O_6}\ (\text{葡萄糖})+\mathrm{C_6H_{12}O_6}\ (\text{果糖})$$

当温度和酸的浓度一定时, 已知反应的速率与蔗糖的浓度成正比。今有某一溶液, 蔗糖和 HCl 的物质的量浓度分别为 0.3 mol·dm$^{-3}$ 和 0.01 mol·dm$^{-3}$, 在 48 ℃ 下, 20 min 内有 32% 的蔗糖水解 (由旋光仪测定旋光度而推知)。已知该反应为一级反应。

(1) 计算反应的速率常数 $k$ 和反应开始时及反应 20 min 时的反应速率。

(2) 计算 40 min 时, 蔗糖的水解速率。

**解**: (1) 已知该反应为一级反应, 则有

$$k_1 = \frac{1}{t}\ln\frac{1}{1-y} = \frac{1}{20\ \text{min}}\ln\frac{1}{1-0.32} = 0.0193\ \text{min}^{-1}$$

$t = 0$ min 时:

$$r_0 = k_1 c_0 = 0.0193\ \text{min}^{-1} \times 0.3\ \text{mol}\cdot\text{dm}^{-3} = 5.79 \times 10^{-3}\ \text{mol}\cdot\text{dm}^{-3}\cdot\text{min}^{-1}$$

$t = 20$ min 时:

$$c = (1-0.32)c_0 = 0.68 \times 0.3\ \text{mol}\cdot\text{dm}^{-3} = 0.204\ \text{mol}\cdot\text{dm}^{-3}$$

$$r_{20} = k_1 c = 0.0193\ \text{min}^{-1} \times 0.204\ \text{mol}\cdot\text{dm}^{-3} = 3.94 \times 10^{-3}\ \text{mol}\cdot\text{dm}^{-3}\cdot\text{min}^{-1}$$

(2) 令 40 min 时, 已消耗反应物的物质的量浓度为 $x$, 则

$$r = k_1(c_0 - x)$$

$$\ln\frac{c_0}{c_0 - x} = k_1 t = 0.0193\ \text{min}^{-1} \times 40\ \text{min} = 0.772$$

$$c_0 - x = 0.139\ \text{mol}\cdot\text{dm}^{-3}$$

$$r_{40} = k_1(c_0 - x) = 0.0193\ \text{min}^{-1} \times 0.139\ \text{mol}\cdot\text{dm}^{-3} = 2.68 \times 10^{-3}\ \text{mol}\cdot\text{dm}^{-3}\cdot\text{min}^{-1}$$

**11.4** 在 298 K 时, 用旋光仪测定蔗糖的转化速率, 在不同时间所测得的旋光度 $\alpha_t$ 如下:

| $t$/ min | 0 | 10 | 20 | 40 | 80 | 180 | 300 | $\infty$ |
|---|---|---|---|---|---|---|---|---|
| $\alpha_t/(°)$ | 6.60 | 6.17 | 5.79 | 5.00 | 3.71 | 1.40 | −0.24 | −1.98 |

试求该反应的速率常数 $k$ 值。

**解**: 设蔗糖的起始浓度为 $a$, 且 $t$ 时反应掉 $x$, 则

$$\begin{array}{cccc} C_{12}H_{22}O_{11}\ (\text{蔗糖}) + H_2O & \xrightarrow{H_3O^+} & C_6H_{12}O_6\ (\text{葡萄糖}) & + C_6H_{12}O_6\ (\text{果糖}) \\ t=0 \quad a & & 0 & 0 \\ t=t \quad a-x & & x & x \\ t=\infty \quad 0 & & a & a \end{array}$$

蔗糖和葡萄糖是右旋的, 旋光度为正值, 而果糖是左旋的, 旋光度为负值。因而在一定条件下测定反应系统的旋光度时, 旋光度与物质的浓度成正比。设蔗糖、果糖和葡萄糖与 $c^{\ominus}$ 的比例系数分别为 $c_1$, $c_2$ 和 $c_3$, 即

$$\alpha_0 = c_1 a \qquad \alpha_\infty = c_3 a - c_2 a \qquad \alpha_t = c_1(a-x) - c_2 x + c_3 x$$

则
$$a = \frac{\alpha_0 - \alpha_\infty}{c_1 + c_2 - c_3} \qquad a - x = \frac{\alpha_t - \alpha_\infty}{c_1 + c_2 - c_3}$$

采用尝试法, 将上两式代入一级反应动力学方程, 得

$$k = \frac{1}{t}\ln\frac{a}{a-x} = \frac{1}{t}\ln\frac{\alpha_0 - \alpha_\infty}{\alpha_t - \alpha_\infty}$$

代入实验数据计算, 结果列于下表:

| $t$/min | 10 | 20 | 40 | 80 | 180 | 300 |
|---|---|---|---|---|---|---|
| $k/(10^{-3}\ \mathrm{min}^{-1})$ | 5.14 | 4.96 | 5.16 | 5.13 | 5.18 | 5.32 |

计算所得 $k$ 基本不变, 反应为一级反应, 速率常数的平均值为

$$\overline{k} = 5.15 \times 10^{-3}\ \mathrm{min}^{-1}$$

**11.5**　一个二级反应, 其反应式为 $2\,\mathrm{A} + 3\,\mathrm{B} \longrightarrow \mathrm{P}$, 求反应速率常数的积分表达式。已知 298 K 时, $k = 2.00 \times 10^{-4}\ \mathrm{dm^3 \cdot mol^{-1} \cdot s^{-1}}$, 开始时反应混合物中 A 的摩尔分数为 20%, B 的摩尔分数为 80%, $p_0 = 202.65\ \mathrm{kPa}$, 计算 1 h 后 A, B 各反应了多少。

**解**:

$$\begin{array}{lccc} & 2\,\mathrm{A} & + \quad 3\,\mathrm{B} & \longrightarrow \mathrm{P} \\ t=0 & [\mathrm{A}]_0 & [\mathrm{B}]_0 & 0 \\ t=t & [\mathrm{A}]_0 - 2x & [\mathrm{B}]_0 - 3x & x \end{array}$$

所以反应速率为
$$\frac{\mathrm{d}x}{\mathrm{d}t} = k([\mathrm{A}]_0 - 2x)([\mathrm{B}]_0 - 3x)$$

$$k\mathrm{d}t = \frac{1}{(-2[\mathrm{B}]_0 + 3[\mathrm{A}]_0)}\left(\frac{-2\mathrm{d}x}{[\mathrm{A}]_0 - 2x} + \frac{3\mathrm{d}x}{[\mathrm{B}]_0 - 3x}\right)$$

积分得
$$k = \frac{1}{(2[\mathrm{B}]_0 - 3[\mathrm{A}]_0)t}\ln\frac{[\mathrm{B}][\mathrm{A}]_0}{[\mathrm{A}][\mathrm{B}]_0} \tag{a}$$

令混合物起始浓度为 $c$, 即

$$c = \frac{p_0}{RT} = \frac{202.65\ \mathrm{kPa}}{8.314\ \mathrm{J \cdot mol^{-1} \cdot K^{-1}} \times 298\ \mathrm{K}} = 0.0818\ \mathrm{mol \cdot dm^{-3}}$$

由题目可知

$$[\mathrm{A}]_0 = 20\%\,c = 0.2 \times 0.0818\ \mathrm{mol \cdot dm^{-3}} = 0.0164\ \mathrm{mol \cdot dm^{-3}}$$

$$[\mathrm{B}]_0 = 80\%\,c = 0.8 \times 0.0818\ \mathrm{mol \cdot dm^{-3}} = 0.0654\ \mathrm{mol \cdot dm^{-3}}$$

将 $[\mathrm{A}]_0$ 和 $[\mathrm{B}]_0$ 的值代入式 (a) 得

$$2.00 \times 10^{-4}\ \mathrm{mol \cdot dm^{-3}} = \frac{1}{(2 \times 0.0654\ \mathrm{mol \cdot dm^{-3}} - 3 \times 0.0164\ \mathrm{mol \cdot dm^{-3}}) \times 3600} \times \ln\frac{0.0164\ \mathrm{mol \cdot dm^{-3}}[\mathrm{B}]}{0.0654\ \mathrm{mol \cdot dm^{-3}}[\mathrm{A}]}$$

$$\frac{[\mathrm{B}]}{[\mathrm{A}]} = \frac{[\mathrm{B}]_0 - 3x}{[\mathrm{A}]_0 - 2x} = 4.229$$

解得

$$x = 7.21 \times 10^{-4}\ \mathrm{mol \cdot dm^{-3}}$$

则 1 h 后, A 反应掉:
$$\frac{2x}{[\mathrm{A}]_0} = \frac{2 \times 7.21 \times 10^{-4}\ \mathrm{mol \cdot dm^{-3}}}{0.0164\ \mathrm{mol \cdot dm^{-3}}} = 8.80\%$$

B 反应掉:
$$\frac{3x}{[\mathrm{B}]_0} = \frac{3 \times 7.21 \times 10^{-4}\ \mathrm{mol \cdot dm^{-3}}}{0.0654\ \mathrm{mol \cdot dm^{-3}}} = 3.31\%$$

**11.6** 在 298 K 时, 测定乙酸乙酯皂化反应速率。反应开始时, 溶液中酯与碱的浓度均为 $0.01\ \mathrm{mol \cdot dm^{-3}}$, 每隔一定时间, 用标准酸溶液滴定其中碱的含量, 实验所得结果如下:

| $t$/min | 3 | 5 | 7 | 10 | 15 | 21 | 25 |
|---|---|---|---|---|---|---|---|
| $[\mathrm{OH^-}]/(10^{-3}\ \mathrm{mol \cdot dm^{-3}})$ | 7.40 | 6.34 | 5.50 | 4.64 | 3.63 | 2.88 | 2.54 |

(1) 证明该反应为二级反应, 并求出速率常数 $k$ 值;

(2) 若酯与碱的浓度均为 $0.002\ \mathrm{mol \cdot dm^{-3}}$, 试计算该反应完成 95% 时所需的时间及该反应的半衰期。

**解**: (1) 将实验数据代入二级反应动力学方程

$$k = \frac{1}{t}\left(\frac{1}{[\mathrm{OH^-}]} - \frac{1}{[\mathrm{OH^-}]_0}\right)$$

计算结果列于下表:

| $t$/min | 3 | 5 | 7 | 10 | 15 | 21 | 25 |
|---|---|---|---|---|---|---|---|
| $k/(\mathrm{mol^{-1} \cdot dm^3 \cdot min^{-1}})$ | 11.7 | 11.6 | 11.7 | 11.6 | 11.7 | 11.8 | 11.8 |

$k$ 值基本不变, 故该反应为二级反应, 其平均值为

$$\overline{k} = 11.7\ \mathrm{mol^{-1} \cdot dm^3 \cdot min^{-1}}$$

(2) 利用公式 $t = \dfrac{1}{k[\mathrm{OH^-}]_0}\dfrac{y}{1-y}$, 当 $y = 95\%$ 时, 有

$$t = \left(\frac{1}{11.7 \times 0.002} \times \frac{0.95}{1-0.95}\right)\mathrm{min} = 812\ \mathrm{min}$$

当 $y = 50\%$ 时, 有

$$t_{1/2} = \left(\frac{1}{11.7 \times 0.002} \times \frac{0.50}{1-0.50}\right)\mathrm{min} = 42.7\ \mathrm{min}$$

**11.7** 含有相同物质的量的 A, B 溶液, 等体积相混合, 发生反应 $\mathrm{A} + \mathrm{B} \longrightarrow \mathrm{C}$, 在反应经过 1.0 h 后, A 已消耗了 75%; 当反应时间为 2.0 h 时, 在下列情况下, A 还有多少未反应?

(1) 该反应对 A 为一级, 对 B 为零级;

(2) 该反应对 A, B 均为一级;

(3) 该反应对 A, B 均为零级。

**解**: 详见例 11.8。

**11.8** 气相基元反应 $2\mathrm{A(g)} \longrightarrow \mathrm{B(g)}$ 在恒温为 500 K 的恒容反应器中进行, 其反应速率可

表示为 $-\dfrac{\mathrm{d}c_{\mathrm{A}}}{\mathrm{d}t}=k_c[\mathrm{A}]^2$, 也可表示为 $-\dfrac{\mathrm{d}p_{\mathrm{A}}}{\mathrm{d}t}=k_p p_{\mathrm{A}}^2$。已知 $k_c=8.205\times10^{-3}\ \mathrm{dm}^3\cdot(\mathrm{mol\cdot s})^{-1}$, 求 $k_p$ (压力单位为 Pa)。

**解**: $$-\frac{\mathrm{d}c_{\mathrm{A}}}{\mathrm{d}t}=-\frac{\mathrm{d}\left(\dfrac{n_{\mathrm{A}}}{n_{\mathrm{A}}RT/p_{\mathrm{A}}}\right)}{\mathrm{d}t}=-\frac{\mathrm{d}p_{\mathrm{A}}}{\mathrm{d}t}(RT)^{-1} \tag{a}$$

$$c_{\mathrm{A}}^2=\left(\frac{n_{\mathrm{A}}}{V}\right)^2=p_{\mathrm{A}}^2(RT)^{-2} \tag{b}$$

将式 (a)、式 (b) 代入 $-\dfrac{\mathrm{d}c_{\mathrm{A}}}{\mathrm{d}t}=k_c[\mathrm{A}]^2$ 中, 得

$$-\frac{\mathrm{d}p_{\mathrm{A}}}{\mathrm{d}t}=k_c p_{\mathrm{A}}^2(RT)^{-1} \tag{c}$$

将式 (c) 与 $-\dfrac{\mathrm{d}p_{\mathrm{A}}}{\mathrm{d}t}=k_p[p_{\mathrm{A}}]^2$ 比较可得

$$\begin{aligned}k_p&=k_c(RT)^{-1}=8.205\times10^{-3}\ \mathrm{dm}^3\cdot(\mathrm{mol\cdot s})^{-1}\times(8.314\ \mathrm{J\cdot mol^{-1}\cdot K^{-1}}\times500\ \mathrm{K})^{-1}\\&=1.97\times10^{-9}\ \mathrm{Pa^{-1}\cdot s^{-1}}\end{aligned}$$

**11.9**　反应 $\mathrm{A}\longrightarrow2\mathrm{B}$ 在恒容反应器中进行, 反应温度为 373 K, 实验测得系统总压数据如下:

| $t$/s | 0 | 5 | 10 | 25 | $\infty$ |
|---|---|---|---|---|---|
| $p_{总}$/kPa | 35.6 | 40.0 | 42.7 | 46.7 | 53.3 |

已知 $t=\infty$ 为 A 全部转化的时刻, 该反应对 A 为二级反应, 试导出以总压表示的反应速率方程, 并求速率常数。

**解**:

| | A | $\longrightarrow$ | 2B | 总压力 |
|---|---|---|---|---|
| $t=0$ | $p_{\mathrm{A}}$ | | $p_{\mathrm{B}}$ | $p_0=p_{\mathrm{A}}+p_{\mathrm{B}}$ |
| $t=t$ | $p_{\mathrm{A}}-p_x$ | | $p_{\mathrm{B}}+2p_x$ | $p_t=p_{\mathrm{A}}+p_{\mathrm{B}}+p_x$ |
| $t=\infty$ | 0 | | $p_{\mathrm{B}}+2p_{\mathrm{A}}$ | $p_\infty=p_{\mathrm{B}}+2p_{\mathrm{A}}$ |

由上关系得　　$p_{\mathrm{A}}-p_x=p_\infty-p_t$　　$p_{\mathrm{A}}=p_\infty-p_0$

由
$$-\frac{\mathrm{d}c_{\mathrm{A}}}{\mathrm{d}t}=-\frac{\mathrm{d}}{\mathrm{d}t}\left(\frac{p_{\mathrm{A}}-p_x}{RT}\right)=\frac{\mathrm{d}p_t}{RT\mathrm{d}t}$$

$$kc_{\mathrm{A}}^2=k\left(\frac{p_\infty-p_t}{RT}\right)^2$$

所以
$$r_t=\frac{\mathrm{d}p_t}{\mathrm{d}t}=\frac{k}{RT}(p_\infty-p_t)^2$$

使用积分方程
$$\frac{1}{c_{\mathrm{A}}}-\frac{1}{c_{\mathrm{A},0}}=kt$$

$$\frac{RT}{p_\infty - p_t} - \frac{RT}{p_\infty - p_0} = kt$$

解得
$$k = \frac{RT}{t}\frac{p_t - p_0}{(p_\infty - p_t)(p_\infty - p_0)}$$

将两组数据代入, 有

$$\begin{aligned}
k(5\text{ s}) &= \frac{RT}{t}\frac{p_t - p_0}{(p_\infty - p_t)(p_\infty - p_0)} \\
&= \frac{8.314\text{ J}\cdot\text{mol}^{-1}\cdot\text{K}^{-1}\times 373\text{ K}}{5\text{ s}} \times \frac{40.0\text{ kPa} - 35.6\text{ kPa}}{(53.3\text{ kPa} - 40.0\text{ kPa})\times(53.3\text{ kPa} - 35.6\text{ kPa})}\times 10^{-3} \\
&= 0.0116\text{ mol}^{-1}\cdot\text{dm}^3\cdot\text{s}^{-1}
\end{aligned}$$

$$\begin{aligned}
k(10\text{ s}) &= \frac{RT}{t}\frac{p_t - p_0}{(p_\infty - p_t)(p_\infty - p_0)} \\
&= \frac{8.314\text{ J}\cdot\text{mol}^{-1}\cdot\text{K}^{-1}\times 373\text{ K}}{10\text{ s}} \times \frac{42.7\text{ kPa} - 35.6\text{ kPa}}{(53.3\text{ kPa} - 42.7\text{ kPa})\times(53.3\text{ kPa} - 35.6\text{ kPa})}\times 10^{-3} \\
&= 0.0117\text{ mol}^{-1}\cdot\text{dm}^3\cdot\text{s}^{-1}
\end{aligned}$$

求平均值得
$$\overline{k} = 0.01165\text{ mol}^{-1}\cdot\text{dm}^3\cdot\text{s}^{-1}$$

**11.10** 反应 $\text{A} \longrightarrow \text{P}$ 为 $n$ 级反应 ($n \neq 1$), 其速率方程可写为 $-\frac{\text{d}c_\text{A}}{\text{d}t} = kc_\text{A}^n$, 若 $a$ 为 A 的起始浓度, $x$ 为 $t$ 时刻变化的量 (单位 $\text{mol}\cdot\text{dm}^{-3}$), 试导出 $k$ 及 $n$ 级反应半衰期的表达式。

**解**: 由题可知速率方程为
$$-\frac{\text{d}x}{\text{d}t} = k(a-x)^n$$

积分得
$$k = \frac{1}{(n-1)t}\left[\frac{1}{(a-x)^{n-1}} - \frac{1}{a^{n-1}}\right]$$

所以 $n$ 级反应半衰期表达式为

$$t_{1/2} = \frac{1}{(n-1)k}\left[\frac{1}{\left(a - \dfrac{a}{2}\right)^{n-1}} - \frac{1}{a^{n-1}}\right] = \frac{(2^{n-1}-1)}{(n-1)a^{n-1}}\cdot\frac{1}{k}$$

**11.11** 设反应为 $\text{A} \longrightarrow \text{P}$, 反应对 A 为 $n$ 级反应, 定义 $[\text{A}]/[\text{A}]_0 = 1-\alpha$, 则其半衰期 $t_{1/2}$ 与其四分之三衰期 $t_{3/4}$ 之比仅是 $n$ 的函数, 试求该函数表达式, 并说明此式对于 $n=1$ 是否适用。

**解**: $r = -\frac{\text{d}[\text{A}]}{\text{d}t} = k[\text{A}]^n \qquad (n \neq 1)$

$$t_a = \frac{(1-\alpha)^{1-n} - 1}{[\text{A}]_0^{n-1}(n-1)k}$$

$\frac{t_{1/2}}{t_{3/4}} = \frac{2^{n-1}-1}{4^{n-1}-1} = \frac{1}{2^{n-1}+1}$, 仅是 $n$ 的函数。

$n=1$ 时, 根据一级反应的性质可知
$$\frac{t_{1/2}}{t_{3/4}} = \frac{1}{2}$$

如果将 $n=1$ 代入上式也可以得到 $\dfrac{t_{1/2}}{t_{3/4}}=\dfrac{1}{2}$

所以此式对 $n=1$ 适用。

**11.12** 大气中 $CO_2$ 含量较少, 但可鉴定出放射性同位素 $^{14}C$, 一旦 $CO_2$ 由光合作用“固定”, 从大气中拿走 $^{14}C$, 而新 $^{14}C$ 又不再加入, 那么放射量会以半衰期为 5770 年的一级过程减少。现从某古代松树的木髓中取样, 测定其 $^{14}C$ 含量是大气中 $CO_2$ 的 $^{14}C$ 含量的 54.9%, 求该树的大约年龄。

**解**: 对于放射性衰变这样的一级反应, 可先从已知的半衰期求出反应的速率常数, 然后用一级反应的定积分式计算木髓距今的时间。

$$k_1=\frac{\ln 2}{t_{1/2}}=\frac{0.693}{5770\ \mathrm{a}}=1.201\times10^{-4}\ \mathrm{a}^{-1}$$

$$t=\frac{1}{k_1}\ln\frac{1}{1-y}=\frac{1}{1.201\times10^{-4}\ \mathrm{a}^{-1}}\ln\frac{1}{0.549}=4.99\times10^{3}\ \mathrm{a}$$

该树死亡时间距今约 $4.99\times10^3$ 年。

**11.13** 某天然矿含放射性元素铀 (U), 其蜕变反应可简单表示为

$$\mathrm{U}\xrightarrow{k_{\mathrm{U}}}\mathrm{Ra}\xrightarrow{k_{\mathrm{Ra}}}\mathrm{Pb}$$

设已达稳态放射蜕变平衡, 测得镭与铀的浓度比保持为 $[\mathrm{Ra}]/[\mathrm{U}]=3.47\times10^{-7}$, 稳定产物铅与铀的浓度比为 $[\mathrm{Pb}]/[\mathrm{U}]=0.1792$, 已知镭的半衰期为 1580 年。

(1) 求铀的半衰期;

(2) 估计此矿的地质年龄 (计算时可作适当近似)。

**解**: 详见例 11.11。

**11.14** 在水溶液中, 金属离子 $M^{2+}$ 与四苯基卟啉 ($H_2TPP$) 生成的金属卟啉化合物在催化及生物化学方面具有多种功能, 设该反应速率方程为 $r=k[\mathrm{M}^{2+}]^{\alpha}[\mathrm{H_2TPP}]^{\beta}$, 试设计测定 $\alpha,\beta$ 的实验方案, 并写出反应级数与所测实验数据之间的关系式 (提示: 反应式为 $\mathrm{M}^{2+}+\mathrm{H_2TPP}\longrightarrow\mathrm{MTPP}+2\,\mathrm{H}^{+}$)。

**解**: 实验方案: 在保持反应介质性质相同条件下, 改变 $[\mathrm{M}^{2+}]_0$ 与 $[\mathrm{H_2TPP}]_0$ 之间的关系:

当 $[\mathrm{M}^{2+}]_0=[\mathrm{H_2TPP}]_0$ 时, $r=k[\mathrm{M}^{2+}]^{\alpha+\beta}$, 可求得反应总级数 $n=\alpha+\beta$;

当 $[\mathrm{M}^{2+}]_0\gg[\mathrm{H_2TPP}]_0$ 时, $r=k[\mathrm{M}^{2+}]_0^{\alpha}[\mathrm{H_2TPP}]^{\beta}=k'[\mathrm{H_2TPP}]^{\beta}$, 可求得 $\beta$, $\alpha=n-\beta$。

(也可由 $[\mathrm{M}^{2+}]_0\ll[\mathrm{H_2TPP}]_0$ 求 $\alpha$。)

根据实验曲线求出半衰期 $t_{1/2}$。

当 $n(\alpha$ 或 $\beta)=1$ 时, 半衰期与初始浓度无关;

当 $n\neq1$ 时, $n=1+\dfrac{\lg(t_{1/2}/t'_{1/2})}{\lg(c'_0/c_0)}$。

**11.15** 反应 $\mathrm{H_2(g)}+\mathrm{D_2(g)}\longrightarrow2\,\mathrm{HD(g)}$ 在恒容下, 按计量数进料, 获得以下数据:

| $T$/K | 1008 | | 946 | | |
|---|---|---|---|---|---|
| $p_0$/Pa | 400 | 800 | 450 | 800 | 3200 |
| $t_{1/2}$/s | 196 | 135 | 1330 | 1038 | 546 |

试求该反应级数。

**解**: 按化学计量比进料可知速率为

$$r = kp_{\mathrm{H_2}}^n \quad 或 \quad r = kp_{\mathrm{D_2}}^n$$

$$n = 1 + \frac{\lg\dfrac{t_{1/2}}{t'_{1/2}}}{\lg\dfrac{p'_0}{p_0}}$$

$T = 1008$ K 时:

$$n = 1 + \frac{\lg\dfrac{t_{1/2}}{t'_{1/2}}}{\lg\dfrac{p'_0}{p_0}} = 1 + \frac{\lg\dfrac{196\ \mathrm{s}}{135\ \mathrm{s}}}{\lg\dfrac{800\ \mathrm{Pa}}{400\ \mathrm{Pa}}} = 1.46$$

$T = 946$ K 时:

$$n = 1 + \frac{\lg\dfrac{t_{1/2}}{t'_{1/2}}}{\lg\dfrac{p'_0}{p_0}} = 1 + \frac{\lg\dfrac{546\ \mathrm{s}}{1038\ \mathrm{s}}}{\lg\dfrac{800\ \mathrm{Pa}}{3200\ \mathrm{Pa}}} = 1.46$$

$$n = 1 + \frac{\lg\dfrac{t_{1/2}}{t'_{1/2}}}{\lg\dfrac{p'_0}{p_0}} = 1 + \frac{\lg\dfrac{1330\ \mathrm{s}}{1038\ \mathrm{s}}}{\lg\dfrac{800\ \mathrm{Pa}}{450\ \mathrm{Pa}}} = 1.43$$

取平均值 $\overline{n} = \dfrac{1.46 + 1.46 + 1.43}{3} = 1.45$, 所以反应级数为 1.45。

**11.16** 物质 A 的热分解反应 $\mathrm{A(g)} \longrightarrow \mathrm{B(g)} + \mathrm{C(g)}$ 在密闭容器中恒温下进行, 测得其总压变化如下:

| $t$/min | 0 | 10 | 30 | $\infty$ |
|---|---|---|---|---|
| $p/(10^6\ \mathrm{Pa})$ | 1.30 | 1.95 | 2.28 | 2.60 |

(1) 确定反应级数;

(2) 计算速率常数 $k$;

(3) 计算反应经过 40 min 时的转化率。

**解**: (1) $\mathrm{A(g)} \longrightarrow \mathrm{B(g)} + \mathrm{C(g)}$

<table>
<tr><td>反应时间 $t$/min</td><td>0</td><td colspan="2">10</td><td>30</td></tr>
<tr><td>A 剩余分数 $(p_\infty - p)/(p_\infty - p_0)$</td><td>1</td><td colspan="2">0.5</td><td>0.25</td></tr>
<tr><td>经历时间 $t$/min</td><td colspan="2">10</td><td colspan="2">20</td></tr>
</table>

$t \propto \dfrac{1}{p_0}$, 故为二级反应。

(2) 二级反应半衰期 $t_{1/2} = 10$ min, 则

$$k=\frac{1}{p_0t_{1/2}}=\frac{1}{1.30\times10^6\ \mathrm{Pa}\times10\ \mathrm{min}}=7.69\times10^{-8}\ \mathrm{Pa^{-1}\cdot min^{-1}}$$

(3) $\dfrac{1}{p_{\mathrm{A}}}-\dfrac{1}{p_{\mathrm{A,0}}}=kt$

$$\frac{1}{1-\alpha}-1=kp_{\mathrm{A,0}}t=7.69\times10^{-8}\ \mathrm{Pa^{-1}\cdot min^{-1}}\times1.30\times10^6\ \mathrm{Pa}\times40\ \mathrm{min}$$

解得

$$\alpha=80\%$$

**11.17**　在一抽干的刚性容器中, 引入一定量纯气体 A(g), 发生如下反应:

$$\mathrm{A(g)}\longrightarrow\mathrm{B(g)}+2\,\mathrm{C(g)}$$

设反应能进行完全, 在 323 K 下恒温一定时间后开始计时, 测定系统的总压随时间的变化情况, 实验数据如下:

| $t$/min | 0 | 30 | 50 | $\infty$ |
|---|---|---|---|---|
| $p_{总}$/kPa | 53.33 | 73.33 | 80.00 | 106.66 |

求该反应的级数及速率常数。

**解**: 详见例 11.4。

**11.18**　乙烯热分解反应 $C_2H_4(g)\longrightarrow C_2H_2(g)+H_2(g)$ 为一级反应, 在 1073 K 时, 反应经过 10 h 时有 50% 乙烯分解, 已知该反应的活化能 $E_a=250.8\ \mathrm{kJ\cdot mol^{-1}}$, 求此反应在 1573 K 时, 乙烯分解 50% 需多少时间?

**解**: 该反应为一级反应, 反应半衰期为 $t_{1/2}=10$ h。

$$\frac{t_{1/2}}{t'_{1/2}}=\exp\left[\frac{E_a}{R}\left(\frac{1}{T}-\frac{1}{T'}\right)\right]$$

$$t'_{1/2}=t_{1/2}\exp\left[-\frac{E_a}{R}\left(\frac{1}{T}-\frac{1}{T'}\right)\right]$$

$$=10\times3600\ \mathrm{s}\times\exp\left[-\frac{250.8\times10^3\ \mathrm{J\cdot mol^{-1}}}{8.314\ \mathrm{J\cdot mol^{-1}\cdot K^{-1}}}\times\left(\frac{1}{1073\ \mathrm{K}}-\frac{1}{1573\ \mathrm{K}}\right)\right]=4.7\ \mathrm{s}$$

**11.19**　反应 $[Co(NH_3)_3F]^{2+}+H_2O\longrightarrow[Co(NH_3)_3H_2O]^{3+}+F^-$ 是一个酸催化反应, 若反应的速率方程为 $r=k\left[Co(NH_3)_3F^{2+}\right]^{\alpha}[H^+]^{\beta}$, 在指定温度和起始浓度条件下, 络合物反应掉 $\dfrac{1}{2}$ 和 $\dfrac{3}{4}$ 所用的时间分别是 $t_{1/2}$ 和 $t_{3/4}$, 实验数据如下:

| 实验编号 | $\dfrac{[Co(NH_3)_3F^{2+}]_0}{\mathrm{mol\cdot dm^{-3}}}$ | $\dfrac{[H^+]_0}{\mathrm{mol\cdot dm^{-3}}}$ | $T$/K | $t_{1/2}$/h | $t_{3/4}$/h |
|---|---|---|---|---|---|
| 1 | 0.10 | 0.01 | 298 | 1.0 | 2.0 |
| 2 | 0.20 | 0.02 | 298 | 0.5 | 1.0 |
| 3 | 0.10 | 0.01 | 308 | 0.5 | 1.0 |

试根据实验数据求:

(1) 反应的级数 $\alpha$ 和 $\beta$;

(2) 不同温度时的反应速率常数 $k$;

(3) 反应实验活化能 $E_a$。

**解**: (1) $H^+$ 作为催化剂, 则在反应进程中 $[H^+]=$ 常数, 故

$$r = k\left[Co(NH_3)_5F^{2+}\right]^{\alpha}\left[H^+\right]^{\beta} = k'\left[Co(NH_3)_5F^{2+}\right]^{\alpha} \qquad \left(k' = k\left[H^+\right]^{\beta}\right)$$

由表中数据可见, 反应的 $t_{3/4} = 2t_{1/2}$, 这正是一级反应的特征, 所以

$$\alpha = 1$$

则
$$r = k'\left[Co(NH_3)_5F^{2+}\right] = k\left[Co(NH_3)_5F^{2+}\right][H^+]^{\beta}$$

又 $t_{1/2} = \dfrac{\ln 2}{k'} = \dfrac{\ln 2}{k\left[H^+\right]^{\beta}}$, 则
$$\frac{t_{1/2}}{t'_{1/2}} = \left(\frac{[H^+]'}{[H^+]}\right)^{\beta}$$

代入 298 K 时的两组数据, 有
$$\frac{1.0}{0.5} = \left(\frac{0.02}{0.01}\right)^{\beta} \qquad \beta = 1$$

(2) $$k(298\ K) = \frac{\ln 2}{t_{1/2}\left[H^+\right]} = \left(\frac{\ln 2}{1.0 \times 0.01}\right) mol^{-1}\cdot dm^3\cdot s^{-1} = 69.3\ mol^{-1}\cdot dm^3\cdot s^{-1}$$

$$k(308\ K) = \frac{\ln 2}{t_{1/2}\left[H^+\right]} = \left(\frac{\ln 2}{0.5 \times 0.01}\right) mol^{-1}\cdot dm^3\cdot s^{-1} = 138.6\ mol^{-1}\cdot dm^3\cdot s^{-1}$$

(3) $$E_a = \frac{RT_1T_2}{T_2 - T_1}\ln\frac{k_2}{k_1} = \left(\frac{8.314 \times 298 \times 308}{308 - 298} \times \ln\frac{138.6}{69.3}\right) J\cdot mol^{-1} = 52.89\ kJ\cdot mol^{-1}$$

**11.20** 溶液中反应 $2Fe^{2+} + 2Hg^{2+} \longrightarrow Hg_2^{2+} + 2Fe^{3+}$ 在 353 K 下进行, 测得下列两组实验数据:

| Ⅰ组 | | Ⅱ组 | |
|---|---|---|---|
| $\left[Fe^{2+}\right]_0 = 0.1\ mol\cdot dm^{-3}$<br>$\left[Hg^{2+}\right]_0 = 0.1\ mol\cdot dm^{-3}$ | | $\left[Fe^{2+}\right]_0 = 0.1\ mol\cdot dm^{-3}$<br>$\left[Hg^{2+}\right]_0 = 0.001\ mol\cdot dm^{-3}$ | |
| $t/(10^5\ s)$ | $A$ (吸光度) | $t/(10^5\ s)$ | $[Hg^{2+}]/(10^{-3}mol\cdot dm^{-3})$ |
| 0 | 0.100 | 0 | 1.000 |
| 1 | 0.400 | 0.5 | 0.585 |
| 2 | 0.500 | 1.0 | 0.348 |
| 3 | 0.550 | 1.5 | 0.205 |
| $\infty$ | 0.700 | 2.0 | 0.122 |
| | | $\infty$ | 0 |

若反应速率方程为 $r = k[Fe^{2+}]^{\alpha}[Hg^{2+}]^{\beta}$, 试求 $\alpha$, $\beta$ 和 $k$ 的值。

**解**: $\dfrac{[B]_0 - [B]}{[B]} = \dfrac{A_\infty - A_t}{A_t - A_0}$ (浓度与吸光度关系)

由第 I 组数据可得

$$r=k\left[\mathrm{Fe}^{2+}\right]^{\alpha}\left[\mathrm{Hg}^{2+}\right]^{\beta}=k'\left[\mathrm{Hg}^{2+}\right]^{n}\qquad n=\alpha+\beta$$

采用尝试法, 令 $n=2$, 则　　$k=\dfrac{1}{2t[\mathrm{Hg}^{2+}]_0}\dfrac{A_t-A_0}{A_\infty-A_t}$

代入第 I 组数据求平均值得　　$k=5.00\times10^{-5}\ \mathrm{dm^3\cdot mol^{-1}\cdot s^{-1}}$

$k$ 为常数, 所以　　$n=2$

据第 II 组数据, 有　　$[\mathrm{Fe}^{2+}]_0\gg[\mathrm{Hg}^{2+}]_0$

则　　$r=k'[\mathrm{Hg}^{2+}]^{\beta}\qquad(k'=k[\mathrm{Fe}^{2+}]_0^{\alpha})$

用尝试法, 令 $\beta=1$ 则　　$k'=\dfrac{1}{2t}\ln\dfrac{[\mathrm{Hg}^{2+}]_0}{[\mathrm{Hg}^{2+}]_t}$

代入第 II 组数值得 $k'$ 为常数, 所以　　$\alpha=n-\beta=1$

**11.21**　当有 $I_2$ 存在作为催化剂时, 氯苯 ($C_6H_5Cl$) 与 $Cl_2$ 在 $CS_2(l)$ 溶液中发生如下的平行反应 (均为二级反应):

$$C_6H_5Cl+Cl_2\begin{cases}\xrightarrow{k_1} o\text{-}C_6H_4Cl_2+HCl\\ \xrightarrow{k_2} p\text{-}C_6H_4Cl_2+HCl\end{cases}$$

设在温度和 $I_2$ 的浓度一定时, $C_6H_5Cl$ 与 $Cl_2$ 在 $CS_2(l)$ 溶液中的起始浓度均为 $0.5\ \mathrm{mol\cdot dm^{-3}}$, 30 min 后, 有 15% 的 $C_6H_5Cl$ 转变为 $o\text{-}C_6H_4Cl_2$, 有 25% 的 $C_6H_5Cl$ 转变为 $p\text{-}C_6H_4Cl_2$, 试计算两个速率常数 $k_1$ 和 $k_2$。

**解**: 设 $C_6H_5Cl$ 的起始浓度为 $a=0.50\ \mathrm{mol\cdot dm^{-3}}$, 在任一时刻 $o\text{-}C_6H_4Cl_2$ 的浓度为 $x$, $p\text{-}C_6H_4Cl_2$ 的浓度为 $y$, $C_6H_5Cl$ 的浓度为 $a-x-y$; 30 min 后, $x=0.15a$, $y=0.25a$, $a-x-y=0.6a$ 则

$$\frac{k_1}{k_2}=\frac{x}{y}=\frac{0.15a}{0.25a}=0.60\tag{a}$$

又 $\dfrac{\mathrm{d}(x+y)}{\mathrm{d}t}=(k_1+k_2)\left[a-(x+y)\right]^2$, 积分并代入数据, 得

$$\begin{aligned}k_1+k_2&=\frac{1}{at}\times\frac{x+y}{a-x-y}=\frac{1}{30a}\times\frac{0.15a+0.25a}{0.60a}\\&=\left(\frac{2}{30\times0.50\times3}\right)\mathrm{mol^{-1}\cdot dm^3\cdot min^{-1}}=0.044\ \mathrm{mol^{-1}\cdot dm^3\cdot min^{-1}}\end{aligned}\tag{b}$$

联立式 (a) 和式 (b) 得

$$k_1=0.017\ \mathrm{mol^{-1}\cdot dm^3\cdot min^{-1}}\qquad k_2=0.028\ \mathrm{mol^{-1}\cdot dm^3\cdot min^{-1}}$$

**11.22**　有正、逆反应均为一级的对峙反应:

$$\mathrm{D\text{-}R_1R_2R_3CBr}\underset{k_{-1}}{\overset{k_1}{\rightleftharpoons}}\mathrm{L\text{-}R_1R_2R_3CBr}$$

正、逆反应的半衰期均为 $t_{1/2}=10$ min。若起始时 $\mathrm{D\text{-}R_1R_2R_3CBr}$ 的物质的量为 1 mol, 试计算在

10 min 后, 生成 L$-R_1R_2R_3CBr$ 的物质的量。

**解**: 设反应系统的体积为 1 $dm^3$, 则 D$-R_1R_2R_3CBr$ 的初始浓度为 $a = 1.00\ mol\cdot dm^{-3}$, 在任一时刻, L$-R_1R_2R_3CBr$ 的浓度为 $x$, D$-R_1R_2R_3CBr$ 的浓度为 $a$–$x$, 则

$$\frac{dx}{dt} = k_1(a-x) - k_{-1}x$$

因 $k_1 = k_{-1} = \dfrac{\ln 2}{t_{1/2}}$, 故

$$\frac{dx}{dt} = k_1(a-2x)$$

$$\int_0^x \frac{dx}{a-2x} = \int_0^t k_1 dt$$

即
$$-\frac{1}{2}\ln(a-2x) = k_1 t$$

当 $t = 10$ min 时:

$$x = \frac{a - \exp(-2k_1 t)}{2} = \frac{a - \exp\left(-\dfrac{2\ln 2}{t_{1/2}}t\right)}{2}$$

$$= \left[\frac{1.00 - \exp(-2\ln 2)}{2}\right]\ mol\cdot dm^{-3} = 0.375\ mol\cdot dm^{-3}$$

即 10 min 之后, 可得 0.375 mol 的 L$-R_1R_2R_3CBr$。

**11.23** 在 321 K 时, 在 200 mL 的 0.1 $mol\cdot dm^{-3}$ $d$–莰酮–3–羧酸的酒精溶液中, 发生下列两个反应:

$$C_{10}H_{15}OCOOH \xrightarrow{k_1} C_{10}H_{16}O + CO_2 \tag{1}$$

$$C_2H_5OH + C_{10}H_{15}OCOOH \xrightarrow{k_2} C_{10}H_{15}OCOOC_2H_5 + H_2O \tag{2}$$

测量中和 20 mL 0.1 $mol\cdot dm^{-3}$ 原酸需 0.05 $mol\cdot dm^{-3}$ $Ba(OH)_2$ 溶液的体积, 以及产生 $CO_2$ 的质量, 得到如下结果:

| $t$/min | 0 | 10 | 20 | 30 |
|---|---|---|---|---|
| $Ba(OH)_2$ 溶液的体积/mL | 20 | 16.26 | 13.25 | 10.68 |
| 产生 $CO_2$ 的质量/g | — | 0.0841 | 0.1545 | 0.2095 |

试求 $k_1$ 和 $k_2$。

**解**: 1 分子 $Ba(OH)_2$ 消耗 2 分子 $d$–莰酮–3–羧酸。因此 $t$ 时刻酸浓度 $c$ 可以表示为

$$c = \frac{2V_{Ba(OH)_2}\cdot c_{Ba(OH)_2}}{20\ mL}$$

可以计算出酸浓度随时间变化是

| $t$/min | 0 | 10 | 20 | 30 |
|---|---|---|---|---|
| $c/(\mathrm{mol\cdot dm^{-3}})$ | 0.100 | 0.0813 | 0.0663 | 0.0534 |

可以发现:

$$k=\frac{1}{t}\ln\frac{c_0}{c}=\frac{1}{10\ \mathrm{min}}\ln\frac{0.100}{0.0813}=\frac{1}{20\ \mathrm{min}}\ln\frac{0.100}{0.0663}=\frac{1}{30\ \mathrm{min}}\ln\frac{0.100}{0.0534}=0.0207\ \mathrm{min^{-1}}$$

反应物浓度变化符合一级反应动力学, 可以将 (1)、(2) 两个反应均看作一级反应, 因此

$$k_1+k_2=0.0207\ \mathrm{min^{-1}} \qquad \frac{k_1}{k_2}=\frac{c_{\mathrm{CO_2}}}{c_{酯}}$$

又因为: $c_{\mathrm{CO_2}}=\dfrac{m_{\mathrm{CO_2}}}{M_{\mathrm{CO_2}}}\cdot\dfrac{1}{0.2\ \mathrm{dm^3}}, c_{酯}=c_0-c-c_{\mathrm{CO_2}}$, 可以计算得到:

| $t$/min | 0 | 10 | 20 | 30 |
|---|---|---|---|---|
| $c_{\mathrm{CO_2}}/(\mathrm{mol\cdot dm^{-3}})$ | 0 | 0.00956 | 0.01756 | 0.02381 |
| $c_{酯}/(\mathrm{mol\cdot dm^{-3}})$ | 0 | 0.00914 | 0.01619 | 0.02279 |

取平均, 可得

$$\frac{k_1}{k_2}=1.058$$

所以

$$k_1=0.0106\ \mathrm{min^{-1}} \qquad k_2=0.0101\ \mathrm{min^{-1}}$$

**11.24**　某反应在 300 K 时进行, 完成 40% 需 24 min。如果保持其他条件不变, 在 340 K 时进行, 同样完成 40%, 需 6.4 min, 求该反应的实验活化能。

**解**: 设两个温度下反应的初始浓度相等, 反应在 300 K 时的速率常数为 $k$, 在 340 K 时的速率常数为 $k'$, 对级数为 $n(n\neq 1)$ 的反应, 因在两个温度下反应的转化率均相等, 故

$$kt=\frac{1}{n-1}\left(\frac{1}{c^{n-1}}-\frac{1}{c_0^{n-1}}\right) \qquad k't'=\frac{1}{n-1}\left(\frac{1}{c^{n-1}}-\frac{1}{c_0^{n-1}}\right)$$

即

$$kt=k't'$$

若反应为一级反应, 则 $k=\dfrac{1}{t}\ln\dfrac{1}{1-y}$, 两个温度下的转化率相同, 均为 40%, 故也有

$$kt=k't' \qquad \frac{k'}{k}=\frac{t}{t'}$$

$$\ln\frac{k'}{k}=\ln\frac{t}{t'}=\frac{E_\mathrm{a}}{R}\left(\frac{1}{T}-\frac{1}{T'}\right)$$

则

$$E_\mathrm{a}=\frac{RTT'}{T'-T}\ln\frac{t}{t'}=\left(\frac{8.314\times 300\times 340}{340-300}\times\ln\frac{24}{6.4}\right)\mathrm{J\cdot mol^{-1}}=28.0\ \mathrm{kJ\cdot mol^{-1}}$$

**11.25**　某一气相反应 $\mathrm{A(g)}\underset{k_{-2}}{\overset{k_1}{\rightleftharpoons}}\mathrm{B(g)+C(g)}$, 已知在 298 K 时, $k_1=0.21\ \mathrm{s^{-1}}$, $k_{-2}=5\times 10^{-9}\ \mathrm{Pa^{-1}\cdot s^{-1}}$; 当温度由 298 K 升到 310 K 时, 其 $k_1$ 和 $k_{-2}$ 的值均增加 1 倍, 试求:

(1) 298 K 时, 反应平衡常数 $K_p$;

(2) 正、逆反应的实验活化能 $E_a$;

(3) 298 K 时, 反应的 $\Delta_r H_m$ 和 $\Delta_r U_m$;

(4) 298 K 时, A 的起始压力为 100 kPa, 若使总压达到 152 kPa 时, 所需的时间。

**解**: (1) 因 $r_+ = k_1 p_A$, $r_- = k_{-2} p_B p_C$, 当反应达到平衡时, $r_+ = r_-$, 即

$$K_p = \frac{p_B p_C}{p_A} = \frac{k_1}{k_{-2}} = \left(\frac{0.21}{5 \times 10^{-9}}\right) \text{Pa} = 4.2 \times 10^7 \text{ Pa}$$

(2) 设在题给温度范围内活化能与温度无关, 则

$$\ln\frac{k'}{k} = \frac{E_a}{R}\left(\frac{1}{T} - \frac{1}{T'}\right) \qquad E_a = \frac{RTT'}{T' - T}\ln\frac{k'}{k}$$

当温度由 298 K 升到 310 K 时, 因为正、逆反应均有 $k'/k = 2$, 故

$$\ln 2 = \frac{E_a}{8.314 \text{ J} \cdot \text{mol}^{-1} \cdot \text{K}^{-1}} \times \left(\frac{1}{298 \text{ K}} - \frac{1}{310 \text{ K}}\right)$$

解得 $$E_a = 44.36 \text{ kJ} \cdot \text{mol}^{-1}$$

(3) $$\frac{\mathrm{d}\ln K_p}{\mathrm{d}T} = \frac{\mathrm{d}\ln k_1}{\mathrm{d}T} - \frac{\mathrm{d}\ln k_{-2}}{\mathrm{d}T} = \frac{E_a(\text{正})}{RT^2} - \frac{E_a(\text{逆})}{RT^2} = 0$$

又 $$\frac{\mathrm{d}\ln K_p}{\mathrm{d}T} = \frac{\Delta_r H_m}{RT^2}$$

故 $$\Delta_r H_m = E_a(\text{正}) - E_a(\text{逆}) = 0$$

而 $$\Delta_r H_m = \Delta_r U_m + \sum_B \nu_B(\text{g})RT$$

则 $$\Delta_r U_m = \Delta_r H_m - \sum_B \nu_B(\text{g})RT = -RT = (-8.314 \times 298) \text{ J} \cdot \text{mol}^{-1} = -2.48 \text{ kJ} \cdot \text{mol}^{-1}$$

(4) $$\text{A(g)} \underset{k_{-2}}{\overset{k_1}{\rightleftharpoons}} \text{B(g)} + \text{C(g)}$$

$$\begin{array}{cccc} t=0 & p_0 & 0 & 0 \\ t=t & p_0 - p & p & p \end{array}$$

当 $p_{总} = p_0 + p = 152$ kPa 时: $p = (152 - 100) \text{ kPa} = 52 \text{ kPa}$

又 $$\frac{\mathrm{d}p}{\mathrm{d}t} = k_1(p_0 - p) - k_{-2}p^2 \approx k_1(p_0 - p) \qquad (\text{因 } k_{-2} \ll k_1)$$

则 $$\int_0^p \frac{\mathrm{d}p}{p_0 - p} = k_1 \int_0^t \mathrm{d}t$$

故 $$t = \frac{1}{k_1}\ln\frac{p_0}{p_0 - p} = \left(\frac{1}{0.21} \times \ln\frac{100}{48}\right) \text{s} = 3.5 \text{ s}$$

**11.26** 某溶液中含有 NaOH 及 $CH_3COOC_2H_5$, 浓度均为 0.01 mol·dm$^{-3}$。在 298 K 时, 反应经 10 min 有 39% 的 $CH_3COOC_2H_5$ 分解, 而在 308 K 时, 反应 10 min 有 55% 的 $CH_3COOC_2H_5$

分解。该反应速率方程为

$$r = k[\mathrm{NaOH}][\mathrm{CH_3COOC_2H_5}]$$

试计算:

(1) 在 298 K 和 308 K 时反应的速率常数;

(2) 在 288 K 时, 反应 10 min, $CH_3COOC_2H_5$ 分解的分数;

(3) 在 293 K 时, 若有 50% 的 $CH_3COOC_2H_5$ 分解所需的时间。

**解**: (1) 令 $[\mathrm{CH_3COOC_2H_5}] = [\mathrm{A}]$, $[\mathrm{NaOH}] = [\mathrm{B}]$, 则 $[\mathrm{A}]_0 = [\mathrm{B}]_0$。酯的水解为二级反应, 故

$$k = \frac{1}{t}\left(\frac{1}{[\mathrm{A}]} - \frac{1}{[\mathrm{A}]_0}\right)$$

令分解分数 $y = \dfrac{[\mathrm{A}]_0 - [\mathrm{A}]}{[\mathrm{A}]_0}$, 则 $[\mathrm{A}] = [\mathrm{A}]_0(1-y)$, 将其代入上式, 得

$$k = \frac{1}{t[\mathrm{A}]_0} \cdot \frac{y}{1-y} \tag{a}$$

298 K 时, $t = 10$ min, $y = 0.39$, 代入式 (a) 得

$$k(298\ \mathrm{K}) = \left(\frac{1}{10 \times 0.01} \times \frac{0.39}{1-0.39}\right)\mathrm{mol^{-1}{\cdot}dm^3{\cdot}min^{-1}} = 6.39\ \mathrm{mol^{-1}{\cdot}dm^3{\cdot}min^{-1}}$$

308 K 时, $t = 10$ min, $y = 0.55$, 代入式 (a) 得

$$k(308\ \mathrm{K}) = \left(\frac{1}{10 \times 0.01} \times \frac{0.55}{1-0.55}\right)\mathrm{mol^{-1}{\cdot}dm^3{\cdot}min^{-1}} = 12.2\ \mathrm{mol^{-1}{\cdot}dm^3{\cdot}min^{-1}}$$

(2) 设活化能 $E_a$、指前因子 $A$ 不随 $T$ 改变, 则有

$$E_a = \frac{RTT'}{T'-T}\ln\frac{k_2}{k_1} = \left(\frac{8.314 \times 298 \times 308}{308-298} \times \ln\frac{12.2}{6.39}\right)\mathrm{J{\cdot}mol^{-1}} = 49.35\ \mathrm{kJ{\cdot}mol^{-1}}$$

所以 288 K 时的反应速率常数为

$$\ln k(288\ \mathrm{K}) = \frac{49350}{8.314} \times \left(\frac{1}{298} - \frac{1}{288}\right) + \ln 6.39 = 1.163$$

$$k(288\ \mathrm{K}) = 3.20\ \mathrm{mol^{-1}{\cdot}dm^3{\cdot}min^{-1}}$$

将 $t = 10$ min, $k(288\ \mathrm{K}) = 3.20\ \mathrm{mol^{-1}{\cdot}dm^3{\cdot}min^{-1}}$ 代入式 (a), 得 288 K 时酯的分解分数:

$$y = \frac{t[\mathrm{A}]_0 k(288\ \mathrm{K})}{1 + t[\mathrm{A}]_0 k(288\ \mathrm{K})} = \frac{10 \times 0.01 \times 3.20}{1 + 10 \times 0.01 \times 3.20} = 0.242 = 24.2\%$$

(3) $\ln k(293\ \mathrm{K}) = \dfrac{49350}{8.314} \times \left(\dfrac{1}{298} - \dfrac{1}{293}\right) + \ln 6.39 = 1.514$

$$k(293\ \mathrm{K}) = 4.54\ \mathrm{mol^{-1}{\cdot}dm^3{\cdot}min^{-1}}$$

将 $y = 0.50$ 和 $k(293\ \mathrm{K}) = 4.54\ \mathrm{mol^{-1}{\cdot}dm^3{\cdot}min^{-1}}$ 代入式 (a) 得

$$t = \frac{1}{k(293\ \mathrm{K})[\mathrm{A}]_0} \cdot \frac{y}{1-y} = \left(\frac{1}{4.54 \times 0.01} \times \frac{0.50}{1-0.50}\right)\mathrm{min} = 22\ \mathrm{min}$$

**11.27** 在 673 K 时, 设反应 $NO_2(g) \longrightarrow NO(g) + \frac{1}{2}O_2(g)$ 可以完全进行, 并设产物对反应速率没无影响, 经实验证明该反应是二级反应, 速率方程可表示为 $-\frac{d[NO_2]}{dt} = k[NO_2]^2$, 速率常数 $k$ 与反应温度 $T$ 之间的关系为

$$\ln\frac{k}{(\text{mol}\cdot\text{dm}^{-3})^{-1}\cdot\text{s}^{-1}} = -\frac{12886.7}{T/\text{K}} + 20.27$$

试计算:

(1) 该反应的 $A$ 及实验活化能 $E_a$;

(2) 若 673 K 时, 将 $NO_2(g)$ 通入反应器, 使其压力为 26.66 kPa, 发生上述反应, 当反应器中的压力达到 32.0 kPa 时所需的时间 (设气体为理想气体)。

**解**: (1) 因为 $\ln k = \ln A - \frac{E_a}{RT}$, 对照题给公式得

$$\ln A = 20.27 \qquad A = 6.36 \times 10^8\ \text{s}^{-1}$$

$$\frac{E_a}{R} = 12886.7\ \text{K} \qquad E_a = 107.1\ \text{kJ}\cdot\text{mol}^{-1}$$

(2)

| | $NO_2(g)$ | $\longrightarrow$ | $NO(g)$ | $+\frac{1}{2}O_2(g)$ |
|---|---|---|---|---|
| $t=0$ | 26.66 kPa | | 0 | 0 |
| $t=t$ | 26.66 kPa $-p$ | | $p$ | $\frac{1}{2}p$ |

当 $p_{总} = 26.66\ \text{kPa} + \frac{1}{2}p = 32.0\ \text{kPa}$ 时: $\qquad p = 10.68\ \text{kPa}$

由题给速率常数 $k$ 的单位可知, 其为 $k_c$, 将温度代入其表达式中可得

$$\ln\frac{k_c}{(\text{mol}\cdot\text{dm}^{-3})^{-1}\cdot\text{s}^{-1}} = \frac{-12886.7}{673} + 20.27 = 1.122$$

则 $\qquad k_c = 3.071\ (\text{mol}\cdot\text{dm}^{-3})^{-1}\cdot\text{s}^{-1} = 3.071 \times 10^{-3}\ (\text{mol}\cdot\text{m}^{-3})^{-1}\cdot\text{s}^{-1}$

二级反应的 $k_p = \frac{k_c}{RT}$, 由二级反应动力学方程可得

$$t = \frac{1}{k_c}\cdot\frac{x}{a(a-x)} = \frac{RT}{k_c}\cdot\frac{p}{p_0(p_0-p)}$$

$$= \left[\frac{8.314 \times 673}{3.071 \times 10^{-3}} \times \frac{10680}{26660 \times (26660 - 10680)}\right]\text{s} = 45.68\ \text{s}$$

**11.28** 某溶液中的反应 $A + B \longrightarrow P$, 当 A 和 B 的起始浓度 $[A]_0 = 1 \times 10^{-4}\ \text{mol}\cdot\text{dm}^{-3}$, $[B]_0 = 0.01\ \text{mol}\cdot\text{dm}^{-3}$ 时, 实验测得不同温度下吸光度随时间的变化如下:

| $t$/min | 0 | 57 | 130 | $\infty$ |
|---|---|---|---|---|
| 298 K 时 A 的吸光度 | 1.390 | 1.030 | 0.706 | 0.100 |
| 308 K 时 A 的吸光度 | 1.460 | 0.542 | 0.210 | 0.110 |

当固定 $[\mathrm{A}]_0 = 1 \times 10^{-4}\ \mathrm{mol \cdot dm^{-3}}$, 改变 $[\mathrm{B}]_0$ 时, 实验测得在 298 K 时, $t_{1/2}$ 随 $[\mathrm{B}]_0$ 的变化如下:

| $[\mathrm{B}]_0/(\mathrm{mol \cdot dm^{-3}})$ | 0.01 | 0.02 |
|---|---|---|
| $t_{1/2}/\mathrm{min}$ | 120 | 30 |

设速率方程为 $r = k[\mathrm{A}]^\alpha[\mathrm{B}]^\beta$, 试计算 $\alpha, \beta$, 速率常数 $k$ 和实验活化能 $E_\mathrm{a}$。

**解**: 由于 $[\mathrm{B}]_0 \gg [\mathrm{A}]_0$, 故

$$r = k[\mathrm{A}]^\alpha[\mathrm{B}]^\beta = k'[\mathrm{A}]^\alpha \qquad (\text{式中 } k' = k[\mathrm{B}]^\beta)$$

采用尝试法, 将 298 K 时的实验数据代入一级反应动力学方程, 得

$$k_1' = \frac{1}{t}\ln\frac{[\mathrm{A}]_0}{[\mathrm{A}]} = \frac{1}{t}\ln\frac{A_\infty - A_0}{A_\infty - A_t} = \left(\frac{1}{57} \times \ln\frac{0.100 - 1.390}{0.100 - 1.030}\right)\mathrm{min^{-1}} = 5.74 \times 10^{-3}\ \mathrm{min^{-1}}$$

$$k_2' = \left(\frac{1}{130} \times \ln\frac{0.100 - 1.390}{0.100 - 0.706}\right)\mathrm{min^{-1}} = 5.81 \times 10^{-3}\ \mathrm{min^{-1}}$$

所得 $k$ 近似为一常数, 故

$$\alpha = 1$$

$$\overline{k'} = 5.78 \times 10^{-3}\ \mathrm{min^{-1}}$$

又 $t_{1/2} = \dfrac{\ln 2}{k[\mathrm{B}]_0{}^\beta}$, 则由 $t_{1/2}$ 与$[\mathrm{B}]_0$ 的关系可得

$$\frac{120}{30} = \left(\frac{0.02}{0.01}\right)^\beta$$

故

$$\beta = 2$$

在 298 K 时反应的速率常数为

$$k(298\ \mathrm{K}) = \frac{k'}{[\mathrm{B}]^\beta} = \left(\frac{5.78 \times 10^{-3}}{0.01^2}\right)\mathrm{mol^{-2} \cdot dm^6 \cdot min^{-1}} = 57.8\ \mathrm{mol^{-2} \cdot dm^6 \cdot min^{-1}}$$

同理可得, 在 308 K 时反应速率常数为

$$k(308\ \mathrm{K}) = 200\ \mathrm{mol^{-2} \cdot dm^6 \cdot min^{-1}}$$

反应的实验活化能为

$$E_\mathrm{a} = \frac{RTT'}{T' - T}\ln\frac{k_2}{k_1} = \left(\frac{8.314 \times 298 \times 308}{308 - 298} \times \ln\frac{200}{57.8}\right)\mathrm{J \cdot mol^{-1}} = 94.7\ \mathrm{kJ \cdot mol^{-1}}$$

**11.29**　通过测量系统的电导率, 可以跟踪如下反应:

$$\mathrm{CH_3CONH_2 + HCl + H_2O \longrightarrow CH_3COOH + NH_4Cl}$$

在 63 ℃ 时, 等体积混合浓度均为 $2.0\ \mathrm{mol \cdot dm^{-3}}$ 的 $\mathrm{CH_3CONH_2}$ 和 HCl 溶液后, 在不同时刻观测到下列电导率数据:

| $t/\mathrm{min}$ | 0 | 13 | 34 | 50 |
|---|---|---|---|---|
| $\kappa/(\mathrm{S \cdot m^{-1}})$ | 40.9 | 37.4 | 33.3 | 31.0 |

不考虑非理想性的影响, 确定反应级数并计算反应的速率常数。

**解**: 假设反应为二级反应 (且反应物起始浓度相同 $a = b = 1.0\ \mathrm{mol\cdot dm^{-3}}$)。

$$\frac{1}{a} - \frac{1}{a-x} = kt$$

$$\frac{x}{a(a-x)} = \frac{1}{a}\frac{a-(a-x)}{a-x} = kt$$

即

$$\frac{1}{a}\frac{(\kappa_0 - \kappa_\infty) - (\kappa_t - \kappa_\infty)}{(\kappa_t - \kappa_\infty)} = kt$$

所以

$$\frac{1}{a}\frac{(\kappa_0 - \kappa_t)}{(\kappa_t - \kappa_\infty)} = kt$$

即

$$\frac{1}{a}\frac{(\kappa_0 - \kappa_t)}{t} = k(\kappa_t - \kappa_\infty)$$

用 $\dfrac{1}{a}\dfrac{(\kappa_0 - \kappa_t)}{t}$ 对 $\kappa_t$ 作图, 斜率为 $k$ (图略)。
可得

$$k = 0.011\ \mathrm{mol^{-1}\cdot dm^3\cdot min^{-1}}$$

**11.30** 在 433 K 时, 气相反应 $\mathrm{N_2O_5} \longrightarrow 2\,\mathrm{NO_2} + \dfrac{1}{2}\mathrm{O_2}$ 是一级反应。已知反应活化能为 $103\ \mathrm{kJ\cdot mol^{-1}}$。

(1) 在恒容容器中最初引入纯的 $\mathrm{N_2O_5}$, 3 s 后容器压力增大一倍。

① 求此时 $\mathrm{N_2O_5}$ 的分解分数;

② 求速率常数。

(2) 若反应发生在同样容器中, 但温度为 $T_2$, 在 3 s 后容器的压力增大到最初的 1.5 倍。

① 求温度 $T_2$ 时反应的半衰期;

② 求温度 $T_2$。

**解**: (1) 由题可知此时的容器的压力为 $\quad p_t = \dfrac{p_0}{3}$

速率常数

$$k = \frac{1}{t}\ln\frac{p_0}{p_t} = \frac{1}{3\ \mathrm{s}} \times \ln 3 = 0.366\ \mathrm{s^{-1}}$$

$\mathrm{N_2O_5}$ 分解分数

$$y = \frac{(p_0 - p_t)}{p_0} = \frac{\left(p_0 - \dfrac{1}{3}p_0\right)}{p_0} = 0.667 = 66.7\%$$

(2) $T_2$ 时容器的压力为 $\quad p_t' = \dfrac{2p_0}{3}$

速率常数 $$k' = \frac{1}{t}\ln\frac{p_0}{p'_t} = \frac{1}{3\ \mathrm{s}} \times \ln\frac{3}{2} = 0.135\ \mathrm{s^{-1}}$$

反应的半衰期 $$t = \frac{0.693}{k'} = \frac{0.693}{0.135\ \mathrm{s^{-1}}} = 5.13\ \mathrm{s}$$

温度 $$\frac{1}{T_2} = \frac{1}{T_1} + \frac{R}{E_a}\cdot\ln\frac{k}{k'} = \frac{1}{433\ \mathrm{K}} + \frac{8.314\ \mathrm{J\cdot mol^{-1}\cdot K^{-1}}}{103\times 10^3\ \mathrm{J\cdot mol^{-1}}} \times \ln\frac{0.366\ \mathrm{s^{-1}}}{0.135\ \mathrm{s^{-1}}}$$

$$T_2 = 418\ \mathrm{K}$$

**11.31** 反应 $A(g) + 2B(g) \longrightarrow P(g)$ 的速率方程为 $r = -\mathrm{d}p_A/\mathrm{d}t = kp_A^{\alpha}p_B^{\beta}$, 经实验发现: 当 B 的起始量远远大于 A 的起始量时, $\dfrac{\mathrm{dln}p_A}{\mathrm{d}t} = C$, 其中 $C$ 为常数; 当 A 与 B 进料比为 1∶2 时, 反应速率 $r$ 与 $p_A p_B$ 之比也是一常数, 在 500 K 时其值为 $9.87\times 10^{-4}\ \mathrm{kPa^{-1}\cdot min^{-1}}$, 在 510 K 时其值为 $1.974\times 10^{-3}\ \mathrm{kPa^{-1}\cdot min^{-1}}$, 试确定该反应的反应级数及反应活化能。

**解**: 由题可知 B 的起始量远大于 A, 则

$$-\frac{\mathrm{d}p_A}{\mathrm{d}t} = k'p_A^{\alpha}$$

由 $\dfrac{\mathrm{dln}p_A}{\mathrm{d}t} = \dfrac{\mathrm{d}p_A}{p_A\mathrm{d}t} = C$, 有 $\dfrac{\mathrm{d}p_A}{\mathrm{d}t} = Cp_A$, 得　$\alpha = 1$

同理, 由 $\dfrac{r}{p_A p_B}$ = 常数, 得 $\beta = 1$, 且其比值即为该温度下反应的速率常数 $k$。所以

$$E_a = \frac{RT_1T_2}{T_2 - T_1}\ln\frac{k(T_2)}{k(T_1)} = \frac{RT_1T_2}{T_2 - T_1}\ln\frac{r(T_2)}{r(T_1)}$$

$$= \frac{8.314\ \mathrm{J\cdot mol^{-1}\cdot K^{-1}} \times 510\ \mathrm{K} \times 500\ \mathrm{K}}{510\ \mathrm{K} - 500\ \mathrm{K}} \times \ln\frac{1.974\times 10^{-3}\ \mathrm{kPa^{-1}\cdot min^{-1}}}{9.87\times 10^{-4}\ \mathrm{kPa^{-1}\cdot min^{-1}}} = 147\ \mathrm{kJ\cdot mol^{-1}}$$

**11.32** 气相反应 $2NO + H_2 \longrightarrow N_2O + H_2O$ 能进行完全, 且具有速率方程 $r = kp_{NO}^{\alpha}p_{H_2}^{\beta}$, 实验结果如下:

| $p_{NO}^0$/kPa | 80 | 80 | 1.3 | 2.6 | 80 |
|---|---|---|---|---|---|
| $p_{H_2}^0$/kPa | 1.3 | 2.6 | 80 | 80 | 1.3 |
| $t_{1/2}$/s | 19.2 | 19.2 | 830 | 415 | 10 |
| $T$/K | 1093 | 1093 | 1093 | 1093 | 1113 |

求该反应级数 $\alpha$ 及 $\beta$, 并计算实验活化能 $E_a$。

**解**: 由 (1) (2) 组实验数据可见, $p_{NO}^0 \gg p_{H_2}^0$ 且 $t_{1/2}$ 与 $p_{H_2}^0$ 无关, 即

$$\beta = 1$$

由 (3)(4) 组实验数据可见, $p_{H_2}^0 \gg p_{NO}^0$ 且 $t_{1/2} \propto \dfrac{1}{p_{NO}^0}$, 即

$$\alpha = 2$$

当 $p_{\mathrm{NO}}^0 \gg p_{\mathrm{H_2}}^0$ 时, $k = \dfrac{\ln 2}{t_{1/2}(p_{\mathrm{NO}}^0)^2}$, 可得 $T = 1093$ K 时:

$$k_1 = \frac{\ln 2}{19.2\ \mathrm{s} \times (80\ \mathrm{kPa})^2} = 5.64 \times 10^{-6}\ (\mathrm{kPa})^{-2}\cdot\mathrm{s}^{-1}$$

$T = 1113$ K 时:

$$k_2 = \frac{\ln 2}{10\ \mathrm{s} \times (80\ \mathrm{kPa})^2} = 1.08 \times 10^{-5}\ (\mathrm{kPa})^{-2}\cdot\mathrm{s}^{-1}$$

$$\begin{aligned} E_{\mathrm{a}} &= \frac{T_1 T_2}{T_2 - T_1} R \ln \frac{k_2}{k_1} \\ &= \frac{1113\ \mathrm{K} \times 1093\ \mathrm{K}}{1113\ \mathrm{K} - 1093\ \mathrm{K}} \times 8.314\ \mathrm{J\cdot mol^{-1}\cdot K^{-1}} \times \ln \frac{1.08 \times 10^{-5}\ \mathrm{kPa^{-1}\cdot s^{-1}}}{5.64 \times 10^{-6}\ \mathrm{kPa^{-1}\cdot s^{-1}}} = 330\ \mathrm{kJ\cdot mol^{-1}} \end{aligned}$$

**11.33** 有一个涉及一种反应物种 (A) 的二级反应, 此反应速率常数可用下式表示:

$$k/(\mathrm{dm^3\cdot mol^{-1}\cdot s^{-1}}) = 4.0 \times 10^{10}\ (T/\mathrm{K})^{1/2} \exp\left(-\frac{145200\ \mathrm{J\cdot mol^{-1}}}{RT}\right)$$

(1) 600 K 时, 当反应物 A 的初始浓度为 0.1 $\mathrm{mol\cdot dm^{-3}}$ 时, 此反应的半衰期为多少?

(2) 300 K 时, 此反应的活化能 $E_{\mathrm{a}}$ 为多少?

(3) 如果上述反应是通过下列历程进行的:

$$\mathrm{A} \underset{k_{-1}}{\overset{k_1}{\rightleftharpoons}} \mathrm{B}$$

$$\mathrm{B} + \mathrm{A} \xrightarrow{k_2} \mathrm{C}$$

$$\mathrm{C} \xrightarrow{k_3} \mathrm{P}$$

其中 B 和 C 是活性中间物, P 为最终产物。试分析反应速率方程在什么条件下对这个反应能给出二级速率方程。

**解**: (1) 代入 $T = 600$ K 得

$$\begin{aligned} k &= \left[4.0 \times 10^{10} \times (600\ \mathrm{K})^{1/2} \exp\left(\frac{-145200\ \mathrm{J\cdot mol^{-1}}}{8.314\ \mathrm{J\cdot mol^{-1}\cdot K^{-1}} \times 600\ \mathrm{K}}\right)\right] \mathrm{dm^3\cdot mol^{-1}\cdot s^{-1}} \\ &= 0.224\ \mathrm{dm^3\cdot mol^{-1}\cdot s^{-1}} \end{aligned}$$

二级反应半衰期

$$t_{1/2} = \frac{1}{k[\mathrm{A}]} = \frac{1}{0.224\ \mathrm{dm^3\cdot mol^{-1}\cdot s^{-1}} \times 0.1\ \mathrm{mol\cdot dm^{-3}}} = 44.6\ \mathrm{s}$$

(2) $\dfrac{\mathrm{d}\ln k}{\mathrm{d}T} = \dfrac{1}{2T} + \dfrac{145200\ \mathrm{J\cdot mol^{-1}}}{RT^2}$

当 $T = 300$ K 时:

$$E_{\mathrm{a}} = RT^2 \frac{\mathrm{d}\ln k}{\mathrm{d}T} = \frac{1}{2}RT + 145200\ \mathrm{J\cdot mol^{-1}}$$

$$= \frac{1}{2} \times 8.314\ \mathrm{J \cdot mol^{-1} \cdot K^{-1}} \times 300\ \mathrm{K} + 145200\ \mathrm{J \cdot mol^{-1}}$$
$$= 146.45 \times 10^3\ \mathrm{J \cdot mol^{-1}} = 146.45\ \mathrm{kJ \cdot mol^{-1}}$$

(3) 应用稳态近似得 $$r = k_3[\mathrm{C}] = \frac{k_1 k_2 [\mathrm{A}]^2}{k_{-1} + k_2[\mathrm{A}]}$$

当 $k_{-1} \gg k_2[\mathrm{A}]$ 时: $$r = \frac{k_1 k_2}{k_{-1}}[\mathrm{A}]^2$$

故该反应为二级反应。

**11.34** 已知气相反应 $3\,H_2 + N_2 \longrightarrow 2\,NH_3$ 的下列速率数据 (723 K):

| 实验编号 | $p^0_{H_2}/\mathrm{kPa}$ | $p^0_{N_2}/\mathrm{kPa}$ | $\frac{-\mathrm{d}p_{总}}{\mathrm{d}t}/(\mathrm{kPa \cdot h^{-1}})$ |
|---|---|---|---|
| 1 | 13.2 | 0.132 | 0.00132 |
| 2 | 26.4 | 0.132 | 0.00528 |
| 3 | 52.8 | 0.660 | 0.1056 |

$-\frac{\mathrm{d}p_{总}}{\mathrm{d}t} = k p^x_{H_2} p^y_{N_2}$, 试求:

(1) $x, y$ 的值;

(2) 实验 1 中 $p_{N_2}$ 降到 0.066 kPa 所需时间;

(3) 若反应在 823 K 进行, 实验 1 的初始速率 (假定活化能为 189 $\mathrm{kJ \cdot mol^{-1}}$)。

**解**: (1) 比较实验 1 和 2 可得, $x = 2$; 比较实验 2 和 3 可得, $y = 1$。

(2) 令 $p_{N_2}$ 为时间 $t$ 时氮气压力, 此时

$$p_{总} = p^0_{H_2} - 3\left(p^0_{N_2} - p_{N_2}\right) + 2\left(p^0_{N_2} - p_{N_2}\right) + p_{N_2}$$

即 $$p_{总} = p^0_{H_2} - p^0_{N_2} + 2p_{N_2}$$

所以 $$\frac{\mathrm{d}p_{N_2}}{\mathrm{d}t} = \frac{1}{2}\frac{\mathrm{d}p_{总}}{\mathrm{d}t}$$

对于实验 1:

$$-\frac{\mathrm{d}p_{N_2}}{\mathrm{d}t} = -\frac{1}{2}\frac{\mathrm{d}p_{总}}{\mathrm{d}t} = \frac{1}{2} \times 0.00132\ \mathrm{kPa \cdot h^{-1}} = 0.00066\ \mathrm{kPa \cdot h^{-1}}$$
$$= k_1 \times (13.2)^2 \times 0.132\ \mathrm{kPa \cdot h^{-1}}$$

由于 $[H_2] \gg [N_2]$, 则 $$-\frac{\mathrm{d}p_{N_2}}{\mathrm{d}t} = k_1' \times 0.132\ \mathrm{kPa \cdot h^{-1}}$$
$$k_1' = 0.005\ \mathrm{h^{-1}}$$

反应为准一级, 反应进行一半时间为

$$t_{1/2} = \frac{\ln 2}{k_1'} = \frac{0.693}{0.005\ \mathrm{h^{-1}}} = 139\ \mathrm{h}$$

(3) $\ln\dfrac{k_2}{k_1}=\dfrac{E_a}{R}\left(\dfrac{1}{T_1}-\dfrac{1}{T_2}\right)$

$$\ln\frac{k_2'}{k_1'}=\frac{E_a}{R}\left(\frac{1}{T_1}-\frac{1}{T_2}\right)=\frac{189\times10^3\ \mathrm{J\cdot mol^{-1}}}{8.314\ \mathrm{J\cdot mol^{-1}\cdot K^{-1}}}\times\left(\frac{1}{723\mathrm{K}}-\frac{1}{823\mathrm{K}}\right)$$

$$k_2'(823\ \mathrm{K})=45.62k_1'=45.62\times0.005\ \mathrm{h^{-1}}=0.228\ \mathrm{h^{-1}}$$

$$-\frac{\mathrm{d}p_{总}}{\mathrm{d}t}=2\frac{\mathrm{d}p_{\mathrm{N_2}}}{\mathrm{d}t}=2k_2'p_{\mathrm{N_2}}=2\times0.228\ \mathrm{h^{-1}}\times0.132\ \mathrm{kPa}=0.0602\ \mathrm{kPa\cdot h^{-1}}$$

所以实验 1 在 $T=823$ K 时, 初始速率为 $0.0602\ \mathrm{kPa\cdot h^{-1}}$。

**11.35** 设有一反应 $2\,\mathrm{A(g)}+\mathrm{B(g)}\longrightarrow\mathrm{G(g)}+\mathrm{H(s)}$ 在某恒温密闭容器中进行, 开始时 A 和 B 的物质的量之比为 2∶1, 起始总压为 3.0 kPa, 在 400 K 时, 60 s 后容器中总压为 2.0 kPa, 设该反应的速率方程为 $-\dfrac{\mathrm{d}p_\mathrm{B}}{\mathrm{d}t}=k_p p_\mathrm{A}^{3/2}p_\mathrm{B}^{1/2}$, 实验活化能 $E_a=100\ \mathrm{kJ\cdot mol^{-1}}$。试求:

(1) 在 400 K 时, 150 s 后容器中 B 的分压;

(2) 在 500 K 时, 重复上述实验, 50 s 后 B 的分压。

**解**: (1) 因 $T, V$ 不变, 所以 $\dfrac{n_\mathrm{A}}{n_\mathrm{B}}=\dfrac{p_\mathrm{A}}{p_\mathrm{B}}=\dfrac{2}{1}$。则

$$-\frac{\mathrm{d}p_\mathrm{B}}{\mathrm{d}t}=k_p(2p_\mathrm{B})^{3/2}p_\mathrm{B}^{1/2}=k'p_\mathrm{B}^2\qquad(k'=2^{3/2}k_p)$$

积分上式得
$$k'=\frac{1}{t}\left(\frac{1}{p_\mathrm{B}}-\frac{1}{p_{\mathrm{B},0}}\right)$$

| | $2\,\mathrm{A(g)}$ | $+\,\mathrm{B(g)}$ | $\longrightarrow$ $\mathrm{G(g)}$ | $+\,\mathrm{H(s)}$ | |
|---|---|---|---|---|---|
| $t=0$ | $2p_{\mathrm{B},0}$ | 0 | 0 | 0 | $p_{总,0}=3p_{\mathrm{B},0}$ |
| $t=t$ | $2p_\mathrm{B}$ | $p_\mathrm{B}$ | $p_{\mathrm{B},0}-p_\mathrm{B}$ | 0 | $p_{总}=p_{\mathrm{B},0}+2p_\mathrm{B}$ |

当 $t=60$ s 时: $p_{\mathrm{B},0}=\dfrac{1}{3}p_{总,0}=1.0\ \mathrm{kPa}$, $p_\mathrm{B}=\dfrac{1}{2}(p_{总}-p_{\mathrm{B},0})=0.5\ \mathrm{kPa}$, 则

$$k'=\left[\frac{1}{60}\times\left(\frac{1}{0.5}-1\right)\right](\mathrm{kPa\cdot s})^{-1}=0.0167\ (\mathrm{kPa\cdot s})^{-1}$$

当 $t=150$ s 时: $\dfrac{1}{p_\mathrm{B}}=\dfrac{1}{p_{\mathrm{B},0}}+tk'=(1+150\times0.0167)\ \mathrm{kPa^{-1}}=3.505\ \mathrm{kPa^{-1}}$

解得
$$p_\mathrm{B}=0.285\ \mathrm{kPa}$$

(2) 设反应在 500 K 时的速率常数为 $k''$, 则

$$\ln\frac{k''}{k'}=\frac{E_a}{R}\left(\frac{1}{T'}-\frac{1}{T''}\right)=\frac{100000}{8.314}\times\left(\frac{1}{400}-\frac{1}{500}\right)=6.014$$

$$\frac{k''}{k'}=409.1\qquad k''=409.1\times0.0167\ (\mathrm{kPa\cdot s})^{-1}=6.832\ (\mathrm{kPa\cdot s})^{-1}$$

故
$$t=50\ \mathrm{s}$$

$$\frac{1}{p_{\mathrm{B}}}=\frac{1}{p_{\mathrm{B},0}}+tk''=(1+50\times 6.832)\mathrm{kPa}^{-1}=342.6\ \mathrm{kPa}^{-1}$$

解得
$$p_{\mathrm{B}}=2.92\ \mathrm{Pa}$$

**11.36**　气相反应合成 HBr : $H_2(g)+Br_2(g)\longrightarrow 2HBr(g)$, 其反应历程为

① $Br_2+M\xrightarrow{k_1}2Br\cdot+M$

② $Br\cdot+H_2\xrightarrow{k_2}HBr+H\cdot$

③ $H\cdot+Br_2\xrightarrow{k_3}HBr+Br\cdot$

④ $H\cdot+HBr\xrightarrow{k_4}H_2+Br\cdot$

⑤ $Br\cdot+Br\cdot+M\xrightarrow{k_5}Br_2+M$

(1) 试推导 HBr 生成反应的速率方程;

(2) 已知如下键能数据, 估算各基元反应的活化能。

| 化学键 | Br—Br | H—Br | H—H |
|---|---|---|---|
| $\varepsilon/(\mathrm{kJ\cdot mol^{-1}})$ | 192 | 364 | 435 |

**解**: (1) 根据题意, 由

$$\frac{\mathrm{d}[HBr]}{\mathrm{d}t}=k_2[Br\cdot][H_2]+k_3[H\cdot][Br_2]-k_4[H\cdot][HBr] \tag{a}$$

对中间体 [Br·] 和 [H·] 采用稳态近似法处理, 则

$$\frac{\mathrm{d}[Br\cdot]}{\mathrm{d}t}=2k_1[Br_2][M]-k_2[Br\cdot][H_2]+k_3[H\cdot][Br_2]+k_4[H\cdot][HBr]-2k_5[Br\cdot]^2[M]=0 \tag{b}$$

$$\frac{\mathrm{d}[H\cdot]}{\mathrm{d}t}=k_2[Br\cdot][H_2]-k_3[H\cdot][Br_2]-k_4[H\cdot][HBr]=0 \tag{c}$$

由式 (c) 得

$$k_2[Br\cdot][H_2]=k_3[H\cdot][Br_2]+k_4[H\cdot][HBr] \tag{d}$$

$$[H\cdot]=\frac{k_2[Br\cdot][H_2]}{k_3[Br_2]+k_4[HBr]} \tag{e}$$

将式 (e) 代入式 (b), 得
$$k_1[Br_2]=k_5[Br\cdot]^2$$

$$[Br\cdot]=\left(\frac{k_1}{k_5}\right)^{1/2}[Br_2]^{1/2} \tag{f}$$

将式 (f) 代入式 (e) 得

$$[H\cdot]=k_2\left(\frac{k_1}{k_5}\right)^{1/2}\frac{[Br_2]^{1/2}[H_2]}{k_3[Br_2]+k_4[HBr]} \tag{g}$$

将式 (d) 和式 (g) 代入式 (a), 得

$$\frac{\mathrm{d[HBr]}}{\mathrm{d}t}=2k_3[\mathrm{H\cdot}][\mathrm{Br_2}]=2k_3k_2\left(\frac{k_1}{k_5}\right)^{1/2}\frac{[\mathrm{Br_2}]^{1/2}[\mathrm{H_2}]}{k_3[\mathrm{Br_2}]+k_4[\mathrm{HBr}]}[\mathrm{Br_2}]$$

$$=2k_2\left(\frac{k_1}{k_5}\right)^{1/2}\frac{[\mathrm{Br_2}]^{1/2}[\mathrm{H_2}]}{1+\dfrac{k_4[\mathrm{HBr}]}{k_3[\mathrm{Br_2}]}}=\frac{k[\mathrm{Br_2}]^{1/2}[\mathrm{H_2}]}{1+k'\dfrac{[\mathrm{HBr}]}{[\mathrm{Br_2}]}}$$

式中
$$k=2k_2\left(\frac{k_1}{k_5}\right)^{1/2}\qquad k'=\frac{k_4}{k_3}$$

(2) 基元反应 ① 为 $Br_2$ 分子裂解为两个自由基, 故

$$E_{\mathrm{a},1}=\varepsilon_{\mathrm{Br-Br}}=192\ \mathrm{kJ\cdot mol^{-1}}$$

基元反应 ② 有自由基参与, 但这是一个吸热反应 (反应 ④ 的逆反应), 所以活化能须按逆反应活化能加上反应物和产物的能量差来计算, 即

$$E_{\mathrm{a},2}=[0.055\times364+(435-364)]\ \mathrm{kJ\cdot mol^{-1}}=91.0\ \mathrm{kJ\cdot mol^{-1}}$$

对于基元反应 ③ 和 ④, 均为放热反应, 活化能分别为

$$E_{\mathrm{a},3}=0.055\varepsilon_{\mathrm{Br-Br}}=(0.055\times192)\ \mathrm{kJ\cdot mol^{-1}}=10.56\ \mathrm{kJ\cdot mol^{-1}}$$

$$E_{\mathrm{a},4}=0.055\varepsilon_{\mathrm{H-Br}}=(0.055\times364)\ \mathrm{kJ\cdot mol^{-1}}=20.02\ \mathrm{kJ\cdot mol^{-1}}$$

基元反应 ⑤ 是自由基复合反应, 故 $E_{\mathrm{a},5}=0$

**11.37** 反应 $\mathrm{OCl^-+I^-\longrightarrow OI^-+Cl^-}$ 的可能机理如下:

(1) $\mathrm{OCl^-+H_2O\underset{k_{-1}}{\overset{k_1}{\rightleftharpoons}}HOCl+OH^-}$ 快速平衡 $\left(K=\dfrac{k_1}{k_{-1}}\right)$

(2) $\mathrm{HOCl+I^-\xrightarrow{k_2}HOI+Cl^-}$ 速控步

(3) $\mathrm{OH^-+HOI\xrightarrow{k_3}H_2O+OI^-}$ 快速反应

试推导出反应的速率方程, 并求表观活化能与各基元反应活化能之间的关系。

**解**: 第二步为速控步, 故
$$\frac{\mathrm{d[Cl^-]}}{\mathrm{d}t}=k_2[\mathrm{HOCl}][\mathrm{I^-}]$$

而第一步为快速平衡, 有
$$\frac{k_1}{k_{-1}}=\frac{[\mathrm{HOCl}][\mathrm{OH^-}]}{[\mathrm{OCl^-}][\mathrm{H_2O}]}$$

则
$$[\mathrm{HOCl}]=\frac{k_1[\mathrm{OCl^-}][\mathrm{H_2O}]}{k_{-1}[\mathrm{OH^-}]}$$

水为溶剂, $OH^-$ 为催化剂, 两者浓度可视为常数。所以反应的速率方程为

$$\frac{\mathrm{d[Cl^-]}}{\mathrm{d}t}=\frac{k_2k_1[\mathrm{OCl^-}][\mathrm{H_2O}][\mathrm{I^-}]}{k_{-1}[\mathrm{OH^-}]}=k[\mathrm{OCl^-}][\mathrm{I^-}]$$

式中
$$k=\frac{k_2k_1[\mathrm{H_2O}]}{k_{-1}[\mathrm{OH^-}]}$$

又
$$\frac{\mathrm{d}\ln k}{\mathrm{d}T}=\frac{E_\mathrm{a}}{RT^2}$$

故表观活化能与各基元反应活化能之间的关系为

$$E_{\mathrm{a}} = E_{\mathrm{a},2} + E_{\mathrm{a},1} - E_{\mathrm{a},-1}$$

**11.38**　反应 $2\,\mathrm{NO} + \mathrm{O_2} \longrightarrow 2\,\mathrm{NO_2}$ 的反应机理如下:

$$\mathrm{NO} + \mathrm{NO} \xrightarrow{k_1} \mathrm{N_2O_2} \qquad E_1 = 79.5\ \mathrm{kJ \cdot mol^{-1}}$$

$$\mathrm{N_2O_2} \xrightarrow{k_2} 2\mathrm{NO} \qquad E_2 = 205\ \mathrm{kJ \cdot mol^{-1}}$$

$$\mathrm{N_2O_2} + \mathrm{O_2} \xrightarrow{k_3} 2\mathrm{NO_2} \qquad E_3 = 84\ \mathrm{kJ \cdot mol^{-1}}$$

(1) 对 $\mathrm{N_2O_2}$ 作稳态处理, 导出以 $\dfrac{\mathrm{d}[\mathrm{NO_2}]}{\mathrm{d}t}$ 表示的速率方程;

(2) 第一步生成的 $\mathrm{N_2O_2}$ 只有极少量用于第三步生成产物, 而绝大部分转化为第二步 NO, 据此事实计算反应活化能。

**解**: (1) 对 $\mathrm{N_2O_2}$ 作稳态处理后, $\mathrm{N_2O_2}$ 浓度基本不变。

$$\frac{\mathrm{d}[\mathrm{NO_2}]}{\mathrm{d}t} = 2k_3[\mathrm{NO_2}][\mathrm{O_2}] = \frac{2k_1k_2[\mathrm{NO}]^2[\mathrm{O_2}]}{k_2 + k_3[\mathrm{O_2}]}$$

(2) 由于 $k_2 \gg k_3[\mathrm{O_2}]$, 则有 $\dfrac{\mathrm{d}[\mathrm{NO_2}]}{\mathrm{d}t} = \dfrac{2k_1k_3}{k_2}$

$$E = E_1 + E_3 - E_2 = 79.5\ \mathrm{kJ \cdot mol^{-1}} + 84\ \mathrm{kJ \cdot mol^{-1}} - 205\ \mathrm{kJ \cdot mol^{-1}} = -41.5\ \mathrm{kJ \cdot mol^{-1}}$$

**11.39**　多数烃类气相热分解反应的表观速率方程对反应物级数为 0.5, 1.0 和 1.5 等整数或半整数。这可以用自由基链反应机理来解释。设 A 为反应物, $\mathrm{R_1}, \mathrm{R_2}, \cdots, \mathrm{R_6}$ 为产物分子, $\mathrm{X_1}, \mathrm{X_2}$ 为活性自由基。

链的开始　$\mathrm{A} \xrightarrow{k_0} \mathrm{R_1} + \mathrm{X_1}$　慢　(1)

链的传递　$\mathrm{A} + \mathrm{X_1} \xrightarrow{k_1} \mathrm{R_2} + \mathrm{X_2}$　(2)

$\mathrm{X_2} \xrightarrow{k_2} \mathrm{R_3} + \mathrm{X_1}$　(3)

链的终止　$2\mathrm{X_1} \xrightarrow{k_4} \mathrm{R_4}$　(4)

$\mathrm{X_1} + \mathrm{X_2} \xrightarrow{k_5} \mathrm{R_5}$　(5)

$2\mathrm{X_2} \xrightarrow{k_6} \mathrm{R_6}$　(6)

假设链的终止步骤分别为 (4), (5), (6) 三种情况, 试按上述机理推求 A 的分解速率方程。

**解**: $-\dfrac{\mathrm{d}[\mathrm{A}]}{\mathrm{d}t} = k_0[\mathrm{A}] + k_1[\mathrm{A}][\mathrm{X_1}]$

当终止反应为 (4) 时: $\dfrac{\mathrm{d}[\mathrm{X_1}]}{\mathrm{d}t} = 0 \qquad \dfrac{\mathrm{d}[\mathrm{X_2}]}{\mathrm{d}t} = 0 \qquad [\mathrm{X_1}] = \left(\dfrac{k_0}{2k_4}\right)^{1/2}[\mathrm{A}]^{1/2}$

$$-\frac{\mathrm{d}[\mathrm{A}]}{\mathrm{d}t} = k_0[\mathrm{A}] + k_1\left(\frac{k_0}{2k_4}\right)^{1/2}[\mathrm{A}]^{3/2}$$

当终止反应为 (5) 时: $\dfrac{\mathrm{d}[\mathrm{X_1}]}{\mathrm{d}t} = 0 \qquad \dfrac{\mathrm{d}[\mathrm{X_2}]}{\mathrm{d}t} = 0 \qquad [\mathrm{X_2}] = \dfrac{k_0}{2k_5}\dfrac{[\mathrm{A}]}{[\mathrm{X_1}]}$

$$[X_1]^2 - \frac{k_0}{2k_1}[X_1] - \frac{k_0 k_2}{2k_1 k_5} = 0$$

所以 $[X_1]$ 便是与 $k$ 有关的常数, 令 $[X_1] = k'$, 则

$$-\frac{d[A]}{dt} = (k_0 + k_1 k')[A]$$

当终止反应为 (6) 时: $\frac{d[X_1]}{dt} = 0, \frac{d[X_2]}{dt} = 0, [X_2] = \left(\frac{k_2[A]}{2k_6}\right)^{1/2}$

$$-\frac{d[A]}{dt} = 2k_0[A] + k_2\left(\frac{k_0}{2k_6}\right)^{1/2}[A]^{1/2}$$

**11.40** 对光气合成提出如下机理:

① $Cl_2 \xrightarrow{k_1} 2Cl$

② $2Cl \xrightarrow{k_{-1}} Cl_2$

③ $Cl + CO \xrightarrow{k_2} COCl$

④ $COCl \xrightarrow{k_{-2}} Cl + CO$

⑤ $COCl + Cl_2 \xrightarrow{k_3} COCl_2 + Cl$

(1) 应用稳态近似法推导出 $COCl_2$ 生成速率方程;

(2) 当反应 ① ~ ④ 比反应 ⑤ 进行较快时, 试问 (1) 中结果可否简化?

(3) 若反应 ① 和 ②, ③ 和 ④ 达成平衡, 试证 (2) 的结果。

**解**: (1) $\frac{d[Cl]}{dt} = 0$, 所以 $2k_1[Cl_2] - 2k_{-1}[Cl]^2 = 0$, 得

$$[Cl] = \left(\frac{k_1[Cl_2]}{k_{-1}}\right)^{\frac{1}{2}}$$

$\frac{d[COCl]}{dt} = 0$, 所以 $\quad k_2[Cl][CO] - k_{-2}[COCl] - k_3[COCl][Cl_2] = 0$

则 $$[COCl] = \frac{k_2[Cl][CO]}{k_{-2} + k_3[Cl_2]} = \frac{k_2 k_1^{1/2}[Cl_2]^{1/2}[CO]}{k_{-1}^{1/2}(k_{-2} + k_3[Cl_2])}$$

故 $$\frac{d[COCl_2]}{dt} = k_3[COCl][Cl_2] = \frac{k_3 k_2 k_1^{1/2}[Cl_2]^{3/2}[CO]}{k_{-1}^{1/2}(k_{-2} + k_3[Cl_2])}$$

(2) 如果反应 ⑤ 很慢, 则 $k_{-2} \gg k_3[Cl_2]$, 所以

$$\frac{d[COCl_2]}{dt} = \frac{k_3 k_2 k_1^{1/2}[Cl_2]^{3/2}[CO]}{k_{-1}^{1/2}k_{-2}}$$

(3) $\frac{[Cl]^2}{[Cl_2]} = K_1 = \frac{k_1}{k_{-1}}, \qquad \frac{[COCl]}{[Cl][CO]} = K_2 = \frac{k_2}{k_{-2}}$

则 $$[Cl] = \frac{k_1^{1/2}[Cl_2]^{1/2}}{k_{-1}^{1/2}}, \qquad [COCl] = \frac{k_2}{k_{-2}}[CO][Cl] = \frac{k_2 k_1^{1/2}[Cl_2]^{1/2}[CO]}{k_{-2}k_{-1}^{1/2}}$$

$$\frac{d[COCl_2]}{dt} = k_3[COCl][Cl_2] = \frac{k_3 k_2 k_1^{1/2}[Cl_2]^{3/2}[CO]}{k_{-1}^{1/2}k_{-2}}$$

**11.41**　$O_3$ 分解反应动力学得到如下规律:

(1) 在反应初始阶段, 对 $[O_3]$ 为一级反应;

(2) 在反应后期, 对 $[O_3]$ 为二级反应, 对 $[O_2]$ 为负一级反应;

(3) 在反应过程, 检测到的唯一中间物为自由原子 O。

试根据以上事实, 推测 $O_3$ 分解反应历程。

**解**: 在反应后期, 对 $[O_2]$ 为负一级反应, 可设想历程:

$$O_3 \underset{k_{-1}}{\overset{k_1}{\rightleftharpoons}} O + O_2$$

$$O + O_3 \xrightarrow{k_2} 2\,O_2$$

反应初期, $[O_2]$ 很低, 上述平衡难满足, 故设想反应历程:

$$O_3 \xrightarrow{k_1} O + O_2$$

$$O_2 + O \xrightarrow{k_2} O_3$$

$$O + O_3 \xrightarrow{k_3} 2\,O_2 \qquad \text{(速控步)}$$

对 [O] 进行稳态近似, 可得　$$[O] = \frac{k_1[O_3]}{k_3[O_3] + k_2[O_2]}$$

$$r = 2k_3[O_3][O] = \frac{2k_1k_3[O_3]^2}{k_3[O_3] + k_2[O_2]}$$

反应初期　$k_3[O_3] \gg k_2[O_2]$　　$r = 2k_1[O_3]$

反应后期　$k_3[O_3] \ll k_2[O_2]$　　$r = \dfrac{2k_1k_3[O_3]^2}{k_2[O_2]}$

与实验相符。

**11.42**　硝酰胺 $NO_2NH_2$ 在缓冲介质 (水溶液) 中缓慢分解: $NO_2NH_2 \longrightarrow N_2O(g) + H_2O$, 实验找到如下规律:

(a) 恒温下, 在硝酰胺溶液上部固定体积中, 用测定 $N_2O$ 气体的分压 $p$ 来研究分解反应, 据 $p$–$t$ 曲线可得

$$\lg\frac{p_\infty}{p_\infty - p} = k't$$

(b) 改变缓冲介质, 使在不同的 pH 下进行实验, 作 $\lg t_{1/2}$–pH 图, 得一直线, 斜率为 $-1$, 截距为 $\lg(0.693/k)$。

回答下列问题:

(1) 写出该反应的速率方程, 并说明为什么。

(2) 有人提出如下两种反应历程:

① $NO_2NH_2 \xrightarrow{k_1} N_2O(g) + H_2O$

② $NO_2NH_2 + H_3O^+ \underset{k_{-2}}{\overset{k_2}{\rightleftharpoons}} NO_2NH_3^+ + H_2O$　　瞬间达平衡

$NO_2NH_3^+ \xrightarrow{k_3} N_2O + H_3O^+$　　速控步

你认为上述反应历程是否与事实相符, 为什么?

(3) 请提出你认为比较合理的反应历程, 并求其速率方程。

**解**: (1) 设 $r=k[NO_2NH_2]^m[H^+]^n$, 缓冲介质中 $[H^+]$ 不变, 则

$$r=k'[NO_2NH_2]^m \qquad (k'=k[H^+]^n)$$

又因为 $p_\infty \propto [NO_2NH_2]_0$, $(p_\infty-p)\propto [NO_2NH_2]$, $\lg\dfrac{p_\infty}{p_\infty-p}=k't$, 即

$$\lg\frac{[NH_2NO_2]_0}{[NH_2NO_2]}=k't \qquad m=1$$

根据一级反应半衰期的公式: $t_{1/2}=\dfrac{0.693}{k'}$, 有

$$\lg t_{1/2}=\lg\frac{0.693}{k[H^+]^n}=\lg\frac{0.693}{k}+n\mathrm{pH}, \text{可知} \qquad n=-1$$

所以反应速率公式为 $$r=k[NO_2NH_2][H^+]^{-1}$$

(2) 反应历程①对$[NO_2NH_2]$ 为一级, 对 $[H^+]$ 为零级;

反应历程②对$[NO_2NH_2]$ 及 $[H^+]$ 均为一级, 故均不符合实验事实。

(3) 有几种反应历程与实验事实相符, 如:

$$NO_2NH_2 \underset{k_{-1}}{\overset{k_1}{\rightleftharpoons}} NO_2NH^- + H^+ \qquad \text{快速平衡}$$

$$NO_2NH^- \xrightarrow{k_2} N_2O + OH^- \qquad \text{慢反应, 速控步}$$

$$H^+ + OH^- \xrightarrow{k_3} H_2O \qquad \text{快速反应}$$

这是典型的快速平衡后有慢反应的情形, 慢反应为速控步, 其后的快反应不影响反应速率。对反应速率公式进行推导:

对于第一步快速平衡, 有 $$k_1[NO_2NH_2]=k_{-1}[NO_2NH^-][H^+]$$

所以 $$[NO_2NH^-]=\frac{k_1[NO_2NH_2]}{k_{-1}[H^+]}$$

第二步为速控步, 故 $$r=r_2=k_2[NO_2NH^-]=\frac{k_1k_2[NO_2NH_2]}{k_{-1}[H^+]}$$

**11.43** 合成氨的反应机理如下:

(1) $N_2+2\,(Fe)\xrightarrow{k_1}2\,N(Fe)$ 速控步

(2) $N(Fe)+\dfrac{3}{2}H_2 \underset{k_3}{\overset{k_2}{\rightleftharpoons}} NH_3+(Fe)$ 对峙反应

试证明: $$-\frac{d[N_2]}{dt}=\frac{k[N_2]}{\left(1+\dfrac{K[NH_3]}{[H_2]^{3/2}}\right)^2} \qquad (k, K\ \text{均为常数})$$

**解**: 由于反应 (1) 为速控步, 故 $-\dfrac{d[N_2]}{dt}=k_1[N_2][(Fe)]^2$

由于 (2) 是快速对峙反应, 有 $\dfrac{[(Fe)][NH_3]}{[N(Fe)][H_2]^{3/2}}=\dfrac{k_2}{k_3}=K$, 即 $\dfrac{[N(Fe)]}{[(Fe)]}=\dfrac{[NH_3]}{K[H_2]^{3/2}}$

因此 $$\frac{[(Fe)]+[N(Fe)]}{[(Fe)]}=1+\frac{[NH_3]}{K[H_2]^{3/2}}$$

将 $[(\text{Fe})] = [(\text{Fe})] + [\text{N(Fe)}]\left(1 + \dfrac{[\text{NH}_3]}{K[\text{H}_2]^{3/2}}\right)^{-1}$ 代入速率表达式

$$-\frac{\text{d}[\text{N}_2]}{\text{d}t} = k_1[\text{N}_2]([(\text{Fe})] + [\text{N(Fe)}])^2\left(1 + \frac{[\text{NH}_3]}{K[\text{H}_2]^{3/2}}\right)^{-2}$$

其中催化剂单位表面活性中心数固定不变, 即　$[(\text{Fe})] + [\text{N(Fe)}] = $ 常数

所以
$$-\frac{\text{d}[\text{N}_2]}{\text{d}t} = \frac{k[\text{N}_2]}{\left(1 + \dfrac{K[\text{NH}_3]}{[\text{H}_2]^{3/2}}\right)^2}$$

**11.44**　反应 $\text{A(g)}_2 + \text{B(g)} \longrightarrow \frac{1}{2}\text{C(g)} + \text{D(g)}$ 在一密闭容器中进行, 假设速率方程的形式为 $r = k_p p_\text{A}^\alpha p_\text{B}^\beta$, 实验发现: (a) 当反应物的起始分压分别为 $p_\text{A}^0 = 26.664$ kPa, $p_\text{B}^0 = 106.66$ kPa 时, 反应中 $\ln p_\text{A}$ 随时间变化率与 $p_\text{A}$ 无关; (b) 当反应物的起始分压分别为 $p_\text{A}^0 = 53.328$ kPa, $p_\text{B}^0 = 106.66$ kPa时, $\dfrac{r}{p_\text{A}^2}$ 为常数,并测得500 K和510 K时,该常数分别为$1.974 \times 10^{-3}$ $(\text{kPa}\cdot\text{min})^{-1}$ 和 $3.948 \times 10^{-3}$ $(\text{kPa}\cdot\text{min})^{-1}$。试确定:

(1) 速率方程中的 $\alpha$ 和 $\beta$ 的值;

(2) 反应在 500 K 时的速率常数;

(3) 反应的活化能。

**解**: (1) 当 $p_\text{A}^0 = 26.664$ kPa, $p_\text{B}^0 = 106.66$ kPa 时, B 是过量的, $p_\text{B}$ 可视为常数, 故

$$r = -\frac{\text{d}p_\text{A}}{\text{d}t} = k_p p_\text{A}^\alpha p_\text{B}^\beta \approx k' p_\text{A}^\alpha$$

而 $\text{d}\ln p_\text{A} = \dfrac{\text{d}p_\text{A}}{p_\text{A}}$, 即 $\text{d}p_\text{A} = p_\text{A}\text{d}\ln p_\text{A}$, 所以　$\dfrac{\text{d}\ln p_\text{A}}{\text{d}t} = \dfrac{1}{p_\text{A}}\dfrac{\text{d}p_\text{A}}{\text{d}t} = -k'\dfrac{p_\text{A}^\alpha}{p_\text{A}}$

因反应中 $\ln p_\text{A}$ 随着时间的变化率与 $p_\text{A}$ 无关, 即 $\dfrac{\text{d}\ln p_\text{A}}{\text{d}t}$ 与 $p_\text{A}$ 无关, 故

$$\frac{p_\text{A}^\alpha}{p_\text{A}} = 1 \qquad \alpha = 1$$

设任一时刻产物 D(g) 的分压为 $p$, 则　$p_\text{A} = p_\text{A}^0 - p \qquad p_\text{B} = p_\text{B}^0 - 2p$

当 $p_\text{A}^0 = 53.328$ kPa, $p_\text{B}^0 = 106.66$ kPa 时, 有

$$\frac{r}{p_\text{A}^2} = \frac{k p_\text{A} p_\text{B}^\beta}{p_\text{A}^2} = k\frac{(106.66\ \text{kPa} - 2p)^\beta}{53.328\ \text{kPa} - p} = 2^\beta k\frac{(53.33\ \text{kPa} - p)^\beta}{53.328\ \text{kPa} - p} \tag{a}$$

因为此时 $\dfrac{r}{p_\text{A}^2}$ 为常数, 则　$\dfrac{(53.33\ \text{kPa} - p)^\beta}{53.328\ \text{kPa} - p} = 1 \qquad \beta = 1$

(2) 在 500 K 时, 由式 (a) 得

$$\frac{r}{p_\text{A}^2} = \frac{k(500\ \text{K})p_\text{A}p_\text{B}^\beta}{p_\text{A}^2} = k(500\ \text{K})\frac{106.66\ \text{kPa} - 2p}{53.328\ \text{kPa} - p} = 2k(500\ \text{K}) = 1.974 \times 10^{-3}\ (\text{kPa}\cdot\text{min})^{-1}$$

$$k(500\ \text{K}) = 9.87 \times 10^{-4}\ (\text{kPa}\cdot\text{min})^{-1}$$

(3) 在 510 K 时, 由式 (a) 得

$$\frac{r}{p_{\mathrm{A}}^2}=\frac{k(510\ \mathrm{K})p_{\mathrm{A}}p_{\mathrm{B}}^{\beta}}{p_{\mathrm{A}}^2}=k(510\ \mathrm{K})\frac{106.66\ \mathrm{kPa}-2p}{53.328\ \mathrm{kPa}-p}=2k(510\ \mathrm{K})=3.948\times10^{-3}\ (\mathrm{kPa\cdot min})^{-1}$$

$$k(510\ \mathrm{K})=1.974\times10^{-3}\ (\mathrm{kPa\cdot min})^{-1}$$

将上述结果代入 $E_{\mathrm{a}}=\dfrac{RT_1T_2}{T_2-T_1}\ln\dfrac{k_2}{k_1}$ 中, 得

$$E_{\mathrm{a}}=\left(\frac{8.314\times500\times510}{510-500}\times\ln\frac{1.974\times10^{-3}}{9.87\times10^{-4}}\right)\mathrm{J\cdot mol^{-1}}=147\ \mathrm{kJ\cdot mol^{-1}}$$

**11.45** 当用无水乙醇作溶剂时, *d*–樟脑–3–羧酸 (A) 发生如下两个反应: (a) A 直接分解为樟脑 (B) 和 $CO_2(g)$; (b) A 与溶剂乙醇反应, 生成樟脑羧酸乙酯 (C) 和 $H_2O(l)$。在反应体积为 0.2 $\mathrm{dm^3}$ 时, 生成的 $CO_2(g)$ 用碱液吸收并计算其质量, A 的浓度用碱滴定求算。在 321 K 时, 实验数据如下:

| $t/\mathrm{min}$ | 0 | 10 | 20 | 30 | 40 | 50 | 60 |
|---|---|---|---|---|---|---|---|
| $[\mathrm{A}]/(\mathrm{mol\cdot dm^{-3}})$ | 0.100 | 0.0813 | 0.0663 | 0.0534 | 0.0437 | 0.0294 | 0.0200 |
| $m_{\mathrm{CO_2}}/\mathrm{g}$ | 0 | 0.0841 | 0.1545 | 0.2095 | 0.2482 | 0.3045 | 0.3556 |

如忽略逆反应, 求这两个反应的速率常数。

**解:**

$$\begin{array}{ccc} \mathrm{A} & \xrightarrow{k_1} & \mathrm{B}+\mathrm{CO_2} \\ [\mathrm{A}]_0-x-y & & x \qquad x \end{array} \tag{a}$$

$$\begin{array}{cccc} \mathrm{A} & + & \mathrm{C_2H_5OH}(溶剂) \xrightarrow{k_2} & \mathrm{C}+\mathrm{H_2O} \\ [\mathrm{A}]_0-x-y & & 大量 & y \qquad y \end{array} \tag{b}$$

反应 (a) 和 (b) 对 A 可看作平行反应, 反应 (b) 作一级反应处理, 则为 1–1 型平行反应, 故

$$\ln\frac{[\mathrm{A}]_0}{[\mathrm{A}]}=(k_1+k_2)t \tag{1}$$

$$\frac{k_1}{k_2}=\frac{x}{y} \tag{2}$$

以 10 min 的数据代入式 (1), 则 $\ln\dfrac{0.100}{0.0813}=(k_1+k_2)\times10\ \mathrm{min}$

得

$$k_1+k_2=2.07\times10^{-2}\ \mathrm{min^{-1}} \tag{3}$$

又

$$x=[\mathrm{CO_2}]=\frac{0.0841\ \mathrm{g}}{44.01\ \mathrm{g\cdot mol^{-1}}}\times\frac{1}{0.2\ \mathrm{dm^3}}=9.55\times10^{-3}\ \mathrm{mol\cdot dm^{-3}}$$

$$y=[\mathrm{A}]_0-[\mathrm{A}]-x=(0.100-0.0813-9.55\times10^{-3})\ \mathrm{mol\cdot dm^{-3}}=9.15\times10^{-3}\ \mathrm{mol\cdot dm^{-3}}$$

则

$$\frac{k_1}{k_2}=\frac{x}{y}=\frac{9.55\times10^{-3}}{9.15\times10^{-3}}=1.04 \tag{4}$$

联立式 (3) 和式 (4) 解得

$$k_1 = 1.06 \times 10^{-2}\ \text{min}^{-1} \qquad k_2 = 1.01 \times 10^{-2}\ \text{min}^{-1}$$

同理用其他各组实验数据代入求出 $\overline{k_1}$ 和 $\overline{k_2}$, 分别为

$$\overline{k_1} = 1.04 \times 10^{-2}\ \text{min}^{-1} \qquad \overline{k_2} = 1.01 \times 10^{-2}\ \text{min}^{-1}$$

**11.46**　在 473 K 时, 有反应 $\text{A} + 2\,\text{B} \longrightarrow 2\,\text{C} + \text{D}$, 其速率方程可写成 $r = k[\text{A}]^x[\text{B}]^y$。实验 (a): 当 A, B 的初始浓度分别为 $[\text{A}]_0 = 0.01\ \text{mol·dm}^{-3}$ 和 $[\text{B}]_0 = 0.02\ \text{mol·dm}^{-3}$ 时, 测得反应物 B 在不同时刻的浓度数据如下:

| $t$/h | 0 | 90 | 217 |
|---|---|---|---|
| $[\text{B}]/(\text{mol·dm}^{-3})$ | 0.020 | 0.010 | 0.005 |

实验 (b): 当 A, B 的初始浓度相等, $[\text{A}]_0 = [\text{B}]_0 = 0.02\ \text{mol·dm}^{-3}$ 时, 测得初始反应速率为实验 (a) 的 1.4 倍, 即 $\dfrac{r_{0,\text{b}}}{r_{0,\text{a}}} = 1.4$。

(1) 求该反应的总级数 $x + y$;

(2) 分别求对 A, B 的反应级数 $x, y$;

(3) 计算速率常数 $k$。

**解**: (1)

$$\begin{array}{lccccc} & \text{A} & + & 2\,\text{B} & \longrightarrow & 2\,\text{C} + \text{D} \\ t=0 & 0.01 & & 0.02 & & 0 \quad 0 \\ t=t & 0.01-z & & 0.02-2z & & 2z \quad z \end{array}$$

则
$$r = k(0.01-z)^x(0.02-2z)^y = 2^y k(0.01-z)^{x+y}$$

根据半衰期法有
$$n = 1 + \frac{\lg\dfrac{t_{1/2}}{t'_{1/2}}}{\lg\dfrac{a'}{a}}$$

式中 $n$ 为反应的总级数, 即
$$n = x + y$$

由表中数据可知 $t_{1/2} = 90$ h, $a = 0.02\ \text{mol·dm}^{-3}$, $t'_{1/2} = 127$ h, $a' = 0.01\ \text{mol·dm}^{-3}$, 故反应的总级数为

$$x + y = 1 + \frac{\lg\dfrac{90}{127}}{\lg\dfrac{0.01}{0.02}} = 1.5$$

(2) 将两次实验的反应物 A、B 的初始浓度数据代入速率方程得

$$r_{0,\text{a}} = k(0.01)^x(0.02)^{1.5-x} \qquad r_{0,\text{b}} = k(0.02)^x(0.02)^{1.5-x}$$

则
$$\frac{r_{0,\text{b}}}{r_{0,\text{a}}} = 2^x = 1.4$$

$$x = \frac{\ln 1.4}{\ln 2} = 0.5 \qquad y = 1$$

(3) $r=\dfrac{\mathrm{d}z}{\mathrm{d}t}=2k(0.01-z)^{3/2}$

$$\int_0^z \frac{\mathrm{d}z}{(0.01-z)^{3/2}}=2k\int_0^t \mathrm{d}t \qquad \frac{1}{(0.01-z)^{1/2}}-\frac{1}{0.01^{1/2}}=kt$$

当 $t=90$ h 时, [B]=0.010 mol·dm$^{-3}$, 则由反应式可得 $z=0.005$ mol·dm$^{-3}$, 代入上式得

$$k=\left\{\frac{1}{90\times3600}\times\left[\frac{1}{(0.01-0.055)^{1/2}}-\frac{1}{0.01^{1/2}}\right]\right\}(\mathrm{mol\cdot dm^{-3}})^{-1/2}\cdot\mathrm{s}^{-1}$$

$$=1.28\times10^{-5}\ (\mathrm{mol\cdot dm^{-3}})^{-1/2}\cdot\mathrm{s}^{-1}$$

**11.47** 在 298 K 时, 下列反应可进行到底: $N_2O_5(g)+NO(g)\xrightarrow{k}3NO_2(g)$。在 $N_2O_5(g)$ 和 NO(g) 的初始压力分别为 $p^0_{N_2O_5}=133.32$ Pa, $p^0_{NO}=13332$ Pa 时, 用 $\ln p_{N_2O_5}$ 对时间 $t$ 作图, 得一直线, 相应的半衰期为 2.0 h, 当 $N_2O_5(g)$ 和 NO(g) 的初始压力均为 6666 Pa 时, 得如下实验数据:

| $p_{总}$/Pa | 13332 | 15332 | 16665 | 19998 |
|---|---|---|---|---|
| $t$/h | 0 | 1 | 2 | $\infty$ |

(1) 若反应的速率常数方程可表示为 $r=kp^x_{N_2O_5}p^y_{NO}$, 从上面给出的数据求速率常数 $k$ 和反应级数 $x,y$ 的值;

(2) 如果 $N_2O_5(g)$ 和 NO(g) 的初始压力分别为 $p^0_{N_2O_5}=13332$ Pa, $p^0_{NO}=133.32$ Pa 时, 求半衰期 $t_{1/2}$ 的值。

**解**: (1) 在 $N_2O_5$ 的初始压力为 133.32 Pa, NO 的初始压力为 13332 Pa 时, NO 过量, 则

$$r=kp^x_{N_2O_5}p^y_{NO}=k'p^x_{N_2O_5}$$

此时, 因 $\ln p_{N_2O_5}$ 对时间 $t$ 作图得一直线, 这是一级反应的特征, 故

$$x=1$$

当两者的初始压力相同时, 其速率方程为 $\quad r=kp^{x+y}_{N_2O_5}$

$$\begin{array}{lccc} & N_2O_5 & + \quad NO & \xrightarrow{k} 3NO_2 \\ t=0 & p_0 & p_0 & 0 \\ t=t & p_0-\frac{1}{3}p_t & p_0-\frac{1}{3}p_t & p_t \\ t=\infty & 0 & 0 & 3p_0 \end{array}$$

则 $\qquad p_{总,0}=2p_0 \qquad p_{总,t}=2p_0+\dfrac{1}{3}p_t \qquad p_{总,\infty}=3p_0$

故 $\qquad p_0=p_{总,\infty}-p_{总,0} \qquad p_0-\dfrac{1}{3}p_t=p_{总,\infty}-p_{总,t}$

采用尝试法, 将实验数据代入一级反应动力学方程, 则

$$k=\frac{1}{t}\ln\frac{p_0}{p_0-\dfrac{1}{3}p_t}=\frac{1}{t}\ln\frac{p_{总,\infty}-p_{总,0}}{p_{总,\infty}-p_{总,t}}$$

$$k_1=\left(\frac{1}{1}\times\ln\frac{19998-13332}{19998-15332}\right)\mathrm{h}^{-1}=0.3567\ \mathrm{h}^{-1}$$

$$k_2=\left(\frac{1}{2}\times\ln\frac{19998-13332}{19998-16665}\right)\mathrm{h}^{-1}=0.3466\ \mathrm{h}^{-1}$$

$k$ 近似为一常数, 所以　　$x+y=1\qquad y=0$

且　　$\overline{k}=0.35\ \mathrm{h}^{-1}$

(2) 当 $N_2O_5$ 过量时, 反应为准零级反应, 反应速率不变, 即

$$r=\overline{k}p^0_{N_2O_5}=(0.35\times 13332)\ \mathrm{Pa\cdot h^{-1}}=4666\ \mathrm{Pa\cdot h^{-1}}$$

此时, $t_{1/2}$ 是对 NO 而言的。所以　$\dfrac{p^0_{NO}}{2}=rt_{1/2}$

$$t_{1/2}=\frac{p^0_{NO}}{2r}=\left(\frac{133.32}{2\times 4666}\right)\mathrm{h}=0.0143\ \mathrm{h}$$

**11.48** 有正、逆反应均为一级的对峙反应 $\mathrm{A}\underset{k_{-1}}{\overset{k_1}{\rightleftharpoons}}\mathrm{B}$, 已知其速率常数和平衡常数与温度的关系式分别为

$$\lg(k_1/\mathrm{s}^{-1})=-\frac{2000}{T/\mathrm{K}}+4.0$$

$$\lg K=\frac{2000}{T/\mathrm{K}}-4.0\qquad K=k_1/k_{-1}$$

反应开始时, $[\mathrm{A}]_0=0.5\ \mathrm{mol\cdot dm^{-3}}$, $[\mathrm{B}]_0=0.05\ \mathrm{mol\cdot dm^{-3}}$, 试计算:

(1) 逆反应的活化能;

(2) 400 K 时, 反应 10 s 后, A 和 B 的浓度;

(3) 400 K 时, 反应达平衡时, A 和 B 的浓度。

**解**: (1) 因为 $K=\dfrac{k_1}{k_{-1}}$, 则

$$\lg k_{-1}=\lg k_1-\lg K=-\frac{4000}{T/\mathrm{K}}+8.0$$

$$2.303\frac{\mathrm{d}\lg k_{-1}}{\mathrm{d}t}=\frac{2.303\times 4000}{T^2}=\frac{E_{\mathrm{a},-1}}{RT^2}$$

故　　$E_{\mathrm{a},-1}=(8.314\times 2.303\times 4000)\ \mathrm{J\cdot mol^{-1}}=76.59\ \mathrm{kJ\cdot mol^{-1}}$

(2) 将 $T=400$ K 代入 $\lg k_1$, $\lg K$ 和 $\lg k_{-1}$ 表达式中得

$$k_1=0.1\ \mathrm{s}^{-1}\qquad K=10\qquad k_{-1}=0.01\ \mathrm{s}^{-1}$$

设任一时刻反应生成 B 的浓度为 $x$, 则 $c_\mathrm{A}=c_{\mathrm{A},0}-x, c_\mathrm{B}=c_{\mathrm{B},0}+x$, 所以

$$\frac{\mathrm{d}x}{\mathrm{d}t}=k_1(c_{\mathrm{A},0}-x)-k_{-1}(c_{\mathrm{B},0}+x)=0.1\times(0.5-x)-0.01\times(0.05+x)=0.0495-0.11x$$

$$\int_0^x \frac{\mathrm{d}x}{0.0495-0.11x}=\int_0^t \mathrm{d}t$$

$$t=\frac{1}{0.11}\times\ln\frac{0.0495}{0.0495-0.11x}$$

$$\ln(0.0495-0.11x)=\ln 0.0495-0.11t$$

将 $t=10\ \mathrm{s}$ 代入上式得　　$x=0.3\ \mathrm{mol\cdot dm^{-3}}$

故　　$c_{\mathrm{A}}=c_{\mathrm{A},0}-x=0.2\ \mathrm{mol\cdot dm^{-3}}$　　$c_{\mathrm{B}}=c_{\mathrm{B},0}+x=0.35\ \mathrm{mol\cdot dm^{-3}}$

(3) 平衡时, $k_1(0.5-x_{\mathrm{e}})=k_{-1}(0.05+x_{\mathrm{e}})$, 解得　$x_{\mathrm{e}}=0.45\ \mathrm{mol\cdot dm^{-3}}$

则　　$c_{\mathrm{A,e}}=c_{\mathrm{A},0}-x_{\mathrm{e}}=0.05\ \mathrm{mol\cdot dm^{-3}}$　　$c_{\mathrm{B,e}}=c_{\mathrm{B},0}+x_{\mathrm{e}}=0.5\ \mathrm{mol\cdot dm^{-3}}$

**11.49**　反应物 A 同时生成主产物 B 及副产物 C, 反应均为一级反应:

$$\mathrm{A}\begin{cases}\xrightarrow{k_1}\mathrm{B}\\ \xrightarrow{k_2}\mathrm{C}\end{cases}$$

已知 $k_1=1.2\times10^3\exp\left(-\dfrac{90\ \mathrm{kJ\cdot mol^{-1}}}{RT}\right)$, $k_2=8.9\exp\left(-\dfrac{80\ \mathrm{kJ\cdot mol^{-1}}}{RT}\right)$。

(1) 使 B 含量大于 90% 及大于 95% 时, 求各需的反应温度 $T_1$ 和 $T_2$;

(2) 可否得到含 B 为 99.5% 的产品?

**解**: (1) 对于平行反应有

$$\frac{[\mathrm{B}]}{[\mathrm{A}]}=\frac{k_1}{k_2}=\frac{1.2\times10^3\exp\left(\dfrac{-90\ \mathrm{kJ\cdot mol^{-1}}}{RT}\right)}{8.9\exp\left(\dfrac{-80\ \mathrm{kJ\cdot mol^{-1}}}{RT}\right)}=134.8\exp\left(\frac{-10\ \mathrm{kJ\cdot mol^{-1}}}{RT}\right)\tag{a}$$

当 B 含量大于 90%, 即 $\dfrac{[\mathrm{B}]}{[\mathrm{A}]}\geqslant 9.0$ 时, 由式 (a) 解得　$T_1\geqslant 444.4\ \mathrm{K}$

当 B 含量大于 95%, 即 $\dfrac{[\mathrm{B}]}{[\mathrm{A}]}\geqslant 19.0$ 时, 由式 (a) 解得　$T_2\geqslant 613.9\ \mathrm{K}$

(2) $T\to\infty$, $\dfrac{[\mathrm{B}]}{[\mathrm{A}]}=134.8$, 而　$\dfrac{[\mathrm{B}]}{[\mathrm{A}]}=\dfrac{[\mathrm{B}]_{\max}}{100-[\mathrm{B}]_{\max}}=134.8$

则　　$[\mathrm{B}]_{\max}=99.3\%<99.5\%$

故不能得到含 B 为 99.5% 的产品。

**11.50**　已知乙烯氧化制环氧乙烷, 可发生下列两个反应:

① $C_2H_4(g)+\dfrac{1}{2}O_2(g)\xrightarrow{k_1}C_2H_4O(g)$

② $C_2H_4(g)+3\,O_2(g)\xrightarrow{k_2}2\,CO_2(g)+2\,H_2O(g)$

在 298 K 时, 物质的标准摩尔生成 Gibbs 自由能数据如下:

| 物质 | $C_2H_4O(g)$ | $C_2H_4(g)$ | $CO_2(g)$ | $H_2O(g)$ |
|---|---|---|---|---|
| $\Delta_{\mathrm{f}}G_{\mathrm{m}}^{\ominus}/(\mathrm{kJ\cdot mol^{-1}})$ | −13.0 | 68.4 | −394.4 | −228.6 |

当在银催化剂上, 研究上述反应时得到反应 ① 及反应 ② 的反应级数完全相同, $E_{\mathrm{a},1}=63.6\ \mathrm{kJ}\cdot$

$\mathrm{mol^{-1}}$, $E_{\mathrm{a},2} = 82.8\ \mathrm{kJ \cdot mol^{-1}}$, 而且可以控制 $C_2H_4O(g)$ 的进一步氧化的速率极低。

(1) 从热力学观点, 讨论乙烯氧化生产环氧乙烷之可能性;

(2) 求 $T_1 = 298\ \mathrm{K}$, $T_2 = 503\ \mathrm{K}$ 时, 两反应的速率之比值 $r_1/r_2$;

(3) 从动力学观点, 讨论乙烯氧化生产环氧乙烷是否可行, 并据计算结果讨论应如何选择反应温度。

**解**: (1) 据 $\Delta_r G_m^\ominus = \sum \nu_B \Delta_f G_m^\ominus(B)$ 可得

$$\Delta_r G_m^\ominus(1) = \Delta_f G_m^\ominus(C_2H_4O) - \Delta_f G_m^\ominus(C_2H_4)$$

$$= (-13.0 - 68.4)\ \mathrm{kJ \cdot mol^{-1}} = -81.4\ \mathrm{kJ \cdot mol^{-1}}$$

$$\Delta_r G_m^\ominus(2) = 2\Delta_f G_m^\ominus(CO_2) + 2\Delta_f G_m^\ominus(H_2O) - \Delta_f G_m^\ominus(C_2H_4)$$

$$= [2 \times (-394.4) + 2 \times (-228.6) - 68.4]\mathrm{kJ \cdot mol^{-1}} = -1314.4\ \mathrm{kJ \cdot mol^{-1}}$$

由于 $\Delta_r G_m^\ominus(2) \ll \Delta_r G_m^\ominus(1)$ 反应主要生成 $CO_2$ 及 $H_2O$。从热力学上看, 由 $C_2H_4$ 氧化生成 $C_2H_4O$ 是不可行的。

(2) 由于是相同反应级数的平行反应, 故

$$\frac{r_1}{r_2} = \frac{k_1}{k_2} = \exp\left(\frac{E_{\mathrm{a},2} - E_{\mathrm{a},1}}{RT}\right)$$

当 $T = 298\ \mathrm{K}$ 时: $$\frac{r_1}{r_2} = \exp\left(\frac{82800 - 63600}{8.314 \times 298}\right) = 2319$$

当 $T = 503\ \mathrm{K}$ 时: $$\frac{r_1}{r_2} = \exp\left(\frac{82800 - 63600}{8.314 \times 503}\right) = 98.6$$

(3) 因为 $E_{\mathrm{a},2} > E_{\mathrm{a},1}$, 从动力学角度来看, 对反应 ① 有利。即环氧乙烷产率将远大于 $CO_2$ 产率。尽管提高反应温度加速了 $CO_2$ 的生成, 但仍可保持 $[C_2H_4O] = 98.6[CO_2](503\ \mathrm{K})$, 上述计算结果说明了此点。升温可提高反应速率, 有利于提高产量, 且仍能保持 $C_2H_4O$ 的纯度。故可将反应温度选择在 500 K 左右。

# 四、自测题

## (一) 自 测 题 1

### Ⅰ. 选择题

1. 某反应进行时, 反应物浓度与时间成线性关系, 则此反应的半衰期与反应物初始浓度 (　　)

(A) 成正比　　(B) 成反比

(C) 平方成反比　　(D) 无关

2. 某化学反应速率常数为 $k=2\ (\text{mol}\cdot\text{dm}^{-1})^{-1}\cdot\text{s}^{-1}$, 转化分数 $y_1=0.875$ 所需的反应时间为 $t_1$, $y_2=0.500$ 所需的反应时间为 $t_2$, 则 ……………………………………………………（　　）

(A) $t_1=t_2$　　(B) $t_1=3t_2$　　(C) $t_1=5t_2$　　(D) $t_1=7t_2$

3. 反应 $a\text{A}\longrightarrow\text{P}$, 已知反应物消耗 5/9 所需时间是它消耗 1/3 所需时间的 2 倍, 则该反应的级数为 ……………………………………………………（　　）

(A) 0　　(B) 1　　(C) 2　　(D) 3

4. A 与 B 生成产物 P, 测定不同反应物浓度时 P 的起始生成速率如下:

| 实验 | A 起始浓度/$(\text{mol}\cdot\text{L}^{-1})$ | B 起始浓度/$(\text{mol}\cdot\text{L}^{-1})$ | P 起始生成速率/$(\text{mol}\cdot\text{L}^{-1})$ |
|---|---|---|---|
| ① | 1.2 | 0.2 | 0.3 |
| ② | 2.4 | 0.2 | 1.2 |
| ③ | 1.2 | 0.4 | 0.6 |
| ④ | 2.4 | 0.4 | 2.4 |

则速率方程可以写作 ……………………………………………………（　　）

(A) $r=k[\text{A}][\text{B}]$　　(B) $r=k[\text{A}][\text{B}]^2$

(C) $r=k[\text{A}]^2[\text{B}]$　　(D) $r=k[\text{A}]^2[\text{B}]^2$

5. $2\text{M}\longrightarrow\text{P}$ 为二级反应, 若 M 的起始浓度为 $1\ \text{mol}\cdot\text{dm}^{-3}$, 反应 1 h 后, M 的浓度减少 $\frac{1}{2}$, 则反应 2 h 后, M 的浓度是 ……………………………………………………（　　）

(A) $\frac{1}{4}\ \text{mol}\cdot\text{dm}^{-3}$　　(B) $\frac{1}{3}\ \text{mol}\cdot\text{dm}^{-3}$

(C) $\frac{1}{6}\ \text{mol}\cdot\text{dm}^{-3}$　　(D) 缺少 $k$ 值无法求

6. 某一具有简单级数的反应, 其速率常数 $k=1.5\ (\text{mol}\cdot\text{dm}^{-3})\cdot\text{s}^{-1}$, 则 ………………（　　）

(A) 该反应完全进行所需要的时间是有限的

(B) 该反应的半衰期是一个与反应物起始浓度无关的常数

(C) 该反应从起始到消耗 1/3 反应物的时间小于从消耗 1/3 反应物到消耗 2/3 反应物的时间

(D) 该反应的半衰期与反应物起始浓度成反比

7. 某反应的活化能是 $20.0\ \text{kJ}\cdot\text{mol}^{-1}$, 在 300.0 K 时, 降低 1.0 K, 反应的速率常数减少（　　）

(A) 0.27%　　(B) 2.65%　　(C) 9.74%　　(D) 20.0%

8. 某化学反应的表观速率常数为 $k=2k_2(k_1/2k_3)^{1/2}$, 则表观活化能 $E_\text{a}$ 与基元反应活化能之间的关系为 ……………………………………………………（　　）

(A) $E_\text{a}=2E_{\text{a},2}+\frac{1}{2}(E_{\text{a},1}-2E_{\text{a},3})$　　(B) $E_\text{a}=E_{\text{a},2}+\frac{1}{2}(E_{\text{a},1}-E_{\text{a},3})$

(C) $E_\text{a}=E_{\text{a},2}+E_{\text{a},1}-E_{\text{a},3}$　　(D) $E_\text{a}=E_{\text{a},2}(E_{\text{a},1}/2E_{\text{a},3})^{1/2}$

9. 下列说法中**正确**的是 ……………………………………………………（　　）

① 对峙反应中总速率是正、逆反应速率之差, 达到平衡时, 正、逆反应速率相等, 净速率为零

② 级数相同的平行反应特点是总速率等于各平行反应速率之和, 速率常数可以表示为各平行反应速率常数之和

③ 对于平行反应, 可以通过选择合适的催化剂改变各平行反应的速率, 从而提高主产物的产量, 减少副产物

④ 平行反应的任一瞬时, 各产物浓度之比等于速率常数之比

⑤ 从反应物到产物, 可能有多种途径, 包含多种复杂反应 (如平行反应、对峙反应、连续反应); 其中反应速率最慢的一步为反应的速率决定步骤

(A) ①②③　　(B) ①②③④　　(C) ①②③⑤　　(D) ①②③④⑤

10. 在一定的温度和体积下发生如下反应:

$$A + B \underset{k_{-1}}{\overset{k_1}{\rightleftharpoons}} P$$

测得正、逆向活化能分别为 $E_{a,1}$、$E_{a,-1}$, 则 ……………………………………………… (　　)

(A) $E_{a,-1} - E_{a,1} = \Delta_r H_m$　　(B) $E_{a,1} - E_{a,-1} = \Delta_r U_m$

(C) $E_{a,-1} - E_{a,1} = \Delta_r U_m$　　(D) $E_{a,1}$ 和 $E_{a,-1}$ 没有关系

11. 在埃及一法老古墓里发掘出来的木乃伊中测得骸骨碳中 $^{14}C$ 含量为今天人体中 $^{14}C$ 丰度的 60%, 已知 $^{14}C$ 的半衰期是 5730 年, 则该木乃伊存活的年代为 ……………………… (　　)

(A) 公元前 1200 年　　(B) 公元前 2200 年

(C) 公元前 3200 年　　(D) 公元前 4200 年

12. 有平行反应 (1) $A \xrightarrow{k_1} C$; (2) $A \xrightarrow{k_2} D$, 测得 $k_1 = 200\ s^{-1}$, $k_2 = 400\ s^{-1}$, 反应开始时无产物, 则反应过程中两产物的浓度比 [C]/[D] 为 ……………………………………… (　　)

(A) 2.0　　(B) 1.0　　(C) 0.5　　(D) 无法比较

**Ⅱ. 填空题**

1. 根据质量作用定律, 写出基元反应 $H\cdot + Cl_2 \xrightarrow{k} HCl + Cl\cdot$ 的速率 $r =$ ______________。

2. 一个反应的半衰期与反应物起始浓度成反比, 那么这个反应是 ___________ 级反应。

3. 由两个反应 (1) $A \xrightarrow{k_1} B$ 和 (2) $A \xrightarrow{k_2} C$ 构成的平行反应, 两个反应的指前因子相同, 但活化能不同。298 K 时, 测得 $k_1/k_2 = 5.0$, 则在 573 K 时, $k_1/k_2 =$ ______________ (设活化能与温度无关)。

4. 某反应在 298 K 达到转化分数为 0.60 时, 耗时 30.0 min, 现在升温到 373 K, 达到相同转化分数耗时 1.0 min, 则该反应活化能 $E_a =$ ______________ (设活化能与温度无关)。

5. 某一 1–1 级对峙反应, 其正、逆反应速率常数分别为 $k_1$ 和 $k_{-1}$, 则该反应平衡常数 $K =$ ______________。

**Ⅲ. 计算题 (包括证明题)**

1. 298 K 时, NaOH 和 $CH_3COOCH_3$ 皂化反应的速率常数 $k_2$ 与 NaOH 和 $CH_3COOC_2H_5$ 皂化反应的速率常数 $k_2'$ 的关系为 $k_2 = 2.8k_2'$。试计算在相同的实验条件下, 当有 90% 的 $CH_3COOCH_3$ 分解时, $CH_3COOC_2H_5$ 的分解分数 (设碱与酯的浓度均相等, 已知该反应是二级反应)。

2. 定温下, 有一个气相反应 $A(g)+B(g) \longrightarrow P(g)+F(g)$, 它的速率方程可表示为 $r = k_p p_A^{\alpha} p_B^{\beta}$, 根据如下实验数据, 确定反应级数 $\alpha$, $\beta$ 的值。

实验一, $p_A^0 = p_B^0$, 在不同的起始总压下, 测定半衰期:

| $p_{总}^0$ /kPa | 47.4 | 32.4 |
|---|---|---|
| $t_{1/2}$/s | 84 | 176 |

实验二, $p_A^0 \ll p_B^0$, 在不同的起始压力 $p_A^0$ 下, 测定反应初速率:

| $p_A^0$/kPa | 40 | 20.3 |
|---|---|---|
| $r_0$/(kPa·s$^{-1}$) | 0.137 | 0.034 |

3. $N_2O(g)$ 的热分解反应为 $2\,N_2O \longrightarrow 2\,N_2(g) + O_2(g)$, 在一定温度下, 反应的半衰期与起始压力成反比。在 970 K 时, $N_2O(g)$ 的起始压力为 39.2 kPa, 测得半衰期为 1529 s; 在 1030 K 时, $N_2O(g)$ 的起始压力为 48.0 kPa, 测得半衰期为 212 s。

(1) 判断该反应的级数;

(2) 计算两个温度下的速率常数;

(3) 求反应的实验活化能;

(4) 在 1030 K, 当 $N_2O(g)$ 的起始压力为 53.3 kPa 时, 计算总压达到 64.0 kPa 所需的时间。

4. 硝酸异丙烷在水中被碱中和为二级反应, 其速率常数可用下式表示:

$$\lg[k/(\mathrm{dm^3\cdot mol^{-1}\cdot min^{-1}})] = -3163\ \mathrm{K}/T + 11.899$$

(1) 求表观活化能;

(2) 313 K 时反应物起始浓度均为 0.008 mol·dm$^{-3}$, 求反应物浓度均达到 0.004 mol·dm$^{-3}$ 需多少时间?

5. 实验测得气相反应 $I_2(g) + H_2(g) \xrightarrow{k} 2\,HI(g)$ 是二级反应, 在 673.2 K 时, 其速率常数为 $k = 9.869 \times 10^{-9}\ (\mathrm{kPa\cdot s})^{-1}$。现在一反应器中加入 50.663 kPa 的 $H_2(g)$, 反应器中已含有过量的固体碘, 固体碘在 673.2 K 时的蒸气压为 121.59 kPa (假定固体碘和它的蒸气很快达到平衡), 没有逆向反应。

(1) 计算所加入的 $H_2(g)$ 反应掉一半所需要的时间;

(2) 证明下面的反应机理是否正确。

$$I_2(g) \underset{k_{-1}}{\overset{k_1}{\rightleftharpoons}} 2\,I(g) \qquad \text{快速平衡}, K = k_1/k_{-1}$$

$$H_2(g) + 2\,I(g) \xrightarrow{k_2} 2\,HI(g) \qquad \text{慢步骤}$$

第十一章自测题 1 参考答案

## (二) 自测题 2

### Ⅰ. 选择题

1. 对于基元反应 $NO_2 + NO_3 \longrightarrow NO + O_2 + NO_2$, 可作论断 ……………………（　　）

(A) 一定是二级反应　　(B) 一定不是二级反应

(C) 一定是双分子反应　　(D) 一定不是双分子反应

2. 某反应的速率常数 $k = 7.7 \times 10^{-4}\ s^{-1}$, 又起始浓度为 $0.1\ mol \cdot dm^{-3}$, 则该反应的半衰期为 ……………………（　　）

(A) 86580 s　　(B) 900 s　　(C) 1800 s　　(D) 13000 s

3. 某一级反应, 反应物转化 99.9% 所需的时间是半衰期的 ……………………（　　）

(A) 2 倍　　(B) 5 倍　　(C) 10 倍　　(D) 20 倍

4. 反应 $A \longrightarrow P$ 为二级反应, A 反应掉 3/4 所需时间为 A 反应掉 1/2 所需时间的（　　）

(A) 2 倍　　(B) 3/2 倍　　(C) 3 倍　　(D) 不能确定

5. 基元反应**不可能**是 ……………………（　　）

(A) 零级反应　　(B) 一级反应　　(C) 二级反应　　(D) 三级反应

6. 下表列出反应 $A + B \longrightarrow C$ 的起始浓度和起始速率:

| 起始浓度/$(mol \cdot dm^{-3})$ | | 起始速率/$(mol \cdot dm^{-3} \cdot s^{-1})$ |
| --- | --- | --- |
| $c_{A,0}$ | $c_{B,0}$ | |
| 1.0 | 1.0 | 0.15 |
| 2.0 | 1.0 | 0.30 |
| 3.0 | 1.0 | 0.45 |
| 1.0 | 2.0 | 0.15 |
| 1.0 | 3.0 | 0.15 |

此反应的速率方程为 ……………………（　　）

(A) $r = kc_B$　　(B) $r = kc_A c_B$

(C) $r = kc_A (c_B)^2$　　(D) $r = kc_A$

7. 某古墓里发掘出来的古代尸骸, 测得骸骨碳中 $^{14}C$ 含量为今天人体中 $^{14}C$ 丰度的 77.56%, 已知 $^{14}C$ 的半衰期是 5730 年, 则该尸骸存活的年代为距今 ……………………（　　）

(A) 1100 年　　(B) 2100 年　　(C) 3100 年　　(D) 4100 年

8. 某反应 $A + B \longrightarrow C + D$ 的反应机理如下:

(1) $2\,A \underset{k_{-1}}{\overset{k_1}{\rightleftharpoons}} I$

(2) $I + B \xrightarrow{k_2} C + D$

如使用稳态近似法, 产物 C 的反应速率表达式 $r = d[C]/dt$ 为 ……………………（　　）

(A) $k_1[A]^2[B]/k_{-1}$　　(B) $k_1 k_2 [A]^2 [B]/k_{-1}$

(C) $k_1k_2[\mathrm{A}]^2[\mathrm{B}]/(k_{-1}+k_2[\mathrm{B}])$ (D) $k_1[\mathrm{A}]^2[\mathrm{B}]/(k_{-1}+k_2[\mathrm{B}])$

9. 反应 $\mathrm{A}\xrightarrow{k_1}\mathrm{B}$ (Ⅰ); $\mathrm{A}\xrightarrow{k_2}\mathrm{D}$ (Ⅱ), 已知反应Ⅰ的活化能 $E_1$ 大于反应Ⅱ的活化能 $E_2$, 以下措施中能使 [B]/[D] 提高的是 ············ ( )

(A) 延长反应时间 (B) 减少反应时间

(C) 提高反应温度 (D) 降低反应温度

10. 某反应在 300 K 达到转化分数为 0.95 时, 耗时 36 min, 现在升温 50 K, 达到同样的转化分数, 耗时 5 min, 则该反应的活化能为 ············ ( )

(A) $34.5\ \mathrm{kJ\cdot mol^{-1}}$ (B) $4.15\ \mathrm{kJ\cdot mol^{-1}}$

(C) $1723\ \mathrm{kJ\cdot mol^{-1}}$ (D) 无法确定

11. 在一定的温度和体积下发生如下反应:

$$\mathrm{A}+\mathrm{B}\underset{k_{-1}}{\overset{k_1}{\rightleftharpoons}}\mathrm{P}$$

测得反应的热力学能变化为 $\Delta_\mathrm{r}U_\mathrm{m}$ 为 $59.6\ \mathrm{kJ\cdot mol}$, 则该正反应的活化能 $E_\mathrm{a}$ ············ ( )

(A) 大于等于 $59.6\ \mathrm{kJ\cdot mol^{-1}}$ (B) 等于 $59.6\ \mathrm{kJ\cdot mol^{-1}}$

(C) 小于等于 $59.6\ \mathrm{kJ\cdot mol^{-1}}$ (D) 无法确定

12. 某一气相反应, 在 300 K 时 $k_p=20\ (\mathrm{kPa})^{-1}\cdot\mathrm{s}^{-1}$, 若用 $k_c$ 表示应为 ············ ( )

(A) $4.988\times10^2\ (\mathrm{mol\cdot m^{-3}})^{-1}\cdot\mathrm{s}^{-1}$ (B) $4.988\times10^4\ (\mathrm{mol\cdot m^{-3}})^{-1}\cdot\mathrm{s}^{-1}$

(C) $1.663\times10^{-1}\ (\mathrm{mol\cdot m^{-3}})^{-1}\cdot\mathrm{s}^{-1}$ (D) $1.663\times10^2\ (\mathrm{mol\cdot m^{-3}})^{-1}\cdot\mathrm{s}^{-1}$

## Ⅱ. 填空题

1. 某基元反应 $2\,\mathrm{A(g)}+\mathrm{B(g)}\xrightarrow{k}\mathrm{P}$, 则 $-\dfrac{\mathrm{d[A]}}{\mathrm{d}t}=$________。

2. 某反应在室温下进行, 测得其速率常数是 $0.205\ \mathrm{h^{-1}}$, 反应物起始浓度为 $2.0\ \mathrm{mol\cdot dm^{-3}}$, 那么反应 1/3 所需的时间为________。

3. 由两个一级反应 (1) $\mathrm{A}\xrightarrow{k_1}\mathrm{B}$ 和 (2) $\mathrm{A}\xrightarrow{k_2}\mathrm{C}$ 构成的平行反应, 反应开始时只有反应物 A, 已知 $k_1/k_2=5.0$, 则反应开始后任意时刻产物浓度之比 [B]/[C] = ________。

4. 某反应活化能在 298 K 时的速率常数 $k=0.055\ \mathrm{min^{-1}}$, 活化能 $E_\mathrm{a}=62.5\ \mathrm{kJ\cdot mol^{-1}}$。在温度上升到 373 K 后的半衰期 $t_{1/2}=$________ (设活化能与温度无关)。

5. 在 $\mathrm{A}\xrightarrow{k_1}\mathrm{B}\xrightarrow{k_2}\mathrm{C}$ 的连续反应中, $k_1\gg k_2$, 则第________步是速率控制步骤。

## Ⅲ. 计算题

1. 298 K 时, $\mathrm{N_2O_5(g)}\longrightarrow\mathrm{N_2O_4(g)}+\dfrac{1}{2}\mathrm{O_2(g)}$, 该分解反应的半衰期 $t_{1/2}=5.7$ h, 此值与 $\mathrm{N_2O_5(g)}$ 的起始浓度无关。试求:

(1) 该反应的速率常数;

(2) $\mathrm{N_2O_5(g)}$ 转化掉 90% 所需的时间。

2. 在 780 K 及 $p_0$=100 kPa 时, 某碳氢化合物的气相热分解反应的半衰期为 2 s。若 $p_0$ 降为

10 kPa 时, 半衰期为 20 s。求该反应的级数和速率常数。

3. 已知两个一级平行反应:

$$\mathrm{A} \xrightarrow{k_1} \mathrm{B} \qquad k_1 = 10^{15}\exp\left(-\frac{125.52\ \mathrm{kJ\cdot mol^{-1}}}{RT}\right)\ \mathrm{s^{-1}}$$

$$\mathrm{A} \xrightarrow{k_2} \mathrm{C} \qquad k_2 = 10^{13}\exp\left(-\frac{83.68\ \mathrm{kJ\cdot mol^{-1}}}{RT}\right)\ \mathrm{s^{-1}}$$

试问:

(1) 在什么温度下, 生成两种产物的速率相同?

(2) 在什么温度下, 生成 B 等于生成 C 的 10 倍?

(3) 在什么温度下, 生成 C 等于生成 B 的 10 倍?

(4) 通过以上分析, 可以对平行反应总结出什么规律?

4. 有一反应 $\mathrm{A} + 2\mathrm{B} \longrightarrow \mathrm{P}$, 其可能历程为

$$\mathrm{A} + \mathrm{B} \underset{k_{-1}}{\overset{k_1}{\rightleftharpoons}} \mathrm{I}$$

$$\mathrm{I} + \mathrm{B} \xrightarrow{k_2} \mathrm{P}$$

其中 I 为不稳定的中间产物。若以产物 P 的生成速率表示反应速率, 试问:

(1) 什么条件下, 总反应表现为二级反应?

(2) 什么条件下, 总反应表现为三级反应?

5. 已知组成蛋白质的卵白朊的热变作用为一级反应, 其活化能约为 $E_\mathrm{a} = 85\ \mathrm{kJ\cdot mol^{-1}}$。在海平面同高处的沸水中, "煮熟" 一个蛋需要 10 min, 试求在海拔 2213 m 高的山顶上的沸水中, "煮熟" 一个蛋需要多长时间? 设空气的组成为 $\mathrm{N_2(g)}$ 为 0.8(体积分数), $\mathrm{O_2(g)}$ 为 0.2(体积分数), 空气按高度分布服从公式 $p = p_0\exp\left(-\dfrac{Mgh}{RT}\right)$, 假设气体从海平面到山顶都保持 293.2 K, 已知水的正常汽化热为 $2.278\ \mathrm{kJ\cdot g^{-1}}$。

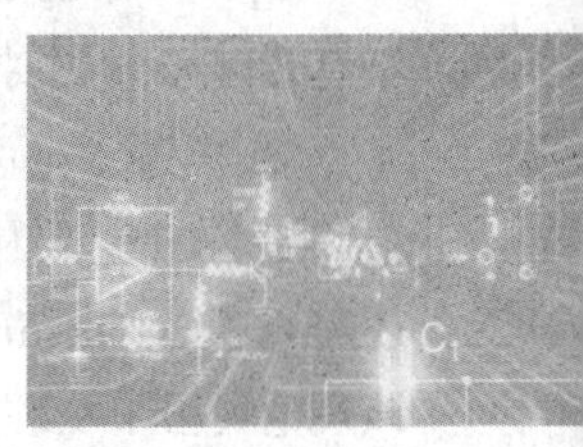

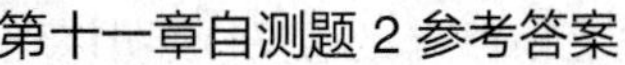

第十一章自测题 2 参考答案

# 第十二章　化学动力学基础 (二)

本章主要公式和内容提要

## 一、复习题及解答

**12.1**　简述碰撞理论和过渡态理论所用的模型、基本假设和优缺点。

答: 对于碰撞理论:

模型: 硬球碰撞模型。

基本假设: 反应物分子只有经过碰撞才能发生反应, 但并不是所有碰撞分子都能发生反应, 只有当分子的相对碰撞能等于或超过阈能时才能发生反应。

优点: (1) 碰撞理论为人们描述了一幅虽然粗糙但十分明确的反应图像, 在反应速率理论的发展中起了很大作用;

(2) 对 Arrhenius 公式中的指数项, 指前因子或阈能提出了较明确的物理意义, 认为指数项相当于有效碰撞分数, 指前因子 $A$ 相当于碰撞频率;

(3) 解释了一部分实验事实, 理论所计算的速率常数 $k$ 与较简单的反应实验值相符。

缺点: (1) 要从碰撞理论来计算速率常数 $k$, 必须要知道阈能 $E_c$, 它本身不能预言 $E_c$ 的大小, 还需通过 Arrhenius 公式来求, 而 Arrhenius 公式中的 $E_a$ 的求得, 首先需要从实验测得 $k$, 这就使该理论失去了从理论上预言 $k$ 的意义, 说明该理论为半经验理论;

(2) 在该理论中曾假设反应物分子是无内部结构的刚性球体, 这种假设过于粗糙, 因此只对比较简单的反应, 理论值与实验值符合得较好, 但对更多的反应, 计算值与实验值有很大的差别。

对于过渡态理论:

模型: 反应物分子变成产物分子要经过一个过渡态 (活化络合物)。

基本假设: (1) 化学反应不是通过简单的碰撞完成的, 分子相遇后, 先形成一种过渡态物种——活化络合物;

(2) 活化络合物很不稳定, 一方面与反应物建立动态平衡, 另一方面可分解成产物;

(3) 活化络合物分解成产物的步骤是整个反应的速控步;

(4) 活化络合物分解的速率取决于活化络合物的浓度和性质。

优点: (1) 形象地描绘了基元反应进展的过程, 原则上可以从原子结构的光谱数据和势能面计算宏观的反应速率常数;

(2) 对 Arrhenius 公式的指前因子作了理论说明, 认为它与活化熵有关; 用势能面形象地说明了为什么需要活化能及反应遵循的能量最低原理。

缺点: (1) 引进了平衡假设和速控步假设并不能符合所有的实验事实;

(2) 活化络合物的结构现在还无法从实验上确定, 在很大程度上具有猜测性;

(3) 计算方法过于复杂, 在实际应用上还存在很大困难, 尤其对于复杂的多原子反应;

(4) 绘制势能面有困难, 使该理论受到一定的限制。

**12.2** 碰撞理论中的阈能 $E_c$ 的物理意义是什么? 与 Arrhenius 活化能 $E_a$ 在数值上有何关系?

**答**: 碰撞理论中的阈能 $E_c$ 是指碰撞粒子的相对平动能在连心线上的分量必须大于这个 $E_c$ 的值, 碰撞才是有效的, 所以 $E_c$ 也称为临界能。

$$E_c = E_a - \frac{1}{2}RT$$

**12.3** 碰撞理论中为什么要引入概率因子 $P$? $P$ 小于 1 的主要原因是什么?

**答**: 由于碰撞理论所用的模型过于简单, 硬球不能代表反应的实际分子, 由于分子的复杂结构或位阻效应, 传能过程需要时间等因素, 使理论计算值大于实验测量值, 有时这种偏离很大, 所以引入概率因子 $P$ 这个校正项, 该校正项通常都小于 1。

**12.4** 有一双分子气相反应 $A(g) + B(g) \longrightarrow P(g)$, 如用简单碰撞理论计算其指前因子, 所得的数量级约为多少?

**答**: 约为 $10^{35}\ m^{-3}\cdot s^{-1}$, 说明其实很多碰撞是无效的。

**12.5** 过渡态理论中的活化焓 $\Delta_r^{\neq} H_m^{\ominus}$ 与 Arrhenius 活化能 $E_a$ 在物理意义和数值上各有何不同? 如有一气相反应 $A(g) + BC(g) \longrightarrow AB(g) + C(g)$, 试导出 $\Delta_r^{\neq} H_m^{\ominus}$ 与 $E_a$ 之间的关系。若反应为 $A(g) + B(l) \longrightarrow P(g)$, 则 $\Delta_r^{\neq} H_m^{\ominus}$ 与 $E_a$ 之间的关系又将如何?

**答**: 过渡态理论中的活化焓与活化能的主要不同如下:

(1) 物理意义不同, 活化焓是指反应物生成活化络合物时的焓变, 活化能是指活化分子的平均能量与反应物分子平均能量的差值。

(2) 在数值上也不完全相等, 对于凝聚相反应, 两者相差 $RT$; 对于有气相参与的反应, 两者相差 $nRT$, $n$ 是气相反应物的化学计量数之和。

$$E_a = \Delta_r^{\neq} H_m^{\ominus} + RT \quad \text{(凝聚相反应)}$$

$$E_a = \Delta_r^{\neq} H_m^{\ominus} + nRT \quad \text{(有气相参与的反应)}$$

对于反应:

$$A(g) + BC(g) \longrightarrow AB(g) + C(g) \qquad E_a = \Delta_r^{\neq} H_m^{\ominus} + 2RT$$

$$A(g) + B(l) \longrightarrow P(g) \qquad E_a = \Delta_r^{\neq} H_m^{\ominus} + RT$$

**12.6** 在常温下, 过渡态理论中的普适因子 $\dfrac{k_B T}{h}$ 的单位是什么? 数量级约为多少?

**答**: 普适因子的单位是 $s^{-1}$, 在常温下 $\dfrac{k_B T}{h}$ 的数量级为 $10^{13}\ s^{-1}$。

**12.7** 试证明气相基元反应 $A(g) + B(g) \longrightarrow 2C(g)$ 的指前因子为

$$A=\frac{k_{\mathrm{B}}T}{h}\mathrm{e}^2(c^{\ominus})^{-1}\exp\left(\frac{\Delta_{\mathrm{r}}^{\ne}S_{\mathrm{m}}^{\ominus}}{R}\right)$$

若气相基元反应为 $2\mathrm{A(g)}\longrightarrow\mathrm{C(g)}$ 或 $\mathrm{A(g)}+2\mathrm{B(g)}\longrightarrow\mathrm{C(g)}$, $A$ 的表示式又将如何?

答:

$$K_c^{\ominus}=K_c^{\ne}(c^{\ominus})^{n-1}$$

又

$$\Delta_{\mathrm{r}}^{\ne}G_{\mathrm{m}}^{\ominus}(c^{\ominus})=-RT[\ln k_c^{\ne}(c^{\ominus})^{n-1}]$$

$$K_c^{\ne}=(c^{\ominus})^{1-n}\exp\left[-\frac{\Delta_{\mathrm{r}}^{\ne}G_{\mathrm{m}}^{\ominus}(c^{\ominus})}{RT}\right]$$

$$k=\frac{k_{\mathrm{B}}T}{h}K_c^{\ne}$$

$$k=\frac{k_{\mathrm{B}}T}{h}(c^{\ominus})^{1-n}\mathrm{e}^n\exp\left[\frac{\Delta_{\mathrm{r}}^{\ne}S_{\mathrm{m}}^{\ominus}(c^{\ominus})}{R}\right]\exp\left[-\frac{\Delta_{\mathrm{r}}^{\ne}H_{\mathrm{m}}^{\ominus}(c^{\ominus})}{RT}\right]$$

与 Arrhenius 公式相对照: $A=\frac{k_{\mathrm{B}}T}{h}(c^{\ominus})^{1-n}\mathrm{e}^n\exp\left(\frac{\Delta_{\mathrm{r}}^{\ne}S_{\mathrm{m}}^{\ominus}}{R}\right)$, $n$ 为所有反应物化学计量数之和, 所以

$$A_1=\frac{k_{\mathrm{B}}T}{h}\mathrm{e}\cdot\exp\left(\frac{\Delta_{\mathrm{r}}^{\ne}S_{\mathrm{m}}^{\ominus}}{R}\right)$$

$$A_2=\frac{k_{\mathrm{B}}T}{h}(c^{\ominus})^{-1}\mathrm{e}^2\cdot\exp\left(\frac{\Delta_{\mathrm{r}}^{\ne}S_{\mathrm{m}}^{\ominus}}{R}\right)$$

$$A_3=\frac{k_{\mathrm{B}}T}{h}(c^{\ominus})^{-2}\mathrm{e}^3\cdot\exp\left(\frac{\Delta_{\mathrm{r}}^{\ne}S_{\mathrm{m}}^{\ominus}}{R}\right)$$

**12.8** 溶剂对化学反应的速率有哪些影响 (包括物理方面和化学方面)? 所谓 “笼效应” 和 “遭遇” 其含义是什么? 原盐效应与离子所带电荷及离子强度有何关系? 对下述几个反应, 若增加溶液中的离子强度, 则其反应速率常数增大、减小还是不变?

(1) $\mathrm{NH_4^+}+\mathrm{CNO^-}=\!=\!=\mathrm{CO(NH_2)_2}$

(2) $\mathrm{CH_3COOC_2H_5}+\mathrm{OH^-}\longrightarrow\mathrm{P}$

(3) $\mathrm{S_2O_3^{2-}}+\mathrm{I^-}\longrightarrow\mathrm{P}$

答: (1) 物理方面: 解离作用、传能作用、溶剂的介电性质、离子与离子以及离子与溶剂分子间的相互作用等。

化学方面: 溶剂可以对反应起催化作用、溶剂本身可能参加反应等。

具体表现: 溶剂的介电常数对有离子参加的反应有影响; 溶剂的极性对反应速率有影响; 溶剂化的影响; 离子强度的影响 (亦称为原盐效应)。

(2) 所谓 “笼效应” 就是指反应分子在溶剂分子形成的笼中进行的多次反复的碰撞。此类连续重复碰撞一直持续到反应分子从笼中挤出, 这种在笼中连续的反复碰撞称为一次遭遇。

(3) $\lg\frac{k}{k_0}=2z_{\mathrm{A}}z_{\mathrm{B}}A\sqrt{I}$, 当 $z_{\mathrm{A}}z_{\mathrm{B}}>0$ 时, 产生正的原盐效应; $z_{\mathrm{A}}z_{\mathrm{B}}<0$ 时, 产生负的原盐效应; $z_{\mathrm{A}}z_{\mathrm{B}}=0$ 时, 不产生原盐效应。

对于反应 (1), $z_{\mathrm{A}}z_{\mathrm{B}}<0$, 产生负的原盐效应, 则反应速率常数减小;

对于反应 (2), $z_{\mathrm{A}}z_{\mathrm{B}}=0$, 不产生原盐效应, 则反应速率常数不变;

对于反应 (3), $z_{\mathrm{A}}z_{\mathrm{B}}>0$, 产生正的原盐效应, 则反应速率常数增大。

**12.9** 常用的测试快速反应的方法有哪些? 用弛豫法测定快速反应的速率常数, 实验中主要是测定什么数据? 弛豫时间的含义是什么? 试推导对峙反应 $\mathrm{A(g)+B(g)} \underset{k_{-2}}{\overset{k_2}{\rightleftharpoons}} \mathrm{G(g)+H(g)}$ 的弛豫时间 $\tau$ 与 $k_2$, $k_{-2}$ 之间的关系。

**答**: (1) 常用的测试快速反应的方法有弛豫法和闪光光解法。

(2) 实验中主要是测定弛豫时间和平衡浓度。

(3) 弛豫时间 $\tau$, 就是当反应物的浓度距平衡浓度的偏离值 $\Delta x$ 达到微扰起始时的最大偏离值 $\Delta x_0$ 的 37% 时所需要的时间。

$$
\begin{array}{lccccccc}
 & \mathrm{A(g)} & + & \mathrm{B(g)} & \underset{k_{-2}}{\overset{k_2}{\rightleftharpoons}} & \mathrm{G(g)} & + & \mathrm{H(g)} \\
t=0 & a & & b & & 0 & & 0 \\
t=t & a-x & & b-x & & x & & x \\
t=t_\mathrm{e} & a-x_\mathrm{e} & & b-x_\mathrm{e} & & x_\mathrm{e} & & x_\mathrm{e}
\end{array}
$$

$$\frac{\mathrm{d}x}{\mathrm{d}t}=k_2(a-x)(b-x)-k_{-2}x^2 \tag{1}$$

并且

$$k_2(a-x_\mathrm{e})(b-x_\mathrm{e})=k_{-2}x_\mathrm{e}^2 \tag{2}$$

设

$$\Delta x=x-x_\mathrm{e}$$

$$\frac{\mathrm{d}x}{\mathrm{d}t}=\frac{\mathrm{d}\Delta x}{\mathrm{d}t}=k_2(a-\Delta x-x_\mathrm{e})(b-\Delta x-x_\mathrm{e})-k_{-2}(\Delta x+x_\mathrm{e})^2$$

再将式 (2) 代入得 $\dfrac{\mathrm{d}\Delta x}{\mathrm{d}t}=-\Delta x[k_2(a+b-\Delta x-2x_\mathrm{e})+k_{-2}(\Delta x+2x_\mathrm{e})]$

$\Delta x$ 相对很小, 所以上式可写为

$$\frac{\mathrm{d}\Delta x}{\mathrm{d}t}=-\Delta x[k_2(a+b-2x_\mathrm{e})+k_{-2}2x_\mathrm{e}]$$

$$\frac{\mathrm{d}\Delta x}{\Delta x}=-[k_2(a+b-2x_\mathrm{e})+k_{-2}2x_\mathrm{e}]\mathrm{d}t$$

两边定积分得

$$\ln\frac{\Delta x_0}{\Delta x}=[k_2(a+b-2x_\mathrm{e})+k_{-2}2x_\mathrm{e}]t$$

$$\frac{1}{\tau}=k_2(a+b-2x_\mathrm{e})+k_{-2}2x_\mathrm{e}=k_2([\mathrm{A}]_\mathrm{e}+[\mathrm{B}]_\mathrm{e})+k_{-2}([\mathrm{G}]_\mathrm{e}+[\mathrm{H}]_\mathrm{e})$$

**12.10** 化学反应动力学分为总包反应、基元反应和态–态反应三个层次, 何谓态–态反应? 它与宏观反应动力学的主要区别是什么? 当前研究分子反应动态学的主要实验方法有哪几种?

**答**: 态–态反应是从微观的角度, 观察具有确定量子态的反应物分子经过一次碰撞变成确定量子态的产物分子时, 整个过程的反应特征。

态–态反应与宏观反应动力学的主要区别是: 宏观反应动力学所研究的反应系统中包含的分子仍是大量的 ($10^{24}$ 个的数量级), 无法辨认分子的单次碰撞, 也无法区别分子不同能态的反应物分子的性能, 而态–态反应是研究真正的分子水平上的单个分子的碰撞行为。

当前研究分子反应动态学的主要实验方法有交叉分子束、红外化学发光和激光诱导荧光三种。

**12.11** 何谓通–速–角等高图 [参见教材中图 12.12(b) 和图 12.13(b)]? 在质心坐标系中, 相对于入射分子束的方向, 产物分子散射的角度分布有哪几种基本类型? 从产物的角度分布可获得哪些关于微观反应的信息?

**答**: 在交叉分子束实验中, 测量不同观测角下产物分子散射通量和平动速度, 从而获得产物分子的角度分布, 最后归纳为通–速–角等高图, 即在质心坐标系中记录产物密度点, 然后将产物密度相等的点用一条线联结起来。

相对于入射分子而言, 产物分子的散射方向有向前、向后 (这两种叫各向异性散射) 和向前后对称 (各向同性散射) 三种。

在通–速–角等高图中, 对分子散射方向 (各向异性、各向同向)、能量分布 (动能与内部运动能) 等提供了最直观的信息, 对于过渡态构型、寿命及反应模式均能给出明确的结论, 而这些在实验室坐标系中不能得到。

**12.12** 通过交叉分子束实验可研究态–态反应, 其装置主要由哪几部分组成? 何谓红外化学发光和激光诱导荧光? 它们在化学反应动力学的研究中有何作用?

**答**: 装置主要有束源、速度选择器、散射室、检测器和产物速度分析器等。

红外化学发光: 当处于振动、转动激发态的化学反应产物向低能态跃迁时发出的辐射, 记录分析这些光谱, 可得到初生成物在振动、转动上的分布。

激光诱导荧光: 用一束可调激光, 将初生产物分子、电子从处于某振转态的基态激发到高电子态的某一振转能级, 并检测高电子态发出的荧光, 可以确定产物分子在振动能级上的初始分布情况。

**12.13** 何谓受激单重态和三重态? 荧光与磷光有何异同? 电子激发态和能量衰减通常有多少种方式?

**答**: 受激单重态保持电子自旋反平行, 电子的总自旋量子数等于零, 电子的总自旋角动量在 $z$ 轴方向只有一种分量, 仍属于 S 态。受激三重态是电子自旋平行, 电子的总自旋量子数等于 1, 电子的总自旋角动量在 $z$ 轴方向有三种不同的分量, 属于 T 态。

从 S 激发态回到 S 基态所放出的辐射称为荧光; 从 T 激发态回到 S 基态所放出的辐射称为磷光。荧光的强度比磷光大, 但寿命比磷光短。

**12.14** 何谓量子产率? 光化学反应与热反应相比有哪些不同之处? 有一光化学初级反应为 $\mathrm{A} + h\nu \longrightarrow \mathrm{P}$, 设单位时间、单位体积吸光的强度为 $I_{\mathrm{a}}$, 试写出该初级反应的速率表示式。若 A 的浓度增加一倍, 速率表示式有何变化?

**答**: $\mathrm{A} + h\nu \longrightarrow \mathrm{P}$, $\dfrac{\mathrm{d}[\mathrm{P}]}{\mathrm{d}t} = I_{\mathrm{a}}$, 若 A 的浓度增加一倍, 速率表示式不变。因为在光化学初级反应中, 一个光子活化一个反应物分子, 而反应物一般是过量的, 所以吸收光子的强度 (即单位时间、单位体积中吸收光子的物质的量) 就等于初级反应的速率。初级反应速率对反应物浓度呈零级反应。

**12.15** 与非催化反应相比, 催化反应有哪些特点? 某一反应在一定条件下的平衡转化率为 25.3%, 当有某催化剂存在时, 反应速率增加了 20 倍。若保持其他条件不变, 问转化率为多少? 催化剂能加速反应的本质是什么?

**答**: 催化剂不能改变平衡常数的值, 也不能改变平衡转化率。催化剂加速反应的本质是降低反应的活化能, 既加速正反应, 也加速逆反应, 缩短到达平衡的时间。

**12.16** 溴和丙酮在水溶液中发生如下反应:

$$\mathrm{CH_3COCH_3(aq) + Br_2(aq) \longrightarrow CH_3COCH_2Br(aq) + HBr(aq)}$$

实验得出的动力学方程对 $Br_2$ 为零级, 所以说反应中 $Br_2$ 起了催化剂作用。这种说法对不对? 为什么? 如何解释这样的实验事实。

**答**: 不对。该反应是复杂反应, 反应物出现在速控步后面的快反应中, 所以客观上看对 $Br_2$ 为零级反应。

**12.17**　简述酶催化反应的一般历程、动力学处理方法和特点。

**答**: Michaelis, Menten, Briggs, Haldane, Henri 等人研究了酶催化反应动力学, 提出的反应历程如下:

$$\mathrm{S+E}\underset{k_{-1}}{\overset{k_1}{\rightleftharpoons}}\mathrm{ES}\xrightarrow{k_2}\mathrm{E+P}$$

他们认为酶 (E) 与底物 (S) 先形成中间化合物 ES, 中间化合物再进一步分解为产物 (P), 并释放出酶 (E), 整个反应的速控步是第二步。

$$\frac{\mathrm{d[P]}}{\mathrm{d}t}=k_2[\mathrm{ES}]$$

$$\frac{\mathrm{d[ES]}}{\mathrm{d}t}=k_1[\mathrm{S}][\mathrm{E}]-k_{-1}[\mathrm{ES}]-k_2[\mathrm{ES}]=0$$

$$[\mathrm{ES}]=\frac{k_1[\mathrm{S}][\mathrm{E}]}{k_{-1}+k_2}=\frac{[\mathrm{S}][\mathrm{E}]}{K_\mathrm{M}}$$

令 $K_\mathrm{M}=\dfrac{k_{-1}+k_2}{k_1}$, $K_\mathrm{M}$ 称为 Michaelis 常数; 令 $K_\mathrm{M}=\dfrac{[\mathrm{S}][\mathrm{E}]}{[\mathrm{ES}]}$, $K_\mathrm{M}$ 相当于 [ES] 的不稳定常数。

$$\frac{\mathrm{d[P]}}{\mathrm{d}t}=k_2[\mathrm{ES}]=\frac{k_2[\mathrm{S}][\mathrm{E}]}{K_\mathrm{M}}$$

令酶原始浓度为 $[\mathrm{E_0}]$, 反应达到稳态后, 一部分变为中间化合物 [ES], 余下的浓度为 [E]。

$$[\mathrm{E}]=[\mathrm{E_0}]-[\mathrm{ES}]$$

$$[\mathrm{ES}]=\frac{[\mathrm{E}][\mathrm{S}]}{K_\mathrm{M}}=\frac{([\mathrm{E_0}]-[\mathrm{ES}])[\mathrm{S}]}{K_\mathrm{M}}$$

$$[\mathrm{ES}]=\frac{[\mathrm{E}][\mathrm{S}]}{K_\mathrm{M}+[\mathrm{S}]}$$

$$r=\frac{\mathrm{d[P]}}{\mathrm{d}t}=k_2[\mathrm{ES}]=\frac{k_2[\mathrm{E_0}][\mathrm{S}]}{K_\mathrm{M}+[\mathrm{S}]}$$

$$r=k_2[\mathrm{ES}]=\frac{k_2k_1[\mathrm{S}][\mathrm{E}]}{k_{-1}+k_2}=\frac{k_2}{k_\mathrm{M}}[\mathrm{S}][\mathrm{E}]$$

特点: (1) 高度的专一性 (高度的选择性); (2) 高度的催化活性 (高效率); (3) 反应条件温和; (4) 反应历程复杂。

**12.18**　何谓自催化反应和化学振荡? 化学振荡反应的发生有哪几个必要条件? 化学振荡反应有何特点?

**答**: 自催化反应是指在给定条件下的反应系统中, 反应开始后逐渐形成并积累了某种产物或中间体 (如自由基), 这些产物具有催化功能, 使反应经过一段诱导期后出现反应大大加速的现象。

化学振荡是指有些自催化反应有可能使反应系统中某些物质的浓度随时间或空间发生周期性的变化的现象。

化学振荡反应发生的必要条件: (1) 反应必须是敞开系统且远离平衡态; (2) 反应历程中应包含自催化的步骤; (3) 系统必须有两个稳态存在, 即具有双稳定性。

化学振荡反应特点: 化学振荡反应必然是耗散结构, 化学振荡反应的动力学具有非线性的微分速率公式。

# 二、典型例题及解答

**例12.1** 恒容下, 300 K 时, 温度每升高 10 K:

(1) 计算碰撞频率增加的分数;

(2) 计算碰撞时在分子连心线上的相对平动能超过 $E_{\mathrm{c}} = 80\ \mathrm{kJ \cdot mol^{-1}}$ 的活化分子对增加的分数;

(3) 由上述计算结果可得出什么结论?

**解**: 计算本题主要需要掌握简单碰撞理论的基本公式。简单碰撞理论中反应速率与碰撞频率及有效碰撞分数相关, 通过本题的计算, 可以看出温度升高使得反应速率加快的主要原因。

(1) 不同分子的碰撞频率与温度的关系可表示为

$$Z_{\mathrm{AB}} = \pi d_{\mathrm{AB}}^2 L\sqrt{\frac{8RT}{\pi\mu}} = B\sqrt{T}$$

等式两边取对数得
$$\ln Z_{\mathrm{AB}} = \ln B + \frac{1}{2}\ln T$$

两边取微分, 温度每升高 10 K, 碰撞频率增加的分数为

$$\frac{\mathrm{d}Z_{\mathrm{AB}}}{Z_{\mathrm{AB}}} = \frac{1}{2}\frac{\mathrm{d}T}{T} \approx \frac{1}{2} \times \frac{10\ \mathrm{K}}{300\ \mathrm{K}} = 0.017$$

即碰撞频率在原有的基础上增加的分数仅为 0.017。

(2) $q = \exp\left(-\dfrac{E_{\mathrm{c}}}{RT}\right)$

两边取对数再微分得
$$\mathrm{d}\ln q = \mathrm{d}\left(-\frac{E_{\mathrm{c}}}{RT}\right)$$

$$\frac{\mathrm{d}q}{q} = \frac{E_{\mathrm{c}}}{RT^2}\mathrm{d}T \approx \frac{80 \times 10^3\ \mathrm{J \cdot mol^{-1}}}{8.314\ \mathrm{J \cdot mol^{-1} \cdot K^{-1}} \times (300\ \mathrm{K})^2} \times 10\ \mathrm{K} = 1.07$$

活化分子对的增加的分数为 1.07。

(3) 计算结果说明, 升高温度使反应速率加快的主要原因是活化分子对的增加, 碰撞频率的增加是很有限的。

**例12.2** 有基元反应 $\mathrm{Cl(g) + H_2(g) \longrightarrow HCl(g) + H(g)}$, 已知它们的摩尔质量和直径分别为

$$M(\mathrm{Cl}) = 35.45\ \mathrm{g \cdot mol^{-1}},\ M(\mathrm{H_2}) = 2.016\ \mathrm{g \cdot mol^{-1}},\ d(\mathrm{Cl}) = 0.20\ \mathrm{nm},\ d(\mathrm{H_2}) = 0.15\ \mathrm{nm}$$

(1) 根据碰撞理论计算该反应的指前因子 $A$ (令 $T = 350$ K);

(2) 在 250 ~ 450 K 的温度范围内, 实验测得 $\lg\left[A/(\text{mol}^{-1}\cdot\text{dm}^3\cdot\text{s}^{-1})\right] = 10.08$, 求概率因子 $P$。

**解**: 本题用简单碰撞理论基本公式计算指前因子。由于简单碰撞理论所采用的模型过于简单, 用概率因子来校正理论计算值与实验值的偏差, 概率因子是实验测定的速率常数和理论计算的速率常数的比值。

(1) 根据简单碰撞理论, 指前因子 $A$ 的计算式为

$$A = \pi d_{\text{AB}}^2 L\sqrt{\frac{8RT}{\pi\mu}}$$

根据已知条件:

$$d_{\text{AB}} = \frac{1}{2}(0.20 + 0.15)\text{nm} = 0.175\ \text{nm}$$

$$\mu = \frac{M(\text{Cl})\cdot M(\text{H}_2)}{M(\text{Cl}) + M(\text{H}_2)} = \frac{35.45\ \text{g}\cdot\text{mol}^{-1}\times 2.016\ \text{g}\cdot\text{mol}^{-1}}{35.45\ \text{g}\cdot\text{mol}^{-1} + 2.016\ \text{g}\cdot\text{mol}^{-1}} = 1.91\ \text{g}\cdot\text{mol}^{-1}$$

$$A_{\text{理论}} = 3.1416\times(0.175\times10^{-9}\ \text{m})^2\times 6.022\times10^{23}\ \text{mol}^{-1}\times\sqrt{\frac{8\times 8.314\ \text{J}\cdot\text{mol}^{-1}\cdot\text{K}^{-1}\times 350\ \text{K}}{3.1416\times 1.91\times10^{-3}\ \text{kg}\cdot\text{mol}^{-1}}}$$

$$= 1.14\times10^{8}\ (\text{mol}\cdot\text{m}^{-3})^{-1}\cdot\text{s}^{-1} = 1.14\times10^{11}\ (\text{mol}\cdot\text{dm}^{-3})^{-1}\cdot\text{s}^{-1}$$

若与 Arrhenius 公式比较, 考虑 $E_\text{c}$ 与 $E_\text{a}$ 的差值, 则

$$A_{\text{理论},2} = \pi d_{\text{AB}}^2 L\sqrt{\frac{8RT\text{e}}{\pi\mu}} = 1.88\times10^{11}\ (\text{mol}\cdot\text{dm}^{-3})^{-1}\cdot\text{s}^{-1}$$

(2) 概率因子的实验值为

$$\lg[A/(\text{mol}^{-1}\cdot\text{dm}^3\cdot\text{s}^{-1})] = 10.08 \qquad A_{\text{实验}} = 1.202\times10^{10}\ (\text{mol}\cdot\text{dm}^{-3})^{-1}\cdot\text{s}^{-1}$$

$$P = \frac{A_{\text{实验}}}{A_{\text{理论}}} = \frac{1.202\times10^{10}\ (\text{mol}\cdot\text{dm}^{-3})^{-1}\cdot\text{s}^{-1}}{1.14\times10^{11}\ (\text{mol}\cdot\text{dm}^{-3})^{-1}\cdot\text{s}^{-1}} = 0.105$$

或

$$P = \frac{A_{\text{实验}}}{A_{\text{理论},2}} = \frac{1.202\times10^{10}\ (\text{mol}\cdot\text{dm}^{-3})^{-1}\cdot\text{s}^{-1}}{1.88\times10^{11}\ (\text{mol}\cdot\text{dm}^{-3})^{-1}\cdot\text{s}^{-1}} = 0.064$$

**例12.3**　已知单分子反应 $\text{A(g)} \longrightarrow \text{A}^{\neq}\text{(g)} \longrightarrow \text{B(g)}$, 反应物基本振动频率 $\nu = 1.0\times10^{11}\ \text{s}^{-1}$, $\text{A}^{\neq}$(g) 与A(g) 的基态能量之差 $E_0 = 166.3\ \text{kJ}\cdot\text{mol}^{-1}$。试求 1000 K 时反应的速率常数 $k$ 值。设 $h\nu \ll k_\text{B}T$。

**解**: 本题可以通过过渡态理论基本公式进行计算。需要注意的是, 线形分子和非线形分子的配分函数不一样, 但是本题中无论假设是哪种情况, 最终速率常数表达式是一样的。

根据过渡态理论用统计的方法计算 $k$ 值的公式为 (设 A 与 $\text{A}^{\neq}$ 均为含 $n$ 个原子的非线形分子)

$$k = \frac{k_\text{B}T}{h}\frac{f^{\neq\prime}}{\prod\limits_\text{B} f_\text{B}}\exp\left(-\frac{E_0}{RT}\right) = \frac{k_\text{B}T}{h}\frac{(f_\text{t}^3\cdot f_\text{r}^3\cdot f_\text{v}^{3n-7})_{\text{A}^{\neq}}}{(f_\text{t}^3\cdot f_\text{r}^3\cdot f_\text{v}^{3n-6})_\text{A}}\exp\left(-\frac{E_0}{RT}\right)$$

$$= \frac{k_{\rm B}T}{h}\frac{1}{f_{\rm v}}\exp\left(-\frac{E_0}{RT}\right) = \frac{k_{\rm B}T}{h}\left[1-\exp\left(-\frac{h\nu}{k_{\rm B}T}\right)\right]\exp\left(-\frac{E_0}{RT}\right)$$

$$= \frac{k_{\rm B}T}{h}\cdot\frac{h\nu}{k_{\rm B}T}\cdot\exp\left(-\frac{E_0}{RT}\right) = \nu\cdot\exp\left(-\frac{E_0}{RT}\right)$$

$$= 1.0\times10^{11}\ {\rm s^{-1}}\times\exp\left(-\frac{166300\ {\rm J\cdot mol^{-1}}}{8.314\ {\rm J\cdot mol^{-1}\cdot K^{-1}}\times1000\ {\rm K}}\right) = 205.6\ {\rm s^{-1}}$$

**例12.4** 在不同温度下测定 $N_2O_5(g)$ 分解的速率常数, 得到如下数据:

| $T$/K | 273 | 298 | 318 | 338 |
|---|---|---|---|---|
| $k/{\rm s^{-1}}$ | $7.83\times10^{-7}$ | $3.33\times10^{-5}$ | $5.0\times10^{-4}$ | $5.0\times10^{-3}$ |

利用这些实验数据, 尽可能多地求出动力学中的有用的物理量。

**解**: 利用 Arrhenius 公式, 根据不同温度下的速率常数计算实验活化能 $E_{\rm a}$, 可以计算指前因子 $A$, 从经验活化能可计算各种温度下的阈能 $E_{\rm c}$, 计算活化焓 $\Delta_{\rm r}^{\ne}H_{\rm m}$ 值, 计算活化熵 $\Delta_{\rm r}^{\ne}S_{\rm m}$ 和 $\Delta_{\rm r}^{\ne}G_{\rm m}$ 值等。

因为 Arrhenius 公式的对数形式为

$$\ln(k/{\rm s^{-1}}) = \ln(A/{\rm s^{-1}}) - \frac{E_{\rm a}}{RT}$$

用 $\ln(k/{\rm s^{-1}})$ 对 $\dfrac{1}{T}$ 作图 (图略), 得一直线, 从截距求得 $A = 4.17\times10^{13}\ {\rm s^{-1}}$, 从斜率求得 $E_{\rm a} = 103.0\ {\rm kJ\cdot mol^{-1}}$。也可代入下列公式求出若干个 $E_{\rm a}$ 值, 再取平均值, 然后求 $A$ 值, 再取平均值, 两种方法所得结果是一致的。

$$\ln\frac{k_2}{k_1} = \frac{E_{\rm a}}{R}\cdot\frac{T_2-T_1}{T_2T_1},\quad k = A\exp\left(-\frac{E_{\rm a}}{RT}\right)$$

现以 $T = 273$ K 为例, 从 $E_{\rm a}$ 值求 $E_{\rm c}$ 值和 $\Delta_{\rm r}^{\ne}H_{\rm m}$ 值:

$$E_{\rm c} = E_{\rm a} - \frac{1}{2}RT$$

$$= 103.0\ {\rm kJ\cdot mol^{-1}} - \frac{1}{2}\times8.314\times10^{-3}\ {\rm kJ\cdot mol^{-1}\cdot K^{-1}}\times273\ {\rm K} = 101.9\ {\rm kJ\cdot mol^{-1}}$$

$$\Delta_{\rm r}^{\ne}H_{\rm m} = E_{\rm a} - (1-\Sigma\nu_{\rm B}^{\ne})RT = E_{\rm a} - RT$$

$$= 103.0\ {\rm kJ\cdot mol^{-1}} - 8.314\times10^{-3}\ {\rm kJ\cdot mol^{-1}\cdot K^{-1}}\times273\ {\rm K} = 100.7\ {\rm kJ\cdot mol^{-1}}$$

$$k = \frac{k_{\rm B}T}{h}(c^{\ominus})^{1-n}\exp\left(\frac{\Delta_{\rm r}^{\ne}S_{\rm m}}{R}\right)\exp\left(-\frac{\Delta_{\rm r}^{\ne}H_{\rm m}}{RT}\right)$$

从 $k$ 的单位知道这是一级反应, 所以 $n = 1$, 代入已知的数据:

$$7.83\times10^{-7}\ {\rm s^{-1}} = \frac{1.38\times10^{-23}\ {\rm J\cdot K^{-1}}\times273\ {\rm K}}{6.626\times10^{-34}\ {\rm J\cdot s}}\exp\left(\frac{\Delta_{\rm r}^{\ne}S_{\rm m}}{8.314\ {\rm J\cdot mol^{-1}\cdot K^{-1}}}\right)\cdot$$

$$\exp\left(-\frac{100.7\times10^3\ {\rm J\cdot mol^{-1}}}{8.314\ {\rm J\cdot mol^{-1}\cdot K^{-1}}\times273\ {\rm K}}\right)$$

求得　$\Delta_r^{\neq} S_m = 7.8\ \text{J}\cdot\text{mol}^{-1}\cdot\text{K}^{-1}$

$$\Delta_r^{\neq} G_m = \Delta_r^{\neq} H_m - T\Delta_r^{\neq} S_m$$
$$= 100.7\ \text{kJ}\cdot\text{mol}^{-1} - 273\ \text{K} \times 7.8 \times 10^{-3}\ \text{kJ}\cdot\text{mol}^{-1}\cdot\text{K}^{-1} = 98.6\ \text{kJ}\cdot\text{mol}^{-1}$$

**例12.5**　已知某理想气体的双分子反应 $A(g) + B(g) \rightleftharpoons [A\text{---}B]^{\neq}(g) \longrightarrow P(g)$, 速率常数与温度的关系式为

$$k/(\text{mol}\cdot\text{dm}^{-3}\cdot\text{s})^{-1} = 2.28 \times 10^8 \times \exp\left(-\frac{116.65\ \text{kJ}\cdot\text{mol}^{-1}}{RT}\right)$$

试计算:

(1) 600 K 时, 以 $c_1^{\ominus} = 1.0\ \text{mol}\cdot\text{dm}^{-3}$ 为标准态时的 $\Delta_r^{\neq} H_m(1)$ 和 $\Delta_r^{\neq} S_m(1)$ 的值。

(2) 600 K 时, 以 $c_2^{\ominus} = 1.0\ \text{mol}\cdot\text{cm}^{-3}$ 为标准态时的 $\Delta_r^{\neq} H_m(2)$ 和 $\Delta_r^{\neq} S_m(2)$ 的值。

(3) 600 K 时, 以 $p^{\ominus} = 100\ \text{kPa}$ 为标准态时的 $\Delta_r^{\neq} H_m(3)$ 和 $\Delta_r^{\neq} S_m(3)$ 的值。

(4) 通过如下循环:

$$\begin{array}{ccc}
(c_2^{\ominus}\ \text{或}\ p^{\ominus})\ A(g) + B(g) & \rightleftharpoons & [A\text{---}B]^{\neq}(g)\ (c_2^{\ominus}\ \text{或}\ p^{\ominus}) \\
\Delta S_1 \downarrow & & \uparrow \Delta S_2 \\
(c_1^{\ominus})\ A(g) + B(g) & \xrightleftharpoons{\Delta_r^{\neq} S_m(1)} & [A\text{---}B]^{\neq}(g)\ (c_1^{\ominus})
\end{array}$$

由 $\Delta_r^{\neq} S_m(1)$ 计算 $\Delta_r^{\neq} S_m(2)$ 和 $\Delta_r^{\neq} S_m(3)$ 的值, 并与 (2), (3) 的结果比较, 讨论标准态的选择对 $\Delta_r^{\neq} H_m$ 和 $\Delta_r^{\neq} S_m$ 值的影响。

**解**: 根据过渡态理论计算速率常数的公式与已知的速率常数表达式对比, 以及形成活化络合物的活化能和热力学函数之间的关系, 可以求算指前因子 $A$ 和 $\Delta_r^{\neq} H_m$, 再从指前因子 $A$ 和 $\Delta_r^{\neq} S_m$ 的关系, 进一步求算 $\Delta_r^{\neq} S_m$。这里由于过渡态理论计算速率常数公式中的指前因子 $A$ 出现了标准态, 所以 $\Delta_r^{\neq} S_m$ 与选择的标准态有关 (而 $\Delta_r^{\neq} H_m$ 与标准态选取无关)。题目的最后一问构造了始态和终态相同的两个过程, 其热力学函数变化相同, 可以帮助我们计算在不同标准态下的 $\Delta_r^{\neq} S_m$。

(1) 根据过渡态理论计算速率常数的公式:

$$k = \frac{k_B T}{h}(c^{\ominus})^{1-n}\exp\left(\frac{\Delta_r^{\neq} S_m}{R}\right)\exp\left(-\frac{\Delta_r^{\neq} H_m}{RT}\right)$$

$$k = \frac{k_B T}{h}(c^{\ominus})^{1-n}\text{e}^n \cdot \exp\left(\frac{\Delta_r^{\neq} S_m}{R}\right)\exp\left(-\frac{E_a}{RT}\right)$$

$$\Delta_r^{\neq} H_m(1) = E_a - 2RT = 116.65\ \text{kJ}\cdot\text{mol}^{-1} - 2 \times 8.314 \times 10^{-3}\ \text{kJ}\cdot\text{mol}^{-1}\cdot\text{K}^{-1} \times 600\ \text{K}$$
$$= 106.67\ \text{kJ}\cdot\text{mol}^{-1}$$

$$A = \frac{k_B T}{h}(c^{\ominus})^{1-2}\text{e}^2 \cdot \exp\left[\frac{\Delta_r^{\neq} S_m(1)}{R}\right]$$

$$2.2 \times 10^8\ (\text{mol}\cdot\text{dm}^{-3}\cdot\text{s})^{-1} = \frac{1.38 \times 10^{-23}\ \text{J}\cdot\text{K}^{-1} \times 600\ \text{K}}{6.626 \times 10^{-34}\ \text{J}\cdot\text{s}} \times (1.0\ \text{mol}\cdot\text{dm}^{-3})^{-1} \times$$
$$2.718^2 \times \exp\left[\frac{\Delta_r^{\neq} S_m(1)}{R}\right]$$

解得 $$\Delta_r^{\ne} S_m(1) = -107.3\ \text{J·mol}^{-1}\text{·K}^{-1}$$

(2) 对于理想气体, $\Delta_r^{\ne} H_m = E_a - nRT$, 这与标准态的选择无关, 所以

$$\Delta_r^{\ne} H_m(2) = \Delta_r^{\ne} H_m(1) = 106.67\ \text{kJ·mol}^{-1}$$

$$2.2\times 10^8\ (\text{mol·dm}^{-3}\text{·s})^{-1} = \frac{1.38\times 10^{-23}\ \text{J·K}^{-1}\times 600\ \text{K}}{6.626\times 10^{-34}\ \text{J·s}}\times (1.0\ \text{mol·cm}^{-3})^{-1}\times 2.718^2\times \exp\left[\frac{\Delta_r^{\ne} S_m(2)}{R}\right]$$

解得 $$\Delta_r^{\ne} S_m(2) = -49.9\ \text{J·mol}^{-1}\text{·K}^{-1}$$

(3) 同理 $$\Delta_r^{\ne} H_m(3) = \Delta_r^{\ne} H_m(1) = 106.67\ \text{kJ·mol}^{-1}$$

$$A = \frac{k_B T}{h}\left(\frac{p^{\ominus}}{RT}\right)^{1-2} e^2\cdot \exp\left[\frac{\Delta_r^{\ne} S_m(3)}{R}\right]$$

$$2.2\times 10^8\ (\text{mol·dm}^{-3}\text{·s})^{-1} = \frac{1.38\times 10^{-23}\ \text{J·K}^{-1}\times 600\ \text{K}}{6.626\times 10^{-34}\ \text{J·s}}\times \left(\frac{100\times 10^3\ \text{Pa}}{8.314\ \text{J·mol}^{-1}\text{·K}^{-1}\times 600\ \text{K}}\right)^{-1}\times 2.718^2\times \exp\left[\frac{\Delta_r^{\ne} S_m(3)}{R}\right]$$

解得 $$\Delta_r^{\ne} S_m(3) = -132.3\ \text{J·mol}^{-1}\text{·K}^{-1}$$

(4) 根据所要求的循环:

$$\begin{array}{ccc} (c_2^{\ominus})\ \text{A(g)} + \text{B(g)} & \xrightleftharpoons{\Delta_r^{\ne} S_m(2)} & [\text{A---B}]^{\ne}\text{(g)}\ (c_2^{\ominus}) \\ \Delta S_1 \downarrow & & \uparrow \Delta S_2 \\ (c_1^{\ominus})\ \text{A(g)} + \text{B(g)} & \xrightleftharpoons{\Delta_r^{\ne} S_m(1)} & [\text{A---B}]^{\ne}\text{(g)}\ (c_1^{\ominus}) \end{array}$$

$$\begin{aligned} \Delta_r^{\ne} S_m(2) &= \Delta S_1 + \Delta_r^{\ne} S_m(1) + \Delta S_2 \\ &= 2R\ln\frac{p_2}{p_1} + \Delta_r^{\ne} S_m(1) + R\ln\frac{p_1}{p_2} = R\ln\frac{c_2^{\ominus}}{c_1^{\ominus}} + \Delta_r^{\ne} S_m(1) \\ &= 8.314\ \text{J·mol}^{-1}\text{·K}^{-1}\times \ln 1000 - 107.3\ \text{J·mol}^{-1}\text{·K}^{-1} = -49.9\ \text{J·mol}^{-1}\text{·K}^{-1} \end{aligned}$$

$$\begin{array}{ccc} (p^{\ominus})\ \text{A(g)} + \text{B(g)} & \xrightleftharpoons{\Delta_r^{\ne} S_m(3)} & [\text{A---B}]^{\ne}\text{(g)}\ (p^{\ominus}) \\ \Delta S_1 \downarrow & & \uparrow \Delta S_2 \\ (c_1^{\ominus})\ \text{A(g)} + \text{B(g)} & \xrightleftharpoons{\Delta_r^{\ne} S_m(1)} & [\text{A---B}]^{\ne}\text{(g)}\ (c_1^{\ominus}) \end{array}$$

同理可解得 $$\Delta_r^{\ne} S_m(3) = -132.3\ \text{J·mol}^{-1}\text{·K}^{-1}$$

可见 $\Delta_r^{\ne} H_m$ 与标准态的选择无关, 而 $\Delta_r^{\ne} S_m$ 与标准态的选择有关, 当然 $\Delta_r^{\ne} G_m$ 与标准态的选择也有关系。

**例12.6** 已知血红蛋白的热变性是一级反应, 测得不同温度下的半衰期为 $t_{1/2}(333\ \text{K}) = 3460\ \text{s}$,

$t_{1/2}(338\ \mathrm{K}) = 530\ \mathrm{s}$。试计算该反应在 333 K 时的活化焓 $\Delta_r^{\neq} H_m$、活化 Gibbs 自由能 $\Delta_r^{\neq} G_m$ 和活化熵 $\Delta_r^{\neq} S_m$。设普适因子 $\dfrac{k_B T}{h} = 10^{13}\ \mathrm{s}^{-1}$。

**解**: 对于一级反应, $t_{1/2} = \dfrac{\ln 2}{k}$, 已知两个不同温度下的半衰期, 就相当于已知两个不同温度下的速率系数, 利用 Arrhenius 公式的定积分式可以计算反应的活化能, 从而可得活化焓 $\Delta_r^{\neq} H_m$。根据过渡态理论计算速率系数的公式, 从速率系数可以计算 $\Delta_r^{\neq} G_m$, 再根据热力学函数之间的关系, 可得到活化熵 $\Delta_r^{\neq} S_m$。

不同温度下的速率系数之比等于相应温度下半衰期之反比, 代入 Arrhenius 公式的定积分式:

$$\ln\frac{k(338\ \mathrm{K})}{k(333\ \mathrm{K})} = \frac{E_a}{R}\left(\frac{1}{333\ \mathrm{K}} - \frac{1}{338\ \mathrm{K}}\right) = \ln\frac{t_{1/2}(333\ \mathrm{K})}{t_{1/2}(338\ \mathrm{K})}$$

$$\frac{E_a}{8.314\ \mathrm{J\cdot mol^{-1}\cdot K^{-1}}} \times \left(\frac{1}{333\ \mathrm{K}} - \frac{1}{338\ \mathrm{K}}\right) = \ln\frac{3460}{530}$$

解得
$$E_a = 351.1\ \mathrm{kJ\cdot mol^{-1}}$$
这是凝聚相反应, 有

$$\begin{aligned}\Delta_r^{\neq} H_m &= E_a - RT \\ &= 351.1\ \mathrm{kJ\cdot mol^{-1}} - 8.314 \times 10^{-3}\ \mathrm{kJ\cdot mol^{-1}\cdot K^{-1}} \times 333\ \mathrm{K} = 348.3\ \mathrm{kJ\cdot mol^{-1}}\end{aligned}$$

根据过渡态理论计算速率系数的公式:

$$k = \frac{k_B T}{h}(c^\ominus)^{1-n}\exp\left[-\frac{\Delta_r^{\neq} G_m^\ominus(c^\ominus)}{RT}\right]$$

$$k(333\ \mathrm{K}) = \frac{\ln 2}{t_{1/2}(333\ \mathrm{K})}$$

$$10^{13}\ \mathrm{s^{-1}} \times \exp\left[-\frac{\Delta_r^{\neq} G_m^\ominus(c^\ominus)}{8.314\ \mathrm{J\cdot mol^{-1}\cdot K^{-1}} \times 333\ \mathrm{K}}\right] = \frac{\ln 2}{3460\ \mathrm{s}}$$

解得
$$\Delta_r^{\neq} G_m = 106.4\ \mathrm{kJ\cdot mol^{-1}}$$

$$\Delta_r^{\neq} S_m = \frac{\Delta_r^{\neq} H_m - \Delta_r^{\neq} G_m}{T} = \frac{(348.3 - 106.4) \times 10^3\ \mathrm{J\cdot mol^{-1}}}{333\ \mathrm{K}} = 726.4\ \mathrm{J\cdot mol^{-1}\cdot K^{-1}}$$

在计算活化焓之后, 也可以用如下公式计算活化熵, 但计算比较麻烦。

$$k = \frac{k_B T}{h}\exp\left(\frac{\Delta_r^{\neq} S_m^\ominus}{R}\right)\exp\left(-\frac{\Delta_r^{\neq} H_m^\ominus}{RT}\right)$$

**例12.7**　在 363 K, $p^\ominus$ 下, 测得氨基磺酸水解反应的速率系数和实验活化能分别为 $k = 1.16 \times 10^{-3}\ (\mathrm{mol\cdot dm^{-3}})^{-1}\cdot \mathrm{s^{-1}}$, $E_a = 127.60\ \mathrm{kJ\cdot mol^{-1}}$。计算反应在 363 K 时的标准摩尔活化焓 $\Delta_r^{\neq} H_m^\ominus$、活化 Gibbs 自由能 $\Delta_r^{\neq} G_m^\ominus$ 和活化熵 $\Delta_r^{\neq} S_m^\ominus$。设 $\dfrac{k_B T}{h} = 10^{13}\ \mathrm{s}^{-1}$。

**解**: 从速率系数的单位可知这是二级反应, 因是凝聚相反应, 从已知活化能可计算摩尔活化焓。可以不从速率系数与 Gibbs 自由能的关系式求 $\Delta_r^{\neq} G_m^\ominus$, 因为那样计算麻烦, 只要从经验平衡常数求得标准热力学平衡常数, 就能得到 $\Delta_r^{\neq} G_m^{\ominus}$, 然后再求 $\Delta_r^{\neq} S_m^{\ominus}$。

先求标准摩尔活化焓 $\Delta_r^{\neq} H_m^{\ominus}$, 根据凝聚相反应的 Gibbs 活化能与活化焓的关系式:

$$\begin{aligned}\Delta_r^{\neq} H_m &= E_a - RT \\ &= 127.60\ \text{kJ}\cdot\text{mol}^{-1} - 8.314\times10^{-3}\ \text{kJ}\cdot\text{mol}^{-1}\cdot\text{K}^{-1}\times 363\ \text{K} = 124.58\ \text{kJ}\cdot\text{mol}^{-1}\end{aligned}$$

因为 $k = \dfrac{k_B T}{h} K_c^{\neq}$, 所以

$$K_c^{\neq} = \frac{kh}{k_B T} = \frac{1}{10^{13}\ \text{s}^{-1}} \times 1.16\times10^{-3}\ (\text{mol}\cdot\text{dm}^{-3})^{-1}\cdot\text{s}^{-1} = 1.16\times10^{-16}\ (\text{mol}\cdot\text{dm}^{-3})^{-1}$$

$K_c^{\neq}$ 是经验平衡常数, 因为是两个反应物分子生成一个活化络合物分子, 所以它的单位是浓度的负一次方。不能从经验平衡常数计算 $\Delta_r^{\neq} G_m^{\ominus}$, 只有用标准平衡常数才能计算, 所以

$$K_c^{\ominus} = K_c^{\neq}(c^{\ominus})^{n-1} = 1.16\times10^{-16}\ (\text{mol}\cdot\text{dm}^{-3})^{-1}\times 1.0\ \text{mol}\cdot\text{dm}^{-3} = 1.16\times10^{-16}$$

$$\Delta_r^{\neq} G_m^{\ominus} = -RT\ln K_c^{\ominus} = -8.314\ \text{J}\cdot\text{mol}^{-1}\cdot\text{K}^{-1}\times 363\ \text{K}\times \ln(1.16\times10^{-16}) = 110.74\ \text{kJ}\cdot\text{mol}^{-1}$$

$$\Delta_r^{\neq} S_m^{\ominus} = \frac{\Delta_r^{\neq} H_m^{\ominus} - \Delta_r^{\neq} G_m^{\ominus}}{T} = \frac{(124.58-110.74)\times10^3\ \text{J}\cdot\text{mol}^{-1}}{363\ \text{K}} = 38.12\ \text{J}\cdot\text{mol}^{-1}\cdot\text{K}^{-1}$$

**例12.8** 丁二烯气相二聚反应的速率常数 $k$ 为

$$k/(\text{dm}^3\cdot\text{mol}^{-1}\cdot\text{s}^{-1}) = 9.2\times10^9 \exp\left(-\frac{1.992\times10^5\ \text{J}\cdot\text{mol}^{-1}}{RT}\right)$$

(1) 用过渡态理论计算该反应在 600 K 时的指前因子, 已知 $\Delta_r^{\neq} S_m = -60.8\ \text{J}\cdot\text{mol}^{-1}\cdot\text{K}^{-1}$;

(2) 若有效碰撞直径 $d = 0.5$ nm, 用简单碰撞理论计算该反应的指前因子;

(3) 通过计算讨论概率因子 $P$ 与活化熵 $\Delta_r^{\neq} S_m$ 的关系。

**解**: 首先从速率系数的单位可以看出, 反应是二级反应, 以及实验活化能 $E_a = 199.2\ \text{kJ}\cdot\text{mol}^{-1}$。可根据过渡态理论的基本公式, 求算指前因子; 对于简单碰撞理论, 因为是二聚反应, 所以要用同种分子互碰的公式进行计算。

(1) $\Delta_r^{\neq} H_m = E_a - 2RT$

$$k_{\text{TST}} = \frac{k_B T}{h}(c^{\ominus})^{1-n}\exp\left(\frac{\Delta_r^{\neq} S_m^{\ominus}}{R}\right)\exp\left(-\frac{\Delta_r^{\neq} H_m^{\ominus}}{RT}\right)$$

$$k_{\text{TST}} = \frac{k_B T}{h}(c^{\ominus})^{1-n}e^2\cdot\exp\left(\frac{\Delta_r^{\neq} S_m^{\ominus}}{R}\right)\exp(-\frac{E_a}{RT})$$

$$\begin{aligned}A_{\text{TST}} &= \frac{k_B T}{h}(c^{\ominus})^{-1}e^2\cdot\exp\left(\frac{\Delta_r^{\neq} S_m^{\ominus}}{R}\right) \\ &= \frac{1.38\times10^{-23}\ \text{J}\cdot\text{K}^{-1}\times 600\ \text{K}}{6.626\times10^{-34}\ \text{J}\cdot\text{s}}\times(1.0\ \text{mol}\cdot\text{dm}^{-3})^{-1}\times \\ &\quad 2.718^2\times\exp\left(\frac{-60.8\ \text{J}\cdot\text{mol}^{-1}\cdot\text{K}^{-1}}{8.314\ \text{J}\cdot\text{mol}^{-1}\cdot\text{K}^{-1}}\right) = 6.15\times10^{10}\ (\text{mol}\cdot\text{dm}^{-3})^{-1}\cdot\text{s}^{-1}\end{aligned}$$

(2) $E_c = E_a - \dfrac{1}{2}RT$

对于相同分子的互碰频率、指前因子的计算式如下:

$$Z_{AA} = 2\pi d_{AA}^2 L\sqrt{\frac{RT}{\pi M_A}}\exp\left(-\frac{E_c}{RT}\right)$$

$$Z_{AA} = 2\pi d_{AA}^2 L\sqrt{\frac{RT\mathrm{e}}{\pi M_A}}\exp\left(-\frac{E_a}{RT}\right)$$

$$\begin{aligned}A_{SCT} &= 2\pi d_{AA}^2 L\sqrt{\frac{RT\mathrm{e}}{\pi M_A}}\\ &= 2\times 3.1416\times(0.5\times10^{-9}\ \mathrm{m})^2\times 6.022\times10^{23}\ \mathrm{mol^{-1}}\times\\ &\quad\sqrt{\frac{8.314\ \mathrm{J\cdot mol^{-1}\cdot K}\times 600\ \mathrm{K}\times 2.718}{3.1416\times 54\times10^{-3}\ \mathrm{kg\cdot mol^{-1}}}}\\ &= 2.67\times10^8\ (\mathrm{mol\cdot m^{-3}})^{-1}\cdot\mathrm{s^{-1}} = 2.67\times10^{11}\ (\mathrm{mol\cdot dm^{-3}})^{-1}\cdot\mathrm{s^{-1}}\end{aligned}$$

(3) 过渡态理论的计算值与实验值比较接近, 可见活化熵值与概率因子有很大的关系, 活化熵考虑到了分子的结构变化, 而碰撞理论没有考虑这一点。

**例12.9**　醋酸的解离反应为 1–2 级对峙反应:

$$CH_3COOH \underset{k_{-2}}{\overset{k_1}{\rightleftharpoons}} CH_3COO^- + H^+$$

(1) 试推导该反应的弛豫时间 $\tau$ 与 $k_1$ 和 $k_{-2}$ 之间的关系式。

(2) 若醋酸浓度为 0.1 $\mathrm{mol\cdot dm^{-3}}$, $k_1 = 7.8\times10^5\ \mathrm{s^{-1}}$, $k_{-2} = 4.5\times10^{10}\ (\mathrm{mol\cdot dm^{-3}})^{-1}\cdot\mathrm{s^{-1}}$, 试求弛豫时间。

**解**: 本题可按照处理弛豫过程的一般方法进行, 先推导反应的弛豫时间 $\tau$ 与 $k_1$ 和 $k_{-2}$ 之间的关系式。在已知初始浓度和两个速率系数后, 可由速率系数之比为平衡常数及反应物起始浓度求算平衡浓度, 最后求得弛豫时间。

(1) 设不同的反应时刻反应系统中各物的量为

$$\begin{array}{cccc} & CH_3COOH \underset{k_{-2}}{\overset{k_1}{\rightleftharpoons}} & CH_3COO^- & + \ H^+ \\ t=0 & a & 0 & 0 \\ t=t & a-x & x & x \\ t=t_e & a-x_e & x_e & x_e \end{array}$$

$$\frac{\mathrm{d}x}{\mathrm{d}t} = k_1(a-x) - k_{-2}x^2$$

达平衡时
$$\frac{\mathrm{d}x}{\mathrm{d}t} = 0,\quad k_1(a-x_e) = k_{-2}x_e^2$$

快速微扰平衡, 设反应偏离平衡为 $\Delta x$, 即 $\Delta x = x - x_e$, $x = x_e + \Delta x$, 则

$$\frac{\mathrm{d}(\Delta x)}{\mathrm{d}t} = \frac{\mathrm{d}x}{\mathrm{d}t} = k_1(a - x_e - \Delta x) - k_{-2}(x_e + \Delta x)^2$$

因 $\Delta x$ 较小, 故 $(\Delta x)^2$ 可忽略, 将 $k_1(a-x_e) = k_{-2}x_e^2$ 关系式代入, 整理得

$$\frac{\mathrm{d}(\Delta x)}{\mathrm{d}t} = -(k_1 + 2k_{-2}x_\mathrm{e})\Delta x$$

移项作定积分, 得 $$\int_{(\Delta x)_0}^{\Delta x} \frac{\mathrm{d}(\Delta x)}{\mathrm{d}t} = -(k_1 + 2k_{-2}x_\mathrm{e})\int_0^t \mathrm{d}t$$

$$\ln\frac{(\Delta x)_0}{\Delta x} = (k_1 + 2k_{-2}x_\mathrm{e})t$$

定义弛豫时间 $\tau$ 为 $\dfrac{(\Delta x)_0}{\Delta x} = \mathrm{e}$ 所需时间, 则

$$\tau = \frac{1}{k_1 + 2k_{-2}x_\mathrm{e}}$$

(2) $K = \dfrac{k_1}{k_{-2}} = \dfrac{7.8\times10^5\ \mathrm{s}^{-1}}{4.5\times10^{10}\ (\mathrm{mol\cdot dm^{-3}})^{-1}\cdot\mathrm{s}^{-1}} = 1.73\times10^{-5}\ \mathrm{mol\cdot dm^{-3}}$

因为达平衡时 $$k_1(a - x_\mathrm{e}) = k_{-2}x_\mathrm{e}^2$$

$$K = \frac{k_1}{k_{-2}} = \frac{x_\mathrm{e}^2}{a - x_\mathrm{e}}$$

$$1.73\times10^{-5}\ \mathrm{mol\cdot dm^{-3}} = \frac{x_\mathrm{e}^2}{0.1\ \mathrm{mol\cdot dm^{-3}} - x_\mathrm{e}}$$

解得 $$x_\mathrm{e} = 1.31\times10^{-3}\ \mathrm{mol\cdot dm^{-3}}$$

$$\tau = \frac{1}{k_1 + 2k_{-2}x_\mathrm{e}} = \frac{1}{7.8\times10^5\ \mathrm{s}^{-1} + (2\times4.5\times10^{10}\times1.31\times10^{-3})\ \mathrm{s}^{-1}} = 8.43\times10^{-9}\ \mathrm{s}$$

**例12.10** 在波长为 214 nm 的光照射下发生下列反应:

$$\mathrm{NH_3(g) + H_2O \xrightarrow{h\nu} H_2(g) + NH_2OH}$$

测得吸收光的速率 $I_\mathrm{a} = 1\times10^{-7}\ \mathrm{mol\cdot dm^{-3}\cdot s^{-1}}$。在照射 39.38 min 后, 测得产物浓度 $[\mathrm{NH_2OH}] = 2.41\times10^{-4}\ \mathrm{mol\cdot dm^{-3}}$, 求 $\mathrm{NH_2OH}$ 的量子产率。

**解**: 量子产率通常有三种计算方法: (1) 用发生反应的分子数比吸收的光子数; (2) 用得到产物的分子数比吸收的光子数; (3) 用反应的速率比吸收光的速率。显然, 这里要用第 (3) 种方法。首先计算反应速率, 这里要引入一个近似, 即反应进行是均匀的, 使用平均速率, 这样计算量子产率就很简单了。

根据已知条件计算产物的生成速率:

$$r = \frac{\mathrm{d[NH_2OH]}}{\mathrm{d}t} \approx \frac{\Delta\mathrm{[NH_2OH]}}{\Delta t} = \frac{2.41\times10^{-4}\ \mathrm{mol\cdot dm^{-3}}}{(39.38\times60)\ \mathrm{s}} = 1.02\times10^{-7}\ \mathrm{mol\cdot dm^{-3}\cdot s^{-1}}$$

$$\varPhi = \frac{r}{I_\mathrm{a}} = \frac{1.02\times10^{-7}\ \mathrm{mol\cdot dm^{-3}\cdot s^{-1}}}{1\times10^{-7}\ \mathrm{mol\cdot dm^{-3}\cdot s^{-1}}} = 1.02$$

**例12.11** 试根据如下拟定的乙醛的光解机理, 推导出以 CO 表示的生成速率表达式, 并计算 CO 的量子产率。

(1) $\mathrm{CH_3CHO} + h\nu \xrightarrow{I_\mathrm{a}} \cdot\mathrm{CH_3} + \cdot\mathrm{CHO}$

(2) $\cdot CH_3 + CH_3CHO \xrightarrow{k_2} CH_4 + \cdot CH_3CO$

(3) $\cdot CH_3CO \xrightarrow{k_3} CO + \cdot CH_3$

(4) $\cdot CH_3 + \cdot CH_3 \xrightarrow{k_4} C_2H_6$

**解**: CO 仅在反应 (3) 中生成, 因此 $\dfrac{d[CO]}{dt} = k_3[\cdot CH_3CO]$。

由于 $\cdot CH_3CO$ 是中间产物, 该速率方程是无意义的。可以用稳态近似法将中间产物浓度用反应物浓度代替。设到达稳态时, 活泼自由基 $\cdot CH_3CO$ 的浓度随时间变化率等于零, 即

$$\frac{d[\cdot CH_3CO]}{dt} = k_2[\cdot CH_3][CH_3CHO] - k_3[\cdot CH_3CO] = 0 \tag{a}$$

从这个方程中表示 $[\cdot CH_3CO]$ 会出现 $[\cdot CH_3]$ 项, 而 $[\cdot CH_3]$ 也是中间产物, 所以对 $\cdot CH_3$ 也使用稳态近似:

$$\frac{d[\cdot CH_3]}{dt} = I_a - k_2[\cdot CH_3][CH_3CHO] + k_3[\cdot CH_3CO] - 2k_4[\cdot CH_3]^2 = 0 \tag{b}$$

反应 (1) 是光化学的初级反应, 反应物一般是过量的, 反应速率只与吸收光强度有关, 反应速率就等于吸收光速率 $I_a$。将式 (a) 与式 (b) 相加, 再代入速率表示式, 得

$$[CH_3] = \left(\frac{I_a}{2k_4}\right)^{1/2}$$

$$\frac{d[CO]}{dt} = k_3[\cdot CH_3CO] = k_2[\cdot CH_3][CH_3CHO] = k_2\left(\frac{I_a}{2k_4}\right)^{1/2}[CH_3CHO]$$

$$\phi_{CO} = \frac{r}{I_a} = \frac{d[CO]/dt}{I_a} = k_2\left(\frac{1}{2k_4 I_a}\right)^{1/2}[CH_3CHO]$$

**例12.12**　某均相酶催化反应的机理可表示为

$$E + S \underset{k_{-1}}{\overset{k_1}{\rightleftharpoons}} X \xrightarrow{k_2} E + P$$

式中 E 为酶催化剂, S 为底物, 已知 $[S]_0 \gg [E]_0$。

(1) 试导出用 $[E]_0$ 和 $[S]_0$ 表示的反应起始速率表达式: $r = \dfrac{d[P]}{dt}$;

(2) 令 $r_m = k_2[E]_0$, Michaelis 常数 $K_M = \dfrac{k_2 + k_{-1}}{k_1}$, 根据下列实验数据求 $r_m$ 和 $K_M$ 的值。

| $[S]_0\ /(10^{-3}\ mol\cdot dm^{-3})$ | 10 | 2 | 1 | 0.5 | 0.33 |
|---|---|---|---|---|---|
| $r/(10^{-6}\ mol\cdot dm^{-3}\cdot s^{-1})$ | 1.17 | 0.99 | 0.79 | 0.62 | 0.5 |

**解**: 本题给出的是底物初始浓度不同时的反应速率。可以通过酶催化反应的机理, 得到反应速率和底物浓度之间的关系式。

(1) $r = \dfrac{d[P]}{dt} = k_2[X]$

X 是中间产物, 它的浓度无法测定, 要利用稳态近似法将它的浓度用反应物的浓度代替:

$$\frac{\mathrm{d}[\mathrm{X}]}{\mathrm{d}t}=k_1[\mathrm{E}][\mathrm{S}]-k_{-1}[\mathrm{X}]-k_2[\mathrm{X}]=0$$

因为 $[\mathrm{E}]=[\mathrm{E}]_0-[\mathrm{X}]$, 代入上式得

$$\frac{\mathrm{d}[\mathrm{X}]}{\mathrm{d}t}=k_1([\mathrm{E}]_0-[\mathrm{X}])[\mathrm{S}]-k_{-1}[\mathrm{X}]-k_2[\mathrm{X}]=0$$

$$[\mathrm{X}]=\frac{k_1[\mathrm{E}]_0[\mathrm{S}]}{k_{-1}+k_2+k_1[\mathrm{S}]}$$

$$r=\frac{\mathrm{d}[\mathrm{P}]}{\mathrm{d}t}=\frac{k_1k_2[\mathrm{E}]_0[\mathrm{S}]}{k_{-1}+k_2+k_1[\mathrm{S}]}$$

因为底物浓度一般都远远大于酶的浓度, 即 $[\mathrm{S}]_0\gg[\mathrm{E}]_0$, 所以 $[\mathrm{S}]\approx[\mathrm{S}]_0$, 则

$$r=\frac{\mathrm{d}[\mathrm{P}]}{\mathrm{d}t}=\frac{k_1k_2[\mathrm{E}]_0[\mathrm{S}]_0}{k_{-1}+k_2+k_1[\mathrm{S}]_0} \tag{a}$$

当 $[\mathrm{S}]_0$ 很大时, 分母上忽略 $k_{-1}+k_2$, 得 $r_\mathrm{m}=k_2[\mathrm{E}]_0$。

(2) 将式 (a) 的分子、分母同除以 $k_1$, 得

$$r=\frac{k_2[\mathrm{E}]_0[\mathrm{S}]_0}{\dfrac{k_{-1}+k_2}{k_1}+[\mathrm{S}]_0}=\frac{r_\mathrm{m}[\mathrm{S}]_0}{K_\mathrm{M}+[\mathrm{S}]_0}$$

重排后得
$$\frac{1}{r}=\frac{K_\mathrm{M}}{r_\mathrm{m}}\cdot\frac{1}{[\mathrm{S}]_0}+\frac{1}{r_\mathrm{m}}$$

根据实验数据, 以 $\dfrac{1}{r}$ 对 $\dfrac{1}{[\mathrm{S}]_0}$ 作图, 得一直线, 从直线的斜率和截距可解得 $r_\mathrm{m}$ 和 $K_\mathrm{M}$ 的值:

斜率
$$\frac{K_\mathrm{M}}{r_\mathrm{m}}=40\ \mathrm{s}$$

截距
$$\frac{1}{r_\mathrm{m}}=0.8\times10^6\ (\mathrm{mol\cdot dm^{-3}})^{-1}\cdot\mathrm{s}$$

解联立方程得
$$r_\mathrm{m}=1.25\times10^{-6}\ \mathrm{mol\cdot dm^{-3}\cdot s^{-1}}$$

$$K_\mathrm{M}=5.0\times10^{-5}\ \mathrm{mol\cdot dm^{-3}}$$

## 三、习题及解答

**12.1** 当温度为 298 K, 压力为 (1) $10p^\ominus$, (2) $p^\ominus$, (3) $10^{-6}p^\ominus$ 时, 一个氩原子在 1 s 内受到多少次碰撞 (碰撞截面 $\sigma$ 可视为 $0.492\ \mathrm{nm}^2$)?

**解**: 两个运动的分子在单位时间碰撞次数的一般计算公式为

$$z'=\sqrt{2}v_\mathrm{a}\pi d^2n$$

其中, 碰撞截面 $\sigma=\pi d^2$, $v_{\rm a}=\sqrt{\dfrac{8RT}{\pi M}}$, $n$ 是单位体积内的分子数: $n=\dfrac{N}{V}=L\dfrac{p}{RT}$。

因此:

$$z'=\sqrt{2}v_{\rm a}\pi d^2 n=\sigma L\sqrt{\frac{16}{\pi RTM}}p=\sigma L\sqrt{\frac{16}{\pi RTM}}p^{\ominus}\cdot(p/p^{\ominus})$$

已知 $M=40\times10^{-3}\ {\rm kg\cdot mol^{-1}}$, 所以

$$z'=0.492\times10^{-18}\times6.022\times10^{23}\times\sqrt{\frac{4}{3.1416\times8.314\times298\times40\times10^{-3}}}\times101325\ {\rm s^{-1}}\times(p/p^{\ominus})$$

$$=6.81\times10^{9}\ {\rm s^{-1}}\times(p/p^{\ominus})$$

(1) $p=10p^{\ominus}$　　　$z'=6.81\times10^{10}\ {\rm s^{-1}}$

(2) $p=p^{\ominus}$　　　$z'=6.81\times10^{9}\ {\rm s^{-1}}$

(3) $p=10^{-6}p^{\ominus}$　　　$z'=6.81\times10^{3}\ {\rm s^{-1}}$

**12.2**　对 HI 的热分解反应进行动力学研究, 当 $T=300$ ℃, 在 1 $\rm m^3$ 容器中存在 1 mol HI 时, 求碰撞频率。已知 HI 分子的碰撞直径为 0.35 nm。

**解**: HI 的摩尔质量 $M_{\rm A}=127.91\times10^{-3}\ {\rm kg\cdot mol^{-1}}$。

因此, 用相同分子互碰频率计算公式:

$$Z_{\rm AA}=2\pi d_{\rm AA}^2L^2\sqrt{\frac{RT}{\pi M_{\rm A}}}c^2=2\times3.1416\times(0.35\times10^{-9}\ {\rm m})^2\times(6.022\times10^{23}\ {\rm mol^{-1}})^2\times$$

$$\sqrt{\frac{8.314\ {\rm J\cdot mol^{-1}\cdot K^{-1}}\times573\ {\rm K}}{3.1416\times127.91\times10^{-3}\ {\rm kg\cdot mol^{-1}}}}\times(1\ {\rm mol\cdot m^{-3}})^2=3.04\times10^{31}\ {\rm m^{-3}\cdot s^{-1}}$$

**12.3**　恒容下, 300 K 时, 温度每升高 10 K:

(1) 计算碰撞频率增加的分数;

(2) 计算碰撞时在分子连心线上的相对平动能超过 $E_{\rm c}=80\ {\rm kJ\cdot mol^{-1}}$ 的活化分子对增加的分数;

(3) 由上述计算结果可得出什么结论?

**解**: 详见例 12.1。

**12.4**　在 300 K 时, A 和 B 反应的速率常数 $k=1.18\times10^{5}\ ({\rm mol\cdot cm^{-3}})^{-1}\cdot{\rm s^{-1}}$, 反应的活化能 $E_{\rm a}=40\ {\rm kJ\cdot mol^{-1}}$。

(1) 用简单碰撞理论估算具有足够能量值引起反应的碰撞数占总碰撞数的分数。

(2) 估算反应的概率因子的值。

已知 A 和 B 分子的直径分别为 0.3 nm 和 0.4 nm, 假定 A 和 B 的相对分子质量都为 50。

**解**: (1) 从反应活化能求出阈能, 即

$$E_{\rm c}=E_{\rm a}-\frac{1}{2}RT=40\ {\rm kJ\cdot mol^{-1}}-\frac{1}{2}\times8.314\times10^{-3}\ {\rm kJ\cdot mol^{-1}\cdot K^{-1}}\times300\ {\rm K}=38.75\ {\rm kJ\cdot mol^{-1}}$$

$$q=\exp\left(-\frac{E_{\rm c}}{RT}\right)=\exp\left(-\frac{38750}{8.314\times300}\right)=1.8\times10^{-7}$$

(2) 根据简单碰撞理论, 对于不同分子的反应, 速率常数的计算式为

$$k = \pi d_{AB}^2 L \sqrt{\frac{8RT}{\pi\mu}} \exp\left(-\frac{E_c}{RT}\right)$$

$$d_{AB} = \frac{1}{2}(0.30 + 0.40)\ \text{nm} = 0.35\ \text{nm}$$

$$\mu = \frac{M_A M_B}{M_A + M_B} = \frac{50\ \text{g}\cdot\text{mol}^{-1} \times 50\ \text{g}\cdot\text{mol}^{-1}}{50\ \text{g}\cdot\text{mol}^{-1} + 50\ \text{g}\cdot\text{mol}^{-1}} = 25\ \text{g}\cdot\text{mol}^{-1}$$

$$k_{理论} = 3.1416 \times (0.35 \times 10^{-9}\ \text{m})^2 \times 6.022 \times 10^{23}\ \text{mol}^{-1} \times$$

$$\sqrt{\frac{8 \times 8.314\ \text{J}\cdot\text{mol}^{-1}\cdot\text{K}^{-1} \times 300\ \text{K}}{3.1416 \times 25 \times 10^{-3}\ \text{kg}\cdot\text{mol}^{-1}}} \times 1.8 \times 10^{-7}$$

$$= 21.0\ (\text{mol}\cdot\text{m}^{-3})^{-1}\cdot\text{s}^{-1} = 2.10 \times 10^7\ (\text{mol}\cdot\text{cm}^{-3})^{-1}\cdot\text{s}^{-1}$$

$$P = \frac{k_{实验}}{k_{理论}} = \frac{1.18 \times 10^5\ (\text{mol}\cdot\text{cm}^{-3})^{-1}\cdot\text{s}^{-1}}{2.1 \times 10^7\ (\text{mol}\cdot\text{cm}^{-3})^{-1}\cdot\text{s}^{-1}} = 5.6 \times 10^{-3}$$

**12.5** 有基元反应 $Cl(g) + H_2(g) \longrightarrow HCl(g) + H(g)$, 已知它们的摩尔质量和直径分别为 $M_{Cl} = 35.45\ \text{g}\cdot\text{mol}^{-1}$, $M_{H_2} = 2.016\ \text{g}\cdot\text{mol}^{-1}$, $d_{Cl} = 0.20\ \text{nm}$, $d_{H_2} = 0.15\ \text{nm}$。

(1) 根据碰撞理论计算该反应的指前因子 $A$ (令 $T = 350\ \text{K}$);

(2) 在 $250 \sim 450\ \text{K}$ 的温度范围内, 实验测得 $\lg[A/(\text{mol}^{-1}\cdot\text{dm}^3\cdot\text{s}^{-1})] = 10.08$, 求概率因子 $P$。

**解**: 详见例 12.2。

**12.6** 某气相双分子反应 $2A(g) \longrightarrow B(g) + C(g)$, 能发生反应的临界能为 $1 \times 10^5\ \text{J}\cdot\text{mol}^{-1}$, 已知 A 的相对分子质量为 60, 分子的直径为 0.35 nm , 试计算在 300 K 时, 该分解作用的速率常数 $k$ 值。

**解**: 根据简单碰撞理论, 对于相同分子的反应, 速率常数的计算式为

$$k = 2\pi d_{AA}^2 L \sqrt{\frac{RT}{\pi M_A}} \exp\left(-\frac{E_c}{RT}\right) = 2 \times 3.1416 \times (0.35 \times 10^{-9}\ \text{m})^2 \times 6.022 \times 10^{23}\ \text{mol}^{-1} \times$$

$$\sqrt{\frac{8.314\ \text{J}\cdot\text{mol}^{-1}\cdot\text{K} \times 300\ \text{K}}{3.1416 \times 60 \times 10^{-3}\ \text{kg}\cdot\text{mol}^{-1}}} \times \exp\left(-\frac{1 \times 10^5\ \text{J}\cdot\text{mol}^{-1}}{8.314\ \text{J}\cdot\text{mol}^{-1}\cdot\text{K} \times 300\ \text{K}}\right)$$

$$= 2.06 \times 10^{-10}\ \text{mol}^{-1}\cdot\text{m}^3\cdot\text{s}^{-1}$$

**12.7** 对于反应 $\cdot CH_3 + \cdot CH_3 \longrightarrow C_2H_6$, $d = 308\ \text{pm}$, $\text{d}[C_2H_6]/\text{d}t = k[CH_3]^2$, 试求:

(1) 室温下反应的最大二级速率常数 $k_{max}$;

(2) 已知 298 K, 100 kPa 下, $V = 1\ \text{dm}^3$ 的乙烷样品有 10% 分解。那么, 90% 甲基自由基复合所需的最少时间是多少?

**解**: (1) 当活化能为 0 时, 有最大的二级速率常数:

$$k_{max} \approx A = 2\pi d^2 L \sqrt{\frac{RT}{\pi M_A}} = 2 \times 3.1416 \times (308 \times 10^{-12}\ \text{m})^2 \times 6.022 \times 10^{23}\ \text{mol}^{-1} \times$$

$$\sqrt{\frac{8.314\ \text{J}\cdot\text{mol}^{-1}\cdot\text{K}^{-1} \times 298\ \text{K}}{3.1416 \times 15 \times 10^{-3}\ \text{kg}\cdot\text{mol}^{-1}}} = 8.23 \times 10^7\ \text{m}^3\cdot\text{mol}^{-1}\cdot\text{s}^{-1}$$

(2) 二级反应 $r = k[\cdot CH_3]^2$, $d[\cdot CH_3]/dt = -2k[\cdot CH_3]^2$, 积分得到

$$\frac{1}{[\cdot CH_3]} - \frac{1}{[\cdot CH_3]_0} = 2kt$$

90% 甲基复合, 即 $[\cdot CH_3] = 0.10[\cdot CH_3]_0$, 则

$$\frac{1}{[\cdot CH_3]} - \frac{1}{[\cdot CH_3]_0} = 2kt = 9/[\cdot CH_3]_0$$

由乙烷样品有 10% 分解可知 $[\cdot CH_3]_0 = 0.20p/RT$, 所以

$$\begin{aligned} t_{min} &= 9RT/(2k \times 0.20p) \\ &= 9 \times 8.314\ J\cdot mol^{-1}\cdot K^{-1} \times 298\ K/(2 \times 8.23 \times 10^7\ mol^{-1}\cdot m^3\cdot s^{-1} \times 0.20 \times 10^5\ Pa) = 6.8\ ns \end{aligned}$$

**12.8** 已知液态松节油萜的消旋作用是一级反应, 在 458 K 和 510 K 时的速率常数分别为 $k(458\ K) = 2.2 \times 10^{-5}\ min^{-1}$ 和 $k(510\ K) = 3.07 \times 10^{-3}\ min^{-1}$。试求反应的实验活化能 $E_a$, 以及在平均温度时的活化焓 $\Delta_r^{\neq} H_m$、活化熵 $\Delta_r^{\neq} S_m$ 和活化 Gibbs 自由能 $\Delta_r^{\neq} G_m$。

**解**: 根据 Arrhenius 公式的定积分式, 有

$$\ln\frac{k_2}{k_1} = \frac{E_a}{R}\left(\frac{1}{T_1} - \frac{1}{T_2}\right)$$

$$\ln\frac{k(510\ K)}{k(458\ K)} = \frac{E_a}{8.314\ J\cdot mol^{-1}\cdot K^{-1}} \times \left(\frac{1}{458\ K} - \frac{1}{510\ K}\right) = \ln\frac{3.07 \times 10^{-3}}{2.2 \times 10^{-5}}$$

解得

$$E_a = 184.4\ kJ\cdot mol^{-1}$$

$$\overline{T} = \frac{(458 + 510)\ K}{2} = 484\ K$$

$$\ln\frac{k(484\ K)}{k(458\ K)} = \frac{184.4 \times 10^3\ J\cdot mol^{-1}}{8.314\ J\cdot mol^{-1}\cdot K^{-1}} \times \left(\frac{1}{458\ K} - \frac{1}{484\ K}\right) = \ln\frac{k(484\ K)}{2.2 \times 10^{-5}\ min^{-1}}$$

解得

$$k(484\ K) = 2.97 \times 10^{-4}\ min^{-1} = 4.95 \times 10^{-6}\ s^{-1}$$

已求出反应的实验活化能, 对于液相反应:

$$\Delta_r^{\neq} H_m = E_a - RT = 184.4\ kJ\cdot mol^{-1} - 8.314 \times 10^{-3}\ kJ\cdot mol^{-1}\cdot K^{-1} \times 484\ K = 180.4\ kJ\cdot mol^{-1}$$

根据过渡态理论的速率常数表示式:

$$k = \frac{k_B T}{h}(c^{\ominus})^{1-n}\exp\left(\frac{\Delta_r^{\neq} S_m^{\ominus}}{R}\right)\exp\left(-\frac{\Delta_r^{\neq} H_m^{\ominus}}{RT}\right)$$

$$4.95 \times 10^{-6}\ s^{-1} = \frac{1.38 \times 10^{-23}\ J\cdot K^{-1} \times 484\ K}{6.626 \times 10^{-34}\ J\cdot s} \times \exp\left(\frac{\Delta_r^{\neq} S_m}{R}\right) \times \exp\left(\frac{180.4 \times 10^3}{8.314 \times 484}\right)$$

解得

$$\Delta_r^{\neq} S_m = 22.2\ J\cdot mol^{-1}\cdot K^{-1}$$

$$\begin{aligned} \Delta_r^{\neq} G_m &= \Delta_r^{\neq} H_m - T\Delta_r^{\neq} S_m \\ &= 180.4\ kJ\cdot mol^{-1} - 484\ K \times 22.2 \times 10^{-3}\ kJ\cdot mol^{-1}\cdot K^{-1} = 169.7\ kJ\cdot mol^{-1} \end{aligned}$$

**12.9** 在 298 K 时, 某化学反应加了催化剂后, 其活化熵和活化焓比不加催化剂时分别下降了

$10\ \mathrm{J\cdot mol^{-1}\cdot K^{-1}}$ 和 $10\ \mathrm{kJ\cdot mol^{-1}}$。试求在加催化剂前后两个速率常数的比值。

**解**: 设不加催化剂的速率常数为 $k_1$, 加了催化剂的速率常数为 $k_2$。利用过渡态理论的速率常数的表示式:

$$k=\frac{k_\mathrm{B}T}{h}(c^\ominus)^{1-n}\exp\left(\frac{\Delta_\mathrm{r}^{\ne}S_\mathrm{m}^\ominus}{R}\right)\exp\left(-\frac{\Delta_\mathrm{r}^{\ne}H_\mathrm{m}^\ominus}{RT}\right)$$

将等式两边取对数, 然后分别代入两组数据, 将两个对数式相减, 消去相同项, 得

$$\ln\frac{k_1}{k_2}=\frac{\Delta_\mathrm{r}^{\ne}S_\mathrm{m,1}^\ominus-\Delta_\mathrm{r}^{\ne}S_\mathrm{m,2}^\ominus}{R}-\frac{\Delta_\mathrm{r}^{\ne}H_\mathrm{m,1}^\ominus-\Delta_\mathrm{r}^{\ne}H_\mathrm{m,2}^\ominus}{RT}=\frac{10}{8.314}-\frac{10000}{8.314\times298}=-2.833$$

解得
$$\frac{k_1}{k_2}=0.059\quad 或\quad \frac{k_2}{k_1}=16.9$$

**12.10** 对于乙酰胆碱及乙酸乙酯在水溶液中的碱性水解反应, 298 K 下, 实验测得其活化焓分别为 $48.5\ \mathrm{kJ\cdot mol^{-1}}$ 和 $49.0\ \mathrm{kJ\cdot mol^{-1}}$, 活化熵分别为 $-85.8\ \mathrm{J\cdot mol^{-1}\cdot K^{-1}}$ 和 $-109.6\ \mathrm{J\cdot mol^{-1}\cdot K^{-1}}$。试问何者水解速率更大? 大多少倍? 由此可说明什么问题?

**解**: 根据过渡态理论的速率常数表示式:

$$k=\frac{k_\mathrm{B}T}{h}\exp\left(\frac{\Delta_\mathrm{r}^{\ne}S_\mathrm{m}}{R}\right)\exp\left(-\frac{\Delta_\mathrm{r}^{\ne}H_\mathrm{m}}{RT}\right)$$

$$\begin{aligned}k_1/k_2&=\exp\left(\frac{\Delta_\mathrm{r}^{\ne}S_\mathrm{m,1}-\Delta_\mathrm{r}^{\ne}S_\mathrm{m,2}}{R}\right)\exp\left(\frac{\Delta_\mathrm{r}^{\ne}H_\mathrm{m,2}-\Delta_\mathrm{r}^{\ne}H_\mathrm{m,1}}{RT}\right)\\&=\exp\left(\frac{-85.8\ \mathrm{J\cdot mol^{-1}\cdot K^{-1}}+109.6\ \mathrm{J\cdot mol^{-1}\cdot K^{-1}}}{8.314\ \mathrm{J\cdot mol^{-1}\cdot K^{-1}}}\right)\times\\&\quad\exp\left(\frac{49.0\times10^3\ \mathrm{J\cdot mol^{-1}}-48.5\times10^3\ \mathrm{J\cdot mol^{-1}}}{8.314\ \mathrm{J\cdot mol^{-1}\cdot K^{-1}}\times298\ \mathrm{K}}\right)=22.2\end{aligned}$$

即乙酰胆碱水解速率大, 说明 $\Delta_\mathrm{r}^{\ne}H_\mathrm{m}$ 相近时, $\Delta_\mathrm{r}^{\ne}S_\mathrm{m}$ 对反应速率起决定作用。

**12.11** 若两个反应级数相同, 活化能相等的反应, 其活化熵相差 $50\ \mathrm{J\cdot mol^{-1}\cdot K^{-1}}$, 求 300 K 时此两反应速率常数之比。

**解**: 根据过渡态理论的速率常数表示式:

$$k=\frac{k_\mathrm{B}T}{h}(c^\ominus)^{1-n}\mathrm{e}^n\exp\left(\frac{\Delta_\mathrm{r}^{\ne}S_\mathrm{m}}{R}\right)\exp\left(-\frac{E_\mathrm{a}}{RT}\right)$$

$$k_1/k_2=\exp[\Delta(\Delta_\mathrm{r}^{\ne}S_\mathrm{m}^\ominus/R)]=\exp\left(\frac{50\ \mathrm{J\cdot mol^{-1}\cdot K^{-1}}}{8.314\ \mathrm{J\cdot mol^{-1}\cdot K^{-1}}}\right)=409$$

**12.12** 水溶液中研究酯类水解, 在实验条件相同时, 298 K 时获得实验结果如下:

| 反应物 | $E_\mathrm{a}/(\mathrm{kJ\cdot mol^{-1}})$ | $k/(\mathrm{mol^{-1}\cdot dm^3\cdot s^{-1}})$ |
|---|---|---|
| 甲酸甲酯 (A) | 38.5 | 38.4 |
| 乙酸甲酯 (B) | 37.7 | $1.3930\times10^4$ |

(1) 计算活化熵差;

(2) 根据计算结果, 对反应速率的影响因素可得什么启示?

**解**: (1) 根据过渡态理论的速率常数表示式:

$$k=\frac{k_{\mathrm{B}}T}{h}(c^{\ominus})\mathrm{e}^{n}\exp\left(\frac{\Delta_{\mathrm{r}}^{\neq}S_{\mathrm{m}}}{R}\right)\exp\left(-\frac{E_{\mathrm{a}}}{RT}\right)$$

$$\frac{k_{\mathrm{A}}}{k_{\mathrm{B}}}=\exp\left[\frac{\Delta_{\mathrm{r}}^{\neq}S_{\mathrm{m}}(\mathrm{A})-\Delta_{\mathrm{r}}^{\neq}S_{\mathrm{m}}(\mathrm{B})}{R}\right]\exp\left[\frac{E_{\mathrm{a}}(\mathrm{B})-E_{\mathrm{a}}(\mathrm{A})}{RT}\right]$$

$$\begin{aligned}\Delta_{\mathrm{r}}^{\neq}S_{\mathrm{m}}(\mathrm{A})-\Delta_{\mathrm{r}}^{\neq}S_{\mathrm{m}}(\mathrm{B})&=R\ln(k_{\mathrm{A}}/k_{\mathrm{B}})+[E_{\mathrm{a}}(\mathrm{A})-E_{\mathrm{a}}(\mathrm{B})]/T\\&=8.314\ \mathrm{J\cdot mol^{-1}\cdot K^{-1}}\times\ln\frac{38.4\ \mathrm{mol^{-1}\cdot dm^{3}\cdot s^{-1}}}{13930\ \mathrm{mol^{-1}\cdot dm^{3}\cdot s^{-1}}}+\\&\quad\frac{38.5\times10^{3}\ \mathrm{J\cdot mol^{-1}}-37.7\times10^{3}\ \mathrm{J\cdot mol^{-1}}}{298\ \mathrm{K}}\\&=-49.0\ \mathrm{J\cdot mol^{-1}\cdot K^{-1}}+2.7\ \mathrm{J\cdot mol^{-1}\cdot K^{-1}}=-46.3\ \mathrm{J\cdot mol^{-1}\cdot K^{-1}}\end{aligned}$$

(2) 说明决定反应速率的因素除能量因素外, 有时熵因素也会起决定作用。

**12.13**　NO 高温均相分解是二级反应: $2\,\mathrm{NO(g)}\longrightarrow \mathrm{N_2(g)}+\mathrm{O_2(g)}$, 实验测得 1423 K 时速率常数为 $1.843\times10^{-3}\ \mathrm{dm^3\cdot mol^{-1}\cdot s^{-1}}$, 1681 K 时速率常数为 $5.743\times10^{-2}\ \mathrm{dm^3\cdot mol^{-1}\cdot s^{-1}}$。试求:

(1) 反应活化熵 $\Delta_{\mathrm{r}}^{\neq}S_{\mathrm{m}}$ 和活化焓 $\Delta_{\mathrm{r}}^{\neq}H_{\mathrm{m}}$;

(2) 反应在 1500 K 时的速率常数。

已知 $k_{\mathrm{B}}=1.38\times10^{-23}\ \mathrm{J\cdot K^{-1}}$, $h=6.626\times10^{-34}\ \mathrm{J\cdot s}$。

**解**: 由 $T_1, T_2$ 和 $k_1, k_2$ 的数据, 根据 Arrhenius 经验式

$$\ln\frac{k_2}{k_1}=\frac{E_{\mathrm{a}}}{R}\left(\frac{1}{T_1}-\frac{1}{T_2}\right)$$

$$\ln\frac{5.743\times10^{-2}\ \mathrm{dm^3\cdot mol^{-1}\cdot s^{-1}}}{1.843\times10^{-3}\ \mathrm{dm^3\cdot mol^{-1}\cdot s^{-1}}}=\frac{E_{\mathrm{a}}}{8.314\ \mathrm{J\cdot mol^{-1}\cdot K^{-1}}}\times\left(\frac{1}{1423\ \mathrm{K}}-\frac{1}{1681\ \mathrm{K}}\right)$$

解得
$$E_{\mathrm{a}}=265.1\ \mathrm{kJ\cdot mol^{-1}}$$

由
$$\ln\frac{k(1500\ \mathrm{K})}{1.843\times10^{-3}\ \mathrm{dm^3\cdot mol^{-1}\cdot s^{-1}}}=\frac{265.1\times10^{3}\ \mathrm{J\cdot mol^{-1}}}{8.314\ \mathrm{J\cdot mol^{-1}\cdot K^{-1}}}\times\left(\frac{1}{1423\ \mathrm{K}}-\frac{1}{1500\ \mathrm{K}}\right)$$

解得
$$k(1500\ \mathrm{K})=5.82\times10^{-3}\ \mathrm{dm^3\cdot mol^{-1}\cdot s^{-1}}$$

根据 Arrhenius 公式, $k=A\exp\left(-\dfrac{E_{\mathrm{a}}}{RT}\right)$, 故

$$\begin{aligned}A(1500\ \mathrm{K})&=k\exp\left(\frac{E_{\mathrm{a}}}{RT}\right)\\&=5.82\times10^{-3}\ \mathrm{dm^3\cdot mol^{-1}\cdot s^{-1}}\times\exp\left(\frac{265.1\times10^{3}\ \mathrm{J\cdot mol^{-1}}}{8.314\ \mathrm{J\cdot mol^{-1}\cdot K^{-1}}\times1500\ \mathrm{K}}\right)\\&=9.93\times10^{6}\ \mathrm{dm^3\cdot mol^{-1}\cdot s^{-1}}\end{aligned}$$

$$\begin{aligned}\Delta^{\neq}H_{\mathrm{m}}^{\ominus}&=E_{\mathrm{a}}-2RT\\&=265.1\ \mathrm{kJ\cdot mol^{-1}}-2\times8.314\times10^{-3}\ \mathrm{kJ\cdot mol^{-1}\cdot K^{-1}}\times\frac{1423\ \mathrm{K}+1681\ \mathrm{K}}{2}\\&=239.3\ \mathrm{kJ\cdot mol^{-1}}\qquad(T\ \text{取平均温度})\end{aligned}$$

由 $A=(k_{\mathrm{B}}T/h)\mathrm{e}^2\exp(\Delta^{\neq}S_{\mathrm{m}}^{\ominus}/R)$, 可知

$$9.93\times10^{6}\ \mathrm{dm^3\cdot mol^{-1}\cdot s^{-1}}=\frac{1.38\times10^{-23}\ \mathrm{J\cdot K^{-1}}\times1500\ \mathrm{K}}{6.626\times10^{-34}\ \mathrm{J\cdot s}}\times2.718^2\times\exp\left(\frac{\Delta^{\neq}S_{\mathrm{m}}^{\ominus}}{8.314\ \mathrm{J\cdot mol^{-1}\cdot K^{-1}}}\right)$$

解得
$$\Delta^{\neq}S_{\mathrm{m}}^{\ominus}=-141\ \mathrm{J\cdot mol^{-1}\cdot K^{-1}}\quad(c^{\ominus}=1\ \mathrm{mol\cdot dm^{-3}})$$

**12.14** 有一单分子重排反应 $\mathrm{A}\longrightarrow\mathrm{P}$, 实验测得在 393 K 时速率常数为 $1.806\times10^{-4}\ \mathrm{s^{-1}}$, 413 K 时速率常数为 $9.14\times10^{-4}\ \mathrm{s^{-1}}$。试计算该基元反应的 Arrhenius 活化能及 393 K 时的活化熵和活化焓。

**解**: 根据 Arrhenius 公式 $\ln\dfrac{k_2}{k_1}=\dfrac{E_{\mathrm{a}}}{R}\left(\dfrac{1}{T_1}-\dfrac{1}{T_2}\right)$

$$\ln\frac{9.14\times10^{-4}\ \mathrm{s^{-1}}}{1.806\times10^{-4}\ \mathrm{s^{-1}}}=\frac{E_{\mathrm{a}}}{8.314\ \mathrm{J\cdot mol^{-1}\cdot K^{-1}}}\times\left(\frac{1}{393\ \mathrm{K}}-\frac{1}{413\ \mathrm{K}}\right)$$

得
$$E_{\mathrm{a}}=109.4\ \mathrm{kJ\cdot mol^{-1}}$$

$$\begin{aligned}\Delta^{\neq}H_{\mathrm{m}}^{\ominus}&=E_{\mathrm{a}}-(1-\sum\nu)RT\\&=109.4\ \mathrm{kJ\cdot mol^{-1}}-8.314\times10^{-3}\ \mathrm{kJ\cdot mol^{-1}\cdot K^{-1}}\times393\ \mathrm{K}=106.1\ \mathrm{kJ\cdot mol^{-1}}\end{aligned}$$

根据 Arrhenius 公式, $k=A\exp\left(-\dfrac{E_{\mathrm{a}}}{RT}\right)$, 有

$$\begin{aligned}A(393\ \mathrm{K})&=k\exp\left(\frac{E_{\mathrm{a}}}{RT}\right)\\&=1.806\times10^{-4}\ \mathrm{s^{-1}}\times\exp\left(\frac{109.4\times10^{3}\ \mathrm{J\cdot mol^{-1}}}{8.314\ \mathrm{J\cdot mol^{-1}\cdot K^{-1}}\times393\ \mathrm{K}}\right)=6.28\times10^{10}\ \mathrm{s^{-1}}\end{aligned}$$

由 $A=(k_{\mathrm{B}}T/h)\mathrm{e}\times\exp(\Delta^{\neq}S_{\mathrm{m}}^{\ominus}/R)$, 可知

$$6.28\times10^{10}\ \mathrm{s^{-1}}=\frac{1.38\times10^{-23}\ \mathrm{J\cdot K^{-1}}\times393\ \mathrm{K}}{6.626\times10^{-34}\ \mathrm{J\cdot s}}\times2.718\times\exp\left(\frac{\Delta^{\neq}S_{\mathrm{m}}^{\ominus}}{8.314\ \mathrm{J\cdot mol^{-1}\cdot K^{-1}}}\right)$$

解得
$$\Delta_{\mathrm{r}}^{\neq}S_{\mathrm{m}}=-48.9\ \mathrm{J\cdot mol^{-1}\cdot K^{-1}}$$

**12.15** 在 1000 K 时, 实验测得气相反应 $\mathrm{C_2H_6(g)}\longrightarrow2\cdot\mathrm{CH_3}$ 的速率常数的表达式为 $k/\mathrm{s^{-1}}=2.0\times10^{17}\exp\left(-\dfrac{3.638\times10^{5}\ \mathrm{J\cdot mol^{-1}}}{RT}\right)$, 设这时 $\dfrac{k_{\mathrm{B}}T}{h}=2.0\times10^{13}\ \mathrm{s^{-1}}$。试计算:

(1) 反应的半衰期 $t_{1/2}$;

(2) $\mathrm{C_2H_6(g)}$ 分解反应的活化熵 $\Delta_{\mathrm{r}}^{\neq}S_{\mathrm{m}}$;

(3) 已知 1000 K 时该反应的标准熵变 $\Delta_{\mathrm{r}}S_{\mathrm{m}}^{\ominus}=74.1\ \mathrm{J\cdot mol^{-1}\cdot K^{-1}}$, 试将此值与 (2) 中所得的 $\Delta_{\mathrm{r}}^{\neq}S_{\mathrm{m}}$ 值比较, 定性地讨论该反应的活化络合物的性质。

**解**: 从已知的速率常数表示式中 $k$ 的单位就能判断该反应为一级反应, 只要求出 1000 K 时的速率常数值, 就能计算在该温度下反应的半衰期。

(1) 在 1000 K 时:

$$k/\text{s}^{-1} = 2.0 \times 10^{17} \times \exp\left(-\frac{3.638 \times 10^5\ \text{J}\cdot\text{mol}^{-1}}{8.314\ \text{J}\cdot\text{mol}^{-1}\cdot\text{K}^{-1} \times 1000\ \text{K}}\right)$$

$$k = 1.98 \times 10^{-2}\ \text{s}^{-1}$$

$$t_{1/2} = \frac{\ln 2}{k} = \frac{\ln 2}{1.98 \times 10^{-2}\ \text{s}^{-1}} = 35.0\ \text{s}$$

(2) 根据过渡态理论的热力学法计算速率常数的公式和 Arrhenius 经验式的指数形式, 两式一比较, 就能得到 Arrhenius 经验式中的指前因子表示式。再对照已知的速率常数表示式, 就能得到指前因子 $A$ 的数值, 指前因子 $A$ 与活化熵有关, 就可计算活化熵值。

$$k = \frac{k_\text{B}T}{h}(c^\ominus)^{1-n}\exp\left(\frac{\Delta_\text{r}^{\neq} S_\text{m}^\ominus}{R}\right)\exp\left(-\frac{\Delta_\text{r}^{\neq} H_\text{m}^\ominus}{RT}\right)$$

$$k = A\exp\left(-\frac{E_\text{a}}{RT}\right)$$

对于单分子气相反应, $\Delta_\text{r}^{\neq} H_\text{m}^\ominus = E_\text{a} - RT$, 于是得

$$k = \frac{k_\text{B}T}{h}(c^\ominus)^{1-n}\text{e}^n\exp\left(\frac{\Delta_\text{r}^{\neq} S_\text{m}^\ominus}{R}\right)\exp\left(-\frac{E_\text{a}}{RT}\right)$$

因为是一级反应, $n = 1$, 所以　$A = \dfrac{k_\text{B}T}{h}\text{e} \times \exp\left(\dfrac{\Delta_\text{r}^{\neq} S_\text{m}^\ominus}{R}\right)$

$$2.0 \times 10^{17}\ \text{s}^{-1} = 2.0 \times 10^{13}\ \text{s}^{-1} \times 2.718 \times \exp\left(\frac{\Delta_\text{r}^{\neq} S_\text{m}^\ominus}{R}\right)$$

解得
$$\Delta_\text{r}^{\neq} S_\text{m} = 68.3\ \text{J}\cdot\text{mol}^{-1}\cdot\text{K}^{-1}$$

(3) 因为 $\Delta_\text{r}^{\neq} S_\text{m} = 68.3\ \text{J}\cdot\text{mol}^{-1}\cdot\text{K}^{-1} > 0$, 说明从反应物变成活化络合物的过程是熵增加过程, 因为温度未变, 说明这个熵增加是活化络合物的构型比反应物复杂造成的。

该反应的标准摩尔熵变 $\Delta_\text{r} S_\text{m}^\ominus = 74.1\ \text{J}\cdot\text{mol}^{-1}\cdot\text{K}^{-1}$, 与 $\Delta_\text{r}^{\neq} S_\text{m}$ 的值接近, 说明活化络合物的构型与生成物近似, 活化络合物中有的键已相当微弱。

**12.16**　对于氢离子催化三磷酸腺苷的水解反应, 实验测得下列数据:

$$T_1 = 313.1\ \text{K 时}, \qquad k_1 = 4.67 \times 10^{-6}\ \text{s}^{-1}$$

$$T_2 = 323.2\ \text{K 时}, \qquad k_2 = 13.9 \times 10^{-6}\ \text{s}^{-1}$$

试计算该反应在 313.2 K 时的 $\Delta_\text{r}^{\neq} G_\text{m}$, $\Delta_\text{r}^{\neq} H_\text{m}$ 和 $\Delta_\text{r}^{\neq} S_\text{m}$。

**解**: 根据 Arrhenius 经验式　$\ln\dfrac{k_2}{k_1} = \dfrac{E_\text{a}}{R}\left(\dfrac{1}{T_1} - \dfrac{1}{T_2}\right)$

$$\ln\frac{13.9 \times 10^{-6}\ \text{s}^{-1}}{4.67 \times 10^{-6}\ \text{s}^{-1}} = \frac{E_\text{a}}{8.314\ \text{J}\cdot\text{mol}^{-1}\cdot\text{K}^{-1}} \times \left(\frac{1}{313.1\ \text{K}} - \frac{1}{323.2\ \text{K}}\right)$$

解得
$$E_\text{a} = 90.9\ \text{kJ}\cdot\text{mol}^{-1}$$

$$\frac{k_\text{B}T}{h} = \frac{1.38 \times 10^{-23}\ \text{J}\cdot\text{K}^{-1} \times 313.2\ \text{K}}{6.626 \times 10^{-34}\ \text{J}\cdot\text{s}} = 6.523 \times 10^{12}\ \text{s}^{-1}$$

由 $k = \dfrac{k_B T}{h}(c^{\ominus})^{1-n}\exp\left(-\dfrac{\Delta^{\neq} G_m}{RT}\right) = \dfrac{k_B T}{h}\exp\left(\dfrac{\Delta^{\neq} G_m}{RT}\right)$, 可知

$$\ln k = \ln\frac{k_B T}{h} - \frac{\Delta^{\neq} G_m}{RT}$$

$T = 313.2\ \mathrm{K}$ 时, $k \approx 4.67 \times 10^{-6}\ \mathrm{s^{-1}}$, 则

$$\ln(4.67 \times 10^{-6}\ \mathrm{s^{-1}}) = \ln(6.523 \times 10^{12}\ \mathrm{s^{-1}}) - \frac{\Delta^{\neq} G_m}{8.314\ \mathrm{J{\cdot}mol^{-1}{\cdot}K^{-1}} \times 313.2\ \mathrm{K}}$$

解得 $$\Delta^{\neq} G_m = 108.8\ \mathrm{kJ{\cdot}mol^{-1}}$$

$$\begin{aligned}\Delta^{\neq} H_m &= E_a - RT \\ &= 90.9\ \mathrm{kJ{\cdot}mol^{-1}} - 8.314 \times 10^{-3}\ \mathrm{kJ{\cdot}mol^{-1}{\cdot}K^{-1}} \times 313.2\ \mathrm{K} = 88.3\ \mathrm{kJ{\cdot}mol^{-1}}\end{aligned}$$

根据 $\Delta^{\neq} G_m = \Delta^{\neq} H_m - T\Delta^{\neq} S_m$, 则

$$\begin{aligned}\Delta^{\neq} S_m &= -(\Delta^{\neq} G_m - \Delta^{\neq} H_m)/T \\ &= -(108.8\ \mathrm{kJ{\cdot}mol^{-1}} - 88.3\ \mathrm{kJ{\cdot}mol^{-1}})/(313.2\ \mathrm{K}) = -65.5\ \mathrm{J{\cdot}mol^{-1}{\cdot}K^{-1}}\end{aligned}$$

**12.17** 某物质分解遵守一级反应规律, 实验测得不同温度下的速率常数:

$$T_1 = 293.2\ \mathrm{K}\ 时, \qquad k_1 = 7.62 \times 10^{-6}\ \mathrm{s^{-1}}$$

$$T_2 = 303.2\ \mathrm{K}\ 时, \qquad k_2 = 2.41 \times 10^{-5}\ \mathrm{s^{-1}}$$

求该反应的实验活化能 $E_a$, 298.2 K 时的指前因子 $A$, 以及 $\Delta_r^{\neq} G_m$, $\Delta_r^{\neq} H_m$ 和 $\Delta_r^{\neq} S_m$。

**解**: 根据 Arrhenius 经验式

$$\ln\frac{k_2}{k_1} = \frac{E_a}{R}\left(\frac{1}{T_1} - \frac{1}{T_2}\right)$$

$$\ln\frac{2.41 \times 10^{-5}\ \mathrm{s^{-1}}}{7.62 \times 10^{-6}\ \mathrm{s^{-1}}} = \frac{E_a}{8.314\ \mathrm{J{\cdot}mol^{-1}{\cdot}K^{-1}}} \times \left(\frac{1}{293.2\ \mathrm{K}} - \frac{1}{303.2\ \mathrm{K}}\right)$$

解得 $$E_a = 85.1\ \mathrm{kJ{\cdot}mol^{-1}}$$

298.2 K 时: $$\ln\frac{k(298.2\ \mathrm{K})}{k_1} = \frac{E_a}{R}\left(\frac{1}{T_1} - \frac{1}{298.2\ \mathrm{K}}\right)$$

即 $$\ln\frac{k(298.2\ \mathrm{K})}{7.62 \times 10^{-6}\ \mathrm{s^{-1}}} = \frac{85.1 \times 10^3\ \mathrm{J{\cdot}mol^{-1}}}{8.314\ \mathrm{J{\cdot}mol^{-1}{\cdot}K^{-1}}} \times \left(\frac{1}{293.2\ \mathrm{K}} - \frac{1}{298.2\ \mathrm{K}}\right)$$

解得 $$k(298.2\ \mathrm{K}) = 1.40 \times 10^{-5}\ \mathrm{s^{-1}}$$

$$\frac{k_B T}{h} = \frac{1.38 \times 10^{-23}\ \mathrm{J{\cdot}K^{-1}} \times 298.2\ \mathrm{K}}{6.626 \times 10^{-34}\ \mathrm{J{\cdot}s}} = 6.21 \times 10^{12}\ \mathrm{s^{-1}}$$

由 $k = \dfrac{k_B T}{h}(c^{\ominus})^{1-n}\exp\left(-\dfrac{\Delta_r^{\neq} G_m}{RT}\right) = \dfrac{k_B T}{h}\exp\left(-\dfrac{\Delta_r^{\neq} G_m}{RT}\right)$, 可知

$$\ln k = \ln\frac{k_B T}{h} - \frac{\Delta_r^{\neq} G_m}{RT}$$

将 298.2 K 时 $k = 1.40 \times 10^{-5}\ \mathrm{s^{-1}}$ 代入上式, 可得

$$\ln(1.40\times10^{-5}\ \mathrm{s^{-1}})=\ln(6.21\times10^{12}\ \mathrm{s^{-1}})-\frac{\Delta_{\mathrm{r}}^{\neq}G_{\mathrm{m}}}{8.314\ \mathrm{J\cdot mol^{-1}\cdot K^{-1}}\times298.2\ \mathrm{K}}$$

解得 $$\Delta_{\mathrm{r}}^{\neq}G_{\mathrm{m}}=100.7\ \mathrm{kJ\cdot mol^{-1}}$$

$$\begin{aligned}\Delta_{\mathrm{r}}^{\neq}H_{\mathrm{m}}&=E_{\mathrm{a}}-RT\\&=85.1\ \mathrm{kJ\cdot mol^{-1}}-8.314\times10^{-3}\ \mathrm{kJ\cdot mol^{-1}\cdot K^{-1}}\times298.2\ \mathrm{K}=82.6\ \mathrm{kJ\cdot mol^{-1}}\end{aligned}$$

根据 $\Delta_{\mathrm{r}}^{\neq}G_{\mathrm{m}}=\Delta_{\mathrm{r}}^{\neq}H_{\mathrm{m}}-T\Delta_{\mathrm{r}}^{\neq}S_{\mathrm{m}}$, 则

$$100.7\ \mathrm{kJ\cdot mol^{-1}}=82.6\ \mathrm{kJ\cdot mol^{-1}}-298.2\ \mathrm{K}\times\Delta_{\mathrm{r}}^{\neq}S_{\mathrm{m}}$$

解得 $$\Delta_{\mathrm{r}}^{\neq}S_{\mathrm{m}}=-60.7\ \mathrm{J\cdot mol^{-1}\cdot K^{-1}}$$

$$\begin{aligned}A&=\frac{k_{\mathrm{B}}T}{h}\mathrm{e}\times\exp\left(\frac{\Delta_{\mathrm{r}}^{\neq}S_{\mathrm{m}}}{R}\right)\\&=6.21\times10^{12}\ \mathrm{s^{-1}}\times2.718\times\exp\left(\frac{-60.7\ \mathrm{J\cdot mol^{-1}\cdot K^{-1}}}{8.314\ \mathrm{J\cdot mol^{-1}\cdot K^{-1}}}\right)=1.14\times10^{10}\ \mathrm{s^{-1}}\end{aligned}$$

**12.18**　某基元反应 $\mathrm{A(g)+B(g)}\longrightarrow\mathrm{P(g)}$, 设在 298 K 时的速率常数为 $k_p(298\ \mathrm{K})=2.777\times10^{-5}\ \mathrm{Pa^{-1}\cdot s^{-1}}$, 308 K 时的速率常数为 $k_p(308\ \mathrm{K})=5.55\times10^{-5}\ \mathrm{Pa^{-1}\cdot s^{-1}}$。若 A(g) 和B(g) 的原子半径和摩尔质量分别为 $r_{\mathrm{A}}=0.36\ \mathrm{nm}$, $r_{\mathrm{B}}=0.41\ \mathrm{nm}$, $M_{\mathrm{A}}=28\ \mathrm{g\cdot mol^{-1}}$, $M_{\mathrm{B}}=71\ \mathrm{g\cdot mol^{-1}}$。试求在 298 K 时:

(1) 该反应的概率因子 $P$;

(2) 反应的活化焓 $\Delta_{\mathrm{r}}^{\neq}H_{\mathrm{m}}$、活化熵 $\Delta_{\mathrm{r}}^{\neq}S_{\mathrm{m}}$ 和活化 Gibbs 自由能 $\Delta_{\mathrm{r}}^{\neq}G_{\mathrm{m}}$。

**解**: (1) 根据速率常数的单位可判断该反应为二级反应, 已知的是不同温度下的 $k_p$ 值, 可以直接用其计算活化能。但是碰撞理论计算的速率常数是等容下的值, 所以还需要把 $k_p$ 值转化为 $k_c$ 值。$k_c=k_p(RT)^{n-1}=k_pRT$, 所以

$$k_c(298\ \mathrm{K})=2.777\times10^{-5}\ \mathrm{Pa^{-1}\cdot s^{-1}}\times8.314\ \mathrm{J\cdot mol^{-1}\cdot K^{-1}}\times298\ \mathrm{K}=68.8\ (\mathrm{mol\cdot dm^{-3}})^{-1}\cdot\mathrm{s^{-1}}$$

同理 $$k_c(308\ \mathrm{K})=142.1\ (\mathrm{mol\cdot dm^{-3}})^{-1}\cdot\mathrm{s^{-1}}$$

$$\ln\frac{k_2}{k_1}=\frac{E_{\mathrm{a}}}{R}\left(\frac{1}{T_1}-\frac{1}{T_2}\right)$$

$$\ln\frac{142.1}{68.8}=\frac{E_{\mathrm{a}}}{R}\left(\frac{1}{298\ \mathrm{K}}-\frac{1}{308\ \mathrm{K}}\right)$$

$$E_{\mathrm{a}}=55.35\ \mathrm{kJ\cdot mol^{-1}}$$

从实验活化能计算碰撞理论的阈值:

$$\begin{aligned}E_{\mathrm{c}}&=E_{\mathrm{a}}-\frac{1}{2}RT\\&=55.35\ \mathrm{kJ\cdot mol^{-1}}-\frac{1}{2}\times8.314\times10^{-3}\ \mathrm{kJ\cdot mol^{-1}\cdot K^{-1}}\times298\ \mathrm{K}=54.11\ \mathrm{kJ\cdot mol^{-1}}\end{aligned}$$

$$d_{\mathrm{AB}}=r_{\mathrm{A}}+r_{\mathrm{B}}=(0.36+0.41)\ \mathrm{nm}=0.77\ \mathrm{nm}$$

$$\mu=\frac{M_{\mathrm{A}}\cdot M_{\mathrm{B}}}{M_{\mathrm{A}}+M_{\mathrm{B}}}=\frac{28\times10^{-3}\ \mathrm{kg\cdot mol^{-1}}\times71\times10^{-3}\ \mathrm{kg\cdot mol^{-1}}}{28\times10^{-3}\ \mathrm{kg\cdot mol^{-1}}+71\times10^{-3}\ \mathrm{kg\cdot mol^{-1}}}=20\times10^{-3}\ \mathrm{kg\cdot mol^{-1}}$$

$$k_{\text{SCT}}(298\ \text{K}) = \pi d_{\text{AB}}^2 L\sqrt{\frac{8RT}{\pi\mu}} \cdot \exp\left(-\frac{E_{\text{c}}}{RT}\right)$$

$$= 3.1416 \times (0.77 \times 10^{-9}\ \text{m})^2 \times 6.022 \times 10^{23}\ \text{mol}^{-1} \times \sqrt{\frac{8 \times 8.314\ \text{J}\cdot\text{mol}^{-1}\cdot\text{K} \times 298\ \text{K}}{3.1416 \times 20 \times 10^{-3}\ \text{kg}\cdot\text{mol}^{-1}}} \times \exp\left(-\frac{54110\ \text{J}\cdot\text{mol}^{-1}}{8.314\ \text{J}\cdot\text{mol}^{-1}\cdot\text{K} \times 298\ \text{K}}\right)$$

$$= 0.2062\ (\text{mol}\cdot\text{m}^{-3})^{-1}\cdot\text{s}^{-1} = 206.2\ (\text{mol}\cdot\text{dm}^{-3})^{-1}\cdot\text{s}^{-1}$$

$$P = \frac{k_{\text{实验}}}{k_{\text{理论}}} = \frac{68.8\ (\text{mol}\cdot\text{dm}^{-3})^{-1}\cdot\text{s}^{-1}}{206.2\ (\text{mol}\cdot\text{dm}^{-3})^{-1}\cdot\text{s}^{-1}} = 0.334$$

(2) $\Delta_{\text{r}}^{\neq} H_{\text{m}} = E_{\text{a}} - 2RT$

$$= 55.35\ \text{kJ}\cdot\text{mol}^{-1} - 2 \times 8.314 \times 10^{-3}\ \text{kJ}\cdot\text{mol}^{-1}\cdot\text{K}^{-1} \times 298\ \text{K} = 50.39\ \text{kJ}\cdot\text{mol}^{-1}$$

$$k = \frac{k_{\text{B}}T}{h}(c^{\ominus})^{1-n}\exp\left(\frac{\Delta_{\text{r}}^{\neq} S_{\text{m}}^{\ominus}}{R}\right)\exp\left(-\frac{\Delta_{\text{r}}^{\neq} H_{\text{m}}^{\ominus}}{RT}\right)$$

代入 $\Delta_{\text{r}}^{\neq} H_{\text{m}}^{\ominus}$ 和 $k(298\ \text{K})$ 的值, 则

$$68.8\ (\text{mol}\cdot\text{dm}^{-3})^{-1}\cdot\text{s}^{-1} = \frac{1.38 \times 10^{-23}\ \text{J}\cdot\text{K}^{-1} \times 298\ \text{K}}{6.626 \times 10^{-34}\ \text{J}\cdot\text{s}}(c^{\ominus})^{1-n}\exp\left(\frac{\Delta_{\text{r}}^{\neq} S_{\text{m}}^{\ominus}}{R}\right) \times \exp\left(-\frac{50.39 \times 10^3\ \text{J}\cdot\text{mol}^{-1}}{8.314\ \text{J}\cdot\text{mol}^{-1}\cdot\text{K}^{-1} \times 298\ \text{K}}\right)$$

解得

$$\Delta_{\text{r}}^{\neq} S_{\text{m}}^{\ominus} = -40.6\ \text{J}\cdot\text{mol}^{-1}\cdot\text{K}^{-1}$$

$$\Delta_{\text{r}}^{\neq} G_{\text{m}}^{\ominus} = \Delta_{\text{r}}^{\neq} H_{\text{m}}^{\ominus} - T\Delta_{\text{r}}^{\neq} S_{\text{m}}^{\ominus}$$

$$= 50.39\ \text{kJ}\cdot\text{mol}^{-1} - 298\ \text{K} \times (-40.6 \times 10^{-3}\ \text{kJ}\cdot\text{mol}^{-1}\cdot\text{K}^{-1}) = 62.5\ \text{kJ}\cdot\text{mol}^{-1}$$

**12.19** 对于基元反应$\text{Cl(g)} + \text{ICl(g)} \longrightarrow \text{Cl}_2\text{(g)} + \text{I(g)}$, 由简单碰撞理论及实验数据求得 $A_{\text{SCT}} \approx 10^{11}\ \text{mol}^{-1}\cdot\text{dm}^3\cdot\text{s}^{-1}$, $P = 0.005$; 若以每个运动自由度的配分函数而言, $f_{\text{t}} \approx 10^{10}\ \text{m}^{-1}$, $f_{\text{r}} \approx 10$, $f_{\text{v}} \approx 1$, 试判断该反应过渡态的构型是线形还是非线形?

**解**: 由于理论计算中体积使用的单位是 $\text{m}^3$, 实验值中体积使用单位是 $\text{dm}^3$, 且理论计算以分子为计量单位, 所以与实验值 (以物质的量为计算单位) 相比时要乘以 $10^3L$ (以下略去单位), 所以, 根据过渡态理论:

$A = (k_{\text{B}}T/h)(10^3L)f^{\neq}/(f_{\text{A}}f_{\text{B}})$

$(k_{\text{B}}T/h)(10^3L) \approx (10^{-23} \times 10^2/10^{-34}) \times (10^3 \times 10^{23}) = 10^{39}$

$f_{\text{A}}(\text{Cl}) = f_{\text{t}}^3 f_{\text{r}}^0 f_{\text{v}}^0 = (10^{10})^3 \times 1 \times 1 = 10^{30}$

$f_{\text{B}}(\text{ICl}) = f_{\text{t}}^3 f_{\text{r}}^2 f_{\text{v}}^1 = (10^{10})^3 \times 10^2 \times 1 = 10^{32}$

$f^{\neq}$ (线性) $= f_{\text{t}}^3 f_{\text{r}}^2 f_{\text{v}}^3 = (10^{10})^3 \times 10^2 \times 1^3 = 10^{32}$

$f^{\neq}$ (非线性) $= f_{\text{t}}^3 f_{\text{r}}^3 f_{\text{v}}^2 = (10^{10})^3 \times 10^3 \times 1^2 = 10^{33}$

$$A\ (线性过渡态) = (k_{\rm B}T/h)(10^3L)f^{\neq}(线性)/(f_{\rm A}f_{\rm B}) \approx 10^{39}10^{32}/(10^{30}10^{32}) \approx 10^9$$

$$A\ (非线性过渡态) = (k_{\rm B}T/h)(10^3L)f^{\neq}(非线性)/(f_{\rm A}f_{\rm B}) \approx 10^{39}10^{33}/(10^{30}10^{32}) \approx 10^{10}$$

$$P\ (非线性) = 10^{10}/10^{11} \approx 0.1$$

$$P'\ (线性) = 10^9/10^{11} \approx 0.01$$

后者和通过理论计算和实验得到的概率因子 $P = 0.005$ 接近, 由此可确定该反应过渡态的构型为线形的可能性最大。

**12.20** 对于反应 $H_2 + Cl \longrightarrow HCl + H$, 实验测得 $\lg[A/(\mathrm{mol^{-1}\cdot dm^3\cdot s^{-1}})] = 10.9$, $E_{\rm a} = 23.0\ \mathrm{kJ\cdot mol^{-1}}$。

(1) 求该反应的 $\Delta_{\rm r}^{\neq}H_{\rm m}$, $\Delta_{\rm r}^{\neq}S_{\rm m}$, $\Delta_{\rm r}^{\neq}G_{\rm m}$ ($T = 298$ K)。过渡态结构较反应物有什么变化?

(2) 如果各种运动形式配分函数的每个自由度的数量级, $f_{\rm t}$ 的约为 $10^{10}$ (以 $\mathrm{m^{-1}}$ 为量纲), $f_{\rm r}$ 的约为 10, $f_{\rm v}$ 的约为 1, 试问与实验的 $A$ 值相对照, 生成的过渡态的构型可能是线形还是非线形?

**解**: (1) $\Delta_{\rm r}^{\neq}H_{\rm m} = E_{\rm a} - 2RT$

$$= 23.0\ \mathrm{kJ\cdot mol^{-1}} - 2 \times 8.314 \times 10^{-3}\ \mathrm{kJ\cdot mol^{-1}\cdot K^{-1}} \times 298\ \mathrm{K} = 18.0\ \mathrm{kJ\cdot mol^{-1}}$$

由 $\lg[A/(\mathrm{dm^3\cdot mol^{-1}\cdot s^{-1}})] = 10.9$, 得

$$A = 10^{10.9}\ \mathrm{dm^3\cdot mol^{-1}\cdot s^{-1}} = 7.94 \times 10^{10}\ \mathrm{dm^3\cdot mol^{-1}\cdot s^{-1}}$$

由 $A = \dfrac{k_{\rm B}T}{h}(c^{\ominus})^{-1}\mathrm{e}^2\exp\left(\dfrac{\Delta_{\rm r}^{\neq}S_{\rm m}^{\ominus}}{R}\right)$ 可得

$$\Delta_{\rm r}^{\neq}S_{\rm m} = R\left(\ln\frac{hAc^{\ominus}}{k_{\rm B}T} - 2\right)$$

$$= 8.314\ \mathrm{J\cdot mol^{-1}\cdot K^{-1}} \times \ln\left(\frac{6.626 \times 10^{-34}\ \mathrm{J\cdot s} \times 7.94 \times 10^{10}\ \mathrm{dm^3\cdot mol^{-1}\cdot s^{-1}} \times 1\ \mathrm{mol\cdot dm^{-3}}}{1.38 \times 10^{-23}\ \mathrm{J\cdot K^{-1}} \times 298\ \mathrm{K}} - 2\right)$$

$$= -52.9\ \mathrm{J\cdot mol^{-1}\cdot K^{-1}}$$

$$\Delta_{\rm r}^{\neq}G_{\rm m} = \Delta_{\rm r}^{\neq}H_{\rm m} - T\Delta_{\rm r}^{\neq}S_{\rm m}$$

$$= 18.0\ \mathrm{kJ\cdot mol^{-1}} - 298\ \mathrm{K} \times (-52.9 \times 10^{-3}\ \mathrm{kJ\cdot mol^{-1}\cdot K^{-1}}) = 33.8\ \mathrm{kJ\cdot mol^{-1}}$$

过渡态结构紧凑了, 因由二分子变成一分子了。

(2) $A = \left[(k_{\rm B}T/h) \times 10^3L \times f^{\neq}/(f_{\rm H_2}f_{\rm Cl})\right]\ \mathrm{dm^3\cdot mol^{-1}\cdot s^{-1}}$

若为线形过渡态:

$$A = \left[10^{13} \times 10^3 \times 10^{24} \times f_{\rm t}^3 f_{\rm r}^2 f_{\rm v}^3/(f_{\rm t}^3 f_{\rm r}^2 f_{\rm v} f_{\rm t}^3)\right]\ \mathrm{dm^3\cdot mol^{-1}\cdot s^{-1}}$$
$$= (10^{40}/10^{30})\ \mathrm{dm^3\cdot mol^{-1}\cdot s^{-1}} = 10^{10}\ \mathrm{dm^3\cdot mol^{-1}\cdot s^{-1}}$$

若为非线形过渡态:

$$A = \left[10^{13} \times 10^3 \times 10^{24} \times f_{\rm t}^3 f_{\rm r}^3 f_{\rm v}^3/(f_{\rm t}^3 f_{\rm r}^2 f_{\rm v} f_{\rm t}^3)\right]\ \mathrm{dm^3\cdot mol^{-1}\cdot s^{-1}}$$
$$= (10^{40} \times 10^1/10^{30})\ \mathrm{dm^3\cdot mol^{-1}\cdot s^{-1}} = 10^{11}\ \mathrm{dm^3\cdot mol^{-1}\cdot s^{-1}}$$

结论: 可能生成线形过渡态。

**12.21** 已知两个非线形分子 A 和 B 反应, 生成非线形活化络合物 $\mathrm{AB}^{\neq}$, 设形成活化络合

物后全部转变成产物, $\dfrac{k_{\rm B}T}{h}=1.0\times10^{13}\ {\rm s}^{-1}$, 每个运动自由度的配分函数的近似值分别为 $f_{\rm t}=10^8\ {\rm cm}^{-1}$, $f_{\rm r}=10$, $f_{\rm v}=1.1$, 不考虑电子配分函数的贡献, 求证该反应的速率常数为 $k/({\rm mol}^{-1}\cdot{\rm cm}^3\cdot{\rm s}^{-1})=9.7\times10^9\exp\left(-\dfrac{E_0}{RT}\right)$。

**解**: 过渡态理论中用统计热力学的方法计算速率常数的公式为

$$k=\frac{k_{\rm B}T}{h}\frac{\left(f_{\rm t}^3f_{\rm r}^3f_{\rm v}^{[3(N_{\rm A}+N_{\rm B})-7]}\right)^{\neq}}{\left(f_{\rm t}^3f_{\rm r}^3f_{\rm v}^{3N_{\rm A}-6}\right)_{\rm A}\left(f_{\rm t}^3f_{\rm r}^3f_{\rm v}^{3N_{\rm B}-6}\right)_{\rm B}}\exp\left(-\frac{E_0}{RT}\right)$$

因为反应物和产物都是非线形分子, 所以平动和转动自由度都等于 3, 代入上述公式, 整理得

$$\begin{aligned}k&=\frac{k_{\rm B}T}{h}\frac{f_{\rm v}^5}{f_{\rm t}^3f_{\rm r}^3}\exp\left(-\frac{E_0}{RT}\right)=10^{13}\ {\rm s}^{-1}\times\frac{(1.1)^5}{[(10^8\ {\rm cm}^{-1})^3\cdot(10)^3]}\exp\left(-\frac{E_0}{RT}\right)\\&=1.61\times10^{-14}\ {\rm cm}^3\cdot{\rm s}^{-1}\times\exp\left(-\frac{E_0}{RT}\right)=9.7\times10^9\ {\rm cm}^3\cdot{\rm mol}^{-1}\cdot{\rm s}^{-1}\times\exp\left(-\frac{E_0}{RT}\right)\end{aligned}$$

**12.22** 丁二烯气相二聚反应的速率常数 $k$ 为

$$k/({\rm mol}^{-1}\cdot{\rm dm}^3\cdot{\rm s}^{-1})=9.2\times10^9\exp\left(-\frac{1.992\times10^5\ {\rm J\cdot mol^{-1}}}{RT}\right)$$

(1) 用过渡态理论计算该反应在 600 K 时的指前因子, 已知 $\Delta_{\rm r}^{\neq}S_{\rm m}=-60.8\ {\rm J\cdot mol^{-1}\cdot K^{-1}}$;

(2) 若有效碰撞直径 $d=0.5$ nm, 用简单碰撞理论计算该反应的指前因子;

(3) 通过计算讨论概率因子 $P$ 与活化熵 $\Delta_{\rm r}^{\neq}S_{\rm m}$ 的关系。

**解**: 详见例 12.8。

**12.23** 对于基元反应 $O_3(g)+NO(g)\longrightarrow NO_2(g)+O_2(g)$, 在 $220\sim320$ K 时实验测得 $E_{\rm a}=20.8\ {\rm kJ\cdot mol^{-1}}$, $A=6.0\times10^8\ {\rm mol^{-1}\cdot dm^3\cdot s^{-1}}$。

(1) 以 $c^{\ominus}=1.0\ {\rm mol\cdot dm^{-3}}$ 为标准态, 求该反应在 270 K 时的活化焓 $\Delta_{\rm r}^{\neq}H_{\rm m}$、活化熵 $\Delta_{\rm r}^{\neq}S_{\rm m}$ 和活化 Gibbs 自由能 $\Delta_{\rm r}^{\neq}G_{\rm m}$。

(2) 若以 $p^{\ominus}=100$ kPa 为标准态, 则 $\Delta_{\rm r}^{\neq}S_{\rm m}$ 又为何值? $\Delta_{\rm r}^{\neq}H_{\rm m}$ 和 $\Delta_{\rm r}^{\neq}G_{\rm m}$ 又将如何?

**解**: (1) 因为是双分子气相反应, 所以

$$\begin{aligned}\Delta_{\rm r}^{\neq}H_{\rm m}&=E_{\rm a}-2RT\\&=20.8\ {\rm kJ\cdot mol^{-1}}-2\times8.314\times10^{-3}\ {\rm kJ\cdot mol^{-1}\cdot K^{-1}}\times270\ {\rm K}=16.3\ {\rm kJ\cdot mol^{-1}}\end{aligned}$$

$$A=\frac{k_{\rm B}T}{h}(c^{\ominus})^{-1}{\rm e}^2\times\exp\left(\frac{\Delta_{\rm r}^{\neq}S_{\rm m}^{\ominus}}{R}\right)$$

$$6.0\times10^8\ {\rm dm^3\cdot mol^{-1}\cdot s^{-1}}=\frac{1.38\times10^{-23}\ {\rm J\cdot K^{-1}}\times270\ {\rm K}}{6.626\times10^{-34}\ {\rm J\cdot s}}\times(1.0\ {\rm mol\cdot dm^{-3}})^{-1}\times$$

$$2.718^2\times\exp\left(\frac{\Delta_{\rm r}^{\neq}S_{\rm m}^{\ominus}}{8.314\ {\rm J\cdot mol^{-1}\cdot K^{-1}}}\right)$$

解得

$$\Delta_{\rm r}^{\neq}S_{\rm m}=-92.7\ {\rm J\cdot mol^{-1}\cdot K^{-1}}$$

$$\Delta_{\rm r}^{\neq}G_{\rm m}=\Delta_{\rm r}^{\neq}H_{\rm m}-T\Delta_{\rm r}^{\neq}S_{\rm m}$$

$$= 16.3\ \mathrm{kJ\cdot mol^{-1}} - 270\ \mathrm{K} \times (-92.7 \times 10^{-3}\ \mathrm{kJ\cdot mol^{-1}\cdot K^{-1}}) = 41.3\ \mathrm{kJ\cdot mol^{-1}}$$

(2) 由于标准态改变, 压力也发生改变, 由 $p = c^{\ominus}RT$ 变到 $p^{\ominus}$, 这时的熵变计算式为

$$\begin{aligned}\Delta_{\mathrm{r}}^{\neq} S_{\mathrm{m}}^{\ominus}(p^{\ominus}) &= \Delta_{\mathrm{r}}^{\neq} S_{\mathrm{m}}^{\ominus}(c^{\ominus}) + R\ln\frac{p^{\ominus}}{p} = \Delta_{\mathrm{r}}^{\neq} S_{\mathrm{m}}^{\ominus}(c^{\ominus}) + R\ln\frac{p^{\ominus}}{c^{\ominus}RT} \\ &= -92.7\ \mathrm{J\cdot mol^{-1}\cdot K^{-1}} + 8.314\ \mathrm{J\cdot mol^{-1}\cdot K^{-1}} \times \\ &\quad \ln\frac{10^5\ \mathrm{Pa}}{1.0 \times 10^3\ \mathrm{mol\cdot m^{-3}} \times 8.314\ \mathrm{J\cdot mol^{-1}\cdot K^{-1}} \times 270\ \mathrm{K}} \\ &= (-92.7 - 25.9)\ \mathrm{J\cdot mol^{-1}\cdot K^{-1}} = -118.6\ \mathrm{J\cdot mol^{-1}\cdot K^{-1}}\end{aligned}$$

$\Delta_{\mathrm{r}}^{\neq} H_{\mathrm{m}}$ 的值与 (1) 中相同, 则

$$\begin{aligned}\Delta_{\mathrm{r}}^{\neq} G_{\mathrm{m}} &= \Delta_{\mathrm{r}}^{\neq} H_{\mathrm{m}} - T\Delta_{\mathrm{r}}^{\neq} S_{\mathrm{m}} \\ &= 16.3\ \mathrm{kJ\cdot mol^{-1}} - 270\ \mathrm{K} \times (-118.6 \times 10^{-3}\ \mathrm{kJ\cdot mol^{-1}\cdot K^{-1}}) = 48.3\ \mathrm{kJ\cdot mol^{-1}}\end{aligned}$$

**12.24**　对于双原子气体反应 $\mathrm{A(g) + B(g) \longrightarrow AB(g)}$, 分别用碰撞理论和过渡态理论的统计方法写出速率常数的计算式。在什么条件下两者完全相等? 是否合理?

**解**: $k_{\mathrm{SCT}} = \pi d_{\mathrm{AB}}^2 L\sqrt{\dfrac{8RT}{\pi\mu}} \cdot \exp\left(-\dfrac{E_{\mathrm{c}}}{RT}\right)$　　(此处 $\mu$ 为折合摩尔质量)

$$k_{\mathrm{TST}} = \frac{k_{\mathrm{B}}T}{h}\frac{f^{\neq}}{f_{\mathrm{A}}f_{\mathrm{B}}}L \cdot \exp\left(-\frac{E_0}{RT}\right)$$

[此处较教材中式 (12.40) 多乘了一个 $L$, 因为要计算的是以摩尔浓度表示的速率常数 $k$, 即 $r = kc_{\mathrm{A}}c_{\mathrm{B}}$]

A(g) 和 B(g) 都是原子, 只有三个平动自由度, 而活化络合物是双原子分子, 有三个平动自由度、两个转动自由度 (一个振动自由度用于活化络合物分解), 它们相应的配分函数的表示式分别为

$$f_{\mathrm{A}} = \left(\frac{2\pi m_{\mathrm{A}}k_{\mathrm{B}}T}{h^2}\right)^{3/2} \qquad f_{\mathrm{B}} = \left(\frac{2\pi m_{\mathrm{B}}k_{\mathrm{B}}T}{h^2}\right)^{3/2}$$

$$f^{\neq} = \left[\frac{2\pi(m_{\mathrm{A}} + m_{\mathrm{B}})k_{\mathrm{B}}T}{h^2}\right]^{3/2}\frac{8\pi^2 Ik_{\mathrm{B}}T}{h^2}$$

已知转动惯量和折合质量分别为

$$I = \left(\frac{m_{\mathrm{A}} \cdot m_{\mathrm{B}}}{m_{\mathrm{A}} + m_{\mathrm{B}}}\right)r^2 = \left(\frac{m_{\mathrm{A}} \cdot m_{\mathrm{B}}}{m_{\mathrm{A}} + m_{\mathrm{B}}}\right)d_{\mathrm{AB}}^2$$

$$\mu' = \frac{m_{\mathrm{A}} \cdot m_{\mathrm{B}}}{m_{\mathrm{A}} + m_{\mathrm{B}}} \quad (\text{此处 } \mu' \text{ 为折合质量})$$

代入过渡态理论的速率常数计算式, 整理得

$$k_{\mathrm{TST}} = \pi d_{\mathrm{AB}}^2 L\sqrt{\frac{8RT}{\pi\mu}} \cdot \exp\left(-\frac{E_0}{RT}\right)$$

当 $E_{\mathrm{c}} = E_0$ 时, $k_{\mathrm{SCT}} = k_{\mathrm{TST}}$。

根据定义, $E_{\mathrm{c}}$ 是分子发生有效碰撞时其相对动能在连心线上的分量所必须超过的临界能 (阈

能), $E_0$ 是活化络合物的零点能与反应物零点能之间的差值, 均为使反应发生必须越过的能垒，二者相等有一定的合理性。

**12.25** Lindemann 单分子反应理论认为, 单分子反应的历程为

① $\mathrm{A+M \xrightarrow{k_1} A^* + M}$

② $\mathrm{A^* + M \xrightarrow{k_2} A + M}$

③ $\mathrm{A^* \xrightarrow{k_3} P}$

(1) 试推导反应速率方程 $r = \dfrac{k_1k_3[\mathrm{A}][\mathrm{M}]}{k_2[\mathrm{M}]+k_3}$;

(2) 试应用简单碰撞理论计算 469 ℃ 时的 $k_1$, 已知 2–丁烯的 $d = 0.5$ nm, $E_\mathrm{a} = 263\ \mathrm{kJ\cdot mol^{-1}}$;

(3) 若反应速率方程写成 $r = k_\mathrm{u}[\mathrm{A}]$, 且 $k_\infty$ 为高压极限时的表观速率常数, 试计算 $k_\mathrm{u} = \dfrac{k_\infty}{2}$ 时的压力 $p_{1/2}$, 已知 $k_\infty = 1.9\times10^{-5}\ \mathrm{s^{-1}}$;

(4) 实验测得丁烯异构化反应在 469 ℃ 时的 $p_{1/2} = 0.532$ Pa, 试比较理论计算的 $p_{1/2}$ 与实验得到的 $p_{1/2}$ 之间的差异, 对此你有何评论?

**解**: (1) 反应速率方程为 $\quad r = \dfrac{\mathrm{d}[\mathrm{P}]}{\mathrm{d}t} = k_3[\mathrm{A^*}]$

用稳态近似法将中间产物浓度用反应物浓度代替:

$$\frac{\mathrm{d}[\mathrm{A^*}]}{\mathrm{d}t} = k_1[\mathrm{A}][\mathrm{M}] - k_2[\mathrm{A^*}][\mathrm{M}] - k_3[\mathrm{A^*}] = 0$$

$$[\mathrm{A^*}] = \frac{k_1[\mathrm{A}][\mathrm{M}]}{k_2[\mathrm{M}]+k_3}$$

$$r = \frac{\mathrm{d}[\mathrm{P}]}{\mathrm{d}t} = \frac{k_1k_3[\mathrm{A}][\mathrm{M}]}{k_2[\mathrm{M}]+k_3}$$

(2) $$E_\mathrm{c} = E_\mathrm{a} - \frac{1}{2}RT$$

$$= 263\ \mathrm{kJ\cdot mol^{-1}} - \frac{1}{2}\times 8.314\times10^{-3}\ \mathrm{kJ\cdot mol^{-1}\cdot K^{-1}}\times 742\ \mathrm{K} = 259.9\ \mathrm{kJ\cdot mol^{-1}}$$

$$k_1 = 2\pi d_\mathrm{AA}^2 L\sqrt{\frac{RT}{\pi M_\mathrm{A}}}\exp\left(-\frac{E_\mathrm{c}}{RT}\right)$$

$$= 2\times3.1416\times(0.5\times10^{-9}\ \mathrm{m})^2\times6.022\times10^{23}\ \mathrm{mol^{-1}}\times$$

$$\sqrt{\frac{8.314\ \mathrm{J\cdot mol^{-1}\cdot K}\times742\ \mathrm{K}}{3.1416\times54\times10^{-3}\ \mathrm{kg\cdot mol^{-1}}}}\times\exp\left(-\frac{259900\ \mathrm{J\cdot mol^{-1}}}{8.314\ \mathrm{J\cdot mol^{-1}\cdot K}\times742\ \mathrm{K}}\right)$$

$$= 9.10\times10^{-11}\ (\mathrm{mol\cdot m^{-3}})^{-1}\cdot\mathrm{s^{-1}}$$

(3) 高压时, 速率方程可以简化为

$$r = \frac{k_1k_3[\mathrm{A}][\mathrm{M}]}{k_2[\mathrm{M}]+k_3} \xrightarrow{k_2[\mathrm{M}]\gg k_3} \frac{k_1k_3[\mathrm{A}][\mathrm{M}]}{k_2[\mathrm{M}]} = \frac{k_1k_3}{k_2}[\mathrm{A}] \approx k_\infty[\mathrm{A}]$$

已知 $r = k_\mathrm{u}[\mathrm{A}]$, $k_\infty = \dfrac{k_1k_3}{k_2}$, 则

$$k_u = \frac{r}{[A]} = \frac{k_1 k_3 [M]}{k_2[M] + k_3} = \frac{k_1 k_3 / k_2}{1 + \dfrac{k_3}{k_2[M]}} = \frac{k_\infty}{1 + \dfrac{k_3}{k_2[M]}}$$

当 $k_u = \frac{1}{2}k_\infty$ 时:
$$\frac{1}{2}k_\infty = \frac{k_\infty}{1 + \dfrac{k_3}{k_2[M]}}$$

$$[M] = \frac{k_3}{k_2} = \frac{k_\infty}{k_1} = \frac{1.9 \times 10^{-5}\ s^{-1}}{9.10 \times 10^{-11}\ (mol \cdot m^{-3})^{-1} \cdot s^{-1}} = 2.09 \times 10^5\ mol \cdot m^{-3}$$

$$p_{1/2} = cRT = 2.09 \times 10^5\ mol \cdot m^{-3} \times 8.314\ J \cdot mol^{-1} \cdot K \times 742\ K = 1.29 \times 10^9\ Pa$$

(4) 用简单碰撞理论计算的 $p_{1/2}$ 大于实验值, 说明反应机理不一定完全符合实际情况。

**12.26** 在 298 K 时, 反应 $N_2O_4(g) \underset{k_{-2}}{\overset{k_1}{\rightleftharpoons}} 2\,NO_2(g)$ 的速率常数 $k_1 = 4.80 \times 10^4\ s^{-1}$, 已知 $N_2O_4(g)$, $NO_2(g)$ 的标准摩尔生成 Gibbs 自由能分别为

$$\Delta_f G_m^\ominus(N_2O_4, g) = 99.8\ kJ \cdot mol^{-1}, \qquad \Delta_f G_m^\ominus(NO_2, g) = 51.31\ kJ \cdot mol^{-1}$$

试计算:

(1) 298 K 时, 若 $N_2O_4(g)$ 的起始压力为 100 kPa, $NO_2(g)$ 的平衡分压;

(2) 该反应的弛豫时间 $\tau$。

**解**: 根据已知的参与反应物质的标准摩尔生成 Gibbs 自由能计算反应的标准摩尔 Gibbs 自由能, 从而计算反应的标准平衡常数和反应的经验平衡常数。已知 $k_1 = 4.80 \times 10^4\ s^{-1}$, 可求出 $k_{-2}$ 的值, 根据速率常数与弛豫时间的关系, 可计算弛豫时间。

(1) $\Delta_f G_m^\ominus = 2\Delta_f G_m^\ominus(NO_2, g) - \Delta_f G_m^\ominus(N_2O_4, g) = (2 \times 51.31 - 99.8)\ kJ \cdot mol^{-1} = 2.82\ kJ \cdot mol^{-1}$

$$K_p^\ominus = \exp\left(-\frac{\Delta_r G_m^\ominus}{RT}\right) = \exp\left(-\frac{2.82 \times 10^3}{8.314 \times 298}\right) = 0.320$$

$$K_p^\ominus = \frac{(p_{NO_2}/p^\ominus)^2}{p_{N_2O_4}/p^\ominus} = \frac{p_{NO_2}^2}{p_{N_2O_4}} \frac{1}{p^\ominus} = K_p \cdot \frac{1}{p^\ominus}$$

$$K_p = K_p^\ominus \cdot p^\ominus = 0.320 \times 100\ kPa = 32.0\ kPa$$

$$k_{-2} = \frac{k_1}{K_p} = \frac{4.80 \times 10^4\ s^{-1}}{32.0\ kPa} = 1500\ (kPa \cdot s)^{-1}$$

$$\begin{array}{lccc} & N_2O_4(g) & \underset{k_{-2}}{\overset{k_1}{\rightleftharpoons}} & 2\,NO_2(g) \\ t=0 & p^\ominus & & 0 \\ t=t & p^\ominus - \frac{1}{2}p & & p \end{array}$$

$$K_p = \frac{p^2}{p^\ominus - \dfrac{1}{2}p} = \frac{p^2}{100\ kPa - \dfrac{1}{2}p} = 32.0\ kPa$$

解得
$$p = p_{NO_2} = 49.1\ kPa$$

(2) 弛豫时间的计算公式可通过推导得到。

$$\frac{1}{\tau} = k_1 + 4k_{-2}p_{NO_2}$$

(可参考教材中表 12.3, 但本题的情况相差一个系数 2, 因为 1 分子 $N_2O_4$ 可生成 2 分子 $NO_2$。)

$$\tau = \frac{1}{k_1 + 4k_{-2}p_{NO_2}} = \frac{1}{4.80 \times 10^4\ s^{-1} + 4 \times 1500\ (kPa\cdot s)^{-1} \times 49.1\ kPa} = 2.92 \times 10^{-6}\ s$$

**12.27** 反应 $HIn^- \underset{k_2}{\overset{k_1}{\rightleftharpoons}} H^+ + In^{2-}$, $HIn^-$ 为溴甲酚绿, 弛豫时间与反应平衡浓度间关系如下:

| $\tau^{-1}/(10^6\ s^{-1})$ | 1.01 | 1.16 | 3.13 |
|---|---|---|---|
| $([H^+] + [In^{2-}])/(10^{-6}\ mol\cdot dm^{-3})$ | 4.30 | 6.91 | 38.94 |

求 $k_1$, $k_2$ 及 $K$。

**解**: 可先推导得 $\tau^{-1} = k_2\ ([H^+] + [In^{2-}]) + k_1$ (这是教材中表 12.3 的结论)。

将实验数据代入, 得

$$1.01 \times 10^6\ s^{-1} = k_2(4.30 \times 10^{-6}\ mol\cdot dm^{-3}) + k_1$$
$$1.16 \times 10^6\ s^{-1} = k_2(6.91 \times 10^{-6}\ mol\cdot dm^{-3}) + k_1$$
$$3.13 \times 10^6\ s^{-1} = k_2(38.94 \times 10^{-6}\ mol\cdot dm^{-3}) + k_1$$

解联立方程, 求得 $k_2$ 分别为 $6.13 \times 10^{10}\ mol^{-1}\cdot dm^3\cdot s^{-1}$ 和 $6.12 \times 10^{10}\ mol^{-1}\cdot dm^3\cdot s^{-1}$, 取 $k_2 = 6.12 \times 10^{10}\ mol^{-1}\cdot dm^3\cdot s^{-1}$ 代入上述任一式, 可得 $k_1 = 7.5 \times 10^5\ s^{-1}$。所以

$$K = k_1/k_2 = \frac{7.5 \times 10^5\ s^{-1}}{6.12 \times 10^{10}\ mol^{-1}\cdot dm^3\cdot s^{-1}} = 1.23 \times 10^{-5}\ mol\cdot dm^{-3}$$

**12.28** 茜素黄 G 是一种酸碱指示剂, 其反应可表示为 $HG^- + OH^- \underset{k_b}{\overset{k_f}{\rightleftharpoons}} G^{2-} + H_2O$; 当 pH = 10.88, $[HG^-] = 1.90 \times 10^{-4}\ mol\cdot dm^{-3}$ 时, 测得弛豫时间 $\tau = 20\ \mu s$, 上述反应的平衡常数 $K = 5.90 \times 10^2\ mol^{-1}\cdot dm^3$, 计算反应的 $k_f$ 和 $k_b$。

**解**: 上述反应可看作 2–1 型对峙反应, 推导出 $\tau^{-1} = k_f\ ([HG^-]_e + [OH^-]_e) + k_b'$ (这是教材中表 12.3 的结论), 其中 $k_b' = k_b[H_2O]$。

当 pH = 10.88 时, 由 $pH = 14 + \lg\frac{[OH^-]}{c^\ominus}$ 得

$$[OH^-] = 10^{(10.88-14)}\ mol\cdot dm^{-3} = 7.50 \times 10^{-4}\ mol\cdot dm^{-3}$$

平衡浓度和弛豫时间代入, 得

$$(20 \times 10^{-6}\ s)^{-1} = k_f(1.9 \times 10^{-4} + 7.5 \times 10^{-4})\ mol\cdot dm^{-3} + k_b'$$

$$K = \frac{[G^{2-}]}{[HG^-][OH^-]} = \frac{k_f}{k_b'} = 5.90 \times 10^2\ mol^{-1}\cdot dm^3$$

上面两式联立, 解得

$$k'_{\mathrm{b}} = 3.22 \times 10^4\ \mathrm{s^{-1}}$$

$$k_{\mathrm{f}} = 1.90 \times 10^7\ \mathrm{mol^{-1}{\cdot}dm^3{\cdot}s^{-1}}$$

$$k_{\mathrm{b}} = \frac{k'_{\mathrm{b}}}{[\mathrm{H_2O}]} = \frac{3.22 \times 10^4\ \mathrm{s^{-1}}}{55.6\ \mathrm{mol^{-1}{\cdot}dm^3}} = 5.79 \times 10^2\ \mathrm{mol^{-1}{\cdot}dm^3{\cdot}s^{-1}}$$

**12.29**　在光的影响下, 蒽聚合为二蒽。由于二蒽的热分解作用而达到光化学平衡。光化学反应的温度系数 (即温度每升高 10 K 反应速率所增加的倍数) 是 1.1, 热分解的温度系数是 2.8, 当达到光化学平衡时, 温度每升高 10 K, 反应的平衡常数为原来的多少倍?

**解**: 设蒽聚合为二蒽的反应为　$2\,\mathrm{C_{14}H_{10}} \underset{k_{-1}}{\overset{k_1}{\rightleftharpoons}} \mathrm{C_{28}H_{20}}$

反应方程式中 $k_1$ 是光化学反应的速率常数, $k_{-1}$ 是热分解反应的速率常数。整个反应的平衡常数称为光化学平衡常数 $K$, $K = k_1/k_{-1}$。温度升高 10 K 后, 这几个常数分别用 $k'_1$, $k'_{-1}$ 和 $K'$ 表示。

已知 $\dfrac{k'_1}{k_1} = \dfrac{1.0 + 1.1}{1.0} = 2.1$, $\dfrac{k'_{-1}}{k_{-1}} = \dfrac{1.0 + 2.8}{1.0} = 3.8$, 则

$$\frac{K'}{K} = \frac{k'_1/k'_{-1}}{k_1/k_{-1}} = \frac{2.1k_1/(3.8k_{-1})}{k_1/k_{-1}} = \frac{2.1}{3.8} = 0.553$$

温度每升高 10 K, 反应的平衡常数为原来的 0.553 倍。

**12.30**　用波长为 313 nm 的单色光照射气态丙酮, 发生下列分解反应:

$$(\mathrm{CH_3})_2\mathrm{CO(g)} + h\nu \longrightarrow \mathrm{C_2H_6(g)} + \mathrm{CO(g)}$$

若反应池的容量是 $0.059\ \mathrm{dm^3}$, 丙酮吸收入射光的分数为 0.915, 在反应过程中, 得到下列数据:

反应温度: 840 K

照射时间: 7.0 h

入射能:　$48.1 \times 10^{-4}\ \mathrm{J{\cdot}s^{-1}}$

起始压力: 102.16 kPa

终了压力: 104.42 kPa

计算此反应的量子产率。

**解**: 在一定的反应时间内, 量子产率的定义为

$$\phi = \frac{\text{反应物消失的物质的量}}{\text{吸收光子的物质的量}}$$

这需要分别计算出发生反应的丙酮的物质的量和吸收光子的物质的量。一个丙酮分子分解成两个分子, 物质的量会增加一倍。在相同的温度和容器中, 根据压力的变化可以计算发生反应的丙酮的物质的量 $n$ 为

$$n = n_{\text{终}} - n_{\text{始}} = \frac{(p_{\text{终}} - p_{\text{始}})V}{RT}$$

$$= \frac{(104.42 \times 10^3\ \mathrm{Pa} - 102.16 \times 10^3\ \mathrm{Pa}) \times 5.9 \times 10^{-5}\ \mathrm{m^3}}{8.314\ \mathrm{J{\cdot}mol^{-1}{\cdot}K^{-1}} \times 840\ \mathrm{K}} = 1.91 \times 10^{-5}\ \mathrm{mol}$$

要计算吸收光子的物质的量, 首先计算 1 mol 光子的能量。1 mol 光子的能量用 "$u$" 表示 (称为 1"爱因斯坦"), 有

$$u = Lh\nu = L\frac{hc}{\lambda}$$

$$= 6.022 \times 10^{23}\ \mathrm{mol^{-1}} \times \frac{6.626 \times 10^{-34}\ \mathrm{J \cdot s} \times 2.998 \times 10^{8}\ \mathrm{m \cdot s^{-1}}}{3.13 \times 10^{-7}\ \mathrm{m}} = 3.822 \times 10^{5}\ \mathrm{J \cdot mol^{-1}}$$

吸收光子的物质的量为

$$n' = \frac{48.1 \times 10^{-4}\ \mathrm{J \cdot s^{-1}} \times (7.0 \times 3600)\ \mathrm{s} \times 0.915}{3.822 \times 10^{5}\ \mathrm{J \cdot mol^{-1}}} = 2.90 \times 10^{-4}\ \mathrm{mol}$$

$$\phi = \frac{n}{n'} = \frac{1.91 \times 10^{-5}\ \mathrm{mol}}{2.90 \times 10^{-4}\ \mathrm{mol}} = 0.066$$

**12.31** 为了测定藻类的光合成效率, 用功率为 10 W 和平均波长为 550 nm 的光照射一株藻类 100 s, 所产生的氧气是 $5.75 \times 10^{-4}$ mol, 计算 $O_2$ 生成的量子产率。

**解**: 1 mol 光子的能量是

$$u = Lhc/\lambda$$

$$= \frac{6.022 \times 10^{23}\ \mathrm{mol^{-1}} \times 6.626 \times 10^{-34}\ \mathrm{J \cdot s} \times 2.998 \times 10^{8}\ \mathrm{m \cdot s^{-1}}}{550 \times 10^{-9}\ \mathrm{m}} = 2.175 \times 10^{5}\ \mathrm{J \cdot mol^{-1}}$$

吸收光子的物质的量为

$$n' = \frac{100\ \mathrm{s} \times 10\ \mathrm{W}}{2.175 \times 10^{5}\ \mathrm{J \cdot mol^{-1}}} = 4.60 \times 10^{-3}\ \mathrm{mol}$$

$O_2$ 生成的量子产率为

$$\phi = n_{O_2}/n' = 5.75 \times 10^{-4}\ \mathrm{mol}/(4.60 \times 10^{-3}\ \mathrm{mol}) = 0.125$$

**12.32** 用 $\lambda = 400$ nm 单色光照含有 $H_2$ 和 $Cl_2$ 的反应池, 被 $Cl_2$ 吸收的光强为 $I_\mathrm{a} = 11 \times 10^{-7}\ \mathrm{J \cdot s^{-1}}$, 照射 1 min 后, $p_{Cl_2}$ 由 27.3 kPa 降为 20.8 kPa (已校正为 273 K 时的压力)。求量子产率 $\phi$ (以 HCl 计) (反应池体积为 100 $\mathrm{cm^3}$), 并由 $\phi$ 对反应历程提出你的分析。

**解**: 生成 HCl 的物质的量为消耗的 2 倍, 即

$$n_\mathrm{r} = \frac{2(p_\mathrm{i} - p_\mathrm{f})V}{RT}$$

$$= \frac{2 \times (27.3 \times 10^{3}\ \mathrm{Pa} - 20.8 \times 10^{3}\ \mathrm{Pa}) \times 100 \times 10^{-6}\ \mathrm{m^3}}{8.314\ \mathrm{J \cdot mol^{-1} \cdot K^{-1}} \times 273\ \mathrm{K}} = 5.73 \times 10^{-4}\ \mathrm{mol}$$

吸收的光子为

$$n_0 = \frac{I_\mathrm{a}t}{u} = \frac{I_\mathrm{a}t\lambda}{hcL}$$

$$= \frac{11 \times 10^{-7}\ \mathrm{J \cdot s^{-1}} \times 60\ \mathrm{s} \times 400 \times 10^{-9}\ \mathrm{m}}{6.626 \times 10^{-34}\ \mathrm{J \cdot s} \times 2.998 \times 10^{8}\ \mathrm{m \cdot s^{-1}} \times 6.022 \times 10^{23}\ \mathrm{mol^{-1}}} = 2.20 \times 10^{-10}\ \mathrm{mol}$$

$$\phi = \frac{n_{\mathrm{r}}}{n_0} = \frac{5.73 \times 10^{-4}\ \mathrm{mol}}{2.20 \times 10^{-10}\ \mathrm{mol}} = 2.60 \times 10^6 \geqslant 1$$

反应历程应为光引发的链反应, 即

① $\mathrm{Cl_2} \xrightarrow{h\nu} 2\,\mathrm{Cl}\cdot$

② $\mathrm{Cl}\cdot + \mathrm{H_2} \longrightarrow \mathrm{HCl} + \mathrm{H}\cdot$

③ $\mathrm{H}\cdot + \mathrm{Cl_2} \longrightarrow \mathrm{HCl} + \mathrm{Cl}\cdot$

④ $\mathrm{Cl}\cdot + \mathrm{Cl}\cdot + \mathrm{M} \longrightarrow \mathrm{Cl_2} + \mathrm{M}$

**12.33**　$2\,\mathrm{HI} + h\nu \longrightarrow \mathrm{H_2} + \mathrm{I_2}$, $\lambda = 207\ \mathrm{nm}$, 当 1 J 能量能使 440 μg HI 分解, 求总反应的量子产率, 并提出一个与此结果相符合的光解历程。

**解**: 1 个光子的能量为

$$\varepsilon = h\nu = \frac{hc}{\lambda} = \frac{6.626 \times 10^{-34}\ \mathrm{J \cdot s} \times 2.998 \times 10^8\ \mathrm{m \cdot s^{-1}}}{207 \times 10^{-9}\ \mathrm{m}} = 9.60 \times 10^{-19}\ \mathrm{J}$$

1 J 能量相当的光子数为　$N = \dfrac{1}{\varepsilon} = \dfrac{1}{9.60 \times 10^{-19}} = 1.04 \times 10^{18}$

1 J 能量使 HI 分解的分子数为　$N' = \dfrac{440 \times 10^{-6}\ \mathrm{g}}{127.9\ \mathrm{g \cdot mol^{-1}}} \times 6.022 \times 10^{23}\ \mathrm{mol^{-1}} = 2.07 \times 10^{18}$

$$\phi = \frac{N'}{N} = \frac{2.07 \times 10^{18}}{1.04 \times 10^{18}} = 2$$

反应历程为

$$\mathrm{HI} + h\nu \longrightarrow \mathrm{HI}^*$$

$$\mathrm{HI}^* + \mathrm{HI} \longrightarrow \mathrm{H_2} + \mathrm{I_2}$$

**12.34**　反应物 A 的光二聚反应历程为

$$\mathrm{A} + h\nu \xrightarrow{k_1} \mathrm{A}^*$$

$$\mathrm{A}^* + \mathrm{A} \xrightarrow{k_2} \mathrm{A_2}$$

$$\mathrm{A}^* \xrightarrow{k_3} \mathrm{A} + h\nu_{\mathrm{f}}$$

试推导 $\varPhi_{\mathrm{A_2}}$ 及 $\varPhi_{\mathrm{f}}$ (荧光量子效率) 的表达式。

**解**: 对 $\mathrm{A}^*$ 应用稳态近似, 并令吸收光强为 $I_{\mathrm{a}}$, 则

$$\mathrm{d}[\mathrm{A}^*]/\mathrm{d}t = I_{\mathrm{a}} - k_2[\mathrm{A}^*][\mathrm{A}] - k_3[\mathrm{A}^*] = 0$$

得

$$[\mathrm{A}^*] = I_{\mathrm{a}}/(k_2[\mathrm{A}] + k_3)$$

$$\mathrm{d}[\mathrm{A_2}]/\mathrm{d}t = k_2[\mathrm{A}^*][\mathrm{A}] = k_2[\mathrm{A}]I_{\mathrm{a}}/(k_2[\mathrm{A}] + k_3)$$

$$\varPhi_{\mathrm{A_2}} = (\mathrm{d}[\mathrm{A_2}]/\mathrm{d}t)/I_{\mathrm{a}} = k_2[\mathrm{A}]/(k_2[\mathrm{A}] + k_3)$$

$$\varPhi_{\mathrm{f}} = k_3[\mathrm{A}^*]/I_{\mathrm{a}} = k_3/(k_2[\mathrm{A}] + k_3)$$

**12.35**　$\mathrm{O_3}$ 的光化分解反应历程如下:

① $\mathrm{O_3} + h\nu \xrightarrow{k_1} \mathrm{O_2} + \mathrm{O}^*$

② $\mathrm{O}^* + \mathrm{O_3} \xrightarrow{k_2} 2\,\mathrm{O_2}$

③ $O^* \xrightarrow{k_3} O + h\nu$

④ $O + O_2 + M \xrightarrow{k_4} O_3 + M$

设单位时间、单位体积中吸收光为 $I_a$, $\varphi$ 为过程 ① 的量子产率, $\phi = \dfrac{d[O_2]/dt}{I_a}$ 为总反应的量子产率。

(1) 试证明 $\dfrac{1}{\phi} = \dfrac{1}{3\varphi}\left(1 + \dfrac{k_3}{k_2[O_3]}\right)$;

(2) 若以 250.7 nm 的光照射, $\dfrac{1}{\phi} = 0.588 + 0.81\dfrac{1}{[O_3]}$, 试求 $\varphi$ 及 $\dfrac{k_2}{k_3}$ 的值。

**解**: 首先写出产物 $O_2(g)$ 的生成速率方程, 其中活泼中间产物用稳态近似处理, 将中间产物的浓度表示式代入 $O_2(g)$ 的生成速率方程, 再用量子产率 $\phi = \dfrac{d[O_2]/dt}{I_a}$ 的公式, 就能证明 (1) 中的公式。用该公式与 (2) 中的公式对比, 就能得到要计算的值。

(1) $O_2(g)$ 的生成速率方程为

$$\frac{d[O_2]}{dt} = \varphi I_a + 2k_2[O^*][O_3] - k_4[O][O_2][M] \tag{a}$$

过程 ① 是光化学反应的初级过程, 原则上反应速率等于吸收光速率 $I_a$, 与反应物的浓度无关。由于吸收的光子并未完全用于反应, 所以要用吸收光速率 $I_a$ 乘以量子产率 $\varphi$。$O^*$ 和 O 分别为富能氧原子和普通氧原子, 都可以用稳态近似处理:

$$\frac{d[O^*]}{dt} = \varphi I_a - k_2[O^*][O_3] - k_3[O^*] = 0$$

$$[O^*] = \frac{\varphi I_a}{k_2[O_3] + k_3} \tag{b}$$

$$\frac{d[O]}{dt} = k_3[O^*] - k_4[O][O_2][M] = 0$$

$$k_3[O^*] = k_4[O][O_2][M] \tag{c}$$

将式 (b) 和式 (c) 代入式 (a), 整理得

$$\begin{aligned}\frac{d[O_2]}{dt} &= \varphi I_a + 2k_2[O^*][O_3] - k_3[O^*]\\ &= \varphi I_a + (2k_2[O_3] - k_3)\frac{\varphi I_a}{k_2[O_3] + k_3} = \varphi I_a\frac{3k_2[O_3]}{k_2[O_3] + k_3}\end{aligned}$$

则

$$\phi = \frac{d[O_2]/dt}{I_a} = \varphi\frac{3k_2[O_3]}{k_2[O_3] + k_3}$$

等式两边都取倒数, 整理后就能得到要证明的结果:

$$\frac{1}{\phi} = \frac{1}{3\varphi}\left(\frac{k_2[O_3] + k_3}{k_2[O_3]}\right) = \frac{1}{3\varphi}\left(1 + \frac{k_3}{k_2[O_3]}\right)$$

(2) 已知:

$$\frac{1}{\phi} = 0.588 + 0.81\frac{1}{[O_3]}$$

与 (1) 中证明的结果对照, 得

$$\frac{1}{3\varphi}=0.588 \qquad \frac{1}{3\varphi}\frac{k_3}{k_2}=0.81$$

解得

$$\varphi=0.567$$

$$\frac{k_3}{k_2}=1.378 \qquad \frac{k_2}{k_3}=0.72$$

**12.36** 有一酸催化反应 $\mathrm{A+B \xrightarrow{H^+} C+D}$, 已知该反应的速率方程为

$$\frac{\mathrm{d[C]}}{\mathrm{d}t}=k[\mathrm{H^+}][\mathrm{A}][\mathrm{B}]$$

当 $[\mathrm{A}]_0=[\mathrm{B}]_0=0.01\ \mathrm{mol\cdot dm^{-3}}$, 在 pH = 2 的条件下, 298 K 时的反应半衰期为 1 h, 若其他条件均不变, 在 288 K 时 $t_{1/2}=2$ h。试计算在 298 K 时:

(1) 反应的速率常数 $k$ 值;

(2) 反应的活化 Gibbs 自由能、活化焓和活化熵 $\left(设\ \dfrac{k_\mathrm{B}T}{h}=10^{13}\ \mathrm{s^{-1}}\right)$。

**解**: (1) 因为 $\mathrm{H^+}$ 是催化剂, 反应过程中浓度不变, 可以并入速率常数项, 使速率方程变成准二级反应。而已知反应物的起始浓度又相等, 就可以用 $a=b$ 的二级反应的半衰期与反应物起始浓度成反比的关系求出 298 K 时的速率常数。

在除温度外的其他反应条件均不变和反应程度都相同的情况下, 速率常数之比就等于反应时间的反比, 当然也等于半衰期的反比, 这样就可以计算实验活化能的值。

有了实验活化能的值, 就可以计算反应的活化焓。有了 298 K 时的速率常数, 就可以利用过渡态理论计算速率常数的公式计算反应的活化 Gibbs 自由能, 从而从热力学函数之间的关系, 求出反应的活化熵。

过渡态理论一般只能计算基元反应的动力学数据, 而这个酸催化反应显然不是基元反应, 这里仅是做一练习而已。另外还要注意 $k'=k[\mathrm{H^+}]$, 两个速率常数的值不同, 单位也不同。这实际是一个三级反应, 在用过渡态理论的公式计算时, 应该用 $k$ 值。

在 298 K 时:
$$\frac{\mathrm{d[C]}}{\mathrm{d}t}=k[\mathrm{H^+}][\mathrm{A}][\mathrm{B}]=k'[\mathrm{A}][\mathrm{B}]$$

$$k'(298\ \mathrm{K})=\frac{1}{at_{1/2}}=\frac{1}{0.01\ \mathrm{mol\cdot dm^{-3}}\times 1.0\ \mathrm{h}}=100\ (\mathrm{mol\cdot dm^{-3}})^{-1}\cdot\mathrm{h^{-1}}$$

$$k(298\ \mathrm{K})=\frac{k'(298\ \mathrm{K})}{[\mathrm{H^+}]}=\frac{100\ (\mathrm{mol\cdot dm^{-3}})^{-1}\cdot\mathrm{h^{-1}}}{0.01\ \mathrm{mol\cdot dm^{-3}}}$$

$$=1.0\times10^4\ (\mathrm{mol\cdot dm^{-3}})^{-2}\cdot\mathrm{h^{-1}}=2.778\ (\mathrm{mol\cdot dm^{-3}})^{-2}\cdot\mathrm{s^{-1}}$$

(2)
$$\ln\frac{k_2}{k_1}=\frac{E_\mathrm{a}}{R}\left(\frac{1}{T_1}-\frac{1}{T_2}\right)$$

$$\ln\frac{k(288\ \mathrm{K})}{k(298\ \mathrm{K})}=\ln\frac{t_{1/2}(298\ \mathrm{K})}{t_{1/2}(288\ \mathrm{K})}=\frac{E_\mathrm{a}}{R}\left(\frac{1}{298\ \mathrm{K}}-\frac{1}{288\ \mathrm{K}}\right)$$

$$\ln\frac{1.0\ \text{h}^{-1}}{2.0\ \text{h}^{-1}}=\frac{E_a}{8.314\ \text{J}\cdot\text{mol}^{-1}\cdot\text{K}^{-1}}\times\left(\frac{1}{298\ \text{K}}-\frac{1}{288\ \text{K}}\right)$$

解得
$$E_a=49.46\ \text{kJ}\cdot\text{mol}^{-1}$$

对于液相反应:

$$\begin{aligned}\Delta_r^{\ne}H_m&=E_a-RT\\&=49.46\ \text{kJ}\cdot\text{mol}^{-1}-8.314\times10^{-3}\ \text{kJ}\cdot\text{mol}^{-1}\cdot\text{K}^{-1}\times298\ \text{K}=46.98\ \text{kJ}\cdot\text{mol}^{-1}\end{aligned}$$

$k=\dfrac{k_BT}{h}(c^{\ominus})^{1-n}\exp\left(-\dfrac{\Delta_r^{\ne}G_m}{RT}\right)$, 代入已知数据得

$$2.778\ (\text{mol}\cdot\text{dm}^{-3})^{-2}\cdot\text{s}^{-1}=10^{13}\ \text{s}^{-1}\times(1.0\ \text{mol}\cdot\text{dm}^{-3})^{-2}\times\exp\left(-\frac{\Delta_r^{\ne}G_m}{RT}\right)$$

$$\Delta_r^{\ne}G_m=-8.314\ \text{J}\cdot\text{mol}^{-1}\cdot\text{K}^{-1}\times298\ \text{K}\times\ln\frac{2.778}{1\times10^{13}}=71.63\ \text{kJ}\cdot\text{mol}^{-1}$$

$$\Delta_r^{\ne}S_m=\frac{\Delta_r^{\ne}H_m-\Delta_r^{\ne}G_m}{T}=\frac{(46.98-71.63)\ \text{kJ}\cdot\text{mol}^{-1}}{298\ \text{K}}=-82.7\ \text{J}\cdot\text{mol}^{-1}\cdot\text{K}^{-1}$$

**12.37** 乙酸乙酯 (E) 水解能被盐酸催化, 且反应能进行到底, 其速率方程为 $r=k[\text{E}][\text{HCl}]$, 当 $[\text{E}]=0.100\ \text{mol}\cdot\text{dm}^{-3}$, $[\text{HCl}]=0.010\ \text{mol}\cdot\text{dm}^{-3}$, 298.2 K 时测得 $k=2.80\times10^{-5}\ \text{mol}^{-1}\cdot\text{dm}^3\cdot\text{s}^{-1}$, 求反应的 $t_{1/2}$。

**解**: 因为 HCl 为催化剂, 故 [HCl] 为一常量。即 $r=k'[\text{E}]$, $k'=k[\text{HCl}]$。

一级反应:

$$\begin{aligned}t_{1/2}&=0.693/k'=0.693/(k[\text{HCl}])\\&=\frac{0.693}{2.80\times10^{-5}\ \text{mol}^{-1}\cdot\text{dm}^3\cdot\text{s}^{-1}\times0.010\ \text{mol}\cdot\text{dm}^{-3}}=2.48\times10^6\ \text{s}\end{aligned}$$

**12.38** 关于氨在石英表面上的分解, Hinshelwood 和 Burk 曾得到如下实验数据:

| $T/\text{K}$ | 1267 | | 1220 | |
|---|---|---|---|---|
| $p_0/\text{kPa}$ | 7.13 | 18.33 | 15.60 | 39.73 |
| $t_{1/2}/\text{s}$ | 43 | 44 | 190 | 191 |

(1) 试问该反应的级数是多少? 如果假定该表面反应是单分子反应, 则在高压极限条件下, 该反应级数是多少?

(2) 该反应的活化能是多少?

**解**: (1) 从起始压力变化而反应半衰期基本不变可以看出, 该反应是一级反应; 对于单分子表面反应，$p=\infty$ 时, 反应速率是一个常数, 与压力无关，反应为零级反应。

(2) 根据一级反应的半衰期和速率常数的关系 $k=\dfrac{\ln 2}{t_{1/2}}$, 可以得到

$$\bar{k}_1=0.0159\ \text{s}^{-1},\qquad \bar{k}_2=3.58\times10^{-3}\ \text{s}^{-1}$$

根据 Arrhenius 公式 $\ln\dfrac{k_2}{k_1}=\dfrac{E_a}{R}\left(\dfrac{1}{T_1}-\dfrac{1}{T_2}\right)$, 有

$$E_a=\frac{RT_1T_2\ln\dfrac{k_2}{k_1}}{T_2-T_1}$$

$$=\frac{8.314\ \text{J}\cdot\text{mol}^{-1}\cdot\text{K}^{-1}\times 1267\ \text{K}\times 1220\ \text{K}\times\ln\dfrac{3.58\times10^{-3}\ \text{s}^{-1}}{0.0159\ \text{s}^{-1}}}{1220\ \text{K}-1267\ \text{K}}=4.08\times10^{5}\ \text{J}\cdot\text{mol}^{-1}$$

**12.39**　对于遵守 Michaelis 历程的酶催化反应, 实验测得不同底物浓度时的反应速率 $r$, 今取其中两组数据如下:

| $[\text{S}]/(10^{-3}\ \text{mol}\cdot\text{dm}^{-3})$ | 2.0 | 20.0 |
|---|---|---|
| $r/(10^{-5}\ \text{mol}\cdot\text{dm}^{-3}\cdot\text{s}^{-1})$ | 13 | 38 |

当 $[\text{E}]_0=2.0\ \text{g}\cdot\text{dm}^{-3}$, $M_\text{E}=50\times10^{3}\ \text{g}\cdot\text{mol}^{-1}$ 时, 试计算 $K_\text{M}$、最大反应速率 $r_\text{m}$ 和 $k_2(\text{ES}\xrightarrow{k_2}\text{P}+\text{E})$。

**解**: 根据 $r=\dfrac{r_\text{m}[\text{S}]}{K_\text{M}+[\text{S}]}$, 可得

$$\frac{1}{r}=\frac{1}{r_\text{m}}+\frac{K_\text{M}}{r_\text{m}}\cdot\frac{1}{[\text{S}]}$$

将实验数据代入上式, 有

$$\frac{1}{13\times10^{-5}\ \text{mol}\cdot\text{dm}^{-3}\cdot\text{s}^{-1}}=\frac{1}{r_\text{m}}+\frac{K_\text{M}}{r_\text{m}}\cdot\frac{1}{2.0\times10^{-3}\ \text{mol}\cdot\text{dm}^{-3}}$$

$$\frac{1}{38\times10^{-5}\ \text{mol}\cdot\text{dm}^{-3}\cdot\text{s}^{-1}}=\frac{1}{r_\text{m}}+\frac{K_\text{M}}{r_\text{m}}\cdot\frac{1}{20.0\times10^{-3}\ \text{mol}\cdot\text{dm}^{-3}}$$

联立上述两式求得

$$\frac{K_\text{M}}{r_\text{m}}=11.2\ \text{s}$$

$$\frac{1}{r_\text{m}}=2092\ \text{mol}^{-1}\cdot\text{dm}^{3}\cdot\text{s}\qquad r_\text{m}=4.78\times10^{-4}\ \text{mol}\cdot\text{dm}^{-3}\cdot\text{s}^{-1}$$

$$K_\text{M}=11.2\ \text{s}\times r_\text{m}=11.2\ \text{s}\times4.78\times10^{-4}\ \text{mol}\cdot\text{dm}^{-3}\cdot\text{s}^{-1}=5.35\times10^{-3}\ \text{mol}\cdot\text{dm}^{-3}$$

$$k_2=\frac{r_\text{m}}{[\text{E}]_0}=\frac{4.78\times10^{-4}\ \text{mol}\cdot\text{dm}^{-3}\cdot\text{s}^{-1}}{\dfrac{2.0\ \text{g}\cdot\text{dm}^{-3}}{50\times10^{3}\ \text{g}\cdot\text{mol}^{-1}}}=12.0\ \text{s}^{-1}$$

**12.40**　在不同底物浓度 [S] 时测定酶催化反应速率 $r$, 今取其中两组数据:

| $[\text{S}]/(10^{-3}\ \text{mol}\cdot\text{dm}^{-3})$ | 1.00 | 10.00 |
|---|---|---|
| $r$ (任意单位) | 4.78 | 12.50 |

该反应符合 Michaelis 历程, 求 Michaelis 常数 $K_\text{M}$。

**解**: 由 Michaelis 历程可得速率方程, 即

$$r = \frac{k_2[\mathrm{E}]_0[\mathrm{S}]}{K_\mathrm{M} + [\mathrm{S}]}$$

等式两边取倒数后，得一线性方程, 即 $\frac{1}{r} = \frac{1}{k_2[\mathrm{E}]_0} + \frac{K_\mathrm{M}}{k_2[\mathrm{E}]_0} \cdot \frac{1}{[\mathrm{S}]}$

将已知数据代入上式可得

| $[\mathrm{S}]^{-1}$ | $1.00 \times 10^3\ \mathrm{mol^{-1} \cdot dm^3}$ | $0.100 \times 10^3\ \mathrm{mol^{-1} \cdot dm^3}$ |
|---|---|---|
| $r^{-1}$ | 0.209 | 0.080 |

$$\frac{K_\mathrm{M}}{k_2[\mathrm{E}]_0} = \frac{\Delta r^{-1}}{\Delta[\mathrm{S}]^{-1}} = \frac{0.209 - 0.080}{(1.00 - 0.100) \times 10^3\ \mathrm{mol^{-1} \cdot dm^3}} = 1.43 \times 10^{-4}\ \mathrm{mol \cdot dm^{-3}}$$

$$\frac{1}{k_2[\mathrm{E}]_0} = 0.209 - 1.43 \times 10^{-4} \times 1.00 \times 10^3 = 0.066$$

所以 $$K_\mathrm{M} = \frac{1.43 \times 10^{-4}\ \mathrm{mol \cdot dm^{-3}}}{0.066} = 2.17 \times 10^{-3}\ \mathrm{mol \cdot dm^{-3}}$$

**12.41** 在某些生物体中, 存在一种超氧化物歧化酶 (E), 它可将有害的 $\mathrm{O_2^-}$ 变为 $\mathrm{O_2}$, 反应如下:

$$2\mathrm{O_2^-} + 2\,\mathrm{H^+} \xrightarrow{\mathrm{E}} \mathrm{O_2} + \mathrm{H_2O_2}$$

今 pH = 9.1, 酶的初始浓度 $[\mathrm{E}]_0$=$4 \times 10^{-7}\ \mathrm{mol \cdot dm^{-3}}$, 测得下列实验数据:

| $r/(\mathrm{mol \cdot dm^{-3} \cdot s^{-1}})$ | $3.85 \times 10^{-3}$ | $1.67 \times 10^{-2}$ | 0.1 |
|---|---|---|---|
| $[\mathrm{O_2^-}]/(\mathrm{mol \cdot dm^{-3}})$ | $7.69 \times 10^{-6}$ | $3.33 \times 10^{-5}$ | $2.00 \times 10^{-4}$ |

$r$ 是以产物 $\mathrm{O_2}$ 表示的反应速率。设此反应的机理为

(1) $\mathrm{E} + \mathrm{O_2^-} \xrightarrow{k_1} \mathrm{E^-} + \mathrm{O_2}$

(2) $\mathrm{E^-} + \mathrm{O_2^-} + 2\mathrm{H^+} \xrightarrow{k_2} \mathrm{E} + \mathrm{H_2O_2}$

式中 $\mathrm{E^-}$ 为中间物, 可看作自由基, 已知 $k_2 = 2k_1$, 计算 $k_1$ 和 $k_2$。

**解**: 首先写出以产物 $\mathrm{O_2}$ 表示的反应速率方程, $\mathrm{E^-}$ 为中间物, 可以用稳态近似法。酶是催化剂, 酶的浓度可以并入速率常数项, 使反应可按准级数处理。根据反应机理有

$$r = \frac{\mathrm{d}[\mathrm{O_2}]}{\mathrm{d}t} = k_1[\mathrm{E}][\mathrm{O_2^-}] = k[\mathrm{O_2^-}]^n$$

因为在反应机理的第二个方程中也消耗 $\mathrm{O_2^-}$, 要证实一下反应对 $\mathrm{O_2^-}$ 究竟呈几级。证实的方法有两种, 一是将速率方程的两边取对数, 即

$$\ln r = \ln k + n\ln[\mathrm{O_2^-}]$$

以 $\ln r$ 对 $\ln[\mathrm{O_2^-}]$ 作图, 得一直线, 从直线的斜率可计算反应级数 $n$, 从截距求 $k$ 值。第二种方法是将实验值代入速率方程, 求 $k$ 值。假设 $n = 1$, 则

$$k = \frac{r}{[\mathrm{O_2^-}]} = \frac{3.85 \times 10^{-3}\ \mathrm{mol \cdot dm^{-3} \cdot s^{-1}}}{7.69 \times 10^{-6}\ \mathrm{mol \cdot dm^{-3}}} = 501\ \mathrm{s^{-1}}$$

$$k = \frac{1.67 \times 10^{-2}\ \mathrm{mol \cdot dm^{-3} \cdot s^{-1}}}{3.33 \times 10^{-5}\ \mathrm{mol \cdot dm^{-3}}} = 502\ \mathrm{s^{-1}}$$

$$k = \frac{0.1\ \mathrm{mol \cdot dm^{-3} \cdot s^{-1}}}{2.00 \times 10^{-4}\ \mathrm{mol \cdot dm^{-3}}} = 500\ \mathrm{s^{-1}}$$

所以　　$n = 1, \qquad \overline{k} = 501\ \mathrm{s^{-1}}$

因为 $[\mathrm{E}] = [\mathrm{E}]_0 - [\mathrm{E^-}]$, 代入速率方程得　$r = \dfrac{\mathrm{d[O_2]}}{\mathrm{d}t} = k_1[\mathrm{E}][\mathrm{O_2^-}] = k_1([\mathrm{E}]_0 - [\mathrm{E^-}])[\mathrm{O_2^-}]$

$$\frac{\mathrm{d[E^-]}}{\mathrm{d}t} = k_1([\mathrm{E}]_0 - [\mathrm{E^-}])[\mathrm{O_2^-}] - k_2[\mathrm{E^-}][\mathrm{O_2^-}] = 0$$

已知 $k_2 = 2k_1$, 代入上式, 整理得　$[\mathrm{E^-}] = \dfrac{k_1[\mathrm{E}]_0[\mathrm{O_2^-}]}{3k_1[\mathrm{O_2^-}]} = \dfrac{1}{3}[\mathrm{E}]_0$

$$[\mathrm{E}] = [\mathrm{E}]_0 - [\mathrm{E^-}] = [\mathrm{E}]_0 - \frac{1}{3}[\mathrm{E}]_0 = \frac{2}{3}[\mathrm{E}]_0$$

代入速率方程得　$r = \dfrac{\mathrm{d[O_2]}}{\mathrm{d}t} = k_1[\mathrm{E}][\mathrm{O_2^-}] = \dfrac{2}{3}k_1[\mathrm{E}]_0[\mathrm{O_2^-}]$

$$k = k_1[\mathrm{E}] = \frac{2}{3}k_1[\mathrm{E}]_0 = 501\ \mathrm{s^{-1}}$$

$$k_1 = \frac{3k}{2[\mathrm{E}]_0} = \frac{3 \times 501\ \mathrm{s^{-1}}}{2 \times 4 \times 10^{-7}\ \mathrm{mol \cdot dm^{-3}}} = 1.88 \times 10^9\ (\mathrm{mol \cdot dm^{-3}})^{-1} \cdot \mathrm{s^{-1}}$$

$$k_2 = 2k_1 = 2 \times 1.88 \times 10^9\ (\mathrm{mol \cdot dm^{-3}})^{-1} \cdot \mathrm{s^{-1}} = 3.76 \times 10^9\ (\mathrm{mol \cdot dm^{-3}})^{-1} \cdot \mathrm{s^{-1}}$$

**12.42**　有一酶催化反应 $\mathrm{CO_2(aq) + H_2O \xrightarrow{E} H^+ + HCO_3^-}$, 设 $H_2O$ 大大过量, 溶液的 pH = 7.1, 温度为 0.5 ℃, 酶的初始浓度 $[\mathrm{E}]_0 = 2.8 \times 10^{-9}\ \mathrm{mol \cdot dm^{-3}}$。实验测得反应初速率 $r_0$ 随 $CO_2(g)$ 的初始浓度 $[\mathrm{CO_2}]_0$ 的变化如下所示:

| $[\mathrm{CO_2}]_0/(\mathrm{mmol \cdot dm^{-3}})$ | 1.25 | 2.50 | 5.00 | 20.0 |
|---|---|---|---|---|
| $r_0/(\mathrm{mmol \cdot dm^{-3} \cdot s^{-1}})$ | 0.028 | 0.048 | 0.080 | 0.155 |

(1) 试求 Michaelis 常数 $K_\mathrm{M}$ 及最大反应速率 $r_\mathrm{m}$;

(2) 试求中间络合物生成产物的速率常数 $k_2$;

(3) 从速率方程如何理解 $K_\mathrm{M}$ 是反应速率为最大反应速率 $r_\mathrm{m}$ 的一半时的底物浓度, 即 $r = \dfrac{1}{2}r_\mathrm{m}$ 时, $K_\mathrm{M} = [\mathrm{S}]$。

**解**: (1) 由于 $H_2O$ 是大大过量的, 所以可以按只有一种底物 $[\mathrm{CO_2(g)}]$ 的反应进行处理。

$$\mathrm{S + E \underset{k_{-1}}{\overset{k_1}{\rightleftharpoons}} ES \xrightarrow{k_2} E + P}$$

取其初速率, 速率方程可改写为线性的形式:

$$\frac{1}{r_0} = \frac{K_\mathrm{M}}{r_\mathrm{m}} \cdot \frac{1}{[\mathrm{S}]_0} + \frac{1}{r_\mathrm{m}}$$

以 $\dfrac{1}{r_0}$ 对 $\dfrac{1}{[\mathrm{S}]_0}$ 作图 (见下图), 从直线的截距和斜率可以计算 $K_\mathrm{M}$ 和 $r_\mathrm{m}$。作图数据如下表所示。

| $\dfrac{1}{[\mathrm{CO_2}]_0}/(\mathrm{mmol^{-1}\cdot dm^3})$ | 0.80 | 0.40 | 0.20 | 0.05 |
|---|---|---|---|---|
| $\dfrac{1}{r_0}/(\mathrm{mmol^{-1}\cdot dm^3\cdot s})$ | 35.7 | 20.8 | 12.5 | 6.45 |

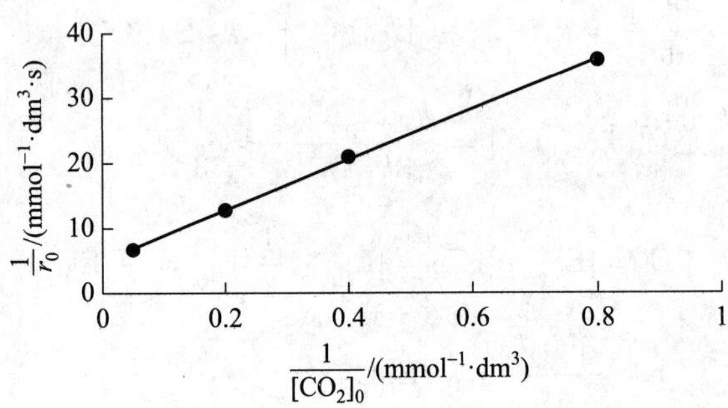


从图上得到的截距为 $$\frac{1}{r_0}=5.0\ \mathrm{mmol^{-1}\cdot dm^3\cdot s}$$

所以 $$r_\mathrm{m}=r_0=0.2\ \mathrm{mmol\cdot dm^{-3}\cdot s^{-1}}$$

斜率为 $\dfrac{K_\mathrm{M}}{r_\mathrm{m}}$, 等于 39 s, 所以 $K_\mathrm{M}=7.8\ \mathrm{mmol\cdot dm^{-3}}$

(2) 当底物浓度很大时, $r_\mathrm{m}=k_2[\mathrm{E}]_0$, 则

$$k_2=\frac{r_\mathrm{m}}{[\mathrm{E}]_0}=\frac{0.2\ \mathrm{mmol\cdot dm^{-3}\cdot s^{-1}}}{2.8\times10^{-9}\ \mathrm{mol\cdot dm^{-3}}}=7.1\times10^4\ \mathrm{s^{-1}}$$

(3) 因为 $r=\dfrac{r_\mathrm{m}\cdot[\mathrm{S}]}{K_\mathrm{M}+[\mathrm{S}]}$, 当 $r=\dfrac{1}{2}r_\mathrm{m}$ 时, 将 $K_\mathrm{M}=[\mathrm{S}]$ 代入上式验证:

$$\frac{1}{2}r_\mathrm{m}=\frac{r_\mathrm{m}\cdot[\mathrm{S}]}{[\mathrm{S}]+[\mathrm{S}]}=\frac{1}{2}r_\mathrm{m}$$

即 $r=\dfrac{1}{2}r_\mathrm{m}$ 时, $K_\mathrm{M}=[\mathrm{S}]$。

# 四、自测题

## (一) 自 测 题 1

### Ⅰ. 选择题

1. 关于简单碰撞理论下列描述**正确**的是 ··························· (　　)

① 碰撞参数越大, 反应越激烈

② 互撞分子在连心线方向上的相对平动能超过临界能的碰撞才是能导致反应的碰撞

③ 碰撞理论说明了 Arrhenius 公式中的指前因子相当于碰撞频率, 故又称为频率因子

④ 互撞分子的相对总动能超过 $E_c$ 才是有效碰撞

(A) ① ②　　(B) ② ③　　(C) ③ ④　　(D) ① ④

2. 简单碰撞理论属基元反应速率理论, 以下说法**错误**的是 ……………………………… (　　)

(A) 反应物分子是无相互作用的刚性硬球

(B) 反应速率与分子的有效碰撞频率成正比

(C) 从理论上完全解决了速率常数的计算问题

(D) 反应的判据之一是质心连线上的相对平动能大于某临界值

3. 在碰撞理论中, 概率因子 $P$ 小于 1 的主要原因是 ……………………………… (　　)

(A) 反应系统是非理想的　　(B) 分子间有作用力

(C) 空间位阻效应　　(D) 分子碰撞不够激烈

4. 某基元反应 $A(g)+B(g)\xrightarrow{k}C(g)$, 已知 A 和 B 都是单原子分子, 设一维平动和转动配分函数的值分别为 $f_t=10^8$, $f_r=10$, 按照过渡态理论, 在温度 $T$ 时, 反应的概率因子为 …… (　　)

(A) $10^{-22}k_BT/h$　　(B) $10^{-21}k_BT/h$

(C) $10^{-23}k_BT/h$　　(D) $10^{-13}k_BT/h$

5. Arrhenius 活化能 $E_a$、阈能 $E_c$ 和活化焓 $\Delta_r^{\ne}H_m$ 三者数值大小关系, 下列不等式**正确**的是 ……………………………………………………………… (　　)

(A) $\Delta_r^{\ne}H_m>E_a>E_c$　　(B) $E_a>E_c>\Delta_r^{\ne}H_m$

(C) $E_c>\Delta_r^{\ne}H_m>E_a$　　(D) $E_c>E_a>\Delta_r^{\ne}H_m$

6. 一定温度下, 设某反应的计量方程为

$$A^{2-}+B^{+}\underset{k_b}{\overset{k_f}{\rightleftharpoons}}C^{-}+D$$

该反应中加入电解质, 使得系统离子强度增加, 则 $k_f$ 和 $k_b$ 变化为 ……………………… (　　)

(A) $k_f$ 增加, $k_b$ 不变　　(B) $k_f$ 减小, $k_b$ 不变

(C) $k_f$ 增加, $k_b$ 减小　　(D) $k_f$ 减小, $k_b$ 减小

7. 对于光化学反应的初级阶段 $A(g)+h\nu\longrightarrow A^*(g)$, 以下描述**正确**的是 ………… (　　)

(A) 与反应物浓度无关　　(B) 与反应物浓度有关

(C) 与入射光强度无关　　(D) 与入射光频率无关

8. 一个化学系统在吸收光子后分子被激发, 然后将 ……………………………… (　　)

(A) 发生化学反应　　(B) 产生荧光

(C) 产生磷光　　(D) 无法确定

9. ① 荧光和磷光都是电子从激发态跃迁到基态时放出的辐射; ② 荧光跃迁时重度发生了改变; ③ 荧光的强度比磷光弱; ④ 磷光寿命比荧光长; ⑤ 荧光为化学冷光。

以上说法**正确**的是 ……………………………………………………… (　　)

(A) ①⑤　　(B) ②④

(C) ①④⑤　　(D) ②③④

10. 已知 HI 的分解历程为

(1) $HI + h\nu \longrightarrow H\cdot + I\cdot$

(2) $H\cdot + HI \longrightarrow H_2 + I\cdot$

(3) $I\cdot + I\cdot + M \longrightarrow I_2 + M$

则反应的量子产率 (以反应物分子的消失量计) 是 ······································ (  )

(A) 1 (B) 2 (C) 4 (D) $10^6$

11. 氮氧化物破坏臭氧层的反应机理如下:

$$NO + O_3 \longrightarrow NO_2 + O_2 \qquad NO_2 + O \longrightarrow NO + O_2$$

该机理中, NO 是 ······································································· (  )

(A) 总反应的产物 (B) 总反应的反应物

(C) 催化剂 (D) 上述都不是

12. 关于催化反应, 下列说法**不正确**的是 ················································· (  )

(A) 催化剂加速反应速率的本质是改变了反应的历程, 降低了整个反应的表观活化能

(B) 催化剂在反应前后, 化学性质没有改变, 但物理性质可能会发生改变

(C) 催化剂同时加速正向和逆向反应的速率, 使平衡提前到达; 选择合适的催化剂可以影响化学平衡, 改变反应的方向和限度

(D) 少量的杂质常可以强烈地影响催化剂的作用, 这些杂质既可成为助催化剂也可成为反应的毒物

## Ⅱ. 填空题

1. 某基元反应在 373 K 时的实验活化能为 95.5 $kJ\cdot mol^{-1}$, 则反应阈能为 ________________。

2. 碰撞理论需要引入的概率因子 $P$, 大部分情况下小于 1; 但有一些情况下 $P$ 可以大于 1, 其可能的原因是 ________________。

3. 钠光灯的黄光频率 $\nu = 5.090 \times 10^{14}$ Hz, Plank 常数 $h = 6.626 \times 10^{-34}$ J·s, 1 mol 这种光子的能量为 ________________。

4. 某光化学反应 $A_2 \longrightarrow 2\,A$, 其历程为

$$A_2 + h\nu \xrightarrow{I_a} A_2^*$$

$$A_2^* \xrightarrow{k_2} 2\,A$$

$$A_2^* + A_2 \xrightarrow{k_3} 2\,A_2$$

设入射光全部被吸收, 该反应的量子产率为 ________________。

5. 一些催化反应, 活化能降低得不多, 而反应速率却改变很大。这可以用 ____________________________ 的改变来解释。

## Ⅲ. 计算题 (包括证明题)

1. 甲醛在 840 K 时的热分解反应是一个二级反应, 反应的实验活化能 $E_a$ 为 186.2 $kJ\cdot mol^{-1}$, 设甲醛分子的碰撞直径为 0.50 nm, 试计算当甲醛浓度为 0.0145$mol\cdot dm^{-3}$ 时的反应速率。

2. 298 K 时, 有两个级数相同的基元反应 A 和 B, 设两个反应的活化焓相同, 但速率常数却不同, $k_{\mathrm{A}} = 10k_{\mathrm{B}}$, 试计算两个反应的活化熵的差值。

3. 对下述几个反应, 若增加溶液中的离子强度, 则其反应速率常数有何变化?

(1) $2O_2^- + 2H^+ \longrightarrow O_2 + H_2O_2$

(2) 蔗糖 + $H_2O \xrightarrow{H^+}$ 果糖 + 葡萄糖

(3) $[Co(NH_3)_5Br]^{2+} + Hg^{2+} + H_2O \longrightarrow [Co(NH_3)_5H_2O]^{3+} + (HgBr)^+$

4. 有一汞蒸气灯, 其波长为 $\lambda = 253.7$ nm 时, 功率为 100 W。假设效率是 90%, 当照射某反应物时, 需多长时间才能使 0.01 mol 反应物分解 (已知量子产率 $\phi = 0.5$)? 当反应物为乙烯时, $C_2H_4(g) + h\nu \longrightarrow C_2H_2(g) + H_2(g)$, 试求每小时能产生乙炔的量。

5. 某有机化合物 A, 在酸的催化下发生水解反应, 在 323 K, pH= 5 的溶液中进行时, 其半衰期为 69.3 min, 在 pH= 4 的溶液中进行时, 其半衰期为 6.93 min, 且知在两个 pH 的各自条件下, $t_{1/2}$ 均与 A 的初始浓度无关, 设反应的速率方程为

$$-\frac{\mathrm{d[A]}}{\mathrm{d}t} = k\,[\mathrm{A}]^{\alpha}\left[\mathrm{H}^+\right]^{\beta}$$

试计算:

(1) $\alpha, \beta$ 的值;

(2) 在 323 K 时, 反应速率常数 $k$ 值;

(3) 在 323 K 时, 在 pH= 3 的水溶液中, A 水解 80% 所需的时间。

第十二章自测题 1 参考答案

## (二) 自 测 题 2

### Ⅰ. 选择题

1. 在 $T = 300$ K, 如果分子 A 和 B 要经过一千万次碰撞才能发生一次反应, 这个反应的临界能将是 …… (　　)

(A) 170 $\mathrm{kJ{\cdot}mol^{-1}}$　　(B) 10.5 $\mathrm{kJ{\cdot}mol^{-1}}$

(C) 40.2 $\mathrm{kJ{\cdot}mol^{-1}}$　　(D) $-15.7$ $\mathrm{kJ{\cdot}mol^{-1}}$

2. 在简单碰撞理论中, 有效碰撞的定义是 …… (　　)

(A) 互撞分子的总动能超过 $E_{\mathrm{c}}$

(B) 互撞分子的相对总动能超过 $E_c$

(C) 互撞分子的内部动能超过 $E_c$

(D) 互撞分子联心线上的相对平动能超过 $E_c$

3. 双原子分子 X 与双原子分子 Y 生成**非线形**过渡态时, 根据过渡态理论用下面的算式计算反应速率常数 $k$: $k=\dfrac{k_BT}{h}\dfrac{f^{\neq\prime}}{f_A f_{BC}}\exp\left(-\dfrac{E_0}{RT}\right)$, 其中 $f^{\neq\prime}$ 为 ······ (　　)

(A) $(f_t^3 f_r^2 f_v^7)^{\neq}$　　(B) $(f_t^3 f_r^2 f_v^6)^{\neq}$

(C) $(f_t^3 f_r^3 f_v^5)^{\neq}$　　(D) $(f_t^3 f_r^3 f_v^6)^{\neq}$

4. 按照化学反应速率的过渡态理论, 对于气相反应, 下列说法**不正确**的是 ······ (　　)

(A) 该理论不考虑分子的内部结构和运动状态

(B) 反应过程中, 反应分子先碰撞形成过渡态

(C) 活化络合物与反应物之间很快达到平衡

(D) 反应速率取决于活化络合物的分解速率

5. 某反应具有一个有助于反应进行的活化熵, 使速率常数比 $\Delta_r^{\neq}S_m^{\ominus}=0$ 时的速率常数大 1000 倍, 则反应的实际 $\Delta_r^{\neq}S_m^{\ominus}$ 为 ······ (　　)

(A) $57.43\ \mathrm{J\cdot mol^{-1}\cdot K^{-1}}$　　(B) $25.34\ \mathrm{J\cdot mol^{-1}\cdot K^{-1}}$

(C) $120.2\ \mathrm{J\cdot mol^{-1}\cdot K^{-1}}$　　(D) 无法求解

6. 根据过渡态理论, 由 $n$ 个气相反应物分子形成活化络合物时的焓变 $\Delta_r^{\neq}H_m$ 与 Arrhenius 活化能 $E_a$ 的关系为 ······ (　　)

(A) $E_a=\Delta_r^{\neq}H_m$　　(B) $E_a=\Delta_r^{\neq}H_m-nRT$

(C) $E_a=\Delta_r^{\neq}H_m+nRT$　　(D) $E_a=\Delta_r^{\neq}H_m/RT$

7. 有一稀溶液反应 $CH_3COOCH_3+OH^-\longrightarrow P$ 是根据原盐效应, 当溶液总的离子强度变大时, 反应速率常数 $k$ 值将 ······ (　　)

(A) 变大　　(B) 不变

(C) 变小　　(D) 无确定关系

8. 下列说法**正确**的是 ······ (　　)

(A) 荧光和磷光都是电子从激发态跃迁到基态时放出的辐射

(B) 荧光跃迁时重度发生了改变

(C) 荧光的强度比磷光的弱

(D) 荧光寿命比磷光的长

9. 下列关于光化学反应说法**不正确**的是 ······ (　　)

(A) 光化反应靠吸收外来光能的激发而克服能垒

(B) 光化学反应速率常数的温度系数较大

(C) 光化反应可以进行 $\Delta G>0$ 的反应

(D) 在光作用下的反应是激发态分子的反应

10. 能引起化学反应的光谱, 其波长一般落在的范围是 ······ (　　)

(A) $150\sim800$ nm　　(B) 远红外区

(C) 微波及无线电波区　　(D) X 射线

11. 某反应在一定条件在平衡转化率为 40%, 当加入合适的催化剂后, 反应速率提高了 200 倍, 其平衡转化率将 ……………………………………………………………………………… (　　)

(A) 大于 40%　　(B) 小于 40%

(C) 等于 40%　　(D) 不确定

12. 以下关于酶催化的特点, **不正确**的是 ……………………………………………… (　　)

(A) 选择性高　　(B) 均相催化和多相催化的特点

(C) 反应条件温和　　(D) 反应历程简单, 不受 pH、温度的影响

## Ⅱ. 填空题

1. 某一基元反应的阈能是 $E_a = 62.8\ \mathrm{kJ\cdot mol^{-1}}$, 则 298 K 时有效碰撞分数是 ________。

2. 某基元反应 $A(g) + B(g) \xrightarrow{k} C(g)$, 其实验活化能 $E_a = 82.7\ \mathrm{kJ\cdot mol^{-1}}$, 则反应在 300 K 时的活化焓 $\Delta_r^{\neq} H_m^{\ominus} =$ ________。

3. 强闪光作用下可以发生 $O_2(g)$ 转化为 $O_3(g)$ 的反应, 当有 1 mol $O_3(g)$ 生成时吸收了 $3.01 \times 10^{23}$ 个光子, 该式按反应物分子消失的量子产率 (即量子效率) 为 ________。

4. 下列双分子反应:

(1) $Br + Br \longrightarrow Br_2$

(2) $CH_4 + Br_2 \longrightarrow CH_3Br + HBr$

(3) $CH_3CH_2OH + CH_3COOH \longrightarrow CH_3CH_2COOCH_3 + H_2O$

上述反应碰撞理论中概率因子 $P(P_1$、$P_2$、$P_3)$ 的相对大小排序是 ________。

5. 催化剂加速反应速率的本质是改变了 ________, 降低了整个反应的表观活化能。

## Ⅲ. 计算题 (包括证明题)

1. 已知乙炔气体的热分解是二级反应, 其能发生反应的临界能 $E_c = 190.4\ \mathrm{kJ\cdot mol^{-1}}$, 分子直径为 0.5 nm。试计算:

(1) 800 K, 100 kPa 时, 单位时间、单位体积内的碰撞数;

(2) 求上述反应条件下的速率常数;

(3) 求上述反应条件下的初始反应速率。

2. 双环戊烯单分子气相热分解反应, 在 483 K 时的速率常数 $k(483\ \mathrm{K}) = 2.05 \times 10^{-4}\ \mathrm{s^{-1}}$, 在 545 K 时的速率常数 $k(545\ \mathrm{K}) = 1.86 \times 10^{-2}\ \mathrm{s^{-1}}$。已知 $k_B = 1.38 \times 10^{-23}\ \mathrm{J\cdot K^{-1}}$, $h = 6.626 \times 10^{-34}\ \mathrm{J\cdot s}$。试计算:

(1) 反应的活化能 $E_a$;

(2) 反应在 500 K 时的活化焓 $\Delta_r^{\neq} H_m$ 和活化熵 $\Delta_r^{\neq} S_m$。

3. 对于反应 $A + B \underset{k_{-1}}{\overset{k_2}{\rightleftharpoons}} C$:

(1) 推导弛豫时间 $\tau$ 与 $k_2, k_{-1}$ 之间的关系;

(2) 当平衡浓度 $[A]_1 = [B]_1 = 1.0\ \mathrm{mol\cdot dm^{-3}}$ 时, $\tau_1 = 2.0\ \mathrm{\mu s}$; 当 $[A]_2 = [B]_2 = 0.5\ \mathrm{mol\cdot dm^{-3}}$ 时, $\tau_2 = 3.3\ \mathrm{\mu s}$, 求 $k_2, k_{-1}$ 及平衡常数 K。

4. 反应 $OCl^- + I^- =\!=\!= OI^- + Cl^-$ 的可能机理如下:

(1) $OCl^- + H_2O \underset{k_{-1}}{\overset{k_1}{\rightleftharpoons}} HOCl + OH^-$　　快速平衡 $(K = k_1/k_{-1})$

(2) $HOCl + I^- \xrightarrow{k_2} HOI + Cl^-$　　速控步

(3) $OH^- + HOI \xrightarrow{k_3} H_2O + I^-$　　快速反应

试推导出反应的速率方程, 并求表观活化能与各基元反应活化能之间的关系。

5. 在 298 K, pH= 7.0 时, 测得肌球蛋白-ATP 催化水解的反应速率数据, 今取其中两组数据:

| $[\mathrm{ATP}]/(10^{-6}\ \mathrm{mol\cdot dm^{-3}})$ | $r/(10^{-6}\ \mathrm{mol\cdot dm^{-3}\cdot s^{-1}})$ |
|---|---|
| 7.5 | 0.067 |
| 320.0 | 0.195 |

试求 Michaelis 常数 $K_\mathrm{M}$ 及最大反应速率 $r_\mathrm{m}(= k_2[\mathrm{E}]_0)$。

第十二章自测题 2 参考答案

# 第十三章　表面物理化学

本章主要公式和内容提要

## 一、复习题及解答

**13.1**　比表面有哪几种表示方法? 表面张力与表面 Gibss 自由能有哪些异同点?

**答**: 比表面可以用单位质量物质的表面积表示, $A_0 = \dfrac{A_s}{m}$, 单位为 $m^2 \cdot g^{-1}$; 还可以用单位体积物质的表面积表示, $A_0 = \dfrac{A_s}{V}$, 单位为 $m^{-1}$。

表面张力与表面 Gibss 自由能的共同点是: 都反映了表面分子受力不均匀的情况; 两者的数值相同, 通常用同一符号表示。其不同点是: 物理意义不同, 表面 Gibss 自由能是指在等温、等压和组成不变时, 可逆地增加单位表面积时, 系统 Gibbs 自由能的增值; 表面张力是指表面层分子垂直作用于单位长度的边界上且与表面相切的; 两者的单位不同, 表面 Gibss 自由能的单位是 $J \cdot m^{-2}$, 而表面张力的单位是 $N \cdot m^{-1}$。

**13.2**　为什么气泡、小液滴、肥皂泡等都呈球形? 玻璃管口加热后会变得光滑并缩小 (俗称圆口), 这些现象的本质是什么? 用同一支滴管滴出相同体积的苯、水和 NaCl 溶液, 所得滴数是否相同?

**答**: 因为只有在球面上各点的曲率相同, 各处的附加压力也相同, 气泡、小液滴、肥皂泡等才会呈稳定的状态。另外, 对于相同体积的物质, 球形的表面积最小, 表面总的 Gibbs 自由能最低, 所以变成球形最稳定。

所得滴数不同, 因为它们具有不同的表面张力, 且密度也不尽相同。

**13.3**　用学到的关于界面现象的知识, 解释以下几种做法或现象的基本原理: ① 人工降雨; ② 有机蒸馏中加沸石; ③ 多孔固体吸附蒸汽时的毛细凝聚; ④ 过饱和溶液、过饱和蒸汽、过冷液体等过饱和现象; ⑤ 重量分析中的 “陈化” 过程; ⑥ 喷洒农药时通常要在药液中加少量表面活性剂。

**答**: ① ~ ⑤ 这些现象都可以用 Kelvin 公式解释, $\dfrac{\Delta p}{p_0} = \dfrac{2\gamma M}{RTR'\rho}$, 液滴越小, 蒸气压越大, 凹液面曲率半径为负值, 气泡越小, 蒸气压越低, 细孔道内弯曲液面上的蒸气压比平面上小; 小颗粒的溶解度比大颗粒大, 等等。⑥ 作为润湿剂, 使农药的表面张力降低, 以改进药液对植物表面的润湿程度, 使药液在植物叶子表面上铺展, 待水分蒸发后, 在叶子表面上留下均匀的一薄层药剂。或者能润湿害虫的身体, 直接将害虫封盖并毒杀。

**13.4** 如右图所示, 在三通旋塞的两端涂上肥皂液, 关断右端通路, 在左端吹一个大泡; 然后关闭左端, 在右端吹一个小泡, 最后让左右两端相通。试问当将两管接通后, 两泡的大小有何变化? 到何时达到平衡? 讲出变化的原因及平衡时两泡的曲率半径的比值。

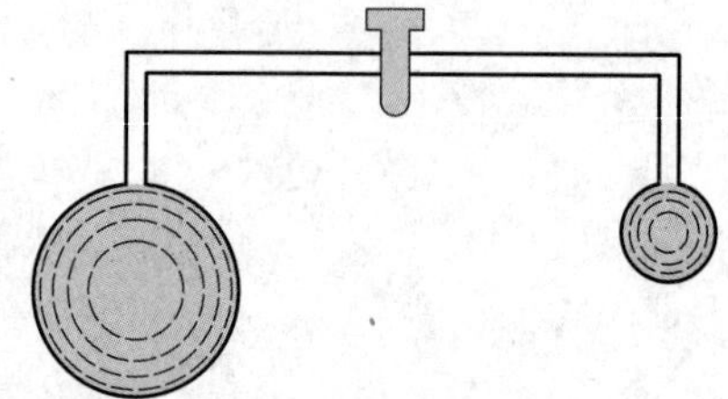

**答**: 根据公式 $p_s = \dfrac{2\gamma}{R'}$, 曲率半径越小, 受到的附加压力越大, 且附加压力指向曲面圆心, 与外压方向一致。因此, 两气泡连通后, 大气泡会变得更大, 小气泡会变得更小, 直到小气泡收缩至毛细管口, 最后变成一个与大泡曲率半径相同的弧。

**13.5** 因系统的 Gibbs 自由能越低, 系统越稳定, 所以物体总有降低本身表面 Gibbs 自由能的趋势。试说明纯液体、溶液、固体是如何降低自己的表面 Gibbs 自由能的。

**答**: 表面积的缩小和表面张力的降低, 都可以使系统的 Gibbs 自由能降低。纯液体尽可能缩小表面积, 液滴、气泡都呈球形; 对于溶液, 除收缩表面积外, 调节表面浓度 (表面吸附) 也可以降低表面能; 固体主要靠吸附来降低表面能。

**13.6** 为什么小晶粒的熔点比大块固体的熔点略低, 而溶解度却比大晶粒大?

**答**: 可用 Kelvin 公式进行解释。相同质量的小晶粒的表面 Gibbs 自由能大于大块固体的表面 Gibbs 自由能。

**13.7** 若用 $CaCO_3(s)$ 进行热分解, 问细粒 $CaCO_3(s)$ 的分解压 ($p_1$) 与大块 $CaCO_3(s)$ 的分解压 ($p_2$) 相比, 两者大小如何? 试说明原因。

**答**: 细粒 $CaCO_3(s)$ 的分解压大。$\Delta_r G_m^\ominus = \Delta_f G_m^\ominus(CaO, s) + \Delta_f G_m^\ominus(CO_2, g) - \Delta_f G_m^\ominus(CaCO_3, s)$, 细粒 $CaCO_3$ 有较大的表面能, 使 $\Delta_r G_m^\ominus$ 减小; 又 $\Delta_r G_m^\ominus = -RT\ln K_p^\ominus$, 所以 $K_p^\ominus$ 增大, $p_{CO_2}$ 正比于 $K_p^\ominus$, 所以 $p_{CO_2}$ 也增大, 即细粒 $CaCO_3$ 的分解压大。

**13.8** 设有内径一样大的 a, b, c, d, e, f 管及内径比较大的 g 管一起插入水中 (如下图所示), 除 f 管内壁涂有石蜡外, 其余全是洁净的玻璃管。若 a 管内液面升高为 $h$, 试估计其余管内的水面高度。若先将水在各管内 (c, d 管除外) 都灌到 $h$ 的高度, 再让其自动下降, 结果又如何?

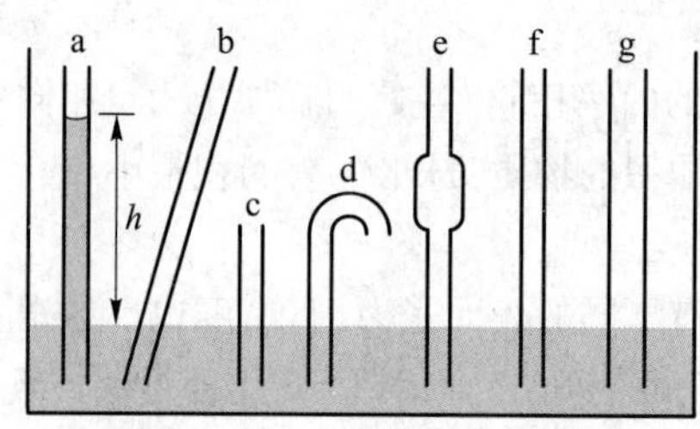


**答**: b 管内液面上升至高度为 $h$, 液面与 a 管相似; c, d 管内液面上升至管口处并稍呈凹形弯月面形状, 水不可能从管中溢出或滴下; e 管内液面上升至位于粗细管下相交处, 弯月面形状与 a 管相似; f 管液面低于管外液面并呈凸面, g 管液面几乎与管外液面相平。

a, b, f, g 管与前相同, e 管内液面停留在管径变粗处的上方 (高度为 $h$)。

**13.9** 把大小不等的液滴 (或萘粒) 密封在一玻璃罩内, 隔相当长时间后, 估计会出现什么现象?

**答**: 小液滴消失, 大液滴变大。

**13.10** 为什么泉水和井水都有较大的表面张力? 当将泉水小心注入干燥杯子时, 水面会高出杯面, 这是为什么? 如果在液面上滴一滴肥皂液, 会出现什么现象?

**答**: 泉水和井水中均含有较多的非表面活性物质无机盐离子, 使表面张力增大, 将泉水小心注入干燥杯子时, 水面会高出杯面。如果在液面上滴一滴肥皂液, 表面张力降低, 无法维持凸出杯面水的质量, 原先高出杯面的水会沿杯子壁溢出, 凸面又变成平面。

**13.11** 为什么在相同的风力下, 海面的浪会比湖面的大? 用泡沫护海堤的原理是什么?

**答**: 海水中含有大量的非表面活性物质——无机盐离子, 使表面张力增大。因此, 在相同的风力下, 海面的浪比湖面的大。泡沫护海堤的原理是通过加入表面活性剂, 使表面张力降低, 有助于降低系统的表面 Gibbs 自由能, 而使系统得以稳定。

**13.12** 如果某固体的大粒子 (半径为 $R_1'$) 在水中形成饱和溶液的浓度为 $c_1$, 微小粒子 (半径为 $R_2'$) 在水中形成饱和溶液的浓度为 $c_2$, 液–固界面张力为 $\gamma_{\mathrm{l-s}}$, 试证明饱和溶液浓度与曲率半径的关系式为

$$\ln\frac{c_2}{c_1}=\frac{2\gamma_{\mathrm{l-s}}M}{RT\rho}\left(\frac{1}{R_2'}-\frac{1}{R_1'}\right)$$

式中 $M$ 为该固体的摩尔质量; $\rho$ 为其密度。

**证明**: 当大块固体 ($R_1'\to\infty$) 与溶液达平衡时, 有

$$\mu(\mathrm{s},T,p)=\mu^{\triangle}(\mathrm{l},T,p)+RT\ln\frac{c_0}{c^{\ominus}}$$

当半径为 $R_2'$ 的小粒子与溶液达平衡时, 有

$$\mu(\mathrm{s},T,p')=\mu^{\triangle}(\mathrm{l},T,p)+RT\ln\frac{c'}{c^{\ominus}}$$

两式相减, 得

$$\mu(\mathrm{s},T,p')-\mu(\mathrm{s},T,p)=RT\ln\frac{c'}{c_0}$$

又因为

$$\begin{aligned}\mu(\mathrm{s},T,p')-\mu(\mathrm{s},T,p)&=\int_p^{p'}\left[\frac{\partial\mu(\mathrm{s})}{\partial p}\right]_T\mathrm{d}p=\int_p^{p'}V_{\mathrm{m}}(\mathrm{s})\mathrm{d}p\\&=\int_p^{p'}\frac{M}{\rho}\mathrm{d}p=\frac{M}{\rho}(p'-p)=\frac{M}{\rho}\cdot p_{\mathrm{s}}=\frac{2\gamma_{\mathrm{l-s}}M}{\rho R'}\end{aligned}$$

所以

$$RT\ln\frac{c'}{c_0}=\frac{2\gamma_{\mathrm{l-s}}M}{\rho R'}$$

根据上式, 对于半径为 $R_1'$ 和 $R_2'$ 的粒子, 分别有

$$RT\ln\frac{c_1}{c_0}=\frac{2\gamma_{\mathrm{l-s}}M}{\rho R_1'}\qquad RT\ln\frac{c_2}{c_0}=\frac{2\gamma_{\mathrm{l-s}}M}{\rho R_2'}$$

两式相减, 得

$$\ln\frac{c_2}{c_1}=\frac{2\gamma_{\mathrm{l-s}}M}{RT\rho}\left(\frac{1}{R_2'}-\frac{1}{R_1'}\right)$$

**13.13** 什么叫表面压? 如何测定? 它与通常的气体压力有何不同?

答: 铺展的膜在表面上对单位长度的浮片施加的力称为表面压, 其数值等于铺膜前后表面张力之差, 即 $\pi = \gamma_0 - \gamma$, $\gamma_0$ 是纯水的表面张力, $\gamma$ 是成膜后的表面张力。表面压可以用表面压力测定仪 (Langmuir 膜天平) 进行直接测定。它与通常的气体压力不同之处在于, 表面压是二维压力。

**13.14** 接触角的定义是什么? 它的大小受哪些因素影响? 如何用接触角的大小来判断液体对固体的润湿情况?

答: 当系统达平衡时, 在气、液、固三相交界处, 气–液界面与固–液界面之间的夹角称为接触角, 用 $\theta$ 表示, 它实际是液体表面张力 $\gamma_{\mathrm{l-g}}$ 与液–固界面张力 $\gamma_{\mathrm{l-s}}$ 间的夹角。接触角的大小是由气、液、固三相交界处, 三种界面张力的相对大小所决定的。从接触角的数值可看出液体对固体润湿的程度。根据杨氏润湿方程, 即 $\cos\theta = \dfrac{\gamma_{\mathrm{s-g}} - \gamma_{\mathrm{l-s}}}{\gamma_{\mathrm{l-g}}}$, 如果 $\gamma_{\mathrm{s-g}} - \gamma_{\mathrm{l-s}} = \gamma_{\mathrm{l-g}}$, 则 $\cos\theta = 1$, $\theta = 0°$, 这是完全润湿的情况; 如果 $\gamma_{\mathrm{s-g}} - \gamma_{\mathrm{l-s}} < \gamma_{\mathrm{l-g}}$, 则 $1 > \cos\theta > 0$, $\theta < 90°$ , 固体能被液体所润湿; 如果 $\gamma_{\mathrm{s-g}} < \gamma_{\mathrm{l-s}}$, 则 $\cos\theta < 0$, $\theta > 90°$ , 固体不为液体所润湿。

**13.15** 表面活性剂的效率与能力有何不同? 表面活性剂有哪些主要作用?

答: 表面活性剂的效率是指使水的表面张力降低到一定值时, 所需要的表面活性剂浓度。表面活性剂的能力有时也称为有效值, 是指该表面活性剂能够把水的表面张力可以降低的程度。表面活性剂的主要作用有润湿作用、起泡作用、增溶作用、乳化作用和洗涤作用等。

**13.16** 什么叫吸附作用? 物理吸附与化学吸附有何异同点? 两者的根本区别是什么?

答: 吸附作用是指固体分子由于受力不平衡, 有剩余力场, 可以吸附气体或液体分子。物理吸附的吸附力是范德华力, 吸附热较小, 近于液化热, 一般在几百到几千焦耳每摩尔, 无选择性, 不稳定, 易解吸, 可以单分子层或多分子层吸附, 吸附速率较快, 不受温度影响, 故一般不需要活化能。化学吸附的吸附力是化学键力, 吸附热较大, 近于化学反应热, 一般大于几万焦耳每摩尔, 有选择性, 比较稳定, 不易解吸, 为单分子层吸附, 吸附速率较慢, 温度升高则速率加快, 故需要活化能。

**13.17** 为什么气体吸附在固体表面一般总是放热的? 而确有一些气–固吸附是吸热的 [如 $H_2(g)$ 在玻璃上的吸附], 如何解释这种现象?

答: 一般气体在固体表面的吸附都是自发的, 即 $\Delta G < 0$, 并且气体被吸附后其运动的自由度减小了, 因而熵也减小了, 即 $\Delta S < 0$; 因为 $\Delta H = \Delta G + T\Delta S$, 可知 $\Delta G < 0$, 所以气体吸附在固体表面一般总是放热的。有一些气–固吸附可能是解离吸附, 中间涉及分子的解离, 这一步吸热较多, 导致整个吸附过程也是吸热的。

**13.18** 试说明同一个气–固相催化反应, 为何在不同的压力下表现出不同的反应级数? 请在符合 Langmuir 吸附假设的前提下, 从反应物和产物分子的吸附性质, 解释下列实验事实: ① $NH_3(g)$ 在金属钨表面的分解呈零级反应的特点; ② $N_2O(g)$ 在金表面的分解是一级反应; ③ H 原子在金表面上的复合是二级反应; ④ $NH_3(g)$ 在金属钼上的分解速率由于 $N_2(g)$ 的吸附而显著降低, 尽管表面被 $N_2(g)$ 所饱和, 但速率不为零。

答: 以表面反应为速控步的多相催化反应的速率正比于表面覆盖率, 在压力不太高时, 覆盖率与压力成正比, 则反应呈一级; 当压力很高时, 表面完全被覆盖, $\theta$ =1, 这时反应速率与反应物的压力无关, 呈零级反应。此外, 在不同的压力下, 反应的历程和速控步可能不同, 使速率方程不同, 反应级数也不同。

① $r=\dfrac{k_2a_Ap_A}{1+a_Ap_A}$, 反应物 $NH_3(g)$ 的吸附很强, $a_Ap_A\gg 1$, $r=k_2$, 故呈零级反应。

② $r=\dfrac{k_2a_Ap_A}{1+a_Ap_A}$, 反应物 $N_2O(g)$ 的吸附很弱, $a_Ap_A\ll 1$, $r=k_2a_Ap_A=k'p_A$, 故呈一级反应。

③ $r=k_2\theta_H^2=k_2\left(\dfrac{a_Ap_A}{1+a_Ap_A}\right)^2$, H 原子在金表面上是弱吸附, $a_Ap_A\ll 1$, $r=k_2a_A^2p_A^2=k'p_A^2$, 故呈二级反应。

④ 产物 $N_2(g)$ 在钼表面也吸附, 此时 $r=k_2\dfrac{a_Ap_A}{1+a_Ap_A+a_Bp_B}$; 可见, 由于 $N_2(g)$ 的吸附 (通过分母上 $a_Bp_B$ 项体现), 反应速率显著降低, 但尽管表面被 $N_2(g)$ 所饱和, 速率不为零。

**13.19** 为什么用吸附法测定固体比表面时, 被吸附蒸气的比压要控制在 0.05 ~ 0.35? BET 多层吸附公式与 Langmuir 吸附等温式有何不同? 试证明 BET 多层吸附公式在压力很小时 (即 $p\ll p_s$) 可还原为 Langmuir 吸附等温式。

**答**: 当比压小于 0.05 时, 此时压力太小, 建立不起多层物理吸附平衡, 甚至连单分子层物理吸附也远未完全形成, 不容易获得铺满单分子层的体积 $V_m$, 表面的不均匀性就显得突出; 当比压大于 0.35 时, 由于毛细凝聚变得显著起来, 因而破坏了多层物理吸附平衡, 使结果偏高。

Langmuir 吸附等温式是一个理想的吸附公式, 它反映了在均匀表面上, 吸附分子之间彼此没有作用, 而且吸附是单分子层情况下达平衡时的规律性。BET 多层吸附公式是在 Langmuir 吸附等温式的理论基础上加以发展而得到的, 其接受了 Langmuir 理论中关于吸附作用是吸附和解吸 (或凝聚与逃逸) 两个相反过程达到平衡的概念, 以及固体表面是均匀的、吸附分子的解吸不受四周其他分子的影响等看法; 改进之处是认为表面吸附了一层分子之后, 由于被吸附气体本身的范德华引力, 还可以继续发生多分子层的吸附。当然, 第一层的吸附与以后各层的吸附有本质的不同; 前者是气体分子与固体表面直接发生联系, 而第二层以后各层则是相同分子之间的相互作用。

BET 多层吸附公式为 $\dfrac{p}{V(p_s-p)}=\dfrac{1}{V_mc}+\dfrac{c-1}{V_mc}\cdot\dfrac{p}{p_s}$

当 $p\ll p_s$ 时, $p_s-p\approx p_s$; 将上式两边同时乘以 $p_s$, 得

$$\frac{p}{V}=\frac{p_s}{V_mc}+\frac{c-1}{V_mc}\cdot p$$

$p_s$ 和 $c$ 为常数, 设 $a=\dfrac{c}{p_s}$; 当 $c\gg 1$ 时, $c-1\approx c$, 则

$$\frac{p}{V}=\frac{1}{V_ma}+\frac{p}{V_m}$$

即为 Langmuir 吸附等温式。

**13.20** 如何从吸附的角度来衡量催化剂的好坏? 为什么金属镍既是好的加氢催化剂, 又是好的脱氢催化剂?

**答**: 催化剂的活性与反应物在催化剂表面上的化学吸附强度有关, 只有在化学吸附具有适当的强度时, 其催化活性才最大。吸附强度太弱, 则不足以活化反应物; 吸附强度太强, 则不易解吸, 甚

至成为毒物。催化剂对正向反应和逆向反应都有加速作用。因此, 正反应催化剂在同样条件下也必然是逆反应催化剂。

## 二、典型例题及解答

**例13.1** 已知汞溶胶中胶粒 (设为球形) 的直径为 22 nm, 在1.0 $dm^3$ 溶胶中含 Hg $8\times10^{-5}$ kg, 试计算:

(1) 1.0 $cm^3$ 溶胶中的胶粒数;

(2) 胶粒的总表面积;

(3) 若把质量为 $8\times10^{-5}$ kg 的汞滴, 分散成上述溶胶粒子时, 表面 Gibbs 自由能增加多少? 已知汞的密度为 13.6 $kg\cdot dm^{-3}$, 汞–水界面张力为 $\gamma_{Hg-H_2O}=0.375\ N\cdot m^{-1}$。

**解**: (1) 直径为 22 nm 的汞胶粒的体积为

$$V=\frac{4}{3}\pi R^3=\frac{4}{3}\times3.1416\times\left(\frac{22}{2}\times10^{-9}\ \mathrm{m}\right)^3=5.575\times10^{-24}\ \mathrm{m}^3$$

1.0 $cm^3$ 溶胶中的胶粒数 $N$ 为

$$N=\frac{8\times10^{-5}\ \mathrm{kg\cdot dm^{-3}}\times1.0\times10^{-3}\ \mathrm{dm^3}}{13.6\ \mathrm{kg\cdot dm^{-3}}}\times\frac{1}{5.575\times10^{-24}\ \mathrm{m^3}}=1.055\times10^{12}$$

(2) $A_{总}=N\times4\pi R^2=1.055\times10^{12}\times4\times3.1416\times\left(\frac{22}{2}\times10^{-9}\ \mathrm{m}\right)^2=1.604\times10^{-3}\ \mathrm{m}^2$

(3) $\Delta G_A=\gamma\Delta A_s=0.375\ \mathrm{N\cdot m^{-1}}\times(1.604\times10^{-3}\ \mathrm{m}^2-4\pi R_0^2)=5.96\times10^{-4}\ \mathrm{J}$

(式中 $R_0$ 为 $8\times10^{-5}$ kg 汞成一个汞滴时的半径, 等于 $1.12\times10^{-3}$ m。)

**例13.2** 在绝热可逆条件下, 若干直径为 $1\times10^{-7}$ m 的小水滴形成一个物质的量为 1 mol 的球形大水滴, 问大水滴的温度为多少? 已知水的表面张力 $\gamma=0.073\ \mathrm{N\cdot m^{-1}}$, 摩尔定容热容 $C_{V,m}=75.37\ \mathrm{J\cdot mol^{-1}\cdot K^{-1}}$, 密度 $\rho=0.958\times10^3\ \mathrm{kg\cdot m^{-3}}$, 并设 $\gamma$、$C_{V,m}$ 和 $\rho$ 均与温度无关, 初始温度为 308 K。

**解**: 先求出大水滴的半径 $R_2$。

$$\frac{4}{3}\pi R_2^3\rho=1\ \mathrm{mol}\times0.018\ \mathrm{kg\cdot mol^{-1}}$$

$$R_2=1.65\times10^{-2}\ \mathrm{m}$$

再求出所需小水滴的数目 $N$。

$$\frac{4}{3}\pi R_1^3N=\frac{4}{3}\pi R_2^3$$

$$N=\left(\frac{R_2}{R_1}\right)^3=\left(\frac{1.65\times10^{-2}\ \mathrm{m}}{0.5\times10^{-7}\ \mathrm{m}}\right)^3=3.59\times10^{16}$$

绝热可逆, 故 $\Delta S=0$。由公式 $\mathrm{d}U=T\mathrm{d}S-p\mathrm{d}V+\gamma\mathrm{d}A_{\mathrm{s}}$ 可知

$$\begin{aligned}\Delta U&=\gamma\cdot\Delta A_{\mathrm{s}}=\gamma\times(N\times4\pi R_1^2-4\pi R_2^2)\\&=0.073\ \mathrm{N\cdot m^{-1}}\times[3.59\times10^{16}\times4\times3.1416\times(0.5\times10^{-7}\ \mathrm{m})^2-\\&\quad 4\times3.1416\times(1.65\times10^{-2}\ \mathrm{m})^2]=82.3\ \mathrm{J}\end{aligned}$$

由公式 $\Delta U=nC_{V,\mathrm{m}}\cdot\Delta T$ 可知

$$\Delta T=\frac{\Delta U}{nC_{V,\mathrm{m}}}=\frac{82.3\ \mathrm{J}}{1\ \mathrm{mol}\times75.37\ \mathrm{J\cdot mol^{-1}\cdot K^{-1}}}=1.09\ \mathrm{K}$$

$$T_2=T_1+\Delta T=308\ \mathrm{K}+1.09\ \mathrm{K}=309.09\ \mathrm{K}$$

**例13.3**　水蒸气骤冷会发生过饱和现象。在夏天的乌云中, 用飞机撒干冰微粒, 使气温骤降至 293 K, 水气的过饱和度 $(p/p_{\mathrm{s}})$ 达 4。已知在 293 K 时, 水的表面张力为 $0.07274\ \mathrm{N\cdot m^{-1}}$, 密度为 $997\ \mathrm{kg\cdot m^{-3}}$, 试计算:

(1) 在此时开始形成雨滴的半径;

(2) 每个雨滴中所含水分子的数目。

**解**: (1) 根据 Kelvin 公式, 有

$$\begin{aligned}R'&=\frac{2\gamma M}{RT\rho\ln(p/p_{\mathrm{s}})}\\&=\frac{2\times0.07274\ \mathrm{N\cdot m^{-1}}\times18\times10^{-3}\ \mathrm{kg\cdot mol^{-1}}}{8.314\ \mathrm{J\cdot mol^{-1}\cdot K^{-1}}\times293\ \mathrm{K}\times997\ \mathrm{kg\cdot m^{-3}}\times\ln4}=7.78\times10^{-10}\ \mathrm{m}\end{aligned}$$

$$\begin{aligned}(2)\ N&=\frac{\frac{4}{3}\pi(R')^3\rho}{M}L\\&=\frac{\frac{4}{3}\times3.1416\times(7.78\times10^{-10}\ \mathrm{m})^3\times997\ \mathrm{kg\cdot m^{-3}}}{18\times10^{-3}\ \mathrm{kg\cdot mol^{-1}}}\times6.022\times10^{23}\ \mathrm{mol^{-1}}=66\end{aligned}$$

**例13.4**　设与半径为 $R'$ 液滴的蒸气压相平衡的温度为 $T$, 与平面液体的蒸气压相平衡的温度为 $T_0$, 试证明下述关系式成立:

$$\ln\frac{T}{T_0}=\frac{2\gamma V_{\mathrm{m}}(\mathrm{l})}{\Delta_{\mathrm{vap}}H_{\mathrm{m}}R'}$$

**证明**: 设半径为 $R'$ 液滴所受压力为 $p'=p_0+p_{\mathrm{s}}$, 平面液体所受压力为 $p_0$, 则液滴所受附加压力与液体表面张力之间的关系为

$$p_{\mathrm{s}}=\frac{2\gamma}{R'}$$

当蒸气与液体达成平衡时, $G_{\mathrm{m}}(\mathrm{l})=G_{\mathrm{m}}(\mathrm{g})$; 随着压力的改变达成新的平衡时, 下式也必然成立:

$$\left[\frac{\partial G_{\mathrm{m}}(\mathrm{l})}{\partial p(\mathrm{l})}\right]_T\mathrm{d}p(\mathrm{l})=\left[\frac{\partial G_{\mathrm{m}}(\mathrm{g})}{\partial p(\mathrm{g})}\right]_T\mathrm{d}p(\mathrm{g})$$

所以　$$V_{\mathrm{m}}(\mathrm{l})\mathrm{d}p(\mathrm{l})=V_{\mathrm{m}}(\mathrm{g})\mathrm{d}p(\mathrm{g})=\frac{RT}{p(\mathrm{g})}\mathrm{d}p(\mathrm{g})\qquad(\text{设蒸气为理想气体})$$

重排后得
$$\frac{\mathrm{dln}p(\mathrm{g})}{\mathrm{d}p(\mathrm{l})}=\frac{V_\mathrm{m}(\mathrm{l})}{RT} \tag{a}$$

设压力随温度的变化可用下式表示:
$$\frac{\mathrm{dln}p(\mathrm{g})}{\mathrm{d}T}=\frac{\Delta_\mathrm{vap}H_\mathrm{m}}{RT^2}$$

即
$$\frac{\mathrm{dln}p(\mathrm{g})}{\mathrm{dln}T}=\frac{\Delta_\mathrm{vap}H_\mathrm{m}}{RT} \tag{b}$$

用式 (a) 除式 (b) 得
$$\mathrm{dln}T=\frac{V_\mathrm{m}(\mathrm{l})}{\Delta_\mathrm{vap}H_\mathrm{m}}\mathrm{d}p(\mathrm{l})$$

积分上式
$$\int_{T_0}^{T}\mathrm{dln}T=\frac{V_\mathrm{m}(\mathrm{l})}{\Delta_\mathrm{vap}H_\mathrm{m}}\int_{p_0}^{p'}\mathrm{d}p(\mathrm{l})$$

可得
$$\ln\frac{T}{T_0}=\frac{V_\mathrm{m}(\mathrm{l})}{\Delta_\mathrm{vap}H_\mathrm{m}}(p'-p_0)=\frac{V_\mathrm{m}(\mathrm{l})}{\Delta_\mathrm{vap}H_\mathrm{m}}\cdot\frac{2\gamma}{R'}$$

**例13.5** 已知 100 ℃ 时水的表面张力 $\gamma=0.05891\ \mathrm{N\cdot m^{-1}}$, 密度 $\rho=958.63\ \mathrm{kg\cdot m^{-3}}$。

(1) 100 ℃ 时, 若水中有一半径为 $1\times10^{-6}$ m 的气泡, 求气泡内水的蒸气压;

(2) 气泡内的气体受到的附加压力为多大? 气泡能否稳定存在?

**解**: (1) 根据 Kelvin 公式 $\quad \ln\dfrac{p_\mathrm{r}}{p_0}=\dfrac{2\gamma M}{RT\rho R'}$

则
$$\ln\frac{p_\mathrm{r}}{101.325\ \mathrm{kPa}}=\frac{2\times0.05891\ \mathrm{N\cdot m^{-1}}\times18\times10^{-3}\ \mathrm{kg\cdot mol^{-1}}}{8.314\ \mathrm{J\cdot mol^{-1}\cdot K^{-1}}\times373.15\ \mathrm{K}\times958.63\ \mathrm{kg\cdot m^{-3}}\times(-1\times10^{-6}\ \mathrm{m})}$$

解得
$$p_\mathrm{r}=101.25\ \mathrm{kPa}$$

(2) $p_\mathrm{s}=\dfrac{2\gamma}{R'}=\dfrac{2\times0.05891\ \mathrm{N\cdot m^{-1}}}{1\times10^{-6}\ \mathrm{m}}=117.8\ \mathrm{kPa}$

可见蒸气受的附加压力大于蒸气的压力, 故气泡不能稳定存在。

**例13.6** 298 K 时某溶质吸附在汞–水界面上, 服从 Langmuir 吸附等温式:
$$\theta=\frac{x}{x_\mathrm{m}}=\frac{ba}{1+ba}$$

式中 $x$ 为吸附量 (可近似看作表面过剩), $x_\mathrm{m}$ 为最大吸附量, $b$ 为吸附常数, $a$ 为溶质活度。当 $a=0.2$ 时, $\dfrac{x}{x_\mathrm{m}}=0.5$。试估计当 $a=0.1$ 时, 汞–水的界面张力。已知汞–纯水界面张力在该温度时为 $\gamma_0=0.416\ \mathrm{J\cdot m^{-2}}$, 溶质分子截面积为 $2.0\times10^{-19}\ \mathrm{m^2}$。

**解**: 将已知条件代入 Langmuir 吸附等温式, 可求得 $b$ 值。
$$0.5=\frac{b\times0.2}{1+b\times0.2}\qquad b=5$$

利用溶质分子截面积, 可求得 $x_\mathrm{m}$ 值。
$$\frac{1}{x_\mathrm{m}L}=2.0\times10^{-19}\ \mathrm{m^2}$$
$$x_\mathrm{m}=\frac{1}{2.0\times10^{-19}\ \mathrm{m^{-2}}\times6.022\times10^{23}\ \mathrm{mol^{-1}}}=8.30\times10^{-6}\ \mathrm{mol\cdot m^{-2}}$$

因此, 吸附量 (即表面超额 $\Gamma_2$) $x$ 为

$$x = x_{\mathrm{m}}\frac{ba}{1+ba} = 8.30\times10^{-6}\ \mathrm{mol\cdot m^{-2}}\times\frac{5a}{1+5a}$$

根据 Gibbs 吸附公式, 有

$$x = -\frac{a}{RT}\left(\frac{\partial\gamma}{\partial a}\right)_T = 8.30\times10^{-6}\ \mathrm{mol\cdot m^{-2}}\times\frac{5a}{1+5a}$$

移项积分, 可得　$-\dfrac{1}{RT}\displaystyle\int_{\gamma_0}^{\gamma}\mathrm{d}\gamma = 8.30\times10^{-6}\ \mathrm{mol\cdot m^{-2}}\times\int_0^a\frac{5}{1+5a}\mathrm{d}a$

$$\gamma_0-\gamma = (8.30\times10^{-6}\ \mathrm{mol\cdot m^{-2}})RT\ln(1+5a)$$

$$\begin{aligned}\gamma &= \gamma_0-(8.30\times10^{-6}\ \mathrm{mol\cdot m^{-2}})RT\ln(1+5a)\\ &= 0.416\ \mathrm{J\cdot m^{-2}} - 8.30\times10^{-6}\ \mathrm{mol\cdot m^{-2}}\times8.314\ \mathrm{J\cdot mol^{-1}\cdot K^{-1}}\times298\ \mathrm{K}\times\ln(1+0.5)\\ &= 0.408\ \mathrm{J\cdot m^{-2}}\end{aligned}$$

**例13.7**　已知 27 ℃ 及 100 ℃ 时, 水的饱和蒸气压分别为 3.565 kPa 及 101.325kPa, 密度分别为 997 $\mathrm{kg\cdot m^{-3}}$ 及 958.4 $\mathrm{kg\cdot m^{-3}}$, 表面张力分别为 0.07166 $\mathrm{N\cdot m^{-1}}$ 及 0.05891 $\mathrm{N\cdot m^{-1}}$。

(1) 若 27 ℃ 时, 水在半径为 $R_1 = 5.0\times10^{-4}$ m 的毛细管内上升 0.028 m, 求水与毛细管壁的接触角。

(2) 27 ℃ 时, 水蒸气在半径为 $R_2 = 2.0\times10^{-9}$ m 的毛细管内凝聚的最低蒸气压为多少?

(3) 如以 $R_3 = 2.0\times10^{-6}$ m 的毛细管作为水的助沸物, 则使水沸腾需过热多少摄氏度 (设水的沸点及水与毛细管壁的接触角与 27 ℃ 时近似相等)? 欲提高助沸效果, 毛细管半径应加大还是减小?

**解**: (1) $p_{\mathrm{s}} = \dfrac{2\gamma}{R'} = \rho gh$, $R' = \dfrac{R_1}{\cos\theta}$, 所以

$$\cos\theta = \frac{\rho g h R_1}{2\gamma} = \frac{997\ \mathrm{kg\cdot m^{-3}}\times9.8\ \mathrm{m\cdot s^{-2}}\times0.028\ \mathrm{m}\times5.0\times10^{-4}\ \mathrm{m}}{2\times0.07166\ \mathrm{N\cdot m^{-1}}} = 0.9544$$

$$\theta = 17.4^\circ$$

(2) 由 Kelvin 公式　$RT\ln\dfrac{p_{\mathrm{r}}}{p_0} = \dfrac{2\gamma M}{R'\rho}$　　$R' = \dfrac{R_2}{\cos\theta}$

可得

$$\ln\frac{p_{\mathrm{r}}}{p_0} = \frac{2\gamma M\cos\theta}{RTR_2\rho}$$

$$\ln\frac{p_{\mathrm{r}}}{3.565\ \mathrm{kPa}} = \frac{2\times0.07166\ \mathrm{N\cdot m^{-1}}\times0.018\ \mathrm{kg\cdot mol^{-1}}\times0.9544}{-8.314\ \mathrm{J\cdot mol^{-1}\cdot K^{-1}}\times300.15\ \mathrm{K}\times2.0\times10^{-9}\ \mathrm{m}\times997\ \mathrm{kg\cdot m^{-3}}}$$

(液面是凹面, 此时曲率半径为负值)

解得

$$p_{\mathrm{r}} = 2.17\ \mathrm{kPa}$$

(3) 助沸毛细管中空气泡的曲率半径为

$$R' = \frac{R_3}{\cos\theta} = \frac{2.0\times10^{-6}\ \mathrm{m}}{0.9544} = 2.1\times10^{-6}\ \mathrm{m}$$

$$p_{\mathrm{r}} = p_0 + p_{\mathrm{s}} = 101.325\ \mathrm{kPa} + \frac{2\gamma}{R'} = 101.325\ \mathrm{kPa} + \frac{2 \times 0.05891\ \mathrm{N \cdot m^{-1}}}{2.1 \times 10^{-6}\ \mathrm{m}} = 157.43\ \mathrm{kPa}$$

根据 Clausius-Clapeyron 方程 $\ln \dfrac{p_{\mathrm{r}}}{p_0} = \dfrac{\Delta_{\mathrm{vap}} H_{\mathrm{m}}}{R} \left( \dfrac{1}{T_0} - \dfrac{1}{T} \right)$

上式中 $\Delta_{\mathrm{vap}} H_{\mathrm{m}}$ 可从题给两个不同温度下水的蒸气压数据中求得, 即

$$\ln \frac{101.325}{3.565} = \frac{\Delta_{\mathrm{vap}} H_{\mathrm{m}}}{8.314\ \mathrm{J \cdot mol^{-1} \cdot K^{-1}}} \times \left( \frac{1}{300.15\ \mathrm{K}} - \frac{1}{373.15\ \mathrm{K}} \right)$$

$$\Delta_{\mathrm{vap}} H_{\mathrm{m}} = 42.696\ \mathrm{kJ \cdot mol^{-1}}$$

所以 $$\ln \frac{157.43\ \mathrm{kPa}}{101.325\ \mathrm{kPa}} = \frac{42.696 \times 10^3\ \mathrm{J \cdot mol^{-1}}}{8.314\ \mathrm{J \cdot mol^{-1} \cdot K^{-1}}} \times \left( \frac{1}{373.15\ \mathrm{K}} - \frac{1}{T} \right)$$

解得 $$T = 385.5\ \mathrm{K}$$

即过热 12.4 ℃。欲提高助沸效果, 应加大毛细管半径。

**例13.8** 在 298 K 时, 1,2－二硝基苯 (NB) 在水中所形成的饱和溶液的浓度为 $5.9 \times 10^{-3}\ \mathrm{mol \cdot dm^{-3}}$, 计算直径为 0.01 μm 的二硝基苯微球在水中的溶解度。已知在该温度下, 1,2－二硝基苯与水的界面张力 $\gamma_{\mathrm{NB-H_2O}} = 0.0257\ \mathrm{N \cdot m^{-1}}$, 1,2－二硝基苯的密度为 $1566\ \mathrm{kg \cdot m^{-3}}$, 摩尔质量为 $168\ \mathrm{g \cdot mol^{-1}}$。

**解**: $$RT \ln \frac{c}{c_0} = \frac{2\gamma_{\mathrm{NB-H_2O}} M}{\rho R'}$$

$$\ln \frac{c}{5.9 \times 10^{-3}\ \mathrm{mol \cdot dm^{-3}}} = \frac{2 \times 0.0257\ \mathrm{N \cdot m^{-1}} \times 0.168\ \mathrm{kg \cdot mol^{-1}}}{8.314\ \mathrm{J \cdot mol^{-1} \cdot K^{-1}} \times 298\ \mathrm{K} \times 1566\ \mathrm{kg \cdot m^{-3}} \times 0.005 \times 10^{-6}\ \mathrm{m}}$$

$$c = 9.2 \times 10^{-3}\ \mathrm{mol \cdot dm^{-3}}$$

$$s = 9.2 \times 10^{-3}\ \mathrm{mol \cdot dm^{-3}} \times 0.168\ \mathrm{kg \cdot mol^{-1}} = 1.55 \times 10^{-3}\ \mathrm{kg \cdot dm^{-3}}$$

**例13.9** $\mathrm{N_2(g)}$ 在一催化剂上发生解离吸附, 测得单层吸附容量 $V_{\mathrm{m}} = 3\ \mathrm{cm^3}$ (标准态), 吸附系数 $a = 4/p$。已知吸附速率常数 $k_a = (0.04p^{-1})\ \mathrm{min^{-1}}$, 开始吸附时催化剂表面是清洁的, 假设催化剂表面是均匀的。

(1) 写出吸附量 $(V/\mathrm{cm^3})$ 与吸附时间 $(t/\mathrm{min})$ 的函数关系;

(2) 求 5 min 后的吸附量和速率。

**解**: (1) $r = \dfrac{\mathrm{d}\theta}{\mathrm{d}t} = r_{\mathrm{a}} - r_{\mathrm{d}} = k_{\mathrm{a}} p (1-\theta)^2 - k_{\mathrm{d}} \theta^2$

因为 $\theta = \dfrac{V}{V_{\mathrm{m}}}$, 所以 $\mathrm{d}V = V_{\mathrm{m}} \mathrm{d}\theta$; 又因为 $a = \dfrac{k_{\mathrm{a}}}{k_{\mathrm{d}}}$, 所以 $k_{\mathrm{d}} = \dfrac{k_{\mathrm{a}}}{a}$。代入上式, 可得

$$\frac{1}{V_{\mathrm{m}}} \cdot \frac{\mathrm{d}V}{\mathrm{d}t} = k_{\mathrm{a}} p \left( 1 - \frac{V}{V_{\mathrm{m}}} \right)^2 - k_{\mathrm{d}} \left( \frac{V}{V_{\mathrm{m}}} \right)^2$$

$$= 0.04\ \mathrm{min^{-1}} \times \left( 1 - \frac{V}{V_{\mathrm{m}}} \right)^2 - 0.01\ \mathrm{min^{-1}} \times \left( \frac{V}{V_{\mathrm{m}}} \right)^2$$

$$\frac{\mathrm{d}V}{\mathrm{d}t} = 0.04\ \mathrm{min^{-1}} \times 3\ \mathrm{cm^3} \times \left( 1 - \frac{V}{3\ \mathrm{cm^3}} \right)^2 - 0.01\ \mathrm{min^{-1}} \times 3\ \mathrm{cm^3} \times \left( \frac{V}{3\ \mathrm{cm^3}} \right)^2$$

$$= 0.01\ \text{min}^{-1}\cdot\text{cm}^{-3}(V - 6\ \text{cm}^3)(V - 2\ \text{cm}^3)$$

移项积分
$$\int_0^V \frac{\text{d}V}{(V - 6\ \text{cm}^3)(V - 2\ \text{cm}^3)} = \int_0^t 0.01\ \text{min}^{-1}\cdot\text{cm}^{-3}\text{d}t$$

可得
$$t = \left[25\ln\frac{V - 6\ \text{cm}^3}{3(V - 2\ \text{cm}^3)}\right]\text{min}$$

或
$$V = \left[\frac{6(\text{e}^{0.04\ \text{min}^{-1}\times t} - 1)}{3\text{e}^{0.04\ \text{min}^{-1}\times t} - 1}\right]\text{cm}^3$$

(2) 将 $t = 5$ min 代入上式, 可得
$$V = \left[\frac{6(\text{e}^{0.04\times 5} - 1)}{3\text{e}^{0.04\times 5} - 1}\right]\text{cm}^3 = 0.5\ \text{cm}^3$$

此时
$$\frac{\text{d}V}{\text{d}t} = 0.01\ \text{min}^{-1}\cdot\text{cm}^{-3}(V - 6\ \text{cm}^3)(V - 2\ \text{cm}^3)$$
$$= [0.01 \times (0.5 - 6) \times (0.5 - 2)]\ \text{cm}^3\cdot\text{min}^{-1} = 0.0825\ \text{cm}^3\cdot\text{min}^{-1}$$

## 三、习题及解答

**13.1**　某金属的升华热为 $4.18 \times 10^5\ \text{J}\cdot\text{mol}^{-1}$, 每平方厘米表面上有 $10^{15}$ 个原子; 设此金属为紧密堆积, 每一个原子与 12 个原子邻接, 试估算其表面张力。

**解**: 在固相中, 每一原子周围有 12 个原子, 共 12 个化学键, 一个键由两原子形成, 1 mol 原子有 $6L$ 个键需断开; 当原子处于表面层时, 每一个原子与 9 个原子邻接, 即 1 mol 原子从体相变为表面原子时需要断开 $1.5L$ 个键, 则表面张力为

$$\gamma = \frac{10^{15}}{1 \times 10^{-4}\ \text{m}^2} \times \frac{4.18 \times 10^5\ \text{J}\cdot\text{mol}^{-1}}{6 \times 6.022 \times 10^{23}\ \text{mol}^{-1}} \times 1.5 = 1.7\ \text{J}\cdot\text{m}^{-2}$$

**13.2**　293 K, 101.325 kPa 下, 将半径 $R_1 = 1$ mm 的汞滴分散成半径 $R_2 = 10^{-5}$ mm 的微小汞滴, 问表面积增加了多少倍? 表面 Gibbs 自由能增加了多少? 完成该变化时, 环境至少做功多少? 已知 293 K 时, 汞的表面 Gibbs 自由能 $\gamma = 4.85 \times 10^{-1}\ \text{J}\cdot\text{m}^{-2}$。

**解**: 设形成的微小汞滴的数目为 $N$, 半径为 1 mm 的汞滴表面积为 $A_1$, 半径为 $10^{-5}$ mm 的所有微小汞滴的表面积为 $A_2$, 则

$$A_1 = 4\pi R_1^2 \qquad A_2 = 4\pi R_2^2 \cdot N$$

$$N = \left(\frac{R_1}{R_2}\right)^3 \qquad A_2 = 4\pi R_1^2 \cdot \frac{R_1}{R_2}$$

$$\frac{A_2 - A_1}{A_1} = \frac{4\pi R_1^2 \cdot \dfrac{R_1}{R_2} - 4\pi R_1^2}{4\pi R_1^2} = \frac{R_1}{R_2} - 1 = \frac{1 \times 10^{-3}\ \text{m}}{1 \times 10^{-8}\ \text{m}} - 1 = 99999$$

即表面积增加了99999 倍。

$$\Delta G=\gamma\cdot\Delta A_{\rm s}=\gamma\cdot(A_2-A_1)=\gamma\times 4\pi R_1^2\cdot\left(\frac{R_1}{R_2}-1\right)$$

$$=4.85\times10^{-1}\ {\rm J\cdot m^{-2}}\times4\times3.1416\times(1\times10^{-3}\ {\rm m})^2\times\left(\frac{1\times10^{-3}\ {\rm m}}{1\times10^{-8}\ {\rm m}}-1\right)=0.609\ {\rm J}$$

完成该变化环境做的最小功为 $W=\Delta G=0.609\ {\rm J}$

**13.3** 已知 298 K 时, 水的表面张力为 $72.0\times10^{-3}\ {\rm N\cdot m^{-1}}$; 在 $p^\ominus$ 下, $O_2(g)$ 在水中的溶解度为 $5\times10^{-6}$ (对于平面液体)。若水中有氧气泡存在, 气泡的半径为 1.0 μm, 试问 $O_2(g)$ 在与小气泡紧邻的水中的溶解度为多少? 设 $O_2(g)$ 在水中的溶解遵从 Henry 定律。

**解**: $p_{\rm s}=\dfrac{2\gamma}{R'}=\dfrac{2\times72.0\times10^{-3}\ {\rm N\cdot m^{-1}}}{1.0\times10^{-6}\ {\rm m}}=144\ {\rm kPa}$

气泡内压力 $p=p^\ominus+p_{\rm s}=244\ {\rm kPa}$

根据 Henry 定律 ($p=k_xx$), 与小气泡紧邻的水中 $O_2(g)$ 的溶解度为

$$\frac{p}{k_x}=\frac{p^\ominus+p_{\rm s}}{\dfrac{p^\ominus}{5\times10^{-6}}}=\frac{244\ {\rm kPa}}{100\ {\rm kPa}}\times5\times10^{-6}=1.22\times10^{-5}$$

**13.4** 试证明:

(1) $\left(\dfrac{\partial U}{\partial A_{\rm s}}\right)_{T,\,p}=\gamma-T\left(\dfrac{\partial\gamma}{\partial T}\right)_{p,\,A_{\rm s}}-p\left(\dfrac{\partial\gamma}{\partial p}\right)_{T,\,A_{\rm s}}$

(2) $\left(\dfrac{\partial H}{\partial A_{\rm s}}\right)_{T,\,p}=\gamma-T\left(\dfrac{\partial\gamma}{\partial T}\right)_{p,\,A_{\rm s}}$

**证明**: (1) ${\rm d}U=T{\rm d}S-p{\rm d}V+\gamma{\rm d}A_{\rm s}$

$$\left(\frac{\partial U}{\partial A_{\rm s}}\right)_{T,\,p}=T\left(\frac{\partial S}{\partial A_{\rm s}}\right)_{T,\,p}-p\left(\frac{\partial V}{\partial A_{\rm s}}\right)_{T,\,p}+\gamma$$

因为 ${\rm d}G=-S{\rm d}T+V{\rm d}p+\gamma{\rm d}A_{\rm s}$

应用全微分的性质可得

$$\left(\frac{\partial S}{\partial A_{\rm s}}\right)_{T,\,p}=-\left(\frac{\partial\gamma}{\partial T}\right)_{p,\,A_{\rm s}}\qquad\left(\frac{\partial V}{\partial A_{\rm s}}\right)_{T,\,p}=\left(\frac{\partial\gamma}{\partial p}\right)_{T,\,A_{\rm s}}$$

所以 $$\left(\frac{\partial U}{\partial A_{\rm s}}\right)_{T,\,p}=\gamma-T\left(\frac{\partial\gamma}{\partial T}\right)_{p,\,A_{\rm s}}-p\left(\frac{\partial\gamma}{\partial p}\right)_{T,\,A_{\rm s}}$$

(2) ${\rm d}H=T{\rm d}S+V{\rm d}p+\gamma{\rm d}A_{\rm s}$

$$\left(\frac{\partial H}{\partial A_{\rm s}}\right)_{T,\,p}=T\left(\frac{\partial S}{\partial A_{\rm s}}\right)_{T,\,p}+\gamma=\gamma-T\left(\frac{\partial\gamma}{\partial T}\right)_{p,\,A_{\rm s}}$$

**13.5** 在 $p^\ominus$ 和不同温度下, 测得某固体的表面张力如下所示:

| $T$/K | 293 | 295 | 298 | 301 | 303 |
|---|---|---|---|---|---|
| $\gamma/({\rm N\cdot m^{-1}})$ | 0.07275 | 0.07244 | 0.07197 | 0.07150 | 0.07118 |

(1) 计算该固体在 298 K 时的表面焓 $\left(\dfrac{\partial H}{\partial A_{\rm s}}\right)_{T,\,p}$;

(2) 把表面覆盖着均匀薄水层的固体粉末放入相同温度的水中, 热就会释放出来; 若有 10 g 这样的粉末, 其比表面为 200 $m^2 \cdot g^{-1}$, 当将其放入水中时, 会有多少热量释放出来?

**解**: 将表面张力 $\gamma$ 对温度 $T$ 作图, 可得 298 K 时:

$$\left(\frac{\partial \gamma}{\partial T}\right)_{p,\,A_s} = -1.48 \times 10^{-4}\ \mathrm{J \cdot m^{-2} \cdot K^{-1}}$$

$$\left(\frac{\partial H}{\partial A_s}\right)_{T,\,p} = \gamma - T\left(\frac{\partial \gamma}{\partial T}\right)_{p,\,A_s}$$

$$= 0.07197\ \mathrm{N \cdot m^{-1}} - 298\ \mathrm{K} \times (-1.48 \times 10^{-4}\ \mathrm{J \cdot m^{-2} \cdot K^{-1}}) = 0.1161\ \mathrm{J \cdot m^{-2}}$$

释放出来的热量为

$$Q_p = A_s \cdot \left(\frac{\partial H}{\partial A_s}\right)_{T,\,p} = 10\ \mathrm{g} \times 200\ \mathrm{m^2 \cdot g^{-1}} \times 0.1161\ \mathrm{J \cdot m^{-2}} = 232.1\ \mathrm{J}$$

**13.6**　已知水的表面张力与温度的关系为

$$\gamma/(\mathrm{N \cdot m^{-1}}) = (75.64 - 0.00495\ T/\mathrm{K}) \times 10^{-3}$$

试计算在 283 K, $p^{\ominus}$ 下, 可逆地使一定量的水的表面积增加 0.01 $m^2$ (设体积不变) 时, 系统的 $\Delta U$, $\Delta H$, $\Delta S$, $\Delta A$, $\Delta G$, $Q$ 和 $W$。

**解**: $\gamma = (75.64 - 0.00495 \times 283) \times 10^{-3}\ \mathrm{N \cdot m^{-1}} = 0.07424\ \mathrm{N \cdot m^{-1}}$

$$W_f = \gamma \cdot \Delta A_s = 0.07424\ \mathrm{N \cdot m^{-1}} \times 0.01\ \mathrm{m^2} = 7.424 \times 10^{-4}\ \mathrm{J}$$

$$\Delta G_A = W_f = 7.424 \times 10^{-4}\ \mathrm{J}$$

因为

$$\left(\frac{\partial S}{\partial A_s}\right)_{T,\,p} = -\left(\frac{\partial \gamma}{\partial T}\right)_{p,\,A_s}$$

所以

$$\Delta S = -\left(\frac{\partial \gamma}{\partial T}\right)_{p,\,A_s} \times \Delta A_s = 4.95 \times 10^{-6}\ \mathrm{N \cdot m^{-1} \cdot K^{-1}} \times 0.01\ \mathrm{m^2} = 4.95 \times 10^{-8}\ \mathrm{J \cdot K^{-1}}$$

$$Q = T\Delta S = 283\ \mathrm{K} \times 4.95 \times 10^{-8}\ \mathrm{J \cdot K^{-1}} = 1.40 \times 10^{-5}\ \mathrm{J}$$

$$\Delta H = \Delta G + T\Delta S = 7.564 \times 10^{-4}\ \mathrm{J}$$

$$\Delta U = \Delta H = 7.564 \times 10^{-4}\ \mathrm{J}$$

$$\Delta A = \Delta G = 7.424 \times 10^{-4}\ \mathrm{J}$$

**13.7**　有一吹肥皂泡的装置, 其下端连有一个一端通大气的 U 形水柱压力计; 当肥皂泡的直径是 $5 \times 10^{-3}$ m 时, 压力计水柱高度差为 $2 \times 10^{-3}$ m。试计算该肥皂液在直径为 $1 \times 10^{-4}$ m 的毛细管中的升高值。设皂液对毛细管壁完全润湿, 且密度与水相同。

**解**: $p_s = 2 \times \dfrac{2\gamma}{R'} = \rho g h$

$$\gamma = \frac{1}{4}\rho g h R' = \frac{1}{4} \times 1 \times 10^3\ \mathrm{kg \cdot m^{-3}} \times 9.8\ \mathrm{m \cdot s^{-2}} \times 2 \times 10^{-3}\ \mathrm{m} \times \frac{5 \times 10^{-3}\ \mathrm{m}}{2}$$

$$= 0.01225\ \mathrm{N \cdot m^{-1}}$$

$$h=\frac{2\gamma\cos\theta}{\rho g R_2}=\frac{2\times 0.01225\ \mathrm{N\cdot m^{-1}}\times 1}{1\times 10^3\ \mathrm{kg\cdot m^{-3}}\times 9.8\ \mathrm{m\cdot s^{-2}}\times\dfrac{1\times 10^{-4}\ \mathrm{m}}{2}}=0.05\ \mathrm{m}$$

**13.8** 已知水在 293 K 时表面张力 $\gamma = 0.07275\ \mathrm{N\cdot m^{-1}}$，摩尔质量 $M = 0.018\ \mathrm{kg\cdot mol^{-1}}$，密度 $\rho = 1\times 10^3\ \mathrm{kg\cdot m^{-3}}$。273 K 时水的饱和蒸气压为 610.5 Pa，在 273 ~ 293 K 温度区间内水的摩尔蒸发焓 $\Delta_{\mathrm{vap}}H_{\mathrm{m}} = 40.67\ \mathrm{kJ\cdot mol^{-1}}$。试计算 293 K 时，半径 $R' = 10^{-9}$ m 的水滴的饱和蒸气压。

**解**:
$$\ln\frac{p_2}{p_1}=\frac{\Delta_{\mathrm{vap}}H_{\mathrm{m}}^{\ominus}}{R}\left(\frac{1}{T_1}-\frac{1}{T_2}\right)$$

$$\ln\frac{p_2}{610.5\ \mathrm{Pa}}=\frac{40.67\times 10^3\ \mathrm{J\cdot mol^{-1}}}{8.314\ \mathrm{J\cdot mol^{-1}\cdot K^{-1}}}\times\left(\frac{1}{273\ \mathrm{K}}-\frac{1}{293\ \mathrm{K}}\right)$$

解得
$$p_2 = 2074\ \mathrm{Pa}$$

又
$$\ln\frac{p}{p_2}=\frac{2\gamma M}{RT\rho R'}$$

$$\ln\frac{p}{2074\ \mathrm{Pa}}=\frac{2\times 0.07275\ \mathrm{N\cdot m^{-1}}\times 0.018\ \mathrm{kg\cdot mol^{-1}}}{8.314\ \mathrm{J\cdot mol^{-1}\cdot K^{-1}}\times 293\ \mathrm{K}\times 1\times 10^3\ \mathrm{kg\cdot m^{-3}}\times 10^{-9}\ \mathrm{m}}$$

解得
$$p = 6078\ \mathrm{Pa}$$

**13.9** 在 373 K 时，水的表面张力为 $0.05891\ \mathrm{N\cdot m^{-1}}$，密度为 $958.63\ \mathrm{kg\cdot m^{-3}}$。问直径为 100 nm 的气泡内（即球形凹面上），373 K 时水的蒸气压为多少？在 101325 Pa 外压下，能否从 373 K 的水中蒸发出直径为 100 nm 的水蒸气泡？欲要蒸发出直径为 100 nm 的水蒸气泡，则需要过热多少摄氏度？

**解**: $\ln\dfrac{p_{\mathrm{r}}}{p_0}=\dfrac{2\gamma M}{RT\rho R'}$

$$=\frac{2\times 0.05891\ \mathrm{J\cdot m^{-2}}\times 0.018\ \mathrm{kg\cdot mol^{-3}}}{8.314\ \mathrm{J\cdot mol^{-1}\cdot K^{-1}}\times 373\ \mathrm{K}\times 958.63\ \mathrm{kg\cdot m^{-3}}\times(-0.5\times 10^{-7}\ \mathrm{m})}=-0.01427$$

$$\frac{p_{\mathrm{r}}}{p_0}=0.9858$$

$p_{\mathrm{r}} = 99.89\ \mathrm{kPa} < 101325\ \mathrm{Pa}$，故不能从 373 K 的水中蒸发出直径为 100 nm 的水蒸气泡。

欲要蒸发出直径为 100 nm 的水蒸气泡，则需要升高温度。

$$p_{\mathrm{r}}=p_0+p_{\mathrm{s}}=101325\ \mathrm{Pa}+\frac{2\times 0.05891\ \mathrm{N\cdot m^{-1}}}{0.5\times 10^{-7}\ \mathrm{m}}=2457725\ \mathrm{Pa}$$

$$\ln\frac{p_{\mathrm{r}}}{p_{\mathrm{o}}}=\frac{\Delta_{\mathrm{vap}}H_{\mathrm{m}}^{\ominus}}{R}\left(\frac{1}{T_0}-\frac{1}{T}\right)$$

$$\ln\frac{2457725\ \mathrm{Pa}}{101325\ \mathrm{Pa}}=\frac{40.67\times 10^3\ \mathrm{J\cdot mol^{-1}}}{8.314\ \mathrm{J\cdot mol^{-1}\cdot K^{-1}}}\times\left(\frac{1}{373\ \mathrm{K}}-\frac{1}{T}\right)$$

解得
$$T = 493\ \mathrm{K}$$

也即需要过热 120 ℃。

**13.10** 将正丁醇（摩尔质量 $M = 0.074\ \mathrm{kg\cdot mol^{-1}}$）蒸气骤冷至 273 K，发现其过饱和度 $(p/p_0)$

约达到 4 时方能自行凝结为液滴。若 273 K 时, 正丁醇的表面张力 $\gamma = 0.0261\ \mathrm{N\cdot m^{-1}}$, 密度 $\rho = 1\times10^3\ \mathrm{kg\cdot m^{-3}}$, 试计算:

(1) 在此过饱和度下所凝结成液滴的半径 $R'$;

(2) 每一液滴中所含正丁醇的分子数。

**解**: (1) 根据 Kelvin 公式　$\ln\dfrac{p_\mathrm{r}}{p_0} = \dfrac{2\gamma M}{RT\rho R'}$

可得
$$\ln 4 = \frac{2\times0.0261\ \mathrm{N\cdot m^{-1}}\times0.074\ \mathrm{kg\cdot mol^{-1}}}{8.314\ \mathrm{J\cdot mol^{-1}\cdot K^{-1}}\times273\ \mathrm{K}\times1\times10^3\ \mathrm{kg\cdot m^{-3}}\times R'}$$

解得
$$R' = 1.23\times10^{-9}\ \mathrm{m}$$

(2) $N = n\cdot L = \dfrac{m}{M}\cdot L = \dfrac{V\rho}{M}\cdot L = \dfrac{4}{3}\pi(R')^3\dfrac{\rho L}{M}$

$$= \frac{4}{3}\times3.1416\times(1.23\times10^{-9}\ \mathrm{m})^3\times\frac{1\times10^3\ \mathrm{kg\cdot m^{-3}}\times6.022\times10^{23}\ \mathrm{mol^{-1}}}{0.074\ \mathrm{kg\cdot mol^{-1}}} = 63$$

**13.11**　1000 kg 细分散 $CaSO_4(s)$ 颗粒的比表面为 $3.38\times10^3\ \mathrm{m^2\cdot kg^{-1}}$, 298 K 时其在水中的溶解度为 $18.2\ \mathrm{mmol\cdot dm^{-3}}$。

(1) 假定其为均一的球体, 密度 $\rho = 2.96\times10^3\ \mathrm{kg\cdot m^{-3}}$, 试计算细分散 $CaSO_4(s)$ 颗粒的半径。

(2) 已知 298 K 时, 大颗粒 $CaSO_4(s)$ 在水中的饱和溶液浓度为 $15.33\ \mathrm{mmol\cdot dm^{-3}}$, $CaSO_4$ 的摩尔质量为 $0.136\ \mathrm{kg\cdot mol^{-1}}$。试计算 $CaSO_4(s)$ 与 $H_2O(l)$ 之间的界面张力。

**解**: (1) $m = N\cdot\dfrac{4}{3}\pi(R')^3\cdot\rho = \dfrac{A_\mathrm{s}}{4\pi(R')^2}\cdot\dfrac{4}{3}\pi(R')^3\cdot\rho = A_\mathrm{s}\cdot\dfrac{R'}{3}\cdot\rho$

$$1000\ \mathrm{kg} = 3.38\times10^3\ \mathrm{m^2\cdot kg^{-1}}\times1000\ \mathrm{kg}\times\frac{R'}{3}\times2.96\times10^3\ \mathrm{kg\cdot m^{-3}}$$

解得
$$R' = 3\times10^{-7}\ \mathrm{m}$$

(2) $\ln\dfrac{c_2}{c_1} = \dfrac{2\gamma M}{RT\rho R'}$

$$\ln\frac{18.2\ \mathrm{mmol\cdot dm^{-3}}}{15.33\ \mathrm{mmol\cdot dm^{-3}}} = \frac{2\times\gamma\times0.136\ \mathrm{kg\cdot mol^{-1}}}{8.314\ \mathrm{J\cdot mol^{-1}\cdot K^{-1}}\times298\ \mathrm{K}\times2.96\times10^3\ \mathrm{kg\cdot m^{-3}}\times3\times10^{-7}\ \mathrm{m}}$$

解得
$$\gamma = 1.39\ \mathrm{N\cdot m^{-1}}$$

**13.12**　已知 $CaCO_3(s)$ 块体在 500 ℃ 时分解压力为 101.325 kPa, 表面张力为 $1.210\ \mathrm{N\cdot m^{-1}}$, 密度 $\rho = 3.9\times10^3\ \mathrm{kg\cdot m^{-3}}$。若将 $CaCO_3(s)$ 研磨成半径为 30 nm 的粉末, 则在 500 ℃ 时的分解压力为多少?

**解**: $\ln\dfrac{p_\mathrm{r}}{p_0} = \dfrac{2\gamma M}{RT\rho R'}$

$$= \frac{2\times1.210\ \mathrm{N\cdot m^{-1}}\times100\times10^{-3}\ \mathrm{kg\cdot mol^{-3}}}{8.314\ \mathrm{J\cdot mol^{-1}\cdot K^{-1}}\times773.15\ \mathrm{K}\times3.9\times10^3\ \mathrm{kg\cdot m^{-3}}\times30\times10^{-9}\ \mathrm{m}} = 0.3218$$

$$\frac{p_\mathrm{r}}{p_0} = 1.3796$$

$$p_\mathrm{r} = 1.3797\times101.325\ \mathrm{kPa} = 139.80\ \mathrm{kPa}$$

**13.13**　试证明半径为 $R'$ 的球形小颗粒固体的熔点 $T$ 满足如下关系:

$$\ln\frac{T}{T_0}=-\frac{2\gamma V_{\mathrm{m}}(\mathrm{s})}{\Delta_{\mathrm{fus}}H_{\mathrm{m}}R'}$$

式中 $T_0$ 为大块固体的熔点, $V_{\mathrm{m}}(\mathrm{s})$ 为固体的摩尔体积, $\gamma$ 为液–固界面张力。

**证明**: 固–液两相平衡时, 有

$$\mu(\mathrm{s})=\mu(\mathrm{l})\qquad \mathrm{d}\mu(\mathrm{s})=\mathrm{d}\mu(\mathrm{l})$$

$$\left[\frac{\partial\mu(\mathrm{s})}{\partial T}\right]_p\mathrm{d}T+\left[\frac{\partial\mu(\mathrm{s})}{\partial p}\right]_T\mathrm{d}p=\left[\frac{\partial\mu(\mathrm{l})}{\partial T}\right]_p\mathrm{d}T$$

$$-S_{\mathrm{m}}(\mathrm{s})\mathrm{d}T+V_{\mathrm{m}}(\mathrm{s})\mathrm{d}p=-S_{\mathrm{m}}(\mathrm{l})\mathrm{d}T$$

$$\frac{\mathrm{d}T}{\mathrm{d}p}=-\frac{V_{\mathrm{m}}(\mathrm{s})}{S_{\mathrm{m}}(\mathrm{l})-S_{\mathrm{m}}(\mathrm{s})}=-\frac{TV_{\mathrm{m}}(\mathrm{s})}{\Delta_{\mathrm{fus}}H_{\mathrm{m}}}$$

$$\int_{T_0}^{T}\frac{\mathrm{d}T}{T}=-\frac{V_{\mathrm{m}}(\mathrm{s})}{\Delta_{\mathrm{fus}}H_{\mathrm{m}}}\int_{p}^{p'}\mathrm{d}p$$

$$\ln\frac{T}{T_0}=-\frac{V_{\mathrm{m}}(\mathrm{s})}{\Delta_{\mathrm{fus}}H_{\mathrm{m}}}\left[\left(p+\frac{2\gamma}{R'}\right)-p\right]=-\frac{2\gamma V_{\mathrm{m}}(\mathrm{s})}{\Delta_{\mathrm{fus}}H_{\mathrm{m}}R'}$$

**13.14** 在 293 K 时, 酪酸水溶液的表面张力 $\gamma$ (单位: $\mathrm{N\cdot m^{-1}}$) 与溶液浓度 $c$ 的关系为

$$\gamma=\gamma_0-12.94\times10^{-3}\ln\left(1+19.64\frac{c}{c^{\ominus}}\right)$$

(1) 导出溶液的表面过剩 $\Gamma$ 与浓度 $c$ 的关系式;

(2) 求 $c=0.01\ \mathrm{mol\cdot dm^{-3}}$ 时溶液的表面过剩 $\Gamma$;

(3) 求 $\Gamma_\infty$ 的值;

(4) 求酪酸分子的截面积。

**解**: (1) $\dfrac{\mathrm{d}\gamma}{\mathrm{d}(c/c^{\ominus})}=-\dfrac{12.94\times10^{-3}\times19.64\ \mathrm{N\cdot m^{-1}}}{1+19.64c/c^{\ominus}}=-\dfrac{0.2541\ \mathrm{N\cdot m^{-1}}}{1+19.64c/c^{\ominus}}$

$$\Gamma=-\frac{c/c^{\ominus}}{RT}\cdot\frac{\mathrm{d}\gamma}{\mathrm{d}(c/c^{\ominus})}=\frac{c/c^{\ominus}}{RT}\cdot\frac{0.2541\ \mathrm{N\cdot m^{-1}}}{1+19.64c/c^{\ominus}}$$

(2) $\Gamma=\dfrac{0.01}{8.314\ \mathrm{J\cdot mol^{-1}\cdot K^{-1}}\times293\ \mathrm{K}}\times\dfrac{0.2541\ \mathrm{N\cdot m^{-1}}}{1+19.64\times0.01}=8.72\times10^{-7}\ \mathrm{mol\cdot m^{-2}}$

(3) $\Gamma_\infty=\dfrac{12.94\times10^{-3}\ \mathrm{N\cdot m^{-1}}}{RT}=\dfrac{12.94\times10^{-3}\ \mathrm{N\cdot m^{-1}}}{8.314\ \mathrm{J\cdot mol^{-1}\cdot K^{-1}}\times293\ \mathrm{K}}=5.31\times10^{-6}\ \mathrm{mol\cdot m^{-2}}$

(4) $A_{\mathrm{m}}=\dfrac{1}{\Gamma_\infty L}=\dfrac{1}{5.31\times10^{-6}\ \mathrm{mol\cdot m^{-2}}\times6.022\times10^{23}\ \mathrm{mol^{-1}}}=3.1\times10^{-19}\ \mathrm{m^2}$

**13.15** 在 25 ℃ 时, 配制某浓度的苯基丙酸水溶液, 用特制的刮片机在 0.030 $\mathrm{m^2}$ 的溶液表面上刮下 2.3 g 溶液, 经分析知表面层与本体溶液浓度差为 $8.5\times10^{-8}\ \mathrm{mol\cdot(1\ g\ H_2O)^{-1}}$。已知 25 ℃ 时水的表面张力 $\gamma_0=0.07197\ \mathrm{N\cdot m^{-1}}$, 求溶液的表面吸附量 $\Gamma$ 及溶液的表面张力 $\gamma$。假设溶液的表面张力与溶液的浓度的关系为 $\gamma=\gamma_0-Aa$。设活度因子为 1。

**解**: $\Gamma_2=\dfrac{n_2-n_1}{A_{\mathrm{s}}}=\dfrac{(8.5\times10^{-8}\times2.3)\ \mathrm{mol}}{0.030\ \mathrm{m^2}}=6.52\times10^{-6}\ \mathrm{mol\cdot m^{-2}}$

$$\Gamma_2 = -\frac{a}{RT}\frac{d\gamma}{da} = -\frac{a}{RT}\times(-A) = \frac{Aa}{RT} = \frac{\gamma_0 - \gamma}{RT}$$

$$\begin{aligned}\gamma &= \gamma_0 - \Gamma_2 RT \\ &= 0.07197\ \mathrm{N\cdot m^{-1}} - 6.52\times10^{-6}\ \mathrm{mol\cdot m^{-2}}\times 8.314\ \mathrm{J\cdot mol^{-1}\cdot K^{-1}}\times 298.15\ \mathrm{K} \\ &= 0.0558\ \mathrm{N\cdot m^{-1}}\end{aligned}$$

**13.16**　在 25 ℃ 时, 血红蛋白铺展在 $0.01\ \mathrm{mol\cdot cm^{-3}}$ HCl 水溶液上形成表面膜, 测得其表面压数据如下所示 ($A$ 为单位质量表面膜面积)。试计算该蛋白质的相对分子质量。

| $A/(\mathrm{m^2\cdot g^{-1}})$ | 4.0 | 5.0 | 6.0 | 7.5 | 10.0 |
|---|---|---|---|---|---|
| $\pi/(\mathrm{mN\cdot m^{-1}})$ | 0.28 | 0.16 | 0.105 | 0.06 | 0.035 |

**解**: 高聚物在液面上展开成单分子气态膜, 已知膜状态方程为

$$\pi(A - nA_0) = nRT = \frac{m}{M}RT$$

式中 $A$ 是膜面积, $A_0$ 是 1 mol 成膜物本身面积, $n$ 是成膜物的物质的量。则有

$$\pi A = n\pi A_0 + \frac{m}{M}RT$$

作$\pi A-\pi$ 图, 外推到 $\pi\to 0$ 处, 直线截距为 $\left[\frac{m}{M}RT\right]_{\pi\to 0}$, 据此可求摩尔质量 $M$。

| $\pi\ /(\mathrm{mN\cdot m^{-1}})$ | 0.28 | 0.16 | 0.105 | 0.06 | 0.035 |
|---|---|---|---|---|---|
| $\pi A/(\mathrm{mN\cdot m\cdot g^{-1}})$ | 1.12 | 0.80 | 0.63 | 0.45 | 0.35 |

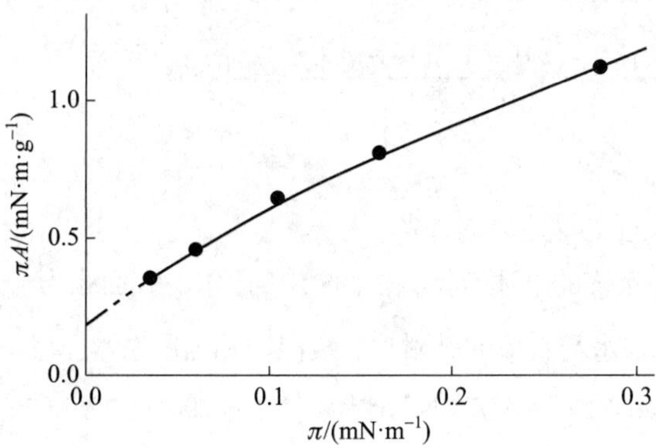


截距为 $I = 0.18\ \mathrm{N\cdot m\cdot kg^{-1}}$, 所以

$$M = \frac{mRT}{I} = \frac{1\times10^{-3}\ \mathrm{kg}\times 8.314\ \mathrm{J\cdot mol^{-1}\cdot K^{-1}}\times 298.15\ \mathrm{K}}{0.18\ \mathrm{N\cdot m\cdot kg^{-1}}} = 13.77\ \mathrm{kg\cdot mol^{-1}}$$

**13.17**　不溶性化合物在水面上扩展, 低浓度下形成符合 $(\gamma_0 - \gamma)A = nRT$ 的单分子膜, 式中 $A$ 为物质的量为 $n$ 的不溶性化合物所占有的表面积。若将 $1.0\times10^{-7}$ g 不溶性化合物 X 加到 $0.02\ \mathrm{m^2}$ 水面上形成单分子膜, 25 ℃ 时, 表面张力降低 $0.20\ \mathrm{mN\cdot m^{-1}}$, 求 X 的摩尔质量。

解: $(\gamma_0-\gamma)A=nRT=\dfrac{m}{M}RT$

$$M=\frac{mRT}{(\gamma_0-\gamma)A}=\frac{1.0\times10^{-10}\ \mathrm{kg}\times8.314\ \mathrm{J\cdot mol^{-1}\cdot K^{-1}}\times298.15\ \mathrm{K}}{0.20\times10^{-3}\ \mathrm{N\cdot m^{-1}}\times0.02\ \mathrm{m^2}}=0.062\ \mathrm{kg\cdot mol^{-1}}$$

**13.18** 已知 $CHBr_3(l)$ 与 $H_2O(l)$ 之间的界面张力为 $4.085\times10^{-2}\ \mathrm{N\cdot m^{-1}}$, $CHCl_3(l)$ 与 $H_2O(l)$ 之间的界面张力为 $3.28\times10^{-2}\ \mathrm{N\cdot m^{-1}}$, $CHBr_3(l)$, $CHCl_3(l)$ 和 $H_2O(l)$ 的表面张力分别为 $4.153\times10^{-2}\ \mathrm{N\cdot m^{-1}}$, $2.713\times10^{-2}\ \mathrm{N\cdot m^{-1}}$ 和 $7.275\times10^{-2}\ \mathrm{N\cdot m^{-1}}$。当 $CHBr_3(l)$ 和 $CHCl_3(l)$ 分别滴到 $H_2O(l)$ 表面上时, 用计算方法说明能否铺展。

解: $CHBr_3(l)$ 在 $H_2O(l)$ 表面上的铺展系数为

$$\begin{aligned}S&=\gamma_{\mathrm{H_2O(l)-g}}-\left[\gamma_{\mathrm{CHBr_3(l)-g}}+\gamma_{\mathrm{CHBr_3(l)-H_2O(l)}}\right]\\&=7.275\times10^{-2}\ \mathrm{N\cdot m^{-1}}-(4.153\times10^{-2}\ \mathrm{N\cdot m^{-1}}+4.085\times10^{-2}\ \mathrm{N\cdot m^{-1}})\\&=-9.93\times10^{-3}\ \mathrm{N\cdot m^{-1}}<0\end{aligned}$$

故 $CHBr_3(l)$ 在 $H_2O(l)$ 表面上不能铺展。

$CHCl_3(l)$ 在 $H_2O(l)$ 表面上的铺展系数为

$$\begin{aligned}S&=\gamma_{\mathrm{H_2O(l)-g}}-\left[\gamma_{\mathrm{CHCl_3(l)-g}}+\gamma_{\mathrm{CHCl_3(l)-H_2O(l)}}\right]\\&=7.275\times10^{-2}\ \mathrm{N\cdot m^{-1}}-(2.713\times10^{-2}\ \mathrm{N\cdot m^{-1}}+3.28\times10^{-2}\ \mathrm{N\cdot m^{-1}})\\&=1.282\times10^{-2}\ \mathrm{N\cdot m^{-1}}>0\end{aligned}$$

故 $CHCl_3(l)$ 在 $H_2O(l)$ 表面上能铺展。

**13.19** 氧化铝瓷件上需要涂银, 当加热至 1273 K 时, 试用计算接触角的方法, 判断液态银能否润湿氧化铝瓷件表面? 已知该温度下, $Al_2O_3(s)$ 的表面张力 $\gamma_{\mathrm{g-s}}=1.0\ \mathrm{N\cdot m^{-1}}$, Ag(l) 的表面张力 $\gamma_{\mathrm{g-l}}=0.88\ \mathrm{N\cdot m^{-1}}$, 液态银与固体 $Al_2O_3(s)$ 的界面张力 $\gamma_{\mathrm{l-s}}=1.77\ \mathrm{N\cdot m^{-1}}$。

解: $\cos\theta=\dfrac{\gamma_{\mathrm{s-g}}-\gamma_{\mathrm{s-l}}}{\gamma_{\mathrm{l-g}}}=\dfrac{(1.0-1.77)\ \mathrm{N\cdot m^{-1}}}{0.88\ \mathrm{N\cdot m^{-1}}}=-0.875$

$\theta=151^\circ$

所以液态银不能润湿 $Al_2O_3(s)$ 表面。

**13.20** 已知水–石墨系统的下述数据: 在 298 K 时, 水的表面张力 $\gamma_{\mathrm{g-l}}=0.072\ \mathrm{N\cdot m^{-1}}$, 水与石墨的接触角测得为 90°, 求水与石墨的黏附功、浸湿功和铺展系数。

解: $W_{\mathrm{a}}=-\gamma_{\mathrm{g-l}}(1+\cos\theta)=-0.072\ \mathrm{N\cdot m^{-1}}\times(1+\cos90^\circ)=-0.072\ \mathrm{N\cdot m^{-1}}$

$W_{\mathrm{i}}=-\gamma_{\mathrm{g-l}}\cos\theta=0$

$S=\gamma_{\mathrm{g-l}}(\cos\theta-1)=-0.072\ \mathrm{N\cdot m^{-1}}$

**13.21** 一个半径为 $2\times10^{-2}$ m 的小玻璃杯, 里面盛有汞, 有一小滴水滴在汞的表面上, 水在汞面上铺展, 求该过程 Gibbs 自由能的改变值。已知 $\gamma_{汞}=48.3\times10^{-2}\ \mathrm{N\cdot m^{-1}}$, $\gamma_{水}=7{\cdot}28\times10^{-2}\ \mathrm{N\cdot m^{-1}}$, $\gamma_{汞-水}=37.5\times10^{-2}\ \mathrm{N\cdot m^{-1}}$。

**解**: $\Delta G = (\gamma_{水} + \gamma_{汞\text{-}水} - \gamma_{汞})A$

$$= (7.28 + 37.5 - 48.3) \times 10^{-2}\ \mathrm{N \cdot m^{-1}} \times 3.1416 \times (2 \times 10^{-2}\ \mathrm{m})^2 = -4.42 \times 10^{-5}\ \mathrm{J}$$

**13.22**　某吸附剂吸附 CO(g) 气体 10.0 $\mathrm{cm^3}$ (标准状态), 在不同温度下对应的 CO(g) 的平衡压力如下所示, 求 CO(g) 在吸附剂上的吸附热。

| $T$/K | 200 | 220 | 240 |
|---|---|---|---|
| $p$/kPa | 4.00 | 6.03 | 8.47 |

**解**: 由 Clausius-Clapeyron 方程　$\left(\dfrac{\partial \ln p}{\partial T}\right)_q = \dfrac{Q}{RT^2}$

作不定积分, 得　$\ln p = -\dfrac{Q}{R} \cdot \dfrac{1}{T} + C$

以 $\ln p$ 对 $\dfrac{1}{T}$ 作图, 得一直线 (图略), 斜率为 $-9.02 \times 10^2$ K。

$$Q = 8.314\ \mathrm{J \cdot mol^{-1} \cdot K^{-1}} \times 9.02 \times 10^2\ \mathrm{K} = 7.5\ \mathrm{kJ \cdot mol^{-1}}$$

**13.23**　$CHCl_3$(g) 在活性炭上的吸附服从 Langmuir 吸附等温式。298 K 时, 当 $CHCl_3$(g) 的压力为 5.2 kPa 和 13.5 kPa 时, 平衡吸附量分别为 0.0692 $\mathrm{m^3 \cdot kg^{-1}}$ 及 0.0826 $\mathrm{m^3 \cdot kg^{-1}}$ (已换算成标准状态下数据)。

(1) 计算 $CHCl_3$(g) 在活性炭上的吸附系数 $a$;

(2) 计算活性炭的饱和吸附容量 $V_\mathrm{m}$;

(3) 若 $CHCl_3$(g) 分子的截面积为 $32 \times 10^{-20}\ \mathrm{m^2}$, 求活性炭的比表面积。

**解**: (1) (2) 由 Langmuir 吸附等温式 $\dfrac{V}{V_\mathrm{m}} = \dfrac{ap}{1+ap}$, 有

$$\frac{0.0692\ \mathrm{m^3 \cdot kg^{-1}}}{V_\mathrm{m}} = \frac{5200\ \mathrm{Pa} \times a}{1 + 5200\ \mathrm{Pa} \times a} \qquad \frac{0.0826\ \mathrm{m^3 \cdot kg^{-1}}}{V_\mathrm{m}} = \frac{13500\ \mathrm{Pa} \times a}{1 + 13500\ \mathrm{Pa} \times a}$$

以上两式联立, 可解得

$$a = 5.36 \times 10^{-4}\ \mathrm{Pa^{-1}} \qquad V_\mathrm{m} = 0.0940\ \mathrm{m^3 \cdot kg^{-1}}$$

(3) $A_0 = \dfrac{V_\mathrm{m}}{V_\mathrm{STP}} \cdot L \cdot A_\mathrm{m}$

$$= \frac{0.0940\ \mathrm{m^3 \cdot kg^{-1}}}{0.0224\ \mathrm{m^3 \cdot mol^{-1}}} \times 6.022 \times 10^{23}\ \mathrm{mol^{-1}} \times 32 \times 10^{-20}\ \mathrm{m^2} = 8.09 \times 10^5\ \mathrm{m^2 \cdot kg^{-1}}$$

**13.24**　在液氮温度时, $N_2$(g) 在 $ZrSO_4$(s) 上的吸附符合 BET 多层吸附公式。今取 17.52 g 样品进行吸附测定,$N_2$(g) 在不同平衡压力下的被吸附体积如下所示 (所有吸附体积都已换算成标准状况下数据), 已知饱和压力 $p_\mathrm{s} = 101.325$ kPa。

| $p$/kPa | 1.39 | 2.77 | 10.13 | 14.93 | 21.01 | 25.37 | 34.13 | 52.16 | 62.82 |
|---|---|---|---|---|---|---|---|---|---|
| $V/(10^{-3}\ \mathrm{dm^3})$ | 8.16 | 8.96 | 11.04 | 12.16 | 13.09 | 13.73 | 15.10 | 18.02 | 20.32 |

试计算:

(1) 形成单分子层所需 $N_2(g)$ 的体积;

(2) 每克样品的表面积, 已知每个 $N_2(g)$ 分子的截面积为 0.162 $nm^2$。

**解**: (1) BET 吸附等温式为 $\dfrac{p}{V(p_s-p)}=\dfrac{1}{V_mC}+\dfrac{C-1}{V_mC}\cdot\dfrac{p}{p_s}$

式中 $V$ 表示平衡压力 $p$ 时的吸附量, $V_m$ 为在固体表面上铺满单分子层时所需气体的体积, $p_s$ 为实验温度下气体的饱和蒸气压。如以 $\dfrac{p}{V(p_s-p)}\Big/\mathrm{dm^{-3}}$ 对 $p/p_s$ 作图, 应得一直线, 作图数据如下:

| $\dfrac{p}{V(p_s-p)}\Big/(10^{-2}\ \mathrm{dm^{-3}})$ | 0.17 | 0.31 | 1.01 | 1.42 | 2.00 | 2.43 | 3.36 |
|---|---|---|---|---|---|---|---|
| $p/p_s$ | 0.0137 | 0.0273 | 0.100 | 0.147 | 0.207 | 0.250 | 0.337 |

作图得一直线 (图略)。

$$斜率=\frac{C-1}{V_mC}=93\ \mathrm{dm^{-3}}\qquad 截距=\frac{1}{V_mC}=1.0\ \mathrm{dm^{-3}}$$

$$V_m=\frac{1}{斜率+截距}=\frac{1}{(93+1.0)\ \mathrm{dm^{-3}}}=1.06\times10^{-2}\ \mathrm{dm^3}$$

(2) $A_s=\dfrac{1.06\times10^{-2}\ \mathrm{dm^3}}{22.4\ \mathrm{dm^3\cdot mol^{-1}}}\times6.022\times10^{23}\ \mathrm{mol^{-1}}\times1.62\times10^{-19}\ \mathrm{m^2}=46.17\ \mathrm{m^2}$

每克样品的表面积为 $A_0=\dfrac{A_s}{m}=\dfrac{46.17\ \mathrm{m^2}}{17.52\ \mathrm{g}}=2.64\ \mathrm{m^2\cdot g^{-1}}$

**13.25** 证明: 当 $p\ll p_s$ 时, BET 吸附公式可还原为 Langmuir 吸附等温式。

**证明**: BET 吸附等温式为 $\dfrac{p}{V(p_s-p)}=\dfrac{1}{V_mC}+\dfrac{C-1}{V_mC}\cdot\dfrac{p}{p_s}$

当 $p\ll p_s$ 时, 则有 $p_s-p\approx p_s$

所以
$$\frac{p}{V}=\frac{p_s}{V_mC}+\frac{C-1}{V_mC}\cdot p$$

设 $a=\dfrac{C}{p_s}$, 当 $C\gg1$ 时, $C-1\approx C$, 因此

$$\frac{p}{V}=\frac{1}{V_ma}+\frac{p}{V_m}$$

即
$$\frac{V}{V_m}=\theta=\frac{ap}{1+ap}$$

即为 Langmuir 吸附等温式。

**13.26** 测得 $H_2(g)$ 在洁净的钨表面上化学吸附热为 150.6 $\mathrm{kJ\cdot mol^{-1}}$, 用气态 H 原子进行吸附时化学吸附热为 293 $\mathrm{kJ\cdot mol^{-1}}$; 已知 $H_2(g)$ 的解离能为 436 $\mathrm{kJ\cdot mol^{-1}}$。

(1) 根据以上数据说明 $H_2(g)$ 在钨表面上是分子吸附还是原子吸附;

(2) 若 $H_2(g)$ 在钨表面上的吸附系数为 $a$, $H_2(g)$ 的平衡压力为 $p$, 写出相应的 Langmuir 吸附等温式。

**解**: (1) 若 $H_2(g)$ 在金属钨表面上的吸附是解离吸附, 则吸附热应为

$$Q = (293 \times 2 - 436)\ \mathrm{kJ \cdot mol^{-1}} = 150\ \mathrm{kJ \cdot mol^{-1}}$$

与实测结果吻合, 故为原子吸附。

(2) $\theta = \dfrac{V}{V_m} = \dfrac{a^{1/2}p^{1/2}}{1 + a^{1/2}p^{1/2}}$

**13.27**　某气体物质 A(g) 在一固体催化剂上发生异构化反应, 其机理如下:

$$\mathrm{A(g) + [K]} \xrightleftharpoons{a_A} \mathrm{[AK]} \xrightarrow{k_2} \mathrm{B(g) + [K]}$$

式中 [K] 为催化剂的活性中心。设表面反应为速率控制步骤, 假定催化剂表面是均匀的。

(1) 导出反应的速率方程;

(2) 已知在 373 K 时, 在高压下测得速率常数为 $500\ \mathrm{kPa \cdot s^{-1}}$, 低压下测得速率常数为 $10\ \mathrm{s^{-1}}$, 求 $a_A$ 的值及该温度下当反应速率 $r = -\mathrm{d}p/\mathrm{d}t = 250\ \mathrm{kPa \cdot s^{-1}}$ 时, A(g) 的分压。

**解** (1) $r = -\dfrac{\mathrm{d}p}{\mathrm{d}t} = k_2\theta_A$　　$\theta_A = \dfrac{a_A p_A}{1 + a_A p_A}$　　$r = \dfrac{k_2 a_A p_A}{1 + a_A p_A}$

(2) 高压下　$r = k_2 = 500\ \mathrm{kPa \cdot s^{-1}}$

低压下　$r = k_2 a_A p_A$　　$k_2 a_A = 10\ \mathrm{s^{-1}}$　　$a_A = 0.02\ \mathrm{kPa^{-1}}$

$$r = -\frac{\mathrm{d}p}{\mathrm{d}t} = \frac{k_2 a_A p_A}{1 + a_A p_A} = 250\ \mathrm{kPa \cdot s^{-1}}$$

解得

$$p_A = 50\ \mathrm{kPa}$$

**13.28**　对于某多相催化反应 $C_2H_6(g) + H_2 \xrightleftharpoons{Ni/SiO_2} 2CH_4(g)$, 在 464 K 时测得如下数据:

| $p_{H_2}$/kPa | 10 | 20 | 40 | 20 | 20 | 20 |
|---|---|---|---|---|---|---|
| $p_{C_2H_6}$/kPa | 3.0 | 3.0 | 3.0 | 1.0 | 3.0 | 10 |
| $r/r_0$ | 3.10 | 1.00 | 0.20 | 0.29 | 1.00 | 2.84 |

$r$ 为反应速率, $r_0$ 为 $p_{H_2} = 20\ \mathrm{kPa}$, $p_{C_2H_6} = 3.0\ \mathrm{kPa}$ 时的反应速率。

(1) 若反应速率可表示为 $r = kp_{H_2}^{\alpha}p_{C_2H_6}^{\beta}$, 求 $\alpha$ 和 $\beta$ 的值;

(2) 证明反应历程可表示为

$$\mathrm{C_2H_6(g) + [K]} \underset{k_{-1}}{\overset{k_1}{\rightleftharpoons}} \mathrm{[C_2K] + 3H_2(g)} \qquad \text{快速平衡}$$

$$\mathrm{[C_2K] + H_2} \xrightarrow{k_2} \mathrm{2CH(g) + [K]} \qquad \text{速控步}$$

$$\mathrm{CH(g)} + \frac{3}{2}\mathrm{H_2(g)} \xrightarrow{k_3} \mathrm{CH_4(g)} \qquad \text{快速反应}$$

式中 [K] 为催化剂的活性中心。

**解**: (1) 用前三组数据, 保持 $p_{C_2H_6}$ 不变, 得

$$\frac{r_1}{r_3}=\frac{3.10}{0.20}=\left(\frac{10}{40}\right)^{\alpha} \qquad \alpha=-2$$

用后三组数据, 保持 $p_{\mathrm{H_2}}$ 不变, 得

$$\frac{r_4}{r_6}=\frac{0.29}{2.84}=\left(\frac{1.0}{10}\right)^{\beta} \qquad \beta=1$$

(2) 假设题中给出的历程可行, 则第二步为速控步, 有

$$r=k_2 p_{\mathrm{H_2}}\left[(\mathrm{C_2})_{吸附}\right]$$

并设第一步是快平衡, 可利用平衡假设求出吸附态的浓度:

$$\left[(\mathrm{C_2})_{吸附}\right]=\frac{k_1}{k_{-1}}\cdot\frac{p_{\mathrm{C_2H_6}}}{p_{\mathrm{H_2}}^3}$$

则
$$r=k_2\cdot\frac{k_1}{k_{-1}}\cdot\frac{p_{\mathrm{C_2H_6}}}{p_{\mathrm{H_2}}^2}=kp_{\mathrm{C_2H_6}}p_{\mathrm{H_2}}^{-2}$$

设第三步是快反应, 不影响速率方程, 这样导出的反应速率表示式与 (1) 中计算的结果一致。

**13.29** 乙烯氧氯化制二氯乙烷, 催化剂为 $\mathrm{CuCl_2-Al_2O_3}$, 反应方程式如下:

$$\mathrm{C_2H_4(g)+2HCl(g)+\frac{1}{2}O_2(g)\longrightarrow C_2H_4Cl_2(g)+H_2O(g)}$$

实验发现, 催化剂上吸附有 $\mathrm{C_2H_4}$, HCl 及 O, 吸附的 $\mathrm{C_2H_4}$ 与吸附的 O 反应生成吸附的 $\mathrm{C_2H_4O}$ 的步骤为控速步骤, $\mathrm{C_2H_4O}$ 的吸附极弱, 同时吸附的 HCl 的浓度对反应速率无影响 (可认为是吸附在另一类活性中心上), 产物 $\mathrm{C_2H_4Cl_2}$ 及 $\mathrm{H_2O}$ 不被吸附。假设吸附热不随覆盖度变化。试根据以上实验事实, 提出一合理的反应机理, 并由此和 Langmuir 吸附等温式导出反应的速率方程。

**解**: (1) 可能的反应机理为

$$\mathrm{C_2H_4(g)+K \rightleftharpoons C_2H_4K}$$

$$\mathrm{O_2(g)+2K \rightleftharpoons 2OK}$$

$$\mathrm{HCl(g)+Z \rightleftharpoons HClZ}$$

$$\mathrm{C_2H_4K+OK \xrightarrow{k} C_2H_4OK+K}$$

$$\mathrm{C_2H_4OK+2HClZ \rightleftharpoons C_2H_4Cl_2(g)+H_2O(g)+K+2Z}$$

(2) 吸附在 K 活性中心的只有 $\mathrm{C_2H_4}$ 和原子氧 O, 则

$$r=k\theta_{\mathrm{C_2H_4}}\theta_{\mathrm{O}}$$

$$\theta_{\mathrm{C_2H_4}}=\frac{a_{\mathrm{C_2H_4}}p_{\mathrm{C_2H_4}}}{1+a_{\mathrm{C_2H_4}}p_{\mathrm{C_2H_4}}+a_{\mathrm{O_2}}^{1/2}p_{\mathrm{O_2}}^{1/2}}$$

$$\theta_{\mathrm{O}}=\frac{a_{\mathrm{O_2}}^{1/2}p_{\mathrm{O_2}}^{1/2}}{1+a_{\mathrm{C_2H_4}}p_{\mathrm{C_2H_4}}+a_{\mathrm{O_2}}^{1/2}p_{\mathrm{O_2}}^{1/2}}$$

$$r = ka_{C_2H_4}a_{O_2}^{1/2}\frac{p_{C_2H_4}p_{O_2}^{1/2}}{(1+a_{C_2H_4}p_{C_2H_4}+a_{O_2}^{1/2}p_{O_2}^{1/2})^2}$$

# 四、自测题

## (一) 自 测 题 1

Ⅰ. 选择题

1. 直径为 $1\times10^{-2}$ m 的球形肥皂泡所受的附加压力为 (已知表面张力为 0.025N·m$^{-1}$) (　　)

(A) 5 Pa　　(B) 10 Pa　　(C) 15 Pa　　(D) 20 Pa

2. 298 K 时, 苯蒸气在石墨上的吸附符合 Langmuir 吸附等温式, 在苯蒸气压力为 40 Pa 时, 覆盖率 $\theta=0.05$, 当 $\theta=0.5$ 时, 苯蒸气的平衡压力为 ………………………………… (　　)

(A) 400 Pa　　(B) 760 Pa　　(C) 1000 Pa　　(D) 200 Pa

3. 将一毛细管插入水中, 毛细管中水面上升 5 cm, 在 3 cm 处将毛细管折断, 这时毛细管上端发生 ………………………………………………………………………… (　　)

(A) 水从上端溢出　　(B) 水面呈凸面

(C) 水面呈凹形弯月面　　(D) 水面呈水平面

4. 当水中加入表面活性剂后, 将发生 ……………………………………… (　　)

(A) $\mathrm{d}\gamma/\mathrm{d}a<0$, 正吸附　　(B) $\mathrm{d}\gamma/\mathrm{d}a<0$, 负吸附

(C) $\mathrm{d}\gamma/\mathrm{d}a>0$, 正吸附　　(D) $\mathrm{d}\gamma/\mathrm{d}a>0$, 负吸附

5. 水不能润湿荷叶表面, 接触角大于 90°, 当水中加入皂素以后, 接触角将 ………… (　　)

(A) 变大　　(B) 变小　　(C) 不变　　(D) 无法判断

6. 某气体 $A_2$ 在表面均匀的催化剂 (K) 表面发生解离反应, 生成产物 B+C, 其反应机理为

$$A_2(g)+2K \rightleftharpoons 2AK \rightarrow B+C+2K$$

已知第二步为速控步, 当 $A_2$(g) 压力较高时反应表现的级数为 ………………………… (　　)

(A) 一级　　(B) 二级　　(C) $\frac{1}{2}$ 级　　(D) 零级

7. 微小晶体与普通晶体相比较, 下列性质**不正确**的是 …………………………… (　　)

(A) 微小晶体的饱和蒸气压大　　(B) 微小晶体的溶解度大

(C) 微小晶体的熔点较低　　(D) 微小晶体的溶解度较小

8. 表面活性剂具有增溶作用, 下列对增溶作用说法**不正确**的是 ………………… (　　)

(A) 增溶作用可以使被溶物的化学势大大降低　(B) 增溶作用是一个可逆的平衡过程

(C) 增溶作用也就是溶解作用　　(D) 增溶作用与乳化作用不同

9. 下列对于物理吸附的描述中, **不正确**的是 ……………………………………… (　　)

(A) 吸附力来源于 van der Waals 力, 其吸附一般不具有选择性

(B) 吸附层可以是单分子层或多分子层

(C) 吸附热较小

(D) 吸附速率较小

10. 催化剂毒物的主要行为是 ························································ (　　)

(A) 和反应物之一发生化学反应　　(B) 增加逆反应的速率

(C) 使产物变得不活泼　　(D) 占据催化剂的活性中心

**Ⅱ. 填空题**

1. 从表面热力学的角度看, 比表面 Gibbs 自由能表达式是____________, 其单位为________, 从力学平衡角度看, 表面张力是__________, 其单位为__________。

2. 同种液体, 在一定温度下形成液滴、气泡和平面液体, 对应的饱和蒸气压分别为 $p_{滴}$、$p_{泡}$ 和 $p_{平}$, 若将三者按大小顺序排列应为__________。

3. 凡能产生正吸附的物质, 其表面超额为__________值, 溶液的表面张力随浓度的增加而__________。

4. 液态汞的表面张力 $\gamma/(\mathrm{N\cdot m^{-1}}) = 0.4636 + 8.32\times10^{-3}(T/\mathrm{K}) - 3.13\times10^{-7}(T/\mathrm{K})^2$, 在 400 K 时, 汞的 $\left(\dfrac{\partial U}{\partial A_\mathrm{s}}\right)_{T,V} =$__________。

5. 液体在固体表面的润湿程度以__________衡量, 当__________时称为不润湿。

6. 300 K 时, 水的表面张力 $\gamma = 0.0728\ \mathrm{N\cdot m^{-1}}$, 密度 $\rho = 0.9965\times10^3\ \mathrm{kg\cdot m^{-3}}$。在该温度下, 一个球形水滴的饱和蒸气压是相同温度平面水饱和蒸气压的 2 倍, 这个小水滴的半径是__________。

7. 表面活性剂的结构特征是________________________________。

8. 从吸附的角度考虑, 催化剂的活性取决于__________________, 一个良好的催化剂应是__________________________。

**Ⅲ. 计算题**

1. 在 293 K 时, 把半径为 1.0 mm 的水滴分散成半径为 1.0 μm 的小水滴, 试计算 (已知 293 K 时水的表面 Gibbs 自由能为 $0.07288\ \mathrm{J\cdot m^{-2}}$):

(1) 表面积是原来的多少倍?

(2) 表面 Gibbs 自由能增加了多少?

(3) 完成该变化时, 环境至少需做的功?

2. 室温时将半径为 $1\times10^{-4}$ m 的毛细管插入水与苯的两层液体之间, 水在毛细管内上升的高度为 0.04 m, 玻璃–水–苯的接触角为 40°, 已知水和苯的密度分别为 $1\times10^3$ 和 $8\times10^2\ \mathrm{kg\cdot m^{-3}}$, 求水与苯间的界面张力。

3. 在 298 K 时, 有一月桂酸的水溶液, 当表面压 $\pi = 1.0\times10^{-4}\ \mathrm{N\cdot m^{-1}}$ 时, 每个月桂酸分子

的截面积为 41 $nm^2$, 假定月桂酸能在水面上形成理想的二维表面膜, 试计算该二度空间的摩尔气体常数。

4. 在 291 K 时, 各种饱和脂肪酸水溶液的表面张力 $\gamma$ 与其活度 $a$ 的关系式可表示为

$$\gamma/\gamma_0 = 1 - b\lg(a/A+1)$$

$\gamma_0$ 是纯水的表面张力, 该温度下为0.07286 $N\cdot m^{-1}$, 常数 $A$ 因酸不同而异, $b = 0.411$, 试求:

(1) 该脂肪酸的 Gibbs 吸附等温式;

(2) 当 $a \gg A$ 时, 在表面的紧密层中, 每个脂肪酸分子的截面积。

5. 已知在 298 K 时, 平面水面上水的饱和蒸气压力 3168 Pa, 求在相同温度下, 半径为 3 nm 的小水滴上的饱和蒸气压。已知此时水的表面张力为 0.072 $N\cdot m^{-1}$, 水的密度设为 1000 $kg\cdot m^{-3}$, 水的摩尔质量为 18.0 $g\cdot mol^{-1}$。

6. 在 293 K, 根据下列表面张力的数据:

| 界面 | 苯–水 | 苯–气 | 水–气 | 汞–气 | 汞–水 | 汞–苯 |
|---|---|---|---|---|---|---|
| $\gamma/(10^{-3}\ N\cdot m^{-1})$ | 35.0 | 28.9 | 72.7 | 483 | 375 | 357 |

试计算下列情况的铺展系数及判断能否铺展: (1) 苯在水面上 (未互溶前); (2) 水在汞面上; (3) 苯在汞面上。

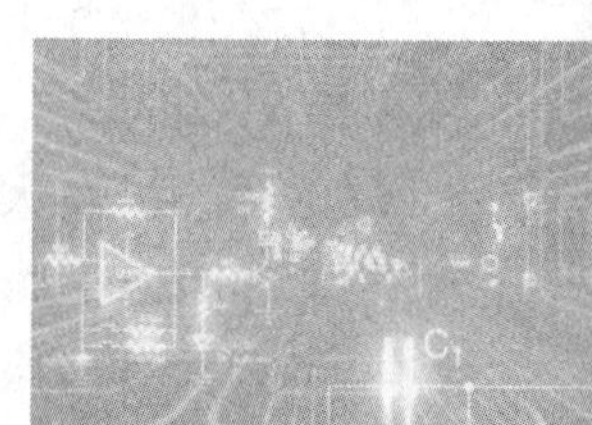

第十三章自测题 1 参考答案

## (二)　自 测 题 2

### Ⅰ. 选择题

1. 在相同的温度及压力, 把一定体积的水分散成许多小水滴, 经这一变化过程以下性质保持不变的是 ································································(　　)

(A) 总表面能　　(B) 比表面

(C) 液面下的附加压力　　(D) 表面张力

2. 已知水溶解某物质以后, 其表面张力 $\gamma$ 与溶质的活度 $a$ 的关系如下:

$$\gamma = \gamma_0 - A\ln(1+Ba)$$

式中 $\gamma_0$ 为纯水的表面张力, $A$、$B$ 为常数, 则溶液表面超额 $\Gamma_2$ 为 ·························(　　)

(A) $\Gamma_2 = -\dfrac{Aa}{RT(1+Ba)}$ (B) $\Gamma_2 = -\dfrac{ABa}{RT(1+Ba)}$

(C) $\Gamma_2 = \dfrac{ABa}{RT(1+Ba)}$ (D) $\Gamma_2 = -\dfrac{Ba}{RT(1+Ba)}$

3. 在 298 K 时, 已知 A 液的表面张力是 B 液的一半, 其密度是 B 液的两倍。如果 A、B 液分别用相同的毛细管产生大小相同的气泡时, A 液的最大气泡压力差等于 B 液的 ············ (　　)

(A) $\dfrac{1}{2}$ 倍 (B) 1 倍 (C) 2 倍 (D) 4 倍

4. 用同一滴管分别滴下 1 $cm^3$ NaOH 水溶液、水和乙醇水溶液, 各自的滴数次序为 ··· (　　)

(A) 三者一样多 (B) 水 > 乙醇水溶液 > NaOH 水溶液

(C) 乙醇水溶液 > 水 > NaOH 水溶液 (D) NaOH 水溶液 > 水 > 乙醇水溶液

5. 把细长不渗水的两张纸条平行地放在纯水面上, 中间留少许距离, 小心地在中间滴一滴肥皂水, 则两纸条间距离将 ·························································· (　　)

(A) 增大 (B) 缩小

(C) 不变 (D) 以上三种都有可能

6. 多孔硅胶有强烈的吸水性能, 硅胶吸水后其表面 Gibbs 自由能将 ···················· (　　)

(A) 升高 (B) 降低

(C) 不变 (D) 无法比较

7. 恒温恒压下, 将一液体分散成小颗粒液滴, 该过程液体的熵值将 ······················ (　　)

(A) 增大 (B) 减小 (C) 不变 (D) 无法判定

8. 气相中的大小相邻液泡相碰, 两泡将发生的变化是 ································ (　　)

(A) 大泡变大, 小泡变小 (B) 大泡变小, 小泡变大

(C) 大泡、小泡均不变 (D) 两泡将分离开

9. Langmuir 吸附等温式满足的条件下, 下列哪点是不恰当的? ························· (　　)

(A) 固体表面是均匀的 (B) 吸附质分子之间相互作用可忽略不计

(C) 吸附是多分子层的 (D) 吸附热不随吸附量改变

10. 已知 $H_2(g)$ 的解离能为 436 $kJ\cdot mol^{-1}$, 用气态 H 原子在清洁的 W 表面上进行化学吸附时放热 293 $kJ\cdot mol^{-1}$。若用 1 mol $H_2(g)$ 在 W 表面上全部进行解离吸附, 其吸附热约为 ····· (　　)

(A) $-150$ $kJ\cdot mol^{-1}$ (B) 586 $kJ\cdot mol^{-1}$

(C) 150 $kJ\cdot mol^{-1}$ (D) $-143$ $kJ\cdot mol^{-1}$

## Ⅱ. 填空题

1. 20 ℃, 101.325 kPa 下, 把一半径 $R_1 = 5$ mm 的水珠分散成 $R_2 = 1\times10^{-3}$ mm 的小水滴, 则小水滴的数目为______________, 此过程系统的 $\Delta G =$ ______________ J。已知 20 ℃ 时, 水的表面张力 $\gamma = 7.275\times10^{-2}$ $N\cdot m^{-1}$。

2. 液滴越小, 饱和蒸气压越______________; 而液体中的气泡越小, 气泡内液体的饱和蒸气压越______________。

3. 20 ℃, 101.325 kPa 下, 在液体水中距液面 0.01 m 处形成半径为 1 mm 的小气泡时, 气泡内气体的压力 $p =$______________。

4. 在 298 K 时, 正丁醇水溶液表面张力对正丁醇浓度作图, 其斜率为 $-0.103\ \mathrm{N{\cdot}m^{-1}{\cdot}mol^{-1}{\cdot}kg}$, 正丁醇在浓度为 $0.1\ \mathrm{mol{\cdot}kg^{-1}}$ 时的表面超额 $\Gamma=$________________。

5. 在 298 K 时, 水–空气表面张力 $\gamma=7.17\times10^{-2}\ \mathrm{N{\cdot}m^{-1}}$, $\left(\dfrac{\partial\gamma}{\partial T}\right)_{p,\,A_\mathrm{s}}=-1.57\times10^{-4}\ \mathrm{N{\cdot}m^{-1}{\cdot}K^{-1}}$。在 $T$, $p^{\ominus}$ 时, 可逆地增加 $2\times10^{-4}\ \mathrm{m^2}$ 表面, 对系统所做的功 $W=$________________, 熵变 $\Delta S=$________________。

6. 苯不溶于水而能较好地溶于肥皂水是由于肥皂的________________________作用。

7. 一般说来, 物理吸附的吸附量随温度增高而________________, 化学吸附的吸附量随温度增高而________________。

8. 气–固表面反应有两种反应历程, 其中 Langmuir–Hinshelwood 历程是研究____________反应, Langmuir–Rideal 历程是研究________________反应。

### Ⅲ. 计算题

1. 在一封闭容器底上钻一个小孔, 将容器浸入水中至深度 0.40 m 处, 恰可使水不浸入孔中。已知 298 K 时水的表面张力为 $0.072\ \mathrm{N{\cdot}m^{-1}}$, 密度为 $1000\ \mathrm{kg{\cdot}m^{-3}}$, 求孔的半径。

2. 在 298 K 和 101.325 kPa 下, 将直径为 1.0 μm 的毛细管插入水中, 问需在管内加多大压力才能防止水面上升? 若不加额外的压力, 让水面上升, 达平衡后管内液面上升多高? 已知该温度下水的表面张力为 $0.072\ \mathrm{N{\cdot}m^{-1}}$, 水的密度为 $1000\ \mathrm{kg{\cdot}m^{-3}}$, 设接触角为 0°, 重力加速度 $g=9.8\ \mathrm{m{\cdot}s^{-2}}$。

3. 在 298 K 时, 将含 1 mg 蛋白质的水溶液铺在质量分数为 0.05 的 $(\mathrm{NH_4})_2\mathrm{SO_4}$ 溶液表面, 当溶液表面积为 $0.1\ \mathrm{m^2}$ 时, 测得其表面压 $\pi=6.0\times10^{-4}\ \mathrm{N{\cdot}m^{-1}}$。试计算该蛋白质的摩尔质量。

4. 在正常沸点时, 如果水中仅含有直径为 $1\times10^{-6}$ m 的空气泡, 问这样的水开始沸腾, 需过热多少摄氏度? 已知水在 373 K 时的表面张力 $\gamma=0.0589\ \mathrm{N{\cdot}m^{-1}}$, 蒸发焓 $\Delta_\mathrm{vap}H_\mathrm{m}=40.67\ \mathrm{kJ{\cdot}mol^{-1}}$。

5. 在 298 K 时, 用刀片刮下稀肥皂水的极薄表面吸附层 $0.03\ \mathrm{m^2}$, 得到 $0.002\ \mathrm{dm^3}$ 溶液, 测得其中含肥皂量为 $4.013\times10^{-5}$ mol, 而同体积的本体溶液中含肥皂量为 $4.000\times10^{-5}$ mol。设稀肥皂水溶液的表面张力与肥皂的活度呈线性关系, 即 $\gamma=\gamma_0-Aa$, 活度因子为 1。试计算在 298 K 时该溶液的表面张力。已知 298 K 时, 纯水的表面张力为 $0.072\ \mathrm{N{\cdot}m^{-1}}$。

6. 用活性炭吸附 $\mathrm{CHCl_3}$, 符合 Langmuir 吸附等温式, 在 273 K 时饱和吸附量为 $0.0938\ \mathrm{m^3{\cdot}kg^{-1}}$。已知 $\mathrm{CHCl_3}$ 的分压为 13.4 kPa 时的平衡吸附量为 $0.0825\ \mathrm{m^3{\cdot}kg^{-1}}$, 试求:

(1) Langmuir 吸附等温式中的常数 $a$;

(2) 当 $\mathrm{CHCl_3}$ 的分压为 6.67 kPa 时的平衡吸附量。

第十三章自测题 2 参考答案

# 第十四章 胶体分散系统和大分子溶液

本章主要公式和内容提要

## 一、复习题及解答

**14.1** 用 $As_2O_3$ 与略过量的 $H_2S$ 制成的硫化砷 $As_2S_3$ 溶胶，试写出其胶团的结构式。用 $FeCl_3$ 在热水中的水解来制备 $Fe(OH)_3$ 溶胶，试写出 $Fe(OH)_3$ 溶胶的胶团结构。

**答**: (1) $H_2S$ 是弱酸，考虑它作一级解离；$\left[(As_2S_3)_m \cdot nHS^- \cdot (n-x)H^+\right]^{x-} \cdot xH^+$

(2) $\left\{[Fe(OH)_3]_m \cdot nFeO^+ \cdot (n-x)Cl^-\right\}^{x+} \cdot xCl^-$

**14.2** 在以 KI 和 $AgNO_3$ 为原料制备 AgI 溶胶时，或者使 KI 过量，或者使 $AgNO_3$ 过量，两种情况所制得的 AgI 溶胶的胶团结构有何不同？胶核吸附稳定离子时有何规律？

**答**: $(AgI)_m$ 胶核在 KI 过量作稳定剂时优先吸附 $I^-$(同离子效应)，制得的 AgI 溶胶的胶团结构为 $[(AgI)_m \cdot nI^- \cdot (n-x)K^+]^{x-} \cdot xK^+$；$AgNO_3$ 过量时则优先吸附 $Ag^+$，制得的 AgI 溶胶的胶团结构为 $\left[(AgI)_m \cdot nAg^+ \cdot (n-x)NO_3^-\right]^{x+} \cdot xNO_3^-$。

胶核吸附稳定离子的规律是首先吸附使胶核不易溶解的离子及水化作用较弱的负离子。

**14.3** 胶体粒子发生 Brown 运动的本质是什么？这对溶胶的稳定性有何影响？

**答**: 胶体粒子发生 Brown 运动的本质是质点的热运动，乃是不断热运动的液体分子对胶体粒子冲击的结果。由于胶粒的 Brown 运动，使溶胶在重力场中不易沉降，具有动力稳定性。

**14.4** Tyndall 效应是由光的什么作用引起的？其强度与入射光波长有什么关系？粒子大小范围落在什么区间内可以观察到 Tyndall 效应？为什么危险信号要用红灯显示？为什么早霞、晚霞的色彩特别鲜艳？

**答**: Tyndall 效应是由光的散射作用引起的，其强度与入射光波长的 4 次方成反比。粒子的半径小于入射光波长时可观察到 Tyndall 效应。

危险信号用红灯显示是因为红色光的波长很长，不容易被散射，透射作用显著，能传得较远，可以让人在很远的地方就能看到危险信号。在日出和日落时, 太阳接近地平线, 阳光要穿过厚厚的大气层才能被人们看到, 在阳光穿越大气层时, 其中波长较短的青色光、蓝色光和紫色光几乎都被大气层中的微粒散射掉了, 人们看到的是散射后剩余的波长较长的透射光, 主要以红色光和橙色光为主, 所以早霞和晚霞的色彩特别鲜艳。

**14.5**　电泳和电渗有何异同点? 流动电势和沉降电势有何不同? 这些现象有什么应用?

**答**: 在外电场的作用下, 带有电荷的溶胶粒子做定向的迁移, 称为电泳; 在外加电场下, 可以观察到分散介质会通过多孔性物质 (如素瓷片或固体粉末压制成的多孔塞) 而移动, 即固相不动而液相移动, 这种现象称为电渗。

在外力作用下 (例如加压), 使液体在毛细管中经毛细管或多孔塞时 (后者是由多种形式的毛细管所构成的管束), 液体介质相对于静止带电表面流动而产生的电势差, 称为流动电势, 它是电渗作用的伴随现象。在外力作用下 (主要是重力), 分散相粒子在分散介质中迅速沉降, 则在液体介质的表面层与其内层之间会产生电势差, 称为沉降电势, 它是电泳作用的伴随现象。

这些电动现象的应用有生产电镀橡胶、电泳涂漆、工业上的静电除尘、工业和工程中泥土和泥炭的脱水等。

**14.6**　在由等体积的 0.08 $mol\cdot dm^{-3}$ KI 溶液和 0.10 $mol\cdot dm^{-3}$ $AgNO_3$ 溶液制成的 AgI 溶胶中, 分别加入浓度相同的下述电解质溶液, 请由大到小排出其聚沉能力大小的次序。

(1) NaCl; (2) $Na_2SO_4$; (3) $MgSO_4$; (4) $K_3[Fe(CN)_6]$。

**答**: (4) > (2) > (3) > (1)。

**14.7**　在两个充有 0.001 $mol\cdot dm^{-3}$ KCl 溶液的容器之间放一个 AgCl 晶体组成的多孔塞, 其细孔道中也充满了 KCl 溶液。在多孔塞两侧放两个接直流电源的电极。问通电时, 溶液将向哪一极方向移动? 若改用 0.01 $mol\cdot dm^{-3}$ KCl 溶液, 在相同外加电场中, 溶液流动速度是变快还是变慢? 若用 $AgNO_3$ 溶液代替原来用的 KCl 溶液, 情形又将如何?

**答**: 充以 KCl 溶液, AgCl 晶体优先吸附 $Cl^-$, 因而多孔塞带负电荷, 则介质带正电荷。电渗时, 带正电荷的介质向负极移动。KCl 浓度增加, $\zeta$ 电势下降, 介质移动速度变慢。

若用 $AgNO_3$ 溶液代替原来用的 KCl 溶液, AgCl 晶体将优先吸附溶液中的 $Ag^+$, 使多孔塞带正电荷, 则介质带负电荷, 电渗的方向与上相反 (即向正极移动)。增加 $AgNO_3$ 溶液浓度同样也使运动速度变慢。

**14.8**　大分子溶液和 (憎液) 溶胶有哪些异同点? 对外加电解质的敏感程度有何不同?

**答**: 大分子溶液与 (憎液) 溶胶在系统的组成上完全是两码事。常见的 (憎液) 溶胶是一定分散程度的固体粒子分散在溶剂之中形成的, 是多相不均匀系统; 一旦溶剂蒸发, 固体粒子凝聚沉淀, 再加溶剂也不可能回到原来的状态。大分子溶液是大分子化合物的分子分散在合适的溶剂之中形成的, 是均匀的分子分散系统, 一旦溶剂蒸发, 大分子凝聚出来, 再加溶剂还可以回到原来的状态, 所以又称为亲液溶胶。将它们放在一起研究, 仅仅是因为大分子化合物的一个分子大小就与 (憎液) 溶胶的胶粒相仿 ($1\sim100$ nm), 在粒度效应方面有一些共同之处, 如不能透过半透膜、扩散速度较慢等, 其实两者在光学性质、电学性质和受外来电解质影响等方面有很大的区别。大分子溶液是分子分散的真溶液, 是热力学稳定、可逆的系统, 而 (憎液) 溶胶的分散相是由许多分子组成的胶粒, 不是热力学稳定系统。(憎液) 溶胶的 Tyndall 效应较强、黏度较小, 大分子溶液的 Tyndall 效应比较微弱、黏度较大。

(憎液) 溶胶对外加电解质比较敏感, 加入少量电解质就会聚沉; 而大分子溶液对外加电解质不太敏感, 加入大量电解质会盐析。

**14.9** 大分子化合物有哪几种常用的平均摩尔质量? 这些量之间的大小关系如何? 如何用渗透压法较准确地测定蛋白质 (不在等电点时) 的平均摩尔质量?

**答**: 数均摩尔质量 $\overline{M_n}$、质均摩尔质量 $\overline{M_m}$、$Z$ 均摩尔质量 $\overline{M_Z}$ 和黏均摩尔质量 $\overline{M_\eta}$。

一般的大分子化合物分子大小是不均匀的, 前三种平均值的大小为 $\overline{M_Z} > \overline{M_m} > \overline{M_n}$; 分子越不均匀, 这三种平均值的差别就越大。习惯上, 用 $\overline{M_m}/\overline{M_n}$ 的比值来表示大分子化合物的不均匀情况。

配置不同浓度的蛋白质稀溶液, 并测定相应的渗透压, 然后以 $\dfrac{\Pi}{c}$ 对 $c$ 作图, 在低浓度范围内为一直线, 外推到 $c=0$ 处可得截距 $\dfrac{RT}{\overline{M_n}}$, 从而可求得数均摩尔质量 $\overline{M_n}$。

**14.10** 试解释:

(1) 江河入海处, 为什么常形成三角洲?

(2) 为何加明矾能使混浊的水澄清?

(3) 使用不同型号的墨水, 为什么有时会使钢笔堵塞而写不出来?

(4) 为什么重金属离子中毒的患者喝了牛奶可使症状减轻?

(5) 做豆腐时 "点浆" 的原理是什么? 哪些盐溶液可用来点浆?

(6) 常用的微球形硅胶和作填充料的玻璃珠是如何制备的? 用了胶体和表面化学中的哪些原理? 请尽可能多地列举出日常生活中遇到的有关胶体的现象及其应用。

**答**: (1) 一是由于上游的水土流失, 江水中常夹带大量的泥沙, 到入海口时, 河道变宽, 水的流速变慢, 悬浮的泥沙沉积; 二是江水中的泥沙微粒是带负电荷的胶粒, 碰到含有大量电解质的海水, 就会凝聚下沉。因此, 江水一般是混浊的, 而海水都是澄清的。以上两种因素加在一起, 泥沙在江河入海口不断沉积, 就慢慢形成了三角洲。

(2) 明矾是硫酸钾铝复盐, 溶于水后产生 $K^+$、$Al^{3+}$ 等离子。$Al^{3+}$ 在水中发生水解, 生成 $Al(OH)_3$ 絮状胶体, 这种胶粒带正电荷并有较强的吸附作用。浑浊的水中有大量带负电荷的泥沙胶粒, 一方面受电解质 $Al^{3+}$ 的作用, 很快发生凝聚; 另一方面被 $Al(OH)_3$ 絮状胶体吸附, 带负电荷的泥沙凝聚物与带正电荷的 $Al(OH)_3$ 絮状胶体相互作用, 两种带不同电荷的胶体发生混凝而迅速下沉, 所以能使浑浊的水很快澄清。

(3) 钢笔墨水属于胶体分散溶液, 不同型号的墨水, 由于使用的原料不同, 会带有不同类型的电荷, 混合使用, 可能发生聚沉, 使钢笔堵塞。

(4) 重金属离子在进入人体后会破坏并导致人体内蛋白质变性和凝固。牛奶的主要成分是蛋白质, 可以部分替代人体蛋白质而遭到重金属离子的破坏。当牛奶和含重金属离子的溶液混合时, 重金属离子会与牛奶中的蛋白质结合成络合物, 从而使牛奶聚沉, 形成沉积物使重金属离子随食物残渣排出, 不会损害消化系统, 从而可使症状减轻, 达到部分解毒的作用。

(5) 点豆腐是用合适的电解质溶液 (俗称卤水) 将黄豆胶粒凝聚, 使黄豆溶胶变成豆腐凝胶。天然的豆浆胶粒是带负电荷的, 聚沉时电解质中的正离子起主要作用, 可用 $CaSO_4 \cdot 2H_2O$(生石膏)、$MgCl_2$ 等的溶液来点豆腐。

(6) 将一定浓度的硅酸钠和硫酸经过混合器反应生成不稳定的硅溶胶, 从喷孔中喷出的硅溶胶在空气中运行过程中发生胶凝, 生成水凝胶。由于界面张力的作用, 水凝胶粒子是球形的。然后酸化、水洗, 最后烘干脱水生成干凝胶 (即硅胶)。

玻璃珠通常可用粉末法和熔液法来制备。粉末法是将玻璃粉碎成要求的颗粒, 经过筛分, 在一定温度下, 通过均匀的加热区, 使玻璃颗粒熔融, 在界面张力的作用下形成微珠。熔液法则是用高速气流将玻璃液分散成玻璃液滴, 由于界面张力而形成球形微珠。

**14.11**　憎液溶胶是热力学上的不稳定系统, 但它能在相当长的时间内稳定存在, 试解释原因。

**答**: Brown 运动、$\zeta$ 电势和离子化膜等主要因素。

**14.12**　试从胶体化学的观点解释, 在进行重量分析时为了使沉淀完全, 通常要加入相当数量的电解质 (非反应物) 或将溶液适当加热。

**答**: 加入相当数量的电解质能显著降低动电电势, 使溶胶易于聚沉; 适当加热, 可加快胶粒的热运动, 增加胶粒互相碰撞的频率, 使聚沉机会增加。二者都有利于沉淀完全。

**14.13**　何谓乳状液? 乳状液有哪些类型? 乳化剂为何能使乳状液稳定存在? 通常鉴别乳状液的类型有哪些方法? 其根据是什么? 何谓破乳? 何谓破乳剂? 有哪些常用的破乳方法?

**答**: 乳状液是由两种液体所构成的分散系统。它是一种液体以极小的液滴形式分散在另一种与其不相混溶的液体中所构成的。通常其中一种液体是水或水溶液, 另一种则是与水不相互溶的有机液体, 一般统称为 "油"。乳状液分为水包油型 (O/W 型) 和油包水型 (W/O 型)。

乳化剂的作用在于使机械分散所得的液滴不相互聚结。

通常鉴别乳状液类型的方法有: (1) 稀释法 —— 乳状液能为其外液体所稀释, 所以, 凡是其性质与乳状液外相相同的液体都能稀释乳状液。(2) 染色法 —— 以微量的油溶性有色燃料加到乳状液中, 若整个乳状液带有染料颜色, 这该乳状液就是 W/O 型乳状液; 如果只有其中的小液滴带有染料的颜色, 则是 O/W 型乳状液。如果用水溶性染料来测试, 则结果恰好相反。(3) 电导法 —— 以水为外相的 O/W 型乳状液有较好的电导性能, 而 W/O 型乳状液的电导性能很差。

破乳是使乳状液中的两种液体完全分离。常用的破乳方法有加热破乳、高压电破乳、过滤破乳、化学破乳等。化学破乳是加入破乳剂 (一种能强烈吸附于油–水界面的表面活性剂), 破坏乳化剂的吸附膜。

**14.14**　凝胶中分散相颗粒间相互联结形成骨架, 按其作用力不同可以分为哪几种? 各种的稳定性如何? 什么是触变现象?

**答**: 按其作用力不同, 凝胶分为弹性凝胶和刚性凝胶; 弹性凝胶分散介质 (即溶剂) 的脱除和吸收具有可逆性, 刚性凝胶则不可逆。

触变现象是指溶胶与凝胶互相转化的现象。

**14.15**　何谓纳米材料? 纳米材料通常可分为哪些类型? 目前有哪些常用的制备方法? 纳米材料有何特性? 有哪些应用前景?

**答**: 纳米材料是晶粒 (或组成相) 在任一维上的尺寸小于 100 nm 的材料, 是由粒径尺寸介于 $1 \sim 100$ nm 之间的超细微粒组成的固体材料。

纳米材料按宏观结构可分为由纳米粒子组成的纳米块、纳米膜和多层纳米膜及纳米纤维等; 按材料结构分为纳米晶体、纳米非晶体和纳米准晶体; 按空间形态可分为一维纳米线 (或丝)、二维纳米膜和三维纳米颗粒。

制备纳米粒子的物理方法有球魔法、超声分散法、真空镀膜法、激光溅射法和共沉法等, 化学方法则有沉淀法、水热法、溶胶–凝胶法、还原法、电沉淀法、相转移法、纳米粒子自组装合成法和模板法等。

纳米材料具有小尺寸效应、表面效应、量子尺寸效应和宏观量子隧道效应。

纳米材料可用于光学材料、催化材料、储氢材料、电功能材料, 磁功能材料、超微电极等很多领域, 并且纳米技术的微型化在化学、物理、电子工程及生命科学等学科的交叉领域中发挥着重要作用。

## 二、典型例题及解答

**例14.1** 已知在二氧化硅溶胶的形成过程中, 存在下列反应:

$$SiO_2 + H_2O \longrightarrow H_2SiO_3 \longrightarrow SiO_3^{2-} + 2H^+$$

(1) 试写出胶团的结构式, 并注明胶核、胶粒和胶团;

(2) 指明二氧化硅胶粒电泳的方向;

(3) 当溶胶中分别加入 NaCl, $MgCl_2$, $K_3PO_4$ 时, 哪种物质的聚沉值最小?

**解**: (1) 胶团的结构式为

$$\underbrace{\underbrace{\left[\underbrace{(SiO_2)_m}_{\text{胶核}} \cdot nSiO_3^{2-} \cdot 2(n-x)H^+\right]^{2x-}}_{\text{胶粒}} \cdot 2xH^+}_{\text{胶团}}$$

(2) 胶粒带负电荷, 电泳向正极。

(3) 根据 Schulze-Hardy 规则, $MgCl_2$ 的聚沉值最小。

**例14.2** 290 K 时, 在超显微镜下测得藤黄水溶胶中的胶粒每 10 s 沿 $x$ 轴的根均方位移为 $6 \times 10^{-6}$ m。已知溶胶的粘度为 $1.1 \times 10^{-3}$ Pa·s, 求胶粒的半径。

**解**: 已知 $\overline{x^2} = \dfrac{RT}{L} \cdot \dfrac{t}{3\pi\eta r}$, 则有

$$\begin{aligned} r &= \frac{RT}{L} \cdot \frac{t}{3\pi\eta\overline{x^2}} \\ &= \frac{8.314\ \mathrm{J \cdot K^{-1} \cdot mol^{-1}} \times 290\ \mathrm{K}}{6.022 \times 10^{23}\ \mathrm{mol^{-1}}} \times \frac{10\ \mathrm{s}}{3 \times 3.1416 \times 1.1 \times 10^{-3}\ \mathrm{Pa \cdot s} \times (6 \times 10^{-6}\ \mathrm{m})^2} \\ &= 1.07 \times 10^{-7}\ \mathrm{m} \end{aligned}$$

**例14.3** 已知水晶密度为 $2.6 \times 10^3\ \mathrm{kg \cdot m^{-3}}$, 20 ℃ 时蒸馏水黏度为 $1.01 \times 10^{-3}$ Pa·s, 试求 20 ℃ 时直径为 10 $\mu$m 的水晶粒子在蒸馏水中下降 50 cm 所需时间。已知蒸馏水密度为 $1 \times 10^3\ \mathrm{kg \cdot m^{-3}}$。

**解**: 根据沉降速度公式, 有

$$r = \sqrt{\frac{9}{2} \cdot \frac{\eta \dfrac{dx}{dt}}{(\rho_{\text{粒子}} - \rho_{\text{介质}})g}}$$

$$\frac{\mathrm{d}x}{\mathrm{d}t}=\frac{2r^2(\rho_{粒子}-\rho_{介质})g}{9\eta}$$

$$=\frac{2\times(5\times10^{-6}\ \mathrm{m})^2\times(2.6-1)\times10^3\ \mathrm{kg\cdot m^{-3}}\times9.8\ \mathrm{m\cdot s^{-2}}}{9\times1.01\times10^{-3}\ \mathrm{Pa\cdot s}}=8.62\times10^{-5}\ \mathrm{m\cdot s^{-1}}$$

沉降 50 cm 所需时间为

$$t=\frac{x}{\frac{\mathrm{d}x}{\mathrm{d}t}}=\frac{50\times10^{-2}\ \mathrm{m}}{8.62\times10^{-5}\ \mathrm{m\cdot s^{-1}}}=5.8\times10^3\ \mathrm{s}$$

**例14.4**　某溶胶中粒子的平均直径为 4.2 nm, 设其黏度和纯水相同, $\eta=0.001\ \mathrm{Pa\cdot s}$。试计算:

(1) 298 K 时, 胶体的扩散系数 $D$;

(2) 在 1 s 的时间里, 由于 Brown 运动, 粒子沿 $x$ 轴方向的根均方位移 $\sqrt{\overline{x^2}}$。

**解**: (1) $D=\dfrac{RT}{L}\cdot\dfrac{1}{6\pi\eta r}$

$$=\frac{8.314\ \mathrm{J\cdot mol^{-1}\cdot K^{-1}}\times298\ \mathrm{K}}{6.022\times10^{23}\ \mathrm{mol^{-1}}}\times\frac{1}{6\times3.1416\times0.001\ \mathrm{Pa\cdot s}\times2.1\times10^{-9}\ \mathrm{m}}$$

$$=1.04\times10^{-10}\ \mathrm{m^2\cdot s^{-1}}$$

(2) $D=\dfrac{\overline{x^2}}{2t}$, 则

$$\sqrt{\overline{x^2}}=\sqrt{2tD}=\sqrt{2\times1\ \mathrm{s}\times1.04\times10^{-10}\ \mathrm{m^2\cdot s^{-1}}}=1.44\times10^{-5}\ \mathrm{m}$$

**例14.5**　由于胶粒很小, 有的在重力场中很难达到沉降平衡, 所以采用在离心力场中达平衡。以下是一个测粒子平均摩尔质量的例子。设某溶胶在超离心机中达沉降平衡时, 离轴中心距离为 $x_1=0.0456\ \mathrm{m}$ 时, 100 cm$^3$ 中含溶质为 1.061 g, 在距离为 $x_2=0.0461\ \mathrm{m}$ 时, 含溶质 1.220 g。已知离心机转速为 $145\ \mathrm{r\cdot s^{-1}}$, 在温度为 298 K 时, 介质的密度为 $998.8\ \mathrm{kg\cdot m^{-3}}$, 粒子的密度为 $1.335\times10^3\ \mathrm{kg\cdot m^{-3}}$, 试计算胶粒的平均摩尔质量。

**解**: 应用在超离心力场中沉降平衡求摩尔质量的公式, 有

$$\overline{M}=\frac{2RT\ln\frac{c_2}{c_1}}{\left(1-\frac{\rho_{介质}}{\rho_{粒子}}\right)\omega^2(x_2^2-x_1^2)}$$

$$\omega=2\pi n=2\times3.1416\times145\ \mathrm{s^{-1}}=911\ \mathrm{s^{-1}}$$

$$\overline{M}=\frac{2\times8.314\ \mathrm{J\cdot mol^{-1}\cdot K^{-1}}\times298\ \mathrm{K}\times\ln\frac{1.220}{1.061}}{\left(1-\frac{0.9988}{1.335}\right)\times(911\ \mathrm{s^{-1}})^2\times(0.0461^2-0.0456^2)\mathrm{m^2}}=72.2\ \mathrm{kg\cdot mol^{-1}}$$

**例14.6**　在水中, 当所用的电场强度 $E=100\ \mathrm{V\cdot m^{-1}}$ 时, 直径为 $d=1.0\ \mu\mathrm{m}$ 的石英粒子的运动速度为 $u=30\ \mu\mathrm{m\cdot s^{-1}}$。试计算在石英–水界面上 $\zeta$ 电势的数值。设溶液的黏度 $\eta=0.001\ \mathrm{Pa\cdot s}$, 介电常数 $\varepsilon=8.89\times10^{-9}\ \mathrm{C\cdot V^{-1}\cdot m^{-1}}$。

**解**: $\zeta=\dfrac{6\pi\eta u}{\varepsilon E}=\dfrac{6\times3.1416\times0.001\ \mathrm{Pa\cdot s}\times3.0\times10^{-5}\ \mathrm{m\cdot s^{-1}}}{8.89\times10^{-9}\ \mathrm{C\cdot V^{-1}\cdot m^{-1}}\times100\ \mathrm{V\cdot m^{-1}}}=0.636\ \mathrm{V}$

(单位换算 $\mathrm{J=kg\cdot m^2\cdot s^{-2}}$, $\mathrm{V=J\cdot C^{-1}}$)

**例14.7** 设有一聚合物样品, 其中摩尔质量为 $10.0\ \mathrm{kg\cdot mol^{-1}}$ 的分子有 10 mol, 摩尔质量为 $100\ \mathrm{kg\cdot mol^{-1}}$ 的分子有 5 mol, 试分别计算各种平均摩尔质量 $\overline{M_n}$, $\overline{M_m}$, $\overline{M_Z}$ 和 $\overline{M_\eta}$ 的值 (设 $\alpha=0.6$)。

解: $$\overline{M_n}=\frac{\sum\limits_i N_iM_i}{\sum\limits_i N_i}=\frac{10\ \mathrm{mol}\times 10.0\ \mathrm{kg\cdot mol^{-1}}+5\ \mathrm{mol}\times 100\ \mathrm{kg\cdot mol^{-1}}}{(10+5)\ \mathrm{mol}}=40\ \mathrm{kg\cdot mol^{-1}}$$

$$\overline{M_m}=\frac{\sum\limits_i N_iM_i^2}{\sum\limits_i N_iM_i}=\frac{10\ \mathrm{mol}\times(10\ \mathrm{kg\cdot mol^{-1}})^2+5\ \mathrm{mol}\times(100\ \mathrm{kg\cdot mol^{-1}})^2}{10\ \mathrm{mol}\times 10\ \mathrm{kg\cdot mol^{-1}}+5\ \mathrm{mol}\times 100\ \mathrm{kg\cdot mol^{-1}}}=85\ \mathrm{kg\cdot mol^{-1}}$$

$$\overline{M_Z}=\frac{\sum\limits_i N_iM_i^3}{\sum\limits_i N_iM_i^2}=\frac{10\ \mathrm{mol}\times(10\ \mathrm{kg\cdot mol^{-1}})^3+5\ \mathrm{mol}\times(100\ \mathrm{kg\cdot mol^{-1}})^3}{10\ \mathrm{mol}\times(10\ \mathrm{kg\cdot mol^{-1}})^2+5\ \mathrm{mol}\times(100\ \mathrm{kg\cdot mol^{-1}})^2}=98.2\ \mathrm{kg\cdot mol^{-1}}$$

$$\overline{M_\eta}=\left[\frac{\sum\limits_i N_iM_i^{(\alpha+1)}}{\sum\limits_i N_iM_i}\right]^{1/\alpha}$$

$$=\left[\frac{10\ \mathrm{mol}\times(10\ \mathrm{kg\cdot mol^{-1}})^{1.6}+5\ \mathrm{mol}\times(100\ \mathrm{kg\cdot mol^{-1}})^{1.6}}{10\ \mathrm{mol}\times 10\ \mathrm{kg\cdot mol^{-1}}+5\ \mathrm{mol}\times 100\ \mathrm{kg\cdot mol^{-1}}}\right]^{1/0.6}=80.1\ \mathrm{kg\cdot mol^{-1}}$$

**例14.8** 在 293 K 时, 某聚合物溶解在 $CCl_4(l)$ 中, 实验得到聚合物不同质量浓度 $\rho_B$ 时的渗透压 [以 $CCl_4(l)$ 液柱上升的高度表示] 数据如下:

| $\rho_B/(\mathrm{g\cdot dm^{-3}})$ | 2.0 | 4.0 | 6.0 | 8.0 |
|---|---|---|---|---|
| $\Delta h/\mathrm{cm}$ | 0.40 | 1.00 | 1.80 | 2.80 |

已知 293 K 时, 聚合物的密度 $\rho=1594\ \mathrm{kg\cdot m^{-3}}$, 计算聚合物的数均摩尔质量 $\overline{M_n}$。

解: $\dfrac{\varPi}{\rho_B}=\dfrac{RT}{\overline{M_n}}+A_2\rho_B \qquad \varPi=\Delta h\rho g$

以 $\dfrac{\varPi}{\rho_B}$ 对 $\rho_B$ 作图, 得一直线, 从截距 $\dfrac{RT}{\overline{M_n}}$ 可求得 $\overline{M_n}$ 值。作图数据如下 (图略), 截距为 $23.0\ \mathrm{m^2\cdot s^{-2}}$。

| 质量浓度 $\rho_B/(\mathrm{kg\cdot m^{-3}})$ | 2.0 | 4.0 | 6.0 | 8.0 |
|---|---|---|---|---|
| $\dfrac{\varPi}{\rho_B}=\dfrac{\Delta h\rho g}{\rho_B}/(\mathrm{m^2\cdot s^{-2}})$ | 31.2 | 39.0 | 45.5 | 54.7 |

$$\overline{M_n}=\frac{8.314\ \mathrm{J\cdot mol^{-1}\cdot K^{-1}}\times 293\ \mathrm{K}}{23.0\ \mathrm{m^2\cdot s^{-2}}}=106\ \mathrm{kg\cdot mol^{-1}}$$

**例14.9** 在一半透膜口袋中装有 $0.1\ \mathrm{dm^3}$ 很稀的 HCl 水溶液, 其中溶有 1.3 g 某一元大分子有机酸 HR, 设该有机酸在水中能完全解离。膜外是 0.1 $dm^3$ 的纯水, 当在 298 K 达成渗透平衡时, 测得膜外水的 pH 为 3.26, 测得膜电势为 34.9 mV, 假定溶液为理想溶液, 试求:

(1) 膜内溶液的 pH;

(2) 该有机酸的平均摩尔质量。

**解**: (1) 设达渗透平衡时, 膜内外各物的浓度 (单位都是$mol\cdot dm^{-3}$) 可表示如下:

$$\begin{array}{l|l} [R^-]=x & [H^+]_{外}=z \\ [H^+]_{内}=x+y-z & [Cl^-]_{外}=z \\ [Cl^-]_{内}=y-z & \end{array}$$

已知 $-\lg\dfrac{[H^+]_{外}}{c^{\ominus}}=3.26$, 所以　　$[H^+]_{外}=z=5.50\times10^{-4}\ mol\cdot dm^{-3}$

已知膜电势　　$$\Delta\varphi=\frac{RT}{F}\ln\frac{[H^+]_{内}}{[H^+]_{外}}=34.9\times10^{-3}\ V$$

也即　　$$0.05916\ V\times(pH_{外}-pH_{内})=34.9\times10^{-3}\ V$$

将 $pH_{外}=3.26$ 代入上式, 可解得　　$pH_{内}=2.67$

$[H^+]_{内}=x+y-z=10^{-2.67}\ mol\cdot dm^{-3}=2.14\times10^{-3}\ mol\cdot dm^{-3}$

(2) 已知达渗透平衡时, 有　　$[H^+]_{内}[Cl^-]_{内}=[H^+]_{外}[Cl^-]_{外}$

即　　$$(x+y-z)(y-z)=z^2$$

前已解得　　$$z=5.50\times10^{-4}\ mol\cdot dm^{-3}$$

$$x+y-z=2.14\times10^{-3}\ mol\cdot dm^{-3}$$

联立上面三式, 可解得　　$$x=2.00\times10^{-3}\ mol\cdot dm^{-3}$$

$$y=6.91\times10^{-4}\ mol\cdot dm^{-3}$$

开始溶入 HR 的质量浓度为

$$1.3\times10^{-3}\ kg/(0.1\ dm^3)=1.3\times10^{-2}\ kg\cdot dm^{-3}$$

所以　　$$M_{HR}=\frac{1.3\times10^{-2}\ kg\cdot dm^{-3}}{2.00\times10^{-3}\ mol\cdot dm^{-3}}=6.5\ kg\cdot mol^{-1}$$

# 三、习题及解答

**14.1**　用化学凝聚法制备$Fe(OH)_3$ 溶胶的反应如下:

$$FeCl_3+3H_2O = Fe(OH)_3(溶胶)+3HCl$$

溶液中一部分$Fe(OH)_3$ 有如下反应:

$$Fe(OH)_3+HCl = FeOCl+2H_2O$$
$$FeOCl = FeO^++Cl^-$$

试写出胶团结构式, 并标出胶核、胶粒和胶团。

**解**: 胶团结构式为

$$\underbrace{\left\{\underbrace{[\mathrm{Fe(OH)_3}]_m}_{\text{胶核}} \cdot n\mathrm{FeO^+} \cdot (n-x)\mathrm{Cl^-}\right\}^{x+}}_{\text{胶粒}} \cdot x\mathrm{Cl^-}$$
$$\text{(整体为胶团)}$$

**14.2** 在 290 K 时, 通过藤黄混悬液的 Brown 运动实验, 测得半径为 $2.12 \times 10^{-7}$ m 的藤黄粒子经 30 s 时间在 $x$ 轴方向的均方根位移 $\sqrt{\overline{x^2}} = 7.3 \times 10^{-6}$ m。已知该混悬液的黏度 $\eta = 1.10 \times 10^{-3}\ \mathrm{kg \cdot m^{-1} \cdot s^{-1}}$, 试计算扩散系数 $D$ 和 Avogadro 常数 $L$。

**解**: $D = \dfrac{\overline{x^2}}{2t} = \dfrac{(7.3 \times 10^{-6}\ \mathrm{m})^2}{2 \times 30\ \mathrm{s}} = 8.9 \times 10^{-13}\ \mathrm{m^2 \cdot s^{-1}}$

根据公式 $D = \dfrac{RT}{6\pi\eta rL}$, 可得

$$L = \frac{RT}{6\pi\eta rD}$$

$$= \frac{8.314\ \mathrm{J \cdot mol^{-1} \cdot K^{-1}} \times 290\ \mathrm{K}}{6 \times 3.1416 \times 1.10 \times 10^{-3}\ \mathrm{kg \cdot m^{-1} \cdot s^{-1}} \times 2.12 \times 10^{-7}\ \mathrm{m} \times 8.9 \times 10^{-13}\ \mathrm{m^2 \cdot s^{-1}}}$$

$$= 6.16 \times 10^{23}\ \mathrm{mol^{-1}}$$

**14.3** 已知某溶胶的黏度 $\eta = 0.001\ \mathrm{Pa \cdot s}$, 其粒子的密度近似为 $\rho = 1 \times 10^3\ \mathrm{kg \cdot m^{-3}}$, 在 1 s 内粒子在 $x$ 轴方向的均方根位移 $\sqrt{\overline{x^2}} = 1.4 \times 10^{-5}$ m。试计算:

(1) 298 K 时, 胶体的扩散系数 $D$;

(2) 胶粒的平均直径 $d$;

(3) 胶团的摩尔质量 $M$。

**解**: (1) $D = \dfrac{\overline{x^2}}{2t} = \dfrac{(1.4 \times 10^{-5}\ \mathrm{m})^2}{2 \times 1\ \mathrm{s}} = 9.8 \times 10^{-11}\ \mathrm{m^2 \cdot s^{-1}}$

(2) 根据公式 $D = \dfrac{RT}{6\pi\eta rL}$, 可得 $r = \dfrac{RT}{6\pi\eta DL}$, 则

$$d = 2r = \frac{RT}{3\pi\eta DL}$$

$$= \frac{8.314\ \mathrm{J \cdot mol^{-1} \cdot K^{-1}} \times 298\ \mathrm{K}}{3 \times 3.1416 \times 0.001\ \mathrm{Pa \cdot s} \times 9.8 \times 10^{-11}\ \mathrm{m^2 \cdot s^{-1}} \times 6.022 \times 10^{23}\ \mathrm{mol^{-1}}} = 4.45 \times 10^{-9}\ \mathrm{m}$$

(3) $M = \dfrac{4}{3}\pi r^3 \rho L$

$$= \frac{4}{3} \times 3.1416 \times \left(\frac{4.45 \times 10^{-9}\ \mathrm{m}}{2}\right)^3 \times 1 \times 10^3\ \mathrm{kg \cdot m^{-3}} \times 6.022 \times 10^{23}\ \mathrm{mol^{-1}}$$

$$= 27.8\ \mathrm{kg \cdot mol^{-1}}$$

**14.4** 设某溶胶中的胶粒是大小均一的球形粒子, 已知在 298 K 时胶体的扩散系数 $D = 1.04 \times 10^{-10}\ \mathrm{m^2 \cdot s^{-1}}$, 其黏度 $\eta = 0.001\ \mathrm{Pa \cdot s}$。试计算:

(1) 该胶粒的半径 $r$;

(2) 由于 Brown 运动, 粒子沿 $x$ 轴方向的均方根位移 $\sqrt{\overline{x^2}} = 1.44 \times 10^{-5}$ m 时所需要的时间;

(3) 318 K 时, 胶体的扩散系数 $D'$, 假定该胶粒的黏度不受温度的影响。

**解**: (1) 根据公式 $D = \dfrac{RT}{6\pi\eta rL}$, 可得

$$\begin{aligned} r &= \frac{RT}{6\pi\eta DL} \\ &= \frac{8.314\ \mathrm{J\cdot mol^{-1}\cdot K^{-1}} \times 298\ \mathrm{K}}{6 \times 3.1416 \times 0.001\ \mathrm{Pa\cdot s} \times 1.04 \times 10^{-10}\ \mathrm{m^2\cdot s^{-1}} \times 6.022 \times 10^{23}\ \mathrm{mol^{-1}}} \\ &= 2.10 \times 10^{-9}\ \mathrm{m} \end{aligned}$$

(2) 已知 $D = \dfrac{\overline{x^2}}{2t}$, 则　　$t = \dfrac{\overline{x^2}}{2D} = \dfrac{(1.44 \times 10^{-5}\ \mathrm{m})^2}{2 \times 1.04 \times 10^{-10}\ \mathrm{m^2\cdot s^{-1}}} = 1.00\ \mathrm{s}$

(3) $$\begin{aligned} D' &= \frac{RT'}{L} \cdot \frac{1}{6\pi\eta r} \\ &= \frac{8.314\ \mathrm{J\cdot mol^{-1}\cdot K^{-1}} \times 318\ \mathrm{K}}{6.022 \times 10^{23}\ \mathrm{mol^{-1}} \times 6 \times 3.1416 \times 0.001\ \mathrm{Pa\cdot s} \times 2.10 \times 10^{-9}\ \mathrm{m}} \\ &= 1.11 \times 10^{-10}\ \mathrm{m^2\cdot s^{-1}} \end{aligned}$$

或　　$$D' = D \cdot \frac{T'}{T} = 1.04 \times 10^{-10}\ \mathrm{m^2\cdot s^{-1}} \times \frac{318\ \mathrm{K}}{298\ \mathrm{K}} = 1.11 \times 10^{-10}\ \mathrm{m^2\cdot s^{-1}}$$

**14.5**　质量分数为 0.002 的金溶胶, 其 $\eta = 0.001$ Pa·s; 在 1 s 内由于 Brown 运动, 粒子在 $x$ 轴方向的均方根位移是 $1.833 \times 10^{-3}$ cm。已知金的密度为 19.3 $\mathrm{g\cdot cm^{-3}}$。试计算此溶胶在 25 ℃ 时的扩散系数和渗透压。

**解**: $D = \dfrac{\overline{x^2}}{2t} = \dfrac{(1.833 \times 10^{-5}\ \mathrm{m})^2}{2 \times 1\ \mathrm{s}} = 1.68 \times 10^{-10}\ \mathrm{m^2\cdot s^{-1}}$

$$r = \frac{RT}{6\pi\eta DL} = \frac{8.314\ \mathrm{J\cdot mol^{-1}\cdot K^{-1}} \times 298.15\ \mathrm{K}}{6 \times 3.1416 \times 0.001\ \mathrm{Pa\cdot s} \times 1.68 \times 10^{-10}\ \mathrm{m^2\cdot s^{-1}} \times 6.022 \times 10^{23}} = 1.30 \times 10^{-9}\ \mathrm{m}$$

胶团摩尔质量

$$\begin{aligned} M &= \frac{4}{3}\pi r^3 \rho L = \frac{4}{3} \times 3.1416 \times (1.30 \times 10^{-9}\ \mathrm{m})^3 \times 1.93 \times 10^4\ \mathrm{kg\cdot m^{-3}} \times 6.022 \times 10^{23}\ \mathrm{mol^{-1}} \\ &= 106.96\ \mathrm{kg\cdot mol^{-1}} \end{aligned}$$

设以 1 $\mathrm{m^3}$ 溶胶作为计算基准, 其密度近似按纯水计算, 则

$$c = \frac{n}{V} = \frac{\rho_{水} w(\mathrm{Au})}{M} = \frac{1 \times 10^3\ \mathrm{kg\cdot m^{-3}} \times 0.002}{106.96\ \mathrm{kg\cdot mol^{-1}}} = 1.87 \times 10^{-2}\ \mathrm{mol\cdot m^{-3}}$$

$$\Pi = cRT = 1.87 \times 10^{-2}\ \mathrm{mol\cdot m^{-3}} \times 8.314\ \mathrm{J\cdot mol^{-1}\cdot K^{-1}} \times 298.15\ \mathrm{K} = 46.3\ \mathrm{Pa}$$

**14.6**　在 298 K 时, 某粒子半径 $r = 30$ nm 的金溶胶, 在地心引力场中达沉降平衡后, 在高度相距 $1.0 \times 10^{-4}$ m 的某指定区间内两边粒子数分别为 277 和 166。已知金的密度为 $\rho_{\mathrm{Au}} = 1.93 \times 10^4\ \mathrm{kg\cdot m^{-3}}$, 分散介质的密度为 $\rho_{介质} = 1 \times 10^3\ \mathrm{kg\cdot m^{-3}}$。试计算 Avogadro 常数 $L$。

**解**: 根据粒子的高度分布公式, 有

$$RT\ln\frac{N_2}{N_1} = -\frac{4}{3}\pi r^3 (\rho_{粒子} - \rho_{介质}) gL(x_2 - x_1)$$

$$8.314\ \text{J}\cdot\text{mol}^{-1}\cdot\text{K}^{-1}\times 298\ \text{K}\times\ln\frac{166}{277}=-\frac{4}{3}\times 3.1416\times(3\times10^{-8}\ \text{m})^3\times$$

$$(1.93\times10^4-1\times10^3)\ \text{kg}\cdot\text{m}^{-3}\times 9.8\ \text{m}\cdot\text{s}^{-2}\times 1.0\times10^{-4}\ \text{m}\times L$$

解得
$$L=6.2537\times10^{23}\ \text{mol}^{-1}$$

**14.7** 某金溶胶在 298 K 时达沉降平衡, 在某一高度时粒子的数密度为 $8.89\times10^8\ \text{m}^{-3}$, 再上升 0.001 m 粒子的数密度为 $1.08\times10^8\ \text{m}^{-3}$。设粒子为球形, 已知金的密度为 $\rho_{\text{Au}}=1.93\times10^4\ \text{kg}\cdot\text{m}^{-3}$, 分散介质水的密度为 $\rho_{水}=1\times10^3\ \text{kg}\cdot\text{m}^{-3}$。试计算:

(1) 胶粒的平均半径 $r$ 及平均摩尔质量 $M$;

(2) 使粒子的数密度下降一半, 需上升的高度。

**解**: (1) 根据粒子的高度分布公式, 有

$$RT\ln\frac{N_2}{N_1}=-\frac{4}{3}\pi r^3(\rho_{粒子}-\rho_{介质})gL(x_2-x_1)$$

$$8.314\ \text{J}\cdot\text{mol}^{-1}\cdot\text{K}^{-1}\times 298\ \text{K}\times\ln\frac{1.08}{8.89}=-\frac{4}{3}\times 3.1416\times r^3\times$$

$$(1.93\times10^4-1\times10^3)\ \text{kg}\cdot\text{m}^{-3}\times 9.8\ \text{m}\cdot\text{s}^{-2}\times 6.022\times10^{23}\ \text{mol}^{-1}\times 0.001\ \text{m}$$

解得
$$r=2.26\times10^{-8}\ \text{m}$$

$$\begin{aligned}\overline{M}&=V\rho_{粒}L=\frac{4}{3}\pi r^3\rho_{粒}L\\&=\frac{4}{3}\times 3.1416\times(2.26\times10^{-8}\ \text{m})^3\times 1.93\times10^4\ \text{kg}\cdot\text{m}^{-3}\times 6.022\times10^{23}\ \text{mol}^{-1}\\&=5.62\times10^5\ \text{kg}\cdot\text{mol}^{-1}\end{aligned}$$

(2) 已知 $\ln\dfrac{N_2}{N_1}=-A(x_2-x_1)$, 其中 $A=\dfrac{1}{RT}\times\dfrac{4}{3}\pi r^3(\rho_{粒子}-\rho_{介质})gL$。

由已知条件, 可得

$$\ln\frac{1.08}{8.89}=-A\times 0.001\ \text{m}\qquad\qquad \ln\frac{\frac{1}{2}\times 8.89}{8.89}=-A\cdot x$$

解得
$$x=3.29\times10^{-4}\ \text{m}$$

**14.8** $\beta$–白蛋白水溶液用足够的电解质消除电荷效应后, 在 25 ℃ 和 $11000\ \text{r}\cdot\text{min}^{-1}$ 时达离心平衡, 测得平衡浓度如下:

| 与转轴的距离/cm | 4.90 | 4.95 | 5.00 | 5.05 | 5.10 | 5.15 |
|---|---|---|---|---|---|---|
| 浓度/$(\text{g}\cdot\text{dm}^{-3})$ | 1.30 | 1.46 | 1.64 | 1.84 | 2.06 | 2.31 |

已知该蛋白质的比体积 (即密度的倒数) 是 $0.75\ \text{cm}^3\cdot\text{g}^{-1}$, 溶液密度为 $1.00\ \text{g}\cdot\text{cm}^{-3}$。试计算蛋白质的摩尔质量。

**解**: 由公式 $2RT\ln\dfrac{c_2}{c_1}=M\left(1-\dfrac{\rho_{介质}}{\rho_{粒子}}\right)\omega^2(x_2^2-x_1^2)$, 可得

$$M=\frac{2RT\ln\dfrac{c_2}{c_1}}{\left(1-\dfrac{\rho_{介质}}{\rho_{粒子}}\right)\omega^2(x_2^2-x_1^2)}$$

根据题中所给表格中的任两组数据, 可计算出相应的 $M$ (即蛋白质的摩尔质量)。例如, 取第 1 组和第 6 组数据, 可得

$$M=\frac{2\times 8.314\ \mathrm{J\cdot mol^{-1}\cdot K^{-1}}\times 298.15\ \mathrm{K}\times \ln\dfrac{2.31}{1.30}}{\left(1-\dfrac{1.00\ \mathrm{g\cdot cm^{-3}}}{\dfrac{1}{0.75\ \mathrm{cm^3\cdot g^{-1}}}}\right)\times\left(2\times 3.1416\times\dfrac{11000}{60\ \mathrm{s}}\right)^2\times(5.15^2-4.90^2)\times 10^{-4}\ \mathrm{m^2}}$$

$$=34.20\ \mathrm{kg\cdot mol^{-1}}$$

同理, 取第 1 组和第 2 组数据, 可得 $M=35.22\ \mathrm{kg\cdot mol^{-1}}$; 取第 2 组和第 6 组数据, 可得 $M=33.94\ \mathrm{kg\cdot mol^{-1}}$; 等等。最终, 可计算得到其平均值 $\overline{M}=34.10\ \mathrm{kg\cdot mol^{-1}}$ (或 $34100\ \mathrm{g\cdot mol^{-1}}$)

本题也可以通过作图法来求蛋白质的平均摩尔质量: 即由公式 $2RT\ln\dfrac{c_2}{c_1}=M\left(1-\dfrac{\rho_{介质}}{\rho_{粒子}}\right)\cdot\omega^2(x_2^2-x_1^2)$ 可知, $2RT\ln c=M\left(1-\dfrac{\rho_{介质}}{\rho_{粒子}}\right)\omega^2x^2+A$。所以, $\ln c=\dfrac{M}{2RT}\left(1-\dfrac{\rho_{介质}}{\rho_{粒子}}\right)\omega^2x^2+B$ (式中 $A$ 和 $B$ 均为定值)。然后, 根据题中所给数据, 将 $\ln c$ 对 $x^2$ 作图, 得一直线, 斜率为 $\dfrac{M}{2RT}\left(1-\dfrac{\rho_{介质}}{\rho_{粒子}}\right)\omega^2$。最后, 根据斜率即可计算出 $M$ (作图的过程实际上就是求平均值)。

**14.9**　在内径为 0.02 m 的管中盛油, 使直径 $d=1.588$ mm 的钢球从其中落下, 下降 0.15 m 需 16.7 s。已知油和钢球的密度分别为 $\rho_{油}=960\ \mathrm{kg\cdot m^{-3}}$ 和 $\rho_{球}=7650\ \mathrm{kg\cdot m^{-3}}$。试计算在实验温度时油的黏度。

**解**: 沉降时所受的重力为 $\dfrac{4}{3}\pi r^3(\rho_{粒}-\rho_{介})g$, 沉降时所受的阻力为 $6\pi\eta r\dfrac{\mathrm{d}x}{\mathrm{d}t}$, 平衡时两种力相等, 则有

$$\eta=\frac{\dfrac{4}{3}r^2(\rho_{粒}-\rho_{介})g}{6\dfrac{\mathrm{d}x}{\mathrm{d}t}}=\frac{\dfrac{4}{3}\times\left(\dfrac{1.588\times 10^{-3}\ \mathrm{m}}{2}\right)^2\times(7650-960)\ \mathrm{kg\cdot m^{-3}}\times 9.8\ \mathrm{m\cdot s^{-2}}}{6\times\dfrac{0.15\ \mathrm{m}}{16.7\ \mathrm{s}}}$$

$$=1.023\ \mathrm{kg\cdot m^{-1}\cdot s^{-1}}=1.023\ \mathrm{Pa\cdot s}$$

**14.10**　试计算 293 K 时, 在地心力场中使粒子半径分别为 (1) $r_1=10\ \mu\mathrm{m}$; (2) $r_2=100$ nm; (3) $r_3=1.5$ nm 的金溶胶粒子下降 0.01 m, 分别所需的时间。已知分散介质的密度为 $\rho_{介质}=1000\ \mathrm{kg\cdot m^{-3}}$, 金的密度为 $\rho_{\mathrm{Au}}=1.93\times 10^4\ \mathrm{kg\cdot m^{-3}}$, 溶液的黏度近似等于水的黏度, 为 $\eta=0.001\ \mathrm{Pa\cdot s}$。

**解**: $r^2=\dfrac{9}{2}\cdot\dfrac{\eta\mathrm{d}x/\mathrm{d}t}{(\rho_{粒}-\rho_{介})g}$

$$\frac{\mathrm{d}x}{\mathrm{d}t}=\frac{2}{9}\cdot\frac{r^2(\rho_{粒}-\rho_{介})g}{\eta}=r^2\times\frac{2}{9}\times\frac{(1.93-0.1)\times 10^4\mathrm{kg\cdot m^{-3}}\times 9.8\ \mathrm{m\cdot s^{-2}}}{0.001\ \mathrm{kg\cdot m^{-1}\cdot s^{-1}}}$$

$$=r^2\times 3.985\times 10^7\ \mathrm{m^{-1}\cdot s^{-1}}$$

$$t=\frac{x}{r^2\times 3.985\times 10^7\ \mathrm{m^{-1}\cdot s^{-1}}}=\frac{0.01\ \mathrm{m}}{r^2\times 3.985\times 10^7\ \mathrm{m^{-1}\cdot s^{-1}}}$$

$$r_1 = 1.0 \times 10^{-5}\ \text{m}, \qquad t_1 = 2.5\ \text{s}$$
$$r_2 = 1.0 \times 10^{-7}\ \text{m}, \qquad t_2 = 2.5 \times 10^{4}\ \text{s}$$
$$r_3 = 1.5 \times 10^{-9}\ \text{m}, \qquad t_3 = 1.12 \times 10^{8}\ \text{s}$$

**14.11** 密度为 $\rho_{粒} = 2.152 \times 10^3\ \text{kg}\cdot\text{m}^{-3}$ 的球形 $CaCl_2(s)$ 粒子, 在密度为 $\rho_{介质} = 1.595 \times 10^3\ \text{kg}\cdot\text{m}^{-3}$、黏度为 $\eta = 9.75 \times 10^{-4}\ \text{Pa}\cdot\text{s}$ 的 $CCl_4(l)$ 中沉降, 在 100 s 的时间里下降了 0.0498 m, 计算此球形 $CaCl_2(s)$ 粒子的半径。

**解**: 由沉降速度公式得

$$r = \sqrt{\frac{9}{2} \cdot \frac{\eta \mathrm{d}x/\mathrm{d}t}{(\rho_{粒} - \rho_{介})g}} = \sqrt{\frac{9}{2} \times \frac{9.75 \times 10^{-4}\ \text{Pa}\cdot\text{s} \times \dfrac{0.0498\ \text{m}}{100\ \text{s}}}{(2.152 - 1.595) \times 10^3\ \text{kg}\cdot\text{m}^{-3} \times 9.8\ \text{m}\cdot\text{s}^{-2}}}$$
$$= 2.0 \times 10^{-5}\ \text{m}$$

**14.12** 把 $1.0\ \text{m}^3$ 中含 1.5 kg $Fe(OH)_3$ 的溶胶先稀释 10000 倍, 再放在超显微镜下观察, 在直径和深度各为 0.04 mm 的视野内数得粒子的数目平均为 4.1 个。设粒子为球形, 其密度为 $\rho_{粒} = 5.2 \times 10^3\ \text{kg}\cdot\text{m}^{-3}$, 试求粒子的直径。

**解**: $\rho_\text{B} = \dfrac{1.5\ \text{kg}}{1.0\ \text{m}^3} \Big/ 10000 = 1.5 \times 10^{-4}\ \text{kg}\cdot\text{m}^{-3}$

$$V' = \pi r^2 h = 3.1416 \times (0.02 \times 10^{-3}\ \text{m})^2 \times 0.04 \times 10^{-3}\ \text{m} = 5.026 \times 10^{-14}\ \text{m}^3$$

根据公式 $r^3 = \dfrac{3}{4} \cdot \dfrac{\rho_\text{B} V'}{N\pi\rho_{粒}}$, 则有

$$r^3 = \frac{3}{4} \times \frac{1.5 \times 10^{-4}\ \text{kg}\cdot\text{m}^{-3} \times 5.026 \times 10^{-14}\ \text{m}^3}{4.1 \times 3.1416 \times 5.2 \times 10^3\ \text{kg}\cdot\text{m}^{-3}} = 8.442 \times 10^{-23}\ \text{m}^3$$

$$r = 4.387 \times 10^{-8}\ \text{m}$$
$$d = 2r = 8.774 \times 10^{-8}\ \text{m}$$

**14.13** 在实验室中, 用相同的方法制备两份浓度不同的硫溶胶, 测得两份硫溶胶的散射光强度之比 $I_1/I_2 = 10$。已知第一份溶胶的浓度 $c_1 = 0.10\ \text{mol}\cdot\text{dm}^{-3}$, 设入射光的频率和强度等实验条件都相同, 试求第二份溶胶的浓度 $c_2$。

**解**: 由 Rayleigh 公式, 可得 $\dfrac{I_1}{I_2} = \dfrac{c_1}{c_2}$

$$c_2 = c_1 \frac{I_2}{I_1} = 0.10\ \text{mol}\cdot\text{dm}^{-3} \times \frac{1}{10} = 0.01\ \text{mol}\cdot\text{dm}^{-3}$$

**14.14** 血清蛋白质溶解在缓冲溶液中, 改变 pH 并通以一定电压, 测定电泳距离为

| pH | 3.76 | 4.20 | 4.82 | 5.58 |
|---|---|---|---|---|
| $\Delta x/\text{cm}$ | 0.936 | 0.238 | 0.234 | 0.700 |
| | | 向阴极移动 | | 向阳极移动 |

试确定蛋白质分子的等电点, 并说明蛋白质分子的带电性质与 pH 的关系。

**解**: 作 pH–$\Delta x$ 图 (见下图), 可得等电点 pH = 4.5。

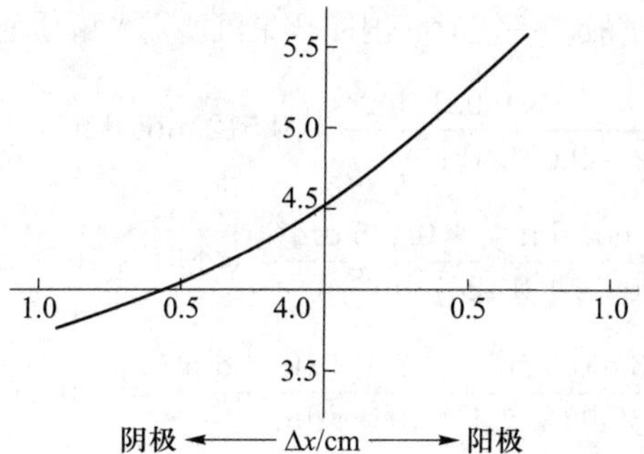


当 pH > 4.5 时, 蛋白质分子带负电荷; 当 pH < 4.5 时, 蛋白质分子带正电荷。

**14.15**　由电泳实验测得 $Sb_2S_3$ 溶胶在电压为 210 V, 两极间距离为 38.5 cm 时, 通电 36 min 12 s, 引起溶胶界面向正极移动 3.2 cm。已知介质介电常数为 $8.89 \times 10^{-9}\ \mathrm{F \cdot m^{-1}}$, $\eta = 0.001\ \mathrm{Pa \cdot s}$, 计算此溶胶的电动电势。

**解**: $$\zeta = \frac{6\pi\eta u}{\varepsilon E} = \frac{6 \times 3.1416 \times 0.001\ \mathrm{Pa \cdot s} \times \dfrac{3.2 \times 10^{-2}\ \mathrm{m}}{(36 \times 60 + 12)\ \mathrm{s}}}{8.89 \times 10^{-9}\ \mathrm{F \cdot m^{-1}} \times \dfrac{210\ \mathrm{V}}{0.385\ \mathrm{m}}} = 0.057\ \mathrm{V}$$

**14.16**　某一胶态铋, 在 20 ℃ 时的电动电势为 0.016 V, 求它在电位梯度等于 $1\ \mathrm{V \cdot m^{-1}}$ 时的电泳速度。已知水的相对介电常数 $\varepsilon_\mathrm{r} = 81$, $\varepsilon_0 = 8.854 \times 10^{-12}\ \mathrm{F \cdot m^{-1}}$, $\eta = 0.0011\ \mathrm{Pa \cdot s}$。

**解**: $$u = \frac{\zeta\varepsilon E}{6\pi\eta} = \frac{\zeta\varepsilon_\mathrm{r}\varepsilon_0 E}{6\pi\eta}$$

$$= \frac{0.016\ \mathrm{V} \times 81 \times 8.854 \times 10^{-12}\ \mathrm{F \cdot m^{-1}} \times 1\ \mathrm{V \cdot m^{-1}}}{6 \times 3.1416 \times 0.0011\ \mathrm{Pa \cdot s}} = 5.534 \times 10^{-10}\ \mathrm{m \cdot s^{-1}}$$

**14.17**　水与玻璃界面的 $\zeta$ 电势约为 50 mV, 计算当电容器两端的电势梯度为 $40\ \mathrm{V \cdot cm^{-1}}$ 时, 每小时流过直径为 1.0 mm 的玻璃毛细管的水量。设水的黏度为 $1.0 \times 10^{-3}\ \mathrm{kg \cdot m^{-1} \cdot s^{-1}}$, 介电常数为 $8.89 \times 10^{-9}\ \mathrm{C \cdot V^{-1} \cdot m^{-1}}$。

**解**: 电渗速度为

$$u = \frac{\zeta\varepsilon E}{4\pi\eta}$$

$$= \frac{50 \times 10^{-3}\ \mathrm{V} \times 8.89 \times 10^{-9}\ \mathrm{C \cdot V^{-1} \cdot m^{-1}} \times 40 \times 10^{2}\ \mathrm{V \cdot m^{-1}}}{4 \times 3.1416 \times 1.0 \times 10^{-3}\ \mathrm{kg \cdot m^{-1} \cdot s^{-1}}} = 1.415 \times 10^{-4}\ \mathrm{m \cdot s^{-1}}$$

每小时流过毛细管的水量为

$$\varphi = \pi r^2 \cdot u$$

$$= 3.1416 \times \left(\frac{1.0 \times 10^{-3}\ \mathrm{m}}{2}\right)^2 \times 1.415 \times 10^{-4}\ \mathrm{m \cdot s^{-1}} \times 3600\ \mathrm{s \cdot h^{-1}} = 4.0 \times 10^{-7}\ \mathrm{m^3 \cdot h^{-1}}$$

**14.18**　在三个烧瓶中同样盛 $0.02\ \mathrm{dm^3}$ 的$Fe(OH)_3$ 溶胶, 分别加入 NaCl, $Na_2SO_4$ 和 $Na_3PO_4$ 溶液使其聚沉, 实验测得至少需加电解质溶液的体积分别为 (1) 浓度为 $1.0\ \mathrm{mol \cdot dm^{-3}}$ 的 NaCl 溶液 $0.021\ \mathrm{dm^3}$; (2) 浓度为 $0.005\ \mathrm{mol \cdot dm^{-3}}$ 的 $Na_2SO_4$ 溶液 $0.125\ \mathrm{dm^3}$; (3) 浓度为 $0.0033\ \mathrm{mol \cdot dm^{-3}}$ 的 $Na_3PO_4$ 溶液 $0.0074\ \mathrm{dm^3}$。试计算各电解质的聚沉值和它们的聚沉能力之比, 并判断胶粒所带的电荷。

**解**: 聚沉值是使一定量的溶胶在一定时间内完全聚沉所需电解质的最小浓度, 则

$$c_{\mathrm{NaCl}}=\frac{1.0\ \mathrm{mol\cdot dm^{-3}}\times 0.021\ \mathrm{dm^3}}{(0.02+0.021)\ \mathrm{dm^3}}=0.512\ \mathrm{mol\cdot dm^{-3}}$$

$$c_{\mathrm{Na_2SO_4}}=\frac{0.005\ \mathrm{mol\cdot dm^{-3}}\times 0.125\ \mathrm{dm^3}}{(0.02+0.125)\ \mathrm{dm^3}}=4.31\times 10^{-3}\ \mathrm{mol\cdot dm^{-3}}$$

$$c_{\mathrm{Na_3PO_4}}=\frac{0.0033\ \mathrm{mol\cdot dm^{-3}}\times 7.4\times 10^{-3}\ \mathrm{dm^3}}{(0.02+7.4\times 10^{-3})\ \mathrm{dm^3}}=8.91\times 10^{-4}\ \mathrm{mol\cdot dm^{-3}}$$

因聚沉能力与聚沉值成反比, 所以聚沉能力之比为

$$\frac{1}{0.512}:\frac{1}{4.31\times 10^{-3}}:\frac{1}{8.91\times 10^{-4}}=1:119:575$$

所以可判断胶粒带正电荷。

**14.19** 在稀的砷酸溶液中通入 $H_2S$ 制备 $As_2S_3$ 溶胶, 稳定剂是 $H_2S$。

(1) 写出该胶团的结构式, 并指明胶粒的电泳方向;

(2) 当溶胶中分别加入电解质 NaCl, $MgSO_4$ 和 $MgCl_2$ 时, 哪种物质的聚沉值最小?

**解**: (1) 该胶团的结构式为 $[(As_2S_3)_m\cdot nHS^-\cdot(n-x)H^+]^{x-}\cdot xH^+$; 胶粒带负电荷, 向正极移动。

(2) $MgSO_4$ 和 $MgCl_2$ 的聚沉值差不多, 但同号离子 $SO_4^{2-}$ 和 $Cl^-$ 以低价为强, 故最强的应是 $MgCl_2$。

**14.20** 某一大分子分散系统, 其不同摩尔质量的组成可描述如下:

| $n_i/\mathrm{mol}$ | 0.10 | 0.20 | 0.40 | 0.20 | 0.10 |
|---|---|---|---|---|---|
| $M_i/(\mathrm{kg\cdot mol^{-1}})$ | 1.00 | 1.20 | 1.40 | 1.60 | 1.80 |

试分别计算各种平均摩尔质量 $\overline{M}_n$, $\overline{M}_m$, $\overline{M}_Z$ 和 $\overline{M}_\eta$ 的值 (设 $\alpha=0.7$)。

**解**: $$\overline{M_n}=\frac{\sum_i n_iM_i}{\sum_i n_i}=\frac{(0.10\times1.00+0.20\times1.20+0.40\times1.40+0.20\times1.60+0.10\times1.80)\ \mathrm{kg}}{(0.10+0.20+0.40+0.20+0.10)\ \mathrm{mol}}$$

$$=1.40\ \mathrm{kg\cdot mol^{-1}}$$

$$\overline{M_m}=\frac{\sum_i n_iM_i^2}{\sum_i n_iM_i}=1.43\ \mathrm{kg\cdot mol^{-1}}$$

$$\overline{M_Z}=\frac{\sum_i n_iM_i^3}{\sum_i n_iM_i^2}=1.47\ \mathrm{kg\cdot mol^{-1}}$$

$$\overline{M_\eta}=\left[\frac{\sum_i n_iM_i^{(\alpha+1)}}{\sum_i n_iM_i}\right]^{1/\alpha}=1.43\ \mathrm{kg\cdot mol^{-1}}$$

**14.21** 某蛋白质样品, 其中摩尔质量为 $10.0\ \mathrm{kg\cdot mol^{-1}}$ 的分子有 10 mol, 摩尔质量为 $100\ \mathrm{kg\cdot mol^{-1}}$ 的分子有 5 mol。试求 298 K 时, 上述质量分布的样品含量为 $0.01\ \mathrm{kg\cdot dm^{-3}}$ 的水溶液的凝固点降低、蒸气压下降和渗透压各为多少? 已知 298 K 时水的饱和蒸气压为 3167.7 Pa, 凝固点降低常数 $k_\mathrm{f} = 1.86\ \mathrm{K\cdot mol^{-1}\cdot kg}$, 水的密度 (近似等于溶液的密度) $\rho_{\mathrm{H_2O}} = 1.0\ \mathrm{kg\cdot dm^{-3}}$。

**解**: $$\overline{M_n} = \frac{\sum\limits_i n_i M_i}{\sum\limits_i n_i} = \frac{(10\ \mathrm{mol} \times 10.0\ \mathrm{kg\cdot mol^{-1}} + 5\ \mathrm{mol} \times 100\ \mathrm{kg\cdot mol^{-1}})}{(10+5)\ \mathrm{mol}} = 40\ \mathrm{kg\cdot mol^{-1}}$$

$$m_\mathrm{B} = \frac{n_\mathrm{B}}{m_\mathrm{A}} = \frac{\dfrac{0.01\ \mathrm{kg\cdot dm^{-3}} \times 1\ \mathrm{dm^3}}{40\ \mathrm{kg\cdot mol^{-1}}}}{1\ \mathrm{dm^3} \times (1.0 - 0.01)\mathrm{kg\cdot dm^{-3}}} = 2.5 \times 10^{-4}\ \mathrm{mol\cdot kg^{-1}}$$

$$\Delta T_\mathrm{f} = K_\mathrm{f} m_\mathrm{B} = 1.86\ \mathrm{K\cdot mol^{-1}\cdot kg} \times 2.5 \times 10^{-4}\ \mathrm{mol\cdot kg^{-1}} = 4.65 \times 10^{-4}\ \mathrm{K}$$

$$x_\mathrm{B} = \frac{n_\mathrm{B}}{n_\mathrm{A} + n_\mathrm{B}} = \frac{\dfrac{0.01\ \mathrm{kg\cdot dm^{-3}} \times 1\ \mathrm{dm^3}}{40\ \mathrm{kg\cdot mol^{-1}}}}{\dfrac{1\ \mathrm{dm^3} \times (1.0-0.01)\ \mathrm{kg\cdot dm^{-3}}}{18 \times 10^{-3}\ \mathrm{kg\cdot mol^{-1}}} + \dfrac{0.01\ \mathrm{kg\cdot dm^{-3}} \times 1\ \mathrm{dm^3}}{40\ \mathrm{kg\cdot mol^{-1}}}}$$

$$= 4.55 \times 10^{-6}$$

$$\Delta p_\mathrm{A} = p_\mathrm{A}^* x_\mathrm{B} = 3167.7\ \mathrm{Pa} \times 4.55 \times 10^{-6} = 1.44 \times 10^{-2}\ \mathrm{Pa}$$

$c_\mathrm{B}$ 与 $m_\mathrm{B}$ 数值相同, $c_\mathrm{B} = 2.5 \times 10^{-4}\ \mathrm{mol\cdot dm^{-3}}$。

$$\Pi = c_\mathrm{B} RT = 2.5 \times 10^{-4}\ \mathrm{mol\cdot dm^{-3}} \times 8.314\ \mathrm{J\cdot mol^{-1}\cdot K^{-1}} \times 298\ \mathrm{K} = 619.4\ \mathrm{Pa}$$

**14.22** 假定聚丁二烯分子为线型分子, 其横截面积为 $0.2\ \mathrm{nm^2}$, 摩尔质量为 $\overline{M}_n = 100\ \mathrm{kg\cdot mol^{-1}}$, 密度为 $\rho = 920\ \mathrm{kg\cdot m^{-3}}$。在聚合物分子充分伸展时, 试计算聚丁二烯分子的平均长度。

**解**: 设分子的截面积为 $A$, 长度为 $l$。聚丁二烯的摩尔质量为 $100\ \mathrm{kg\cdot mol^{-1}}$, 则摩尔体积为

$$V_\mathrm{m} = AlL = \frac{M}{\rho}$$

$$l = \frac{M}{AL\rho} = \frac{100\ \mathrm{kg\cdot mol^{-1}}}{2 \times 10^{-19}\ \mathrm{m^2} \times 6.022 \times 10^{23}\ \mathrm{mol^{-1}} \times 920\ \mathrm{kg\cdot m^{-3}}} = 9.02 \times 10^{-7}\ \mathrm{m}$$

**14.23** 在 25 ℃ 时, 用渗透压计测量聚氯乙烯在环己酮溶液中的渗透压, 得到聚合物不同质量浓度 $\rho_\mathrm{B}$ 时的渗透压 (以液柱上升的高度表示) 数据如下:

| $\rho_\mathrm{B}/(\mathrm{g\cdot dm^{-3}})$ | 2.0 | 3.0 | 5.0 | 7.0 | 9.0 |
|---|---|---|---|---|---|
| $\Delta h/\mathrm{cm}$ | 0.922 | 1.381 | 2.250 | 3.002 | 3.520 |

已知 25 ℃ 时溶液的平均密度 $\rho = 0.98\ \mathrm{g\cdot cm^{-3}}$, 计算聚合物的数均摩尔质量 $\overline{M}_n$。

**解**: $$\frac{\Pi}{\rho_\mathrm{B}} = \frac{RT}{\overline{M}_n} + A_2\rho_\mathrm{B} \qquad \Pi = \rho g \Delta h$$

$$\frac{\rho g \Delta h}{\rho_\mathrm{B}} = \frac{RT}{\overline{M}_n} + A_2\rho_\mathrm{B} \qquad \frac{\Delta h}{\rho_\mathrm{B}} = \frac{RT}{\rho g \overline{M}_n} + \frac{A_2}{\rho g}\rho_\mathrm{B}$$

将 $\dfrac{\Delta h}{\rho_{\mathrm{B}}}$ 对 $\rho_{\mathrm{B}}$ 作图, 得一直线, 截距为 $\dfrac{RT}{\rho g\overline{M_n}}=4.890\times10^{-3}\ \mathrm{m^4\cdot kg^{-1}}$, 所以

$$\begin{aligned}\overline{M_n}&=\frac{RT}{4.890\times10^{-3}\ \mathrm{m^4\cdot kg^{-1}}\times\rho g}\\&=\frac{8.314\ \mathrm{J\cdot mol^{-1}\cdot K^{-1}}\times298.15\ \mathrm{K}}{4.890\times10^{-3}\ \mathrm{m^4\cdot kg^{-1}}\times0.98\times10^3\ \mathrm{kg\cdot m^{-3}}\times9.8\ \mathrm{m\cdot s^{-2}}}=52.8\ \mathrm{kg\cdot mol^{-1}}\end{aligned}$$

**14.24** 在 298 K 时, 测量出某聚合物溶液在不同质量浓度时的相对黏度如下:

| $\rho_{\mathrm{B}}/[\mathrm{g\cdot(100\ cm^3)^{-1}}]$ | 0.152 | 0.271 | 0.541 |
|---|---|---|---|
| $\eta_{\mathrm{r}}$ | 1.226 | 1.425 | 1.983 |

(1) 求此聚合物的特性黏度 $[\eta]$;

(2) 已知 $K=1.03\times10^{-4}\ \mathrm{m^3\cdot kg^{-1}}$, $\alpha=0.74$, 求该聚合物的摩尔质量。

**解**: (1) 根据以下两个公式:

$$\frac{\eta_{\mathrm{sp}}}{\rho_{\mathrm{B}}}=[\eta]+k'[\eta]^2\rho_{\mathrm{B}}\qquad\qquad \frac{\ln\eta_{\mathrm{r}}}{\rho_{\mathrm{B}}}=[\eta]-\beta[\eta]^2\rho_{\mathrm{B}}$$

分别以 $\dfrac{\eta_{\mathrm{sp}}}{\rho_{\mathrm{B}}}$ 和 $\dfrac{\ln\eta_{\mathrm{r}}}{\rho_{\mathrm{B}}}$ 对 $\rho_{\mathrm{B}}$ 作图, 得两条直线, 外推至 $\rho_{\mathrm{B}}=0$ 处相交, 截距即为 $[\eta]$。作图数据如下 (图略), 得 $[\eta]=0.136\ \mathrm{m^3\cdot kg^{-1}}$。

| $\rho_{\mathrm{B}}/(\mathrm{g\cdot dm^{-3}})$ | 1.52 | 2.71 | 5.41 |
|---|---|---|---|
| $\dfrac{\eta_{\mathrm{sp}}}{\rho_{\mathrm{B}}}=\dfrac{\eta_{\mathrm{r}}-1}{\rho_{\mathrm{B}}}/(\mathrm{dm^3\cdot g^{-1}})$ | 0.149 | 0.157 | 0.182 |
| $\dfrac{\ln\eta_{\mathrm{r}}}{\rho_{\mathrm{B}}}/(\mathrm{dm^3\cdot g^{-1}})$ | 0.134 | 0.131 | 0.127 |

(2) 由 $[\eta]=KM_{\mathrm{r}}^{\alpha}$, 有 $\quad 0.136\ \mathrm{m^3\cdot kg^{-1}}=1.03\times10^{-4}\ \mathrm{m^3\cdot kg^{-1}}\times M_{\mathrm{r}}^{0.74}$

$$M_{\mathrm{r}}=1.649\times10^4$$

**14.25** 在 298 K 时, 具有不同相对分子质量 $M_{\mathrm{r}}$ 的同一聚合物, 溶解在相同有机溶剂中所得的特性黏度如下所示:

| $M_{\mathrm{r}}$ | $3.4\times10^4$ | $6.1\times10^4$ | $1.3\times10^5$ |
|---|---|---|---|
| $[\eta]/(\mathrm{dm^3\cdot g^{-1}})$ | 1.02 | 1.60 | 2.75 |

求该系统的 $\alpha$ 和 $K$ 的值。

**解**: 由 $[\eta]=KM_{\mathrm{r}}^{\alpha}$, 则 $\ln[\eta]=\ln K+\alpha\ln M_{\mathrm{r}}$

以 $\ln[\eta]$ 对 $\ln M_r$ 作图, 得一直线, 截距为 $\ln K$, 斜率为 $\alpha$。也可以将已知数据代入, 求出三个 $\alpha$ 值及三个 $K$ 值, 然后取平均值。所得结果为 $\alpha=0.74$, $K=4.50\times10^{-4}\ \mathrm{m^3\cdot kg^{-1}}$。

**14.26** 在 298 K 时, 两个等体积的 $0.200\ \mathrm{mol\cdot dm^{-3}}$ NaCl 水溶液被一半透膜隔开, 将摩尔质

量为 $55.0\ \mathrm{kg\cdot mol^{-1}}$ 的大分子化合物 $Na_6P$ 置于膜的左边, 其浓度为 $0.050\ \mathrm{kg\cdot dm^{-3}}$, 试求膜平衡时两边各种离子的浓度和渗透压。

**解**: 已知 $Na_6P$ 物质的量浓度为 $[\mathrm{Na_6P}]=\dfrac{0.050\ \mathrm{kg\cdot dm^{-3}}}{55.0\ \mathrm{kg\cdot mol^{-1}}}=9.091\times10^{-4}\ \mathrm{mol\cdot dm^{-3}}$; 设平衡时膜内 NaCl 的浓度减小值为 $x$, 则

$$[\mathrm{Na^+}]_{内}=0.2\ \mathrm{mol\cdot dm^{-3}}+6\times9.091\times10^{-4}\ \mathrm{mol\cdot dm^{-3}}-x$$

$$[\mathrm{Cl^-}]_{内}=0.2\ \mathrm{mol\cdot dm^{-3}}-x$$

$$[\mathrm{Na^+}]_{外}=[\mathrm{Cl^-}]_{外}=0.2\ \mathrm{mol\cdot dm^{-3}}+x$$

根据膜平衡条件 $[\mathrm{Na^+}]_{内}\cdot[\mathrm{Cl^-}]_{内}=[\mathrm{Na^+}]_{外}\cdot[\mathrm{Cl^-}]_{外}$, 有

$$(0.2\ \mathrm{mol\cdot dm^{-3}}+6\times9.091\times10^{-4}\ \mathrm{mol\cdot dm^{-3}}-x)\,(0.2\ \mathrm{mol\cdot dm^{-3}}-x)=(0.2\ \mathrm{mol\cdot dm^{-3}}+x)^2$$

解得

$$x=1.354\times10^{-3}\ \mathrm{mol\cdot dm^{-3}}$$

$$[\mathrm{Na^+}]_{内}=0.2041\ \mathrm{mol\cdot dm^{-3}}$$

$$[\mathrm{Cl^-}]_{内}=0.1986\ \mathrm{mol\cdot dm^{-3}}$$

$$[\mathrm{Na^+}]_{外}=[\mathrm{Cl^-}]_{外}=0.2014\ \mathrm{mol\cdot dm^{-3}}$$

$$\begin{aligned}\Pi&=[([\mathrm{Na^+}]_{内}+[\mathrm{P^{6-}}]+[\mathrm{Cl^-}]_{内})-([\mathrm{Na^+}]_{外}+[\mathrm{Cl^-}]_{外})]RT\\&=[(0.2041+9.091\times10^{-4}+0.1986)-(0.2014+0.2014)]\ \mathrm{mol\cdot dm^{-3}}\times\\&\quad 8.314\ \mathrm{J\cdot mol^{-1}\cdot K^{-1}}\times298\ \mathrm{K}=2.0\ \mathrm{kPa}\end{aligned}$$

**14.27**　(1) 在 298 K 时, $0.10\ \mathrm{dm^3}$ 水溶液中含 0.50 g 核糖核酸酶和 $0.2\ \mathrm{mol\cdot dm^{-3}}$ 的 NaCl, 产生 983 Pa 的渗透压, 该半透膜除核糖核酸酶外其他物质均能透过。试求该核糖核酸酶的摩尔质量。

(2) 在 298 K 时, 膜的一侧是 $0.1\ \mathrm{dm^3}$ 水溶液, 含 0.5 g 某大分子化合物 $Na_6P$, 膜的另一侧是 $1.0\times10^{-7}\ \mathrm{mol\cdot dm^{-3}}$ 的稀 NaCl 溶液, 测得渗透压为 6881 Pa。求该大分子化合物的摩尔质量。

**解**: (1) $M=\dfrac{\rho_{\mathrm{B}}RT}{\Pi}=\dfrac{\dfrac{0.50\times10^{-3}\ \mathrm{kg}}{0.10\times10^{-3}\ \mathrm{m^3}}\times8.314\ \mathrm{J\cdot mol^{-1}\cdot K^{-1}}\times298\ \mathrm{K}}{983\ \mathrm{Pa}}=12.6\ \mathrm{kg\cdot mol^{-1}}$

(2) 当一侧电解质浓度极低时, 由 Donnan 平衡:

$$\Pi=(z+1)\frac{\rho_{\mathrm{B}}RT}{M}$$

$$6881\ \mathrm{Pa}=(6+1)\times\frac{\dfrac{0.5\times10^{-3}\ \mathrm{kg}}{0.1\times10^{-3}\ \mathrm{m^3}}\times8.314\ \mathrm{J\cdot mol^{-1}\cdot K^{-1}}\times298\ \mathrm{K}}{M}$$

解得

$$M=12.6\ \mathrm{kg\cdot mol^{-1}}$$

NaCl 的量少了, Donnan 平衡效应将导致小离子在膜两侧不均等分布, 所得摩尔质量误差太大。NaCl 的量比核糖核酸酶大得多时, Donnan 平衡效应可忽略。

**14.28**　在一渗析膜左侧, 将 0.0013 kg 盐基胶体酸 (HR) 溶于 $0.10\ \mathrm{dm^3}$ 极稀的 HCl 溶液中 (设胶体酸完全解离), 右侧置 $0.10\ \mathrm{dm^3}$ 的纯水, 25 ℃ 下达平衡后, 测得左侧、右侧溶液 pH 分别为 2.67 和 3.26。试计算:

(1) 胶体酸的摩尔质量;

(2) 膜电势;

(3) 渗透压。

**解**: (1) 设胶体酸的摩尔质量为 $M$ (单位: $\mathrm{kg \cdot mol^{-1}}$), 左侧 HCl 溶液的起始浓度为 $y$ (单位: $\mathrm{mol \cdot dm^{-3}}$), 则达膜平衡后, 左右两侧 $H^+$ 和 $Cl^-$ 的浓度为

$$[\mathrm{H^+}]_{右} = [\mathrm{Cl^-}]_{右} = 10^{-3.26}\ \mathrm{mol \cdot dm^{-3}} = 5.50 \times 10^{-4}\ \mathrm{mol \cdot dm^{-3}}$$

$$[\mathrm{H^+}]_{左} = \frac{\dfrac{0.0013\ \mathrm{kg}}{M}}{0.10\ \mathrm{dm^3}} + y - 5.50 \times 10^{-4}\ \mathrm{mol \cdot dm^{-3}} = 10^{-2.67}\ \mathrm{mol \cdot dm^{-3}}$$

$$= 2.14 \times 10^{-3}\ \mathrm{mol \cdot dm^{-3}}$$

$$[\mathrm{Cl^-}]_{左} = y - 5.50 \times 10^{-4}\ \mathrm{mol \cdot dm^{-3}}$$

根据膜平衡条件, 有 $\quad [\mathrm{H^+}]_{左} \cdot [\mathrm{Cl^-}]_{左} = [\mathrm{H^+}]_{右} \cdot [\mathrm{Cl^-}]_{右}$

可求得盐基胶体酸 (RH) 的摩尔质量 $M = 6.5\ \mathrm{kg \cdot mol^{-1}}$, 左侧 HCl 的起始浓度为 $y = 6.9 \times 10^{-4}\ \mathrm{mol \cdot dm^{-3}}$。

(2) $$\Delta\varphi = \frac{RT}{F}\ln\frac{[\mathrm{H^+}]_{内}}{[\mathrm{H^+}]_{外}} = \frac{8.314\ \mathrm{J \cdot mol^{-1} \cdot K^{-1}} \times 298.15\ \mathrm{K}}{96500\ \mathrm{C \cdot mol^{-1}}} \times \ln\frac{10^{-2.67}}{10^{-3.26}} = 34.9 \times 10^{-3}\ \mathrm{V}$$

$$= 34.9\ \mathrm{mV}$$

(3) 渗透压

$$\begin{aligned}\varPi &= [([\mathrm{H^+}]_{左} + [\mathrm{R^-}]_{左} + [\mathrm{Cl^-}]_{左}) - ([\mathrm{H^+}]_{右} + [\mathrm{Cl^-}]_{右})]RT \\ &= [2.14 \times 10^{-3} + 2 \times 10^{-3} + (6.9 \times 10^{-4} - 5.50 \times 10^{-4}) - \\ &\quad 2 \times 5.50 \times 10^{-4}]\ \mathrm{mol \cdot dm^{-3}} \times RT \\ &= 31.8 \times 10^{-4}\ \mathrm{mol \cdot dm^{-3}} \times 8.314\ \mathrm{J \cdot mol^{-1} \cdot K^{-1}} \times 298.15\ \mathrm{K} = 7.88\ \mathrm{kPa}\end{aligned}$$

**14.29** 浓度为 $0.01\ \mathrm{mol \cdot dm^{-3}}$ 的胶体电解质 (可表示为 $Na_{15}X$) 水溶液, 被置于渗析膜的一边, 而膜的另一边是等体积的浓度为 $0.05\ \mathrm{mol \cdot dm^{-3}}$ 的 NaCl 水溶液, 达到 Donnan 平衡时, 扩散进入含胶体电解质水溶液中氯化钠的净分数是多少?

**解**: Donnan 平衡时, 有 $\quad [\mathrm{Na^+}]_{内} \cdot [\mathrm{Cl^-}]_{内} = [\mathrm{Na^+}]_{外} \cdot [\mathrm{Cl^-}]_{外}$

即 $$(15 \times 0.01 + y) \times y = (0.05 - y) \times (0.05 - y)$$

式中 $y$ 为渗析平衡时, 电解质离子进入膜内 (含有胶体电解质) 的浓度值。解得

$$y = 0.01\ \mathrm{mol \cdot dm^{-3}}$$

因此, 扩散进入含胶体电解质水溶液中氯化钠的净分数为

$$\frac{0.01\ \mathrm{mol \cdot dm^{-3}}}{0.05\ \mathrm{mol \cdot dm^{-3}}} = 0.2$$

**14.30** 将摩尔质量很大的某一元酸 HR, 溶于 $100\ \mathrm{cm^3}$ 很稀的盐酸中, 假定 $[\mathrm{HR}] = 0.0020\ \mathrm{mol \cdot dm^{-3}}$, HR 完全解离, 然后将其放在一个半透膜袋里, 在 298 K 时与膜外 $100\ \mathrm{cm^3}$ 蒸馏水达成平衡, 测得袋外 pH = 4。试计算:

(1) 袋里溶液的 pH;

(2) 膜电势。

**解**: (1) 根据题意, 达平衡后, 膜内外离子的浓度分布如下:

| 膜内 | 膜外 |
|---|---|
| $[R^-]_{内} = 0.0020\ mol\cdot dm^{-3}$ | |
| $[Cl^-]_{内} = y - z$ | $[Cl^-]_{外} = z$ |
| $[H^+]_{内} = 0.0020\ mol\cdot dm^{-3} + y - z$ | $[H^+]_{外} = z = 1\times 10^{-4}\ mol\cdot dm^{-3}$ |

根据 Donnan 平衡条件, 有

$$[H^+]_{内}\cdot[Cl^-]_{内} = [H^+]_{外}\cdot[Cl^-]_{外}$$

即
$$(0.002\ mol\cdot dm^{-3} + y - z)\times(y-z) = (1\times 10^{-4}\ mol\cdot dm^{-3})^2$$

解得
$$y = 1.05\times 10^{-4}\ mol\cdot dm^{-3}$$

$$[H^+]_{内} = 0.002\ mol\cdot dm^{-3} + y - z = 2.005\times 10^{-3}\ mol\cdot dm^{-3}$$

$$pH_{内} \approx -\lg\frac{[H^+]_{内}}{c^{\ominus}} = 2.70$$

(2) $$\Delta\varphi = \frac{RT}{F}\ln\frac{[H^+]_{内}}{[H^+]_{外}} = \frac{8.314\ J\cdot mol^{-1}\cdot K^{-1}\times 298\ K}{96500\ C\cdot mol^{-1}}\times\ln\frac{2.005\times 10^{-3}}{1\times 10^{-4}}$$

$$= 0.077\ V = 77\ mV$$

# 四、自测题

## (一) 自测题 1

### Ⅰ. 选择题

1. 憎液溶胶在热力学上是 ··························· (　　)

(A) 不稳定、可逆系统　　(B) 不稳定、不可逆系统

(C) 稳定、可逆系统　　(D) 稳定、不可逆系统

2. 在晴朗的白昼, 天空呈蔚蓝色的原因是 ··························· (　　)

(A) 蓝光波长短, 透射作用显著　　(B) 蓝光波长短, 散射作用显著

(C) 红光波长长, 透射作用显著　　(D) 红光波长长, 散射作用显著

3. 将 $0.012\ dm^3$ 浓度为 $0.02\ mol\cdot dm^{-3}$ 的 KCl 溶液和 $100\ dm^3$ 浓度为 $0.005\ mol\cdot dm^{-3}$ 的 $AgNO_3$ 溶液混合制备的溶胶, 其胶粒在外电场的作用下电泳的方向是 ··························· (　　)

(A) 向正极移动　　(B) 向负极移动

(C) 不规则运动　　(D) 静止不动

4. 下列各电解质对某溶胶的聚沉值数据如下:

| 电解质 | $KNO_3$ | KAc | $MgSO_4$ | $Al(NO_3)_3$ |
|---|---|---|---|---|
| 聚沉值/$(mol·dm^{-3})$ | 50 | 110 | 0.81 | 0.095 |

该胶粒的带电荷情况为 ··········································································· (　　)

(A) 带负电荷　　(B) 带正电荷

(C) 不带电荷　　(D) 不能确定

5. 由等体积的 1 $mol·dm^{-3}$KI 溶液与 0.8 $mol·dm^{-3}$ $AgNO_3$ 溶液制备的 AgI 溶胶, 分别加入下列电解质时, 其聚沉能力最强的是 ··········································· (　　)

(A) $K_3[Fe(CN)_6]$　　(B) $NaNO_3$

(C) $MgSO_4$　　(D) $FeCl_3$

6. 溶胶有三个最基本的特性, 下列**不属于**其中的是 ··································· (　　)

(A) 特有的分散程度　　(B) 不均匀 (多相) 性

(C) 动力稳定性　　(D) 聚结不稳定性

7. 在新生成的 $Fe(OH)_3$ 沉淀中, 加入少量的稀 $FeCl_3$ 溶液, 可使沉淀溶解, 这种现象是 (　　)

(A) 敏化作用　　(B) 乳化作用

(C) 加溶作用　　(D) 胶溶作用

8. 为直接获得个别的胶体粒子的大小和形状, 必须借助 ······························ (　　)

(A) 普通显微镜　　(B) 丁铎尔效应

(C) 电子显微镜　　(D) 超显微镜

9. 溶胶的电学性质由于胶粒表面带电荷而产生, 下列**不属于**电学性质的是 ············· (　　)

(A) 布朗运动　　(B) 电泳

(C) 电渗　　(D) 沉降电势

10. 对于带正电荷的 $Fe(OH)_3$ 和带负电荷的 $Sb_2S_3$ 溶胶系统的相互作用, 下列说法**正确**的是 (　　)

(A) 混合后一定发生聚沉

(B) 混合后不可能聚沉

(C) 聚沉与否取决于 Fe 和 Sb 结构是否相似

(D) 聚沉与否取决于正、负电荷量是否接近或相等

Ⅱ. **填空题**

1. 用 $NH_4VO_3$ 和浓 HCl 作用, 可制得稳定的 $V_2O_5$ 溶胶, 其胶团结构是＿＿＿＿＿＿＿＿。

2. 对于分散系统, 如果按照粒子的大小来区分, 当粒子半径为＿＿＿＿＿＿＿＿时, 称为分子 (或离子) 分散系统; 半径为＿＿＿＿＿＿＿＿时, 称为胶体分散系统; 半径为＿＿＿＿＿＿＿＿时, 称为粗分散系统。

3. 在 $Al(OH)_3$ 溶胶中加入 KCl, 其最终浓度为 0.080 $mol·dm^{-3}$ 时恰能聚沉。若加入 $K_2C_2O_4$, 其最终浓度为 0.004 $mol·dm^{-3}$ 时也恰能聚沉, $Al(OH)_3$ 溶胶所带电荷为＿＿＿＿＿＿＿＿。

4. 瑞利 (Rayleigh) 在研究散射作用后得出, 对于单位体积的被研究系统, 散射光的总能量与

入射光波长的 ____________ 次方成 ____________ 比。因此, 入射光的波长越 ____________, 散射光越强。

5. 墨汁是一种胶体分散系统, 在制作时, 往往要加入一定量的阿拉伯胶 (一种大分子化合物) 作稳定剂, 这主要是因为 ______________。

6. 当用白光照射有适当分散度的溶胶时, 从侧面看到的是 __________ 光, 呈 __________ 色, 而透过光则呈 ____________ 色。若要观察散射光, 光源的波长以 ____________ 者为宜。

7. 用渗透压法测大分子化合物的摩尔质量属于 ______________ 摩尔质量; 用光散射法得到的摩尔质量属于 ______________ 摩尔质量; 沉降速度法得到 ______________ 摩尔质量; 黏度法测得的称为 ____________ 摩尔质量。[填入 (A) 质均, (B) 数均, (C) $Z$ 均, (D) 黏均]

8. 测定乳状液的电导可以判别其类型, 以水为外相的乳状液电导 __________, 若以油为外相的乳状液一般而言其导电能力 ______________。

9. 根据凝胶中所含液体数量的多少, 凝胶可分为 __________ 与 __________ 两种。

## Ⅲ. 计算题

1. 在碱性溶液中用 HCHO 还原 $HAuCl_4$ 以制备金溶胶, 反应可表示为

$$HAuCl_4 + 5NaOH \longrightarrow NaAuO_2 + 4NaCl + 3H_2O$$

$$2NaAuO_2 + 3HCHO + NaOH \longrightarrow 2Au + 3HCOONa + 2H_2O$$

此处 $NaAuO_2$ 是稳定剂, 试写出胶团结构式, 并标出胶核、胶粒和胶团。

2. 287 K 时进行胶体微粒的布朗运动实验, 在 30 s 内侧得微粒的平均位移为 $6.83\times10^{-4}$ cm, 试以此结果求 Avogadro 常数。假设微粒半径为 $2.12\times10^{-5}$ cm, 分散介质水的黏度为 $1.2\times10^{-3}$ Pa·s。

3. 半径为 1 $\mu$m, 密度为 $2.6\times10^{3}$ kg·m$^{-3}$ 的玻璃微球, 20 ℃ 时, 因热运动在水中平均移动 0.01 m 需时间多少? 设水的黏度系数为 $8.9\times10^{-4}$ kg·m$^{-1}$·s$^{-1}$, 若在重力场作用下在水中沉降相同的距离需时又为多少?

4. 把 1.0 g 聚苯乙烯 (已知其 $\overline{M_n} = 200$ kg·mol$^{-1}$) 溶在 0.1 dm$^3$ 苯中, 试计算所成溶液在 293 K 时的渗透压。

5. 在 25 ℃ 时, 有一聚苯乙烯的甲苯溶液, 测得其特性黏度为 $[\eta] = 0.0523$ m$^3$·kg$^{-1}$。已知该系统的 $K$ 和 $\alpha$ 的值分别为 $K = 2.72\times10^{-3}$ m$^3$·kg$^{-1}$ 和 $\alpha = 0.62$, 求该聚苯乙烯的黏均摩尔质量。

6. 在 298 K 时, 在某半透膜的左右两边分别放浓度为 0.1 mol·dm$^{-3}$ 的大分子化合物 RCl 和浓度为 0.50 mol·dm$^{-3}$ 的 NaCl 溶液, 设有机物 RCl 能全部解离, 但 $R^+$ 不能透过半透膜。计算达膜平衡后, 两边各种离子的浓度和渗透压。

第十四章自测题 1 参考答案

## (二) 自测题 2

I. 选择题

1. 在分析化学上有两种利用光学性质测定胶体溶液浓度的仪器, 一种是比色计, 另一种是比浊计, 分别观察的是胶体溶液的 ························ (　　)

(A) 透射光、折射光　　(B) 散射光、透射光

(C) 透射光、反射光　　(D) 透射光、散射光

2. 外加直流电场于胶体溶液, 向某一电极作定向移动的是 ························ (　　)

(A) 胶核　　(B) 胶粒　　(C) 胶团　　(D) 紧密层

3. 下述对电动电势的描述**错误**的是 ························ (　　)

(A) 表示胶粒溶剂化层界面至均匀相内的电势差

(B) 电动电势值随少量外加电解质而变化

(C) 其值总是大于热力学电势值

(D) 当双电层被压缩到溶剂化层相合时, 电动电势值变为零

4. 在一定量的以 KCl 为稳定剂的 AgCl 溶胶中加入电解质使其聚沉, 下列电解质的用量由小到大的顺序**正确**的是 ························ (　　)

(A) $AlCl_3 < ZnSO_4 < KCl$　　(B) $KCl < ZnSO_4 < AlCl_3$

(C) $ZnSO_4 < KCl < AlCl_3$　　(D) $KCl < AlCl_3 < ZnSO_4$

5. 明矾净水的主要原理是 ························ (　　)

(A) 电解质对溶胶的稳定作用　　(B) 溶胶的相互聚沉作用

(C) 对电解质的敏化作用　　(D) 电解质的对抗作用

6. 只有典型的憎液溶胶才能全面地表现出胶体的三个基本特性, 但有时把大分子溶液也作为胶体化学研究的内容, 一般地说是因为它们 ························ (　　)

(A) 具有胶体所特有的分散性, 不均匀 (多相) 性和聚结不稳定性

(B) 具有胶体所特有的分散性

(C) 具有胶体的不均匀 (多相) 性

(D) 具有胶体的聚结不稳定性

7. 溶胶的动力性质是由于粒子的不规则运动而产生的, 在下列各种现象中, **不属于**溶胶动力性质的是 ························ (　　)

(A) 渗透法　　(B) 扩散

(C) 沉降平衡　　(D) 电泳

8. 溶胶的聚沉速度与电动电势有关, 即 ························ (　　)

(A) 电动电势越大, 聚沉越快　　(B) 电动电势越小, 聚沉越快

(C) 电动电势为零, 聚沉最快　　(D) 电动电势越负, 聚沉越快

9. 对于 Gouy-Chapman 提出的双电层模型, 下列描述**不正确**的是 ························ (　　)

(A) 由于静电吸引作用和热运动两种效应的综合, 双电层由紧密层和扩散层组成

(B) 扩散层中离子的分布符合 Boltzmann 分布

(C) $|\zeta| \leqslant |\varphi_0|$

(D) $\zeta$ 电势的数值可以大于 $\varphi_0$

10. 将大分子电解质 NaR 的水溶液用半透膜和水隔开，达到 Donnan 平衡时，膜外水的 pH ……………………………………………………………………………………（　）

(A) 大于 7　　(B) 小于 7　　(C) 等于 7　　(D) 不能确定

## Ⅱ. 填空题

1. 溶胶是热力学 ________ 系统，动力学 ________ 系统；而大分子溶液是热力学 ________ 系统，动力学 ________ 系统。

2. 当光线射入分散系统时，如果分散相的粒子大于入射光的波长，则主要发生光的 ________ 或 ________ 现象；若分散相的粒子小于入射光的波长，则主要发生光的 ________。

3. 对于带正电荷的溶胶，NaCl 比 $AlCl_3$ 的聚沉能力 ________。对于带负电荷的溶胶，$Na_2SO_4$ 比 NaCl 的聚沉能力 ________。

4. 乳状液有 O/W 型和 W/O 型，牛奶是一种乳状液，它能被水稀释，所以它属于 ________ 型。

5. 按照聚合反应机理来分，聚合物可分为 ________ 聚合物和 ________ 聚合物两类。

6. 质均摩尔质量 $\overline{M_m}$ 和数均摩尔质量 $\overline{M_n}$ 的关系一般为 $\overline{M_m}$ ________ $\overline{M_n}$。(填入 >、<、= 或 ≠)

7. 凝胶是一个总的名称，它可用不同的方法进行分类。根据分散相质点的刚柔性，可分为 ________ 凝胶和 ________ 凝胶两类。

8. 起始时，大分子化合物电解质 NaR 的浓度为 $c_1$，KCl 溶液浓度为 $c_2$，将它们用半透膜隔开，其膜平衡条件为 ________________________。

## Ⅲ. 计算题

1. 某一球形胶体粒子，20 ℃ 时扩散系数为 $7 \times 10^{-11}\ \mathrm{m^2 \cdot s^{-1}}$，求胶粒的半径及胶团的摩尔质量。已知胶粒的密度为 $1334\ \mathrm{kg \cdot m^{-3}}$，水的黏度为 0.0011 Pa·s。

2. 已测得所制取的 $Sb_2O_3$ 溶胶 (设为棒形粒子) 的电动电势 $\zeta = 0.0405$ V，用此溶胶做实验，两电极间距离为 0.385 m，为了在通电 40 min 后能使溶胶界面向正极移动 0.032 m，问在两极间应加多大的电压？已知该溶胶的黏度为 0.00103 Pa·s，介电常数 $\varepsilon = 9.02 \times 10^{-9}\ \mathrm{C \cdot V^{-1} \cdot m^{-1}}$。

3. 在 298 K 时，血红朊的超离心沉降平衡实验中，离转轴距离 $x_1 = 5.5$ cm 处的浓度为 $c_1$，$x_2 = 6.5$ cm 处的浓度为 $c_2$，且 $c_2/c_1 = 9.40$，转速 $\omega = 120\ \mathrm{r \cdot s^{-1}}$。已知血红朊的密度 $\rho_{血红朊} = 1.335 \times 10^3\ \mathrm{kg \cdot m^{-3}}$，分散介质的密度 $\rho_{介质} = 0.9982 \times 10^3\ \mathrm{kg \cdot m^{-3}}$。试计算血红朊的平均摩尔质量 $M$。

4. 阿拉伯树胶最简式为 $C_6H_{10}O_5$，其 3% 水溶液在 298 K 时渗透压为 2756 Pa，试求溶质的平均摩尔质量及其聚合度。已知单体的摩尔质量为 $0.162\ \mathrm{kg \cdot mol^{-1}}$。

5. 已知某蛋白质的数均摩尔质量约为 $40\ \mathrm{kg \cdot mol^{-1}}$，试分别求在 298 K 时，含量为 $0.01\ \mathrm{kg \cdot dm^{-3}}$ 的蛋白质水溶液的凝固点降低、蒸气压下降和渗透压的值。已知 298 K 时，水的饱和蒸气压 $p_s = 3.168$ kPa，凝固点降低常数 $k_f = 1.86\ \mathrm{K \cdot mol^{-1} \cdot kg}$，水的密度 (近似等于溶液的密度)

$\rho_{水} = 1 \times 10^3\ kg \cdot m^{-3}$。

6. 有一可通过 $Na^+$ 和 $Cl^-$ 但不能通过 $CH_3CH_2COO^-$ 的膜, 开始时, 膜的右边 $[Na^+]$, $[Cl^-]$ 均为0.001 $mol \cdot kg^{-1}$, 左边 $[Na^+]$, $[CH_3CH_2COO^-]$ 均为 0.0004 $mol \cdot kg^{-1}$, 试求:

(1) 膜平衡时两边 $Na^+$ 和 $Cl^-$ 的浓度;

(2) 310 K 时, 由于 $Na^+$ 的浓度不等引起的膜电势值。

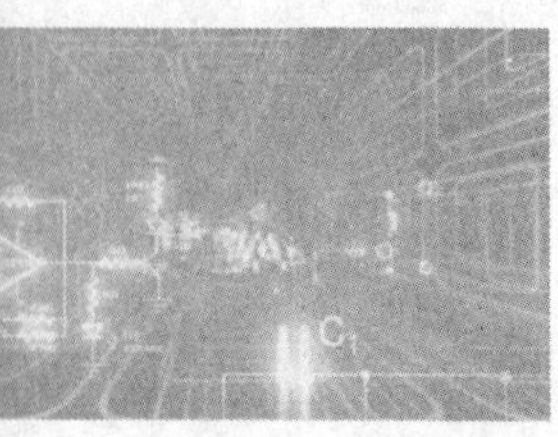

第十四章自测题 2 参考答案